나합격
전기기사
실기 X 무료특강

나만의 합격비법
나합격은 다르다!

나합격 독자만을 위한
무료 동영상강의

공부가 어려우신가요?
합격을 위한 모든 동영상 강의를 무료로 시청할 수 있습니다.
지금 바로 나합격 쌤을 만나보세요.

> 오리엔테이션 > 이론 특강 > 기출 특강

모든 시험정보가 한곳에!
나합격 수험생지원센터

이제 혼자서 공부하지 마세요.
합격후기, 시험정보, Q&A 등 나합격 독자분들을 위한
다양한 서비스를 네이버 카페를 통해 지원받을 수 있습니다.

> 시험자료 > 질의응답 > 합격후기

본서의 정오사항은 상시 업데이트 해드리고 있습니다.
정오표 확인 및 오류문의는 네이버 카페를 이용해 주세요.

나합격 교재인증 & 무료 동영상 수강방법

나합격 카페 가입하기
공부하는 자격증에 해당하는 카페에 가입합니다.

https://cafe.naver.com/electengineer search

바로가기

교재인증페이지에 닉네임 작성
교재 맨 뒤페이지의 교재인증페이지에
가입하신 카페 닉네임을 지워지지 않는 펜으로 작성합니다.

교재인증페이지 촬영하기
교재인증페이지 전체가 나오게 촬영합니다.
중고도서 및 보정의 여지가 보일 경우 등업이 불가합니다.

나합격 카페에 게시물 작성하기
등업게시판에 촬영한 이미지를 업로드합니다.
평일 1일 3회(오전 9시 ~ 오후 6시 사이) 등업을 진행됩니다.

무료 동영상 시청하기
카페 등업이 완료된 후 해당 카페에서 무료 동영상 시청이 가능합니다.

NOTICE

교재인증 및 무료 강의 수강 방법에 대한 자세한 설명을
QR코드를 찍어 영상으로 확인해보세요!

모바일로
등업하고 싶어요!

PC로
등업하고 싶어요!

콕!집어~ 꼭!필요한 전기기사 오리엔테이션

전기기사 시험은?

필기 검정방법 : 객관식 100문항(5과목) 2시간 30분동안 시험

필기 과목명 : 전기자기학, 전력공학, 전기기기, 회로이론 및 제어공학, 전기설비기술기준(한국전기설비규정)

실기 검정방법 : 필답형 100%로 2시간 30분 동안 시험

필기 실기 각각 100점 만점으로 60점 이상 득점 시 합격

※ 필기는 과락이 있으며 한 과목당 40점 이상, 전 과목 60점 이상 받아야 합격입니다.

안녕하세요. 임규명입니다.
전기기사 & 산업기사 필기를 당당히 통과하시고 여기까지 오신 여러분 진심으로 축하드립니다. 이제 실기만 남았습니다. 실기시험은 필기보다 더 넓은 범위의 내용을 공부해야 하기 때문에 많은 수험생들이 어려움을 겪습니다. 하지만 필기시험을 준비했던 것처럼 효과적이고 효율적인 방법으로 매일 꾸준히 노력한다면 실기 역시 문제없이 통과하여 자격증 취득이라는 목표를 이룰 수 있을 것입니다.
자, 그럼 임규명이 추천하는 효과적이고 효율적인 공부방법! 말씀드리겠습니다.

첫째, 실기시험은 답을 찾는 시험이 아닌 적는 시험이다.
실기는 필기와 달리 답을 선택하는 객관식이 아니고 내용이나 계산과정까지 서술해야 하는 필답형으로 진행됩니다. 그래서 무엇보다 쓰는 훈련이 중요합니다. 기출문제를 공부할 때 눈으로만 보면 그 당시는 이해하는 것처럼 느끼지만 막상 시험장에서 서술하거나 계산과정을 쓰려고 하면 막히는 경우가 많습니다. 그래서 문제를 눈으로 보는 것보다는 문제의 해설을 직접 쓰면서 공부를 진행하시는 것이 효율적인 방법입니다.

둘째, 모르는 문제는 답이라도 암기한 후에 넘어간다.
이론을 이해하게 되기까지 알고 있는 것들이 서로 연결되는 과정이 매우 중요하다고 합니다. 다시 정리하면 서로 연결할 수 있는 것들이 많으면 이론을 이해하기 좀 더 쉬워진다고 이야기할 수 있습니다. 그래서 내가 지금 당장 이해되지 않는 내용이라도 머리 속에 넣어두면 나중에 공부한 내용과 연결되어 이해할 수 있습니다. 기출문제가 이해되지 않는다고 그냥 넘기는 것보다 나중에 공부할 내용과 연결할 수 있도록 답만이라도 암기해두는 것이 좋습니다. 그 당시는 이해되지 않는 것을 암기하는 것이 힘들지는 몰라도 나중을 생각하면 이론을 좀 더 쉽게 이해할 수 있어 모르는 문제는 답이라도 암기하고 넘어가는 것이 효율적인 방법입니다.

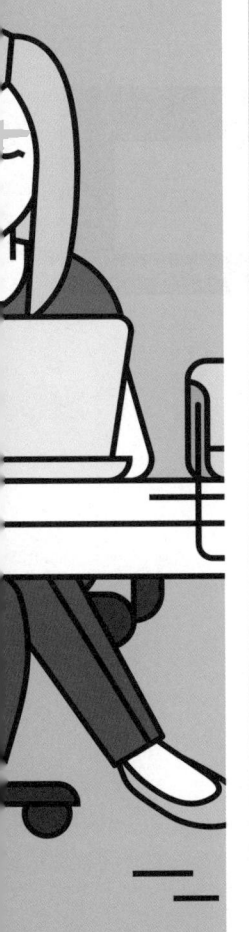

셋째, 내가 모르는 것을 확실히 파악한 후 질문한다.
공부가 어려운 이유는 내용이 이해되지 않기 때문입니다. 이해가 어려운 이런 내용을 붙잡고 있다가 많은 시간을 허비하고 이해도 못하는 경우가 많습니다. 이런 경우가 반복되면 시험을 포기하는 경우까지 이어집니다. 이것은 효율적으로 공부한다고 보기 어렵습니다. 이해하기 어려운 내용이 있으면 내가 모르는 것을 확실히 파악한 후 질문하세요. 그리고 내가 이해할 수 있는 공부를 이어가는 것이 효율적인 방법입니다.
질문은 네이버카페[전취모]에 올려주세요.

넷째, 예습&복습은 중요하다.
예습과 복습이 중요하다는 것은 익히 알고 있습니다. 하지만 이 과정의 목표, 그리고 예습과 복습의 학습 효과를 극대화하는 방법을 아는 사람은 별로 없습니다.
예습이란, 단순히 우리가 공부할 내용을 미리 보는 것으로 끝나는 작업이 아니라, 공부할 내용 중 내가 알고 있는 것과 모르고 있는 것을 미리 찾는 작업입니다.
복습 역시, 공부한 내용을 다시 보는 것으로 끝나는 것이 아니라, 예습했을 때 몰랐던 내용을 얼마나 알게 되었는지 확인하는 작업입니다. 이렇게 한 번 더 확인하는 작업을 거치면 더 오랫동안 기억할 수 있습니다.

다섯째, 꾸준한 노력이 필요하다.
전기기사 & 산업기사 자격증 준비를 시작하면서, 전기에 대한 지식이 많고 적음은 중요하지 않습니다. 지식이란 배우면 그때부터 알게 되는 것이며 시간문제라고 생각합니다. 하지만 그것을 중간에 멈춘다면, 우리는 배운 것들을 한순간에 잃어버릴 수도 있습니다. 그렇기 때문에 끈기를 갖고 지속적으로 공부하는 것이 중요합니다. 그것을 하루하루 쌓아 나간다면 누구나 자격증 취득에 성공할 수 있다고 확신합니다. 나합격 수험생 여러분의 공부가 계속 지속될 수 있도록 도와드리겠습니다.

개념잡는 핵심이론
나합격만의 본문구성

NEW DESIGN

나합격만의 아이덴티티를 강조한
새로운 디자인과 함께 최신 출제경향을
완벽히 반영한 최신 개정판입니다.

광범위한 이론의 핵심만을 담아
지루하지 않고 탄탄하게 흡수하도록 구성했습니다.

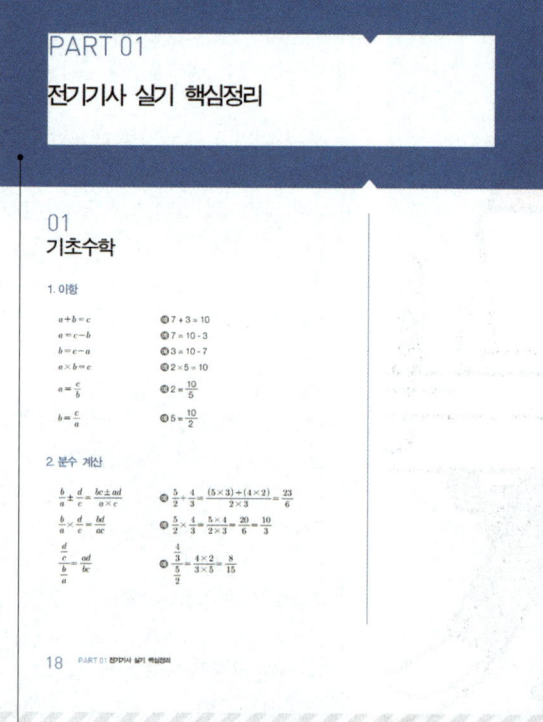

NEW DESIGN

기초수학 정리

전기기사 실기 문제풀이를 위한
기초적인 수학식을 정리하였습니다.

핵심이론 구성

전기기사 실기 학습에
반드시 필요한 핵심이론을
구성하였습니다.

KEC 개정으로 변경된 용어 정리

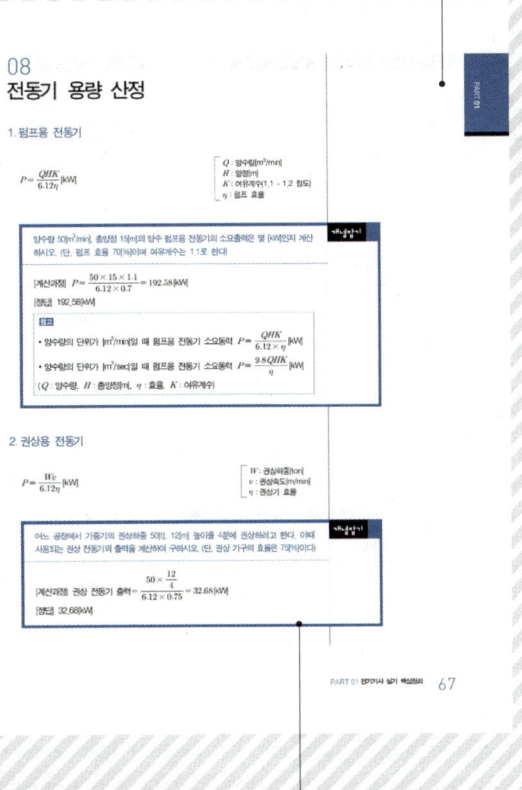

개념잡기

지루한 본문의 흐름을 피하고
문제의 개념잡기를 위해 바로바로
예제를 배치했습니다.

새롭게 개정된 한국전기설비규정의 용어표를
변경 전 용어와 함께 정리하여 시험에 대비할 수 있도록
하였습니다.

총 14개년 연도별 필답형 기출문제

전기기사 실기

14개년 필답형 기출문제[2011년 ~ 2024년]

문제 회독 횟수에 따라 문제만 보고 풀었다면 O, 해설을 봐야 풀린다면 △, 전혀 모르겠다면 X를 표기하거나 회독 횟수를 체크하세요.

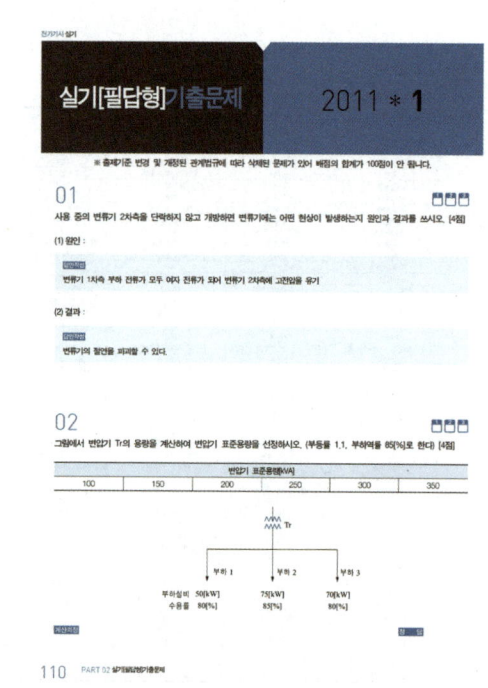

기출문제 학습

문제를 풀기 위한 계산과정과 답안작성, 그리고 참고 내용까지 한눈에 보기 편한 전기기사 기출학습 구성

시험의 흐름을 잡는 나합격만의 합격도우미

최신 전기기사
실기 기출문제 구성

시험 당일까지 공부일정 및 계획을 짜는 것은 매우 중요합니다. 셀프스터디 합격플래너를 통해 스스로의 합격을 만들어 보세요.

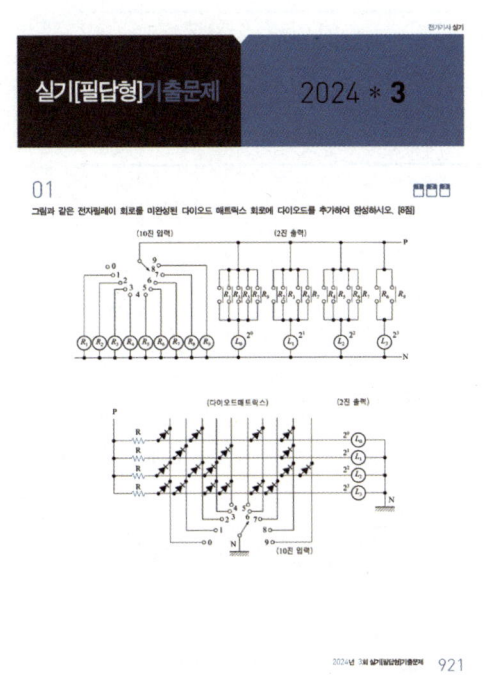

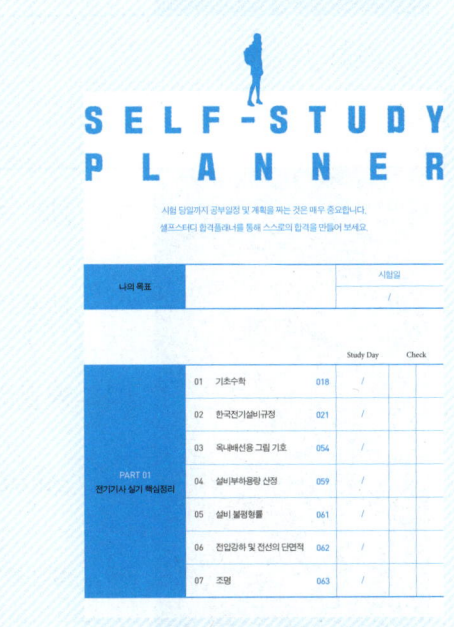

최신 필답형 기출문제
최근에 출제된 2024년 실기시험을 수록하였습니다.
본인의 실력을 체크해보고 최신 경향을 파악하여
합격을 위한 마무리를 하시기 바랍니다.

나만의 합격플래너
스스로 공부한 날이나 시험일을 적어 공부 진척도를
한 눈에 확인할 수 있고, 체크 박스를 통해 공부의 완성도를
파악할 수 있도록 하였습니다.

SELF-STUDY PLANNER

시험 당일까지 공부일정 및 계획을 짜는 것은 매우 중요합니다.
셀프스터디 합격플래너를 통해 스스로의 합격을 만들어 보세요.

나의 목표		시험일	
		/	

				Study Day	Check
PART 01 전기기사 실기 핵심정리	01	기초수학	018	/	
	02	한국전기설비규정	021	/	
	03	옥내배선용 그림 기호	054	/	
	04	설비부하용량 산정	059	/	
	05	설비 불평형률	061	/	
	06	전압강하 및 전선의 단면적	062	/	
	07	조명	063	/	

				Study Day	Check
PART 01 전기기사 실기 핵심정리	08	전동기 용량 산정	067	/	
	09	수변전 설비	069	/	
	10	예비전원설비	092	/	
	11	시퀀스	096	/	

			Study Day	Check
PART 02 실기[필답형]기출문제	2011년 1회 실기[필답형]기출문제	110	/	
	2011년 2회 실기[필답형]기출문제	128	/	
	2011년 3회 실기[필답형]기출문제	141	/	
	2012년 1회 실기[필답형]기출문제	156	/	
	2012년 2회 실기[필답형]기출문제	171	/	
	2012년 3회 실기[필답형]기출문제	188	/	
	2013년 1회 실기[필답형]기출문제	211	/	
	2013년 2회 실기[필답형]기출문제	234	/	
	2013년 3회 실기[필답형]기출문제	260	/	

		Study Day	Check
2014년 1회 실기[필답형]기출문제	278	/	
2014년 2회 실기[필답형]기출문제	299	/	
2014년 3회 실기[필답형]기출문제	321	/	
2015년 1회 실기[필답형]기출문제	341	/	
2015년 2회 실기[필답형]기출문제	360	/	
2015년 3회 실기[필답형]기출문제	382	/	
2016년 1회 실기[필답형]기출문제	399	/	
2016년 2회 실기[필답형]기출문제	419	/	
2016년 3회 실기[필답형]기출문제	442	/	
2017년 1회 실기[필답형]기출문제	463	/	
2017년 2회 실기[필답형]기출문제	482	/	
2017년 3회 실기[필답형]기출문제	502	/	
2018년 1회 실기[필답형]기출문제	523	/	
2018년 2회 실기[필답형]기출문제	542	/	
2018년 3회 실기[필답형]기출문제	560	/	
2019년 1회 실기[필답형]기출문제	576	/	
2019년 2회 실기[필답형]기출문제	592	/	
2019년 3회 실기[필답형]기출문제	612	/	

PART 02
실기[필답형]기출문제

			Study Day	Check
PART 02 실기[필답형]기출문제	2020년 1회 실기[필답형]기출문제	628	/	
	2020년 2회 실기[필답형]기출문제	648	/	
	2020년 3회 실기[필답형]기출문제	673	/	
	2020년 4회 실기[필답형]기출문제	692	/	
	2021년 1회 실기[필답형]기출문제	709	/	
	2021년 2회 실기[필답형]기출문제	726	/	
	2021년 3회 실기[필답형]기출문제	744	/	
	2022년 1회 실기[필답형]기출문제	765	/	
	2022년 2회 실기[필답형]기출문제	784	/	
	2022년 3회 실기[필답형]기출문제	803	/	
	2023년 1회 실기[필답형]기출문제	824	/	
	2023년 2회 실기[필답형]기출문제	843	/	
	2023년 3회 실기[필답형]기출문제	865	/	
	2024년 1회 실기[필답형]기출문제	886	/	
	2024년 2회 실기[필답형]기출문제	903	/	
	2024년 3회 실기[필답형]기출문제	921	/	

KEC 개정으로 변경된 용어 정리

* 2023년 10월 12일 KEC 기준이 일부 개정되어 용어가 변경되었습니다.
2024년 1회차 시험부터 적용될 가능성이 있어 시험에 대비하고자 용어 정리표를 추가하였습니다.

출처-한국전기설비규정

대상 용어	최종안	대상 용어	최종안
DAC 곡선 / DAC / 거리 진폭교정곡선(DAC)	거리진폭교정(DAC)곡선	명기	명확히^기록
		몰탈	모르타르
가선(架線)	전선^설치	문형구조(門型構造)	문 형태의 구조
가우스메터(gaussmeter)	가우스미터	반기(搬器)	운반기
감안	고려	방식조치(防蝕措置)	부식방지조치
강대(鋼帶)	강대	방청(防鏽)	녹방지
개거(開渠)	개방^수로	방폭	폭발방지
개로(開路)	열린^회로	배기 / 배기구	공기배출 / 공기배출구
결선(結線)	전선연결	배류(排流)	배류
경간(徑間)	지지물 간 거리	배연	연기^배출
계통연락	계통연계	배연탈질설비	배연질소산화물제거설비
곡관	곡선관	배연탈황설비	배연황산화물제거설비
곡률반경	곡선^반지름	백색	흰색
공작물	인공구조물	법면	비탈면
공차 / 허용차	허용오차	변대주	변압기^전주
교량	다리	병가	병행^설치
교점	교차점	부대(浮臺)	부유식^구조물
구배	기울기	분말	가루
국부적	부분적	분진	먼지
굴곡부(屈曲部) / 굴곡반지름	굽은^부분 / 굽은^부분 반지름	분진방폭형(粉塵防爆型)	분진방폭형
그로미트	그로밋	블레이드	날개
근가(根架)	전주^버팀대	비단락보증 절연변압기	비단락 보증 절연변압기
금구, 금구류	금속^부속품	비원형(obround)	장원형
나충전부(裸充電部)	노출충전부	비자동	수동
난조(hunting)	난조	사양	규격
내경(內徑)	안지름	삽입식(slip-on) 플랜지 / 슬립 온(slip-on) 플랜지	삽입식^플랜지
내벽	안쪽^벽		
내성	견디는 성질	샌드세퍼레이터	모래분리장치
노내 / 노	연소실 내부	설부좌금(舌付座金)	풀림방지와셔
노멀라이징	풀림	섬락 / 역섬락	불꽃^방전 / 역방향^불꽃^방전
노치오프(notchoff)	속도^조절기^차단	성상	성질·상태
덤웨이터	소형물품^운반용^승강기	소구경관(小口徑管)	소구경관
도괴	넘어지거나 무너짐	쇄정장치	잠금장치
동(Cu)	구리	수밀형	수분^침투^방지형
동(銅)전선 / 동전선	구리선	수저(水底)	물밑
동선	구리선	수트리(tree)	수분^침투^균열
디워터링	수면압하	수평횡하중 / 수평 횡하중	수평^가로^하중
라비린스	래버린스	스테인레스	스테인리스
로울러	롤러	시뮬레이션	모의실험
룩스, lx	럭스	실드가스	보호가스
리드선	연결선	실측치	실측값
만(滿)충전	완전^충전	심(shim)	끼움쇠
만곡 / 만곡부 / 만곡하중	굽힘 / 굽힘구간 / 굽힘하중	싸이클	주기
말구(末口)	위쪽^끝	압유(壓油)	압유
말단 / 끝단	끝부분	압착	눌러^붙임
망상장치(網狀裝置)	그물형^장치	여유고	여유^높이
메시	그물망	연가	전선^위치^바꿈
메크로시험	매크로시험	연료유면(燃料油面)	연료유면

대상 용어	최종안	대상 용어	최종안
연접(連接)	이웃^연결	직관	직선관
염해	염분^피해	직매용(直埋用)	직접매설
오일	기름	직하	바로^아래
외경(外徑)	바깥지름	차륜(車輪)	차바퀴
외주(外周)	바깥둘레	차압(차압설계)	차압
용손(溶損)	녹아서 손상	채터링	접점진동
우수	빗물	천정	천장
원추형	원뿔형	첨가(添架)설치	전선^첨가^설치
원통상(圓筒狀)	원통^모양	청색	파란색
위치마커	위치표지	최종단(最終段)	맨 끝
유수	흐르는 물	충격섬락전압(衝擊閃絡電壓)	충격^불꽃^방전^전압
유하	흘려보냄	충수(충수배관)	물을 채움
유희용	놀이용	치환	바꿔놓음
응동	따라 움직임	커넥터	접속기
이격거리	간격	커버 / 카버	덮개
이도(弛度)	처짐정도	커브	곡선형
인류	잡아^당김	콜렉터	컬렉터
입도(粒度)	입자^크기	쿼드랍프렉스	4묶음
자복성(自復性)	자동복구성	키	스위치
자소성(自燒性)	자기소화성	탈질	질소산화물제거
자중	자체중량	탈황	황산화물제거
잔여	나머지	터블렛	태블릿
장간애자(長幹碍子)	긴 애자	템퍼링(tempering)	뜨임
장방형	직사각형	트라프 / 트로프(troughs)	트로프
장식(stud)단자	스터드^단자	트러스트(thrust) 베어링 / 트러스트 베어링	스러스트^베어링
재페로	재연결		
적색	빨간색	트리프렉스	3묶음
전식	전기부식	파랑방지벽	파도방지벽
전용교	전용다리	판면	철판면
절·성토면	절토·성토한 면	폐로(閉路)	닫힌^회로
점퍼선	연결선	표면직하	표면^바로^아래
제진장치	먼지제거장치	표점장치	고장위치^표시장치
조가용선 / 조가하여	조가선 / 조가하여	피빙전선(被冰電線)	빙설이 부착된 전선
조사	빛쬠	필댐	필 댐
조상기	무효^전력^보상^장치	필렛 용접	필렛용접
조속기	속도조절기	하안(河岸)	강기슭
조속장치	속도조절기	할핀(割핀)	분할핀
종방향	세로방향	혼란상태(upsetting condition)	혼란상태
좌금	와셔	황동대(黃銅帶)	황동대
중계선륜(中繼線輪)	중계선륜	황색	노란색
지선	지지선	흑색	검은색
지주, 지지주	지지기둥	히트분석(Heat analysis)	용강분석

※ 사선을 사용해 용어를 두 가지로 제시한 경우는, 두 가지 용어 중 하나를 맥락에 맞게 선택하여 사용할 수 있음
※ 용어의 띄어쓰기('^')는 필요 시 의미 단위별로 붙여 쓸 수 있음
※ 현실적인 수용성을 감안하여 당분간 표준화되기 이전의 용어를 고시된 용어가 사회적으로 완전히 정착할 때까지 **병용 또는 병기할 수 있음**

PART 01

전기기사 실기 핵심정리

PART 01

전기기사 실기 핵심정리

01 기초수학

1. 이항

$a+b=c$ 예 $7+3=10$
$a=c-b$ 예 $7=10-3$
$b=c-a$ 예 $3=10-7$
$a\times b=c$ 예 $2\times 5=10$
$a=\dfrac{c}{b}$ 예 $2=\dfrac{10}{5}$
$b=\dfrac{c}{a}$ 예 $5=\dfrac{10}{2}$

2. 분수 계산

$\dfrac{b}{a}\pm\dfrac{d}{c}=\dfrac{bc\pm ad}{a\times c}$ 예 $\dfrac{5}{2}+\dfrac{4}{3}=\dfrac{(5\times 3)+(4\times 2)}{2\times 3}=\dfrac{23}{6}$

$\dfrac{b}{a}\times\dfrac{d}{c}=\dfrac{bd}{ac}$ 예 $\dfrac{5}{2}\times\dfrac{4}{3}=\dfrac{5\times 4}{2\times 3}=\dfrac{20}{6}=\dfrac{10}{3}$

$\dfrac{\dfrac{d}{c}}{\dfrac{b}{a}}=\dfrac{ad}{bc}$ 예 $\dfrac{\dfrac{4}{3}}{\dfrac{5}{2}}=\dfrac{4\times 2}{3\times 5}=\dfrac{8}{15}$

3. 지수법칙

$\left(\dfrac{b}{a}\right)^x = \dfrac{b^x}{a^x}$ $\quad a^x a^y = a^{x+y} \quad (a^x)^y = a^{xy} \quad (ab)^x = a^x \times b^x$

$\dfrac{a^x}{a^y} = a^{x-y}$ $\quad \dfrac{1}{a^x} = a^{-x} \quad a^0 = 1$

예) $\left(\dfrac{5}{2}\right)^2 = \dfrac{5^2}{2^2} = \dfrac{25}{4} \quad 2^3 \times 2^2 = 2^5 \quad (2^3)^2 = 2^6 \quad \dfrac{2^3}{2^2} = 2^{3-2} = 2$

4. 삼각함수

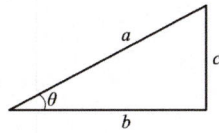

$\sin\theta = \dfrac{c}{a} \qquad \sin^{-1}\dfrac{c}{a} = \theta$

$\cos\theta = \dfrac{b}{a} \qquad \cos^{-1}\dfrac{b}{a} = \theta$

$\tan\theta = \dfrac{c}{b} \qquad \tan^{-1}\dfrac{c}{b} = \theta$

$a = \sqrt{b^2 + c^2}$ (피타고라스의 정리)

	$\theta = 0°$	$\theta = 30°$	$\theta = 45°$	$\theta = 60°$	$\theta = 90°$
$\sin\theta$	0	$\dfrac{1}{2}$	$\dfrac{\sqrt{2}}{2}$	$\dfrac{\sqrt{3}}{2}$	$\dfrac{\sqrt{4}}{2} = 1$
$\cos\theta$	1	$\dfrac{\sqrt{3}}{2}$	$\dfrac{\sqrt{2}}{2}$	$\dfrac{1}{2}$	0
$\tan\theta$	0	$\dfrac{1}{\sqrt{3}}$	1	$\sqrt{3}$	∞

5. 미분

$$(x^n)' = \frac{d}{dx}(x^n) = nx^{n-1}$$

예 $(x^3+x^2)' = \frac{d}{dx}(x^3+x^2) = 3x^2+2x$

6. 적분

$$\int x^n dx = \frac{1}{n+1}x^{n+1} + C$$

예 $\int 3x^2 dx = \frac{3}{2+1}x^{2+1} + C = x^3 + C$

7. 복소수

복소수 = 실수 + 허수 = $a+jb$

$Z = R+jX$를 극좌표 형식으로 나타내면

$Z = |Z|\angle\theta = \sqrt{R^2+X^2} \angle \tan^{-1}\dfrac{X}{R}$

8. 복소수의 계산

$(a \pm jb) \pm (c \pm jd) = (a \pm c) \pm j(b \pm d)$

$(a \pm jb) \times (c \pm jd) = ac \pm j(ad \pm bc) \pm (j)^2 bd = (c \pm jd) = ac \pm j(ad \pm bc) \mp bd$

$\langle j^2 = -1 \rangle$

$\dfrac{c \pm jd}{a \pm jb} = \dfrac{(c \pm jd)(a \mp jb)}{(a \pm jb)(a \mp jb)}$

02 한국전기설비규정

▲ 한국전기설비규정 바로보기

1. 공통사항

목적
이 한국전기설비규정(Korea Electro-technical Code, KEC)은 전기설비기술기준 고시(이하 "기술기준"이라 한다)에서 정하는 전기설비("발전·송전·변전·배전 또는 전기사용을 위하여 설치하는 기계·기구·댐·수로·저수지·전선로·보안통신선로 및 그 밖의 설비"를 말한다)의 안전성능과 기술적 요구사항을 구체적으로 정하는 것을 목적으로 한다.

적용 범위
- 저압 : 교류는 1[kV] 이하, 직류는 1.5[kV] 이하인 것
- 고압 : 교류는 1[kV]를, 직류는 1.5[kV]를 초과하고, 7[kV] 이하인 것
- 특고압 : 7[kV]를 초과하는 것

용어 정의
- "계통접지(System Earthing)"란 전력계통에서 돌발적으로 발생하는 이상현상에 대비하여 대지와 계통을 연결하는 것으로, 중성점을 대지에 접속하는 것을 말한다.

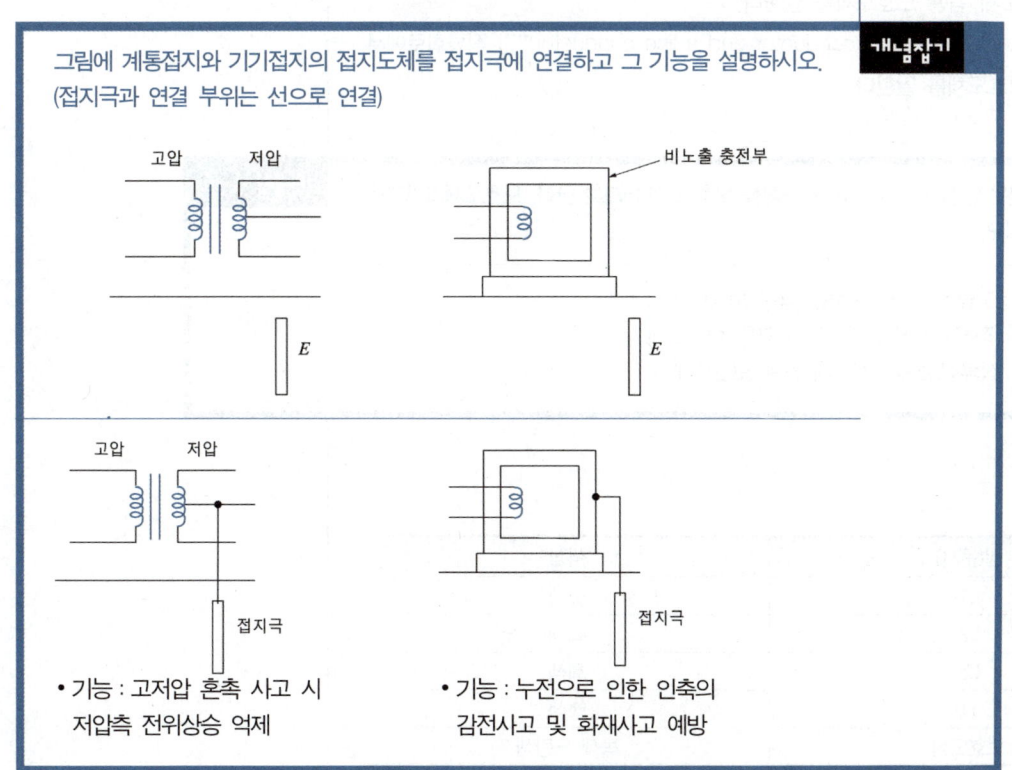

- "관등회로"란 방전등용 안정기 또는 방전등용 변압기로부터 방전관까지의 전로를 말한다.
- "단독운전"이란 전력계통의 일부가 전력계통의 전원과 전기적으로 분리된 상태에서 분산형전원에 의해서만 운전되는 상태를 말한다.
- "보호접지(Protective Earthing)"란 고장 시 감전에 대한 보호를 목적으로 기기의 한 점 또는 여러 점을 접지하는 것을 말한다.
- "접지시스템(Earthing System)"이란 기기나 계통을 개별적 또는 공통으로 접지하기 위하여 필요한 접속 및 장치로 구성된 설비를 말한다.
- "제1차 접근 상태"란 가공 전선이 다른 시설물과 접근(병행하는 경우를 포함하며 교차하는 경우 및 동일 지지물에 시설하는 경우를 제외한다. 이하 같다)하는 경우에 가공 전선이 다른 시설물의 위쪽 또는 옆쪽에서 수평거리로 가공 전선로의 지지물의 지표상의 높이에 상당하는 거리 안에 시설(수평 거리로 3[m] 미만인 곳에 시설되는 것을 제외한다) 됨으로써 가공 전선로의 전선의 절단, 지지물의 도괴 등의 경우에 그 전선이 다른 시설물에 접촉할 우려가 있는 상태를 말한다.
- "제2차 접근상태"란 가공 전선이 다른 시설물과 접근하는 경우에 그 가공 전선이 다른 시설물의 위쪽 또는 옆쪽에서 수평 거리로 3[m] 미만인 곳에 시설되는 상태를 말한다.
- "지중 관로"란 지중 전선로·지중 약전류 전선로·지중 광섬유 케이블 선로·지중에 시설하는 수관 및 가스관과 이와 유사한 것 및 이들에 부속하는 지중함 등을 말한다.
- "PEN 도체(protective earthing conductor and neutral conductor)"란 교류회로에서 중성선 겸용 보호도체를 말한다.
- "PEM 도체(protective earthing conductor and a mid-point conductor)"란 직류회로에서 중간도체 겸용 보호도체를 말한다.
- "PEL 도체(protective earthing conductor and a line conductor)"란 직류회로에서 선도체 겸용 보호도체를 말한다

> **개념잡기**
>
> 감전방지와 같은 안전을 위해 준비된 도체를 보호도체(PE)라고 한다. 보호도체 3가지를 적고 설명하시오.
>
> ① PEN 도체 : 교류회로에서 중성선 겸용 보호도체
> ② PEM 도체 : 직류회로에서 중간도체 겸용 보호도체
> ③ PEL 도체 : 직류회로에서 선도체 겸용 보호도체

전선의 식별

상(문자)	색상
L1	갈색
L2	흑색
L3	회색
N	청색
보호도체	녹색-노란색

전선의 종류

절연전선, 코드, 캡타이어케이블, 저압 케이블, 고압 및 특고압 케이블, 나전선 등

전로의 절연 원칙

- 대지로부터 절연하지 않아도 되는 경우
  - 고압 또는 특고압과 저압의 혼촉에 의한 위험방지 시설, 전로의 중성점의 접지 또는 옥내의 네온 방전등 공사에 따라 전로의 중성점에 접지공사를 하는 경우의 접지점
  - 계기용변성기의 2차측 전로의 접지에 따라 계기용변성기의 2차측 전로에 접지공사를 하는 경우의 접지점

전로의 절연저항 및 절연내력

고압 및 특고압의 전로는 표에서 정한 시험전압을 전로와 대지 사이에 연속하여 10분간 가하여 절연내력을 시험하였을 때에 이에 견디어야 한다. 다만, 전선에 케이블을 사용하는 교류 전로로서 표에서 정한 시험전압의 2배의 직류전압을 전로와 대지 사이에 연속하여 10분간 가하여 절연내력을 시험하였을 때에 이에 견디는 것에 대하여는 그러하지 아니하다.

전로의 종류 및 시험전압

전로의 종류	시험전압
1. 최대사용전압 7[kV] 이하인 전로	최대사용전압의 1.5배의 전압
2. 최대사용전압 7[kV] 초과 25[kV] 이하인 중성점 접지식 전로(중성선을 가지는 것으로서 그 중성선을 다중접지하는 것에 한한다)	최대사용전압의 0.92배의 전압
3. 최대사용전압 7[kV] 초과 60[kV] 이하인 전로(2란의 것을 제외한다)	최대사용전압의 1.25배의 전압 (10.5[kV] 미만으로 되는 경우는 10.5[kV])
4. 최대사용전압 60[kV] 초과 중성점 비접지식 전로 (전위 변성기를 사용하여 접지하는 것을 포함한다)	최대사용전압의 1.25배의 전압
5. 최대사용전압 60[kV] 초과 중성점 접지식 전로(전위 변성기를 사용하여 접지하는 것 및 6란과 7란의 것을 제외한다)	최대사용전압의 1.1배의 전압(75[kV] 미만으로 되는 경우에는 75[kV])
6. 최대사용전압이 60[kV]를 초과 중성점 직접 접지식 전로(7란의 것을 제외한다)	최대사용전압의 0.72배의 전압
7. 최대사용전압이 170[kV] 초과 중성점 직접 접지식 전로로서 그 중성점이 직접 접지되어 있는 발전소 또는 변전소 혹은 이에 준하는 장소에 시설하는 것	최대사용전압의 0.64배의 전압
8. 최대사용전압이 60[kV]를 초과하는 정류기에 접속되고 있는 전로	교류측 및 직류 고전압측에 접속되고 있는 전로는 교류측의 최대사용전압의 1.1배의 직류전압 직류측 중성선 또는 귀선이 되는 전로(이하 이장에서 "직류 저압측 전로"라 한다)는 아래에 규정하는 계산식에 의하여 구한 값 $E = V \times 1/2 \times 0.5 \times 1.2$ • E : 교류시험전압 • V : 교류성 이상 전압의 파고값 (케이블을 사용하는 경우 시험전압은 E의 2배의 직류전압으로 한다)

> 사용전압이 154[kV]인 중성점 직접 접지식 전로의 절연내력을 시험하고자 한다. 한국전기설비규정에 따른 시험전압[V]을 계산하고 시험방법을 간단히 설명하시오.
>
> 가. 절연내력 시험전압
> 나. 절연내력 시험방법

가. [계산과정] $V = 154 \times 10^3 \times 0.72 = 110,880$[V]
　　[정답] 110,880[V]

> **참고**
> 한국전기설비규정 132 전로의 절연저항 및 절연내력
> 표 132-1 전로의 종류 및 시험 전압
>
> | 전로의 종류 | 시험 전압 |
> |---|---|
> | 최대사용전압이 60kV 초과 중성점 직접 접지식 전로 | 최대사용전압의 0.72배 |

나. 시험 전압을 전로와 대지 사이에 연속하여 10분간 가하여 절연내력을 시험하였을 때 이에 견디어야 한다.

회전기 및 정류기의 절연내력

회전기 및 정류기는 표에서 정한 시험방법으로 절연내력을 시험하였을 때에 이에 견디어야 한다. 다만, 회전변류기 이외의 교류의 회전기로 표에서 정한 시험전압의 1.6배의 직류전압으로 절연내력을 시험하였을 때 이에 견디는 것을 시설하는 경우에는 그러하지 아니하다.

회전기 및 정류기 시험전압

종류			시험전압	시험방법
회전기	발전기·전동기·조상기·기타회전기(회전전류기를 제외한다)	최대사용전압 7[kV] 이하	최대사용전압의 1.5배의 전압 (500[V] 미만으로 되는 경우에는 500[V])	권선과 대지 사이에 연속하여 10분간 가한다.
		최대사용전압 7[kV] 초과	최대사용전압의 1.25배의 전압 (10.5[kV] 미만으로 되는 경우에는 10.5[kV])	
	회전변류기		직류측의 최대사용전압의 1배의 교류전압(500[V] 미만으로 되는 경우에는 500[V])	
정류기	최대사용전압이 60[kV] 이하		직류측의 최대사용전압의 1배의 교류전압(500[V] 미만으로 되는 경우에는 500[V])	충전부분과 외함 간에 연속하여 10분간 가한다.
	최대사용전압 60[kV] 초과		교류측의 최대사용전압의 1.1배의 교류전압 또는 직류측의 최대사용전압의 1.1배의 직류전압	교류측 및 직류고전압측단자와 대지 사이에 연속하여 10분간 가한다.

> 회전기의 절연내력 시험방법에 대해 간단히 설명하시오.

권선과 대지 사이에 연속하여 10분간 가한다.

변압기 전로의 시험전압

권선의 종류	시험전압	시험방법
1. 최대 사용전압 7[kV] 이하	최대 사용전압의 1.5배의 전압(500[V] 미만으로 되는 경우에는 500[V]) 다만, 중성점이 접지되고 다중접지된 중성선을 가지는 전로에 접속하는 것은 0.92배의 전압(500[V] 미만으로 되는 경우에는 500[V])	시험되는 권선과 다른 권선, 철심 및 외함 간에 시험전압을 연속하여 10분간 가한다.
2. 최대 사용전압 7[kV] 초과 25[kV] 이하의 권선으로서 중성점 접지식 전선(중선선을 가지는 것으로서 그 중성선에 다중접지를 하는것에 한한다)에 접속하는 것	최대 사용전압의 0.92배의 전압	
3. 최대 사용전압 7[kV] 초과 60[kV] 이하의 권선 (2란의 것을 제외한다)	최대 사용전압의 1.25배의 전압 (10.5[kV] 미만으로 되는 경우에는 10.5[kV])	
4. 최대 사용전압이 60[kV]를 초과하는 권선으로서 중성점 비접지식 전로(전위 변성기를 사용하여 접지하는 것을 포함한다. 8란을 제외한다)에 접속하는 것	최대 사용전압의 1.25배의 전압	
5. 최대 사용전압이 60[kV]를 초과하는 권선(성형결선, 또는 스콧결선의 것에 한한다)으로서 중성점 접지식 전로(전위 변성기를 사용하여 접지하는 것, 6란 및 8란의 것을 제외한다)에 접속하고 또한 성형결선의 권선의 경우에는 그 중성점에, 스콧결선의 권선의 경우에는 T좌권선과 주좌권선의 접속점에 피뢰기를 시설하는 것	최대 사용전압의 1.1배의 전압(75[kV] 미만으로 되는 경우에는 75[kV])	시험되는 권선의 중성점 단자(스콧 결선의 경우에는 T좌권선과 주좌권선의 접속점 단자. 이하 이 표에서 같다) 이외의 임의의 1단자, 다른 권선(다른 권선이 2개 이상 있는 경우에는 각권선의 임의의 1단자, 철심 및 외함을 접지하고 시험되는 권선의 중성점 단자 이외의 각 단자에 3상교류의 시험전압을 연속하여 10분간 가한다. 다만, 3상교류의 시험전압을 가하기 곤란할 경우에는 시험되는 권선의 중성점 단자 및 접지되는 단자 이외의 임의의 1단자와 대지 사이에 단상교류의 시험전압을 연속하여 10분간 가하고 다시 중성점 단자와 대지 사이에 최대 사용전압의 0.64배(스콧 결선의 경우에는 0.96배)의 전압을 연속하여 10분간 가할 수 있다.

권선의 종류	시험전압	시험방법
6. 최대 사용전압이 60[kV]를 초과하는 권선(성형결선의 것에 한한다. 8란의 것을 제외한다)으로서 중성점 직접 접지식전로에 접속하는 것. 다만, 170[kV]를 초과하는 권선에는 그 중성점에 피뢰기를 시설하는 것에 한한다.	최대 사용전압의 0.72배의 전압	시험되는 권선의 중성점 단자, 다른 권선(다른 권선이 2개 이상 있는 경우에는 각 권선)의 임의의 1단자, 철심 및 외함을 접지하고 시험되는 권선의 중성점 단자 이외의 임의의 1단자와 대지 사이에 시험전압을 연속하여 10분간 가한다. 이 경우에 중성점에 피뢰기를 시설하는 것에 있어서는 다시 중성점 단자와 대지 간에 최대사용전압의 0.3배의 전압을 연속하여 10분간 가한다.
7. 최대 사용전압이 170[kV]를 초과하는 권선(성형결선의 것에 한한다. 8란의 것을 제외한다)으로서 중성점 직접 접지식 전로에 접속하고 또한 그 중성점을 직접 접지하는 것	최대 사용전압의 0.64배의 전압	시험되는 권선의 중성점 단자, 다른 권선(다른 권선이 2개 이상 있는 경우에는 각 권선)의 임의의 1단자, 철심 및 외함을 접지하고 시험되는 권선의 중성점 단자 이외의 임의의 1단자와 대지 사이에 시험전압을 연속하여 10분간 가한다.
8. 최대 사용전압이 60[kV]를 초과하는 정류기에 접속하는 권선	정류기의 교류측의 최대 사용전압의 1.1배의 교류전압 또는 정류기의 직류측의 최대 사용전압의 1.1배의 직류전압	시험되는 권선과 다른 권선, 철심 및 외함 간에 시험전압을 연속하여 10분간 가한다.
9. 기타 권선	최대 사용전압의 1.1배의 전압(75[kV] 미만으로 되는 경우는 75[kV])	시험되는 권선과 다른 권선, 철심 및 외함 간에 시험전압을 연속하여 10분간 가한다.

개념잡기

변압기 절연 내력 시험전압에 대한 내용이다. ①~⑦의 알맞은 내용으로 빈칸을 완성하시오.

구분	종류(최대사용전압을 기준으로)	시험 전압
①	최대사용전압 7[kV] 이하인 권선 (단, 시험전압이 500[V] 미만으로 되는 경우에는 500[V])	최대사용전압×( )배
②	7[kV]를 넘고 25[kV] 이하의 권선으로서 중성선 다중접지식에 접속되는 것	최대사용전압×( )배
③	7[kV]를 넘고 60[kV] 이하의 권선(중성선 다중접지 제외) (단, 시험전압이 10,500[V] 미만으로 되는 경우에는 10,500[V])	최대사용전압×( )배
④	60[kV]를 넘는 권선으로서 중성점 비접지식 전로에 접속되는 것	최대사용전압×( )배
⑤	60[kV]를 넘는 권선으로서 중성점 접지식 전로에 접속하고 또한 성형결선의 권선의 경우에는 그 중성점에 T좌 권선과 주좌 권선의 접속점에 피뢰기를 시설하는 것 (단, 시험전압이 75[kV]미만으로 되는 경우에는 75[kV])	최대사용전압×( )배
⑥	60[kV]를 넘는 권선으로서 중성점 직접 접지식 전로에 접속하는 것, 다만 170[kV]를 초과하는 권선에는 그 중성점에 피뢰기를 시설하는 것	최대사용전압×( )배
⑦	170[kV]를 넘는 권선으로서 중성점 직접접지식 전로에 접속하고 또는 그 중성점을 직접 접지하는 것	최대사용전압×( )배
(예시)	기타의 권선	최대사용전압×(1.1)배

구분	종류(최대사용전압을 기준으로)	시험 전압
①	최대사용전압 7[kV] 이하인 권선 (단, 시험전압이 500[V] 미만으로 되는 경우에는 500[V])	최대사용전압×(1.5)배
②	7[kV]를 넘고 25[kV] 이하의 권선으로서 중성선 다중접지식에 접속되는 것	최대사용전압×(0.92)배
③	7[kV]를 넘고 60[kV] 이하의 권선(중성선 다중접지 제외) (단, 시험전압이 10,500[V] 미만으로 되는 경우에는 10,500[V])	최대사용전압×(1.25)배
④	60[kV]를 넘는 권선으로서 중성점 비접지식 전로에 접속되는 것	최대사용전압×(1.25)배
⑤	60[kV]를 넘는 권선으로서 중성점 접지식 전로에 접속하고 또한 성형결선의 권선의 경우에는 그 중성점에 T좌 권선과 주좌 권선의 접속점에 피뢰기를 시설하는 것 (단, 시험전압이 75[kV]미만으로 되는 경우에는 75[kV])	최대사용전압×(1.1)배
⑥	60[kV]를 넘는 권선으로서 중성점 직접 접지식 전로에 접속하는 것, 다만 170[kV]를 초과하는 권선에는 그 중성점에 피뢰기를 시설하는 것	최대사용전압×(0.72)배
⑦	170[kV]를 넘는 권선으로서 중성점 직접접지식 전로에 접속하고 또는 그 중성점을 직접 접지하는 것	최대사용전압×(0.64)배
(예시)	기타의 권선	최대사용전압×(1.1)배

접지극의 시설 및 접지저항

- 접지극은 지표면으로부터 지하 0.75[m] 이상으로 하되 동결 깊이를 감안하여 매설 깊이를 정해야 한다.
- 수도관 등을 접지극으로 사용하는 경우는 다음에 의한다.
  - 지중에 매설되어 있고 대지와의 전기저항값이 3[Ω] 이하의 값을 유지하고 있는 금속제 수도관로가 다음에 따르는 경우 접지극으로 사용이 가능하다.
    - 접지도체와 금속제 수도관로의 접속은 안지름 75[mm] 이상인 부분 또는 여기에서 분기한 안지름 75[mm] 미만인 분기점으로부터 5[m]이내의 부분에서 하여야 한다. 다만, 금속제 수도관로와 대지 사이의 전기저항값이 2[Ω] 이하인 경우에는 분기점으로부터의 거리는 5[m]를 넘을 수 있다.
    - 접지도체와 금속제 수도관로의 접속부를 수도계량기로부터 수도 수용가 측에 설치하는 경우에는 수도계량기를 사이에 두고 양측 수도관로를 등전위 본딩을 하여야 한다.
    - 접지도체와 금속제 수도관로의 접속부를 사람이 접촉할 우려가 있는 곳에 설치하는 경우에는 손상을 방지하도록 방호장치를 설치하여야 한다.
    - 접지도체와 금속제 수도관로의 접속에 사용하는 금속제는 접속부에 전기적 부식이 생기지 않아야 한다.
  - 건축물·구조물의 철골 기타의 금속제는 이를 비접지식 고압전로에 시설하는 기계기구의 철대 또는 금속제 외함의 접지공사 또는 비접지식 고압전로와 저압전로를 결합하는 변압기의 저압전로의 접지공사의 접지극으로 사용할 수 있다. 다만, 대지와의 사이에 전기저항값이 2[Ω] 이하인 값을 유지하는 경우에 한한다.

개념잡기

접지극은 지표면에서 몇 [m] 이상 매설깊이를 정하는가?

0.75[m]

> **참고**
> 한국전기설비규정 142.2 접지극의 시설 및 접지저항
> 접지극의 매설은 다음에 의한다.
> 가. 접지극은 매설하는 토양을 오염시키지 않아야 하며, 가능한 다습한 부분에 설치한다.
> 나. 접지극은 동결 깊이를 감안하여 시설하되 고압 이상의 전기설비 접지극의 매설 깊이는 지표면으로부터 지하 0.75[m] 이상으로 한다.

접지도체

- 접지도체의 최소 단면적
  - 구리는 6[mm²] 이상
  - 철제는 50[mm²] 이상
- 접지도체는 지하 0.75[m]부터 지표상 2[m]까지 부분은 합성수지관(두께 2[mm] 미만의 합성수지제 전선관 및 가연성 콤바인덕트관은 제외한다) 또는 이와 동등 이상의 절연효과와 강도를 가지는 몰드로 덮어야 한다.
- 중성점 접지용 접지도체는 공칭단면적 16[mm²] 이상의 연동선 또는 동등 이상의 단면적 및 세기를 가져야 한다.

> **개념잡기**
>
> 변압기 2차측 접지도체가 구리일 경우 단면적은 몇 [mm²] 이상이어야 하는가?
>
> 6[mm²]

저압수용가 인입구 접지

수용장소 인입구 부근에서 지중에 매설되어 있고 대지와의 전기저항값이 3[Ω] 이하의 값을 유지하고 있는 금속제 수도관로을 접지극으로 사용하여 변압기 중성점 접지를 한 저압전선로의 중성선 또는 접지측 전선에 추가로 접지공사를 할 수 있다.

중성점 접지 저항값

- 일반적으로 변압기의 고압·특고압측 전로 1선 지락전류로 150을 나눈 값과 같은 저항값 이하
- 1초 초과 2초 이내에 고압·특고압 전로를 자동으로 차단하는 장치를 설치할 때는 1선 지락전류로 300을 나눈 값 이하
- 1초 이내에 고압·특고압 전로를 자동으로 차단하는 장치를 설치할 때는 1선 지락전류로 600을 나눈 값 이하

> **개념잡기**
>
> 고압측 1선 지락전류가 4[A]인 6.6[kV] 3상 3선식 비접지식 배전선로가 있다. 이 배전선에 접속된 주상변압기의 중성점 접지 저항값은 몇 [Ω] 이하이어야 하는가?
>
> [계산과정] $R = \dfrac{150}{I_g} = \dfrac{150}{4} = 37.5[\Omega]$
>
> [정답] 37.5[Ω] 이하

2. 저압 전기설비

계통접지 구성

- TN 계통
  - 전원측의 한 점을 직접 접지하고 설비의 노출도전부를 보호도체로 접속시키는 방식으로 계통 전체에 대해 별도의 중성선 또는 PE 도체를 사용한다.
  - TN 계통에서 설비의 접지 신뢰성은 PEN 도체 또는 PE 도체와 접지극과의 효과적인 접속에 의한다.
- TT 계통
  - 전원의 한 점을 직접 접지하고 설비의 노출도전부는 전원의 접지전극과 전기적으로 독립적인 접지극에 접속시킨다.
  - 전원계통의 중성점이나 중간점은 접지하여야 한다. 중성점이나 중간점을 이용할 수 없는 경우, 선도체 중 하나를 접지하여야 한다.
- IT 계통
  - 충전부 전체를 대지로부터 절연시키거나, 한 점을 임피던스를 통해 대지에 접속시킨다. 전기설비의 노출도전부를 단독 또는 일괄적으로 계통의 PE 도체에 접속시킨다.
  - 계통은 충분히 높은 임피던스를 통하여 접지할 수 있다. 이 접속은 중성점, 인위적 중성점, 선도체 등에서 할 수 있다. 중성선은 배선할 수도 있고, 배선하지 않을 수도 있다.

누전차단기의 시설

금속제 외함을 가지는 사용전압이 50[V]를 초과하는 저압의 기계기구로서 사람이 쉽게 접촉할 우려가 있는 곳에 시설하는 것에 전기를 공급하는 전로에 누전차단기를 시설해야 한다.

저압 옥내전로 인입구에서의 개폐기의 시설

사용전압이 400[V] 미만인 옥내 전로로서 다른 옥내전로(정격전류가 16[A] 이하인 과전류차단기 또는 정격전류가 16[A]를 초과하고 20[A] 이하인 배선용 차단기로 보호되고 있는 것에 한한다)에 접속하는 길이 15[m] 이하의 전로에서 전기의 공급을 받는 것은 개폐기를 각 극에 시설하지 아니할 수 있다.

퓨즈의 용단특성

(퓨즈 gG)의 용단특성

정격전류의 구분	시간	정격전류의 배수	
		불용단전류	용단전류
4[A] 이하	60분	1.5배	2.1배
4[A] 초과 16[A] 미만	60분	1.5배	1.9배
16[A] 이상 63[A] 이하	60분	1.25배	1.6배
63[A] 초과 160[A] 이하	120분	1.25배	1.6배
160[A] 초과 400[A] 이하	180분	1.25배	1.6배
400[A] 초과	240분	1.25배	1.6배

저압전로 중의 전동기 보호용 과전류 보호 장치의 시설

옥내에 시설하는 전동기(정격 출력이 0.2[kW] 이하인 것을 제외한다. 이하 같다)에는 전동기가 손상될 우려가 있는 과전류가 생겼을 때에 자동적으로 이를 저지하거나 이를 경보하는 장치를 하여야 한다. 다만, 다음의 어느 하나에 해당하는 경우에는 그러하지 아니하다.

- 전동기를 운전 중 상시 취급자가 감시할 수 있는 위치에 시설하는 경우
- 전동기의 구조나 부하의 성질로 보아 전동기가 손상될 수 있는 과전류가 생길 우려가 없는 경우
- 단상전동기로써 그 전원측 전로에 시설하는 과전류 차단기의 정격전류가 16[A](배선용 차단기는 20[A]) 이하인 경우

저압 인입선의 시설

- 전선은 절연전선 또는 케이블일 것
- 전선이 케이블인 경우 이외에는 인장강도 2.30[kN] 이상의 것 또는 지름 2.6[mm] 이상의 인입용 비닐절연전선일 것. 다만, 경간이 15[m] 이하인 경우는 인장강도 1.25[kN] 이상의 것 또는 지름 2[mm] 이상의 인입용 비닐절연전선일 것
- 전선이 옥외용 비닐절연전선인 경우에는 사람이 접촉할 우려가 없도록 시설하고, 옥외용 비닐절연전선 이외의 절연전선인 경우에는 사람이 쉽게 접촉할 우려가 없도록 시설할 것

저압 옥측전선로의 공사방법

- 애자공사(전개된 장소에 한한다)
- 합성수지관공사
- 금속관공사(목조 이외의 조영물에 시설하는 경우에 한한다)
- 버스덕트공사[목조 이외의 조영물(점검할 수 없는 은폐된 장소는 제외한다)에 시설하는 경우에 한한다]
- 케이블공사(연피 케이블, 알루미늄피 케이블 또는 무기물절연(MI) 케이블을 사용하는 경우에는 목조 이외의 조영물에 시설하는 경우에 한한다)

옥상 전선로

전선과 그 저압 옥상 전선로를 시설하는 조영재와의 이격거리는 2[m](전선이 고압 절연전선, 특고압 절연전선 또는 케이블인 경우에는 1[m]) 이상일 것

저압 가공전선의 굵기 및 종류

- 저압 가공전선은 나전선(중성선 또는 다중접지된 접지측 전선으로 사용하는 전선에 한한다), 절연전선, 다심형 전선 또는 케이블을 사용하여야 한다.
- 사용전압이 400[V] 이하인 저압 가공전선은 케이블인 경우를 제외하고는 인장강도 3.43[kN] 이상의 것 또는 지름 3.2[mm] (절연전선인 경우는 인장강도 2.3[kN] 이상의 것 또는 지름 2.6[mm] 이상의 경동선) 이상의 것이어야 한다.
- 사용전압이 400[V] 초과인 저압 가공전선은 케이블인 경우 이외에는 시가지에 시설하는 것은 인장강도 8.01[kN] 이상의 것 또는 지름 5[mm] 이상의 경동선, 시가지 외에 시설하는 것은 인장강도 5.26[kN] 이상의 것 또는 지름 4[mm] 이상의 경동선이어야 한다.
- 사용전압이 400[V] 초과인 저압 가공전선에는 인입용 비닐절연전선을 사용하여서는 안 된다.

저압 보안공사

전선은 케이블인 경우 이외에는 인장강도 8.01[kN] 이상의 것 또는 지름 5[mm](사용전압이 400[V] 이하인 경우에는 인장강도 5.26[kN] 이상의 것 또는 지름 4[mm] 이상의 경동선) 이상의 경동선이어야 하며, 또한 이를 222.6의 규정(저압 가공전선의 안전률)에 준하여 시설할 것

저압 가공전선과 조영물의 구분에 따른 이격거리

다른 시설물의 구분		이격거리
조영물의 상부 조영재	위쪽	2[m] (전선이 고압 절연전선, 특고압 절연전선 또는 케이블인 경우는 1.0[m])
	옆쪽 또는 아래쪽	0.6[m] (전선이 고압 절연전선, 특고압 절연전선 또는 케이블인 경우는 0.3[m])
조영물의 상부 조영재 이외의 부분 또는 조영물 이외의 시설물		0.6[m] (전선이 고압 절연전선, 특고압 절연전선 또는 케이블인 경우는 0.3[m])

농사용 저압 가공전선로의 시설

- 저압 가공전선은 인장강도 1.38[kN] 이상의 것 또는 지름 2[mm] 이상의 경동선일 것
- 전선로의 지지점 간 거리는 30[m] 이하일 것

저압 옥내배선의 사용전선

- 저압 옥내배선의 전선은 단면적 2.5[mm^2] 이상의 연동선 또는 이와 동등 이상의 강도 및 굵기의 것
- 옥내배선의 사용 전압이 400[V] 이하인 경우로 다음 중 어느 하나에 해당하는 경우에는 위 내용을 적용하지 않는다.
  - 전관표시장치 기타 이와 유사한 장치 또는 제어회로 등에 사용하는 배선에 단면적 1.5[mm^2] 이상의 연동선을 사용하고 이를 합성수지관공사·금속관공사·금속몰드공사·금속덕트공사·플로어덕트공사 또는 셀룰러덕트공사에 의하여 시설하는 경우
  - 전관표시장치 기타 이와 유사한 장치 또는 제어회로 등의 배선에 단면적 0.75[mm^2] 이상인 다심케이블 또는 다심 캡타이어케이블을 사용하고 또한 과전류가 생겼을 때에 자동적으로 전로에서 차단하는 장치를 시설하는 경우
  - 규정에 의하여 단면적 0.75[mm^2] 이상인 코드 또는 캡타이어케이블을 사용하는 경우
  - 규정에 의하여 리프트 케이블을 사용하는 경우

합성수지관 및 부속품의 시설

관의 지지점 간의 거리는 1.5[m] 이하로 하고, 또한 그 지지점은 관의 끝관과 박스의 접속점 및 관 상호 간의 접속점 등에 가까운 곳에 시설할 것

금속관공사

- 전선은 절연전선(옥외용 비닐절연전선을 제외한다)일 것
- 관의 끝 부분에는 전선의 피복을 손상하지 아니하도록 적당한 구조의 부싱을 사용할 것. 다만, 금속관공사로부터 애자사용공사로 옮기는 경우에는 그 부분의 관의 끝 부분에는 절연부싱 또는 이와 유사한 것을 사용하여야 한다.

금속제 가요전선관공사

- 전선은 절연전선(옥외용 비닐절연전선을 제외한다)일 것
- 전선은 연선일 것. 다만, 단면적 10[mm^2](알루미늄선은 단면적 16[mm^2]) 이하인 것은 그러하지 아니하다.
- 가요전선관 안에는 전선에 접속점이 없도록 할 것
- 1종 금속제 가요전선관에는 단면적 2.5[mm^2] 이상의 나연동선을 전체 길이에 걸쳐 삽입 또는 첨가하여 그 나연동선과 1종 금속제가요전선관을 양쪽 끝에서 전기적으로 완전하게 접속할 것. 다만, 관의 길이가 4[m] 이하인 것을 시설하는 경우에는 그러하지 아니하다.

금속덕트공사

- 금속덕트에 넣은 전선의 단면적(절연피복의 단면적을 포함한다)의 합계는 덕트의 내부 단면적의 20[%](전광표시장치 기타 이와 유사한 장치 또는 제어회로 등의 배선만을 넣는 경우에는 50[%]) 이하일 것

- 금속덕트 안에는 전선에 접속점이 없도록 할 것. 다만, 전선을 분기하는 경우에는 그 접속점을 쉽게 점검할 수 있는 때에는 그러하지 아니하다.
- 폭이 40[mm] 이상 또한 두께가 1.2[mm] 이상인 기계적 강도를 가지는 금속제의 것으로 견고하게 제작한 것일 것
- 덕트를 조영재에 붙이는 경우에는 덕트의 지지점 간의 거리를 3[m](취급자 이외의 자가 출입할 수 없도록 설비한 곳에서 수직으로 붙이는 경우에는 6[m] 이하로 하고 또한 견고하게 붙일 것

플로어덕트공사
- 전선은 절연전선(옥외용 비닐절연전선을 제외한다)일 것
- 플로어덕트 안에는 전선에 접속점이 없도록 할 것. 다만, 전선을 분기하는 경우에 접속점을 쉽게 점검할 수 있을 때에는 그러하지 아니하다.

케이블트레이공사
- 수용된 모든 전선을 지지할 수 있는 적합한 강도의 것이어야 한다. 이 경우 케이블트레이의 안전률은 1.5 이상으로 하여야 한다.
- 지지대는 트레이 자체 하중과 포설된 케이블 하중을 충분히 견딜 수 있는 강도를 가져야 한다.
- 전선의 피복 등을 손상시킬 돌기 등이 없이 매끈하여야 한다.
- 금속재의 것은 적절한 방식처리를 한 것이거나 내식성 재료의 것이어야 한다.
- 측면 레일 또는 이와 유사한 구조재를 부착하여야 한다.
- 배선의 방향 및 높이를 변경하는데 필요한 부속재 기타 적당한 기구를 갖춘 것이어야 한다.
- 비금속제 케이블 트레이는 난연성 재료의 것이어야 한다.
- 금속제 케이블 트레이시스템은 기계적 및 전기적으로 완전하게 접속하여야 하며 금속제 트레이는 접지시스템에 준하여 접지공사를 하여야 한다.

애자공사
- 전선은 다음의 경우 이외에는 절연전선(옥외용 비닐절연전선 및 인입용 비닐절연전선을 제외한다)일 것
  - 전기로용 전선
  - 전선의 피복 절연물이 부식하는 장소에 시설하는 전선
  - 취급자 이외의 자가 출입할 수 없도록 설비한 장소에 시설하는 전선
- 전선 상호 간의 간격은 0.06[m] 이상일 것
- 전선과 조영재 사이의 이격거리는 사용전압이 400[V] 미만인 경우에는 25[mm] 이상, 400[V] 이상인 경우에는 45[mm](건조한 장소에 시설하는 경우에는 25[mm]) 이상일 것
- 전선의 지지점 간의 거리는 전선을 조영재의 윗면 또는 옆면에 따라 붙일 경우에는 2[m] 이하일 것

버스덕트공사

- 덕트 상호 간 및 전선 상호 간은 견고하고 또한 전기적으로 완전하게 접속할 것
- 덕트를 조영재에 붙이는 경우에는 덕트의 지지점 간의 거리를 3[m](취급자 이외의 자가 출입할 수 없도록 설비한 곳에서 수직으로 붙이는 경우에는 6[m]) 이하로 하고 또한 견고하게 붙일 것
- 덕트(환기형의 것을 제외한다)의 끝부분은 막을 것
- 덕트(환기형의 것을 제외한다)의 내부에 먼지가 침입하지 아니하도록 할 것
- 덕트는 211 감전에 대한 보호과 140 접지시스템에 준하여 접지공사를 할 것
- 습기가 많은 장소 또는 물기가 있는 장소에 시설하는 경우에는 옥외용 버스덕트를 사용하고 버스덕트 내부에 물이 침입하여 고이지 아니하도록 할 것

콘센트의 시설

욕조나 샤워시설이 있는 욕실 또는 화장실 등 인체가 물에 젖어있는 상태에서 전기를 사용하는 장소에 콘센트를 시설하는 경우에는 다음에 따라 시설하여야 한다.

- 「전기용품 및 생활용품 안전관리법」의 적용을 받는 인체감전보호용 누전차단기(정격감도전류 15[mA] 이하, 동작시간 0.03초 이하의 전류동작형의 것에 한한다) 또는 절연변압기(정격용량 3[kVA] 이하인 것에 한한다)로 보호된 전로에 접속하거나, 인체감전보호용 누전차단기가 부착된 콘센트를 시설하여야 한다.
- 콘센트는 접지극이 있는 방적형 콘센트를 사용하여 접지시스템 규정에 준하여 접지하여야 한다.

점멸기의 시설

- 조명용 전등을 설치할 때에는 다음의 경우에는 센서등(타임스위치 포함)을 시설하여야 한다.
  - 「관광진흥법」과 「공중위생관리법」에 의한 관광숙박업 또는 숙박업(여인숙업을 제외한다)에 이용되는 객실의 입구등은 1분 이내에 소등되는 것
  - 일반주택 및 아파트 각 호실의 현관등은 3분 이내에 소등되는 것

1[kV] 이하 방전등

- 전기를 공급하는 전로의 대지전압은 300[V] 이하로 하여야 한다.

관등회로의 공사방법

시설장소의 구분		공사방법
전개된 장소	건조한 장소	애자공사·합성수지몰드공사 또는 금속몰드공사
	기타의 장소	애자공사
점검할 수 있는 은폐된 장소	건조한 장소	금속몰드공사

- 등회로의 사용전압이 400[V] 이하 또는 변압기의 정격 2차 단락전류 혹은 회로의 동작전류가 50[mA] 이하의 것으로 안정기를 외함에 넣고, 이것을 조명기구와 전기적으로 접속되지 않도록 시설할 경우

수중조명등 누전차단기 시설

수중조명등의 절연변압기의 2차측 전로의 사용전압이 30[V]를 초과하는 경우에는 그 전로에 지락이 생겼을 때에 자동적으로 전로를 차단하는 정격감도전류 30[mA] 이하의 누전차단기를 시설하여야 한다.

전기울타리의 시설

전기울타리는 다음에 의하고 또한 견고하게 시설하여야 한다.
- 전기울타리는 사람이 쉽게 출입하지 아니하는 곳에 시설할 것
- 전선은 인장강도 1.38[kN] 이상의 것 또는 지름 2[mm] 이상의 경동선일 것
- 전선과 이를 지지하는 기둥 사이의 이격거리는 25[mm] 이상일 것
- 전선과 다른 시설물(가공 전선을 제외한다) 또는 수목과의 이격거리는 0.3[m] 이상일 것

전극식 온천온수기

전극식 온천온수기 또는 이에 부속하는 급수 펌프에 직결되는 전동기에 전기를 공급하기 위해서는 사용전압이 400[V] 이하인 절연변압기를 다음에 따라 시설하여야 한다.
- 절연변압기 2차측 전로에는 전극식 온천온수기 및 이에 부속하는 급수펌프에 직결하는 전동기 이외의 전기사용 기계기구를 접속하지 아니할 것
- 절연변압기는 교류 2[kV]의 시험전압을 하나의 권선과 다른 권선, 철심 및 외함 사이에 연속하여 1분간 가하여 절연내력을 시험하였을 때에 이에 견디는 것일 것

유희용 전차

전원장치의 2차측 단자의 최대사용전압은 직류의 경우 60[V] 이하, 교류의 경우 40[V] 이하일 것

전기집진 응용장치 및 전원공급 설비의 시설

사용전압이 특고압의 전기집진장치·정전도장장치(靜電塗裝裝置)·전기탈수장치·전기선별장치 기타의 전기집진 응용장치 및 이에 특고압의 전기를 공급하기 위한 전기설비는 다음에 따라 시설하여야 한다.
- 전기집진 응용장치에 전기를 공급하기 위한 변압기의 1차측 전로에는 그 변압기에 가까운 곳으로 쉽게 개폐할 수 있는 곳에 개폐기를 시설할 것
- 전기집진 응용장치에 전기를 공급하기 위한 변압기·정류기 및 이에 부속하는 특고압의 전기설비 및 전기집진 응용장치는 취급자 이외의 사람이 출입할 수 없도록 설비한 곳에 시설할 것. 다만, 충전부분에 사람이 접촉한 경우에 사람에게 위험을 줄 우려가 없는 전기집진 응용장치는 그러하지 아니하다.
- 잔류전하(殘留電荷)에 의하여 사람에게 위험을 줄 우려가 있는 경우에는 변압기의 2차측 전로에 잔류전하를 방전하기 위한 장치를 할 것

아크 용접기

- 이동형의 용접 전극을 사용하는 아크 용접장치는 다음에 따라 시설하여야 한다.
  - 용접변압기는 절연변압기일 것
  - 용접변압기의 1차측 전로의 대지전압은 300[V] 이하일 것
  - 용접변압기의 1차측 전로에는 용접 변압기에 가까운 곳에 쉽게 개폐할 수 있는 개폐기를 시설할 것
- 용접기 외함 및 피용접재 또는 이와 전기적으로 접속되는 받침대·정반 등의 금속체는 접지시스템의 규정에 준하여 접지공사를 하여야 한다.

도로 등의 전열장치

발열선을 도로(농로 기타 교통이 빈번하지 아니하는 도로 및 횡단보도교를 포함한다. 이하 같다), 주차장 또는 조영물의 조영재에 고정시켜 시설하는 경우에는 발열선에 전기를 공급하는 전로의 대지전압은 300[V] 이하일 것

소세력 회로의 배선

소세력 회로의 전선을 가공으로 시설하는 경우에는 다음에 의하여 시설하여야 한다.
- 도로를 횡단하는 경우는 지표면상 6[m] 이상
- 철도 또는 궤도를 횡단하는 경우는 레일면상 6.5[m] 이상
- 위 2개항 이외의 경우는 지표상 4[m] 이상. 다만, 전선을 도로 이외의 곳에 시설하는 경우로서 위험의 우려가 없는 경우는 지표상 2.5[m]까지 감할 수 있다.

전기부식방지 회로의 전압 등

- 양극(陽極)은 지중에 매설하거나 수중에서 쉽게 접촉할 우려가 없는 곳에 시설할 것
- 지중에 매설하는 양극(양극의 주위에 도전 물질을 채우는 경우에는 이를 포함한다)의 매설깊이는 0.75[m] 이상일 것
- 수중에 시설하는 양극과 그 주위 1[m] 이내의 거리에 있는 임의점과의 사이의 전위차는 10[V]를 넘지 아니할 것. 다만, 양극의 주위에 사람이 접촉되는 것을 방지하기 위하여 적당한 울타리를 설치하고 또한 위험 표시를 하는 경우에는 그러하지 아니하다.
- 지표 또는 수중에서 1[m] 간격의 임의의 2점(제4의 양극의 주위 1[m] 이내의 거리에 있는 점 및 울타리의 내부점을 제외한다) 간의 전위차가 5[V]를 넘지 아니할 것

전선을 직접 매설식에 의하여 시설하는 경우

전선을 피방식체의 아랫면에 밀착하여 시설하는 경우 이외에는 매설깊이를 차량 기타의 중량물의 압력을 받을 우려가 있는 곳에서는 1.0[m] 이상, 기타의 곳에서는 0.3[m] 이상으로 하고 또한 전선을 돌콘크리트 등의 판이나 몰드로 전선의 위와 옆을 덮거나 「전기용품 및 생활용품 안전관리법」의 적용을 받는 합성수지관이나 이와 동등 이상의 절연효력 및 강도를 가지는 관에 넣어 시설할 것. 다만, 차량 기타의 중량물의 압력을 받을 우려가 없는 것에 매설깊이를 0.6[m] 이상으로 하고 또한 전선의 위를 견고한 판이나 몰드로 덮어 시설하는 경우에는 그러하지 아니하다.

지중 전선로의 시설에 관한 다음 각 물음에 간단히 답하시오.

가. 지중 전선로를 시설하는 방식 3가지만 쓰시오.
나. 지중 전선로를 직접매설식에 의하여 시설하는 경우 차량 기타 중량물의 압력을 받을 우려가 있는 장소에는 매설 깊이를 몇 [m] 이상으로 하여야 하는가?

가. 관로식, 암거식, 직접매설식
나. 1.0[m] 이상

> **참고**
>
> 한국전기설비규정 334.1 지중전선로의 시설
> 1. 지중 전선로는 전선에 케이블을 사용하고 또한 관로식·암거식(暗渠式) 또는 직접 매설식에 의하여 시설하여야 한다.
> 2. 지중 전선로를 직접 매설식에 의하여 시설하는 경우에는 매설 깊이를 차량 기타 중량물의 압력을 받을 우려가 있는 장소에는 1.0[m] 이상, 기타 장소에는 0.6[m] 이상으로 하고 또한 지중 전선을 견고한 트라프 기타 방호물에 넣어 시설하여야 한다. 다만, 저압 또는 고압의 지중전선에 콤바인 덕트 케이블을 시설하는 경우에는 지중전선을 견고한 트라프 기타 방호물에 넣지 아니하여도 된다.

폭연성 먼지 위험장소

저압 옥내배선, 저압 관등회로 배선, 소세력 회로의 전선은 금속관공사 또는 케이블공사(캡타이어케이블을 사용하는 것을 제외한다)에 의할 것

위험물 등이 존재하는 장소

셀룰로이드·성냥·석유류 기타 타기 쉬운 위험한 물질을 제조하거나 저장하는 곳에 시설하는 저압 옥내 전기설비는 금속관공사, 케이블공사, 합성수지관공사의 규정에 준하여 시설하여야 한다.

전시회, 쇼 및 공연장의 전기설비의 사용전압

무대·무대마루 밑·오케스트라 박스·영사실 기타 사람이나 무대 도구가 접촉할 우려가 있는 곳에 시설하는 저압 옥내배선, 전구선 또는 이동전선은 사용전압이 400[V] 이하이어야 한다.

터널 등의 전구선 또는 이동전선 등의 시설

터널 등에 시설하는 사용전압이 400[V] 이하인 저압의 전구선 또는 이동전선 중 전구선은 단면적 0.75[mm^2] 이상의 300/300[V] 편조 고무코드 또는 0.6/1[kV] EP 고무 절연 클로로프렌 캡타이어케이블일 것

3. 전기적 분리에 의한 보호

보호대책 일반 요구사항

- 전기적 분리에 의한 보호대책은 다음과 같다.
  - 기본보호는 충전부의 기본절연 또는 211.7(기본보호 방법)에 따른 격벽과 외함에 의한다.
  - 고장보호는 분리된 다른 회로와 대지로부터 단순한 분리에 의한다.
- 이 보호대책은 단순 분리된 하나의 비접지 전원으로부터 한 개의 전기사용기기에 공급되는 전원으로 제한된다(제3에서 허용되는 것은 제외한다).
- 두 개 이상의 전기사용기기가 단순 분리된 비접지 전원으로부터 전력을 공급받을 경우 211.9.3(두 개 이상의 전기사용기기에 전원 공급을 위한 전기적 분리)을 충족하여야 한다.

기본보호를 위한 요구사항

모든 전기기기는 211.7(기본보호 방법) 중 하나 또는 211.3(이중절연 또는 강화절연에 의한 보호)에 따라 보호대책을 하여야 한다.

고장보호를 위한 요구사항

전기적 분리에 의한 고장보호는 다음에 따른다.

- 분리된 회로는 최소한 단순 분리된 전원을 통하여 공급되어야 하며, 분리된 회로의 전압은 500[V] 이하이어야 한다.
- 분리된 회로의 충전부는 어떤 곳에서도 다른 회로, 대지 또는 보호도체에 접속되어서는 안 되며, 전기적 분리를 보장하기 위해 회로 간에 기본절연을 하여야 한다.
- 가요 케이블과 코드는 기계적 손상을 받기 쉬운 전체 길이에 대해 육안으로 확인이 가능하여야 한다.
- 분리된 회로들에 대해서는 분리된 배선계통의 사용이 권장된다. 다만, 분리된 회로와 다른 회로가 동일 배선계통 내에 있으면 금속외장이 없는 다심케이블, 절연전선관 내의 절연전선, 절연덕팅 또는 절연트렁킹에 의한 배선이 되어야 하며 다음의 조건을 만족하여야 한다.
  - 정격전압은 최대 공칭전압 이상일 것
  - 각 회로는 과전류에 대한 보호를 할 것
- 분리된 회로의 노출도전부는 다른 회로의 보호도체, 노출도전부 또는 대지에 접속되어서는 아니 된다.

4. SELV와 PELV를 적용한 특별저압에 의한 보호

보호대책 일반 요구사항
- 특별저압에 의한 보호는 다음의 특별저압 계통에 의한 보호대책이다.
  - SELV(Safety Extra-Low Voltage)
  - PELV(Protective Extra-Low Voltage)
- 보호대책의 요구사항
  - 특별저압 계통의 전압한계는 KS C IEC 60449(건축전기설비의 전압밴드)에 의한 전압밴드 I의 상한 값인 교류 50[V] 이하, 직류 120[V] 이하이어야 한다.
  - 특별저압 회로를 제외한 모든 회로로부터 특별저압 계통을 보호 분리하고, 특별저압 계통과 다른 특별저압 계통 간에는 기본절연을 하여야 한다.
  - SELV 계통과 대지 간의 기본절연을 하여야 한다.

기본보호와 고장보호에 관한 요구사항
다음의 조건들을 충족할 경우에는 기본보호와 고장보호가 제공되는 것으로 간주한다.
- 전압밴드 I의 상한 값을 초과하지 않는 공칭전압인 경우
- 211.5.3(SELV와 PELV용 전원) 중 하나에서 공급되는 경우
- 211.5.4(SELV와 PELV 회로에 대한 요구사항)의 조건에 충족하는 경우

SELV와 PELV용 전원
특별저압 계통에는 다음의 전원을 사용해야 한다.
- 안전절연변압기 전원[KS C IEC 61558-2-6(전력용 변압기, 전원 공급 장치 및 유사 기기의 안전-제2부 : 범용 절연 변압기의 개별 요구 사항에 적합한 것)]
- "안전절연변압기 전원[KS C IEC 61558-2-6(전력용 변압기, 전원 공급 장치 및 유사 기기의 안전-제2부 : 범용 절연 변압기의 개별 요구 사항에 적합한 것)]"의 안전절연 변압기 및 이와 동등한 절연의 전원
- 축전지 및 디젤발전기 등과 같은 독립전원
- 내부고장이 발생한 경우에도 출력단자의 전압이 211.5.1(보호대책 일반 요구사항)에 규정된 값을 초과하지 않도록 적절한 표준에 따른 전자장치
- 안전절연변압기, 전동발전기 등 저압으로 공급되는 이중 또는 강화절연된 이동용 전원

SELV와 PELV 회로에 대한 요구사항
- SELV 및 PELV 회로는 다음을 포함하여야 한다.
  - 충전부와 다른 SELV와 PELV 회로 사이의 기본절연
  - 이중절연 또는 강화절연 또는 최고전압에 대한 기본절연 및 보호차폐에 의한 SELV 또는 PELV 이외의 회로들의 충전부로부터 보호 분리
  - SELV 회로는 충전부와 대지 사이에 기본절연
  - PELV 회로 및 PELV 회로에 의해 공급되는 기기의 노출도전부는 접지

- 기본절연이 된 다른 회로의 충전부로부터 특별저압 회로 배선계통의 보호분리는 다음의 방법 중 하나에 의한다.
  - SELV와 PELV 회로의 도체들은 기본절연을 하고 비금속외피 또는 절연된 외함으로 시설하여야 한다.
  - SELV와 PELV 회로의 도체들은 전압밴드 I보다 높은 전압 회로의 도체들로부터 접지된 금속시스 또는 접지된 금속 차폐물에 의해 분리하여야 한다.
  - SELV와 PELV 회로의 도체들이 사용 최고전압에 대해 절연된 경우 전압밴드 I보다 높은 전압의 다른 회로 도체들과 함께 다심케이블 또는 다른 도체그룹에 수용할 수 있다.
  - 다른 회로의 배선계통은 211.3.2(기본보호와 고장보호를 위한 요구사항 1. 전기기기)에 의한다.
- SELV와 PELV 계통의 플러그와 콘센트는 다음에 따라야 한다.
  - 플러그는 다른 전압 계통의 콘센트에 꽂을 수 없어야 한다.
  - 콘센트는 다른 전압 계통의 플러그를 수용할 수 없어야 한다.
  - SELV 계통에서 플러그 및 콘센트는 보호도체에 접속하지 않아야 한다.
- SELV 회로의 노출도전부는 대지 또는 다른 회로의 노출도전부나 보호도체에 접속하지 않아야 한다.
- 공칭전압이 교류 25[V] 또는 직류 60[V]를 초과하거나 기기가 (물에) 잠겨 있는 경우 기본보호는 특별저압 회로에 대해 다음의 사항을 따라야 한다.
  - 211.7.1(충전부의 기본절연)에 따른 절연
  - 211.7.2(격벽 또는 외함)에 따른 격벽 또는 외함
- 건조한 상태에서 다음의 경우는 기본보호를 하지 않아도 된다.
  - SELV 회로에서 공칭전압이 교류 25[V] 또는 직류 60[V]를 초과하지 않는 경우
  - PELV 회로에서 공칭전압이 교류 25[V] 또는 직류 60[V]를 초과하지 않고 노출도전부 및 충전부가 보호도체에 의해서 주접지단자에 접속된 경우
- SELV 또는 PELV 계통의 공칭전압이 교류 12[V] 또는 직류 30[V]를 초과하지 않는 경우에는 기본보호를 하지 않아도 된다.

5. 추가적 보호

누전차단기
- 기본보호 및 고장보호를 위한 대상 설비의 고장 또는 사용자의 부주의로 인하여 설비에 고장이 발생한 경우에는 정격감도전류 30[mA] 이하의 누전차단기를 사용하는 경우에는 추가적인 보호로 본다.
- 누전차단기의 사용은 단독적인 보호대책으로 인정하지 않는다. 누전차단기는 211.2(전원의 자동차단에 의한 보호대책)부터 211.5(SELV와 PELV를 적용한 특별저압에 의한 보호)까지에 규정된 보호대책 중 하나를 적용할 때 추가적인 보호로 사용할 수 있다.

보조 보호등전위본딩
동시접근 가능한 고정기기의 노출도전부와 계통외도전부에 143.2.2(보조 보호등전위본딩)을 한 경우에는 추가적인 보호로 본다.

6. 기본보호 방법

충전부의 기본절연
절연은 충전부에 접촉하는 것을 방지하기 위한 것으로 다음과 같이 하여야 한다.
- 충전부는 파괴하지 않으면 제거될 수 없는 절연물로 완전히 보호되어야 한다.
- 기기에 대한 절연은 그 기기에 관한 표준을 적용하여야 한다.

격벽 또는 외함
격벽 또는 외함은 인체가 충전부에 접촉하는 것을 방지하기 위한 것으로 다음과 같이 하여야 한다.
- 램프홀더 및 퓨즈와 같은 부품을 교체하는 동안 발생할 수 있는 큰 개구부 또는 기기의 관련 요구사항에 따른 적절한 기능에 필요한 큰 개구부를 제외하고 충전부는 최소한 IPXXB 또는 IP2X 보호등급의 외함 내부 또는 격벽 뒤쪽에 있어야 한다.
  - 인축이 충전부에 무의식적으로 접촉하는 것을 방지하기 위한 충분한 예방대책을 강구하여야 한다.
  - 사람들이 개구부를 통하여 충전부에 접촉할 수 있음을 알 수 있도록 하며 의도적으로 접촉하지 않도록 하여야 한다.
  - 개구부는 적절한 기능과 부품교환의 요구사항에 맞는 한 최소한으로 하여야 한다.
- 쉽게 접근 가능한 격벽 또는 외함의 상부 수평면의 보호등급은 최소한 IPXXD 또는 IP4X 등급 이상으로 한다.
- 격벽 및 외함은 완전히 고정하고 필요한 보호등급을 유지하기 위해 충분한 안정성과 내구성을 가져야 하며, 정상 사용조건에서 관련된 외부영향을 고려하여 충전부로부터 충분히 격리하여야 한다.

- 격벽을 제거 또는 외함을 열거나, 외함의 일부를 제거할 필요가 있을 때에는 다음과 같은 경우에만 가능하도록 하여야 한다.
  - 열쇠 또는 공구를 사용하여야 한다.
  - 보호를 제공하는 외함이나 격벽에 대한 충전부의 전원 차단 후 격벽이나 외함을 교체 또는 다시 닫은 후에만 전원복구가 가능하도록 한다.
  - 최소한 IPXXB 또는 IP2X 보호등급을 가진 중간격벽에 의해 충전부와 접촉을 방지하는 경우에는 열쇠 또는 공구의 사용에 의해서만 중간 격벽의 제거가 가능하도록 한다.
- 격벽의 뒤쪽 또는 외함의 안에서 개폐기가 개로 된 후에도 위험한 충전상태가 유지되는 기기(커패시터 등)가 설치된다면 경고 표지를 해야 한다. 다만, 아크소거, 계전기의 지연 동작 등을 위해 사용하는 소용량의 커패시터는 위험한 것으로 보지 않는다.

7. 장애물 및 접촉범위 밖에 배치

목적

장애물을 두거나 접촉범위 밖에 배치하는 보호대책은 기본보호만 해당한다. 이 방법은 숙련자 또는 기능자에 의해 통제 또는 감독되는 설비에 적용한다.

장애물

- 장애물은 충전부에 무의식적인 접촉을 방지하기 위해 시설하여야 한다. 다만, 고의적 접촉까지 방지하는 것은 아니다.
- 장애물은 다음에 대한 보호를 하여야 한다.
  - 충전부에 인체가 무의식적으로 접근하는 것
  - 정상적인 사용상태에서 충전된 기기를 조작하는 동안 충전부에 무의식적으로 접촉하는 것
- 장애물은 열쇠 또는 공구를 사용하지 않고 제거될 수 있지만, 비 고의적인 제거를 방지하기 위해 견고하게 고정하여야 한다.

접촉범위 밖에 배치

- 접촉범위 밖에 배치하는 방법에 의한 보호는 충전부에 무의식적으로 접촉하는 것을 방지하기 위함이다.
- 서로 다른 전위로 동시에 접근 가능한 부분이 접촉범위 안에 있으면 안 된다. 두 부분의 거리가 2.5[m] 이하인 경우에는 동시 접근이 가능한 것으로 간주한다.

8. 숙련자와 기능자의 통제 또는 감독이 있는 설비에 적용 가능한 보호대책

비도전성 장소

충전부의 기본절연 고장으로 인하여 서로 다른 전위가 될 수 있는 부분들에 대한 동시접촉을 방지하기 위한 것으로 다음과 같이 하여야 한다.

- 모든 전기기기는 211.7(기본보호 방법)의 어느 하나에 적합하여야 한다.
- 다음의 노출도전부는 일반적인 조건에서 사람이 동시에 접촉되지 않도록 배치해야 한다. 다만, 이 부분들이 충전부의 기본절연의 고장에 따라 서로 다른 전위로 되기 쉬운 경우에 한한다.
    - 두 개의 노출도전부
    - 노출도전부와 계통외도전부
- 비도전성 장소에는 보호도체가 없어야 한다.
- 절연성 바닥과 벽이 있는 장소에서 다음의 배치들 중 하나 또는 그 이상이 적용되면 노출도전부에 사람이 동시에 접촉되지 않는 환경을 충족시킨다.
    - 노출도전부 상호 간, 노출도전부와 계통외도전부 사이의 상대적 간격은 두 부분 사이의 거리가 2.5[m] 이상으로 한다.
    - 노출도전부와 계통외도전부 사이에 유효한 장애물을 설치한다. 이 장애물의 높이가 두 도전부 사이의 거리 2.5[m] 이상의 규정된 값까지 연장되면 충분하다.
    - 계통외도전부의 절연 또는 절연 배치. 절연은 충분한 기계적 강도와 2[kV] 이상의 시험전압에 견딜 수 있어야 하며, 누설전류는 통상적인 사용 상태에서 1[mA]를 초과하지 말아야 한다.
- KS C IEC 60364-6(검증)에 규정된 조건으로 매 측정 점에서의 절연성 바닥과 벽의 저항값은 다음 값 이상으로 하여야 한다. 어떤 점에서의 저항이 규정된 값 이하이면 바닥과 벽은 감전보호 목적의 계통외도전부로 간주된다.
    - 설비의 공칭전압이 500[V] 이하인 경우 50[kΩ]
    - 설비의 공칭전압이 500[V]를 초과하는 경우 100[kΩ]
- 배치는 영구적이어야 하며, 그 배치가 유효성을 잃을 가능성이 없어야 한다. 이동용 또는 휴대용기기의 사용이 예상되는 곳에서의 보호도 보장하여야 한다.
- 계통외도전부에 의해 관련 장소의 외부로 전위가 발생하지 않도록 확실한 예방대책을 강구하여야 한다.

비접지 국부 등전위본딩에 의한 보호

비접지 국부 등전위본딩은 위험한 접촉전압이 나타나는 것을 방지하기 위한 것으로 다음과 같이 한다.

- 모든 전기기기는 211.7(기본보호 방법)의 어느 하나에 적합하여야 한다.
- 등전위본딩용 도체는 동시에 접근이 가능한 모든 노출도전부 및 계통외도전부와 상호 접속하여야 한다.

- 국부 등전위본딩계통은 노출도전부 또는 계통외도전부를 통해 대지와 직접 전기적으로 접촉되지 않아야 한다.
- 대지로부터 절연된 도전성 바닥이 비접지 등전위본딩계통에 접속된 곳에서는 등전위장소에 들어가는 사람이 위험한 전위차에 노출되지 않도록 주의하여야 한다.

두 개 이상의 전기사용기기에 전원 공급을 위한 전기적 분리

개별회로의 전기적 분리는 회로의 기본절연의 고장으로 인해 충전될 수 있는 노출도전부에 접촉을 통한 감전을 방지하기 위한 것으로 다음과 같이 한다.
- 모든 전기기기는 211.7(기본보호 방법)의 어느 하나에 적합하여야 한다.
- 두 개 이상의 장비에 전원을 공급하기 위한 전기적 분리에 따른 보호는 211.4(전기적 분리에 의한 보호)(단순 분리된 하나의 비접지 전원으로부터 한 개의 전기사용기기에 공급되는 전원으로 제한되는 것은 제외한다)와 다음의 조건을 준수하여야 한다.
  - 분리된 회로가 손상 및 절연고장으로부터 보호될 수 있는 조치를 해야 한다.
  - 분리된 회로의 노출도전부들은 절연된 비접지 등전위본딩도체에 의해 함께 접속하여야 한다. 이러한 도체는 보호도체, 다른 회로의 노출도전부 또는 어떠한 계통외도전부에도 접속되어서는 안 된다.
  - 모든 콘센트는 보호용 접속점이 있어야 하며 이 보호용 접속점은 분리된 회로의 노출도전부들은 절연된 비접지 등전위본딩도체에 의해 함께 접속한 것에 따라 시설된 등전위본딩 계통에 연결하여야 한다.
  - 이중 또는 강화절연된 기기에 공급하는 경우를 제외하고, 모든 가요케이블은 분리된 회로의 노출도전부들은 절연된 비접지 등전위본딩도체에 의해 함께 접속한 것의 등전위본딩용 도체로 사용하기 위한 보호도체를 갖추어야 한다.
  - 2개의 노출도전부에 영향을 미치는 2개의 고장이 발생하고, 이들이 극성이 다른 도체에 의해 전원이 공급되는 경우 보호장치에 의해 다음 표에 제시된 제한 시간 내에 전원이 차단되도록 하여야 한다.

32[A] 이하 분기회로의 최대 차단시간

(단위 : 초)

계통	$50[V] < U_0 \leq 120[V]$		$120[V] < U_0 \leq 230[V]$		$230[V] < U_0 \leq 400[V]$		$U_0 > 400[V]$	
	교류	직류	교류	직류	교류	직류	교류	직류
TN	0.8	[비고 1]	0.4	5	0.2	0.4	0.1	0.1
TT	0.3	[비고 1]	0.2	0.4	0.07	0.2	0.04	0.1

TT 계통에서 차단은 과전류보호장치에 의해 이루어지고 보호등전위본딩은 설비 안의 모든 계통의 도전부와 접속되는 경우 TN 계통에 적용 가능한 최대차단시간이 사용될 수 있다. U_0는 대지에서 공칭교류전압 또는 직류 선간전압이다.

[비고] 1. 차단은 감전보호 외에 다른 원인에 의해 요구될 수도 있다.
2. 누전차단기에 의한 차단은 211.2.4(누전차단기의 시설) 참조

9. 과전류에 대한 보호

일반사항

- 적용범위

  과전류의 영향으로부터 회로도체를 보호하기 위한 요구사항으로서 과부하 및 단락고장이 발생할 때 전원을 자동으로 차단하는 하나 이상의 장치에 의해서 회로도체를 보호하기 위한 방법을 규정한다. 다만, 플러그 및 소켓으로 고정 설비에 기기를 연결하는 가요성 케이블(또는 가요성 전선)은 이 기준의 적용 범위가 아니므로 과전류에 대한 보호가 반드시 이루어지지는 않는다.

- 일반 요구사항

  과전류로 인하여 회로의 도체, 절연체, 접속부, 단자부 또는 도체를 감싸는 물체 등에 유해한 열적 및 기계적인 위험이 발생되지 않도록, 그 회로의 과전류를 차단하는 보호장치를 설치해야 한다.

회로의 특성에 따른 요구사항

- 선도체의 보호
  - 과전류 검출기의 설치
    - 과전류의 검출은 [과전류 검출기 설치 예외(아래규정)]를 적용하는 경우를 제외하고 모든 선도체에 대하여 과전류 검출기를 설치하여 과전류가 발생할 때 전원을 안전하게 차단해야 한다. 다만, 과전류가 검출된 도체 이외의 다른 선도체는 차단하지 않아도 된다.
    - 3상 전동기 등과 같이 단상 차단이 위험을 일으킬 수 있는 경우 적절한 보호 조치를 해야 한다.
  - 과전류 검출기 설치 예외

    TT 계통 또는 TN 계통에서, 선도체만을 이용하여 전원을 공급하는 회로의 경우, 다음 조건들을 충족하면 선도체 중 어느 하나에는 과전류 검출기를 설치하지 않아도 된다.
    - 동일 회로 또는 전원 측에서 부하 불평형을 감지하고 모든 선도체를 차단하기 위한 보호장치를 갖춘 경우
    - 동일 회로 또는 전원 측에서 부하 불평형을 감지하고 모든 선도체를 차단하기 위한 보호장치를 갖춘 경우 보호장치의 부하 측에 위치한 회로의 인위적 중성점으로부터 중성선을 배선하지 않는 경우

- 중성선의 보호
  - TT 계통 또는 TN 계통
    - 중성선의 단면적이 선도체의 단면적과 동등 이상의 크기이고, 그 중성선의 전류가 선도체의 전류보다 크지 않을 것으로 예상될 경우, 중성선에는 과전류 검출기 또는 차단장치를 설치하지 않아도 된다. 중성선의 단면적이 선도체의 단면적보다 작은 경우 과전류 검출기를 설치할 필요가 있다. 검출된 과전류가 설계전류를 초과하면 선도체를 차단해야 하지만, 중성선을 차단할 필요까지는 없다.

- 중성선의 단면적이 선도체의 단면적과 동등 이상의 크기이고, 그 중성선의 전류가 선도체의 전류보다 크지 않을 것으로 예상될 경우 모두 단락전류로부터 중성선을 보호해야 한다.
- 중성선에 관한 요구사항은 차단에 관한 것을 제외하고 중성선과 보호도체 겸용 (PEN) 도체에도 적용한다.

- IT 계통

  중성선을 배선하는 경우 중성선에 과전류검출기를 설치해야 하며, 과전류가 검출되면 중성선을 포함한 해당 회로의 모든 충전도체를 차단해야 한다. 다음의 경우에는 과전류 검출기를 설치하지 않아도 된다.
  - 설비의 전력 공급점과 같은 전원 측에 설치된 보호장치에 의해 그 중성선이 과전류에 대해 효과적으로 보호되는 경우
  - 정격감도전류가 해당 중성선 허용전류의 0.2배 이하인 누전차단기로 그 회로를 보호하는 경우

- 중성선의 차단 및 재연결

  중성선을 차단 및 재연결하는 회로의 경우에 설치하는 개폐기 및 차단기는 차단 시에는 중성선이 선도체보다 늦게 차단되어야 하며, 재연결 시에는 선도체와 동시 또는 그 이전에 재연결 되는 것을 설치하여야 한다.

보호장치의 종류 및 특성

- 과부하전류 및 단락전류 겸용 보호장치

  과부하전류 및 단락전류 모두를 보호하는 장치는 그 보호장치 설치 점에서 예상되는 단락전류를 포함한 모든 과전류를 차단 및 투입할 수 있는 능력이 있어야 한다.

- 과부하전류 전용 보호장치

  과부하전류 전용 보호장치는 212.4(과부하전류에 대한 보호)의 요구사항을 충족하여야 하며, 차단용량은 그 설치 점에서의 예상 단락전류값 미만으로 할 수 있다.

- 단락전류 전용 보호장치

  단락전류 전용 보호장치는 과부하 보호를 별도의 보호장치에 의하거나, 212.4(과부하전류에 대한 보호)에서 과부하 보호장치의 생략이 허용되는 경우에 설치할 수 있다. 이 보호장치는 예상 단락전류를 차단할 수 있어야 하며, 차단기인 경우에는 이 단락전류를 투입할 수 있는 능력이 있어야 한다.

- 보호장치의 특성
  - 과전류 보호장치는 KS C 또는 KS C IEC 관련 표준(배선차단기, 누전차단기, 퓨즈 등의 표준)의 동작특성에 적합하여야 한다.
  - 과전류차단기로 저압전로에 사용하는 범용의 퓨즈(「전기용품 및 생활용품 안전관리법」 에서 규정하는 것을 제외한다)는 다음 표에 적합한 것이어야 한다.

퓨즈(gG)의 용단특성

정격전류의 구분	시간	정격전류의 배수	
		불용단 전류	용단 전류
4[A] 이하	60분	1.5배	2.1배
4[A] 초과 16[A] 미만	60분	1.5배	1.9배
16[A] 이상 63[A] 이하	60분	1.25배	1.6배
63[A] 초과 160[A] 이하	120분	1.25배	1.6배
160[A] 초과 400[A] 이하	180분	1.25배	1.6배
400[A] 초과	240분	1.25배	1.6배

- 과전류차단기로 저압전로에 사용하는 산업용 배선차단기(「전기용품 및 생활용품 안전관리법」에서 규정하는 것을 제외한다)는 표 과전류트립 동작시간 및 특성(산업용 배선차단기)에 주택용 배선차단기는 표 순시트립에 따른 구분(주택용 배선차단기) 및 표 과전류트립 동작시간 및 특성(주택용 배선차단기)에 적합한 것이어야 한다. 다만, 일반인이 접촉할 우려가 있는 장소(세대 내 분전반 및 이와 유사한 장소)에는 주택용 배선차단기를 시설하여야 하고, 주택용 배선차단기를 정방향(세로)으로 부착할 경우에는 차단기의 위쪽이 켜짐(on)으로, 차단기 아래쪽은 꺼짐(off)으로 시설하여야 한다.

과전류트립 동작시간 및 특성(산업용 배선차단기)

정격전류의 구분	시간	정격전류의 배수	
		부동작 전류	동작 전류
63[A] 이하	60분	1.05배	1.3배
63[A] 초과	120분	1.05배	1.3배

순시트립에 따른 구분(주택용 배선차단기)

형	순시트립범위
B	$3I_n$ 초과 ~ $5I_n$ 이하
C	$5I_n$ 초과 ~ $10I_n$ 이하
D	$10I_n$ 초과 ~ $20I_n$ 이하

[비고] 1. B, C, D : 순시트립전류에 따른 차단기 분류
     2. I_n : 차단기 정격전류

과전류트립 동작시간 및 특성(주택용 배선차단기)

정격전류의 구분	시간	정격전류의 배수	
		부동작 전류	동작 전류
63[A] 이하	60분	1.13배	1.45배
63[A] 초과	120분	1.13배	1.45배

과부하전류에 대한 보호

- 도체와 과부하 보호장치 사이의 협조

  과부하에 대해 케이블(전선)을 보호하는 장치의 동작특성은 다음의 조건을 충족해야 한다.

  $I_B \leq I_n \leq I_Z$ ·· ①

  $I_2 \leq 1.45 \times I_Z$ ·· ②

  I_B : 회로의 설계전류

  I_Z : 케이블의 허용전류

  I_n : 보호장치의 정격전류

  I_2 : 보호장치가 규약시간 이내에 유효하게 동작하는 것을 보장하는 전류

개념잡기

정격전류 15[A]인 전동기 2대, 정격전류 10[A]인 전열기 한 대에 공급하는 전선이 있다. 옥내 전선을 보호하는 과전류 차단기의 정격전류 최대값은 몇 [A]인지 계산하시오. (단, 전선의 허용전류는 61[A]이며, 간선의 수용률은 100[%]로 한다)

[계산과정] 회로의 설계전류(15×2 + 10＝40[A]) ≤ 보호장치의 정격전류 ≤ 전선의 허용전류 61[A]

따라서, 보호장치인 과전류 차단기의 최대값은 61[A]이다.

[정답] 61[A]

- 조정할 수 있게 설계 및 제작된 보호장치의 경우, 정격전류 I_n은 사용현장에 적합하게 조정된 전류의 설정값이다.
- 보호장치의 유효한 동작을 보장하는 전류 I_2는 제조자로부터 제공되거나 제품 표준에 제시되어야 한다.
- ②에 따른 보호는 조건에 따라서는 보호가 불확실한 경우가 발생할 수 있다. 이러한 경우에는 ②에 따라 선정된 케이블보다 단면적이 큰 케이블을 선정하여야 한다.
- I_B는 선도체를 흐르는 설계전류이거나, 함유율이 높은 영상분 고조파(특히 제3고조파)가 지속적으로 흐르는 경우 중성선에 흐르는 전류이다.

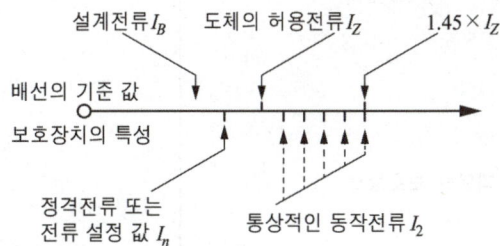

과부하 보호 설계 조건도

- 과부하 보호장치의 설치 위치
  - 설치위치

    과부하 보호장치는 전로 중 도체의 단면적, 특성, 설치방법, 구성의 변경으로 도체의 허용전류값이 줄어드는 곳(이하 분기점이라 함)에 설치해야 한다.
  - 설치위치의 예외

    과부하 보호장치는 분기점(O)에 설치해야 하나, 분기점(O)점과 분기회로의 과부하 보호장치의 설치점 사이의 배선 부분에 다른 분기회로나 콘센트 회로가 접속되어 있지 않고, 다음 중 하나를 충족하는 경우에는 변경이 있는 배선에 설치할 수 있다.

    ▸ 다음 그림과 같이 분기회로(S_2)의 과부하 보호장치(P_2)의 전원 측에 다른 분기회로 또는 콘센트의 접속이 없고 212.5(단락전류에 대한 보호)의 요구사항에 따라 분기회로에 대한 단락보호가 이루어지고 있는 경우, P_2는 분기회로의 분기점(O)으로부터 부하 측으로 거리에 구애받지 않고 이동하여 설치할 수 있다.

    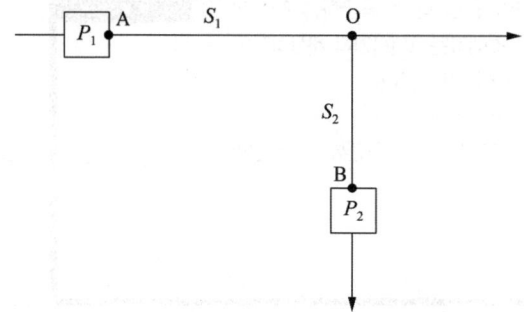

    분기회로(S_2)의 분기점(O)에 설치되지 않은 분기회로 과부하보호장치(P_2)

    ▸ 다음 그림과 같이 분기회로 (S_2)의 보호장치 (P_2)는 (P_2)의 전원 측에서 분기점(O) 사이에 다른 분기회로 또는 콘센트의 접속이 없고, 단락의 위험과 화재 및 인체에 대한 위험성이 최소화되도록 시설된 경우, 분기회로의 보호장치 (P_2)는 분기회로의 분기점(O)으로부터 3[m]까지 이동하여 설치할 수 있다.

    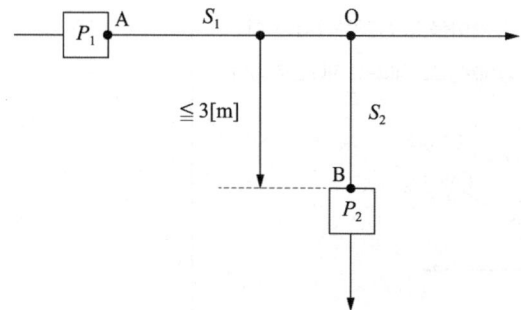

    분기회로(S_2)의 분기점(O)에서 3[m] 이내에 설치된 과부하 보호장치(P_2)

- 과부하보호장치의 생략

  다음과 같은 경우에는 과부하보호장치를 생략할 수 있다. 다만, 화재 또는 폭발 위험성이 있는 장소에 설치되는 설비 또는 특수설비 및 특수 장소의 요구사항들을 별도로 규정하는 경우에는 과부하보호장치를 생략할 수 없다.

  - 일반사항

    다음의 어느 하나에 해당되는 경우에는 과부하 보호장치 생략이 가능하다.
    - 분기회로의 전원 측에 설치된 보호장치에 의하여 분기회로에서 발생하는 과부하에 대해 유효하게 보호되고 있는 분기회로
    - 212.5(단락전류에 대한 보호)의 요구사항에 따라 단락보호가 되고 있으며, 분기점 이후의 분기회로에 다른 분기회로 및 콘센트가 접속되지 않는 분기회로 중, 부하에 설치된 과부하 보호장치가 유효하게 동작하여 과부하전류가 분기회로에 전달되지 않도록 조치를 하는 경우
    - 통신회로용, 제어회로용, 신호회로용 및 이와 유사한 설비

  - IT 계통에서 과부하 보호장치 설치위치 변경 또는 생략
    - 과부하에 대해 보호가 되지 않은 각 회로가 다음과 같은 방법 중 어느 하나에 의해 보호될 경우, 설치위치 변경 또는 생략이 가능하다.

      a. 211.3(이중절연 또는 강화절연에 의한 보호)에 의한 보호수단 적용

      b. 2차 고장이 발생할 때 즉시 작동하는 누전차단기로 각 회로를 보호

      c. 지속적으로 감시되는 시스템의 경우 다음 중 어느 하나의 기능을 구비한 절연 감시 장치의 사용

      [1] 최초 고장이 발생한 경우 회로를 차단하는 기능

      [2] 고장을 나타내는 신호를 제공하는 기능. 이 고장은 운전 요구사항 또는 2차 고장에 의한 위험을 인식하고 조치가 취해져야 한다.

    - 중성선이 없는 IT 계통에서 각 회로에 누전차단기가 설치된 경우에는 선도체 중의 어느 1개에는 과부하 보호장치를 생략할 수 있다.

  - 안전을 위해 과부하 보호장치를 생략할 수 있는 경우

    사용 중 예상치 못한 회로의 개방이 위험 또는 큰 손상을 초래할 수 있는 다음과 같은 부하에 전원을 공급하는 회로에 대해서는 과부하 보호장치를 생략할 수 있다.
    - 회전기의 여자 회로
    - 전자석 크레인의 전원 회로
    - 전류변성기의 2차 회로
    - 소방설비의 전원 회로
    - 안전설비(주거침입경보, 가스누출경보 등)의 전원 회로

- 단락보호장치의 설치위치

  - 단락전류 보호장치는 분기점(O)에 설치해야 한다. 다만, 다음 그림과 같이 분기회로의 단락보호장치 설치점(B)과 분기점(O) 사이에 다른 분기회로 또는 콘센트의 접속이 없고 단락, 화재 및 인체에 대한 위험이 최소화될 경우, 분기회로의 단락 보호장치 P_2는 분기점(O)으로부터 3[m]까지 이동하여 설치할 수 있다.

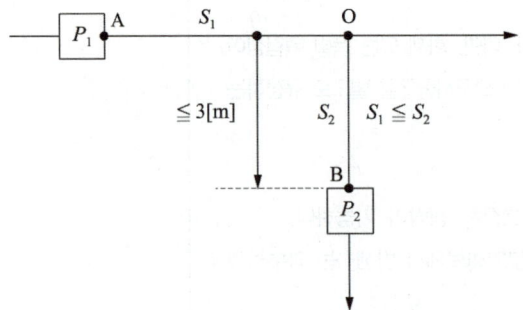

분기회로 단락보호장치(P_2)의 제한된 위치 변경

> **개념잡기**
>
> 사용 중 예상치 못한 회로의 개방이 위험 또는 큰 손상을 초래할 수 있는 부하에 전원을 공급하는 회로에 대해서는 과부하 보호장치를 생략할 수 있다. 안전을 위해 과부하 보호장치를 생략할 수 있는 회로 5가지를 쓰시오.
>
> ① 회전기의 여자 회로
> ② 전자석 크레인의 전원 회로
> ③ 전류변성기의 2차 회로
> ④ 소방설비의 전원 회로
> ⑤ 안전설비(주거침입경보, 가스누출경보등)의 전원 회로

- 도체의 단면적이 줄어들거나 다른 변경이 이루어진 분기회로의 시작점(O)과 이 분기회로의 단락보호장치(P_2) 사이에 있는 도체가 전원측에 설치되는 보호장치(P_1)에 의해 단락보호가 되는 경우에, P_2의 설치위치는 분기점(O)로부터 거리제한이 없이 설치할 수 있다. 단, 전원측 단락보호장치(P_1)은 부하측 배선(S_2)에 대하여 212.5.5 (단락보호장치의 특성)에 따라 단락보호를 할 수 있는 특성을 가져야 한다.

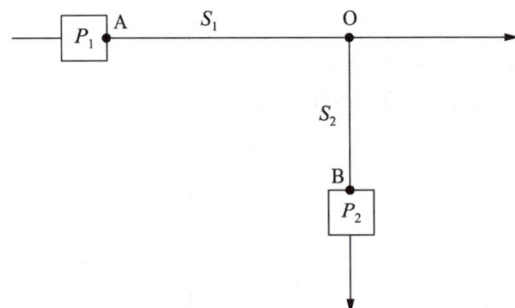

분기회로 단락보호장치(P_2)의 설치 위치

- 수용가 설비에서의 전압강하
  - 다른 조건을 고려하지 않는다면 수용가 설비의 인입구로부터 기기까지의 전압강하는 다음 표의 값 이하이어야 한다.

수용가 설비의 전압강하

설비의 유형	조명[%]	기타[%]
A - 저압으로 수전하는 경우	3	5
B - 고압 이상으로 수전하는 경우*	6	8

*가능한 한 최종회로 내의 전압강하가 A 유형의 값을 넘지 않도록 하는 것이 바람직하다. 사용자의 배선설비가 100[m]를 넘는 부분의 전압강하는 미터당 0.005[%] 증가할 수 있으나 이러한 증가분은 0.5[%]를 넘지 않아야 한다.

  - 다음의 경우에는 표 수용가설비의 전압강하보다 더 큰 전압강하를 허용할 수 있다.
    ‣ 기동 시간 중의 전동기
    ‣ 돌입전류가 큰 기타 기기
  - 다음과 같은 일시적인 조건은 고려하지 않는다.
    ‣ 과도과전압
    ‣ 비정상적인 사용으로 인한 전압 변동

03 옥내배선용 그림 기호

1. 일반배선

명칭	그림 기호	적요

천정은 폐배선
바닥은 폐배선
노출배선
	─────
	─ ─ ─
	- - - - -
		• 전선의 종류를 표시할 필요가 있는 경우는 기호를 보기와 같이 기입한다.
		[보기] - 600[V] 비닐 절연전선 IV
		        - 600[V] 2중 비닐 절연전선 HIV
		        - 가교 폴리에틸렌 절연 비닐 시스 케이블 CV
		        - 600[V] 비닐 절연 비닐 시스 케이블 VVF
		        - 내화 케이블 FP
		        - 내열전선 HP
		        - 통신용 PVC 옥내선 TIV
		        - 통신용 비차폐 연선 UTP
		        - 광케이블 싱글모드 FSM
		        - 광케이블 멀티모드 FMM
		• 플로어 덕트의 표시는 다음과 같다.
		    (F7) (FC6)
		• 정크션 박스를 표시하는 경우는 다음과 같다.
		  ─◎─
		• 시스템 박스 표시하는 경우는 다음과 같다.

2. 기기

명칭	그림 기호	적요
전동기	Ⓜ	• 필요에 따라 전기방식, 전압, 용량을 보기와 같이 기입한다. [보기] Ⓜ $3\phi 200W$ / $3.7W$
전열기	∞	• 전동기의 적요와 같거나 상황에 따라 비슷하게 적용한다.
환기팬 (선풍기를 포함)	Ⓗ	• 필요에 따라 종류 및 크기를 포함하여 기입한다.
풀 에어컨	RC	• 옥외 유닛에는 0을, 옥내 유닛에는 1을 포함하여 기입한다. $\boxed{RC}_0$ $\boxed{RC}_1$ • 필요에 따라 전동기, 전열기의 전기방식, 전압, 용량을 포함하여 기입한다.
냉장고	RF	• 필요에 따라 전기방식, 전압, 용량을 포함하여 기입한다.
세탁기	WM	• 필요에 따라 전기방식, 전압, 용량을 포함하여 기입한다.
가스오븐	GO	• 필요에 따라 전기방식, 전압, 용량을 포함하여 기입한다.
식기세척기	DW	• 필요에 따라 전기방식, 전압, 용량을 포함하여 기입한다.
발전기	Ⓖ	• 전동기의 적요와 같거나 상황에 따라 비슷하게 적용한다.

3. 점멸기

명칭	그림 기호	적요
점멸기	●	• 용량의 표시방법은 다음과 같다. - 10[A]는 기입하지 않는다. - 15[A] 이상은 전류치를 보기와 같이 기입한다. [보기] ● 15A • 타이머붙이는 T를 보기와 같이 기입한다. [보기] ● T • 일괄소등용은 보기와 같이 기입한다. [보기] ● ALL
조광기	●↗	• 용량을 표시하는 경우는 보기와 같이 기입한다. [보기] ●↗ 15A
리모컨스위치	● R	• 파일럿 램프 붙이는 ○을 병기한다. [보기] ○● R • 리모컨스위치임이 명백한 경우는 R을 생략하여도 무관하다.
실렉터스위치	⊕	• 점멸 회로수를 보기와 같이 기입한다. [보기] ⊕ 9 • 파일럿 램프 붙이는 L을 보기와 같이 기입한다. [보기] ⊕ 9L

4. 계폐기 및 계기

명칭	그림 기호	적요
전력량계 (상자들이 또는 후드붙이)	(WH)	• 집합 계기상자에 넣는 경우는 전력량계의 수를 보기와 같이 기입한다. [보기] (WH) 12
원격검침용 전력계량기	((WH))	• 필요에 따라 방식, 용량 등을 포함하여 기입한다. • 펄스식은 P를 기입한다.
원격검침중계기	▢	• 필요에 따라 방식, 용량 등을 포함하여 기입한다.
원격검침 신호변환기	M	• 필요에 따라 방식, 용량 등을 포함하여 기입한다.
원격검침 중앙처리장치	CC	• 필요에 따라 방식, 용량 등을 포함하여 기입한다.

5. 전화

명칭	그림 기호	적요
단자반	▭	• 전화 이외의 단자반에도 동일하게 적용한다. • 중간 단자반, 주 단자반, 국선용 단자반을 구별하는 경우는 보기와 같이 기입한다. 　[보기] 중간 단자반　▭ 　　　　 주 단자반　▭ 　　　　 국선용 단자반　▭ • 홈네트워크와 같이 사용하는 경우는 보기와 같이 기입한다. 　[보기] 세대 단자함　▭ 　　　　 중간 단자함　▭ 　　　　 동 단자함　▭
교환기	⊠	

6. 확성장치 및 인터폰

명칭	그림 기호	적요
스피커	◁	• 벽붙이는 보기와 같이 벽 옆을 칠한다. 　[보기] ◁ • 컬럼 스피커를 구별하는 경우는 보기와 같다. 　[보기] ◁ • 옥외보안등 등 POLE에 부착형은 보기와 같다. 　[보기] ◯◁
현관카메라폰	■◁	• 벽붙이는 보기와 같이 벽 옆을 칠한다. 　[보기] ■◁
음향단자	Ⓢ	• 벽붙이는 보기와 같이 벽 옆을 칠한다. 　[보기] Ⓢ • 2구 이상인 경우는 구수를 보기와 같이 기입한다. 　[보기] Ⓢ₂

7. 텔레비전

명칭	그림 기호	적요
텔레비전안테나		• 필요에 따라 VHF, UHF, 소자수 등을 기입한다.
위성안테나		• 필요에 따라 방송명 등을 기입한다.
증폭기		
양방향증폭기		• 필요에 따라 종별을 기입한다.
TV선로장치함		• 내부 설치 기기들은 방기 또는 별도 기입한다.
주전송장치		• 내부 설치 기기들은 기입 또는 별도 표기한다.

8. 주차관제

명칭	그림 기호	적요
차량 검지기		• 필요에 따라 회로수를 기입한다.
루프코일		• 차량 통과 방향 검지를 위해서는 설치를 한다.
차단기		• 필요에 따라 차단기 길이를 기입한다.
주차권 발권기		• 필요에 따라 종별을 기입한다.

04 설비부하용량 산정

1. 건축물의 종류에 따른 [m²]당 표준부하

건축물의 종류	표준부하[VA/m²]
공장, 공회당, 사원, 교회, 극장, 영화관, 연회장 등	10
기숙사, 여관, 호텔, 병원, 학교, 음식점, 다방, 대중목욕탕	20
주택, 아파트, 사무실, 은행, 상점, 이발소, 미장원	30

2. 건축물 중 별도 계산할 부분의 [m²]당 표준부하(아파트, 주택은 제외)

건축물의 부분	표준부하[VA/m²]
복도, 계단, 세면장, 창고, 다락	5
강당, 관람석	10

3. 표준부하에 따라 산출한 수치에 가산하여야 할 부하용량

- 주택, 아파트(1세대 마다)에 대하여는 500 ~ 1,000[VA]
- 상점의 진열창에 대하여는 진열창 폭 1[m]에 대하여 300[VA]
- 옥외의 광고등, 전광사인, 네온사인 등의 [VA]

4. 분기회로수 계산

$$분기회로수 = \frac{표준\ 부하밀도[VA/m^2] \times 바닥면적[m^2]}{전압[V] \times 분기회로의\ 전류[A]} [회로]$$

건물의 표준 부하에 의한 건물단면도에 적합한 분기회로수를 구하시오.

개념잡기

[조건] 1. 사용전압은 220[V]이다.
   2. 룸에어컨은 별도 회로로 한다.
   3. 분기 회로는 15[A]로 한다.

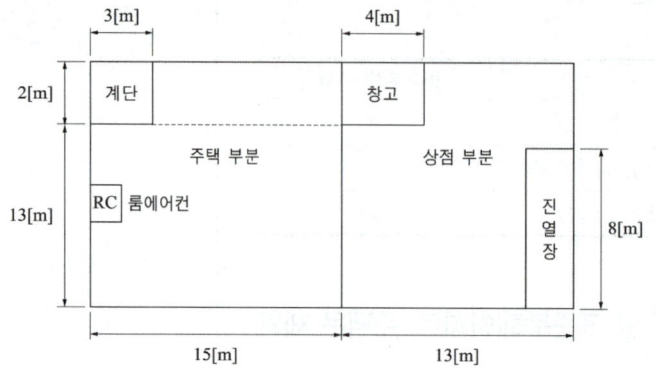

건물의 종류	표준부하[VA/m²]	가산부하[VA]
공장, 사찰, 교회, 극장, 연회장	10	-
기숙사, 호텔, 병원, 음식점, 목욕탕	20	-
주택, 아파트, 사무실, 은행, 상점	30	-
복도, 계단, 세면장, 창고, 다락	5	-
상점의 진열장은 폭 1[m]마다	-	300
주택, 아파트(1세대마다)	-	1,000

[계산과정] 부하산정 = 면적 × 표준부하 + 가산부하
   주택부분 = $\{(2+13) \times 15 - (2 \times 3)\} \times 30 + 1{,}000 + (2 \times 3) \times 5$
      = 7,600[VA]
   상점부분 = $\{(2+13) \times 13 - (2 \times 4)\} \times 30 + (300 \times 8) + (2 \times 4) \times 5$
      = 8,050[VA]
   15[A] 분기회로수 = $\dfrac{7{,}600 + 8{,}050}{220 \times 15} = 4.74$ → 5회로 선정

   총 분기회로 = 주택상점 5회로 + (RC룸에어컨) 1회로 = 6회로
[정답] 15[A] 분기회로는 6회로 선정

05 설비 불평형률

1. 저압수전의 단상 3선식(불평형률은 40[%] 이하이어야 한다)

$$설비\ 불평형률 = \frac{중성선과\ 각\ 전압측\ 전선\ 간에\ 접속되는\ 부하설비용량[kVA]의\ 차}{총\ 부하설비용량[kVA] \times \frac{1}{2}} \times 100[\%]$$

2. 저압, 고압 및 특고압 수전의 3상 3선식 또는 3상 4선식
   (불평형률은 30[%] 이하이어야 한다)

$$설비\ 불평형률 = \frac{각\ 선간에\ 접속되는\ 단상\ 부하의\ 최대와\ 최소의\ 차[kVA]}{총\ 부하설비용량[kVA] \times \frac{1}{3}} \times 100[\%]$$

개념잡기

그림과 같은 3상 3선식 220[V] 수전회로가 있다. Ⓜ은 역률 0.8의 전동기 부하이고 Ⓗ는 전열부하이다. 이 그림을 보고 다음 각 물음에 답하시오. (단, 전열부하의 역률은 1로 본다)

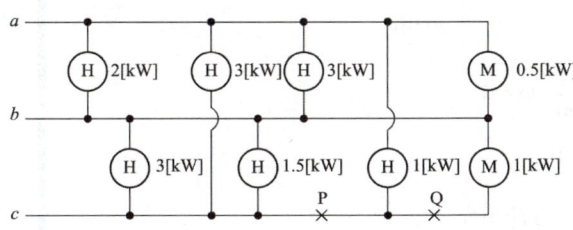

가. 저압 수전의 3상 3선식 선로인 경우에 설비불평형률은 몇 [%] 이하로 하는 것을 원칙으로 하는지 쓰시오.
나. 그림의 설비 불평형률은 몇 [%]인지 계산하시오. (단, P, Q점은 단선이 아닌 것으로 계산한다)
다. P, Q점에서 단선이 되었다면 설비 불평형률은 몇 [%]인지 계산하시오.

가. 30[%]

나. [계산과정] $설비\ 불평형률 = \dfrac{\left(3+1.5+\dfrac{1}{0.8}\right)-(3+1)}{\dfrac{1}{3} \times \left(2+3+\dfrac{0.5}{0.8}+3+1.5+\dfrac{1}{0.8}+3+1\right)} \times 100$
   $= 34.15[\%]$

[정답] 34.15[%]

다. [계산과정] $설비\ 불평형률 = \dfrac{\left(2+3+\dfrac{0.5}{0.8}\right)-3}{\dfrac{1}{3} \times \left(2+3+\dfrac{0.5}{0.8}+3+1.5+3\right)} \times 100 = 60[\%]$

[정답] 60[%]

06 전압강하 및 전선의 단면적

전기 방식	전압 강하[V]	전선 단면적[mm²]
3상 4선식 단상 3선식 직류 3선식	$e = IR = \dfrac{17.8LI}{1,000A}$	$A = \dfrac{17.8LI}{1,000e}$ (e : 상전압의 전압강하)
단상 2선식 직류 2선식	$e = 2IR = \dfrac{35.6LI}{1,000A}$	$A = \dfrac{35.6LI}{1,000e}$ (e : 선간전압의 전압강하)
3상 3선식	$e = \sqrt{3}\,IR = \dfrac{30.8LI}{1,000A}$	$A = \dfrac{30.8LI}{1,000e}$ (e : 선간전압의 전압강하)

- I : 전류[A], L : 전선 1본의 길이[m]

개념잡기

고압수전의 수용가에서 3상 4선식 교류 380[V], 50[kVA] 부하가 수용가 설비의 인입구로부터 기기까지 270[m] 떨어져 설치되어 있다. 바람직한 허용전압강하는 얼마이며 이 경우 배전용 케이블의 최소 굵기는 얼마로 하여야 하는지 계산하여 구하시오.
(단, 케이블은 IEC 규격 6[mm²], 10[mm²], 16[mm²], 25[mm²], 35[mm²], 50[mm²]에 의한다)

가. 허용전압강하
나. 케이블의 최소 굵기

가. [계산과정] 허용전압강하 $e = 380 \times (0.05 + 0.005) = 20.9\,[V]$
　　[정답] 20.9[V]

나. [계산과정] 케이블의 최소 굵기 $A = \dfrac{17.8LI}{1,000e}\,[mm^2]$

　　부하전류 $I = \dfrac{50 \times 10^3}{\sqrt{3} \times 380} = 75.97\,[A]$

　　$A = \dfrac{17.8 \times 270 \times 75.97}{1,000 \times 220 \times 0.055} = 30.17\,[mm^2]$

[정답] 케이블 최소 굵기 35[mm²] 선정

참고

- 한국전기설비규정 232.3.9 수용가 설비에서의 전압강하
  다른 조건을 고려하지 않는다면 수용가 설비의 인입구로부터 기기까지의 전압강하는 표 232.3-1의 값 이하이어야 한다.

표 232.3-1 수용가 설비의 전압강하

설비의 유형	조명[%]	기타[%]
A - 저압으로 수전하는 경우	3	5
B - 고압 이상으로 수전하는 경우*	6	8

* 가능한 한 최종회로 내의 전압강하가 A 유형의 값을 넘지 않도록 하는 것이 바람직하다.
사용자의 배선설비가 100[m]를 넘는 부분의 전압강하는 미터당 0.005[%] 증가할 수 있으나 이러한 증가분은 0.5[%]를 넘지 않아야 한다.
100[m]가 넘는 부분의 전압강하는 미터당 0.005[%] 증가할 수 있으나 증가분은 0.5[%]를 증가할 수 없으므로 저압으로 수전하는 경우의 전압강하(기타) 5[%]와 0.5[%]를 합하여 전압강하는 5.5[%]를 적용한다.

07 조명

1. 조명설비 용어와 단위

광속 F[lm]
단위 시간에 방사하는 빛의 양

조명률 U[%]
조명에서 발산되는 광속 중 작업면에 입사하는 광속의 비율

조명개수 N[개 또는 등수]
공간에 설치되는 조명개수(1등용 조명과 2등용 조명 구분)

감광보상률 D
조명기구의 조도저하 비율 $\left(\text{보수율 } M = \dfrac{1}{D}\right)$

조도 E[lx]
어떤 면 1[m²]당 비추어지는 정도[lm/m²]

실의 면적 S[m²]
실의 가로[m] × 세로[m]

광도 I[cd]
단위 입체각에 포함되는 광속수의 밀도

2. 조명 계산식

$FUN = DES$

3. 조명기구의 비치방법에 따른 면적 산정 방법

도로 중앙, 도로 편측 배열의 적용면적

$S = 가로 \times 세로$

대칭, 지그재그 배열의 적용면적

$S = \dfrac{1}{2}(가로 \times 세로)$

개념잡기

도로의 너비가 30[m]인 곳에 양쪽으로 30[m] 간격으로 지그재그식으로 등주를 배치하여 도로 위의 평균조도를 6[lx]로 하고자 한다. 각 등주에 사용되는 수은등의 용량[W]을 주어진 표 "수은등의 광속"에서 선정하시오. (단, 노면의 광속이용률은 32[%], 유지율은 80[%]로 한다)

[수은등의 광속]

용량[W]	전광속[lm]
100	3,200 ~ 3,500
200	7,700 ~ 8,500
300	10,000 ~ 11,000
400	13,000 ~ 14,000
500	18,000 ~ 20,000

[계산과정] $F = \dfrac{DES}{UN} = \dfrac{\dfrac{1}{0.8} \times 6 \times \dfrac{1}{2} \times 30 \times 30}{0.32 \times 1} = 10,546.88\,[\text{lm}]$

[정답] 표에서 300[W] 선정

> **참고**
>
> 감광보상률 $D = \dfrac{1}{유지율} = \dfrac{1}{0.8}$
>
> 지그재그식에서의 $S = \dfrac{1}{2} \times 너비 \times 간격 = \dfrac{1}{2} \times 30 \times 30$

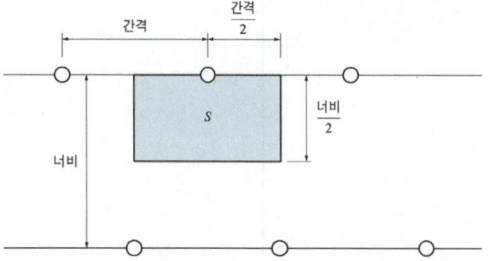

4. 실지수(RI)

조명이 설치되어진 실에서 조명효율을 구할 때 사용하는 지수

실지수(RI) = $\dfrac{XY}{H(X+Y)}$

- H : 작업면에서 광원까지 높이[m]
  (광원 높이[m] - 작업면 높이[m])
- X : 실의 가로 길이[m]
- Y : 실의 세로 길이[m]

개념잡기

방의 면적이 10[m]×30[m], 높이 3.85[m]인 사무실에 40[W] 형광등 1개의 광속이 2,500[lm]인 2등용 형광등 기구를 시설하여 400[lx]의 평균조도를 얻고자 할 때 다음 요구사항을 구하시오. (단, 조명률이 60[%], 감광보상률은 1.3, 책상면에서 천장까지의 높이는 3[m]이다)

가. 실지수
나. 형광등 기구수

가. [계산과정] 실지수 = $\dfrac{10 \times 30}{3 \times (10+30)} = 2.5$

[정답] 2.5

나. [계산과정] $N = \dfrac{DES}{FU} = \dfrac{1.3 \times 400 \times (10 \times 30)}{(2,500 \times 2) \times 0.6} = 52$

[정답] 52[등]

> **참고**
>
> $FUN = DES$
>
> 등수 $N = \dfrac{DES}{FU}$
>
> - 감광보상률 $D = 1.3$
> - 면적 $S = (10 \times 30)[m^2]$
> - 조명률 $U = 60[\%]$
> - 조도 $E = 400[lx]$
> - 광속 $F = 2,500 \times 2$등용

5. 법선조도, 수평면 조도, 수직면 조도

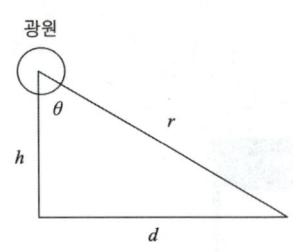

법선조도

$$E_n = \frac{I}{r^2} \, [\text{lx}] \qquad [I : \text{광도[cd]}$$

수평면 조도

$$E_h = \frac{I}{h^2} \cos^3\theta \, [\text{lx}]$$

수직면 조도

$$E_v = \frac{I}{h^2} \sin\theta \cos^2\theta \, [\text{lx}] = \frac{I}{d^2} \sin^3\theta \, [\text{lx}]$$

개념잡기

그림과 같은 배광곡선을 갖는 반사갓형 수은등 400[W](22,000[lm])을 사용하고 있다. 기구 직하 7[m] 점으로부터 수평으로 5[m] 떨어진 점의 수평면 조도를 구하시오.
(단, $\cos^{-1}0.814 = 35.5°$, $\cos^{-1}0.707 = 45°$, $\cos^{-1}0.583 = 54.3°$)

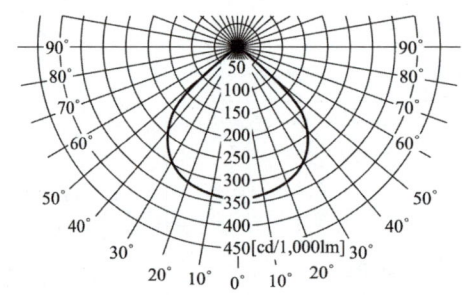

[계산과정] 수평면 조도 $E = \dfrac{I}{r^2} \cos\theta \, [\text{lx}]$

$\cos\theta = \dfrac{h}{r} = \dfrac{h}{\sqrt{h^2+d^2}} = \dfrac{7}{\sqrt{7^2+5^2}} = 0.814$이므로

$\theta = \cos^{-1}0.814 = 35.5°$

그림에서 35.5°이면 광도 ≒ 280[cd/1,000lm]이므로 수은등의 광도는

$I = \dfrac{280}{1,000} \times 22,000 = 6,160\,[\text{cd}]$이다.

$E = \dfrac{6,160}{(\sqrt{7^2+5^2})^2} \times \cos 35.5° = 67.76\,[\text{lx}]$

[정답] 67.76[lx]

08 전동기 용량 산정

1. 펌프용 전동기

$$P = \frac{QHK}{6.12\eta} [\text{kW}]$$

$\begin{bmatrix} Q : \text{양수량[m}^3\text{/min]} \\ H : \text{양정[m]} \\ K : \text{여유계수(1.1 ~ 1.2 정도)} \\ \eta : \text{펌프 효율} \end{bmatrix}$

개념잡기

양수량 50[m³/min], 총양정 15[m]의 양수 펌프용 전동기의 소요출력은 몇 [kW]인지 계산하시오. (단, 펌프 효율 70[%]이며 여유계수는 1.1로 한다)

[계산과정] $P = \dfrac{50 \times 15 \times 1.1}{6.12 \times 0.7} = 192.58 [\text{kW}]$

[정답] 192.58[kW]

참고

- 양수량의 단위가 [m³/min]일 때 펌프용 전동기 소요동력 $P = \dfrac{QHK}{6.12 \times \eta} [\text{kW}]$
- 양수량의 단위가 [m³/sec]일 때 펌프용 전동기 소요동력 $P = \dfrac{9.8QHK}{\eta} [\text{kW}]$

(Q : 양수량, H : 총양정[m], η : 효율, K : 여유계수)

2. 권상용 전동기

$$P = \frac{Wv}{6.12\eta} [\text{kW}]$$

$\begin{bmatrix} W : \text{권상하중[ton]} \\ v : \text{권상속도[m/min]} \\ \eta : \text{권상기 효율} \end{bmatrix}$

개념잡기

어느 공장에서 기중기의 권상하중 50[t], 12[m] 높이를 4분에 권상하려고 한다. 이때 사용되는 권상 전동기의 출력을 계산하여 구하시오. (단, 권상 기구의 효율은 75[%]이다)

[계산과정] 권상 전동기 출력 $= \dfrac{50 \times \dfrac{12}{4}}{6.12 \times 0.75} = 32.68 [\text{kW}]$

[정답] 32.68[kW]

3. 엘리베이터용 전동기

$$P = \frac{kWv}{6{,}120\eta}[\text{kW}]$$

- k : 평형률(계수)
- W : 적재하중[kg](기체무게는 제외)
- v : 승강속도[m/min]
- η : 엘리베이터 효율

4. 에스컬레이터용 전동기

$$P = \frac{Gv\sin\theta}{6{,}120\eta}\beta[\text{kW}]$$

- G : 적재하중[kg]
- v : 속도[m/min]
- θ : 경사각
- η : 종합효율
- β : 승객 유입률

09
수변전 설비

1. 수변전 설비 표준 결선도

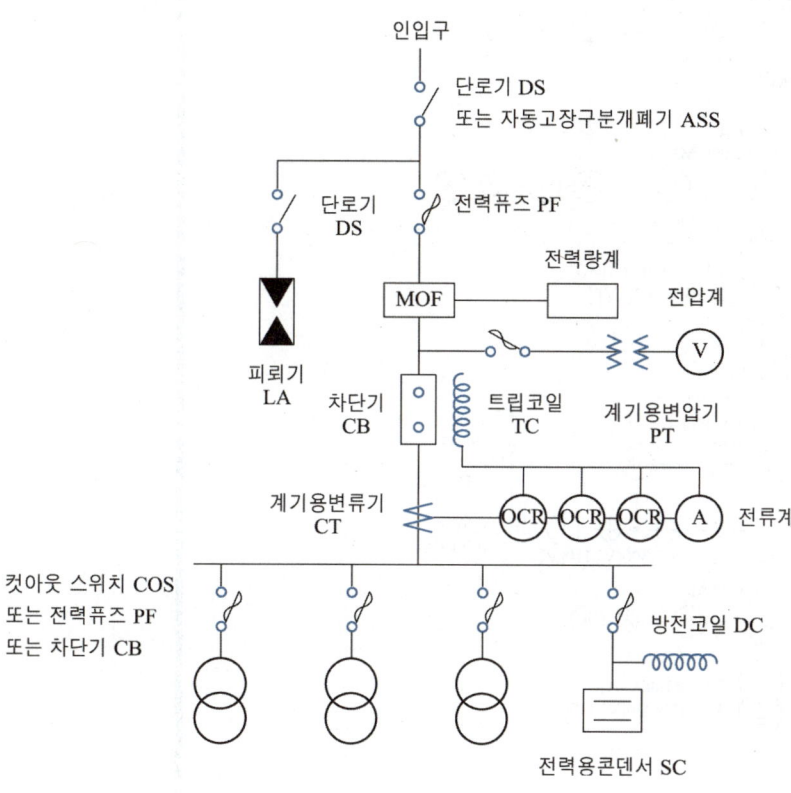

다음 그림은 어느 수용가의 수변전 설비의 단선 계통도이다. 물음에 답하시오.

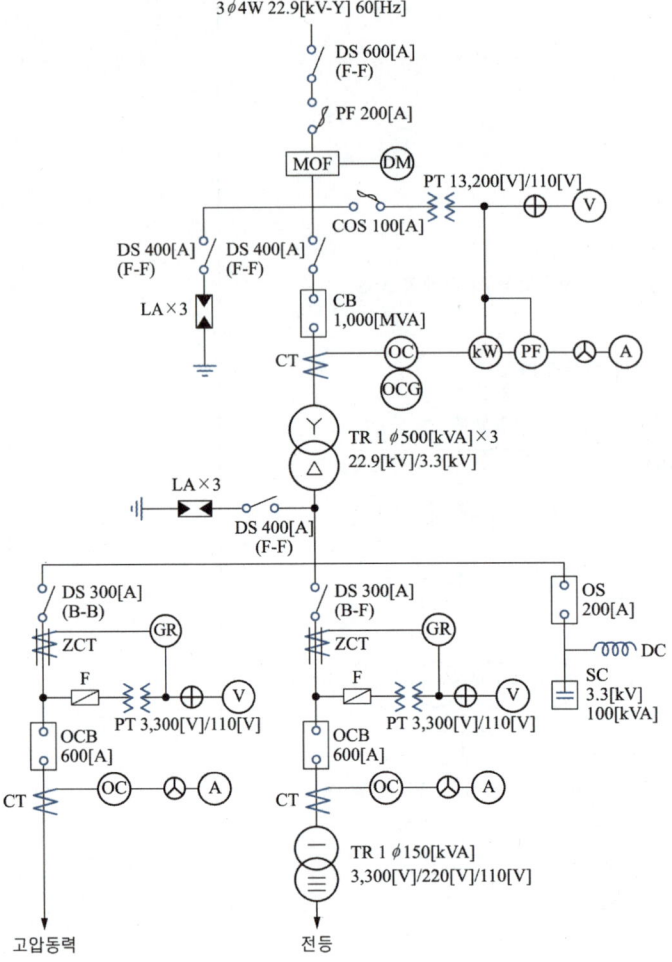

가. 22.9[kV] 측의 DS의 정격 전압을 쓰시오. (단, 정격전압은 계산과정을 생략하고 답만 쓰시오)
나. MOF의 역할을 쓰시오.
다. PF의 역할을 쓰시오.
라. MOF에 연결되어 있는 DM의 명칭을 쓰시오.
마. 하나의 전압계로 3상의 상전압이나 선간전압을 측정할 수 있는 스위치를 약호로 쓰시오.
바. 하나의 전류계로 3상의 전류를 측정할 수 있는 스위치를 약호로 쓰시오.
사. CB의 역할을 쓰시오.
아. 3.3[kV] 측의 ZCT의 역할을 쓰시오.
자. ZCT에 연결되어 있는 GR의 역할을 쓰시오.
차. SC의 역할을 쓰시오.
카. 3.3[kV] 측의 CB에서 600[A]는 무엇을 의미하는지 쓰시오.
타. OS의 명칭을 쓰시오.

가. 25.8[kV]
나. 전력량을 적산하기 위하여 고전압 대전류를 저전압 소전류로 변성
다. 단락전류 및 고장전류의 차단
라. 최대 수요 전력량계
마. VS
바. AS
사. 단락 및 과부하, 지락 사고 등 사고 전류 차단 및 부하 전류를 개폐
아. 지락 사고 시 영상전류를 검출
자. 지락 사고 발생 시 ZCT로부터 검출된 지락전류를 입력으로 하여 정정치 이상이 되면 차단기로 동작신호를 출력
차. 부하의 역률을 개선
카. 정격전류
타. 유입개폐기

2. 수변전 설비 계획

수변전 설비 계획 시 검토사항

- 건물의 용도, 규모, 업종
- 부하밀도
- 수변전 설비 용량 및 계약전력
- 수전 전압 및 수전방식
- 주회로 결선 방식(단선 결선도)
- 비상용 발전 설비 및 절환 방식
- 제어방식 및 보호협조와 보호방식

수변전실 위치 선정 시 고려사항

- 부하중심에 가까울 것
- 인입선의 인입이 쉽고 유지보수 및 점검이 용이할 것
- 간선처리 및 증설이 용이할 것
- 기기 반출입에 지장이 없을 것
- 침수 및 기타 재해발생의 우려가 적은 곳
- 화재, 폭발 위험이 없을 것
- 염진해, 유독가스 등의 발생이 적을 것
- 습기, 먼지가 비교적 적은 곳
- 발전기, 축전지실과 인접한 곳
- 부하증설을 대비하여 면적확보가 용이한 곳
- 경제적일 것

3. 수용률, 부하율, 부등률 및 변압기 용량

수용률

부하설비용량에 대한 최대전력의 비를 백분률로 나타낸 것

$$수용률 = \frac{최대전력}{부하설비용량} \times 100[\%]$$

부하율

최대 전력에 대한 평균전력의 비를 백분률로 나타낸 것

$$부하율 = \frac{평균전력}{최대전력} \times 100[\%]$$

부등률

합성최대부하에 대한 부하 각각의 최대부하의 총합으로 그 값은 1 이상이다.

$$부등률 = \frac{각각의\ 최대부하의\ 총합}{합성최대부하} \geq 1$$

변압기 용량

$$변압기\ 용량[kVA](=합성최대전력) = \frac{부하설비용량[kW] \times 수용률}{부등률 \times 역률}$$

다음 그림은 수용가들의 일부하곡선이다. 다음 각 물음에 답하시오. (단, 실선은 A 수용가, 점선은 B 수용가이다)

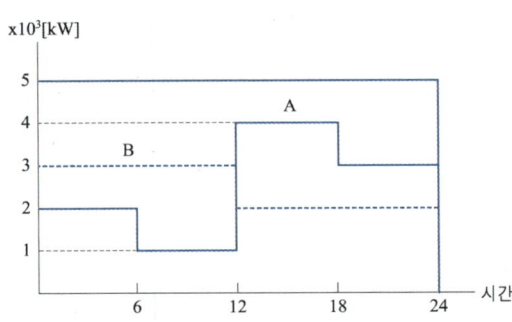

가. A, B 각 수용가의 수용률은 얼마인지 계산하시오. 단, 설비용량은 수용가 모두 10×10^3 [kW]이다)
  ① A 수용가의 수용률
  ② B 수용가의 수용률
나. A, B 각 수용가의 일부하율은 얼마인지 계산하시오.
  ① A 수용가의 일부하율
  ② B 수용가의 일부하율
다. A, B 각 수용가 상호간의 부등률을 계산하고 부등률의 정의를 간단히 쓰시오.
  ① 부등률
  ② 부등률의 정의

가. [계산과정] ① $\frac{4 \times 10^3}{10 \times 10^3} \times 100 = 40\,[\%]$

② $\frac{3 \times 10^3}{10 \times 10^3} \times 100 = 30\,[\%]$

[정답] ① A 수용가의 수용률 = 40[%]
② B 수용가의 수용률 = 30[%]

> **참고**
>
> 수용률 = $\frac{\text{최대수용전력}}{\text{부하설비용량}} \times 100$
>
> - A 수용가의 최대수용전력 = 4×10^3[kW] (12시 ~ 18시)
> - B 수용가의 최대수용전력 = 3×10^3[kW] (0시 ~ 12시)

나. [계산과정]

① $\dfrac{\dfrac{(2 \times 10^3 \times 6) + (1 \times 10^3 \times 6) + (4 \times 10^3 \times 6) + (3 \times 10^3 \times 6)}{24}}{4 \times 10^3} \times 100 = 62.5\,[\%]$

② $\dfrac{\dfrac{(3 \times 10^3 \times 12) + (2 \times 10^3 \times 12)}{24}}{3 \times 10^3} \times 100 = 83.33\,[\%]$

[정답] ① A 수용가의 일부하율 = 62.5[%]
② B 수용가의 일부하율 = 83.33[%]

> **참고**
>
> - 일부하율 = $\frac{\text{일평균수요전력}}{\text{최대수요전력}} \times 100\,[\%]$
> - 일평균수요전력 = $\frac{\text{하루수요전력}}{24}$ [kW]

다. ① [계산과정] 부등률 = $\frac{4 \times 10^3 + 3 \times 10^3}{6 \times 10^3} = 1.17$

[정답] 1.17

② 서로 다른 부하의 합성최대전력에 대한 개별 부하 최대수용전력의 합의 비

> **참고**
>
> 부등률 = $\frac{\text{개별 부하의 최대수용전력의 합}}{\text{합성최대전력}}$
>
> - 개별 부하의 최대수용전력의 합 = $4 \times 10^3 + 3 \times 10^3$[kW]
>   - A 수용가의 최대수용전력 = 4×10^3[kW] (12시 ~ 18시)
>   - B 수용가의 최대수용전력 = 3×10^3[kW] (0시 ~ 12시)
> - 합성 최대 전력 = 6×10^3[kW](12시 ~ 18시)
>   - 0시 ~ 6시 = A 수용가 2×10^3 + B 수용가 $3 \times 10^3 = 5 \times 10^3$[kW]
>   - 6시 ~ 12시 = A 수용가 1×10^3 + B 수용가 $3 \times 10^3 = 4 \times 10^3$[kW]
>   - 12시 ~ 18시 = A 수용가 4×10^3 + B 수용가 $2 \times 10^3 = 6 \times 10^3$[kW]
>   (합성최대전력)
>   - 18시 ~ 24시 = A 수용가 3×10^3 + B 수용가 $2 \times 10^3 = 5 \times 10^3$[kW]

4. 변압기 효율 및 손실

효율

$$\eta = \frac{출력}{출력 + 손실(철손 + 동손)} \times 100[\%]$$

손실

동손의 손실량 $= m^2 P_c \times$ 시간 t[kWh]

철손의 손실량 $= P_i \times$ 시간 t[kWh]

$\begin{bmatrix} m : 부하율 \\ P_c : 동손 \end{bmatrix}$

$\begin{bmatrix} P_i : 철손 \end{bmatrix}$

개념잡기

전압 3,300[V], 전류 43.5[A], 저항 0.66[Ω], 무부하손 1,000[W]인 단상 변압기가 있다. 다음 물음에 답하시오.

가. 전부하 시 역률 100[%]와 80[%]인 경우 효율을 구하시오.
나. 반부하 시 역률 100[%]와 80[%]인 경우 효율을 구하시오.

가. [계산과정]
- 역률 100[%]일 때(전부하 시)

  효율 $\eta = \dfrac{1 \times (3{,}300 \times 43.5 \times 1)}{(1 \times 3{,}300 \times 43.5 \times 1) + 1{,}000 + (1^2 \times 43.5^2 \times 0.66)} \times 100$

  $= 98.458[\%]$

- 역률 80[%]일 때(전부하 시)

  효율 $\eta = \dfrac{1 \times (3{,}300 \times 43.5 \times 0.8)}{(1 \times 3{,}300 \times 43.5 \times 0.8) + 1{,}000 + (1^2 \times 43.5^2 \times 0.66)} \times 100$

  $= 98.079[\%]$

[정답] 역률 100[%]일 때(전부하 시) 효율 $\eta = 98.46[\%]$
      역률 80[%]일 때(전부하 시) 효율 $\eta = 98.08[\%]$

나. [계산과정]
- 역률 100[%]일 때(반부하 시)

  효율 $\eta = \dfrac{0.5 \times (3{,}300 \times 43.5 \times 1)}{(0.5 \times 3{,}300 \times 43.5 \times 1) + 1{,}000 + (0.5^2 \times 43.5^2 \times 0.66)} \times 100$

  $= 98.2[\%]$

- 역률 80[%]일 때(반부하 시)

  효율 $\eta = \dfrac{0.5 \times (3{,}300 \times 43.5 \times 0.8)}{(0.5 \times 3{,}300 \times 43.5 \times 0.8) + 1{,}000 + (0.5^2 \times 43.5^2 \times 0.66)} \times 100$

  $= 97.765[\%]$

[정답] 역률 100[%]일 때(반부하 시) 효율 $\eta = 98.2[\%]$
      역률 80[%]일 때(반부하 시) 효율 $\eta = 97.77[\%]$

> **참고**
> 단상 변압기 효율
> $$\eta = \frac{mP}{mP+P_i+m^2P_l}\times 100 = \frac{mVI\cos\theta}{mVI\cos\theta + P_i + m^2I^2r}\times 100[\%]$$
> - m : 부하율(전부하 시=1, 반부하 시=0.5)
> - P : 유효전력(단상일 때 $P=VI\cos\theta$[W])
> - P_i : 무부하손(철손)
> - P_l : 전력손실 I^2r[W]

5. 변압기 최고 효율 조건

전부하 시

$P_i = P_c$

부하율 m으로 운전 시

$P_i = m^2 P_c$

6. 변압기 권수비

$$a = \frac{N_1}{N_2} = \frac{E_1}{E_2} = \frac{I_2}{I_1}$$

$\begin{bmatrix} N_1, \ N_2 : \text{1차, 2차 권선수} \\ E_1, \ E_2 : \text{1차, 2차 권선의 유기기전력} \\ I_1, \ I_2 : \text{1차, 2차 권선의 전류} \end{bmatrix}$

개념잡기

권수비 30인 단상변압기에 1차 전압을 6.6[kV]를 가할 때 다음 각 물음에 답하시오.
(단, 변압기 손실은 무시한다)

가. 2차 전압은 몇 [V]인가?
나. 2차에 50[kW], 지상 역률 80[%]의 부하를 걸었을 때 1차 및 2차 전류는 몇 [A]인가?
다. 1차 입력은 몇 [kVA]인가?

가. [계산과정] 2차 전압 = $\dfrac{\text{1차 전압}}{\text{권수비}} = \dfrac{6.6\times 10^3}{30} = 220$[V]

　[정답] 220[V]

나. [계산과정] 1차 전류 $I_1 = \dfrac{I_2}{\text{권수비}} = \dfrac{284.09}{30} = 9.47$[A]

　　　　　　2차 전류 $I_2 = \dfrac{P}{V_2\cos\theta} = \dfrac{50\times 10^3}{220\times 0.8} = 284.09$[A]

　[정답] 1차 전류 $I_1 = 9.47$[A], 2차 전류 $I_2 = 284.09$[A]

다. [계산과정] $P_1 = V_1 I_1 = 6.6\times 10^3 \times 9.47 \times 10^{-3} = 62.502$[kVA]

　[정답] 62.5[kVA]

7. 변압기 결선

Y-Y 결선

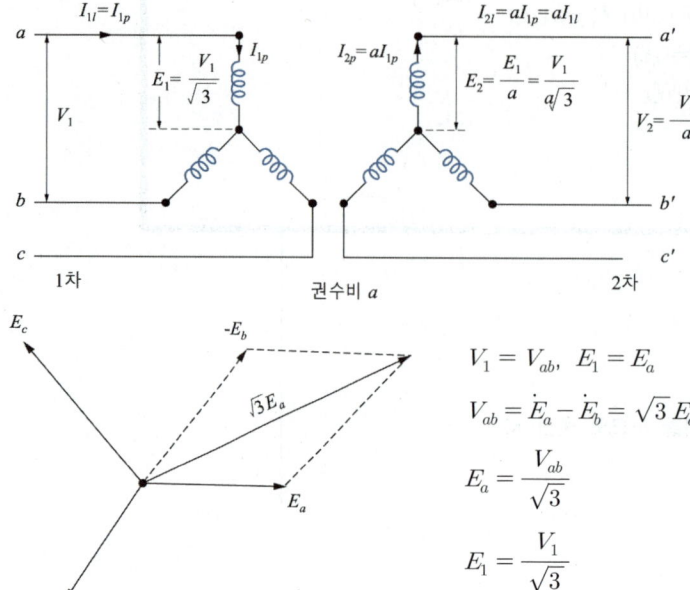

$V_1 = V_{ab}, \ E_1 = E_a$

$V_{ab} = \dot{E}_a - \dot{E}_b = \sqrt{3}\, E_a$

$E_a = \dfrac{V_{ab}}{\sqrt{3}}$

$E_1 = \dfrac{V_1}{\sqrt{3}}$

Y-Y 결선도

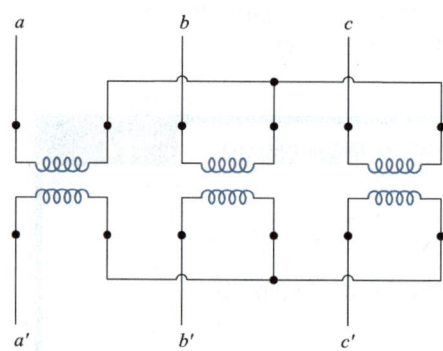

△-△ 결선

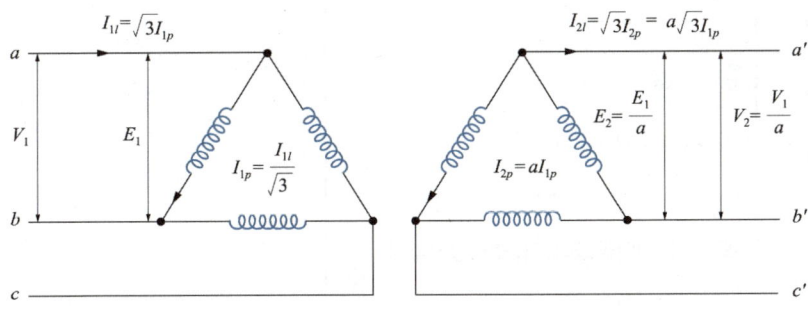

권수비 a

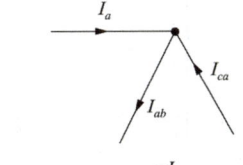

$I_{1l} = I_a$
$I_{1p} = I_{ab}$

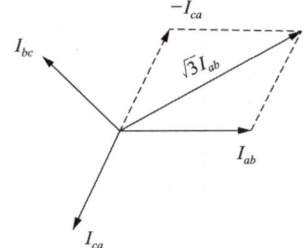

$I_{ab} = I_a + I_{ca}$
$I_a = I_{ab} - I_{ca}$
$I_a = \sqrt{3}\, I_{ab}$

△-△ 결선도

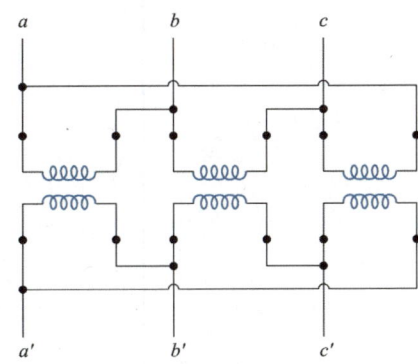

V-V 결선

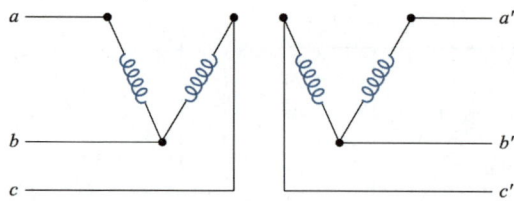

- △-△ 결선에서 단상 변압기 1대 고장 시에도 3상 전력공급이 가능한 결선방식
- △-△ 결선과 비교한 이용률과 출력비

$$이용률 = \frac{\frac{VI\cos\theta}{2}}{\frac{\sqrt{3}\,VI\cos\theta}{3}} = \frac{\sqrt{3}}{2} = 0.866 \rightarrow 86.6[\%]$$

> **참고**
>
> $P_V = VI\cos\theta\,[\text{W}]$, $P_\triangle = \sqrt{3}\,VI\cos\theta\,[\text{W}]$

$$출력비 = \frac{VI\cos\theta}{\sqrt{3}\,VI\cos\theta} = \frac{\sqrt{3}\,P_1}{3P_1} = 0.577 \rightarrow 57.7[\%]$$

V-V 결선도

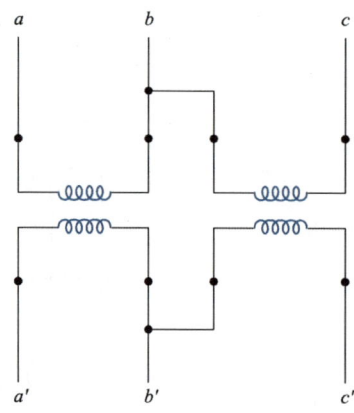

8. 단권 변압기

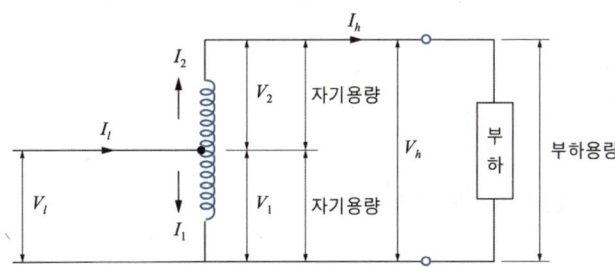

단권 변압기 용량

$I_l = I_1 + I_2$

$V_l I_l = V_h I_h$

$V_1(I_1 + I_2) = (V_1 + V_2)I_2$

$V_1 I_1 + V_1 I_2 = V_1 I_2 + V_2 I_2$

$V_1 I_1 = V_2 I_2$ (자기용량)

$\dfrac{\text{자기용량}}{\text{부하용량}} = \dfrac{V_2 I_2}{V_h I_h} = \dfrac{V_2 I_2}{(V_1 + V_2)I_2} = \dfrac{V_2}{V_1 + V_2} = \dfrac{V_h - V_l}{V_h}$

자기용량 = 부하용량 $\times \dfrac{V_h - V_l}{V_h}$

승압 후 전압

$V_h = V_l + \left(V_l \times \dfrac{V_2}{V_1}\right) = V_l + \left(V_l \times \dfrac{1}{a}\right) = V_l\left(1 + \dfrac{1}{a}\right)$ [a : 권수비]

개념잡기

단자전압 3,000[V]인 선로에 전압비 3,300/220[V]인 승압기(단권 변압기)를 접속하여 60[kW], 역률 0.9의 부하에 공급할 때 몇 [kVA]의 승압기(단권 변압기)를 사용하여야 하는가?

[계산과정] 승압기(단권 변압기) 2차 전압 $V_2 = V_1 \times \left(1 + \dfrac{1}{a}\right) = 3,000 \times \left(1 + \dfrac{220}{3,300}\right)$

$= 3,200\text{[V]}$

승압기 용량 $P_a = eI_2 = e \times \dfrac{P}{V_2 \cos\theta} = 220 \times \dfrac{60 \times 10^3}{3,200 \times 0.9}$

$= 4,583\text{[VA]} \times 10^{-3} = 4.5\text{[kVA]}$

[정답] 5[kVA] 승압기 선정

단권 변압기 장단점

- 장점
  - 동량 사용을 절약할 수 있어 경제적이다.
  - 동손이 감소되어 효율이 좋다.
  - %임피던스 강하가 비교적 작아 전압변동률이 작다.
- 단점
  - 1·2차 절연이 불가능하여 1차측에 이상전압이 걸리면 2차측에도 이상전압이 발생하여 위험하다.
  - 누설 리액턴스가 비교적 작아 단락전류가 크다.

개념잡기

단권 변압기는 1차, 2차 양 회로에 공통된 권선부분을 가진 변압기이다. 이러한 단권 변압기의 장점 3가지, 단점 2가지, 사용용도 2가지를 쓰시오.

- 장점
  ① 전압비가 클수록 동손이 감소되어 효율이 좋아진다.
  ② %임피던스 강하가 작고 전압변동률이 작다.
  ③ 1차·2차 공통 권선을 사용하므로 동량을 줄일 수 있어 경제적이다.
- 단점
  ① 누설 임피던스가 적어 단락전류가 크다.
  ② 1차·2차 공통 권선을 사용하므로 저압측도 고압측과 같은 절연이 필요하다.
- 사용용도
  ① 배전선로의 승압 및 강압용 변압기
  ② 초고압 전력용 변압기

9. 차단기

차단기 정격전압

공칭전압 $\times \dfrac{1.2}{1.1}$

공칭전압[kV]	정격전압[kV]
3.3	3.6
6.6	7.2
22	24
22.9	25.8
66	72.5
154	170
345	362
765	800

차단기의 차단용량

$\sqrt{3}$ × 정격전압 × 정격차단전류

개념잡기

수전전압 6,600[V], 가공전선로의 %Z가 58.5[%]일 때 수전점의 3상 단락전류가 8,000[A]인 경우 기준용량을 구하고 수전용 차단기의 차단용량을 계산하여 아래 표에서 선정하시오.

차단기의 정격용량									
10	20	30	50	75	100	150	250	300	400	500

가. 기준용량[MVA]
나. 차단용량[MVA]

가. [계산과정] 기준용량 $P_n = \sqrt{3}\,VI_n$ [VA]

$V = 6,600$ [V]

$I_n = \dfrac{\%Z}{100}I_s = \dfrac{58.5}{100} \times 8,000 = 4,680$ [A]

$P_n = \sqrt{3} \times 6,600 \times 4,680 \times 10^{-6} = 53.49$ [MVA]

[정답] 53.5[MVA]

> **참고**
>
> 단락전류 $I_s = \dfrac{100}{\%Z}I_n$ [A], 정격전류 I_n 기준으로 식을 정리하면
>
> $I_n = \dfrac{\%Z}{100}I_s$ [A]
>
> [VA] × 10^{-6} = [MVA]

나. [계산과정] 차단용량 $P_s = \sqrt{3}\, V_n I_s$ [VA]

정격전압 $V_n = $ 공칭전압 $V \times \dfrac{1.2}{1.1} = 6,600 \times \dfrac{1.2}{1.1} = 7,200$ [V]

정격차단전류(단락전류) $I_s = 8,000$ [A]

$P_s = \sqrt{3} \times 7,200 \times 8,000 \times 10^{-6} = 99.77$ [MVA]

[정답] 100[MVA] 선정

차단기의 종류

- 유입차단기(OCB) : 절연유의 소호작용을 이용하여 차단
- 자기차단기(MBB) : 전자력을 발생시켜 차단
- 진공차단기(VCB) : 진공 중의 높은 절연내력을 이용하여 차단
- 공기차단기(ABB) : 강력한 압축공기를 이용하여 차단
- 가스차단기(GCB) : SF_6 가스를 이용하여 차단
- 기중차단기(ACB) : 600[V] 이하에 사용되며 공기 중의 자력으로 차단

10. 사고전류 계산

- 단락 전류 $I_s = \dfrac{100}{\%Z} \times I_n$ $\left[I_n : \text{정격전류} \right.$

- 단락비 $= \dfrac{I_s}{I_n} = \dfrac{100}{\%Z}$

- $\%Z = \dfrac{PZ}{10\, V^2}$ [%] (P[kVA], V[kV] 적용)

- 기준용량으로 $\%Z$ 환산 $= \dfrac{\text{기준용량}}{\text{자기용량}} \times \text{자기}\%Z$

- 변압기에 조상기가 설치된 경우

  ```
           Tr
    1차 ┤≷≷≷├ 2차
          │
          │3차
         (C) 조상기
  ```

  - 기준용량으로 $\%Z$ 환산 후 1차 $\%Z$ 환산 $= \dfrac{\%Z_{1\sim2} + \%Z_{3\sim1} - \%Z_{2\sim3}}{2}$

    2차 $\%Z$ 환산 $= \dfrac{\%Z_{1\sim2} + \%Z_{2\sim3} - \%Z_{3\sim1}}{2}$

    3차 $\%Z$ 환산 $= \dfrac{\%Z_{2\sim3} + \%Z_{3\sim1} - \%Z_{1\sim2}}{2}$

  - 합성 $\%Z = \dfrac{\text{1차 환산 }\%Z \times \text{3차 환산 }\%Z}{\text{1차 환산 }\%Z + \text{3차 환산 }\%Z} + \text{2차 환산 }\%Z$

그림과 같은 송전계통의 S점에서 3상 단락사고가 발생하였다. 주어진 도면과 조건을 이용하여 다음 각 물음에 답하시오.

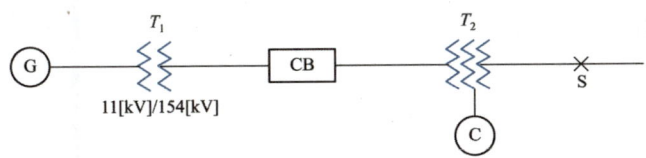

[조건]

번호	기기명	용량	전압	%X
1	발전기(G)	50,000[kVA]	11[kV]	25
2	변압기(T_1)	50,000[kVA]	11/154[kV]	10
3	송전선		154[kV]	8(10,000[kVA] 기준)
4	변압기(T_2)	1차 25,000[kVA]	154[kV]	12(25,000[kVA] 기준, 1차~2차)
		2차 30,000[kVA]	77[kV]	16(25,000[kVA] 기준, 2차~3차)
		3차 10,000[kVA]	11[kV]	9.5(10,000[kVA]기준, 3차~1차)
5	조상기(C)	10,000[kVA]	11[kV]	15

가. 기준용량을 10[MVA]로 하여 변압기(T_1)의 %리액턴스를 각각 환산하시오.
나. 변압기(T_2)의 1차, 2차, 3차 %리액턴스를 계산하여 구하시오.
다. 기준용량을 10[MVA]로 하여 발전기에서 고장점까지 %리액턴스를 계산하여 구하시오.
라. 고장점의 단락용량은 몇 [MVA]인지 계산하여 구하시오.
마. 고장점의 단락전류는 몇 [A]인지 계산하여 구하시오.

가. [계산과정] 1차~2차 : $\%X_{1\sim2} = \dfrac{10}{25} \times 12 = 4.8[\%]$

　　　　　　2차~3차 : $\%X_{2\sim3} = \dfrac{10}{25} \times 16 = 6.4[\%]$

　　　　　　3차~1차 : $\%X_{3\sim1} = \dfrac{10}{10} \times 9.5 = 9.5[\%]$

　[정답] $\%X_{1\sim2} = 4.8[\%]$
　　　　$\%X_{2\sim3} = 6.4[\%]$
　　　　$\%X_{3\sim1} = 9.5[\%]$

나. [계산과정] 1차 $\%X_1 = \dfrac{4.8 - 6.4 + 9.5}{2} = 3.95[\%]$

　　　　　　2차 $\%X_2 = \dfrac{6.4 - 9.5 + 4.8}{2} = 0.85[\%]$

　　　　　　3차 $\%X_3 = \dfrac{9.5 - 4.8 + 6.4}{2} = 5.55[\%]$

　[정답] $\%X_1 = 3.95[\%]$
　　　　$\%X_2 = 0.85[\%]$
　　　　$\%X_3 = 5.55[\%]$

다. [계산과정] 10[MVA]를 기준으로 %X를 환산하면

$$발전기(G) = \frac{10}{50} \times 25 = 5[\%]$$

$$변압기(T_1) = \frac{10}{50} \times 10 = 2[\%]$$

$$송전선 = \frac{10}{10} \times 8 = 8[\%]$$

$$조상기(C) = \frac{10}{10} \times 15 = 15[\%]$$

발전기(G)부터 변압기(T_2) 1차까지 $5 + 2 + 8 + 3.95 = 18.95[\%]$
변압기(T_2) 2차 $\%X_2 = 0.85[\%]$
변압기(T_2) 3차부터 조상기(C)까지 $5.55 + 15 = 20.55[\%]$

합성 $\%X = \dfrac{18.95 \times 20.55}{18.95 + 20.55} + 0.85 = 10.71$

[정답] 10.71[%]

> **참고**
>
> 송전계통을 10[MVA] 기준으로 %X로 환산하면
>
>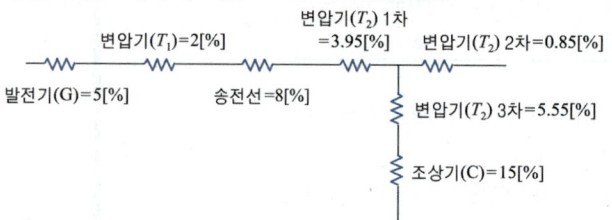

라. [계산과정] $P_S = \dfrac{100}{\%Z} \times P_n = \dfrac{100}{10.71} \times 10 = 93.37[\text{MVA}]$

[정답] 93.37[MVA]

> **참고**
>
> 단락용량 $P_S = \dfrac{100}{\%Z} \times$ 기준용량 P_n
>
> 저항을 언급하지 않았으므로 %Z는 %X와 같다.

마. [계산과정] $I_S = \dfrac{100}{\%Z} \times I_n = \dfrac{100}{10.71} \times \dfrac{10 \times 10^6}{\sqrt{3} \times 77 \times 10^3} = 700.09[\text{A}]$

[정답] 700.09[A]

> **참고**
>
> 단락전류 $I_S = \dfrac{100}{\%Z} \times$ 정격전류 I_n
>
> 정격전류 $I_n = \dfrac{P}{\sqrt{3}\,V}[\text{A}]$

11. 계기용 변성기

계기용 변류기(CT)

회로의 대전류를 소전류로 변성하여 계기나 계전기에 공급

변류비 = $\dfrac{\text{CT 1차측 전류} \times (1.25 \sim 1.5)}{\text{CT 2차측 전류 5[A]}}$

• 가동접속

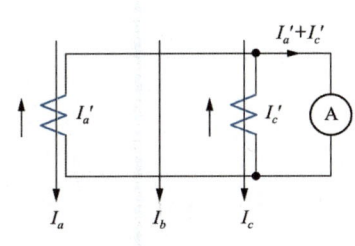 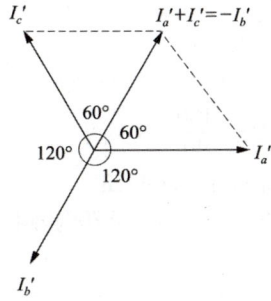

- 전류계 Ⓐ의 지시값

$I_a' + I_c' = -I_b' = (I_a' \times \cos 60°) \times 2$

다음 그림과 같이 200/5[A]의 CT 1차측에 150[A]의 3상 평형 전류가 흐를 때 전류계 A_3에 흐르는 전류는 몇 [A]인가?

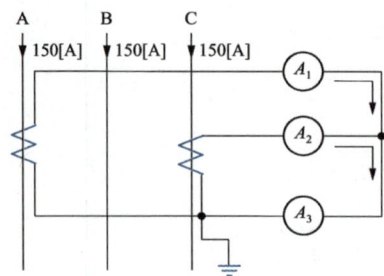

[계산과정] CT비는 $\dfrac{200}{5}$=40, CT 2차측 전류 $\dfrac{150}{40}$=3.75[A]

3상이 평형이고, 각 상의 전류의 크기가 같으므로
$|A_1|=|A_2|=|-A_3|$의 조건이 성립하므로 A_3 =3.75[A]이다.

[정답] A_3 =3.75[A]

> **참고**
>
>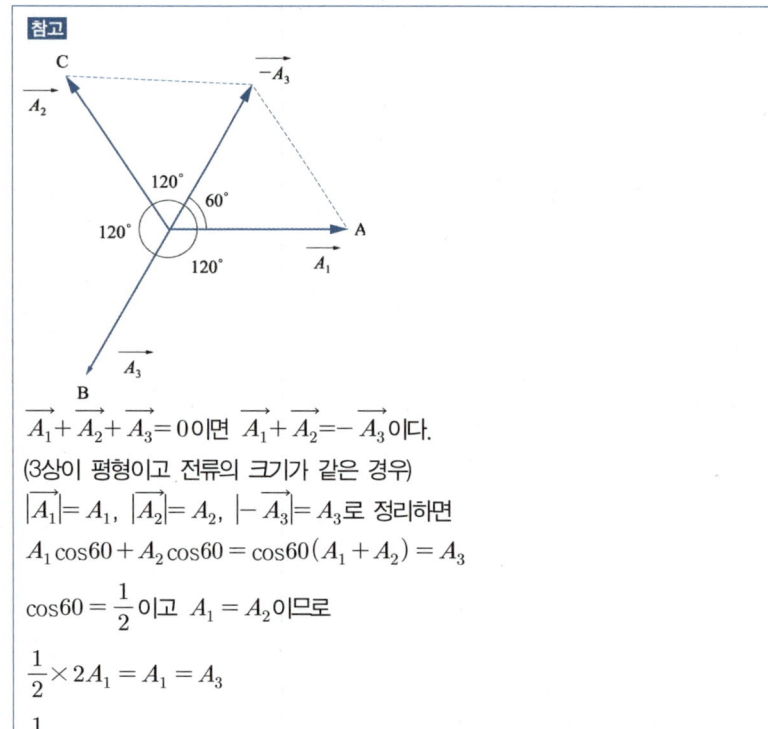
>
> $\vec{A_1}+\vec{A_2}+\vec{A_3}=0$이면 $\vec{A_1}+\vec{A_2}=-\vec{A_3}$이다.
> (3상이 평형이고 전류의 크기가 같은 경우)
> $|\vec{A_1}|=A_1$, $|\vec{A_2}|=A_2$, $|-\vec{A_3}|=A_3$로 정리하면
> $A_1\cos60+A_2\cos60=\cos60(A_1+A_2)=A_3$
> $\cos60=\dfrac{1}{2}$이고 $A_1=A_2$이므로
> $\dfrac{1}{2}\times 2A_1 = A_1 = A_3$
> $\dfrac{1}{2}\times 2A_2 = A_2 = A_3$
> 즉, $A_1=A_2=A_3$이다.

- 차동접속

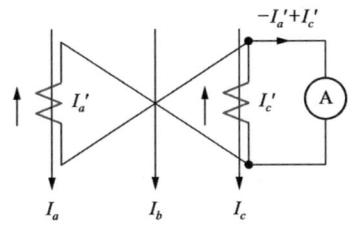 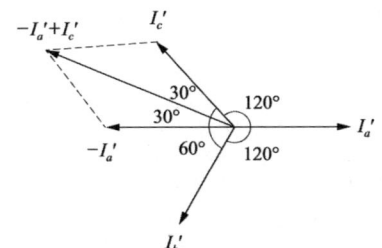

- 전류계 Ⓐ의 지시값

$$-I_a' + I_c' = (I_a \times \cos 30°) \times 2$$

계기용 변압기(PT)

고전압을 저전압으로 변성하여 계기나 계전기에 공급

- GPT(접지형 계기용 변압기)

  비접지 계통에서 지락사고 발생시 영상 전압 검출

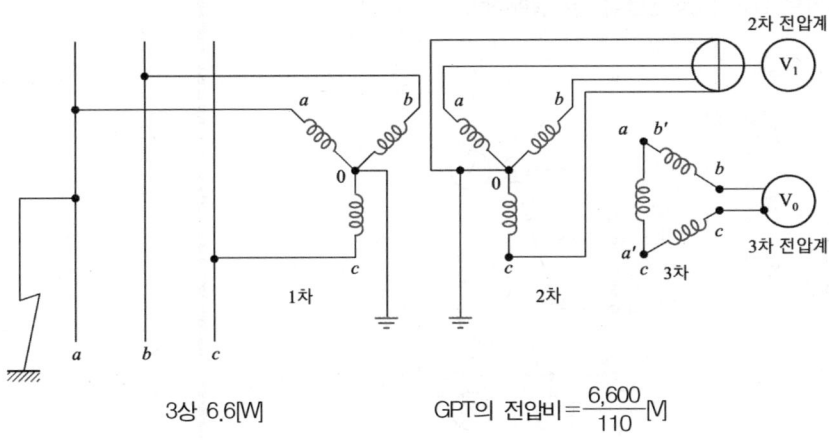

GPT 결선도

- 정상 상태일 때

  - 1차상전압 : $\dfrac{6,600}{\sqrt{3}}$ [V]

  - 2차상전압 : $\dfrac{110}{\sqrt{3}}$ [V]   2차 전압계 : 110[V]

  - 3차상전압 : $\dfrac{110}{\sqrt{3}}$ [V]   3차 전압계 : 0[V]

- a상 지락 시

  - 1차 $a-0$: 0[V]

    $b-0$: $\dfrac{6,600}{\sqrt{3}} \times \sqrt{3} = 6,600$ [V]

    $c-0$: $\dfrac{6,600}{\sqrt{3}} \times \sqrt{3} = 6,600$ [V]

- 2차 $a-0 : 0[V]$

  $b-0 : \dfrac{110}{\sqrt{3}} \times \sqrt{3} = 110[V]$

  $c-0 : \dfrac{110}{\sqrt{3}} \times \sqrt{3} = 110[V]$

  2차 전압계 : $110 \times \sqrt{3} = 190[V]$

- 3차 $a-a' : 0[V]$

  $b-b' : 110[V]$

  $c-c' : 110[V]$

  3차 전압계 : $110 \times \sqrt{3} = 190[V]$

• 지락사고 발생 시 3차 전압계에서 영상전압 190[V]를 검출하여 계기나 계전기에 공급하므로서 지락사고로부터 전로를 보호한다.

개념잡기

그림은 22.9[kV] 수전설비에서 접지형 계기용 변압기(GPT)의 미완성 결선도이다. 다음 각 물음에 간단히 답하시오. (단, GPT의 1차 및 2차 보호퓨즈는 생략한다)

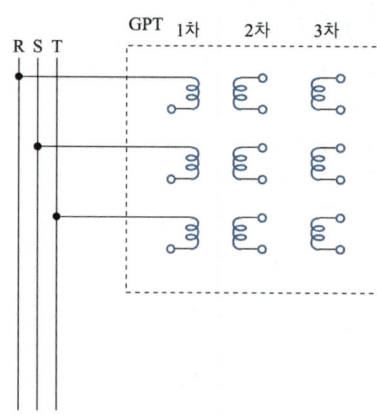
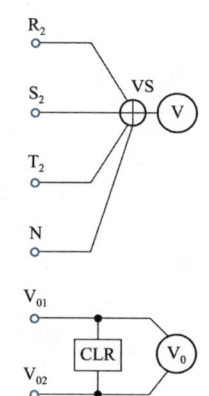

가. GPT를 활용하여 주회로의 전압등을 나타내는 회로이다. 회로도에서 활용목적에 알맞도록 미완성 부분을 완성하시오. (단, 접지 개소는 반드시 표시하여야 한다)

나. GPT의 사용용도를 간단히 쓰시오.

다. GPT의 정격 1차 전압, 2차 전압, 3차 전압은 각각 몇 [V]인지 쓰시오.

라. GPT의 3차 권선 각상에 전압 110[V] 램프를 접속하였을 때 어느 한 상에서 지락사고가 발생하였다. 램프의 점등상태는 어떻게 변하는지 간단히 설명하시오.

가.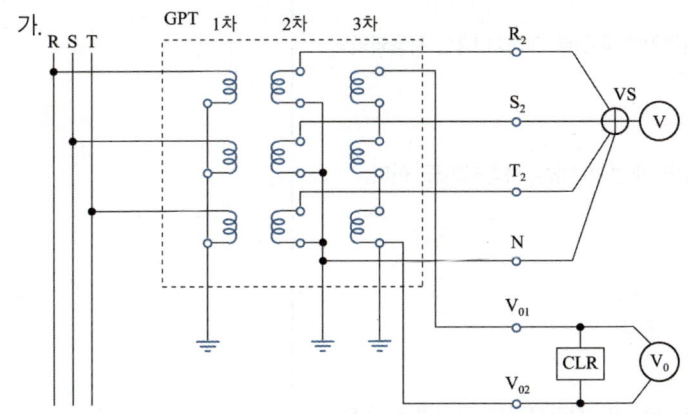

나. 비접지 선로의 영상전압 검출

다. • 1차 전압 : $\dfrac{22{,}900}{\sqrt{3}}$[V]

• 2차 전압 : $\dfrac{110}{\sqrt{3}}$[V]

• 3차 전압 : $\dfrac{190}{3}$[V]

라. 지락된 상에 접속되어 있는 램프는 소등되고 나머지 건전상에 접속되어 있는 램프는 밝아진다.

> **참고**
> • 지락된 상의 전압 $V=0$[V]
> • 지락되지 않은 건전상의 전압 $V=\sqrt{3}$ 배 전위상승

12. 보호계전기

단락보호용 계전기

- 과전류 계전기(OCR)
  설정값 이상의 전류를 감지하여 동작
- 과전압 계전기(OVR)
  설정값 이상의 전압을 감지하여 동작
- 부족전압 계전기(UVR)
  설정값 이하의 전류를 감지하여 동작
- 단락 방향 계전기(DSR)
  설정한 방향으로 설정값 이상의 단락전류를 감지하여 동작
- 선택 단락 계전기(SSR)
  병행 2회선 송전선로에서 단락사고 발생선로만 선택하여 차단

- 거리 계전기(ZR)

  고장점까지의 거리에 비례하여 한시 동작하는 계전기로 과전류 계전기 대신 사용되기도 한다.
- 방향거리 계전기(DZR)

  거리 계전기에 방향성을 더한 것으로 단락 방향 계전기 대신 사용되기도 한다.

지락 보호 계전기

- 과전류 지락 계전기(OCGR)

  과전류 계전기의 특성을 이용하여 지락사고 시 동작
- 방향 지락 계전기(DGR)

  과전류 지락 계전기에 방향성을 더해 설정 방향으로써 지락전류를 감지하여 동작
- 선택 지락 계전기(SGR)

  병행 2회선 송전선로에서 지락사고 발생선로만 선택하여 차단

비율차동 계전기(PDR)

- 용도 : 발전기나 주 변압기의 내부 고장 보호
- 결선도

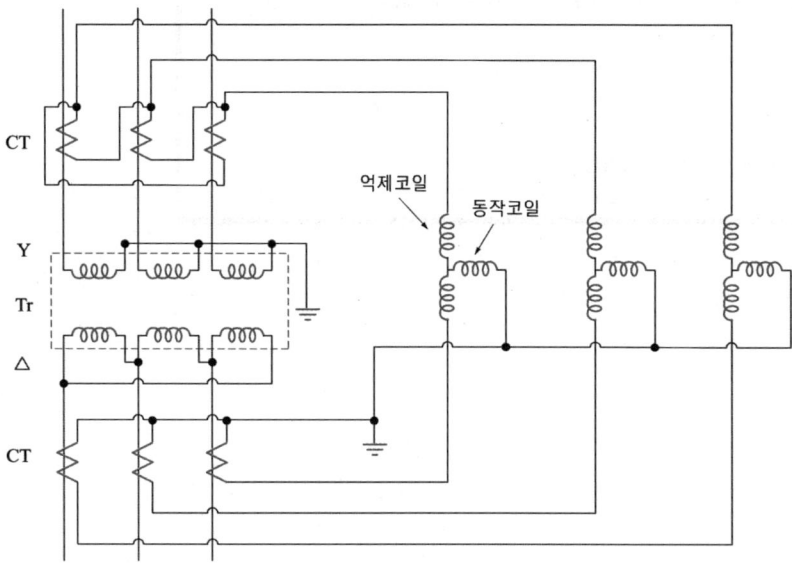

△-Y 결선 방식의 주변압기 보호에 사용되는 비율차동 계전기의 회로도를 완성하시오.

개념잡기

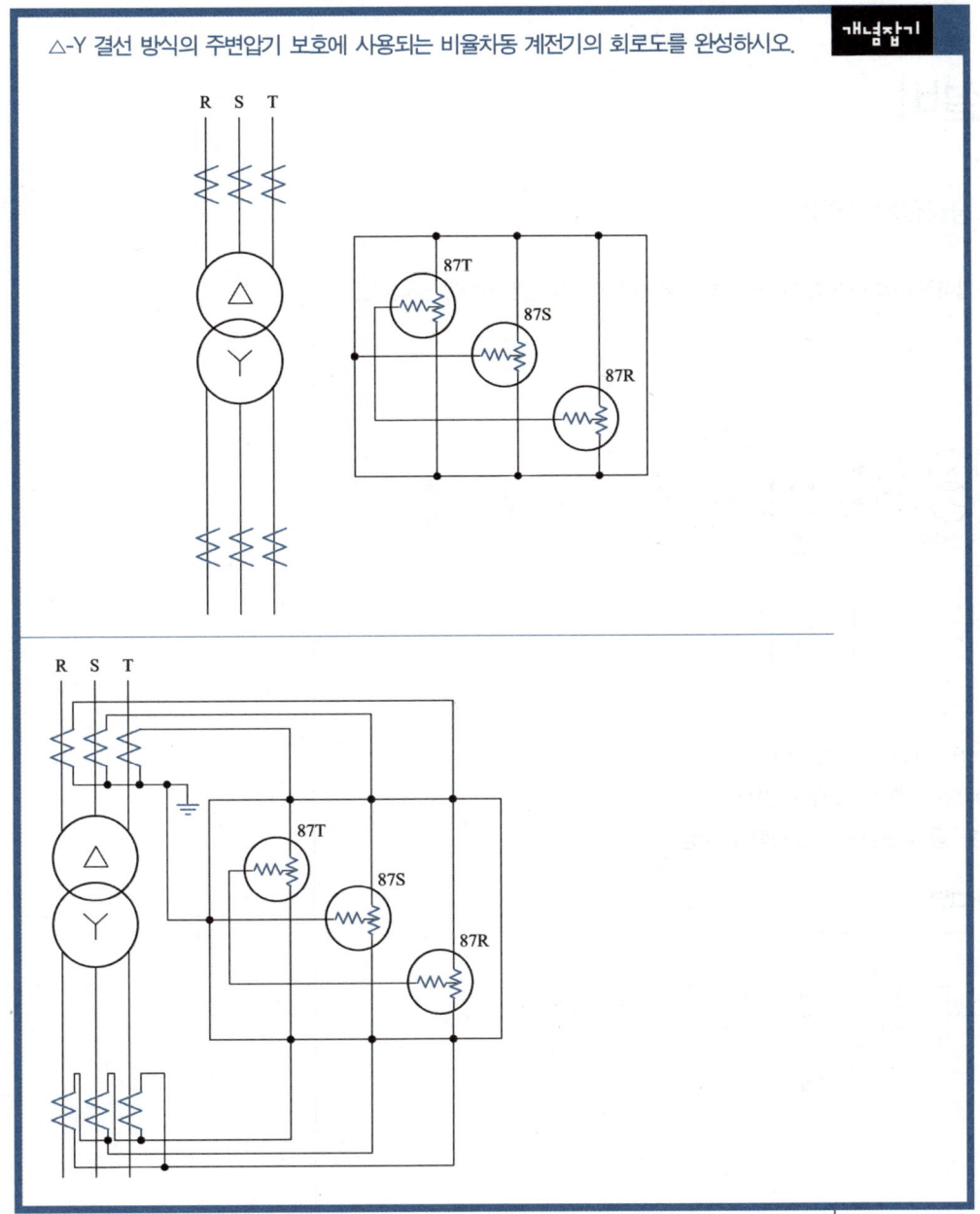

10 예비전원설비

1. 무정전 전원 공급장치(UPS)

선로의 정전이나 입력전원에 이상이 발생할 경우 부하측에 정상적인 전원을 공급하는 설비

구성도

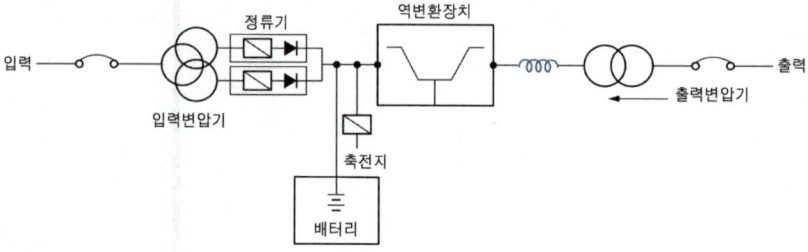

구성요소

- 정류기(Converter) : 교류를 직류로 변환
- 역변환장치(Inverter) : 직류를 교류로 변환
- 축전지 : 전류기를 통해 변환된 직류전력을 저장

UPS 블록 다이어그램

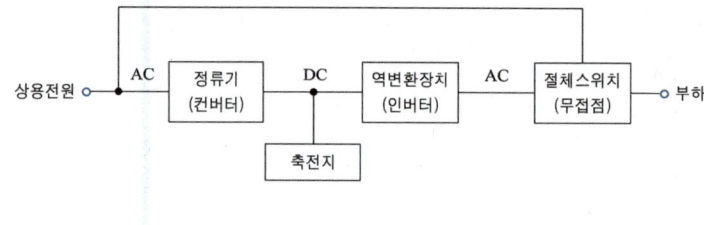

다음 그림은 UPS 장치 시스템에 중심부분을 구성하는 CVCF의 기본 회로이다. 다음 각 물음에 답하시오.

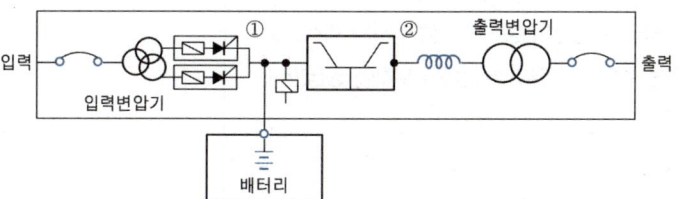

가. UPS를 우리말로 나타내면 어떤 장치인가?
나. CVCF를 우리말로 나타내면 어떤 장치인가?
다. 도면 ①, ②에 해당되는 것은 무엇인가?

가. 무정전 전원 공급장치

> 참고
> UPS(Uninterruptible Power Supply)

나. 정전압 정주파수 장치

> 참고
> CVCF(Constant Voltage Constant Frequency)

다. ① 정류기(컨버터), ② 인버터

> 참고
> • 컨버터 : 교류(AC)를 직류(DC)로 변환하는 장치
> • 인버터 : 직류(DC)를 교류(AC)로 변환하는 장치

2. 축전지 설비

축전지 종류

- 연축전지
  - 공칭전압 : 2.0[V/cell]
- 알카리 축전지
  - 공칭전압 : 1.2[V/cell]
  - 장점 : 진동 및 충격에 강하고 수명이 길다.
    충방전 특성이 양호하다.
    방전 시 전압 변동이 작다.
  - 단점 : 가격이 비싸다.
    연축전지보다 공칭전압이 낮다.

충전방식

- 보통충전 : 필요할 때마다 충전하는 방식
- 급속충전 : 보통전류의 2~3배의 전류로 비교적 단시간에 충전하는 방식
- 부동충전 : 충전기를 통해 상용부하의 전력공급과 충전이 동시에 이루어지는 방식으로 충전기가 부담하기 어려운 일시적인 대전류는 축전지가 일부 부담하여 부하에 공급한다.

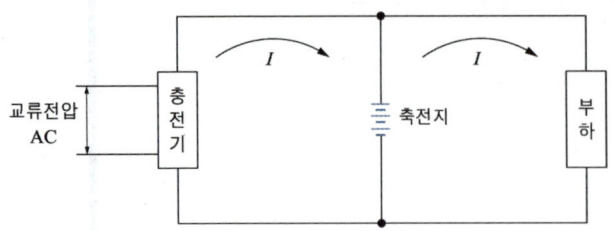

$$충전기\ 2차\ 충전전류[A] = \frac{축전지\ 용량[Ah]}{정격방전율[h]} + \frac{상시\ 부하용량[VA]}{표준전압[V]}$$

- 세류충전 : 부동충전방식의 일종으로 자기 방전량만을 항시 충전하는 방식이다.
- 균등충전 : 1~3개월마다 정전압으로 1회씩 10~12시간 충전하여 각 전해조의 용량을 균일화하기 위한 방식이다.

개념잡기

알카리 축전지 정격용량이 100[Ah]이고, 상시부하가 5[kW], 표준전압이 100[V]인 부동충전 방식에 대한 다음 물음에 답하시오.

가. 부동충전 방식의 충전기 2차 전류는 몇 [A]인지 계산하여 구하시오.
나. 부동충전 방식의 회로도를 전원, 축전지, 부하, 충전기(정류기) 등을 이용하여 그리시오. (단, 심벌은 일반적인 심벌로 표현하되 심벌 부근에 심벌에 따른 명칭을 쓰도록 하시오)

가. [계산과정] $I = \dfrac{100}{5} + \dfrac{5 \times 10^3}{100} = 70[A]$

[정답] 70[A]

나.

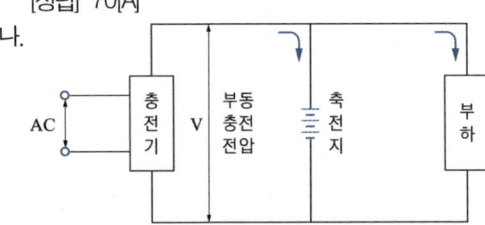

축전지 용량 산출

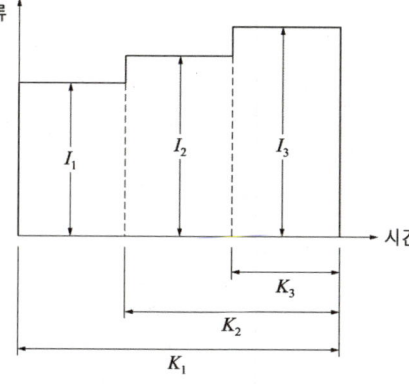

축전지 용량 = 그래프의 면적

축전지 용량 $C = \dfrac{1}{L}[K_1 I_1 + K_2(I_2 - I_1) + K_3(I_3 - I_2)]$ [Ah]

$\begin{bmatrix} L : \text{보수율(축전지 용량 변화의 보정값)} \\ K : \text{용량 환산시간[h]} \\ I : \text{방전 전류} \end{bmatrix}$

개념잡기

다음 그림과 같은 방전특성을 갖는 부하에 필요한 축전기 용량[Ah]을 계산하여 구하시오. (단, 방전 전류 $I_1 = 500$[A], $I_2 = 300$[A], $I_3 = 100$[A], $I_4 = 200$[A], 방전시간 $T_1 = 120$[분], $T_2 = 119.9$[분], $T_3 = 60$[분], $T_4 = 1$[분], 용량환산시간 $K_1 = 2.49$, $K_2 = 2.49$, $K_3 = 1.46$, $K_4 = 0.57$, 보수율은 0.8을 적용한다)

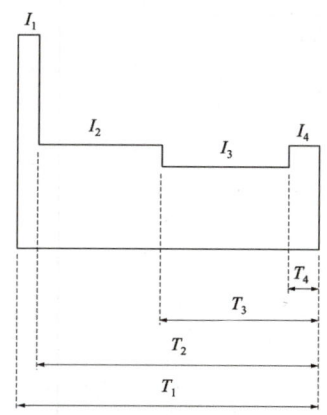

[계산과정] $\dfrac{1}{0.8}[(2.49 \times 500) + 2.49(300 - 500) + 1.46(100 - 300) + 0.57(200 - 100)] = 640$ [Ah]

[정답] 640[Ah]

1.1 시퀀스

1. AND 회로

A, B의 입력신호가 동시에 있을 때 출력 X가 발생하는 회로

논리식

$X = A \cdot B$

논리 기호

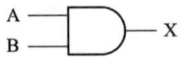

회로

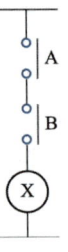

타임차트

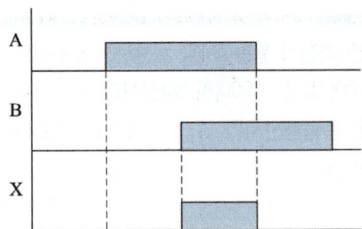

진리표

A	B	X
0	0	0
1	0	0
0	1	0
1	1	1

2. OR 회로

A 또는 B 중 한 곳 또는 한 곳 이상의 입력신호가 있을 때 출력 X가 발생하는 회로

논리식

X = A + B

논리 기호

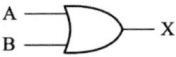

회로

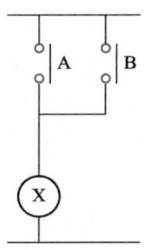

타임차트

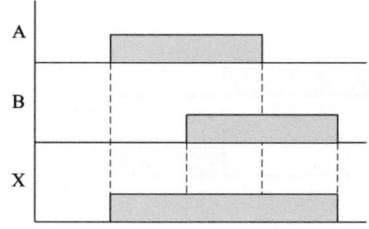

진리표

A	B	X
0	0	0
1	0	1
0	1	1
1	1	1

3. NOT 회로

입력과 반대되는 출력이 발생하는 회로

논리식

$\overline{A} = X$

논리 기호

회로

타임차트

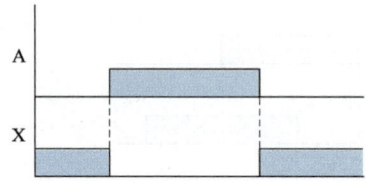

진리표

A	X
0	1
1	0

4. XOR 회로

A, B 두 입력이 서로 반대일 때만 출력 X가 발생하는 회로

논리식

$A\overline{B} + \overline{A}B = X$

논리 기호

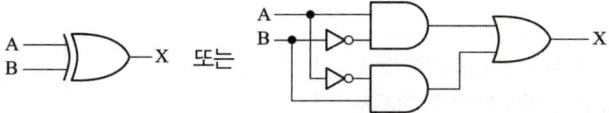

회로

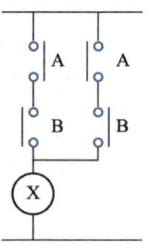

타임차트

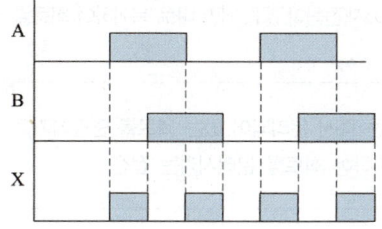

진리표

A	B	X
0	0	0
1	0	1
0	1	1
1	1	0

5. 접점

명칭	기호	설명
a접점		동작되면 분리되어 있는 회로를 연결시키는 접점
b접점		동작되면 연결되어 있는 회로를 분리시키는 접점
한시동작 순시복귀 a접점(타이머 접점)		타이머가 동작되면 설정시간 후 분리되어 있는 회로를 연결시키고 타이머가 소재(전원이 끊김)되면 바로 복귀하여 회로를 분리시키는 접점
한시동작 순시복귀 b접점(타이머 접점)		타이머가 동작되면 설정시간 후 연결되어 있는 회로를 분리시키고 타이머가 소재(전원이 끊김)되면 바로 복귀하여 회로를 연결시키는 접점
순시동작 한시복귀 a접점(타이머 접점)		타이머가 동작되는 즉시 분리되어 있는 회로를 연결시키고 설정시간 후 복귀하여 회로를 분리시키는 접점
순시동작 한시복귀 b접점(타이머 접점)		타이머가 동작되는 즉시 연결되어 있는 회로를 분리시키고 설정시간 후 복귀하여 회로를 연결시키는 접점
한시동작 한시복귀 a접점(타이머 접점)		타이머가 동작되면 설정시간 후 분리되어 있는 회로를 연결시키고 다시 설정시간이 지나면 복귀하여 회로를 분리시키는 동작을 반복하는 접점
한시동작 한시복귀 b접점(타이머 접점)		타이머가 동작되면 설정시간 후 연결되어 있는 회로를 분리시키고 다시 설정시간이 지나면 복귀하여 회로를 연결시키는 동작을 반복하는 접점

6. 자기유지 회로

신호를 유지시켜주는 접점을 이용한 회로

회로

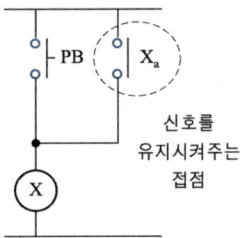

타임차트

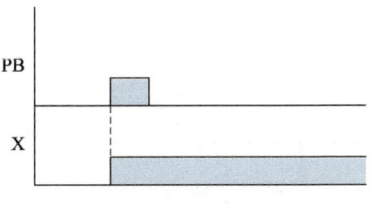

7. 인터록 회로

한쪽에서 출력을 유지할 때 다른 쪽의 출력이 발생되지 않도록 하는 회로

회로

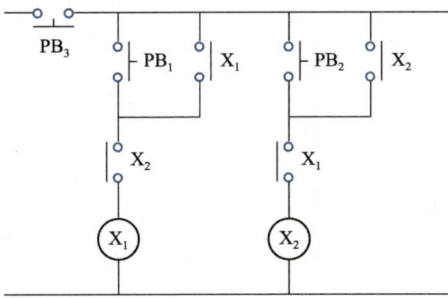

타임차트

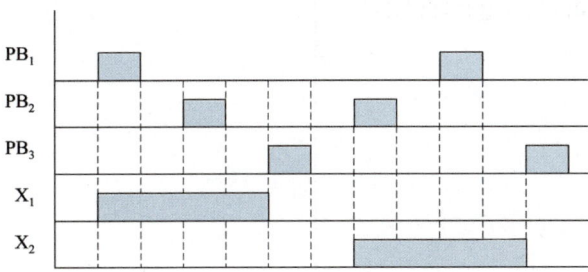

8. 전동기 정역회로

전동기의 회전방향을 변경하는 회로

방법

주회로에서 전원에 연결되어 있는 단자 2개의 접속을 바꾼다.

회로 및 동작설명

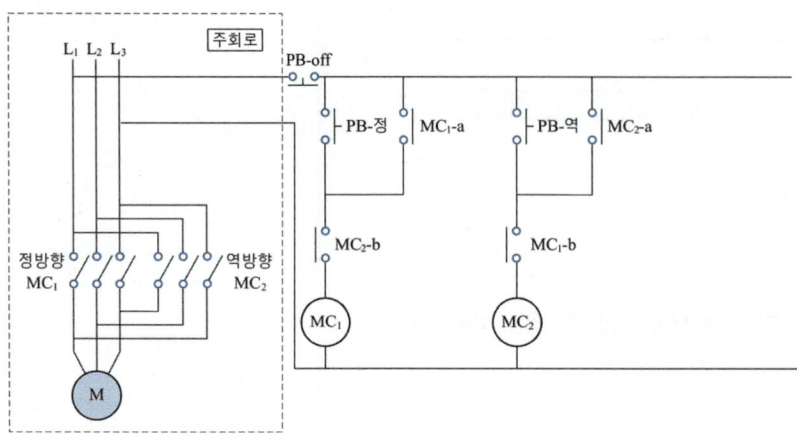

정역회로

[동작설명]
① PB-정 버튼을 누르면 MC_1이 여자되어 모터는 정방향으로 회전한다.
② MC_1-a접점에 의해 자기유지된다.
③ 이때 PB-역 버튼을 누르면 MC_1-b 접점에 의해 MC_2는 여자되지 않는다(인터록).
④ PB-off 버튼을 누르면 MC_1이 소자되어 모터는 정지한다.
⑤ PB-역 버튼을 누르면 MC_2가 여자되어 모터는 역방향으로 회전한다.
⑥ MC_2-a접점에 의해 자기유지된다
⑦ 이때 PB-정 버튼을 누르면 MC_2-b 접점에 의해 MC_1은 여자되지 않는다(인터록).
⑧ PB-off 버튼을 누르면 MC_2가 소자되어 모터는 정지한다.

다음은 콘덴서 기동형 단상 유도전동기의 정역회전 회로도이다. 다음 각 물음에 간단히 답하시오. (단, 푸시버튼 start₁을 누르면 전동기는 정회전하며, start₂를 누르면 역회전한다)

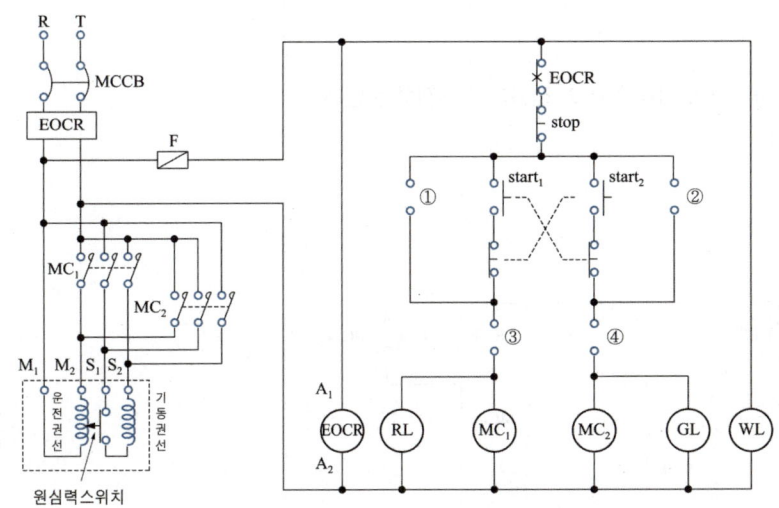

가. ①~④에 접점기호와 명칭을 기입하여 회로를 완성하시오.
나. 콘덴서 기동형 단상 유도전동기의 기동원리를 간단하게 설명하시오.
다. WL, GL, RL 은 언제 점등되는 표시등인지 쓰시오.

가.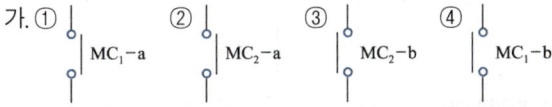
① MC₁-a   ② MC₂-a   ③ MC₂-b   ④ MC₁-b

나. • 운전 권선과 기동권선에 흐르는 전류의 위상차로 인해 발생한 토크로 기동한다.
  • 기동 후 회전자 속도가 상승되면 콘덴서가 분리되어 운전된다.

다. • WL : 전원공급
  • GL : 역회전
  • RL : 정회전

> **참고**
>
> 동작설명
> 1. start₁ 버튼을 누르면 MC₁이 여자되어 유도전동기는 정회전하고 MC₁-a에 의해 자기유지되며 RL 표시등이 점등된다.
> 2. stop 버튼을 누르면 MC₁이 소자되어 유도전동기는 정지하고 모든 접점은 복귀한다(RL 표시등은 소등된다).
> 3. start₂ 버튼을 누르면 MC₂가 여자되어 유도전동기는 역회전하고 MC₂-a에 의해 자기유지되며 GL 표시등이 점등된다.
> 4. stop 버튼을 누르면 MC₂가 소자되어 유도전동기는 정지하고 모든 접점은 복귀한다(GL 표시등은 소등된다).

9. 전동기 역상 제동회로

전동기의 회전을 빠른 시간에 정지시키는 회로

방법
주회로에서 전원에 연결되어 있는 단자 2개의 접속을 바꿔 전동기가 회전하는 반대 방향으로 회전력을 일으켜 정지시킨다.

회로 및 동작설명

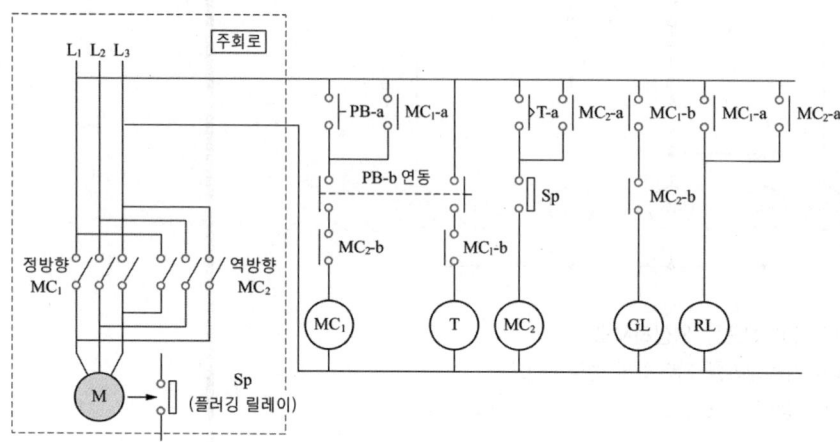

역상제동

[동작설명]
① PB-a 버튼을 누르면 MC_1이 여자되어 모터는 정방향으로 회전한다.
② MC_1-a 접점으로 인해 MC_1은 자기유지된다.
③ GL램프는 MC_1-b접점에 의해 소자되어 소등된다.
④ RL램프는 MC_2-a접점에 의해 여자되어 점등된다.
⑤ PB-b연동 버튼을 타이머 설정시간 보다 짧게 누르면 MC_1이 소자되어 모터는 정지한다(완전 정지 시까지 회전유지).
⑥ MC_1-b접점 MC_2-b접점에 의해 GL램프는 여자되어 점등된다.
⑦ MC_1-a접점의 복귀로 RL램프는 소자되어 소등된다.
⑧ PB-b연동 버튼을 타이머 설정시간보다 길게 누르면 T-a접점이 동작하여 MC_2가 여자되어 모터에는 역방향으로 운전되는 전원이 인가된다(플러깅 릴레이 접점은 모터가 회전하므로 동작상태이다).
⑨ MC_2-a접점에 의해 MC_2는 자기유지된다.
⑩ MC_2-a접점에 의해 RL램프는 여자되어 점등된다.
⑪ 모터는 원심력으로 회전을 유지하는 중 역방향 전원으로 인해 속도는 빠르게 감소한다.
⑫ 속도가 감소되어 완전 정지하는 순간 플러깅 릴레이 접점은 복귀되어 MC_2는 소자된다.
⑬ 모터는 정지되고 모든 접점은 복귀하여 MC_1-b접점 MC_2-b접점에 의해 GL램프만 여자되어 점등된다.

아래 그림은 3상 유도 전동기의 역상 제동 시퀀스 회로이다. 다음 물음에 답하시오. (단, 플러깅 릴레이 Sp는 전동기가 회전하면 접점이 닫히고, 속도가 0에 가까우면 열리도록 되어 있다)

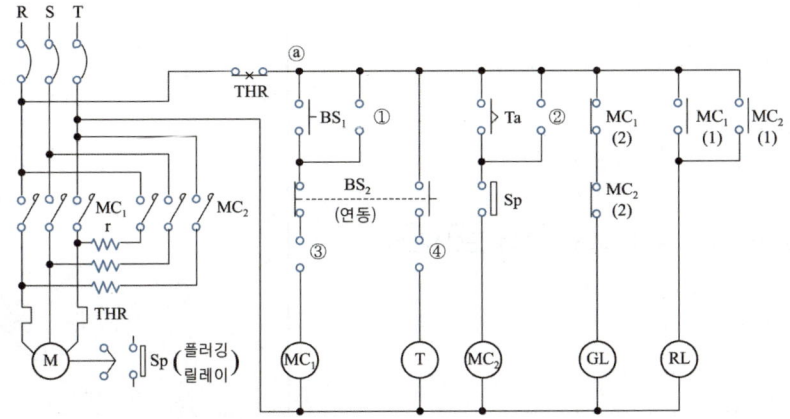

가. 회로에서 ①~④에 접점과 기호를 넣으시오.
나. MC_1, MC_2의 동작과정을 간단히 설명하시오.
다. 보조릴레이 T와 저항 r의 용도 및 역할에 대하여 설명하시오.

가. ① MC_1 ② MC_2 ③ MC_2 ④ MC_1 (모두 b접점)

나. ① BS_1을 눌러 MC_1을 여자시켜 전동기를 직입기동한다. 이때 MC_1의 a접점에 의해 자기유지된다.
   ② BS_2를 눌러 MC_1을 소자시키고 T를 여자시킨다. 이때 전동기는 전원에서 분리되었지만 회전자 관성모멘트로 인하여 회전은 계속된다(BS_2는 누르고 있는 상태를 유지하여야 한다).
   ③ 설정시킨 후 Ta 접점이 동작하여 MC_2를 여자되어 전동기는 역회전하려는 힘을 받는다. 이때 MC_2의 a접점에 의해 MC_2는 자기유지된다.
   ④ 역회전하려는 힘으로 인해 전동기의 속도가 0에 가까워지면 Sp 접점이 열려 MC_2는 소자되어 전동기는 정지한다.

다. • T : 설정시간 후 MC_2를 여자시켜 전동기에 역회전하는 힘을 가해주는 역할로 전동기의 회전속도가 느려질 때까지 여유 시간을 주어 과전류를 방지한다.
   • r : 저항에서의 전압강하를 이용하여 전압을 줄이고 제동력을 제한하는 역할을 한다.

10. 전동기 Y-△ 기동 회로

전동기 기동 시 Y결선으로 기동하여 기동전류를 줄이고 설정시간 후 △결선으로 운전시키는 회로

기동 전류

△결선으로 기동 시보다 $\frac{1}{3}$배

방법

주회로에서 Y결선으로 기동하고 설정시간 후 △결선으로 변경하여 운전시킨다.

회로

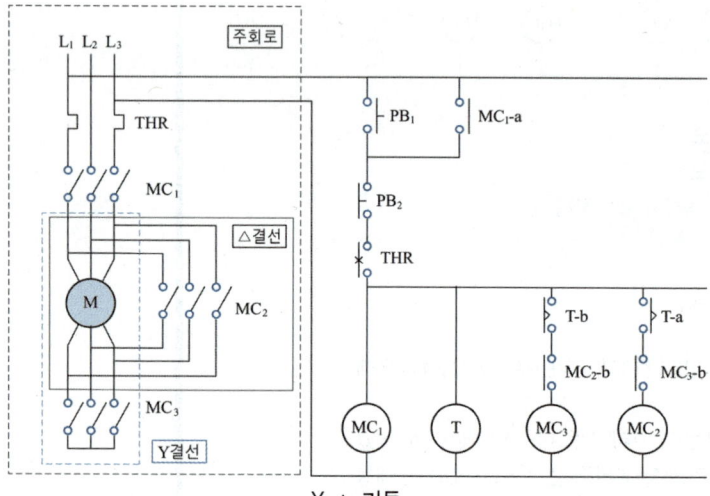

Y-△ 기동

다음 도면은 3상 농형 유도전동기 IM의 Y-△ 기동 운전 제어 회로도이다. 이 회로도를 이용하여 다음 각 물음에 답하시오.

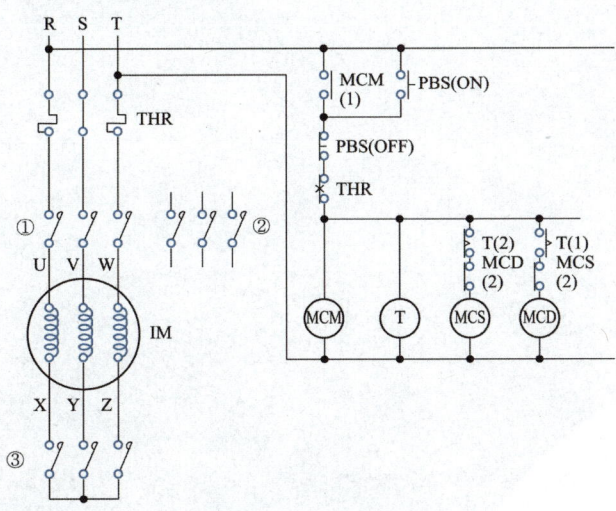

가. ①~③에 해당되는 전자 접촉기 접점의 약호를 쓰시오.
나. 전자 접촉기 MCS는 운전 중 어떤 상태인지 쓰시오.
다. 미완성 회로도의 주회로 부분에 Y-△ 기동 운전 결선도를 완성하시오.

가. ① MCM, ② MCD, ③ MCS

> 참고
> - MCM - 전동기 전원
> - MCD - △결선(운전)
> - MCS - Y결선(기동)

나. 무여자(전원에서 분리된 상태)

다.
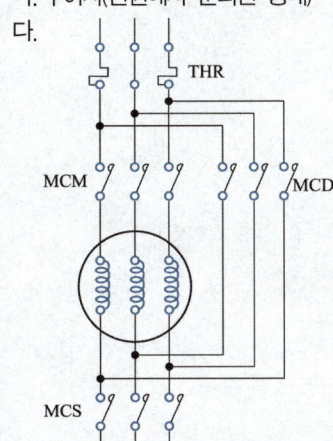

PART 02

실기[필답형] 기출문제

2011년 제1, 2, 3회 실기[필답형] 기출문제
2012년 제1, 2, 3회 실기[필답형] 기출문제
2013년 제1, 2, 3회 실기[필답형] 기출문제
2014년 제1, 2, 3회 실기[필답형] 기출문제
2015년 제1, 2, 3회 실기[필답형] 기출문제
2016년 제1, 2, 3회 실기[필답형] 기출문제
2017년 제1, 2, 3회 실기[필답형] 기출문제
2018년 제1, 2, 3회 실기[필답형] 기출문제
2019년 제1, 2, 3회 실기[필답형] 기출문제
2020년 제1, 2, 3, 4회 실기[필답형] 기출문제
2021년 제1, 2, 3회 실기[필답형] 기출문제
2022년 제1, 2, 3회 실기[필답형] 기출문제
2023년 제1, 2, 3회 실기[필답형] 기출문제
2024 제1, 2, 3회 실기[필답형] 기출문제

실기[필답형]기출문제 2011 * 1

※ 출제기준 변경 및 개정된 관계법규에 따라 삭제된 문제가 있어 배점의 합계가 100점이 안 됩니다.

01

사용 중의 변류기 2차측을 단락하지 않고 개방하면 변류기에는 어떤 현상이 발생하는지 원인과 결과를 쓰시오. [4점]

(1) 원인 :

답안작성
변류기 1차측 부하 전류가 모두 여자 전류가 되어 변류기 2차측에 고전압을 유기

(2) 결과 :

답안작성
변류기의 절연을 파괴할 수 있다.

02

그림에서 변압기 Tr의 용량을 계산하여 변압기 표준용량을 선정하시오. (부등률 1.1, 부하역률 85[%]로 한다) [4점]

변압기 표준용량[kVA]					
100	150	200	250	300	350

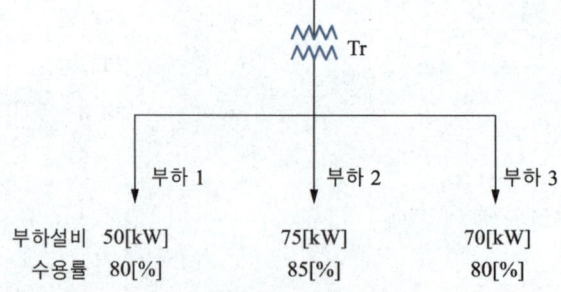

계산과정   정   답

답안작성

계산과정 | 변압기 용량 = $\dfrac{\text{각 부하의 설비용량[kW]} \times \text{수용률의 합}}{\text{부등률} \times \text{역률}} = \dfrac{(50 \times 0.8) + (75 \times 0.85) + (70 \times 0.8)}{1.1 \times 0.85} = 170.86$[kVA]

정답 | 변압기 표준용량에서 200[kVA] 선정

03

3상 유도전동기는 농형과 권선형으로 구분한다. 다음 빈칸에 알맞은 형식별 기동법을 쓰시오. [5점]

전동기 형식	기동법	기동법의 특징
농형	①	5[kW] 이하의 소용량의 전동기에 사용되고 전동기에 직접 전원을 접속하여 기동하는 방식
	②	기동 시 Y결선을 사용하여 상전압을 감압하여 저속으로 기동하고 점차 속도가 상승되어 운전속도에 가깝게 도달하였을 때 △결선으로 변경하여 운전하는 방식으로 큰 기동전류를 흘리지 않고 기동하는 방식
	③	중·대형 전동기에 사용되고 기동전압을 감압하기 위해 단권변압기(기동보상기)를 이용하여 작은 기동전류로 기동하는 방식
권선형	④	유도전동기의 회전자 회로에 슬립링을 통하여 2차 저항을 직렬로 접속하여 기동하는 방법
	⑤	회전자 회로의 임피던스를 조정하기 위해 저항과 리액터(유도성 리액턴스)를 병렬 접속하여 기동하는 방법

답안작성

① 직입기동
② Y-△기동
③ 기동보상기법
④ 2차 저항 기동법
⑤ 2차 임피던스 기동법

04

그림과 같은 3상 배전선에서 변전소의 전압은 3,300[V], A 수용가의 부하는 60[A], B 수용가의 부하는 50[A], A, B 수용가의 역률은 모두 0.8이고 변전소와 A 수용가 사이의 길이는 2[km], A 수용가와 B 수용가 사이의 길이는 4[km]이며, 선로의 임피던스는 [km]당 저항 0.9[Ω], 리액턴스 0.4[Ω]이라고 할 때 다음 각 물음에 답하시오. [9점]

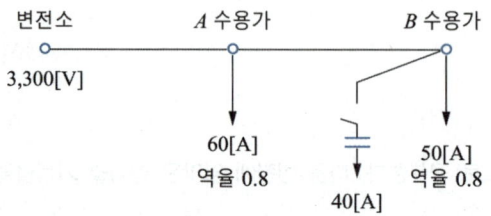

(1) 콘덴서 설치 전 A 수용가와 B 수용가의 전압은 몇 [V]인지 구하시오.

① A 수용가의 전압

② B 수용가의 전압

【계산과정】　　　　　　　　　　　　　　　　　　　　　　　　　　　【정　답】

답안작성

계산과정 | ① V_A = 변전소 전압 − A 수용가 전압강하

= 변전소 전압 − $\sqrt{3} \times (I_A + I_B) \times (R\cos\theta + X\sin\theta) \times$ 거리

= $3{,}300 - \sqrt{3} \times (60+50) \times (0.9 \times 0.8 + 0.4 \times 0.6) \times 2 = 2{,}934.19$ [V]

② $V_B = V_A - A$ 수용가와 B 수용가 간의 전압강하

= $V_A - \sqrt{3} \times I_B \times (R\cos\theta + X\sin\theta) \times$ 거리

= $2{,}934.19 - \sqrt{3} \times 50 \times (0.9 \times 0.8 + 0.4 \times 0.6) \times 4 = 2{,}601.64$ [V]

정답 | ① $V_A = 2{,}934.19$ [V]

② $V_B = 2{,}601.64$ [V]

(2) B 수용가의 부하에 전력용 콘덴서를 병렬로 설치하여 진상전류 40[A]를 흘릴 때 A 수용가와 B 수용가의 전압은 각각 몇 [V]인지 구하시오.

① A 수용가의 전압

② B 수용가의 전압

【계산과정】　　　　　　　　　　　　　　　　　　　　　　　　　　　【정　답】

답안작성

계산과정 | ① V_A = 변전소 전압 − 전력용 콘덴서에 의해 무효분이 개선된 A 수용가의 전압강하

= 변전소 전압 − $\sqrt{3} \times \{(I_A + I_B)(R\cos\theta + X\sin\theta) - I_c X\} \times$ 거리

= $3,300 - \sqrt{3} \times \{(60+50)(0.9 \times 0.8 + 0.4 \times 0.6) - (40 \times 0.4)\} \times 2 = 2,989.6$ [V]

② $V_B = V_A$ − 전력용 콘덴서에 의해 무효분이 개선된 A 수용가와 B 수용가 간의 전압강하

= $V_A - \sqrt{3} \times \{I_B(R\cos\theta + X\sin\theta) - I_c X\} \times$ 거리

= $2,989.6 - \sqrt{3} \times \{50 \times (0.9 \times 0.8 + 0.4 \times 0.6) - (40 \times 0.4)\} \times 4 = 2,767.9$ [V]

정답 | ① $V_A = 2,989.6$ [V]

② $V_B = 2,767.9$ [V]

(3) 전력용 콘덴서 설치 전과 설치 후의 선로의 전력손실[kW]을 구하시오.

① 전력용 콘덴서 설치 전

② 전력용 콘덴서 설치 후

계산과정   정   답

답안작성

계산과정 | ① $P_L = 3 \times \{(I_A + I_B)^2 \times A$ 수용가의 거리 $+ I_B^2 \times A$ 수용가와 B 수용가의 거리$\} \times R$

= $3 \times \{(60+50)^2 \times 2 + 50^2 \times 4\} \times 0.9 = 92,340$ [W] = 92.34 [kW]

② $P_L = 3 \times \{(I_A + I_B)^2 \times A$ 수용가의 거리 $+ I_B^2 \times A$ 수용가와 B 수용가의 거리$\} \times R$

전력용 콘덴서 설치 후 $I_A + I_B = (I_A + I_B)(\cos\theta - j\sin\theta) + jI_c = (60+50)(0.8 - j0.6) + j40 = 88 - j26 = 91.76$ [A]

전력용 콘덴서 설치 후 $I_B = I_B(\cos\theta - j\sin\theta) + jI_c = 50(0.8 - j0.6) + j40 = 40 + j10 = 41.23$ [A]

$P_L = 3 \times (91.76^2 \times 2 + 41.23^2 \times 4) \times 0.9 = 63,826.5$ [W] = 63.83 [kW]

정답 | ① 설치 전 $P_L = 92.34$ [kW]

② 설치 후 $P_L = 63.83$ [kW]

참 고

3상 배전선로의 전력손실 $P_L = 3I^2 R$ [W]

05

건물의 표준 부하에 의한 건물단면도에 적합한 분기회로수를 구하시오. [6점]

[조건] 1. 사용전압은 220[V]이다.
       2. 룸에어컨은 별도 회로로 한다.
       3. 분기 회로는 15[A]로 한다.

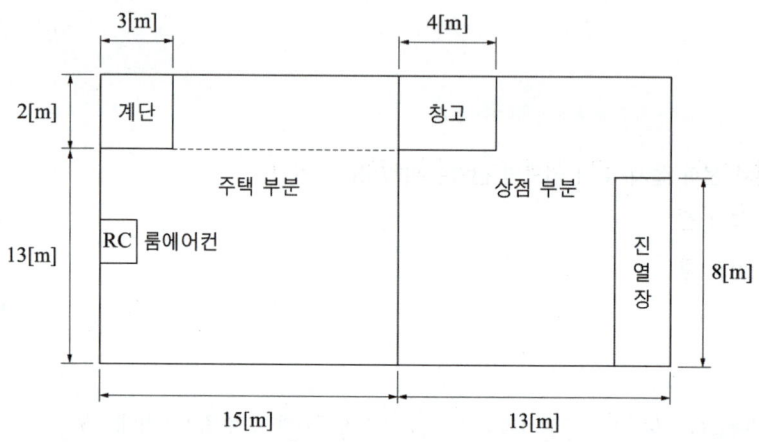

건물의 종류	표준부하[VA/m²]	가산부하[VA]
공장, 사찰, 교회, 극장, 연회장	10	-
기숙사, 호텔, 병원, 음식점, 목욕탕	20	-
주택, 아파트, 사무실, 은행, 상점	30	-
복도, 계단, 세면장, 창고, 다락	5	-
상점의 진열장은 폭 1[m] 마다	-	300
주택, 아파트(1세대 마다)	-	1,000

계산과정   **정 답**

계산과정 | 부하산정 = 면적 × 표준부하 + 가산부하

주택부분 = {(2+13)×15 − (2×3)}×30 + 1,000 + (2×3)×5 = 7,600[VA]

상점부분 = {(2+13)×13 − (2×4)}×30 + (300×8) + (2×4)×5 = 8,050[VA]

15[A] 분기회로수 = $\dfrac{7,600+8,050}{220 \times 15}$ = 4.74 → 5회로 선정

총 분기회로 = 주택상점 5회로 + (RC룸에어컨) 1회로 = 6회로

정답 | 15[A] 분기회로는 6회로 선정

06

지표면상 12[m] 높이의 수조에 분당 60[m³]의 물을 양수하는 데 사용하는 펌프용 전동기가 있다. 단상 변압기 2대를 V 결선하여 펌프용 전동기에 3상 전력을 공급한다. 펌프 효율은 75[%]이고 동력의 10[%]를 여유로 두는 경우 다음 각 물음에 답하시오. (단, 펌프용 전동기의 역률은 100[%]로 가정한다) [5점]

(1) 펌프용 전동기의 소요 동력[kW]을 계산하시오.

계산과정 정답

계산과정 | 펌프용 전동기 소요 동력 $P = \dfrac{QHK}{6.12\eta}$ [kW]

양수량 $Q = 60[\text{m}^3/\text{min}]$, 양정(낙차) $H = 12[\text{m}]$, 여유계수 $K = 10[\%] = 1.1$,
펌프 효율 $\eta = 75[\%] = 0.75$

$P = \dfrac{QHK}{6.12\eta} = \dfrac{60 \times 12 \times 1.1}{6.12 \times 0.75} = 172.55[\text{kW}]$

정답 | 172.55[kW]

(2) 변압기 1대 용량[kVA]을 계산하시오.

계산과정 정답

계산과정 | V 결선에서 단상 변압기 1대의 용량 $P_1 = \dfrac{P_V}{\sqrt{3}}$

$P_1 = \dfrac{P_V}{\sqrt{3}} = \dfrac{172.55}{\sqrt{3}} = 99.6[\text{kVA}]$

정답 | 99.6[kVA]

참고

$P_V[\text{kVA}] = \dfrac{\text{펌프용량[kW]}}{\text{역률}}$

역률이 100[%]이므로

$P_V[\text{kVA}] = \dfrac{172.55}{1} = 172.55[\text{kW}]$

07

옥내 배선용 그림 기호 중 점멸기에 대한 각 물음에 답하시오. [6점]

(1) 용량의 표시 방법에서 몇 [A] 이상은 전류치를 방기(표시)하여야 하는가?

> 답안작성
> 15[A]

(2) ●$_{2P}$와 ●$_3$는 무엇을 의미하는가?

　① ●$_{2P}$:

　② ●$_3$:

> 답안작성
> ① 2극 점멸기(스위치)
> ② 3로 점멸기(스위치)

(3) ●$_{WP}$와 ●$_{EX}$는 어떤 형식의 점멸기를 의미하는가?

　① ●$_{WP}$:

　② ●$_{EX}$:

> 답안작성
> ① 방수형 점멸기(스위치)
> ② 방폭형 점멸기(스위치)

08

바닥으로부터 높이 5[m]인 곳에 각 방향의 광도가 1,200[cd]인 광원이 있다. 광원에서 수직으로 떨어진 바닥의 조도[lx]를 계산하시오. [5점]

계산과정 | 수직으로 떨어지는 조도 $E = \dfrac{I}{r^2}$ [lx]

높이 $r = 5$[m]

광도 $I = 1,200$[cd]

조도 $E = \dfrac{1,200}{5^2} = 48$[lx]

정답 | 48[lx]

09

역률이 80[%]이고 부하용량이 1,000[kVA]인 변압설비에 용량이 300[kVA]인 역률 개선용 콘덴서를 설치하면 설치 후 변압기에 걸리는 부하는 몇 [kVA]인가? [5점]

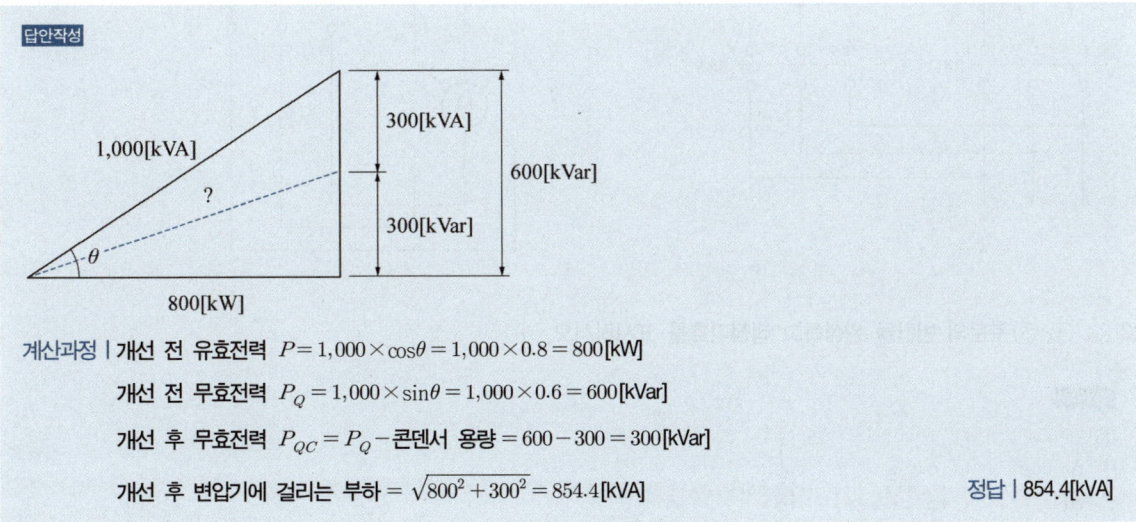

계산과정 | 개선 전 유효전력 $P = 1,000 \times \cos\theta = 1,000 \times 0.8 = 800$[kW]

개선 전 무효전력 $P_Q = 1,000 \times \sin\theta = 1,000 \times 0.6 = 600$[kVar]

개선 후 무효전력 $P_{QC} = P_Q -$ 콘덴서 용량 $= 600 - 300 = 300$[kVar]

개선 후 변압기에 걸리는 부하 $= \sqrt{800^2 + 300^2} = 854.4$[kVA]

정답 | 854.4[kVA]

10

Y-△로 운전하는 모터의 결선도 및 수동 및 자동 설정이 가능한 조작 회로이다. 각 물음에 답하시오. [8점]

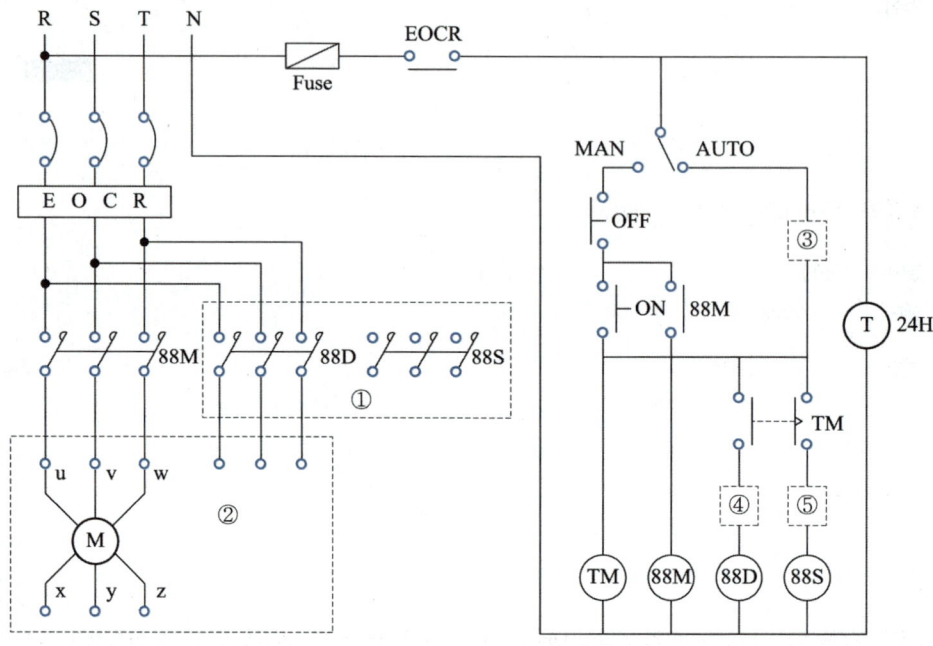

(1) ①, ② 부분의 빈칸을 완성하시오.

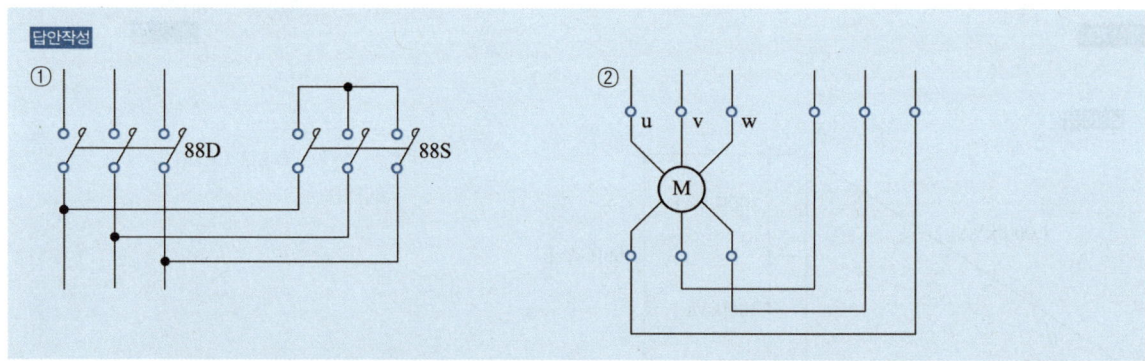

(2) ③, ④, ⑤ 부분의 빈칸을 완성하고 접점기호를 표시하시오.

(3) ┃의 접점 명칭은?

답안작성
한시동작 순시복귀 a접점

(4) 수동 동작에 맞는 타임차트를 완성하시오.

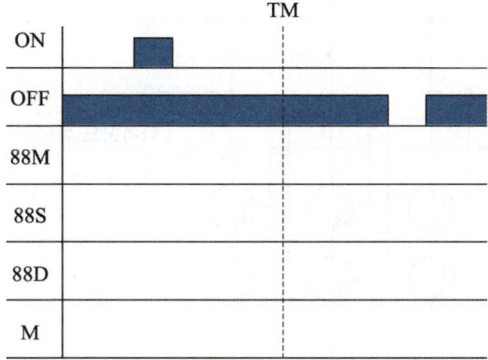

답안작성

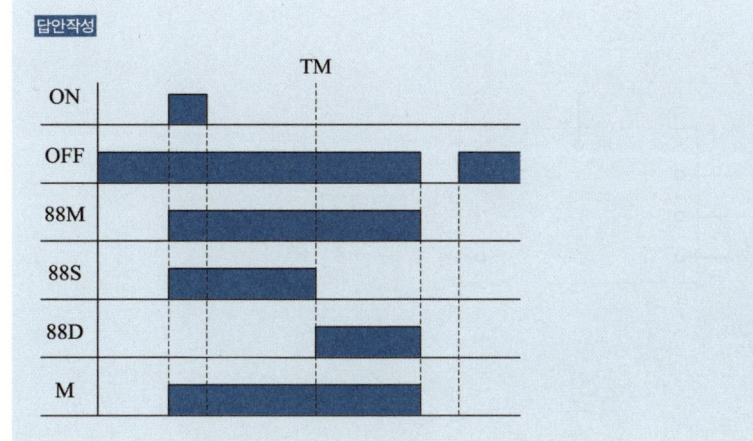

11

3개의 접점 A, B, C 중 2개 이상의 접점이 ON이 되었을 때만 L(Lamp)이 동작하는 회로이다. 각 물음에 답하시오. [5점]

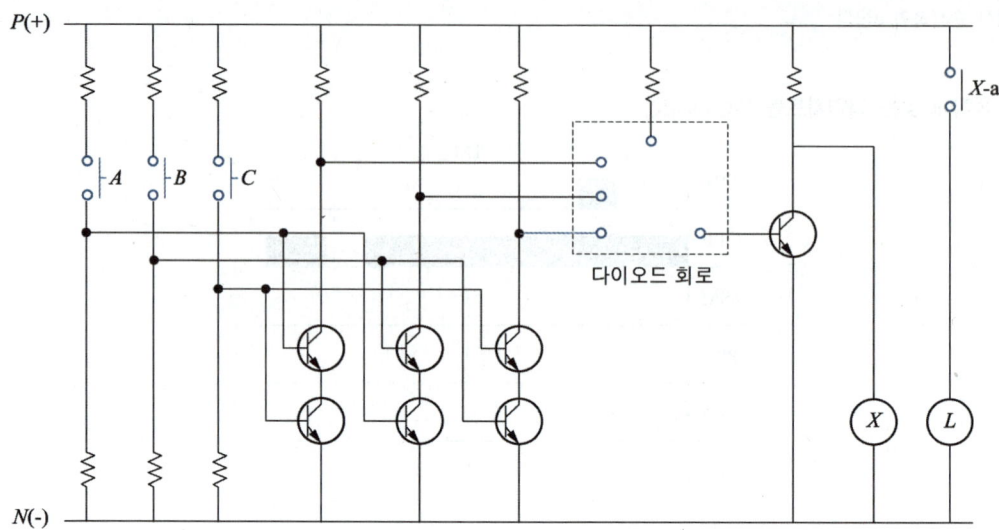

(1) 점선 안의 다이오드 회로를 완성하시오.

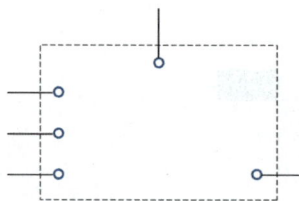

답안작성

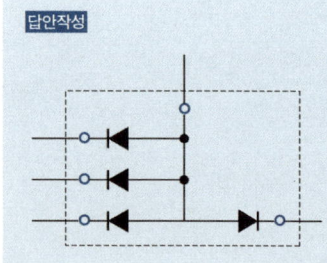

(2) 회로에 맞는 진리표를 완성하시오.

입력			출력
A	B	C	X

답안작성

입력			출력
A	B	C	X
1	0	0	0
1	0	1	1
1	1	0	1
1	1	1	1
0	1	0	0
0	1	1	1
0	0	0	0
0	0	1	0

(3) 출력 X 의 논리식을 간단히 정리하시오.

답안작성

$X = AB\overline{C} + ABC + A\overline{B}C + ABC + \overline{A}BC + ABC = AB(\overline{C}+C) + AC(\overline{B}+B) + BC(\overline{A}+A) = AB + AC + BC$

참　고

$\overline{A}+A = 1, \ A+A = A$

12

그림과 같이 분기회로(S_2)의 보호장치(P_2)는 (P_2)의 전원측에서 분기점(O) 사이에 다른 분기회로 또는 콘센트의 접속이 없고 단락의 위험과 화재 및 인체에 대한 위험성이 최소화되도록 시설된 경우 분기회로의 보호장치(P_2)는 분기회로의 분기점(O)으로부터 x[m]까지 이동하여 설치할 수 있다. x는 몇 [m]인가? [4점]

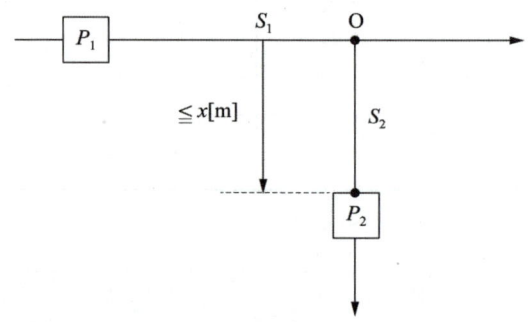

답안작성

3[m]

참 고

한국전기설비규정 212.4.2 과부하 보호장치의 설치 위치

분기회로 S_2의 보호장치 P_1는 P_2의 전원 측에서 분기점(O) 사이에 다른 분기회로 또는 콘센트의 접속이 없고, 단락의 위험과 화재 및 인체에 대한 위험성이 최소화되도록 시설된 경우, 분기회로의 보호장치 P_2는 분기회로의 분기점(O)으로부터 3[m]까지 이동하여 설치할 수 있다.

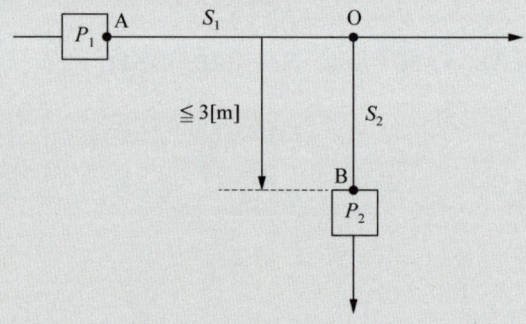

분기회로(S_2)의 분기점(O)에서 3[m] 이내에 설치된 과부하 보호장치(P_2)

13

3개의 접지극을 서로 연결하여 그림과 같이 저항을 측정한 값이 G_1과 G_2 사이는 30[Ω], G_2와 G_3 사이는 50[Ω], G_1과 G_3 사이는 40[Ω]이었다면 G_3의 접지 저항값은 몇 [Ω]인가? [5점]

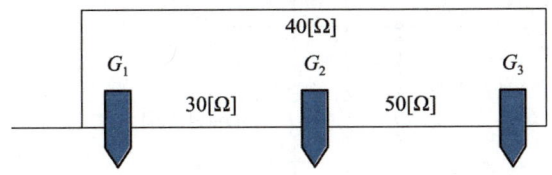

계산과정

① $G_1 + G_2 = G_{12} = 30[\Omega]$ ········· ①

② $G_2 + G_3 = G_{23} = 50[\Omega]$ ········· ②

③ $G_3 + G_1 = G_{31} = 40[\Omega]$ ········· ③

①+②+③ = $G_1 + G_2 + G_2 + G_3 + G_3 + G_1 = 2(G_1 + G_2 + G_3) = 120[\Omega]$

G_3를 기준으로 식을 정리하면 $G_3 = \frac{1}{2} \times 120 - (G_1 + G_2) = \frac{1}{2} \times 120 - 30 = 30[\Omega]$

정답 | 30[Ω]

14

부하율을 설명하시오. [5점]

최대전력에 대한 평균전력의 비

부하율 = $\frac{평균전력}{최대전력} \times 100[\%]$

15

다음 그림은 전력계통의 한 부분을 나타낸 것이다. 다음 각 물음에 답하시오. [9점]

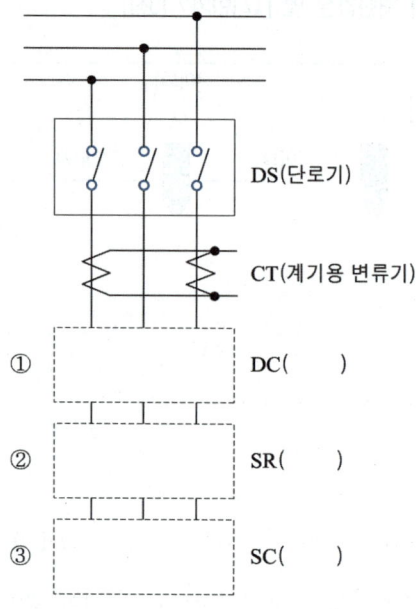

(1) 회로의 빈칸 ①, ②, ③을 완성하시오.

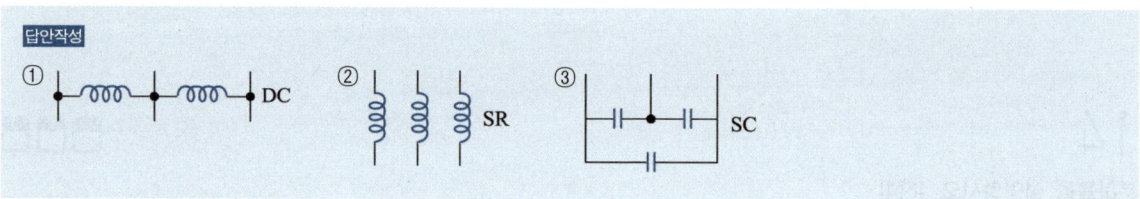

(2) 약호를 한글 명칭으로 쓰시오.
① DC
② SR
③ SC

답안작성
① 방전코일
② 직렬리액터
③ 전력용콘덴서

(3) 다음 기기의 용도를 서술하시오.
① DC
② SR
③ SC

답안작성
① 콘덴서에 축적된 잔류전하 방전
② 제5고조파 제거
③ 역률개선

16

그림과 같이 단상전압 220[V] 전동기의 단자와 전동기 외함 사이가 완전히 지락되었다. 변압기 저압측 저항은 20[Ω] 전동기 외함 접지저항은 35[Ω]이라 할 때, 변압기 선로의 임피던스를 무시한 경우, 접촉한 사람에게 위험을 줄 대지전압 e는 몇 [V]인지 계산하시오. [4점]

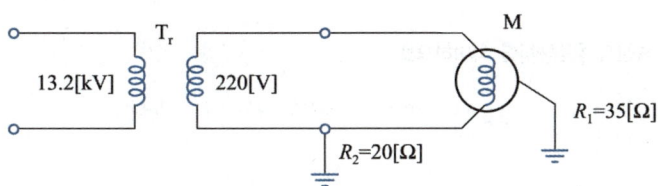

계산과정 | **정 답**

답안작성

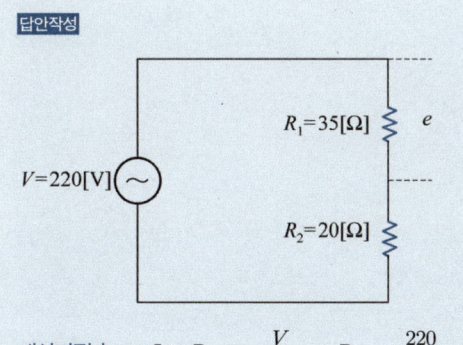

계산과정 | $e = I_g \times R_1 = \dfrac{V}{R_1 + R_2} \times R_1 = \dfrac{220}{35 + 20} \times 35 = 140$[V]

정답 | 140[V]

17

예비전원용 축전지에 대한 다음 물음에 답하시오. [8점]

(1) 그림과 같은 부하특성을 갖는 축전지가 보수율 0.8일 때 몇 [Ah] 이상인 축전지를 선정해야 하는지 쓰시오.
(단, $K_1 = 0.9$, $K_2 = 1.2$, 셀당 전압은 1.06[V/cell], 허용최저전압 95[V])

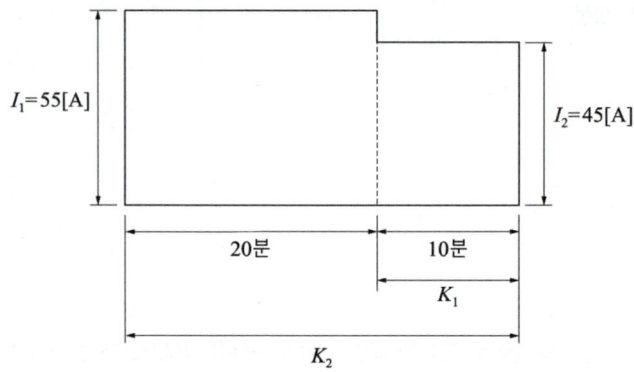

계산과정

답안작성

계산과정 | 그림의 면적이 축전지 용량[Ah]를 의미하므로

$$C = \frac{1}{L}[(K_2 - K_1)I_1 + K_1 I_2] = \frac{1}{0.8}[(1.2 - 0.9) \times 55 + 0.9 \times 45] = 71.25[Ah]$$

정답 | 71.25[Ah]

(2) 축전지를 장시간 방치했을 때 기능 회복을 위하여 실시하는 충전방식은 무엇인지 쓰시오.

답안작성
회복충전

(3) 각 축전지의 공칭전압을 쓰시오.
   ① 연축전지
   ② 알카리축전지

답안작성
① 2[V]
② 1.2[V]

(4) 축전지 설비의 4가지 구성을 쓰시오.

답안작성
① 축전지
② 충전장치
③ 제어장치
④ 보안장치

18

수전전압 22.9[kV-Y]인 수전설비에 진공차단기(VCB)와 몰드변압기를 사용하는 경우 피뢰기와 같은 구조와 특성을 가지며 변압기 등 기기보호 목적으로 사용되는 것은? [4점]

답안작성
서지흡수기(SA)

실기[필답형]기출문제 2011 * 2

※ 출제기준 변경 및 개정된 관계법규에 따라 삭제된 문제가 있어 배점의 합계가 100점이 안 됩니다.

01

다음은 변전설비의 단선결선도이다. 각 물음에 답하시오. [10점]

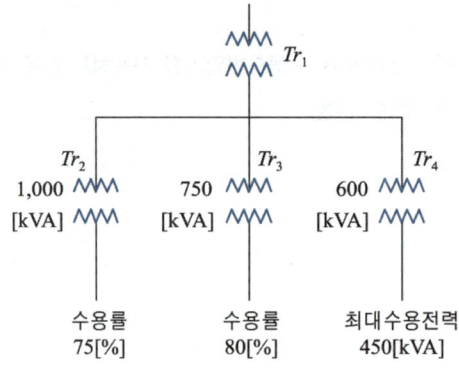

(1) 부등률을 적용해야 할 변압기는?

> **답안작성**
> Tr_1

(2) 최대합성전력이 1,500[kVA]라고 할 때 Tr_1의 부등률을 구하시오.

계산과정 | 정 답

> **답안작성**
> 계산과정 | 부등률 $= \dfrac{\text{각 부하의 최대수용전력의 합}}{\text{최대합성전력}} = \dfrac{1{,}000 \times 0.75 + 750 \times 0.8 + 450}{1{,}500} = 1.2$
>
> 정답 | 1.2

(3) Tr_4의 수용률을 구하시오.

계산과정 | 정 답

> **답안작성**
> 계산과정 | 수용률 $= \dfrac{\text{최대수용전력}}{\text{설비용량}} \times 100 = \dfrac{450}{600} \times 100 = 75[\%]$
>
> 정답 | 75[%]

02

다음 부하설비의 설비 불평형률을 계산하시오. (Ⓜ은 전동기 Ⓗ는 전열기이다) [6점]

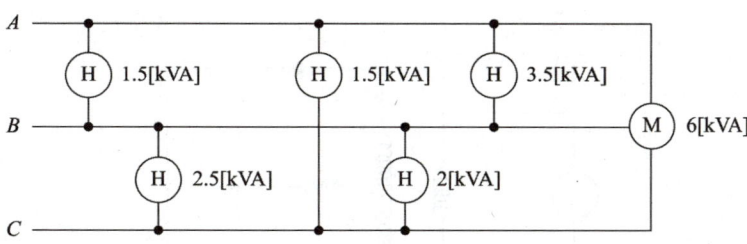

계산과정

불평형률 = $\dfrac{\text{각 선간에 접속되는 단상부하 총설비용량의 최대용량과 최소용량의 차[kVA]}}{\text{총부하설비 용량} \times \dfrac{1}{3}\text{[kVA]}} \times 100$

선간 $AB = 1.5 + 3.5 = 5\text{[kVA]} \rightarrow$ 최대

선간 $BC = 2.5 + 2 = 4.5\text{[kVA]}$

선간 $AC = 1.5\text{[kVA]} \rightarrow$ 최소

총부하설비 용량 $= 1.5 + 3.5 + 2.5 + 2 + 1.5 + 6 = 17\text{[kVA]}$

불평형률 $= \dfrac{5 - 1.5}{17 \times \dfrac{1}{3}} \times 100 = 61.76\text{[\%]}$

정답 | 61.76[%]

03

그림은 단상 전파정류회로이다. 교류측 공급전압은 785sin314t[V]이고 직류측 부하저항은 25[Ω]이다. 각 물음에 답하시오. [6점]

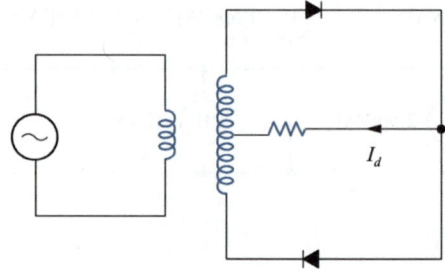

(1) 직류 부하전압의 평균값을 구하시오.

계산과정 | 직류 부하전압의 평균값 $E_d = \dfrac{2\sqrt{2}}{\pi} \times$ 교류전압의 실효값[V]

교류전압의 실효값 $E = \dfrac{E_m}{\sqrt{2}} = \dfrac{785}{\sqrt{2}} = 555$[V]

$E_d = \dfrac{2\sqrt{2}}{\pi} \times 555 = 500$[V]

정답 | 500[V]

(2) 직류 부하전류의 평균값을 구하시오.

계산과정 | 직류 부하전류의 평균값 $I_d = \dfrac{E_d}{R} = \dfrac{500}{25} = 20$[A]

정답 | 20[A]

(3) 교류 전류의 실효값을 구하시오.

계산과정 | 교류 전류의 실효값 $I = \dfrac{E}{R} = \dfrac{555}{25} = 22.2$[A]

정답 | 22.2[A]

04

주상변압기 고압측에 6,600[V] 탭을 사용할 때 저압측 전압이 90[V]였다. 저압측 전압을 100[V]로 사용하기 위해서는 고압측 사용탭을 몇 [V]로 변경하여야 하는지 계산하시오. (단, 변압기 정격전압은 6,600/105[V]이다) [5점]

계산과정 | 고압측 사용탭 전압 E_1 = 저압측 전압 100[V]를 사용하기 위한 권수비 a_2 × 저압측 정격 전압

$$a_2 = \frac{1차공급전압}{100} = \frac{권수비\ a \times 현재\ 저압측\ 전압}{100} = \frac{\frac{6,600}{105} \times 90}{100} = 56.57$$

$E_1 = 56.57 \times 105 = 5,939.85[V]$

6,600[V] 변압기 표준 탭(Tap) 전압은 5,700[V], 6,000[V], 6,300[V], 6,600[V], 6,900[V]이므로 탭(Tap) 전압 6,000[V] 선정

정답 | 변압기 표준 탭(Tap) 전압 6,000[V] 선정

05

플리커(flicker) 현상의 대책으로 전원측과 수용가측으로 구분하여 각각 3가지씩 쓰시오. [6점]

(1) 전원측

① 전용계통으로 전원 공급
② 공급 전압의 승압
③ 단락용량이 큰 계통을 이용하여 전원 공급

(2) 수용가측

① 사이리스터용 리액터 설치
② 상호 보상 리액터 설치
③ 승압변압기(부스터) 설치

06

단상 유도 전동기에 관련된 물음에 답하시오. [6점]

(1) 기동유형 4가지를 쓰시오.

> 답안작성
> ① 반발 기동형
> ② 콘덴서 기동형
> ③ 셰이딩 코일형
> ④ 분상 기동형

(2) 분상 기동형 단상 유도 전동기의 회전 방향을 현재 회전방향의 반대방향으로 하려면 어떻게 하여야 하는가?

> 답안작성
> 기동권선 단자에 접속되는 전선을 서로 바꾸어 결선한다.

(3) 단상 유도 전동기의 절연물의 허용 최고 온도를 120[℃]로 하려면 어떤 종별의 절연물을 선택하여야 하는가?

> 답안작성
> E종 선택

> 참고
> 절연물의 종별과 최고 사용온도
>
> | 종별 | Y종 | A종 | E종 | B종 | F종 | H종 | C종 |
> |---|---|---|---|---|---|---|---|
> | 최고사용온도[℃] | 90 | 105 | 120 | 130 | 155 | 180 | 180 이상 |

07

태양광 발전설비를 구성하는 4가지를 쓰시오. [5점]

답안작성
① 태양전지
② 전력조절장치
③ 인버터
④ 축전지

08

지표면상 20[m] 높이의 수조에 0.4[m³/sec] 물을 양수하는 데 필요한 펌프용 전동기의 소요동력은 몇 [kW]인지 계산하시오. (단, 펌프의 효율은 80[%]로 하고 여유계수는 1.1로 한다) [5점]

답안작성

계산과정 | 펌프용 전동기 소용동력(양수량 Q[m³/sec]일 때) $P = 9.8\dfrac{KQH}{\eta}$ [kW]

여유계수 $K=1.1$, 양수량 $Q=0.4$[m³/sec], 양정 $H=20$[m], 효율 $\eta=0.8$

$P = 9.8 \times \dfrac{1.1 \times 0.4 \times 20}{0.8} = 107.8$ [kW]

정답 | 107.8[kW]

참고
(양수량 Q[m³/min]일 때) $P = \dfrac{KQH}{6.12\eta}$ [kW]

09

직렬 갭이 있는 피뢰기의 상용주파 개시 전압(실효값) 31.5[kV]일 때 공칭방전전류 10[kA]에서의 제한전압(파고값)은 몇 [kV] 이하이어야 하는가? [3점]

답안작성

76[kV] 이하

참고

직렬 갭이 있는 피뢰기의 상용주파 방전개시전압

피뢰기 정격전압 (실효값) [kV]	상용주파 방전개시전압 (실효값) [kV]	상용주파 전압(실효값) [kV]	내전압[kV] 충격전압(파고값)[kV]		충격방전 개시전압 (파고값)[kV]		제한전압(파고값) [kV]		
			1.2×50[μs]	250×2,500[μs]	1.2×50[μs]	250×2,500[μs]	10[kA]	5[kA]	2.5[kA]
7.5	11.25	21(20)	60	-	27	-	27	27	27
9	13.5	27(24)	75	-	32.5	-	-	-	32.5
12	18	50(45)	110	-	43	-	43	43	-
18	27	42(36)	125	-	65	-	-	-	65
21	31.5	70(60)	120	-	76	-	76	76	-
24	26	70(60)	150	-	87	-	87	87	-
72 75	112.5	175 (145)	350	-	270	-	270	270	-
138 144	207	325 (325)	750	-	460	-	460	-	-
288	432	450 (450)	1,175	950	725	695	690	-	-

[비고] ( ) 안의 숫자는 주수시험 시 적용

10

다음 논리회로에 관련된 물음에 답하시오. [6점]

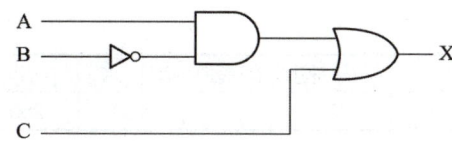

(1) NOR 심벌만 사용하여 논리회로와 같은 출력값을 갖는 회로를 그리시오.

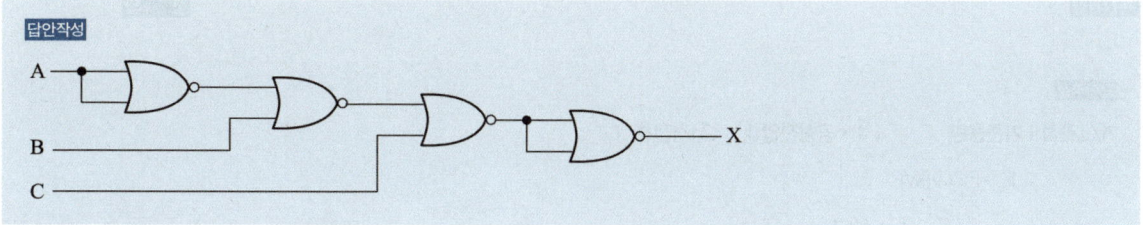

(2) NAND 심벌만 사용하여 논리회로와 같은 출력값을 갖는 회로를 그리시오.

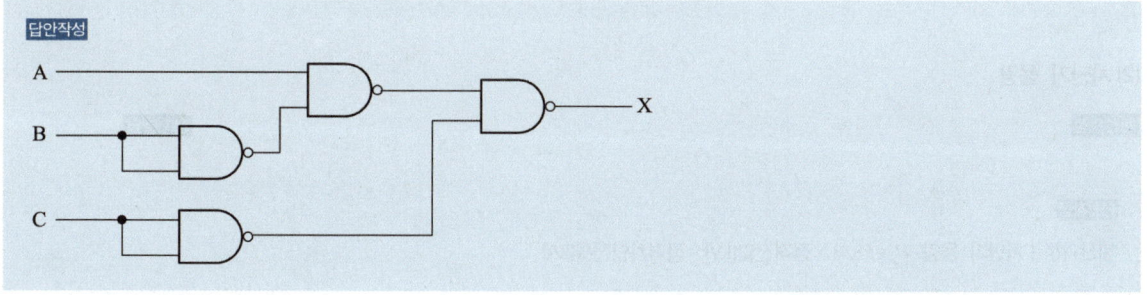

11

수전전압 22.9[kV], 가공전선로의 %임피던스가 59.2[%]이고 수전점의 3상 단락 전류가 8,000[A]인 경우 기준용량과 수전용 차단기 용량을 구하시오. [6점]

차단기 정격용량[MVA]										
10	20	30	50	75	100	150	250	300	400	500

(1) 기준용량

계산과정 | 기준용량 $P_n = \sqrt{3} \times$ 공칭전압 $V_n \times$ 정격전류 I_n

$V_n = 22.9[\text{kV}]$

$I_n = \dfrac{\%Z}{100} \times I_s = \dfrac{59.2}{100} \times 8,000 = 4,736[\text{A}] = 4.736[\text{kA}]$

$P_n = \sqrt{3} \times 22.9[\text{kV}] \times 4.736[\text{kA}] = 187.85[\text{MVA}]$

정답 | 187.85[MVA]

(2) 차단기 용량

계산과정 | 차단기 용량 $P_s = \sqrt{3} \times$ 정격전압[kV] $\times$ 정격차단전류[kA]

정격전압 = 공칭전압 $\times \dfrac{1.2}{1.1} = 22.9 \times \dfrac{1.2}{1.1} = 25[\text{kV}]$

정격차단전류 = 단락 전류[kA] = 8[kA]

$P_s = \sqrt{3} \times 25 \times 8 = 346.41[\text{MVA}]$

정답 | 차단기 정격용량 400[MVA] 선정

12

3상 380[V], 20[kW], 역률 80[%]인 부하의 역률을 개선하기 위하여 15[kVA]의 진상 콘덴서를 설치하는 경우 역률 개선 전의 전류와 역률 개선 후의 전류차는 몇 [A]가 되겠는가? (소수점 셋째자리에서 반올림하시오) [5점]

계산과정 | 전류차＝역률 개선 전 전류 I_1 - 역률 개선 후 전류 I_2

$$I_1 = \frac{P}{\sqrt{3}\,V\cos\theta_1} = \frac{20 \times 10^3}{\sqrt{3} \times 380 \times 0.8} = 37.983[A]$$

복소수로 나타내면 $I_1 = I(\cos\theta - j\sin\theta) = 37.983(0.8 - j0.6) = 30.386 - j22.789$

진상콘덴서 설치 전 무효전력 $P_{Q1} = P\tan\theta_1 = P\dfrac{\sin\theta}{\cos\theta} = 20 \times \dfrac{0.6}{0.8} = 15[\text{kVar}]$

진상콘덴서 설치 후 무효전력 $P_{Q2} = P_{Q1} - Q = 15 - 15 = 0[\text{kVar}]$

무효전력이 0[kVar]이므로 개선 후 역률 $\cos\theta_2 = 1$이다.

$$I_2 = \frac{P}{\sqrt{3}\,V\cos\theta_2} = \frac{20 \times 10^3}{\sqrt{3} \times 380 \times 1} = 30.386[A]$$

복소수로 나타내면 $I_2 = I(\cos\theta - j\sin\theta) = 30.386(1 - j0) = 30.386$

$I_1 - I_2 = 30.386 - j22.789 - 30.386 = -j22.789$

$|I_1 - I_2| = \sqrt{22.789^2} = 22.789[A]$

정답 | 22.79[A]

13

감전방지와 같은 안전을 위해 준비된 도체를 보호도체(PE)라고 한다. 보호도체 3가지를 적고 설명하시오. [5점]

답안작성

① PEN 도체 : 교류회로에서 중성선 겸용 보호도체
② PEM 도체 : 직류회로에서 중간성 겸용 보호도체
③ PEL 도체 : 직류회로에서 선도체 겸용 보호도체

참 고

한국전기설비규정 112 용어 정의

- "PEN 도체(protective earthing conductor and neutral conductor)"란 교류회로에서 중성선 겸용 보호도체를 말한다.
- "PEM 도체(protective earthing conductor and a mid-point conductor)"란 직류회로에서 중간도체 겸용 보호도체를 말한다.
- "PEL 도체(protective earthing conductor and a line conductor)"란 직류회로에서 선도체 겸용 보호도체를 말한다.

14

몰드 변압기의 장점 5가지를 쓰시오. [5점]

답안작성

① 난연, 절연 능력이 우수하여 화재의 위험이 적다.
② 소형 경량화 할 수 있어 반입·반출이 용이하다.
③ 전력 손실이 적고 효율이 좋다.
④ 내진, 내습성이 좋아 안전성이 높다.
⑤ 점검이 간단하여 유지보수가 편리하다.

15

최대사용전압이 370[kV]의 특고압 가공 전선과 최대사용전압이 165[kV]인 특고압 가공 전선이 교차하여 시설되는 경우 양자 간의 최소 이격거리는 몇 [m]인가? [4점]

계산과정

답안작성

60[kV]를 초과하는 특고압 가공 전선 상호 간의 접근 또는 교차 시 이격거리
- 2[m]에 사용전압이 60[kV]를 초과하는 10[kV] 또는 그 단수마다 0.12[m]를 더한 값

계산과정 | 이격거리 $= 2 + 단수 \times 0.12 = 2 + \dfrac{370-60}{10} \times 0.12 = 5.72[m]$

정답 | 5.72[m]

참고

- 한국전기설비규정 333.27 특고압 가공전선 상호 간의 접근 또는 교차
  특고압 가공전선과 다른 특고압 가공전선 사이의 이격거리는 333.26의 1의 "나"의 규정에 준할 것
- 한국전기설비규정 333.26 특고압 가공전선과 저고압 가공전선 등의 접근 또는 교차
  1-나. 특고압 가공전선과 저고압 가공 전선 등 또는 이들의 지지물이나 지주 사이의 이격거리는 표 333.26-1에서 정한 값 이상일 것

표 333.26-1 특고압 가공전선과 저고압 가공전선 등의 접근 또는 교차 시 이격거리(제1차 접근상태)

사용전압의 구분	이격거리
60[kV] 이하	2[m]
60[kV] 초과	2[m]에 사용전압이 60[kV]를 초과하는 10[kV] 또는 그 단수마다 0.12[m]를 더한 값

16

평균조도 600[lx] 전반 조명을 시설한 40[m²]의 방이 있다. 이 방에 조명기구 1대당 광속 600[lm], 조명률 50[%], 유지율 80[%]인 등기구를 설치하려고 한다. 이때 조명기구 1대의 소비전력이 80[W]라면 이 방에서 24시간 연속점등한 경우 하루의 소비전력량은 몇 [kWh]인지 계산하시오. [5점]

계산과정

답안작성

계산과정 | 조명기구수 $N = \dfrac{DES}{FU} = \dfrac{600 \times 40 \times \dfrac{1}{0.8}}{600 \times 0.5} = 100[대]$

소비전력량 $W = P \times t = 80 \times 100 \times 24 = 192{,}000[Wh] = 192[kWh]$

정답 | 192[kWh]

17

다음 그림은 전자식 접지저항계를 사용하여 접지극의 접지저항을 측정하기 위한 배치도이다. 각 물음에 답하시오. [8점]

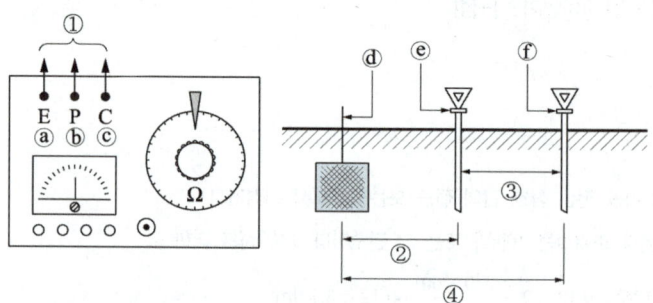

(1) 보조접지극을 설치하는 이유는 무엇인가?

> **답안작성**
> 접지저항을 측정하기 위한 전압과 전류를 공급

(2) ③과 ④의 설치 간격은 몇 [m] 정도가 적당한가?

　③ :　　　　　　　　　　　　　④ :

> **답안작성**
> ③ 10[m]
> ④ 20[m]

(3) 그림에서 ①의 측정단자와 연결되는 곳은 어디인가?

　ⓐ -　　　　　　　　　　ⓑ -　　　　　　　　　　ⓒ -

> **답안작성**
> ⓐ - ⓓ, ⓑ - ⓔ, ⓒ - ⓕ

(4) 접지극의 매설 깊이는 몇 [m] 이상인가?

> **답안작성**
> 0.75[m] 이상

> **참　고**
> 한국전기설비규정 142.2 접지극의 시설 및 접지저항
> 3-나. 접지극은 동결 깊이를 감안하여 시설하되 고압 이상의 전기설비와 142.5에 의하여 시설하는 접지극의 매설깊이는 지표면으로부터 지하 0.75[m] 이상으로 한다.

실기[필답형]기출문제 — 2011 * 3

※ 출제기준 변경 및 개정된 관계법규에 따라 삭제된 문제가 있어 배점의 합계가 100점이 안 됩니다.

01

가공전선로의 이도가 너무 작거나 크게 되었을 때 전선로에 미치는 영향 3가지만 쓰시오. [3점]

답안작성
① 이도는 지지물의 높이를 결정하는 데 영향을 미치므로 이도가 크면 지지물의 높이가 높아져야 한다.
② 이도가 크면 좌우로 진동할 수 있는 범위가 넓어져 주변 수목과 접촉하거나 다른 상의 전선과 접촉할 수 있다.
③ 이도가 너무 작으면 전선이 받는 장력이 증가하여 작은 외력에 의해서도 단선될 우려가 있다.

02

대용량의 변압기 내부고장을 보호하기 위해 사용하는 보호장치 5가지만 쓰시오. [5점]

답안작성
① 비율차동 계전기
② 과전류 계전기
③ 브흐홀츠 계전기
④ 충격압력 계전기
⑤ 방압 안전장치

03

조명으로 인한 눈부심이 있는 경우 작업능률의 저하, 시력의 감퇴, 재해 발생 등이 발생하므로 조명설계의 경우 이 눈부심을 적극 피할 수 있도록 고려해야 한다. 눈부심을 일으키는 원인 5가지만 쓰시오. [5점]

답안작성
① 눈에 입사되는 광속이 너무 많을 때
② 광원을 장시간 바라볼 때
③ 순응이 잘 안될 때
④ 광원과 배경 사이의 휘도 대비가 클 때
⑤ 광원의 휘도가 과대할 때

04

2중 모선에서 평상시에 NO.1 T/L은 A모선에서 NO.2 T/L은 B모선에서 전원을 공급받고 모선 연락용 CB는 개방되어 있다. [5점]

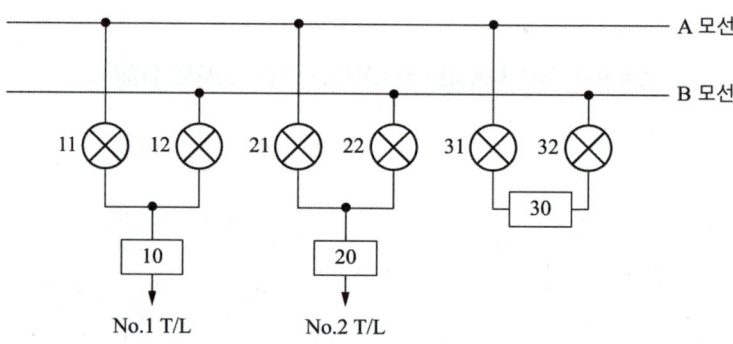

(1) B모선을 점검하기 위하여 절체하는 순서를 쓰시오. (단, 10-OFF, 20-ON 등으로 표시)

답안작성
31-ON, 32-ON, 30-ON, 21-ON, 22-OFF, 30-OFF, 31-OFF, 32-OFF

(2) B모선을 점검 후 원상복구하는 조작순서를 쓰시오. (단, 10-OFF, 20-ON 등으로 표시)

답안작성
31-ON, 32-ON, 30-ON, 22-ON, 21-OFF, 30-OFF, 31-OFF, 32-OFF

(3) 10, 20, 30에 대한 기기의 명칭을 쓰시오.

답안작성
차단기

(4) 11, 21에 대한 기기의 명칭을 쓰시오.

답안작성
단로기

(5) 2중 모선의 장점을 쓰시오.

답안작성
모선 점검 시 부하의 운전을 무정전 상태로 할 수 있어 전원 공급의 신뢰도가 높다.

05

어느 수용가의 총설비 부하용량은 전등 700[kW], 동력 1,000[kW]라고 한다. 각 수용가의 수용률은 50[%]이고, 각 수용가 간의 부등률은 전등 1.2, 동력 1.5 전등과 동력 상호 간은 1.4라고 하면 여기 공급되는 변전 시설 용량은 몇 [kVA]인가? (단, 부하 전력 손실은 5[%]로 하며, 역률은 1로 계산한다) [4점]

계산과정

답안작성

계산과정 | • 변전시설용량(합성 최대수용전력) = $\dfrac{\text{각 부하군의 최대수용전력의 합}}{\text{부등률} \times \text{역률}} \times (1 + \text{부하전력손실})$ [kVA]

• 전등부하의 최대수용전력 = $\dfrac{\text{전등부하 설비용량} \times \text{수용률}}{\text{부등률}} = \dfrac{700 \times 0.5}{1.2} = 291.67$ [kW]

• 동력부하의 최대수용전력 = $\dfrac{\text{동력부하 설비용량} \times \text{수용률}}{\text{부등률}} = \dfrac{1,000 \times 0.5}{1.5} = 333.33$ [kW]

• 변전시설용량 = $\dfrac{291.67 + 333.33}{1.4 \times 1} \times (1 + 0.05) = 468.73$ [kVA]

정답 | 468.73[kVA]

06

그림과 같은 송전 계통의 S점에서 3상 단락사고가 발생하였다. 주어진 도면과 조건을 참고하여 발전기, 변압기(T_1), 송전선 변압기(T_2) 조상기의 %X(리액턴스)를 환산하시오. (단, 기준용량은 100[MVA]로 한다) [6점]

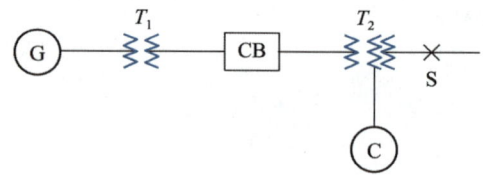

[조건]

번호	기기명	용량	전압	%X
1	G : 발전기	50,000[kVA]	11[kV]	30
2	T_1 : 변압기	50,000[kVA]	11/154[kV]	12
3	송전선		154[kV]	10(10,000[kVA])
4	T_2 : 변압기	1차 25,000[kVA]	154[kV]	12(25,000[kVA], 1차 ~ 2차)
		2차 30,000[kVA]	77[kV]	15(25,000[kVA], 2차 ~ 3차)
		3차 10,000[kVA]	11[kV]	10.8(10,000[kVA], 3차 ~ 1차)
5	C : 조상기	10,000[kVA]	11[kV]	20(10,000[kVA])

계산과정 정 답

답안작성

계산과정 | ① 발전기 $\%X_G = \dfrac{100}{50} \times 30 = 60[\%]$

② T_1 변압기 $\%X_{T_1} = \dfrac{100}{50} \times 12 = 24[\%]$

③ 송전선 $\%X_l = \dfrac{100}{10} \times 10 = 100[\%]$

④ T_2 변압기 (1차 ~ 2차) $\%X_{T_{2(1-2)}} = \dfrac{100}{25} \times 12 = 48[\%]$

(2차 ~ 3차) $\%X_{T_{2(2-3)}} = \dfrac{100}{25} \times 15 = 60[\%]$

(3차 ~ 1차) $\%X_{T_{2(3-1)}} = \dfrac{100}{10} \times 10.8 = 108[\%]$

- T_2 변압기 1차 $\%X_{T_{2-1}} = \dfrac{\%X_{T_{2(1-2)}} + \%X_{T_{2(3-1)}} - \%X_{T_{2(2-3)}}}{2} = \dfrac{48 + 108 - 60}{2} = 48[\%]$

- T_2 변압기 2차 $\%X_{T_{2-2}} = \dfrac{\%X_{T_{2(1-2)}} + \%X_{T_{2(2-3)}} - \%X_{T_{2(3-1)}}}{2} = \dfrac{48 + 60 - 108}{2} = 0[\%]$

- T_2 변압기 3차 $\%X_{T_{2-3}} = \dfrac{\%X_{T_{2(2-3)}} + \%X_{T_{2(3-1)}} - \%X_{T_{2(1-2)}}}{2} = \dfrac{60+108-48}{2} = 60[\%]$

⑤ 조상기 $\%X_C = \dfrac{100}{10} \times 20 = 200[\%]$

정답 | 발전기 $\%X_G = 60[\%]$

T_1 변압기 $\%X_{T_1} = 24[\%]$

송전선 $\%X_l = 100[\%]$

T_2 변압기 1차 $\%X_{T_{2-1}} = 48[\%]$

2차 $\%X_{T_{2-2}} = 0[\%]$

3차 $\%X_{T_{2-3}} = 60[\%]$

조상기 $\%X_C = 200[\%]$

참 고

$\%X$ 환산 $= \dfrac{\text{기준용량[MVA]}}{\text{자기용량[MVA]}} \times \text{자기}\%X$

07

배전선로 사고 종류에 따라 보호장치 및 보호조치를 다음 빈칸에 쓰시오. (단, ①, ②는 보호장치이고, ③은 보호조치이다) [5점]

	사고 종류	보호장치 및 보호조치
고압 배전선로	접지사고	①
	과부하, 단락사고	②
	뇌해사고	피뢰기, 가공지선
	지락사고	③
주상 변압기	과부하, 단락사고	고압퓨즈
저압 배전선로	과부하, 단락사고	저압퓨즈

답안작성

① 접지 계전기

② 과전류 계전기

③ 중성점 접지

08

역률 80[%], 부하전력이 4,000[kW]인 부하에 1,700[kVA]의 전력용 콘덴서를 설치하였다. 다음 각 물음에 답하시오.

(1) 전력용 콘덴서 설치 후 역률은 몇 [%]로 개선되었는가? [8점]

답안작성

계산과정 | 전력용 콘덴서 설치 후(역률 개선 후) 역률

$$\cos\theta_2 = \frac{유효전력}{\sqrt{유효전력^2 + (개선\ 전\ 무효전력 - 콘덴서용량)^2}}$$

개선 전 무효전력 $= 4,000\tan(\cos^{-1}0.8) = 3,000[\text{kVar}]$

($\cos\theta = 0.8$일 때 θ는 $\cos^{-1}0.8$로 구할 수 있다)

$$\cos\theta_2 = \frac{4,000}{\sqrt{4,000^2 + (3,000 - 1,700)^2}} = 0.951$$

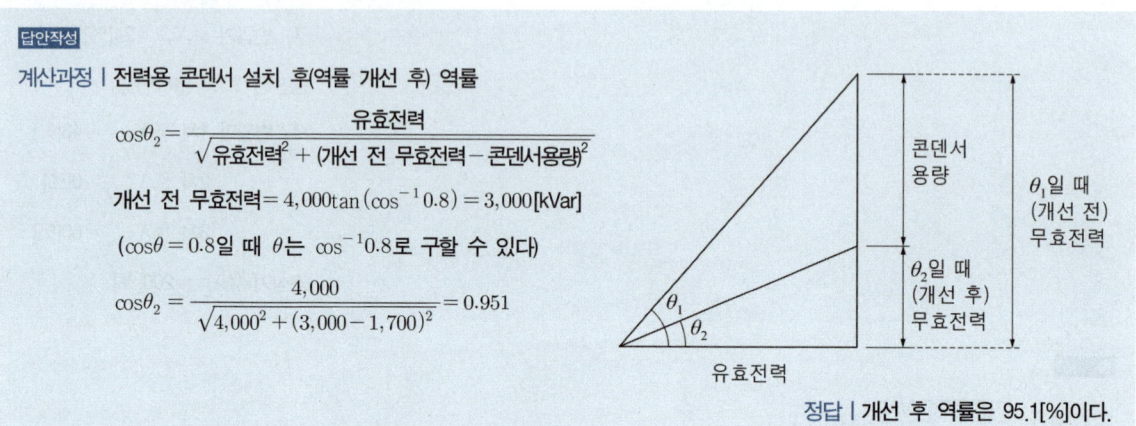

정답 | 개선 후 역률은 95.1[%]이다.

(2) 부하설비의 역률이 90[%] 이하일 경우(즉, 역률이 낮을 경우) 수용자 측에서의 손해는 어떤 것이 있는지 3가지만 쓰시오.

답안작성
① 전기요금 증가
② 전력손실 증가
③ 전압강하 증가

(3) 전력용 콘덴서와 함께 설치되는 직렬리액터와 방전코일의 용도를 간단히 설명하시오.

① 직렬리액터 :

② 방전코일 :

답안작성
① 제5고조파 제거
② 전력용 콘덴서에 축적된 잔류전하 방전

09

축전지 설비의 부하특성이 다음과 같을 때 주어진 조건을 이용하여 축전지 용량을 산정하시오. [5점]

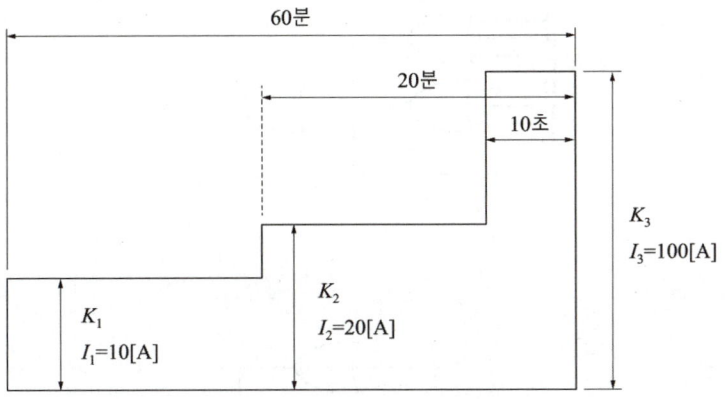

[조건]

용량 환산 시간	
K_1	1.5
K_2	0.69
K_3	0.25

보수율은 0.80이다.

답안작성

계산과정 | 축전지 용량 $=\dfrac{1}{보수율}\times$ 부하특성의 면적

$$=\frac{1}{L}\times[K_1 I_1 + K_2(I_2-I_1) + K_3(I_3-I_2)]$$

$$=\frac{1}{0.8}\times[1.5\times10+0.69(20-10)+0.25(100-20)]=52.375[Ah]$$

정답 | 52.38[Ah]

10

다음 논리회로를 AND 회로 1개, OR 회로 2개, NOT 회로 1개를 이용한 등가회로 그리고 논리식을 쓰시오. [4점]

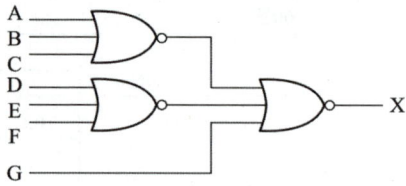

(1) 등가회로

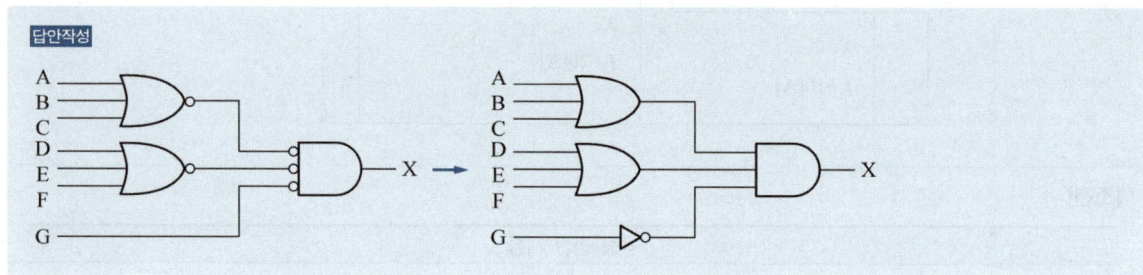

(2) 논리식

$$\overline{\overline{A+B+C}+\overline{D+E+F}+G} = \overline{\overline{(A+B+C)}} \cdot \overline{\overline{(D+E+F)}} \cdot \overline{G} = (A+B+C) \cdot (D+E+F) \cdot \overline{G} = X$$

11

1,000[lm]을 방출하는 전등 10개를 100[m²]의 사무실에 설치하고 있다. 그 조명률을 0.5라고 하고, 감광보상률을 2라 하면 그 사무실의 평균 조도는 몇 [lx]인가? [5점]

계산과정 | $E = \dfrac{FUN}{DS} = \dfrac{1,000 \times 0.5 \times 10}{2 \times 100} = 25$[lx]

정답 | 25[lx]

12

최대사용전압이 154[kV]인 중성점 직접 접지식 전로의 절연 내력 시험전압은 몇 [V]인가? [3점]

계산과정

정 답

답안작성

한국전기설비규정에 의해 시험전압은 최대사용전압의 0.72배의 전압으로 한다.

계산과정 | $154 \times 10^3 \times 0.72 = 110,880$[V]

정답 | 110,880[V]

참 고

한국전기설비규정 132 전로의 절연저항 및 절연내력

표 132-1 전로의 종류 및 시험전압

전로의 종류	시험전압
1. 최대사용전압 7[kV] 이하인 전로	최대사용전압의 1.5배의 전압
2. 최대사용전압 7[kV] 초과 25[kV] 이하인 중성점 접지식 전로(중성선을 가지는 것으로서 그 중성선을 다중접지 하는 것에 한한다)	최대사용전압의 0.92배의 전압
3. 최대사용전압 7[kV] 초과 60[kV] 이하인 전로(2란의 것을 제외한다)	최대사용전압의 1.25배의 전압(10.5[kV] 미만으로 되는 경우는 10.5[kV])
4. 최대사용전압 60[kV] 초과 중성점 비접지식전로(전위 변성기를 사용하여 접지하는 것을 포함한다)	최대사용전압의 1.25배의 전압
5. 최대사용전압 60[kV] 초과 중성점 접지식 전로(전위 변성기를 사용하여 접지하는 것 및 6란과 7란의 것을 제외한다)	최대사용전압의 1.1배의 전압 (75[kV] 미만으로 되는 경우에는 75[kV])
6. 최대사용전압이 60[kV] 초과 중성점 직접접지식 전로(7란의 것을 제외한다)	최대사용전압의 0.72배의 전압
7. 최대사용전압이 170[kV] 초과 중성점 직접 접지식 전로로서 그 중성점이 직접 접지되어 있는 발전소 또는 변전소 혹은 이에 준하는 장소에 시설하는 것	최대사용전압의 0.64배의 전압
8. 최대사용전압이 60[kV]를 초과하는 정류기에 접속되고 있는 전로	교류측 및 직류 고전압측에 접속되고 있는 전로는 교류측의 최대사용전압의 1.1배의 직류전압 직류측 중성선 또는 귀선이 되는 전로(이하 이장에서 "직류 저압측 전로"라 한다)는 아래에 규정하는 계산식에 의하여 구한 값

13

그림과 같이 외등3등을 점멸할 수 있도록 거실, 현관, 대문의 3장소에 점멸기를 설치하였다. 다음 물음에 답하시오. [6점]

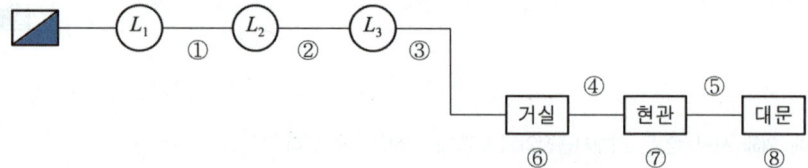

(1) ①~⑤까지 전선가닥수를 쓰시오.

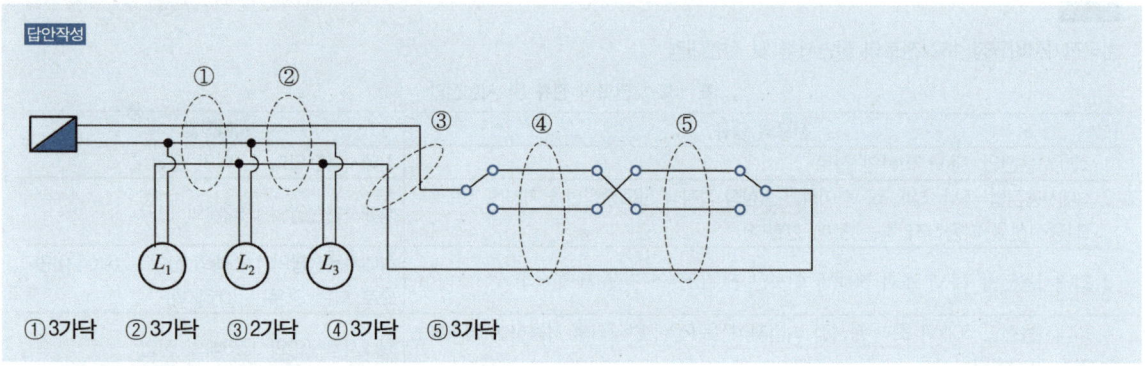

① 3가닥 ② 3가닥 ③ 2가닥 ④ 3가닥 ⑤ 3가닥

(2) ⑥~⑧까지 점멸기의 그림기호를 그리시오.

⑥ ●$_3$
⑦ ●$_4$
⑧ ●$_3$

14

3상 3선식 송전선로가 있다. 역률(지상) 80[%], 전력손실률 10[%]이고 저항은 0.3[Ω/km], 리액턴스는 0.4[Ω/km], 전선의 길이는 20[km]일 때 수전단 전압이 60[kV]이면 송전선로의 송전단 전압은 몇 [kV]인가? [5점]

계산과정 | 송전단 전압 V_s = 수전단 전압 V_r + 전압 강하 = $V_r + \sqrt{3}\,I(R\cos\theta + X\sin\theta)$

전력손실 P_l을 이용하여 전류 I를 구하면

전력손실률 = $\dfrac{P_l}{P} \times 100 = \dfrac{3I^2 R}{\sqrt{3}\,V_r I\cos\theta} \times 100 = \dfrac{3IR}{\sqrt{3}\,V_r \cos\theta} \times 100 = 10[\%]$

I를 기준으로 식을 정리하면

$I = \dfrac{10 \times \sqrt{3}\,V_r \cos\theta}{3R \times 100} = \dfrac{10 \times \sqrt{3} \times (60 \times 10^3 \times 0.8)}{3 \times (0.3 \times 20) \times 100} = 461.88[A]$

(저항 R의 단위가 [Ω/km]이므로 전선의 길이[km]를 곱하여 [Ω]의 단위로 적용)

$V_s = 60 \times 10^3 + \sqrt{3} \times 461.88 \times [(0.3 \times 20) \times 0.8 + (0.4 \times 20) \times 0.6] = 67{,}680[V] \times 10^{-3} = 67.68[kV]$

정답 | 67.68[kV]

15

1개의 건축물에는 그 건축물 대지전위의 기준이 되는 접지극, 접지도체 및 주 접지단자를 그림과 같이 구성한다. 건축 내 전기기기의 노출 도전성 부분 및 계통의 도전성 부분(건축 구조물의 금속제 부분 및 가스, 물, 난방 등의 금속 배관 설비) 모두를 주 접지단자에 접속한다. 이것에 의해 하나의 건축물 내 모든 금속제 부분에 주 등전위 본딩이 시설된 것이 된다. 다음 그림에서 ①~⑤까지 명칭을 쓰시오. [5점]

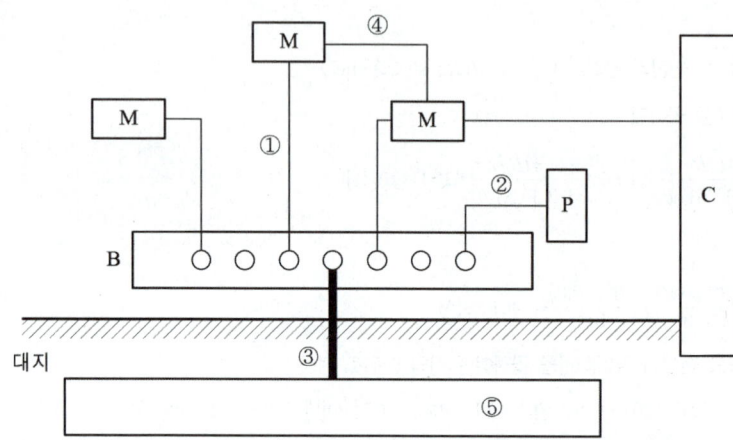

- B : 주 접지단자
- M : 전기기구의 노출 도전성 부분
- C : 철골, 금속덕트의 계통 도전성 부분
- P : 수도관, 가스관 등 금속배관

답안작성

① 보호도체

② 보호등전위 본딩도체

③ 접지도체

④ 보조 보호등전위 본딩도체

⑤ 접지극

16

다음 도면은 어느 수전설비의 단선 결선도이다. 물음에 답하시오. [18점]

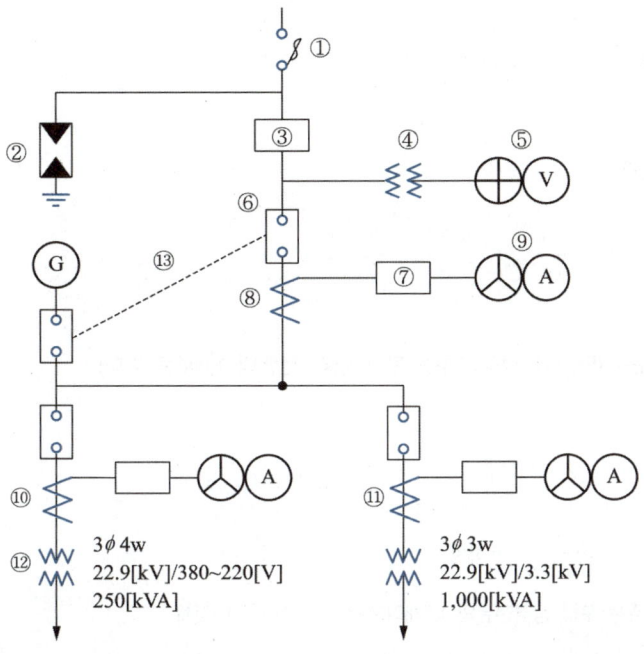

(1) ①~⑨에 해당되는 부분의 명칭과 용도를 쓰시오.

번호	명칭	용도
①		
②		
③		
④		
⑤		
⑥		
⑦		
⑧		
⑨		

답안작성

번호	명칭	용도
①	전력 퓨즈	일정값 이상의 단락전류 및 과전류를 차단하여 사고 확대를 방지한다.
②	피뢰기	이상전압을 대지로 방전하고 속류를 차단한다.
③	전력수급용 계기용 변성기	고전압을 저전압으로, 대전류를 소전류로 변성시켜 전력량계에 공급하여 전력량을 적산한다.
④	계기용 변압기	계기 및 계전기 등의 전원으로 사용하기 위해 고전압을 저전압으로 변성시킨다.
⑤	전압계용 전환 개폐기	1대의 전압계로 3상 각상의 전압을 측정하는 전환 개폐기이다.
⑥	교류 차단기	지락사고, 단락사고, 과부하 등 사고전류와 부하전류를 차단하기 위한 장치이다.
⑦	과전류 계전기	계통의 과전류를 감지하여 차단기 트립코일을 여자시킨다.
⑧	변류기	대전류를 소전류로 변성하여 계기 및 과전류 계전기에 공급한다.
⑨	전류계용 전환 개폐기	1대의 전류계로 3상 각상의 전류를 측정하는 전환 개폐기이다.

(2) ④의 1차, 2차 전압은?

답안작성

- 1차 전압 : $\dfrac{22,900}{\sqrt{3}} ≒ 13,200[\text{V}]$

- 2차 전압 : $\dfrac{190}{\sqrt{3}} ≒ 110[\text{V}]$

(3) ⑫의 2차측 결선 방법은?

답안작성

Y 결선

(4) ⑩, ⑪의 1차 2차 전류는? (단, CT 정격전류는 부하 정격 전류의 1.5배로 한다)

계산과정   **정   답**

답안작성

계산과정 | ⑩ 1차 전류 $I_1 = \dfrac{250}{\sqrt{3} \times 22.9} = 6.3[\text{A}]$

CT의 정격전류는 부하 정격전류의 1.5배이므로 $6.3 \times 1.5 = 9.45[\text{A}]$

즉, 변류비(CT비)는 $\dfrac{10}{5}$ 으로 선정한다.

2차 전류 $I_2 = I_1 \times \dfrac{1}{\text{CT비}} = 6.3 \times \dfrac{5}{10} = 3.15[\text{A}]$

⑪ 1차 전류 $I_1 = \dfrac{1,000}{\sqrt{3} \times 22.9} = 25.21[\text{A}]$

CT의 정격전류는 부하 정격전류의 1.5배이므로 $25.21 \times 1.5 = 37.82[\text{A}]$

즉, 변류비(CT비)는 $\dfrac{40}{5}$ 으로 선정한다.

2차 전류 $I_2 = I_1 \times \dfrac{1}{\text{CT비}} = 25.21 \times \dfrac{5}{40} = 3.15[\text{A}]$

정답 | ⑩의 $I_1 = 6.3[\text{A}]$, $I_2 = 3.15[\text{A}]$
⑪의 $I_1 = 25.21[\text{A}]$, $I_2 = 3.15[\text{A}]$

(5) ⑬의 목적은?

답안작성

인터록 기능으로 상용전원과 예비 전원이 동시에 투입되어 발생할 수 있는 사고를 방지한다.

17

아래 그림과 같이 L_1 전등 200[W] 100[V], L_2 전등 250[W] 100[V]를 직렬로 연결하고 200[V]를 인가하였을 때 L_1, L_2 전등에 분배되는 전압을 동일하게 유지하기 위하여 어느 전등에 몇 [Ω]의 저항을 병렬로 설치하여야 하는가? [5점]

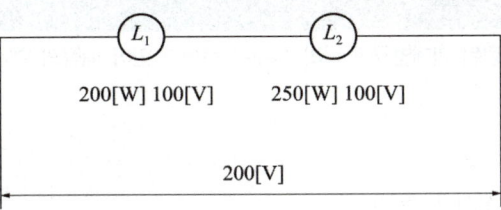

계산과정 | 전압은 부하에 흐르는 전류와 부하의 저항을 곱한 값이다($V = IR$[V]).

전등부하는 직렬로 연결되었기 때문에 각 부하에 흐르는 전류는 같다.

즉, 두 부하의 저항만 같게 해주면 전압은 동일하게 유지된다.

L_1 부하의 저항 $R_1 = \dfrac{V_1^2}{P_1} = \dfrac{100^2}{200} = 50[\Omega]$

L_2 부하의 저항 $R_2 = \dfrac{V_2^2}{P_2} = \dfrac{100^2}{250} = 40[\Omega]$

저항을 병렬로 연결하면 합성저항은 감소하므로 저항이 큰 L_1 부하에 저항을 병렬로 연결하여 L_2 부하의 저항 40[Ω]과 같게 해준다.

즉, $\dfrac{R_1 \times R}{R_1 + R} = \dfrac{50R}{50 + R} = 40[\Omega]$

R을 기준으로 식을 정리하면

$50R = 40(50 + R) = 2{,}000 + 40R$

$10R = 2{,}000 \;\rightarrow\; R = 200[\Omega]$

정답 | L_1 전등에 200[Ω]의 저항을 병렬로 설치하여야 한다.

실기[필답형]기출문제 2012 * 1

※ 출제기준 변경 및 개정된 관계법규에 따라 삭제된 문제가 있어 배점의 합계가 100점이 안 됩니다.

01

조인트 박스와 풀 박스의 용도를 쓰시오. [6점]

(1) 조인트 박스

답안작성
전선 접속 시 접속부분이 외부로 노출되지 않도록 하기 위해 사용

(2) 풀 박스

답안작성
배관 입선 시 전선의 통과를 쉽게 하기 위해 배관의 도중에 설치

02

면적이 50[m²]인 방에 평균조도가 600[lx]인 전반 조명을 시설하려고 한다. 조명기구 1대당 광속 6,000[lm], 조명률 80[%], 유지율 62.5[%] 그리고 소비전력이 85[W]라면 이 방에서 24시간 연속 점등한 경우 하루 소비 전력량은 몇 [kWh]인가? [5점]

계산과정

답안작성
계산과정 | 하루소비 전력량 $W = $ 1대 조명기구 소비전력 × 조명기구 개수 × 24시간[Wh]

조명기구 개수 $N = \dfrac{DES}{FU} = \dfrac{ES}{MFU} = \dfrac{600 \times 50}{0.625 \times 6,000 \times 0.8} = 10$[개]

$W = 85 \times 10 \times 24 = 20,400$[Wh] $\times 10^{-3} = 20.4$[kWh]

정답 | 20.4[kWh]

03

지면에서 높이 15[m]인 탱크에 매분 12[m³]의 물을 양수하는 데 필요한 전력을 V 결선한 변압기로 공급한다면, 여기에 필요한 단상 변압기 1대의 용량은 몇 [kVA]인가? (단, 펌프와 전동기의 합성 효율은 65[%]이고, 전동기의 전부하 역률은 80[%]이며 펌프의 축동력은 15[%]의 여유를 본다고 한다) [5점]

계산과정

정답

답안작성

계산과정 | 단상 변압기 1대의 용량 $P_1 = \dfrac{P_V}{\sqrt{3}}$

$$P_V = \dfrac{HQK}{6.12 \times \eta} = \dfrac{15 \times 12 \times 1.15}{6.12 \times 0.65} = 52.04 [\text{kW}]$$

[kVA]단위로 환산하면 $P_V = \dfrac{52.04}{\cos\theta} = \dfrac{52.04}{0.8} = 65.05 [\text{kVA}]$

$P_1 = \dfrac{65.05}{\sqrt{3}} = 37.55 [\text{kVA}]$

정답 | 37.55[kVA]

04

역률을 개선하면 전기요금의 저감, 배전선의 손실 경감, 설비 여유용량 증가, 전압강하 감소 등을 기할 수 있으나, 너무 과보상하면 역효과가 나타난다. 즉, 경부하 시에 콘덴서가 과대 삽입되는 경우의 결점을 4가지 쓰시오. [3점]

답안작성
① 앞선 역률에 의한 전력 손실
② 모선 전압이 과상승
③ 설비용량 감소로 과부하가 될 수 있음
④ 고조파 왜곡의 증대

05

아래 그림은 PB-a(ON)스위치를 ON한 후 일정시간이 지난 다음에 MC가 동작하여 전동기 M이 운전되는 회로이다. 여기에 사용한 타이머 ⓣ는 입력신호를 소멸했을 때 열려서 이탈되는 형식인데 전동기가 회전하면 릴레이 ⓧ가 복구되어 타이머에 입력신호가 소멸되고 전동기는 계속 회전할 수 있도록 할 때, 이 회로는 어떻게 고쳐야 하는가? [4점]

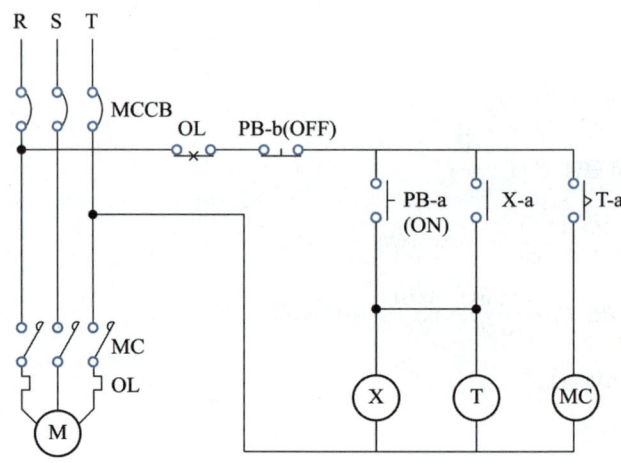

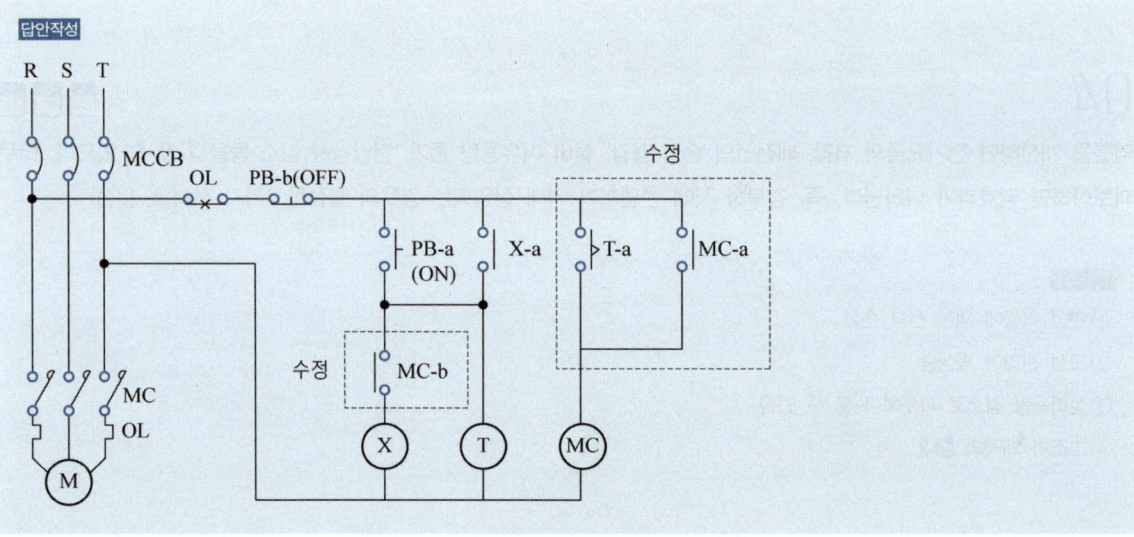

06

사용 중 예상치 못한 회로의 개방이 위험 또는 큰 손상을 초래할 수 있는 부하에 전원을 공급하는 회로에 대해서는 과부하 보호장치를 생략할 수 있다. 안전을 위해 과부하 보호장치를 생략할 수 있는 회로 5가지를 쓰시오. [4점]

답안작성

① 회전기의 여자회로
② 전자석 크레인의 전원회로
③ 전류변성기의 2차 회로
④ 소방설비의 전원 회로
⑤ 안전설비(주거침입경보, 가스누출경보등)의 전원회로

참 고

212.4.3 과부하보호장치의 생략

다. 안전을 위해 과부하 보호장치를 생략할 수 있는 경우

사용 중 예상치 못한 회로의 개방이 위험 또는 큰 손상을 초래할 수 있는 다음과 같은 부하에 전원을 공급하는 회로에 대해서는 과부하 보호장치를 생략할 수 있다.

(1) 회전기의 여자회로
(2) 전자석 크레인의 전원회로
(3) 전류변성기의 2차회로
(4) 소방설비의 전원회로
(5) 안전설비(주거침입경보, 가스누출경보 등)의 전원회로

07

최대 수요전력이 7,000[kW], 부하역률 0.93, 네트워크(network) 수전 회선수 3회선 네트워크 변압기 과부하율 130[%]인 경우 네트워크 변압기 용량은 몇 [kVA] 이상이어야 하는가? [5점]

계산과정

답안작성

계산과정 | 네트워크 변압기 용량 $= \dfrac{\text{최대수요 전력[kVA]}}{\text{수전 회선수}-1} \times \dfrac{100}{\text{과부하율[\%]}}$[kVA]

$= \dfrac{\dfrac{7,000}{0.93}}{3-1} \times \dfrac{100}{130} = 2,894.95$[kVA]

정답 | 2,894.95[kVA]

08

어떤 인텔리전트 빌딩에 대한 등급별 추정 전원 용량에 관련한 다음 표를 이용하여 각 물음에 답하시오. [9점]

등급별 추정 전원 용량[VA/m²]

내용 \ 등급	0등급	1등급	2등급	3등급
조명	33	22	22	29
콘센트	-	13	4	5
사무자동화(OA)기기	-	-	34	36
일반동력	38	45	45	45
냉방동력	40	43	43	43
사무자동화(OA)동력	-	2	7	8
합계	111	125	155	166

(1) 인텔리전트 2등급인 빌딩을 연면적 10,000[m²]로 설계할 때 전력 설비 부하용량[kVA]을 "등급별 추정 전원용량[VA/m²]"을 이용하여 빈칸을 채우시오.

부하 내용	면적을 적용한 부하 용량
조명	
콘센트	
사무자동화(OA)기기	
일반동력	
냉방동력	
사무자동화(OA)동력	
합계	

답안작성

부하 내용	면적을 적용한 부하 용량[kVA]
조명	22×10,000 = 220,000[VA] = 220[kVA]
콘센트	4×10,000 = 40,000[VA] = 40[kVA]
사무자동화(OA)기기	34×10,000 = 340,000[VA] = 340[kVA]
일반동력	45×10,000 = 450,000[VA] = 450[kVA]
냉방동력	43×10,000 = 430,000[VA] = 430[kVA]
사무자동화(OA)동력	7×10,000 = 70,000[VA] = 70[kVA]
합계	155×10,000 = 1,550,000[VA] = 1,550[kVA]

(2) (1)에서 조명, 콘센트, 사무자동화(OA)기기의 수용률 0.7, 일반동력 및 사무자동화(OA)동력의 수용률 0.5, 냉방동력의 수용률은 0.8이고 주 변압기 부등률은 1.2로 적용한다. 이때 전압방식을 2단 강압 방식으로 채택할 경우 변압기 용량을 산정하시오. (단, 조명, 콘센트, 사무자동화(OA)기기를 3상 변압기 1대로, 일반동력 및 사무자동화(OA)동력을 3상 변압기 1대로, 냉방동력을 3상 변압기 1대로 구성하고 상기 부하에 대한 주 변압기 1대를 사용하도록 하며, 변압기 용량은 일반 규격 용량으로 정하도록 한다)

변압기 용량[kVA]					
100	200	300	500	800	1,000

① 조명, 콘센트, 사무자동화(OA)기기에 필요한 변압기 용량 산정
② 일반동력 및 사무자동화(OA)동력에 필요한 변압기 용량 산정
③ 냉방동력에 필요한 변압기 용량 산정
④ 주 변압기 용량 산정

계산과정

① $T_{r1} = (220+40+340) \times 0.7 = 420[kVA]$
② $T_{r2} = (450+70) \times 0.5 = 260[kVA]$
③ $T_{r3} = 430 \times 0.8 = 344[kVA]$
④ $ST_r = \dfrac{420+260+344}{1.2} = 853.33[kVA]$

정답

$T_{r1} = 500[kVA]$ 선정
$T_{r2} = 300[kVA]$ 선정
$T_{r3} = 500[kVA]$ 선정
$ST_r = 1,000[kVA]$ 선정

(3) 주 변압기부터 각각의 부하설비에 이르는 변전설비의 단선 계통도를 간단하게 그리시오.

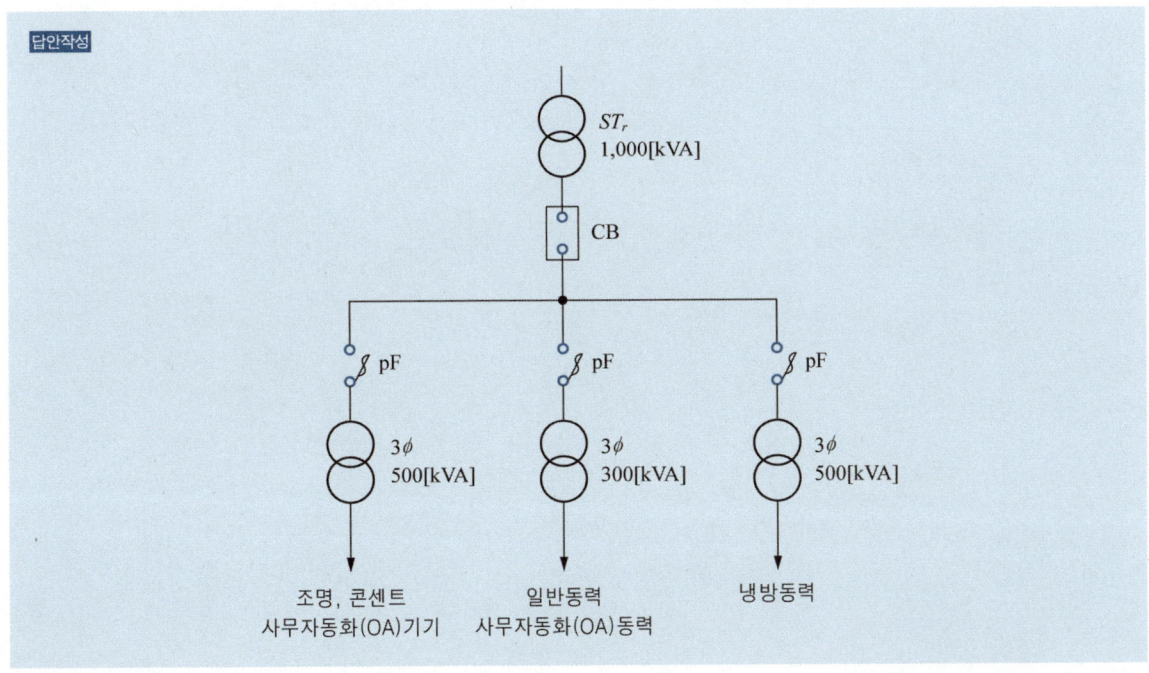

09

다음 그림은 콘덴서 설비의 단선도이다. 주어진 그림 ①~⑤의 각각의 우리말 명칭과 역할을 쓰시오. [5점]

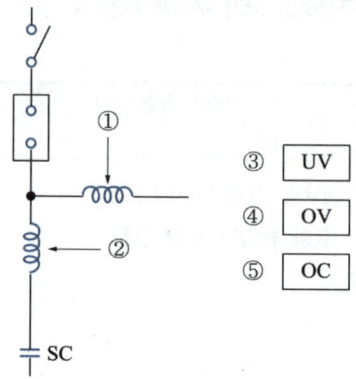

답안작성

① 방전코일 : 콘덴서에 축적된 잔류전하 방전 및 재투입 시 과전압으로 인한 콘덴서 소손 방지

② 직렬리액터 : 제5고조파 제거

③ 부족전압 계전기 : 인가된 전압이 설정한 값보다 낮아지면 동작하여 경보를 발하거나 차단기 트립코일을 여자시킨다.

④ 과전압 계전기 : 설정한 값보다 높은 전압이 인가되면 동작하여 경보를 발하거나 차단기 트립코일을 여자시킨다.

⑤ 과전류 계전기 : 설정한 값보다 큰 전류가 흐르면 동작하여 경보를 발하거나 차단기 트립코일을 여자시킨다.

10

표의 빈칸 ①~⑧에 알맞은 내용을 넣어 그림 PLC 시퀀스의 프로그램을 완성하시오. (단, 사용명령어는 회로시작(R), 출력(W), AND(A), OR(O), NOT(N), 시간지연(DS)이고, 0.1초 단위이다) [6점]

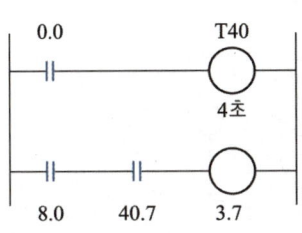

STEP	OP	ADD
0	R	①
1	DS	②
2	W	③
3	④	8.0
4	⑤	⑥
5	⑦	⑧

답안작성

① 0.0   ② 40
③ T40   ④ R
⑤ A   ⑥ 40.7
⑦ W   ⑧ 3.7

참고

0.1초 단위이므로 지연시간 4초는 40으로 나타낸다.

11

다음 그림은 저압전로에 있어서의 지락고장을 표시한 그림이다. 그림의 전동기 (M_1)(단상 110[V])의 내부와 외함 간에 누전으로 지락사고를 일으킬 경우 변압기 저압측 전로의 1선은 전기설비기술기준에 의하여 고·저압 혼촉 시 대지전위 상승을 억제하기 위한 접지공사를 하도록 규정하고 있다. 다음 각 물음에 답하시오. [10점]

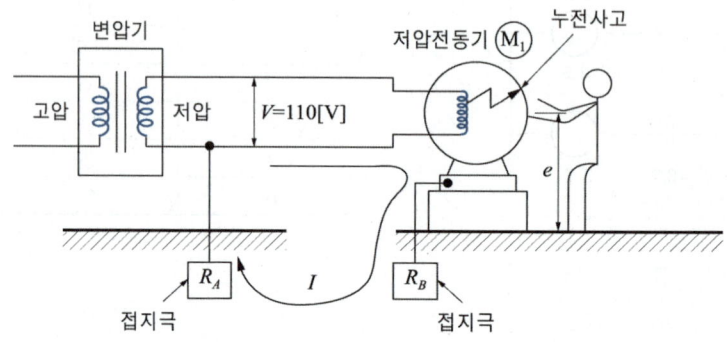

(1) 그림의 등가회로를 그리면 아래와 같다. 각 물음에 답하시오.

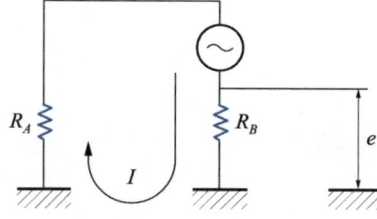

① 등가회로에서 e는 무엇을 의미하는지 쓰시오.
② 등가회로에서 e의 값을 구할 수 있는 식을 쓰시오.
③ 저압회로의 지락전류 $I = \dfrac{V}{R_A + R_B}$ [A]로 표시할 수 있다. 고압측 전로의 중성점이 비접지식인 경우에 고압측 전로에 1선 지락전류가 4[A]라고 하면 변압기의 2차측(저압측)에 대한 접지 저항값 R_A를 구하고 e의 값을 25[V]로 제한할 때 R_B의 접지 저항값과 지락전류 I를 구하시오.

계산과정 | ③ $R_A = \dfrac{150}{\text{지락전류 } I} = \dfrac{150}{4} = 37.5 [\Omega]$

$e = \dfrac{R_B}{R_A + R_B} \times V$ 의 식에서 R_B를 기준으로 식을 정리하면

$R_B = \dfrac{e}{V-e} \times R_A = \dfrac{25}{110-25} \times 37.5 = 11.03 [\Omega]$

$$I = \frac{V}{R_A + R_B} = \frac{110}{37.5 + 11.03} = 2.27[A]$$

정답 | ① 접촉전압

② $e = \frac{R_B}{R_A + R_B} \times V$ [V]

③ $R_A = 37.5[\Omega]$, $R_B = 11.03[\Omega]$, $I = 2.27[A]$

> **참고**
>
> 한국전기설비규정 142.5 변압기 중성점 접지
> 1. 변압기의 중성점접지 저항값은 다음에 의한다.
>   가. 일반적으로 변압기의 고압·특고압측 전로 1선 지락전류로 150을 나눈 값과 같은 저항값 이하

(2) 접지극은 지표면에서 몇 [m] 이상 매설깊이를 정하는가?

답안작성
0.75[m]

> **참고**
>
> 한국전기설비규정 142.2 접지극의 시설 및 접지저항
> 접지극의 매설은 다음에 의한다.
> 가. 접지극은 매설하는 토양을 오염시키지 않아야 하며, 가능한 다습한 부분에 설치한다.
> 나. 접지극은 동결 깊이를 감안하여 시설하되 고압 이상의 전기설비 접지극의 매설깊이는 지표면으로부터 지하 0.75[m] 이상으로 한다.

(3) 변압기 2차측 접지도체가 구리일 경우 단면적은 몇 [mm^2] 이상이어야 하는가?

답안작성
6[mm^2]

> **참고**
>
> 한국전기설비규정 142.3.1 접지도체
> 1. 접지도체의 선정
>   가. 접지도체의 단면적은 큰 고장전류가 접지도체를 통하여 흐르지 않을 경우 접지도체의 최소 단면적은 다음과 같다.
>   (1) 구리는 6[mm^2] 이상
>   (2) 철제는 50[mm^2] 이상

12

다음 그림은 3상 4선식 배전 선로에 단상변압기 2대가 연결된 완성되지 않은 회로이다. 이것을 역V 결선하여 2차에 3상 전원 방식으로 결선하시오. [5점]

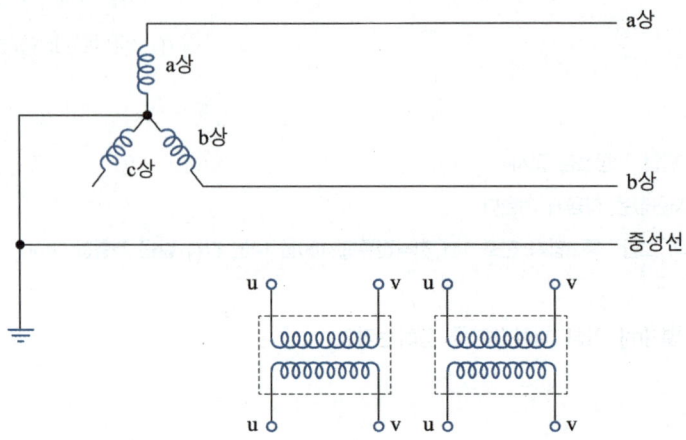

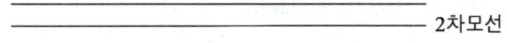

답안작성

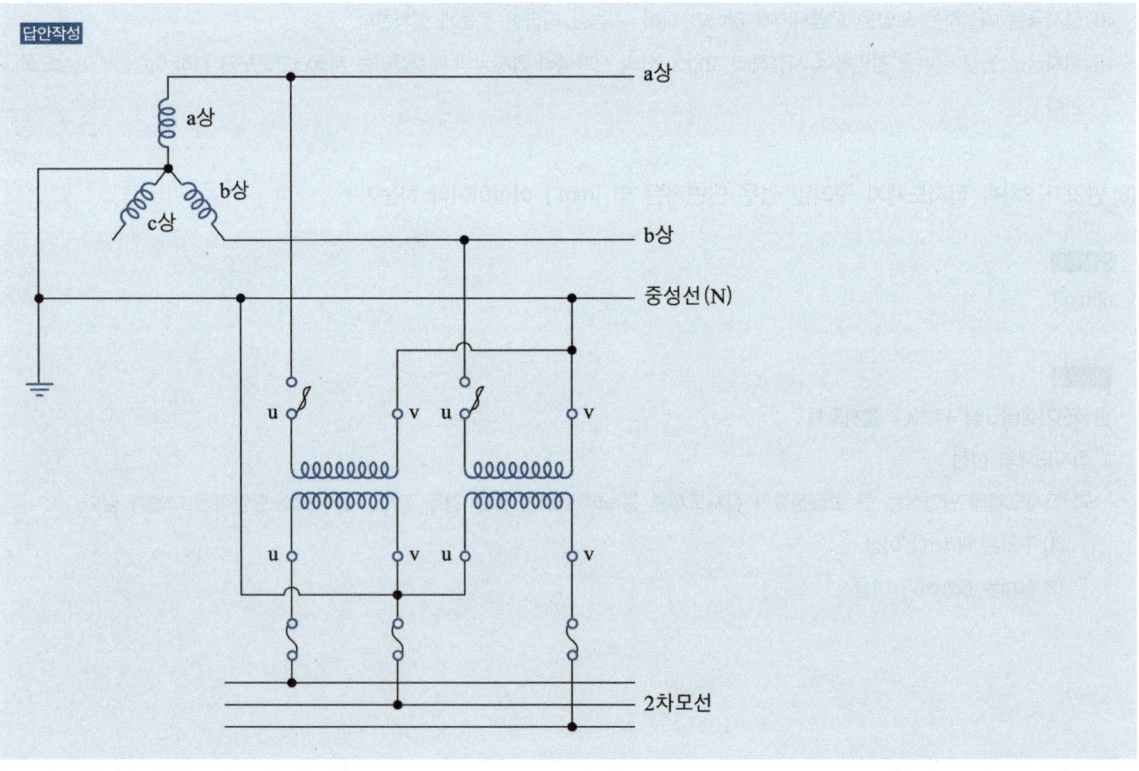

13

저항 4[Ω]과 정전용량 C[F]인 직렬 회로에 주파수 60[Hz]의 전압을 인가한 경우 역률이 0.80이었다. 이 회로에 30[Hz], 220[V]의 교류전압을 인가하면 소비전력은 몇 [kW]가 되겠는가? [5점]

계산과정

답안작성

계산과정 | 소비전력 $P = VI\cos\theta = V \times \dfrac{V}{Z} \times \dfrac{R}{Z} = \dfrac{V^2 \cdot R}{Z^2}$ [W]

$\cos\theta = \dfrac{R}{Z} = \dfrac{R}{\sqrt{R^2 + X_c^2}} = 0.8$

$X_c = \sqrt{\left(\dfrac{R}{0.8}\right)^2 - R^2} = \sqrt{\left(\dfrac{4}{0.8}\right)^2 - 4^2} = 3[\Omega]$

$f = 60$[Hz]인 경우 $X_c = \dfrac{1}{2\pi f \cdot C} = 3[\Omega]$이다.

정전용량 $C = \dfrac{1}{2\pi f \cdot X_c} = \dfrac{1}{2\pi \times 60 \times 3} = 8.84 \times 10^{-4}$[F]

$f = 30$[Hz]인 경우 $X_c = \dfrac{1}{2\pi f \cdot C} = \dfrac{1}{2\pi \times 30 \times 8.84 \times 10^{-4}} = 6[\Omega]$

소비전력 $P = \dfrac{V^2 \cdot R}{Z^2} = \dfrac{V^2 \cdot R}{(\sqrt{R^2 + X_c^2})^2} = \dfrac{V^2 \cdot R}{R^2 + X_c^2} = \dfrac{220^2 \times 4}{4^2 + 6^2} = 3{,}723.08$[W]

정답 | 3.72[kW]

14

그림과 같은 시퀀스 제어회로를 AND, OR, NOT의 기본 논리 회로(Logic symbol)를 이용하여 무접점 회로로 나타내시오. [6점]

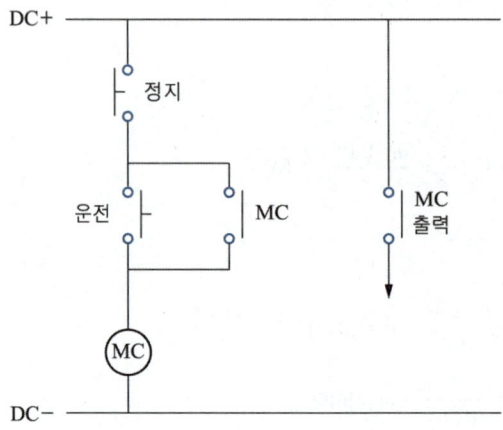

답안작성

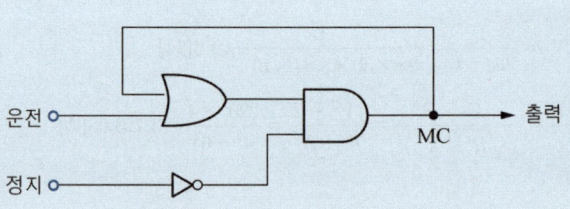

15

단자전압 3,000[V]인 선로에 전압비 3,300/220[V]인 승압기(단권변압기)를 접속하여 60[kW], 역률 0.9의 부하에 공급할 때 몇 [kVA]의 승압기(단권변압기)를 사용하여야 하는가? [5점]

계산과정 　　　　　　　　　　　　　　　　　　　　　　　　　　　　　　　　　**정 답**

답안작성

계산과정 | 승압기(단권변압기) 2차 전압 $V_2 = V_1 \times \left(1 + \dfrac{1}{a}\right) = 3,000 \times \left(1 + \dfrac{220}{3,300}\right) = 3,200 [\text{V}]$

승압기 용량 $P_a = eI_2 = e \times \dfrac{P}{V_2 \cos\theta} = 220 \times \dfrac{60 \times 10^3}{3,200 \times 0.9} = 4,583 [\text{VA}] \times 10^{-3} = 4.5 [\text{kVA}]$

정답 | 5[kVA] 승압기 선정

16

다음 그림은 구내에 설치할 3,300[V], 220[V], 10[kVA]인 주상변압기 무부하 시험방법이다. 이 도면을 이용하여 다음 물음에 답하시오. [6점]

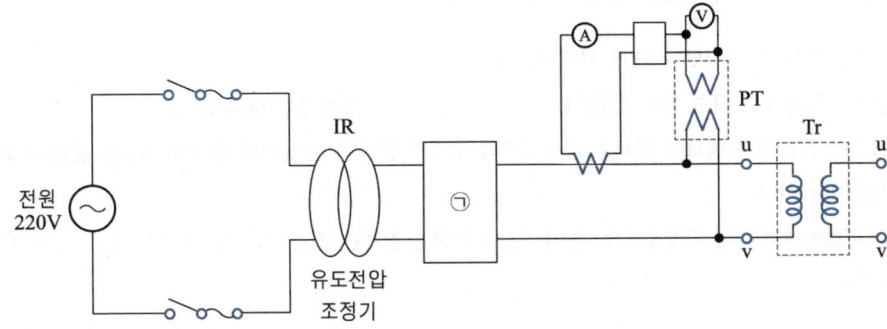

(1) ㉠에는 무엇이 설치되어야 하는가?
(2) 시험 대상인 주상변압기 2차측은 어떤 상태에서 시험을 하여야 하는가?
(3) 시험 대상의 변압기를 사용할 수 있는 상태로 두고 유도전압 조정기의 핸들을 서서히 돌려 전압계의 지시값이 1차 정격 전압이 되었을 때 전력계가 지시하는 값은 어떤 값을 지시하는가?

답안작성
(1) 승압용 변압기
(2) 개방
(3) 철손

참 고
무부하 시험이므로 변압기 2차를 개방하여 철손을 측정한다.

17

역률을 높게 유지하기 위하여 각각의 부하에 고압 및 특별고압 진상용 콘덴서를 설치하는 경우에는 현장조작개폐기보다도 부하측에 접속하여야 한다. 콘덴서의 용량, 접속방법 등은 어떻게 시설하는 것을 원칙으로 하는지와 고조파 전류 증대 등에 대한 다음 각 내용의 ( ) 안에 알맞은 답을 쓰시오. [6점]

(1) 콘덴서의 용량은 부하의 (   )보다 크게 하지 말 것
(2) 콘덴서는 본선에 직접 접속하고 특히 전용의 (   ), (   ), (   ) 등을 설치하지 말 것
(3) 고압 및 특별고압 진상용 콘덴서의 설치로 공급회로의 고조파 전류가 현저하게 증대할 경우는 콘덴서 회로의 유효한 (   )를 설치하여야 한다.
(4) 가연성유봉입(可燃性油封入)의 고압 진상용 콘덴서를 설치하는 경우는 가연성의 벽, 천장 등과 (   )[m] 이상 이격하는 것이 바람직하다.

> **답안작성**
> (1) 무효분
> (2) 개폐기, 퓨즈, 유입차단기
> (3) 직렬리액터
> (4) 1

실기[필답형] 기출문제 — 2012 * 2

※ 출제기준 변경 및 개정된 관계법규에 따라 삭제된 문제가 있어 배점의 합계가 100점이 안 됩니다.

01

중성점 직접접지 계통에 인접한 통신선의 전자유도 장해 경감에 관한 대책을 전력선측과 통신선측을 구분하여 설명하시오. [8점]

(1) 전력선측 5가지

> **답안작성**
> ① 송전선로를 통신선로로부터 이격거리를 가능한 범위 내에서 최대로 하여 건설한다.
> ② 중성점 접지저항을 크게 하여 지락사고 시 지락전류를 제한한다.
> ③ 지락사고 시 지락전류를 신속히 차단하는 고속도지락보호 계전 방식을 채용한다.
> ④ 전력선과 통신선 사이에 차폐선을 설치한다.
> ⑤ 지중전선로 방식을 채용한다.

(2) 통신선측 5가지

> **답안작성**
> ① 구간 분리 목적으로 절연변압기를 설치한다.
> ② 연피케이블을 사용한다.
> ③ 우수한 피뢰기를 설치한다.
> ④ 배류코일을 설치한다.
> ⑤ 전력선과 교차 시 수직 교차한다.

02

그림은 교류차단기에 이것을 장치하는 경우 표시하는 전기용 기호의 단선도용 그림기호이다. 이것의 정확한 명칭은 무엇인가? [4점]

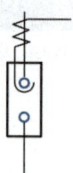

답안작성
부싱형 변류기

03

알카리 축전지 정격용량은 100[Ah], 상시부하 7[kW], 표준전압 100[V]인 부동충전 방식의 충전기 2차 전류는 몇 [A]인지 계산하시오. (단, 알카리 축전지의 방전율은 5시간율로 한다) [4점]

계산과정 정답

답안작성
계산과정 | 충전기 2차 충전 전류 $= \dfrac{축전지\ 용량[Ah]}{방전율[h]} + \dfrac{상시부하\ 용량[VA]}{표준전압[V]} = \dfrac{100}{5} + \dfrac{7 \times 10^3}{100} = 90[A]$

정답 | 90[A]

04

△-Y 결선 방식의 주 변압기 보호에 사용되는 비율차동계전기의 회로도를 완성하시오. [5점]

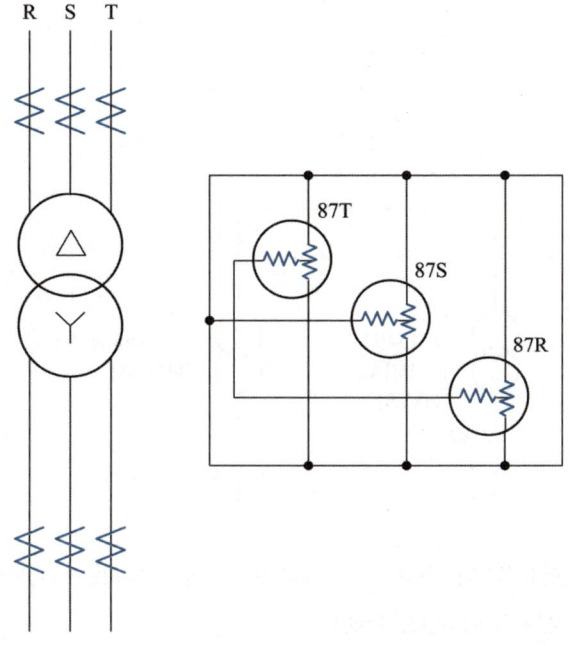

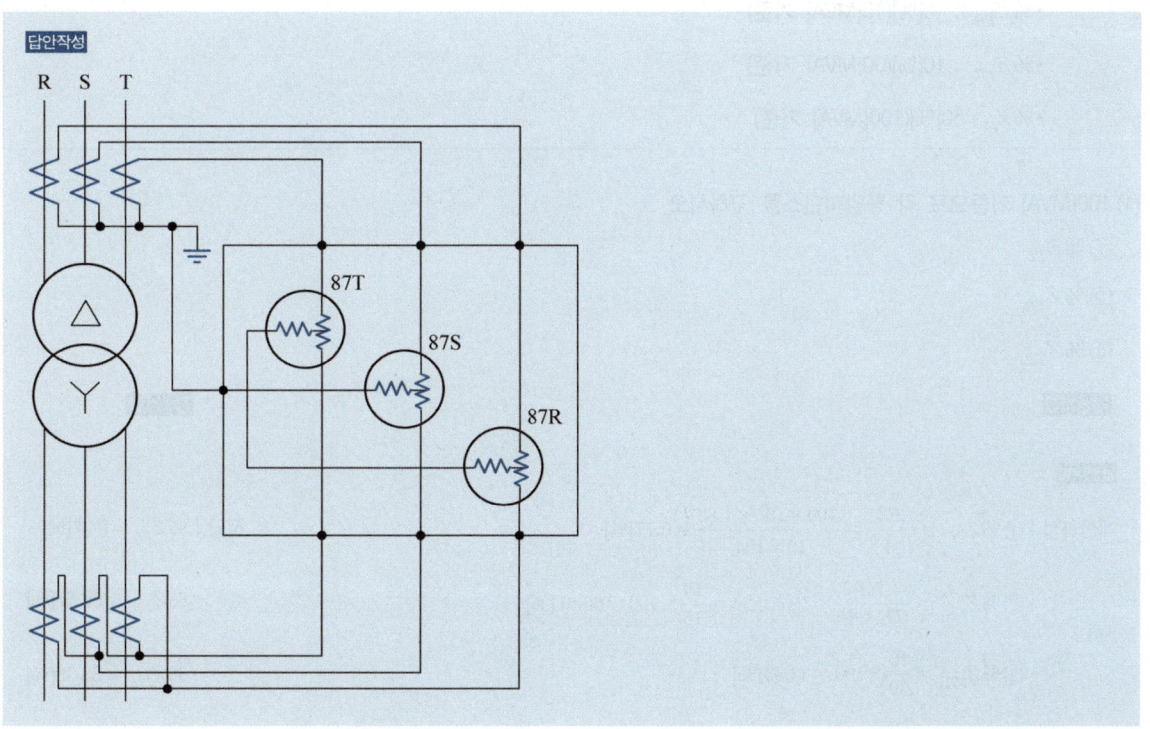

05

주어진 결선도와 조건을 이용하여 다음 각 물음에 답하시오. [9점]

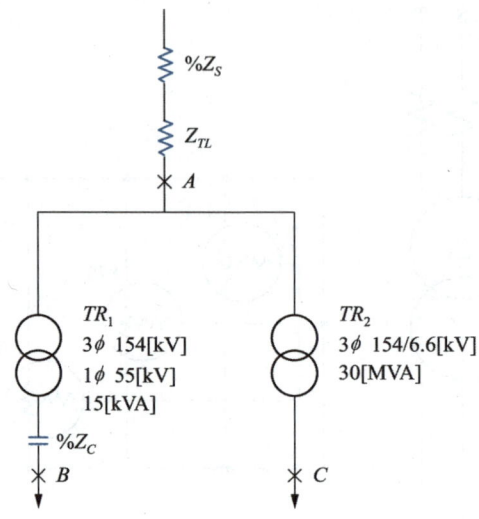

[조건]
- $\%Z_S$: 전기사업자(한전) S/S의 154[kV] 인출측의 전원측 정상 임피던스 1.2[%](100[MVA] 기준)
- Z_{TL} : 154[kV] 송전 선로의 임피던스 1.83[Ω]
- $\%Z_{TR_1}$: 10[%](15[MVA] 기준)
- $\%Z_{TR_2}$: 10[%](30[MVA] 기준)
- $\%Z_C$: 50[%](100[MVA] 기준)

(1) 100[MVA] 기준으로 각 %임피던스를 구하시오.

① $\%Z_{TL}$

② $\%Z_{TR_1}$

③ $\%Z_{TR_2}$

계산과정 | ① $\%Z_{TL} = \dfrac{PZ}{10V^2} = \dfrac{100 \times 10^3 \times 1.83}{10 \times 154^2} = 0.77[\%]$ 정답 | $\%Z_{TL} = 0.77[\%]$

② $\%Z_{TR_1} = \dfrac{\%Z}{TR용량} \times 기준용량 = \dfrac{10}{15} \times 100 = 66.67[\%]$ $\%Z_{TR_1} = 66.67[\%]$

③ $\%Z_{TR_2} = \dfrac{10}{30} \times 100 = 33.33[\%]$ $\%Z_{TR_2} = 33.33[\%]$

(2) A, B, C 각 점에서의 %임피던스를 구하시오.
  ① A점의 %Z_A
  ② B점의 %Z_B
  ③ C점의 %Z_C

계산과정

답안작성

계산과정 | ① A점의 %$Z_A = \%Z_S + \%Z_{TL} = 1.2 + 0.77 = 1.97$

② B점의 %$Z_B = \%Z_A + \%Z_{TR_1} - \%Z_C = 1.97 + 66.67 - 50 = 18.64$

③ C점의 %$Z_C = \%Z_A + \%Z_{TR_2} = 1.97 + 33.33 = 35.3$

정답 | ① %$Z_A = 1.97[\%]$
② %$Z_B = 18.64[\%]$
③ %$Z_C = 35.3[\%]$

(3) A, B, C의 각 점에서의 차단기의 단락전류는 몇 [kA]가 되겠는가? (단, 불평형 대칭분을 고려한 상승계수는 1.6으로 한다)
  ① I_A
  ② I_B
  ③ I_C

계산과정

답안작성

계산과정 | ① $I_A = \dfrac{100}{\%Z_A} \times I_n \times 상승계수 = \dfrac{100}{1.97} \times \dfrac{100 \times 10^6}{\sqrt{3} \times 154 \times 10^3} \times 1.6 \times 10^{-3} = 30.45$

② $I_B = \dfrac{100}{\%Z_B} \times I_n \times 상승계수 = \dfrac{100}{18.64} \times \dfrac{100 \times 10^6}{55 \times 10^3} \times 1.6 \times 10^{-3} = 15.61$

③ $I_C = \dfrac{100}{\%Z_C} \times I_n \times 상승계수 = \dfrac{100}{35.3} \times \dfrac{100 \times 10^6}{\sqrt{3} \times 6.6 \times 10^3} \times 1.6 \times 10^{-3} = 39.65$

정답 | ① $I_A = 30.45[kA]$
② $I_B = 15.61[kA]$
③ $I_C = 39.65[kA]$

06

송전단 전압이 66[kV], 수전단 전압이 61[kV] 송전선로에서 무부하 수전단 전압이 63[kV]라 할 때 다음 각 물음에 답하시오. [6점]

(1) 송전선로의 전압강하율을 계산하시오.

계산과정 | 전압강하율 = $\dfrac{\text{송전단 전압} - \text{수전단 전압}}{\text{수전단 전압}} \times 100 = \dfrac{66-61}{61} \times 100 = 8.196[\%]$

정답 | 8.2[%]

(2) 송전선로의 전압변동률을 계산하시오.

계산과정 | 전압변동률 = $\dfrac{\text{무부하 수전단 전압} - \text{수전단 전압}}{\text{수전단 전압}} \times 100 = \dfrac{63-61}{61} \times 100 = 3.278[\%]$

정답 | 3.28[%]

07

다음과 같은 아파트 단지를 계획하고 있다. 주어진 조건을 이용하여 다음 각 물음에 답하시오. [8점]

[규모]
- 아파트 세대수 및 동수 : 300세대, 2개동
- 동별 세대당 면적과 세대수

동별	세대당 면적[m²]	세대수	동별	세대당 면적[m²]	세대수
A동	50	30	B동	50	50
	70	40		70	30
	90	50		90	40
	110	30		110	30

- 계단, 복도, 지하실, 옥상 등의 공용면적 A동 : 1,700[m²], B동 : 1,750[m²]

[조건]
- 면적[m²]당 상정부하는 다음과 같다.
  - 아파트 : 30[VA/m²]
  - 공용면적 부분 : 5[VA/m²]
- 세대당 추가로 가산하여야 할 상정부하는 다음과 같다.
  - 80[m²] 이하의 세대 : 750[VA]
  - 150[m²] 이하의 세대 : 1,000[VA]
- 아파트 동별 수용률은 다음과 같다.
  - 70세대 이하인 경우 : 65[%]
  - 100세대 이하인 경우 : 60[%]
  - 150세대 이하인 경우 : 55[%]
  - 200세대 이하인 경우 : 50[%]
- 공용부분의 수용률은 100[%]로 한다.
- 역률은 100[%]로 계산한다.
- 주변전실로부터 동까지는 150[m]이며, 동 내부 전압강하는 무시한다.
- 각세대의 공급방식은 단상 2선식 220[V]이다.
- 변전실의 변압기는 단상변압기 3대로 구성한다.
- 동간 부등률은 1.4로 적용한다.

(1) A동에 관련한 다음 표를 완성하고 A동의 상정부하[VA]를 구하시오. (단, 공용면적은 제외한다)

세대당 면적[m²]	상정부하[VA/m²]	가산부하[VA]	세대수	상정부하[VA]
50				
70				
90				
110				
합계				

세대당 면적[m²]	상정부하[VA/m²]	가산부하[VA]	세대수	상정부하[VA]
50	30	750	30	[(50×30)+750]×30 = 67,500
70		750	40	[(70×30)+750]×40 = 114,000
90		1,000	50	[(90×30)+1,000]×50 = 185,000
110		1,000	30	[(110×30)+1,000]×30 = 129,000
합계				495,500

정답 | 495,500[VA]

(2) B동에 관련한 다음 표를 완성하고 B동의 상정부하[VA]를 구하시오. (단, 공용면적은 제외한다)

세대당 면적[m²]	상정부하[VA/m²]	가산부하[VA]	세대수	상정부하[VA]
50				
70				
90				
110				
합계				

답안작성

세대당 면적[m²]	상정부하[VA/m²]	가산부하[VA]	세대수	상정부하[VA]
50	30	750	50	[(50×30)+750]×50 = 112,500
70		750	30	[(70×30)+750]×30 = 85,500
90		1,000	40	[(90×30)+1,000]×40 = 148,000
110		1,000	30	[(110×30)+1,000]×30 = 129,000
합계				475,000

정답 | 475,000[VA]

(3) A동, B동의 공용부분의 상정부하는 몇 [VA]인가?

① A동

② B동

계산과정

정 답

답안작성

계산과정 | 상정부하[VA] = 공용면적[VA] × 면적[m²]당 상정부하[VA/m²]

① A동 상정부하 = 1,700 × 5 = 8,500[VA]

② B동 상정부하 = 1,750 × 5 = 8,750[VA]

정답 | ① 8,500[VA]

② 8,750[VA]

(4) 아파트 단지에 단상 변압기 3대를 설치하려고 한다. 단상 변압기 1대의 용량을 구하시오. (단, 변압기 용량은 10[%]의 여유를 두도록 하며, 단상 변압기의 표준용량은 75, 100, 150, 200, 300[kVA] 등이다)

계산과정 | 변압기 용량(합성 최대전력) $= \dfrac{\text{설비용량} \times \text{수용률}}{\text{부등률} \times \text{역률}} = \dfrac{(495{,}500 \times 0.55) + (475{,}000 \times 0.55) + (8{,}500 \times 1) + (8{,}750 \times 1)}{1.4 \times 1}$

$= 393{,}590 \text{[VA]} = 393.59 \text{[kVA]}$

단상변압기 1대용량 $= \dfrac{393.59}{3} \times 1.1 \text{(여유율)} = 144.32 \text{[kVA]}$

정답 | 변압기 표준용량 150[kVA] 선정

08

유도전동기의 기동용량이 1,841[kVA]이고, 기동 시 전압강하는 21[%]이며 발전기의 과도리액턴스가 27[%]이다. 자가 발전기의 정격용량은 몇 [kVA] 이상이어야 하는지 계산하시오. [5점]

계산과정 | 발전기 정격용량 $= \left(\dfrac{1}{\text{전압강하}} - 1 \right) \times \text{과도리액턴스} \times \text{기동용량}$

$= \left(\dfrac{1}{0.21} - 1 \right) \times 0.27 \times 1{,}841 = 1{,}869.93 \text{[kVA]}$

정답 | 1,870[kVA]

09

그림과 같이 분기회로 S_2의 보호장치 P_2는 P_2의 전원측에서 분기점(O) 사이에 다른 (①) 또는 (②)의 접속이 없고, (③)과 (④)에 대한 위험성이 최소화되도록 시설된 경우, 분기회로의 보호장치 P_2는 분기회로의 분기점(O)으로부터 (⑤)[m]까지 이동하여 설치할 수 있다. 빈칸을 채우시오. [5점]

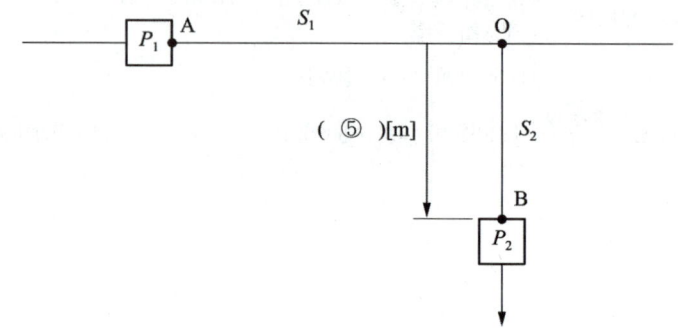

답안작성

① 분기회로
② 콘센트
③ 단락의 위험
④ 화재 및 인체
⑤ 3

참고

한국전기설비규정 212.4.2 과부하 보호장치의 설치 위치

분기회로 S_2의 보호장치 P_1는 P_2의 전원 측에서 분기점(O) 사이에 다른 분기회로 또는 콘센트의 접속이 없고, 단락의 위험과 화재 및 인체에 대한 위험성이 최소화되도록 시설된 경우, 분기회로의 보호장치 P_2는 분기회로의 분기점(O)으로부터 3[m]까지 이동하여 설치할 수 있다.

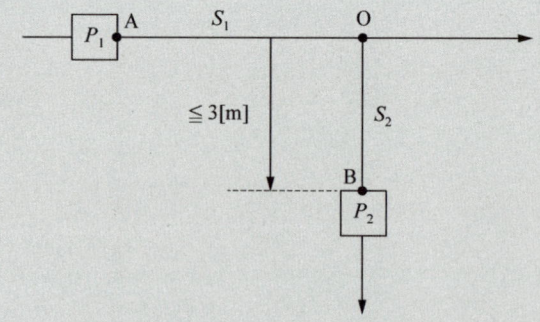

분기회로(S_2)의 분기점(O)에서 3[m] 이내에 설치된 과부하 보호장치(P_2)

10

고압 진상용 콘덴서의 내부고장 방식으로 NVS 방식과 NCS 방식이 있다. 다음 각 물음에 답하시오. [4점]

(1) NVS와 NCS의 기능을 설명하시오.

> 답안작성
> - NVS : 콘덴서 내부 고장 시 중성점 간의 불평형 전압 검출
> - NCS : 콘덴서 내부 고장 시 중성점 간의 전류 검출

(2) 회로의 빈칸을 완성하시오.

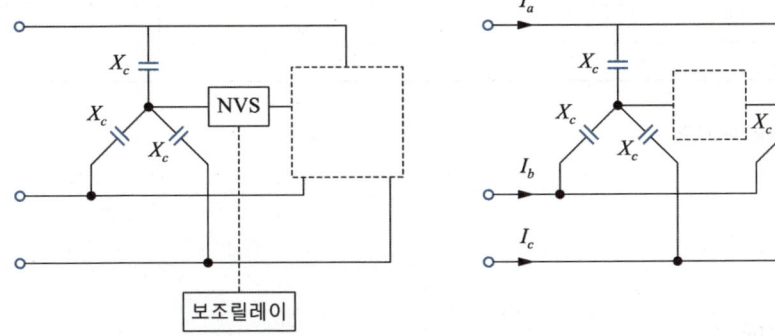

> 답안작성
>
>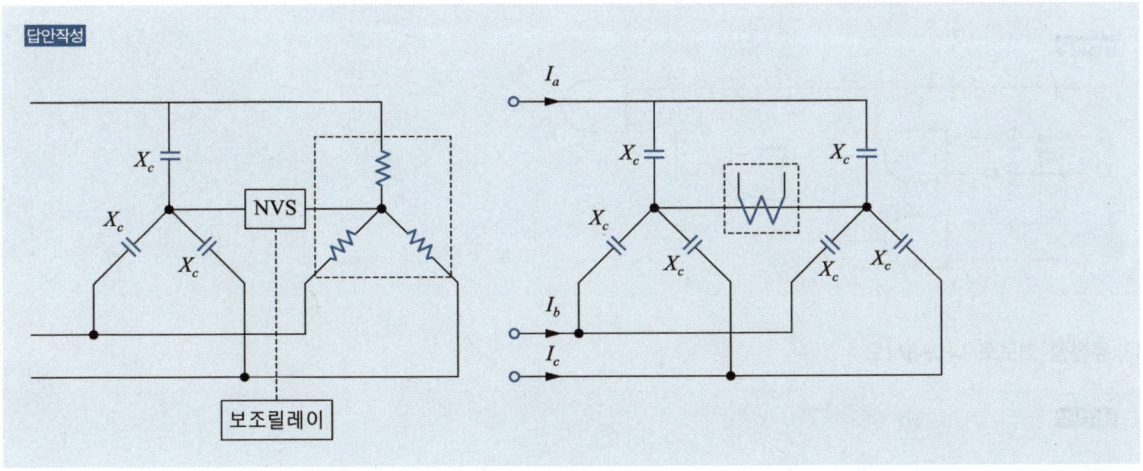

11

다음 진리표를 논리식으로 간략화하고 무접점 회로와 유접점 논리회로로 나타내시오. [5점]

입력			출력
A	B	C	X
0	0	0	0
0	0	1	0
0	1	0	0
0	1	1	0
1	0	0	1
1	0	1	0
1	1	0	0
1	1	1	1

(1) 논리식을 간략화하여 나타내시오.

답안작성

$X = A\overline{B}\,\overline{C} + ABC = A(\overline{B}\,\overline{C} + BC)$

(2) 무접점 회로로 나타내시오.

답안작성

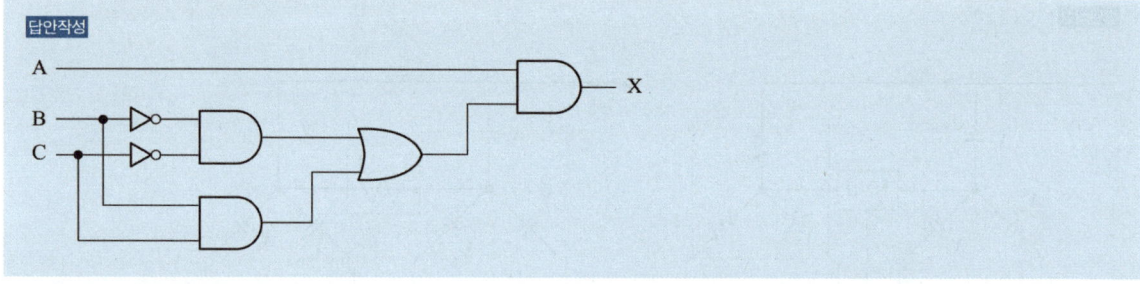

(3) 유접점 회로로 나타내시오.

답안작성

12

KS C IEC 60332-1-2(화재 조건에서의 전기/광섬유케이블 시험)의 화염확산을 저지하는 요구사항에 적합하지 않은 케이블을 사용하는 경우에 화재 확산을 최소화하기 위한 배선설비는 어떠한 방식으로 하여야 하는가? [4점]

답안작성

케이블은 기기와 영구적 배선설비의 접속을 위한 짧은 길이에만 사용할 수 있으며, 어떠한 경우에도 하나의 방화구획에서 다른 구획으로 관통시켜서는 안 된다.

13

상용전원과 비상용 전원 운전 시 유의하여야 할 사항이다. ( ) 안에 알맞은 내용을 쓰시오. [4점]

상용전원의 정전으로 비상용 전원이 대체되는 경우에는 상용전원과 병렬운전이 되지 않도록 (①)의 3단계 절환 개폐장치 또는 적절한 (②)을 갖춘 (③)로 격리조치를 하여야 한다.

답안작성

① 차단 - 중립 - 투입
② 연동기능
③ 자동 절환 개폐장치

참 고

한국전기설비규정 244.2.1 비상용 예비전원의 시설
상용전원의 정전으로 비상용전원이 대체되는 경우에는 상용전원과 병렬운전이 되지 않도록 다음 중 하나 또는 그 이상의 조합으로 격리조치를 하여야 한다.
가. 조작기구 또는 절환 개폐장치의 제어회로 사이의 전기적, 기계적 또는 전기기계적 연동
나. 단일 이동식 열쇠를 갖춘 잠금 계통
다. 차단 - 중립 - 투입의 3단계 절환 개폐장치
라. 적절한 연동기능을 갖춘 자동 절환 개폐장치
마. 동등한 동작을 보장하는 기타 수단

14

회전날개의 지름이 31[m]인 프로펠러형 풍력발전기가 있다. 풍속이 16.5[m/s]일 때 풍력에너지를 계산하시오.
(단, 공기의 밀도는 1.225[kg/m³]이다) [4점]

계산과정 | v[m/sec]로 운동하는 m[kg]의 물체의 에너지

$$P = \frac{1}{2}mv^2 = \frac{1}{2}(\rho A v)v^2 = \frac{1}{2}\rho A v^3$$

(ρ : 공기의 밀도[kg/m³], A : 회전하는 프로펠러의 단면적 πr^2[m²])

$$P = \frac{1}{2} \times 1.225 \times \pi \times \left(\frac{31}{2}\right)^2 \times 16.5^3 = 2{,}076.69 \times 10^3 \text{[W]}$$

정답 | 2,076.69[kW]

15

공급전압을 6,600[V]로 수전하고자 한다. 수전점에서 계산한 3상 단락용량이 70[MVA]라고 할 때 이 수용장소에 시설하는 수전용 차단기의 정격차단전류 I_s[kA]를 계산하시오. [5점]

계산과정 | 정격차단전류(단락전류) $I_s = \dfrac{P_s}{\sqrt{3}\,V_n} = \dfrac{70 \times 10^6}{\sqrt{3} \times 6{,}600} = 6{,}123\text{[A]}$

정답 | 6.12[kA]

참고
단락용량 $P_s = \sqrt{3} \times$ 공칭전압 $V_n \times$ 단락전류 I_s [VA]

16

그림은 100/200[V] 단상 3선식 회로이다. 다음 각 물음에 답하시오. (A, B 부하역률은 80[%]이다) [5점]

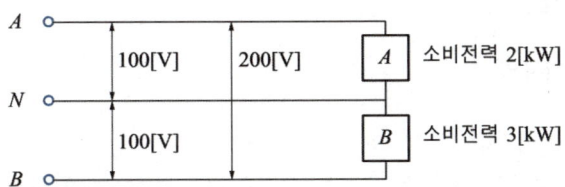

(1) 중성선 N에 흐르는 전류는 몇 [A]인가?

계산과정

$I_A = \dfrac{P_A}{V_A \cos\theta_A} = \dfrac{2 \times 10^3}{100 \times 0.8} = 25[A]$

$I_B = \dfrac{P_B}{V_B \cos\theta_B} = \dfrac{3 \times 10^3}{100 \times 0.8} = 37.5[A]$

$I_N = |I_A - I_B| = |25 - 37.5| = 12.5[A]$

정답 | 12.5[A]

(2) 중성선 굵기를 결정하기 위한 전류는 몇 [A]를 기준으로 하여야 하는가?

37.5[A]

참 고
중성선의 굵기를 결정할 때는 선전류 중 가장 큰 전류의 크기를 적용한다.

17

천정높이 3.85[m], 가로 10[m], 세로 16[m], 작업면 높이 0.85[m]인 어느 사무실 천장에 직부 형광등 F40×2를 설치하고자 한다. 다음 물음에 답하시오. [6점]

(1) 이 사무실의 실지수를 계산하시오.

계산과정 | 실지수 = $\dfrac{XY}{H(X+Y)} = \dfrac{10 \times 16}{(3.85 - 0.85) \times (10 + 16)} = 2.05$

(H : 작업면부터 천정까지의 높이[m], X : 가로길이[m], Y : 세로길이[m])

정답 | 2.05

(2) 이 사무실의 작업면 조도를 300[lx], 벽반사율 50[%], 천장 반사율 70[%], 바닥 반사율 10[%], 40[W] 형광등 1등의 광속 3,150[lm], 보수율 70[%], 조명률 61[%]라고 한다면 이 사무실에 필요한 등기구 수를 계산하시오.

계산과정 | 등기구 수 = $\dfrac{DES}{FU} = \dfrac{ES}{FUM} = \dfrac{300 \times (10 \times 16)}{(3,150 \times 2) \times 0.61 \times 0.7} = 17.84$

(D : 감광보상률, E : 조도[lx], S : 면적[m²], F : 광속[lm], U : 조명률, M : 보수율)

정답 | 18[등]

(3) 형광등 F40×2의 그림기호를 그리시오.

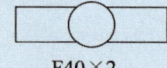

F40×2

18

그림은 누름버튼 스위치 PB₁, PB₂, PB₃를 ON 조작하여 기계 A, B, C를 운전하는 시퀀스 회로도이다. 이 회로를 타임차트 1 ~ 3의 요구사항과 같이 병렬 우선 순위 회로를 수정하여 그리시오. (단, R_1, R_2, R_3는 계전기이며, 이 계전기의 보조 a접점 또는 b접점을 추가 또는 삭제하여 작성하되 불필요한 접점을 사용하지 않도록 하며, 보조 접점에는 접점명을 기입하도록 한다.) [6점]

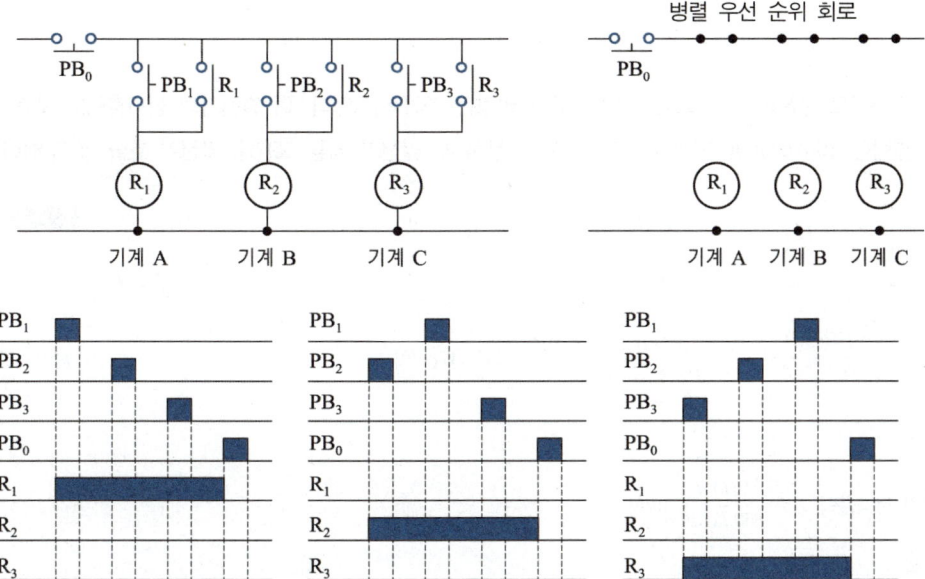

답안작성

병렬 우선 순위 회로

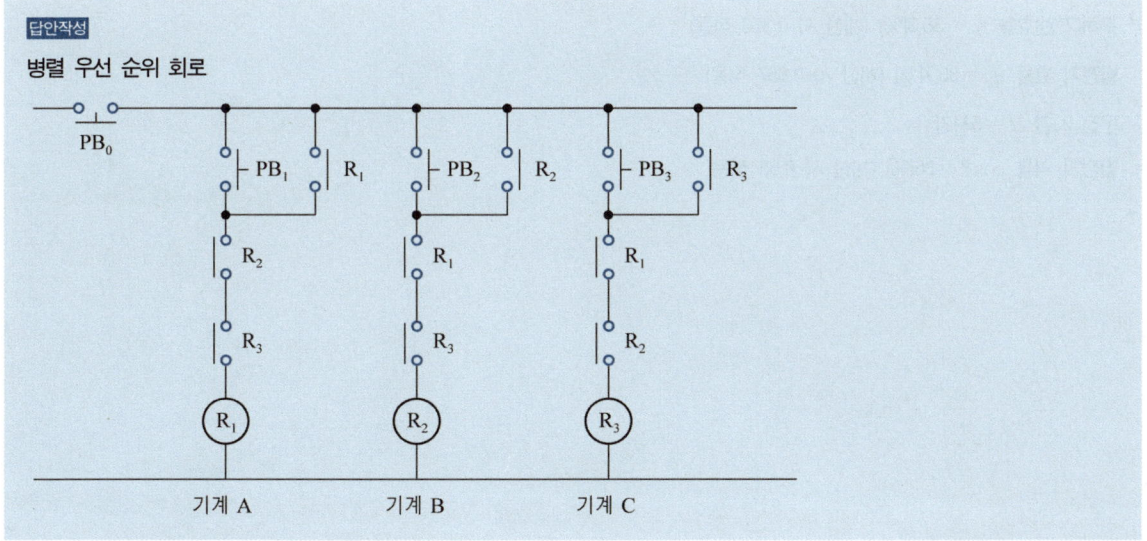

실기[필답형]기출문제 2012 * 3

※ 출제기준 변경 및 개정된 관계법규에 따라 삭제된 문제가 있어 배점의 합계가 100점이 안 됩니다.

01

5시간 동안 전부하로 운전하는 디젤발전기의 중유 소비량은 287[kg]이었다. 이 발전기의 정격출력[kVA]를 계산하시오. (단, 중유의 열량은 10^4[kcal/kg], 기관효율 35.3[%], 전부하 시 발전기 역률 85[%], 발전기 효율 85.7[%]이다) [5점]

계산과정 | $P = \dfrac{BH\eta_t\eta_g}{860\,T\cos\theta} = \dfrac{287 \times 10^4 \times 0.353 \times 0.857}{860 \times 5 \times 0.85} = 237.547$[kVA]

정답 | 237.55[kVA]

화력 발전기 정격출력 $P = \dfrac{BH\eta_t\eta_g}{860\,T\cos\theta}$ [kVA]

연료 소비량 $B = 287$[kg]

열량 $H = 10^4$[kcal/kg]

부하(기관)효율 $\eta_t = 35.3$[%] (계산 시 0.353 적용)

발전기 효율 $\eta_g = 85.7$[%] (계산 시 0.857 적용)

운전 시간 $T = 5$시간

발전기 역률 $\cos\theta = 85$[%] (계산 시 0.85 적용)

02

카르노 도표에 나타낸 것과 같은 무접점 회로와 논리식을 나타내시오. [4점]
(단, "0" : L(Low Level), "1" : H(High Level), 입력 : A, B, C, 출력 : X)

A \ BC	0 0	0 1	1 1	1 0
0		1		1
1		1		1

(1) 논리식으로 나타낸 후 간략하게 정리하시오.

답안작성

$X = \overline{A}\overline{B}C + A\overline{B}C + \overline{A}B\overline{C} + AB\overline{C} = \overline{B}C(\overline{A}+A) + B\overline{C}(\overline{A}+A) = \overline{B}C + B\overline{C}$

참고

불대수 기본법칙 : $\overline{A}+A=1$, $\overline{A} \cdot A = 0$

분배법칙 : $A(B+C) = AB + AC$

(2) 무접점 회로로 나타내시오.

답안작성

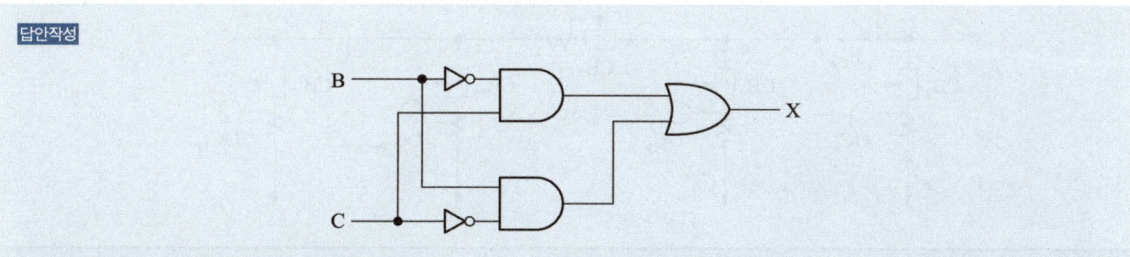

참고

회로	논리식	논리회로
AND 회로	$X = A \cdot B$	
OR 회로	$X = A + B$	
NOT 회로	$X = \overline{A}$	

03

일반적으로 보호계전 시스템은 사고 시 오작동이나 부동작으로 인한 손해를 줄이기 위해 그림과 같이 주보호와 후비보호로 구성된다. 각 사고점(F_1, F_2, F_3, F_4)별 주보호 및 후비보호 요소들의 보호계전기와 해당 CB를 빈칸에 쓰시오. [7점]

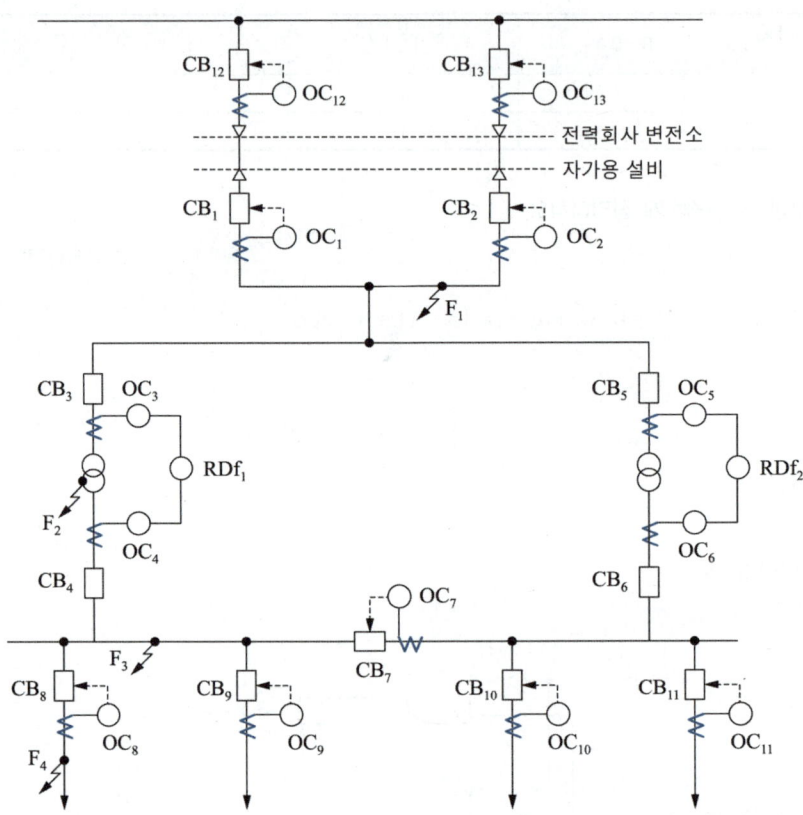

사고점	주보호	후비보호
F_1	예시) $OC_1 + CB_1$, $OC_2 + CB_2$	①
F_2	②	③
F_3	④	⑤
F_4	⑥	⑦

답안작성

① $OC_{12} + CB_{12}$, $OC_{13} + CB_{13}$
② $RDf_1 + OC_4 + CB_4$, $OC_3 + CB_3$
③ $OC_1 + CB_1$, $OC_2 + CB_2$
④ $OC_4 + CB_4$, $OC_7 + CB_7$
⑤ $OC_3 + CB_3$, $OC_6 + CB_6$
⑥ $OC_8 + CB_8$
⑦ $OC_4 + CB_4$, $OC_7 + CB_7$

참고

- 주보호 : 사고 발생 시 사고점에 가장 가까운 전원 측 차단기를 동작시켜 사고점과 전원을 분리하여 사고확대를 방지한다.
- 후비보호 : 주보호 장치가 오동작이나 부동작하였을 경우 주보호 역할을 대신하여 사고확대를 방지한다.

04

아래 표에서 설명하는 금속관 부품의 특징에 해당하는 부품명을 쓰시오. [8점]

부품명	특징
①	관과 박스를 접속할 경우 파이프 나사를 이용하여 고정하는 데 사용되며 6각형과 기어형이 있다.
②	전선을 넣거나 빼는 데 있어서 전선의 피복을 보호하여 전선이 손상되지 않게 전선관 끝에 끼우는 것으로 금속제와 합성수지제의 2종류가 있다.
③	금속관 상호 접속 또는 관과 노멀 밴드와의 접속에 사용되고 나사가 나있는 부분을 이용하여 관의 양측을 돌려 사용할 수 없는 경우 유니온 커플링을 사용한다.
④	노출 배관에서 합성수지관, 가요전선관, 금속관을 조영재에 고정하는 데 사용되며 케이블 공사에도 사용된다.
⑤	배관의 직각 굴곡에 사용하며 양단에 나사가 나있어 배관과 접속할 때는 커플링을 사용한다.
⑥	금속관을 아웃렛 박스에 연결할 때 노크아웃의 홀 크기가 관의 홀 크기보다 클 때 사용된다.
⑦	매입형 스위치를 고정하는 데 사용되며 1개용, 2개용, 3개용 등이 있다.
⑧	전선관과 연결하여 사용하며 전등기구나 점멸기 또는 콘센트의 고정에 사용되고 접속함으로도 사용한다. 4각 및 8각이 있다.

답안작성

① 로크너트(lock nut) ② 부싱(bushing)
③ 커플링(coupling) ④ 새들(saddle)
⑤ 노멀밴드(normal band) ⑥ 링 리듀셔(ring reducer)
⑦ 스위치 박스(switch box) ⑧ 아웃렛 박스(outlet box)

05

단상 변압기 3대를 △ 결선하여 3상 승압기로 사용하고 있다. 45[kVA]인 3상 평형부하의 전압을 3,000[V]에서 3,300[V]로 승압하는데 필요한 변압기의 자기용량[kVA]를 계산하시오. [5점]

계산과정

답안작성

계산과정 | 변압기 자기용량 $= \dfrac{3{,}300^2 - 3{,}000^2}{\sqrt{3} \times 3{,}300 \times 3{,}000} \times 45 = 4.959$ [kVA]

정 답

정답 | 5[kVA]

참 고

3상 승압기 자기용량 $= \dfrac{\text{승압 후 전압}^2 - \text{승압 전 전압}^2}{\sqrt{3} \times \text{승압 후 전압(높은 전압)} \times \text{승압 전 전압(낮은 전압)}} \times \text{부하용량}$

06

특고압 유입변압기의 내부고장 보호를 위해 사용되는 기계적인 보호장치 3가지만 쓰시오. [3점]

답안작성

충격압력 계전기, 충격가스압 계전기, 부흐홀츠 계전기

참 고

- 충격압력 계전기 : 변압기 절연유의 압력 상승을 감지하여 변압기를 계통으로부터 차단 및 경보
- 충격가스압 계전기 : 질소 밀봉형 유입변압기인 경우 가스 압력을 감지하여 변압기를 계통으로부터 차단 및 경보
- 부흐홀츠 계전기 : 변압기 주탱크와 콘서베이터 중간에 설치되어 변압기 내부고장 시 발생되는 물리적 현상으로 기계적인 접점이 동작하여 변압기를 계통으로부터 차단 및 경보

07

전력용 콘덴서에 설치하는 직렬리액터 용량 산출 방법에 대해 서술하시오. [5점]

답안작성

제5고조파를 제거하기 위한 직렬리액터 용량 산출 방법은 다음과 같다.

$5\omega L > \dfrac{1}{5\omega C}$

$\omega L > \dfrac{1}{5\omega C} \times \dfrac{1}{5} = \dfrac{1}{\omega C} \times 0.04$

즉, 직렬 리액터 용량은 콘덴서 용량의 4[%] 이상이어야 한다.

실제로는 주파수 변동 등을 고려하여 콘덴서 용량의 6[%]를 표준으로 한다.

참 고

제5고조파는 전력용(진상용) 콘덴서 투입 시 순간적으로 증가하는 전류로 인해 발생한다.

08

역률을 개선하기 위한 전력용 진상 콘덴서의 정기점검(육안검사) 항목 3가지를 쓰시오. [3점]

답안작성

① 용기의 부식 유무 점검

② 절연유 누설유무 점검

③ 과열유무 및 단자의 이완 점검

09

3층 사무실용 건물에 3상 3선식의 6,000[V]를 200[V]로 강압하여 수전하는 설비이다. 각종 부하설비가 다음 표와 같을 때 참고자료를 이용하여 다음 물음에 답하시오. [12점]

[표 1] 동력 부하 설비

사용 목적	용량 [kW]	대수	상용동력 [kW]	하계동력 [kW]	동계동력 [kW]
난방 관계					
• 보일러 펌프	6.0	1			6.0
• 오일 기어 펌프	0.4	1			0.4
• 온수 순환 펌프	3.0	1			3.0
공기 조화 관계					
• 1, 2, 3층 패키지 콤프레셔	7.5	6		45.0	
• 콤프레셔 팬	5.5	3	16.5		
• 냉각수 펌프	5.5	1		5.5	
• 쿨링 타워	1.5	1		1.5	
급수배수 관계					
• 양수 펌프	3.0	1	3.0		
기타					
• 소화 펌프	5.5	1	5.5		
• 셔터	0.4	2	0.8		
합계			25.8	52.0	9.4

[표 2] 조명 및 콘센트 부하 설비

사용 목적	와트수 [W]	설치 수량	환산 용량 [VA]	총용량 [VA]	비고
전등관계					
• 수은등 A	200	4	260	1,040	200[V] 고역률
• 수은등 B	100	8	140	1,120	200[V] 고역률
• 형광등	40	820	55	45,100	200[V] 고역률
• 백열전등	60	10	60	600	
콘센트 관계					
• 일반 콘센트		80	150	12,000	2P 15[A]
• 환기팬용 콘센트		8	55	440	
• 히터용 콘센트	1,500	2		3,000	
• 복사기용 콘센트		4		3,600	
• 텔레타이프용 콘센트		2		2,400	
• 룸 쿨러용 콘센트		6		7,200	
기타					
• 전화 교환용 정류기		1		800	
계				77,300	

[참고자료 1] 변압기 보호용 전력퓨즈의 정격 전류

상 수	단상				3상			
공칭전압	3.3[kV]		6.6[kV]		3.3[kV]		6.6[kV]	
변압기 용량 [kVA]	변압기 정격전류[A]	정격전류 [A]	변압기 정격전류[A]	정격전류 [A]	변압기 정격전류[A]	정격전류 [A]	변압기 정격전류[A]	정격전류 [A]
5	1.52	3	0.76	1.5	0.88	1.5	-	-
10	3.03	7.5	1.52	3	1.75	3	0.88	1.5
15	4.55	7.5	2.28	3	2.63	3	1.3	1.5
20	6.06	7.5	3.03	7.5	-	-	-	-
30	9.10	15	4.56	7.5	5.26	7.5	2.63	3
50	15.2	20	7.60	15	8.45	15	4.38	7.5
75	22.7	30	11.4	15	13.1	15	6.55	7.5
100	30.3	50	15.2	20	17.5	20	8.75	15
150	45.5	50	22.7	30	26.3	30	13.1	15
200	60.7	75	30.3	50	35.0	50	17.5	20
300	91.0	100	45.5	50	52.0	75	26.3	30
400	121.4	150	60.7	75	70.0	75	35.0	50
500	152.0	200	75.8	100	87.5	100	43.8	50

[참고자료 2] 배전용 변압기의 정격

항목			소형 6[kV] 유입 변압기							중형 6[kV] 유입 변압기					
정격용량[kVA]			3	5	7.5	10	15	20	30	50	75	100	150	200	300	500
정격 2차 전류	단상	105[V]	28.6	47.6	71.4	95.2	143	190	286	476	714	852	1,430	1,904	2,857	4,762
		210[V]	14.3	23.8	35.7	47.6	71.4	95.2	143	238	357	476	714	952	1,429	2,381
	3상	210[V]	8	13.7	20.6	27.5	41.2	55	82.5	137	206	275	412	550	825	1,376
정격 전압	정격 2차 전압		6,300[V] 6/3[kV] 공용 : 6,300[V]/3,150[V]								6,300[V] 6/3[kV] 공용 : 6,300[V]/3,150[V]					
	정격2차 전압	단상	210[V] 및 105[V]								200[kVA] 이하의 것 : 210[V] 및 105[V] 200[kVA] 이하의 것 : 210[V]					
		3상	210[V]								210[V]					
탭 전압	전용량 탭전압	단상	6,900[V], 6,600[V] 6/3[kV] 공용 : 6,300[V]/3,150[V] 6,600[V]/3,300[V]								6,900[V], 6,600[V]					
		3상	6,600[V] 6/3[kV] 공용 : 6,600[V]/3,300[V]								6/3[kV] 공용 : 6,300[V]/3,150[V] 6,600[V]/3,300[V]					
	저감 용량 탭전압	단상	6,000[V], 5,700[V] 6/3[kV] 공용 : 6,000[V]/3,000[V] 5,700[V]/2,850[V]								6,000[V], 5,700[V]					
		3상	6,600[V] 6/3[kV] 공용 : 6,000[V]/3,300[V]								6/3[kV] 공용 : 6,000[V]/3,000[V] 5,700[V]/2,850[V]					
변압기의 결선		단상	2차 권선 : 분할 결선								1차 권선 : 성형 권선					
		3상	1차 권선 : 성형 권선, 2차 권선 : 성형 권선							3상	2차 권선 : 삼각 권선					

[참고자료 3] 역률개선용 콘덴서의 용량 계산표[%]

구분		개선 후의 역률																
		1.00	0.99	0.98	0.97	0.96	0.95	0.94	0.93	0.92	0.91	0.90	0.89	0.88	0.87	0.86	0.85	0.83	0.80
개선 전의 역률	0.50	173	159	153	148	144	140	137	134	131	128	125	122	119	117	114	111	106	98
	0.55	152	138	132	127	123	119	116	112	108	106	103	101	98	95	92	90	85	77
	0.60	133	119	113	108	104	100	97	94	91	88	85	82	79	77	74	71	66	58
	0.62	127	112	106	102	97	94	90	87	84	81	78	75	73	70	67	65	59	52
	0.64	120	106	100	95	91	87	84	81	78	75	72	69	66	63	61	58	53	45
	0.66	114	100	94	89	85	81	78	74	71	68	65	63	60	57	55	52	47	39
	0.68	108	94	88	83	79	75	72	68	65	62	59	57	54	51	49	46	41	33
	0.70	102	88	82	77	73	69	66	63	59	56	54	51	48	45	43	40	35	27
	0.72	96	82	76	71	67	64	60	57	54	51	48	45	42	40	37	34	29	21
	0.74	91	77	71	68	62	58	55	51	48	45	43	40	37	34	32	29	24	16
	0.76	86	71	65	60	58	53	49	46	43	40	37	34	32	29	26	24	18	11
	0.78	80	66	60	55	51	47	44	41	38	35	32	29	26	24	21	18	13	5
	0.79	78	63	57	53	48	45	41	38	35	32	29	26	24	21	18	16	10	2.6
	0.80	75	61	55	50	46	42	39	36	32	29	27	24	21	18	16	13	8	
	0.81	72	58	52	47	43	40	36	33	30	27	24	21	18	16	13	10	5	
	0.82	70	56	50	45	41	37	34	30	27	24	21	18	16	13	10	8	2.6	
	0.83	67	53	47	42	38	34	31	28	25	22	19	16	13	11	8	5		
	0.84	65	50	44	40	35	32	28	25	22	19	16	13	11	8	5	2.6		
	0.85	62	48	42	37	33	29	25	23	19	16	14	11	8	5	2.7			
	0.86	59	45	39	34	30	28	23	20	17	14	11	8	5	2.6				
	0.87	57	42	36	32	28	24	20	17	14	11	8	6	2.7					
	0.88	54	40	34	29	25	21	18	15	11	8	6	2.8						
	0.89	51	37	31	26	22	18	15	12	9	6	2.8							
	0.90	48	34	28	23	19	16	12	9	6	2.8								
	0.91	46	31	25	21	16	13	9	8	3									
	0.92	43	28	22	18	13	10	8	3.1										
	0.93	40	25	19	14	10	7	3.2											
	0.94	36	22	16	11	7	3.4												
	0.95	33	19	13	8	3.7													
	0.96	29	15	9	4.1														
	0.97	25	11	4.8															
	0.98	20	8																
	0.99	14																	

(1) 동계 난방 때 온수 순환펌프는 상시 운전하고, 보일러용과 오일 기어 펌프의 수용률이 60[%]일 때 난방 동력 수용 부하는 몇 [kW]인지 계산하시오.

계산과정

답안작성
계산과정 | 난방 동력 수용 부하 = 3 + (6×0.6) + (0.4×0.6) = 6.84[kW]   정답 | 6.84[kW]

참 고
[표1] 동력부하설비 난방관계에서
  온수 순환 펌프 = 3[kW]
  보일러 펌프 = 6[kW]
  오일 기어 펌프 = 0.4[kW]

(2) 동력 부하의 역률이 전부 80[%]라고 한다면 피상 전력은 각각 몇 [kVA]인지 계산하시오. (단, 상용동력, 하계동력, 동계 동력 별로 계산하시오)

구분	계산과정	답
상용동력		
하계동력		
동계동력		

답안작성

구분	계산과정	답
상용동력	$\dfrac{\text{상용동력 합계[kW]}}{\text{역률}} = \dfrac{25.8}{0.8} = 32.25$	32.25[kVA]
하계동력	$\dfrac{\text{하계동력 합계[kW]}}{\text{역률}} = \dfrac{52}{0.8} = 65$	65[kVA]
동계동력	$\dfrac{\text{동계동력 합계[kW]}}{\text{역률}} = \dfrac{9.4}{0.8} = 11.75$	11.75[kVA]

참 고

피상전력[kVA] = $\dfrac{\text{유효전력[kW]}}{\text{역률}}$

(3) 총 전기 설비 용량은 몇 [kVA]를 기준으로 하여야 하는지 계산하시오.

계산과정

답안작성
계산과정 | 총 설비 용량 = 32.25 + 65 + 77.3 = 174.55[kVA]

정답 | 174.55[kVA]

참 고
총 설비 용량 = 동력 부하 설비 용량[kVA] + 조명 콘센트 부하 설비 용량[kVA]
동력 부하 설비 용량에서 하계 동력 설비 용량이 동계 동력 설비 용량보다 크기 때문에 상용 동력 설비와 하계 동력 설비만 적용해서 계산한다.

(4) 전등의 수용률은 70[%], 콘센트 설비의 수용률은 50[%]라고 한다면 몇 [kVA]의 단상 변압기에 연결하여야 하는지 계산하시오. (단, 전화 교환용 정류기는 100[%] 수용률로서 계산한 결과에 포함시키며 변압기 예비율은 무시한다)

계산과정

답안작성
계산과정 | 전등 관계 수용 부하 용량 (1.04 + 1.12 + 45.1 + 0.6)×0.7 = 33.502[kVA]
　　　　　 콘센트 관계 수용 부하 용량 (12 + 0.44 + 3 + 3.6 + 2.4 + 7.2)×0.5 = 14.32[kVA]
　　　　　 기타(전화 교환용 정류기) 수용 부하 용량 0.8[kVA]
　　　　　 단상 변압기 용량 33.502 + 14.32 + 0.8 = 48.622[kVA]

정답 | 50[kVA] 단상 변압기 선정

참 고
단위 변환 1,000[VA] → 1[kVA]

(5) 동력 설비 부하의 수용률이 모두 60[%]라면 동력 부하용 3상 변압기의 용량은 몇 [kVA]인지 계산하시오. (단, 동력 부하의 역률은 80[%]로 하며 변압기의 예비율은 무시한다)

계산과정

답안작성
계산과정 | 3상 변압기 용량 = $\dfrac{25.8 + 52}{0.8} \times 0.6 = 58.35$[kVA]

정답 | 75[kVA] 3상 변압기 선정

참 고
변압기 용량 = $\dfrac{\text{부하 설비 용량[kW]}}{\text{역률}} \times$ 수용률[kVA]
하계 동력 설비 용량이 동계 동력 설비 용량보다 크기 때문에 상용 동력 설비와 하계 동력 설비만 적용해서 계산한다.

(6) 상기 건물에 시설된 변압기 총 용량은 몇 [kVA]인지 계산하시오.

계산과정

답안작성

계산과정 | 50[kVA] + 75[kVA] = 125[kVA]

정 답 | 125[kVA]

참 고

변압기 총 용량[kVA] = 단상 변압기 용량[kVA] + 3상 변압기 용량[kVA]

(7) 단상 변압기와 3상 변압기의 1차측의 전력퓨즈의 정격전류는 각각 몇 [A]의 것을 선택하여야 하는가?
- 단상 변압기
- 3상 변압기

답안작성

단상 변압기 = 15[A], 3상 변압기 = 7.5[A]

참 고

[참고자료 1]에서 공칭전압 6.6[kV] 기준으로 단상 50[kVA] 변압기 용량의 정격 전류는 15[A], 3상 75[kVA] 변압기 용량의 정격전류는 7.5[A]라는 것을 알 수 있다.

(8) 선정된 동력용 변압기 용량에서 역률은 95[%]로 개선하려면 콘덴서 용량은 몇 [kVA]인지 계산하시오.

계산과정

답안작성

계산과정 | 콘덴서 용량 = 75 × 0.8 × 0.42 = 25.2[kVA]

정 답 | 25.2[kVA]

참 고

콘덴서 용량 = 개선 전 부하 용량[kW] × 콘덴서 용량 계수

[참고자료 3]에서 현재의 역률, 즉 개선 전 역률 0.8과 개선 후 역률 0.95가 교차하는 콘덴서 용량 계수의 값이 42[%]라는 것을 알 수 있다.

10

다음 그림과 같이 200/5[A]의 CT 1차측에 150[A]의 3상 평형 전류가 흐를 때 전류계 A_3에 흐르는 전류는 몇 [A]인가? [5점]

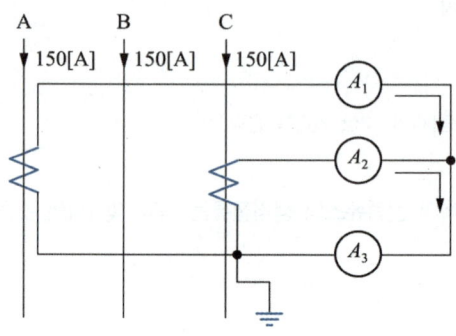

계산과정 　　　　　　　　　　　　　　　　　　　　　　　　　**정　답**

답안작성

계산과정 | CT비는 $\dfrac{200}{5}=40$, CT 2차측 전류 $\dfrac{150}{40}=3.75[A]$

3상이 평형이고, 각 상의 전류의 크기가 같으므로

$|A_1|=|A_2|=|-A_3|$의 조건이 성립하므로 $A_3=3.75[A]$이다.　　　　**정답** | $A_3=3.75[A]$

참　고

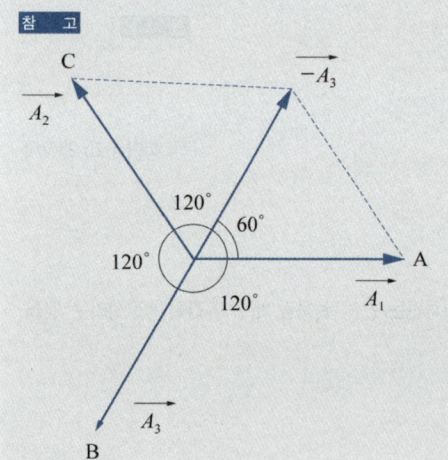

$\overrightarrow{A_1}+\overrightarrow{A_2}+\overrightarrow{A_3}=0$ 이면 $\overrightarrow{A_1}+\overrightarrow{A_2}=-\overrightarrow{A_3}$이다.
(3상이 평형이고 전류의 크기가 같은 경우)

$|\overrightarrow{A_1}|=A_1$, $|\overrightarrow{A_2}|=A_2$, $|-\overrightarrow{A_3}|=A_3$로 정리하면

$A_1\cos60+A_2\cos60=\cos60(A_1+A_2)=A_3$

$\cos60=\dfrac{1}{2}$이고 $A_1=A_2$이므로

$\dfrac{1}{2}\times 2A_1=A_1=A_3$

$\dfrac{1}{2}\times 2A_2=A_2=A_3$

즉, $A_1=A_2=A_3$이다.

11

그림은 ELB(누전차단기)를 적용하는 것으로 CVCF 출력단의 접지용콘덴서 C_0는 6[μF]이고, 부하측 라인필터의 대지정전용량 $C_1 = C_2 = 0.1[\mu F]$ ELB₁에서 지락점까지의 케이블의 대지정전용량 $C_{L1} = 0$(ELB₁의 출력단에 지락발생 예상) ELB₂에서 부하 2까지의 케이블의 대지정전용량은 $C_{L2} = 0.2[\mu F]$이다. 지락저항은 무시하며, 사용전압은 200[V], 주파수가 60[Hz]인 경우 다음 물음에 답하시오. [10점]

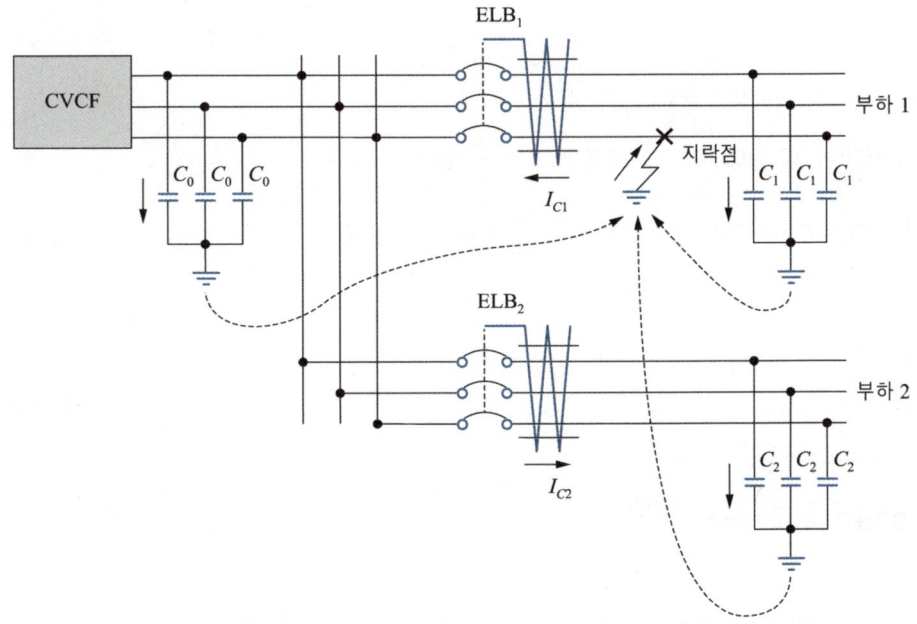

[조건]
- ELB₁에 흐르는 지락전류 I_{C1}은 약 796[mA]이다($I_{C1} = 3 \times \omega CE$에 의하여 계산).
- ELB는 지락 시의 지락전류의 $\frac{1}{3}$에 동작 가능하여야 하며, 부동작 전류는 건전피더에 흐르는 지락전류의 2배 이상의 것으로 한다.
- ELB의 시설구분에 대한 표시기호는 다음과 같다.
  ○ : ELB를 시설할 것
  △ : 주택에 기계기구를 시설하는 경우에는 ELB를 시설할 것
  □ : 주택 구내 또는 도로에 접한 면에 룸에어컨디셔너, 아이스박스, 진열장, 자동판매기 등 전동기를 부품으로 한 기계기구를 시설하는 경우에는 누전차단기를 시설하는 것이 바람직하다.
- ※ 사람이 조작하고자 하는 기계기구를 시설하는 장소보다 전기적인 조건이 나쁜 장소에서 접촉할 우려가 있는 경우에는 전기적 조건이 나쁜 장소에 시설된 것으로 취급한다.

(1) 도면에서 CVCF를 우리말 명칭으로 쓰시오.

답안작성
정전압 정주파수 전원장치

(2) 건전 피더(Feeder) ELB₂에 흐르는 지락전류 I_{C2}는 몇 [mA]인지 계산하시오.

계산과정 | **정답**

답안작성

계산과정 | $I_{C2} = 3\omega CE = 3 \times 2\pi f \times (C_2 + C_{L2}) \times E$

$\left(f = 60[\text{Hz}],\ C_{L2} = 0.2[\mu\text{F}],\ C_2 = 0.1[\mu\text{F}],\ E = \dfrac{200}{\sqrt{3}}[\text{V}] \right)$

$I_{C2} = 3 \times 2\pi \times 60 \times [(0.1 + 0.2) \times 10^{-6}] \times \dfrac{200}{\sqrt{3}} = 39.18 \times 10^{-3}[\text{A}]$

정답 | 39.18[mA]

참고

$C_1 = C_2 = 0.1[\mu\text{F}] = 0.1 \times 10^{-6}[\text{F}]$

$C_{L2} = 0.2[\mu\text{F}] = 0.2 \times 10^{-6}[\text{F}]$

지락전류 $I_C = 3 \times \omega CE[\text{A}]$

C = 대지정전용량[F], E = 대지전압 = $\dfrac{\text{선간전압}}{\sqrt{3}}$ [V]

(3) ELB₁, ELB₂가 불필요한 동작을 하지 않기 위해서는 정격감도전류 몇 [mA] 범위의 것을 선정하여야 하는지 계산하시오.

① ELB₁
계산과정 | 정답

② ELB₂
계산과정 | 정답

답안작성

① ELB₁

계산과정 | • 동작 전류 = 지락전류 × $\dfrac{1}{3}$ = 796 × $\dfrac{1}{3}$ = 265.33[mA]

• 부동작 전류 = 건전피더 지락전류 × 2

$= 3 \times 2\pi f \times (C_1 + C_{L1}) \times \dfrac{V}{\sqrt{3}} \times 10^3 \times 2$

$= 3 \times 2\pi \times 60 \times [(0.1 + 0) \times 10^{-6}] \times \dfrac{200}{\sqrt{3}} \times 10^3 \times 2 = 26.12[\text{mA}]$

정답 | 26.12 ~ 265.33[mA]

② ELB$_2$

계산과정 | · 동작 전류 = 지락전류 $\times \dfrac{1}{3}$

$$= 3 \times 2\pi f \times (C_0 + C_1 + C_{L1}) \times \dfrac{V}{\sqrt{3}} \times 10^3 \times \dfrac{1}{3}$$

$$= 3 \times 2\pi \times 60 \times [(6+0.1+0) \times 10^{-6}] \times \dfrac{200}{\sqrt{3}} \times 10^3 \times \dfrac{1}{3} = 265.54 [\text{mA}]$$

· 부동작 전류 = 건전피더 지락전류 $\times 2$

$$= 3 \times 2\pi f \times (C_2 + C_{L2}) \times \dfrac{V}{\sqrt{3}} \times 10^3 \times 2$$

$$= 3 \times 2\pi \times 60 \times [(0.1+0.2) \times 10^{-6}] \times \dfrac{200}{\sqrt{3}} \times 10^3 \times 2 = 78.36 [\text{mA}]$$

정답 | 78.36 ~ 265.54[mA]

참 고

· 사고점 지락전류 $I_C = 3\omega CE[\text{A}]$ (대지정전용량 C = 선로의 모든 정전용량의 합)
· 건전피더 지락전류 $I_C = 3\omega CE[\text{A}]$ (대지정전용량 C = 건전피더에 해당하는 정전용량의 합)

(4) ELB의 시설구분에 대한 표시기호(○, △, □)로 빈칸을 채우시오.

전로의 대지전압 \ 기계기구 시설장소	옥 내		옥 측		옥 외	물기가 있는 장소
	건전한 장소	습기가 많은 장소	우선 내	우선 외		
150[V] 이하	-	-	-			
150[V] 초과 300[V] 이하				-		

답안작성

전로의 대지전압 \ 기계기구 시설장소	옥 내		옥 측		옥 외	물기가 있는 장소
	건전한 장소	습기가 많은 장소	우선 내	우선 외		
150[V] 이하	-	-	-	□	□	○
150[V] 초과 300[V] 이하	△	○	-	○	○	○

12

비접지 선로의 접지전압을 검출하기 위하여 다음 그림과 같은 [Y-Y 개방△] 결선을 한 GPT가 있다. 다음 각 물음에 답하시오. [6점]

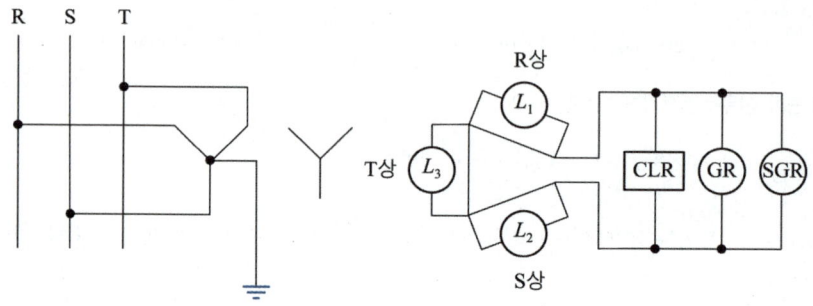

(1) 1선 지락사고 시 건전상(사고가 발생하지 않은 상)의 대지 전위의 변화를 간단히 설명하시오.

> **답안작성**
>
> 1선 지락사고 전(평상시) 건전상의 대지 전위 : $\dfrac{110}{\sqrt{3}}$ [V]
>
> 1선 지락사고 후 건전상의 대지 전위 : 110[V]($\sqrt{3}$배 증가)

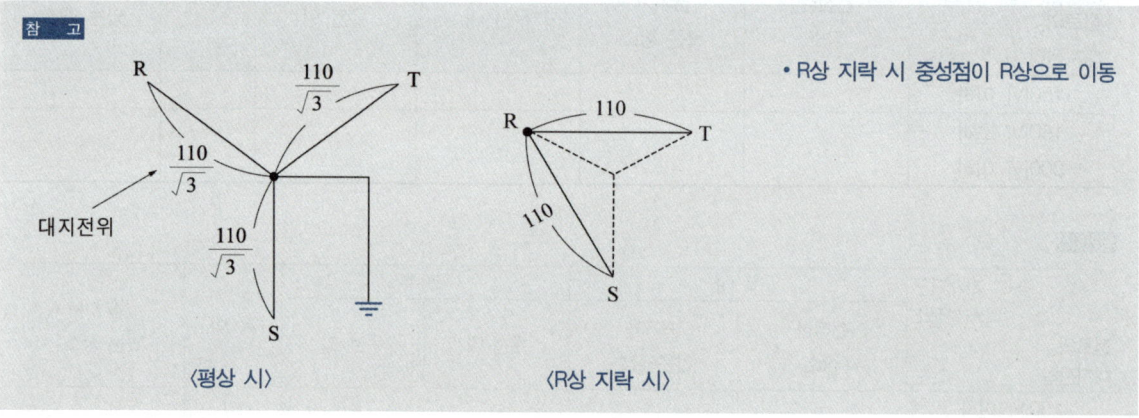

〈평상 시〉　　　〈R상 지락 시〉

• R상 지락 시 중성점이 R상으로 이동

(2) R상 고장 시(완전 지락 시), 2차 접지표시등 L_1, L_2, L_3의 점멸 상태와 밝기를 비교한 표를 완성하시오.

	점멸 상태	밝기
L_1		
L_2, L_3		

답안작성

	점멸 상태	밝기
L_1	소등	어두워짐
L_2, L_3	점등	밝아짐

참 고

R상 지락 시 중성점이 R상으로 이동하므로 L_1의 전압은 $\frac{110}{\sqrt{3}}$[V]에서 0[V]로 대지전위가 감소하므로 등의 밝기는 어두워져 소등 상태가 되고 L_2, L_3는 $\frac{110}{\sqrt{3}}$[V]에서 110[V]로 대지전위가 $\sqrt{3}$배 증가하므로 등의 밝기는 밝아지고 점등상태가 된다.

(3) GR, SGR를 우리말 명칭으로 쓰시오.

- GR :
- SGR :

답안작성

- GR : 지락계전기
- SGR : 선택지락계전기

참 고

- GR : Ground Relay
- SGR : Selective Ground Relay

13

3상 4선식 380[V], 50[kVA] 부하가 변전실 배전반에서 270[m] 떨어져 설치되어 있다. 이 경우 배전용 케이블의 최소 굵기는 몇 [mm²]으로 선정하여야 하는지 계산하시오. (단, 상전압의 전압강하는 15.4[V]이다) [5점]

계산과정 | **정 답**

답안작성

계산과정 | 3상 4선식 전선의 굵기 $A = \dfrac{17.8LI}{1,000e_1} = \dfrac{17.8 \times 270}{1,000 \times 15.4} \times \dfrac{50 \times 10^3}{\sqrt{3} \times 380} = 23.7 [\text{mm}^2]$

정답 | 25[mm²] 선정

참 고

전선의 단면적

- 단상 2선식 $A = \dfrac{35.6LI}{1,000e}$

- 3상 3선식 $A = \dfrac{30.8LI}{1,000e}$

- 3상 4선식 $A = \dfrac{17.8LI}{1,000e_1}$ ($e_1 \rightarrow$ 상전압의 전압강하[V])

- 부하전류 $I = \dfrac{P}{\sqrt{3}\,V}$ [A]

- KSC IEC(전선규격[mm²])

1.5	2.5	4	6	10	16	25	35	50	70	95	120

14

간이 수변전 설비에서 사용하는 ASS(Auto Section Switch)나 인터럽터 스위치의 차이점을 비교 설명하시오. [5점]

(1) ASS(Auto Section Switch)

답안작성

무전압 시 개방이 가능하고, 돌입전류 억제기능이 있으며, 과부하 시 자동으로 개폐할 수 있다.

(2) 인터럽터 스위치(Interrupter Switch)

답안작성

용량 300[kVA] 이하에서 ASS 대신에 주로 사용되며, 돌입전류 억제기능이 없고 과부하 시 자동으로 개폐할 수 없다. 수동 조작만 가능하다.

15

조명 설비에 대한 물음에 답하시오. [5점]

(1) 배선 도면에 ○H250으로 표현되어 있는 것의 의미를 쓰시오.

답안작성
수은등 250[W]

참 고
- ○M250 : 메탈 할라이드등 250[W]
- ○N250 : 나트륨등 250[W]

(2) 가로 30[m], 세로 15[m]인 어느 사무실에 32[W], 전광속 3,000[lm]인 형광등을 사용하여 평균조도를 450[lx]로 유지하도록 설계하고자 한다. 이 사무실에 필요한 형광등수를 산정하시오. (단, 조명률은 0.60이고, 감광보상률은 1.30이다)

계산과정

답안작성
계산과정 | $N = \dfrac{DES}{FU} = \dfrac{1.3 \times 450 \times (30 \times 15)}{3,000 \times 0.6} = 146.25$[등]

정답 | 147[등]

참 고
$FUN = DES$
- F : 광속[lm]
- U : 조명률
- E : 조도[lx]
- D : 감광보상률
- N : 등수
- S : 면적[m²]

16

그림과 주어진 조건 및 참고표를 이용하여 각 물음에 답하시오. [8점]

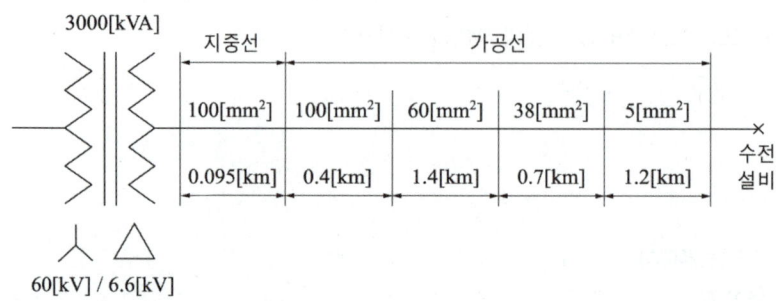

[조건] 수전설비 1차측에서 본 1상당의 합성임피던스 %X_g=1.5[%]이고, 변압기 명판에는 7.4[%]/3,000[kVA](기준용량은 10,000[kVA])이다.

[표 1] 유입차단기 전력퓨즈의 정격차단용량

정격전압[V]	정격차단용량 표준치(3상[MVA])
3,600	10 25 50 (75) 100 150 250
7,200	25 50 (75) 100 150 (200) 250

[표 2] 가공전선로(경동선) %임피던스

배선방식	선의 굵기 %r, x	%r, %x의 값은 [%/km]									
		100	80	60	50	38	30	22	14	5[mm]	4[mm]
3상 3선	%r	16.5	21.1	27.9	34.8	44.8	57.2	75.7	119.15	83.1	127.8
3[kV]	%x	29.3	30.6	31.4	32.0	32.9	33.6	34.4	35.7	35.1	36.4
3상 3선	%r	4.1	5.3	7.0	8.7	11.2	18.9	29.9	29.9	20.8	32.5
6[kV]	%x	7.5	7.7	7.9	8.0	8.2	8.4	8.6	8.7	8.8	9.1
3상 4선	%r	5.5	7.0	9.3	11.6	14.9	19.1	25.2	39.8	27.7	43.3
5.2[kV]	%x	10.2	10.5	10.7	10.9	11.2	11.5	11.8	12.2	12.0	12.4

[주] 3상 4선식, 5.2[kV] 선로에서 전압선 2선, 중앙선 1선인 경우 단락용량의 계획은 3상 3선식 3[kV]시에 따른다.

[표 3] 지중케이블 전로의 %임피던스

배선방식	선의 굵기 %r, x	%r, %x의 값은 [%/km]										
		250	200	150	125	100	80	60	50	38	30	22	14
3상 3선	%r	6.6	8.2	13.7	13.4	16.8	20.9	27.6	32.7	43.4	55.9	118.5	
3[kV]	%x	5.5	5.6	5.8	5.9	6.0	6.2	6.5	6.6	6.8	7.1	8.3	
3상 3선	%r	1.6	2.0	2.7	3.4	4.2	5.2	6.9	8.2	8.6	14.0	29.6	
6[kV]	%x	1.5	1.5	1.6	1.6	1.7	1.8	1.9	1.9	1.9	2.0	-	
3상 4선	%r	2.2	2.7	3.6	4.5	5.6	7.0	9.2	14.5	14.5	18.6	-	
5.2[kV]	%x	2.0	2.0	2.1	2.2	2.3	2.3	2.4	2.6	2.6	2.7	-	

[주] 1. 3상 4선식, 5.2[kV]전로의 %r, %x의 값은 6[kV] 케이블을 사용한 것으로서 계산한 것이다.
2. 3상 3선식 5.2[kV]에서 전압선 2선, 중앙선 1선의 경우 단락용량의 계산은 3상 3선식 3[kV] 전로에 따른다.

(1) 수전설비에서의 합성 %임피던스를 구하시오.

계산과정 | 합성 %임피던스 $\%Z = \%X_g + \%Z_t + \%Z_l$

$\%X_g = 1.5[\%] = j1.5$

$\%Z_t = \%X_t = \dfrac{10,000}{3,000} \times 0.074 = 24.67[\%] = j24.67$

$\%Z_l = $ 지중선$\%Z + $ 가공선$\%Z$

지중선 %Z는 [표 3]에 의해

$\%Z = (4.2 \times 0.095) + j(1.7 \times 0.095) = 0.399 + j0.1615$

가공선 %Z는 [표 2]에 의해

$\%Z = (4.1 \times 0.4) + j(7.5 \times 0.4) + (7.0 \times 1.4) + j(7.9 \times 1.4) + (11.2 \times 0.7) + j(8.2 \times 0.7)$
$\quad + (20.8 \times 1.2) + j(8.8 \times 1.2) = 44.24 + j30.36$

$\%Z_l = 0.399 + j0.1615 + 44.24 + j30.36 = 44.639 + j30.5215$

합성 임피던스 $\%Z = j1.5 + j24.67 + 44.639 + j30.5215 = 44.639 + j56.6915$
$\quad = \sqrt{44.639^2 + 56.6915^2} = 72.16[\%]$

정답 | 72.16[%]

(2) 수전설비에서의 3상 단락용량을 구하시오.

계산과정 | 단락용량 $P_s = \dfrac{100}{\%Z} \times $ 기준용량 $P_n = \dfrac{100}{72.16} \times 10,000 = 13,858.09[\text{kVA}]$

정답 | 13,858.09[kVA]

(3) 수전설비에서의 3상 단락전류를 계산하시오.

계산과정 | 단락전류 $I_s = \dfrac{100}{\%Z} \times $ 정격전류 $I_n = \dfrac{100}{72.16} \times \dfrac{10,000}{\sqrt{3} \times 6.6} = 1,212.27[\text{A}]$

정답 | 1,212.27[A]

(4) 수전설비에서의 정격차단 용량을 구하고, 표에서 적당한 용량을 찾아 선정하시오.

계산과정

답안작성

계산과정 | 차단용량 = $\sqrt{3}$ × 정격전압 × 정격차단 전류 = $\sqrt{3} \times 7.2[kV] \times 1.212[kA]$
= 15.12[MVA]

정답 | [표 1]에서 25[MVA] 선정

참고

정격전압 = 공칭전압 × $\dfrac{1.2}{1.1}$ = 6.6 × $\dfrac{1.2}{1.1}$ = 7.2[kV]

차단기의 정격차단 전류 = 단락전류

17

지름 30[cm]인 완전 확산성 반구형 전구를 사용하여 평균 휘도가 0.3[cd/cm²]인 천장등을 설계하려고 한다. 등기구 효율이 0.75라 하면 이 반구형 전구의 광속은 몇 [lm] 정도이어야 하는지 계산하시오. (단, 광속발산도는 0.95[lm/cm²]이라 한다) [4점]

계산과정

답안작성

계산과정 | F = 광속발산도 × 면적 × $\dfrac{1}{효율}$ = $0.95 \times \dfrac{4\pi \times 15^2}{2} \times \dfrac{1}{0.75}$ = 1,790.71[lm]

정답 | 1,790.71[lm]

참고

구의 표면적 = $4\pi r^2 [m^2]$ (r : 반지름)

반구의 표면적 = $\dfrac{1}{2} \times 4\pi r^2 [m^2]$

광속 $F = R \times S[lm]$ (R : 광속발산도[lm/cm²], S : 면적[m²])

실기[필답형]기출문제 2013 * 1

※ 출제기준 변경 및 개정된 관계법규에 따라 삭제된 문제가 있어 배점의 합계가 100점이 안 됩니다.

01

다음 회로는 축전지 충전회로이다. 다음 물음에 답하시오. [5점]

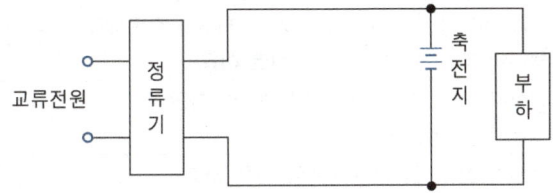

(1) 회로의 충전방식은 어떤 충전 방식인지 쓰시오.

답안작성
부동충전방식

(2) 이 충전 방식의 역할(특징)을 쓰시오.

답안작성
충전기는 상용부하의 전력공급과 축전지의 자기 방전을 보충하고 충전기가 부담하기 어려운 일시적으로 발생하는 대전류 부하는 축전지가 부담하는 방식

참 고
- 보통충전 : 표준시간율로 필요시마다 충전하는 방식
- 급속충전 : 보통충전 전류의 2~3배의 전류로 비교적 단시간에 충전하는 방식
- 균등충전 : 부동충전방식에 의하여 사용할 때 1~3개월마다 1회씩 각 전해조에서 일어나는 전위차를 보정하기 위해 정전압으로 10~12시간 충전하여 각 전해조의 용량을 균일화하는 방식(연축전지 2.4~2.5[V/cell], 알카리 축전지 1.45~1.5[V/cell])
- 세류충전 : 부동충전방식의 일종으로 자기 방전량만 항상 충전하는 방식

02

다음은 개폐기의 특징을 설명한 것이다. 빈칸에 알맞은 명칭을 쓰시오. [5점]

구분	명칭	특징
①		• 전로의 접속을 변경하거나 끊는 목적으로 사용 • 전류 차단 시 발생하는 아크 소호능력은 없음 • 무부하 상태에서 전로 개폐 • 전력계통 변환, 변압기 차단기 등의 보수점검을 위한 회로분리용으로 사용
②		• 평상시 부하전류의 개폐는 가능하나 사고 시 (과부하, 단락) 호기능은 없음 • 개폐용 스위치로 개폐빈도 적은 부하에 사용
③		• 평상시 부하전류를 안전하게 개폐 • 개폐 빈도가 많으며 부하의 개폐·제어가 주목적임 • 부하의 조작 및 제어용 스위치로 이용
④		• 평상시 전류 그리고 사고 시 대전류 차단 • 주목적은 회로 보호
⑤		• 과부하 전류, 단락전류로부터 전로 보호 • 전로를 개폐하는 능력은 없음 • 고압 개폐기와 조합하여 사용도 가능

답안작성

① 단로기
② 부하개폐기
③ 전자접촉기
④ 차단기
⑤ 전력퓨즈

03

지상 역률 60[%]의 부하에 100[kVA]를 공급하는 정격용량 100[kVA]인 변압기가 있다. 역률을 90[%]로 개선하여 변압기의 전용량까지 부하에 공급하고자 한다. 다음 각 물음에 답하시오. [5점]

(1) 소요되는 전력용 콘덴서의 용량은 몇 [kVA]인지 계산하시오.

계산과정 | 콘덴서 용량 $Q = P_a(\sin\theta_1 - \sin\theta_2)$[kVA]

$\theta_1 = \cos^{-1}0.6 = 53.13°$

$\theta_2 = \cos^{-1}0.9 = 25.85°$

$Q = 100(\sin 53.13 - \sin 25.85) = 36.4$[kVA]

정답 | 36.4[kVA]

(2) 역률 개선에 따른 유효전력의 증가분은 몇 [kW]인지 계산하시오.

계산과정 | 유효전력 증가분 $P = P_a(\cos\theta_2 - \cos\theta_1) = 100(0.9 - 0.6) = 30$[kW]

정답 | 30[kW]

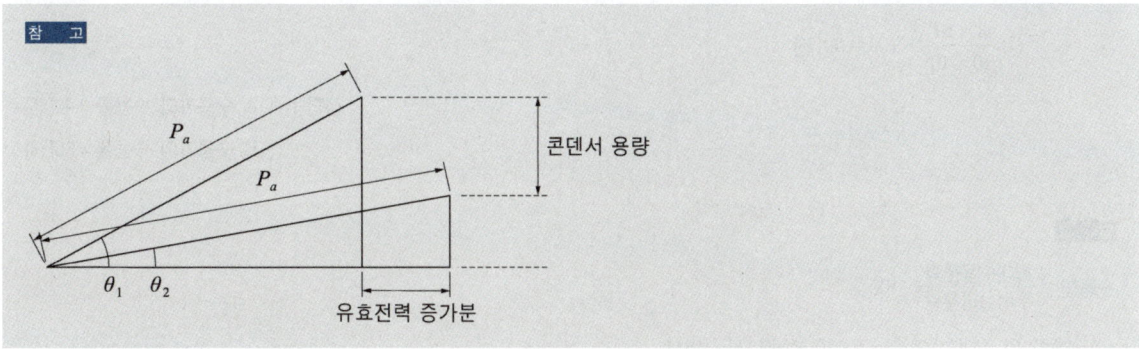

04

다음 그림은 수용가들의 일부하곡선이다. 다음 각 물음에 답하시오. (단, 실선은 A 수용가 점선은 B 수용가이다) [6점]

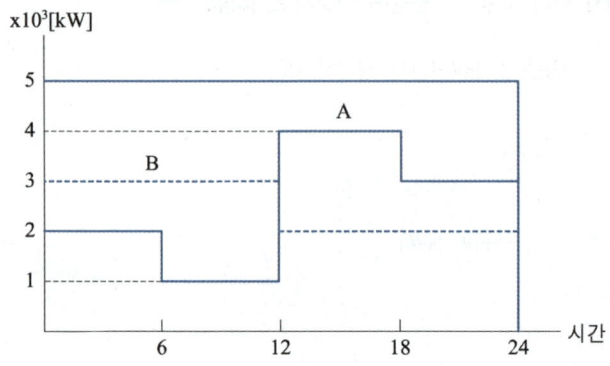

(1) A, B 각 수용가의 수용률은 얼마인지 계산하시오. 단, 설비용량은 수용가 모두 10×10^3[kW]이다)

① A 수용가의 수용률
② B 수용가의 수용률

계산과정

답안작성

계산과정 | ① $\dfrac{4 \times 10^3}{10 \times 10^3} \times 100 = 40$[%]

② $\dfrac{3 \times 10^3}{10 \times 10^3} \times 100 = 30$[%]

정답 | ① A 수용가의 수용률 = 40[%]
② B 수용가의 수용률 = 30[%]

참 고

수용률 = $\dfrac{\text{최대수용전력}}{\text{부하설비용량}} \times 100$

• A 수용가의 최대수용전력 = 4×10^3[kW](12시 ~ 18시)
• B 수용가의 최대수용전력 = 3×10^3[kW](0시 ~ 12시)

(2) A, B 각 수용가의 일부하율은 얼마인지 계산하시오.
① A 수용가의 일부하율
② B 수용가의 일부하율

계산과정 **정답**

답안작성

계산과정 | ① $\dfrac{\dfrac{(2\times 10^3 \times 6)+(1\times 10^3 \times 6)+(4\times 10^3 \times 6)+(3\times 10^3 \times 6)}{24}}{4\times 10^3}\times 100 = 62.5[\%]$

② $\dfrac{\dfrac{(3\times 10^3 \times 12)+(2\times 10^3 \times 12)}{24}}{3\times 10^3}\times 100 = 83.33[\%]$

정답 | ① A 수용가의 일부하율 = 62.5[%]
② B 수용가의 일부하율 = 83.33[%]

참고

- 일부하율 = $\dfrac{\text{일평균수요전력}}{\text{최대수요전력}} \times 100[\%]$

- 일평균수요전력 = $\dfrac{\text{하루수요전력}}{24}[kW]$

(3) A, B 각 수용가 상호 간의 부등률을 계산하고 부등률의 정의를 간단히 쓰시오.
① 부등률
계산과정 **정답**
② 부등률의 정의

답안작성

① 계산과정 | 부등률 = $\dfrac{4\times 10^3 + 3\times 10^3}{6\times 10^3} = 1.17$

정답 | 1.17

② 서로 다른 부하의 합성 최대 전력에 대한 개별 부하 최대수용전력의 합의 비

참고

부등률 = $\dfrac{\text{개별 부하의 최대수용전력의 합}}{\text{합성 최대 전력}}$

- 개별 부하의 최대수용전력의 합 = $4\times 10^3 + 3\times 10^3[kW]$
  - A 수용가의 최대수용전력 = $4\times 10^3[kW]$(12시 ~ 18시)
  - B 수용가의 최대수용전력 = $3\times 10^3[kW]$(0시 ~ 12시)
- 합성 최대 전력 = $6\times 10^3[kW]$(12시 ~ 18시)
  - 0시 ~ 6시 = A 수용가 2×10^3 + B 수용가 $3\times 10^3 = 5\times 10^3[kW]$
  - 6시 ~ 12시 = A 수용가 1×10^3 + B 수용가 $3\times 10^3 = 4\times 10^3[kW]$
  - 12시 ~ 18시 = A 수용가 4×10^3 + B 수용가 $2\times 10^3 = 6\times 10^3[kW]$(합성 최대 전력)
  - 18시 ~ 24시 = A 수용가 3×10^3 + B 수용가 $2\times 10^3 = 5\times 10^3[kW]$

05

다음 그림과 같은 부하를 갖는 변압기가 있다. 최대수용전력[kVA]를 계산하시오. (단, 부하 간의 부등률은 1.2이다. 부하의 역률은 모두 85[%]이다. 부하에 대한 수용률은 다음 표와 같다)

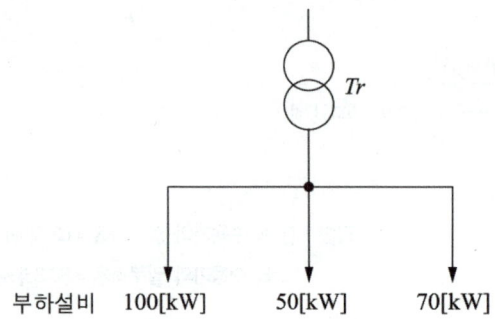

부하	수용률
10[kW] 이상 ~ 50[kW] 미만	70[%]
50[kW] 이상 ~ 100[kW] 미만	60[%]
100[kW] 이상 ~ 150[kW] 미만	50[%]
150[kW] 이상	45[%]

답안작성

계산과정 | $Tr = \dfrac{(100 \times 0.5)+(50 \times 0.6)+(70 \times 0.6)}{1.2 \times 0.85} = 119.61$ [kVA]

정답 | 119.61[kVA]

참 고

최대수용전력[kVA] = $\dfrac{\text{각 부하의 최대수용전력의 합[kW]}}{\text{부등률} \times \text{역률}}$

최대수용전력 = 부하설비용량 × 수용률

06

옥외용 변전소 내의 변압기 사고라고 할 수 있는 사고의 종류 5가지만 쓰시오. [5점]

답안작성

① 변압기 권선의 상간단락 및 층간 단락 사고
② 변압기 권선과 철심 사이의 절연이 파괴되어 발생하는 지락고장 사고
③ 변압기 권선의 단선 사고
④ 변압기 1차 권선과 2차 권선의 혼촉(고·저압 권선의 혼촉) 사고
⑤ Bushing Lead선의 절연파괴로 인한 지락 사고

07

그림과 같은 수전계통에 대한 각 물음에 답하시오. [9점]

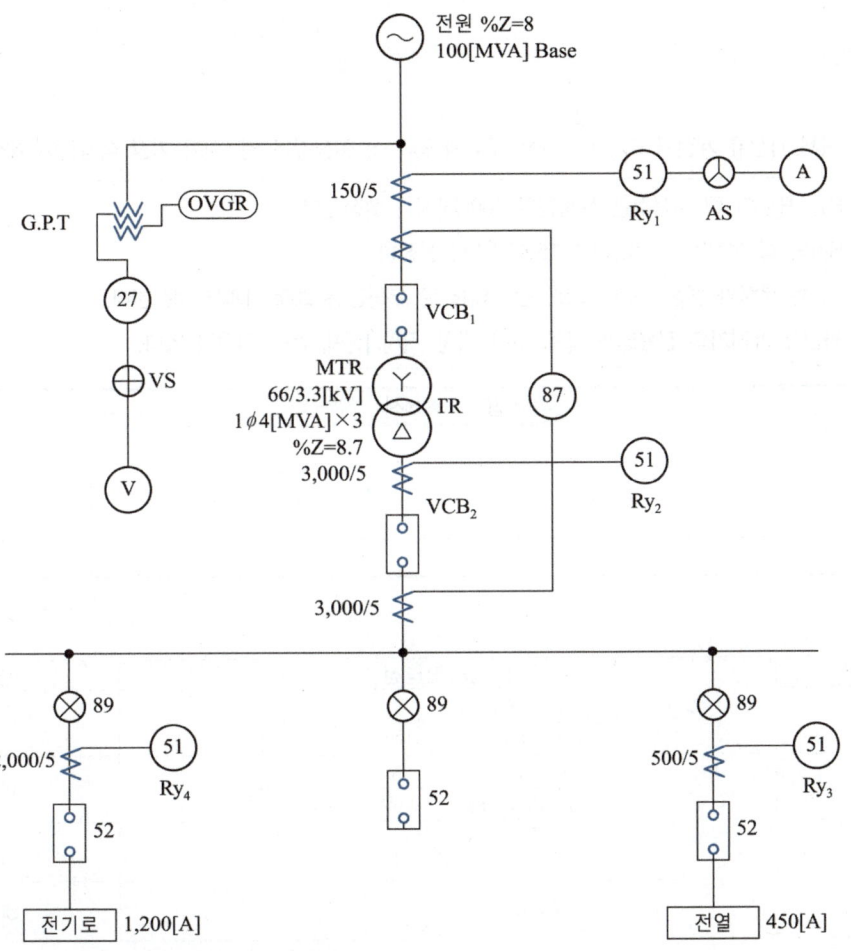

(1) "27"과 "87" 계전기의 우리말 명칭과 용도를 설명하시오.

기기	명칭	용도
27		
87		

답안작성

기기	명칭	용도
27	부족전압 계전기	상시전원의 정전 또는 정정값 이하의 전압이 되었을 경우 경보 또는 회로차단
87	비율차동 계전기	주 변압기 내부 고장 보호용으로 사용

> **참고**
> 계전기 명칭
> - 51 : 과전류 계전기
> - 52 : 차단기
> - 89 : 단로기

(2) 다음의 조건에서 과전류 계전기 Ry_1, Ry_2, Ry_3, Ry_4의 탭(Tap) 설정값은 몇 [A]가 가장 적당한지 계산하여 정하시오.

> [조건]
> - Ry_1, Ry_2의 탭 설정값은 부하전류 160[%]에서 설정한다.
> - Ry_3의 탭 설정값은 부하전류 150[%]에서 설정한다.
> - Ry_4는 부하가 변동 부하이므로, 탭 설정값은 부하전류 200[%]에서 설정한다.
> - 과전류 계전기의 전류탭은 2[A], 3[A], 4[A], 5[A], 6[A], 7[A], 8[A]가 있다.

계전기	설정값 계산과정	설정값
Ry_1		
Ry_2		
Ry_3		
Ry_4		

답안작성

계전기	설정값 계산과정	설정값
Ry_1	$I = \dfrac{(4 \times 10^6) \times 3}{\sqrt{3} \times (66 \times 10^3)} \times \dfrac{5}{150} \times 1.6 = 5.59$	6[A]
Ry_2	$I = \dfrac{(4 \times 10^6) \times 3}{\sqrt{3} \times (3.3 \times 10^3)} \times \dfrac{5}{3,000} \times 1.6 = 5.59$	6[A]
Ry_3	$I = 450 \times \dfrac{5}{500} \times 1.5 = 6.75$	7[A]
Ry_4	$I = 1,200 \times \dfrac{5}{2,000} \times 2 = 6$	6[A]

> **참고**
> 과전류 계전기 전류탭 설정에 필요한 전류값 계산
> $I = 부하전류 \times \dfrac{1}{CT비} \times 설정값 [A]$

(3) 차단기 VCB_1의 정격전압은 몇 [kV]인지 쓰시오.

답안작성
72.5[kV]

> **참 고**
>
> 차단기 정격전압
>
> | 공칭전압[kV] | 정격전압[kV] | 계산값 |
> |---|---|---|
> | 3.3 | 3.6 | $3.3 \times \frac{1.2}{1.1} = 3.6$ |
> | 6.6 | 7.2 | $6.6 \times \frac{1.2}{1.1} = 7.2$ |
> | 22.9 | 25.8 | $22.9 \times \frac{1.2}{1.1} = 24.98$ |
> | 66 | 72.5 | $66 \times \frac{1.2}{1.1} = 72$ |
> | 154 | 170 | $154 \times \frac{1.2}{1.1} = 168$ |

(4) 차단기 VCB₁의 정격용량을 계산하여 다음 표에서 가장 적당한 차단기의 정격차단용량을 선정하시오.

차단기 정격차단용량			
1,000	1,500	2,500	3,500

계산과정   **정답**

> **답안작성**
>
> **계산과정** | **정격용량** $P_s = \frac{100}{8} \times 100 = 1,250 \text{[MVA]}$ **정답** | 1,500[MVA] 선정

> **참 고**
>
> 정격용량(= 단락용량) $P_s = \frac{100}{\%Z} \times P_n$

08

1차측의 전원이 3상인 변압기 2차측에 단상전열기 2대를 연결하여 사용할 경우 3상 평형전류가 흐르는 변압기 결선방법이 있다. 3상 전원을 2상 전원으로 변환하는 결선방법의 우리말 명칭과 결선도를 그리시오. (단, 단상변압기 2대를 사용한다) [5점]

(1) 명칭

답안작성
스코트 결선

(2) 결선도

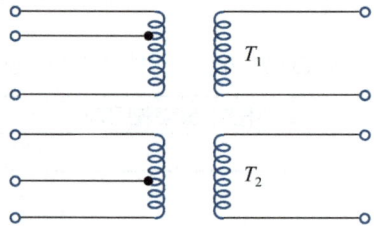

답안작성

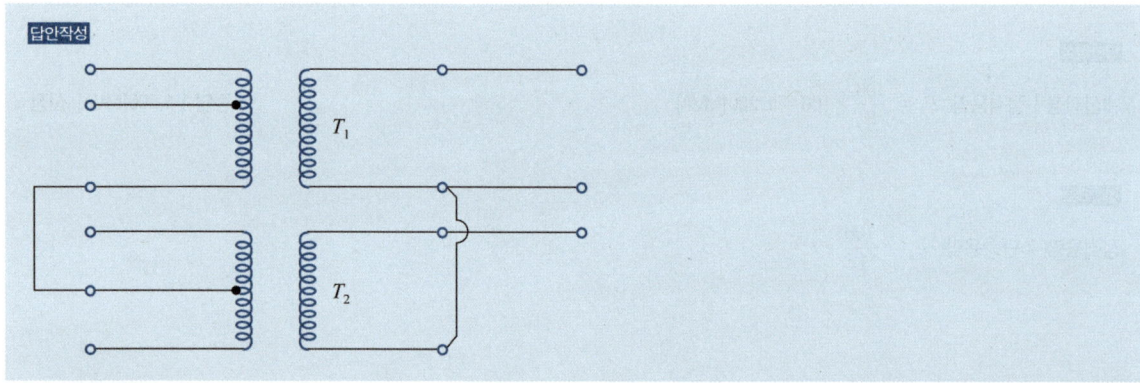

참 고

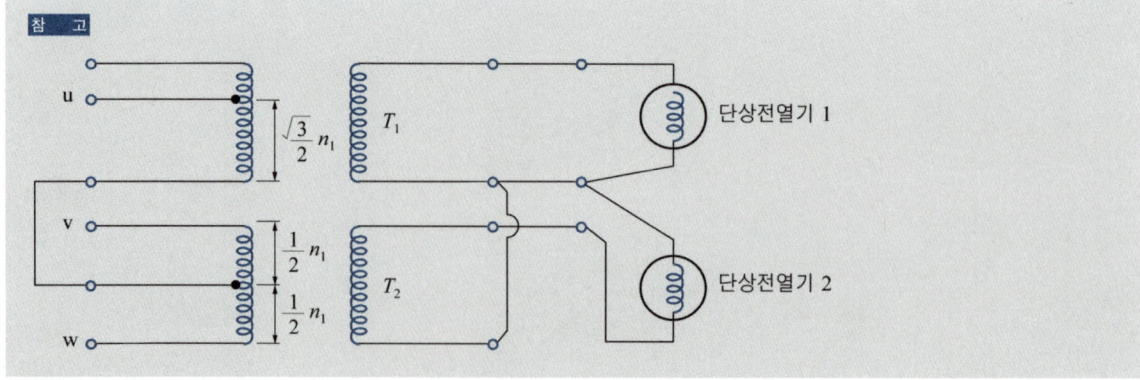

09

다음 회로는 리액터 기동 정지 조작회로의 미완성 도면이다. 이 도면을 보고 다음 회로에 답하시오. [12점]

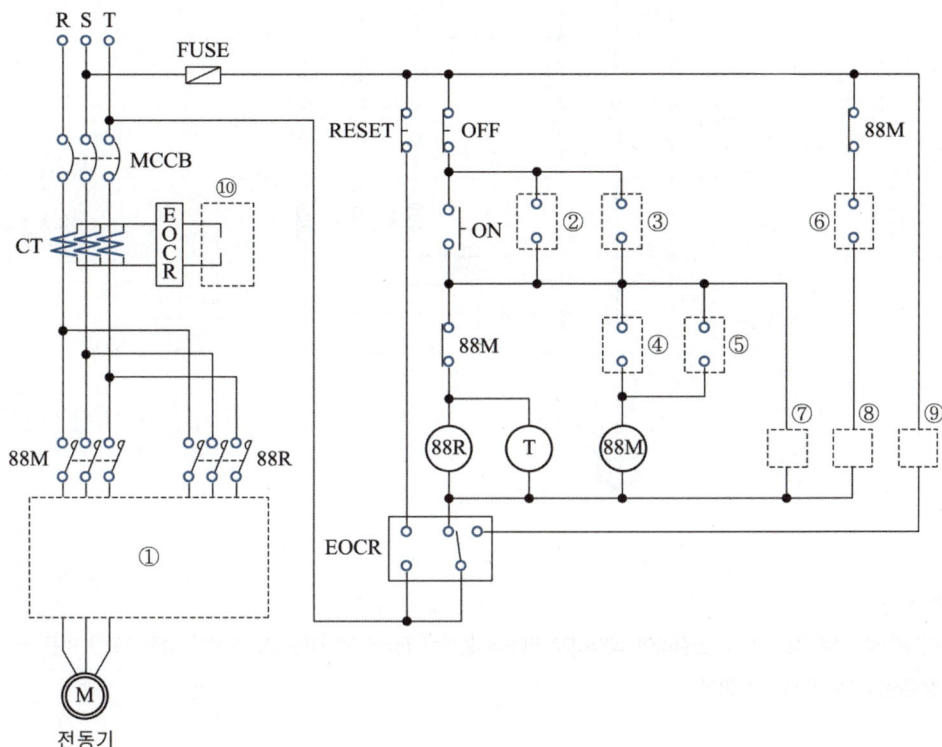

(1) ① 부분의 미완성 주회로를 완성하시오.

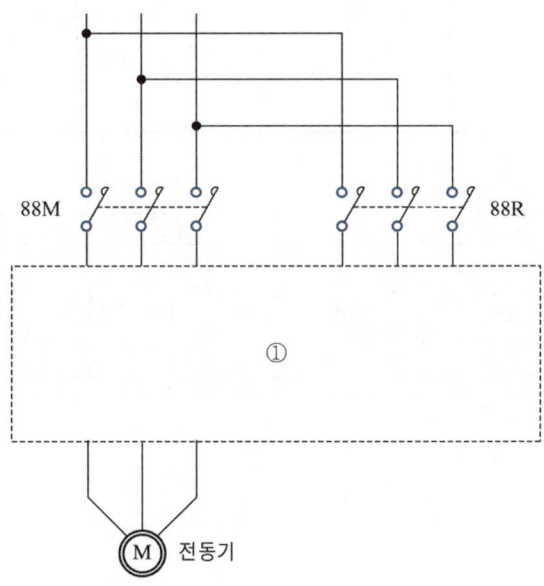

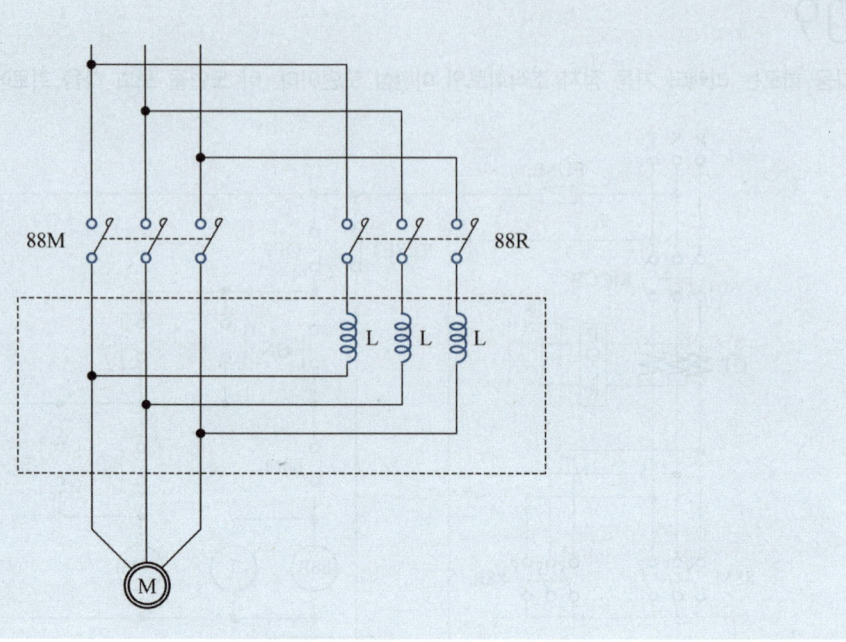

참 고
리액터(reactor) 기동

전동기의 전원측에 리액터를 직렬로 연결하여 리액터에 의해서 강하된 전압으로 기동하고 충분한 회전속도를 얻은 후 리액터를 단락시켜 정상전압으로 운전하는 방식

(2) 제어회로에서 ②, ③, ④, ⑤, ⑥ 부분의 접점을 빈칸에 직접 그리고 그 기호를 쓰시오.

구분	②	③	④	⑤	⑥
접점 및 기호					

답안작성

구분	②	③	④	⑤	⑥
접점 및 기호	88R	88M	T-a	88M	88R

> **참고**
> 88번 : 전동장치의 운전용 개폐기
>
> ┤├ 한시동작 순시 복귀

(3) ⑦, ⑧, ⑨, ⑩ 부분에 들어갈 LAMP와 계기의 그림기호를 빈칸에 직접 그리시오.
(예 Ⓖ 정지, Ⓡ 기동 및 운전, Ⓨ 과부하로 인한 정지)

구분	⑦	⑧	⑨	⑩
그림 기호				

답안작성

구분	⑦	⑧	⑨	⑩
그림 기호	Ⓡ	Ⓖ	Ⓨ	Ⓐ

> **참고**
> Ⓐ : 전류계
>
> 리액터 기동 정지 동작 회로 동작 설명
>
> ① 기동 전에는 ⑧ Ⓖ가 점등되어 있다.
> ② ON버튼을 누르면 88R, T가 여자되고 ⑦ Ⓡ가 점등 그리고 리액터 기동이 시작된다.
> ③ 88R의 a 접점이 동작하여 88R을 자기 유지하고 88R의 b 접점이 동작하여 ⑧ Ⓖ가 소등된다.
> ④ T의 a 접점이 설정 시간 후 동작하여 88M이 여자된다.
> ⑤ 88M의 a 접점이 동작하여 88M을 자기 유지하고 88M의 b접점이 동작하여 88R을 소자시킨다. 이때 리액터 기동에서 정상운전으로 전환된다.
> ⑥ OFF버튼을 누르면 88M이 소자되어 모든 접점은 전동기가 기동하기 전으로 복귀하고 전동기는 정지하며 ⑦ Ⓡ은 소등하고 ⑧ Ⓖ는 점등된다.

(4) 직입 기동 시 시동전류가 정격전류의 6배가 되는 전동기를 65[%] 탭에서 리액터 기동하면 시동전류는 정격전류의 약 몇 배 정도 되는지 계산하시오.

계산과정

답안작성

계산과정 | **시동전류** $I_s = 6I \times 0.65 = 3.9I$

정답 | 정격전류의 약 3.9배

참 고
리액터의 65[%] 탭은 전압의 65[%]를 의미하며 전압과 기동전류(시동전류)는 비례관계를 갖는다.

(5) 직입 기동 시 시동토크가 정격토크의 2배였다고 하면 65[%] 탭에서 리액터 기동하면 시동토크는 정격토크의 약 몇 배 정도 되는지 계산하시오.

계산과정

답안작성

계산과정 | **시동토크** $T_s = 2T \times 0.65^2 = 0.845T$

정답 | 정격토크의 약 0.85배

참 고
기동토크(시동토크)는 전압의 제곱에 비례한다.
$T_s \propto V^2$

10

유도전동기의 기동용량이 1,000[kVA]이고 기동 시 전압강하는 20[%]까지 허용되며 발전기의 과도리액턴스가 25[%]이다. 유도전동기를 운전할 수 있는 자가 발전기의 최소용량은 몇 [kVA]인지 계산하시오. [5점]

계산과정

답안작성

계산과정 | $1,000 \times 0.25 \times \left(\dfrac{1}{0.2} - 1\right) = 1,000$ [kVA]

정답 | 1,000[kVA]

참 고
발전기 정격용량 ≥ 기동용량 × 발전기 과도리액턴스 × $\left(\dfrac{1}{허용전압강하} - 1\right)$ [kVA]

11

그림과 같이 부하를 운전 중인 상태에서 변류기 2차측의 전류계를 교체할 때 어떠한 순서로 작업을 진행하여야 하는지 쓰시오. (단, K와 L은 변류기 1차 단자, k와 l은 변류기 2차 단자, a와 b는 전류계 단자이다) [5점]

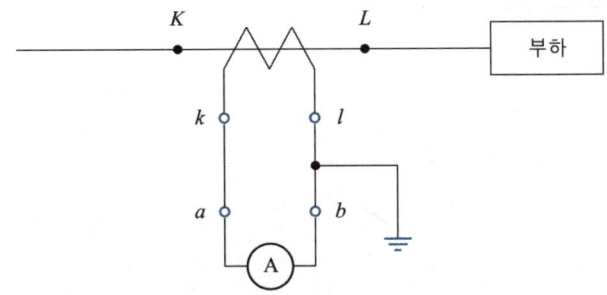

답안작성

① 변류기 2차 단자 k와 l을 단락시킨다.
② 전류계를 a와 b 단자에서 분리한다.
③ 교체할 전류계를 a와 b 단자에 연결한다.
④ 단락한 변류기 2차 단자 k와 l을 개방하여 작업을 마친다.

참 고

계기 교체 시
- 계기용 변류기(CT)는 단락
- 계기용 변압기(PT)는 개방

12

길이 30[m], 폭 50[m]인 방에 전광속 2,500[lm]의 40[W] 형광등을 사용하여 평균조도 200[lx]를 얻기 위한 필요한 등수를 계산하시오. (단, 조명률 0.6, 감광보상률 1.2이고 기타요인을 무시한다) [5점]

답안작성

계산과정 | $N = \dfrac{DES}{FU} = \dfrac{1.2 \times 200 \times 30 \times 50}{2,500 \times 0.6} = 240$[등]

정답 | 240[등]

참 고

$FUN = DES$

(F : 광속[lm], U : 조명률, N : 등수, D : 감광보상률, E : 조도[lx], S : 면적[m²])

13

전력계통의 발전기 변압기 등의 증설이나 송전선의 신·증설 시 단락·지락전류가 증가하여 송변전 기기의 손상이 증대되고, 부근에 있는 통신선의 유도장해가 증가하는 등의 문제점이 예상된다. 문제의 원인인 단락용량을 경감할 수 있는 대책을 세워야 한다. 대책 3가지만 쓰시오. [6점]

답안작성
① 모선계통 분리운영
② 한류리액터 설치
③ 계통전압의 격상

참고
그 외의 대책
- 직류연계
- 고 임피던스 기기 채택
- 고장 전류 제한기 사용 등

14

전동기에 개별로 콘덴서를 설치할 경우 발생할 수 있는 자기여자현상의 발생 이유와 현상을 간단히 설명하시오.

(1) 이유

답안작성
전동기의 무부하 전류보다 콘덴서에 흐르는 전류가 큰 경우 발생

(2) 현상

답안작성
전동기 단자전압이 일시적으로 정격전압보다 높아지는 현상

참고
자기여자현상
전동기의 회전자가 어떤 이유에서 회전자계보다 빨라지거나 전원에서 분리되어 회전자계 소멸 후 기계적 관성에 의해서 회전자가 회전을 지속하면 전동기는 발전기로 작동한다. 이때 설치되어 있는 콘덴서는 전류의 위상을 앞서게 하여 발전기로 작동하는 전동기에 진상전류를 흘려 자속을 증가시키므로 일시적으로 단자의 전압이 정격전압보다 높아지는 현상이 일어난다. 이러한 현상을 자기여자현상이라 한다.

15

역률이 100[%]인 3상 4선식 배전 선로에 부하 a-n, b-n, c-n이 각 상과 중성선 간에 연결되어 있다. a, b, c상에 흐르는 전류가 220[A], 172[A], 190[A]일 때 중성선에 흐르는 전류를 계산하시오. [5점]

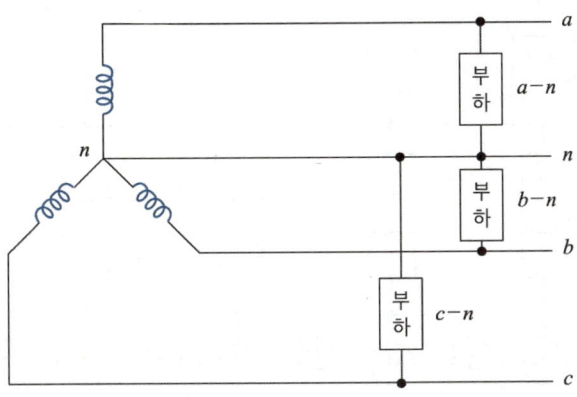

계산과정

답안작성 | 계산과정 | $I_n = I_a + I_b + I_c = 220 + 172\angle 240° + 190\angle 120° = 220 + 172(\cos 240 + j\sin 240) + 190(\cos 120 + j\sin 120)$
$= 220 - 86 - j148.96 - 95 + j164.54 = 39 + j15.59 = \sqrt{39^2 + 15.59^2} = 41.84$[A]

정답 | 42[A]

참 고

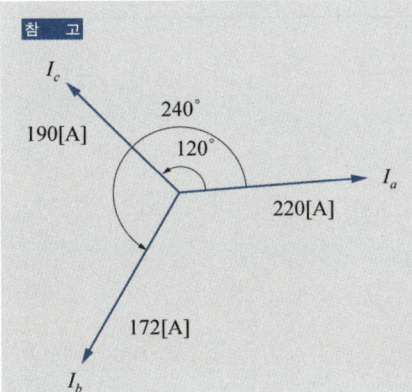

$I_a = 220$, $I_b = 172\angle 240°$, $I_c = 190\angle 120°$

복소수 표현

$a\angle\theta \rightarrow a(\cos\theta + j\sin\theta)$

16

전동기 M₁ ~ M₅ 사양이 주어진 조건과 같고 이것을 그림과 같이 배치하여 금속관 공사로 시설하고자 한다. 주어진 자료를 이용하여 다음 물음에 답하시오. (단, XLPE 절연전선을 사용하고 공사방법은 B1이다) [7점]

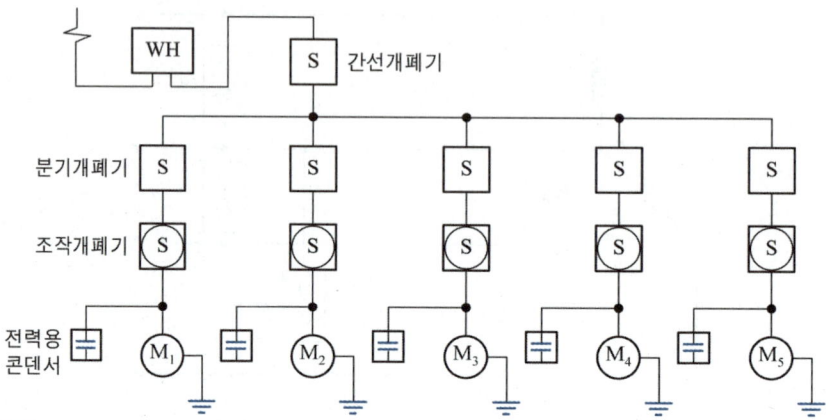

[조건]
- M₁ : 3상 200[V] 0.75[kW] 농형 유도전동기(직입기동)
- M₂ : 3상 200[V] 3.7[kW] 농형 유도전동기(직입기동)
- M₃ : 3상 200[V] 5.5[kW] 농형 유도전동기(직입기동)
- M₄ : 3상 200[V] 15[kW] 농형 유도전동기(Y-△기동)
- M₅ : 3상 200[V] 30[kW] 농형 유도전동기(기동보상기기동)

[표 1] 후강 전선관 굵기의 선정

도체 단면적 [mm²]	전선본수									
	1	2	3	4	5	6	7	8	9	10
	전선관의 최소 굵기[mm]									
2.5	16	16	16	16	22	22	22	28	28	28
4	16	16	16	22	22	22	28	28	28	28
6	16	16	22	22	22	28	28	28	36	36
10	16	22	22	28	28	36	36	36	36	36
16	16	22	28	28	36	36	36	42	42	42
25	22	28	28	36	36	42	54	54	45	54
35	22	28	36	42	54	54	54	70	70	70
50	22	36	54	54	70	70	70	82	82	82
70	28	42	54	54	70	70	70	82	82	92
95	28	54	54	70	70	82	82	92	92	104
120	36	54	54	70	70	82	82	92		
150	36	70	70	82	92	92	104	104		
185	36	70	70	82	92	104				
240	42	82	82	92	104					

[비고] 1. 전선 1본수는 접지선 및 직류 회로의 전선에도 적용한다.
2. 이 표는 실험 결과와 경험을 기초로 하여 결정한 것이다.
3. 이 표는 KS C IEC 60227-3의 450/750[V] 일반용 단심 비닐절연전선을 기준한 것이다.

[표 2] 콘덴서 설치용량 기준표(200[V], 380[V], 3상 유도전동기)

정격출력 [kW]	설치하는 콘덴서 용량(90[%]까지)					
	200[V]		380[V]		440[V]	
	[μF]	[kVA]	[μF]	[kVA]	[μF]	[kVA]
0.2	15	0.2262	-	-		
0.4	20	0.3016	-	-		
0.75	30	0.4524	-	-		
1.5	50	0.754	10	0.544	10	0.729
2.2	75	1.131	15	0.816	15	1.095
3.7	100	1.508	20	1.088	20	1.459
5.5	175	2.639	50	2.720	40	2.919
7.5	200	3.016	75	4.080	40	2.919
11	300	4.524	100	5.441	75	5.474
15	400	6.032	100	5.441	75	5.474
22	500	7.54	150	8.161	100	7.299
30	800	12.064	200	10.882	175	12.744
37	900	13.572	250	13.602	200	14.598

[비고] 1. 200[V]용과 380[V]용은 전기공급약관 시행세칙에 의함
2. 440[V]용은 계산하여 제시한 값으로 참고용임
3. 콘덴서가 일부 설치되어 있는 경우는 무효전력[kVar] 또는 용량([kVA] 또는 [μF] 합계에서 설치되어 있는 콘덴서의 용량([kVA] 또는 [μF])의 합계를 뺀 값을 설치하면 된다.

[표 3] 200[V] 3상 유도전동기의 간선의 굵기 및 기구의 용량(B종 퓨즈의 경우)

전동기 [kW] 수의 총계 [kW] 이하	최대 사용 전류 [A] 이하	배선종류에 의한 간선의 최소 굵기[mm²] 공사방법 A1 3개선		공사방법 B1 3개선		공사방법 C 3개선		직입기동 전동기 중 최대 용량의 것								
								0.75 이하	1.5	2.2	3.7	5.5	7.5	11	15	18.5	22
								기동기 사용 전동기 중 최대 용량의 것									
								-	-	-	5.5	7.5	11 / 15	18.5 / 22	-	30 / 37	-
		PVC	XLPE, EPR	PVC	XLPE, EPR	PVC	XLPE, EPR	과전류 차단기[A]………(칸 위 숫자) 개폐기 용량[A]………(칸 아래 숫자)									
3	15	2.5	2.5	2.5	2.5	2.5	2.5	15/30	20/30	30/30	-	-	-	-	-	-	-
4.5	20	4	2.5	2.5	2.5	2.5	2.5	20/30	20/30	30/30	50/60	-	-	-	-	-	-
6.3	30	6	4	6	4	4	2.5	30/30	30/30	50/60	50/60	75/100	-	-	-	-	-
8.2	40	10	6	10	6	6	4	50/60	50/60	50/60	75/100	75/100	100/100	-	-	-	-
12	50	16	10	10	10	10	6	50/60	50/60	50/60	75/100	75/100	100/100	150/200	-	-	-
15.7	75	35	25	25	16	16	16	75/100	75/100	75/100	75/100	100/100	100/100	150/200	150/200	-	-
19.5	90	50	25	35	25	25	16	100/100	100/100	100/100	100/100	100/100	150/200	150/200	200/200	200/200	-
23.2	100	50	35	35	25	35	25	100/100	100/100	100/100	100/100	100/100	150/200	150/200	200/200	200/200	200/200
30	125	70	50	50	35	50	35	150/200	150/200	150/200	150/200	150/200	150/200	150/200	200/200	200/200	200/200
37.5	150	95	70	70	50	70	50	150/200	150/200	150/200	150/200	150/200	150/200	150/200	200/200	300/300	300/300
45	175	120	70	95	50	70	50	200/200	200/200	200/200	200/200	200/200	200/200	200/200	200/300	300/300	300/300
52.5	200	150	95	95	70	95	70	200/200	200/200	200/200	200/200	200/200	200/200	200/200	200/200	300/300	300/300
63.7	250	240	150	-	95	120	95	300/300	300/300	300/300	300/300	300/300	300/300	300/300	300/300	400/400	400/400
75	300	300	185	-	120	185	120	300/300	300/300	300/300	300/300	300/300	300/300	300/300	300/300	400/400	400/400
86.2	350	-	240	-	-	240	150	400/400	400/400	400/400	400/400	400/400	400/400	400/400	400/400	400/400	400/400

[비고] 1. 최소 전선 굵기는 1회선에 대한 것임
2. 공사방법 A1은 벽 내의 전선관에 공사한 절연전선 또는 단심케이블, B1은 벽면의 전선관에 공사한 절연전선 또는 단심케이블, 공사방법 C는 벽면에 공사한 단심 또는 다심케이블을 시설하는 경우의 전선 굵기를 표시함
3. 「전동기 중 최대의 것」에는 동시 기동하는 경우를 포함함
4. 과전류차단기의 용량은 해당 조항에 규정되어 있는 범위에서 실용상 거의 최대값을 표시함
5. 과전류 차단기의 선정은 최대용량의 정격전류의 3배에 다른 전동기의 정격전류의 합계를 가산한 값 이하를 표시함
6. 고리퓨즈는 300[A] 이하에서 사용하여야 함

[표 4] 200[V] 3상 유도 전동기 1대인 경우의 분기회로(B종 퓨즈의 경우)

정격출력 [kW]	전부하 전류 [A]	배선 종류에 의한 동 전선의 최소 굵기[mm²]					
		공사방법 A1 (3개선)		공사방법 B1 (3개선)		공사방법 C (3개선)	
		PVC	XLPE, EPR	PVC	XLPE, EPR	PVC	XLPE, EPR
0.2	1.8	2.5	2.5	2.5	2.5	2.5	2.5
0.4	3.2	2.5	2.5	2.5	2.5	2.5	2.5
0.75	4.8	2.5	2.5	2.5	2.5	2.5	2.5
1.5	8	2.5	2.5	2.5	2.5	2.5	2.5
2.2	11.1	2.5	2.5	2.5	2.5	2.5	2.5
3.7	17.4	2.5	2.5	2.5	2.5	2.5	2.5
5.5	26	6	4	4	2.5	4	2.5
7.5	34	10	6	6	4	6	4
11	48	16	10	10	6	10	6
15	65	25	16	16	10	16	10
18.5	79	35	25	25	16	25	16
22	93	50	25	35	25	25	16
30	124	70	50	50	35	50	35
37	152	95	70	70	50	70	50

정격출력 [kW]	전부하 전류 [A]	개폐기 용량[A]				과전류 차단기(B종 퓨즈)[A]				전동기용 초과눈금 전류계의 정격전류[A]	접지선의 최소 굵기 [mm²]
		직입기동		기동기 사용		직입기동		기동기 사용			
		현장조작	분기	현장조작	분기	현장조작	분기	현장조작	분기		
0.2	1.8	15	15			15	15			3	2.5
0.4	3.2	15	15			15	15			5	2.5
0.75	4.8	15	15			15	15			5	2.5
1.5	8	15	30			15	20			10	4
2.2	11.1	30	30			20	30			15	4
3.7	17.4	30	60			30	50			20	6
5.5	26	60	60	30	60	50	60	30	50	30	6
7.5	34	100	100	60	100	75	100	50	75	30	10
11	48	100	200	100	100	100	150	75	100	60	16
15	65	100	200	100	100	100	150	100	100	60	16
18.5	79	200	200	100	200	150	200	100	150	100	16
22	93	200	200	100	200	150	200	100	150	100	16
30	124	200	400	200	200	200	300	150	200	150	25
37	152	200	400	200	200	200	300	150	200	200	25

[비고] 1. 최소 전선 굵기는 1회선에 대한 것이며, 2회선 이상일 경우는 복수회로 보정계수를 적용하여야 한다.
2. 공사방법 A1은 벽 내의 전선관에 공사한 절연전선 또는 단심케이블, B1은 벽면의 전선관에 공사한 절연전선 또는 단심케이블, 공사방법 C는 벽면에 공사한 단심 또는 다심케이블을 시설하는 경우의 전선 굵기를 표시하였다.
3. 전동기 2대 이상을 동일회로로 할 경우는 간선의 표를 적용한다.
4. 전동기 퓨즈 또는 모터브레이커를 사용하는 경우는 전동기의 정격출에 적합한 것을 사용한다.
5. 과전류차단기의 용량은 해당 조항에 규정되어 있는 범위에서 실용상 거의 최대값을 표시한다.
6. 개폐기 용량 [kW]로 표시된 것은 이것을 초과하는 정격출력의 전동기에는 사용하지 말아야 한다.

(1) 각 전동기 분기회로의 설계에 필요한 자료를 완성하시오.

구분		M_1	M_2	M_3	M_4	M_5
규약전류[A]						
전선	최소 굵기[mm²]					
개폐기 용량[A]	분기					
	현장조작					
과전류 보호기[A]	분기					
	현장조작					
초과눈금 전류계[A]						
접지도체의 굵기[mm²]						
금속관의 굵기[mm]						
콘덴서 용량[μF]						

답안작성

구분		M_1	M_2	M_3	M_4	M_5
규약전류[A]		4.8	17.4	26	65	124
전선	최소굵기[mm²]	2.5	2.5	2.5	10	35
개폐기 용량[A]	분기	15	60	60	100	200
	현장조작	15	30	60	100	200
과전류 보호기[A]	분기	15	50	60	100	200
	현장조작	15	30	50	100	150
초과눈금 전류계[A]		5	20	30	60	150
접지도체의 굵기[mm²]		2.5	6	6	16	25
금속관의 굵기[mm]		16	16	16	36	36
콘덴서 용량[μF]		30	100	175	400	800

참 고

M_4 전동기는 $Y-\triangle$ 기동이므로 금속관의 굵기 선정 시 전선 본수를 6가닥으로 적용해야 함

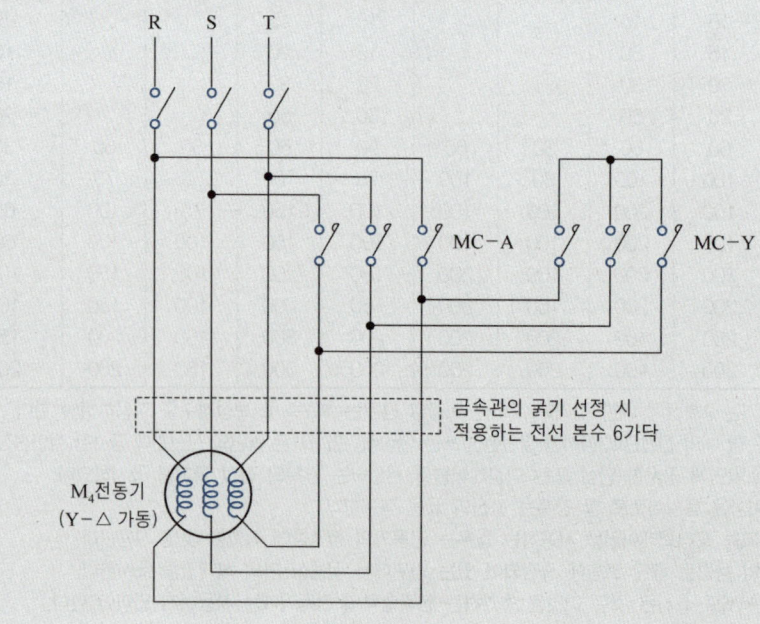

(2) 간선의 설계에 필요한 자료를 완성하시오.

전선의 최소 굵기[mm^2]	개폐기 용량[A]	과전류 보호기 용량[A]	금속관의 굵기[mm]

답안작성

전선의 최소 굵기[mm^2]	개폐기 용량[A]	과전류 보호기 용량[A]	금속관의 굵기[mm]
95	300	300	54

참고

간선이므로 부하의 모든 용량과 전류를 합해서 적용한다.

전동기 총 용량 = 0.75 + 3.7 + 5.5 + 15 + 30 = 54.95[kW]

부하전류의 합 = 4.8 + 17.4 + 26 + 65 + 124 = 237.2[A]

17

다음 배전선로의 전력손실[kW]을 계산하시오. [5점]

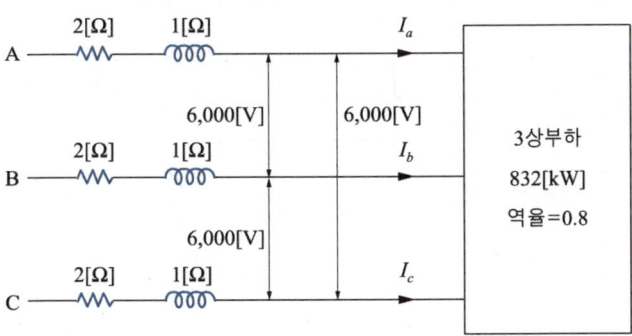

계산과정　　　　　　　　　　　　　　　　　　　　　　　　　　　　　　**정　답**

답안작성

계산과정 | 전력손실 $P_l = 3I^2R = 3 \cdot \left(\dfrac{P}{\sqrt{3}\,V\cos\theta}\right)^2 \cdot R = 3 \times \left(\dfrac{832 \times 10^3}{\sqrt{3} \times 6{,}000 \times 0.8}\right)^2 \times 2 = 60{,}089\text{[W]}$

$60{,}089\text{[W]} \times 10^{-3} = 60.089\text{[kW]}$　　　　　　　　　　　　　　　정답 | 60.09[kW]

참고

단상 전력손실 $P_l = I^2R\text{[W]}$

3상 전력손실 $P_{3l} = 3I^2R\text{[W]}$

$I = \dfrac{P}{\sqrt{3}\,V\cos\theta}\text{[A]}$

실기[필답형]기출문제　　2013 * 2

※ 출제기준 변경 및 개정된 관계법규에 따라 삭제된 문제가 있어 배점의 합계가 100점이 안 됩니다.

01

다음은 컴퓨터 등의 중요한 부하에 대한 무정전 전원 공급을 위한 그림이다. ①~⑤에 적합한 전기 시설물을 적어 그림을 완성하시오. [5점]

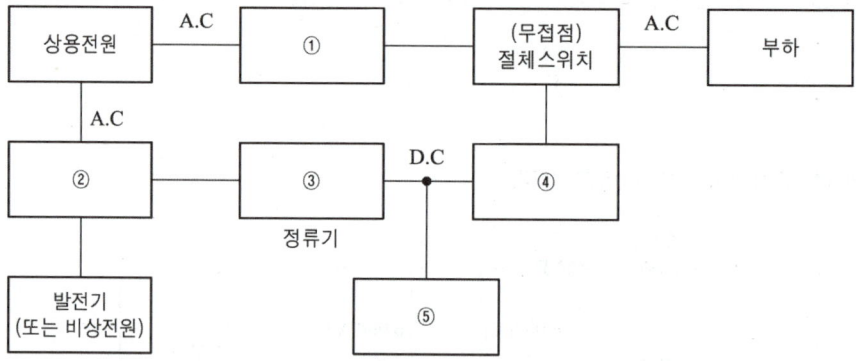

답안작성

① 자동전압 조정기[AVR]

② 절체용 개폐기

③ 정류기(컨버터)

④ 인버터

⑤ 축전지

참　고

UPS(무정전 전원 공급장치)

상용 전원이 정전되어도 무정전으로 부하에 전력을 공급하는 장치로 순간의 정전에도 큰 손해를 일으키는 중요한 부하에 사용된다.

02

아몰퍼스 변압기의 장단점을 3가지씩 쓰시오. [6점]

(1) 장점

답안작성
① 규소 강판에 비해 히스테리시스손 감소
② 규소 강판에 비해 와류손 경감
③ 철손 및 여자전류가 $\frac{1}{3} \sim \frac{1}{4}$ 정도 작다.

(2) 단점

답안작성
① 규소강판에 비해 포화자속밀도가 낮다.
② 소음이 크다.
③ 규소강판에 비해 두께가 얇아 깨지기 쉽다.

참 고

아몰퍼스 변압기

기존의 변압기에 사용되는 규소강판 대신 철(Fe), 붕소(B), 규소(Si) 등의 금속을 녹여 혼합하고 급속 냉각하여 원자 배열이 액체와 같이 흐트러져 있는 비정질 자성재료인 아몰퍼스 메탈을 변압기 철심에 적용한 변압기

03

그림과 같은 송전계통 S점에서 3상 단락사고가 발생하였다. 주어진 도면과 조건을 이용하여 다음 각각의 물음에 답하시오. [10점]

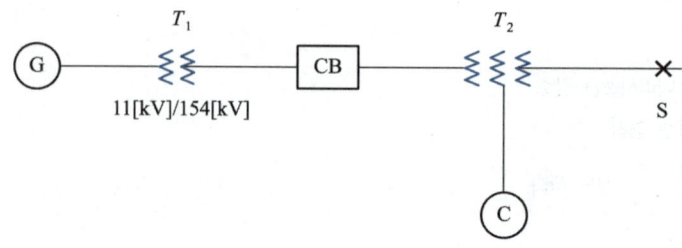

[조건]

번호	기기명	용량	전압	%X
1	G : 발전기	50,000[kVA]	11[kV]	30
2	T_1 : 변압기	50,000[kVA]	11/154[kV]	12
3	송전선		154[kV]	10(10,000[kVA] 기준)
4	T_2 : 변압기	1차 25,000[kVA]	154[kV]	12(25,000[kVA], 1차~2차)
		2차 30,000[kVA]	77[kV]	15(25,000[kVA], 2차~3차)
		3차 10,000[kVA]	11[kV]	10.8(10,000[kVA], 3차~1차)
5	C : 조상기	10,000[kVA]	11[kV]	20

(1) 발전기, 변압기(T_1), 송전선 및 조상기의 %X를 기준출력 100[MVA]로 환산하시오.

① 발전기

② 변압기(T_1)

③ 송전선

④ 조상기

계산과정   정 답

답안작성

계산과정 | ① $\%X_G = \dfrac{100}{50} \times 30 = 60[\%]$ 정답 | 발전기 = 60[%]

② $\%X_{T_1} = \dfrac{100}{50} \times 12 = 24[\%]$ 변압기(T_1) = 24[%]

③ $\%X_l = \dfrac{100}{10} \times 10 = 100[\%]$ 송전선 = 100[%]

④ $\%X_C = \dfrac{100}{10} \times 20 = 200[\%]$ 조상기 = 200[%]

> **참 고**
>
> 기준용량 기준환산 $\%X = \dfrac{\text{기준용량[MVA]}}{\text{자기용량[MVA]}} \times \%X(\text{자기용량기준})$

(2) 변압기(T_2)의 각각의 %X를 100[MVA] 출력으로 환산하고 1차(P), 2차(T), 3차(S) %X를 구하시오.

계산과정

답안작성

계산과정 | (1차 ~ 2차) $\%X_{T2(1 \sim 2)} = \dfrac{100}{25} \times 12 = 48[\%]$

(2차 ~ 3차) $\%X_{T2(2 \sim 3)} = \dfrac{100}{25} \times 15 = 60[\%]$

(3차 ~ 1차) $\%X_{T2(3 \sim 1)} = \dfrac{100}{10} \times 10.8 = 108[\%]$

$\%X_{T2-P} = \dfrac{48 + 108 - 60}{2} = 48[\%]$

$\%X_{T2-T} = \dfrac{48 + 60 - 108}{2} = 0[\%]$

$\%X_{T2-S} = \dfrac{60 + 108 - 48}{2} = 60[\%]$

정답 | $\%X_{T2-1차(P)} = 48[\%]$, $\%X_{T2-2차(T)} = 0[\%]$, $\%X_{T2-3차(S)} = 60[\%]$

> **참 고**
>
> $\%X_{T2-1차(P)} = \dfrac{\%X_{T2(1 \sim 2)} + \%X_{T2(3 \sim 1)} - \%X_{T2(2 \sim 3)}}{2}$
>
> $\%X_{T2-2차(T)} = \dfrac{\%X_{T2(1 \sim 2)} + \%X_{T2(2 \sim 3)} - \%X_{T2(3 \sim 1)}}{2}$
>
> $\%X_{T2-3차(S)} = \dfrac{\%X_{T2(2 \sim 3)} + \%X_{T2(3 \sim 1)} - \%X_{T2(1 \sim 2)}}{2}$

(3) 고장점과 차단기를 통과하는 각각의 단락전류를 구하시오.
   ① 고장점의 단락전류
   ② 차단기의 단락전류

계산과정

계산과정 | ① $I_S = \dfrac{100}{\%Z} \times I_N$

$$\%Z = \dfrac{\%X_1 \times \%X_3}{\%X_1 + \%X_3} + \%X_2 = \dfrac{(60+24+100+48) \times (200+60)}{(60+24+100+48) + (200+60)} + 0 = 122.6[\%]$$

$$I_S = \dfrac{100}{122.6} \times \dfrac{100 \times 10^6}{\sqrt{3} \times 77 \times 10^3} = 611.59$$

② $I_{CS77} = \dfrac{\%X_3}{\%X_1 + \%X_3} \times I_S = \dfrac{200+60}{(60+24+100+48)+(200+60)} \times 611.59 = 323.2[A]$

154[kV]를 기준으로 환산하면

$$I_{CS154} = \dfrac{77}{154} \times 323.2[A] = 161.6$$

정답 | ① $I_S = 611.59[A]$

② $I_{CS154} = 161.6[A]$

참 고

• 고장점 단락전류

$\%X_1$ = 발전기에서 변압기(T_2) 1차까지

$\%X_2$ = 조상기에서 변압기(T_2) 2차까지

$\%X_3$ = 고장점에서 변압기(T_2) 3차까지

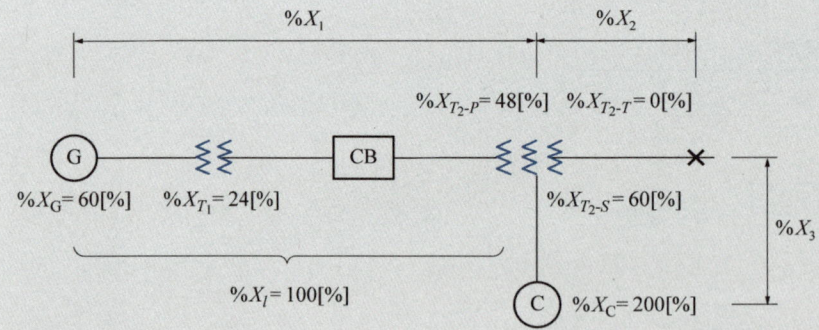

• 차단기 차단용량

변압기(T_1)의 2차 전압, CB 1차 전압이 154[kV]이기 때문에 차단기(CB)의 단락전류 계산 시 154[kV] 적용

(4) 차단기의 차단용량은 몇 [MVA]인가?

계산과정 | $P_s = \sqrt{3} \times 170 \times 161.6 \times 10^{-3} = 47.58$[MVA]

정답 | 47.58[MVA]

참고

차단기 차단용량[MVA] $= \sqrt{3} \times$ 정격전압[kV] $\times$ 정격차단전류(차단기 단락전류)[kA]

정격전압 = 공칭전압 $\times \dfrac{1.2}{1.1} = 154 \times \dfrac{1.2}{1.1} = 168$[kV]

170[kV] 적용

04

연축전지 정격용량 100[Ah], 상시부하 5[kW], 표준전압 100[V]인 부동충전방식이 있다. 이 부동충전방식에서 충전기의 2차 전류는 몇 [A]인지 계산하시오. [4점]

계산과정 | 충전기 2차 전류 $I_2 = \dfrac{100}{10} + \dfrac{5 \times 10^3}{100} = 60$[A]

정답 | 60[A]

참고

- 부동충전방식 : 축전지의 자기방전을 보상함과 동시에 상용부하에 대한 전력공급은 충전기가 부담하고 부담하기 어려운 일시적인 대전류는 축전지가 부담하는 방식

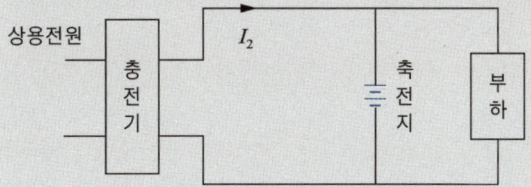

- 충전기 2차 전류 I_2[A] $= \dfrac{축전지용량[Ah]}{정격방전율[h]} + \dfrac{상시부하용량[VA]}{표준전압[V]}$

05

그림에 계통접지와 기기접지의 접지도체를 접지극에 연결하고 그 기능을 설명하시오. (접지극과 연결 부위는 선으로 연결)
[4점]

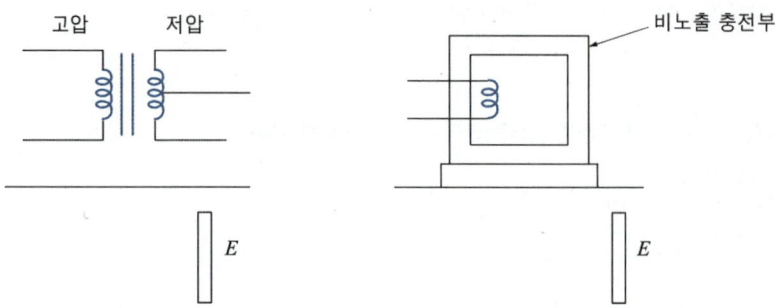

답안작성

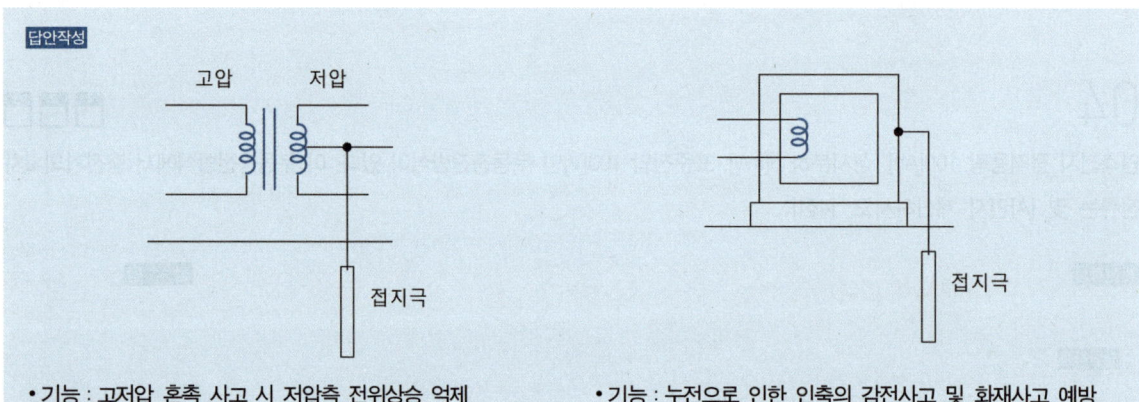

- 기능 : 고저압 혼촉 사고 시 저압측 전위상승 억제
- 기능 : 누전으로 인한 인축의 감전사고 및 화재사고 예방

참 고

- 계통접지 : 전력계통에서 돌발적으로 발생하는 이상현상에 대비하여 대지와 계통을 연결하는 것으로 중성점을 대지에 접속하는 것을 말한다(한국전기설비규정 112. 용어정리).
- 기기접지 : 기계기구 및 금속제 외함 접지

06

다음 물음에 답하시오. [5점]

(1) 역률을 개선하기 위한 전력용 콘덴서 용량은 최대 무슨 전력 이하로 설정하여야 하는지 쓰시오.

답안작성
부하의 지상 무효전력

(2) 고조파를 제거하기 위해 콘덴서에 무엇을 설치하여야 하는지 쓰시오.

답안작성
직렬리액터

(3) 역률 개선 시 나타나는 효과 3가지만 쓰시오.

답안작성
① 설비용량의 여유 증가
② 전기요금 절감
③ 전력손실 경감

참고
- 직렬리액터 : 제5고조파 제거
- 그 외의 역률 개선 효과 : 전압 강하 감소

07

다음 결선도의 미완성 부분을 완성하고 필요한 곳에 접지하시오. [6점]

(1) CT와 AS와 전류계 결선도

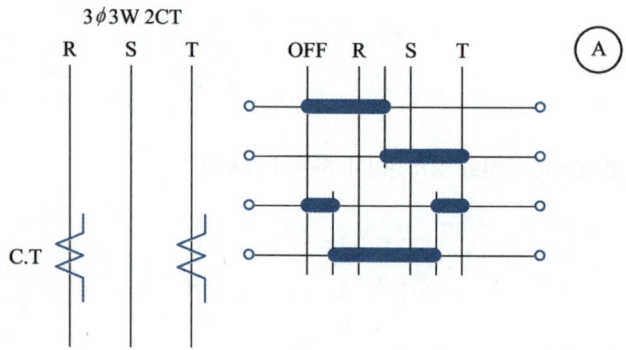

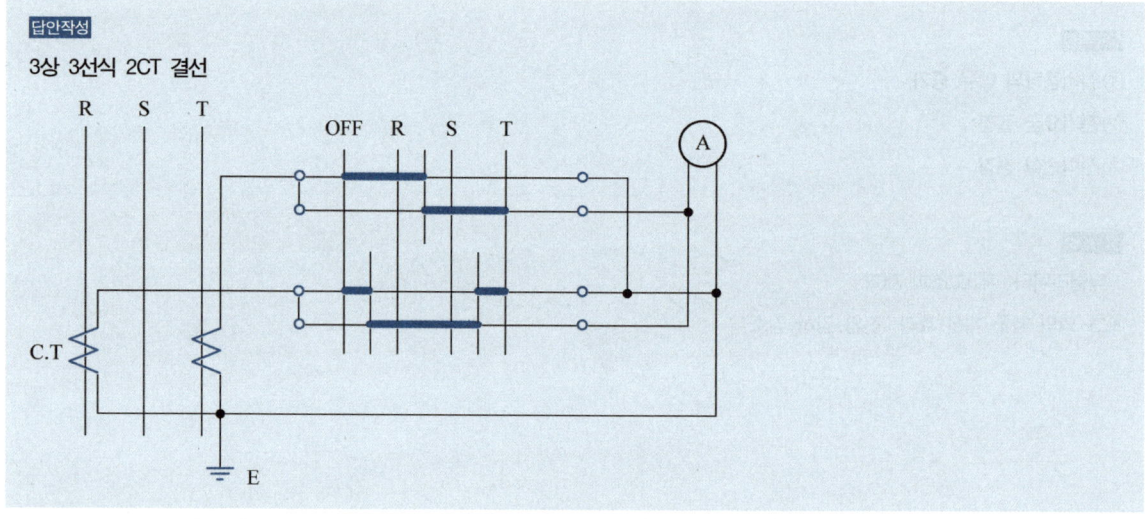

(2) PT와 VS와 전압계 결선도

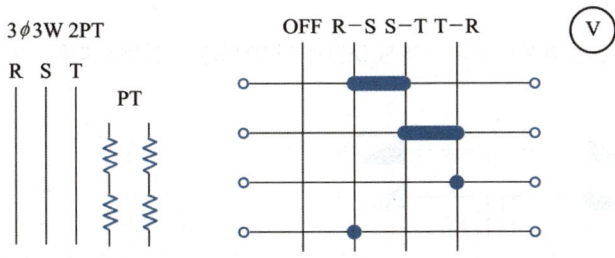

답안작성

3상 3선식 2PT결선

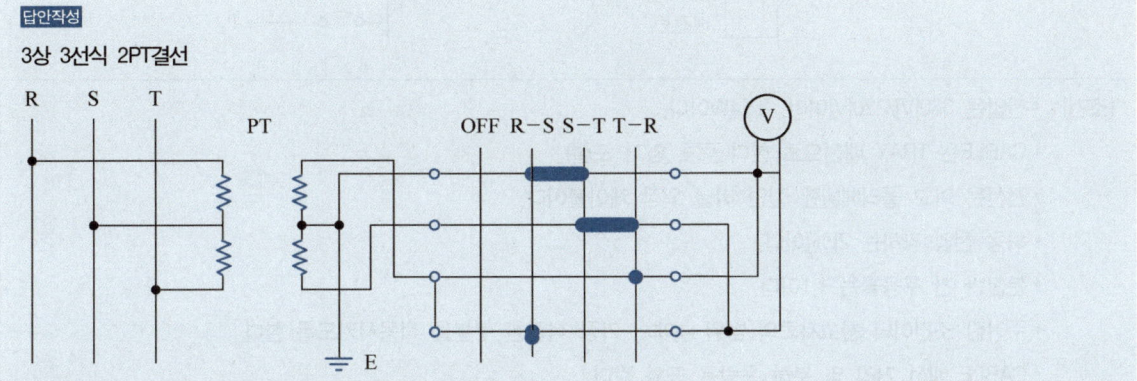

참 고

(1) R상 전류측정 시 T상의 CT 단락

S상 전류측정 시 R상의 전류 + T상의 전류

T상 전류측정 시 R상의 CT 단락

(2) 2개의 PT를 사용하므로 V 결선 사용

08

다음 그림은 어느 건물 구내 간선 계통도이다. 주어진 조건과 참고자료를 이용하여 다음 각각의 물음에 답하시오. [10점]

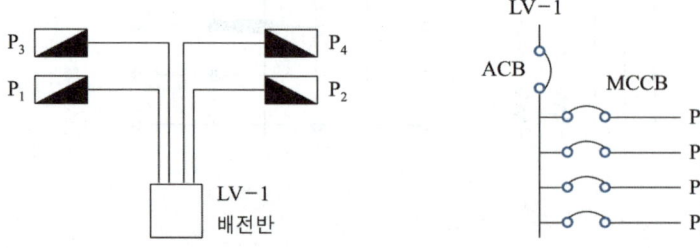

[조건]
- 전압은 380[V]/220[V]이며, 3φ4W이다.
- CABLE은 TRAY 배선으로 한다(공중, 암거 포설).
- 전선은 가교 폴리에틸렌 절연 비닐 외장 케이블이다.
- 허용 전압 강하는 2[%]이다.
- 분전반 간 부등률은 1.1이다.
- 주어진 조건이나 참고자료의 범위 내에서 가장 적절한 부분을 적용시키도록 한다.
- CABLE 배선 거리 및 부하 용량은 표와 같다.

분전반	거리[m]	연결 부하[kVA]	수용률[%]
P_1	50	240	65
P_2	80	320	65
P_3	210	180	70
P_4	150	60	70

[참고자료]

[표 1] 배선용 차단기(MCCB)

Frame	100			225			400		
기본 형식	A11	A12	A13	A21	A22	A23	A31	A32	A33
극 수	2	3	4	2	3	4	2	3	4
정격 전류[A]	60, 75, 100			125, 150, 175, 200, 225			250, 300, 350, 400		

[표 2] 기중 차단기(ACB)

TYPE	G1	G2	G3	G4
정격전류[A]	600	800	1,000	1,250
정격 절연 전압[V]	1,000	1,000	1,000	1,000
정격 사용 전압[V]	660	660	660	660
극 수	3, 4	3, 4	3, 4	3, 4
과전류 Trip 장치의 정격 전류	200, 400, 630	400, 630, 800	630, 800, 1,000	800, 1,000, 1,250

[표 3] 전선 최대 길이(3상 3선식 380[V]·전압강하 3.8[V])

전류[A]	전선의 굵기[mm²]												
	2.5	4	6	10	16	25	35	50	95	150	185	240	300
	전선 최대 길이[m]												
1	534	854	1,281	2,135	3,416	5,337	7,472	10,674	20,281	32,022	39,494	51,236	64,045
2	267	427	640	1,067	1,708	2,669	3,736	5,337	10,140	16,011	19,747	25,618	32,022
3	178	285	427	712	1,139	1,779	2,491	3,558	6,760	10,674	13,165	17,079	21,348
4	133	213	320	534	854	1,334	1,868	2,669	5,070	8,006	9,874	12,809	16,011
5	107	171	256	427	683	1,067	1,494	2,135	4,056	6,404	7,899	10,247	12,809
6	89	142	213	356	569	890	1,245	1,779	3,380	5,337	6,582	8,539	10,674
7	76	122	183	305	488	762	1,067	1,525	2,897	4,575	5,642	7,319	9,149
8	67	107	160	267	427	667	934	1,334	2,535	4,003	4,937	6,404	8,006
9	59	95	142	237	380	593	830	1,186	2,253	3,558	4,388	5,693	7,116
12	44	71	107	178	285	445	623	890	1,690	2,669	3,291	4,270	5,337
14	38	61	91	152	244	381	534	762	1,449	2,287	2,821	3,660	4,575
15	36	57	85	142	228	356	498	712	1,352	2,135	2,633	3,416	4,270
16	33	53	80	133	213	334	467	667	1,268	2,001	2,468	3,202	4,003
18	30	47	71	119	190	297	415	593	1,127	1,779	2,194	2,846	3,558
25	21	34	51	85	137	213	299	427	811	1,281	1,580	2,049	2,562
35	15	24	37	61	98	152	213	305	579	915	1,128	1,464	1,830
45	12	19	28	47	76	119	166	237	451	712	878	1,139	1,423

[비고] 1. 전압강하가 2[%] 또는 3[%]의 경우, 전선길이는 각각 이 표의 2배 또는 3배가 된다. 다른 경우에도 이 예에 따른다.
2. 전류가 20[A] 또는 200[A] 경우의 전선길이는 각각 이 표 전류 2[A] 경우의 1/10 또는 1/100이 된다. 다른 경우에도 이 예에 따른다.
3. 이 표는 평형부하의 경우에 대한 것이다.
4. 이 표는 역률 1로 하여 계산한 것이다.

(1) P_1의 전부하 시 전류를 계산하고, 여기에 사용될 배선용 차단기(MCCB)의 규격을 선정하시오.

계산과정 | $I = \dfrac{(240 \times 10^3) \times 0.65}{\sqrt{3} \times 380} = 237.02$[A]

[표 1]에서 400[AF]의 250[AT] 선정

정답 | 전부하 전류 237.02[A] 차단기(MCCB) 규격 : 400[AF] 250[AT]

참 고

- P_1의 전류 $I = \dfrac{P_1\text{의 최대수용전력}}{\sqrt{3} \times \text{전압[V]}} = \dfrac{P_1\text{의 부하설비용량[VA]} \times \text{수용률}}{\sqrt{3} \times \text{전압[V]}}$
- AF(Ampere Frame) : Frame은 배선용 차단기(MCCB)의 외함을 의미한다. 예를 들어 400[AF]이라고 하면 배선용 차단기의 외함은 정격전류 400[A]까지 견딜 수 있다는 의미를 갖는다. 차단기가 통전시킬 수 있는 정격전류와는 다른 의미를 가지며 견딜 수 있는 외함의 내구성을 의미하므로 그 크기와도 관련이 있다. 예를 들어 400[AF] 250[AT]과 400[AF] 300[AT]은 정격전류는 다르지만 외함의 견딜 수 있는 정격전류의 크기는 같으므로 외함의 물리적 크기도 같다. 그래서 일반적으로 현장에서는 [AF]은 차단기의 크기를 알아보는 단위로 많이 사용한다.
- AT(Ampere Trip) : 배선용 차단기(MCCB)가 안전하게 통전시킬 수 있는 전류의 크기를 나타낸다.

(2) P_1에 사용될 케이블의 굵기는 몇 [mm²]인지 계산하여 선정하시오.

계산과정   정   답

답안작성

계산과정 | 전선 최대 길이 $= \dfrac{50 \times \dfrac{237.02}{25}}{\dfrac{380 \times 0.02}{3.8}} = 237.02 \text{[m]}$

[표 3]에서 전류 25[A] 전선의 길이 237.02[m]를 넘는 299[m]로 전선의 굵기를 선정하면 35[mm²]이다.

정답 | 35[mm²]

참 고

전선의 길이 $= \dfrac{\text{배선길이} \times \dfrac{\text{최대사용전류}}{\text{[표 3] [비고 2]의 전류 값}}}{\dfrac{\text{전압강하}}{\text{[표3]의 전압강하}}}$ [m]

(3) 배전반에 설치된 기중차단기(ACB)의 최소 규격을 산정하시오.

계산과정   정   답

답안작성

계산과정 | $I = \dfrac{(240 \times 0.65) + (320 \times 0.65) + (180 \times 0.7) + (60 \times 0.7)}{\sqrt{3} \times 380 \times 1.1} = 0.7348 \text{[kA]}$

$0.7348\text{[kA]} \times 10^3 = 734.8\text{[A]}$

[표 2]에서 734.8[A]를 넘는 정격전류 800[A]로 선정

정답 | 정격전류 800[A] G2 TYPE 선정

> **참고**
> ACB의 정격전류 = $\dfrac{각\ 부하의\ 최대수용전력의\ 합[VA]}{\sqrt{3}\times 전압[V]\times 부등률}$ [A]

(4) 0.6/1[kV] 가교 폴리에틸렌 절연 비닐시스 케이블의 영문약호를 쓰시오.

> **답안작성**
> CV

> **참고**
> - C → cross-linked polyethylene(가교 폴리에틸렌)
> - V → P.V.C(고난연 내열 비닐)

09

지표면에서 40[m] 높이에 있는 수조에 2[m³/min]의 물을 양수하는 데 필요한 펌프용 전동기의 소요동력은 몇 [kW]인지 계산하시오. (단, 펌프의 여유율은 30[%]이고 효율은 80[%]이다) [4점]

| 계산과정 | 정답 |

> **답안작성**
> 계산과정 | $P = \dfrac{HQK}{6.12\eta} = \dfrac{40\times 2\times 1.3}{6.12\times 0.8} = 21.241$ [kW]
>
> 정답 | 21.24[kW]

> **참고**
> - 양수량의 단위가 [m³/min]일 때의 펌프용 전동기 소요동력 $P = \dfrac{HQK}{6.12\eta}$ [kW]
> - 양수량의 단위가 [m³/sec]일 때의 펌프용 전동기 소요동력 $P = \dfrac{9.8HQK}{\eta}$ [kW]
>
> (H : 양정, Q : 양수량, K : 여유계수, η : 효율)

10

다음 심벌의 명칭을 한글로 쓰시오. [3점]

(1) ┌──┐
    │MD│
    └──┘

(2) ------□------
         LD

(3) ----------------
        (F7)

답안작성

(1) 금속 덕트
(2) 라이팅 덕트
(3) 플로어 덕트

참 고

- 덕트 : 전선을 가설하기 위한 관로
- 금속 덕트 : 강철판을 이용하여 만든 전선을 가설하기 위한 관로
- 라이팅 덕트 : 조명 설치용으로 사용되는 덕트
- 플로어 덕트 : 바닥 밑으로 전선을 가설하기 위해 설치하는 덕트

11

다음 논리식의 유접점 회로와 무접점 회로를 그리시오. [5점]

$$X = A \cdot \overline{B} + (\overline{A}+B) \cdot \overline{C}$$

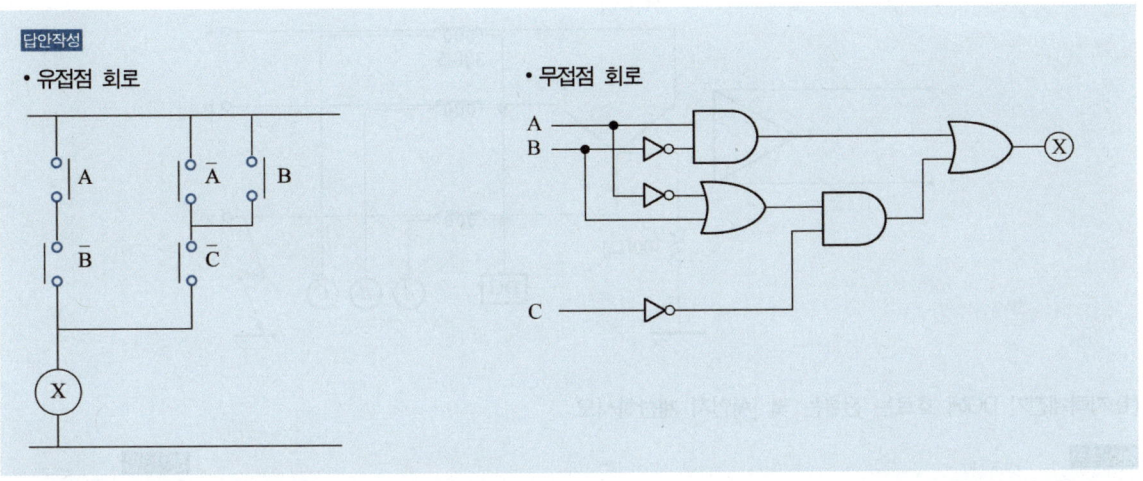

12

그림은 변류기를 영상 접속시켜 그 잔류회로에 지락계전기 DG를 삽입시킨 것이다. 선로 전압은 66[kV], 중성점에 300[Ω]의 저항접지를 하였고 CT의 변류비는 300/5이다. 송전전력 20,000[kW], 지상 역률이 80[%]일 때, a상에 완전 지락사고가 발생하였다고 할 때, 다음 각 질문에 답하시오. (단, 부하의 정상, 역상 임피던스 기타의 정수는 무시한다) [8점]

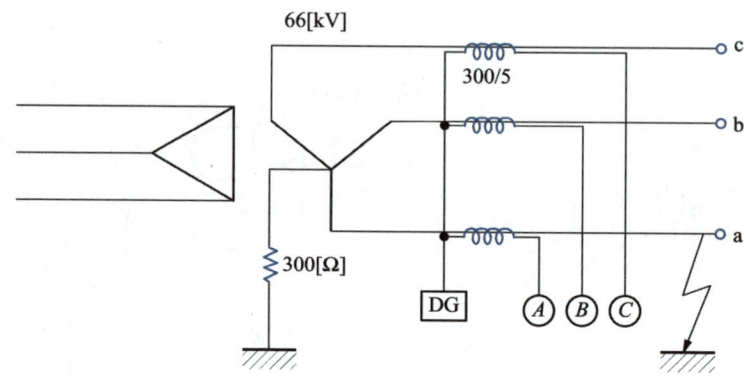

(1) 지락계전기 DG에 흐르는 전류는 몇 [A]인지 계산하시오.

계산과정

답안작성

계산과정 | 지락전류 $I_g = \dfrac{66 \times 10^3}{\sqrt{3} \times 300} = 127.02[A]$

$I_{DG} = 127.02 \times \dfrac{5}{300} = 2.12[A]$

정답 | 2.12[A]

참 고

- 지락전류 $I_g = \dfrac{상전압}{R} = \dfrac{\dfrac{선간전압}{\sqrt{3}}}{R} = \dfrac{선간전압}{\sqrt{3} \times R}$ [A]

- 지락계전기 DG에 흐르는 전류 $I_{DG} = I_g \times \dfrac{1}{CT비}$ [A]

(2) a상 전류계 A에 흐르는 전류는 몇 [A]인지 계산하시오.

계산과정

계산과정 | a상의 전류 $I_a = \dfrac{20,000 \times 10^3}{\sqrt{3} \times 66 \times 10^3 \times 0.8} \times (0.8 - j0.6) + \dfrac{66 \times 10^3}{\sqrt{3} \times 300} = 174.95 - j131.22 + 127.02 = 301.97 - j131.22$

$= \sqrt{301.97^2 + 131.22^2} = 329.25 [A]$

$I_A = 329.25 \times \dfrac{5}{300} = 5.49 [A]$

정답 | 5.49[A]

참고

a상에 지락사고가 발생하였기 때문에 a상에 흐르는 전류는 부하전류와 지락전류의 벡터합으로 나타낸다.

I_a = 부하전류 + 지락전류[A]

전류계 A에 흐르는 전류 $I_A = I_a \times \dfrac{1}{CT비} [A]$

(3) b상 전류계 B에 흐르는 전류는 몇 [A]인지 계산하시오.

계산과정

계산과정 | b상에 흐르는 전류 $I_b = \dfrac{20,000 \times 10^3}{\sqrt{3} \times 66 \times 10^3 \times 0.8} = 218.69 [A]$

$I_B = 218.69 \times \dfrac{5}{300} = 3.64 [A]$

정답 | 3.64[A]

(4) c상 전류계 C에 흐르는 전류는 몇 [A]인지 계산하시오.

계산과정

계산과정 | c상에 흐르는 전류 $I_c = \dfrac{20,000 \times 10^3}{\sqrt{3} \times 66 \times 10^3 \times 0.8} = 218.69 [A]$

$I_C = 218.69 \times \dfrac{5}{300} = 3.64 [A]$

정답 | 3.64[A]

참고

b상과 c상은 건전상이므로 부하전류가 흐른다.

부하전류 $I = \dfrac{P}{\sqrt{3}\, V \cos\theta} [A]$

전류계에 흐르는 전류 = 부하전류 $\times \dfrac{1}{CT비} [A]$

13

특고압 및 고압수전에서 대용량의 단상전기로 등의 사용으로 불평형 부하 설비의 한도에 대한 제한에 따르기 어려울 경우는 전기사업자와 협의하여 다음 각 호에 의하여 시설하는 것을 원칙으로 한다. 빈칸을 완성하시오.

(1) 단상 부하 1개의 경우는 ( ) 접속에 의할 것(다만, 300[kV]를 초과하지 말 것)

답안작성
2차 역 V

(2) 단상 부하 2개의 경우는 ( ) 접속에 의할 것(다만, 1개의 용량이 200[kVA] 이하인 경우는 부득이한 경우에 한하여 보통의 변압기 2대를 사용하여 별개의 선간에 부하를 접속할 수 있다)

답안작성
스코트

(3) 단상 부하 3개 이상인 경우는 가급적 선로전류가 ( )이 되도록 각 선간에 부하를 접속할 것

답안작성
평형

참고

내선규정 1410-1 설비부하 평형의 시설

특고압 및 고압수전에서 대용량 단상전기로 등의 사용으로 설비 부하 평형의 제한에 따르기 어려울 경우는 전기사업자와 협의하여 다음 각 호에 의하여 시설하는 것을 원칙으로 한다.

① 단상부하 1개의 경우에는 2차 역 V접속에 의할 것. 다만, 300[kVA]를 초과하지 말 것
② 단상부하 2개의 경우에는 스코트 접속에 의할 것. 다만, 1개의 용량이 200[kVA] 이하인 경우는 부득이한 경우에 한하여 보통의 변압기 2대를 사용하여 별개의 선간에 부하를 접속할 수 있다.
③ 단상부하 3개 이상인 경우에는 가급적 선로전류가 평형이 되도록 각 선간에 부하를 접속할 것

14

수용가 A, B, C, D가 있다. 이 수용가에 공급하는 배전선로의 최대 전력이 800[kW]라고 할 때 각 물음에 답하시오. [4점]

수용가	설비용량[kW]	수용률[%]
A	250	60
B	300	70
C	350	80
D	400	80

(1) 수용가의 부등률을 계산하시오.

계산과정

답안작성

계산과정 | 부등률 = $\dfrac{(250\times 0.6)+(300\times 0.7)+(350\times 0.8)+(400\times 0.8)}{800} = 1.2$

정답

정답 | 1.2

참고

부등률 = $\dfrac{\text{각 부하의 최대수용전력의 합}}{\text{합성최대전력}} \geq 1$

최대수용전력 = 설비용량 × 수용률

(2) 부등률이 크다는 것은 어떤 의미를 갖는지 설명하시오.

답안작성

각각의 부하설비가 동시에 최대전력을 소비하는 비율이 낮다는 의미로 합성 최대 전력이 낮아져 변압의 이용율이 낮아지고 경제성이 높아진다는 의미를 갖는다.

참고

부등률이 크다는 것은 각각의 부하의 최대수용전력의 합과 합성 최대 전력을 비교했을 때 합성 최대 전력이 작은 정도가 크다는 의미를 가지므로, 합성 최대 전력을 기준으로 산정하는 변압기 용량을 낮게 산정할 수 있어 경제적이라고 판단할 수 있다.

15

다음 동작설명과 같이 동작될 수 있는 시퀀스 회로를 그리시오. [5점]

[동작설명] 1. 3로 스위치 S_{3-1}을 ON, S_{3-2}를 ON했을 시 R_1, R_2가 직렬 점등되고, S_{3-1}을 OFF, S_{3-2}를 OFF했을 시 R_1, R_2가 병렬 점등한다.
2. 푸시 버튼 스위치 PB를 누르면 R_3와 B가 병렬로 동작한다.

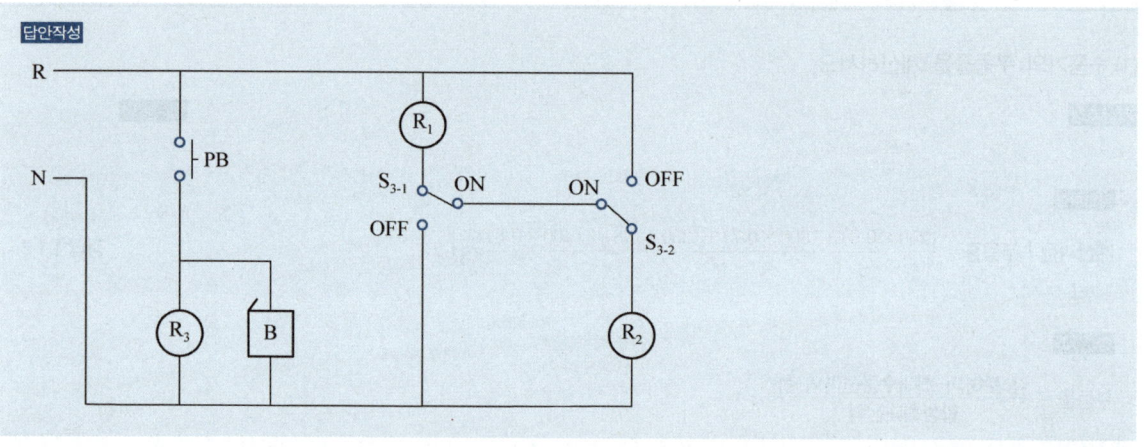

참 고
• 점등 : 불이 켜짐
• 소등 : 불이 꺼짐

16

아래 그림과 같이 면적이 20[m]×10[m]인 사무실의 평균조도를 200[lx]로 하고자 할 때 다음 각 물음에 답하시오. [10점]

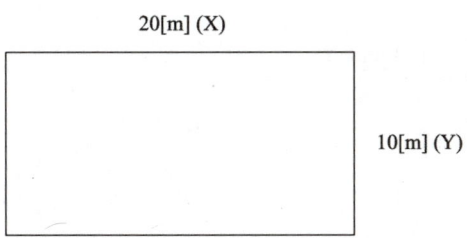

[조건]
- 형광등의 소비전력은 40[W]이며 광속은 2,500[lm]이다.
- 조명률은 0.6 감광보상률은 1.2로 한다.
- 사무실 내부공간에 기둥이나 구조물은 없는 것으로 한다.
- 등기구 간격은 등기구 센터를 기준으로 한다.
- 등기구는 ○으로 표현한다.

(1) 사무실에 필요한 형광등 수를 계산하시오.

계산과정 | 등수 $= \dfrac{1.2 \times 200 \times (20 \times 10)}{2,500 \times 0.6} = 32$ [등]

정답 | 32[등]

참고
- $FUN = DES$
  (F : 광속[lm], U : 조명률, N : 등수, D : 감광보상률, E : 조도[lx], S : 면적[m²])
- $N = \dfrac{DES}{FU}$ [등]

(2) 등기구를 문제의 그림 안에 배치하시오.

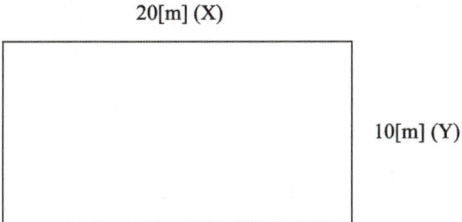

답안작성

참고

특별히 의도하는 실내 조명이 아니라면 빛이 골고루 분산되어 경제적인 밝기를 얻을 수 있도록 배치한다.

(3) 최외각에 설치된 등기구와 건물벽의 간격 그리고 등기구 간격은 몇 [m]인지 쓰시오.

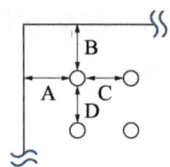

A :   B :   C :   D :

답안작성

계산과정 | A : $\dfrac{20}{8} \times \dfrac{1}{2} = 1.25[m]$ 정답 | A : 1.25[m]

B : $\dfrac{10}{4} \times \dfrac{1}{2} = 1.25[m]$ B : 1.25[m]

C : $\dfrac{20}{8} = 2.5[m]$ C : 2.5[m]

D : $\dfrac{10}{4} = 2.5[m]$ D : 2.5[m]

참고

벽과 등기구의 간격은 등간격의 50[%]($\dfrac{1}{2}$배)를 적용한다.

(4) 형광 방전등의 주파수를 60[Hz]에서 50[Hz]로 낮추면 광속과 점등시간은 어떻게 되는지 쓰시오. (증가, 감소, 빠름, 늦음 으로 표현)

답안작성
- 광속 : 증가
- 점등시간 : 늦음

참고

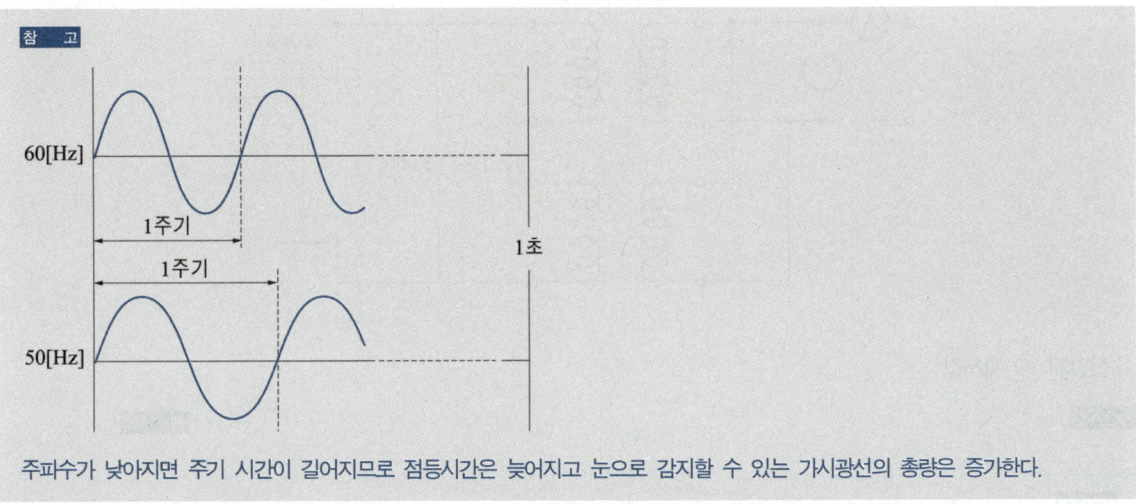

주파수가 낮아지면 주기 시간이 길어지므로 점등시간은 늦어지고 눈으로 감지할 수 있는 가시광선의 총량은 증가한다.

(5) 등간격은 등높이의 몇 배 이하로 하여야 양호한 전반조명이라고 할 수 있는지 쓰시오.

답안작성
1.5배

참고
균등한 조도를 얻기 위한 양호한 전반 조명의 간격
광원의 최대 간격 $S \leq 1.5 \times$ 작업면으로부터 광원까지의 높이 H

17

그림과 같이 변압기 2대를 사용하여 정전용량 1[μF]인 케이블의 절연내력시험을 행하였다. 60[Hz]인 시험전압으로 5,000[V]를 가했을 때 전압계 Ⓥ, 전류계 Ⓐ의 지시값을 계산하시오. (단, 변압기 탭 전압은 저압측 105[V], 고압측 3,300[V]로 하고 내부 임피던스 및 여자전류는 무시한다) [4점]

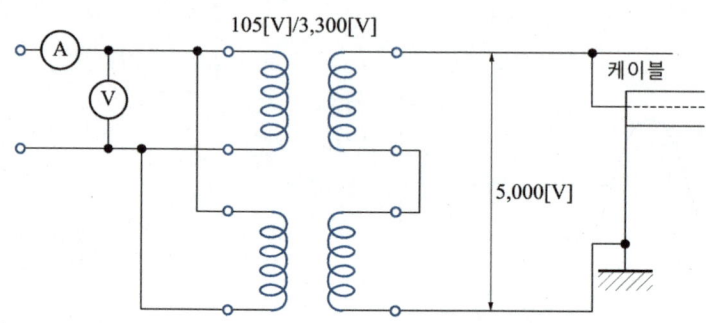

(1) 전압계 Ⓥ 지시값

계산과정

답안작성

계산과정 | $V = 5,000 \times \dfrac{105}{3,300} \times \dfrac{1}{2} = 79.545$[V]

정답 | 79.55[V]

참고

전압계 Ⓥ는 변압기 1대에 걸리는 전압을 측정하므로 계산된 전압에 $\dfrac{1}{2}$을 곱한다.

권수비 $a = \dfrac{V_1}{V_2} = \dfrac{I_2}{I_1}$ 2차 전압 $V_2 = V_1 \times \dfrac{1}{a}$[V]

(2) 전류계 Ⓐ 지시값

계산과정

답안작성

계산과정 | 충전전류 $I_c = 2\pi fCE = 2\pi \times 60 \times 1 \times 10^{-6} \times 5,000 = 1.885$[A]

　　　　　전류계에 흐르는 전류 $I = 1.885 \times \dfrac{3,300}{105} \times 2 = 118.49$[A]

정답 | 118.49[A]

> **참고**
> 전류계 Ⓐ는 2대의 변압기가 병렬로 연결된 전류를 측정하므로 계산된 전류값에 2를 곱한다.
> 권수비 $a = \dfrac{V_1}{V_2} = \dfrac{I_2}{I_1}$ 2차 전류 $I_2 = I_1 \times a$[A]

18

계약 부하설비에 의한 계약 최대 전력을 정하는 경우에 부하설비 용량이 900[kW]인 경우 전력회사와의 계약 최대 전력은 몇 [kW]인지 계산하시오. (단, 계약전력 최대 환산표는 다음과 같다) [4점]

구분	승률	비고
처음 75[kW]에 대하여	100[%]	
다음 75[kW]에 대하여	85[%]	계산의 합계치 단수가 1[kW] 미만일 경우에는 소수점 이하 첫째 자리에 4사 5입 한다.
다음 75[kW]에 대하여	75[%]	
다음 75[kW]에 대하여	65[%]	
300[kW] 초과분에 대하여	60[%]	

계산과정 | 정답

> **답안작성**
> **계산과정** | 계약 최대 전력 $= (75 \times 1) + (75 \times 0.85) + (75 \times 0.75) + (75 + 0.65) + [(900 - 300) \times 0.6)]$
> $= 603.75$[kW]
>
> **정답** | 604[kW] 선정

> **참고**
>
>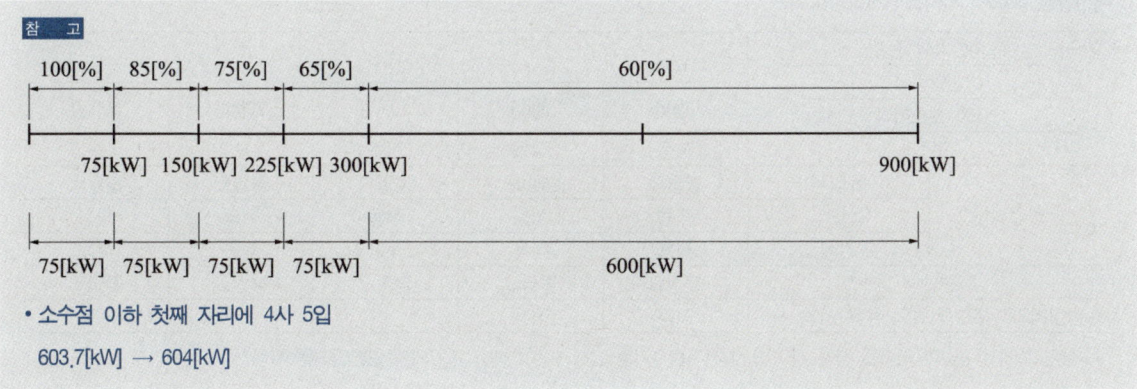
>
> • 소수점 이하 첫째 자리에 4사 5입
> 603.7[kW] → 604[kW]

실기[필답형]기출문제 2013 * 3

※ 출제기준 변경 및 개정된 관계법규에 따라 삭제된 문제가 있어 배점의 합계가 100점이 안 됩니다.

01

다음은 전압등급 3[kV]인 SA(서지흡수기)의 시설 적용을 나타낸 표이다. 빈칸을 완성하시오. (단, 적용 또는 불필요 사용) [5점]

차단기 종류	2차 보호기기	전동기	변압기			콘덴서
			유입식	몰드식	건식	
VCB		①	②	③	④	⑤

[답안작성]

① 적용
② 불필요
③ 적용
④ 적용
⑤ 불필요

[참고]

내선규정 3260-3 서지흡수기(SA)의 적용

차단기의 종류		VCB				
전압등급 2차 보호기기		3[kV]	6[kV]	10[kV]	20[kV]	30[kV]
전동기		적용	적용	적용	-	-
변압기	유입식	불필요	불필요	불필요	불필요	불필요
	몰드식	적용	적용	적용	적용	적용
	건식	적용	적용	적용	적용	적용
콘덴서		불필요	불필요	불필요	불필요	불필요
변압기와 유도기기와의 혼용 사용 시		적용	적용	-	-	-

[주] 상기 표에서와 같이 VCB를 사용 시 반드시 서지흡수기를 설치하여야 하나 VCB와 유입변압기를 사용 시는 설치하지 않아도 된다.

02

전압 3,300[V], 전류 43.5[A], 저항 0.66[Ω], 무부하손 1,000[W]인 단상 변압기가 있다. 다음 물음에 답하시오. [6점]

(1) 전부하 시 역률 100[%]와 80[%]인 경우 효율을 구하시오.

계산과정   정 답

계산과정 | • 역률 100[%]일 때(전부하 시)

$$효율 \ \eta = \frac{1 \times (3,300 \times 43.5 \times 1)}{(1 \times 3,300 \times 43.5 \times 1) + 1,000 + (1^2 \times 43.5^2 \times 0.66)} \times 100 = 98.458[\%]$$

• 역률 80[%]일 때(전부하 시)

$$효율 \ \eta = \frac{1 \times (3,300 \times 43.5 \times 0.8)}{(1 \times 3,300 \times 43.5 \times 0.8) + 1,000 + (1^2 \times 43.5^2 \times 0.66)} \times 100 = 98.079[\%]$$

정답 | 역률 100[%]일 때(전부하 시) 효율 $\eta = 98.46[\%]$
역률 80[%]일 때(전부하 시) 효율 $\eta = 98.08[\%]$

(2) 반부하 시 역률 100[%]와 80[%]인 경우 효율을 구하시오.

계산과정   정 답

계산과정 | • 역률 100[%]일 때(반부하 시)

$$효율 \ \eta = \frac{0.5 \times (3,300 \times 43.5 \times 1)}{(0.5 \times 3,300 \times 43.5 \times 1) + 1,000 + (0.5^2 \times 43.5^2 \times 0.66)} \times 100 = 98.2[\%]$$

• 역률 80[%]일 때(반부하 시)

$$효율 \ \eta = \frac{0.5 \times (3,300 \times 43.5 \times 0.8)}{(0.5 \times 3,300 \times 43.5 \times 0.8) + 1,000 + (0.5^2 \times 43.5^2 \times 0.66)} \times 100 = 97.765[\%]$$

정답 | 역률 100[%]일 때(반부하 시) 효율 $\eta = 98.2[\%]$
역률 80[%]일 때(반부하 시) 효율 $\eta = 97.77[\%]$

참 고

단상 변압기 효율

$$\eta = \frac{mP}{mP + P_i + m^2 P_l} \times 100 = \frac{mVI\cos\theta}{mVI\cos\theta + P_i + m^2 I^2 r} \times 100[\%]$$

• m : 부하율(전부하 시=1, 반부하 시=0.5)
• P : 유효전력(단상일 때 $P = VI\cos\theta$[W])
• P_i : 무부하손(철손)
• P_l : 전력손실 $I^2 r$[W]

03

다음 그림은 2층 건물의 평면도이다. 배전설계를 하기 위한 조건을 이용하여 1층 및 2층을 분리하여 분기회로수를 결정하고자 한다. 다음 각 물음에 답하시오. [6점]

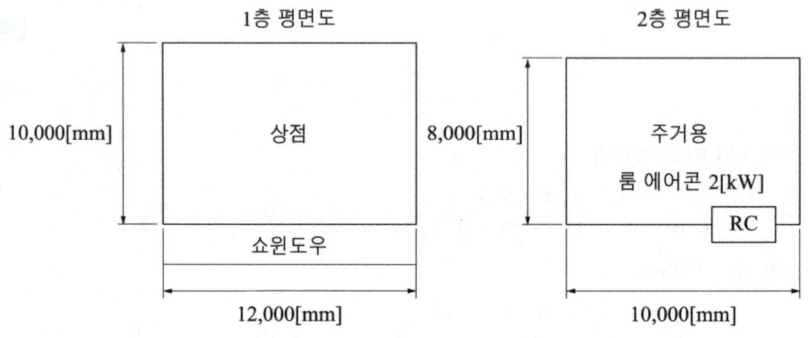

[조건]
- 분기 회로는 15[A] 분기 회로로 하고 80[%]의 정격이 되도록 한다.
- 배전 전압은 220[V]를 기준으로 하여 적용 가능한 최대 부하를 상정한다.
- 주택 및 상점의 표준 부하는 30[VA/m^2]로 하되 1층, 2층 분리하여 분기 회로수를 결정하고 상점과 주거용에 각각 1,000[VA]를 가산하여 적용한다.
- 상점의 쇼윈도우에 대해서는 길이 1[m]당 300[VA]를 적용한다.
- 옥외 광고등 500[VA]짜리 2등이 상점에 있는 것으로 하고, 하나의 전용분기회로로 구성한다.
- 예상이 곤란한 콘센트, 틈어끼우는 접속기, 소켓 등이 있을 경우에라도 이를 상정하지 않는다.
- RC는 전용분기회로로 한다.

(1) 1층의 부하용량과 분기회로수를 계산하시오.

계산과정 |
- 부하용량 $P = [(12 \times 10) \times 30] + (12 \times 300) + 1,000 = 8,200$[VA]
- 분기회로수 $N = \dfrac{8,200}{(220 \times 15) \times 0.8} +$ [옥외광고등 1회로] $= 4.106$

정답 | 부하용량 = 8,200[VA]
분기회로수 = 5[회로]

> **참고**
>
> 부하용량 $P=$(1층 바닥면적 $\times$ 표준부하) + 쇼윈도우 부하 + 가산부하[W]
>
> 1층 바닥면적 $= 12 \times 10 [m^2]$
>
> 표준부하 $= 30[VA/m^2]$(주택 및 상점)
>
> 쇼윈도우 부하 $= 12 \times 300[VA]$(1[m]당 300[VA])
>
> 가산부하 $= 1,000[VA]$(상점과 주거용)
>
> 분기회로수 $N = \dfrac{\text{부하용량}[VA]}{\text{전압}[V] \times \text{분기회로의 전류}[A]} +$ 전용분기회로
>
> 전용분기회로 = 옥외 광고등

(2) 2층의 부하용량과 분기회로수를 계산하시오.

계산과정

답안작성

계산과정 ┃ • 부하용량 $P = [(10 \times 8) \times 30] + 1,000 = 3,400[VA]$

• 분기회로수 $N = \dfrac{3,400}{(220 \times 15) \times 0.8} +$ [RC(룸에어컨) 1회로] $= 2.29$

정답 ┃ 부하용량 $= 3,400[VA]$

분기회로수 $= 3$[회로]

> **참고**
>
> 부하용량 $P=$(2층 바닥면적 $\times$ 표준부하) + 가산부하[VA]
>
> 2층 바닥면적 $= 10 \times 8 [m^2]$
>
> 표준부하 $= 30[VA/m^2]$(주택 및 상점)
>
> 가산부하 $= 1,000[VA]$(상점과 주거용)
>
> 분기회로수 $N = \dfrac{\text{부하용량}[VA]}{\text{전압}[V] \times \text{분기회로의 전류}[A]} +$ 전용분기회로
>
> 전용분기회로 $= RC$(룸에어컨)

04

그림과 같은 PLC 시퀀스(래더 다이어그램)가 있다. 각각의 물음에 답하시오. [7점]

(1) PLC 프로그램을 쉽게 정리할 수 있도록 다음 도면을 단방향 신호흐름 시퀀스로 수정하시오.

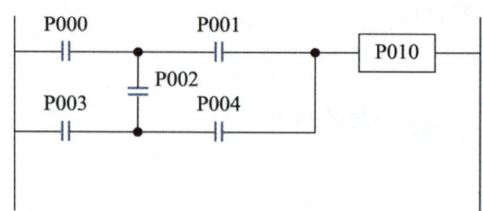

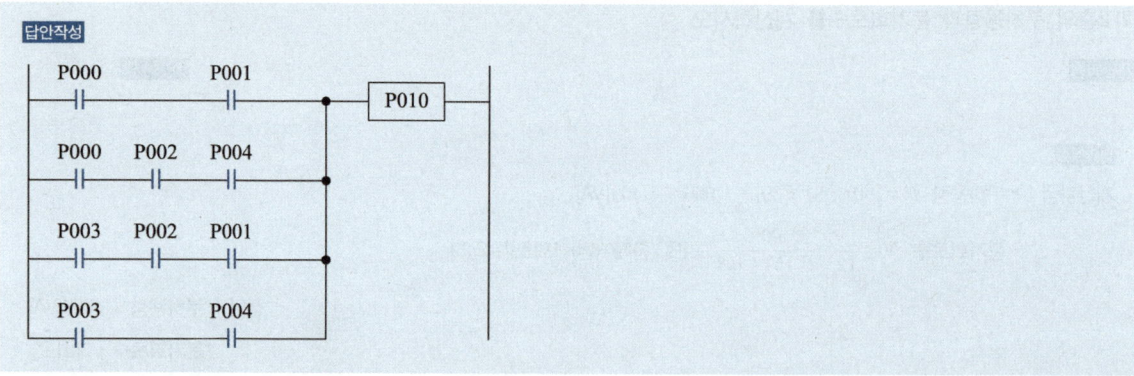

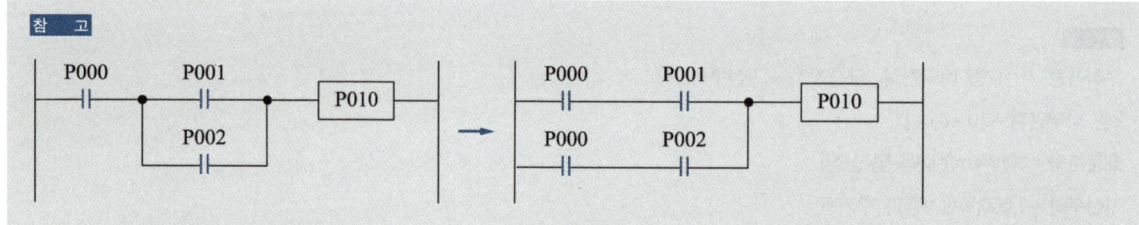

(2) PLC 프로그램을 표의 빈칸(①~⑧)을 완성하시오. (단, 명령어는 LOAD, AND, OR, NOT, OUT 사용)

STEP	OP	add	STEP	OP	add
0	LOAD	P000	7	AND	P002
1	AND	P001	8	(⑤)	(⑥)
2	(①)	(②)	9	OR LOAD	
3	AND	P002	10	(⑦)	(⑧)
4	AND	P004	11	AND	P004
5	OR LOAD		12	OR LOAD	
6	(③)	(④)	13	OUT	P010

답안작성	
① LOAD	② P000
③ LOAD	④ P003
⑤ AND	⑥ P001
⑦ LOAD	⑧ P003

참고
- LOAD = 병렬
- AND = 직렬
- OUT = 출력

05

어느 빌딩 수용가가 자가용 디젤 발전기 설비를 계획하고 있다. 발전기 용량산출에 필요한 부하의 종류 및 특성이 다음과 같을 때 주어진 조건과 참고자료를 이용하여 전부하를 운전하는 데 필요한 발전기 용량[kVA]을 계산하여 빈칸을 채우고 [표 2]에서 선정하시오. [6점]

[조건]   1. 전동기 기동 시에 필요한 용량은 무시한다.
        2. 수용률 적용 : 적용부하에 대한 전동기의 대수가 1대인 경우는 100[%], 2대인 경우는 80[%], 전등, 기타는
           100[%]를 적용한다.
        3. 전등, 기타의 역률은 100[%]를 적용한다.

부하의 종류	출력[kW]	극수(극)	대수(대)	적용 부하	기동 방법
전동기	37	8	1	소화전 펌프	리액터 기동
	22	6	2	급수 펌프	〃
	11	6	2	배풍기	Y-△ 기동
	5.5	4	1	배수 펌프	직입 기동
전등, 기타	50	-	-	비상 조명	-

[표 1] 저압 특수 농형 2종 전동기(KSC 4202) [개방형·반밀폐형]

정격출력 [kW]	극수	동기속도 [rpm]	전부하 특성 효율 η [%]	전부하 특성 역률 pf [%]	기동 전류 I_{st} 각상의 평균값 [A]	비고 무부하 전류 I_0 각상의 전류값 [A]	비고 전부하 전류 I 각상의 평균값 [A]	전부하 슬립 S [%]
5.5			82.5 이상	79.5 이상	150 이하	12	23	5.5
7.5			83.5 이상	80.5 이상	190 이하	15	31	5.5
11			84.5 이상	81.5 이상	280 이하	22	44	5.5
15			85.5 이상	82.0 이상	370 이하	28	59	5.0
(19)	4	1,800	86.0 이상	82.5 이상	455 이하	33	74	5.0
22			86.5 이상	83.0 이상	540 이하	38	84	5.0
30			87.0 이상	83.5 이상	710 이하	49	113	5.0
37			87.5 이상	84.0 이상	875 이하	59	138	5.0
5.5			82.0 이상	74.5 이상	150 이하	15	25	5.5
7.5			83.0 이상	75.5 이상	185 이하	19	33	5.5
11			84.0 이상	77.0 이상	290 이하	25	47	5.5
15			85.0 이상	78.0 이상	380 이하	32	62	5.5
(19)	6	1,200	85.5 이상	78.5 이상	470 이하	37	78	5.0
22			86.0 이상	79.0 이상	555 이하	43	89	5.0
30			86.5 이상	80.0 이상	730 이하	54	119	5.0
37			87.0 이상	80.0 이상	900 이하	65	145	5.0
5.5			81.0 이상	72.0 이상	160 이하	16	26	6.0
7.5			82.0 이상	74.0 이상	210 이하	20	34	5.5
11			83.5 이상	75.5 이상	300 이하	26	48	5.5
15			84.0 이상	76.5 이상	405 이하	33	64	5.5
(19)	8	900	85.5 이상	77.0 이상	485 이하	39	80	5.5
22			85.0 이상	77.5 이상	575 이하	47	91	5.0
30			86.5 이상	78.5 이상	760 이하	56	121	5.0
37			87.0 이상	79.0 이상	940 이하	68	148	5.0

[표 2] 자가용 디젤 표준 출력[kVA]

50	100	150	200	300	400

	효율[%]	역률[%]	입력[kVA]	수용률[%]	수용률 적용값[kVA]
37×1					
22×2					
11×2					
5.5×1					
50					
계					

발전기 용량 :   [kVA]

답안작성

	효율[%]	역률[%]	입력[kVA]	수용률[%]	수용률 적용값[kVA]
37×1	87	79	$\dfrac{37 \times 1}{0.87 \times 0.79} = 53.83$	100	$53.83 \times 1 = 53.83$
22×2	86	79	$\dfrac{22 \times 2}{0.86 \times 0.79} = 64.76$	80	$64.76 \times 0.8 = 51.81$
11×2	84	77	$\dfrac{11 \times 2}{0.84 \times 0.77} = 34.01$	80	$34.01 \times 0.8 = 27.21$
5.5×1	82.5	79.5	$\dfrac{5.5 \times 1}{0.825 \times 0.795} = 8.39$	100	$8.39 \times 1 = 8.39$
50	100	100	$\dfrac{50}{1 \times 1} = 50$	100	$50 \times 1 = 50$
계			210.99		191.24

- 발전기 용량 : [표 2] 자가용 디젤 표준 출력에서 200[kVA] 선정

참 고

- 입력[kVA] = $\dfrac{\text{출력[kW]}}{\text{효율} \times \text{역률}}$

- 수용률 적용값[kVA] = 입력[kVA] × 수용률

06

Wenner의 4전극법에 대한 공식을 포함한 설명을 간단히 쓰시오. [5점]

답안작성

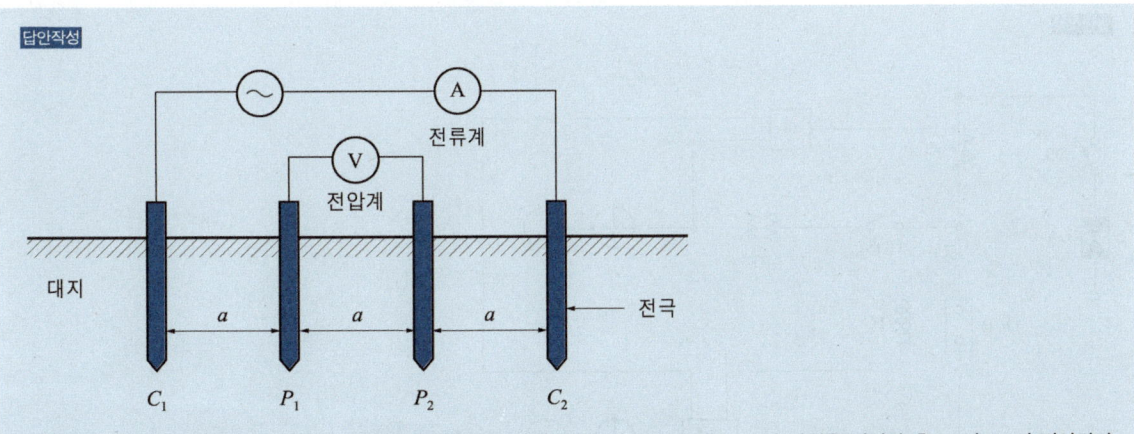

그림과 같이 4개의 전극(C_1, C_2, P_1, P_2)을 같은 간격으로 일직선상에 매설 후 C_1, C_2에 전원을 연결한 후 P_1과 P_2의 전압차와 C_1과 C_2에 흐르는 전류를 측정하여 대지 저항률을 구하는 방법으로 저항률 구하는 공식은 $\rho = 2\pi a R [\Omega \cdot m]$를 사용한다.

07

미완성된 단선도의 ☐ 안에 유입차단기, 피뢰기, 전압계, 전류계, 지락 보호 계전기, 과전류 보호 계전기, 계기용 변압기, 계기용 변류기, 영상변류기, 전압계용 전환 개폐기, 전류계용 전환 개폐기 등을 사용하여 3상 3선식 6,600[V] 수전 설비 계통의 단선도를 완성하시오. (단, 단로기, 컷아웃스위치, 퓨즈 등도 필요 개소가 있으면 도면의 알맞은 개소에 삽입하여 그리도록 하며 또한 각 심벌은 KS 규정에 의하고 심벌 옆에 약호를 쓰도록 한다) [5점]

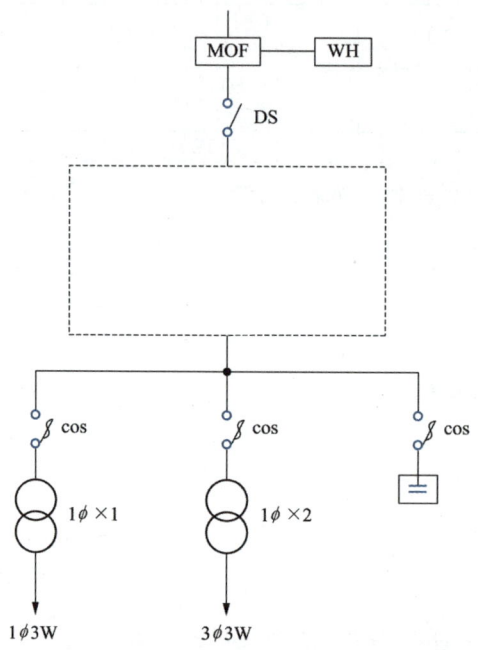

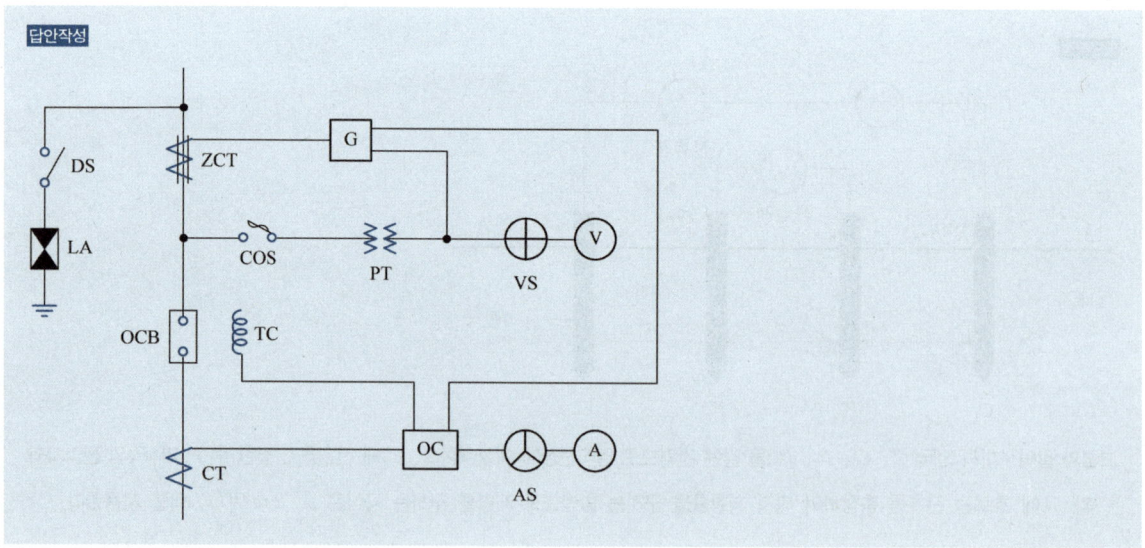

> **참고**
> DS : 단로기 LA : 피뢰기
> ZCT : 영상변류기 G : 지락 보호 계전기
> COS : 컷아웃스위치 PT : 계기용 변압기
> VS : 전압계용 전환 개폐기 OCB : 유입차단기
> TC : 트립코일 CT : 계기용 변류기
> OC : 과전류 보호 계전기 AS : 전류계용 전환 개폐기
> Ⓥ : 전압계 Ⓐ : 전류계

08

접지저항의 저감법 중 물리적 방법 4가지와 대지저항률을 낮추기 위한 저감재의 구비조건 4가지를 간단히 쓰시오. [6점]

(1) 물리적인 저감법

> **답안작성**
> ① 접지극의 길이를 길게 한다.
> ② 접지극을 병렬로 접속한다.
> ③ 접지봉의 매설깊이를 깊게 한다.
> ④ 매설지선을 설치한다.

(2) 저감재의 구비조건

> **답안작성**
> ① 전극을 부식시키지 아니할 것
> ② 자연에 무해할 것
> ③ 접지저항의 저감 효과가 클 것
> ④ 접지저항의 저감 효과가 지속적일 것

09

전력용 콘덴서의 부속설비인 방전코일과 직렬리액터의 사용목적을 간단히 설명하시오. [4점]

답안작성

- 방전코일 : 콘덴서에 축적된 잔류전하 방전
- 직렬리액터 : 제5고조파 제거

참고

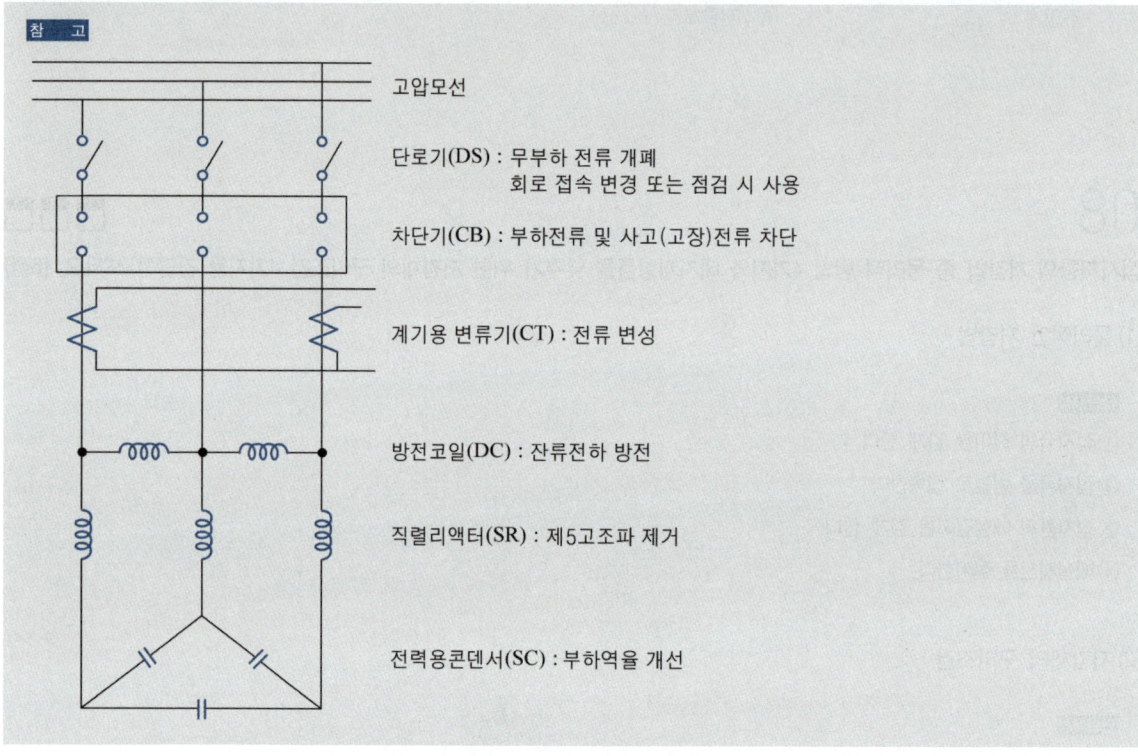

고압모선

단로기(DS) : 무부하 전류 개폐
　　　　　　회로 접속 변경 또는 점검 시 사용

차단기(CB) : 부하전류 및 사고(고장)전류 차단

계기용 변류기(CT) : 전류 변성

방전코일(DC) : 잔류전하 방전

직렬리액터(SR) : 제5고조파 제거

전력용콘덴서(SC) : 부하역율 개선

10

지중 전선로의 시설에 관한 다음 각 물음에 간단히 답하시오. [6점]

(1) 지중 전선로를 시설하는 방식 3가지만 쓰시오.

> **답안작성**
> 관로식, 암거식, 직접매설식

(2) 지중 전선로를 직접매설식에 의하여 시설하는 경우 차량 기타 중량물의 압력을 받을 우려가 있는 장소에는 매설 깊이를 몇 [m] 이상으로 하여야 하는가?

> **답안작성**
> 1.0[m] 이상

> **참 고**
> 한국전기설비규정 334.1 지중전선로의 시설
> 1. 지중 전선로는 전선에 케이블을 사용하고 또한 관로식·암거식(暗渠式) 또는 직접 매설식에 의하여 시설하여야 한다.
> 2. 지중 전선로를 직접 매설식에 의하여 시설하는 경우에는 매설 깊이를 차량 기타 중량물의 압력을 받을 우려가 있는 장소에는 1.0[m] 이상, 기타 장소에는 0.6[m] 이상으로 하고 또한 지중 전선을 견고한 트라프 기타 방호물에 넣어 시설하여야 한다. 다만, 저압 또는 고압의 지중전선에 콤바인 덕트 케이블을 시설하는 경우에는 지중전선을 견고한 트라프 기타 방호물에 넣지 아니하여도 된다.

11

도면은 유도전동기의 정·역 운전 단선 결선도이다. 빈칸의 조작회로를 완성하시오. (단, 인입전원은 위상(phase) 전원을 사용하고 OFF용 푸시버튼 1개, ON-OFF용(1a 1b) 푸시버튼 2개(ONⓇ, OFFⓇ, ONⒻ, OFFⒻ로 표시)를 사용한다. 그리고 정역 회전 시 표시램프가 나타나도록 한다) [6점]

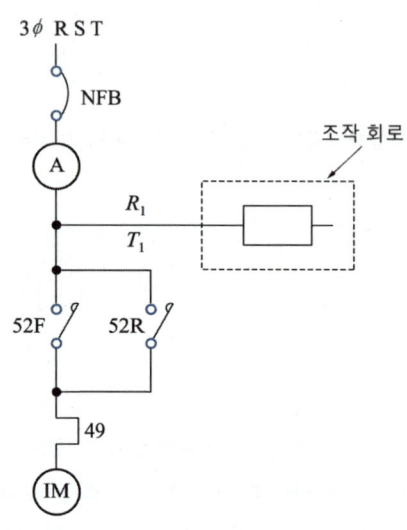

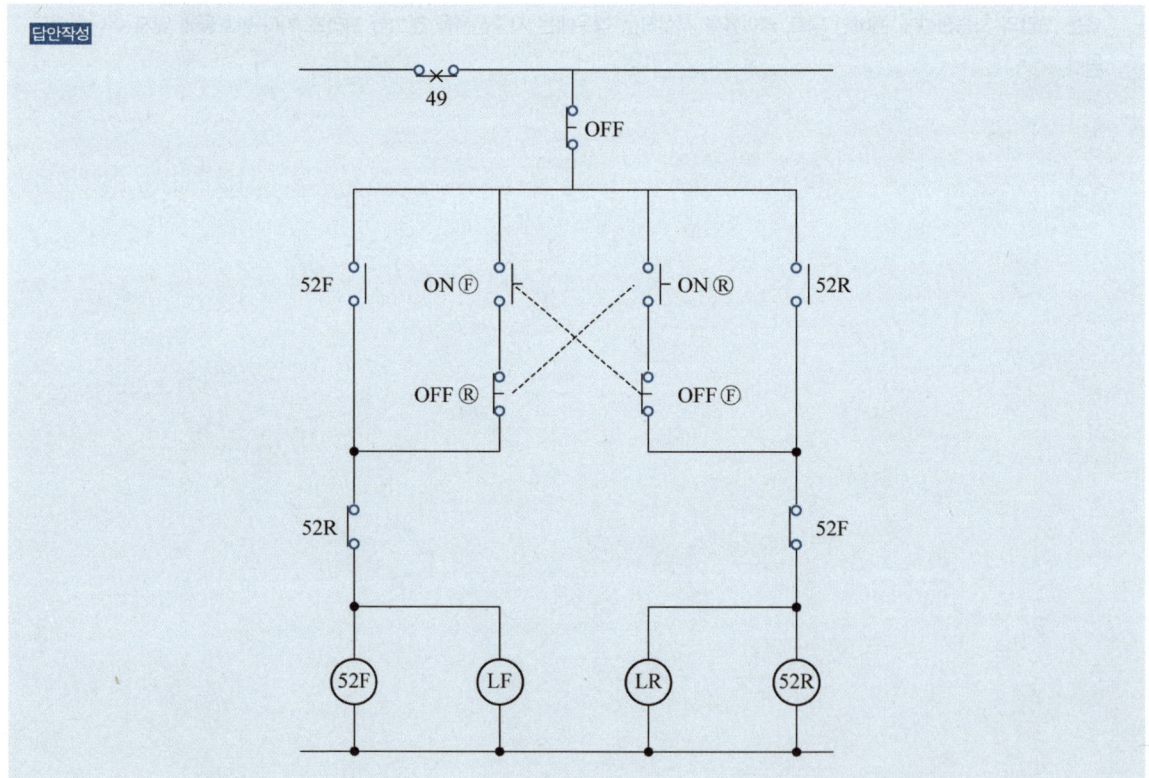

> 참 고

인터록 회로
푸시버튼 ON ①과 ON ②를 동시에 동작 시 OFF ①, OFF ②도 동작하여 회로 ①과 회로 ②에 신호가 동시에 전달되는 것을 방지한다.

12

어느 수용가의 부하설비용량이 950[kW], 수용률이 65[%], 부하역률이 76[%]일 때 변압기 용량은 몇 [kVA]가 적당한지 아래 표에서 선정하시오. [5점]

변압기 표준용량[kVA]					
150	200	300	500	750	1,000

계산과정 | 정 답

계산과정 | 변압기 용량 $= \dfrac{950 \times 0.65}{0.76} = 812.5 \text{[kVA]}$ **정답** | 1,000[kVA] 선정

> 참 고

변압기 용량[kVA] $= \dfrac{\text{설비용량[kW]} \times \text{수용률}}{\text{부등률} \times \text{역률}}$

13

다음 그림은 UPS 장치 시스템에 중심부분을 구성하는 CVCF의 기본 회로이다. 다음 각 물음에 답하시오. [6점]

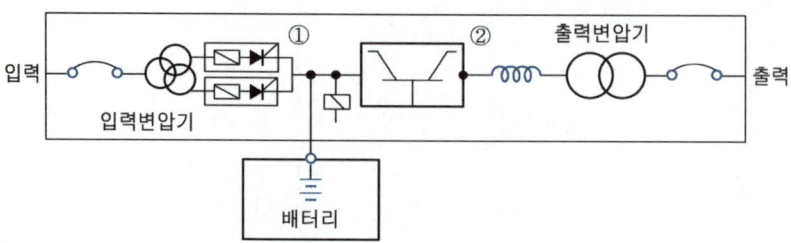

(1) UPS를 우리말로 나타내면 어떤 장치인가?

> **답안작성**
> 무정전 전원 공급장치

> **참 고**
> UPS(Uninterruptible Power Supply)

(2) CVCF를 우리말로 나타내면 어떤 장치인가?

> **답안작성**
> 정전압 정주파수 장치

> **참 고**
> CVCF(Constant Voltage Constant Frequency)

(3) 도면 ①, ②에 해당되는 것은 무엇인가?

> **답안작성**
> ① 정류기(컨버터)
> ② 인버터

> **참 고**
> • 컨버터 : 교류(AC)를 직류(DC)로 변환하는 장치
> • 인버터 : 직류(DC)를 교류(AC)로 변환하는 장치

14

그림과 같은 배광곡선을 갖는 반사갓형 수은등 400[W](22,000[lm])을 사용하고 있다. 기구 직하 7[m] 점으로부터 수평으로 5[m] 떨어진 점의 수평면 조도를 구하시오. (단, $\cos^{-1}0.814 = 35.5°$, $\cos^{-1}0.707 = 45°$, $\cos^{-1}0.583 = 54.3°$) [5점]

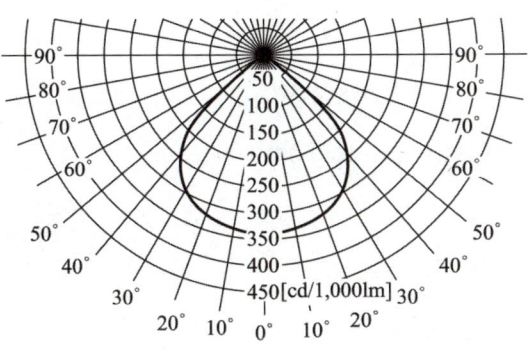

계산과정 **정답**

계산과정 | 수평면 조도 $E = \dfrac{I}{r^2}\cos\theta\,[\text{lx}]$

$\cos\theta = \dfrac{h}{r} = \dfrac{h}{\sqrt{h^2+d^2}} = \dfrac{7}{\sqrt{7^2+5^2}} = 0.814$ 이므로 $\theta = \cos^{-1}0.814 = 35.5°$

그림에서 $35.5°$이면 광도 ≒ 280[cd/1,000lm]이므로 수은등의 광도 $I = \dfrac{280}{1,000} \times 22,000 = 6,160\,[\text{cd}]$이다.

$E = \dfrac{6,160}{(\sqrt{7^2+5^2})^2} \times \cos 35.5° = 67.76\,[\text{lx}]$

정답 | 67.76[lx]

참고

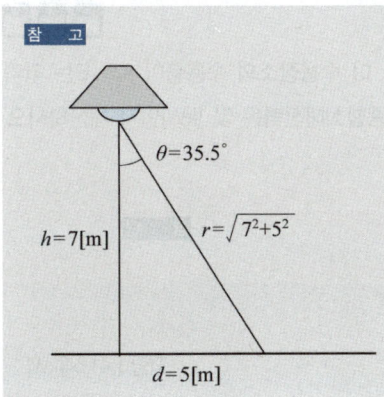

15

3상 4선식에서 역률 100[%]의 부하가 각 상과 중성선 간에 연결되어 있다. a상, b상, c상에 흐르는 전류가 각각 220[A], 180[A], 180[A]일 때 중성선에 흐르는 전류의 크기의 절대값은 몇 [A]인지 계산하시오. [5점]

계산과정 | **정답**

계산과정 | $I_n = |I_a + I_b + I_c| = |220 + 180 \angle 240° + 180 \angle 120°| = 40$

정답 | 40[A]

참고

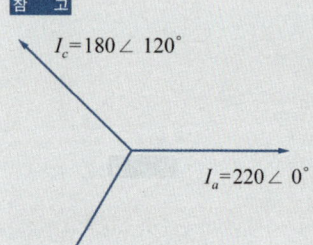

$I_n = |I_a + I_b + I_c| = |220 + 180 \angle 240° + 180 \angle 120°| = |220 + 180(\cos 240° + j\sin 240°) + 180(\cos 120° + j\sin 120°)|$

$= \left|220 + 180\left(-\dfrac{1}{2} - j\dfrac{\sqrt{3}}{2}\right) + 180\left(-\dfrac{1}{2} + j\dfrac{\sqrt{3}}{2}\right)\right| = |220 - 90 - j90\sqrt{3} - 90 + j90\sqrt{3}| = 40$

16

부하설비가 각각 A-10[kW], B-20[kW], C-20[kW], D-30[kW]되는 수용가가 있다. 이 수용장소의 수용률이 A와 B는 각각 80[%], C와 D는 각각 60[%]이고 수용장소의 부등률이 1.3일 때 이 수용장소의 종합최대전력은 몇 [kW]인지 계산하시오. [5점]

계산과정 | **정답**

계산과정 | 종합최대전력 $= \dfrac{\{(10+20) \times 0.8\} + \{(20+30) \times 0.6\}}{1.3} = 41.54$[kW]

정답 | 41.54[kW]

참고

종합최대전력 $= \dfrac{\text{설비용량[kW]} \times \text{수용률}}{\text{부등률}}$ [kW]

17

단상 변압기의 병렬운전 조건 4가지와 조건이 맞지 않을 경우 나타나는 현상을 각각 쓰시오. [4점]

(1) • 조건 :
　• 현상 :

(2) • 조건 :
　• 현상 :

(3) • 조건 :
　• 현상 :

(4) • 조건 :
　• 현상 :

> **답안작성**
>
> (1) • 조건 : 극성이 같을 것
> 　• 현상 : 큰 순환 전류로 인하여 권선 소손
>
> (2) • 조건 : 정격전압이 같을 것
> 　• 현상 : 순환 전류로 인하여 권선 가열
>
> (3) • 조건 : % 임피던스 강하가 같을 것
> 　• 현상 : 부하 분담이 균형을 이룰 수 없어 변압기 효율 감소
>
> (4) • 조건 : 내부 저항과 누설 리액턴스 비가 같을 것
> 　• 현상 : 각 변압기 전류 간에 위상차가 발생하여 동손 증가

실기[필답형]기출문제 2014 * 1

※ 출제기준 변경 및 개정된 관계법규에 따라 삭제된 문제가 있어 배점의 합계가 100점이 안 됩니다.

01

그림은 전위 강하법에 의한 접지저항 측정방법을 나타낸 것이다. E,P,C 일직선상에 있을 때 다음 물음에 답하시오.
[단, E는 반지름 r인 반구모양 전극(측정 대상 전극)이다] [5점]

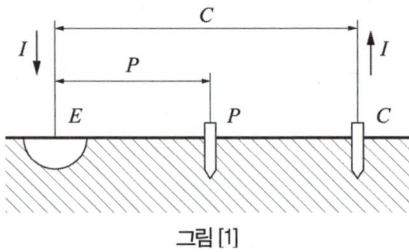
그림 [1]

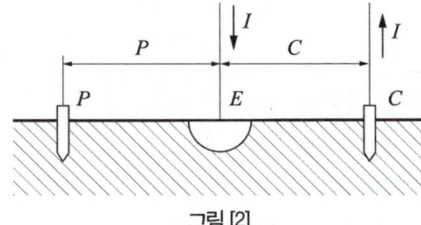
그림 [2]

(1) 그림[1]과 그림[2]의 측정방법 중 접지저항을 측정하는 방법으로 올바른 것은?

답안작성
그림[1]

참고
전위강하법
그림[1]을 회로로 그리면 다음과 같다.

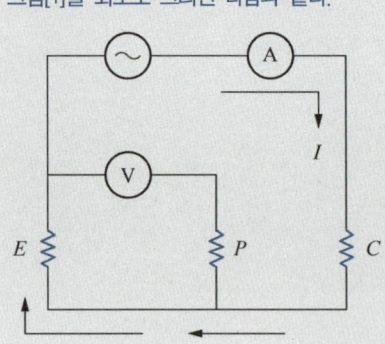

전압계의 내부저항은 ∞, 전류계의 내부저항은 0으로 본다.

예를 들어 회로에 전압을 인가했을 때 전류계에 2[A] 전압계에 100[V]가 표시되면 이때 접지극 E의 저항 $R = \dfrac{V}{I} = \dfrac{100}{2} = 50[\Omega]$ 이라는 것을 알 수 있다.

(E : 접지극, P : 전위보조극, C : 전류보조극)

(2) 반구모양 접지전극의 접지저항을 측정할 때 $E-C$ 간의 거리의 몇 [%]인 곳에 전위 전극 P를 설치하면 정확한 접지저항값을 얻을 수 있는가?

답안작성
61.8[%]

참고
접지극에서 전류보조극에 대한 전위보조극의 거리가 61.8[%]의 비율을 가질 때 이론적으로 접지저항의 정확한 측정값을 알 수 있다.

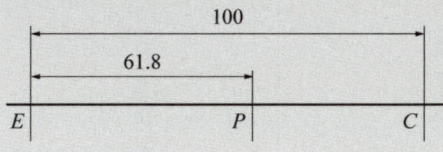

02

양수량 50[m³/min], 총양정 15[m]의 양수 펌프용 전동기의 소요출력은 몇 [kW]인지 계산하시오. (단, 펌프효율 70[%]이며 여유계수는 1.1로 한다) [5점]

계산과정

정답

답안작성
계산과정 | $P = \dfrac{50 \times 15 \times 1.1}{6.12 \times 0.7} = 192.58\,[\text{kW}]$

정답 | 192.58[kW]

참고
- 양수량의 단위가 [m³/min]일 때 펌프용 전동기 소요동력 $P = \dfrac{QHK}{6.12 \times \eta}\,[\text{kW}]$
- 양수량의 단위가 [m³/sec]일 때 펌프용 전동기 소요동력 $P = \dfrac{9.8\,QHK}{\eta}\,[\text{kW}]$

(Q : 양수량, H : 총양정[m], η : 효율, K : 여유계수)

03

전기설비를 방폭화한 방폭기기의 구조에 따른 종류 4가지를 쓰시오. [4점]

답안작성

① 내압 방폭구조
② 유입 방폭구조
③ 압력 방폭구조
④ 본질안전 방폭구조

참고

[내선규정 부록 400-2] 방폭구조의 기호

구 분		기 호
방폭구조의 종류	내압 방폭구조	d
	유입 방폭구조	o
	압력 방폭구조	p
	안전증 방폭구조	e
	본질안전 방폭구조	i
	특수 방폭구조	s
폭발등급	폭발등급 1	
	폭발등급 2	
	폭발등급 3	

04

폭 15[m]인 도로의 양쪽에 간격 20[m]를 두고 대칭 배열로 가로등이 점등되어 있다. 한 등의 전광속은 3,500[lm], 조명률은 45[%]일 때 도로의 평균조도를 계산하여 구하시오. [5점]

계산과정 | 평균조도 $E = \dfrac{FUN}{DS} = \dfrac{3{,}500 \times 0.45 \times 1}{1 \times \left(\dfrac{1}{2} \times 15 \times 20\right)} = 10.5\,[\text{lx}]$

정답 | 10.5[lx]

참고
- $FUN = DES$
  (F : 광속[lm], U : 조명률, N : 등수, D : 감광보상률, E : 조도[lx], S : 면적[m²])
- 도로 조명 배치에 따른 면적 S (도로폭×등기구 간격)[m²]
  도로 중앙 배열, 도로 편측(한쪽) 배열 : $S =$ 도로폭×등기구 간격[m²]
  도로 양측(대칭) 배열, 지그재그 배열 : $S = \dfrac{1}{2} \times$ 도로폭×등기구 간격[m²]

05

정지형 무효전력장치(SVC)에 대하여 간단히 서술하시오. [5점]

사이리스터를 이용하여 진상 또는 지상 무효전력을 제어하는 정지형 무효전력 제어장치

참고
SVC(Static Var Compensator)의 특징
- 응답속도가 빠르다.
- 연속적인 제어가 가능하다.
- 신뢰도가 높고 유지보수가 간단하다.

06

그림은 3상 유도 전동기의 기동 보상기에 의한 기동 제어회로 미완성 도면이다. 이 도면을 보고 다음 각 질문에 답하시오. (단, MCCB : 배선용차단기, $M_1 \sim M_3$: 전자접촉기, THR : 과부하(연동)계전기, T : 타이머, X : 릴레이, $PB_1 \sim PB_2$: 푸시버튼 스위치이다) [7점]

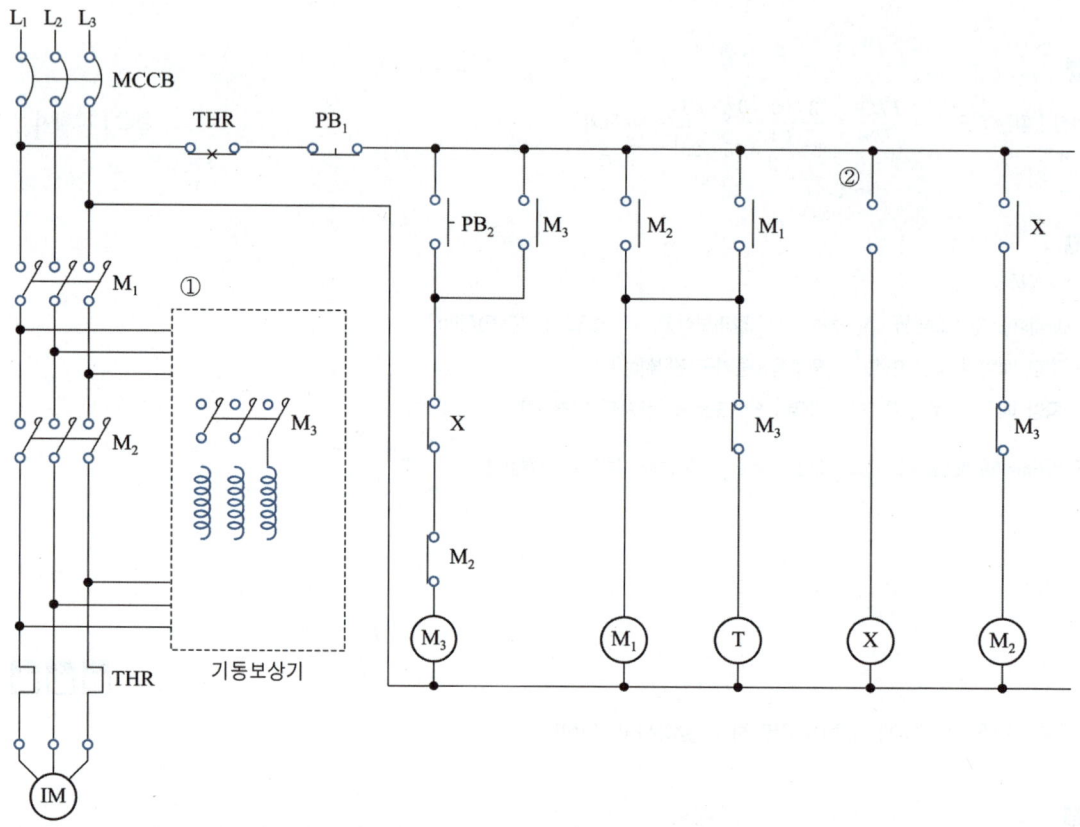

(1) ①의 부분에 들어갈 기동보상기와 M_3의 주회로 배선을 완성하시오.

(2) ②의 부분에 들어갈 적당한 접점의 기호와 명칭을 넣어 회로를 완성하시오.

(3) 제어회로에서 잘못된 부분이 있으면 모두 ○로 표시하고 올바르게 수정하시오.

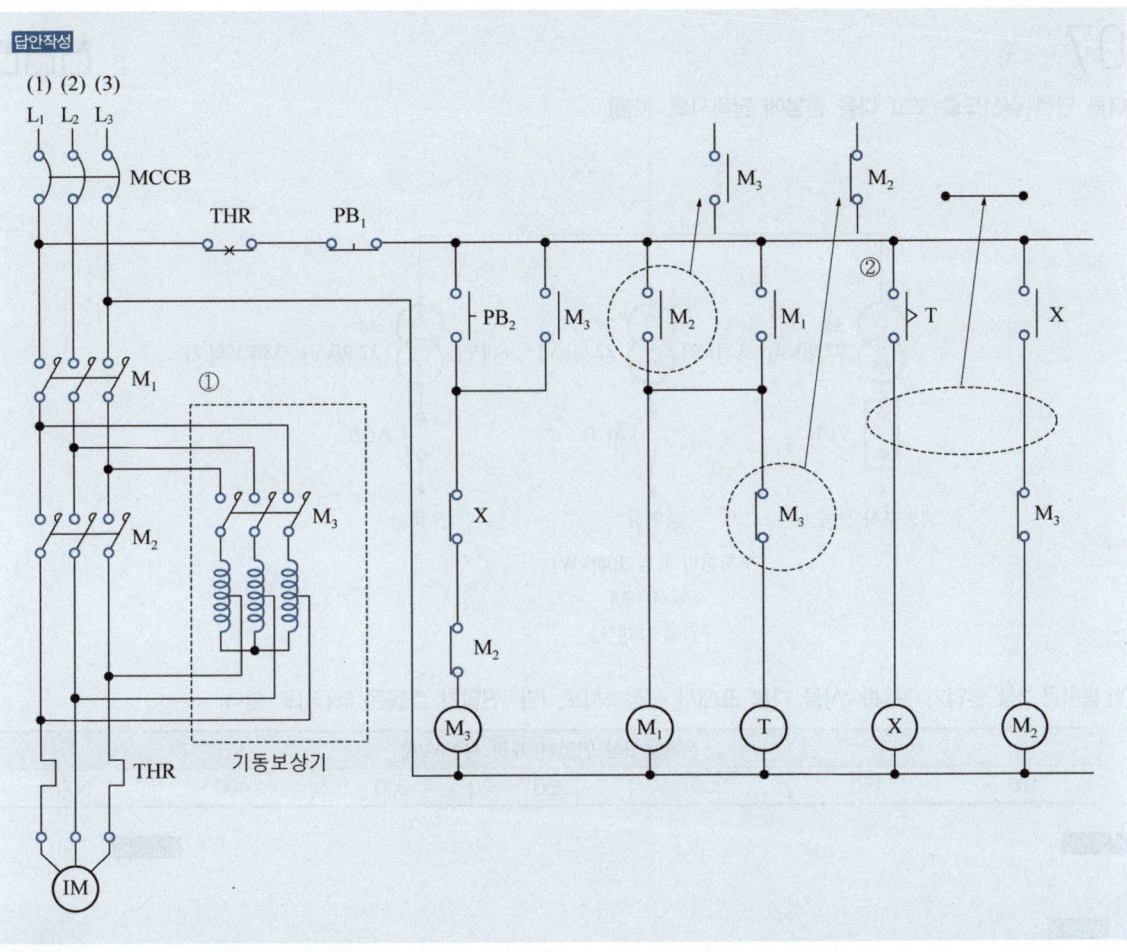

참 고

동작설명

① PB_2를 누르면 M_3 여자

② M_3-a 접점이 동작하여 M_3 자기유지, M_1 여자, T 여자(M_1, M_3 동작으로 기동보상기에 의해 전동기 기동)

③ M_1-a 접점 동작하여 M_1, T 자기유지

④ T-a(한시동작 순시복귀) 접점 동작하여 설정시간 후 X 여자(M_2-b 동작으로 M_2는 여자되지 않음)

⑤ X-a 접점에 의해 X 자기유지, X-b 접점에 의해 M_3 소자(기동보상기로 기동 종료)

⑥ M_3-b 접점 복귀로 M_2 여자(전전압으로 전동기 운전 유지)

⑦ PB_1을 누르면 모든 접점 복귀(전동기 정지)

(4) 기동 보상기에 의한 유도전동기 기동방법을 간단히 설명하시오.

답안작성

농형유도 전동기의 기동법으로 사용되며, 기동 시 단권 변압기를 이용하여 기동 전압을 낮춰 기동전류를 제한한다. 전동기가 정상속도에 근접하는 시간을 타이머 시간으로 설정하여 설정시간 후 기동보상기 회로를 차단하고 전전압으로 전동기 운전을 유지하는 방식이다.

07

다음 단선 결선도를 보고 다음 물음에 답하시오. [6점]

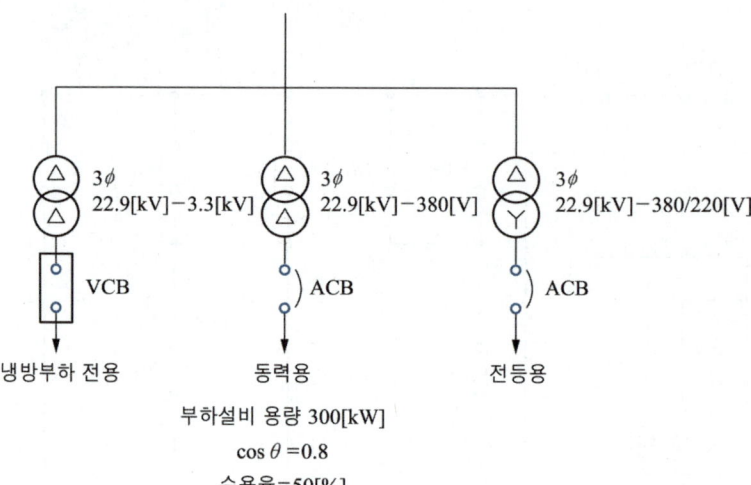

(1) 동력용 3상 변압기 용량[kVA]을 다음 표에서 선정하시오. (단, 변압기 효율은 85[%]로 한다)

전력용 3상 변압기 표준 용량[kVA]						
100	150	200	250	300	400	500

계산과정 | 정 답

계산과정 | 변압기 용량 $= \dfrac{300 \times 0.5}{0.8 \times 0.85} = 220.59$[kVA]   정답 | 250[kVA] 선정

참 고

변압기 용량 $= \dfrac{\text{설비용량} \times \text{수용률}}{\text{부등률} \times \text{역률} \times \text{효율}}$ [kVA]

부등률은 주어지지 않았으므로 1로 적용한다.

(2) 냉방부하용 터보 냉동기 1대를 설치하고자 한다. 냉동기 출력이 150[kW], 역률 80[%], 효율은 85[%]일 때 UCB 2차측 선로의 전류는 몇 [A]인지 계산하시오.

계산과정 | 정 답

계산과정 | 전류 $I = \dfrac{150 \times 10^3}{\sqrt{3} \times 3.3 \times 10^3 \times 0.8 \times 0.85} = 38.59$[A]   정답 | 38.59[A]

> **참 고**
> 3상 부하 출력 $P = \sqrt{3}\,VI\cos\theta \cdot \eta\,[\text{kW}]$
>
> 전류를 기준으로 식을 정리하면 $I = \dfrac{P}{\sqrt{3}\,V\cos\theta \cdot \eta}\,[\text{A}]$
>
> (V : 전압[V], $\cos\theta$: 역률, η : 효율)

08

송전선로에서 사용되는 복도체(또는 다도체) 방식을 단도체 방식과 비교할 때 장점(4가지)과 단점(2가지)을 쓰시오. [6점]

(1) 장점

> **답안작성**
> ① 코로나 손실 감소
> ② 송전용량 증가
> ③ 안정도 증가
> ④ 선로의 인덕턴스 감소

(2) 단점

> **답안작성**
> ① 정전용량 증가로 페란티 현상 발생
> ② 소도체 간의 흡인력으로 인한 소도체 간의 접촉 발생 방지를 위해 스페이셔 설치로 공사비 증대

> **참 고**
> 복도체 방식
> 한상의 전력을 2개 이상의 도체로 송전하는 방식

09

길이 2[km]인 3상 배전선에서 전선의 저항이 0.3[Ω/km], 리액턴스 0.4[Ω/km]라 한다. 지금 송전단 전압 V_s를 3,450[V]로 하고 송전단에서 거리 1[km]인 점에 I_1 = 100[A], $\cos\theta_1$ = 0.8[지상], 1.5[km]인 지점에 I_2 = 100[A], $\cos\theta_2$ = 0.6[지상], 종단점에 I_3 = 100[A], $\cos\theta_3$ = 0[진상]인 부하가 있다면 종단에서의 선간전압은 몇 [V]가 되는지 계산하여 구하시오. [5점]

계산과정

답안작성

계산과정 | 수전단 전압 = 송전단 전압 - 전압강하

$= 3,450 - \sqrt{3}\,[(100\times0.8 + 100\times0.6 + 100\times0)\times0.3\times1$
$+ (100\times0.6 + 100\times0.8 + 100\times(-1))\times0.4\times1]$
$- \sqrt{3}\,[(100\times0.6 + 100\times0)\times0.3\times0.5 + (100\times0.8 + 100\times(-1))\times0.4\times0.5]$
$- \sqrt{3}\,[(100\times0)\times0.3\times0.5 + (100\times(-1))\times0.4\times0.5] = 3,375.52$ [V]

정답 | 3,375.52[V]

참고

3상 선로에서의 전압강하 $e = \sqrt{3}\,(I\cos\theta R \pm I\sin\theta X)$ [V], (지상일 때 +, 진상일 때 -)

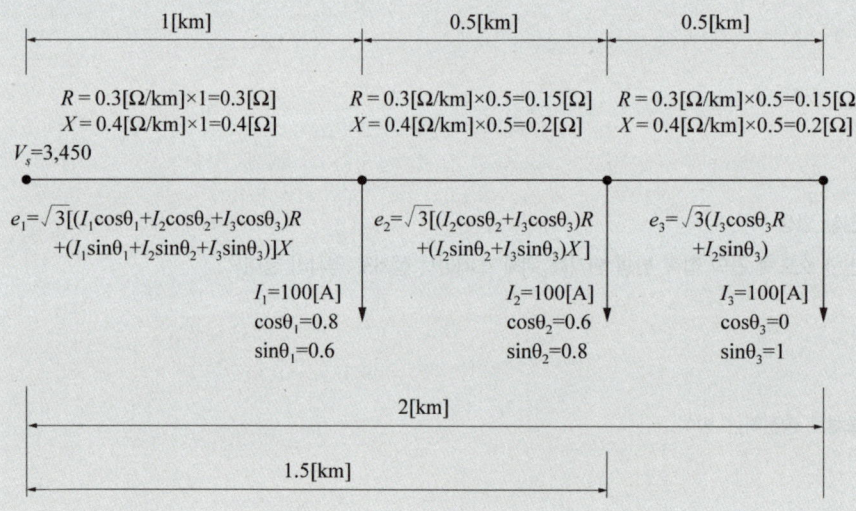

10

예비 전원으로 사용되는 축전지 설비에 관한 다음 물음에 답하시오. [8점]

(1) 연축전지 설비의 초기에 단전지 전압의 비중이 저하되고, 전압계 지시값이 역전하였다. 어떤 원인으로 일어난 현상으로 추정할 수 있는가?

> **답안작성**
> 축전지의 역접속

(2) 충전장치 고장, 과충전, 액면저하로 인한 극판 노출, 교류분 전류의 유입 과대 등의 원인에 의하여 발생될 수 있는 현상은 무엇인가?

> **답안작성**
> 축전지의 현저한 온도상승 또는 소손

(3) 축전지와 부하를 충전기에 병렬로 연결하여 사용하는 충전방식은 어떤 충전방식인가?

> **답안작성**
> 부동 충전방식

> **참 고**
> 부동 충전방식
> 충전기는 상용부하의 전력공급과 축전지의 자기방전을 보충하고 충전기가 부담하기 어려운 일시적으로 발생하는 대전류 부하는 축전지가 부담하는 방식

(4) 축전지 용량 $C = \dfrac{1}{L}KI$ 로 계산한다. L, K, I는 무엇을 의미하는가?

> **답안작성**
> - L : 보수율
> - K : 용량 환산 시간
> - I : 방전 전류

11

수전전압 6.6[kV] 가공전선로의 %임피던스가 60.5[%]일 때 수전점의 3상 단락전류가 7,000[A]인 경우 기준용량[MVA]을 구하고 수전용 차단기의 차단용량을 선정하시오. [6점]

차단기 정격용량[MVA]									
10	20	30	50	75	100	150	250	300	400

(1) 기준용량

계산과정 | 기준용량 $P = \sqrt{3}\, V_n I_n$ [MVA] (V_n [kV], I_n [kA])

$$I_n = \frac{\%Z}{100} \cdot I_s = \frac{60.5}{100} \times 7{,}000 = 4{,}235 [A] = 4.235 [kA]$$

$$P = \sqrt{3} \times 6.6 \times 4.235 = 48.41 [MVA]$$

정답 | 48.41[MVA]

참고

단락전류 $I_s = \dfrac{100}{\%Z} \times I_n$ [A]

- V_n : 공칭전압
- I_n : 정격전류

(2) 차단용량

계산과정 | 차단용량 $P_s = \sqrt{3}\, V_s I_s$ [MVA] (V_s [kV], I_s [kA]) $= \sqrt{3} \times 6.6 \times \dfrac{1.2}{1.1} \times 7 = 87.3$ [MVA]

정답 | 표에서 100[MVA] 선정

참고

차단용량 P_s [MVA] $= \sqrt{3} \times$ 정격전압[kV] $\times$ 정격차단전류(단락전류)[kA]

정격전압 $=$ 공칭전압 $\times \dfrac{1.2}{1.1}$

12

전압 220[V], 1시간 전력사용량 40[kWh], 역률 80[%]인 3상 부하가 있다. 이 부하의 역률을 개선하기 위하여 용량 30[kVA]의 역률 개선용 진상 콘덴서를 설치하는 경우, 개선 후의 무효전력[kVar]과 감소된 전류는 몇 [A]인지 계산하시오. [6점]

(1) 개선 후의 무효전력

계산과정 | 개선 후 무효전력 = 개선 전 무효전력 − 콘덴서 용량
$$= 40 \times \tan 36.87° - 30 = 0$$
$$(\theta = \cos^{-1} 0.8 = 36.87°)$$

정답 | 0[kVar]

참고

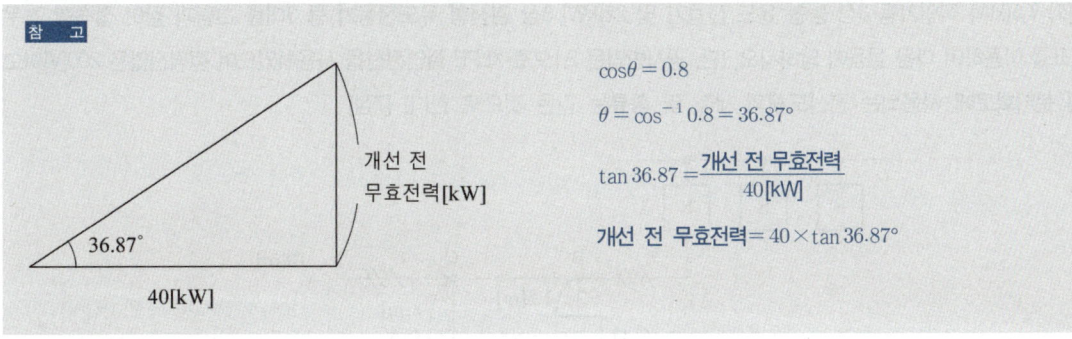

$\cos\theta = 0.8$

$\theta = \cos^{-1} 0.8 = 36.87°$

$\tan 36.87 = \dfrac{\text{개선 전 무효전력}}{40[\text{kW}]}$

개선 전 무효전력 $= 40 \times \tan 36.87°$

(2) 감소된 전류

계산과정 | 감소된 전류 I = 개선 전 전류 I_1 − 개선 후 전류 I_2

- 개선 전 전류 $I_1 = \dfrac{40 \times 10^3}{\sqrt{3} \times 220 \times 0.8} = 131.22[\text{A}]$

$I_1 = 131.22 \times (0.8 - j0.6) = 104.98 - j78.73[\text{A}]$

- 개선 후 전류 $I_2 = \dfrac{40 \times 10^3}{\sqrt{3} \times 220 \times 1} = 104.98[\text{A}]$

$I_2 = 104.98[\text{A}]$

$I = 104.98 - j78.73 - 104.98 = -j78.73[\text{A}]$
$= \sqrt{0^2 + 78.73^2} = 78.73[\text{A}]$

정답 | 78.73[A]

> **참고**
>
> $I = \dfrac{P}{\sqrt{3}\,V\cos\theta}$ [A]
>
> 개선 전 역률 $\cos\theta = 0.8$
>
> 개선 후 역률 $\cos\theta = 1$
>
> $I = I(\cos\theta + j\sin\theta)$ [A]
>
> $|I| = \sqrt{I\cos\theta^2 + I\sin\theta^2}$ [A]

13

3.7[kW]와 7.5[kW] 직입기동 3상 농형 유도 전동기 및 22[kW] 3상 권선형 유도전동기 등 3대를 그림과 같이 접속할 경우 그림과 표를 이용하여 다음 물음에 답하시오. (단, 공사방법은 B1으로 XLPE 절연전선을 사용하였으며 정격전압은 200[V]이고 간선 및 분기회로에 사용되는 전선도체의 재질 및 종류는 같은 것으로 한다) [7점]

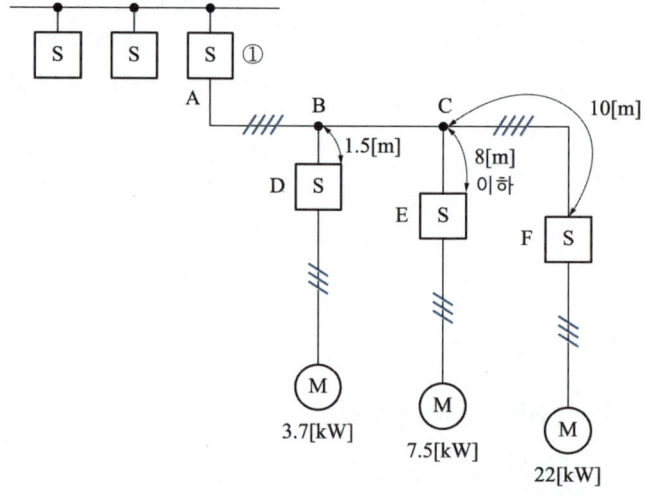

[표 1] 200[V] 3상 유도전동기의 간선의 굵기 및 기구의 용량(B종 퓨즈의 경우) (동선)

전동기 [kW] 수의 총계 [kW] 이하	최대 사용 전류 [A] 이하	배선종류에 의한 간선의 최소 굵기[mm²]						직입기동 전동기 중 최대 용량의 것									
		공사방법 A1		공사방법 B1		공사방법 C		0.75 이하	1.5	2.2	3.7	5.5	7.5	11	15	18.5	22	30	37~55
		3개선		3개선		3개선		기동기 사용 전동기 중 최대 용량의 것									
								-	-	-	5.5	7.5	11 15	18.5 22	-	30 37	-	45	55
		PVC	XLPE, EPR	PVC	XLPE, EPR	PVC	XLPE, EPR	과전류 차단기[A] ……… (칸 위 숫자) 개폐기 용량[A] ……… (칸 아래 숫자)									
3	15	2.5	2.5	2.5	2.5	2.5	2.5	15 30	20 30	30 30	-	-	-	-	-	-	-	-
4.5	20	4	2.5	2.5	2.5	2.5	2.5	20 30	20 30	30 30	50 60	-	-	-	-	-	-	-
6.3	30	6	4	6	4	4	2.5	30 30	30 30	50 60	50 60	75 100	-	-	-	-	-	-
8.2	40	10	6	10	6	6	4	50 60	50 60	50 60	75 100	75 100	100 100	-	-	-	-	-
12	50	16	10	10	10	10	6	50 60	50 60	50 60	75 100	75 100	100 100	150 200	-	-	-	-
15.7	75	35	25	25	16	16	16	75 100	75 100	75 100	75 100	100 100	100 100	150 200	150 200	-	-	-
19.5	90	50	25	35	25	25	16	100 100	100 100	100 100	100 100	100 100	150 200	150 200	200 200	200 200	-	-
23.2	100	50	35	35	25	35	25	100 100	100 100	100 100	100 100	100 100	150 200	150 200	200 200	200 200	-	-
30	125	70	50	50	35	50	35	150 200	150 200	150 200	150 200	150 200	150 200	150 200	200 200	200 200	-	-
37.5	150	95	70	70	50	70	50	150 200	150 200	150 200	150 200	150 200	150 200	150 200	300 300	300 300	300 300	-
45	175	120	70	95	50	70	50	200 200	200 200	200 200	200 200	200 200	200 200	300 300	300 300	300 300	300 300	300 300
52.5	200	150	95	95	70	95	70	200 200	200 200	200 200	200 200	200 200	200 200	200 200	400 400	400 400	400 400	400 400
63.7	250	240	150	-	95	120	95	300 300	300 300	300 300	300 300	300 300	300 300	300 300	300 300	400 400	400 400	500 600
75	300	300	185	-	120	185	120	300 300	300 300	300 300	300 300	300 300	300 300	300 300	300 300	400 400	500 600	500 600
86.2	350	-	240	-	-	240	150	400 400	400 400	400 400	400 400	400 400	400 400	400 400	400 400	400 400	400 400	600 600

[주] 1. 최소 전선 굵기는 1회선에 대한 것임.
2. 공사방법 A1은 벽 내의 전선관에 공사한 절연전선 또는 단심케이블, B1은 벽면의 전선관에 공사한 절연전선 또는 단심케이블, 공사방법 C는 벽면에 공사한 단심 또는 다심케이블을 시설하는 경우의 전선 굵기를 표시하였다.
3. 「전동기 중 최대의 것」에는 동시 기동하는 경우를 포함한다.
4. 과전류 차단기의 용량은 해당 조항에 규정되어 있는 범위에서 실용상 거의 최대값을 표시한다.
5. 과전류 차단기의 선정은 최대용량의 정격전류의 3배에 다른 전동기의 정격전류의 합계를 가산한 값 이하를 표시한다.
6. 고리퓨즈는 300[A] 이하에서 사용하여야 한다.

[표 2] 200[V] 3상 유도 전동기 1대인 경우의 분기회로(B종 퓨즈의 경우)

정격출력 [kW]	전부하 전류 [A]	배선 종류에 의한 동 전선의 최소 굵기[mm²]					
		공사방법 A1		공사방법 B1		공사방법 C	
		3개선		3개선		3개선	
		PVC	XLPE, EPR	PVC	XLPE, EPR	PVC	XLPE, EPR
0.2	1.8	2.5	2.5	2.5	2.5	2.5	2.5
0.4	3.2	2.5	2.5	2.5	2.5	2.5	2.5
0.75	4.8	2.5	2.5	2.5	2.5	2.5	2.5
1.5	8	2.5	2.5	2.5	2.5	2.5	2.5
2.2	11.1	2.5	2.5	2.5	2.5	2.5	2.5
3.7	17.4	2.5	2.5	2.5	2.5	2.5	2.5
5.5	26	6	4	4	2.5	4	2.5
7.5	34	10	6	6	4	6	4
11	48	16	10	10	6	10	6
15	65	25	16	16	10	16	10
18.5	79	35	25	25	16	25	16
22	93	50	25	35	25	25	16
30	124	70	50	50	35	50	35
37	152	95	70	70	50	70	50

정격출력 [kW]	전부하 전류 [A]	개폐기 용량[A]				과전류 차단기(B종 퓨즈)[A]				전동기용 초과눈금 전류계의 정격전류[A]	접지선의 최소 굵기 [mm²]
		직입기동		기동기 사용		직입기동		기동기 사용			
		현장조작	분기	현장조작	분기	현장조작	분기	현장조작	분기		
0.2	1.8	15	15			15	15			3	2.5
0.4	3.2	15	15			15	15			5	2.5
0.75	4.8	15	15			15	15			5	2.5
1.5	8	15	30			15	20			10	4
2.2	11.1	30	30			20	30			15	4
3.7	17.4	30	60			30	50			20	6
5.5	26	60	60	30	60	50	60	30	50	30	6
7.5	34	100	100	60	100	75	100	50	75	30	10
11	48	100	200	100	100	100	150	75	100	60	16
15	65	100	200	100	100	100	150	100	100	60	16
18.5	79	200	200	100	200	150	200	100	150	100	16
22	93	200	200	100	200	150	200	100	150	100	16
30	124	200	400	200	200	200	300	150	200	150	25
37	152	200	400	200	200	200	300	150	200	200	25

[주] 1. 최소 전선 굵기는 1회선에 대한 것이며, 2회선 이상일 경우는 복수회로 보정계수를 적용하여야 한다.
2. 공사방법 A1은 벽 내의 전선관에 공사한 절연전선 또는 단심케이블, B1은 벽면의 전선관에 공사한 절연전선 또는 단심케이블, 공사방법 C는 벽면에 공사한 단심 또는 다심케이블을 시설하는 경우의 전선 굵기를 표시하였다.
3. 전동기 2대 이상을 동일회로로 할 경우는 간선의 표를 적용한다.

(1) 간선에 사용되는 과전류 차단기와 개폐기 ①의 최소 용량은 몇 [A]인지 선정과정을 포함하여 구하시오.
   ① 선정과정
   ② 과전류 차단기 용량
   ③ 개폐기 용량

   답안작성
   ① 모든 유도전동기 출력을 합한 값으로 [표 1]에서 과전류차단기와 개폐기 용량을 선정하면 3.7[kW] + 7.5[kW] + 22[kW] = 33.2[kW]로, 전동기 [kW] 수의 총계[kW] 이하에서 33.2[kW] 이상인 37.5[kW]와 기동기 사용 전동기 22[kW]가 만나는 교차점의 값이라는 것을 알 수 있다.
   ② 150[A]
   ③ 200[A]

(2) 간선의 최소 굵기는 몇 [mm²]인지 선정하시오.

   답안작성
   표1에서 전동기 [kW] 수의 총계[kW] 이하 37.5[kW]와 공사방법 B1의 XLPE가 만나는 교차점인 50[mm²] 선정

   참고
   모든 유도전동기 출력의 합이 33.2[kW]이므로 [표 1]에서 전동기 [kW] 수의 총계[kW] 이하는 33.2[kW] 이상인 37.5[kW]를 적용한다.

(3) C와 E 사이 분기회로에 사용되는 전선의 최소 굵기는 몇 [mm²]인지 선정하시오.
   ① 선정과정
   ② 전선의 굵기

   답안작성
   ① 8[m] 이내(이하)이므로 간선의 $\frac{1}{5}$(20[%]) 이상 적용
   ② 간선의 굵기 $50[mm^2] \times \frac{1}{5} = 10[mm^2]$ 선정

   참고
   내선규정 3315-4 분기회로의 개폐기 및 과전류 차단기 시설
   간선과 분기선에 사용되는 전선의 종류 및 재질이 동일한 경우 분기선의 길이가 8[m] 이내(이하)일 때 분기선의 굵기는 간선의 $\frac{1}{5}$(20[%]) 이상으로 적용할 수 있다.

(4) C와 F 사이 분기회로에 사용되는 전선의 최소 굵기는 몇 [mm²]인지 선정하시오.
　① 선정과정
　② 전선의 굵기

답안작성

① 8[m] 초과(임의 길이)이므로 간선의 $\frac{1}{2}$(50[%]) 이상 적용

② 간선의 굵기 $50[\text{mm}^2] \times \frac{1}{2} = 25[\text{mm}^2]$ 선정

참　고

내선규정 3315-4 분기회로의 개폐기 및 과전류 차단기 시설
간선과 분기선에 사용하는 전선의 종류 및 재질이 동일한 경우 분기선의 길이가 임의 길이 (8[m] 초과)일 때 분기선의 굵기는 간선의 $\frac{1}{2}$(50[%]) 이상으로 적용할 수 있다.

14

용량 10[kVA], 철손 120[W], 전부하동손 200[W]인 단상변압기 2대를 V결선하여 부하를 연결하였다. 전부하 효율은 약 몇 [%]인지 계산하시오. (단, 부하의 역률은 $\frac{\sqrt{3}}{2}$ 이다) [5점]

계산과정　　　　　　　　　　　　　　　　　　　　　　　　　　　　　**정　답**

답안작성

계산과정 | 전부하 효율 $= \dfrac{\text{출력}P}{\text{출력}P + (\text{철손}P_i + \text{동손}P_c)} \times 100$

$= \dfrac{\sqrt{3} \times 10 \times 10^3 \times \dfrac{\sqrt{3}}{2}}{\sqrt{3} \times 10 \times 10^3 \times \dfrac{\sqrt{3}}{2} + (2 \times 120 + 2 \times 200)} \times 100 = 95.908[\%]$

정답 | 95.91[%]

참　고

효율 $= \dfrac{\text{출력}}{\text{입력}} \times 100 = \dfrac{\text{출력}}{\text{출력} + \text{손실}} \times 100$

출력 $P = VI\cos\theta = Pa[\text{VA}] \times \cos\theta[\text{W}]$

손실 = 철손 + 동손이고 단상변압기 2대를 사용하므로 이때의 손실 = 2×철손 + 2×동손이 된다.

15

단상 2선식 220[V] 옥내 배선에서 용량 100[VA], 역률 80[%]의 형광등 50개와 소비전력 60[W]인 백열등 50개를 설치할 때 최소 분기 회로 수는 몇 회로인지 계산하시오. (단, 15[A] 분기 회로로 하며, 수용률은 80[%]로 한다) [5점]

계산과정 | 정답

계산과정 | 분기 회로 수 = $\dfrac{\text{부하설비 용량[VA]} \times \text{수용률}}{\text{전압[V]} \times \text{분기회로 전류[A]}}$ [회로]

용량 100[VA] 형광등
- 유효전력 $P_1 = 100 \times 0.8 \times 50 = 4{,}000$[W]
- 무효전력 $Q_1 = 100 \times 0.6 \times 50 = 3{,}000$[Var]

소비전력 60[W] 백열등
- 유효전력 $P_2 = 60 \times 50 = 3{,}000$[W]
- 무효전력 $Q_2 = 0$[Var]

총 부하설비 용량[VA] = $\sqrt{(4{,}000 + 3{,}000)^2 + (3{,}000 + 0)^2} = 7{,}615.773$[VA]

분기 회로 수 = $\dfrac{7{,}615.773 \times 0.8}{220 \times 15} = 1.846$

정답 | 2회로

참고

유효전력 $P = VI\cos\theta$[W]

무효전력 $Q = VI\sin\theta$[Var]

피상전력 $P_a = \sqrt{P^2 + Q^2}$[VA]

16

154[kV]의 송전선이 그림과 같이 연가되어 있을 경우 중성점과 대지 간에 나타나는 잔류전압을 계산하시오. (단, 전선 1[km]당의 대지정전 용량은 맨 윗선 0.004[μF], 가운데 선 0.0045[μF], 맨아래 선 0.005[μF]라 하고 다른 선로 정수는 무시한다) [5점]

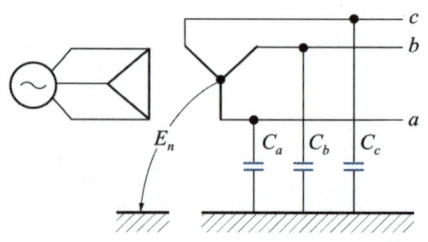
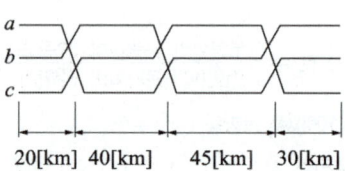

계산과정

답안작성

계산과정 | 잔류전압 $E_n = \dfrac{\sqrt{C_a(C_a-C_b) + C_b(C_b-C_c) + C_c(C_c-C_a)}}{C_a+C_b+C_c} \times \dfrac{V}{\sqrt{3}}$ [V]

$C_a = 20 \times 0.004 + 40 \times 0.005 + 45 \times 0.0045 + 30 \times 0.004 = 0.6025\,[\mu\text{F}]$

$C_b = 20 \times 0.0045 + 40 \times 0.004 + 45 \times 0.005 + 30 \times 0.0045 = 0.61\,[\mu\text{F}]$

$C_c = 20 \times 0.005 + 40 \times 0.0045 + 45 \times 0.004 + 30 \times 0.005 = 0.61\,[\mu\text{F}]$

$E_n = \dfrac{\sqrt{0.6025 \times (0.6025-0.61) + 0.61 \times (0.61-0.61) + 0.61 \times (0.61-0.6025)}}{0.6025+0.61+0.61} \times \dfrac{154 \times 10^3}{\sqrt{3}} = 365.89\,[\text{V}]$

정답 | 365.89[V]

참고

연가

선로정수의 평형을 목적으로 구간마다 상의 위치를 옮겨 전력선을 가설하는 방법

전선의 대지 정전용량[μF] = 전선 1[km]당 정전용량[μF/km] × 선로길이[km]

17

정격전압 1차 6,600[V], 2차 210[V], 10[kVA]의 단상변압기 2대를 승압기로 V 결선하여 6,300[V]의 3상 전원에 접속하였을 경우 다음 물음에 답하시오. [6점]

(1) 승압된 전압은 몇 [V]인가?

계산과정

정 답

답안작성

계산과정 | 승압된 전압 $V_2 = \left(1 + \dfrac{1}{a}\right)V_1 = \left(1 + \dfrac{210}{6,600}\right) \times 6,300 = 6,500.454$

정답 | 6,500.45[V]

(2) 3상 V-V 결선 승압기의 결선도를 완성하시오.

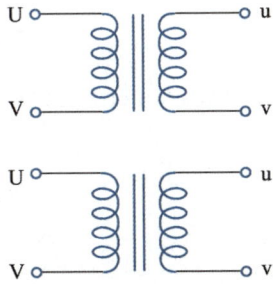

답안작성

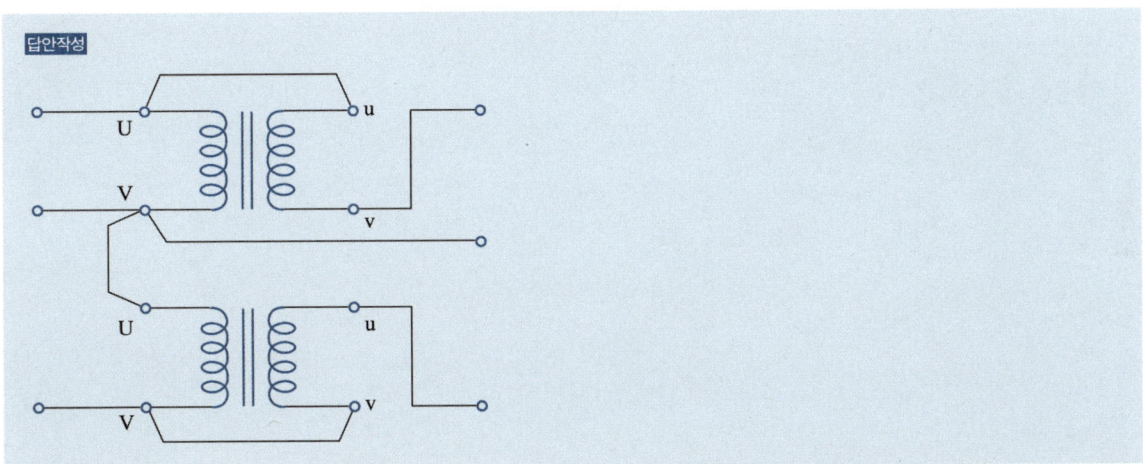

참 고

전압비(권수비) $a = \dfrac{E_1}{E_2}$, $\dfrac{1}{a} = \dfrac{E_2}{E_1} = \dfrac{210}{6,600}$

18

다음 논리식을 간단히 정리하시오. [4점]

(1) $Z = (A+B+C)A$

답안작성

$Z = (A+B+C)A = AA+AB+AC = A+AB+AC = A(1+B+C) = A$

참고

$AA = A$

$1+B+C = 1$

(2) $Z = \overline{A}C + BC + AB + \overline{B}C$

답안작성

$Z = \overline{A}C + BC + AB + \overline{B}C = \overline{A}C + AB + C(B+\overline{B}) = \overline{A}C + AB + C = AB + C(\overline{A}+1) = AB + C$

참고

$B + \overline{B} = \overline{B} + B = 1$

$\overline{A} + 1 = 1 + \overline{A} = 1$

실기[필답형]기출문제 2014 * 2

※ 출제기준 변경 및 개정된 관계법규에 따라 삭제된 문제가 있어 배점의 합계가 100점이 안 됩니다.

01

플리커 현상을 경감시키기 위한 대책을 전원측과 수용가측을 구분하여 각각 3가지씩 쓰시오. [6점]

(1) 전원측

답안작성
① 전용계통으로 전력공급
② 공급전압 승압
③ 단락용량이 큰 계통에서 전력공급

(2) 수용가측

답안작성
① 직렬리액터 설치
② 직렬콘덴서 설치
③ 부스터 설치

참 고
- 플리커 현상 : 밝기가 일정하지 않고 변화하여 떨리는 현상
  예) TV나 형광등, LED 같은 빛을 발하는 전기제품에서의 깜빡거림 현상
- 발생원인 : 전압, 전류의 불안정

02

다음 도면을 보고 물음에 답하시오. [10점]

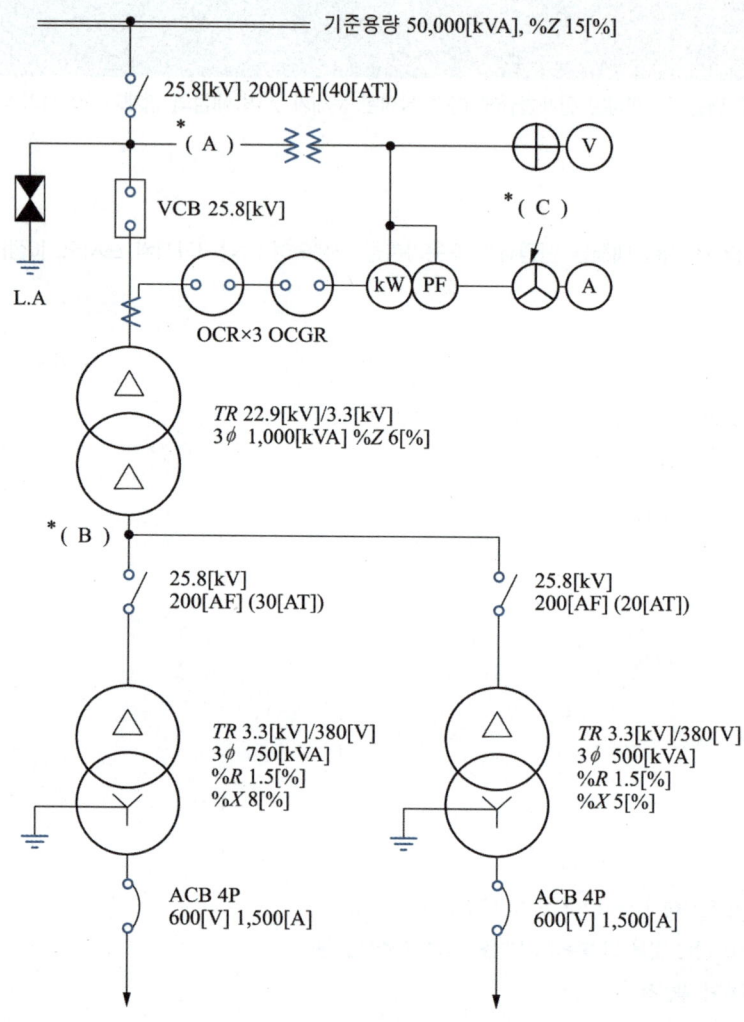

(1) (A)에 사용될 기기를 약호로 쓰시오.

답안작성
COS

참고
COS(Cut-Out Switch)
옥내 배선의 인입점, 분기점 등에 사용되는 개폐기

(2) (C)의 명칭을 약호로 쓰시오.

답안작성

AS

참 고

AS(Ampere Switch)

전류 절체 스위치

(3) B 점에서 단락되었을 경우 단락전류는 몇 [A]인지 계산하시오. (단, 선로 임피던스는 무시한다)

계산과정   정 답

답안작성

계산과정 | 기준용량 50,000[kVA]로 환산한 $TR\ \%Z = \dfrac{50,000}{1,000} \times 6 = 300[\%]$

$$\%Z = 15 + 300 = 315[\%]$$

단락전류 $I_s = \dfrac{100}{\%Z} \times I_n = \dfrac{100}{315} \times \dfrac{50,000}{\sqrt{3} \times 3.3} = 2,777.057[A]$

정답 | 2,777.06[A]

참 고

기준용량으로 환산한 $\%Z = \dfrac{기준용량}{자기용량} \times 자기\ \%Z$

정격전류 $I_n = \dfrac{기준용량}{\sqrt{3}\ V}[A]$

(4) VCB의 최소차단용량은 몇 [MVA]인지 계산하시오.

계산과정   정 답

계산과정 | 최소차단용량 $P_s = \dfrac{100}{\%Z} \times P_n = \dfrac{100}{15} \times 50,000 = 333.33 \times 10^3[kVA] = 333.33[MVA]$

정답 | 333.33[MVA]

답안작성

참 고

단락용량(최소차단용량) $P_s[MVA] = \dfrac{100}{\%Z} \times 기준용량\ P_n[MVA]$

(5) ACB의 우리말 명칭은 무엇인지 쓰시오.

> **답안작성**
> 기중차단기

> **참 고**
> ACB(Air Circuit Breaker)
> 압축 공기를 사용하여 아크를 소호하는 차단기

(6) 단상 변압기 3대를 이용하여 △-△ 결선도와 △-Y 결선도를 그리시오.

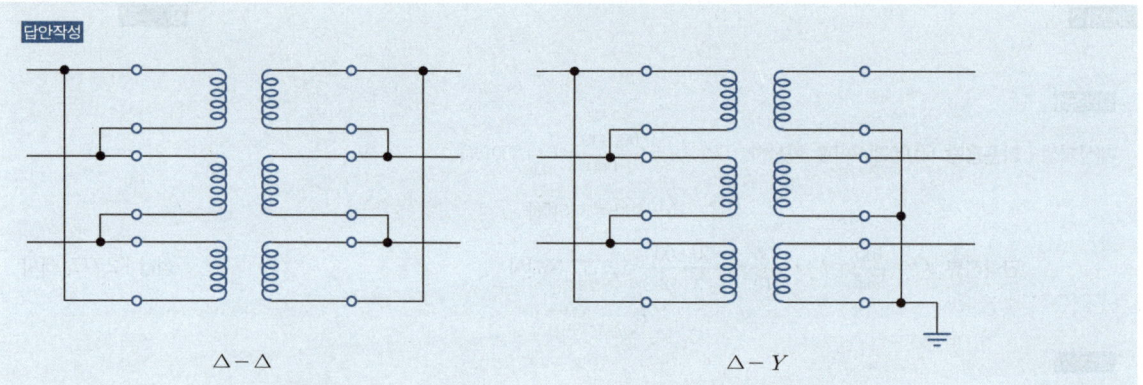

03

전력용 콘덴서의 설치 목적을 4가지만 쓰시오. [5점]

> **답안작성**
> ① 전력손실 감소
> ② 전기요금 절감
> ③ 설비용량 여유 증가
> ④ 전압강하 감소

> **참 고**
> 전력용(역률 개선용) 콘덴서
> 진상 무효분을 공급하여 지상 무효분을 줄여 역률을 개선시킨다.

04

A, B, C 수용가가 있다. A, B, C 수용가의 설비용량은 각각 100[kW], 200[kW], 300[kW]이고 A, B, C 수용가의 수용률은 각각 85[%], 75[%], 65[%]일 때 합성 최대 전력은 몇 [kW]인가? (단, 부등률은 1.1로 한다) [4점]

계산과정

계산과정 | 합성 최대 전력 $= \dfrac{(100 \times 0.85)+(200 \times 0.75)+(300 \times 0.65)}{1.1} = 390.909$ [kW]

정답 | 390.91[kW]

참 고

합성 최대 전력 $= \dfrac{\text{설비용량[kW]} \times \text{수용률}}{\text{부등률}}$ [kW]

05

T-5 램프의 특징 5가지만 쓰시오. [5점]

답안작성

① 기존 형광램프에 비해 35[%] 이상의 에너지를 절약할 수 있다.
② 기존 형광램프에 비해 평균수명이 길다(약 16,000시간).
③ 기존 형광램프에 비해 관경이 작은 슬림한 형상으로 인테리어 측면에서 매우 유용하다.
④ 기존 형광램프에 비해 적은 양의 자재로 제작하기 때문에 환경오염을 줄일 수 있다.
⑤ 기존 형광램프에 비해 발광효율이 높다.

참 고

• 기존 형광램프의 관경 : 32[mm], 28[mm], 26[mm]
• T-5 램프의 관경 : 16[mm]

06

선로나 간선에 고조파 전류를 발생시키는 발생기가 있을 경우 그 대책을 적절히 세워야 한다. 이 고조파 억제 대책을 5가지만 간단하게 쓰시오. [5점]

답안작성
① 전력 변환 장치의 pulse 수를 크게 한다.
② 고조파 필터를 사용한다.
③ 전원측에 교류 리액터를 설치한다.
④ 전력용 콘덴서에 직렬 리액터를 설치한다.
⑤ 변압기를 △결선하여 외부에 고조파가 나타나지 않도록 한다.

참고
고조파 발생 부하
변압기, 전동기, 용접기, 컴퓨터 등

07

다음 물음에 답하시오. [4점]

(1) 최대사용전압이 3.3[kV]인 중성점 비접지식 전로의 절연내력 시험전압은 몇 [V]인가?

계산과정 정답

답안작성
계산과정 | 시험전압 $= 3,300 \times 1.5 = 4,950$[V]   정답 | 4,950[V]

참고
한국전기설비규정 132 전로의 절연 저항 및 절연내력
표 132-1 전로의 종류 및 시험전압

전로의 종류	시험전압
1. 최대사용전압 7[kV] 이하인 전로	최대사용전압의 1.5배의 전압

(2) 최대사용전압이 380[V]인 전동기의 절연내력 시험 전압은 몇 [V]인가?

계산과정

답안작성
계산과정 | 시험 전압 = $380 \times 1.5 = 570$[V]

정답 | 570[V]

(3) 회전기의 절연내력 시험방법에 대해 간단히 설명하시오.

답안작성
권선과 대지 사이에 연속하여 10분간 가한다.

참고
한국전기설비규정 133-1 회전기 및 정류기의 절연내력

종류			시험전압	시험방법
회전기	발전기·전동기·조상기·기타 회전기(회전변류기를 제외한다)	최대사용전압 7[kV] 이하	최대사용전압의 1.5배의 전압 (500[V] 미만으로 되는 경우에는 500[V])	권선과 대지 사이에 연속하여 10분간 가한다.
		최대사용전압 7[kV] 초과	최대사용전압의 1.25배의 전압 (10.5[kV] 미만으로 되는 경우에는 10.5[kV])	
	회전변류기		직류측의 최대사용전압의 1배의 교류전압 (500[V] 미만으로 되는 경우에는 500[V])	
정류기	최대사용전압이 60[kV] 이하		직류측의 최대사용전압의 1배의 교류전압 (500[V] 미만으로 되는 경우에는 500[V])	충전부분과 외함 간에 연속하여 10분간 가한다.
	최대사용전압이 60[kV] 초과		교류측의 최대사용전압의 1.1배의 교류전압 또는 직류측의 최대사용전압의 1.1배의 직류전압	교류측 및 직류고전압측 단자와 대지 사이에 연속하여 10분간 가한다.

(4) 전로의 사용전압이 500[V]를 초과할 때 DC 시험전압[V]과 절연저항[MΩ]은 얼마인지 쓰시오.

답안작성
- DC 시험전압 : 1,000[V]
- 절연저항 : 1[MΩ]

참고
전기설비 기술기준 제52조 저압전로의 절연성능

전로의 사용전압[V]	DC 시험전압[V]	절연저항[MΩ]
SELV 및 PELV	250	0.5
FELV, 500[V] 이하	500	1.0
500[V] 초과	1,000	1.0

08

22.9[kV] 중성선 다중 접지 전로에 정격전압 13.2[kV], 정격용량 250[kVA]의 단상 변압기 3대를 이용하여 아래 그림과 같이 $Y-\triangle$ 결선하고자 한다. 그림을 보고 다음 각 물음에 답하시오. [6점]

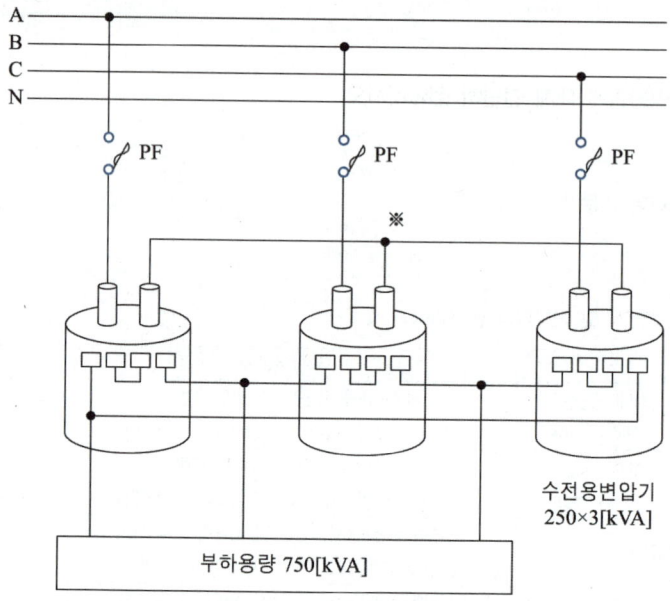

(1) 변압기 1차측 Y 결선의 중성점(※ 표시 부분)을 전선로 N선에 연결해야 하는가? 연결하여서는 안 되는가?

답안작성
연결하여서는 안 된다.

(2) (1)번 답에 대한 이유를 설명하시오.

답안작성
변압기 3대 중 한 대의 전력퓨즈(PF) 용단 시 역V 결선이 되므로 과부하로 인하여 변압기가 소손될 수 있다.

(3) 전력퓨즈(PF)의 용량은 몇 [A]인지 계산하여 퓨즈의 정격용량 표에서 선정하시오.

퓨즈의 정격용량[A]						
15	20	30	40	50	60	75

계산과정 | 정답

답안작성

계산과정 | $I_n = \dfrac{250 \times 3}{\sqrt{3} \times 22.9} = 18.91[A]$

전력퓨즈 용량 $= 18.91 \times 1.5 = 28.37[A]$

정답 | 30[A] 선정

참 고

전력퓨즈 용량은 정격전류의 1.5배 하여 그 이상의 기성제품을 선정한다.

전력퓨즈 용량[A] = 정격전류[A] × 1.5

09

두 대의 변압기의 병렬운전에서 다른 정격은 모두 같고 1차 환산 누설 임피던스만이 $2+j3[\Omega]$과 $3+j2[\Omega]$이다. 부하전류가 50[A]이면 순환전류는 몇 [A]인지 구하시오. [5점]

계산과정 | 정답

답안작성

계산과정 | 순환전류 $I_c = \dfrac{25(2+j3) - 25(3+j2)}{(2+j3)+(3+j2)} = \dfrac{-25+j25}{5+j5} = \dfrac{-5+j5}{1+j} = \dfrac{(-5+j5)(1-j)}{(1+j)(1-j)}$

$= \dfrac{-5+j5+j5+5}{1-j+j-j^2} = \dfrac{j10}{2} = j5$

$I_c = \sqrt{5^2} = 5[A]$

정답 | 5[A]

참 고

$Z_1 = 2+j3$
$E_1 = I_1Z_1$

$Z_2 = 3+j2$
$E_2 = I_2Z_2$

I_c

$I = 50[A]$
부하

순환전류 $I_c = \dfrac{\text{기전력의 차}}{\text{전체 임피던스}} = \dfrac{E_1 - E_2}{Z_1 + Z_2}[A]$

10

분전반에서 20[m]의 거리에 있는 단상 2선식, 부하전류 5[A]인 부하에 배전설계의 전압강하를 0.5[V] 이하로 하고자 할 경우 필요한 전선의 굵기를 IEC 전선규격표에서 선정하시오. [5점]

IEC 전선규격[mm²]								
1.5	2.5	4	6	10	16	25	35	50

계산과정 | 단상 2선식 전선의 굵기 $A = \dfrac{35.6LI}{1,000e} = \dfrac{35.6 \times 20 \times 5}{1,000 \times 0.5} = 7.12 [\text{mm}^2]$

정답 | 10[mm²] 선정

참 고

전선의 굵기(단면적) 구하는 공식

- 단상 2선식 $A = \dfrac{35.6LI}{1,000e} [\text{mm}^2]$

- 3상 3선식 $A = \dfrac{30.8LI}{1,000e} [\text{mm}^2]$

- 단상 3선식 또는 3상 4선식 $A = \dfrac{17.8LI}{1,000e} [\text{mm}^2]$

(L : 전선의 길이[m], I : 부하전류[A], e : 전압강하[V])

11

다음 주어진 논리회로에 대응하는 논리식을 쓰고 유접점 시퀀스를 그리시오. [3점]

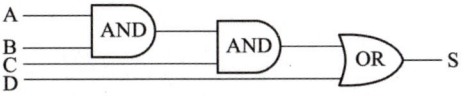

(1) 논리식

> 답안작성
>
> S = ABC + D

(2) 유접점 시퀀스

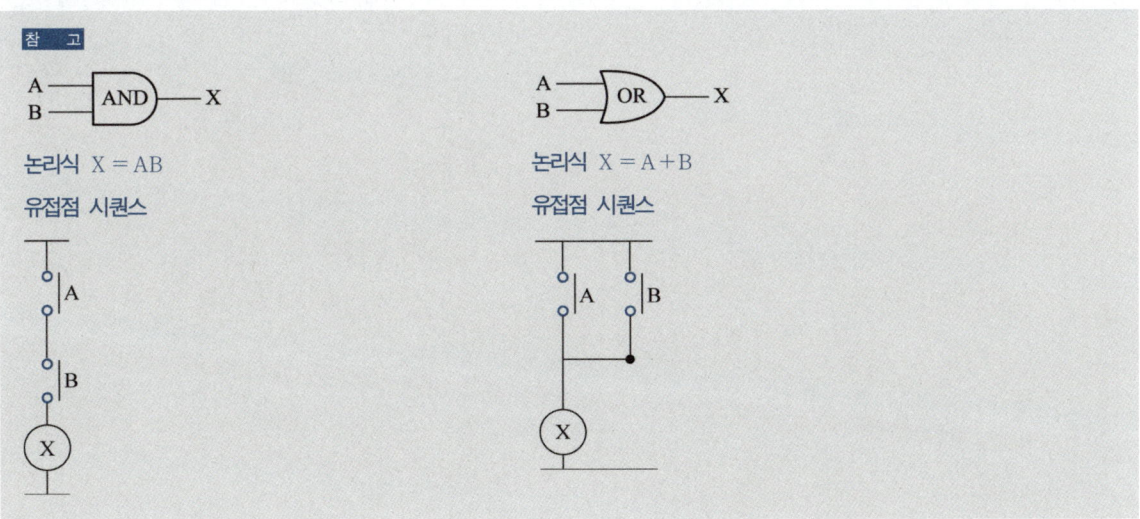

논리식 X = AB

유접점 시퀀스

논리식 X = A + B

유접점 시퀀스

12

방폭구조에 대한 다음 물음에 답하시오. [5점]

(1) 방폭형 전동기에 대하여 간단하게 설명하시오.

> **답안작성**
> 폭발성 가스를 취급하는 곳에 안전하게 사용할 수 있도록 설계된 전동기

(2) 전기설비의 방폭구조 종류를 3가지만 쓰시오.

> **답안작성**
> 내압 방폭구조, 유입 방폭구조, 압력 방폭구조

참고

방폭구조의 종류 및 기호

구분		기호
방폭구조의 종류	내압 방폭구조	d
	유입 방폭구조	o
	압력 방폭구조	p
	안전증 방폭구조	e
	본질안전 방폭구조	i
	특수 방폭구조	s

13

다음과 같은 상태에서 영상변류기(ZCT)의 영상전류 검출에 대해 간단히 설명하시오. [5점]

(1) 정상상태(평형부하)

답안작성
영상전류는 검출되지 않는다.

참고
평형부하인 경우 각상의 전류값의 합은 0이므로 영상전류 $I_o = \frac{1}{3}(I_a + I_b + I_c) = \frac{1}{3} \times 0 = 0$이다.

(2) 지락상태

답안작성
영상전류가 검출된다.

참고
지락상태일 때는 각상이 불평형하게 되므로 각상의 전류값의 합은 어떤 값을 갖는다. 즉, 영상전류 $I_o = \frac{1}{3}(I_a + I_b + I_c)$는 어떤 값이 존재하므로 영상전류가 검출된다.

14

다음의 유도전동기 시설 도면과 조건 참고자료를 이용하여 각 물음에 답하시오. [8점]

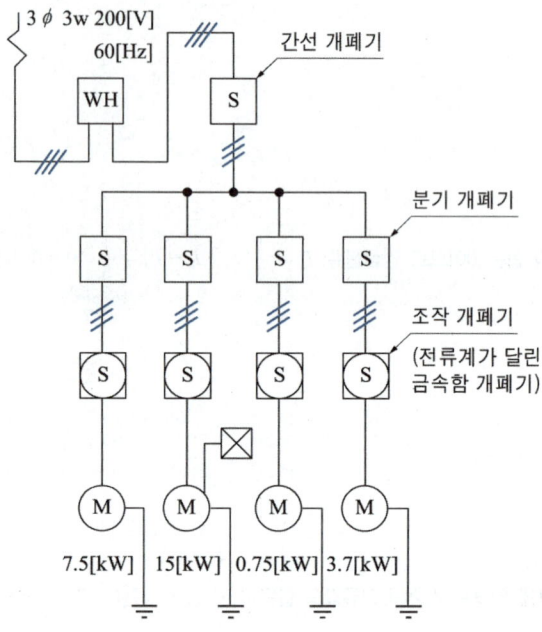

[조건]
- 공사 방법은 B1으로 한다.
- 절연전선은 XLPE를 사용한다.
- 전동기 4대의 용량
  ① 3상 200[V] 7.5[kW] - 직입기동   ② 3상 200[V] 15[kW] - 기동기기동
  ③ 3상 200[V] 0.75[kW] - 직입기동   ④ 3상 200[V] 3.7[kW] - 직입기동

[참고자료]

[표 1] 200[V] 3상 유도 전동기 1대인 경우의 분기회로(B종 퓨즈의 경우)

정격출력 [kW]	전부하 전류 [A]	배선 종류에 의한 동 전선의 최소 굵기[mm²]					
		공사방법 A1		공사방법 B1		공사방법 C	
		3개선		3개선		3개선	
		PVC	XLPE, EPR	PVC	XLPE, EPR	PVC	XLPE, EPR
0.2	1.8	2.5	2.5	2.5	2.5	2.5	2.5
0.4	3.2	2.5	2.5	2.5	2.5	2.5	2.5
0.75	4.8	2.5	2.5	2.5	2.5	2.5	2.5
1.5	8	2.5	2.5	2.5	2.5	2.5	2.5
2.2	11.1	2.5	2.5	2.5	2.5	2.5	2.5
3.7	17.4	2.5	2.5	2.5	2.5	2.5	2.5
5.5	26	6	4	4	2.5	4	2.5
7.5	34	10	6	6	4	6	4
11	48	16	10	10	6	10	6
15	65	25	16	16	10	16	10
18.5	79	35	25	25	16	25	16
22	93	50	25	35	25	25	16
30	124	70	50	50	35	50	35
37	152	95	70	70	50	70	50

정격출력 [kW]	전부하 전류 [A]	개폐기 용량[A]				과전류 차단기(B종 퓨즈)[A]				전동기용 초과눈금 전류계의 정격전류[A]	접지선의 최소 굵기 [mm²]
		직입기동		기동기 사용		직입기동		기동기 사용			
		현장조작	분기	현장조작	분기	현장조작	분기	현장조작	분기		
0.2	1.8	15	15			15	15			3	2.5
0.4	3.2	15	15			15	15			5	2.5
0.75	4.8	15	15			15	15			5	2.5
1.5	8	15	30			15	20			10	4
2.2	11.1	30	30			20	30			15	4
3.7	17.4	30	60			30	50			20	6
5.5	26	60	60	30	60	50	60	30	50	30	6
7.5	34	100	100	60	100	75	100	50	75	30	10
11	48	100	200	100	100	100	150	75	100	60	16
15	65	100	200	100	100	100	150	100	100	60	16
18.5	79	200	200	100	200	150	200	100	150	100	16
22	93	200	200	100	200	150	200	100	150	100	16
30	124	200	400	200	200	200	300	150	200	150	25
37	152	200	400	200	200	200	300	150	200	200	25

[비고] 1. 최소 전선 굵기는 1회선에 대한 것이며, 2회선 이상일 경우는 부록 500-2의 복수회로 보정계수를 적용하여야 한다.
2. 공사방법 A1은 벽 내의 전선관에 공사한 절연전선 또는 단심케이블, B1은 벽면의 전선관에 공사한 절연전선 또는 단심케이블, 공사방법 C는 벽면에 공사한 단심 또는 다심케이블을 시설하는 경우의 전선 굵기를 표시하였다.
3. 전동기 2대 이상을 동일회로로 할 경우는 간선의 표를 적용한다.

[표 2] 전동기 공사에서 간선의 전선 굵기·개폐기 용량 및 적정 퓨즈(200[V], B종 퓨즈)

전동기 [kW] 수의 총계 [kW] 이하	최대 사용 전류 [A] 이하	배선종류에 의한 간선의 최소 굵기[mm²]						직입기동 전동기 중 최대 용량의 것									
		공사방법 A1		공사방법 B1		공사방법 C		0.75 이하	1.5	2.2	3.7	5.5	7.5	11	15	18.5	22	30	37~55
								기동기 사용 전동기 중 최대 용량의 것									
								-	-	-	5.5	7.5	11 15	18.5 22	-	30 37	-	45	55
		PVC	XLPE, EPR	PVC	XLPE, EPR	PVC	XLPE, EPR	과전류 차단기[A] ······ (칸 위 숫자) 개폐기 용량[A] ········ (칸 아래 숫자)									
3	15	2.5	2.5	2.5	2.5	2.5	2.5	15 30	20 30	30 30	-	-	-	-	-	-	-	-
4.5	20	4	2.5	2.5	2.5	2.5	2.5	20 30	20 30	30 30	50 60	-	-	-	-	-	-	-
6.3	30	6	4	6	4	4	2.5	30 30	30 30	50 60	50 60	75 100	-	-	-	-	-	-
8.2	40	10	6	10	6	6	4	50 60	50 60	50 60	75 100	75 100	100 100	-	-	-	-	-
12	50	16	10	10	10	10	6	50 60	50 60	50 60	75 100	75 100	100 100	150 200	-	-	-	-
15.7	75	35	25	25	16	16	16	75 100	75 100	75 100	75 100	100 200	100 200	150 200	150 200	-	-	-
19.5	90	50	25	35	25	25	16	100 100	100 100	100 100	100 100	100 200	150 200	150 200	200 200	200 200	-	-
23.2	100	50	35	35	25	35	25	100 100	100 100	100 100	100 100	100 200	150 200	150 200	200 200	200 200	200 200	-
30	125	70	50	50	35	50	35	150 200	150 200	150 200	150 200	150 200	150 200	150 200	200 200	200 200	200 200	-
37.5	150	95	70	70	50	70	50	150 200	150 200	150 200	150 200	150 200	150 200	150 200	200 200	300 300	300 300	300 300
45	175	120	95	95	50	70	50	200 200	200 200	200 200	200 200	200 200	200 200	200 200	200 200	300 300	300 300	300 300
52.5	200	150	95	95	70	95	70	200 200	200 200	200 200	200 200	200 200	200 200	200 200	200 200	200 200	400 400	400 400
63.7	250	240	150	-	95	120	95	300 300	300 300	300 300	300 300	300 300	300 300	300 300	300 300	400 400	400 400	500 600
75	300	300	185	-	120	185	120	300 300	300 300	300 300	300 300	300 300	300 300	300 300	300 300	400 400	400 400	500 600
86.2	350	-	240	-	-	240	150	400 400	400 400	400 400	400 400	400 400	400 400	400 400	400 400	400 400	400 400	600 600

[비고] 1. 최소 전선 굵기는 1회선에 대한 것이며, 2회선 이상일 경우는 부록 500-2의 복수회로 보정계수를 적용하여야 한다.
2. 공사방법 A1은 벽 내의 전선관에 공사한 절연전선 또는 단심케이블, B1은 벽면의 전선관에 공사한 절연전선 또는 단심케이블, 공사방법 C는 벽면에 공사한 단심 또는 다심케이블을 시설하는 경우의 전선 굵기를 표시하였다.
3. 「전동기 중 최대의 것」에는 동시 기동하는 경우를 포함한다.
4. 과전류 차단기의 용량은 해당 조항에 규정되어 있는 범위에서 실용상 거의 최대값을 표시한다.
5. 과전류 차단기의 선정은 최대 용량의 정격전류의 3배에 다른 전동기의 정격전류의 합계를 가산한 값 이하를 표시한다.
6. 이 표의 전선 굵기 및 허용전류는 부록 500-2에서 공사방법 A1, B1, C는 표 A.52-4와 표 A.52-5에 의한 값으로 하였다.
7. 고리퓨즈는 300[A] 이하에서 사용하여야 한다.

[표 3] 후강 전선관 굵기의 선정

도체단면적 [mm²]	전선 본수									
	1	2	3	4	5	6	7	8	9	10
	전선관의 최소 굵기[호]									
2.5	16	16	16	16	22	22	22	28	28	28
4	16	16	16	22	22	22	28	28	28	28
6	16	16	22	22	22	28	28	28	36	36
10	16	22	22	28	28	36	36	36	36	36
16	16	22	28	28	36	36	36	42	42	42
25	22	28	28	36	36	42	54	54	54	54
35	22	28	36	42	54	54	54	70	70	70
50	22	36	54	54	70	70	70	82	82	82
70	28	42	54	54	70	70	70	82	82	82
95	28	54	54	70	70	82	82	92	92	104
120	36	54	54	70	70	82	82	92		
150	36	70	70	82	92	92	104	104		
185	36	70	70	82	92	104				
240	42	82	82	92	104					

(1) 간선의 최소 굵기[mm²] 및 간선 금속관의 최소 굵기를 구하시오.

계산과정 | $7.5 + 15 + 0.75 + 3.7 = 26.95$ [kW]

전동기 총 용량이 26.95[kW]이므로

정답 | 간선의 굵기는 [표1]에서 35[mm²] 선정, 금속관의 최소 굵기는 [표3]에서 36[호] 선정

참고

간선의 굵기는 전동기의 총 용량이 26.95[kW]이므로 [표1]에서 정격출력[kW]는 26.95[kW] 이상인 30[kW]를 적용하고 공사방법 B1에 XLPE를 적용하여 교차점인 35[mm²]을 선정

금속관의 최소 굵기는 [표 3]에서 도체단면적 35[mm²]을 적용하고 도면에서 간선의 가닥수가 3가닥이므로 전선본수 3을 적용하여 교차점인 36[호]를 선정한다.

(2) 간선의 과전류 차단기 용량[A] 및 간선의 개폐기 용량은 몇 [A]인지 구하시오.

계산과정 | 전동기 총 용량 $7.5 + 15 + 0.75 + 3.7 = 26.95$ [kW]이고

기동기 기동 전동기 용량이 최대이므로

정답 | [표2]에서 과전류 차단기 150[A], 개폐기 용량 200[A] 선정

> **참고**
> 전동기 용량이 26.95[kW]이므로 전동기[kW] 수의 총계에서 26.95[kW] 이상인 30[kW]를 적용하고 전동기 중 기동기 기동 전동기의 용량이 최대이므로 15[kW]를 적용하여 교차점의 과전류 차단기, 개폐기 용량을 선정한다.

(3) 7.5[kW] 전동기의 개폐기 용량과 과전류 차단기 용량을 구하시오.

구분	분기[A]	조작[A]
개폐기		
과전류 차단기		

답안작성

구분	분기[A]	조작[A]
개폐기	100	100
과전류 차단기	100	75

> **참고**
> [표 1]에서 정격출력 7.5[kW] 적용하여 선정

(4) 7.5[kW] 전동기 접지선의 최소 굵기는 몇 [mm²]인지 쓰시오.

답안작성
[표 1]에서 10[mm²] 선정

(5) 7.5[kW] 전동기 초과 눈금 전류계의 정격전류는 몇 [A]인지 쓰시오.

답안작성
[표 1]에서 30[A] 선정

(6) 7.5[kW] 전동기 분기회로에 사용할 금속단의 최소 굵기는 몇 호인지 쓰시오.

답안작성
[표 1]에서 전선의 굵기는 4[mm²]이므로 [표 3]에서 16[호] 선정

> **참고**
> 7.5[kW] 분기회로의 가닥수는 도면에서 3가닥으로 표시되어 있으므로 [표 3]에서 도체의 단면적 4[mm²]과 전선 본수 3가닥의 교차점인 16[호] 선정

15

500[kVA]의 변압기에 역률 80[%]인 부하 500[kVA]가 접속되어 있다. 변압기에 전력용 콘덴서 150[kVA]를 설치하여 변압기의 전용량까지 사용하고자 할 경우 증가시킬 수 있는 유효전력은 몇 [kW]인지 계산하시오. (전력용 콘덴서 설치 후 부하역률은 1이라고 한다) [5점]

계산과정 **정 답**

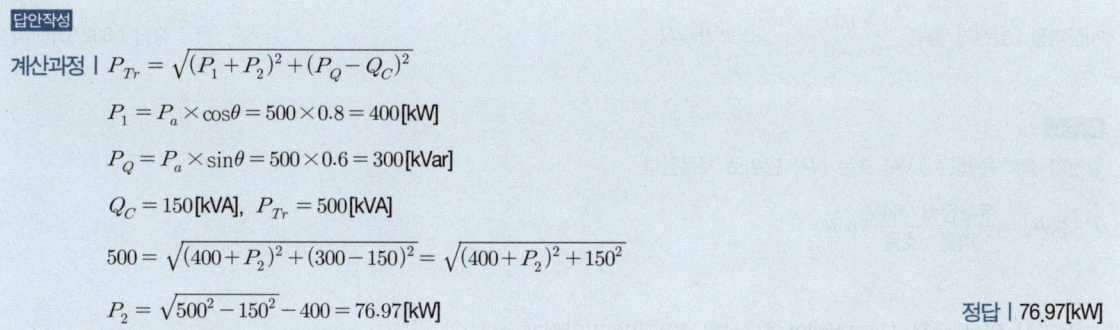

계산과정 | $P_{Tr} = \sqrt{(P_1+P_2)^2 + (P_Q-Q_C)^2}$

$P_1 = P_a \times \cos\theta = 500 \times 0.8 = 400[kW]$

$P_Q = P_a \times \sin\theta = 500 \times 0.6 = 300[kVar]$

$Q_C = 150[kVA]$, $P_{Tr} = 500[kVA]$

$500 = \sqrt{(400+P_2)^2 + (300-150)^2} = \sqrt{(400+P_2)^2 + 150^2}$

$P_2 = \sqrt{500^2 - 150^2} - 400 = 76.97[kW]$

정답 | 76.97[kW]

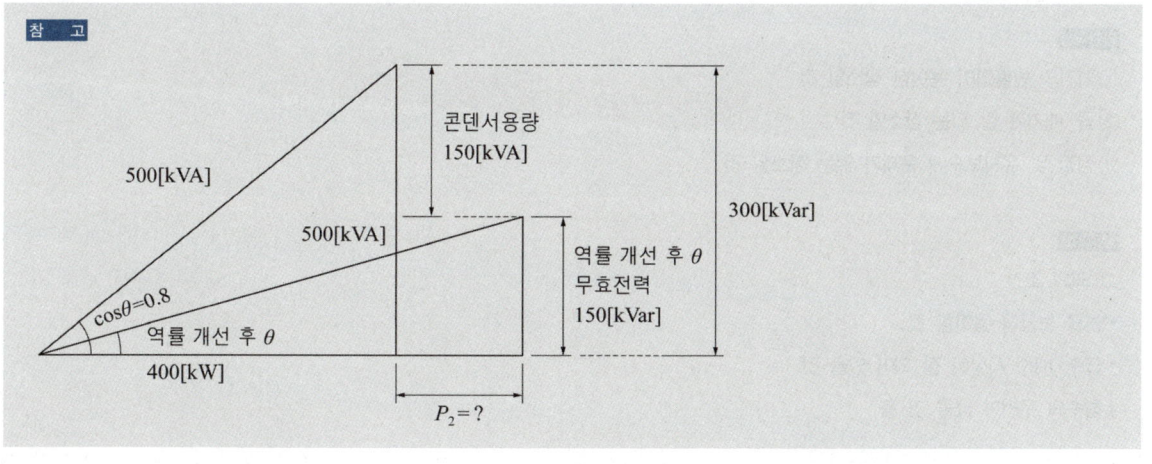

16

비상용 발전기에 대한 물음에 답하시오. [10점]

(1) 부하출력이 600[kW], 역률 0.8, 효율 0.85일 때 비상용 발전기의 출력을 계산하시오.

계산과정 | 발전기 출력 $= \dfrac{600}{0.8 \times 0.85} = 882.352 [\text{kVA}]$

정답 | 882.35[kVA]

참고
발전기 출력(용량)은 [kVA] 또는 [VA] 단위로 사용한다.

$P_{Tr}[\text{kVA}] = \dfrac{\text{유효전력}\, P[\text{kW}]}{\text{역률} \times \text{효율}}[\text{kVA}]$

(2) 발전기실 위치 선정 시 고려해야 할 사항 3가지만 간단하게 쓰시오.

답안작성
① 기기의 반출입이 용이한 장소일 것
② 급·배기가 잘 되는 장소일 것
③ 점검 및 유지보수에 문제가 없는 장소일 것

참고
그 외의 조건
- 연료 보급이 용이할 것
- 급수·배수 시설이 잘 되어 있을 것
- 침수의 우려가 없을 것 등

(3) 발전기 병렬운전 조건 4가지만 간단하게 쓰시오.

답안작성
① 기전력의 크기가 같을 것
② 기전력의 위상이 같을 것
③ 기전력의 주파수가 같을 것
④ 기전력의 파형이 같을 것

참고
⑤ 상회전 방향이 같을 것

17

조명설비에 대한 다음 물음에 답하시오. [4점]

(1) 배선도면에 ◯N400으로 표현되어 있는 것의 의미는 무엇인지 쓰시오.

답안작성

나트륨등 400[W]

참 고

- ◯H400 : 수은등 400[W]
- ◯M400 : 메탈 할라이드등 400[W]

(2) 평면이 15[m]×10[m]인 사무실에 전광속 3,100[lm]인 형광등을 사용하여 평균조도를 300[lx]로 유지하도록 설계하고자 한다. 이 사무실에 필요한 형광등 수를 계산하여 산정하시오. (단, 조명률은 0.6이고, 감광보상률은 1.3이다)

계산과정 | 정답

답안작성

계산과정 | $N = \dfrac{DES}{FU} = \dfrac{1.3 \times 300 \times (15 \times 10)}{3,100 \times 0.6} = 31.45$

정답 | 32[등]

참 고

$FUN = DES$

- F : 광속[lm]
- D : 감광보상률
- U : 조명률
- E : 조도[lx]
- N : 등수
- S : 면적[m²]

18

4극 10[HP], 200[V], 60[Hz]의 3상 권선형 유도전동기가 35[kg·m]의 부하를 걸고 슬립 3[%]를 회전하고 있다. 여기에 1.2[Ω]의 저항 3개를 Y 결선으로 하여 2차에 삽입하니 회전속도가 1,530[rpm]로 되었다. 2차 권선의 저항은 몇 [Ω]인지 계산하시오. [5점]

계산과정 **정답**

계산과정 | $r_2 = \dfrac{(r_2+R)s_1}{s_2}[\Omega]$

$s_1 = 0.03, \ R = 1.2[\Omega]$

$s_2 = \dfrac{N_s - N}{N_s} = \dfrac{1,800 - 1,530}{1,800} = 0.15$

$\left(N_s = \dfrac{120f}{p} = \dfrac{120 \times 60}{4} = 1,800[\mathrm{rpm}]\right)$

$r_2 = \dfrac{(r_2 + 1.2) \times 0.03}{0.15} = \dfrac{0.03r_2 + 0.036}{0.15}$

$0.15r_2 - 0.03r_2 = 0.036$

$r_2 = \dfrac{0.036}{0.12} = 0.3[\Omega]$

정답 | 0.3[Ω]

참고

$r_2 s_2 = (r_2 + R)s_1$

- r_2 : 2차 권선의 저항
- s_2 : 기동 시 슬립
- R : 2차 외부 회로 저항
- s_1 : 최대 토크 시 슬립

실기[필답형]기출문제   2014 * 3

※ 출제기준 변경 및 개정된 관계법규에 따라 삭제된 문제가 있어 배점의 합계가 100점이 안 됩니다.

01

폭 24[m]의 도로 양쪽에 20[m] 간격으로 가로등을 지그재그식으로 배치하여 노면의 평균조도를 5[lx]로 한다면 각 등주 상에 몇 [lm]의 전구가 필요할지 계산하시오. (단, 도로면에서의 광속이용율은 25[%], 감광보상률은 1이다) [4점]

계산과정   **정답**

답안작성

계산과정 | 광속 $F = \dfrac{DES}{UN} = \dfrac{1 \times 5 \times \left(\dfrac{1}{2} \times 24 \times 20\right)}{0.25 \times 1} = 4,800\,[\text{lm}]$ 정답 | 4,800[lm]

참 고

- $FUN = DES$

  (F : 광속[lm], U : 조명률, N : 등수, D : 감광보상률, E : 조도[lx], S : 면적[m²])

- 도로 조명 배치에 따른 면적 S(도로폭×등기구 간격)[m²]

  도로 중앙 배열, 도로 편측(한쪽) 배열 : S = 도로폭 × 등기구 간격[m²]

  도로 양측(대칭) 배열, 지그재그 배열 : $S = \dfrac{1}{2} \times$ 도로폭 × 등기구 간격[m²]

02

3상 3선식 배전 선로에 역률 0.8, 출력 180[kW]인 3상 평형 유도 부하가 접속되어 있다. 부하단의 수전 전압이 6,000[V], 배전선 1조의 저항이 6[Ω], 리액턴스가 4[Ω]이라고 하면 송전단 전압은 몇 [V]인지 계산하시오. [5점]

계산과정

계산과정 | $V_s = V_r + \sqrt{3}\,I(R\cos\theta + X\sin\theta)$[V]

$$I = \frac{180 \times 10^3}{\sqrt{3} \times 6{,}000 \times 0.8} = 21.65 \text{[A]}$$

$V_s = 6{,}000 + \sqrt{3} \times 21.65 \times (6 \times 0.8 + 4 \times 0.6) = 6{,}269.992$[V]

정답 | 6,269.99[V]

참 고

V_s : 송전단 전압[V], V_r : 수전단 전압[V]

3상 3선식 전압강하 $e = \sqrt{3}\,I(R\cos\theta \pm X\sin\theta)$[지상역률 +, 진상역률 -]

단상 2선식 전압강하 $e = 2I(R\cos\theta \pm X\sin\theta)$

$I = \dfrac{P[\text{W}]}{\sqrt{3}\,V\cos\theta}$ [A]

03

경부하 시에 콘덴서가 과대 삽입되는 경우 나타나는 현상 2가지만 간단하게 쓰시오. [4점]

답안작성

① 앞선 역률로 인한 손실이 발생한다.
② 단자 전압이 상승한다.

참 고

③ 설비용량 감소로 과부하가 될 수 있다.
④ 변압기 내부온도 상승으로 변압기가 소손될 우려가 있다.

04

정격이 5[kW], 50[V]인 타여자 직류 발전기가 있다. 무부하로 하였을 경우 단자 전압이 55[V]가 된다면, 발전기의 전기자 저항은 몇 [Ω]인지 계산하시오. [5점]

계산과정　　　　　　　　　　　　　　　　　　　　　　　　　　　　　**정　답**

답안작성

계산과정 | $R_a = \dfrac{E-V}{I_a}$

$I_a = I = \dfrac{P}{V} = \dfrac{5 \times 10^3}{50} = 100[A]$

$R_a = \dfrac{55-50}{100} = 0.05[\Omega]$　　　　　　　　　　　　　　　　　　　　　　　정답 | 0.05[Ω]

참　고

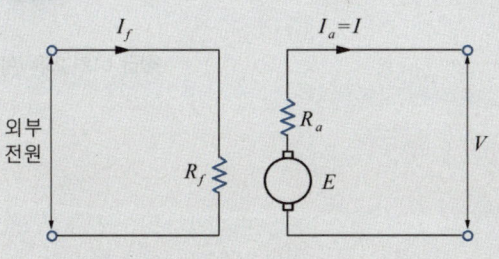

타여자 발전기

유기 기전력 $E = V + I_a R_a$[V]

V : 단자전압[V]

I_a : 전기자 전류[A]

R_a : 전기자 저항[Ω]

I_f : 계자 전류[A]

R_f : 계자 저항[Ω]

- 무부하일 때 유기 기전력 E와 단자전압 V는 같다.
- 전기자 전류 I_a와 부하전류 I는 같다.

05

주어진 표는 어떤 부하에 대한 자료이다. 이 부하자료를 수용할 수 있는 발전기 용량을 계산하시오. (단, 표준역률은 0.8, 허용전압강하 25[%], 발전기 리액턴스 20[%], 원동기 기관 과부하 내량 1.2) [8점]

예	부하의 종류	출력[kW]	전부하 특성				기동 특성		기동순서	비고
			역률[%]	효율[%]	입력[kVA]	입력[kW]	역률[%]	입력[kVA]		
200[V] 60[Hz]	조명	10	100	-	10	10	-	-	1	
	스프링클러	55	86	90	71.1	61.1	40	142.2	2	Y-△기동
	소화전 펌프	15	83	87	21.0	17.2	40	42	3	Y-△기동
	양수펌프	7.5	83	86	10.5	8.7	40	63	3	직입기동

(1) 전부하 정상 운전 시 입력에 의한 발전기 용량

계산과정 | $P = \dfrac{10 + 61.1 + 17.2 + 8.7}{0.8} = 121.25\,[\text{kVA}]$

정답 | 121.25[kVA]

참고

$P\,[\text{kVA}] = \dfrac{\text{전부하 특성 입력의 총합[kW]}}{\text{발전기 표준역률}}\,[\text{kVA}]$

(2) 전동기 기동에 필요한 발전기 용량

계산과정 | $P = \dfrac{(1-0.25)}{0.25} \times 0.2 \times 142.2 = 85.32\,[\text{kVA}]$

정답 | 85.32[kVA]

참고

$P\,[\text{kVA}] = \dfrac{(1-\triangle E)}{\triangle E} \cdot x_d \cdot Q_L\,[\text{kVA}]$

- $\triangle E$: 허용전압강하[%]
- x_d : 발전기 리액턴스[%]
- Q_L : 전동기 기동 입력 중 최대 입력[kVA]

(3) 순시 최대 부하에 의한 발전기 용량

계산과정

답안작성 계산과정 | $\dfrac{(10+61.1)+(42\times 0.4+63\times 0.4)}{1.2\times 0.8} = 117.813 [\text{kVA}]$

정 답

정답 | 117.81[kVA]

참 고

$$P[\text{kVA}] = \dfrac{\sum W_o[\text{kW}] + \{Q_{L\max}[\text{kVA}]\times \cos\theta_{QL}\}}{K\times \cos\theta_G}$$

- $\sum W_o$: 부하가 최대가 되기 전 운전 중인 부하의 합[kW]
- $Q_{L\max}$: 부하가 최대로 되는 순간 발전기가 부담하는 기동 부하 용량[kVA]
- $\cos\theta_{QL}$: 부하가 최대로 되는 순간 발전기가 부담하는 기동 부하의 역률
- K : 원동기 기관 과부하 내량
- $\cos\theta_G$: 발전기 표준 역률

부하가 최대로 되는 순간은 기동순서 2에서 3으로 넘어갈 때이다. 기동순서 1에서 2로 넘어갈 때 전부하 특성 조명 10[kW]에서 스프링클러가 기동하므로, 이 순간 발전기가 부담하는 기동 부하는 10 + (142.2×0.4)=66.88[kW]이고 2에서 3으로 넘어갈 때 운전 중인 전부하 특성은 조명 10[kW]와 스프링클러 61.1[kW]이고 여기서 3으로 넘어갈 때의 소화전 펌프 42×0.4[kW]와 양수펌프 63×0.4의 기동 부하를 부담하게 되므로 발전기가 부담하는 부하가 최대가 되는 순간은 기동순서 2에서 3으로 넘어갈 때이다.

06

대지 고유 저항률 400[Ω·m], 직경 19[mm], 길이 2,400[mm]인 접지봉 전체를 대지에 묻었을 때 접지저항(대지저항)은 몇 [Ω]인지 계산하시오. [4점]

계산과정

답안작성

계산과정 | $R = \dfrac{\rho}{2\pi l} \ln \dfrac{2l}{r} = \dfrac{400}{2\pi \times (2,400 \times 10^{-3})} \times \ln \dfrac{2 \times (2,400 \times 10^{-3})}{(19 \times 10^{-3}) \times \dfrac{1}{2}} = 165.125[\Omega]$

정답 | 165.13[Ω]

참고

전극계의 접지저항 산정식

- 반구형 접지극 : $R = \dfrac{\rho}{2\pi r}[\Omega]$

- 막대모양 접지극(접지봉) : $R = \dfrac{\rho}{2\pi l} \ln \dfrac{2l}{r}[\Omega]$

(ρ : 대지 고유 저항력[Ω·m], r : 접지극의 단면 반지름[m], l : 접지극의 길이 [m])

07

3,150/210[V]인 변압기의 용량이 각각 250[kVA], 200[kVA]이고, %임피던스 강하가 각각 2.5[%]와 3[%]일 때 그 병렬 합성 용량[kVA]을 계산하시오. [5점]

계산과정

답안작성

계산과정 | 변압기 병렬 운전 시 부하 분담

$$\dfrac{P_a}{P_b} = \dfrac{P_A}{P_B} \times \dfrac{\%Z_b}{\%Z_a} = \dfrac{250}{200} \times \dfrac{3}{2.5} = \dfrac{3}{2}$$

A 변압기의 용량이 더 크므로 A 변압기(250[kVA])를 기준으로 B 변압기의 부하 분담 P_b를 구하면

$$P_b = P_a \times \dfrac{2}{3} = 250 \times \dfrac{2}{3} = 166.667[kVA]$$

병렬합성 용량 $P = 250 + 166.667 = 416.667[kVA]$

정답 | 416.67[kVA]

08

66[kV], 500[MVA], %임피던스가 30[%]인 발전기에 용량이 600[MVA], %임피던스 20[%], 변압비가 66[kV]/345[kV]인 변압기가 접속되어 있다. 변압기 2차 345[kV] 측에서 단락사고 발생 시 단락전류는 몇 [A]인지 계산하시오. [5점]

계산과정 | 기준용량 600[MVA] 선정

$$I_s = \frac{100}{\%Z} \times I_n$$

$$\%Z_G = \frac{600}{500} \times 30 = 36[\%]$$

$$\%Z = \%Z_G + \%Z_{Tr} = 36 + 20 = 56[\%]$$

$$I_s = \frac{100}{56} \times \frac{600 \times 10^3}{\sqrt{3} \times 345} = 1,793.013[A]$$

정답 | 1,793.01[A]

참고

- 단락전류 $I_s = \dfrac{100}{\text{전체합성}\%Z} \times \text{정격전류} I_n$

- 기준용량으로 환산한 $\%Z = \dfrac{\text{기준용량}}{\text{자기용량}} \times \text{자기}\%Z$

- 정격전류 $I_n = \dfrac{\text{기준용량}}{\sqrt{3} \times \text{단락이 발생한 전압}}$

09

다음은 기동 보상기에 의한 전동기의 기동제어 회로의 미완성 도면이다. 다음 물음에 답하시오. [7점]

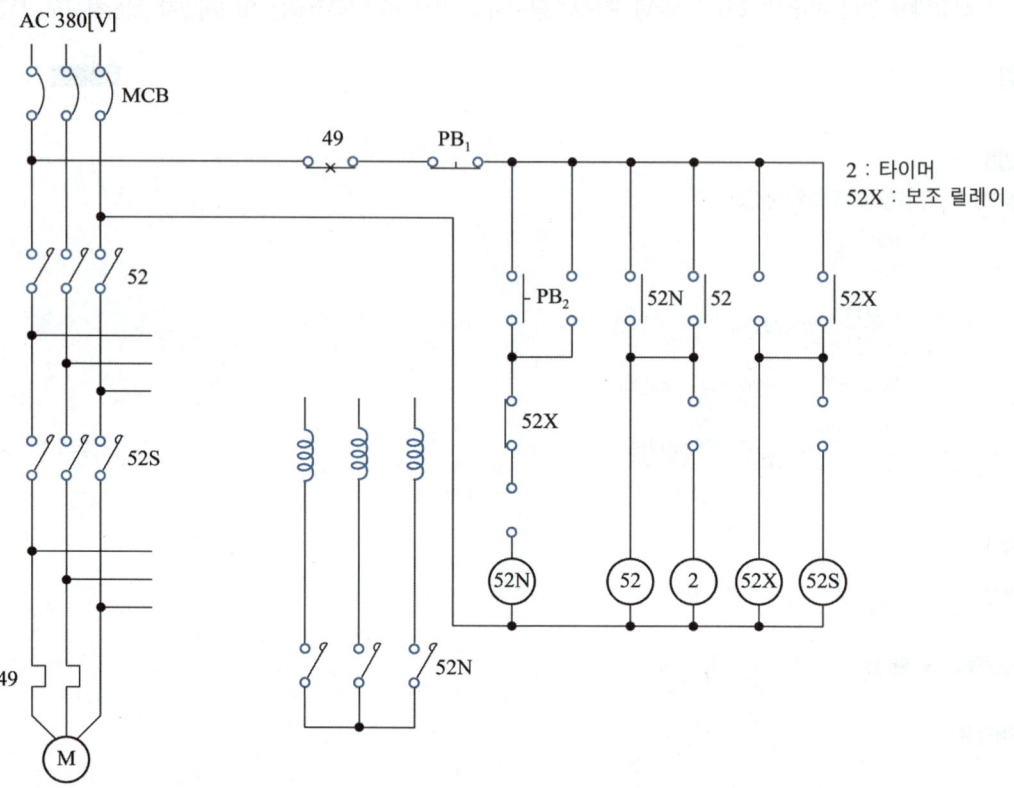

(1) 전동기의 기동 보상기법의 기동 방법에 대해 간단히 설명하시오.

답안작성

농형유도 전동기의 기동법으로 사용되며, 기동 시 단권 변압기를 이용하여 기동 전압을 낮춰 기동전류를 제한한다. 전동기가 정상속도에 근접하는 시간을 타이머 시간으로 설정하여 설정시간 후 기동보상기 회로를 차단하고 전전압으로 전동기 운전을 유지하는 방식이다.

(2) 주회로에 대한 미완성 부분을 배선 회로도에 직접 그리시오.

(3) 보조회로의 미완성 접점을 그리고 그 접점 명칭을 쓰시오.

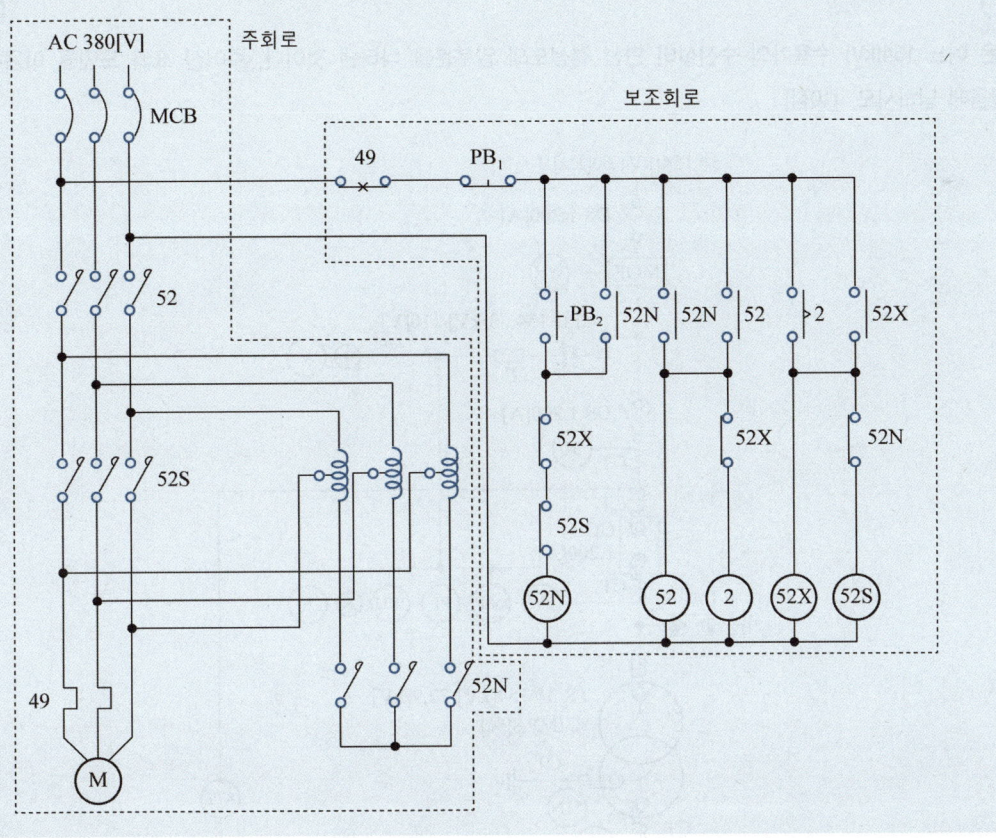

참 고

동작설명

① PB₂를 누르면 52N 여자

② 52N-a 접점이 동작하여 52N 자기유지, 52, 2 여자(52N과 52 동작으로 기동 보상기에 의해 전동기 기동)

③ 52-a 접점이 동작하여 52, 2 자기유지

④ 2-a(한시동작 순시복귀) 접점이 동작하여 설정 시간 후 52X 여자(52N-b 접점 동작으로 52S는 여자되지 않음)

⑤ 52X-a 접점에 의해 52X 자기유지, 52X-b 접점에 의해 52N 소자(기동 보상기로 기동 종료)

⑥ 52N-b 접점 복귀로 52S 여자(전전압으로 전동기 운전 유지)

⑦ PB₁을 누르면 모든 접점 복귀(전동기 정지)

10

도면은 어느 154[kV] 수용가의 수전설비 단선 결선도의 일부분을 나타낸 것이다. 주어진 표와 도면을 이용하여 다음 각 물음에 답하시오. [10점]

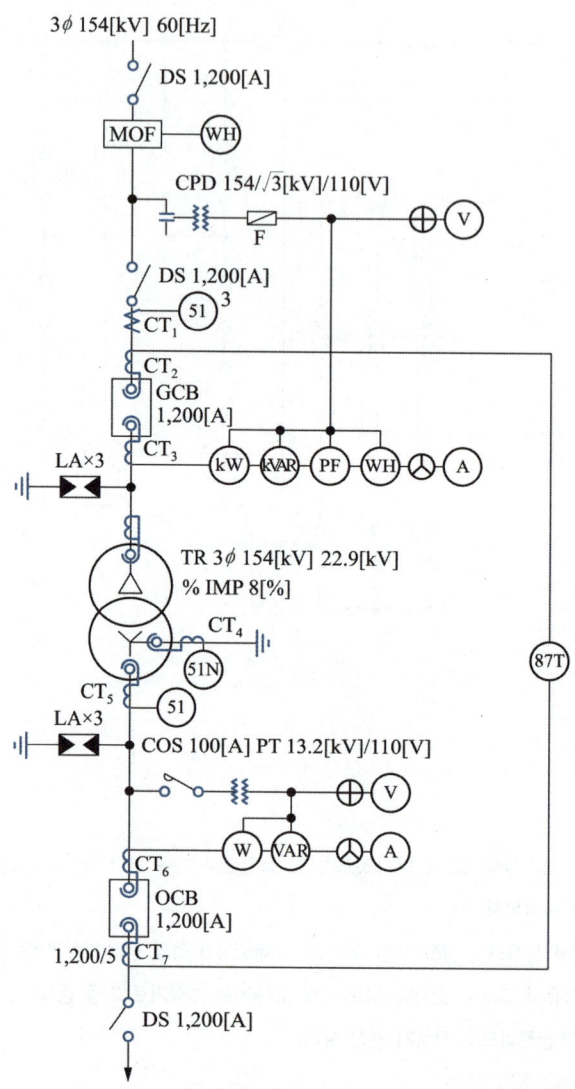

CT의 정격

1차 정격 전류[A]	200	400	600	800	1,200	1,500
2차 정격 전류[A]	5					

(1) 변압기 2차 부하설비 용량이 51[MW], 수용률 70[%], 부하역률이 90[%]일 때 도면의 변압기 용량은 몇 [MVA]가 되는지 계산하시오.

계산과정

계산과정 | 변압기 용량 = $\dfrac{51 \times 0.7}{0.9}$ = 39.67[MVA]

정답 | 39.67[MVA]

참고

변압기 용량[MVA] = $\dfrac{설비용량[MW] \times 수용률}{역률}$ [MVA]

(2) 변압기 1차측 DS의 정격전압은 몇 [kV]로 선정하여야 하는가?

답안작성

170[kV]

참고

정격전압 = 공칭전압 × $\dfrac{1.2}{1.1}$ = 154 × $\dfrac{1.2}{1.1}$ = 168[kV]로 170[kV] 선정

(3) CT_1의 비를 계산하고 [CT의 정격] 표를 이용하여 선정하시오.

계산과정

계산과정 | CT_1의 1차 정격전류 = $\dfrac{39.67 \times 10^6}{\sqrt{3} \times 154 \times 10^3} \times (1.25 \sim 1.5)$ = 186 ~ 223[A]

정답 | CT_1 비 200/5 선정

참고

CT비를 계산할 때 1차 정격전류 = $\dfrac{P[\text{VA}]}{\sqrt{3}\,V[\text{V}]} \times (1.25 \sim 1.5)$[A]로 계산되어 범위 내의 정격전류를 선정하며 2차 전류는 항상 5[A]이다.

(4) GCB 내에 사용되는 가스는 주로 어떤 가스가 사용되는지 명칭을 쓰시오.

답안작성

SF_6

참고

GCB(가스차단기) 동작 시 SF_6 가스로 아크를 소호한다.

(5) OCB의 정격차단전류가 23[kA]일 때 차단 용량[MVA]을 계산하시오.

계산과정

답안작성

계산과정 | 차단용량 = $\sqrt{3} \times 25.8 \times 23 = 1,027.8$[MVA]

정답 | 1,027.8[MVA]

참　고

차단용량[MVA] = $\sqrt{3}$ × 정격전압[kV] × 정격차단전류[kA]
공칭전압 22.9[kV]일 때 정격전압은 25.8[kV]이다.

(6) 과전류 계전기의 정격부담이 9[VA]일 때 이 계전기의 임피던스는 몇 [Ω]인지 계산하시오.

계산과정

답안작성

계산과정 | $Z = \dfrac{P}{I^2} = \dfrac{9}{5^2} = 0.36$[Ω]

정답 | 0.36[Ω]

참　고

과전류 계전기는 CT 2차측에 설치되므로 CT 2차측 전류의 한도 5[A]를 적용하여 계산한다.

(7) CT_7 1차 전류가 600[A]일 때 CT_7의 2차에서 비율차동계전기의 단자에 흐르는 전류는 몇 [A]인지 계산하시오.

계산과정

답안작성

계산과정 | $I_2 = 600 \times \dfrac{5}{1,200} \times \sqrt{3} = 4.33$[A]

정답 | 4.33[A]

참　고

변압기 2차측 결선이 Y결선이므로 CT_7은 △결선으로 하여 CT_7 2차측에 흐르는 전류 $I_2 = I_1 \times \dfrac{1}{CT비} \times \sqrt{3}$ [A]로 계산된다.

11

그림과 같이 전원, 전류계, 전압계, 저항의 기자재가 주어졌다. 다음 각 물음에 답하시오. [5점]

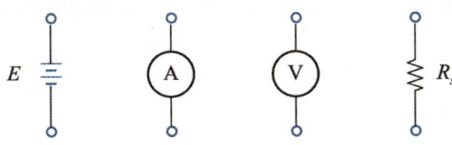

(1) 전압 전류계법으로 저항값을 측정하기 위한 회로를 작성하시오.

> **답안작성**
>
>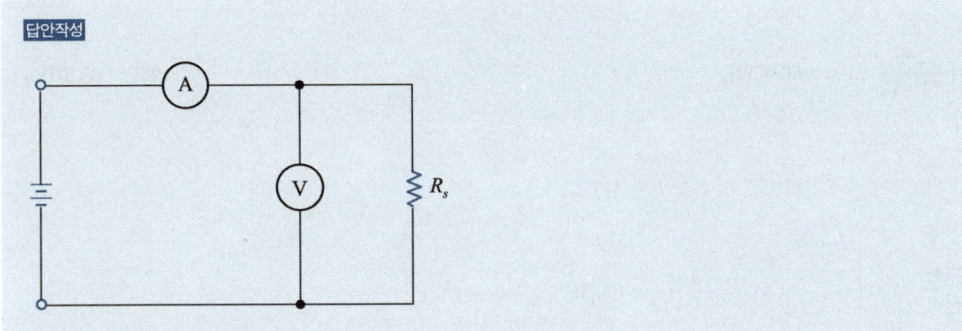

> **참 고**
>
> 전압 전류계법
> - 발생하는 전압강하를 이용해서 저항을 측정하는 방법
> - 전류계는 저항과 직렬로, 전압계는 저항과 병렬로 연결한다.

(2) 저항 R_s를 구하는 식을 쓰시오.

> **답안작성**
>
> $R_s = \dfrac{V}{I}$

> **참 고**
>
> 저항에 걸리는 전압 $V = I \cdot R_s$로 R_s를 기준으로 식을 정리하면 $R_s = \dfrac{V[\text{V}]}{I[\text{A}]} [\Omega]$이 된다.

12

한 공장에서 어느 날에 부하설비의 1일 사용전력량이 192[kWh]이며, 1일 최대전력이 12[kW]이고, 최대전력일 때의 전류값이 34[A]이었을 경우 다음 각 물음에 답하시오. (단, 이 공장은 220[V], 11[kW]인 3상 유도 전동기를 부하설비로 사용한다) [6점]

(1) 일 부하율은 몇 [%]인지 계산하시오.

계산과정 | 부하율 $= \dfrac{192}{24 \times 12} \times 100 = 66.67[\%]$

정답 | 66.67[%]

참고

부하율 $= \dfrac{\text{평균수용전력}}{\text{최대수용전력}} \times 100 = \dfrac{\frac{192}{24}}{12} \times 100 = \dfrac{192}{24 \times 12} \times 100[\%]$

평균수용전력[kW] $= \dfrac{\text{1일 사용전력량[kWh]}}{\text{24시간}}$

(2) 최대 공급 전력일 때의 역률은 몇 [%]인지 계산하시오.

계산과정 | 역률 $= \dfrac{12 \times 10^3}{\sqrt{3} \times 220 \times 34} \times 100 = 92.62[\%]$

정답 | 92.62[%]

참고

3상 전력 $P = \sqrt{3}\,VI\cos\theta$[W] 식에서 $\cos\theta$(역률)을 기준으로 식을 정리하면

$\cos\theta = \dfrac{P}{\sqrt{3}\,VI}$ 에서 [%] 단위로 나타내면 $\cos\theta = \dfrac{P}{\sqrt{3}\,VI} \times 100[\%]$로 식을 정리할 수 있다.

13

피뢰기에 관련한 다음 각 물음에 답하시오. [6점]

(1) 피뢰기 구비조건을 4가지만 쓰시오.

> **답안작성**
> ① 상용주파 개시 전압이 높을 것
> ② 충격방전 개시 전압이 낮을 것
> ③ 제한 전압이 낮을 것
> ④ 속류 차단 능력이 우수할 것

(2) 피뢰기 설치장소 4개소를 쓰시오.

> **답안작성**
> ① 발전소, 변전소 또는 이에 준하는 장소의 가공전선 인입구 및 인출구
> ② 특고압 가공 전선에 접속하는 배전용 변압기의 고압측 및 특고압측
> ③ 고압 및 특고압 가공전선로로부터 공급을 받는 수용장소의 인입구
> ④ 가공 전선로와 지중전선로가 접속되는 곳

> **참 고**
> 한국전기설비규정 341.13(피뢰기 시설)
> 1. 고압 및 특고압의 전로 중 다음에 열거하는 곳 또는 이에 근접한 곳에는 피뢰기를 시설하여야 한다.
>   가. 발전소·변전소 또는 이에 준하는 장소의 가공전선 인입구 및 인출구
>   나. 특고압 가공전선로에 접속하는 배전용 변압기의 고압측 및 특고압측
>   다. 고압 및 특고압 가공전선로로부터 공급을 받는 수용장소의 인입구
>   라. 가공전선로와 지중전선로가 접속되는 곳

14

다음 철탑에 관련된 물음에 답하시오. [5점]

(1) 그림과 같은 송전 철탑에서 등가 선간 거리[m]를 계산하시오.

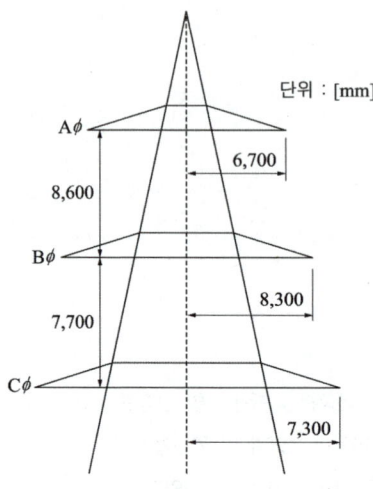

계산과정

계산과정 | 등가 선간 거리 $D_e = \sqrt[3]{D_{AB} \times D_{BC} \times D_{AC}}$

$D_{AB} = \sqrt{8.6^2 + (8.3-6.7)^2} = 8.748[\text{m}]$

$D_{BC} = \sqrt{7.7^2 + (8.3-7.3)^2} = 7.765[\text{m}]$

$D_{AC} = \sqrt{(8.6+7.7)^2 + (7.3-6.7)^2} = 16.311[\text{m}]$

$D_e = \sqrt[3]{8.748 \times 7.765 \times 16.311} = 10.347[\text{m}]$

정답 | 10.35[m]

참고

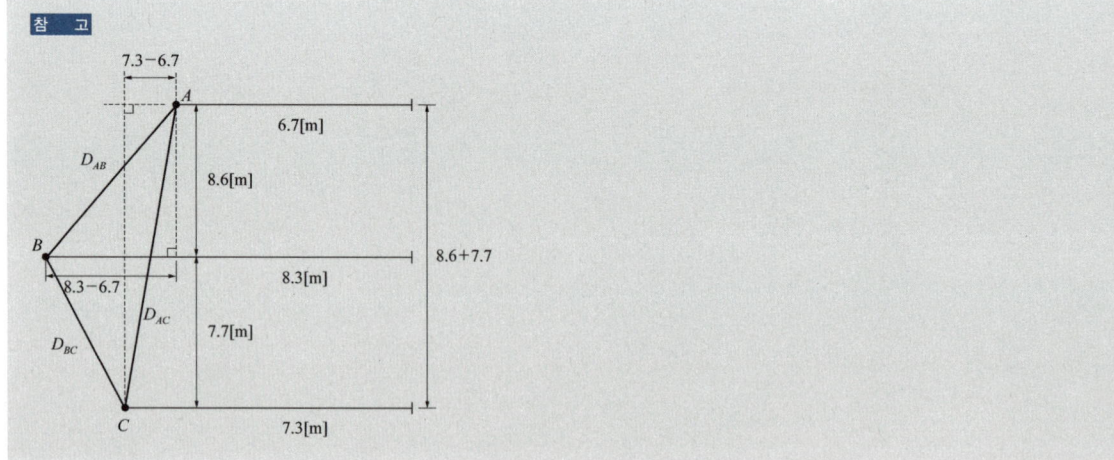

(2) 간격 400[mm]인 정사각형 배치의 4도체에서 소선 상호 간의 기하학적 평균거리[m]를 계산하시오.

계산과정

계산과정 | $D_e = \sqrt[6]{2} \times (400 \times 10^{-3}) = 0.448[m]$

정답 | 0.45[m]

참고

정사각형 배치인 경우의 기하학적 평균거리

$D_e = \sqrt[6]{2}\, D[m]$

15

다음 PLC 프로그램을 이용하여 래더 다이어그램을 완성하시오. [5점]

차례	명령	번지
0	STR	P00
1	OR	P01
2	STR NOT	P02
3	OR	P03
4	AND STR	-
5	AND NOT	P04
6	OUT	P10

답안작성

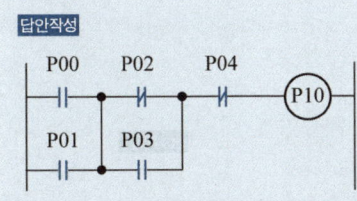

16

다음 그림과 같이 3상 3선식 배전선로가 구성되어 있다. 각 물음에 답하시오. (단, 전선 1 가닥의 저항은 0.5[Ω/km]라고 한다) [6점]

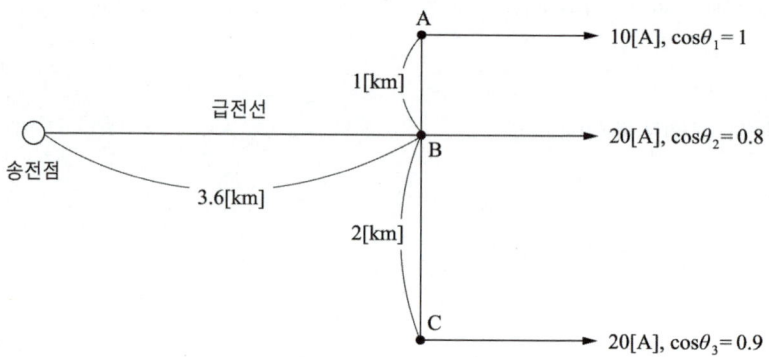

(1) 급전선에 흐르는 전류는 몇 [A]인지 계산하시오.

계산과정 | $I = 10 + 20(0.8 - j0.6) + 20[0.9 - j\sin(\cos^{-1}0.9)] = 44 - j20.72 = \sqrt{44^2 + 20.72^2} = 48.63$[A]   **정답** | 48.63[A]

참 고

$I = I_A(\cos\theta_1 - j\sin\theta_1) + I_B(\cos\theta_2 - j\sin\theta_2) + I_C(\cos\theta_3 - j\sin\theta_3)$

$\cos\theta_1 = 0.8$일 때 $\theta_1 = \cos^{-1}0.8$이고 $\sin(\cos^{-1}0.8) = 0.6$이다.

$\cos\theta_2 = 0.9$일 때 $\theta_2 = \cos^{-1}0.9$이므로 $\sin\theta_2 = \sin(\cos^{-1}0.9)$이다.

(2) 전체 선로 손실은 몇 [W]인지 계산하시오.

계산과정 | $P_l = 3 \times 48.63^2 \times (0.5 \times 3.6) + 3 \times 10^2 \times (0.5 \times 1) + 3 \times 20^2 \times (0.5 \times 2) = 14,120.335$[W]   **정답** | 14,120.34[W]

> **참고**
>
> 3상 3선식에서의 선로 손실 $P_l = 3I^2R$[W]
>
> 전체 선로 손실 P_l = 급전선선로 손실 + B에서 A까지의 선로 손실 + B에서 C까지의 선로 손실
>
> 급전선의 전류 $I = 48.63$[A] 저항 $R = 0.5$[Ω/km]×3.6[km]
>
> B ~ A 전류 $I = 10$[A] 저항 $R = 0.5$[Ω/km]×1[km]
>
> B ~ C 전류 $I = 20$[A] 저항 $R = 0.5$[Ω/km]×2[km]

17

그림과 같은 3상 3선식 배전선로에서 불평형률을 구하고, 양호한지 양호하지 않은지 판단하시오. [5점]

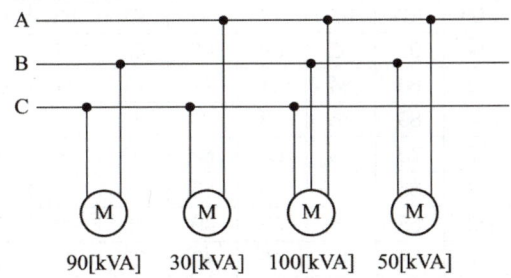

계산과정 | 정 답

> **답안작성**
>
> 계산과정 | 설비불평형률 = $\dfrac{90-30}{(90+30+100+50)\times\dfrac{1}{3}} \times 100 = 66.667$[%]
>
> 정답 | 설비불평형률은 66.67[%]이며 30[%]를 초과하였으므로 양호하지 않다고 판단한다.

> **참고**
>
> 3상 3선식 설비불평형률 = $\dfrac{\text{단상부하의 최대와 최소의 차}}{\text{총부하설비 용량}\times\dfrac{1}{3}} \times 100$[%]
>
> 양호조건은 설비불평형률이 30[%] 이하이어야 한다.

18

정격출력 1,500[kVA], 역률 65[%]인 전동기 회로에 역률 개선용 콘덴서를 설치하여 역률 96[%]을 개선하고자 한다. 다음 표를 이용하여 콘덴서 용량을 구하시오. [5점]

		개선 후의 역률													
		1.0	0.99	0.98	0.97	0.96	0.95	0.94	0.93	0.92	0.91	0.9	0.875	0.85	0.825	0.8
개선 전의 역률	0.4	230	216	210	205	201	197	194	190	187	184	182	175	168	161	155
	0.425	213	198	192	188	184	180	176	173	170	167	164	157	151	144	138
	0.45	198	183	177	173	168	165	161	158	155	152	149	143	136	129	123
	0.475	185	171	165	161	156	153	149	146	143	140	137	130	123	116	110
	0.5	173	159	153	148	144	140	137	134	130	128	125	118	111	104	93
	0.525	162	148	142	137	133	129	126	122	119	117	114	107	100	93	87
	0.55	152	138	132	127	123	119	116	112	109	106	104	97	90	83	77
	0.575	142	128	122	117	114	110	106	103	99	96	94	87	80	73	67
	0.6	133	119	113	108	104	101	97	94	91	88	85	78	71	65	58
	0.625	125	111	105	100	96	92	89	85	82	79	77	70	63	56	50
	0.65	116	103	97	92	88	84	81	77	74	71	69	62	55	48	42
	0.675	109	95	89	84	80	76	73	70	66	64	61	54	47	40	34
	0.7	102	88	81	77	73	69	66	62	59	56	54	46	40	33	27
	0.725	95	81	75	70	66	62	59	55	52	49	46	39	33	26	20
	0.75	88	74	67	63	58	55	52	49	45	43	40	33	26	19	13
	0.775	81	67	61	57	52	49	45	42	39	36	33	26	19	12	6.5
	0.8	75	61	54	50	46	42	39	35	32	29	27	19	13	6	
	0.825	69	54	48	44	40	36	32	29	26	23	21	14	7		
	0.85	62	48	42	37	33	29	26	22	19	16	14	7			
	0.875	55	41	35	30	26	23	19	16	13	10	7				
	0.9	48	34	28	23	19	16	12	9	6	2.8					

계산과정 | 콘덴서 용량 $Q = KP_a \cos\theta$ [kVA]

K는 표를 이용하여 개선 전의 역률 0.65와 개선 후의 역률 0.96이 교차하는 0.88을 선정하여 식에 적용하면,

$Q = 0.88 \times 1,500 \times 0.65 = 858$ [kVA]

정답 | 858[kVA]

참고

콘덴서 용량

$Q[\text{kVA}] = KP_a[\text{kVA}]\cos\theta = KP[\text{kW}]$

- K : 표를 이용하여 결정되는 상수

$P[\text{kW}] = P_a[\text{kVA}] \times \cos\theta$

실기[필답형]기출문제   2015 * 1

※ 출제기준 변경 및 개정된 관계법규에 따라 삭제된 문제가 있어 배점의 합계가 100점이 안 됩니다.

01

고압측 1선 지락전류가 4[A]인 6.6[kV] 3상 3선식 비접지식 배전선로가 있다. 이 배전선에 접속된 주상변압기의 중성점 접지 저항값은 몇 [Ω] 이하이어야 하는가? [5점]

계산과정 | $R = \dfrac{150}{I_g} = \dfrac{150}{4} = 37.5[\Omega]$ **정답 |** 37.5[Ω] 이하

참 고

한국전기설비규정 142.5 변압기 중성점 접지

1. 변압기의 중성점접지 저항값은 다음에 의한다.
    가. 일반적으로 변압기의 고압·특고압측 전로 1선 지락전류로 150을 나눈 값과 같은 저항값 이하
    나. 변압기의 고압·특고압측 전로 또는 사용전압이 35[kV] 이하의 특고압전로가 저압측 전로와 혼촉하고 저압전로의 대지전압이 150[V]를 초과하는 경우는 저항값은 다음에 의한다.
    (1) 1초 초과 2초 이내에 고압·특고압 전로를 자동으로 차단하는 장치를 설치할 때는 300을 나눈 값 이하
    (2) 1초 이내에 고압·특고압 전로를 자동으로 차단하는 장치를 설치할 때는 600을 나눈 값 이하

02

3상 농형 유도전동기의 제동법 중에서 역상제동에 대하여 설명하시오. [4점]

역상제동은 전동기를 급속히 정지하고자 할 때 사용하는 방법으로 1차 권선에 접속된 3선 중 2선의 접속을 바꾸면 회전자계 방향이 바뀌어 발생하는 역토크로 인해 정지하는 제동방식이다.

> **참고**
> 전동기 제동법
> • 발전제동 : 운동에너지를 전기적에너지로 변환하여 발생된 전력을 열로 소비하여 제동
> • 회생제동 : 전기자 전압이 전원 전압보다 크게 되면 발전기로 동작되어 여기서 발생된 전력을 전원측으로 반환하여 제동

03

스폿 네트워크(Spot Network) 수전방식에 대하여 다음 각 물음에 답하시오. [8점]

(1) 스폿 네트워크 방식을 간단하게 설명하시오.

> **답안작성**
> 한 수용가에 배전용 변전소로부터 2회선 이상의 배전선으로 수전하는 방식으로 1회선의 고장으로 송전에 문제가 발생하더라도 다른 배전선으로 송전하여 무정전으로 수용가를 운용할 수 있어 신뢰도가 매우 높은 방식이다.

> **참고**
> 스폿 네트워크 방식
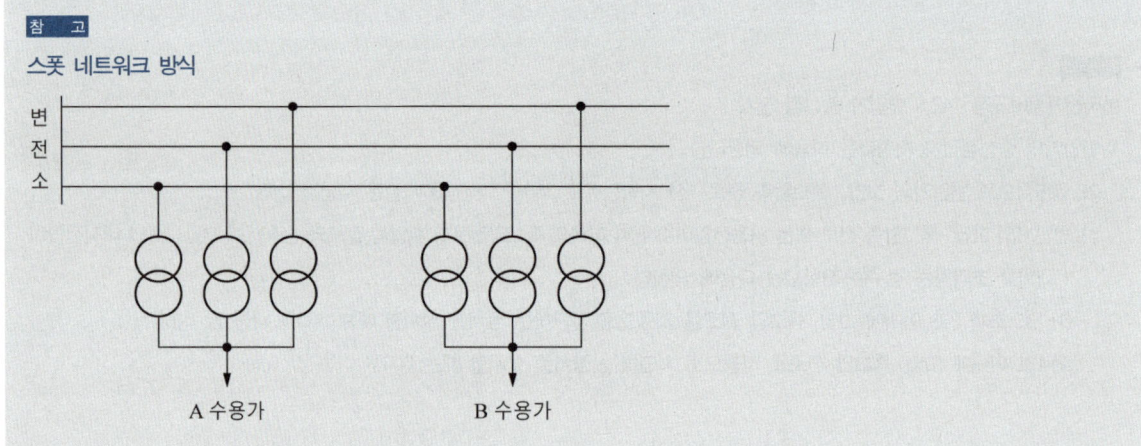

(2) 스폿 네트워크 방식의 특징을 4가지만 쓰시오.

> **답안작성**
> ① 무정전 전력공급이 가능하다.
> ② 공급신뢰도가 매우 높다.
> ③ 전압 변동률이 낮다.
> ④ 부하 증가 또는 부하 변동에 대한 적응성이 좋다.

04

교류 발전기에 대한 내용이다. 각 물음에 답하시오. [6점]

(1) 정격전압 6,000[V], 정격출력 5,000[kVA]인 3상 교류 발전기에서 계자전류가 300[A] 무부하 단자전압이 6,000[V]이고, 계자전류에 있어서의 3상 단락전류가 700[A]라고 한다. 이 발전기의 단락비를 계산하시오.

계산과정

계산과정 | 단락비 $= \dfrac{I_s}{I_n} = I_s \times \dfrac{\sqrt{3}\,V_n}{P_n} = 700 \times \dfrac{\sqrt{3} \times 6{,}000}{5{,}000 \times 10^3} = 1.45$

정답 | 1.45

참고

단락비 $= \dfrac{\text{단락전류 } I_s}{\text{정격전류 } I_n}$

정격전류 $I_n = \dfrac{\text{정격출력[VA]}}{\sqrt{3} \times \text{정격전압[V]}}$ [A]

(2) 다음 ①~⑥의 빈칸을 크다(고), 적다(고), 높다(고), 낮다(고) 중 적당한 것을 선택하여 완성하시오.

> 단락비가 큰 교류 발전기는 일반적으로 기계의 치수가 (①), 가격이 (②), 풍손, 마찰손, 철손이 (③), 효율은 (④), 전압변동률은 (⑤), 안정도는 (⑥)

답안작성

① 크고
② 높고
③ 크고
④ 낮고
⑤ 적고
⑥ 높다.

참고

단락비가 크면
- 동기임피던스, 전기자 반작용, 전압변동률이 작다.
- 철손 및 기계손이 크다.
- 안정도가 높다.

05

지중선에 대한 장점과 단점을 가공선과 비교하여 각각 4가지만 쓰시오. [8점]

(1) 지중선의 장점

답안작성
① 도시의 미관을 해치지 않는다.
② 풍수해 뇌격 등의 환경에 대한 영향이 적어 안정성이 높다.
③ 설비의 보안유지가 유리하다.
④ 유도장해를 경감시킬 수 있다.

참 고
⑤ 인축에 대한 감전사고를 줄일 수 있다.
⑥ 동일 경로에 다회선 설치가 가능하므로 수용밀도가 높은 곳일수록 유리하다.

(2) 지중선의 단점

답안작성
① 같은 조건일 때 송전용량이 작다.
② 건설비가 고가로 경제성은 좋지 않다.
③ 건설기간이 길다.
④ 고장점 발견이 어렵고 복구 또한 쉽지 않다.

참 고
⑤ 신규 수용 시 설비구성상 탄력성이 결여된다.
⑥ 건설작업 시 교통장해, 소음 등으로 주변 주거인에게 피해를 준다.

06

다음은 3상 4선식 22.9[kV] 수전설비 단선 결선도이다. 다음 각 물음에 답하시오. [12점]

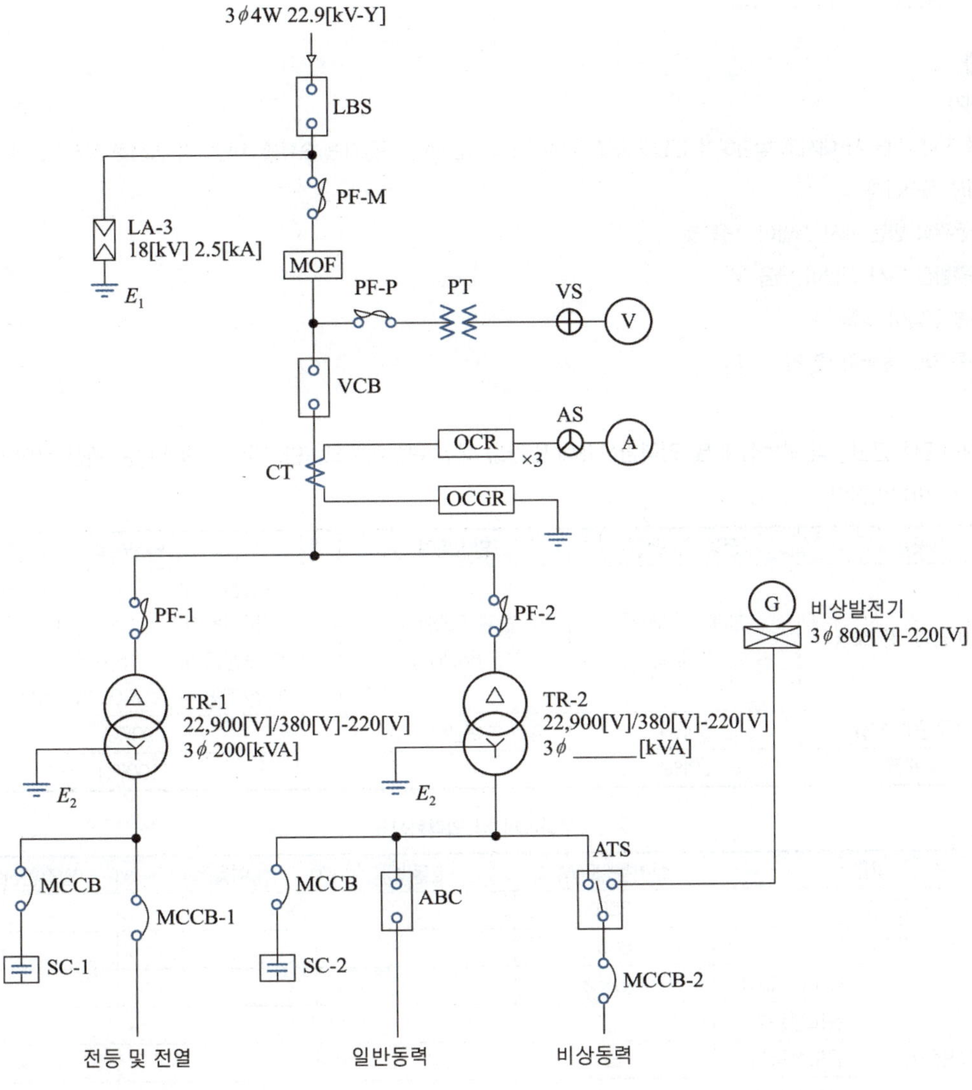

(1) 단선 결선도에서 LA에 대한 다음 각 물음에 답하시오.
   ① 우리말 명칭을 쓰시오.
   ② 기능과 역할에 대해 간단히 설명하시오.
   ③ 성능조건을 4가지만 쓰시오.

> **답안작성**
> ① 피뢰기
> ② 이상 전압 내습 시 대지로 방전하여 전압상승을 억제하고 이상전압이 해결되면 속류를 차단하여 방전을 정지하고 정상 송전 상태로 돌아간다.
> ③ • 상용주파 방전 개시 전압이 높을 것
>   • 충격방전 개시 전압이 낮을 것
>   • 제한 전압이 낮을 것
>   • 속류 차단 능력이 클 것

(2) 수전설비 단선결선도의 부하집계 및 입력환산표의 빈칸을 채워 완성하시오. (단, 입력환산[kVA]은 계산 값의 소수 둘째 자리에서 반올림한다)

구분	전등 및 전열	일반동력	비상동력	
설비용량 및 효율	합계 350[kW] 100[%]	합계 635[kW] 85[%]	유도전동기1	7.5[kW] 2대 85[%]
			유도전동기2	11[kW] 1대 85[%]
			유도전동기3	15[kW] 1대 85[%]
			비상조명	8,000[W] 100[%]
평균(종합)역률	80[%]	90[%]	90[%]	
수용률	60[%]	45[%]	100[%]	

부하집계 및 입력환산표

구분		설비용량[kW]	효율[%]	역률[%]	입력환산[kVA]
전등 및 전열		350			
일반동력		635			
비상동력	유도전동기1	7.5×2			
	유도전동기2				
	유도전동기3	15			
	비상조명				
	소계	-	-	-	

답안작성

구분		설비용량[kW]	효율[%]	역률[%]	입력환산[kVA]
전등 및 전열		350	100	80	$\frac{350}{1 \times 0.8} = 437.5$
일반동력		635	85	90	$\frac{635}{0.85 \times 0.9} = 830.1$
비상동력	유도전동기1	7.5×2	85	90	$\frac{7.5 \times 2}{0.85 \times 0.9} = 19.6$
	유도전동기2	11	85	90	$\frac{11}{0.85 \times 0.9} = 14.4$
	유도전동기3	15	85	90	$\frac{15}{0.85 \times 0.9} = 19.6$
	비상조명	8	100	90	$\frac{8}{1 \times 0.9} = 8.9$
소계		-	-	-	62.5

참고

$$P[\text{kVA}] = \frac{P[\text{kW}]}{\text{효율} \times \text{역률}}$$

(3) 단선결선도와 (2)항의 부하집계표를 참고하여 TR-2의 적정용량[kVA]을 구하시오.

[참고사항]
- 일반 동력군과 비상 동력군 간의 부등률은 1.30이다.
- 변압기 용량은 15[%] 정도의 여유를 갖는다.
- 변압기의 표준규격[kVA]은 200, 300, 400, 500, 600이다.

계산과정   **정 답**

답안작성

계산과정 | $\text{TR} - 2 = \frac{(830.1 \times 0.45) + (19.6 \times 1) + (14.4 \times 1) + (19.6 \times 1) + (8.9 \times 1)}{1.3} \times 1.15 = 385.73 [\text{kVA}]$

정답 | 참고사항에서 400[kVA] 선정

참고

변압기 용량[kVA] = $\frac{\text{부하용량[kVA]} \times \text{수용률}}{\text{부등률}}$ [kVA]

(4) 단선결선도에서 TR-2의 2차측 접지공사의 접지도체의 굵기[mm²]를 참고사항을 이용하여 선정하시오.

[참고사항]
- 접지도체는 GV전선을 사용하고 표준굵기[mm²]는 6, 10, 16, 25, 35, 50, 70으로 한다.
- GV전선의 허용최고온도는 150[℃]이고 고장전류가 흐르기 전의 접지도체의 온도는 30[℃]로 한다.
- 고장전류는 정격전류의 20배로 본다.
- 변압기 2차의 과전류 보호차단기는 고장전류에서 0.1초 이내에 차단되는 것이다.
- 변압기 2차의 과전류 차단기의 정격전류는 변압기 정격전류의 1.5배로 한다.

계산과정

답안작성

계산과정 | 온도 상승식 $\theta = 0.008\left(\dfrac{I}{A}\right)^2 \cdot t$ [℃]에서 접지도체 단면적 A를 기준으로 식을 정리하면

$$A = \sqrt{\dfrac{I^2}{\theta} \times 0.008t} \text{ [mm}^2\text{]}$$

$\theta = 150 - 30 = 120$[℃]

$I = 20I_n \times 1.5 = 20 \times \dfrac{400 \times 10^3}{\sqrt{3} \times 380} \times 1.5 = 18,232.11$

$t = 0.1$[sec]

$A = \sqrt{\dfrac{18,232.11^2}{120} \times 0.008 \times 0.1} = 47.07$[mm²]

정답 | 참고사항에서 50[mm²] 선정

참 고

온도 상승식

$$\theta = 0.008\left(\dfrac{I^2}{A}\right) \cdot t \text{ [℃]}$$

- θ : 동선의 온도상승
- A : 도체 단면적[mm²]
- I : 전류[A]
- t : 통전시간[sec]

07

다음 조명에 대한 물음에 답하시오. [4점]

(1) 어느 광원의 광색이 어느 온도의 흑체의 광색과 같을 때 그 흑체의 온도를 이 광원의 무엇이라 하는가?

답안작성
색온도

(2) 빛의 분광 특성이 색의 보임에 미치는 효과를 말하며, 동일한 색을 가진 것이라도 조명하는 빛에 따라 다르게 보이는 이런 특성을 무엇이라 하는가?

답안작성
연색성

08

측정범위 1[mA], 내부저항 20[kΩ]의 전류계로 5[mA]까지 측정하고자 한다. 몇 [Ω]의 분류기를 사용하여야 하는지 계산하시오. [4점]

계산과정　　　　　　　　　　　　　　　　　　　　　**정　답**

답안작성
계산과정 | 분류기 $R_s = \dfrac{r}{m-1} = \dfrac{20 \times 10^3}{\dfrac{5}{1} - 1} = 5,000[\Omega]$　　　　정답 | 5,000[Ω]

참　고

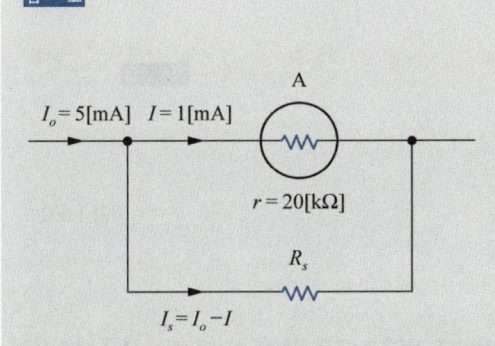

$I \cdot r = I_s \cdot R_s = (I_o - I)R_s$

$I_o - I = \dfrac{I \cdot r}{R_s}$

$I_o = \dfrac{I \cdot r}{R_s} + I = I\left(\dfrac{r}{R_s} + 1\right)$

배율 $m = \dfrac{I_o}{I} = \dfrac{r}{R_s} + 1$

$R_s = \dfrac{r}{m-1} = \dfrac{r}{\dfrac{I_o}{I} - 1}[\Omega]$

09

그림과 같은 방전특성을 갖는 부하에 필요한 축전지 용량은 몇 [Ah]인지 계산하시오. (단, 방전전류 : $I_1=200[A]$, $I_2=300[A]$, $I_3=150[A]$, $I_4=100[A]$
방전시간 : $T_1=130[분]$, $T_2=120[분]$, $T_3=40[분]$, $T_4=5[분]$
용량환산시간 : $K_1=2.45$, $K_2=2.45$, $K_3=1.46$, $K_4=0.45$
보수율은 0.7을 적용한다) [6점]

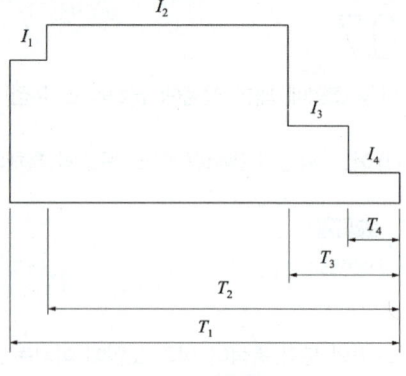

계산과정 | $C=\dfrac{1}{L}KI=\dfrac{1}{L}[K_1I_1+K_2(I_2-I_1)-K_3(I_2-I_3)-K_4(I_3-I_4)]$

$=\dfrac{1}{0.7}[2.45\times200+2.45\times(300-200)-1.46\times(300-150)-0.45\times(150-100)]$

$=705[Ah]$

정답 | 705[Ah]

참고

축전지 용량 : $C=\dfrac{1}{L}KI[Ah]$ → 방전특성 곡선의 면적

10

ACB(기중차단기)가 설치되어 있는 배전반 전면에 전압계, 전류계, 전력계, CTT, PTT가 설치되어 있고, 수변전 단선도가 없어 CT비를 알 수 없는 상태이다. 전류계의 지시는 L_1, L_2, L_3 상 모두 240[A]이고, CTT측 단자의 전류를 측정한 결과 2[A]였을 때 CT비($\dfrac{I_1}{I_2}$)를 구하시오. (단, CT 2차측 전류는 5[A]로 한다) [5점]

계산과정 | CT비 $=\dfrac{I_1}{I_2}=\dfrac{240\times2.5}{2\times2.5}=\dfrac{600}{5}$

정답 | 600/5

참고

CT 1차측(상) 전류 $I_1=240[A]$이고 CT 2차측(CTT측 단자) 전류는 $I_2=2[A]$로 CT 2차측 전류를 5[A]로 하기 위해 I_1와 I_2에 2.5를 곱해준다.

11

단상 2선식 220[V], 28[W] 2등용 형광등 기구 100대를 16[A]의 분기회로로 설치하려고 하는 경우 필요 회선 수는 최소 몇 회로인지 계산하시오. (단, 형광등의 역률은 80[%]이고, 안정기의 손실은 고려하지 않으며, 1회로의 부하전류는 분기회로 용량의 80[%]이다) [5점]

계산과정

답안작성

계산과정 | 분기회로 수 = $\dfrac{\dfrac{28 \times 2}{0.8} \times 100}{220 \times 16 \times 0.8}$ = 2.485

정답 | 3회로 선정

참고

분기회로 수 = $\dfrac{\text{상정부하 설비의 합[VA]}}{\text{전압} \times \text{분기회로 전류}}$

상정부하 설비의 합 = $\dfrac{\text{형광등 전력}}{\text{역률}} \times \text{등수} = \dfrac{28[\text{W}] \times 2}{0.8} \times 100$

분기회로 전류 = 16[A]의 80[%] = 16 × 0.8

12

철손 1.2[kW], 전부하 시 동손이 2.4[kW]인 변압기가 하루 중 7시간 무부하 운전, 11시간 50[%] 운전, 그리고 나머지 전부하 운전할 때 하루의 총 손실은 얼마인가? [5점]

계산과정

답안작성

계산과정 | 총손실 = 철손 + 동손

철손 = 1.2 × 24 = 28.8[kWh]

동손 = $[(0.5)^2 \times 2.4 \times 11] + [1^2 \times 2.4 \times (24 - 7 - 11)]$ = 21[kWh]

총손실 = 28.8 + 21 = 49.8[kWh]

정답 | 49.8[kWh]

참고

- 철손은 무부하손으로 부하에 관계없이 24시간 발생한다.

 철손[kW] × 24시간[kWh]

- 동손은 부하손으로 무부하 운전 시에는 발생하지 않으며 부하율 m의 제곱에 비례한다.

  $m^2 \times$ 동손[kW] $\times$ 시간[kWh]

  부하율 50[%]로 11시간 운전 → $0.5^2 \times$ 동손[kW] $\times$ 시간[kWh]

  무부하 7시간, 부하율 50[%]로 11시간, 나머지 시간 전부하(100%)로 운전 → $1^2 \times$ 동손[kW] $\times$ (24시간 - 7시간 - 11시간)[kWh]

13

어느 건물의 수용가가 자가용 디젤 발전기 설비를 계획하고 있다. 발전기 용량 산출에 필요한 부하의 종류 및 특성이 다음과 같을 때 주어진 조건과 참고자료를 이용하며 전부하를 운전하는 데 필요한 발전기 용량은 몇 [kVA]인지 표의 빈칸을 채우면서 선정하시오. [6점]

부하의 종류	출력[kW]	극수[극]	대수[대]	적용 부하	기동 방법
전동기	37	6	1	소화전 펌프	리액터 기동
	22	6	2	급수 펌프	리액터 기동
	11	6	2	배풍기	Y-△ 기동
	5.5	4	1	배수 펌프	직입 기동
전등, 기타	50	-	-	비상 조명	-

[조건] 1. 참고자료의 수치는 최소치를 적용한다.
2. 전동기 기동 시에 필요한 용량은 무시한다.
3. 수용률 적용
   - 동력 : 적용 부하에 대한 전동기의 대수가 1대인 경우에는 100[%], 2대인 경우에는 80[%]를 적용한다.
   - 전등, 기타 : 100[%]를 적용한다.
4. 부하의 종류가 전등, 기타인 경우의 역률은 100[%]를 적용한다.
5. 자가용 디젤 발전기 용량은 50, 100, 150, 200, 300, 400, 500에서 선정한다.

발전기 용량 선정

부하의 종류	출력[kW]	극수	전부하특성				수용률을 적용한 [kVA] 용량
			역률[%]	효율[%]	입력[kVA]	수용률[%]	
전동기	37×1	6					
	22×2	6					
	11×2	6					
	5.5×1	4					
전등, 기타	50	-	100	-			
합계	158.5	-	-	-	-	-	

발전기 용량 :   [kVA]

[참고자료]

전동기 전부하 특성표

정격출력 [kW]	극수	동기회전 속도 [rpm]	전부하 특성		참고값		전부하 슬립 [%]
			효율 [%]	역률 [%]	무부하 I_0 (각 상의 평균치)[A]	전부하전류 I (각 상의 평균치)[A]	
0.75	2	3,600	70.0 이상	77.0 이상	1.9	3.5	7.5
1.5			76.5 이상	80.5 이상	3.1	6.3	7.5
2.2			79.5 이상	81.5 이상	4.2	8.7	6.5
3.7			82.5 이상	82.5 이상	6.3	14.0	6.0
5.5			84.5 이상	79.5 이상	10.0	20.9	6.0
7.5			85.5 이상	80.5 이상	12.7	28.2	6.0
11			86.5 이상	82.0 이상	16.4	40.0	5.5
15			88.0 이상	82.5 이상	21.8	53.6	5.5
18.5			88.0 이상	83.0 이상	26.4	65.5	5.5
22			89.0 이상	83.5 이상	30.9	76.4	5.0
30			89.0 이상	84.0 이상	40.9	102.7	5.0
37			90.0 이상	84.5 이상	50.0	125.5	5.0
0.75	4	1,800	71.5 이상	70.0 이상	2.5	3.8	8.0
1.5			78.0 이상	75.0 이상	3.9	6.6	7.5
2.2			81.0 이상	77.0 이상	5.0	9.1	7.0
3.7			83.0 이상	78.0 이상	8.2	14.6	6.5
5.5			85.0 이상	77.0 이상	11.8	21.8	6.0
7.5			86.0 이상	78.0 이상	14.5	29.1	6.0
11			87.0 이상	79.0 이상	20.9	40.9	6.0
15			88.0 이상	79.5 이상	26.4	55.5	5.5
18.5			88.5 이상	80.0 이상	31.8	67.3	5.5
22			89.0 이상	80.5 이상	36.4	78.2	5.5
30			89.5 이상	81.5 이상	47.3	105.5	5.5
37			90.0 이상	81.5 이상	56.4	129.1	5.5
0.75	6	1,200	70.0 이상	63.0 이상	3.1	4.4	8.5
1.5			76.0 이상	69.0 이상	4.7	7.3	8.0
2.2			79.5 이상	71.0 이상	6.2	10.1	7.0
3.7			82.5 이상	73.0 이상	9.1	15.8	6.5
5.5			84.5 이상	72.0 이상	13.6	23.6	6.0
7.5			85.5 이상	73.0 이상	17.3	30.9	6.0
11			86.5 이상	74.5 이상	23.6	43.6	6.0
15			87.5 이상	75.5 이상	30.0	58.2	6.0
18.5			88.0 이상	76.0 이상	37.3	71.8	5.5
22			88.5 이상	77.0 이상	40.0	82.7	5.5
30			89.0 이상	78.0 이상	50.9	111.8	5.5
37			90.0 이상	78.5 이상	60.9	136.4	5.5

답안작성

부하의종류	출력 [kW]	극수	전부하 특성			수용률 [%]	수용률을 적용한 [kVA] 용량
			역률[%]	효율[%]	입력[kVA]		
전동기	37×1	6	78.5	90.0	$\dfrac{37}{0.785 \times 0.9} = 52.37$	100	52.37×1=52.37
	22×2	6	77.0	88.5	$\dfrac{22 \times 2}{0.77 \times 0.885} = 64.57$	80	64.57×0.8=51.66
	11×2	6	74.5	86.5	$\dfrac{11 \times 2}{0.745 \times 0.865} = 34.14$	80	34.14×0.8=27.31
	5.5×1	4	77.0	85.0	$\dfrac{5.5 \times 4}{0.77 \times 0.85} = 8.4$	100	8.4×1=8.4
전등, 기타	50	-	100	-	$\dfrac{50}{1} = 50$	100	50×1=50
합계	158.5	-	-	-	209.48	-	189.74

발전기 용량 : 조건에서 200[kVA] 선정

참고

입력[kVA] = $\dfrac{\text{출력[kW]}}{\text{역률} \times \text{효율}}$

수용률을 적용한 용량[kVA] = 입력[kVA] × 수용률

14

머레이 루프법(Murray's loop method)으로 선로의 고장지점을 찾고자 한다. 길이가 4[km](0.2[Ω/km])인 선로가 그림과 같이 접지고장이 생겼을 때 고장점까지의 거리 X는 몇 [km]인지 계산하여 구하시오. (단, G는 검류계이고, $P=170[Ω]$, $Q=90[Ω]$에서 브리지가 평형되었다고 한다) [4점]

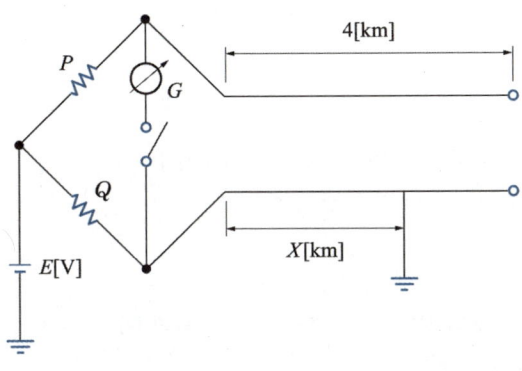

계산과정

$P \times X = Q \times (8-X)$

$170X = 90(8-X)$

$170X = 720 - 90X$

$170X + 90X = 720$

$260X = 720$

$X = 2.77$[km]

정답 | 2.77[km]

참고

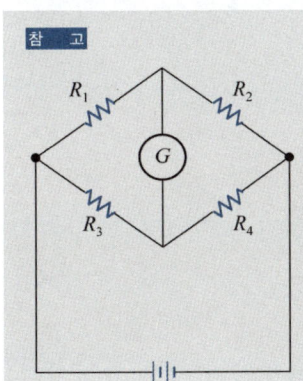

브릿지 회로 평형 조건(검류계 G의 지침이 영점일 때)

$R_1 R_4 = R_2 R_3$

15

3상 3선식 배전선로의 1선당 저항이 7.78[Ω], 리액턴스가 11.63[Ω]이고 수전단 전압이 60[kV], 부하전류 200[A], 역률 0.8(지상)의 3상 평형 부하가 접속되어 있을 경우 송전단 전압[kV]과 전압 강하율[%]을 구하시오. [4점]

(1) 송전단 전압

계산과정

답안작성

계산과정 | $60 \times 10^3 + \sqrt{3} \times 200 \times (7.78 \times 0.8 + 11.63 \times 0.6) = 64,573.31$ [V]

[kV]단위로 환산하면 $64,573.31 \times 10^{-3} = 64.57$ [kV]

정 답

정답 | 64.57[kV]

참 고

송전단 전압 V_s = 수전단 전압 V_r + 전압강하 = $V_r + \sqrt{3}\,I(R\cos\theta \pm X\sin\theta)$ [V]

지상역률일 경우 전압강하 = $\sqrt{3}\,I(R\cos\theta + X\sin\theta)$ [V]

진상역률일 경우 전압강하 = $\sqrt{3}\,I(R\cos\theta - X\sin\theta)$ [V]

(2) 전압 강하율

계산과정

답안작성

계산과정 | $\dfrac{64.57 - 60}{60} \times 100 = 7.62$ [%]

정 답

정답 | 7.62[%]

참 고

전압 강하율 = $\dfrac{\text{송전단 전압 } V_s - \text{수전단 전압 } V_r}{\text{수전단 전압 } V_r} \times 100$

16

다음은 PLC 레더 다이어그램에 의한 프로그램이다. 아래의 명령어를 활용하여 각 스텝에 알맞은 내용으로 프로그램을 완성하시오. [5점]

[명령어]
- 입력 a접점 : LD
- 입력 b접점 : LDI
- 직렬 a접점 : AND
- 직렬 b접점 : ANI
- 병렬 a접점 : OR
- 병렬 b접점 : ORI
- 블록 간 병렬접속 : OB
- 블록 간 직렬접속 : ANB

STEP	명령어	번지
1	LDI	X000
2		
3		
4		
5		
6		
7		
8		
9	OUT	Y010

[답안작성]

STEP	명령어	번지
1	LDI	X000
2	ANI	X001
3	LD	X002
4	ANI	X003
5	LDI	X003
6	AND	X004
7	OB	-
8	ANB	-
9	OUT	Y010

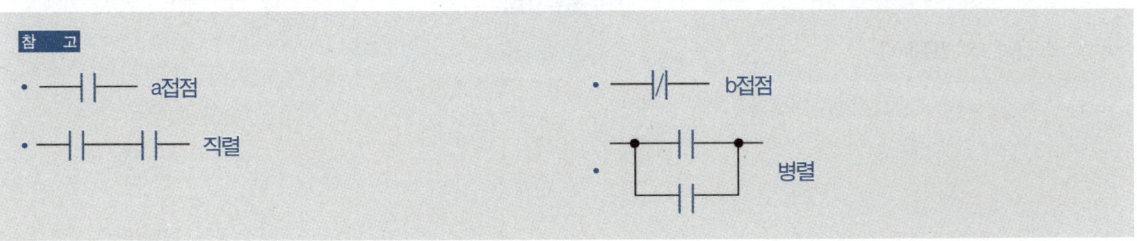

17

면적이 20[m]×30[m]이고 천장 높이가 4.85[m]인 사무실이 있다. 평균조도를 300[lx]로 하려고 할 때 다음 각 물음에 답하시오. [5점]

[조건] 1. 사용되는 형광등 30[W] 1개의 광속은 2,890[lm]이며, 조명률은 50[%], 보수율은 70[%]라고 한다.
2. 바닥에서 작업 면까지의 높이는 0.85[m]이다.

(1) 이 공간의 실지수는 얼마인지 계산하시오.

계산과정 | 실지수 $= \dfrac{20 \times 30}{(4.85-0.85) \times (20+30)} = 3$

정답 | 3

참고

실지수(조명 효율을 구할 때 사용하는 지수) $= \dfrac{XY}{H(X+Y)}$

- H : 작업면부터 천장까지의 높이[m]
- X : 공간의 가로 길이[m]
- Y : 공간의 세로 길이[m]

(2) 30[W] 2등용 형광등을 설치하면 몇 개의 등기구가 필요한지 계산하시오.

계산과정 | $N = \dfrac{DES}{FU} = \dfrac{\frac{1}{0.7} \times 300 \times (20 \times 30)}{2,890 \times 0.5} \times \dfrac{1}{2} = 88.98$

정답 | 89[등]

참고

$FUN = DES$

- F : 광속[lm], U : 조명률, N : 등수, D : 감광보상률 $= \dfrac{1}{보수율(유지율)}$
- E : 조도[lx], S : 면적[m²]

18

다음 회로를 이용하여 물음에 답하시오. [5점]

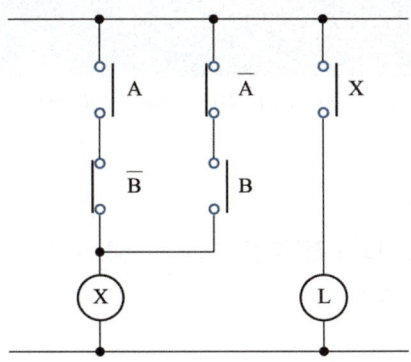

(1) 그림과 같은 회로의 명칭은 무엇이라 하는지 쓰시오.

> 답안작성
> 배타적 논리합 회로

(2) 회로를 논리식으로 정리하시오.

> 답안작성
> $X = A\overline{B} + \overline{A}B$

(3) 회로를 논리회로로 그리시오.

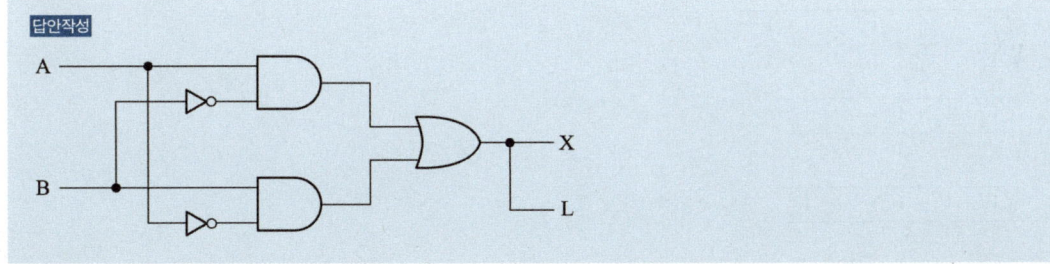

> 참 고
> - 배타적 논리합 회로 : 두 입력 상태가 다른 경우만 출력을 발생하는 회로
> - 논리 기호 :

실기[필답형]기출문제 2015 * 2

※ 출제기준 변경 및 개정된 관계법규에 따라 삭제된 문제가 있어 배점의 합계가 100점이 안 됩니다.

01

배전선의 기본파 전압 실효값이 V_1[V], 고조파 전압의 실효값이 V_3[V], V_5[V], V_n[V] 라고 할 때 THD(Total harmonics distortion)의 정의와 계산식을 쓰시오. [5점]

(1) 정의

> **답안작성**
> 왜형률이라 하며 비정현파에서 기본파 실효값에 대한 고조파 실효값의 합으로 나타낸다.

(2) 계산식

> **답안작성**
> $$V_{THD} = \frac{\sqrt{V_3^2 + V_5^2 + V_n^2}}{V_1}$$

> **참 고**
> - 비정현파 : 정현파가 아닌 파형을 말하며 기본파, 직류분, 고조파의 합으로 나타낸다.
> - 왜형파 $= \sqrt{\dfrac{V_2^2}{V_1^2} + \dfrac{V_3^2}{V_1^2} + \dfrac{V_4^2}{V_1^2} + \cdots + \dfrac{V_n^2}{V_1^2}}$
> $= \sqrt{\dfrac{V_2^2 + V_3^2 + V_4^2 + \cdots + V_n^2}{V_1^2}}$
> $= \dfrac{\sqrt{V_2^2 + V_3^2 + V_4^2 + \cdots + V_n^2}}{V_1}$

02

200[V], 6[kW], 역률 0.6(늦음)의 부하에 전력을 공급하고 있는 단상 2선식의 배전선이 있다. 전선 1가닥의 저항이 0.15[Ω] 리액턴스가 0.1[Ω]이라고 할 때, 지금 부하의 역률을 1로 개선한다고 하면 역률 개선 전후의 전력손실차이는 몇 [W]인지 계산하여 구하시오. [5점]

계산과정

답안작성

계산과정 | 역률 개선 전 전력손실 $P_{l1} = 2I_1^2 R = 2 \times \left(\dfrac{6 \times 10^3}{200 \times 0.6} \right)^2 \times 0.15 = 750 [W]$

역률 개선 후 전력손실 $P_{l2} = 2I_2^2 R = 2 \times \left(\dfrac{6 \times 10^3}{200 \times 1} \right)^2 \times 0.15 = 270 [W]$

전력손실 차이 $P_l = P_{l1} - P_{l2} = 750 - 270 = 480 [W]$

정답 | 480[W]

참고

- 단상 2선식의 전력손실 $P_{l1\phi} = 2I^2 R [W]$
- 3상 3선식의 전력손실 $P_{l3\phi} = 3I^2 R [W]$
- 단상 2선식의 전류 $I_{1\phi} = \dfrac{P[W]}{V[V] \times \cos\theta} [A]$
- 3상 3선식의 전류 $I_{3\phi} = \dfrac{P[W]}{\sqrt{3} \times V[V] \times \cos\theta} [A]$

03

조명 용어 중 감광 보상률을 간단히 설명하시오. [5점]

답안작성

조명설계를 할 때 조명기구의 노화 또는 주변 환경에 의해 광속이 감소함에 따라 조도가 감소되는 것을 고려하여 여유를 두는 정도를 감광 보상률이라 한다.

참고

감광 보상률 $D = \dfrac{1}{\text{보수율 } M}$

04

설비불평형률에 대한 각 물음에 답하시오. [5점]

(1) 저압, 고압 및 특별고압 수전의 3상 3선식 또는 3상 4선식에서 원칙으로 하는 불평형 부하의 한도는 단상접속부하로 계산하여 설비불평형률을 몇 [%] 이하로 하여야 하는지 쓰시오.

답안작성
30[%]

참 고
설비불평형률을 30[%] 이하로 하는 원칙을 따르지 않아도 되는 경우
① 저압수전에서 전용변압기 등으로 수전하는 경우
② 고압 및 특고압 수전에서 100[kVA] 이하인 경우
③ 고압 및 특고압 수전에서 단상부하의 용량의 최대와 최소의 차가 100[kVA]([kW]) 이하인 경우
④ 특고압 수전에서 100[kVA]([kW]) 이하의 단상 변압기 2대로 역 V 결선하는 경우

(2) 아래 그림과 같은 3상 4선식 380[V] 수전인 경우의 설비불평형률을 계산하시오. (단, 전열부하의 역률은 1이며, 전동기의 출력 [kW]를 입력 [kVA]로 환산하면 5.2[kVA]이다)

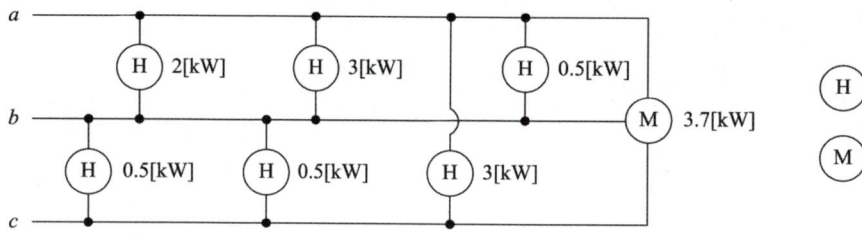

답안작성

계산과정 | 설비불평형률 $= \dfrac{(2+3+0.5)-(0.5+0.5)}{[(2+3+0.5)+(0.5+0.5)+3+5.2]\times \dfrac{1}{3}} \times 100 = 91.84[\%]$

정답 | 91.84[%]

> **참 고**
> 3상 3선식 3상 4선식의 경우
>
> $$설비불평형률 = \frac{각\ 선간에\ 접속되는\ 단상부하[kVA]의\ 최대와\ 최소의\ 차}{총부하설비\ 용량[kVA] \times \frac{1}{3}} \times 100[\%]$$
>
> $$총부하설비[kVA] = \frac{[kW]}{역률}$$
>
> 전열부하 $a-b = 2+3+0.5 = 5.5[kW]$ 전열부하 역률은 1이므로 5.5[kVA]
> $b-c = 0.5+0.5 = 1[kW]$ 전열부하의 역률은 1이므로 1[kVA]
> $a-c = 3[kW]$ 전열부하의 역률은 1이므로 3[kVA]
> 동력부하 = 3.7[kW] 입력[kVA]로 환산 시 5.2[kVA]
> 최대 단상부하 $a-b = 2+3+0.5 = 5.5[kW]$ 전열부하 역률은 1이므로 5.5[kVA]
> 최소 단상부하 $b-c = 0.5+0.5 = 1[kW]$ 전열부하의 역률은 1이므로 1[kVA]

05

어느 공장에서 기중기의 권상하중 50[t], 12[m] 높이를 4분에 권상하려고 한다. 이때 사용되는 권상 전동기의 출력을 계산하여 구하시오. (단, 권상 기구의 효율은 75[%]이다) [5점]

계산과정 | **정　답**

> **답안작성**
>
> 계산과정 | 권상 전동기 출력 $= \dfrac{50 \times \dfrac{12}{4}}{6.12 \times 0.75} = 32.68[kW]$
>
> 정답 | 32.68[kW]

> **참 고**
>
> 권상용 전동기 출력 $= \dfrac{W \cdot v}{6.12\eta}[kW]$
>
> - W : 권상하중[ton]
> - v : 권상속도[m/min]
> - η : 권상효율

06

정삼각형 배열의 3상 가공선로에서 전선의 굵기, 선간거리, 표고(지표로부터 거리), 기온에 의한 코로나 파괴 임계 전압이 받는 영향을 쓰시오. [4점]

구분	임계 전압이 받는 영향
전선의 굵기	
선간거리	
표고[m]	
기온[℃]	

답안작성

구분	임계 전압이 받는 영향
전선의 굵기	전선의 굵기에 비례한다.
선간거리	선간거리에 비례한다.
표고[m]	표고에 반비례한다.
기온[℃]	기온에 반비례한다.

참고

코로나 임계 전압

$$E_o = 24.3 m_0 m_1 \delta d \log_{10} \frac{D}{r} \text{ [kV]}$$

- m_0 : 전선 표면의 상태 계수(표면이 매끈한 단선을 기준으로 해서 1부터 표면이 거칠수록 작아진다)
- m_1 : 날씨에 관계하는 계수(맑은 날 1, 우천 시 0.8 적용)
- δ : 상대 공기 밀도 $\delta = \frac{0.386b}{273+t}$ (b : 기압, t : 기온) (기압은 표고와 반비례 관계를 갖는다)
- d : 전선의 지름
- D : 전선의 등가 선간거리
- r : 전선의 반지름

07

다음 그림의 A점에서 고장이 발생하였을 경우 이 지점에서의 3상 단락전류를 옴법에 의하여 계산하시오. (단, 발전기 G_1, G_2 및 변압기의 % 리액턴스는 자기용량 기준으로 각각 30[%], 30[%] 및 8[%]이며, 선로의 저항은 0.5[Ω/km]이다) [5점]

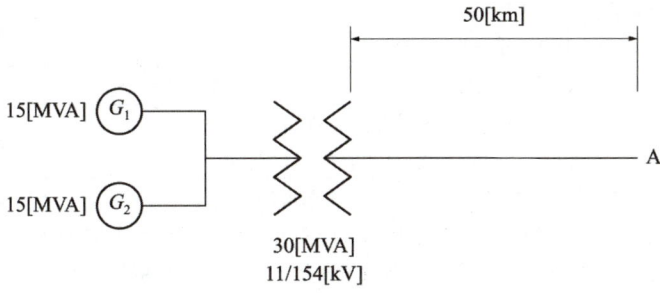

계산과정

답안작성

계산과정 | $X_{G_1} = X_{G_2} = \dfrac{10 \times 154^2 \times 30}{15 \times 10^3} = 474.32[\Omega]$

$X_{TR} = \dfrac{10 \times 154^2 \times 8}{30 \times 10^3} = 63.24[\Omega]$

$R = 0.5 \times 50 = 25[\Omega]$

A점(고장점)까지의 임피던스 $Z = 25 + j\left(\dfrac{474.32 \times 474.32}{474.32 + 474.32} + 63.24\right) = 25 + j300.4[\Omega]$

3상 단락전류 $I_s = \dfrac{V}{\sqrt{3} \cdot Z} = \dfrac{154 \times 10^3}{\sqrt{3} \times \sqrt{25^2 + 300.4^2}} = 294.96[A]$

정답 | 294.96[A]

참고

옴법에 의한 단락전류 $I_s = \dfrac{E}{Z} = \dfrac{V}{\sqrt{3}\,Z}[A]$

- E : 상전압[V], V : 선간전압[V]

$\%X = \dfrac{P \cdot X}{10 V^2}[\%]$

리액턴스를 기준으로 식을 정리하면 $X = \dfrac{10 V^2 \times \%X}{P}[\Omega]$

- P : 3상 용량[kVA], V : 선간전압[kV]

$Z = R + jX[\Omega]$

- R : 저항[Ω], X : 리액턴스[Ω]

08

변압기 절연 내력 시험전압에 대한 내용이다. ①~⑦의 알맞은 내용으로 빈칸을 완성하시오. [5점]

구분	종류(최대사용전압을 기준으로)	시험 전압
①	최대사용전압 7[kV] 이하인 권선 (단, 시험전압이 500[V] 미만으로 되는 경우에는 500[V])	최대사용전압×( )배
②	7[kV]를 넘고 25[kV] 이하의 권선으로서 중성선 다중접지식에 접속되는 것	최대사용전압×( )배
③	7[kV]를 넘고 60[kV] 이하의 권선(중성선 다중접지 제외) (단, 시험전압이 10,500[V] 미만으로 되는 경우에는 10,500[V])	최대사용전압×( )배
④	60[kV]를 넘는 권선으로서 중성점 비접지식 전로에 접속되는 것	최대사용전압×( )배
⑤	60[kV]를 넘는 권선으로서 중성점 접지식 전로에 접속하고 또한 성형결선의 권선의 경우에는 그 중성점에 T좌 권선과 주좌 권선의 접속점에 피뢰기를 시설하는 것 (단, 시험전압이 75[kV] 미만으로 되는 경우에는 75[kV])	최대사용전압×( )배
⑥	60[kV]를 넘는 권선으로서 중성점 직접 접지식 전로에 접속하는 것, 다만 170[kV]를 초과하는 권선에는 그 중성점에 피뢰기를 시설하는 것	최대사용전압×( )배
⑦	170[kV]를 넘는 권선으로서 중성점 직접접지식 전로에 접속하고 또는 그 중성점을 직접 접지하는 것	최대사용전압×( )배
(예시)	기타의 권선	최대사용전압×(1.1)배

답안작성

구분	종류(최대사용전압을 기준으로)	시험 전압
①	최대사용전압 7[kV] 이하인 권선 (단, 시험전압이 500[V] 미만으로 되는 경우에는 500[V])	최대사용전압×(1.5)배
②	7[kV]를 넘고 25[kV] 이하의 권선으로서 중성선 다중접지식에 접속되는 것	최대사용전압×(0.92)배
③	7[kV]를 넘고 60[kV] 이하의 권선(중성선 다중접지 제외) (단, 시험전압이 10,500[V] 미만으로 되는 경우에는 10,500[V])	최대사용전압×(1.25)배
④	60[kV]를 넘는 권선으로서 중성점 비접지식 전로에 접속되는 것	최대사용전압×(1.25)배
⑤	60[kV]를 넘는 권선으로서 중성점 접지식 전로에 접속하고 또한 성형결선의 권선의 경우에는 그 중성점에 T좌 권선과 주좌 권선의 접속점에 피뢰기를 시설하는 것 (단, 시험전압이 75[kV] 미만으로 되는 경우에는 75[kV])	최대사용전압×(1.1)배
⑥	60[kV]를 넘는 권선으로서 중성점 직접 접지식 전로에 접속하는 것, 다만 170[kV]를 초과하는 권선에는 그 중성점에 피뢰기를 시설하는 것	최대사용전압×(0.72)배
⑦	170[kV]를 넘는 권선으로서 중성점 직접접지식 전로에 접속하고 또는 그 중성점을 직접 접지하는 것	최대사용전압×(0.64)배
(예시)	기타의 권선	최대사용전압×(1.1)배

> 참고
>
> 한국전기설비규정 135 변압기 전로의 절연내력
>
> 1. 변압기(방전등용 변압기·엑스선관용 변압기·흡상 변압기·시험용 변압기·계기용변성기와 241.9에 규정(241.9.1의 2 제외)하는 전기집진 응용장치용의 변압기 기타 특수 용도에 사용되는 것을 제외한다. 이하 같대)의 전로는 표 135-1에서 정하는 시험전압 및 시험방법으로 절연내력을 시험하였을 때에 이에 견디어야 한다.

표 135-1 변압기 전로의 시험전압

권선의 종류	시험전압	시험방법
1. 최대 사용전압 7[kV] 이하	최대 사용전압의 1.5배의 전압(500[V] 미만으로 되는 경우에는 500[V]) 다만, 중성점이 접지되고 다중접지된 중성선을 가지는 전로에 접속하는 것은 0.92배의 전압(500[V] 미만으로 되는 경우에는 500[V])	시험되는 권선과 다른 권선, 철심 및 외함 간에 시험전압을 연속하여 10분간 가한다.
2. 최대 사용전압 7[kV] 초과 25[kV] 이하의 권선으로서 중성점접지식전로(중선선을 가지는 것으로서 그 중성선에 다중접지를 하는 것에 한한다)에 접속하는 것	최대 사용전압의 0.92배의 전압	
3. 최대 사용전압 7[kV] 초과 60[kV] 이하의 권선(2란의 것을 제외한다)	최대 사용전압의 1.25배의 전압(10.5[kV] 미만으로 되는 경우에는 10.5[kV])	
4. 최대 사용전압이 60[kV]를 초과하는 권선으로서 중성점 비접지식 전로(전위 변성기를 사용하여 접지하는 것을 포함한다. 8란의 것을 제외한다)에 접속하는 것	최대 사용전압의 1.25배의 전압	
5. 최대 사용전압이 60[kV]를 초과하는 권선(성형결선, 또는 스콧결선의 것에 한한다)으로서 중성점 접지식 전로(전위 변성기를 사용하여 접지 하는 것, 6란 및 8란의 것을 제외한다)에 접속하고 또한 성형결선의 권선의 경우에는 그 중성점에, 스콧결선의 권선의 경우에는 T좌권선과 주좌권선의 접속점에 피뢰기를 시설하는 것	최대 사용전압의 1.1배의 전압 (75[kV] 미만으로 되는 경우에는 75[kV])	시험되는 권선의 중성점단자(스콧결선의 경우에는 T좌권선과 주좌권선의 접속점 단자. 이하 이 표에서 같다) 이외의 임의의 1단자, 다른 권선(다른 권선이 2개 이상 있는 경우에는 각권선)의 임의의 1단자, 철심 및 외함을 접지하고 시험되는 권선의 중성점 단자 이외의 각 단자에 3상교류의 시험 전압을 연속하여 10분간 가한다. 다만, 3상교류의 시험전압 가하기 곤란할 경우에는 시험되는 권선의 중성점 단자 및 접지되는 단자 이외의 임의의 1단자와 대지 사이에 단상교류의 시험전압을 연속하여 10분간 가하고 다시 중성점 단자와 대지 사이에 최대 사용전압의 0.64배(스콧결선의 경우에는 0.96배)의 전압을 연속하여 10분간 가할 수 있다.

권선의 종류	시험전압	시험방법
6. 최대 사용전압이 60[kV]를 초과하는 권선(성형결선의 것에 한한다. 8란의 것을 제외한다)으로서 중성점 직접접지식전로에 접속하는 것. 다만, 170[kV]를 초과하는 권선에는 그 중성점에 피뢰기를 시설하는 것에 한한다.	최대 사용전압의 0.72배의 전압	시험되는 권선의 중성점단자, 다른 권선(다른 권선이 2개 이상 있는 경우에는 각 권선)의 임의의 1단자, 철심 및 외함을 접지하고 시험되는 권선의 중성점 단자 이외의 임의의 1단자와 대지 사이에 시험전압을 연속하여 10분간 가한다. 이 경우에 중성점에 피뢰기를 시설하는 것에 있어서는 다시 중성점 단자와 대지 간에 최대사용전압의 0.3배의 전압을 연속하여 10분간 가한다.
7. 최대 사용전압이 170[kV]를 초과하는 권선(성형결선의 것에 한한다. 8란의 것을 제외한다)으로서 중성점직접접지식 전로에 접속하고 또한 그 중성점을 직접 접지하는 것	최대 사용전압의 0.64배의 전압	시험되는 권선의 중성점 단자, 다른 권선(다른 권선이 2개 이상 있는 경우에는 각 권선)의 임의의 1단자, 철심 및 외함을 접지하고 시험되는 권선의 중성점 단자 이외의 임의의 1단자와 대지 사이에 시험전압을 연속하여 10분간 가한다.
8. 최대 사용전압이 60[kV]를 초과하는 정류기에 접속하는 권선	정류기의 교류측의 최대 사용전압의 1.1배의 교류전압 또는 정류기의 직류측의 최대 사용전압의 1.1배의 직류전압	시험되는 권선과 다른 권선, 철심 및 외함 간에 시험전압을 연속하여 10분간 가한다.
9. 기타 권선	최대 사용전압의 1.1배의 전압(75[kV] 미만으로 되는 경우는 75[kV])	시험되는 권선과 다른 권선, 철심 및 외함 간에 시험전압을 연속하여 10분간 가한다.

2. 특고압전로와 관련되는 절연내력은 설치하는 기기의 종류별 시험성적서 확인 또는 절연내력 확인방법에 적합한 시험 및 측정을 하고 결과가 적합한 경우에는 제1의 규정에 의하지 아니할 수 있다.

09

그림과 같은 직류분권 전동기가 있다. 정격 전압 440[V], 정격 전기자 전류 540[A], 정격회전속도 900[rpm]이고, 브러시 접촉저항을 포함한 전기자 회로의 저항은 0.041[Ω], 자속은 항시 일정하다. 다음 각 물음에 답하시오. [6점]

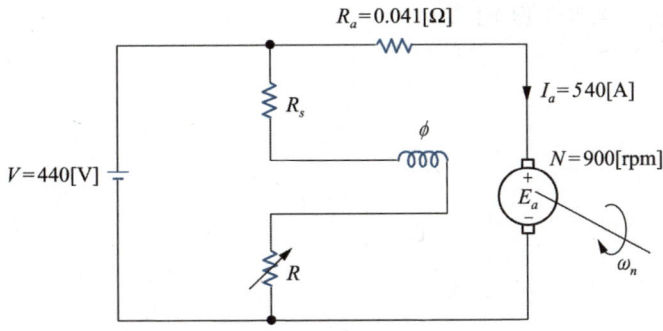

(1) 전기자 유기전압 E_a는 몇 [V]인가?

계산과정

답안작성
계산과정 | $E_a = 440 - (540 \times 0.041) = 417.86$[V]

정답 | 417.86[V]

참고

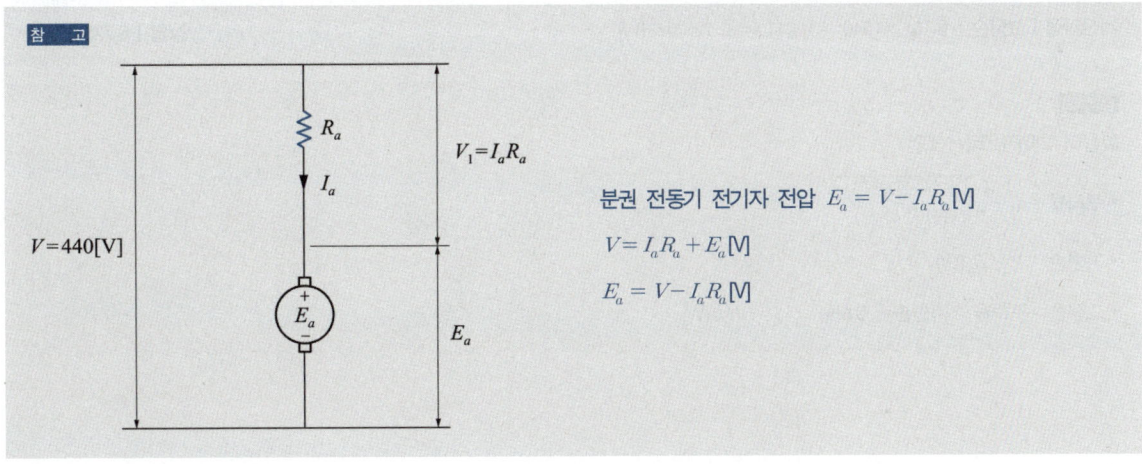

분권 전동기 전기자 전압 $E_a = V - I_a R_a$[V]

$V = I_a R_a + E_a$[V]

$E_a = V - I_a R_a$[V]

(2) 이 전동기의 정격부하 시 회전자에서 발생하는 토크는 몇 [N·m]인가?

계산과정

답안작성

계산과정 | $T = \dfrac{417.86 \times 540}{\dfrac{2\pi \times 900}{60}} = 2{,}394.16 [\text{N} \cdot \text{m}]$

정답 | 2,394.16[N·m]

참고

토크 $T = \dfrac{E_a I_a}{\dfrac{2\pi N}{60}} [\text{N} \cdot \text{m}]$

- E_a : 전기자 전압[V]
- I_a : 전기자 전류[A]
- N : 회전속도[rpm]

(3) 이 전동기는 부하율이 75[%]일 때 효율은 최대이다. 이때 고정손(철손+기계손)은 몇 [W]인가?

계산과정

답안작성

계산과정 | 고정손 $= 0.75^2 \times (540^2 \times 0.041) = 6{,}725.025 [\text{W}]$

정답 | 6,725.03[W]

참고

효율이 최대가 되는 조건

- 부하율 $= \sqrt{\dfrac{\text{고정손(무부하손)}}{\text{가변손(부하손)}}}$
- 가변손 $= I_a^2 \times R_a [\text{W}]$
- 고정손 $=$ 부하율$^2 \times$ 가변손 $=$ 부하율$^2 \times (I_a^2 \times R_a) [\text{W}]$

10

3상 유도전동기 $Y-\triangle$ 기동방식의 주회로이다. 다음 각 물음에 답하시오. [6점]

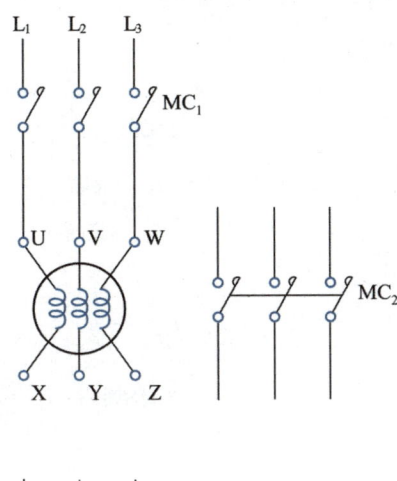

(1) 미완성 회로에 대한 결선을 완성하시오.

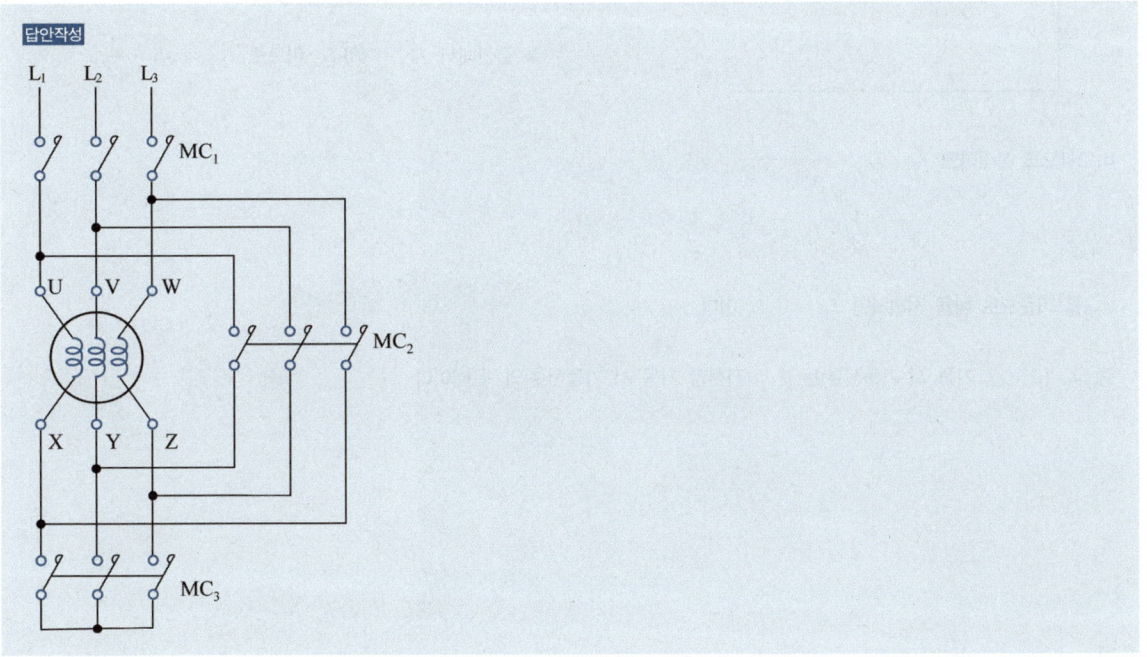

(2) $Y-\triangle$ 기동 시와 전전압 기동 시를 비교설명하시오. (단, 수치를 제시하여 설명하시오)

답안작성

$Y-\triangle$ 기동 시 기동전류는 전전압 기동전류의 $\dfrac{1}{3}$ 배로 적게 흐른다.

참고

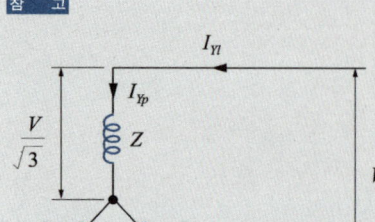

Y 기동
- I_{Yl} : 선전류
- I_{Yp} : 상전류

$$I_{Yp} = \dfrac{\dfrac{V}{\sqrt{3}}}{Z} = \dfrac{1}{\sqrt{3}} \cdot \dfrac{V}{Z}$$

Y 결선에서는 $I_{Yl} = I_{Yp}$ 이기 때문에 $I_{Yl} = \dfrac{1}{\sqrt{3}} \cdot \dfrac{V}{Z}$ 이다.

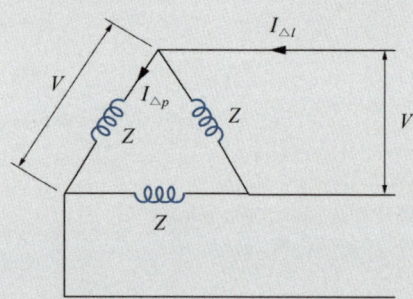

$\triangle$ 기동(전전압 기동)
- $I_{\triangle l}$: 선전류
- $I_{\triangle p}$: 상전류

$$I_{\triangle p} = \dfrac{V}{Z}$$

$\triangle$ 결선에서 $I_{\triangle l} = \sqrt{3} I_{\triangle p}$ 이므로 $I_{\triangle l} = \sqrt{3} \cdot \dfrac{V}{Z}$

비교식으로 정리하면 $I_{Yl} : I_{\triangle l} = \dfrac{1}{\sqrt{3}} \cdot \dfrac{V}{Z} : \sqrt{3} \dfrac{V}{Z}$

$$\sqrt{3} \cdot \dfrac{V}{Z} \cdot I_{Yl} = \dfrac{1}{\sqrt{3}} \cdot \dfrac{V}{Z} \cdot I_{\triangle l}$$

I_{Yl} 를 기준으로 식을 정리하면 $I_{Yl} = \dfrac{1}{3} I_{\triangle l}$ 이다.

즉, I_{Yl} ($Y-\triangle$ 기동 시 기동전류)는 $I_{\triangle l}$ (전전압 기동 시 기동전류)의 $\dfrac{1}{3}$ 배이다.

(3) 3상 유도전동기를 $Y-\triangle$로 기동하여 운전될 때 동작 순서를 간단히 설명하시오.

답안작성

MC₁ 여자 후 MC₃가 여자되어 Y결선으로 기동 후 설정시간 후 MC₃는 소자되고 MC₂가 여자되어 △결선으로 운전을 지속한다.

참고

$Y-\triangle$ 기동 결선도

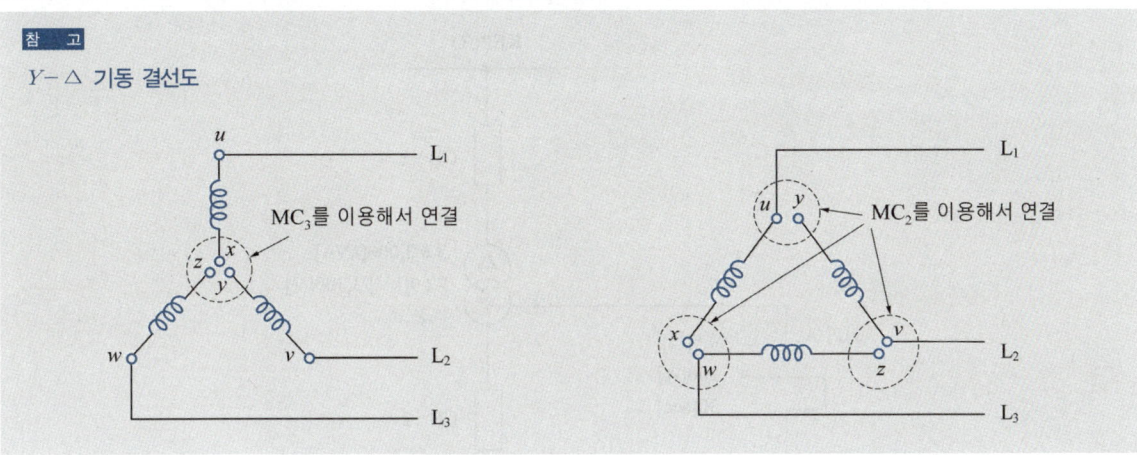

11

출력 100[kW]의 디젤 발전기를 발열량 10,000[kcal/kg]의 연료 215[kg]를 사용하여 8시간 운전할 때 발전기의 종합효율은 몇 [%]인지 계산하시오. [5점]

계산과정   정답

답안작성

계산과정 | 효율 $= \dfrac{(100 \times 860) \times 8}{10,000 \times 215} \times 100 = 32[\%]$

정답 | 32[%]

참고

효율 $= \dfrac{출력}{입력} \times 100[\%]$

- 출력 100[kW]를 [kcal] 단위로 환산하면 100[kW]×860＝86,000[kcal](1[kW]＝860[kcal])이고 8시간 운전할 경우 86,000[kcal]×8시간＝688,000[kcal]
- 입력은 1[kg]당 발열량 10,000[kcal/kg]인 연료를 215[kg] 사용하면 10,000[kcal/kg]×215[kg]＝2,150,000[kcal]

12

어느 수전설비의 단선계통도를 나타낸 다음 그림을 보고 각 물음에 답하시오. (단, KEPCO 측의 전원 용량은 500,000[kVA]이고, 선로 손실 등 제시되지 않은 조건은 무시한다) [6점]

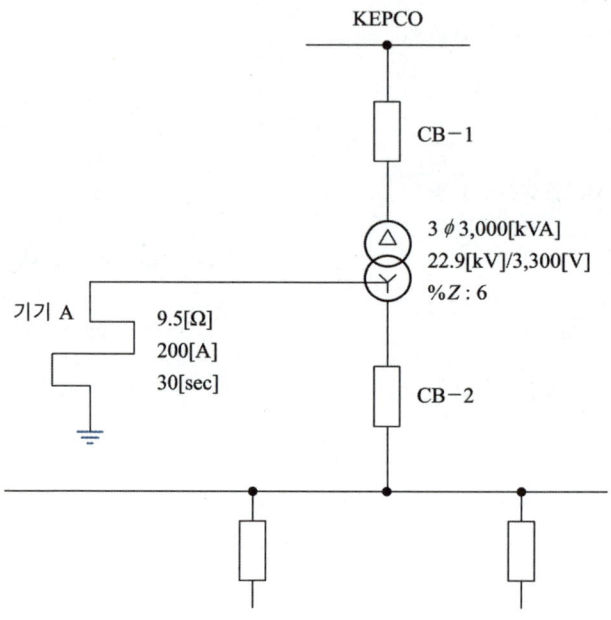

(1) CB-2의 정격차단용량[MVA]을 계산하여 구하시오.

계산과정 | 정 답

답안작성

계산과정 | 기준용량 3,000[kVA]

전원측 $\%Z_S = \dfrac{100}{500,000} \times 3,000 = 0.6[\%]$

변압기 $\%Z_t = 6[\%]$

합성 $\%Z = 0.6 + 6 = 6.6[\%]$

차단용량 $P_s = \sqrt{3} \times 3,300 \times \dfrac{1.2}{1.1} \times \dfrac{100}{6.6} \times \dfrac{3,000 \times 10^3}{\sqrt{3} \times 3,300} \times 10^{-6} = 49.59[\text{MVA}]$

정답 | 49.59[MVA]

참 고

차단용량 $P_s = \sqrt{3} \times 정격전압 \times 정격차단전류(단락전류)\ I_s$

$I_s = \dfrac{100}{\%Z} \times I_n = \dfrac{100}{\%Z} \times \dfrac{P_n}{\sqrt{3}\ V}$

(2) 기기 A의 우리말 명칭과 기능을 쓰시오.

> [답안작성]
> - 명칭 : 중성점 접지저항기
> - 기능 : 지락사고 시 지락전류 억제 및 건전상의 전위상승 억제

13

지중 케이블의 고장점 탐지법 3가지와 각각의 사용 용도를 간단히 설명하시오. [6점]

고장점 탐지법	사용 용도
머레이 루프법	
펄스 레이더법	
정전 용량법	

> [답안작성]
>
> | 고장점 탐지법 | 사용 용도 |
> |---|---|
> | 머레이 루프법 | 1선 지락 및 선간 단락사고 발생 시 고장점 측정 |
> | 펄스 레이더법 | 지락 단락 및 단선사고 발생 시 고장점 측정 |
> | 정전 용량법 | 단선사고 발생 시 고장점 측정 |

> [참고]
> - 머레이 루프법 : 휘스톤 브리지 원리를 사용하여 측정
> - 펄스 레이더법 : 케이블에 펄스를 인가하여 반사파가 돌아오는 시간을 이용하여 측정
> - 정전 용량법 : 정전용량이 길이에 비례하는 것을 이용하여 측정

14

다음은 축전지의 충전방식을 설명한 것이다. 각각의 충전 방식의 명칭을 쓰시오. [4점]

(1) 정류기가 축전지의 충전에만 사용되지 않고 평상시 다른 직류 부하의 전원으로 병행하여 사용되는 충전방식

답안작성
부동충전방식

참고
부동충전방식

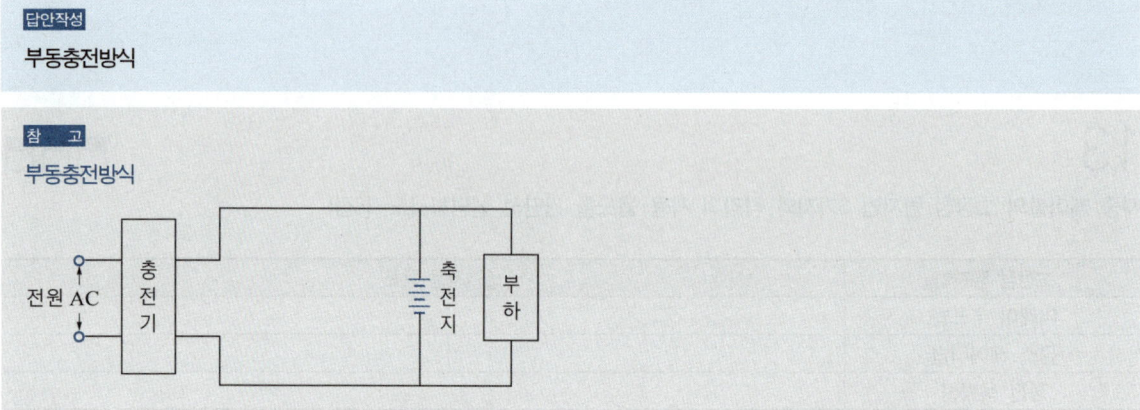

(2) 축전지의 각 전해조에 일어나는 전위차를 보정하기 위해 1~3개월마다 1회 정전압으로 10~12시간 충전하는 충전방식

답안작성
균등충전방식

15

3상 농형 유도 전동기 부하가 다음 표와 같을 때 간선의 굵기를 구하려고 한다. 주어진 참고표의 해당부분을 적용시켜 간선의 최소 전선 굵기를 선정하시오. (단, 전선은 PVC 절연전선을 사용하며, 공사 방법은 B1에 의하여 시공한다) [5점]

부하내역

상수	전압	용량	대수	기동방법
3상	200[V]	22[kW]	1대	기동기 사용
		7.5[kW]	1대	직입 기동
		5.5[kW]	1대	직입 기동
		1.5[kW]	1대	직입 기동
		0.75[kW]	1대	직입 기동

[표] 200[V] 3상 유도전동기의 간선의 굵기 및 기구의 용량(B종 퓨즈의 경우) (동선)

전동기 [kW] 수의 총계 [kW] 이하	최대 사용 전류 [A] 이하	배선종류에 의한 간선의 최소 굵기[mm²]						직입기동 전동기 중 최대 용량의 것									
		공사방법 A1 (3개선)		공사방법 B1 (3개선)		공사방법 C (3개선)		0.75 이하	1.5	2.2	3.7	5.5	7.5	11	15	18.5	22	30	37~55
								기동기 사용 전동기 중 최대 용량의 것									
								-	-	-	5.5	7.5	11 / 15	18.5 / 22	-	30 / 37	-	45	55
		PVC	XLPE, EPR	PVC	XLPE, EPR	PVC	XLPE, EPR	과전류 차단기[A]………(칸 위 숫자) 개폐기 용량[A]………(칸 아래 숫자)									
3	15	2.5	2.5	2.5	2.5	2.5	2.5	15/30	20/30	30/30	-	-	-	-	-	-	-	-
4.5	20	4	2.5	2.5	2.5	2.5	2.5	20/30	20/30	30/30	50/60	-	-	-	-	-	-	-
6.3	30	6	4	6	4	4	2.5	30/30	30/30	50/60	50/60	75/100	-	-	-	-	-	-
8.2	40	10	6	10	6	6	4	50/60	50/60	50/60	75/100	75/100	100/100	-	-	-	-	-
12	50	16	10	10	10	10	6	50/60	50/60	50/60	75/100	75/100	100/100	150/200	-	-	-	-
15.7	75	35	25	25	16	16	16	75/100	75/100	75/100	75/100	100/100	100/100	150/200	150/200	-	-	-
19.5	90	50	25	35	25	25	16	100/100	100/100	100/100	100/100	100/100	150/200	150/200	200/200	200/200	-	-
23.2	100	50	35	35	25	35	25	100/100	100/100	100/100	100/100	100/100	150/200	150/200	200/200	200/200	-	-
30	125	70	50	50	35	50	35	150/200	150/200	150/200	150/200	150/200	150/200	150/200	200/200	200/200	-	-
37.5	150	95	70	70	50	70	50	150/200	150/200	150/200	150/200	150/200	150/200	150/200	300/300	300/300	300/300	-
45	175	120	70	95	50	70	50	200/200	200/200	200/200	200/200	200/200	200/200	200/200	300/300	300/300	300/300	300/300
52.5	200	150	95	95	70	95	70	200/200	200/200	200/200	200/200	200/200	200/200	200/200	300/300	400/400	400/400	400/400
63.7	250	240	150	-	95	120	95	300/300	300/300	300/300	300/300	300/300	300/300	300/300	400/400	400/400	500/600
75	300	300	185	-	120	185	120	300/300	300/300	300/300	300/300	300/300	300/300	300/300	400/400	400/400	500/600
86.2	350	-	240	-	-	240	150	400/400	400/400	400/400	400/400	400/400	400/400	400/400	400/400	400/400	600/600

[주] 1. 최소 전선 굵기는 1회선에 대한 것이며, 2회선 이상인 경우는 복수회로 보정계수를 적용하여야 한다.
2. 공사방법 A1은 벽 내의 전선관에 공사한 절연전선 또는 단심케이블, B1은 벽면의 전선관에 공사한 절연전선 또는 단심케이블, 공사방법 C는 벽면에 공사한 단심 또는 다심케이블을 시설하는 경우의 전선 굵기를 표시하였다.
3. 「전동기 중 최대의 것」에는 동시 기동하는 경우를 포함한다.
4. 과전류 차단기의 용량은 해당 조항에 규정되어 있는 범위에서 실용상 거의 최대값을 표시한다.
5. 과전류 차단기의 선정은 최대용량의 정격전류의 3배에 다른 전동기의 정격전류의 합계를 가산한 값 이하를 표시한다.
6. 고리퓨즈는 300[A] 이하에서 사용하여야 한다.

답안작성

전동기 총 용량 $= 22 + 7.5 + 5.5 + 1.5 + 0.75 = 37.25$[kW]

표에서 [전동기 [kW] 수의 총계[kW] 이하] 37.5와 공사방법 B1의 PVC가 교차되는 간선의 최소 굵기 70[mm²] 선정

16

변류기(CT)에 대한 내용이다. 각 물음에 답하시오. [7점]

(1) $Y-\triangle$로 결선한 주 변압기의 보호로 비율차동계전기를 사용하려고 한다. CT의 결선은 어떻게 하여야 하는지 간단하게 설명하시오.

답안작성
$\triangle - Y$ 결선

참 고
비율차동계전기는 주 변압기 결선과 반대로 결선한다.

(2) 통전 중에 변류기 2차측에 접속되어 있는 기기를 교체하고자 한다. 가장 먼저 취하여야 할 사항은 무엇인지 간단하게 설명하시오.

답안작성
변류기 2차측을 단락시킨다.

참 고
변류기 2차측에 접속되어 있는 기기를 분리할 때 변류기 2차측이 개방되는데 이때 1차측의 부하전류가 전부 변류기의 여자 전류로 사용되어 2차측에 발생되는 고전압으로 절연이 파괴될 우려가 있기 때문에 변류기 2차측을 단락시킨다.

(3) 수전전압이 22.9[kV], 수전 설비의 부하전류가 65[A]이다. 100/5[A]의 변류기를 통하여 과부하 계전기를 시설하였다. 120[%] 과부하에서 차단기를 동작시키려면 과부하 계전기의 전류값은 몇 [A]로 설정해야 하는지 계산하여 선정하시오.

계산과정 정 답

답안작성
계산과정 | $65 \times \dfrac{5}{100} \times 1.2 = 3.9[A]$ 정답 | 4[A] 선정

참 고
- 과전류 계전기의 전류 탭 $I_T =$ 부하전류$\times \dfrac{1}{CT비} \times$ 설정값
- 과전류 계전기(OCR)의 탭 전류 : 2[A], 3[A], 4[A], 5[A], 6[A], 7[A], 8[A], 10[A], 12[A]

17

발전소 및 변전소에 사용되는 각 모선 방식에 대하여 간단히 설명하시오. [6점]

(1) 전류차동 계전방식

> 모선에 고장 발생 시 모선에 유입, 유출하는 전류의 차이를 감지하여 고장을 검출하는 방식

(2) 전압차동 계전방식

> 차동 접속된 각 모선의 CT 2차측에 임피던스가 큰 전압계를 접속하여 전압의 크기로 고장을 검출하는 방식

(3) 위상 비교 계전방식

> 각 모선의 전류의 위상을 비교하여 고장 검출

(4) 방향 비교 계전 방식

> 각 모선에 전력 방향 계전기를 설치하여 고장전류 유출, 유입 여부를 검출하고 고장 발생 시 고장 전류를 검출하고 유출, 유입 방향을 파악하여 모선의 내·외부 고장 판별

18

전압 22.9[kV], 주파수 60[Hz] 1회선의 3상 지중송전 선로의 3상 무부하 충전전류[A] 및 충전용량[kVA]을 계산하시오. (단, 송전선의 길이는 7[km], 케이블 1선당 작용 정전용량은 0.4[μF/km]로 한다) [6점]

(1) 충전전류[A]

계산과정 | 충전전류 $= 2\pi \times 60 \times 0.4 \times 10^{-6} \times 7 \times \dfrac{22.9 \times 10^3}{\sqrt{3}} = 13.96$[A]

정답 | 13.96[A]

참고

충전전류 $I_c = \omega CE = 2\pi f CE$ [A]

각주파수 W[rad/sec] $= 2\pi f = 2\pi \times 60$

정전용량 C[F] $= 0.4[\mu\text{F/km}] \times 10^{-6} \times 7$[km]

대지전압 E[V] $= \dfrac{\text{선간전압[V]}}{\sqrt{3}} = \dfrac{22.9[\text{kV}] \times 10^3}{\sqrt{3}}$

(2) 충전용량[kVA]

계산과정 | 충전용량 $= \sqrt{3} \times 22.9 \times 13.96 = 553.71$ [kVA]

정답 | 553.71[kVA]

참고

충전용량 Q_c[kVA] $= \sqrt{3}\ VI_c = 3EI_c$

- V : 선간전압[kV]
- E : 대지전압[kV]
- I_c : 충전전류[A]

19

다음 유접점 회로를 이용하여 다음 물음에 답하시오. [4점]

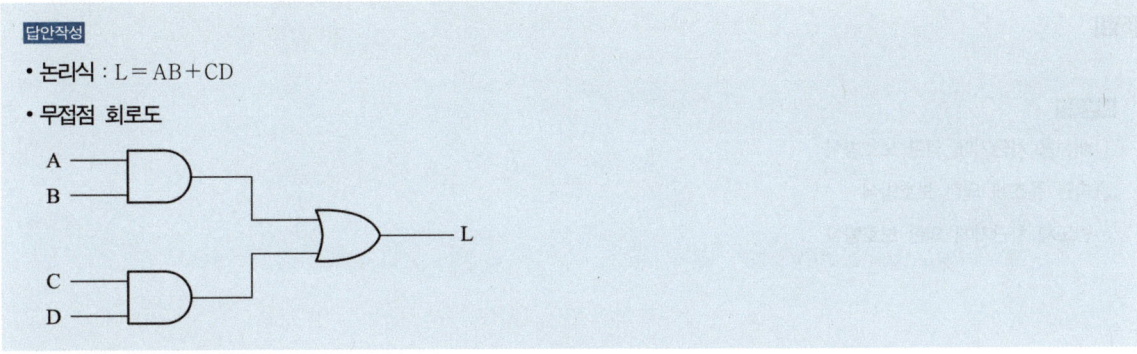

(1) 논리식으로 표현하고 무접점 회로도를 그리시오.

답안작성

- 논리식 : L = AB + CD
- 무접점 회로도

(2) NAND만의 논리식으로 표현하고 무접점 회로도를 그리시오.

답안작성

- 논리식 : L = $\overline{\overline{AB} \cdot \overline{AB}}$
- 무접점 회로도

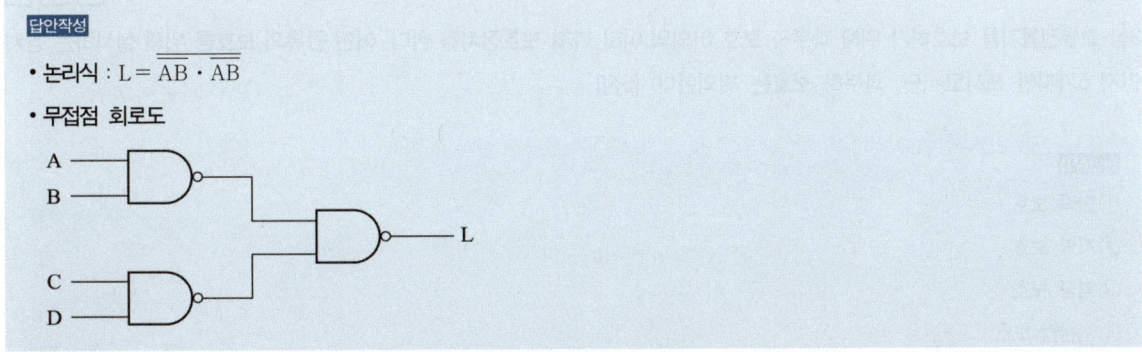

참 고

드모르간의 정리

- $\overline{X_1} + \overline{X_2} + \overline{X_3} + \cdots + \overline{X_n} = \overline{X_1 \cdot X_2 \cdot X_3 \cdots X_n}$
- $\overline{X_1} \cdot \overline{X_2} \cdot \overline{X_3} \cdots \overline{X_n} = \overline{X_1 + X_2 + X_3 + \cdots + X_n}$
- L = AB + CD = $\overline{\overline{AB} + \overline{CD}}$ = $\overline{\overline{AB} \cdot \overline{CD}}$

실기[필답형]기출문제 2015 * 3

※ 출제기준 변경 및 개정된 관계법규에 따라 삭제된 문제가 있어 배점의 합계가 100점이 안 됩니다.

01

사용중인 UPS의 2차측에 단락사고 등이 발생했을 경우 UPS와 고장회로를 분리하여 보호하는 방식을 3가지만 쓰시오. [5점]

답안작성
① 배선용 차단기에 의한 보호방식
② 속단 퓨즈에 의한 보호방식
③ 반도체 차단기에 의한 보호방식

02

3상 교류전동기를 보호하기 위해 과부하 보호 이외의 여러 가지 보호장치를 한다. 어떤 종류의 보호를 위해 설치하는 장치인지 5가지만 쓰시오. (단, 과부하 보호는 제외한다) [5점]

답안작성
① 단락 보호
② 지락 보호
③ 역상 보호
④ 저전압 보호
⑤ 과열 보호

참 고
⑥ 부족전압 보호
⑦ 탈조 보호
⑧ 결상 보호 등

03

배전용 변압기의 고압측(1차측)에 여러 개의 탭을 설치하는 이유를 간단히 설명하시오. [5점]

답안작성
변압기 고압측(1차측)의 여러 개의 탭을 이용하여 2차측 전압을 조정하기 위하여

참 고
부하의 변동 등의 여러 가지 이유로 2차측에 발생하는 전압 변동에 대응하여 전압을 일정하게 유지하기 위해 고압측의 여러 개의 탭을 이용하여 2차측 전압을 조정한다.

04

접지공사의 목적을 3가지만 쓰시오. [5점]

답안작성
① 인축의 감전사고 방지
② 이상 전압으로부터 기기의 손상 방지
③ 보호계전기의 확실한 동작 확보

참 고
① 인축의 감전사고 방지 : 누전 발생 시 전류가 접지도체로 흘러 기기 접촉 시 감전사고를 방지한다.
② 이상 전압으로부터 기기의 손상 방지 : 뇌전류 등으로 발생하는 높은 전위의 이상 전압을 접지도체를 통하여 방전시켜 전위상승을 억제하여 기기의 손상을 방지한다.
③ 보호계전기의 확실한 동작 확보 : 지락사고 시 접지도체에 흐르는 사고전류를 감지하여 보호계전기 동작, 이때 접지도체에 흐르는 전류가 클수록 보호계전기는 확실하게 동작한다.

05

다음 미완성 시퀀스도는 누름버튼 스위치 하나로 전동기를 기동, 정지하는 제어회로이다. 동작사항과 회로를 이용하여 다음 각 물음에 답하시오. (단, X_1, X_2 : 8핀 릴레이, MC : $5a2b$ 전자접촉기, PB : 누름버튼 스위치, RL : 적색 램프이다) [7점]

[동작사항] 1. 누름버튼 스위치(PB)를 한 번 누르면 X_1에 의하여 MC 동작(전동기 운전), RL램프 점등
2. 누름버튼 스위치(PB)를 한 번 더 누르면 X_2에 의하여 MC 소자(전동기 정지), RL램프 소등
3. 누름버튼 스위치(PB)를 반복하여 누르면 전동기가 기동과 정지를 반복하여 동작

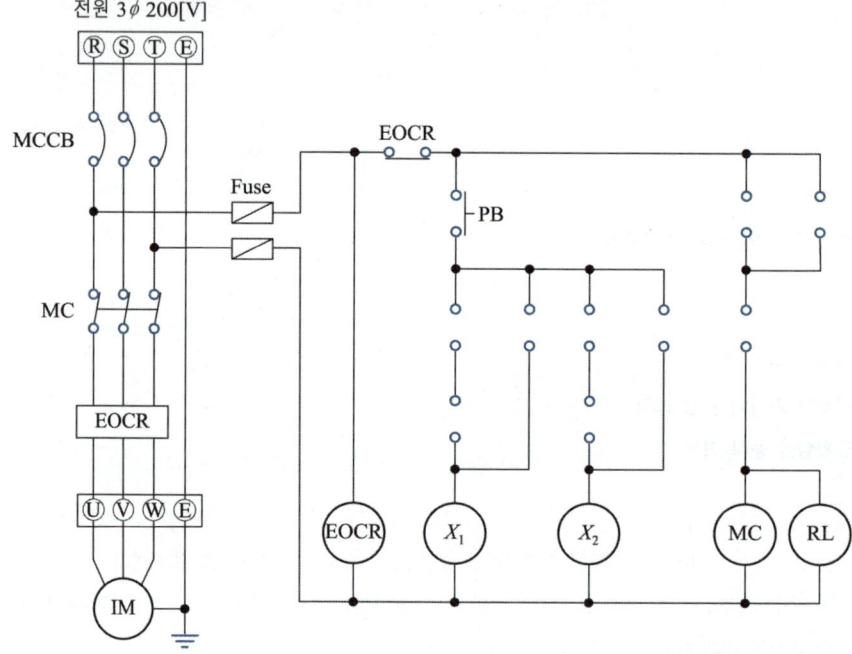

(1) 동작사항에 맞도록 시퀀스도를 완성하시오. (단, 회로도에 접점의 그림기호를 직접 그리고, 접점의 명칭을 정확히 표시하시오)

예 X_1 릴레이 a 접점인 경우 : X_1

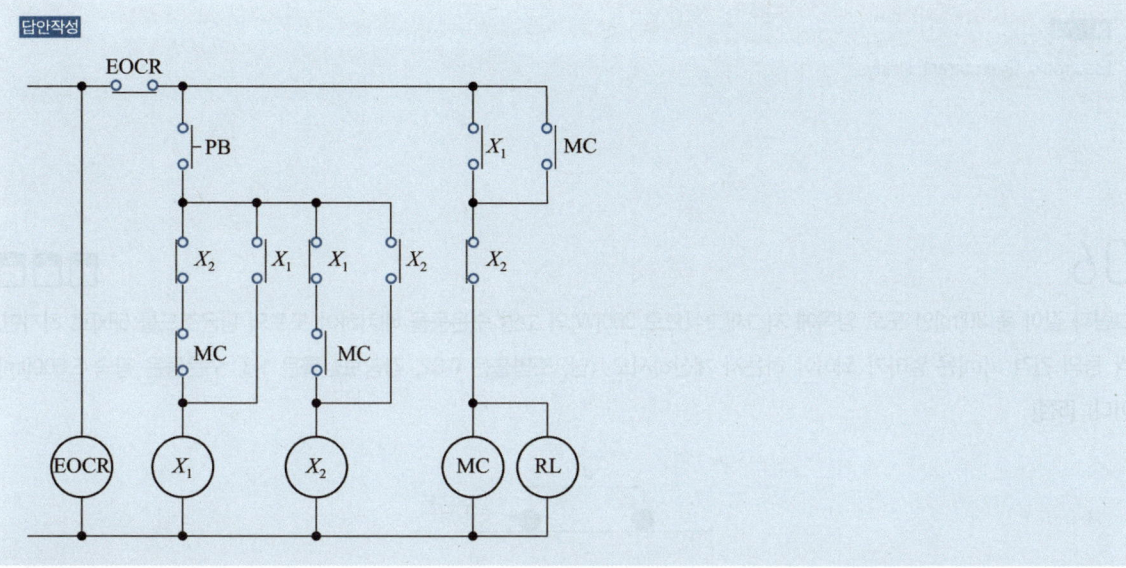

참 고

동작설명

① PB를 누르면 X_1 여자

② X_1의 a 접점이 동작하여 MC 여자되어 전동기 기동(RL 점등)

③ PB를 다시 누르면 MC가 여자된 상태이기 때문에 X_2 여자

④ X_2의 b 접점이 동작하여 MC 소자되고 전동기 정지(RL 소등)

(2) MCCB의 우리말 명칭을 쓰시오.

답안작성

배선용 차단기

참 고

Molded Case Circuit Breaker

(3) EOCR의 우리말 명칭과 사용 목적을 쓰시오.

답안작성
- 명칭 : 전자식 과부하 계전기
- 사용 목적 : 전동기의 과부하를 감지하여 MC를 트립시켜 전동기를 보호한다.

참 고
Electronic Overcurrent Relays

06

그림과 같이 폭 30[m]인 도로 양쪽에 지그재그식으로 300[W]의 고압 수은등을 배치하여 도로의 평균조도를 5[lx]로 하자면, 각 등의 간격 d[m]은 얼마가 되어야 하는지 계산하시오. (단, 조명률은 0.32, 감광보상률은 1.3, 수은등은 광속 5,500[lm]이다) [5점]

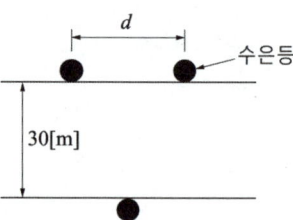

계산과정　　　　　　　　　　　　　　　　　　　　　　　　　　　　　　　　　　　**정 답**

답안작성

계산과정 | 지그재그식에서 $S = \dfrac{1}{2}(30 \times d)$ [m²]

$$S = \dfrac{FUN}{DE} = \dfrac{5,500 \times 0.32 \times 1}{1.3 \times 5} = 270.76 \text{[m}^2\text{]}$$

$$270.76 = \dfrac{30}{2}d$$

$$d = 270.76 \times \dfrac{2}{30} = 18.05 \text{[m]}$$

정답 | 18.05[m]

참 고
도로 조명기구 배치에 따른 적용면적

- 대칭 배열, 지그재그 배열　$S = \dfrac{1}{2}$(가로×세로)[m²]
- 중앙 배열, 편도 배열　$S =$ 가로×세로[m²]

07

6,000[V], 3상 전기 설비에 변압비 30인 계기용 변압기(PT)를 그림과 같이 잘못 접속하였다. 각 전압계 V_1, V_2, V_3에 나타나는 전압은 몇 [V]인지 계산하시오. [5점]

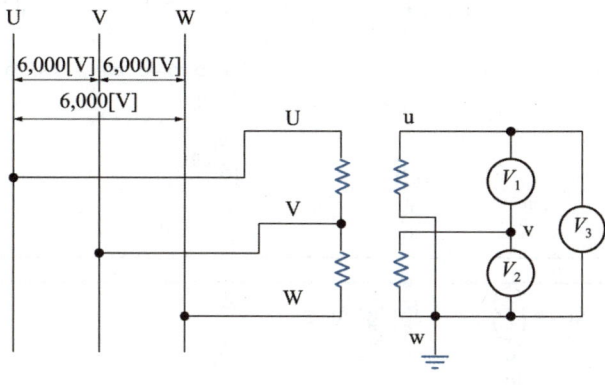

계산과정

답안작성

계산과정 | V_1의 전압 $= \dfrac{6,000}{30} \times \sqrt{3} = 346.41$[V]

V_2의 전압 $= \dfrac{6,000}{30} = 200$[V]

V_3의 전압 $= \dfrac{6,000}{30} = 200$[V]

정답 | V_1의 전압 $= 346.41$[V]

V_2의 전압 $= 200$[V]

V_3의 전압 $= 200$[V]

참고

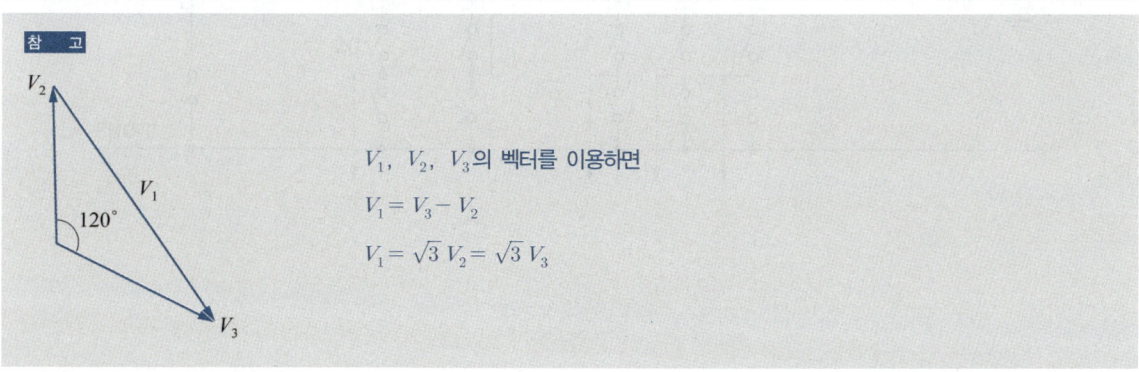

V_1, V_2, V_3의 벡터를 이용하면

$V_1 = V_3 - V_2$

$V_1 = \sqrt{3}\, V_2 = \sqrt{3}\, V_3$

08

345[kV] 변전소의 단선도이다. 그 외의 변전소에 사용되는 주요제원을 이용하여 다음 각 물음에 답하시오. [13점]

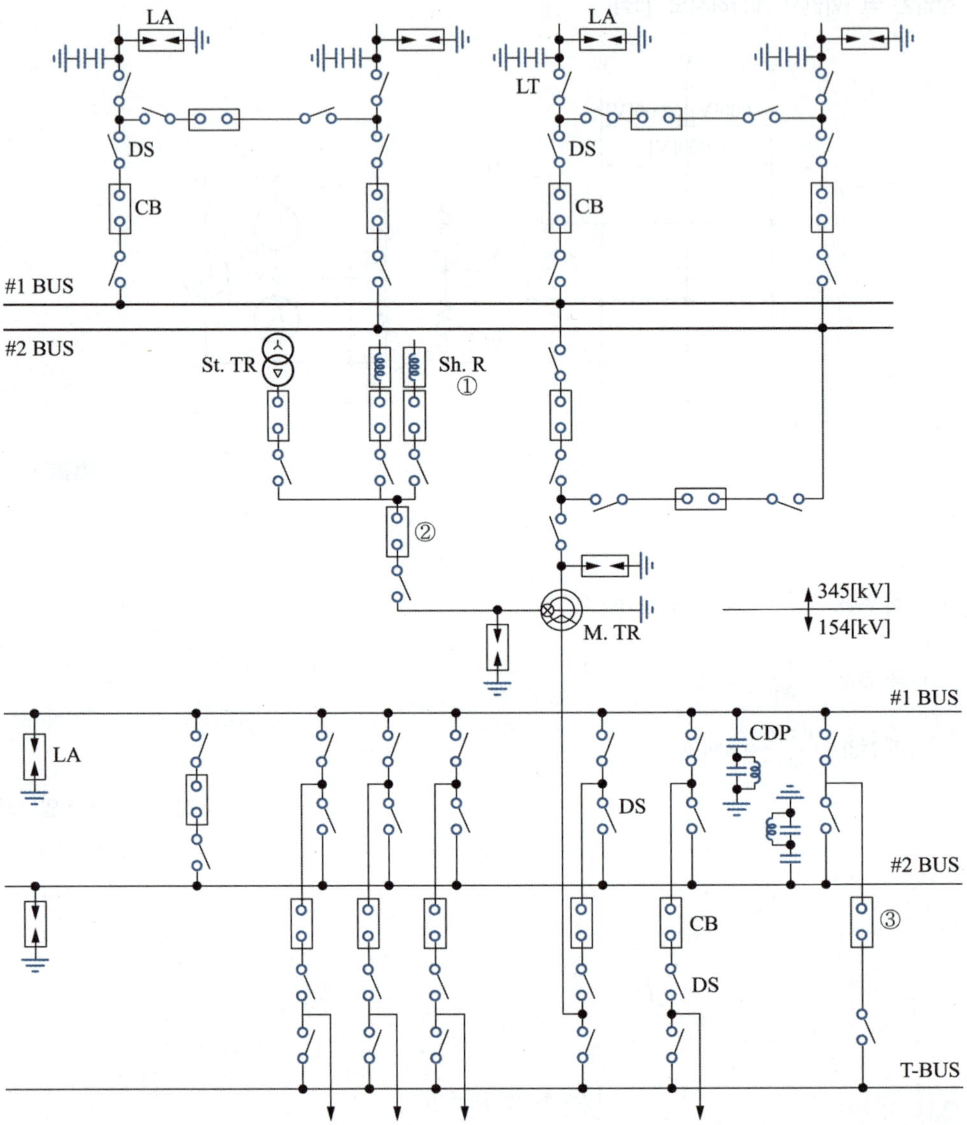

[주 변압기]	단권변압기 345[kV]/154[kV]/23[kV](Y-Y-△)
	166.7[MVA]×3대 ≒ 500[MVA], OLTC부
	%임피던스(500[MVA] 기준)
	- 1차 ~ 2차 : 10[%]
	- 1차 ~ 3차 : 78[%]
	- 2차 ~ 3차 : 67[%]
[차단기]	365[kV] GCB 25[GVA] 4,000[A] ~ 2,000[A]
	170[kV] GCB 15[GVA] 4,000[A] ~ 2,000[A]
	25.8[kV] VCB ( ) [MVA] 2,500[A] ~ 1,200[A]
[단로기]	362[kV] DS 4,000[A] ~ 2,000[A]
	170[kV] DS 4,000[A] ~ 2,000[A]
	25.8[kV] DS 2,500[A] ~ 1,200[A]
[피뢰기]	288[kV] LA 10[kV]
	144[kV] LA 10[kV]
	21[kV] LA 10[kV]
[분로 리액터]	23[kV] Sh.R 30[MVAR]
[주모선]	Al-Tube 200∅

(1) 도면의 345[kV] 측 모선 방식은 어떤 방식인지 쓰시오.

답안작성
2중 모선방식

참 고
2개의 선로를 사용하여 무정전으로 선로 점검을 할 수 있다.

(2) 도면에서 ①번 기기는 어떤 목적으로 설치하는지 쓰시오.

답안작성
페란티 현상을 방지하기 위해

참 고
- Sh.R : 분로리액터
- 페란티 현상 : 경부하 시 선로의 정전용량으로 인해 송전단 전압보다 수전단 전압이 상승하는 현상

(3) 도면에 주어진 제원을 이용하여 주 변압기에 대한 등가 %임피던스(Z_H, Z_M, Z_L)를 구하고, ②번 23[kV] VCB의 차단용량을 계산하시오. (단, 그림과 같은 임피던스 회로는 100[MVA] 기준이다)

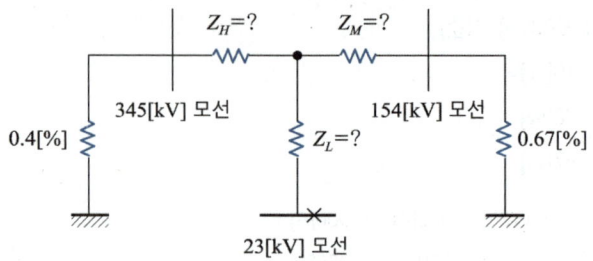

① 등가 %임피던스(Z_H, Z_M, Z_L)

계산과정

답안작성

계산과정 | $Z_H = \dfrac{1}{2}(Z_{HM} + Z_{HL} - Z_{ML})$

$Z_M = \dfrac{1}{2}(Z_{HM} + Z_{ML} - Z_{HL})$

$Z_L = \dfrac{1}{2}(Z_{ML} + Z_{HL} - Z_{HM})$

• 100[MVA] 기준

$Z_{HM} = \dfrac{100}{500} \times 10 = 2[\%]$

$Z_{HL} = \dfrac{100}{500} \times 78 = 15.6[\%]$

$Z_{ML} = \dfrac{100}{500} \times 67 = 13.4[\%]$

$Z_H = \dfrac{1}{2} \times (2 + 15.6 - 13.4) = 2.1[\%]$

$Z_M = \dfrac{1}{2} \times (2 + 13.4 - 15.6) = -0.1[\%]$

$Z_L = \dfrac{1}{2} \times (13.4 + 15.6 - 2) = 13.5[\%]$

정답 | $Z_H = 2.1[\%]$, $Z_M = -0.1[\%]$, $Z_L = 13.5[\%]$

참 고

주 변압기 1차 ~ 2차 Z_{HM}

1차 ~ 3차 Z_{HL}

2차 ~ 3차 Z_{ML}

$\%Z = \dfrac{\text{기준용량}}{\text{자기용량}} \times \text{자기}\%Z[\%]$

② 23[kV] VCB 차단용량[MVA]을 계산하시오.

계산과정

답안작성

계산과정 | $P_S = \dfrac{100}{\%Z} \times P_n$ [MVA]

$\%Z = \dfrac{(0.4+2.1) \times (0.67-0.1)}{(0.4+2.1)+(0.67-0.1)} + 13.5 = 13.96[\%]$

$P_S = \dfrac{100}{13.96} \times 100 = 716.33$ [MVA]

정답

정답 | 23[kV] VCB $P_S = 716.33$[MVA]

참 고

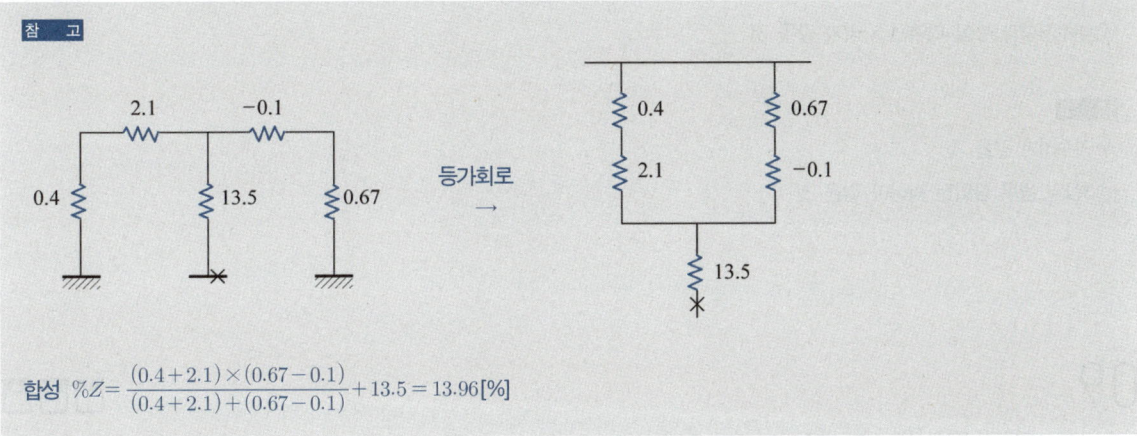

합성 $\%Z = \dfrac{(0.4+2.1) \times (0.67-0.1)}{(0.4+2.1)+(0.67-0.1)} + 13.5 = 13.96[\%]$

(4) 도면 345[kV] GCB에 내장된 계전기용 BCT의 오차계급은 C800이다. 부담은 몇 [VA]인지 계산하시오.

계산과정

답안작성

계산과정 | 부담 $= I^2 Z$

$Z = \dfrac{800}{20 \times 5} = 8[\Omega]$

부담 $= 5^2 \times 8 = 200$[VA]

정답

정답 | 200[VA]

참 고
C800은 CT의 정격전류(5[A])의 20배에서 ±10%의 오차를 갖는 전압이 800[V]란 의미를 갖는다.

(5) 도면의 ③번 차단기의 설치목적을 간단히 설명하시오.

답안작성
모선절체용 차단기로 무정전으로 선로점검을 하기 위해 설치

(6) 도면의 주 변압기 1 Bank(단상×3대)를 증설하여 병렬운전할 때 병렬운전을 할 수 있는 조건 4가지를 쓰시오.

답안작성
① 정격전압이 같을 것
② %임피던스가 같을 것
③ 극성이 같을 것
④ 내부저항과 누설 리액턴스 비가 같을 것

참고
⑤ 권수비가 같을 것
⑥ 3상일 경우 상회전 방향이 같을 것

09

유효낙차 100[m], 최대사용수량 10[m³/sec]의 수력발전소에 발전기 1대를 설치하고자 한다. 적당한 발전기 용량[kVA]을 계산하시오. (단, 수차효율 및 부하역률은 각각 85[%]로 한다) [5점]

계산과정　　　　　　　　　　　　　　　　　　　　　　　　　　　　　　　　**정답**

답안작성
계산과정 | $P = \dfrac{9.8QH}{\cos\theta} \cdot \eta = \dfrac{9.8 \times 10 \times 100}{0.85} \times 0.85 = 9{,}800$ [kVA]　　　　정답 | 9,800[kVA]

참고
수력발전기 용량[kVA] $= \dfrac{9.8QH \cdot \eta}{\cos\theta}$ [kVA]

수력발전기 출력[kW] $= 9.8QH\eta_t\eta_g$ [kW]

- Q : 사용수량[m³/sec]
- H : 유효낙차[m]
- η : 효율(η_t : 수차효율, η_g : 발전기 효율)
- $\cos\theta$: 역률

10

동기 발전기를 병렬로 접속하여 운전할 때 발생하는 횡류의 종류 3가지를 쓰고 각각의 작용에 대하여 간단히 설명하시오. [6점]

답안작성

① 무효횡류 : 병렬운전 중인 양 발전기의 역률을 변화시킨다.
② 유효횡류 : 병렬운전 중인 양 발전기의 유효전력을 분담시킨다.
③ 고조파 무효횡류 : 전기자 권선의 저항손을 증가시켜 과열을 일으킨다.

참고

- 발전기의 병렬 운전 조건
  ① 기전력의 크기가 같을 것
  ② 기전력의 위상이 같을 것
  ③ 기전력의 주파수가 같을 것
  ④ 기전력의 파형이 같을 것
  ⑤ 기전력의 상회전 방향이 같을 것(3상일 경우)
- 발전기의 병렬 운전 조건이 성립하지 않을 경우 나타나는 현상
  ① 기전력의 크기가 같지 않으면 무효순환 전류가 흐른다
  ② 기전력의 위상이 같지 않으면 동기화 전류가 흐른다.
  ③ 기전력의 주파수가 같지 않으면 난조현상이 일어난다.
  ④ 파형이 같지 않으면 고조파 무효순환 전류가 흐른다.

11

역률 과보상 시 발생할 수 있는 현상을 3가지만 쓰시오. [5점]

답안작성

① 역률 저하로 인한 손실 증가
② 단자전압 상승
③ 계전기 오동작

12

분전반에서 50[m]의 거리에 380[V], 4극 3상 유도전동기 37[kW]를 설치하였다. 전압강하를 5[V] 이하로 하기 위한 전선의 굵기[mm²]를 계산하여 선정하시오. (단, 전압강하 계수는 1.1 전동기의 부하전류는 75[A], 3상 3선식 회로임) [5점]

계산과정 | 3상 3선식에서의 전선의 굵기 $A = \dfrac{30.8LI}{1,000 \cdot e} = \dfrac{30.8 \times 50 \times 75}{1,000 \times 5} = 23.1[\text{mm}^2]$

전압강하 계수 적용 $23.1 \times 1.1 = 25.41[\text{mm}^2]$

정답 | KSC IEC 규격에서 35[mm²] 선정

참고

- 전선의 단면적
  - 단상 2선식 $A = \dfrac{35.6LI}{1,000 \cdot e}[\text{mm}^2]$
  - 3상 3선식 $A = \dfrac{30.8LI}{1,000 \cdot e}[\text{mm}^2]$
  - 단상 3선식, 3상 4선식 $A = \dfrac{17.8LI}{1,000 \cdot e}[\text{mm}^2]$

  (L : 전선의 길이[m], I : 부하전류[A], e : 전압강하[V])

- KSC IEC 전선규격[mm²] : 1.5, 2.5, 4, 6, 10, 16, 25, 35, 50, 70, 95, 120

13

전기 방폭설비의 의미를 간단히 설명하시오. [4점]

화재의 위험이 있는 가스 또는 분진 등으로 인하여 폭발이 발생할 우려가 있는 곳에 설치하는 전기설비

14

역률 80[%], 10,000[kVA]의 부하를 가진 변전소에 2,000[kVA]의 콘덴서를 설치하여 역률을 개선하면 변압기에 걸리는 부하는 몇 [kVA]인지 계산하시오. [4점]

계산과정 | 정답

계산과정 | 역률 개선 전 유효전력 $P = P_{a1}\cos\theta = 10{,}000 \times 0.8 = 8{,}000\,[\text{kW}]$

역률 개선 전 무효전력 $Q_1 = P_{a1}\sin\theta = 10{,}000 \times 0.6 = 6{,}000\,[\text{kVar}]$

역률 개선 후 무효전력 $Q_2 = Q_1 - Q_c = 6{,}000 - 2{,}000 = 4{,}000\,[\text{kVar}]$

역률 개선 후 변압기 부하(피상전력) $P_{a2} = \sqrt{P^2 + Q_2^{\,2}} = \sqrt{8{,}000^2 + 4{,}000^2} = 8{,}944.27\,[\text{kVA}]$ **정답 | 8,944.27[kVA]**

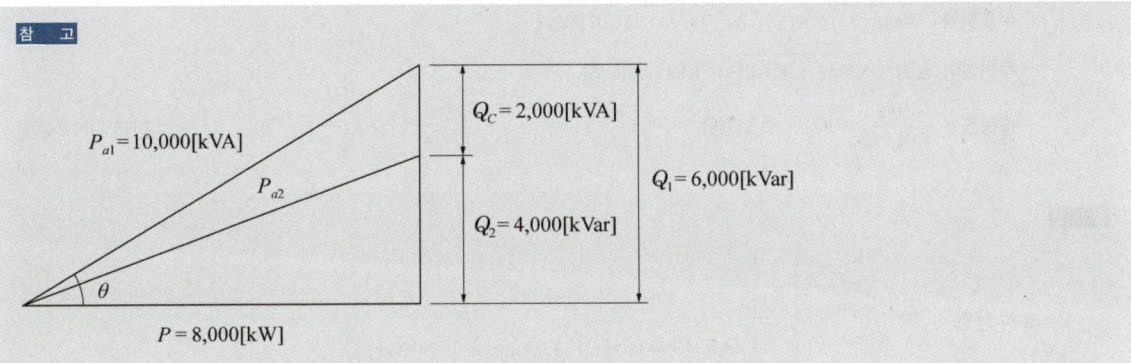

15

과전류 계전기와 수전용 차단기 연동시험 시 시험전류를 가하기 전에 준비하여야 하는 기기를 3가지만 쓰시오. [5점]

답안작성

① 전류계

② 수저항기

③ 사이클 카운터(계전기 시험장치)

16

변압기 용량이 500[kVA], 1뱅크인 200세대 아파트가 있다. 전등·전열설비 부하가 600[kW], 동력설비 부하가 350[kW]인 경우 전부하에 대한 수용률을 계산하시오. (단, 전등, 전열부하의 역률은 1.0, 동력설비 부하의 역률은 0.7이고, 효율은 무시한다) [5점]

계산과정

답안작성

계산과정 | 수용률 $= \dfrac{\text{최대수용전력(변압기) 용량[kVA]}}{\text{부하설비 용량[kVA]}} \times 100$

부하설비 용량 $= \sqrt{\text{유효전력}^2 + \text{무효전력}^2}$ [kVA]

유효전력 $= 600 + 350 = 950$ [kW]

무효전력 $= 350\tan\theta = 350\tan(\cos^{-1}0.7) = 357.07$ [kVar]

부하설비 용량 $= \sqrt{950^2 + 357.07^2} = 1{,}014.89$ [kVA]

수용률 $= \dfrac{500}{1{,}014.89} \times 100 = 49.27$ [%]

정답 | 49.27[%]

참 고

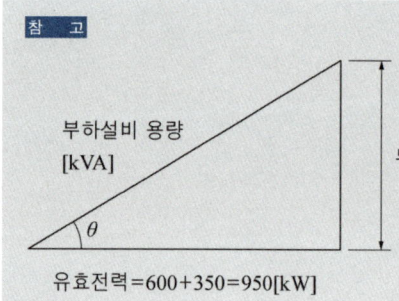

무효전력 $=350\tan\theta=350\tan(\cos^{-1}0.7)$ [kVar]

유효전력 $=600+350=950$ [kW]

17

20개의 가로등이 500[m] 거리에 균등하게 배치되어 있는 경우 한 등의 소요전류 4[A], 전선(동선)의 단면적 35[mm²], 도전율이 97[%]라면 한쪽 끝에서 단상 220[V]로 급전할 때 최종 전등에 가해지는 전압[V]을 계산하시오. (단, 표준연동 고유저항은 1/58[Ω · mm²/m]이다)[5점]

계산과정

답안작성

계산과정 | 균등부하의 경우 전압강하 = 말단 집중부하의 전압강하 $\times \frac{1}{2}$ [V]

$$= 2IR \times \frac{1}{2} = 2I \times \rho \frac{l}{A} \times \frac{1}{2}$$

$$= 2 \times (4 \times 20) \times \frac{1}{58} \times \frac{100}{97} \times \frac{500}{35} \times \frac{1}{2} = 20.31 \text{[V]}$$

최종 전등에 가해지는 전압 $V = 220 - 20.31 = 199.69$ [V]

정답 | 199.69[V]

참고

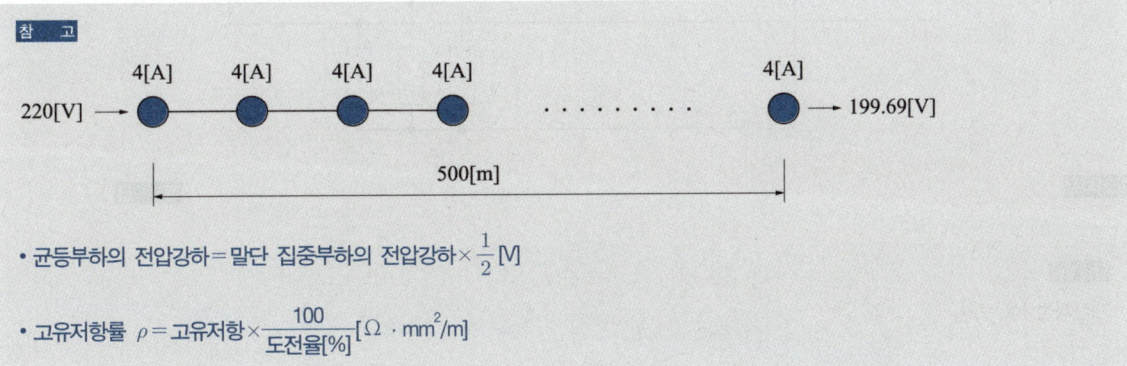

- 균등부하의 전압강하 = 말단 집중부하의 전압강하 $\times \frac{1}{2}$ [V]

- 고유저항률 $\rho =$ 고유저항 $\times \dfrac{100}{도전율[\%]}$ [Ω · mm²/m]

18

그림과 같이 차동계전기에 의하여 보호되고 있는 3상 △-Y 결선 30[MVA], 33/11[kV] 변압기가 있다. 고장전류가 정격전류의 200[%] 이상에서 동작하는 계전기의 전류(i_r)값은 얼마인지 계산하시오. (단, 변압기 1차측 및 2차측 CT의 변류비는 각각 500/5[A], 2,000/5[A]이다) [6점]

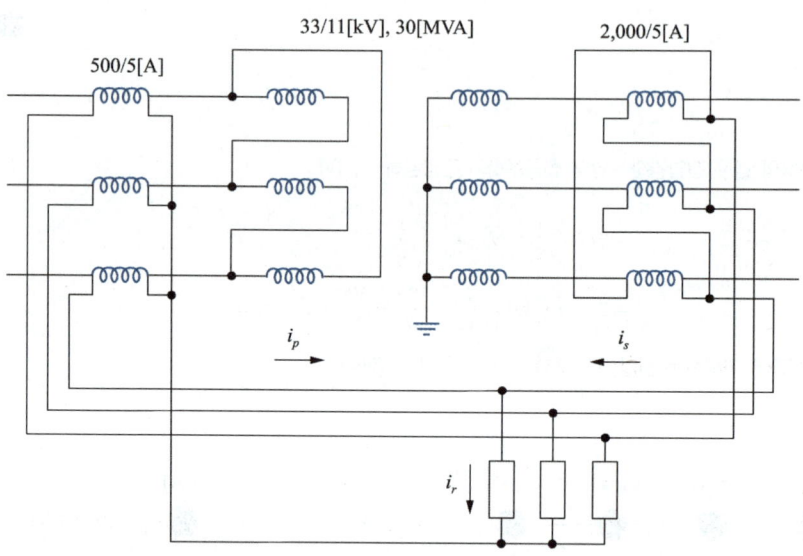

계산과정

답안작성

계산과정 | $i_r = (i_s - i_p) \times 2$

$i_s = I_{1s} \times \dfrac{1}{\text{CT비}} \times \sqrt{3} = \dfrac{30 \times 10^3}{\sqrt{3} \times 11} \times \dfrac{5}{2,000} \times \sqrt{3} = 6.82[\text{A}]$

$i_p = I_{1p} \times \dfrac{1}{\text{CT비}} = \dfrac{30 \times 10^3}{\sqrt{3} \times 33} \times \dfrac{5}{500} = 5.25[\text{A}]$

$i_r = (6.82 - 5.25) \times 2 = 3.14[\text{A}]$

정답 | 3.14[A]

참고

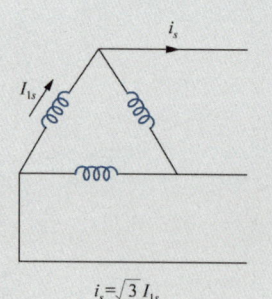

$i_s = \sqrt{3}\, I_{1s}$

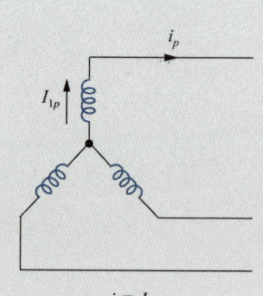

$i_p = I_{1p}$

실기[필답형]기출문제 2016 * 1

※ 출제기준 변경 및 개정된 관계법규에 따라 삭제된 문제가 있어 배점의 합계가 100점이 안 됩니다.

01

다음 그림과 같은 유접점 회로에 대한 주어진 미완성 레더 다이어그램을 완성하고, 표의 빈칸 ①~⑥에 해당하는 프로그램의 빈칸을 채워 완성하시오. (단, 회로 시작 LOAD, 출력 OUT, 직렬 AND, 병렬 OR, b접점 NOT, 그룹 간 묶음 AND LOAD 이다) [4점]

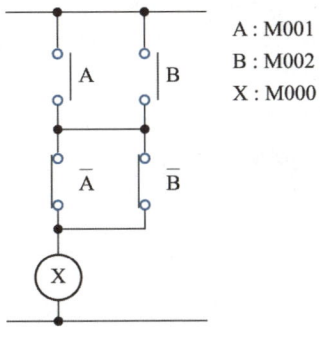

A : M001
B : M002
X : M000

• 래더 다이어그램

• 프로그램

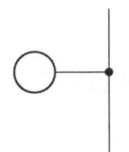

차례	명령	번지
0	LOAD	M001
1	①	M002
2	②	③
3	④	⑤
4	⑥	-
5	OUT	M000

답안작성

• 래더 다이어그램 :

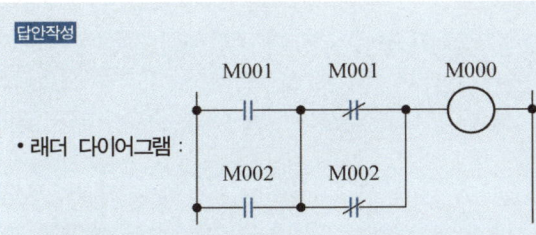

• 프로그램 : ① OR, ② LOAD NOT, ③ M001, ④ OR NOT, ⑤ M002, ⑥ AND LOAD

02

비상용 조명부하 110[V]용 100[W] 77등, 60[W] 55등이 있다. 방전시간 30분, 축전지 HS형 54[cell], 허용 최저 전압 100[V], 최저 축전지 온도 5[℃]일 때 축전지 용량은 몇 [Ah]인지 계산하여 구하시오. (단, 경년용량 저하율(보수율) 0.8, 용량환산시간 $K=1.2$) [5점]

계산과정

답안작성

계산과정 | 축전지 용량 $= \dfrac{1}{0.8} \times 1.2 \times \left(\dfrac{100 \times 77 + 60 \times 55}{110} \right) = 150$[Ah]

정답 | 150[Ah]

참고

- 축전지 용량 $C = \dfrac{1}{L} KI$ [Ah]
- 보수율(경년용량 저하율) $L = 0.8$
- 용량환산시간 계수 $K = 1.2$
- 방전전류 $I = \dfrac{\text{부하용량 } P}{\text{전압 } V} = \dfrac{100[\text{W}] \times 77등 + 60[\text{W}] \times 55등}{110[\text{V}]}$ [A]

03

피뢰기에 대한 물음이다. 답하시오. [3점]

(1) 현재 사용되고 있는 교류용 피뢰기 구조는 2가지로 구성되어 있다. 2가지를 쓰시오.

답안작성
직렬갭, 특성요소

(2) 피뢰기의 정격전압을 간단하게 설명하시오.

답안작성
속류를 차단하는 교류의 최고 전압

(3) 피뢰기의 제한전압을 간단하게 설명하시오.

답안작성
피뢰기 방전 중의 단자전압의 파고치

04

3상 3선식 3,000[V], 200[kVA]의 배전선로 전압 3,100[V]를 승압하기 위하여 단상 변압기 3대를 그림과 같이 접속하였다. 각 상의 승압된 승압기 전압[V]과 변압기 용량[kVA]을 계산하시오. (단, 변압기 손실은 무시한다) [5점]

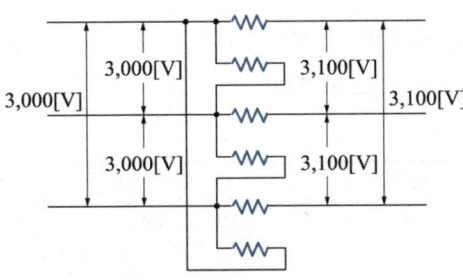

(1) 승압기 전압

계산과정

계산과정 | $V_e = \sqrt{\dfrac{V_2^2}{3} - \dfrac{V_1^2}{12}} - \dfrac{V_1}{2} = \sqrt{\dfrac{3{,}100^2}{3} - \dfrac{3{,}000^2}{12}} - \dfrac{3{,}000}{2} = 66.31$[V]

정답 | 66.31[V]

참고

[공식] $V_e = \sqrt{\dfrac{V_2^2}{3} - \dfrac{V_1^2}{12}} - \dfrac{V_1}{2}$ [V]

(2) 변압기 용량[kVA]

계산과정

계산과정 | 변압기 용량(자기용량) $= \dfrac{3V_e}{\sqrt{3}\,V_2} \times$ 부하용량 $= \dfrac{3 \times 66.31}{\sqrt{3} \times 3{,}100} \times 200 = 7.4$ [kVA]

정답 | 7.4[kVA]

참고

$\dfrac{\text{자기용량(변압기 용량)}}{\text{부하용량}} = \dfrac{3V_e I_n}{\sqrt{3}\,V_2 I_n} = \dfrac{3V_e}{\sqrt{3}\,V_2}$

05

면적 18[m]×12[m], 천정높이 3[m], 작업면 높이 0.8[m]인 사무실이 있다. 여기에 천장 직부 형광등 기구(T5 22[W]×2등용)를 설치하고자 한다. 다음 각 물음에 답하시오. [8점]

[조건]
- 작업면 요구 조도 500[lx], 천장 반사율 50[%], 벽면 반사율 50[%], 바닥 반사율 10[%]이고, 보수율 0.7, T5 22[W] 1등의 광속은 2,500[lm]으로 본다.
- 조명률 기준표

반사율	천장	70[%]				50[%]				30[%]			
	벽	70	50	30	20	70	50	30	20	70	50	30	20
	바닥	10				10				10			
실지수		조명률[%]											
1.5		64	55	49	43	58	51	45	41	52	46	42	38
2.0		69	61	55	50	62	56	51	47	57	52	48	44
2.5		72	66	60	55	65	60	56	52	60	55	52	48
3.0		74	69	64	59	68	63	59	55	62	58	55	52
4.0		77	73	69	65	71	67	64	61	65	62	59	56
5.0		79	75	72	69	73	70	67	64	67	64	62	60

(1) 실지수를 계산하시오.

계산과정 | 실지수 $= \dfrac{XY}{H(X+Y)} = \dfrac{18 \times 12}{(3-0.8) \times (18+12)} = 3.27$

정답 | 3.0

참고

실지수
- 조명 효율을 구할 때 사용하는 지수
- 실지수 $= \dfrac{\text{실의 가로길이} \times \text{실의 세로길이}}{(\text{천장부터 작업면까지 높이}) \times (\text{실의 가로길이} + \text{실의 세로길이})}$
- 실지수 범위표

범위	0.7 이하	0.7 ~ 0.9	0.9 ~ 1.12	0.12 ~ 1.38	1.38 ~ 1.75	1.75 ~ 2.25	2.25 ~ 2.75	2.75 ~ 3.5	3.5 ~ 4.5	4.5 이상
실지수	0.6	0.8	1.0	1.25	1.5	2.0	2.5	3.0	4.0	5.0

조명률 기준표에 실지수를 적용하여 3.0 선정

(2) 조명률을 구하시오.

답안작성
63[%]

참고
조건의 내용을 조명률 기준표에 적용하여 선정
천정 반사율 50[%], 벽면 반사율 50[%], 바닥 반사율 10[%]와 실지수 3.0과 교차되는 조명률 63[%] 선정

(3) 설치 등기구의 설치 수량을 계산하시오.

계산과정 | **정답**

답안작성
계산과정 | $N = \dfrac{DES}{FU} = \dfrac{ES}{FUM} = \dfrac{500 \times (18 \times 12)}{(2,500 \times 2) \times 0.63 \times 0.7} = 48.98$

정답 | 49등

참고
$FUN = DES$

- 등수 $N = \dfrac{DES}{FU} = \dfrac{ES}{FUM}$
- 광속 $F = 2,500 \times 2$[lm](22[W] 2등용이므로 1등의 광속 2,500[lm]의 2배 적용)
- 조명률 $U = 63[\%] = 0.63$ 적용
- 감광보상률 $D = \dfrac{1}{\text{보상률 } M} = \dfrac{1}{0.7}$
- 조도 $E = 500$[lx]
- 면적 $S = 18 \times 12$[m²]
* 등수는 소수점 아래에서 절상한다.

(4) 형광등의 입력과 출력이 같을 경우 1일 10시간 연속 점등할 경우 30일간의 최소 소비전력량[kWh]을 계산하시오.

계산과정 | **정답**

답안작성
계산과정 | 소비전력량 $W = (22 \times 2) \times 49 \times 10 \times 30 = 646,800$[Wh]
$646,800[W] \times 10^{-3} = 646.8$[kWh]

정답 | 646.8[kWh]

참고
소비전력량 $W = $ 전력 $\times$ 시간
- 전력 : (22[W] $\times$ 2) $\times$ 49등
- 시간 : 10시간 $\times$ 30일

06

어느 수용가의 전등설비의 총 부하는 120[kW]이고, 각 수용가의 수용률은 어느 곳이나 0.5라고 한다. 이 수용가군을 설비용량 50[kW], 40[kW] 및 30[kW]의 3군으로 나누어 그림처럼 변압기 T_1, T_2 및 T_3로 공급할 때 다음 각 물음에 답하시오. [8점]

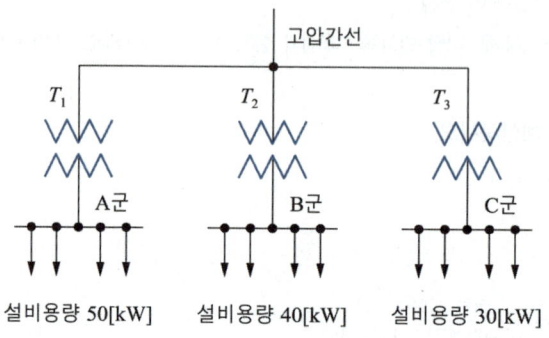

[조건] • 각 변압기마다의 수용가 상호 간의 부등률은 T_1 : 1.2, T_2 : 1.1, T_3 : 1.2
• 각 변압기마다의 종합 부하율은 T_1 : 0.6, T_2 : 0.5, T_3 : 0.4
• 각 변압기 부하 상호 간의 부등률은 1.30이라 하고, 전력 손실은 무시하는 것으로 한다.

(1) A군, B군, C군의 종합 최대수용전력을 계산하여 아래표를 완성하시오.

구분	계산과정	답
A군		
B군		
C군		

답안작성

구분	계산과정	답
A군	$\dfrac{50 \times 0.5}{1.2} = 20.83$[kW]	20.83[kW]
B군	$\dfrac{40 \times 0.5}{1.1} = 18.18$[kW]	18.18[kW]
C군	$\dfrac{30 \times 0.5}{1.2} = 12.5$[kW]	12.5[kW]

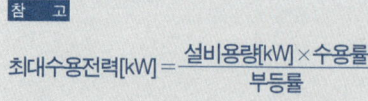

최대수용전력[kW] = $\dfrac{\text{설비용량[kW]} \times \text{수용률}}{\text{부등률}}$

(2) 고압간선에 걸리는 최대 부하[kW]를 계산하시오.

계산과정

계산과정 | $\dfrac{20.83 + 18.18 + 12.5}{1.3} = 39.62[kW]$

정답 | 39.62[kW]

참고

최대부하용량[kW] = $\dfrac{\text{각 군의 최대수용전력의 합[kW]}}{\text{부하 상호 간의 부등률}}$

(3) 각 변압기의 평균수용전력[kW]을 계산하여 아래 표를 완성하시오.

구분	계산과정	답
A군		
B군		
C군		

답안작성

구분	계산과정	답
A군	20.83×0.6 = 12.49[kW]	12.49[kW]
B군	18.18×0.5 = 9.09[kW]	9.09[kW]
C군	12.5×0.4 = 5[kW]	5[kW]

참고

평균수용전력[kW] = 최대수용전력[kW] × 부하율

(4) 고압전선의 종합부하율[%]을 계산하시오.

계산과정

계산과정 | $\dfrac{12.49 + 9.09 + 5}{39.62} \times 100 = 67.09[\%]$

정답 | 67.09[%]

참고

부하율 = $\dfrac{\text{각군의 평균수용전력}}{\text{최대부하용량}} \times 100[\%]$

07

3상 4선식에서 역률 100[%]의 부하가 각 상과 중성선 간에 연결되어 있다. a상, b상, c상에 흐르는 전류가 각각 110[A], 86[A], 95[A]이다. 중성선에 흐르는 전류의 크기 $|I_N|$을 계산하시오. [5점]

계산과정

정 답

답안작성

계산과정 | $I_N = I_a + I_b + I_c = 110\angle 0° + 86\angle 240° + 95\angle 120°$

$= 110 + 86\left(-\dfrac{1}{2} - j\dfrac{\sqrt{3}}{2}\right) + 95\left(-\dfrac{1}{2} + j\dfrac{\sqrt{3}}{2}\right) = 19.5 + j7.8$

$|I_N| = \sqrt{19.5^2 + 7.8^2} = 21$[A]

정답 | 21[A]

참 고

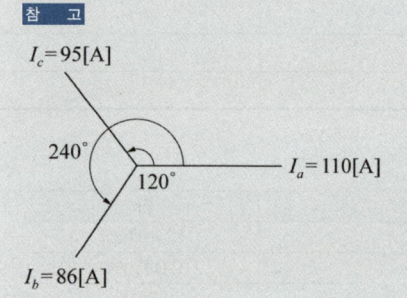

$I_a = 110 \angle 0°$

$I_b = 86 \angle 240° = 86 \angle -120° = 86\left(-\dfrac{1}{2} - j\dfrac{\sqrt{3}}{2}\right)$

$I_c = 95 \angle 120° = 95 \angle -240° = 95\left(-\dfrac{1}{2} + j\dfrac{\sqrt{3}}{2}\right)$

08

380[V] 3상 유도 전동기의 회로의 간선의 굵기와 기구의 용량을 주어진 표에 의하여 간이로 설계하고자 한다. 간선의 최소 굵기와 과전류차단기 용량을 다음 조건을 이용하여 구하시오. [4점]

[조건] ① 설계는 전선관에 3본 이하의 전선을 넣을 경우로 한다.
② 공사방법은 B1, PVC 절연전선을 사용한다.
③ 전동기 부하는 다음과 같다.

　　　0.75[kW] ·················· 직입 기동(사용전류 2.53[A])
　　　1.5[kW] ·················· 직입 기동(사용전류 4.16[A])
　　　3.7[kW] ·················· 직입 기동(사용전류 9.22[A])
　　　3.7[kW] ·················· 직입 기동(사용전류 9.22[A])
　　　7.5[kW] ·················· 기동기 사용(사용전류 17.69[A])

[표] 380[V] 3상 유도 전동기의 간선의 굵기 및 기구의 용량(배선용차단기의 경우) (동선)

전동기 [kW] 수의 총계 [kW] 이하	최대 사용 전류 [A] 이하	배선종류에 의한 간선의 최소 굵기[mm²]						직입기동 전동기 중 최대 용량의 것										
		공사방법 A1 3개선		공사방법 B1 3개선		공사방법 C 3개선		0.75 이하	1.5	2.2	3.7	5.5	7.5	11	15	18.5	22	30	37
								Y-△ 기동기 사용 전동기 중 최대 용량의 것										
		PVC	XLPE, EPR	PVC	XLPE, EPR	PVC	XLPE, EPR	-	-	-	-	5.5	7.5	11	15	18.5	22	30	37
								과전류 차단기(배선용 차단기) 용량(A) 직입기동 - (칸 위 숫자), Y-△기동 - (칸 아래 숫자)										
3	7.9	2.5	2.5	2.5	2.5	2.5	2.5	15 -	15 -	15 -	-	-	-	-	-	-	-	-
4.5	10.5	2.5	2.5	2.5	2.5	2.5	2.5	15 -	15 -	20 -	30 -	-	-	-	-	-	-	-
6.3	15.8	2.5	2.5	2.5	2.5	2.5	2.5	20 -	20 -	30 -	30 -	40 30	-	-	-	-	-	-
8.2	21	4	2.5	2.5	2.5	2.5	2.5	30 -	30 -	30 -	30 -	40 30	50 30	-	-	-	-	-
12	26.3	6	4	4	2.5	4	2.5	40 -	40 -	40 -	40 -	40 40	50 40	75 40	-	-	-	-
15.7	39.5	10	6	10	6	6	4	50 -	50 -	50 -	50 -	50 50	60 50	75 50	100 60	-	-	-
19.5	47.4	16	10	10	6	10	6	60 -	60 -	60 -	60 -	60 60	75 60	75 60	100 60	125 75	-	-
23.2	52.6	16	10	16	10	10	10	75 -	75 -	75 -	75 -	75 75	75 75	100 75	100 75	125 75	125 100	-
30	65.8	25	16	16	10	16	10	100 -	100 -	100 -	100 -	100 100	100 100	100 100	125 100	125 100	125 100	-
37.5	78.9	35	25	25	16	25	16	100 -	100 -	100 -	100 -	100 100	100 100	100 100	125 100	125 100	125 100	125 125
45	92.1	50	25	35	25	25	16	125 125	125 125	125 125	125 125	125 125	125 125	125 125	125 125	125 125	125 125	125 125
52.5	105.3	50	35	35	25	35	25	125 -	125 -	125 -	125 -	125 125	125 125	125 125	125 125	125 125	125 125	150 150
63.7	131.6	70	50	50	35	50	35	175 -	175 -	175 -	175 -	175 175	175 175	175 175	175 175	175 175	175 175	175 175
75	157.9	95	70	70	50	70	50	200 -	200 -	200 -	200 -	200 200	200 200	200 200	200 200	200 200	200 200	200 200
86.2	184.2	120	95	95	70	95	70	225 -	225 -	225 -	225 -	225 225	225 225	225 225	225 225	225 225	225 225	225 225

[비고] 1. 최소 전선의 굵기는 1회선에 대한 것이며, 2회선 이상인 경우는 복수회로 보정계수를 적용하여야 한다.
2. 공사방법 A1은 벽 내의 전선관에 공사한 절연전선 또는 단심케이블, B1은 벽면의 전선관에 공사한 절연전선 또는 단심케이블, C는 벽면에 공사한 단심 또는 다심케이블을 시설하는 경우의 전선 굵기를 표시하였다.
3. 「전동기 중 최대의 것」에는 동시 기동하는 경우를 포함한다.
4. 배선용 차단기의 용량은 해당 조항에 규정되어 있는 범위에서 실용상 거의 최대값을 표시한다.
5. 배선용 차단기의 선정은 최대용량의 정격전류의 3배에 다른 전동기의 정격전류의 합계를 가산한 값 이하를 표시한다.
6. 배선용 차단기를 배·분전반, 제어반 내부에 시설하는 경우는 그 반 내의 온도상승에 주의한다.

(1) 간선의 최소 굵기

계산과정

답안작성

계산과정 | 전동기 [kW] 수의 총계 0.75 + 1.5 + 3.7 + 3.7 + 7.5 = 17.15[kW]

최대사용전류 2.53 + 4.16 + 9.22 + 9.22 + 17.69 = 42.82[A]

표에서 전동기 [kW] 수의 총계는 17.15[kW]보다 큰 19.5[kW], 최대사용전류는 42.82[A]보다 큰 47.4[A]를 적용하여 공사방법 B1 PVC 절연전선과 교차되는 10[mm²] 선정

정답 | 10[mm²]

(2) 과전류 차단기 용량

계산과정

답안작성

계산과정 | 직입기동 최대 사용전류 9.22[A]의 3.7[kW]와 기동기 사용전류 17.69[A]의 7.5[kW] 중 큰 용량인 7.5[kW]를 적용하고 전동기 [kW] 수의 총계 19.5[kW]와 교차되는 60[A] 선정

정답 | 60[A]

09

배전용 접지공사의 접지 목적 3가지와 접지개소 4가지만 쓰시오. [5점]

답안작성

- 접지목적 : ① 인축의 감전사고 방지
  ② 기기 소손 방지
  ③ 보호계전기의 확실한 동작
- 접지개소 : ① 일반기기 및 제어반 외함 접지
  ② 피뢰기 접지
  ③ 피뢰침 접지
  ④ 케이블 실드선 접지

참고

- 접지개소
  ⑤ 옥외 철구 및 경계책 접지

10

단권변압기는 1차, 2차 양 회로에 공통된 권선부분을 가진 변압기이다. 이러한 단권변압기의 장점 3가지, 단점 2가지, 사용용도 2가지를 쓰시오. [7점]

답안작성

- 장점
  ① 전압비가 클수록 동손이 감소되어 효율이 좋아진다.
  ② %임피던스 강하가 작고 전압변동률이 작다.
  ③ 1차·2차 공통 권선을 사용하므로 동량을 줄일 수 있어 경제적이다.
- 단점
  ① 누설 임피던스가 적어 단락전류가 크다.
  ② 1차·2차 공통 권선을 사용하므로 저압측도 고압측과 같은 절연이 필요하다.
- 사용용도
  ① 배전선로의 승압 및 강압용 변압기
  ② 초고압 전력용 변압기

11

감리원은 해당 공사 완료 후 준공검사 전에 공사업자로부터 시운전 절차를 준비토록 하여 시운전에 입회할 수 있다. 이에 따른 시운전 완료 후 성과품을 공사업자로부터 제출받아 검토한 후 발주자에게 인계하여야 할 사항(서류 등)을 5가지만 간단하게 쓰시오. [5점]

답안작성

① 운전 개시, 가동 절차 방법
② 점검항목 점검표
③ 운전지침
④ 기기류 단독 시운전 방법 검토 및 계획서
⑤ 실가동 Diagram

참 고

⑥ 시험 구분, 방법, 사용매체 검토 및 계획서
⑦ 시험성적서
⑧ 성능시험 성적서(성능시험 보고서)

12

다음은 콘덴서 기동형 단상 유도전동기의 정역회전 회로도이다. 다음 각 물음에 간단히 답하시오. (단, 푸시버튼 start₁을 누르면 전동기는 정회전하며, start₂를 누르면 역회전한다) [6점]

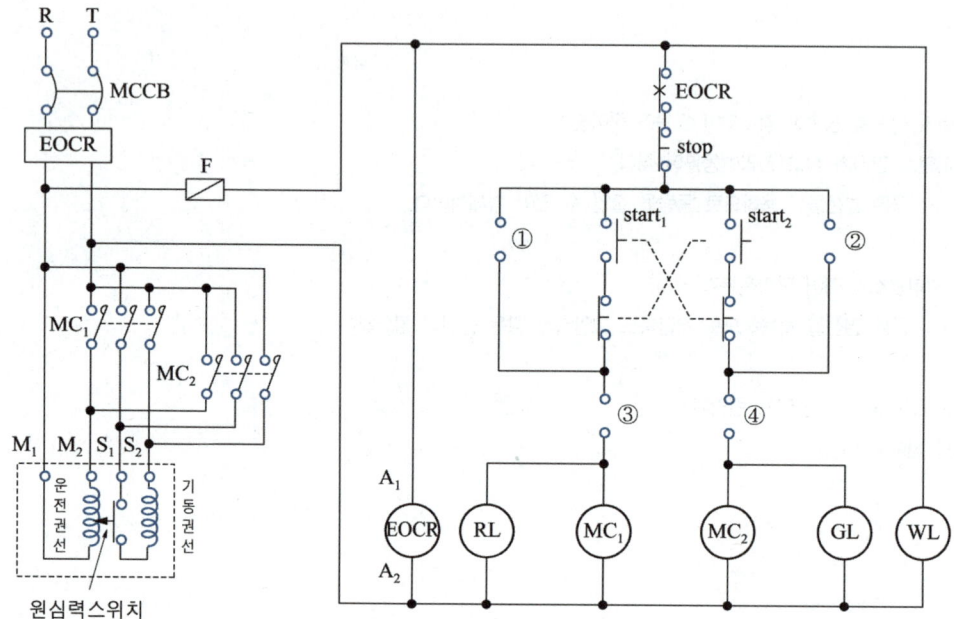

(1) ①~④에 접점기호와 명칭을 기입하여 회로를 완성하시오.

답안작성

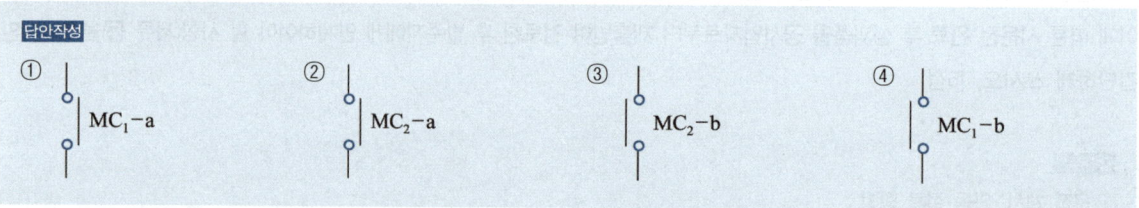

(2) 콘덴서 기동형 단상 유도전동기의 기동원리를 간단하게 설명하시오.

답안작성
- 운전 권선과 기동권선에 흐르는 전류의 위상차로 인해 발생한 토크로 기동한다.
- 기동 후 회전자 속도가 상승되면 콘덴서가 분리되어 운전된다.

(3) ⓦⓛ, ⓖⓛ, ⓡⓛ은 언제 점등되는 표시등인지 쓰시오.

답안작성
- WL : 전원공급
- GL : 역회전
- RL : 정회전

참고
동작설명
1. start₁ 버튼을 누르면 MC₁이 여자되어 유도전동기는 정회전하고 MC₁-a에 의해 자기유지되며 RL 표시등이 점등된다.
2. stop 버튼을 누르면 MC₁이 소자되어 유도전동기는 정지하고 모든 접점은 복귀한다(RL 표시등은 소등된다).
3. start₂ 버튼을 누르면 MC₂가 여자되어 유도전동기는 역회전하고 MC₂-a에 의해 자기유지되며 GL 표시등이 점등된다.
4. stop 버튼을 누르면 MC₂가 소자되어 유도전동기는 정지하고 모든 접점은 복귀한다(GL 표시등은 소등된다).

13

초고압 송전전압이 345[kV], 선로거리가 200[km]인 경우 1회선당 가능 송전전력[kW]을 still식으로 계산하여 구하시오. [5점]

계산과정   **정답**

답안작성

계산과정 | $V = 5.5\sqrt{0.6l + \dfrac{P}{100}}$

$V^2 = 5.5^2 \times \left(0.6l + \dfrac{P}{100}\right)$

$0.6l + \dfrac{P}{100} = \dfrac{V^2}{5.5^2}$

$\dfrac{P}{100} = \dfrac{V^2}{5.5^2} - 0.6l$

$P = \left(\dfrac{V^2}{5.5^2} - 0.6l\right) \times 100 = \left(\dfrac{345^2}{5.5^2} - (0.6 \times 200)\right) \times 100 = 381,471.07$

정답 | 381,471.07[kW]

참고
still식

경제적 송전전압[kV] $= 5.5 \times \sqrt{0.6 \times 송전거리[km] + \dfrac{송전전력[kW]}{100}}$

14

변압기 특성과 관련된 각 물음에 답하시오. [5점]

(1) 변압기의 호흡작용을 간단히 설명하시오.

답안작성

변압기 주변 온도 또는 변압기 내부의 온도 변화로 인해 변압기 내부의 절연유가 수축 팽창을 하면서 부피가 변화하는데, 이때 외부의 공기가 변압기 내부로 출입하는 현상을 말한다.

(2) 호흡작용으로 인하여 발생되는 현상 및 방지대책에 대하여 간단하게 쓰시오.

답안작성

- 발생현상 : 변압기 내부로 출입하는 공기에 의하여 절연유가 수분 및 불순물에 오염되어 절연내력을 저하시키고 침전물을 발생시킬 수 있다.
- 방지대책 : 콘서베이터 설치

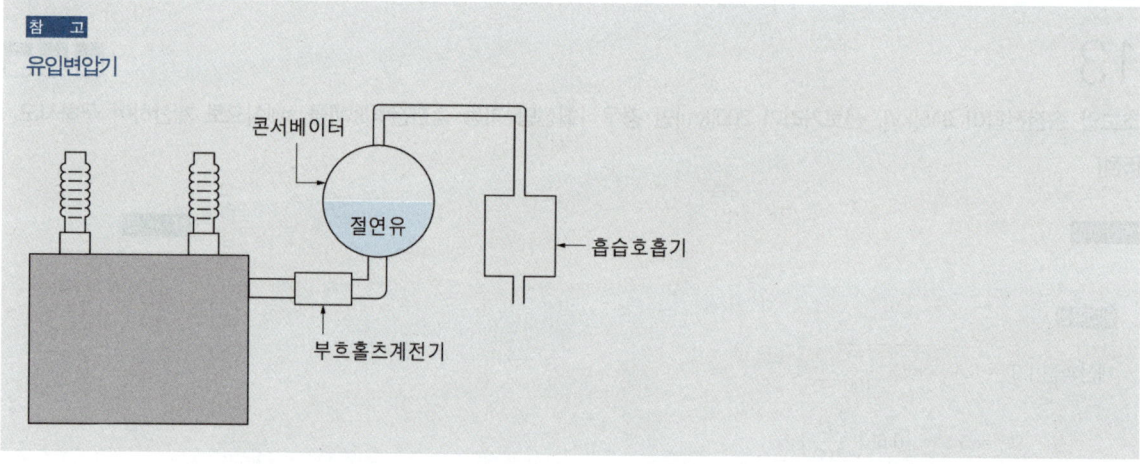

유입변압기

15

그림과 같은 교류 3상 3선식 선로에 연결된 3상 평형부하가 있다. 이때 C상의 X점에서 단선 사고가 발생하면 이 부하의 소비전력은 단선사고 전 소비전력에 비하여 어떻게 되는지 관계식을 이용하여 간단히 설명하시오. [5점]

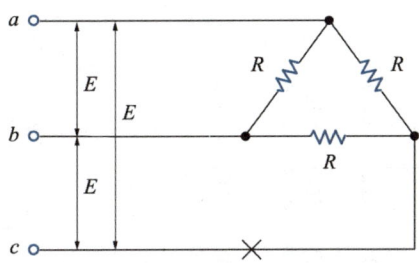

답안작성

단선 사고 전 소비전력은 3상이므로 $P_3 = \dfrac{E^2}{R} \times 3$ 이고

단선 사고 후 소비전력은 단상이므로 $P_2 = \dfrac{E^2}{R_0} = \dfrac{E^2}{\dfrac{2}{3}R} = \dfrac{3}{2} \cdot \dfrac{E^2}{R}$

$P_3 : P_2 = 3\dfrac{E^2}{R} : \dfrac{3}{2} \cdot \dfrac{E^2}{R} = 3 : \dfrac{3}{2}$

$3P_2 = \dfrac{3}{2} P_3$

$P_2 = \dfrac{1}{2} P_3$

즉, 단선 사고 후 소비전력은 단선 사고 전의 $\dfrac{1}{2}$ 배로 감소한다.

참고

단선 사고 후

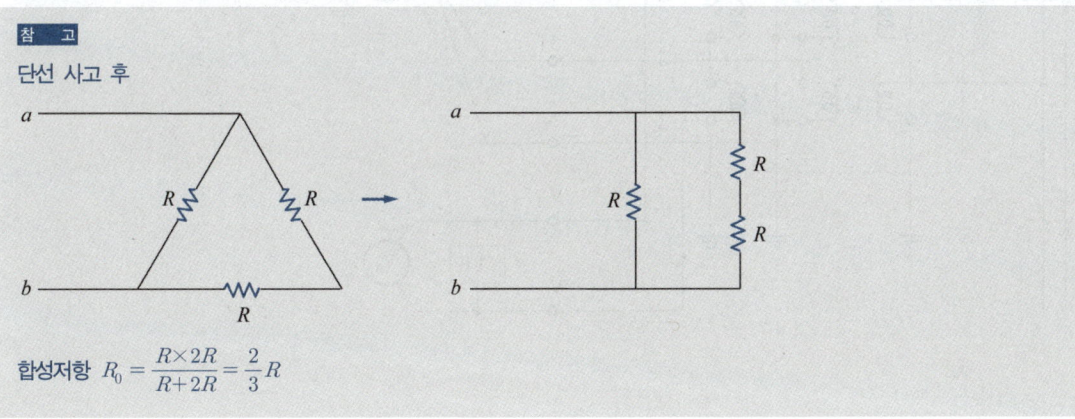

합성저항 $R_0 = \dfrac{R \times 2R}{R + 2R} = \dfrac{2}{3}R$

16

그림은 22.9[kV] 수전설비에서 접지형 계기용 변압기(GPT)의 미완성 결선도이다. 다음 각 물음에 간단히 답하시오. (단, GPT의 1차 및 2차 보호퓨즈는 생략한다) [6점]

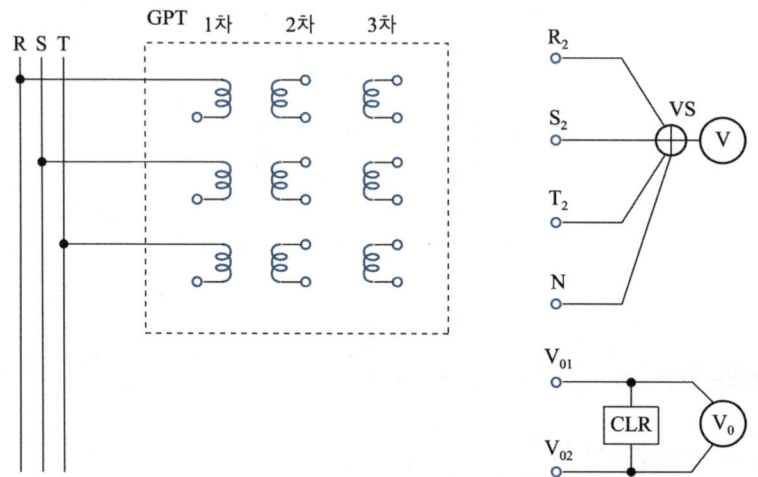

(1) GPT를 활용하여 주회로의 전압등을 나타내는 회로이다. 회로도에서 활용목적에 알맞도록 미완성 부분을 완성하시오. (단, 접지 개소는 반드시 표시하여야 한다)

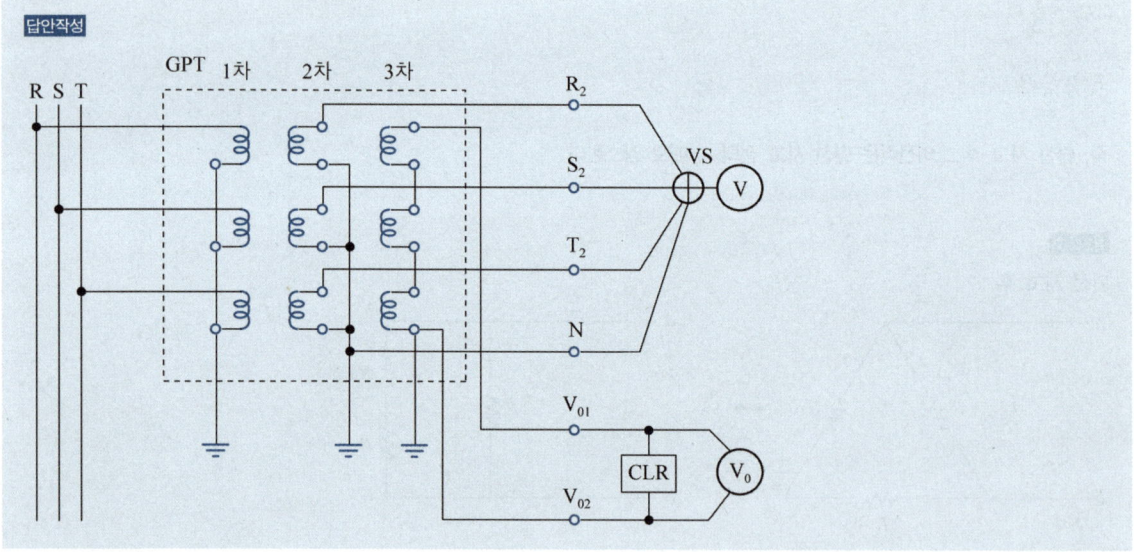

(2) GPT의 사용용도를 간단히 쓰시오.

답안작성
비접지 선로의 영상전압 검출

(3) GPT의 정격 1차 전압, 2차 전압, 3차 전압은 각각 몇 [V]인지 쓰시오.

답안작성
- 1차 전압 : $\dfrac{22,900}{\sqrt{3}}$ [V]
- 2차 전압 : $\dfrac{110}{\sqrt{3}}$ [V]
- 3차 전압 : $\dfrac{190}{3}$ [V]

(4) GPT의 3차 권선 각상에 전압 110[V] 램프를 접속하였을 때 어느 한 상에서 지락사고가 발생하였다. 램프의 점등상태는 어떻게 변하는지 간단히 설명하시오.

답안작성
지락된 상에 접속되어 있는 램프는 소등되고 나머지 건전상에 접속되어 있는 램프는 밝아진다.

참 고
- 지락된 상의 전압 $V = 0$[V]
- 지락되지 않은 건전상의 전압 $V = \sqrt{3}$ 배 전위상승

17

그림과 같은 수전 계통을 보고 다음 각 물음에 답하시오. [9점]

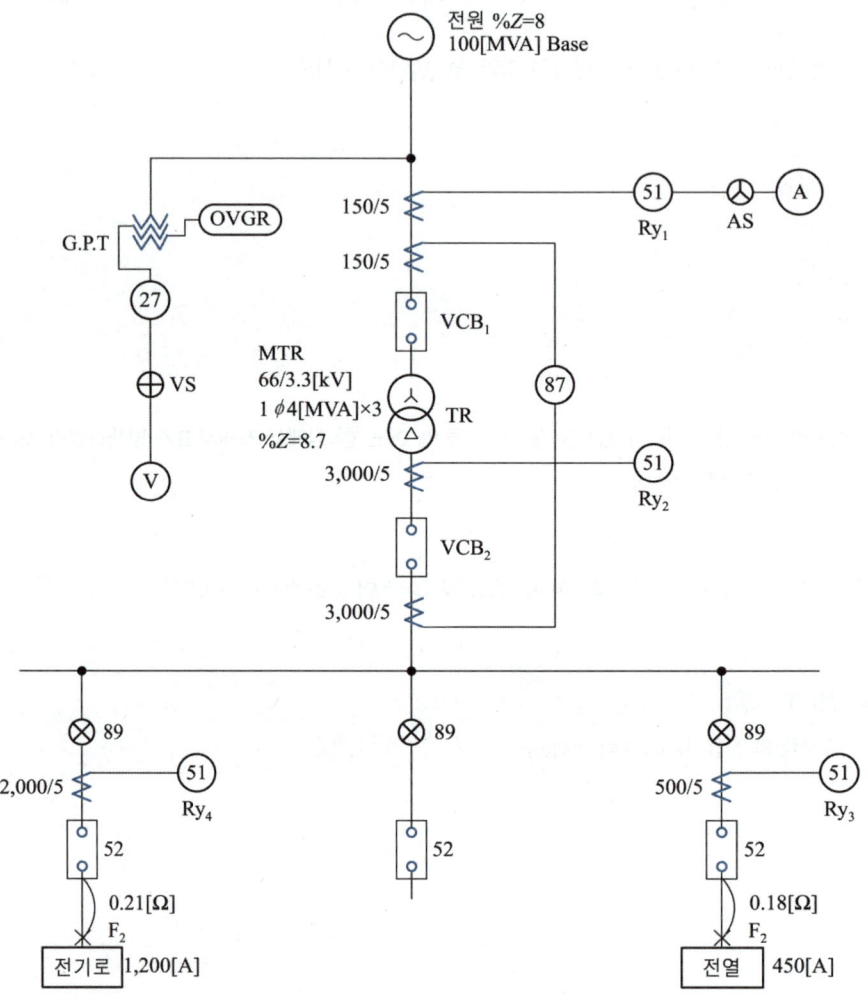

(1) "27"과 "87" 계전기의 명칭과 용도를 간단히 설명하시오.

답안작성
- 27기기 : ① 명칭 : 부족전압 계전기
  ② 용도 : 정전 또는 부족전압 시 경보 또는 회로차단
- 87기기 : ① 명칭 : 전류차동 계전기
  ② 용도 : 발전기나 변압기의 내부고장 보호용

(2) 다음 조건에서 과전류 계전기 Ry_1 ~ Ry_4의 탭(Tap) 설정값은 몇 [A]가 가장 적당한지를 계산하여 선정하시오.

[조건]
- Ry_1, Ry_2의 탭 설정값은 부하전류 160[%]에서 설정한다.
- Ry_3의 탭 설정값은 부하전류 150[%]에서 설정한다.
- Ry_4는 부하가 변동 부하이므로, 탭 설정값은 부하전류 200[%]에서 설정한다.
- 과전류 계전기의 전류탭은 2[A], 3[A], 4[A], 5[A], 6[A], 7[A], 8[A]가 있다.

답안작성

계전기	계산	설정값
Ry_1	$I = \dfrac{5}{150} \times \dfrac{(4 \times 10^6) \times 3}{\sqrt{3} \times 66 \times 10^3} \times 1.6 = 5.6[A]$	6[A]
Ry_2	$I = \dfrac{5}{3,000} \times \dfrac{(4 \times 10^6) \times 3}{\sqrt{3} \times 3.3 \times 10^3} \times 1.6 = 5.6[A]$	6[A]
Ry_3	$I = \dfrac{5}{500} \times 450 \times 1.5 = 6.75[A]$	7[A]
Ry_4	$I = \dfrac{5}{2,000} \times 1,200 \times 2 = 6[A]$	6[A]

참 고

탭(Tap) 전류 $I = \dfrac{1}{\text{변류비}} \times \text{부하전류} \times \text{여유} = \dfrac{1}{\text{변류비}} \times \dfrac{\text{용량[VA]}}{\sqrt{3} \times \text{공칭전압[V]}}$ [A]

(3) 차단기 VCB_1의 정격전압은 몇 [kV]인가?

답안작성

72.5[kV]

참 고

공칭전압[kV]	3.3	6.6	22	66	154
차단기 정격전압[kV]	3.6	7.2	24	72.5	170

정격전압 = 공칭전압 $\times \dfrac{1.2}{1.1}$

(4) 전원측 차단기 VCB₁의 정격용량을 계산하고 다음 표에서 적당한 것을 선정하시오.

차단기의 정격 표준용량[MVA]			
1,000	1,500	2,500	3,500

계산과정 | 정 답

답안작성

계산과정 | 차단기 정격용량(단락용량) $= \dfrac{100}{8} \times 100 = 1,250$[MVA]   정답 | 1,500[MVA] 선정

참 고

단락용량 $P_0 = \dfrac{100}{\%Z} \times$ 기준용량(정격용량) P_n

18

정격출력이 500[kW]의 디젤엔진 발전기를 발열량 10,000[kcal/L]인 중유 250[L]를 사용하여 $\dfrac{1}{2}$ 부하에서 운전하는 경우 몇 시간동안 운전이 가능한지 계산하여 구하시오. (단, 발전기의 열효율을 34.4[%]로 한다) [5점]

계산과정 | 정 답

답안작성

계산과정 | $t = \dfrac{BH\eta}{860P \times 100} = \dfrac{250 \times 10,000 \times 34.4}{860 \times 500 \times \dfrac{1}{2} \times 100} = 4$[시간]   정답 | 4시간

참 고

발전기 효율 $\eta = \dfrac{860P \cdot t}{BH} \times 100$[%]

$$t = \dfrac{BH\eta}{860P \times 100} \text{[시간]}$$

- 연료량 $B = 250$[L]
- 발열량 $H = 10,000$[kcal/L]
- 효율 $= 34.4$[%]
- 출력 $P = 500$[kW] $\times \dfrac{1}{2}$ 부하

실기[필답형] 기출문제   2016 * 2

※ 출제기준 변경 및 개정된 관계법규에 따라 삭제된 문제가 있어 배점의 합계가 100점이 안 됩니다.

01

감리원은 매분기마다 공사업자로부터 안전관리 결과보고서를 제출받아 이를 검토하고 미비한 사항이 있을 때에는 시정조치 하여야 한다. 안전관리 결과보고서에 포함되어야 하는 서류 5가지만 쓰시오. [5점]

답안작성

① 안전관리 조직표
② 안전보건 관리체제
③ 재해발생 현황
④ 산재요양 신청서 사본
⑤ 안전교육 실적표

참고

전력시설물 공사관리업무 수행지침 제49조(안전관리결과 보고서의 검토)
감리원은 매 분기마다 공사업자로부터 안전관리 결과보고서를 제출받아 이를 검토하고 미비한 사항이 있을 때에는 시정하도록 조치하여야 하며, 안전관리결과보고서에는 다음 각 호와 같은 서류가 포함되어야 한다.
1. 안전관리 조직표
2. 안전보건 관리체제
3. 재해발생 현황
4. 산재요양 신청서 사본
5. 안전교육 실적표
6. 그 밖에 필요한 서류

02

전력용 퓨즈에서 퓨즈에 대한 역할과 기능에 대하여 다음 각 물음에 답하시오. [9점]

(1) 퓨즈의 역할을 크게 2가지로 설명하시오.

답안작성
① 정상적인 부하전류는 안전하게 통전한다.
② 퓨즈가 견디는 용량 이상의 과전류는 차단하여 전로나 기기를 보호한다.

(2) 표와 같은 각종 기구의 능력 비교표에서 관계(동작)되는 빈칸에 ○표로 표시하시오.

능력 기구	회로 분리		사고 차단	
	무부하 시	부하 시	과부하 시	단락 시
퓨즈				
차단기				
개폐기				
단로기				
전자 접촉기				

답안작성

능력 기구	회로 분리		사고 차단	
	무부하 시	부하 시	과부하 시	단락 시
퓨즈	○			○
차단기	○	○	○	○
개폐기	○	○	○	
단로기	○			
전자 접촉기	○	○	○	

참고
• 퓨즈 : 회로 분리 시 무부하일 때 동작 가능, 단락 전류 차단
• 단로기 : 부하전류, 사고 전류 차단 능력이 없으므로 무부하 시에만 동작 가능

(3) 퓨즈의 성능(특성) 3가지만 쓰시오.

답안작성
① 용단 특성
② 단시간 허용 특성
③ 전차단 특성

03

면적 20[m]×50[m]인 사무실에서 평균조도 300[lx]를 얻고자 형광등 40[W] 2등용을 시설할 경우 다음 각 물음에 답하시오. (단, 40[W] 2등용 형광등 기구의 전체광속은 4,600[lm], 조명률은 0.5, 감광보상률은 1.3, 전기방식은 단상 2선식 200[V]이며, 40[W] 2등용 형광등의 전체 입력 전류는 0.87[A]이고, 1회로의 최대전류는 15[A]로 한다) [6점]

(1) 형광등 기구 수를 계산하시오.

계산과정

답안작성

계산과정 | $N = \dfrac{DES}{FU} = \dfrac{1.3 \times 300 \times 20 \times 50}{4,600 \times 0.5} = 169.57$

정답 | 170[등]

참고

$FUN = DES$

- 등기구수 $N = \dfrac{DES}{FU}$
- 감광보상률 $D = 1.3$
- 조도 $E = 300$[lx]
- 면적 $S = 20$[m]×50[m]
- 광속 $F = 4,600$[lx]
- 조명률 $U = 0.5$

(2) 최소분기회로수를 계산하시오.

계산과정

답안작성

계산과정 | 분기회로수 = $\dfrac{170 \times 0.87}{15} = 9.86$

정답 | 15[A]분기 10회로 선정

참고

분기회로수 = $\dfrac{\text{등기구수} \times \text{등기구 1개의 입력전류}}{\text{1회로의 최대전류}}$ [회로]

04

어떤 건물의 변전설비가 22.9[kV-Y], 용량 500[kVA]이다. 변압기 2차측 모선에 연결되어 있는 배선용 차단기(MCCB)에 대한 내용의 물음에 답하시오. (단, 변압기의 %Z = 5[%], 2차 전압은 380[V]이고, 선로의 임피던스는 무시한다) [6점]

(1) 변압기 2차측 정격전류[A]

계산과정

계산과정 | $I_{2n} = \dfrac{500 \times 10^3}{\sqrt{3} \times 380} = 759.67$

정답 | 759.67[A]

참고

2차 정격전류 $I_{2n} = \dfrac{\text{변압기용량[VA]}}{\sqrt{3} \times \text{2차전압 } V_2\text{[V]}}$[A]

(2) 변압기 2차측 단락전류[A] 및 배선용차단기의 최소차단전류[kA]

계산과정

계산과정 | ① 변압기 2차측 단락전류 $I_{2s} = \dfrac{100}{5} \times 759.67 = 15{,}193.4$[A]

② 배선용 차단기의 최소차단전류 $I_2 = 15{,}193.4 \times 10^{-3} = 15.2$[kA]

정답 | 변압기 2차측 단락전류 $I_{2s} = 15{,}193.4$[A]

배선용 차단기의 최소차단전류 $I_2 = 15.2$[kA]

참고

단락전류 $I_s = \dfrac{100}{\%Z} \times$ 정격전류 I_n

변압기 2차측에 연결되어 있는 배선용 차단기 최소차단전류 = 변압기 2차측 단락전류

(3) 차단용량[MVA]

계산과정

계산과정 | 차단용량 $P_s = \dfrac{100}{5} \times 500 = 10{,}000$[kVA]

$10{,}000 \times 10^{-3} = 10$[MVA]

정답 | 10[MVA]

> **참고**
> 차단용량 $P_s = \dfrac{100}{\%Z} \times$ 정격용량(=기준용량)

05

변압기 손실과 효율에 대하여 다음 각 물음에 답하시오. [6점]

(1) 변압기 손실에 대하여 간단히 설명하시오.

> **답안작성**
> • 무부하손 : 부하에 관계없이 항상 발생하는 손실로 주로 철손을 의미한다.
> • 부하손 : 부하에 관계한 손실로 저항손과 관계한 동손을 의미한다.

> **참고**
> • 철손(고정손) : 히스테리시스손, 와류손
> • 동손(가변손) : 저항손

(2) 변압기 효율을 구하는 공식을 쓰시오.

> **답안작성**
> $\eta = \dfrac{\text{출력}}{\text{출력} + \text{손실}} \times 100[\%]$

(3) 최고 효율 조건을 쓰시오.

> **답안작성**
> 철손과 동손이 서로 같을 때

06

다음은 3상 4선식 22.9[kV] 수전설비 단선결선도이다. 도면을 이용하여 다음 물음에 답하시오. [8점]

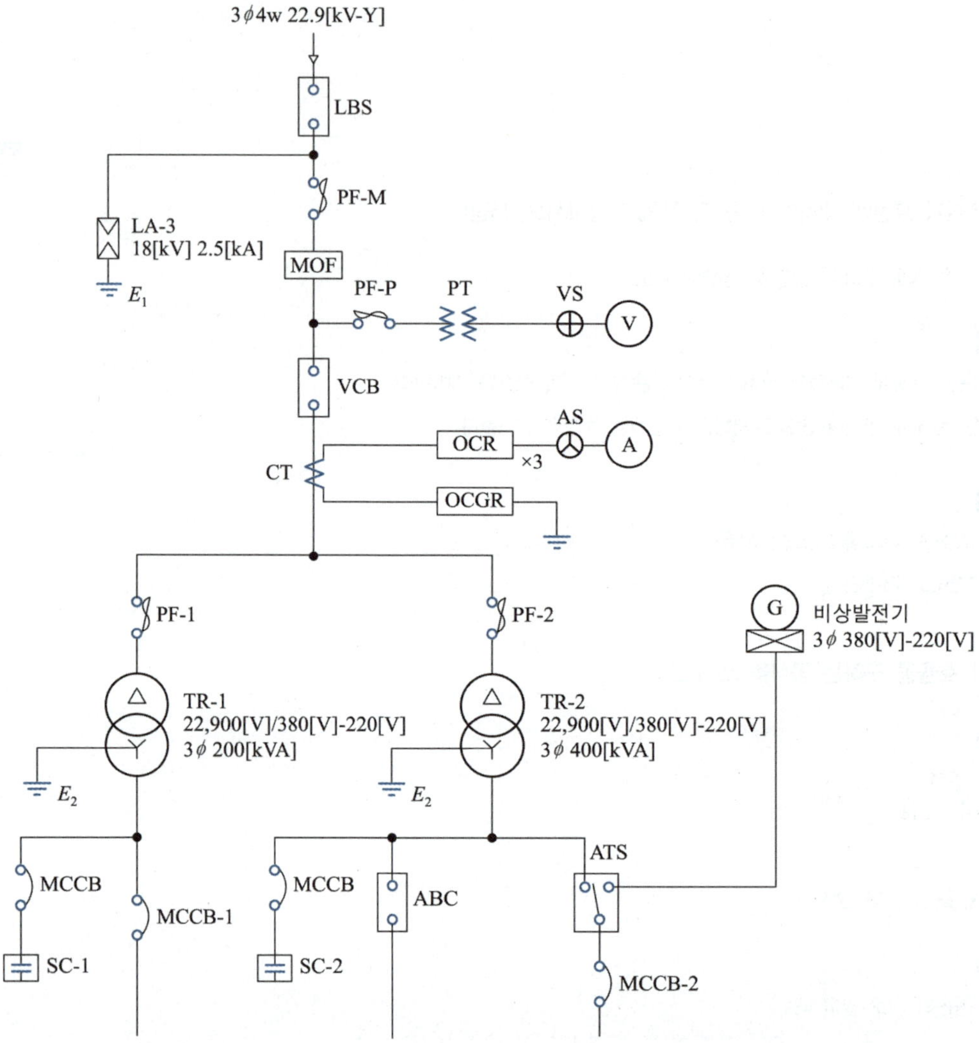

구분	전등 및 전열	일반동력	비상동력
설비용량 및 효율	합계 350[kW] 100[%]	합계 635[kW] 85[%]	유도전동기1 7.5[kW] 2대 85[%] 유도전동기2 11[kW] 1대 85[%] 유도전동기3 15[kW] 1대 85[%] 비상조명 8,000[W] 100[%]
평균(종합)역률	80[%]	90[%]	90[%]
수용률	45[%]	45[%]	100[%]

(1) 수전설비 단선결선도에서 LBS에 대하여 답하시오.

① 우리말 명칭을 쓰시오.

답안작성
부하개폐기

참 고
LBS(Load Break Switch)

② 기능과 역할에 대해 간단히 설명하시오.

답안작성
• 기능
 - 무부하 및 부하전류 개폐
 - 고장전류는 차단할 수 없음
• 역할 : 송배전선 또는 수변전 설비의 인입구 개폐기로 사용되어 무부하 및 부하전류가 흐르는 선로를 개폐한다.

③ 같은 용도로 사용되는 기기를 2종류만 쓰시오.

답안작성
• 기중부하 개폐기(IS)
• 자동고장 구분 개폐기(ASS)

(2) 부하집계 및 입력환산표를 완성하시오. (단, 입력환산[kVA]의 계산에서 소수점 둘째자리 이하는 버린다)

부하집계 및 입력환산표

구분		설비용량[kW]	효율[%]	역률[%]	입력환산[kVA]
전등 및 전열		350			
일반동력		635			
비상동력	유도전동기1	7.5×2			
	유도전동기2	11			
	유도전동기3	15			
	비상조명				
	소계	-	-	-	

답안작성

구분		설비용량[kW]	효율[%]	역률[%]	입력환산[kVA]
전등 및 전열		350	100	80	$\frac{350}{1\times 0.8}=437.5$
일반동력		635	85	90	$\frac{635}{0.85\times 0.9}=830$
비상동력	유도전동기1	7.5×2	85	90	$\frac{7.5\times 2}{0.85\times 0.9}=19.6$
	유도전동기2	11	85	90	$\frac{11}{0.85\times 0.9}=14.3$
	유도전동기3	15	85	90	$\frac{15}{0.85\times 0.9}=19.6$
	비상조명	8	100	90	$\frac{8}{1\times 0.9}=8.8$
	소계	-	-	-	62.3

참고

입력환산[kVA] = $\frac{\text{설비용량[kW]}}{\text{효율} \times \text{역률}}$

(3) 위의 수전설비 단선 결선도의 비상동력부하 중에서 [기동[kW]-입력[kW]]의 값이 최대로 되는 전동기를 최후에 기동하는 데 필요한 발전기 용량은 몇 [kVA]인지 계산하시오.

> [참고사항] • 유도전동기의 출력 1[kW]당 기동 [kVA]는 7.2로 한다.
> • 유도전동기의 기동방식은 모두 직입 기동방식이다. 따라서 기동방식에 따른 계수는 1로 한다.
> • 부하의 종합효율은 0.85를 적용한다.
> • 발전기의 역률은 0.9로 한다.
> • 전동기의 기동 시 역률은 0.4로 한다.

계산과정　　　　　　　　　　　　　　　　　　　　　　　　　　　　　　　　　　　　**정답**

답안작성

계산과정 | 발전기 용량 = $\left(\frac{(7.5\times 2)+11+15+8-(7.5\times 2)}{0.85}+(15\times 7.2\times 1\times 0.4)\right)\times \frac{1}{0.9}=92.44$　　　정답 | 92.44[kVA]

참고

최대 기동전류의 전동기를 최후에 기동하는 데 필요한 발전기 용량[kVA]

$$P_G = \left(\frac{\sum P_L - P_m}{\eta_L} + (P_m \cdot \beta \cdot C \cdot P_{f_m})\right) \times \frac{1}{\cos\theta_L} \text{[kVA]}$$

• $\sum P_L$: 부하출력의 합계[kW]
• P_m : 전동기 부하 중 최대 출력[kW]

- η_L : 부하의 종합효율
- β : 전동기 기동계수
- C : 전동기 방식에 따른 계수
- Pf_m : 최대 기동전류를 갖는 전동기 기동 시 역률
- $\cos\theta_L$: 부하의 종합역률

(4) 위의 수전설비 단선 결선도에서 VCB의 개폐 시 발생하는 이상전압으로부터 TR-1과 TR-2를 보호하기 위한 보완대책으로 도면을 완성하시오. (단, 보호대책은 변압기 별로 각각 시행한다)

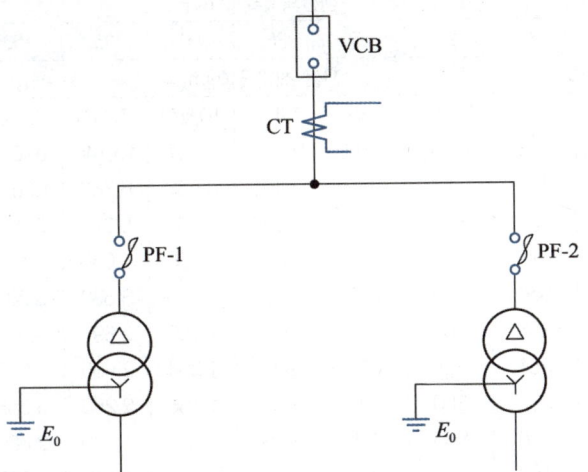

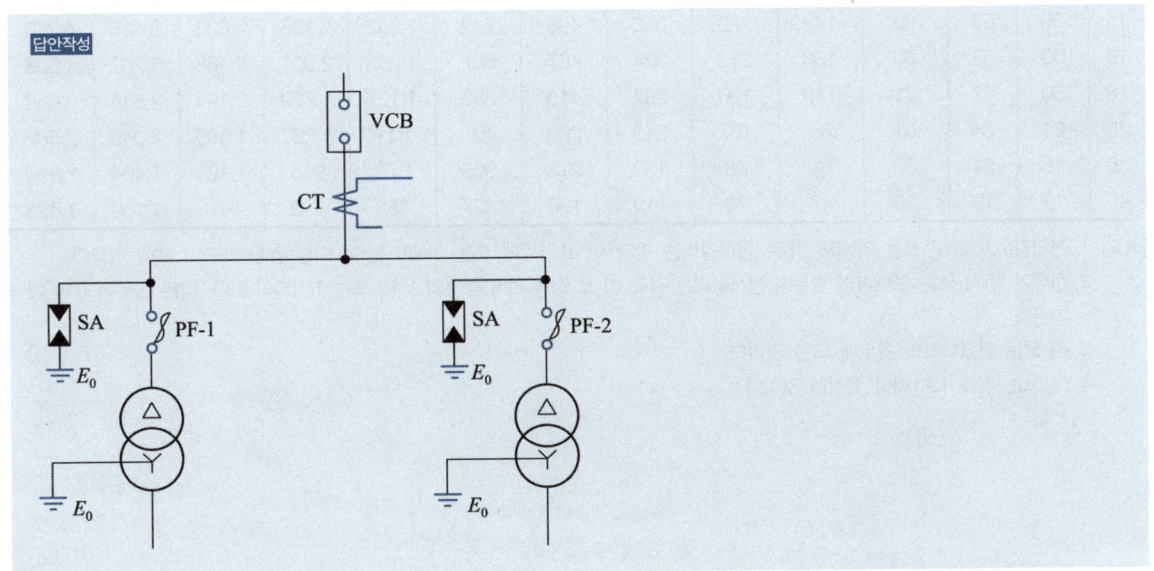

07

3상 380[V]의 전동기 부하가 분전반으로부터 300[m] 되는 지점(전선 한 가닥의 길이로 본다)에 설치되어 있다. 전동기는 1대로 입력이 78.98[kVA]라고 하며, 전압강하를 6[V]로 하여 분기회로의 전선을 정하고자 할 때, 전선의 최소 규격과 전선관 규격을 계산하시오. (단, 전선은 450/750[V] 일반용 단심 절연 전선으로 하고, 전선관은 후강 전선관으로 하며, 부하는 평형 되었다.) [5점]

[참고자료]

[표 1] 전선 최대 길이(3상 3선식 380[V], 전압 강하 3.8[V])

전류[A]	전선의 굵기[mm²]												
	2.5	4	6	10	16	25	35	50	95	150	185	240	300
	전선 최대 길이[m]												
1	534	854	1,281	2,135	3,416	5,337	7,472	10,674	20,281	32,022	39,494	51,236	64,045
2	267	427	640	1,067	1,708	2,669	3,736	5,337	10,140	16,011	19,747	25,618	32,022
3	178	285	427	712	1,139	1,779	2,491	3,558	6,760	10,674	13,165	17,079	21,348
4	133	213	320	534	854	1,334	1,868	2,669	5,070	8,006	9,874	12,809	16,011
5	107	171	256	427	683	1,067	1,494	2,135	4,056	6,404	7,899	10,247	12,809
6	89	142	213	356	569	890	1,245	1,779	3,380	5,337	6,582	8,539	10,674
7	76	122	183	305	488	762	1,067	1,525	2,897	4,575	5,642	7,319	9,149
8	67	107	160	267	427	667	934	1,334	2,535	4,003	4,937	6,404	8,006
9	59	95	142	237	380	593	830	1,186	2,253	3,558	4,388	5,693	7,116
12	44	71	107	178	285	445	623	890	1,690	2,669	3,291	4,270	5,337
14	38	61	91	152	244	381	534	762	1,449	2,287	2,821	3,660	4,575
15	36	57	85	142	228	356	498	712	1,352	2,135	2,633	3,416	4,270
16	33	53	80	133	213	334	467	667	1,268	2,001	2,468	3,202	4,003
18	30	47	71	119	190	297	415	593	1,127	1,779	2,194	2,846	3,558
25	21	34	51	85	137	213	299	427	811	1,281	1,580	2,049	2,562
35	15	24	37	61	98	152	213	305	579	915	1,128	1,464	1,830
45	12	19	28	47	76	119	166	237	451	712	878	1,139	1,423

[비고] 1. 전압강하가 2[%] 또는 3[%]의 경우, 전선길이는 각각 이 표의 2배 또는 3배가 된다. 다른 경우에도 이 예에 따른다.
2. 전류가 20[A] 또는 200[A]인 경우의 전선길이는 각각 이 표 전류 2[A] 경우의 1/10 또는 1/100이 된다. 다른 경우에도 이 예에 따른다.
3. 이 표는 평형부하의 경우에 대한 것이다.
4. 이 표는 역률 1로 하여 계산한 것이다.

[표 2] 후강 전선관 굵기의 선정

도체 단면적 [mm²]	전선 본수									
	1	2	3	4	5	6	7	8	9	10
	전선관의 최소굵기[mm]									
2.5	16	16	16	16	22	22	22	28	28	28
4	16	16	16	22	22	22	28	28	28	28
6	16	16	22	22	22	28	28	28	36	36
10	16	22	22	28	28	36	36	36	36	36
16	16	22	28	28	36	36	36	42	42	42
25	22	28	28	36	36	42	54	54	54	54
35	22	28	36	42	54	54	54	70	70	70
50	22	36	54	54	70	70	70	82	82	82
70	28	42	54	54	70	70	70	82	82	92
95	28	54	54	70	70	82	82	92	92	104
120	36	54	54	70	70	82	82	92		
150	36	70	70	82	92	92	104	104		
185	36	70	70	82	92	104				
240	42	82	82	92	104					

[비고] 1. 전선 1본수는 접지선 및 직류회로의 전선에도 적용한다.
2. 이 표는 실험 결과와 경험을 기초로 하여 결정한 것이다.
3. 이 표는 KS C IEC 60227-3의 450/750[V] 일반용 단심 비닐절연전선을 기준한 것이다.

(1) 전선의 최소 규격선정

계산과정

답안작성

계산과정 | 부하전류 $I = \dfrac{78.98 \times 10^3}{\sqrt{3} \times 380} = 120[A]$

전선 최대 길이 $= 300 \times \dfrac{\dfrac{120}{12}}{\dfrac{6}{3.8}} = 1,900[m]$

[표 1]의 [비고 2]에 따라 전류는 120[A]의 $\dfrac{1}{10}$ 인 12[A]를 적용하고 전선의 최대길이 1,900[m]를 초과한 2,669[m]를 적용하여 전선의 굵기는 150[mm²]을 적용한다.

정답 | 150[mm²]

참고

전류 $I = \dfrac{\text{전동기 입력 } P[VA]}{\sqrt{3} \times \text{전압 } V[V]}[A]$

전선의 최대 길이 $L = \text{전선의 길이}[m] \times \dfrac{\dfrac{\text{부하전류}[A]}{\text{표에서의 전류}[A]}}{\dfrac{\text{부하에 의한 전압강하}[V]}{\text{표에서의 적용 전압강하}[V]}}[m]$

(2) 전선관의 규격을 선정하고 선정과정을 간단히 설명하시오.

답안작성

선정과정 | 도체단면적(전선의 굵기)이 150[mm²]이고 전선의 가닥수(본수)는 3가닥이므로 전선관의 최소 굵기 70[mm] 선정

정답 | 70[mm] 선정

08

변압기와 모선 또는 이를 지지하는 애자는 어떤 전류에 의하여 생기는 기계적 충격에 견디어야 하는지 쓰시오. [5점]

답안작성

단락전류

참고

전기설비 기술기준 제23조(발전기등의 기계적 강도)
발전기·변압기·조상기·계기용변성기·모선 및 이를 지지하는 애자는 단락전류에 의하여 생기는 기계적 충격에 견뎌야 한다.

09

전력용 진상콘덴서의 정기점검(육안검사) 항목 3가지를 간단히 쓰시오. [3점]

답안작성

① 단자의 이완 및 과열 유무 점검
② 용기의 발청 유무 점검
③ 유 누설 유무 점검

참고

④ 용기의 이상 변형 유무
⑤ 붓싱(애자)의 카파 피손 유무

10

다음 회로에서 소비하는 전력은 몇 [W]인지 구하시오. [5점]

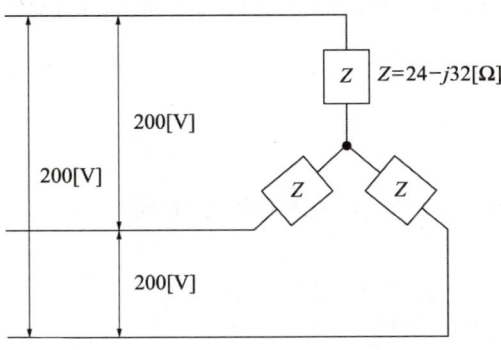

계산과정

답안작성

계산과정 | 소비전력 $P = 3I_p^2 R = 3 \times \left(\dfrac{\dfrac{200}{\sqrt{3}}}{\sqrt{24^2 + 32^2}} \right)^2 \times 24 = 600$

정답 | 600[W]

참고

- 3상 소비전력 $P = 3 \times 상전류^2 \times 저항$

- 상전류 $I_p = \dfrac{상전압}{임피던스의\ 크기} = \dfrac{\dfrac{선간전압}{\sqrt{3}}}{임피던스의\ 크기}$

- Y 결선에서 $\begin{cases} 상전압 = \dfrac{선간전압}{\sqrt{3}} \\ 상전류 = 선전류 \end{cases}$

- △ 결선에서 $\begin{cases} 상전압 = 선간전압 \\ 상전류 = \dfrac{선전류}{\sqrt{3}} \end{cases}$

- 임피던스 = 저항 + j리액턴스

11

부하가 유도전동기이고, 기동용량이 500[kVA]이다. 기동 시 전압강하는 20[%]이며, 발전기의 과도리액턴스가 25[%]이다. 이 전동기를 운전할 수 있는 자가 발전기의 최소용량은 몇 [kVA]인 계산하여 구하시오. [5점]

답안작성

계산과정 | 비상용 자가 발전기 용량 $P_G \geq \left(\dfrac{1}{0.2} - 1\right) \times 0.25 \times 500 = 500$[kVA]

정답 | 500[kVA]

참고

비상용 자가 발전기 출력

$P_G\text{[kVA]} \geq \left(\dfrac{1}{\text{허용전압강하}} - 1\right) \times \text{과도리액턴스 } X_d \times \text{기동용량[kVA]}$

12

콘덴서 회로에 고조파의 유입으로 인한 사고를 방지하기 위하여 콘덴서 용량의 13[%]인 직렬 리액터를 설치하고자 한다. 이 경우 투입 시의 전류는 콘덴서 정격전류(정상 시 전류)의 몇 배의 전류가 흐르게 되는지 계산하여 구하시오. [4점]

답안작성

계산과정 | $I = \left(1 + \sqrt{\dfrac{X_C}{0.13 \times X_C}}\right) I_n = 3.77 I_n$

정답 | 정격전류 I_n의 3.77배

참고

콘덴서 투입 시 전류 $I = \left(1 + \sqrt{\dfrac{\text{용량성 리액터 } X_C}{\text{직렬 리액터 } X_L}}\right) \times \text{정격전류 } I_n$

직렬 리액터 X_L은 콘덴서 용량의 13[%]이므로 용량성 리액터 X_C의 13[%] 적용

13

다음의 A, B 전등 중 어느 것을 사용하는 편이 유리한지 다음 표를 이용하여 계산에 의해 산정하시오. (단, 1시간당 점등 비용으로 산정할 것) [5점]

전등의 종류	전등의 수명	1[cd]당 소비전력[W] (수명 중의 평균)	평균 구면광도 [cd]	1[kWh]당 전력요금 [원]	전등의 단가 [원]
A	1,500시간	1.0	38	70	1,900
B	1,800시간	1.1	40	70	2,000

계산과정 | A 전구의 시간당 전력[W] 비용 $= 1.0 \times 38 \times 70 \times 10^{-3} = 2.66$[원/시간]

A 전구의 시간당 전구비 $= \dfrac{1,900}{1,500} = 1.27$[원/시간]

A 전등의 시간당 총 사용비용 $= 2.66 + 1.27 = 3.93$[원/시간]

B 전구의 시간당 전력[W]비용 $= 1.1 \times 40 \times 70 \times 10^{-3} = 3.08$[원/시간]

B 전구의 시간당 전구비 $= \dfrac{2,000}{1,800} = 1.11$[원/시간]

B 전등의 시간당 총 사용비용 $= 3.08 + 1.11 = 4.19$[원/시간]

정답 | A 전등 산정

참고

시간당 전력사용 비용 = 1광도당 소비전력[W] × 광도 × 1[W]당 전력요금[원]

시간당 전구사용 비용 = $\dfrac{\text{전등의 단가}}{\text{사용시간}}$

14

다음 조건과 같은 동작이 되도록 제어회로 배선과 감시반 회로 배선을 상호 연결하여 회로를 완성하시오. [5점]

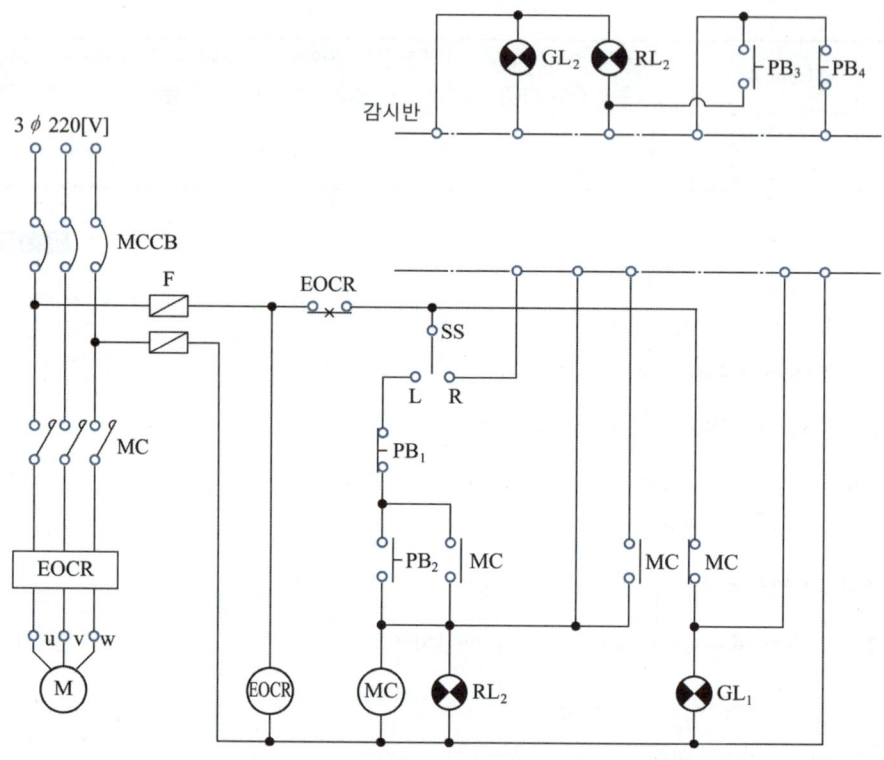

[조건]
- 배선용차단기(MCCB)를 투입(ON)하면 GL₁과 GL₂가 점등된다.
- 선택스위치(SS)를 "L" 위치에 놓고 PB₂를 누른 후 놓으면 전자접촉기(MC)에 의하여 전동기가 운전되고, RL₁과 RL₂는 점등, GL₁과 GL₂는 소등된다.
- 전동기 운전 중 PB₁을 누르면 전동기는 정지하고, RL₁과 RL₂는 소등, GL₁과 GL₂는 점등된다.
- 선택스위치(SS)를 "R" 위치에 놓고 PB₃를 누른 후 놓으면 전자접촉기(MC)에 의하여 전동기가 운전되고 RL₁과 RL₂는 점등, GL₁과 GL₂는 소등된다.
- 전동기 운전 중 PB₄를 누르면 전동기는 정지하고, RL₁과 RL₂는 소등되고 GL₁과 GL₂가 점등된다.
- 전동기 운전 중 과부하에 의하여 EOCR이 작동되면 전동기는 정지하고 모든 램프는 소등되며, EOCR을 RESET하면 초기상태로 된다.

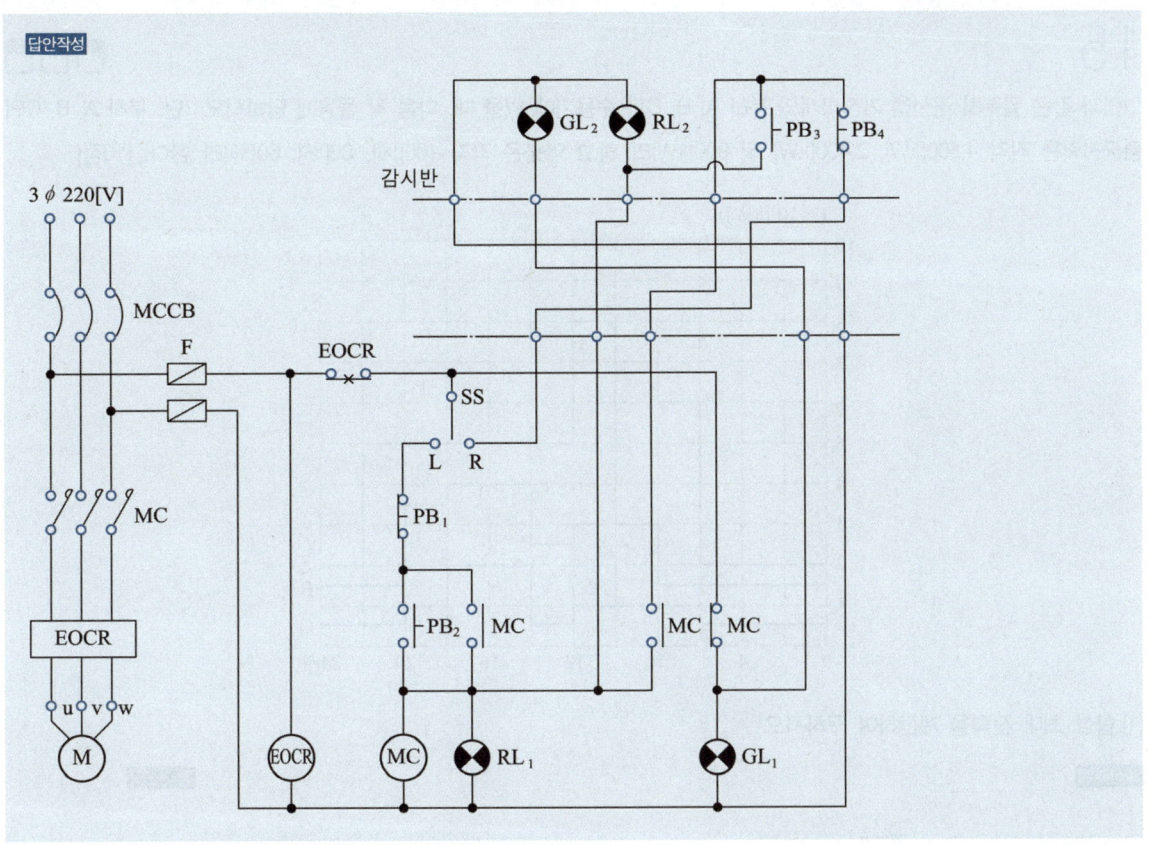

15

그림과 같은 일부하 곡선을 가진 3개의 부하 A, B, C가 수용가에 있을 때, 다음 각 물음에 답하시오. (단, 부하 A, B, C의 평균전력은 각각 4,500[kW], 2,400[kW] 및 900[kW]라 하고 역률은 각각 100[%], 80[%], 60[%]라 한다) [10점]

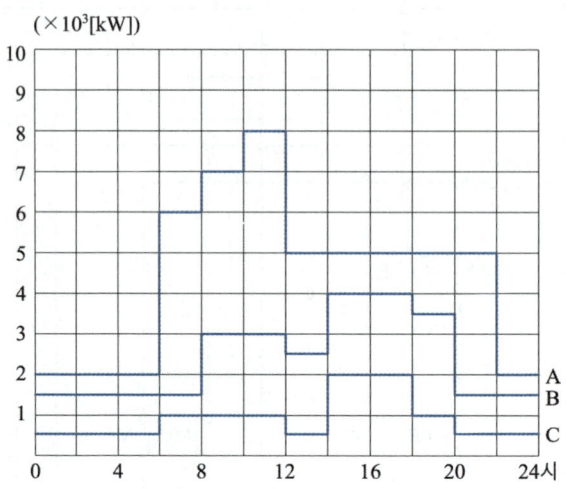

(1) 합성 최대 전력을 계산하여 구하시오.

계산과정 | $8,000 + 3,000 + 1,000 = 12,000$ **정답** | 12,000[kW]

참고
합성 최대 전력은 A, B, C의 부하의 전력이 합이 같은 시간을 기준으로 최대일 때를 의미하므로 그림에서 부하전력이 합이 최대인 10시 ~ 12시의 부하전력의 합이 된다.
10 ~ 12시의 부하전력
A = 8,000[kW], B = 3,000[kW], C = 1,000[kW]

(2) 종합부하율[%]을 계산하여 구하시오.

계산과정 | $\dfrac{4,500 + 2,400 + 900}{12,000} \times 100 = 65\,[\%]$ **정답** | 65[%]

> **참고**
>
> 종합부하율 = $\dfrac{\text{각 부하의 평균전력의 합[kW][kVA]}}{\text{합성 최대 전력[kW][kVA]}} \times 100[\%]$

(3) 부등률을 계산하여 구하시오.

계산과정

정답

답안작성

계산과정 | $\dfrac{8{,}000 + 4{,}000 + 2{,}000}{12{,}000} = 1.17$

정답 | 1.17

> **참고**
>
> 부등률 = $\dfrac{\text{각각의 부하의 최대 전력의 합}}{\text{합성 최대 전력}} \geq 1$
>
> - A 부하의 최대 전력 8,000[kW](10 ~ 12시)
> - B 부하의 최대 전력 4,000[kW](14 ~ 18시)
> - C 부하의 최대 전력 2,000[kW](14 ~ 18시)

(4) 최대 부하 시 종합 역률[%]을 계산하여 구하시오.

계산과정

정답

답안작성

계산과정 | $\cos\theta = \dfrac{P}{\sqrt{P^2 + Q^2}} \times 100[\%]$

$P = 8{,}000 + 3{,}000 + 1{,}000 = 12{,}000[\text{kW}]$

$Q = \left(8{,}000 \times \dfrac{0}{1}\right) + \left(3{,}000 \times \dfrac{0.6}{0.8}\right) + \left(1{,}000 \times \dfrac{0.8}{0.6}\right) = 3{,}583.33[\text{kVar}]$

$\cos\theta = \dfrac{12{,}000}{\sqrt{12{,}000^2 + 3{,}583.33^2}} \times 100 = 95.82[\%]$

정답 | 95.82[%]

> **참고**
>
> 최대 부하시간 : 10시 ~ 12시
>
> - A 부하의 유효전력 $P = 8{,}000[\text{kW}]$, 무효전력 $Q = \text{유효전력} \times \dfrac{\sin\theta}{\cos\theta} = 8{,}000 \times \dfrac{0}{1} = 0[\text{kVar}]$
> - B 부하의 유효전력 $P = 3{,}000[\text{kW}]$, 무효전력 $Q = \text{유효전력} \times \dfrac{\sin\theta}{\cos\theta} = 3{,}000 \times \dfrac{0.6}{0.8} = 2{,}250[\text{kVar}]$
> - C 부하의 유효전력 $P = 1{,}000[\text{kW}]$, 무효전력 $Q = \text{유효전력} \times \dfrac{\sin\theta}{\cos\theta} = 1{,}000 \times \dfrac{0.8}{0.6} = 1{,}333.33[\text{kVar}]$

(5) A 수용가에 관한 다음 물음에 답하시오.

① 첨두부하는 몇 [kW]인지 쓰시오.

답안작성
8,000[kW]

참 고
첨두부하 : 1일 중 최대값을 갖는 부하량

② 첨두부하가 지속되는 시간은 몇 시부터 몇 시까지인지 쓰시오.

답안작성
10시 ~ 12시

③ 하루 공급된 전력량은 몇 [MWh]인지 계산하시오.

계산과정   정   답

답안작성
계산과정 | $4,500 \times 24 = 108,000$[kWh]

$108,000 \times 10^{-3} = 108$[MWh]   정답 | 108[MWh]

16

부하의 특성에 기인하는 전압의 동요에 의하여 조명등이 깜박거리거나 TV영상이 일그러지는 등의 현상을 플리커라고 한다. 배전계통에서 플리커 발생 부하가 증설될 경우에 이를 미리 예측하고 경감을 위하여 수용가측에서 행하는 방법 중 전원계통에 리액터분을 보상하는 방법을 2가지만 쓰시오. [4점]

답안작성

① 직렬 콘덴서 방식
② 3권선 보상 변압기 방식

참 고

1. 전원측에서의 대책
   ① 전용 계통으로 공급한다.
   ② 단락용량이 큰 계통에서 공급한다.
   ③ 전용 변압기로 공급한다.
   ④ 공급 전압을 승압한다.
2. 수용가측에서의 대책
   ① 전원 계통에 리액터분을 보상하는 방법
   - 직렬 콘덴서 방식
   - 3권선 보상 변압기 방식
   ② 전압 강하를 보상하는 방법
   - 부스터 방식
   - 상호 보상 리액터 방식
   ③ 부하의 무효 전력 변동분을 흡수하는 방법
   - 동기 조상기와 리액터 방식
   - 사이리스터(thyristor) 이용 콘덴서 개폐 방식
   - 사이리스터용 리액터
   ④ 플리커 부하 전류의 변동분을 억제하는 방법
   - 직렬 리액터 방식
   - 직렬 리액터 가포화 방식 등이 있다.

17

지표면상 높이 15[m]에 수조가 있다. 이 수조에 초당 0.2[m³]의 물을 양수하려고 한다. 여기에 사용되는 펌프용 전동기에 3상 전력을 공급하기 위하여 단상 변압기 2대를 사용하였다. 펌프효율이 55[%]이면, 변압기 1대의 용량은 몇 [kVA]인지 계산하고, 이때의 변압기 결선 방법을 쓰시오. (단, 펌프용 3상 유도전동기의 역률은 90[%]이며, 여유계수는 1.10이다) [5점]

(1) 변압기 1대 용량

계산과정

답안작성

계산과정 │ 변압기 1대 용량 $P_1 = \dfrac{P_V}{\sqrt{3}}$

단상변압기 2대로 3상전력을 공급할 때의 전동기 용량

$P_V = \dfrac{9.8 HQK}{\eta \times \cos\theta} = \dfrac{9.8 \times 15 \times 0.2 \times 1.1}{0.55 \times 0.9} = 65.33 \text{[kVA]}$

$P_1 = \dfrac{65.33}{\sqrt{3}} = 37.72 \text{[kVA]}$

정답 │ 37.72[kVA]

참고

- 펌프용 전동기 용량 $P = \dfrac{9.8 HQK}{\eta \times \cos\theta}$ [kVA] $= \dfrac{9.8 HQK}{\eta}$ [kW]

  H : 양정[m], Q : 양수량[m³/sec], K : 여유계수, η : 효율, $\cos\theta$: 역률

- V 결선의 출력 $P_V = \sqrt{3} \times$ 변압기 1대 용량 P_1 [kVA]

(2) 변압기 결선방법

답안작성

V 결선

참고

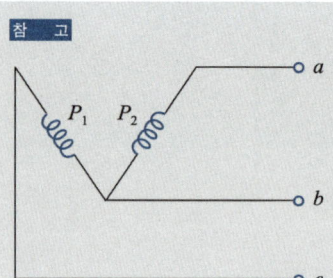

V 결선 : 2대의 변압기로 3상 전원을 얻는 결선 방법

18

3상 3선식 배전선로의 각 선간의 전압강하의 근사값을 계산하고자 하는 경우에 이용할 수 있는 약산식을 다음 조건을 이용하여 유도하시오. [4점]

[조건] 1. 배전선로의 길이 : L[m], 배전선의 굵기 : A[mm^2], 배전선의 전류 : I[A]
2. 표준연동선의 고유저항(20[℃]) : $\frac{1}{58}$[Ω·mm^2/m], 동선의 도전율 : 97[%]
3. 선로의 리액턴스를 무시하고 역률은 1로 간주해도 무방한 경우임.

계산과정

계산과정 | 전압강하
$e = \sqrt{3}\,IR = \sqrt{3}\,I \times \rho\frac{L}{A} = \sqrt{3}\,I \times \frac{1}{58} \times \frac{100}{97} \times \frac{L}{A}$
$= \frac{\sqrt{3} \times 100}{58 \times 97} \times \frac{IL}{A} = 0.0308 \times \frac{IL}{A} = \frac{30.8\,LI}{1,000\,A}$

정답 | 전압강하 $e = \frac{30.8\,LI}{1,000\,A}$ [V]

참고

표준연동선의 고유저항 $\rho = \frac{1}{58} \times \frac{100}{\text{도전율 }97[\%]}$

방식	전압강하	
단상 3선식 3상 4선식	$e = IR$	$e = \frac{17.8\,LI}{1,000\,A}$
단상 2선식	$e = 2IR$	$e = \frac{35.6\,LI}{1,000\,A}$
3상 3선식	$e = \sqrt{3}\,IR$	$e = \frac{30.8\,LI}{1,000\,A}$

실기[필답형]기출문제 — 2016 * 3

※ 출제기준 변경 및 개정된 관계법규에 따라 삭제된 문제가 있어 배점의 합계가 100점이 안 됩니다.

01

사용전압이 154[kV]인 중성점 직접 접지식 전로의 절연내력을 시험하고자 한다. 한국전기설비규정에 따른 시험전압[V]을 계산하고 시험방법을 간단히 설명하시오. [5점]

(1) 절연내력 시험전압

계산과정 **정답**

계산과정 | $V = 154 \times 10^3 \times 0.72 = 110,880$[V]   정답 | 110,880[V]

참고

한국전기설비규정 132 전로의 절연저항 및 절연내력

표 132-1 전로의 종류 및 시험 전압

전로의 종류	시험전압
최대사용전압이 60[kV] 초과 중성점 직접 접지식 전로	최대사용전압의 0.72배

(2) 절연내력 시험방법

답안작성

시험전압을 전로와 대지 사이에 연속하여 10분간 가하여 절연내력을 시험하였을 때 이에 견디어야 한다.

02

3상 3선식 중성점 비접지식 6,600[V] 가공 전선로가 있다. 이 전로에 접속된 주상변압기 220[V]측 한 단자에 중성점 접지 공사를 할 때 한국전기설비규정에 의한 접지 저항값은 얼마 이하로 유지하여야 하는지 구하시오. (단, 이 전선로에는 고저압 혼촉사고 시 2초 이내에 자동적으로 전로를 차단하는 장치를 시설한 경우이며, 고압측 1선 지락전류는 5[A]라고 한다) [5점]

계산과정
정답

답안작성

계산과정 | $R = \dfrac{300}{I_g} = \dfrac{300}{5} = 60[\Omega]$

정답 | 60[Ω]

참고
한국전기설비규정 142.5 변압기 중성점 접지
1. 변압기의 중성점접지 저항값은 다음에 의한다.
   가. 일반적으로 변압기의 고압·특고압측 전로 1선 지락전류로 150을 나눈 값과 같은 저항값 이하
   나. 변압기의 고압·특고압측 전로 또는 사용전압이 35[kV] 이하의 특고압전로가 저압측 전로와 혼촉하고 저압전로의 대지전압이 150[V]를 초과하는 경우는 저항값은 다음에 의한다.
      (1) 1초 초과 2초 이내에 고압·특고압 전로를 자동으로 차단하는 장치를 설치할 때는 300을 나눈 값 이하
      (2) 1초 이내에 고압·특고압 전로를 자동으로 차단하는 장치를 설치할 때는 600을 나눈 값 이하

03

비상용 자가발전기를 구입하고자 한다. 부하는 단일 부하로써 유도전동기이며, 기동용량이 1,800[kVA]이고, 기동 시의 전압강하는 20[%]까지 허용하며, 발전기의 과도리액턴스는 26[%]로 본다면 자가발전기의 용량은 이론(계산)상 몇 [kVA] 이상의 것을 선정하여야 하는지 계산하시오. [4점]

계산과정
정답

답안작성

계산과정 | 발전기 용량 $\geq \left(\dfrac{1}{0.2} - 1\right) \times 0.26 \times 1,800 = 1,872$ [kVA]

정답 | 1,872[kVA]

참고
전동기 시동에 대처하는 발전기 용량

$P[\text{kVA}] \geq \left(\dfrac{1}{\text{허용전압강하}} - 1\right) \times \text{과도리액턴스 } X_d \times \text{기동용량[kVA]}$

04

그림과 같은 회로에서 전류계의 지시값이 $A_1 = 7[A]$, $A_2 = 4[A]$, $A_3 = 10[A]$일 때, 부하역률[%] 및 부하전력을 계산하여 구하시오. (단, 저항 R은 25[Ω]이다) [5점]

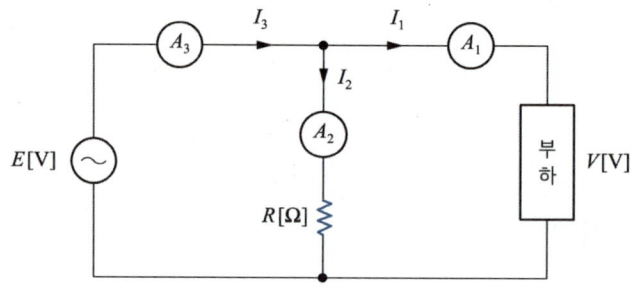

(1) 부하역률

계산과정 | 역률 $\cos\theta = \dfrac{A_3^2 - A_2^2 - A_1^2}{2A_1 A_2} \times 100 = \dfrac{10^2 - 4^2 - 7^2}{2 \times 7 \times 4} \times 100 = 62.5[\%]$

정답 | 62.5[%]

참고

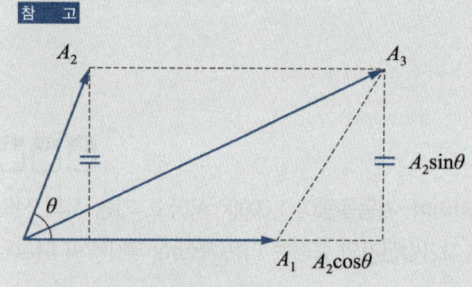

$A_3 = A_1 + A_2$

$A_3^2 = (A_1 + A_2\cos\theta)^2 + (A_2\sin\theta)^2$

$\quad = A_1^2 + 2A_1 A_2 \cos\theta + A_2^2 \cos^2\theta + A_2^2 \sin^2\theta$

$\quad = A_1^2 + 2A_1 A_2 \cos\theta + A_2^2(\cos^2\theta + \sin^2\theta)$

$\quad = A_1^2 + 2A_1 A_2 \cos\theta + A_2^2$

* $\cos^2\theta + \sin^2\theta = 1$

$\cos\theta$를 기준으로 식을 정리하면

$2A_1 A_2 \cos\theta = A_3^2 - A_2^2 - A_1^2$

$\cos\theta = \dfrac{A_3^2 - A_2^2 - A_1^2}{2A_1 A_2}$

(2) 부하전력

계산과정 | $P = EA_1 \cos\theta = (A_2 R)A_1 \cos\theta = (4 \times 25) \times 7 \times 0.625 = 437.5[W]$

정답 | 437.5[W]

참 고

병렬회로이므로 $P = EV_1\cos\theta$에서, 전압 $E = A_2 \times R$이다.

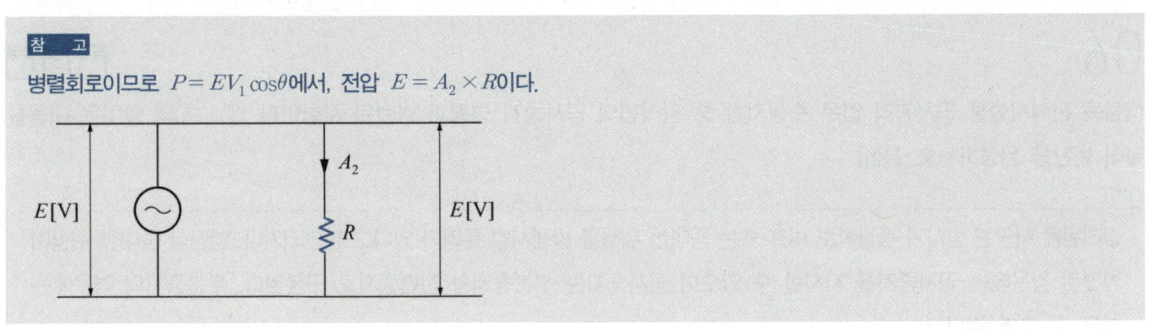

05

15[℃]의 물 4[L]를 용기에 넣고 1[kW]의 전열기로 90[℃]로 가열하는 데 30분이 소요되었다. 이 장치의 효율[%]은 얼마인지 계산하시오. [4점]

계산과정   정 답

답안작성

계산과정 | $\eta = \dfrac{mc \times (t_2 - t_1)}{860Pt} \times 100 = \dfrac{4 \times 1 \times (90-15)}{860 \times 1 \times \dfrac{30}{60}} \times 100 = 69.77[\%]$ 정답 | 69.77[%]

참 고

전열기 소비전력[kWh]

$860\eta Pt = mc(t_2 - t_1)$

- η : 전열기 효율
- P : 전력[kW]
- t : 시간[hour]
- m : 질량
- c : 비열(물=1)
- $t_2 - t_1$: 온도차

06

다음은 전력시설물 공사관리 업무 수행지침 중 감리원의 공사중지 명령과 관련된 사항이다. ① ~ ⑤의 알맞은 내용을 넣어 빈칸을 완성하시오. [4점]

> 감리원은 시공된 공사가 품질확보 미흡 또는 중대한 위해를 발생시킬 우려가 있다고 판단되거나, 안전상 중대한 위험이 발견된 경우에는 공사중지를 지시할 수 있으며 공사중지는 부분중지와 전면중지로 구분된다. 부분중지의 경우에는 다음 각 호와 같다.
> - (①)이(가) 이행되지 않는 상태에서는 다음 단계의 공정이 진행됨으로써 (②)이(가) 될 수 있다고 판단될 때
> - 안전시공상 (③)이(가) 예상되어 물적, 인적 중대한 피해가 예견될 때
> - 동일 공정에 있어 (④)이(가) 이행되지 않을 때
> - 동일 공정에 있어 (⑤)이(가) 있었음에도 이행되지 않을 때

답안작성

① 재시공 지시
② 하자발생
③ 중대한 위험
④ 3회 이상 시정 지시
⑤ 2회 이상 경고

참고

전력시설물 공사감리업무 수행지침 제41조(감리원의 공사 중지명령 등)
감리원은 공사업자의 공사의 설계도서, 설계명령서 그 밖에 관계 서류의 내용과 적합하지 아니하게 시공하는 경우에는 재시공 또는 공사중지 명령이나 그 밖에 필요한 조치를 할 수 있다.

1. 재시공
   시공된 공사가 품질확보 미흡 또는 위해를 발생시킬 우려가 있다고 판단되거나, 감리원의 확인·검사에 대한 승인을 받지 아니하고 후속 공정을 진행한 경우와 관계 규정에 맞지 아니하게 시공한 경우

2. 공사중지
   시공된 공사가 품질확보 미흡 또는 중대한 위해를 발생시킬 우려가 있다고 판단되거나, 안전상 중대한 위험이 발견된 경우에는 공사중지를 지시할 수 있으며 공사중지에는 부분중지와 전면중지로 구분된다.
   가. 부분중지
   ① 재시공 지시가 이행되지 않는 상태에서는 다음 단계의 공정이 진행됨으로써 하자발생이 될 수 있다고 판단될 때
   ② 안전시공상 중대한 위험이 예상되어 물적, 인적 중대한 피해가 예견될 때
   ③ 동일 공정에 있어 3회 이상 시정지시가 이행되지 않을 때
   ④ 동일 공정에 있어 2회 이상 경고가 있었음에도 이행되지 않을 때

나. 전면중지
① 공사업자가 고의로 공사의 추진을 지연시키거나, 공사의 부실 발생우려가 짙은 상황에서 적절한 조치를 취하지 않은 채 공사를 계속 진행하는 경우
② 부분중지가 이행되지 않음으로써 전체공정에 영향을 끼칠 것으로 판단될 때
③ 지진·해일·폭풍 등 불가항력적인 사태가 발생하여 시공을 계속할 수 없다고 판단될 때
④ 천재지변 등으로 발주자의 지시가 있을 때

07

부하설비가 100[kW]이며, 뒤진 역률이 85[%]인 부하를 100[%]로 개선하기 위한 전력용 콘덴서 용량은 몇 [kVA]가 필요한지 계산하여 구하시오. [4점]

계산과정 **정 답**

답안작성

계산과정 | 콘덴서 용량 $Q_c = P(\tan\theta_1 - \tan\theta_2)$

$\theta_1 = \cos^{-1} 0.85 = 31.79°$

$\theta_2 = \cos^{-1} 1 = 0°$

$Q_c = 100(\tan 31.79° - \tan 0°) = 61.98$

정답 | 61.98[kVA]

참 고

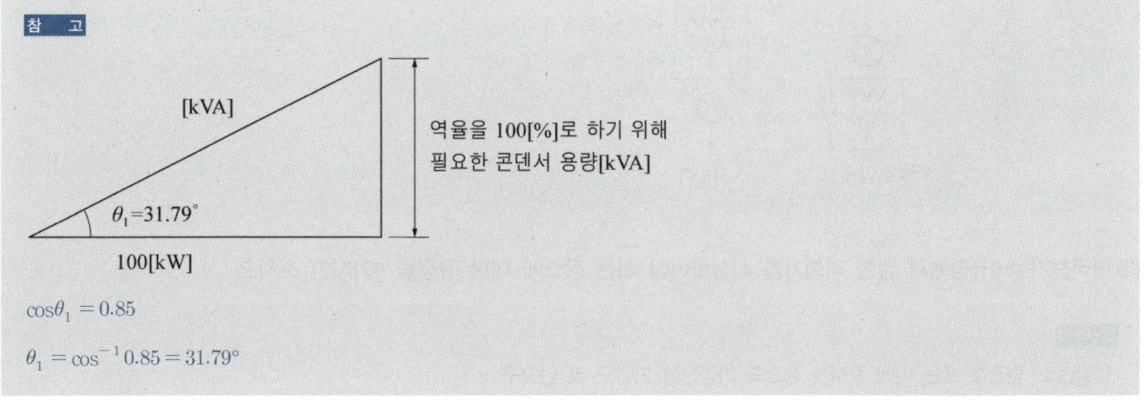

$\cos\theta_1 = 0.85$
$\theta_1 = \cos^{-1} 0.85 = 31.79°$

08

다음 그림은 가공 송전 계통도이다. 다음 물음에 간단히 답하시오. [7점]

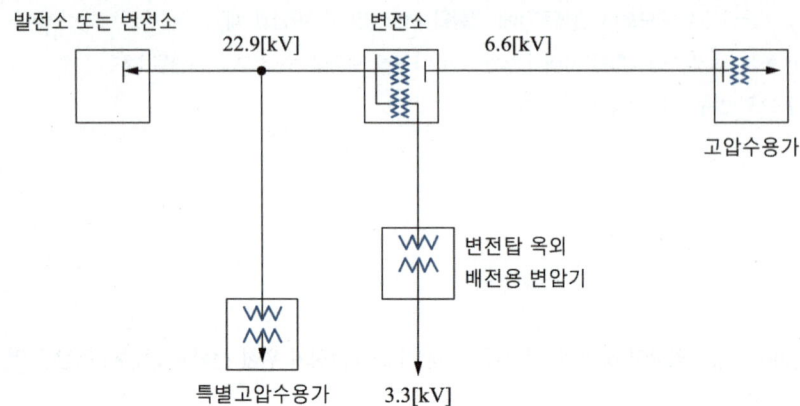

(1) 피뢰기를 설치하여야 하는 장소를 도면 위에 표시(⊗)하시오.

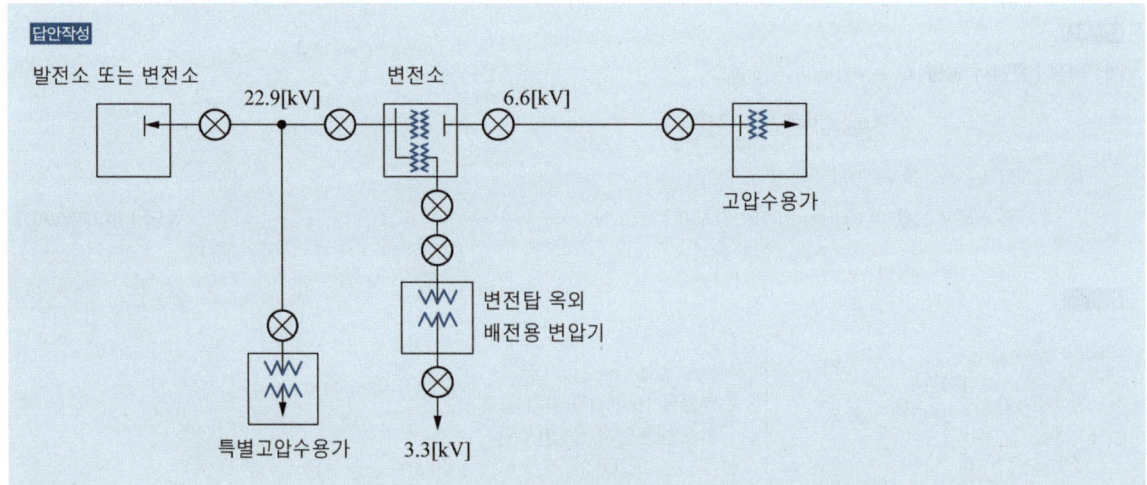

(2) 한국전기설비규정에서 정한 피뢰기를 시설하여야 하는 장소에 대한 규정을 4가지만 쓰시오.

> 답안작성
> ① 발전소, 변전소 또는 이에 준하는 장소의 가공전선 인입구 및 인출구
> ② 가공전선로에 접속하는 배전용 변압기의 고압측 및 특고압측
> ③ 고압 및 특고압 가공전선로로부터 공급을 받는 수용장소의 인입구
> ④ 가공전선로와 지중전선로가 접속되는 곳

> **참고**
> 한국전기설비규정 341.13 피뢰기의 시설
> 1. 고압 및 특고압의 전로 중 다음에 열거하는 곳 또는 이에 근접한 곳에는 피뢰기를 시설하여야 한다.
>   가. 발전소·변전소 또는 이에 준하는 장소의 가공전선 인입구 및 인출구
>   나. 특고압 가공전선로에 접속하는 배전용 변압기의 고압측 및 특고압측
>   다. 고압 및 특고압 가공전선로로부터 공급을 받는 수용장소의 인입구
>   라. 가공전선로와 지중전선로가 접속되는 곳

09

단상 유도 전동기에서 기동기 사용이유와 종류 4가지를 간단히 쓰시오. [5점]

(1) 기동기 사용이유

> **답안작성**
> 단상 권선은 정지 상태에서는 자계의 크기가 회전하는 형태가 아니고 축방향으로 왕복하는 형태를 갖기 때문에 기동토크가 발생하지 않는다. 따라서 기동기를 사용하여 단상 권선을 회전시켜 자계의 크기가 회전할 수 있는 환경을 만들어 기동토크를 발생시킨다.

(2) 기동기 종류 4가지

> **답안작성**
> ① 분상 기동형
> ② 반발 기동형
> ③ 콘덴서 기동형
> ④ 세이딩 코일형

10

사용전압 380[V]인 3상 직입기동 전동기 15[kW] 1대, 3.7[kW] 2대와 3상 15[kW] 기동기 사용 전동기 1대를 간선에 연결하였다. 이때의 간선 굵기와 간선의 과전류 차단기 용량을 주어진 표를 이용하여 선정하시오. (단, 공사방법은 B1, PVC 절연 전선을 사용하였다) [4점]

[참고자료]

[표 1] 3상 유도 전동기의 규약 전류값

출력[kW]	규약 전류[A]	
	200[V]용	380[V]용
0.2	1.8	0.95
0.4	3.2	1.68
0.75	4.8	2.53
1.5	8.0	4.21
2.2	11.1	5.84
3.7	17.4	9.16
5.5	26	13.68
7.5	34	17.89
11	48	25.26
15	65	34.21
18.5	79	41.58
22	93	48.95
30	124	65.26
37	152	80
45	190	100
55	230	121
75	310	163
90	360	189.5
110	440	231.6
132	500	263

[비고] 1. 사용하는 회로의 전압이 220[V]인 경우는 200[V]인 것의 0.9배로 한다.
2. 고효율 전동기는 제작자에 따라 차이가 있으므로 제작자의 기술자료를 참조한다.

[표 2] 380[V] 3상 유도전동기의 간선의 굵기 및 기구의 용량(배선용 차단기의 경우)

전동기 [kW] 수의 총계 [kW] 이하	최대 사용 전류 [A] 이하	배선종류에 의한 간선의 최소 굵기[mm²]						직입기동 전동기 중 최대 용량의 것									
		공사방법 A1		공사방법 B1		공사방법 C		0.75 이하	1.5	2.2	3.7	5.5	7.5	11	15	18.5	22	30	37
		3개선		3개선		3개선		Y-△ 기동기사용 전동기 중 최대 용량의 것									
		PVC	XLPE, EPR	PVC	XLPE, EPR	PVC	XLPE, EPR	-	-	-	-	5.5	7.5	11	15	18.5	22	30	37
								과전류 차단기(배선용 차단기) 용량[A]				직입기동 - (칸 위 숫자) Y-△ 기동 - (칸 아래 숫자)					
3	7.9	2.5	2.5	2.5	2.5	2.5	2.5	15 / -	15 / -	15 / -	-	-	-	-	-	-	-	-	-
4.5	10.5	2.5	2.5	2.5	2.5	2.5	2.5	15 / -	15 / -	20 / -	30 / -	-	-	-	-	-	-	-	-
6.3	15.8	2.5	2.5	2.5	2.5	2.5	2.5	20 / -	20 / -	30 / -	30 / -	40 / 30	-	-	-	-	-	-	-
8.2	21	4	2.5	2.5	2.5	2.5	2.5	30 / -	30 / -	30 / -	30 / -	40 / 30	50 / 30	-	-	-	-	-	-
12	26.3	6	4	4	2.5	4	2.5	40 / -	40 / -	40 / -	40 / -	40 / 40	50 / 40	75 / 40	-	-	-	-	-
15.7	39.5	10	6	10	6	6	4	50 / -	50 / -	50 / -	50 / -	50 / 50	60 / 50	75 / 50	100 / 60	-	-	-	-
19.5	47.4	16	10	10	6	10	6	60 / -	60 / -	60 / -	60 / -	60 / 60	75 / 60	75 / 60	100 / 60	125 / 75	-	-	-
23.2	52.6	16	10	16	10	10	10	75 / -	75 / -	75 / -	75 / -	75 / 75	75 / 75	100 / 75	100 / 75	125 / 75	125 / 100	-	-
30	65.8	25	16	16	10	16	10	100 / -	100 / -	100 / -	100 / -	100 / 100	100 / 100	100 / 100	125 / 100	125 / 100	125 / 100	-	-
37.5	78.9	35	25	25	16	25	16	100 / -	100 / -	100 / -	100 / -	100 / 100	100 / 100	100 / 100	125 / 100	125 / 100	125 / 100	125 / 125	-
45	92.1	50	25	35	25	25	16	125 / -	125 / -	125 / -	125 / -	125 / 125	125 / 125	125 / 125	125 / 125	125 / 125	125 / 125	150 / 125	-
52.5	105.3	50	35	35	25	35	25	250 / -	250 / -	250 / -	250 / -	250 / 250	250 / 250	250 / 250	250 / 250	250 / 250	250 / 250	250 / 250	250 / 250

[비고] 1. 최소 전선 굵기는 1회선에 대한 것이며, 2회선 이상일 경우는 부록 500-2의 복수회로 보정계수를 적용하여야 한다.
2. 공사방법 A1은 벽 내의 전선관에 공사한 절연전선 또는 단심케이블, B1은 벽면의 전선관에 공사한 절연전선 또는 단심케이블, 공사방법 C는 벽면에 공사한 단심 또는 다심케이블을 시설하는 경우의 전선 굵기를 표시하였다.
3. 「전동기 중 최대의 것」에는 동시 기동하는 경우를 포함한다.
4. 배선용 차단기의 용량은 해당 조항에 규정되어 있는 범위에서 실용상 거의 최대값을 표시한다.
5. 배선용 차단기의 선정은 최대용량의 정격전류의 3배에 다른 전동기의 정격전류의 합계를 가산한 값 이하를 표시한다.
6. 배선용 차단기를 배·분전반, 제어반 등의 내부에 시설하는 경우는 그 반 내의 온도상승에 주의한다.

(1) 간선의 굵기

> **답안작성**
> 16[mm²] 선정

> **참고**
> 전동기 [kW] 수의 총계
> $1.5 + (3.7 \times 2) + 15 = 23.9[kW]$
> 최대사용전류
> [표 1]에서 380[V]용 규약 전류를 이용하면
> $4.21 + (9.16 \times 2) + 34.21 = 56.74[A]$
> [표 2]에서 전동기 [kW] 수의 총계 23.9[kW]이므로 30[kW] 적용
> 최대사용전류가 56.74[A]이므로 65.8[A] 적용하여 공사방법 B1에 PVC와 교차되는 16[mm²] 선정

(2) 차단기 용량

> **답안작성**
> 100[A]

> **참고**
> [표 2]에서 최대사용전류 65.8[A] 적용하고 Y-△ 기동기 사용 전동기 중 최대용량 15[kW]와 교차되는 Y-△ 기동의 아래 칸 용량 100[A] 선정

11

정격전류 15[A]인 전동기 2대, 정격전류 10[A]인 전열기 한 대에 공급하는 전선이 있다. 옥내 전선을 보호하는 과전류 차단기의 정격전류 최대값은 몇 [A]인지 계산하시오. (단, 전선의 허용전류는 61[A]이며, 간선의 수용률은 100[%]로 한다) [5점]

계산과정　　　　　　　　　　　　　　　　　　　　　　　　　　　　　　　　　　　**정답**

> **답안작성**
> 계산과정 | 회로의 설계전류($15 \times 2 + 10 = 40[A]$) ≤ 보호장치의 정격전류 ≤ 전선의 허용전류 61[A]
> 　　　　따라서, 보호장치인 과전류 차단기의 최대값은 61[A]이다.　　　　　　　　　　　　정답 | 61[A]

> **참 고**
> 한국전기설비규정 212.4.1 도체와 과부하 보호장치 사이의 협조
>
> $I_B \leq I_N \leq I_Z$
> - I_B : 회로의 설계전류
> - I_N : 보호장치의 정격전류
> - I_Z : 케이블(전선)의 허용전류

12

다음 그림과 같은 유접점 시퀀스 회로를 무접점 논리회로로 바꾸어 그리시오. [5점]

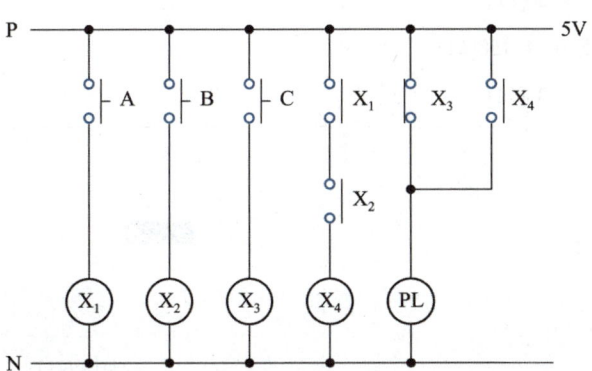

답안작성

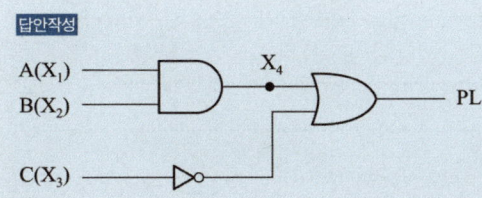

13

다음 그림과 같이 본접지와 보조접지극을 설치하였다. 다음 물음에 답하시오. [7점]

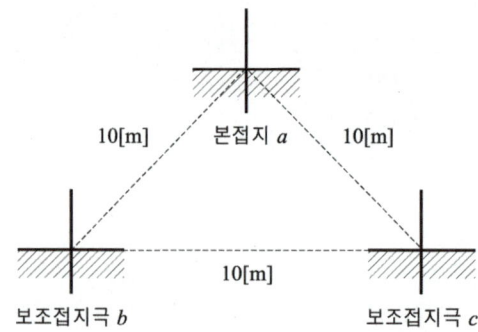

[참고사항] • 본접지 a와 보조접지극 b 사이의 저항 $R_{ab} = 86[\Omega]$
• 보조접지극 b와 보조접지극 c 사이의 저항 $R_{bc} = 156[\Omega]$
• 보조접지극 c와 본접지 a 사이의 저항 $R_{ca} = 80[\Omega]$

(1) 피뢰기의 접지저항값을 구하시오.

계산과정

정 답

답안작성

계산과정 | 접지저항값 $R_a = \dfrac{1}{2} \times (86 + 80 - 156) = 5$

정답 | 5[Ω]

참 고

$R_a + R_b = R_{ab}$ ··· ①

$R_b + R_c = R_{bc}$ ··· ②

$R_c + R_a = R_{ca}$ ··· ③

① + ② + ③ = $R_a + R_b + R_b + R_c + R_c + R_a = R_{ab} + R_{bc} + R_{ca}$

$2(R_a + R_b + R_c) = R_{ab} + R_{bc} + R_{ca}$

$R_a + R_b + R_c = \dfrac{1}{2}(R_{ab} + R_{bc} + R_{ca})$ ··· ④

④에 ②를 대입하면 $R_b + R_c = R_{bc}$이므로

$R_a + R_{bc} = \dfrac{1}{2}(R_{ab} + R_{bc} + R_{ca})$

$R_a = \dfrac{1}{2}(R_{ab} + R_{bc} + R_{ca}) - R_{bc} = \dfrac{1}{2}(R_{ab} + R_{bc} + R_{ca}) - \dfrac{1}{2} \cdot 2R_{bc} = \dfrac{1}{2}(R_{ab} + R_{bc} + R_{ca} - 2R_{bc}) = \dfrac{1}{2}(R_{ab} + R_{ca} - R_{bc})$

(2) 접지공사의 적합여부를 판단하고, 그 이유를 간단히 설명하시오.

답안작성
- 적합여부 : 적합
- 이유 : 피뢰기 접지저항값을 규정에 의해 10[Ω] 이하로 하여야 한다. 따라서, 접지저항값이 10[Ω] 이하인 5[Ω]이므로 적합하다.

참고
한국전기설비규정 341.14 피뢰기 접지
고압 및 특고압의 전로에 시설하는 피뢰기 접지저항값은 10[Ω] 이하로 하여야 한다.

14

어떤 부하설비의 최대수용전력이 각각 200[W], 300[W], 800[W], 1,200[W], 2,500[W]이고, 각 부하 간의 부등률이 1.14, 종합부하역률은 90[%]일 경우의 변압기 용량을 계산하여 선정하시오. [5점]

변압기 표준용량[kVA]							
1	2	3	5	7.5	10	15	20

계산과정 정답

답안작성
계산과정 | 변압기 용량 $= \dfrac{(200+300+800+1,200+2,500) \times 10^{-3}}{1.14 \times 0.9} = 4.873 [\text{kVA}]$ 정답 | 표에서 5[kVA] 선정

참고
변압기 용량[kVA] $= \dfrac{\text{최대수용전력[kW]}}{\text{부등률} \times \text{역률}} = \dfrac{\text{설비용량[kW]} \times \text{수용률}}{\text{부등률} \times \text{역률}}$

15

다음의 미완성 주회로 및 제어회로를 요구사항에 만족하는 회로로 완성하시오. (단, 접점 기호와 명칭 등을 정확히 나타내시오) [5점]

[요구사항]
- 전원스위치 MCCB를 투입하면 주회로 및 제어회로에 전원이 공급된다.
- 누름버튼 스위치(PB_1)를 누르면 MC_1이 여자되고 MC_1의 보조접점에 의하여 RL이 점등되며, 전동기는 정회전한다.
- 누름버튼 스위치(PB_1)를 누른 후 손을 떼어도 MC_1은 자기유지되어 전동기는 계속 정회전한다.
- 전동기 운전 중 누름버튼 스위치(PB_2)를 누르면 연동에 의하여 MC_1이 소자되어 전동기가 정지되고, RL은 소등된다. 이때 MC_2는 자기유지되어 전동기는 역회전(역상제동을 함)하고, 타이머가 여자되며, GL이 점등된다.
- 타이머 설정시간 후 역회전 중인 전동기는 정지하고, GL도 소등된다. 또한, MC_1과 MC_2의 보조접점에 의하여 상호 인터록이 되어 동시에 동작하지 않는다.
- 전동기 운전 중 과전류가 감지되어 EOCR이 동작되면, 모든 제어회로의 전원은 차단되고 OL만 점등된다.
- EOCR을 리셋(Reset)하면 초기상태로 복귀된다.

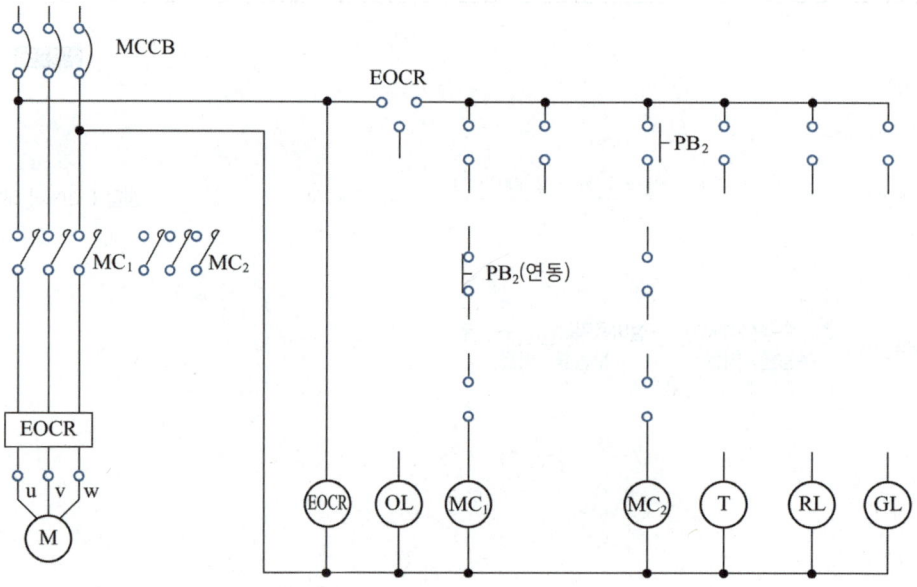

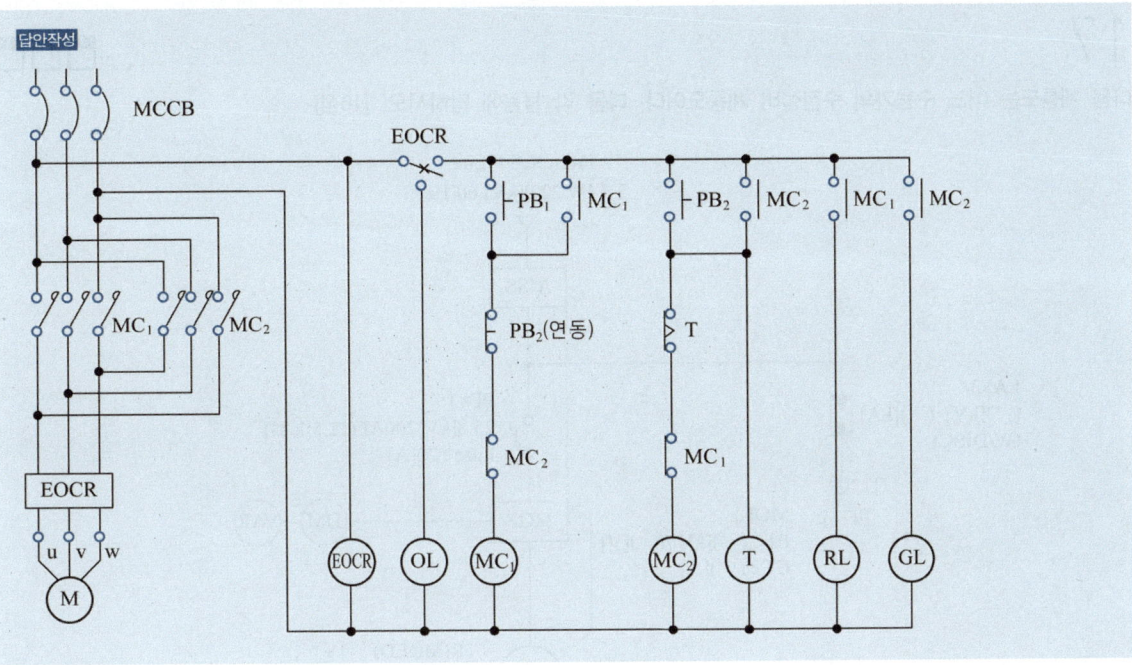

16

욕실 등 인체가 물에 젖어있는 상태에서 물을 사용하는 장소에 콘센트를 시설하는 경우에 한국전기설비규정에 의하여 설치해야 하는 저압차단기의 정확한 명칭을 쓰시오. [3점]

답안작성

인체감전보호용 누전차단기(전류동작형)

참 고

한국전기설비규정 234.5 콘센트의 시설
「전기용품 및 생활용품 안전관리법」의 적용을 받는 인체감전보호용 누전차단기(정격감도전류 15[mA] 이하, 동작시간 0.03초 이하의 전류동작형의 것에 한한다) 또는 절연변압기(정격용량 3[kVA] 이하인 것에 한한다)로 보호된 전로에 접속하거나, 인체감전보호용 누전차단기가 부착된 콘센트를 시설하여야 한다.

17

다음 계통도는 어느 수용가의 수전설비 계통도이다. 다음 각 물음에 답하시오. [16점]

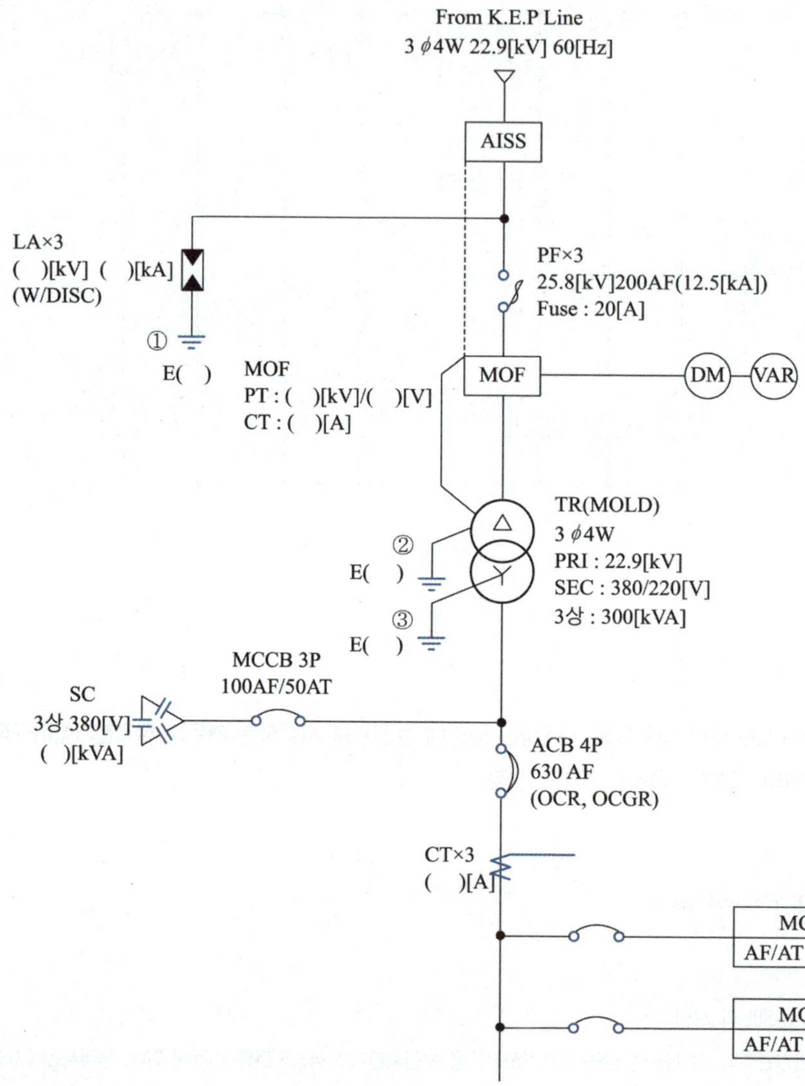

```
                From K.E.P Line
              3φ4W 22.9[kV] 60[Hz]
                      │
                    ┌───┐
                    │AISS│
                    └───┘
                      │
        LA×3          │   PF×3
     (  )[kV] (  )[kA]│   25.8[kV]200AF(12.5[kA])
       (W/DISC)       │   Fuse : 20[A]
          ▲           │
          │           │
         ① E(  )      │
               MOF   ┌───┐
            PT:( )[kV]/( )[V]│MOF│──(DM)──(VAR)
            CT:( )[A] └───┘
                      │
                      │   TR(MOLD)
                   ②  │   3φ4W
                  E(  )│   PRI : 22.9[kV]
                   ③  │   SEC : 380/220[V]
                  E(  )│   3상 : 300[kVA]
                      │
           MCCB 3P    │
          100AF/50AT  │
    SC                │
   3상 380[V]          │   ACB 4P
   (   )[kVA]         │   630 AF
                      │   (OCR, OCGR)
                      │
                    CT×3
                   (  )[A]
                      │
                   ┌─────────────┐
                   │ MCCB 3P     │
                   │ AF/AT 400/300│
                   └─────────────┘
                   ┌─────────────┐
                   │ MCCB 3P     │
                   │ AF/AT 400/300│
                   └─────────────┘
```

(1) AISS의 명칭과 기능(2가지)을 쓰시오.

> **답안작성**
> - 명칭 : 기중절연형 고장구간 자동개폐기
> - 기능 : ① 고장구간을 자동으로 개방하여 사고 확대 방지
>   ② 전부하 상태에서 자동(또는 수동)으로 선로를 개방시켜 과부하로부터 보호

(2) 피뢰기에 대한 물음에 답하시오.
  ① 피뢰기 정격 전압
  ② 공칭 방전 전류
  ③ DISC 기능을 간단히 설명하시오.

  답안작성
  ① 18[kV]
  ② 2,500[A]
  ③ 피뢰기 고장 시 전력계통은 대지와 연결된 지락사고 등의 고장상태가 될 수 있으므로 이때 DISC가 피뢰기를 대지와 분리시키는 기능을 한다.

(3) MOF의 정격을 구하시오.

  계산과정

  답안작성
  계산과정 | $PT비 = \dfrac{\frac{22,900}{\sqrt{3}}}{\frac{190}{\sqrt{3}}} = \dfrac{13,200}{110}$

  $CT\ 1차전류 = \dfrac{300}{\sqrt{3} \times 22.9} = 7.56[A]$

  정답 | $PT비 = \dfrac{13,200}{110}$

  변류비 $\dfrac{10}{5}$로 선정

(4) MOLD 변압기 장점 및 단점을 2가지씩 쓰시오.

  답안작성
  [장점]
  ① 난연성이 우수하다.
  ② 소형, 경량화 할 수 있다.
  [단점]
  ① 가격이 비싸다.
  ② 충격파 내전압이 낮다.

> **참 고**
> 그 외의 장단점
> [장점]
> ③ 절연유를 사용하지 않아 유지보수가 용이하다.
> ④ 전력손실이 적다.
> ⑤ 내습, 내진성이 양호하다.
> ⑥ 단시간 과부하 내량이 높다.
> [단점]
> ③ 수지층에 차폐물이 없이 운전 중 코일 표면과 접촉하면 위험하다.

(5) ACB의 명칭을 쓰시오.

> **답안작성**
> 기중 차단기

(6) CT의 정격(변류비)을 계산하여 선정하시오.

계산과정   정 답

> **답안작성**
> 계산과정 | CT 1차 전류 $= \dfrac{300 \times 10^3}{\sqrt{3} \times 380} \times (1.25 \sim 1.5) = 569.75 \sim 683.70$ [A]
>
> 정답 | 변류비 $\dfrac{600}{5}$ 선정

> **참 고**
> CT비 $= \dfrac{\text{CT 1차 전류} \times (1.25 \sim 1.5)}{5}$
>
> CT 1차 전류[A] : 5, 10, 15, 20, 30, 40, 50, 75, 100, 150, 200, 300, 400, 500, 600, 750, 1,000, 1,500, 2,000, 2,500

18

다음 그림과 같은 발전소에서 각 차단기의 차단용량을 계산하여 구하시오. [7점]

[조건]
- 발전기 G_1 : 용량 10,000[kVA], $X_{G_1} = 10[\%]$
- 발전기 G_2 : 용량 20,000[kVA], $X_{G_2} = 14[\%]$
- 변압기 T : 용량 30,000[kVA], $X_T = 12[\%]$이고,
- S_1, S_2, S_3는 단락사고 발생지점이며, 선로측으로부터의 단락전류는 고려하지 않는다.

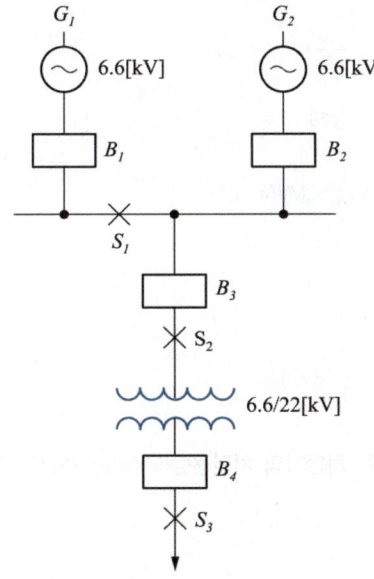

(1) S_1 지점에서 단락사고가 발생하였다. B_1, B_2 차단기 차단용량[MVA]을 계산하시오.

계산과정   정   답

답안작성

계산과정 | 기준용량을 10[MVA]로 하면 $X_{G_1} = 10[\%]$, $X_{G_2} = \dfrac{10}{20} \times 14 = 7[\%]$

$$B_1 = \dfrac{100}{\%Z} \times 기준용량 = \dfrac{100}{10} \times 10 = 100[\text{MVA}]$$

$$B_2 = \dfrac{100}{\%Z} \times 기준용량 = \dfrac{100}{7} \times 10 = 142.86[\text{MVA}]$$

정답 | $B_1 = 100[\text{MVA}]$

$B_2 = 142.86[\text{MVA}]$

> **참 고**
>
> 기준용량으로 환산한 $\%Z = \dfrac{\text{기준용량}}{\text{자기용량}} \times \text{자기}\%Z[\%]$
>
> 단락용량(차단용량)[MVA] $= \dfrac{100}{\%Z} \times \text{기준용량[MVA]}$

(2) S_2지점에서 단락사고가 발생하였다. B_3 차단기의 차단용량[MVA]을 계산하시오.

계산과정

답안작성

계산과정 | 기준용량을 10[MVA]로 하면

$$\%Z_{B_3} = \dfrac{X_{G_1} \cdot X_{G_2}}{X_{G_1} + X_{G_2}} = \dfrac{10 \times 7}{10 + 7} = 4.12[\%]$$

$$B_3 = \dfrac{100}{\%Z_{B_3}} \times 10 = \dfrac{100}{4.12} \times 10 = 242.72[\text{MVA}]$$

정답 | 242.72[MVA]

> **참 고**
>
> X_{G_1}, X_{G_2} 병렬합성 $\%Z_{B_3} = \dfrac{X_{G_1} \cdot X_{G_2}}{X_{G_1} + X_{G_2}}$

(3) S_3지점에서 단락사고가 발생하였다. B_4 차단기의 차단용량[MVA]을 계산하시오.

계산과정

답안작성

계산과정 | 기준용량을 10[MVA]로 하면 $\%Z_{B_3} = 4.12[\%]$

$$X_T = \dfrac{10}{30} \times 12 = 4[\%]$$

$$B_4 = \dfrac{100}{4.12 + 4} \times 10 = 123.15[\text{MVA}]$$

정답 | 123.15[MVA]

> **참 고**
>
> 기준용량으로 환산한 $\%Z = \dfrac{\text{기준용량}}{\text{자기용량}} \times \text{자기}\%Z[\%]$
>
> 단락용량(차단용량)[MVA] $= \dfrac{100}{\%Z} \times \text{기준용량[MVA]}$

01

22.9[kV]/380-220[V] 변압기 결선은 보통 △-Y 결선 방식을 사용하고 있다. 이 결선 방식에 대한 장점과 단점을 각각 2가지씩 간단히 쓰시오. [4점]

(1) 장점

답안작성
① 2차측 Y결선의 중성점 접지로 인하여 계전기 동작이 확실해진다.
② 1차측 △결선 내에 제 3고조파가 순환하므로 3고조파 영향이 적다.

참고
③ 2차측 Y결선으로 단절연이 가능하여 경제적이다.

(2) 단점

답안작성
① 1차, 2차 선간전압의 30°의 위상차가 발생한다.
② 1상에서 고장이 발생하면 전원 공급이 불가능하다.

참고
③ 중성점 접지로 인한 통신선에 유도장해를 줄 수 있다.

02

어느 공장 구내 건물에 단상 3선식 220/440[V]를 채용하고 공장 구내 변압기가 설치된 변전실에서 60[m] 떨어진 곳의 부하를 "부하 집계표"와 같이 배분하는 분전반을 시설하고자 한다. 이 건물의 전기설비에 대하여 참고자료를 이용하여 다음 각 물음에 답하시오. (단, 전압강하는 2[%](중성선에서의 전압강하는 무시한다)로 하고 후강 전선관으로 시설하며, 간선의 수용률은 100[%]로 한다) [10점]

[표 1] 부하 집계표 ※ 전선 굵기 중 상과 중성선(N)의 굵기는 같게 한다.

회로번호 (NO)	부하명칭	총부하 [VA]	부하 분담[VA]		MCCB규격			비고
			A선	B선	극수	AF	AT	
1	전등1	4,920	4,920		1	30	20	
2	전등2	3,920		3,920	1	30	20	
3	전열기1	4,000	4,000(AB간)		2	50	20	
4	전열기2	2,000	2,000(AB간)		2	30	15	
합 계		14,840						

[표 2] 후강 전선관 굵기의 선정

도체 단면적 [mm²]	전선 본수									
	1	2	3	4	5	6	7	8	9	10
	전선관의 최소굵기[mm]									
2.5	16	16	16	16	22	22	22	28	28	28
4	16	16	16	22	22	22	28	28	28	28
6	16	16	22	22	22	28	28	28	36	36
10	16	22	22	28	28	36	36	36	36	36
16	16	22	28	28	36	36	36	42	42	42
25	22	28	28	36	36	42	54	54	54	54
35	22	28	36	42	54	54	54	70	70	70
50	22	36	54	54	70	70	70	82	82	82
70	28	42	54	54	70	70	70	82	82	92
95	28	54	54	70	70	82	82	92	92	104
120	36	54	54	70	70	82	82	92		
150	36	70	70	82	92	92	104	104		
185	36	70	70	82	92	104				
240	42	82	82	92	104					

[비고] 1. 전선 1본수는 접지선 및 직류회로의 전선에도 적용한다.
2. 이 표는 실험 결과와 경험을 기초로 하여 결정한 것이다.
3. 이 표는 KS C IEC 60227-3의 450/750V 일반용 단심 비닐절연전선을 기준한 것이다.

(1) 간선의 굵기를 계산하여 선정하시오.

계산과정

답안작성

계산과정 | 단상 3선식 전선의 단면적 $A = \dfrac{17.8LI}{1,000e'}$

$L = 60[\text{m}]$

$I = \dfrac{4,920}{220} + \dfrac{4,000+2,000}{440} = 36[\text{A}]$(부하분담이 큰 A선을 기준으로 한다)

$e' = 220 \times 0.02 = 4.4[\text{V}]$

$A = \dfrac{17.8 \times 60 \times 36}{1,000 \times 4.4} = 8.74$

정답 | KSC IEC 규격 10[mm²] 선정

참고

전선의 단면적

방식	전선의 단면적	전압강하
단상 3선식 직류 3선식 3상 4선식	$A = \dfrac{17.8LI}{1,000e'}$	$e' = IR$ (대지와 선간)
단상 2선식 직류 2선식	$A = \dfrac{35.6LI}{1,000e}$	$e = 2IR$ (선간)
3상 3선식	$A = \dfrac{30.8LI}{1,000e}$	$e = \sqrt{3}IR$ (선간)

- KSC IEC 전선규격[mm²]
  1.5, 2.5, 4, 6, 10, 16, 25, 35, 50, 70, 95, 120, 150, 185, 240, 300, 400, 500, 630

(2) 간선 설비에 필요한 후강 전선관의 굵기를 [표 2]를 이용하여 선정하시오.

답안작성

[표 2]에서 도체 단면적 10[mm²] 적용 전선보수 3본 적용하여 교차되는 22[mm] 선정

(3) 분전반의 복선 결선도를 완성하시오.

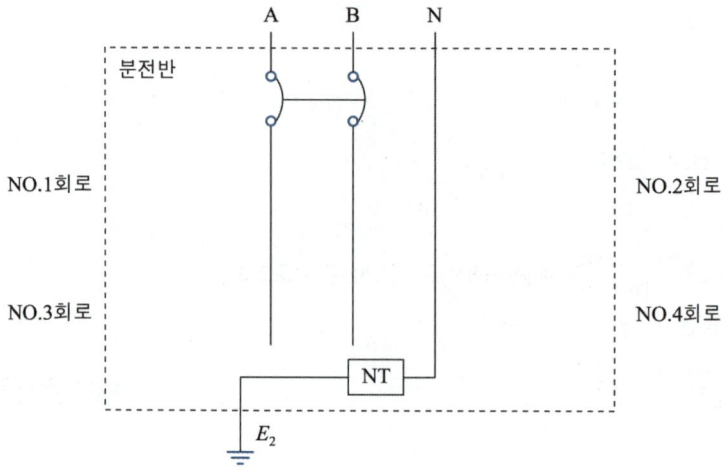

답안작성

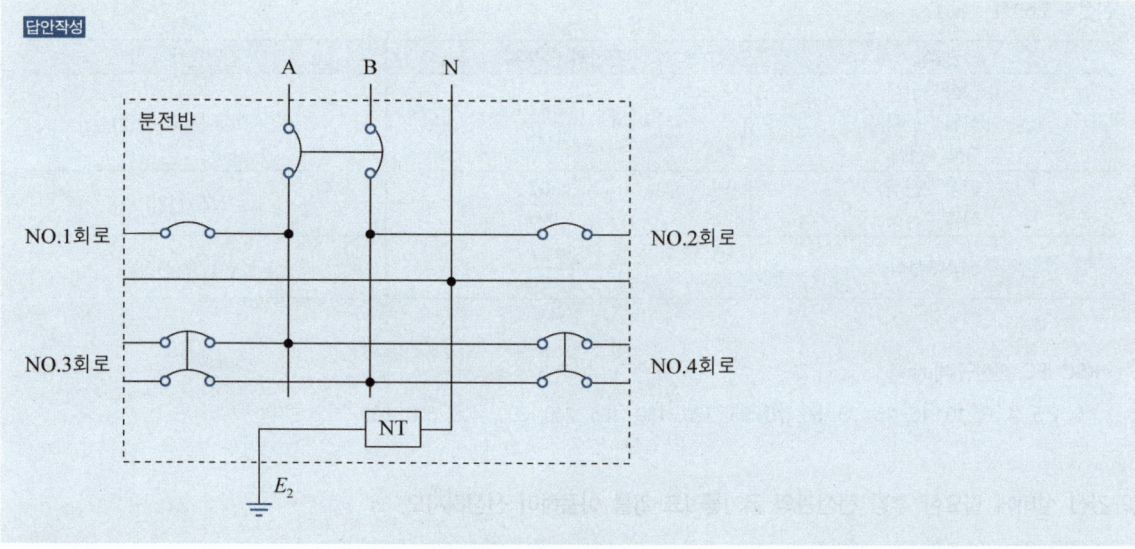

참 고
NO.1 회로, NO.2 회로는 극수가 1이므로 1개의 전압(상)선에 차단기를 표시하고,
NO.3 회로, NO.4 회로는 극수가 2이므로 2개의 전압(상)선에 차단기를 표시한다.

(4) 부하집계표에 의한 설비 불평형률을 계산하여 구하시오.

계산과정

답안작성

계산과정 | 설비 불평형률 = $\dfrac{4,920-3,920}{(4,920+3,920+4,000+2,000)\times\dfrac{1}{2}}\times 100 = 13.48\,[\%]$

정 답

정답 | 13.48[%]

참 고

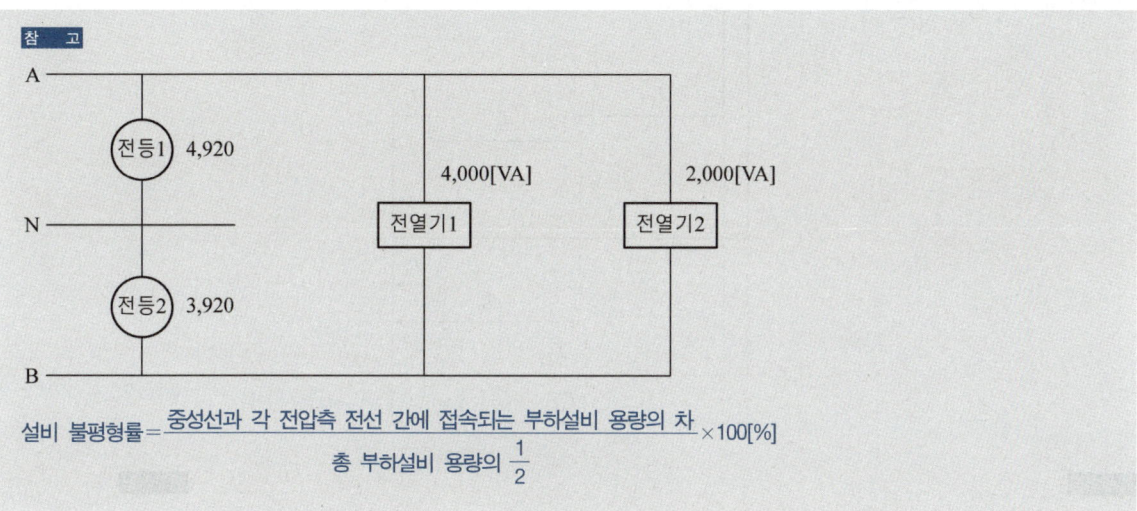

설비 불평형률 = $\dfrac{\text{중성선과 각 전압측 전선 간에 접속되는 부하설비 용량의 차}}{\text{총 부하설비 용량의 } \dfrac{1}{2}}\times 100\,[\%]$

03

조명의 전등효율(Lamp Efficiency)과 발광효율(Luminous Efficiency)에 대하여 간단히 설명하시오. [4점]

(1) 전등효율

답안작성

소비전력에 대한 전체 발산광속의 비율

$\eta = \dfrac{\text{전체 발산광속 } F}{\text{소비전력 } P}\,[\text{lm/w}]$

(2) 발광효율

답안작성

방사속에 대한 광속의 비율

$\eta = \dfrac{\text{광속 } F}{\text{방사속 } \phi}\,[\text{lm/w}]$

04

다음 그림과 같은 방전특성을 갖는 부하에 필요한 축전기 용량[Ah]을 계산하여 구하시오.
(단, 방전 전류 $I_1 = 500[A]$, $I_2 = 300[A]$, $I_3 = 100[A]$, $I_4 = 200[A]$, 방전시간 $T_1 = 120[분]$, $T_2 = 119.9[분]$, $T_3 = 60[분]$, $T_4 = 1[분]$, 용량환산시간 $K_1 = 2.49$, $K_2 = 2.49$, $K_3 = 1.46$, $K_4 = 0.57$, 보수율은 0.8을 적용한다) [6점]

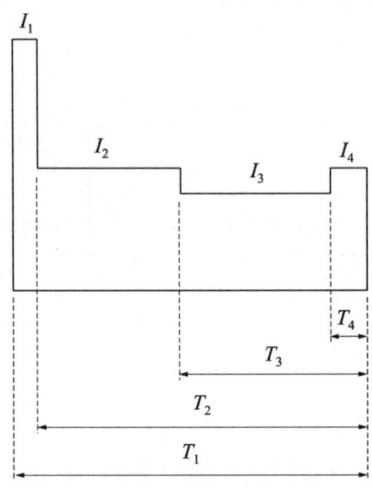

계산과정

답안작성

계산과정 | $\dfrac{1}{0.8}[(2.49 \times 500) + 2.49(300-500) + 1.46(100-300) + 0.57(200-100)] = 640[Ah]$

정답 | 640[Ah]

참고

축전기 용량

$$C = \dfrac{1}{L}[K_1 I_1 + K_2(I_2 - I_1) + K_3(I_3 - I_2)][Ah]$$

- L : 보수율(경년용량 저하율)
- K : 용량환산시간
- I : 방전전류[A]

05

각 방향에 900[cd]의 광도를 갖는 광원을 높이 3[m]에 취부한 경우 직하로부터 30° 방향의 수평면 조도[lx]를 계산하여 구하시오. [5점]

계산과정 | 수평면 조도 $E = \dfrac{I}{r^2}\cos\theta$ [lx], $r = \dfrac{3}{\cos 30°}$

$$E = \dfrac{900}{\left(\dfrac{3}{\cos 30°}\right)^2}\cos 30° = 64.95 \text{[lx]}$$

정답 | 64.95[lx]

참고

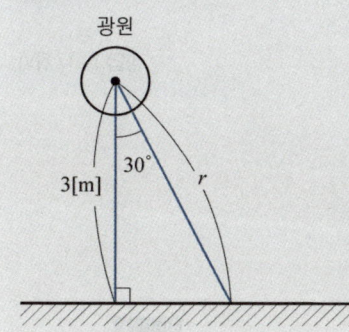

$\cos 30° = \dfrac{3}{r}$

$r = \dfrac{3}{\cos 30°}$ [m]

06

그림과 같은 단상 2선식 회로에서 공급점 A의 전압이 220[V]이고, $A-B$ 사이의 1선마다의 저항이 0.02[Ω], $B-C$ 사이의 1선마다의 저항이 0.04[Ω]이라 하면 40[A]를 소비하는 B점의 전압 V_B와 20[A]를 소비하는 C점의 전압 V_C를 계산하여 구하시오. (단, 부하의 역률은 1이다) [5점]

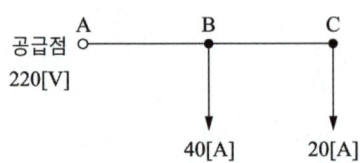

(1) B점의 전압 V_B

계산과정 | $V_B = 220 - [(40+20) \times 0.02 \times 2] = 217.6$[V]

정답 | 217.6[V]

참 고

$V_B = V_A - [(I_B + I_C) \times A-B$ 사이의 저항$\times 2$선$]$

(2) C점의 전압 V_C

계산과정 | $V_C = 217.6 - (20 \times 0.04 \times 2) = 216$[V]

정답 | 216[V]

참 고

$V_C = V_B - (I_C \times B-C$ 사이의 저항$\times 2$선$)$

07

입력 설비 용량 20[kW] 2대, 30[kW] 2대의 3상 380[V] 유도 전동기 군이 있다. 그 부하곡선이 아래 그림과 같은 경우 최대수용전력[kW]과 수용률[%], 일부하율[%]을 각각 계산하여 구하시오. [5점]

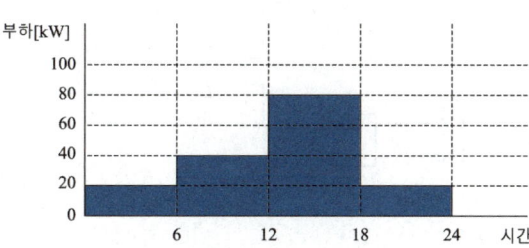

(1) 최대수용전력[kW]

답안작성
80[kW]

(2) 수용률[%]

계산과정 | $\dfrac{80}{20 \times 2 + 30 \times 2} \times 100 = 80[\%]$ 정답 | 80[%]

참 고

수용률 = $\dfrac{\text{최대수용전력}}{\text{설비용량}} \times 100[\%]$

(3) 일부하율[%]

계산과정 | $\dfrac{(20 \times 6) + (40 \times 6) + (80 \times 6) + (20 \times 6)}{80 \times 24} \times 100 = 50[\%]$ 정답 | 50[%]

참 고

일부하율 = $\dfrac{\text{평균전력}}{\text{최대수용전력}} \times 100[\%]$

일평균전력[kW] = $\dfrac{\text{하루사용전력[kWh]}}{24시간}$

08

그림과 같은 무접점 논리회로를 유접점 시퀀스 회로로 변환하시오. [4점]

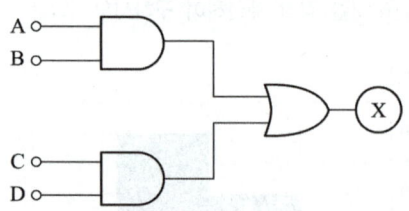

답안작성

유접점 시퀀스 회로

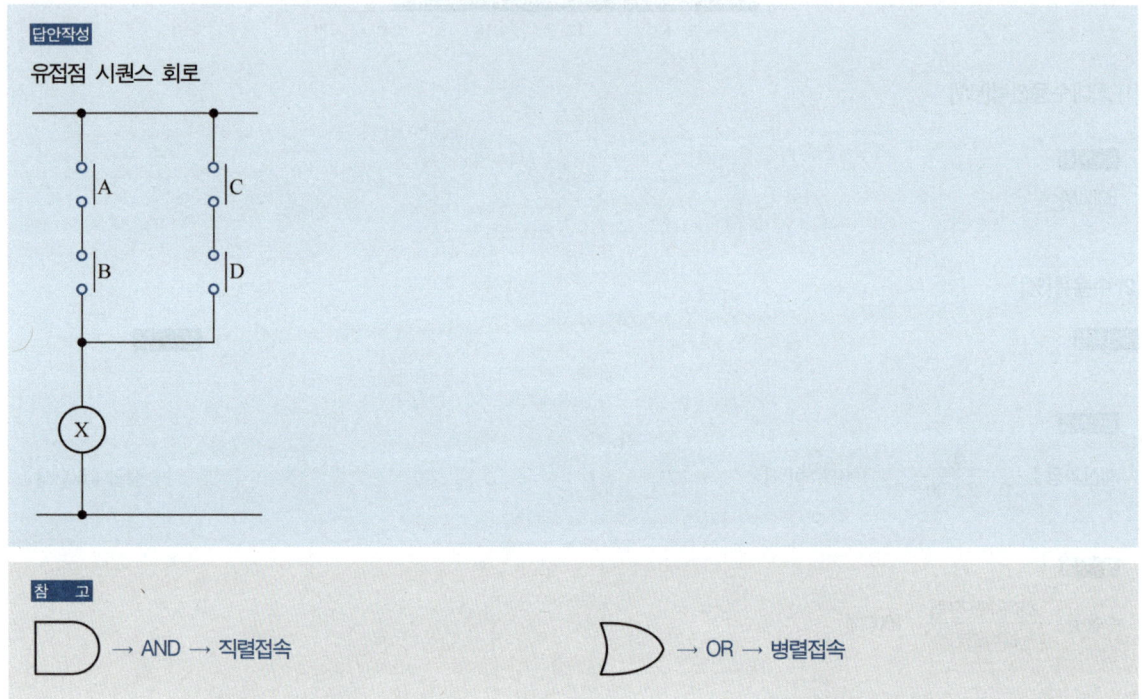

09

교류 동기발전기에 대한 각 물음에 간단히 답하시오. [8점]

(1) 정격전압 6,000[V], 용량 5,000[kVA]인 3상 교류 동기발전기에서 여자전류가 300[A], 무부하 단자전압 6,000[V], 단락전류는 700[A]라고 한다. 이 발전기의 단락비를 계산하시오.

계산과정

계산과정 | 단락비 $= \dfrac{I_s}{I_n} = \dfrac{I_s}{\dfrac{P_n}{\sqrt{3}\,V_n}} = \dfrac{\sqrt{3}\,V_n I_s}{P_n} = \dfrac{\sqrt{3} \times 6{,}000 \times 700}{5{,}000 \times 10^3} = 1.45$

정답 | 1.45

참고

단락전류 $I_s = \dfrac{100}{\%Z} \times I_n$

단락비 $\dfrac{I_s}{I_n} = \dfrac{100}{\%Z} = \dfrac{\sqrt{3}\,V_n I_s}{P_n}$

(2) 다음 ( ) 안에 알맞은 내용을 넣어 완성하시오. (단, 크다(고), 적다(고), 높다(고), 낮다(고)로 표현)

단락비가 큰 교류발전기는 일반적으로 기계의 치수가 (①), 가격이 (②), 풍손, 마찰손, 철손이 (③), 효율은 (④), 전압변동률은 (⑤), 안정도는 (⑥).

답안작성

① 크고, ② 높고, ③ 크고, ④ 낮고, ⑤ 적고, ⑥ 높다

(3) 비상용 동기발전기의 병렬운전 조건 4가지를 쓰시오.

답안작성

① 기전력의 크기가 같을 것
② 기전력의 위상이 같을 것
③ 기전력의 주파수가 같을 것
④ 기전력의 파형이 같을 것

10

다음은 전력시설물 공사감리업무 수행지침과 관련된 사항이다. (   ) 안에 알맞은 내용을 넣어 수행지침을 완성하시오.
[5점]

> 감리원은 설계도서 등에 대하여 공사계약문서 상호 간의 모순되는 사항, 현장 실정과의 부합여부 등 현장 시공을 주안으로 하여 해당 공사 시작 전에 검토하여야 하며 검토내용에는 다음 각 호의 사항 등이 포함되어야 한다.
> 1. 현장조건에 부합 여부
> 2. 시공의 (①) 여부
> 3. 다른 사업 또는 다른 공정과의 상호부합 여부
> 4. (②), 설계설명서, 기술계산서, (③) 등의 내용에 대한 상호일치 여부
> 5. (④), 오류 등 불명확한 부분의 존재여부
> 6. 발주자가 제공한 (⑤)와 공사업자가 제출한 산출내역서의 수량일치 여부
> 7. 시공상의 예상 문제점 및 대책 등

①	②	③	④	⑤

답안작성

①	②	③	④	⑤
실제가능	설계도면	산출내역서	설계도서의 누락	물량 내역서

참고

전력시설물 공사감리업무 수행지침 제8조(설계도서 등의 검토)
① 감리원은 설계도면, 설계설명서, 공사비 산출내역서, 기술계산서, 공사계약서의 계약내용과 해당 공사의 조사 설계보고서 등의 내용을 완전히 숙지하여 새로운 방향의 공법개선 및 예산절감을 도모하도록 노력하여야 한다.
② 감리원은 설계도서 등에 대하여 공사계약문서 상호 간의 모순되는 사항, 현장 실정과의 부합여부 등 현장 시공을 주안으로 하여 해당 공사 시작 전에 검토하여야 하며 검토내용에는 다음 각 호의 사항 등이 포함되어야 한다.
  1. 현장조건에 부합 여부
  2. 시공의 실제가능 여부
  3. 다른 사업 또는 다른 공정과의 상호부합 여부
  4. 설계도면, 설계설명서, 기술계산서, 산출내역서 등의 내용에 대한 상호일치 여부
  5. 설계도서의 누락, 오류 등 불명확한 부분의 존재여부
  6. 발주자가 제공한 물량 내역서와 공사업자가 제출한 산출내역서의 수량일치 여부
  7. 시공상의 예상 문제점 및 대책 등

11

공급점에서 30[m]의 지점에 80[A], 45[m]의 지점에 50[A], 60[m]의 지점에 30[A]의 부하가 걸려있을 때, 부하 중심까지의 거리를 계산하여 구하시오. [5점]

계산과정 | $\dfrac{(30\times 80)+(45\times 50)+(60\times 30)}{80+50+30} = 40.31\text{[m]}$

정답 | 40.31[m]

참 고

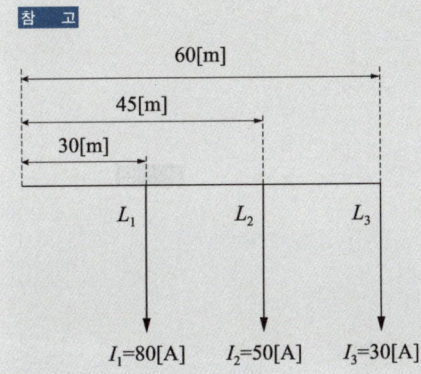

부하중심거리 $L = \dfrac{L_1 I_1 + L_2 I_2 + L_3 I_3}{I_1 + I_2 + I_3}\text{[m]}$

12

그림과 같이 Y결선된 평형부하에 전압을 측정할 때 전압계의 지시값이 $V_P = 150$[V], $V_l = 220$[V]로 나타났다. 제3고조파 전압과 왜형률을 계산하여 구하시오. (단, 부하측에 인가된 전압은 각상 평형전압이고 기본파와 제3고조파 전압만이 포함되어 있다) [5점]

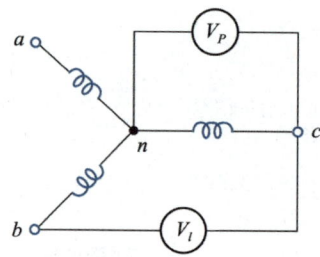

(1) 제3고조파 전압[V]

계산과정

답안작성

계산과정 | 제3고조파 V_3를 포함하는 상전압 $V_P = 150$[V] $= \sqrt{V_1^2 + V_3^2}$ [V]

제3고조파 V_3를 포함하지 않는 선간전압 $V_l = 220 = \sqrt{3}\, V_1$ [V], $V_1 = \dfrac{220}{\sqrt{3}}$

$150^2 = V_1^2 + V_3^2$에서 V_3을 기준으로 식을 정리하면

$V_3 = \sqrt{150^2 - V_1^2} = \sqrt{150^2 - \left(\dfrac{220}{\sqrt{3}}\right)^2} = 79.79$[V]

정답 | 79.79[V]

참고

Y결선에서 상전압 $= \dfrac{\text{선간전압}}{\sqrt{3}}$

비정현파 교류의 실효전압 $V = \sqrt{V_0^2 + V_1^2 + V_2^2 + \cdots + V_n^2}$

- V_0 : 직류분
- V_1 : 기본파
- V_n : 고조파

(2) 전압의 왜형률[%]을 구하시오.

계산과정

답안작성
계산과정 | 왜형률 = $\sqrt{\left(\dfrac{79.79}{\dfrac{220}{\sqrt{3}}}\right)^2} \times 100 = 62.82[\%]$

정답

정답 | 62.82[%]

참고
왜형률 = $\sqrt{\dfrac{\text{고조파의 실효값}^2\text{의 합}}{\text{기본파의 실효값}^2}} \times 100 = \sqrt{\left(\dfrac{V_2}{V_1}\right)^2 + \left(\dfrac{V_3}{V_1}\right)^2 + \cdots + \left(\dfrac{V_n}{V_1}\right)^2} \times 100 [\%]$

13

3상 농형 유도전동기의 기동방식 중 리액터 기동방식에 대하여 간단히 설명하시오. [5점]

답안작성
전동기에 인가되는 전압을 감압시켜 기동토크를 감소시키기 위해 전원측에 리액터를 직렬로 접속하여 기동하는 방식이다.

참고
3상 농형 유도전동기 기동법
- 전전압 기동법
- Y-△ 기동법
- 리액터 기동법
- 기동 보상기법

14

접지설비에서 보호도체에 대한 내용이다. 다음 각 물음에 답하시오. [5점]

(1) 보호도체란 안전을 목적(가령 감전보호)으로 설치된 전선으로서 다음표의 단면적 이상으로 선정하여야 한다. 알맞은 보호도체 최소단면적의 기준을 ①~③에 각각 쓰시오.

[표] 보호선의 단면적

선도체의 단면적 S의 단면적[mm²]	보호선의 최소 단면적[mm²] (보호도체의 재질이 선도체와 같은 경우)
$S \leq 16$	①
$16 < S \leq 35$	②
$S > 35$	③

답안작성

① S, ② 16, ③ $\dfrac{S}{2}$

참고

한국전기설비규정 142.3.2 보호도체

1. 보호도체의 최소 단면적은 다음에 의한다.

표 142.3-1 보호도체의 최소 단면적

선도체의 단면적 S ([mm²], 구리)	보호도체의 최소 단면적([mm²], 구리)	
	보호도체의 재질	
	선도체와 같은 경우	선도체와 다른 경우
$S \leq 16$	S	$(k_1/k_2) \times S$
$16 < S \leq 35$	16^a	$(k_1/k_2) \times 16$
$S > 35$	$\dfrac{S^a}{2}$	$(k_1/k_2) \times (S/2)$

여기서, k_1 : 도체 및 절연의 재질에 따라 KS C IEC 60364-5-54(저압전기설비-제5-54부 : 전기기기의 선정 및 설치-접지설비 및 보호도체)의 "표 A54.1(여러 가지 재료의 변수 값)" 또는 KS C IEC 60364-4-43(저압전기설비-제4-43부 : 안전을 위한 보호-과전류에 대한 보호)의 "표 43A(도체에 대한 k값)"에서 선정된 선도체에 대한 k값

k_2 : KS C IEC 60364-5-54(저압전기설비-제5-54부 : 전기기기의 선정 및 설치-접지설비 및 보호도체)의 "표 A.54.2(케이블에 병합되지 않고 다른 케이블과 묶여 있지 않은 절연 보호도체의 k값)~ 표 A.54.6(제시된 온도에서 모든 인접 물질에 손상 위험성이 없는 경우 나도체의 k값)"에서 선정된 보호도체에 대한 k값

a : PEN 도체의 최소단면적은 중성선과 동일하게 적용한다[KS C IEC 60364-5-52(저압전기설비-제5-52부 : 전기기기의 선정 및 설치-배선설비) 참조].

(2) 보호도체의 종류를 2가지만 쓰시오.

답안작성

① 다심 케이블의 도체

② 고정된 절연도체 또는 나도체

참 고

한국전기설비규정 142.3.2 보호도체

2. 보호도체의 종류는 다음에 의한다.
　가. 보호도체는 다음 중 하나 또는 복수로 구성하여야 한다.
　　(1) 다심케이블의 도체
　　(2) 충전도체와 같은 트렁킹에 수납된 절연도체 또는 나도체
　　(3) 고정된 절연도체 또는 나도체

15

전동기의 진동과 소음이 발생되는 원인에 대하여 다음 각 물음에 답하시오. [8점]

(1) 진동이 발생하는 원인을 3가지만 간단히 쓰시오.

답안작성

① 회전자의 정적, 동적 불평형

② 베어링의 불평형

③ 상대기기와의 연결불량 및 설치불량

참 고

④ 회전자의 편심

⑤ 에어 갭(air gap)의 회전 시 변동

⑥ 회전자 철심의 자기적 성질의 불평등

⑦ 고조파 자계에 의한 자기력의 불평형

(2) 전동기 소음을 크게 3가지로 분류하고 각각에 대하여 간단하게 설명하시오.

답안작성

① 기계적 소음 : 진동, 브러쉬의 습동, 베어링에 의해 발생하는 소음

② 전자적 소음 : 철심의 여러 부분이 주기적인 자력, 전자력에 의해 진동하여 발생하는 소음

③ 통풍 소음 : 팬, 회전자의 에어덕트 등 팬 작용으로 인해 발생하는 소음

16

특고압 수전 설비에 대한 다음 각 물음에 답하시오. [6점]

(1) 동력용 변압기에 연결된 동력 부하 설비용량이 350[kW], 부하역률은 85[%], 효율 85[%], 수용률은 60[%]라고 할 때 동력용 3상 변압기의 용량은 몇 [kVA]인지를 계산하여 표준용량을 선정하시오.

동력용 3상 변압기 표준용량[kVA]					
200	250	300	400	500	600

계산과정

답안작성

계산과정 | $\dfrac{350 \times 0.6}{0.85 \times 0.85} = 290.66 [kVA]$

정답 | 표에서 300[kVA] 선정

참고

변압기 용량[kVA] = $\dfrac{설비용량 \times 수용률}{역률 \times 효율}$

(2) 3상 농형 유도전동기에 전용차단기를 설치할 때 전용차단기의 정격전류[A]를 계산하여 구하시오. (단, 전동기는 160[kW]이고 정격전압은 3,300[V], 역률은 85[%], 효율은 85[%]이며 차단기의 정격전류는 전동기 정격전류의 3배로 계산한다)

계산과정

답안작성

계산과정 | $\dfrac{160 \times 10^3}{\sqrt{3} \times 3,300 \times 0.85 \times 0.85} \times 3 = 116.23 [A]$

정답 | 116.23[A]

참고

정격전류

$I_n = \dfrac{P}{\sqrt{3}\, V \cos\theta \cdot \eta}$ [A]

- P : 전동기출력[W]
- V : 전압[V]
- $\cos\theta$: 역률
- η : 효율

전용차단기 정격전류 = 전동기 정격전류 $I_n \times 3$배

17

에너지 절약을 위한 동력설비의 대응방향 5가지를 간단히 쓰시오. [5점]

답안작성
① 고효율 전동기를 채용한다.
② 역률 개선용 콘덴서를 설치한다.
③ VVVF 시스템(가변전압 가변주파수)을 채용한다.
④ 부하의 정격용량과 성질에 맞는 전동기를 선정한다.
⑤ 히트펌프, 폐열회수냉동기, 흡수식 냉동기 등 에너지 절약형 전동기를 채용한다.

18

그림과 같이 접속된 3상 3선식 고압수전 설비의 변류기 2차 전류가 언제나 4.2[A]이었다. 이때 수전전력[kW]을 계산하여 구하시오. (단, 수전전압은 6,600[V], 변류비는 50/5[A], 역률은 100[%]이다) [5점]

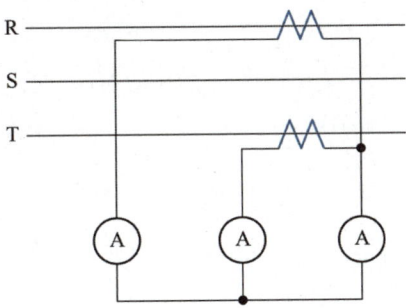

계산과정

답안작성
계산과정 | 전력 $P = \sqrt{3} \times 6,600 \times 4.2 \times \dfrac{50}{5} \times 1 \times 10^{-3} = 480.12$[kW]

정답 | 480.12[kW]

참고
$P = \sqrt{3}\, V_1 I_1 \cos\theta = \sqrt{3}\, V_1 (I_2 \times \text{CT비}) \cos\theta = \sqrt{3} \times 6,600 \times \left(4.2 \times \dfrac{50}{5}\right) \times 1$ [W]

실기[필답형]기출문제 2017 * 2

※ 출제기준 변경 및 개정된 관계법규에 따라 삭제된 문제가 있어 배점의 합계가 100점이 안 됩니다.

01

154[kV] 중성점 직접 접지 계통에서 접지계수가 0.75이고 여유도가 1.1인 경우 전력용 피뢰기의 정격전압을 계산하여 주어진 표에서 선정하시오. [5점]

피뢰기의 정격 전압(표준값 [kV])					
126	144	154	168	182	196

계산과정   정   답

답안작성

계산과정 | $0.75 \times 1.1 \times 170 = 140.25$[kV]   정답 | 144[kV] 선정

참   고

피뢰기 정격전압[kV] $= \alpha \cdot \beta \cdot V_m$

- α : 접지계수
- β : 여유도
- V_m : 계통의 최고전압

02

방의 면적이 10[m]×30[m], 높이 3.85[m]인 사무실에 40[W] 형광등 1개의 광속이 2,500[lm]인 2등용 형광등 기구를 시설하여 400[lx]의 평균조도를 얻고자 할 때 다음 요구사항을 구하시오. (단, 조명률이 60[%], 감광보상률은 1.3, 책상면에서 천장까지의 높이는 3[m]이다) [5점]

(1) 실지수

계산과정

답안작성

계산과정 | 실지수 $= \dfrac{10 \times 30}{3 \times (10+30)} = 2.5$

정답 | 2.5

참고

실지수 $= \dfrac{XY}{H(X+Y)}$

- X : 방의 가로 길이 10[m]
- Y : 방의 세로 길이 30[m]
- H : 책상면에서 천장까지의 높이 3[m]

(2) 형광등 기구수

계산과정

답안작성

계산과정 | $N = \dfrac{DES}{FU} = \dfrac{1.3 \times 400 \times (10 \times 30)}{(2,500 \times 2) \times 0.6} = 52$

정답 | 52[등]

참고

$FUN = DES$

등수 $N = \dfrac{DES}{FU}$

- 감광보상률 $D = 1.3$
- 조도 $E = 400$[lx]
- 면적 $S = (10 \times 30)$[m²]
- 광속 $F = 2,500 \times 2$등용
- 조명률 $U = 60$[%]

03

Y-△ 기동방식에 대한 내용이다. 각 물음에 답하시오. (단, 전자접촉기 MC_1은 Y용, MC_2는 △용이다) [6점]

(1) 주회로를 나타낸 결선도이다. 미완성 부분의 결선도를 완성하시오.

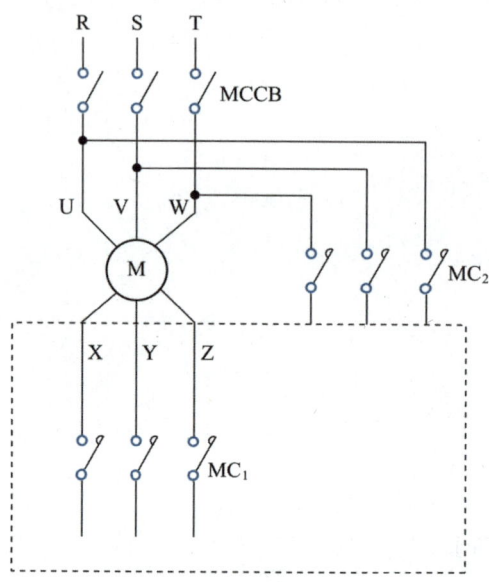

답안작성

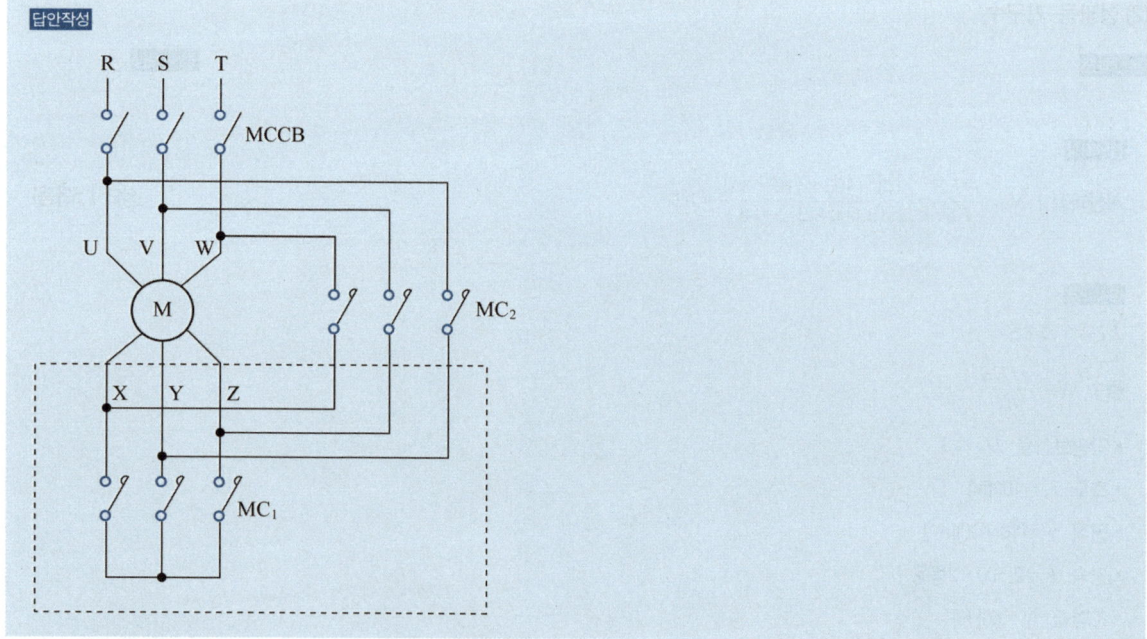

(2) Y-△ 기동 시와 전전압 기동을 비교하여 간단히 설명하시오. (단, 기동전류 수치를 포함한다)

> **답안작성**
> Y-△ 기동 시 기동전류는 전전압 기동 전류의 $\frac{1}{3}$ 배이다.

> **참 고**
> Y 결선의 기동 전류와 △ 결선의 기동전류를 비교하면
>
>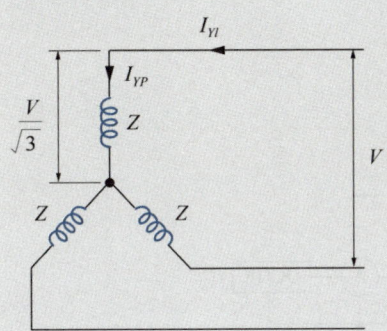
>
> 선전류 I_{Yl} = 상전류 $I_{YP} = \dfrac{\frac{V}{\sqrt{3}}}{Z} = \dfrac{V}{\sqrt{3}\,Z}$
>
>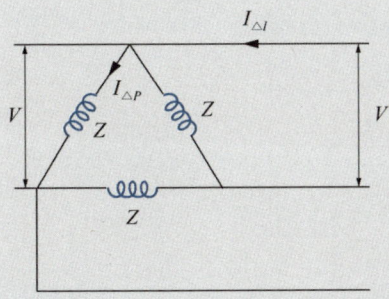
>
> 선전류 $I_{\triangle l}$ = 상전류 $I_{\triangle P} \times \sqrt{3} = \dfrac{V}{Z} \times \sqrt{3}$
>
> $I_{Yl} : I_{\triangle l} = \dfrac{V}{\sqrt{3}\,Z} : \dfrac{\sqrt{3}\,V}{Z}$
>
> $I_{Yl} \cdot \dfrac{\sqrt{3}\,V}{Z} = I_{\triangle l} \cdot \dfrac{V}{\sqrt{3}\,Z}$
>
> $I_{Yl} = I_{\triangle l} \cdot \dfrac{1}{3}$

(3) 전동기를 운전할 때 실제로 Y-△ 기동·운전한다고 생각하면서 기동순서를 설명하시오. (단, 동시투입 여부를 포함하여 설명하시오)

> **답안작성**
> 전원 투입 후 MC₁이 여자되어 Y 결선으로 기동하고 설정시간 후 MC₁이 소자되고 MC₂가 여자되어 △결선으로 운전된다. MC₁에서 MC₂로 동작이 진행될 때 동시에 여자(동시투입)되어선 안 된다.

04

그림의 단선 결선도를 보고 ①~⑤에 들어갈 기기에 대하여 표준 심벌을 그리고 약도 명칭, 용도 또는 역할에 대한 내용으로 빈칸을 채우시오. [10점]

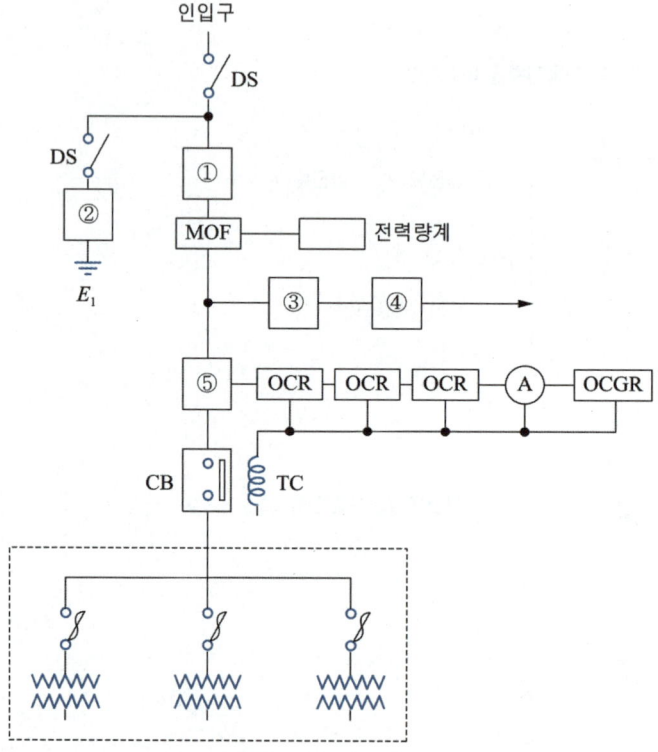

번호	심벌	약호	명칭	용도 및 역할
①				
②				
③				
④				
⑤				

답안작성

번호	심벌	약호	명칭	용도 및 역할
①		PF	전력용 퓨즈	단락전류 및 고장전류 차단
②	LA	LA	피뢰기	이상전압을 대지로 방전시키고 속류를 차단
③		COS	컷아웃 스위치	부하측에 고장발생 시 부하측과의 회로를 분리시켜 사고 확대를 방지한다.
④		PT	계기용 변압기	고전압을 저전압으로 변성하여 계측기 등에 전원을 공급한다.
⑤	CT	CT	변류기	대전류를 소전류로 변성하여 계측기 등에 전원을 공급한다.

05

양수량 15[m³/min], 양정 20[m]의 양수 펌프용 전동기의 소요전력[kW]을 계산하여 구하시오. (단, $K=1.1$, 펌프효율은 80[%]로 한다) [3점]

계산과정

정답

답안작성

계산과정 | $P = \dfrac{KQH}{6.12\eta} = \dfrac{1.1 \times 15 \times 20}{6.12 \times 0.8} = 67.4$[kW]

정답 | 67.4[kW]

참고

펌프용 전동기 출력

양수량 [m³/s]일 때 $P = 9.8 \times \dfrac{KQH}{\eta}$ [kW]

양수량 [m³/min]일 때 $P = \dfrac{KQH}{6.12\eta}$ [kW]

- K : 여유 계수
- Q : 양수량
- H : 양정[m]
- η : 펌프효율

06

배전 선로에서 사용하는 전압조정기를 3가지만 쓰시오. [3점]

답안작성
① 자동전압 조정기(SVR)
② 승압기
③ 병렬콘덴서

참고
- 자동전압 조정기 : 단권변압기와 탭조정 기구를 이용하여 전압조정
- 승압기 : 변압기를 이용하여 승압
- 병렬콘덴서 : 무효전력을 제어하여 전압을 조정한다.

07

3상 4선식 22.9[kV] 수전설비의 부하전류가 30[A]이다. 60/5[A]의 변류기를 통하여 과전류 계전기를 시설하였다. 120[%]의 과부하에서 차단시키려면 트립 전류치를 몇 [A]로 설정하여야 하는지 계산하여 구하시오. [4점]

계산과정 | 정답

답안작성
계산과정 | $30 \times \dfrac{5}{60} \times 1.2 = 3[A]$

정답 | 3[A] 설정

참고
트립 전류(CT 2차측 전류)

$I_2[A] = \dfrac{부하전류 \times 1}{변류비} \times 설정값$

- 부하전류 = 30[A]
- 변류비 = 60/5[A]
- 설정값 = 120[%]

08

전력설비 점검 시 보호계전 계통의 오동작 원인 3가지를 쓰시오. [3점]

[답안작성]
① 계전기의 충격 및 진동
② 허용범위를 초과한 온도, 전원의 과도한 전압변동
③ 높은 습도로 인한 절연성능 저하

[참 고]
④ 유해가스에 의한 부식
⑤ 여자돌입 전류
⑥ 전자파, 서지, 노이즈

09

고조파 전류는 각종 선로나 간선에 무정전 전원 장치나 에너지 절약 기기 등이 증가되면서 선로에 발생하여 전원의 질을 떨어뜨리고 과열 및 이상 상태를 발생시키는 원인이 되고 있다. 고조파 전류를 방지하기 위한 대책을 3가지만 간단히 쓰시오. [5점]

[답안작성]
① 전력변환장치의 Pulse 수를 크게 한다.
② 고조파 필터를 사용한다.
③ 직렬리액터를 설치하여 제5고조파를 제거하고 변압기 결선에서 △ 결선을 채용하여 제3고조파가 나타나지 않도록 한다.

[참 고]
고조파 발생 원인
• 용접기, 아크로, 변압기, 전동기, 정지형 전력변환장치 등

10

콘덴서회로에서 고조파를 감소시키기 위한 직렬리액터 회로이다. 다음 물음에 답하시오. [5점]

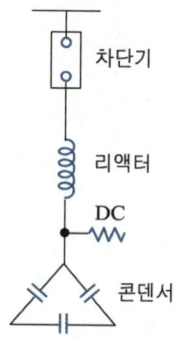

(1) 제5고조파를 감소시키기 위한 리액터 용량은 콘덴서의 몇 [%] 이상이어야 하는가?

답안작성
4[%] 이상

참 고

$5\omega L = \dfrac{1}{5\omega C}$

$\omega L = \dfrac{1}{25\omega C} = 0.04 \dfrac{1}{\omega C}$

직렬리액터(SR)의 이론적 용량은 콘덴서 용량의 4[%] 이상이다.

(2) 설계 시 주파수 변동이나 경제성을 고려하여 리액터의 용량은 콘덴서의 몇 [%] 정도를 표준으로 하는가?

답안작성
6[%] 이상

참 고
직렬리액터(SR)의 실제적 용량은 콘덴서 용량의 6[%] 이상이다.

(3) 제3고조파를 감소시키기 위한 리액터의 용량은 콘덴서의 몇 [%] 이상이어야 하는가?

답안작성
11.11[%] 이상

> **참 고**
>
> $3\omega L = \dfrac{1}{3\omega C}$
>
> $\omega L = \dfrac{1}{9\omega C} = 0.1111 \dfrac{1}{\omega C}$

11

전력시설물 공사감리업무 수행지침에서 정하는 발주자는 외부적 사업환경의 변동, 사업 추진 기본계획의 조정, 민원에 따른 노선변경, 공법변경, 그 밖의 시설물 추가 등으로 설계변경이 필요한 경우에는 다음의 서류를 첨부하여 반드시 서면으로 책임감리원에게 설계 변경을 하도록 지시하여야 한다. 이 경우 첨부하여야 하는 서류를 5가지만 쓰시오. (단, 그 밖에 필요한 서류는 제외한다) [5점]

> **답안작성**
>
> ① 설계변경 개요서
> ② 설계변경 도면
> ③ 설계설명서
> ④ 계산서
> ⑤ 수량산출 조서

> **참 고**
>
> 전력시설물 공사감리 업무 수행지침 제52조(설계변경 및 계약금액 조정)
> 발주자는 외부적 사업환경의 변동, 사업추진 기본계획의 조정, 민원에 따른 노선변경, 공법변경, 그 밖의 시설물 추가 등으로 설계변경이 필요한 경우에는 다음 각 호의 서류를 첨부하여 반드시 서면으로 책임감리원에게 설계변경을 하도록 지시하여야 한다. 다만, 발주자가 설계변경 도서를 작성할 수 없을 경우에는 설계변경개요서만 첨부하여 설계변경 지시를 할 수 있다.
> 1. 설계변경 개요서
> 2. 설계변경 도면, 설계설명서, 계산서 등
> 3. 수량산출 조서
> 4. 그 밖에 필요한 서류

12

그림은 누름버튼스위치 PB_1, PB_2, PB_3를 ON 조작하여 기계 A, B, C를 운전하는 시퀀스회로도이다. 이 회로를 타임차트 1~3의 요구사항과 같이 병렬 우선 순위회로로 고쳐서 그리시오. (단, R_1, R_2, R_3는 계전기이며, 이 계전기의 보조 a접점 또는 b접점을 추가 또는 삭제하여 작성하되 불필요한 접점을 사용하지 않도록 하며, 보조 접점에는 접점명을 기입하도록 한다) [6점]

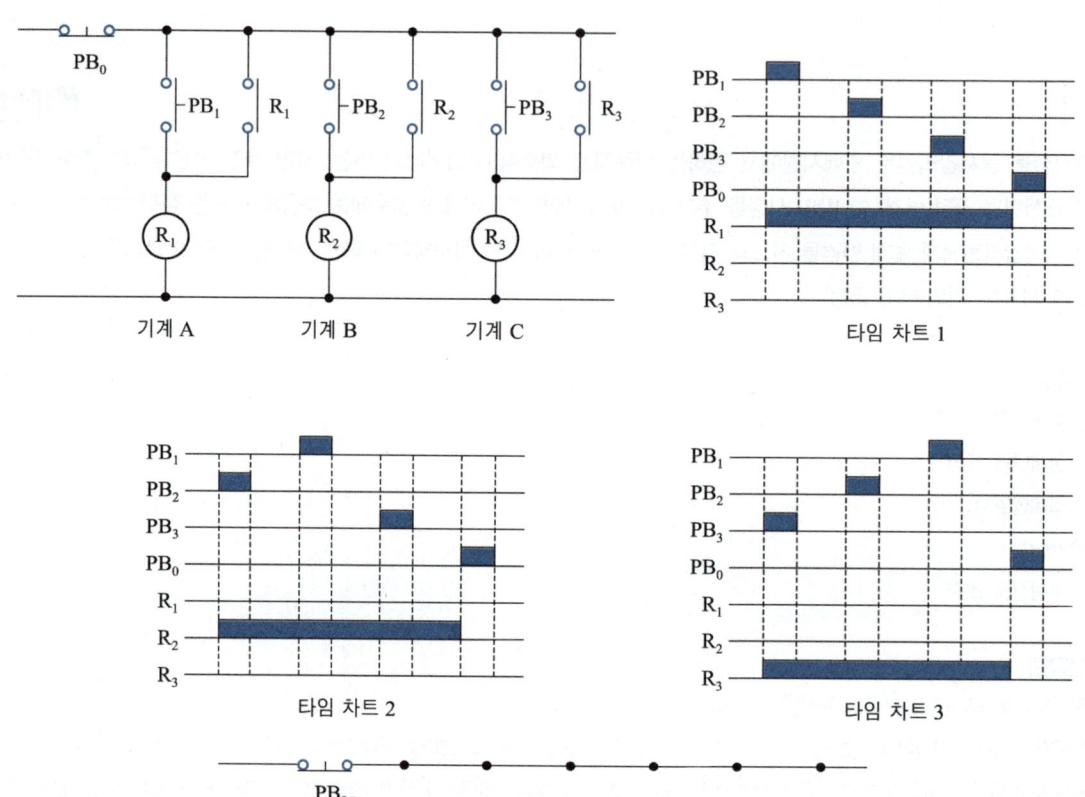

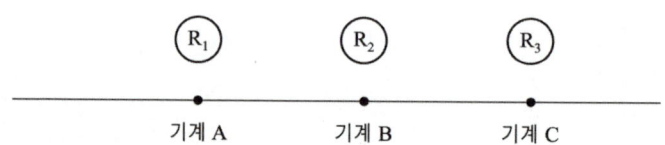

답안작성

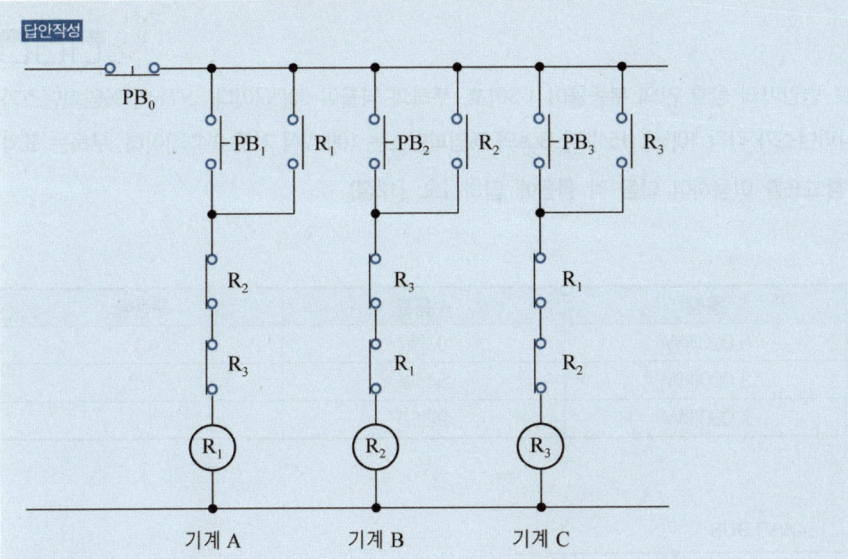

참고

우선 순위 동작 회로로 PB₁을 눌러 R₁이 여자되면 PB₂나 PB₃를 눌러도 R₂, R₃가 여자되지 않고, PB₀를 눌러 회로를 복귀시킨 후 PB₂를 눌러 R₂가 여자되면 PB₁이나 PB₃를 눌러도 R₁, R₃가 여자되지 않고, PB₀를 눌러 회로를 복귀시킨 후 PB₃을 눌러 R₃가 여자되면 PB₁이나 PB₂를 눌러도 R₁, R₂가 여자되지 않는다. 즉, 우선순위로 처음 여자된 회로만 동작한다.

13

그림은 어떤 변전소의 도면으로 변압기의 상호 간의 부등률이 1.3이고, 부하의 역률이 90[%]이다. STr의 %임피던스가 4.5[%], Tr_1, Tr_2, Tr_3의 %임피던스가 각각 10[%], 154[kV] Bus의 %임피던스는 10[MVA] 기준 0.4[%]이다. 부하는 표와 같다고 할 때 주어진 도면과 참고표를 이용하여 다음 각 물음에 답하시오. [12점]

[부하표]

부하	용량	수용률	부등률
A	5,000[kW]	80[%]	1.2
B	3,000[kW]	84[%]	1.2
C	7,000[kW]	92[%]	1.2

[도면]

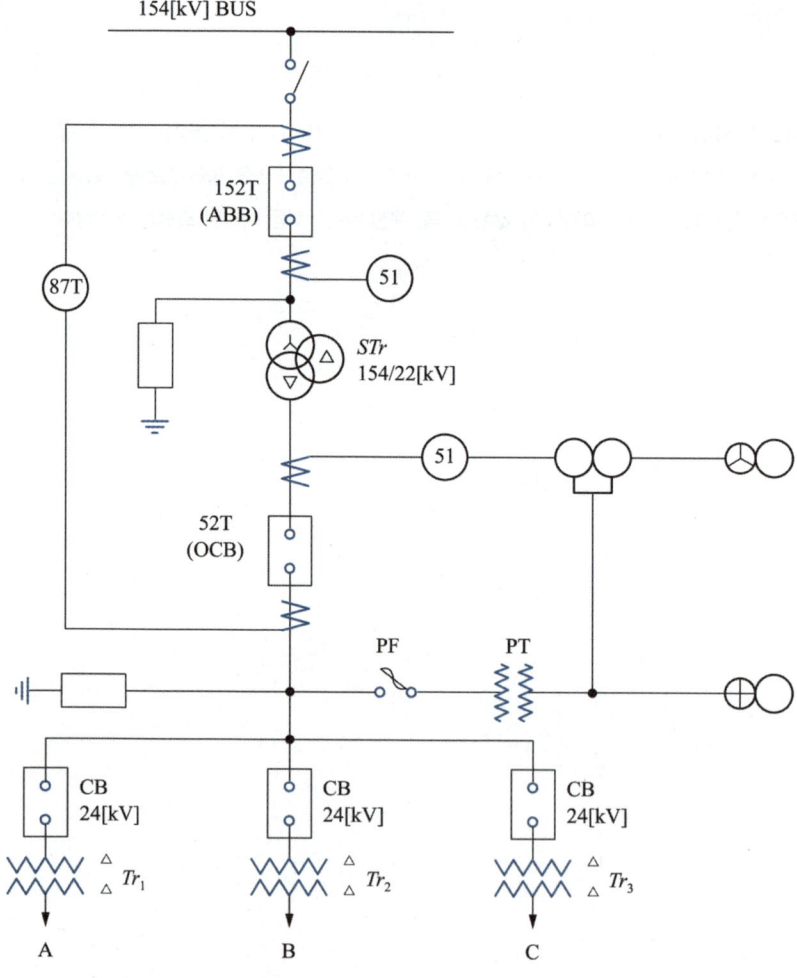

[참고표]

152T ABB 용량표[MVA]											
100	200	300	500	750	1,000	2,000	3,000	4,000	5,000	6,000	7,000

52T OCB 용량표[MVA]											
100	200	300	500	750	1,000	2,000	3,000	4,000	5,000	6,000	7,000

154[kV] 변압기 용량표[kVA]										
5,000	6,000	7,000	8,000	10,000	15,000	20,000	30,000	40,000	50,000	

22[kV] 변압기 용량표[kVA]													
200	250	500	750	1,000	1,500	2,000	3,000	4,000	5,000	6,000	7,000	8,000	9,000	10,000

(1) 변압기 Tr_1, Tr_2, Tr_3의 용량[kVA]을 계산하여 산정하시오.

계산과정 | $Tr_1 = \dfrac{5,000 \times 0.8}{1.2 \times 0.9} = 3,703.7 [\text{kVA}]$

$Tr_2 = \dfrac{3,000 \times 0.84}{1.2 \times 0.9} = 2,333.33 [\text{kVA}]$

$Tr_3 = \dfrac{7,000 \times 0.92}{1.2 \times 0.9} = 5,962.96 [\text{kVA}]$

정답 | 22[kV] 변압기 용량표에 의하여
$Tr_1 = 4,000[\text{kVA}]$ 선정, $Tr_2 = 3,000[\text{kVA}]$ 선정, $Tr_3 = 6,000[\text{kVA}]$ 선정

참고
변압기 용량[kVA] = $\dfrac{\text{용량[kW]} \times \text{수용률}}{\text{부등률} \times \text{역률}}$

(2) 변압기 STr의 용량[kVA]을 계산하여 산정하시오.

계산과정 | $STr = \dfrac{3,703.7 + 2,333.33 + 5,962.96}{1.3} = 9,230.76 [\text{kVA}]$ **정답** | 154[kV] 변압기 용량표에 의하여 10,000[kVA] 선정

참고
변압기 용량[kVA] = $\dfrac{\text{각 변압기 용량[kVA]의 합}}{\text{부등률}}$

(3) 차단기 152T의 용량[MVA]을 계산하여 산정하시오.

계산과정 | 차단기 용량 = $\frac{100}{\%Z} \times P_n = \frac{100}{0.4} \times 10 = 2,500$ [MVA]   정답 | 152T ABB 용량표[MVA]에 의하여 3,000[MVA] 선정

참고

단락용량(차단기 용량) $P_s = \frac{100}{\%Z} \times$ 기준용량 P_n

(4) 차단기 52T의 용량[MVA]을 계산하여 산정하시오.

계산과정 | 차단기 용량 = $\frac{100}{\%Z} \times P_n = \frac{100}{0.4+4.5} \times 10 = 204.81$ [MVA]   정답 | 52T OCB 용량표[MVA]에 의하여 300[MVA] 선정

참고

단락용량(차단기 용량) $P_s = \frac{100}{\%Z} \times$ 기준용량 P_n

$\%Z$ = Bus의 $\%Z$ + STr의 $\%Z$

(5) 약호 87T의 우리말 명칭을 쓰고 그 역할에 대하여 간단히 설명하시오.

- 명칭 : 주 변압기 차동계전기
- 역할 : 주 변압기 내부의 고장을 보호한다.

(6) 약호 51의 우리말 명칭을 쓰고 그 역할에 대하여 간단히 설명하시오.

- 명칭 : 과전류 계전기
- 역할 : 설정값 이상의 과전류를 감지하여 차단기 트립코일을 여자시킨다.

14

1선 지락 고장 시 접지 계통별 고장 전류의 경로를 적어 빈칸을 채우시오. [5점]

단일 접지 계통	
중성점 접지 계통	
다중 접지 계통	

답안작성

단일 접지 계통	지락사고 시 선로에서 대지로 대지에서 접지점을 통해 다시 선로로 흐른다.
중성점 접지 계통	지락사고 시 선로에서 대지로 대지에서 중성점 접지의 접지점을 통해 다시 선로로 흐른다.
다중 접지 계통	지락사고 시 선로에서 대지로 대지에서 다중 접지의 접지점을 통해 다시 선로로 흐른다.

15

다음 표의 수용가(A, B, C) 사이의 부등률을 1.1로 할 때 합성최대전력[kW]를 계산하여 구하시오. [3점]

수용가	설비용량[kW]	수용률[%]
A	300	80
B	200	60
C	100	80

계산과정 **정 답**

답안작성

계산과정 | $\dfrac{(300 \times 0.8) + (200 \times 0.6) + (100 \times 0.8)}{1.1} = 400 [\text{kW}]$ 정답 | 400[kW]

참 고

합성최대전력[kW] = $\dfrac{\text{최대수용전력의 합[kW]}}{\text{부등률}}$

수용전력 = 설비용량 × 수용률

16

다음 그림은 논리회로다. 이것을 이용하여 다음 물음에 답하시오. [6점]

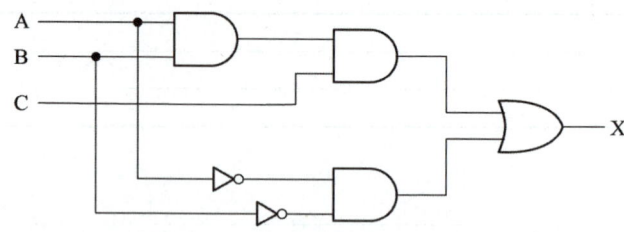

(1) 주어진 논리회로를 논리식으로 나타내시오.

답안작성

$X = A \cdot B \cdot C + \overline{A} \cdot \overline{B}$

(2) 주어진 논리회로의 동작상태에 대한 타임차트이다. 완성하시오.

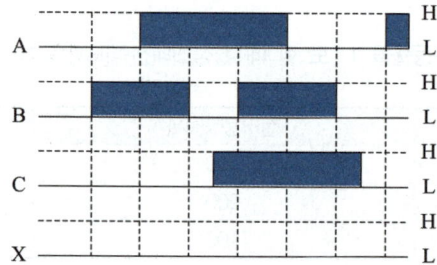

답안작성

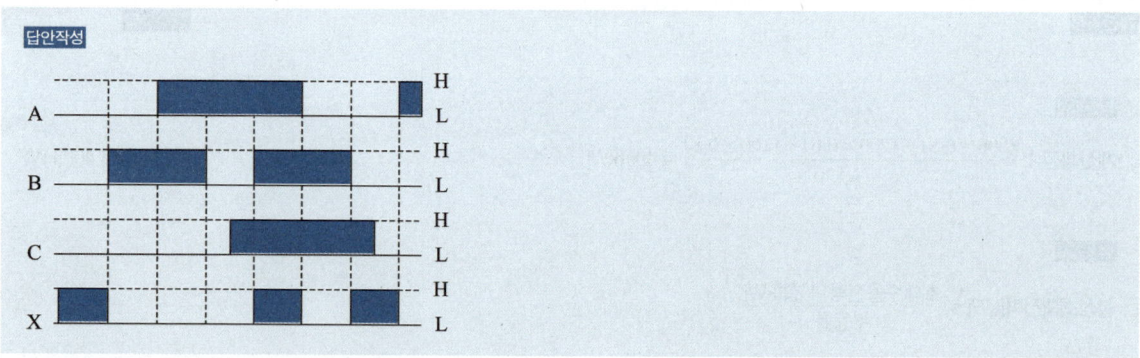

(3) 다음은 논리회로에 대한 진리표이다. 빈칸을 완성하시오. (단, L은 Low이고 H는 High이다)

A	L	L	L	L	H	H	H	H
B	L	L	H	H	L	L	H	H
C	L	H	L	H	L	H	L	H
X	H	H	L	L	L	L	L	H

A	L	L	L	L	H	H	H	H
B	L	L	H	H	L	L	H	H
C	L	H	L	H	L	H	L	H
X	H	H	L	L	L	L	L	H

17

알카리 축전지 정격용량이 100[Ah]이고, 상시부하가 5[kW], 표준전압이 100[V]인 부동충전 방식에 대한 다음 물음에 답하시오. [5점]

(1) 부동충전 방식의 충전기 2차 전류는 몇 [A]인지 계산하여 구하시오.

계산과정 | $I = \dfrac{100}{5} + \dfrac{5 \times 10^3}{100} = 70[A]$ 정답 | 70[A]

참고

부동충전 방식의 2차 전류 $I_2 = \dfrac{축전지용량[Ah]}{정격방전율[h]} + \dfrac{상시부하용량[VA]}{표준전압[V]}$

(2) 부동충전 방식의 회로도를 전원, 축전지, 부하, 충전기(정류기) 등을 이용하여 그리시오. (단, 심벌은 일반적인 심벌로 표현하되 심벌 부근에 심벌에 따른 명칭을 쓰도록 하시오)

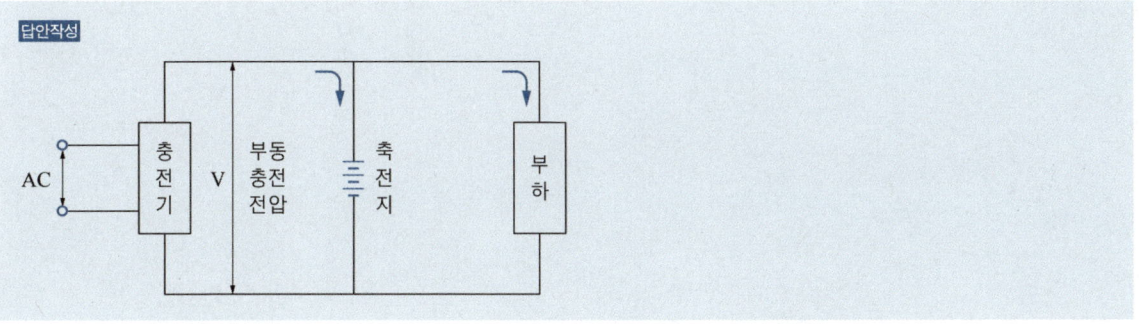

18

정격전류가 320[A]이고, 역률이 0.85인 3상 유도전동기가 있다. 다음 제시한 자료에 의하여 전압강하를 계산하여 구하시오. [4점]

[참고자료] • 전선편도 길이 : 150[m]
• 사용전선의 특징 : $R=0.18[\Omega/\text{km}]$, $\omega L=0.102[\Omega/\text{km}]$, ωC는 무시한다.

계산과정

답안작성

계산과정 | 전압강하 $e = \sqrt{3}\,I(R\cos\theta + X\sin\theta)$

$R = 0.18 \times 150 \times 10^{-3} = 0.027[\Omega]$

$X = 0.102 \times 150 \times 10^{-3} = 0.0153[\Omega]$

$e = \sqrt{3} \times 320 \times (0.027 \times 0.85 + 0.0153 \times \sqrt{1-0.85^2}) = 17.19[\text{V}]$

정답 | 17.19[V]

참 고

$150[\text{m}] = 150 \times 10^{-3}[\text{km}]$

$R = 0.18[\Omega/\text{km}] \times 150 \times 10^{-3}[\text{km}] = 0.027[\Omega]$

$X = X_L + X_C = \omega L - \dfrac{1}{\omega C} = \omega L (\omega C$를 무시한다)

$X = 0.102[\Omega/\text{km}] \times 150 \times 10^{-3}[\text{km}] = 0.0153[\Omega]$

$\sin\theta = \sqrt{1-\cos^2\theta}$

19

그림은 전위강하법에 의한 접지저항 측정 방법이다. E, P, C가 일직선상에 있을 때 다음 각 물음에 답하시오.
(단, E는 반지름 r인 반구모양 전극(측정 대상 전극)이다) [5점]

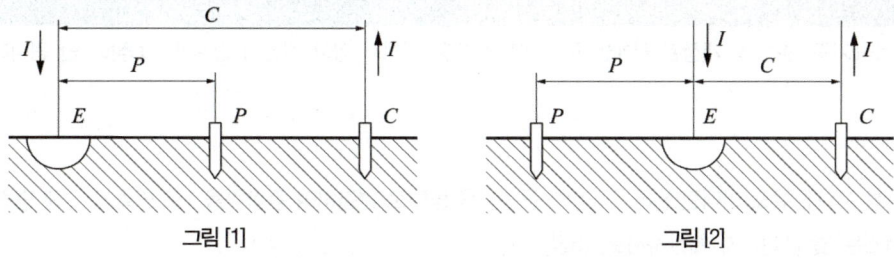

(1) 그림 [1]과 그림 [2]의 측정 방법 중 접지저항값이 참값에 가까운 측정방법은?

> **답안작성**
> 그림[1]

(2) 반구모양 접지 전극의 접지저항을 측정할 때 E-C 간 거리의 몇 [%]인 곳에 전위전극을 설치하면 정확한 접지저항값을 얻을 수 있는가?

> **답안작성**
> 61.8[%]

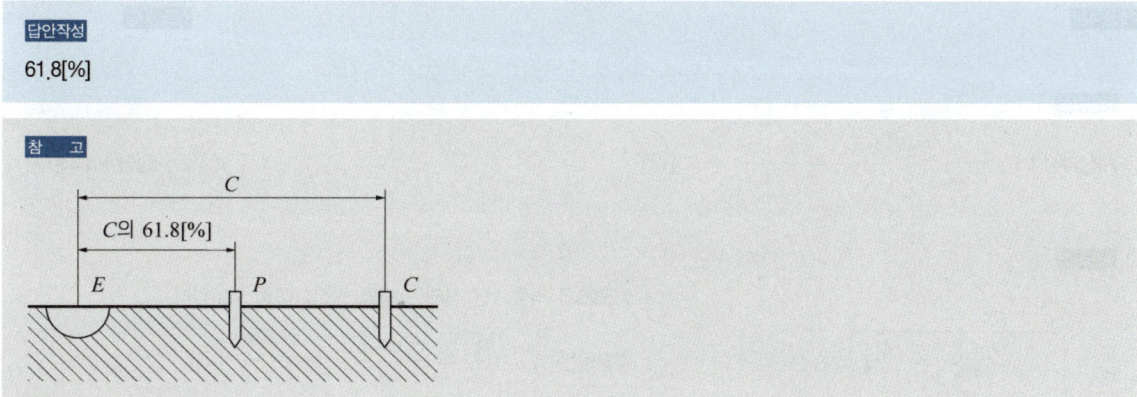

실기[필답형]기출문제 2017 * 3

※ 출제기준 변경 및 개정된 관계법규에 따라 삭제된 문제가 있어 배점의 합계가 100점이 안 됩니다.

01

전압 30[V], 저항 4[Ω], 유도 리액턴스 3[Ω]일 때 콘덴서를 병렬로 연결하여 종합역률 1로 만들기 위해 병렬로 연결하는 용량성 리액턴스는 몇 [Ω]인지 계산하시오. [5점]

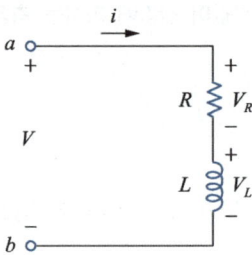

계산과정 **정답**

답안작성

계산과정 | $X_c = \dfrac{1}{\omega C} = \dfrac{R^2 + X_L^2}{X_L} = \dfrac{4^2 + 3^2}{3} = 8.33[\Omega]$　　　　　정답 | 8.33[Ω]

참 고

회로에서 역률 1인 상태는 병렬 공진상태를 의미한다.

병렬공진 $X_c = \dfrac{1}{\omega C} = \dfrac{R^2 + (\omega L)^2}{\omega L} = \dfrac{R^2 + X_L^2}{X_L}[\Omega]$

02

평형 3상 회로에 변류비 100/5인 변류기 2개를 그림과 같이 접속하였을 때 전류계에 4[A]의 전류가 흘렀다. 1차 전류의 크기는 몇 [A]인지 계산하여 구하시오. [4점]

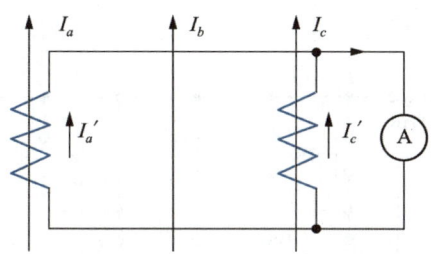

계산과정

계산과정 | 가동 결선이므로 $I_1 = a \times I_2 = \dfrac{100}{5} \times 4 = 80[A]$

정답

정답 | 80[A]

참고

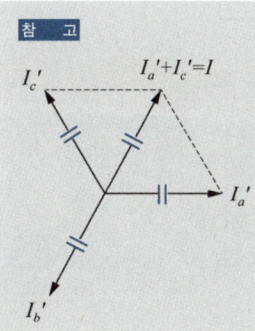

3상이 평형을 이루면

$I_a' + I_c' = I$ 이고 크기는 모두 같기 때문에

$I_a' = I_c' = I = 4[A]$ 이다.

03

아래 그림은 3상 유도 전동기의 역상 제동 시퀀스 회로이다. 다음 물음에 답하시오. (단, 플러깅 릴레이 Sp는 전동기가 회전하면 접점이 닫히고, 속도가 0에 가까우면 열리도록 되어 있다) [7점]

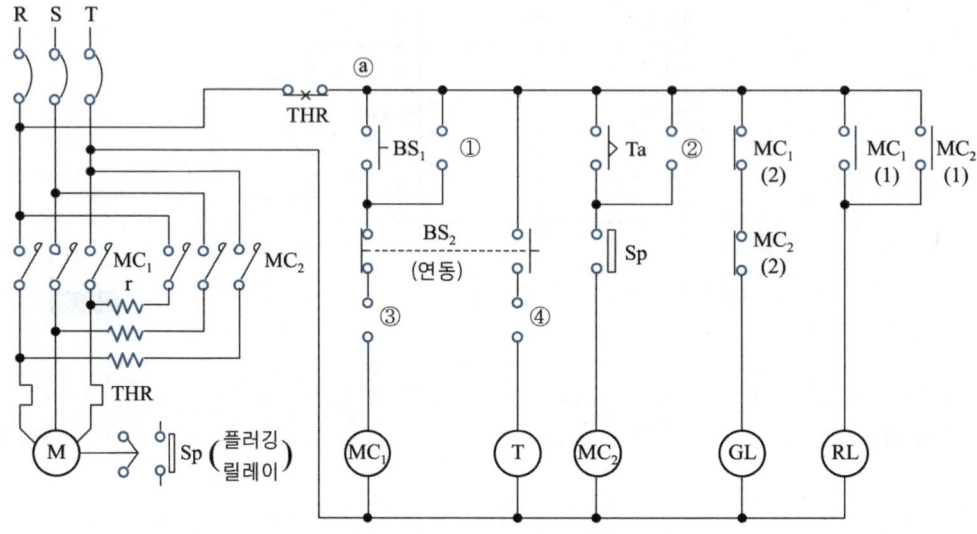

(1) 회로에서 ①~④에 접점과 기호를 넣으시오.

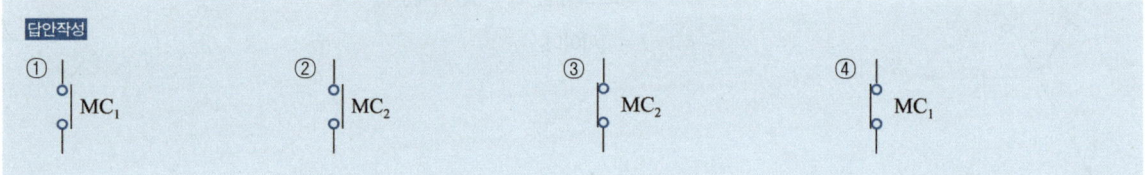

(2) MC₁, MC₂의 동작과정을 간단히 설명하시오.

답안작성

① BS₁을 눌러 MC₁을 여자시켜 전동기를 직입기동한다. 이때 MC₁의 a접점에 의해 자기유지된다.

② BS₂를 눌러 MC₁을 소자시키고 T를 여자시킨다. 이때 전동기는 전원에서 분리되었지만 회전자 관성모멘트로 인하여 회전은 계속된다.
  (BS₂는 누르고 있는 상태를 유지하여야 한다)

③ 설정시킨 후 Ta접점이 동작하여 MC₂를 여자되어 전동기는 역회전하려는 힘을 받는다.
  이때 MC₂의 a접점에 의해 MC₂는 자기유지된다.

④ 역회전하려는 힘으로 인해 전동기의 속도가 0에 가까워지면 Sp접점이 열려 MC₂는 소자되어 전동기는 정지한다.

(3) 보조릴레이 T와 저항 r의 용도 및 역할에 대하여 설명하시오.

> **답안작성**
> - T : 설정시간 후 MC₂를 여자시켜 전동기에 역회전하는 힘을 가해주는 역할로 전동기의 회전속도가 느려질 때까지 여유 시간을 주어 과전류를 방지한다.
> - r : 저항에서의 전압강하를 이용하여 전압을 줄이고 제동력을 제한하는 역할을 한다.

04

수전 전압이 6,000[V]인 2[km] 3상 3선식 선로에서 1,000[kW](늦은 역률 0.8) 부하가 연결되어 있을 때 다음 물음에 답하시오. (단, 1선당 저항은 0.3[Ω/km], 1선당 리액턴스는 0.4[Ω/km]이다) [6점]

(1) 선로의 전압강하를 계산하여 구하시오.

계산과정   정답

> **답안작성**
> 계산과정 | 전압강하 $= \dfrac{1,000 \times 10^3}{6,000} \times (0.3 \times 2 + 0.4 \times 2 \times \dfrac{0.6}{0.8}) = 200[V]$
>
> 정답 | 200[V]

> **참고**
> 3상에서 전압강하
> $$e = \sqrt{3}\,I(R\cos\theta + X\sin\theta) = \sqrt{3} \times \dfrac{P}{\sqrt{3}\,V\cos\theta}(R\cos\theta + X\sin\theta) = \dfrac{P}{V}(R + X\dfrac{\sin\theta}{\cos\theta})[V]$$

(2) 선로의 전압강하율을 계산하여 구하시오.

계산과정   정답

> **답안작성**
> 계산과정 | 전압강하율 $= \dfrac{200}{6,000} \times 100 = 3.33[\%]$
>
> 정답 | 3.33[%]

> **참고**
> 전압강하율 $= \dfrac{송전단전압 - 수전단전압}{수전단전압} \times 100 = \dfrac{전압강하}{수전단전압} \times 100[\%]$

(3) 선로의 전력손실[kW]를 계산하여 구하시오.

계산과정

답안작성

계산과정 | 전력손실 $= \dfrac{(1{,}000 \times 10^3)^2 \times 0.3 \times 2}{6{,}000^2 \times 0.8^2} \times 10^{-3} = 26.04\,[\text{kW}]$

정답

정답 | 26.04[kW]

참고

3상 전원에서의 전력손실 $P = 3I^2 R = \dfrac{P^2 \cdot R}{V^2 \cos^2 \theta}\,[\text{W}]$

전력 $P = 1{,}000 \times 10^3\,[\text{W}]$

1선당 저항 $R = 0.3\,[\Omega/\text{km}] \times 2\,[\text{km}]$

전압 $V = 6{,}000\,[\text{V}]$

역률 $\cos\theta = 0.8$

05

중성점 직접접지 계통에 인접한 통신선의 전자유도 경감에 관한 대책을 경제성이 높은 것부터 간단히 설명하시오. [6점]

(1) 근본대책

답안작성
전자유도 전압을 억제한다.

(2) 전력선측 대책(3가지)

답안작성
① 송전선로와 통신선로의 이격거리를 크게 한다.
② 상호인덕턴스의 크기를 작게 한다.
③ 지락사고전류를 고속도 차단할 수 있는 방법을 채용한다.

참고
④ 지중가설방식을 채용한다.
⑤ 소호리액터 접지를 한다.

(3) 통신선측 대책(3가지)

[답안작성]
① 송전선로와 수직교차한다.
② 우수한 피뢰기를 설치한다.
③ 배류코일을 설치한다.

[참 고]
④ 연피케이블을 사용한다.
⑤ 절연 변압기를 사용한다.

06

다음은 컴퓨터 등의 중요한 부하에 대한 무정전 전원 공급을 위한 그림이다. '(가) ~ (마)'에 적당한 전기 시설물의 명칭을 넣어 완성하시오. [4점]

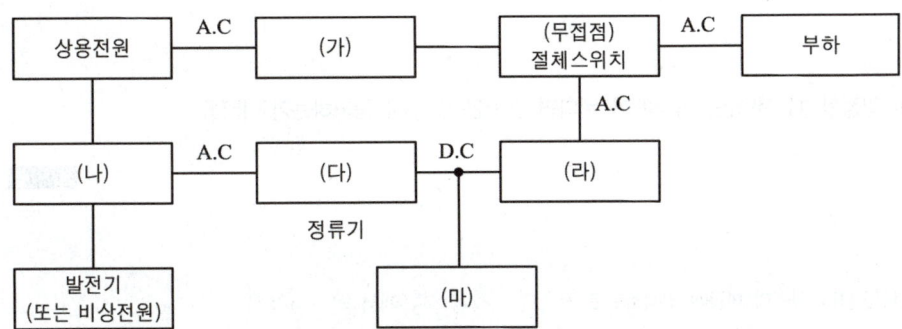

[답안작성]
(가) 자동전압조정기(AVR)
(나) 절체용 개폐기
(다) 정류기(컨버터)
(라) 인버터
(마) 축전지

07

다음 기기의 명칭을 우리말로 쓰시오. [4점]

(1) 가공 배전선로 사고의 대부분은 조류 및 수목에 의한 접촉, 강풍, 낙뢰 등에 의한 플래시 오버 사고로서 이런 사고 발생 시 신속하게 고장구간을 차단하고 사고점의 아크를 소멸시킨 후 즉시 재투입이 가능한 개폐장치는?

답안작성
리클로져

(2) 보안상 책임분계점에서 보수점검 시 전로를 개폐하기 위하여 시설하는 것으로 반드시 무부하 상태에서 개방하여야 한다. 근래에는 이를 대신하여 ASS를 사용하기도 하나 66[kV] 이상의 경우에 사용하는 장치는?

답안작성
선로개폐기

08

전압과 역률이 일정할 때 전력손실이 2배가 된다면 전력은 몇 [%] 증가하는가? [5점]

계산과정

답안작성
계산과정 | 전력손실은 전력의 제곱에 비례하므로 $P_\ell : P_1^2 = 2P_\ell : P_2^2$에서 $P_2 = \sqrt{2}\,P_1$

증가율 $= \dfrac{P_2 - P_1}{P_1} \times 100 = \dfrac{\sqrt{2}\,P_1 - P_1}{P_1} \times 100 = (\sqrt{2}-1) \times 100 = 41.42[\%]$

정답 | 41.42[%]

참고

전력손실 $P_\ell = I^2 R = \dfrac{P^2 \cdot R}{V^2 \cos^2\theta}$, P_ℓ는 P^2에 비례한다.

09

변압기의 절연내력 시험 전압에 대한 내용이다. ①~⑦의 빈칸에 알맞은 내용을 쓰시오. [7점]

구분	종류(최대사용전압을 기준으로)	시험 전압
①	최대사용전압 7[kV] 이하인 권선 (단, 시험전압이 500[V] 미만으로 되는 경우에는 500[V])	최대사용전압×( )배
②	7[kV]를 넘고 25[kV] 이하의 권선으로서 중성선 다중접지식에 접속되는 것	최대사용전압×( )배
③	7[kV]를 넘고 60[kV] 이하의 권선(중성선 다중접지 제외) (단, 시험전압이 10,500[V] 미만으로 되는 경우에는 10,500[V])	최대사용전압×( )배
④	60[kV]를 넘는 권선으로서 중성점 비접지식 전로에 접속되는 것	최대사용전압×( )배
⑤	60[kV]를 넘는 권선으로서 중성점 접지식 전로에 접속하고 또한 성형결선의 권선의 경우에는 그 중성점에 T좌 권선과 주좌 권선의 접속점에 피뢰기를 시설하는 것 (단, 시험전압이 75[kV] 미만으로 되는 경우에는 75[kV])	최대사용전압×( )배
⑥	60[kV]를 넘는 권선으로서 중성점 직접접지식 전로에 접속하는 것, 다만 170[kV]를 초과하는 권선에는 그 중성점에 피뢰기를 시설하는 것	최대사용전압×( )배
⑦	170[kV]를 넘는 권선으로서 중성점 직접접지식 전로에 접속하고 또는 그 중성점을 직접 접지하는 것	최대사용전압×( )배
(예시)	기타의 권선	최대사용전압×(1.1)배

답안작성

구분	종류(최대사용전압을 기준으로)	시험 전압
①	최대사용전압 7[kV] 이하인 권선 (단, 시험전압이 500[V] 미만으로 되는 경우에는 500[V])	최대사용전압×(1.5)배
②	7[kV]를 넘고 25[kV] 이하의 권선으로서 중성선 다중접지식에 접속되는 것	최대사용전압×(0.92)배
③	7[kV]를 넘고 60[kV] 이하의 권선(중성선 다중접지 제외) (단, 시험전압이 10,500[V] 미만으로 되는 경우에는 10,500[V])	최대사용전압×(1.25)배
④	60[kV]를 넘는 권선으로서 중성점 비접지식 전로에 접속되는 것	최대사용전압×(1.25)배
⑤	60[kV]를 넘는 권선으로서 중성점 접지식 전로에 접속하고 또한 성형결선의 권선의 경우에는 그 중성점에 T좌 권선과 주좌 권선의 접속점에 피뢰기를 시설하는 것 (단, 시험전압이 75[kV] 미만으로 되는 경우에는 75[kV])	최대사용전압×(1.1)배
⑥	60[kV]를 넘는 권선으로서 중성점 직접접지식 전로에 접속하는 것, 다만 170[kV]를 초과하는 권선에는 그 중성점에 피뢰기를 시설하는 것	최대사용전압×(0.72)배
⑦	170[kV]를 넘는 권선으로서 중성점 직접접지식 전로에 접속하고 또는 그 중성점을 직접 접지하는 것	최대사용전압×(0.64)배
(예시)	기타의 권선	최대사용전압×(1.1)배

> **참 고**
>
> 한국전기설비규정 135 변압기 전로의 절연내력
>
> 표 135-1 변압기 전로의 시험전압
>
> | 권선의 종류 | 시험전압 |
> |---|---|
> | 1. 최대사용전압 7[kV] 이하 | 최대사용전압의 1.5배의 전압 (500[V] 미만으로 되는 경우에는 500[V]) 다만, 중성점이 접지되고 다중접지된 중성선을 가지는 전로에 접속하는 것은 0.92배의 전압(500[V] 미만으로 되는 경우에는 500[V]) |
> | 2. 최대사용전압 7[kV] 초과 25[kV] 이하의 권선으로서 중성점접지식전로(중선선을 가지는 것으로서 그 중성선에 다중접지를 하는 것에 한한다)에 접속하는 것 | 최대사용전압의 0.92배의 전압 |
> | 3. 최대사용전압 7[kV] 초과 60[kV] 이하의 권선(2란의 것을 제외한다) | 최대사용전압의 1.25배의 전압 (10.5[kV] 미만으로 되는 경우에는 10.5[kV]) |
> | 4. 최대사용전압이 60[kV]를 초과하는 권선으로서 중성점 비접지식 전로(전위 변성기를 사용하여 접지하는 것을 포함한다. 8란의 것을 제외한다)에 접속하는 것 | 최대사용전압의 1.25배의 전압 |
> | 5. 최대사용전압이 60[kV]를 초과하는 권선(성형결선, 또는 스콧 결선의 것에 한한다)으로서 중성점 접지식 전로(전위 변성기를 사용하여 접지 하는 것, 6란 및 8란의 것을 제외한다)에 접속하고 또한 성형결선의 권선의 경우에는 그 중성점에, 스콧결선의 권선의 경우에는 T좌권선과 주좌권선의 접속점에 피뢰기를 시설하는 것 | 최대사용전압의 1.1배의 전압 (75[kV] 미만으로 되는 경우에는 75[kV]) |
> | 6. 최대사용전압이 60[kV]를 초과하는 권선(성형결선의 것에 한한다. 8란의 것을 제외한다)으로서 중성점 직접접지식전로에 접속하는 것. 다만, 170[kV]를 초과하는 권선에는 그 중성점에 피뢰기를 시설 하는 것에 한한다. | 최대사용전압의 0.72배의 전압 |
> | 7. 최대사용전압이 170[kV]를 초과하는 권선(성형결선의 것에 한한다. 8란의 것을 제외한다)으로서 중성점직접접지식 전로에 접속하고 또한 그 중성점을 직접 접지하는 것 | 최대사용전압의 0.64배의 전압 |
> | 8. 최대사용전압이 60[kV]를 초과하는 정류기에 접속하는 권선 | 정류기의 교류측의 최대사용전압의 1.1배의 교류전압 또는 정류기의 직류측의 최대사용전압의 1.1배의 직류전압 |
> | 9. 기타 권선 | 최대사용전압의 1.1배의 전압(75[kV] 미만으로 되는 경우는 75[kV]) |

10

답안지의 그림은 3상 4선식 전력량계의 결선도를 나타낸 것이다. PT와 CT를 사용하여 미완성 부분을 결선하여 결선도를 완성하시오. [4점]

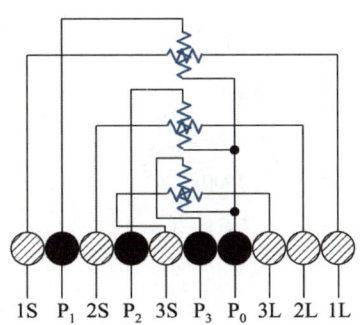

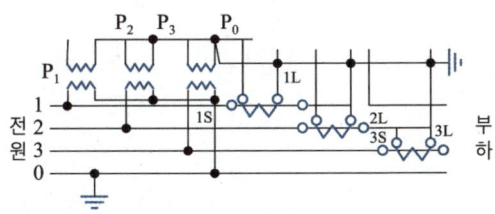

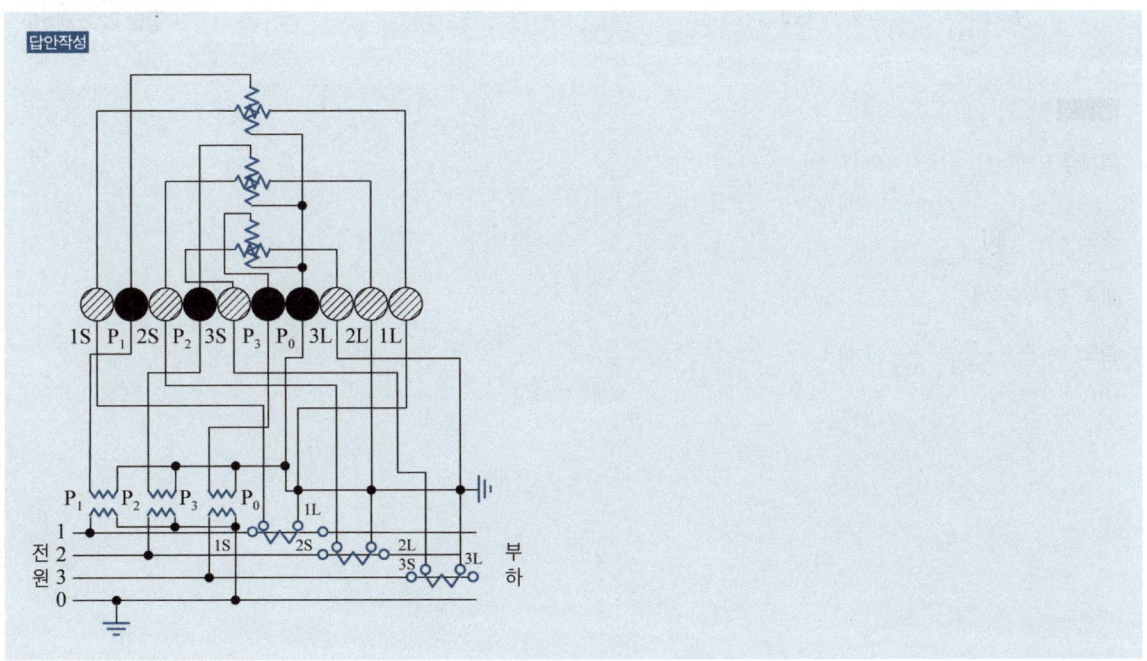

11

그림과 같은 점광원으로부터 원뿔 밑면까지의 거리가 4[m]이고, 밑면의 반지름이 3[m]인 원형면의 평균조도가 100[lx]라면 이 점광원의 평균광도[cd]를 계산하시오. [5점]

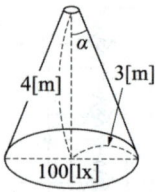

계산과정

답안작성

계산과정 | 광도 $I = \dfrac{F}{\omega} = \dfrac{ES}{2\pi(1-\cos\alpha)}$

면적 $S = \pi r^2 = \pi 3^2 = 9\pi$

$\cos\alpha = \dfrac{h}{\sqrt{r^2+h^2}} = \dfrac{4}{\sqrt{3^2+4^2}} = 0.8$

$E = 100$[lx]

$I = \dfrac{100 \times 9\pi}{2\pi(1-0.8)} = 2,250$[cd]

정답 | 2,250[cd]

참고

입체각 $\omega = 2\pi(1-\cos\theta) = 2\pi\left(1 - \dfrac{h}{\sqrt{r^2+h^2}}\right)$

조도 $E = \dfrac{F}{S}$ [lx]

광속 $F = ES$ [lm]

광도 $I = \dfrac{F}{\omega} = \dfrac{ES}{2\pi(1-\cos\theta)}$ [cd]

12

사용전압 380[V]인 3상 직입기동 전동기 1.5[kW] 1대, 3.7[kW] 2대와 3상 15[kW] 기동기 사용 전동기 1대 및 3상 전열기 3[kW]를 간선에 연결하였다. 이때의 간선 굵기, 간선의 과전류 차단기 용량을 다음 표를 이용하여 선정하시오.
(단, 공사방법은 A1, PVC 절연전선을 사용하였다.) [5점]

[참고자료]

[표 1] 3상 유도 전동기의 규약전류값

출력[kW]	규약전류[A]	
	200[V]용	380[V]용
0.2	1.8	0.95
0.4	3.2	1.68
0.75	4.8	2.53
1.5	8.0	4.21
2.2	11.1	5.84
3.7	17.4	9.16
5.5	26	13.68
7.5	34	17.89
11	48	25.26
15	65	34.21
18.5	79	41.58
22	93	48.95
30	124	65.26
37	152	80
45	190	100
55	230	121
75	310	163
90	360	189.5
110	440	231.6
132	500	263

[비고] 1. 사용하는 회로의 전압이 220[V]인 경우는 200[V]인 것의 0.9배로 한다.
2. 고효율 전동기는 제작자에 따라 차이가 있으므로 제작자의 기술자료를 참조한다.

[표 2] 380[V] 3상 유도전동기의 간선의 굵기 및 기구의 용량(배선용 차단기의 경우)

전동기 수의 총계 [kW] 이하	최대 사용 전류 [A] 이하	배선종류에 의한 간선의 최소 굵기[mm²]						직입기동 전동기 중 최대 용량의 것									
		공사방법 A1 (3개선)		공사방법 B1 (3개선)		공사방법 C (3개선)		0.75 이하	1.5	2.2	3.7	5.5	7.5	11	15	18.5	22	30	37
												Y-△ 기동기사용 전동기 중 최대 용량의 것							
								-	-	-	-	5.5	7.5	11	15	18.5	22	30	37
		PVC	XLPE, EPR	PVC	XLPE, EPR	PVC	XLPE, EPR	과전류차단기(배선용 차단기) 용량[A]				직입기동 - (칸 위 숫자) Y-△ 기동 - (칸 아래 숫자)							
3	7.9	2.5	2.5	2.5	2.5	2.5	2.5	15 / -	15 / -	15 / -	-	-	-	-	-	-	-	-	-
4.5	10.5	2.5	2.5	2.5	2.5	2.5	2.5	15 / -	15 / -	20 / -	30 / -	-	-	-	-	-	-	-	-
6.3	15.8	2.5	2.5	2.5	2.5	2.5	2.5	20 / -	20 / -	30 / -	30 / -	40 / 30	-	-	-	-	-	-	-
8.2	21	4	2.5	2.5	2.5	2.5	2.5	30 / -	30 / -	30 / -	30 / -	40 / 30	50 / 30	-	-	-	-	-	-
12	26.3	6	4	4	2.5	4	2.5	40 / -	40 / -	40 / -	40 / -	40 / 40	50 / 40	75 / 40	-	-	-	-	-
15.7	39.5	10	6	10	6	6	4	50 / -	50 / -	50 / -	50 / -	50 / 50	60 / 50	75 / 50	100 / 60	-	-	-	-
19.5	47.4	16	10	10	6	10	6	60 / -	60 / -	60 / -	60 / -	60 / 60	75 / 60	75 / 60	100 / 60	125 / 75	-	-	-
23.2	52.6	16	10	16	10	10	10	75 / -	75 / -	75 / -	75 / -	75 / 75	75 / 75	100 / 75	100 / 75	125 / 75	125 / 100	-	-
30	65.8	25	16	16	10	16	10	100 / -	100 / -	100 / -	100 / -	100 / 100	100 / 100	100 / 100	125 / 100	125 / 100	125 / 100	-	-
37.5	78.9	35	25	25	16	25	16	100 / -	100 / -	100 / -	100 / -	100 / 100	100 / 100	100 / 100	125 / 100	125 / 100	125 / 100	125 / 125	-
45	92.1	50	25	35	25	25	16	125 / -	125 / -	125 / -	125 / -	125 / 125	125 / 125	125 / 125	125 / 125	125 / 125	125 / 125	125 / 125	150 / 125
52.5	105.3	50	35	35	25	35	25	250 / -	250 / -	250 / -	250 / -	250 / 250	250 / 250	250 / 250	250 / 250	250 / 250	250 / 250	250 / 250	250 / 250

[비고] 1. 최소 전선 굵기는 1회선에 대한 것이며, 2회선 이상일 경우는 부록 500-2의 복수회로 보정계수를 적용하여야 한다.
2. 공사방법 A1은 벽 내의 전선관에 공사한 절연전선 또는 단심케이블, B1은 벽면의 전선관에 공사한 절연전선 또는 단심케이블, 공사방법 C는 벽면에 공사한 단심 또는 다심케이블을 시설하는 경우의 전선 굵기를 표시하였다.
3. 「전동기 중 최대의 것」에는 동시 기동하는 경우를 포함한다.
4. 배선용 차단기의 용량은 해당 조항에 규정되어 있는 범위에서 실용상 거의 최대값을 표시한다.
5. 배선용 차단기의 선정은 최대용량의 정격전류의 3배에 다른 전동기의 정격전류의 합계를 가산한 값 이하를 표시한다.
6. 배선용 차단기를 배·분전반, 제어반 등의 내부에 시설하는 경우는 그 반 내의 온도상승에 주의한다.

(1) 간선의 굵기

계산과정 | 전동기 [kW] 수의 총계 = $1.5 + (3.7 \times 2) + 15 = 23.9$ [kW]

전동기 규약전류 = $4.21 + 9.16 \times 2 + 34.21 = 56.74$ [A]

전열기 부하전류 = $\dfrac{3 \times 10^3}{\sqrt{3} \times 380} = 4.56$ [A]

최대사용전류 = $56.74 + 4.56 = 61.3$ [A]

표 2에서 전동기 [kW] 수의 총계 23.9[kW] 이상인 30[kW]를 적용하고 최대사용전류 61.3[A] 이상인 65.8[A]를 적용하여 공사방법 A1, PVC 절연전선의 굵기 25[mm²] 선정

정답 | 25[mm²] 선정

참고

부하전류 $I = \dfrac{P}{\sqrt{3}\,V}$ [A]

(2) 차단기 용량

계산과정 | 전동기 [kW] 수의 총계 30[kW]를 적용하고 직입기동 전동기 용량 중 최대용량은 3.7[kW]이고, 기동기 사용 전동기 용량이 15[kW]이므로 기동기 사용 15[kW]를 적용하여 Y-△ 기동 과전류 차단기 용량 100[A] 선정

정답 | 100[A] 선정

13

비접지 선로의 접지전압을 검출하기 위하여 그림과 같은 [Y-Y 개방 △] 결선을 한 GPT가 있다고 할 때 다음 물음에 답하시오. [5점]

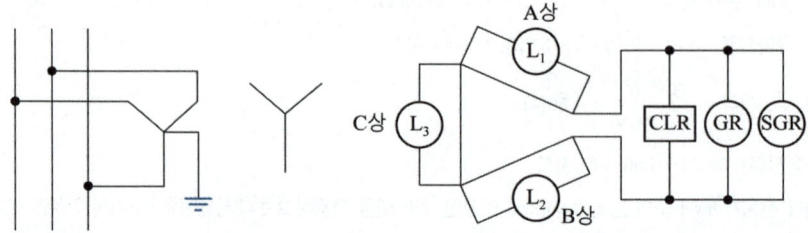

(1) A상 고장 시(완전 지락 시), 2차 접지 표시등 L_1, L_2, L_3의 점멸과 밝기를 비교 설명하시오.

> L_1은 소등, L_2, L_3는 점등된 상태에서 더욱 밝아진다.

(2) 1선 지락사고 시 건전상(사고가 나지 않은 상)의 대지 전위의 변화를 설명하시오.

> 1선 지락사고 시 대지 전위는 건전상 대지 전위 $\frac{110}{\sqrt{3}}$[V]의 $\sqrt{3}$배인 110[V]가 된다.

(3) GR, SGR의 명칭을 우리말로 쓰시오.

> - GR : 지락 계전기
> - SGR : 지락 선택 계전기

14

그림은 고압 전동기 100[HP] 미만을 사용하는 고압 수전 설비 결선도이다. 이 그림을 이용하여 다음 각 물음에 답하시오. [10점]

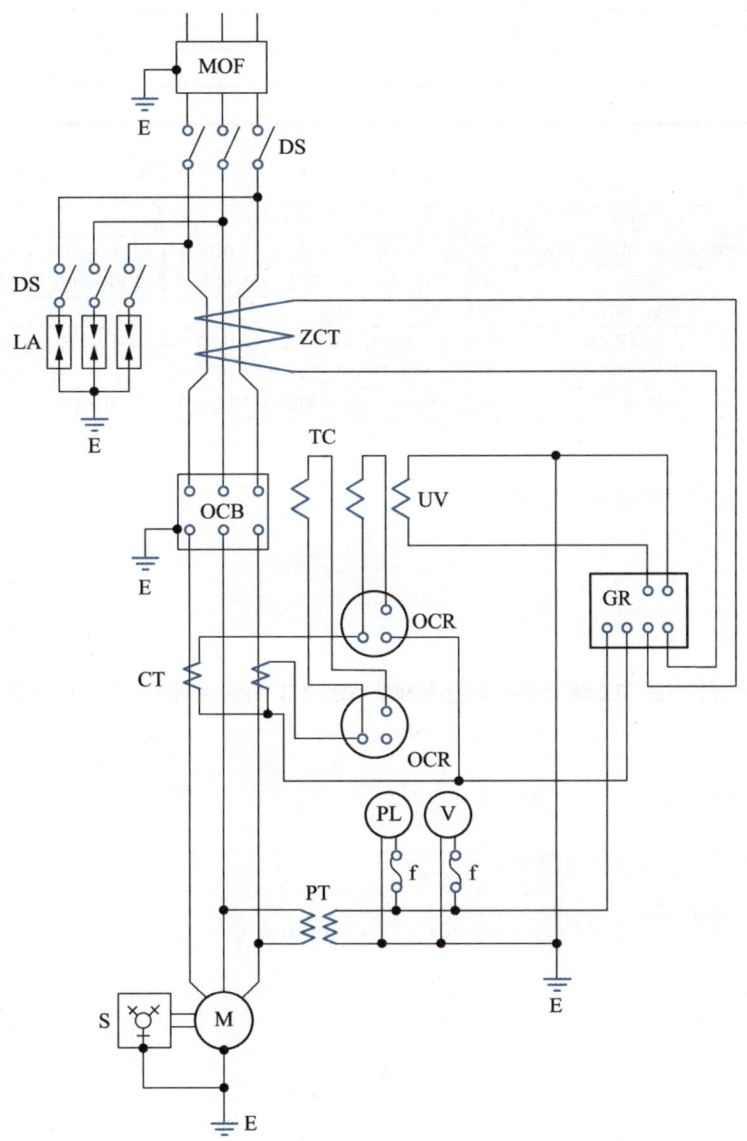

(1) 다음 명칭과 용도 또는 역할을 적어 다음 표를 완성하시오.

번호	약호	명칭	역할
①	MOF		
②	LA		
③	ZCT		
④	OCB		
⑤	OC		
⑥	G		

답안작성

번호	약호	명칭	역할
①	MOF	전력수급용 계기용 변성기	고전압, 대전류를 PT와 CT를 이용하여 변압, 변류하여 전력량계에 공급
②	LA	피뢰기	이상 전압 내습 시 대지로 방전하고 속류를 차단하여 수변전 설비를 보호한다.
③	ZCT	영상 변류기	영상(지락) 전류 검출
④	OCB	유입차단기	단락 및 과부하 지락 사고 등 사고전류 차단 및 부하전류의 개폐
⑤	OC	과전류계전기	설정값 이상의 과전류에 의해 동작하여 차단기 트립 코일 여자
⑥	G	지락계전기	지락 전류에 의해 동작하여 차단기 트립 코일 여자

(2) 본 도면에서 생략가능한 부분을 쓰시오.

답안작성

LA용 DS

(3) 전력용 콘덴서에서 발생하는 고조파 전류에 대한 문제를 보완하기 위해 설치하는 기기는 무엇인지 쓰시오.

답안작성

직렬리액터

참 고

직렬리액터(SR) : 제5고조파 제거

15

변압기의 1일 부하곡선이 그림과 같은 분포일 때 각 물음에 답하시오. (단, 변압기의 전부하 동손은 130[W], 철손은 100[W]이다) [5점]

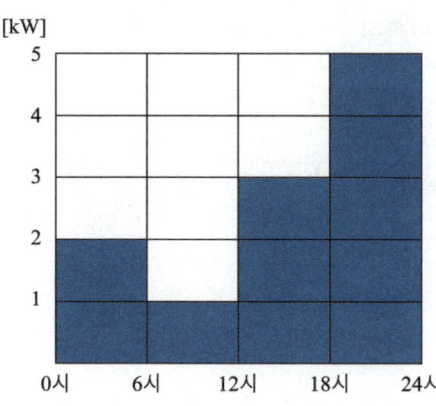

(1) 1일 중 사용 전력량[kWh]를 계산하시오.

계산과정

답안작성
계산과정 | $(2 \times 6) + (1 \times 6) + (3 \times 6) + (5 \times 6) = 66$[kWh]

정답 | 66[kWh]

참고
사용전력량[kWh] = 전력[kW] × 시간[h]

(2) 1일 중의 전손실 전력량[kWh]를 계산하시오.

계산과정

답안작성
계산과정 | 전손실 전력량 = 철손 P_i + 동손 P_c

$P_i = 100 \times 10^{-3} \times 24 = 2.4$[kWh]

$P_c = \left[\left(\dfrac{2}{5}\right)^2 \times 0.13 + \left(\dfrac{1}{5}\right)^2 \times 0.13 + \left(\dfrac{3}{5}\right)^2 \times 0.13 + \left(\dfrac{5}{5}\right)^2 \times 0.13 \right] \times 6 = 1.22$[kWh]

전손실 전력량 = 2.4 + 1.22 = 3.62[kWh]

정답 | 3.62[kWh]

참고
철손은 24시간 발생하므로 철손 100[W] × 10⁻³ = 0.1[kW] × 24[시간 h]
동손은 부하율² × 동손 × 시간으로 구한다.

(3) 전일 효율은 몇 [%]인지 계산하시오.

계산과정

답안작성
계산과정 | 효율 $\eta = \dfrac{66}{66+3.62} \times 100 = 94.8[\%]$

정답 | 94.8[%]

참 고
효율 $\eta = \dfrac{1일 \ 사용전력량}{1일 \ 사용전력량 + 1일 \ 손실전력량} \times 100[\%]$

16

주택 및 아파트에 설치하는 콘센트의 수는 주택의 크기, 생활방식 등이 다르기 때문에 일률적으로 규정하기가 어렵다. 내선규정에서 규정하는 콘센트 수를 아래 빈칸을 완성하시오. [5점]

방의 크기[m²]	표준적인 설치 수
5 미만	
5 ~ 10 미만	
10 ~ 15 미만	
15 ~ 20 미만	
부엌	

[비고] 1. 콘센트 구수에 관계없이 1개로 본다.
2. 콘센트 2구 이상 콘센트를 설치하는 것이 바람직하다.
3. 대형전기기계기구의 전용콘센트 및 환풍기, 전기시계 등을 벽에 붙이는 전용콘센트는 위 표에 포함되어 있지 않다.
4. 다용도실이나 세면장에는 방수형 콘센트를 시설하는 것이 바람직하다.

답안작성

방의 크기[m²]	표준적인 설치 수
5 미만	1
5 ~ 10 미만	2
10 ~ 15 미만	3
15 ~ 20 미만	3
부엌	2

17

기자재가 그림과 같이 주어졌다고 한다. 다음 물음에 답하시오. [6점]

(1) 전압 전류계법으로 저항값을 측정하기 위한 회로를 아래 심벌을 이용하여 완성하시오.

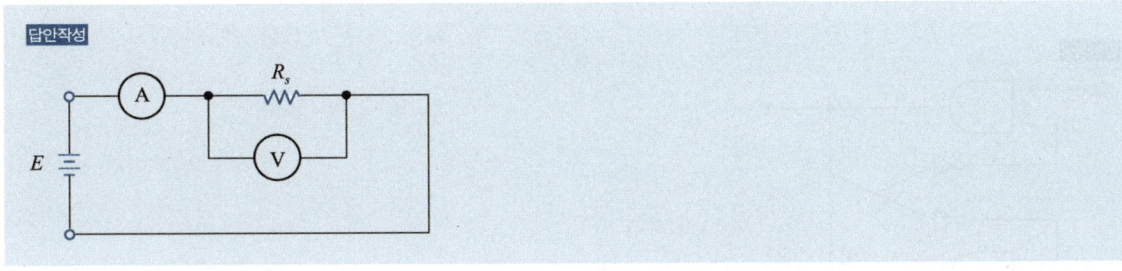

(2) 저항 R_s를 구하는 식을 쓰시오.

답안작성

$$R_s = \frac{V}{I}[\Omega]$$

참 고

옴의 법칙

$$V = IR[V],\ I = \frac{V}{R}[A],\ R = \frac{V}{I}[\Omega]$$

18

다음 그림은 릴레이 인터록 회로이다. 그림을 이용하여 다음 각 물음에 답하시오. [6점]

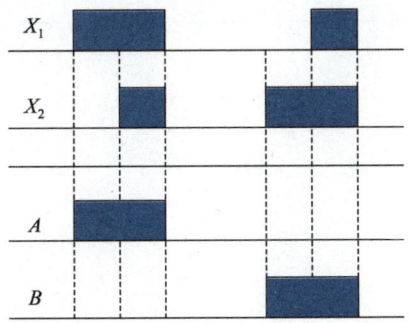

(1) 아래의 논리회로를 완성하시오.

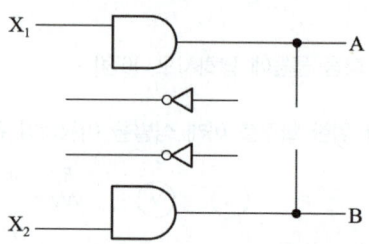

답안작성

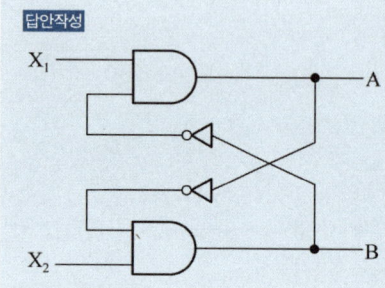

(2) 논리식으로 정리하고 진리표를 완성하시오.
- 논리식
- 진리표

X_1	X_2	A	B
0	0		
0	1		
1	0		

답안작성

- 논리식 : $A = X_1 \cdot \overline{B}$, $B = X_2 \cdot \overline{A}$
- 진리표

X_1	X_2	A	B
0	0	0	0
0	1	0	1
1	0	1	0

실기[필답형]기출문제   2018 * 1

※ 출제기준 변경 및 개정된 관계법규에 따라 삭제된 문제가 있어 배점의 합계가 100점이 안 됩니다.

01
송전계통에서 가공전선로의 이상전압 방지대책 3가지만 간단히 쓰시오. [6점]

답안작성
① 가공지선 설치
② 매설지선 설치
③ 중성점 접지

참고
- 가공지선 : 유도뢰, 직격뢰 차폐
- 매설지선 : 역섬락으로 인한 이상전압 방지
- 중성점 접지 : 1선지락 시 건전상 대지 전압 상승(이상전압) 억제

02
전력퓨즈의 역할을 간단히 쓰시오. [4점]

답안작성
어떤 일정값 이상의 과전류를 차단하여 전로나 기기를 보호하고 정상적인 부하전류를 안전하게 통전한다.

03

다음의 그림은 저압 배전 선로의 계통접지 방식 중 TN 계통의 TN-C-S 방식이다. 결선도를 완성하시오. [5점]

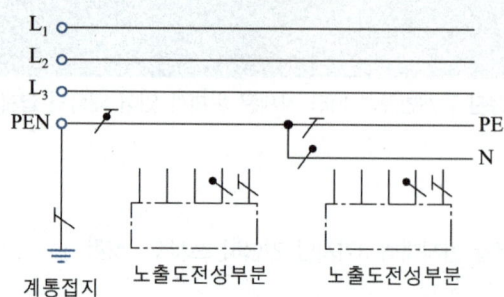

답안작성

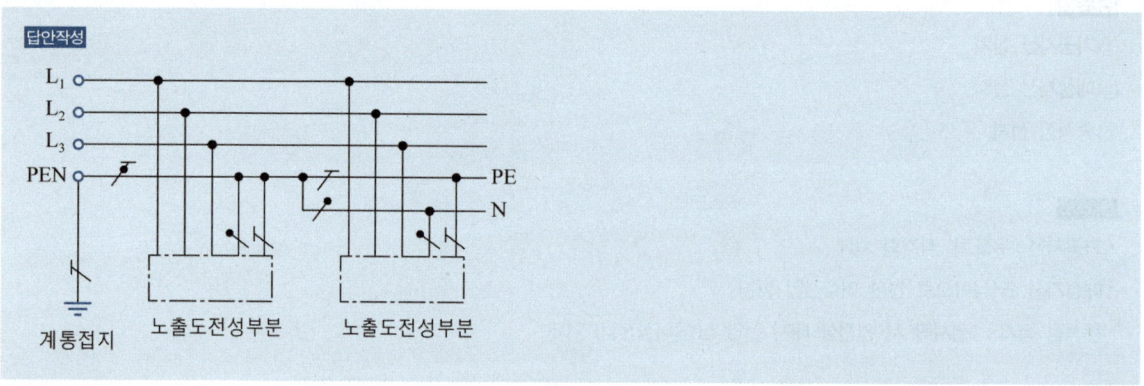

참 고

기호설명

기호	설명
─/•	중성선(N), 중간도체(M)
─/─	보호도체(PE)
─/•─	중성선과 보호도체 겸용(PEN)

[관련규정] 한국전기설비규정 203.2 TN 계통

04

그림과 같이 단상 3선식 배전선의 a, b, c 각 선간에 부하가 접속되어 있다. 전선의 저항은 3선이 같고, 각각 $0.06[\Omega]$이라고 한다. ab, bc, ca 간의 전압을 계산하여 구하시오. (단, 부하의 역률은 변압기의 2차 전압에 대한 것으로 하고, 또 선로의 리액턴스는 무시한다) [6점]

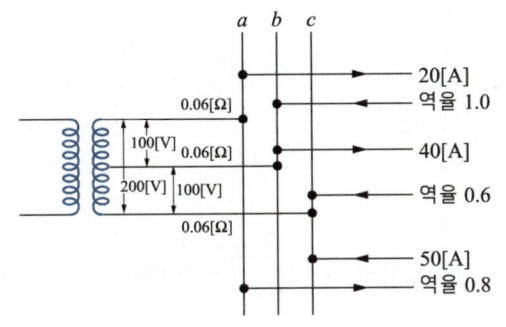
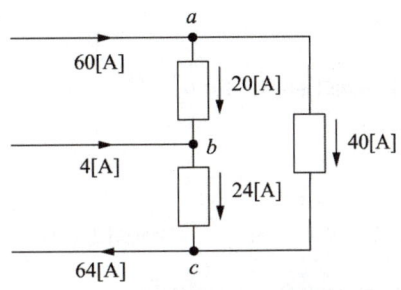

계산과정

답안작성

계산과정 | $V_{ab} = 100 - [(60-4) \times 0.06] = 96.64[V]$

$V_{bc} = 100 - [(4+64) \times 0.06] = 95.92[V]$

$V_{ca} = 200 - [(60+64) \times 0.06] = 192.56[V]$

정답

정답 | $V_{ab} = 96.64[V]$

$V_{bc} = 95.92[V]$

$V_{ca} = 192.56[V]$

참 고

선간전압 $V =$ 변압기 2차전압 $V_\tau -$ 전압강하 e

전압강하 $e = I(R\cos\theta + X\sin\theta)[V]$

선로의 리액턴스를 무시하므로

전압강하 $e = IR\cos\theta = I\cos\theta \times R [V]$

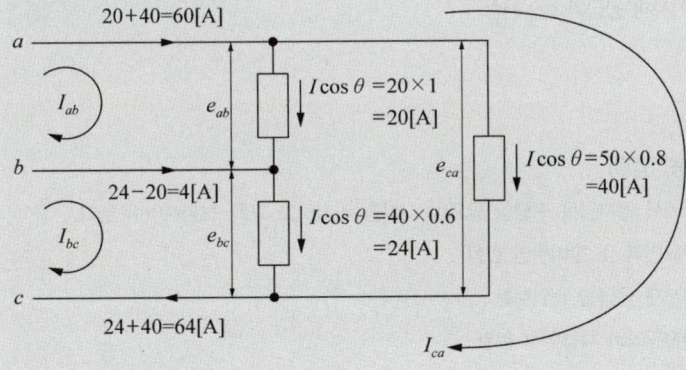

$e_{ab} = (60-4) \times 0.06[V]$

$e_{bc} = (4+64) \times 0.06[V]$

$e_{ca} = (60+64) \times 0.06[V]$

e_{ab}에서 b선의 전류방향이 반대이므로 전압강하를 구할 때 적용되는 전류는 $-4[A]$이다.

05

고장전류(지락전류) 10[kA], 전류 통전시간 0.5[sec], 접지선(동선)의 허용온도 상승을 1,000[℃]로 하였을 경우 접지도체의 공칭단면적[mm²]을 계산하여 구하시오. (단, 공칭단면적은 6, 10, 16, 25, 35, 50[mm²]) [5점]

계산과정

답안작성

계산과정 | 도체의 단면적 $A = I\sqrt{\dfrac{0.008t}{\theta}} = 10\times 10^3 \times \sqrt{\dfrac{0.008\times 0.5}{1,000}} = 20$

정답 | 25[mm²] 선정

참고

허용온도 상승 $\theta = 0.008\left(\dfrac{I}{A}\right)^2 \cdot t\,[℃]$에서 단면적 A를 기준으로 식을 정리하면 $A = I\sqrt{\dfrac{0.008t}{\theta}}$ [mm²]이다.

- 고장전류 $I = 10[kA] = 10\times 10^3[A]$
- 통전시간 $t = 0.5[sec]$
- 허용온도상승 $\theta = 1,000[℃]$

06

전력시설물 공사감리업무 수행지침에서 정하는 전기공사업자는 해당 공사현장에서 공사 업무 수행상 비치하고 기록·보관하여야 하는 서식을 5가지만 쓰시오. [5점]

답안작성

① 하도급 현황 ② 주요인력 및 장비투입 현황
③ 작업계획서 ④ 기자재 공급원 승인현황
⑤ 주간공정계획 및 실적보고서

참고

전력시설물 공사감리업무 수행지침 제16조(일반 행정업무)
공사업자는 다음 각 호의 서식 중 해당 공사현장에서 공사업무 수행상 필요한 서식을 비치하고 기록·보관하여야 한다.

1. 하도급 현황 2. 주요인력 및 장비투입 현황
3. 작업계획서 4. 기자재 공급원 승인현황
5. 주간공정계획 및 실적보고서 6. 안전관리비 사용실적 현황
7. 각종 측정 기록표

07

그림은 옥내 배선도의 일부를 표시한 것이다. ㉠, ㉡ 전등은 스위치 a로, ㉢, ㉣ 전등은 스위치 b로 점멸되도록 설계하고자 한다. 각 배선에 필요한 최소 전선 가닥수를 옥내 배선도에 직접 표시하시오. (단, 가닥수 표시는 ─╱─, ─╱╱─를 이용한다) [5점]

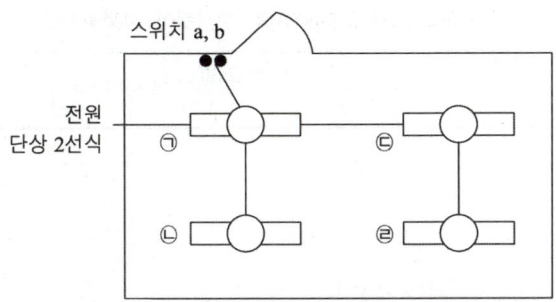

답안작성

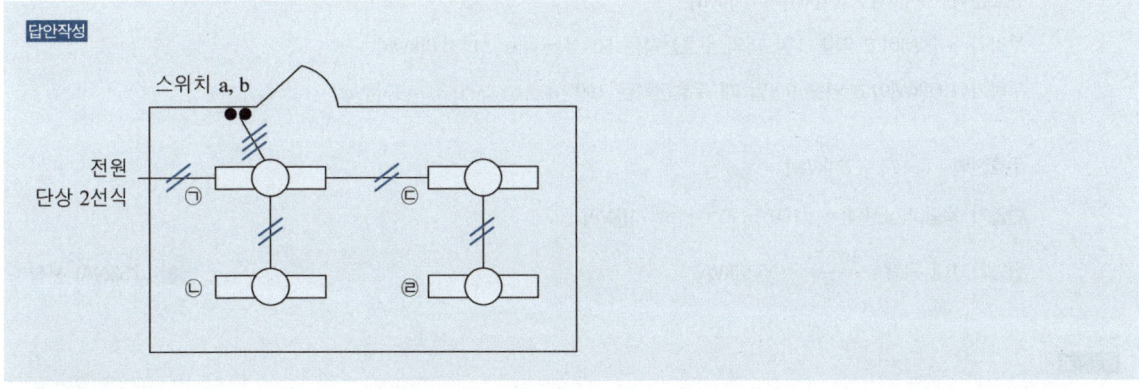

참고

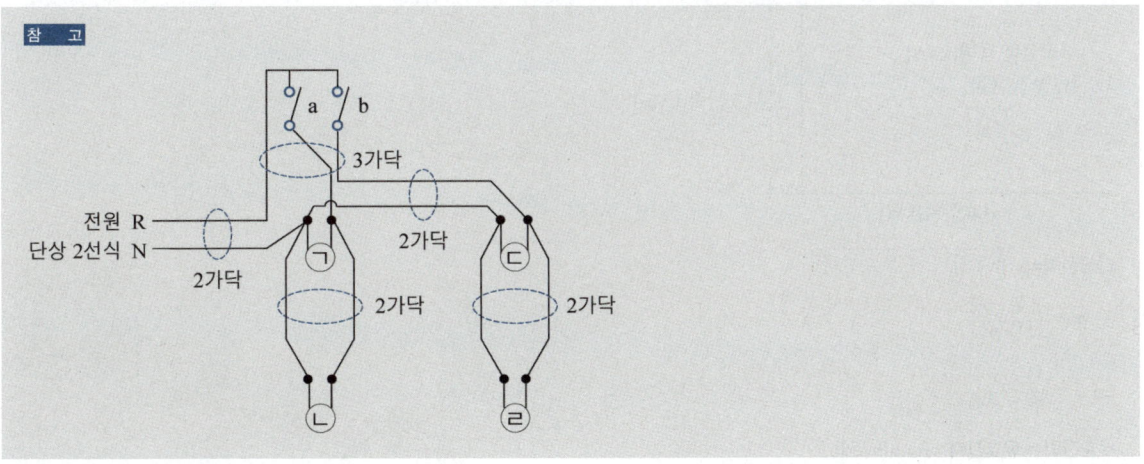

08

고압자가용 수용가가 있다. 이 수용가는 역률 1.0인 50[kW]의 부하와 역률 0.8[지상]인 100[kW] 부하로 구성되어 있다. 이 부하에 공급하는 변압기에 대해서 다음 물음에 답하시오. [6점]

(1) △ 결선하였을 경우 필요한 변압기 1대당 최저 용량[kVA]을 계산하여 선정하시오.

변압기 정격용량							
20	30	50	75	100	150	200	300

계산과정

답안작성

계산과정 | 변압기 용량(피상전력)=$\sqrt{유효전력^2+무효전력^2}$

유효전력=$50[kW]+100[kW]=150[kW]$

부하가 50[kW]이고 역률 1일 때의 무효전력은 $50\times\tan(\cos^{-1}1)=0[kVar]$

부하가 100[kW]이고 역률 0.8일 때 무효전력은 $100\times\tan(\cos^{-1}0.8)=75[kVar]$

무효전력=$0+75=75[kVar]$

변압기 용량(피상전력)=$\sqrt{150^2+75^2}=167.71[kVA]$

변압기 1대 용량=$\dfrac{167.71}{3}=55.9[kVA]$

정답 | 75[kVA] 선정

참 고

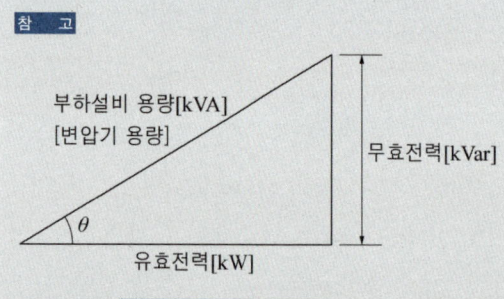

피상전력=$\sqrt{유효전력^2+무효전력^2}$

$\cos\theta=\dfrac{유효전력}{피상전력}$

$\tan\theta=\dfrac{무효전력}{유효전력}$

무효전력=유효전력$\times\tan\theta[kVar]$

$\cos\theta=0.8$일 때

$\theta=\cos^{-1}0.8=36.87°$

(2) 1대 고장으로 V 결선하였을 경우 과부하율[%]을 계산하여 구하시오.

계산과정

답안작성

계산과정 | 과부하율 = $\dfrac{\text{부하전력}}{\text{공급전력}} \times 100[\%]$

부하전력 = 167.71[kVA]

공급전력(V 결선 시 출력) = $\sqrt{3} \times 75 = 129.9$[kVA]

과부하율 = $\dfrac{167.71}{129.9} \times 100 = 129.11[\%]$

정답 | 129.11[%]

참 고

V 결선 시 출력 = $\sqrt{3} \times$ 변압기 1대 용량

(3) △ 결선 시의 변압기 동손($W_\triangle$)과 V 결선 시 변압기 동손(W_V)의 비율($\dfrac{W_\triangle}{W_V}$)을 계산하여 구하시오. (단, 변압기는 단상 변압기를 사용하고 부하는 변압기 V 결선 시 과부하 시키지 않는 것으로 한다)

계산과정

답안작성

계산과정 | $\dfrac{W_\triangle}{W_V} = \dfrac{3I^2 R}{2I^2 R} = \dfrac{3}{2} = 1.5$

정답 | 1.5

참 고

- △ 결선에서의 변압기 동손(손실) = $3I^2 R$ [W]
- V 결선에서의 변압기 동손(손실) = $2I^2 R$ [W]

09

그림은 PB-ON 스위치를 ON 한 후 일정시간이 지난 다음에 전동기 Ⓜ이 작동되는 회로이다. 여기서 사용한 타이머 Ⓣ는 입력신호가 소멸되는 즉시 접점이 복귀되어 전동기 Ⓜ이 정지하는 형식이다. 이 회로를 전동기가 회전하면 릴레이 Ⓧ가 복귀되어 타이머에 입력신호가 소멸되고 전동기는 계속 회전할 수 있도록 하고자 할 때 이 회로는 어떻게 수정되어야 하는지 수정하여 주어진 미완성 도면을 완성하시오. (단, 전자접촉기 MC의 보조 a, b 접점 각각 1개씩만을 추가한다) [5점]

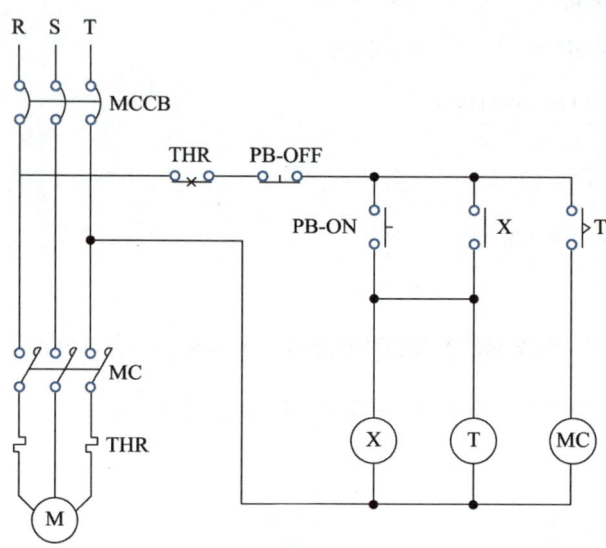

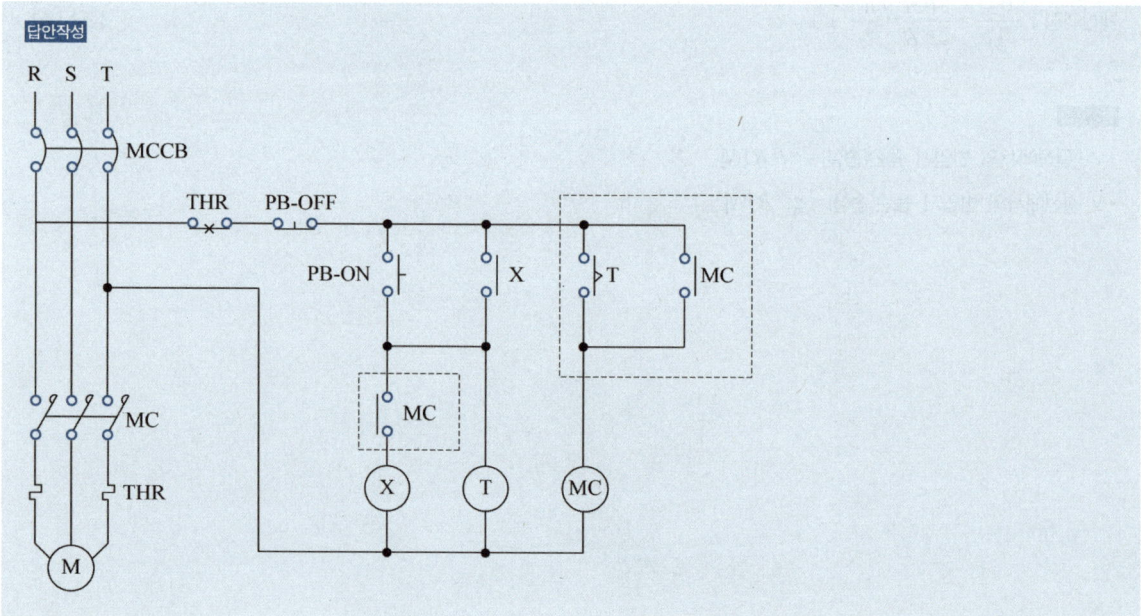

10

단상 3선식 110/220[V]을 채용하고 있는 어떤 건물이 있다. 변압기가 설치된 수전실로부터 50[m] 되는 곳에 부하집계표와 같은 분전반을 시설하고자 할 때 다음 조건과 전선의 허용전류 표를 이용하여 다음 각 물음에 답하시오. [11점]

[조건]
- 전압변동률은 2[%] 이하가 되도록 한다.
- 전압강하율은 2[%] 이하(단, 중선선에서의 전압강하는 무시한다)가 되도록 한다.
- 후강 전선관 공사로 한다.
- 3선 모두 같은 선으로 한다.
- 부하의 수용률은 100[%]로 적용한다.
- 후강 전선관 내 전선의 점유율은 48[%] 이내를 유지한다.

[전선의 허용전류표]

단면적[mm²]	허용전류[A]	전선관 3본 이하 수용 시[A]	피복포함 단면적[mm²]
6	54	48	32
10	75	66	43
16	100	88	58
25	133	117	88
35	164	144	104
50	198	175	163

[부하 집계표]

| 회로번호 | 부하명칭 | 부하[VA] | 부하 분담[VA] | | MCCB 크기 | | | 비고 |
			A	B	극수	AF	AT	
1	전등	2,400	1,200	1,200	2	50	15	
2	〃	1,400	700	700	2	50	15	
3	콘센트	1,000	1,000	-	1	50	20	
4	〃	1,400	1,400	-	1	50	20	
5	〃	600	-	600	1	50	20	
6	〃	1,000	-	1,000	1	50	20	
7	팬코일	700	700	-	1	30	15	
8	〃	700	-	700	1	30	15	
합계		9,200	5,000	4,200				

(1) 간선의 공칭단면적[mm²]을 계산하여 선정하시오.

계산과정 | 전선의 굵기 $A = \dfrac{17.8LI}{1,000e}$ [mm²]

$L = 50$ [m]

$I = $ A선의 전류 $= \dfrac{5,000}{110} = 45.45$ [A]

B선의 전류 $= \dfrac{4,200}{110} = 38.18$ [A]

전류의 크기가 큰 A선의 전류 45.45[A] 적용

$e = 110$V의 2[%] $= 110 \times 0.02 = 2.2$ [V]

$A = \dfrac{17.8 \times 50 \times 45.45}{1,000 \times 2.2} = 18.39$ [mm²]

정답 | 25[mm²] 선정

참 고

전선의 굵기(단면적)

- 단상 2선식 및 직류 2선식 $A = \dfrac{35.6LI}{1,000e}$ [mm²]
- 3상 3선식 $A = \dfrac{30.8LI}{1,000e}$ [mm²]
- 단상 3선식, 직류 3선식, 3상 4선식 $A = \dfrac{17.8LI}{1,000e}$ [mm²]

(2) 후강 전선관의 굵기[mm]를 계산하여 선정하시오.

계산과정 | 단면적 25[mm²] 전선의 피복포함 단면적이 88[mm²]이므로 단상 3선식 전선의 총 단면적은 $88 \times 3 = 264$ [mm²]이다. 조건에서 후강 전선관 내 전선의 점유율은 48[%] 이내를 유지하여야 하므로

후강 전선관의 단면적 $A = \pi r^2 = \pi \left(\dfrac{d}{2}\right)^2 = \dfrac{\pi d^2}{4}$ [mm²]

$A = \dfrac{\pi d^2}{4} \times 0.48 \geq 264$

후강 전선관의 굵기 d를 기준으로 식을 정리하면 $d \geq \sqrt{\dfrac{264 \times 4}{0.48 \times \pi}} \geq 26.46$ [mm]

정답 | 28[mm] 선정

> **참 고**
> 문제는 후강전선관의 굵기[mm], 즉 지름을 구하는 것이기 때문에 원의 단면적 공식 $A = \pi r^2$ 에서의 반지름 r 을 지름 d 의 $\frac{1}{2}$ 로 적용한다.

(3) 간선 보호용 과전류 차단기의 용량(AT)을 아래 표에서 선정하시오.

배선용 차단기 정격전류											
20	30	40	50	60	75	100	125	150	175	200	250

> **답안작성**
> 단면적 25[mm²]의 전선관 3본 이하 수용 시 117[A]를 적용하면 $I_B \leq I_n < I_z$ 의 조건에 의하여 $45.45 \leq I_n \leq 117$[A]이므로 I_n 은 100[A]를 선정한다.

(4) 분전반 복선결선도를 완성하시오.

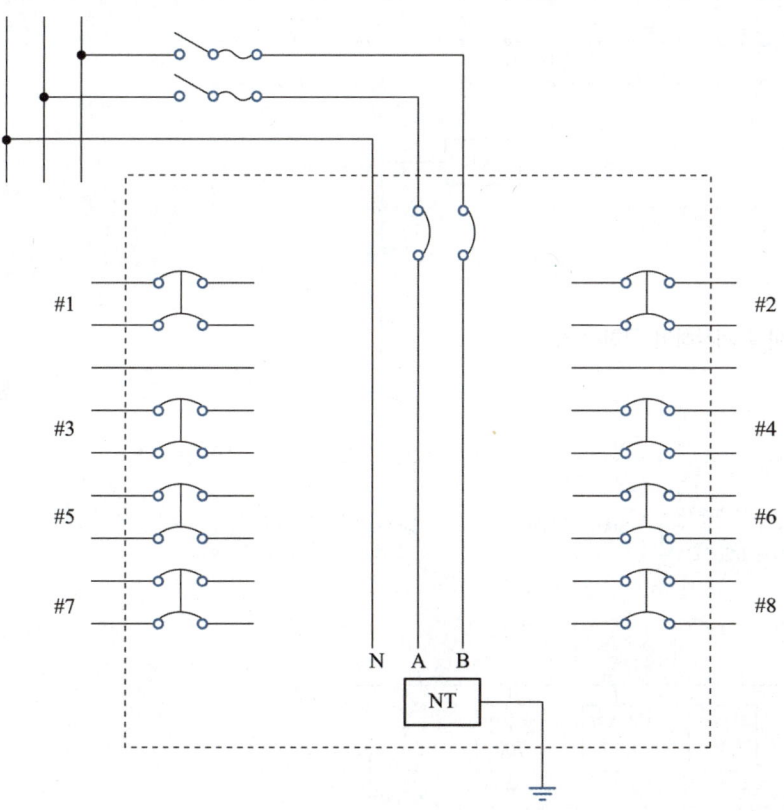

답안작성

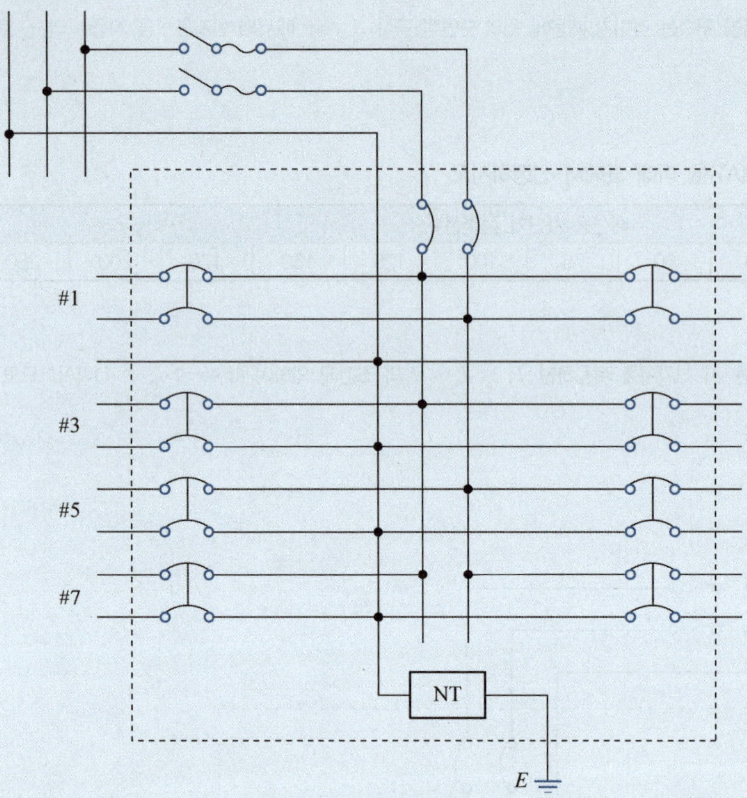

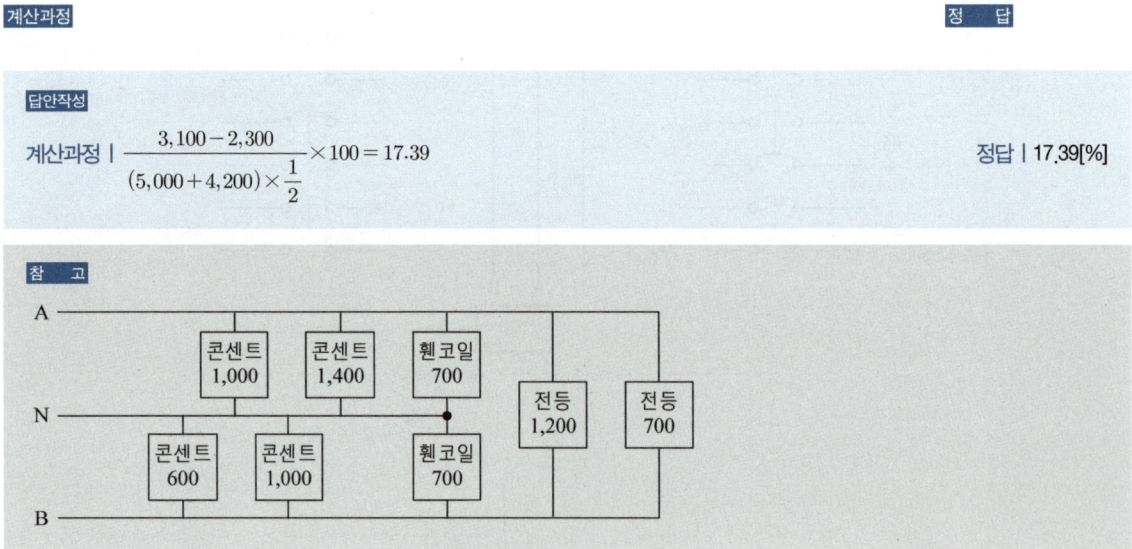

(5) 설비불평형률[%]을 계산하여 구하시오.

계산과정

정 답

답안작성

계산과정 | $\dfrac{3,100-2,300}{(5,000+4,200)\times\dfrac{1}{2}}\times 100=17.39$

정답 | 17.39[%]

참 고

설비불평형률 = (중성선과 각 전압측 전선 간에 접속되는 부하설비용량[VA]의 차) / (총부하설비[VA]의 $\frac{1}{2}$) × 100[%]

- A 부하설비용량 = 1,000 + 1,400 + 700 = 3,100[VA]
- B 부하설비용량 = 600 + 1,000 + 700 = 2,300[VA]

11

건축물의 전기 설비 중 간선의 설계 시 고려하여야 할 사항을 5가지만 쓰시오. [5점]

답안작성
① 전기방식, 배선방식
② 장래 증축 계획 유무
③ 부하의 사용 상태나 수용률, 효율, 역률 등의 각종 Factor
④ 간선경로에 대한 위치와 공간
⑤ 동력제어방식, 제어반 위치, 공종별 시공범위 사항

참 고
건축물의 전기 설비 중 간선 설계 시 고려사항
① 시공주(발주처) 협의사항
  - 전기방식, 배선방식
  - 장래 증축 계획 유무
  - 부하의 사용 상태나 수용률, 효율, 역률 등의 각종 Factor
② 건축분야 협의사항
  - 간선경로에 대한 위치와 공간
  - 수평, 수직 간선의 경로상의 관통부
  - 점검구 및 유지보수 공간
③ 기계분야 협의사항
  - 설비동력의 전기방식, 정격용량, 운전시간, 효율, 역률 및 기동방식 등의 제원
  - 전기 간선이 설비배관 및 덕트와 함께 시설되는 경우 상호 간섭 및 점검구 사항
  - 동력제어방식, 제어반 위치, 공종별 시공범위 사항

12

그림은 22.9[kV-Y] 간이 수전설비에 대한 단선 결선도이다. 다음 각 물음에 답하시오. [13점]

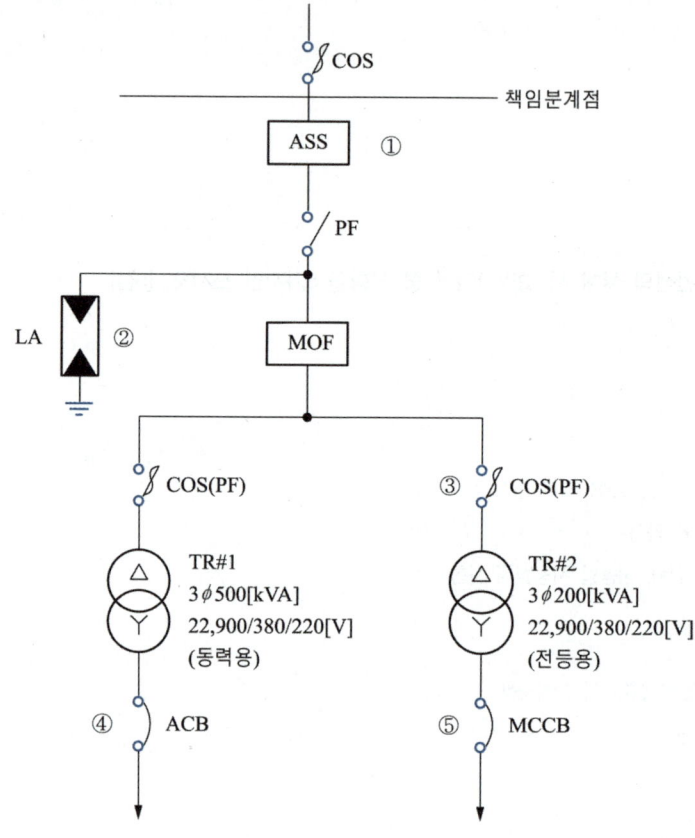

(1) 수변전실의 형태를 Cubicle Type으로 하고자 한다. 고압반 4면과 저압반 2면으로 구성할 때 수용되는 수배전반과 기기의 명칭을 구분하여 쓰시오.

> **답안작성**
>
> - 고압반 4면 : 전력퓨즈, 피뢰기, 전력수급용 계기용 변성기, 컷아웃 스위치, 동력용 변압기, 전등용 변압기
> - 저압반 2면 : 기중차단기, 배선용 차단기

> **참 고**
>
> - 전력퓨즈 : PF
> - 전력수급용 계기용 변성기 : MOF
> - 동력용 변압기 : TR#1
> - 기중차단기 : ACB
> - 피뢰기 : LA
> - 컷아웃 스위치 : COS
> - 전등용 변압기 : TR#2
> - 배선용 차단기 : MCCB

(2) 도면에 표시된 ①, ②, ③ 기기의 최대 설계 전압[kV]과 정격전류[A]를 쓰시오.

답안작성

① ASS(자동고장 구분 개폐기) : 25.8[kV], 200[A]
② LA(피뢰기) : 18[kV], 2,500[A]
③ COS(컷아웃 스위치) : 25[kV], 8[AT], 100[AF]

(3) ④, ⑤ 차단기의 용량(AF, AT)을 계산하여 산정하시오.

계산과정

답안작성

계산과정 | ④ ACB(기중차단기) $I = \dfrac{P}{\sqrt{3}\,V} = \dfrac{500 \times 10^3}{\sqrt{3} \times 380} = 759.67[A]$ 정답 | 800[AF], 800[AT]

⑤ MCCB $I = \dfrac{P}{\sqrt{3}\,V} = \dfrac{200 \times 10^3}{\sqrt{3} \times 380} = 303.87[A]$ 정답 | 400[AF], 350[AT]

참 고

- AF[Ampere Frame] : 차단기의 프레임(뼈대)이 견딜 수 있는 정격전류를 의미
  (30, 50, 60, 100, 225, 400, 600, 800, 1,000, 1,200[AF] 등으로 생산)
- AT[Ampere Trip] : 차단기가 통전시킬 수 있는 최대 정격전류를 의미
  (15, 20, 30, 40, 50, 60, 75, 100, 125, 150, 175, 200, 225, 250, 300, 350, 400, 500, 630, 700, 800 등으로 생산)

13

CT 및 PT에 대한 물음이다. 답하시오. [7점]

(1) CT를 운전 중 개방하여서는 안되는 이유를 간단히 쓰시오.

답안작성
CT 2차측에 고전압을 유기하여 CT 2차측에 절연이 파괴되기 때문에

참고
계기용 변성기 점검 시 PT(계기용 변압기)는 개방, CT(계기용 변류기)는 단락시킨다.

(2) PT의 2차측 정격전압과 CT의 2차측 정격전류는 일반적으로 몇 [V]와 몇 [A]로 하는지 쓰시오.

답안작성
- PT 2차측 정격전압 : 110[V]
- CT 2차측 정격전류 : 5[A]

(3) 고압 3상 간선의 전압 및 전류를 측정하기 위하여 PT와 CT를 설치할 때 다음 그림의 결선도를 답안지에 완성하고 접지가 필요한 곳에는 접지표시를 하시오. (단, 퓨즈는 ▱, PT는 ⟩⟨, CT는 ⊂로 표현하시오)

답안작성

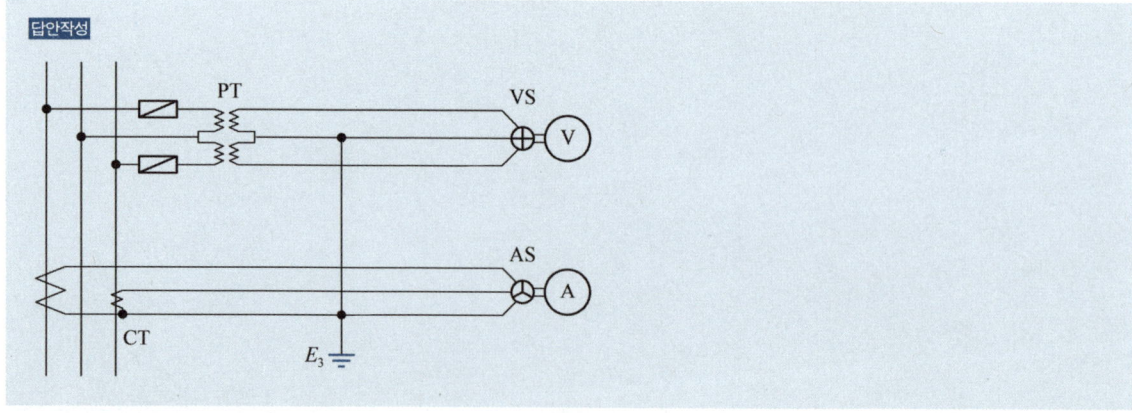

14

수전전압 6,600[V], 가공전선로의 %Z가 58.5[%]일 때 수전점의 3상 단락전류가 8,000[A]인 경우 기준용량을 구하고 수전용 차단기의 차단용량을 계산하여 아래 표에서 선정하시오. [6점]

차단기의 정격용량										
10	20	30	50	75	100	150	250	300	400	500

(1) 기준용량[MVA]

계산과정

답안작성

계산과정 | 기준용량 $P_n = \sqrt{3}\, VI_n$ [VA]

$V = 6,600$ [V]

$I_n = \dfrac{\%Z}{100} I_s = \dfrac{58.5}{100} \times 8,000 = 4,680$ [A]

$P_n = \sqrt{3} \times 6,600 \times 4,680 \times 10^{-6} = 53.49$ [MVA]

정답 | 53.5[MVA]

참 고

단락전류 $I_s = \dfrac{100}{\%Z} I_n$ [A], 정격전류 I_n 기준으로 식을 정리하면

$I_n = \dfrac{\%Z}{100} I_s$ [A]

[VA] $\times 10^{-6}$ = [MVA]

(2) 차단용량[MVA]

계산과정

답안작성

계산과정 | 차단용량 $P_s = \sqrt{3}\, V_n I_s$ [VA]

정격전압 V_n = 공칭전압 $V \times \dfrac{1.2}{1.1} = 6,600 \times \dfrac{1.2}{1.1} = 7,200$ [V]

정격차단전류(단락전류) $I_s = 8,000$ [A]

$P_s = \sqrt{3} \times 7,200 \times 8,000 \times 10^{-6} = 99.77$ [MVA]

정답 | 100[MVA] 선정

참 고

차단용량[MVA] = $\sqrt{3}$ × 정격전압[kV] × 정격차단전류[kA]

= $\sqrt{3}$ × 정격전압[V] × 정격차단전류[A] × 10^{-6}

15

권수비 30인 단상변압기에 1차 전압을 6.6[kV]를 가할 때 다음 각 물음에 답하시오. (단, 변압기 손실은 무시한다) [6점]

(1) 2차 전압은 몇 [V]인가?

계산과정 **정 답**

답안작성

계산과정 | 2차 전압 = $\dfrac{1차 전압}{권수비} = \dfrac{6.6 \times 10^3}{30} = 220$[V]

정답 | 220[V]

참 고

권수비 = $\dfrac{N_1}{N_2} = \dfrac{V_1}{V_2} = \dfrac{I_2}{I_1}$

$V_2 = \dfrac{V_1}{권수비}$

(2) 2차에 50[kW], 지상 역률 80[%]의 부하를 걸었을 때 1차 및 2차 전류는 몇 [A]인가?

계산과정 **정 답**

답안작성

계산과정 | 1차 전류 $I_1 = \dfrac{I_2}{권수비} = \dfrac{284.09}{30} = 9.47$[A]

2차 전류 $I_2 = \dfrac{P}{V_2 \cos\theta} = \dfrac{50 \times 10^3}{220 \times 0.8} = 284.09$[A]

정답 | 1차 전류 $I_1 = 9.47$[A]

2차 전류 $I_2 = 284.09$[A]

참 고

단상전력 $P = VI\cos\theta$[W]

권수비 = $\dfrac{N_1}{N_2} = \dfrac{V_1}{V_2} = \dfrac{I_2}{I_1}$

$I_1 = \dfrac{I_2}{권수비}$

(3) 1차 입력은 몇 [kVA]인가?

| 계산과정 | 정 답 |

답안작성

계산과정 | $P_1 = V_1 I_1 = 6.6 \times 10^3 \times 9.47 \times 10^{-3} = 62.502 [kVA]$

정답 | 62.5[kVA]

참 고

단상전력 $P = VI$ [VA]

16

다음 그림은 유접점식 시퀀스 회로이다. 무접점 시퀀스 회로로 바꾸어 작성하시오. [5점]

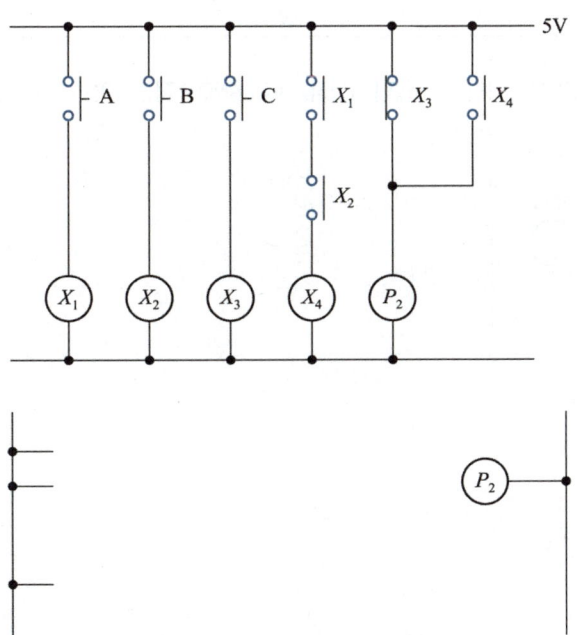

답안작성

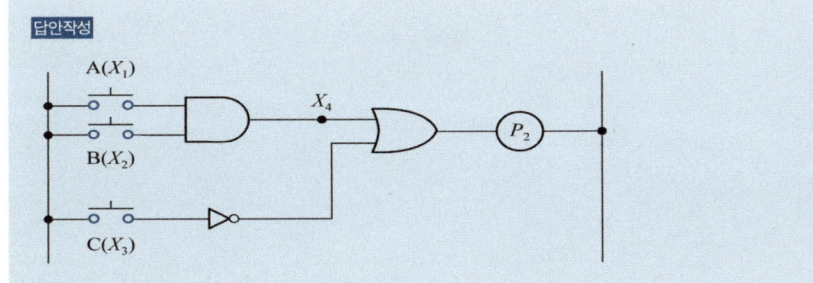

실기[필답형]기출문제 2018 * 2

※ 출제기준 변경 및 개정된 관계법규에 따라 삭제된 문제가 있어 배점의 합계가 100점이 안 됩니다.

01

PLC 프로그램을 이용하여 다음 물음에 답하시오. [6점]

스텝	명령어	번지
0	S	P000
1	AN	M000
2	ON	M001
3	W	P011

(1) PLC 래더 다이어그램을 그리시오. (단, S : 입력 a접점, AN : AND b접점, ON : OR b접점, W : 출력)

답안작성

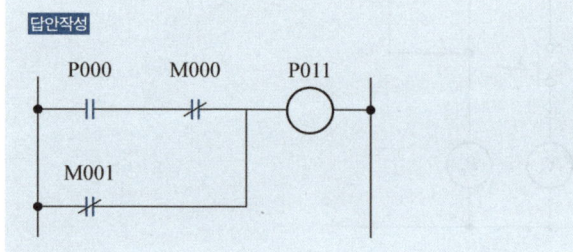

(2) 출력의 논리식을 쓰시오.

답안작성

$P011 = P000 \cdot \overline{M000} + \overline{M001}$

02

다음 도면은 배전용 변전소의 단선 결선도이다. 도면과 주어진 조건을 이용하여 다음 각각의 물음에 답하시오. [12점]

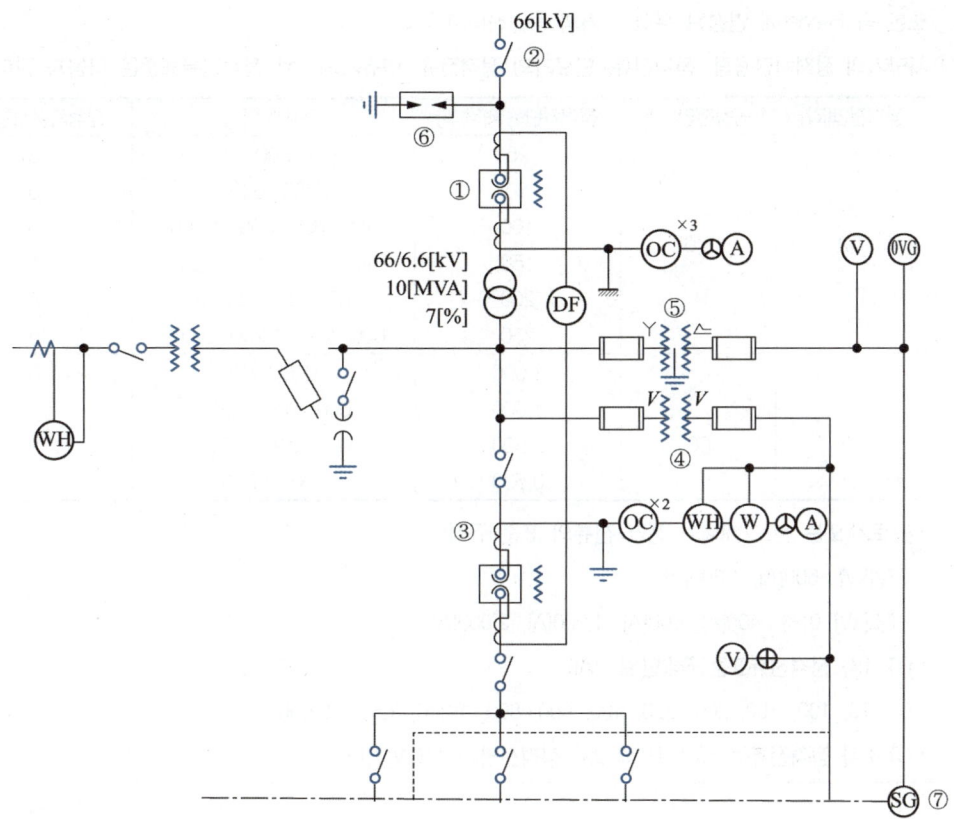

[조건] ① 주 변압기의 정격은 1차 정격 전압 66[kV], 2차 정격 전압 6.6[kV], 정격 용량은 3상 10[MVA]라고 한다.
② 주 변압기의 1차측(즉, 1차 모선)에서 본 전원측 등가 임피던스는 100[MVA] 기준으로 16[%]이고, 변압기의 내부 임피던스는 자기 용량 기준으로 7[%]라고 한다.
③ 또한 각 Feeder에 연결된 부하는 거의 동일하다고 한다.
④ 차단기의 정격차단용량, 정격전류, 단로기의 정격전류, 변류기의 1차 정격전류표준은 다음과 같다.

정격전압[kV]	공칭전압[kV]	정격차단용량[MVA]	정격전류[A]	정격차단시간[Hz]
7.2	6.6	25	200	5
		50	400, 600	5
		100	400, 600, 800, 1,200	5
		150	400, 600, 800, 1,200	5
		200	600, 800, 1,200	5
		250	600, 800, 1,200, 2,000	5
72	66	1,000	600, 800	3
		1,500	600, 800, 1,200	3
		2,500	600, 800, 1,200	3
		3,500	800, 1,200	3

- 단로기(또는 선로 개폐기 정격 전류의 표준 규격)
  - 72[kV] : 600[A], 1,200[A]
  - 7.2[kV] 이하 : 400[A], 600[A], 1,200[A], 2,000[A]
- CT 1차 정격전류표준규격(단위 : [A])
  50, 75, 100, 150, 200, 300, 400, 600, 800, 1,200, 1,500, 2,000
- CT 2차 정격전류는 5[A], PT의 2차 정격전압은 110[V]이다.

(1) 차단기 ①에 대한 정격차단용량과 정격전류를 계산하여 선정하시오.

계산과정

답안작성

계산과정 | 정격차단용량 $P_s = \dfrac{100}{\%Z} \times P_n = \dfrac{100}{16} \times 100 = 625$[MVA]

조건의 표에서 1,000[MVA] 선정

정격전류 $I_n = \dfrac{P}{\sqrt{3} \times V} = \dfrac{10 \times 10^6}{\sqrt{3} \times 66 \times 10^3} = 87.477$[A]

조건의 표에서 600[A] 선정

정답 | 정격차단용량 1,000[MVA], 정격전류 600[A] 선정

참 고
- P_n : 기준용량
- P : 정격용량

(2) 선로 개폐기 ②에 대한 정격전류를 계산하여 선정하시오.

계산과정

답안작성

계산과정 | 정격전류 $I_n = \dfrac{P}{\sqrt{3} \times V} = \dfrac{10 \times 10^6}{\sqrt{3} \times 66 \times 10^3} = 87.477$

조건의 표에서 600[A] 선정

정답 | 600[A] 선정

(3) 변류기 ③에 대한 1차 정격전류를 계산하여 선정하시오.

계산과정

답안작성

계산과정 | $I_{1n} = \dfrac{P}{\sqrt{3} \times V} = \dfrac{10 \times 10^3}{\sqrt{3} \times 6.6} = 874.77[A]$

변류기 1차 정격전류는 $I_{1n} \times (1.25 \sim 1.5)$ 이므로

$874.77 \times (1.25 \sim 1.5) = 1,093.46 \sim 1,312.16[A]$

조건에서 CT 1차 정격 표준 규격 1,200[A] 선정

정답 | 1,200[A] 선정

참고
변류기 1차 정격전류는 선로의 정격전류의 1.25~1.5배 범위 안에서 선정한다.

(4) PT ④에 대한 1차 정격 전압은 몇 [V]인가?

답안작성
6,600[V]

(5) ⑤로 표시된 기기의 명칭을 쓰시오.

답안작성
접지형 계기용 변압기

(6) 피뢰기 ⑥에 대한 정격전압은 몇 [kV]인가?

답안작성
72[kV]

참 고

피뢰기 정격전압

전력계통		피뢰기의 정격전압[kV]	
공칭전압[kV]	중성점 접지방식	변전소	배전선로
345	유효접지	288	
154	유효접지	144	
66	소호리액터 접지 또는 비접지	72	
22	소호리액터 접지 또는 비접지	24	
22.9	중성점 다중 접지	21	18

(7) ⑦의 역할을 설명하시오.

답안작성

선택지락(접지) 계전기로서 다회선 선로에서 지락사고 시 고장회선을 선택하여 차단하는 역할을 한다.

03

다음 상용전원과 예비전원 운전 시 유의하여야 할 사항이다. ( ) 안에 알맞은 내용을 채우시오. [4점]

상용전원과 비상용 예비전원 사이에는 병렬운전을 하지 않는 것이 원칙이므로 수전용 차단기와 발전용 차단기 사이에는 전기적 또는 기계적 (①)을 시설해야 하며 (②)를 사용해야 한다.

답안작성

① 인터록
② 자동 절환 개폐장치

참 고

한국전기설비규정 244.2.1 비상용 예비전원의 시설
상용전원의 정전으로 비상용전원이 대체되는 경우에는 상용전원과 병렬운전이 되지 않도록 다음 중 하나 또는 그 이상의 조합으로 격리조치를 하여야 한다.
가. 조작기구 또는 절환 개폐장치의 제어회로 사이의 전기적, 기계적 또는 전기기계적 연동
나. 단일 이동식 열쇠를 갖춘 잠금 계통
다. 차단-중립-투입의 3단계 절환 개폐장치
라. 적절한 연동기능을 갖춘 자동 절환 개폐장치
마. 동등한 동작을 보장하는 기타 수단

04

부하의 최대수요전력을 제어하는 방법 3가지만 간단히 쓰시오. [6점]

답안작성
① 부하의 피크 컷(peak cut) 제어
② 부하의 피크 시프트(peak shift) 제어
③ 자가용 발전설비의 가동에 의한 피크(peak) 제어

참 고
- 피크 컷(peak cut) : 설정한 최대수요전력 피크치를 초과할 경우 중요하지 않은 부하의 전력을 순차적으로 차단하여 최대수요전력을 제어
- 피크 시프트(peak shift) : 온수기 같은 열을 저장하는 부하는 피크 시간대를 피해 운전함으로써 최대수요전력을 제어
- 자가용 발전설비의 가동 : 설정한 최대수요전력 피크치를 초과할 경우 자가용 발전기를 가동하여 초과분의 전력을 분담한다.

05

다음의 논리식을 간단히 정리하시오. [4점]

(1) $Z = (A+B+C)A$

답안작성
$Z = AA + AB + AC = A + AB + AC = A(1 + AB + AC) = A$

참 고
$A \cdot A = A$
$1 + AB + AC = 1$
$A \cdot 1 = A$

(2) $Z = \overline{A}C + BC + AB + \overline{B}C$

답안작성
$Z = \overline{A}C + AB + C(B + \overline{B}) = \overline{A}C + AB + C = AB + C(\overline{A}+1) = AB + C$

참 고
$B + \overline{B} = 1$
$\overline{A} + 1 = 1$

06

인텔리전트 빌딩(Intelligent building)은 빌딩 자동화시스템, 사무자동화시스템, 정보통신시스템, 건축환경을 총망라한 건설과 유지관리 경제성을 추구하는 빌딩이라 할 수 있다. 이러한 빌딩의 전산시스템을 정전사고에 대비하고 유지하기 위하여 비상전원으로 사용되고 있는 UPS에 대해서 다음 각 물음에 답하시오. [6점]

(1) UPS를 우리말로 표현하여 쓰시오.

답안작성
무정전 전원 공급장치

참 고
Uninterruptible Power Supply

(2) UPS에서 AC(교류)에서 DC(직류)로, DC(직류)에서 AC(교류)로 변환하는 부분의 명칭을 각각 쓰시오.

답안작성
- AC에서 DC로 변환하는 부분 : 컨버터
- DC에서 AC로 변환하는 부분 : 인버터

(3) UPS가 동작하면 전력공급을 위한 축전지가 필요하다. 이때 축전지 용량을 구하는 공식을 쓰시오. (단, 공식과 공식에 사용되는 기호의 의미도 쓰시오)

답안작성
축전지 용량 $C = \dfrac{1}{L} KI$ [Ah]
- C : 축전지 용량[Ah]
- L : 보수율(경년용량 저하율)
- K : 용량환산 시간계수
- I : 방전전류[A]

07

그림과 같은 송전계통에 S점에서 3상 단락사고가 발생하였다. 주어진 도면과 조건을 이용하여 다음 각 물음에 답하시오. [14점]

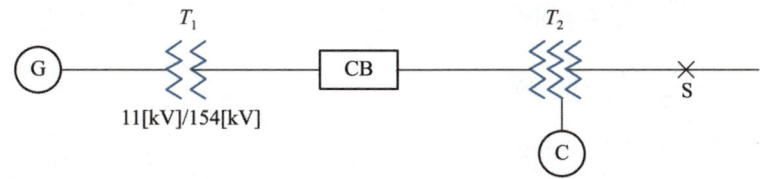

[조건]

번호	기기명	용량	전압	%X
1	발전기(G)	50,000[kVA]	11[kV]	25
2	변압기(T_1)	50,000[kVA]	11/154[kV]	10
3	송전선		154[kV]	8(10,000[kVA] 기준)
4	변압기(T_2)	1차 25,000[kVA]	154[kV]	12(25,000[kVA] 기준, 1차~2차)
		2차 30,000[kVA]	77[kV]	16(25,000[kVA] 기준, 2차~3차)
		3차 10,000[kVA]	11[kV]	9.5(10,000[kVA]기준, 3차~1차)
5	조상기(C)	10,000[kVA]	11[kV]	15

(1) 기준용량을 10[MVA]로 하여 변압기(T_2)의 %리액턴스를 각각 환산하시오.

계산과정

답안작성

계산과정 | 1차~2차 : $\%X_{1\sim2} = \dfrac{10}{25} \times 12 = 4.8[\%]$

2차~3차 : $\%X_{2\sim3} = \dfrac{10}{25} \times 16 = 6.4[\%]$

3차~1차 : $\%X_{3\sim1} = \dfrac{10}{10} \times 9.5 = 9.5[\%]$

정답 | $\%X_{1\sim2} = 4.8[\%]$
$\%X_{2\sim3} = 6.4[\%]$
$\%X_{3\sim1} = 9.5[\%]$

참고

환산 $\%X = \dfrac{\text{기준용량}}{\text{자기용량}} \times \text{자기}\%X$

(2) 변압기(T_2)의 1차, 2차, 3차 %리액턴스를 계산하여 구하시오.

계산과정 **정답**

답안작성

계산과정 | 1차 $\%X_1 = \dfrac{4.8 - 6.4 + 9.5}{2} = 3.95[\%]$

2차 $\%X_2 = \dfrac{6.4 - 9.5 + 4.8}{2} = 0.85[\%]$

3차 $\%X_3 = \dfrac{9.5 - 4.8 + 6.4}{2} = 5.55[\%]$

정답 | $\%X_1 = 3.95[\%]$
$\%X_2 = 0.85[\%]$
$\%X_3 = 5.55[\%]$

참고

$\%X_1 = \dfrac{\%X_{1\sim2} - \%X_{2\sim3} + \%X_{3\sim1}}{2}[\%]$

$\%X_2 = \dfrac{\%X_{2\sim3} - \%X_{3\sim1} + \%X_{1\sim2}}{2}[\%]$

$\%X_3 = \dfrac{\%X_{3\sim1} - \%X_{1\sim2} + \%X_{2\sim3}}{2}[\%]$

(3) 기준용량을 10[MVA]로 하여 발전기에서 고장점까지 %리액턴스를 계산하여 구하시오.

계산과정 **정답**

답안작성

계산과정 | 10[MVA]를 기준으로 $\%X$를 환산하면

발전기(G) $= \dfrac{10}{50} \times 25 = 5[\%]$

변압기(T_1) $= \dfrac{10}{50} \times 10 = 2[\%]$

송전선 $= \dfrac{10}{10} \times 8 = 8[\%]$

조상기(C) $= \dfrac{10}{10} \times 15 = 15[\%]$

발전기(G)부터 변압기(T_2) 1차까지 $5 + 2 + 8 + 3.95 = 18.95[\%]$

변압기(T_2) 2차 $\%X_2 = 0.85[\%]$

변압기(T_2) 3차부터 조상기(C)까지 $5.55 + 15 = 20.55[\%]$

합성 $\%X = \dfrac{18.95 \times 20.55}{18.95 + 20.55} + 0.85 = 10.71$

정답 | 10.71[%]

참고

송전계통을 10[MVA] 기준으로 %X로 환산하면

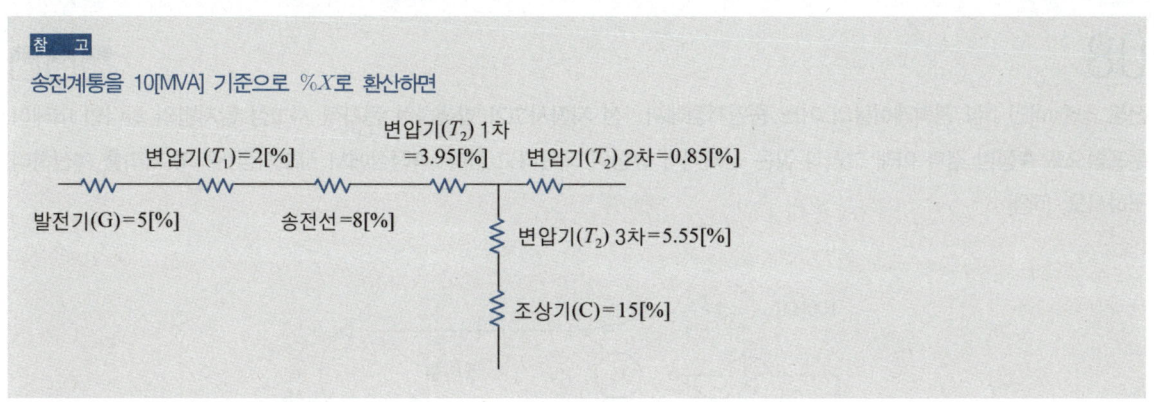

(4) 고장점의 단락용량은 몇 [MVA]인지 계산하여 구하시오.

계산과정 | $P_S = \dfrac{100}{\%Z} \times P_n = \dfrac{100}{10.71} \times 10 = 93.37$[MVA]

정답 | 93.37[MVA]

참고

단락용량 $P_S = \dfrac{100}{\%Z} \times$기준용량 P_n

저항을 언급하지 않았으므로 %Z는 %X와 같다.

(5) 고장점의 단락전류는 몇 [A]인지 계산하여 구하시오.

계산과정 | $I_S = \dfrac{100}{\%Z} \times I_n = \dfrac{100}{10.71} \times \dfrac{10 \times 10^6}{\sqrt{3} \times 77 \times 10^3} = 700.09$[A]

정답 | 700.09[A]

참고

단락전류 $I_S = \dfrac{100}{\%Z} \times$정격전류 I_n

정격전류 $I_n = \dfrac{P}{\sqrt{3}\,V}$[A]

08

전장 3.6[km]인 3심 전력케이블의 어느 중간지점에서 1선 지락사고가 발생하여 전기적 사고점 탐지법의 하나인 머레이 루프법으로 측정한 결과 아래 그림과 같은 상태에서 평형이 되었다고 한다. 측정점에서 사고지점까지의 거리를 계산하여 구하시오. [5점]

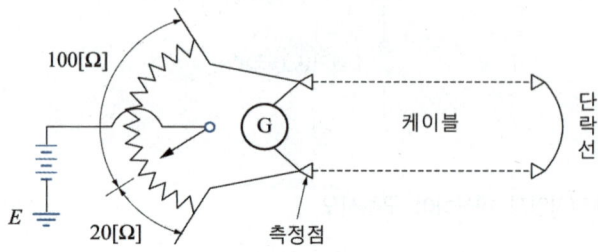

계산과정

답안작성

계산과정 | $20 \times (2L - x) = 100 \times x$

$2L - x = \dfrac{100}{20} \times x = 5x$

$2L = 6x$

$x = \dfrac{1}{3}L = \dfrac{1}{3} \times 3.6 = 1.2\,[\text{km}]$

정답 | 1.2[km]

참고

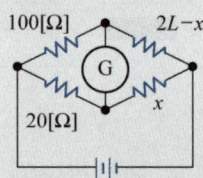

$R = \rho \dfrac{L}{A}\,[\Omega]$에서 R과 L은 비례하므로 $20(2L - x) = 100x$의 식이 성립한다.

09

다음 도면은 3상 농형 유도전동기 IM의 Y-△ 기동 운전 제어 회로도이다. 이 회로도를 이용하여 다음 각 물음에 답하시오.
[8점]

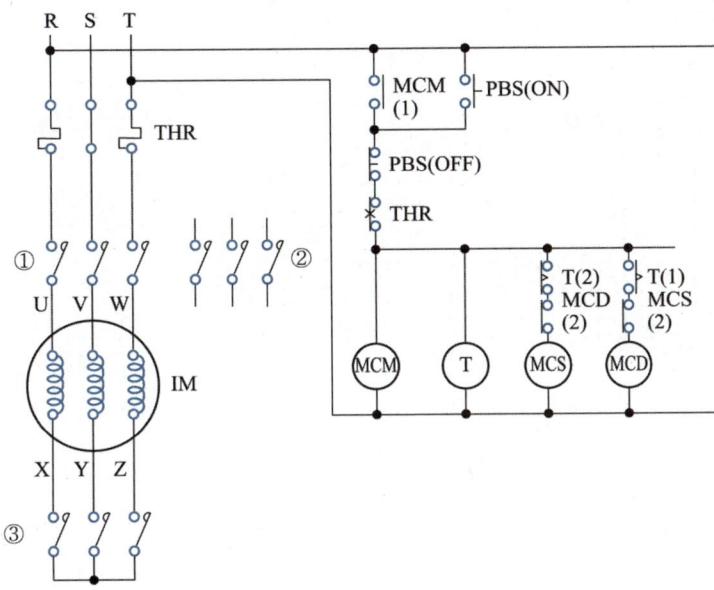

(1) ①~③에 해당되는 전자 접촉기 접점의 약호를 쓰시오.

> **답안작성**
>
> ① MCM
>
> ② MCD
>
> ③ MCS

> **참 고**
>
> • MCM - 전동기 전원
>
> • MCD - △결선(운전)
>
> • MCS - Y결선(기동)

(2) 전자 접촉기 MCS는 운전 중 어떤 상태인지 쓰시오.

> **답안작성**
>
> 무여자(전원에서 분리된 상태)

(3) 미완성 회로도의 주회로 부분에 Y-△ 기동 운전 결선도를 완성하시오.

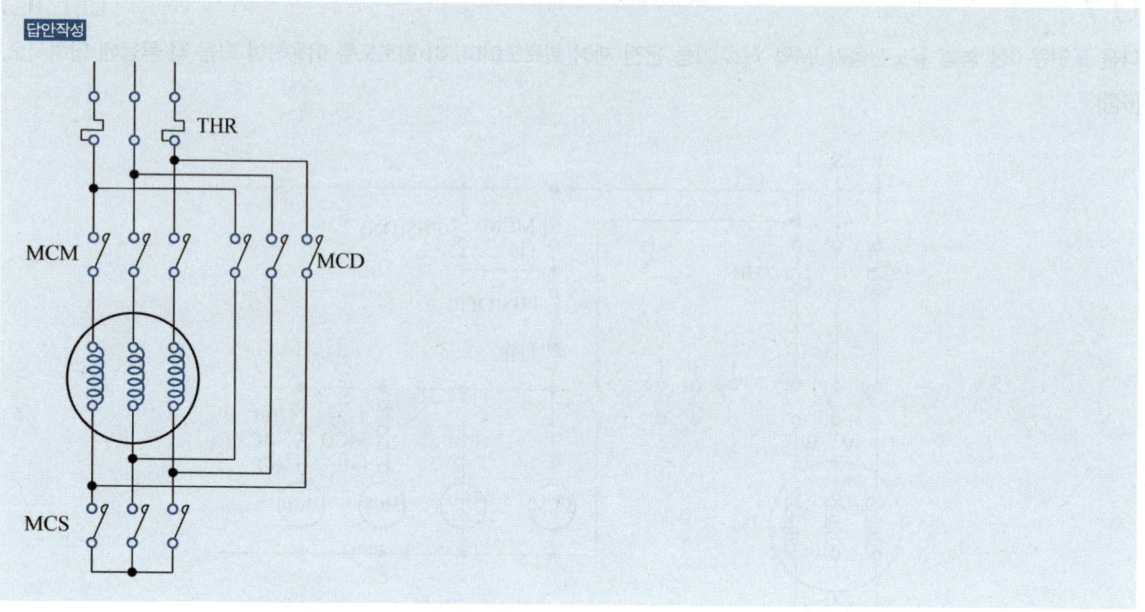

10

변압기 중성점 접지(접지계통)의 목적 3가지를 간단히 쓰시오. [5점]

① 전로의 보호 장치의 확실한 동작 확보
② 이상 전압의 억제
③ 대지전압의 저하

11

불평형 3상 전압이 $V_a = 7.3 \angle 12.5°$[V], $V_b = 0.4 \angle -100°$[V], $V_c = 4.4 \angle 154°$[V]일 때 각 대칭분 전압 V_0[V], V_1[V], V_2[V]를 계산하여 구하시오. [6점]

계산과정

계산과정 | 영상전압
$$V_0 = \frac{1}{3}(V_a + V_b + V_c)$$
$$= \frac{1}{3}(7.3\angle 12.5° + 0.4\angle -100° + 4.4\angle 154°)$$
$$= \frac{1}{3}[7.3(\cos 12.5 + j\sin 12.5) + 0.4(\cos 100° - j\sin 100) + 4.4(\cos 154° + j\sin 154°)]$$
$$= 1.03 + j1.04 = \sqrt{1.03^2 + 1.04^2} \angle \tan^{-1}\frac{1.04}{1.03} = 1.46\angle 45.28°$$

정상전압
$$V_1 = \frac{1}{3}(V_a + aV_b + a^2V_c)$$
$$= \frac{1}{3}(7.3\angle 12.5° + 1\angle 120° \times 0.4\angle -100° + 1\angle 240° \times 4.4\angle 154°)$$
$$= \frac{1}{3}(7.3\angle 12.5° + 0.4\angle 20° + 4.4\angle 394°)$$
$$= 3.72 + j1.39 = \sqrt{3.72^2 + 1.39^2} \angle \tan^{-1}\frac{1.39}{3.72} = 3.97\angle 20.49°$$

역상전압
$$V_2 = \frac{1}{3}(V_a + a^2V_b + aV_c)$$
$$= \frac{1}{3}(7.3\angle 12.5° + 1\angle 240° \times 0.4\angle -100° + 1\angle 120° \times 4.4\angle 154°)$$
$$= \frac{1}{3}(7.3\angle 12.5° + 0.4\angle 140° + 4.4\angle 274°)$$
$$= 2.38 - j0.85 = \sqrt{2.38^2 + 0.85^2} \angle \tan^{-1}\frac{-0.85}{2.38} = 2.53\angle -19.6°$$

정답 | $V_0 = 1.46\angle 45.28°$[V]
$V_1 = 3.97\angle 20.49°$[V]
$V_2 = 2.53\angle -19.6°$[V]

참고

$A\angle \theta° = A(\cos\theta° + j\sin\theta°)$

$A + jB = \sqrt{A^2 + B^2} \angle \tan^{-1}\frac{B}{A}$

$a = 1\angle 120° = 1(\cos 120° + j\sin 120°) = -\frac{1}{2} + j\frac{\sqrt{3}}{2}$

$a^2 = 1\angle 240° = 1(\cos 240° + j\sin 240°) = -\frac{1}{2} - j\frac{\sqrt{3}}{2}$

$A\angle \theta_1° \times B\angle \theta_2° = A \times B\angle (\theta_1 + \theta_2)°$

12

조명 방식 중 조명기구의 배광에 의한 분류 5가지를 쓰시오. [5점]

답안작성
직접조명, 반직접조명, 전반확산조명, 반간접조명, 간접조명

참고
배광
광원으로부터 나오는 빛의 어떤 공간의 분포

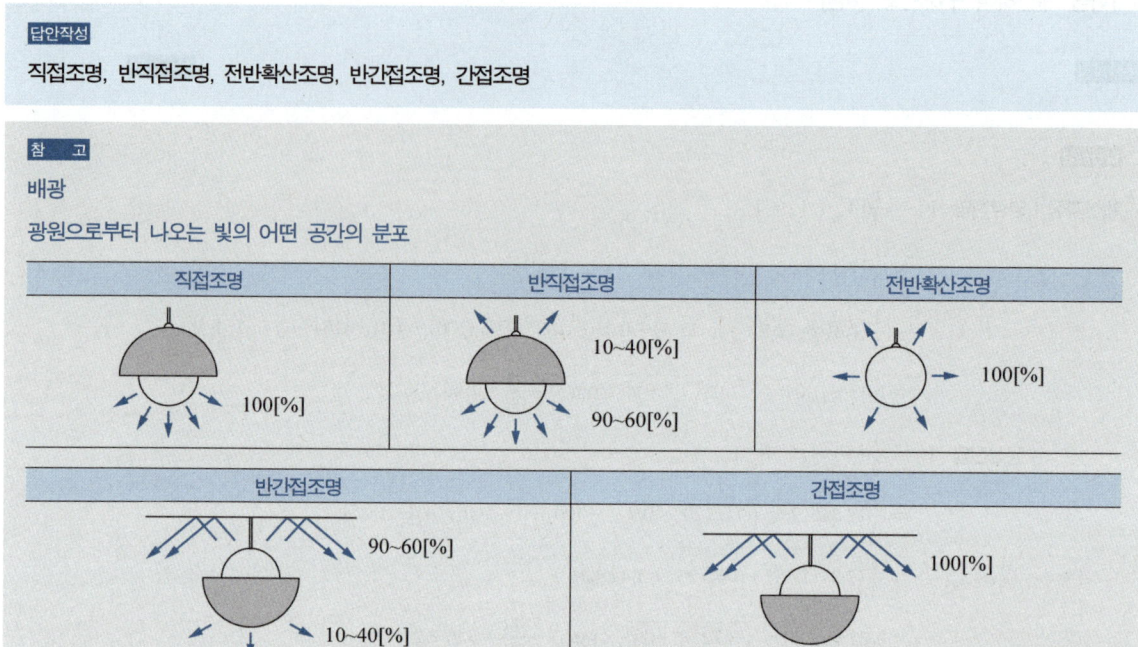

13

200[kVA]인 단상변압기 2대를 V결선하여 부하를 걸었을 때, 계약 수전 설비에 의한 계약 최대 전력은 얼마인지 계산하여 구하시오. (단, 계산 값은 소수 첫째자리에서 반올림한다) [4점]

답안작성
계산과정 | $P = 200 \times 2 \times 0.866 = 346.4$

정답 | 346[kVA]

참고
한국전력공사 전기공급약관 제12조 ②-1-나
동일용량의 변압기를 V결선한 경우
결선된 단상변압기 용량합계의 86.6[%]를 기준으로 계약전력을 결정한다.

14

다음 한국전기설비규정에서 정한 절연내력 시험전압을 구하시오. [5점]

공칭전압[V]	최대사용전압[V]	절연내력 시험전압
6,600	6,900(비접지)	①
13,200	13,800(중성점 다중접지)	②
22,900	24,000(중성점 다중접지)	③

계산과정   정 답

답안작성

계산과정 | ① $6,900 \times 1.5 = 10,350$ [V]

② $13,800 \times 0.92 = 12,696$ [V]

③ $24,000 \times 0.92 = 22,080$ [V]

정답 | ① 10,350[V]

② 12,696[V]

③ 22,080[V]

참 고

한국전기설비규정 표132-1 전로의 종류 및 시험전압

표 132-1 전로의 종류 및 시험전압

전로의 종류	시험전압
1. 최대사용전압 7[kV] 이하인 전로	최대사용전압의 1.5배의 전압
2. 최대사용전압 7[kV] 초과 25[kV] 이하인 중성점 접지식 전로(중성선을 가지는 것으로서 그 중성선을 다중접지 하는 것에 한한다)	최대사용전압의 0.92배의 전압
3. 최대사용전압 7[kV] 초과 60[kV] 이하인 전로(2란의 것을 제외한다)	최대사용전압의 1.25배의 전압(10.5[kV] 미만으로 되는 경우는 10.5[kV])
4. 최대사용전압 60[kV] 초과 중성점 비접지식 전로(전위 변성기를 사용하여 접지하는 것을 포함한다)	최대사용전압의 1.25배의 전압
5. 최대사용전압 60[kV] 초과 중성점 접지식 전로(전위 변성기를 사용하여 접지하는 것 및 6란과 7란의 것을 제외한다)	최대사용전압의 1.1배의 전압 (75[kV] 미만으로 되는 경우에는 75[kV])
6. 최대사용전압이 60[kV] 초과 중성점 직접접지식 전로(7란의 것을 제외한다)	최대사용전압의 0.72배의 전압
7. 최대사용전압이 170[kV] 초과 중성점 직접 접지식 전로로서 그 중성점이 직접 접지되어 있는 발전소 또는 변전소 혹은 이에 준하는 장소에 시설하는 것	최대사용전압의 0.64배의 전압
8. 최대사용전압이 60[kV]를 초과하는 정류기에 접속되고 있는 전로	교류측 및 직류 고전압측에 접속되고 있는 전로는 교류측의 최대사용전압의 1.1배의 직류전압 직류측 중성선 또는 귀선이 되는 전로(이하 이장에서 "직류 저압측 전로"라 한다)는 아래에 규정하는 계산식에 의하여 구한 값

15

어느 건물의 부하는 하루에 5시간을 240[kW], 8시간을 100[kW], 나머지 시간을 75[kW]를 사용한다. 이에 따른 수전설비를 450[kVA]로 하였을 때 부하의 평균 역률이 0.8인 경우 다음 물음에 답하시오. [6점]

(1) 이 건물의 수용률은 몇 [%]인지 계산하여 구하시오.

계산과정

답안작성

계산과정 | $\dfrac{240}{450 \times 0.8} \times 100 = 66.67[\%]$

정답 | 66.67[%]

참고

수용률 $= \dfrac{\text{최대수용전력[kW]}}{\text{설비용량[kW]}} \times 100[\%]$

(2) 이 건물의 일부하율은 몇 [%]인지 계산하여 구하시오.

계산과정

답안작성

계산과정 | $\dfrac{(240 \times 5) + (100 \times 8) + (75 \times 11)}{240 \times 24} \times 100 = 49.05[\%]$

정답 | 49.05[%]

참고

일부하율 $= \dfrac{\text{평균전력}}{\text{최대수용전력}} \times 100 = \dfrac{\frac{\text{전력사용량}}{24\text{시간}}}{\text{최대수용전력}} \times 100 = \dfrac{\text{전력사용량}}{\text{최대수용전력} \times 24\text{시간}} \times 100$

16

다음과 같이 전열기 Ⓗ와 전동기 Ⓜ이 간선에 접속되어 있을 때 허용전류의 최소값은 몇 [A]인지 계산하여 구하시오. [4점]

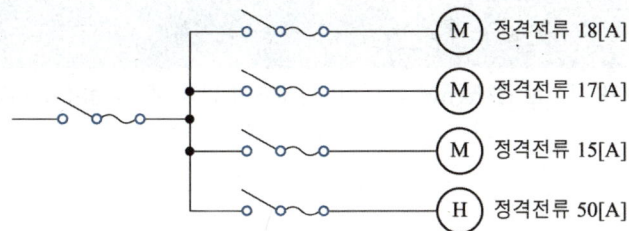

계산과정

정 답

> **답안작성**
>
> 계산과정 | 전열기 Ⓗ의 정격전류 50[A]
>
> 전동기 Ⓜ의 정격전류 $18+17+15=50$[A]
>
> 회로의 설계전류 $= 50+50 = 100$[A]
>
> 회로의 설계전류 ≤ 보호장치의 정격전류 ≤ 간선(케이블)의 허용전류에 만족하는 간선의 허용전류 ≥ 100[A]이다.
>
> 정답 | 100[A]

> **참 고**
>
> 212.4.1 도체와 과부하 보호장치 사이의 협조
>
> 과부하에 대해 케이블(전선)을 보호하는 장치의 동작특성은 다음의 조건을 충족해야 한다.
>
> $I_B \leq I_n \leq I_Z$ ··· (식 212.4-1)
>
> $I_2 \leq 1.45 \times I_Z$ ·· (식 212.4-2)
>
> - I_B : 회로의 설계전류
> - I_Z : 케이블의 허용전류
> - I_n : 보호장치의 정격전류
> - I_2 : 보호장치가 규약시간 이내에 유효하게 동작하는 것을 보장하는 전류

실기[필답형]기출문제 2018 * 3

※ 출제기준 변경 및 개정된 관계법규에 따라 삭제된 문제가 있어 배점의 합계가 100점이 안 됩니다.

01

어느 수용가의 부하는 하루에 240[kW]로 5시간, 100[kW]로 8시간, 75[kW]로 나머지 시간을 사용한다. 이에 따른 수전설비를 450[kVA]로 하였을 때 부하의 평균 역률이 0.8인 경우 다음 각 물음에 답하시오. [5점]

(1) 이 수용가의 수용률[%]을 계산하시오.

계산과정 | 수용률[%] = $\dfrac{240}{450 \times 0.8} \times 100 = 66.67[\%]$

정답 | 66.67[%]

참고

수용률 = $\dfrac{\text{최대수용전력}}{\text{설비용량}} \times 100[\%]$

(2) 이 수용가의 일 부하율[%]을 계산하시오.

계산과정 | 부하율[%] = $\dfrac{(240 \times 5) + (100 \times 8) + [75 \times (24-(8+5))]}{240 \times 24} \times 100 = 49.05[\%]$

정답 | 49.05[%]

참고

부하율 = $\dfrac{\text{평균전력}}{\text{최대수용전력}} \times 100$

일 평균전력 = $\dfrac{\text{1일전력사용량}}{\text{24시간}}$

02

전기설비에서 사용되는 다음 용어의 정의를 간단히 쓰시오. [6점]

(1) 중성선

> 답안작성
> 다선식전로에서 전원의 중성극에 접속된 전선을 말한다.

(2) 분기회로

> 답안작성
> 간선에서 분기하여 분기과전류차단기를 거쳐서 부하에 이르는 사이의 배선을 말한다.

(3) 등전위본딩

> 답안작성
> 등전위성을 얻기 위해 전선 간을 전기적으로 접속하는 조치를 말한다.

03

22.9[kV], 1,000[kVA] 폐쇄형 큐비클식 수변전 설비가 설치된 변전실이 있다. 다음 각 물음에 답하시오. [5점]

(1) 변전실의 유효 높이는 몇 [m] 이상으로 하여야 하는지 쓰시오.

> 답안작성
> 4.5[m]

(2) 변전실의 추정면적은 몇 [m^2]인지 계산하여 구하시오. (단, 추정계수는 1.4이다)

계산과정 　　　　　　　　　　　　　　　　　　　　　　　　　　　　　　　　정　답

> 답안작성
> 계산과정 | $1.4 \times 1,000^{0.7} = 176.25[m^2]$ 　　　　　　　　　　　정답 | 176.25[m^2]

> 참 고
> 변전실 추정 면적
> $A = k \times (변압기\ 용량[kVA])^{0.7} [m^2]$
> - k : 추정계수(특고압에서 고압으로 변전 시 1.7, 특고압에서 저압으로 변전 시 1.4, 고압에서 저압으로 변전 시 0.98)

04

다음 3φ4W 22.9[kV] 수전설비 단선결선도를 이용하여 다음 각 물음에 답하시오. [12점]

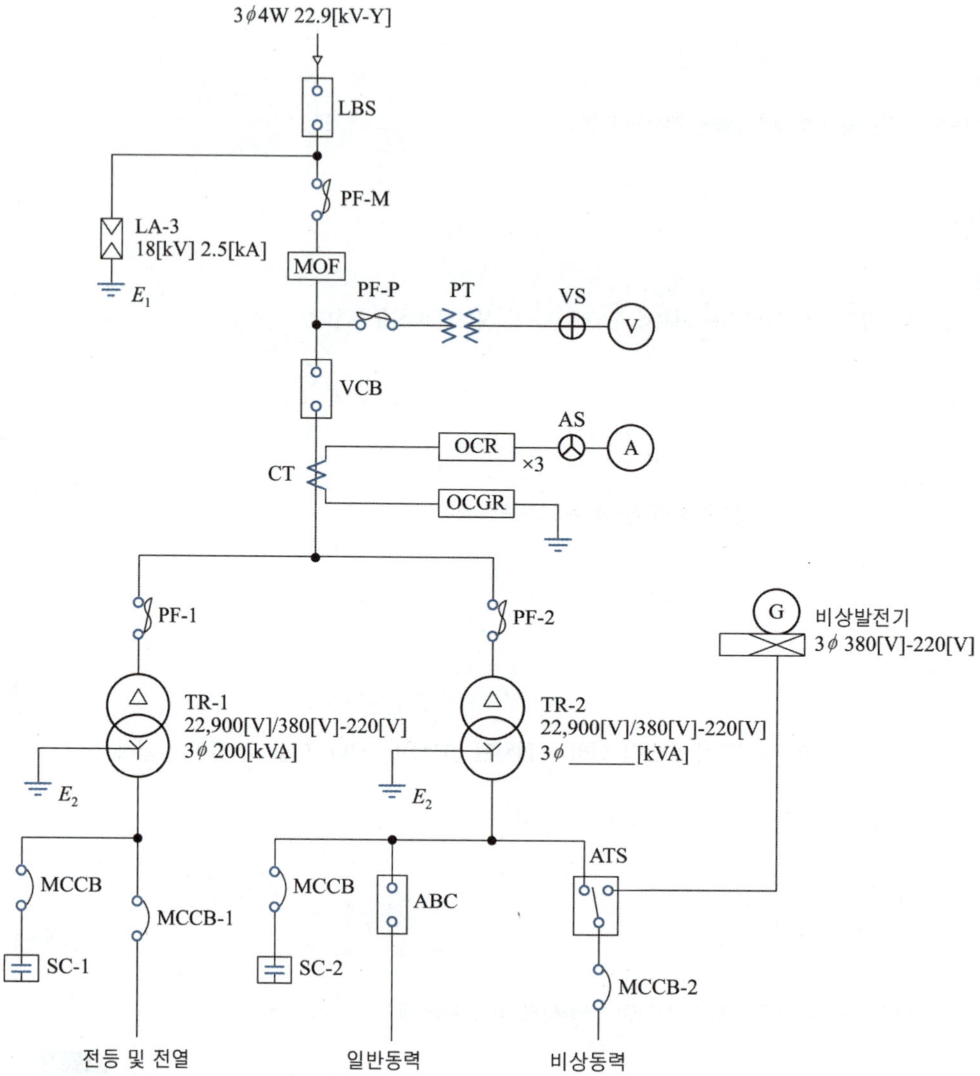

(1) 단선결선도에서 LA에 대한 각 물음에 답하시오.

　① 우리말 명칭을 쓰시오.

　② 기능 및 역할에 대해 설명하시오.

　③ 성능 조건을 4가지만 쓰시오.

답안작성

① 피뢰기
② 이상전압 내습 시 대지로 즉시 방전하여 변압기 및 그 외 수전설비 보호
③ • 사용주파 방전개시 전압이 높을 것
   • 충격방전 개시 전압이 낮을 것
   • 제한 전압이 낮을 것
   • 속류 차단 능력이 클 것

(2) 수전설비 단선결선도의 부하집계 및 입력환산표의 빈칸을 채우시오. (단, 입력환산[kVA]은 계산 값의 소수 둘째자리에서 반올림한다)

구분	전등 및 전열	일반동력	비상동력	
설비용량 및 효율	합계 350[kW] 100[%]	합계 635[kW] 85[%]	유도전동기1 7.5[kW] 2대 85[%] 유도전동기2 11[kW] 1대 85[%] 유도전동기3 15[kW] 1대 85[%] 비상조명 8,000[W] 100[%]	
평균(종합)역률	80[%]	90[%]	90[%]	
수용률	60[%]	45[%]	100[%]	

부하집계 및 입력환산표

구분		설비용량[kW]	효율[%]	역률[%]	입력환산[kVA]
전등 및 전열		350			
일반동력		635			
비상동력	유도전동기1	7.5×2			
	유도전동기2				
	유도전동기3	15			
	비상조명				
	소계	-	-	-	

답안작성

구분		설비용량[kW]	효율[%]	역률[%]	입력환산[kVA]
전등 및 전열		350	100	80	437.5
일반동력		635	85	90	830.1
비상동력	유도전동기1	7.5×2	85	90	19.6
	유도전동기2	11	85	90	14.4
	유도전동기3	15	85	90	19.6
	비상조명	8	100	90	8.9
	소계	-	-	-	62.5

참고

$$입력환산[kVA] = \frac{설비용량[kW]}{효율 \times 역률}$$

(3) "(2)"항의 부하집계표와 아래 참고사항을 이용하여 TR-2의 적정용량[kVA]을 계산하여 선정하시오.

[참고사항] • 일반 동력군과 비상 동력군 간의 부등률은 1.3이다.
• 변압기 용량은 15[%] 정도의 여유를 갖는다.
• 변압기의 표준규격[kVA]은 200, 300, 400, 500, 600이다.

계산과정　　　　　　　　　　　　　　　　　　　　　　　　　　**정　답**

답안작성

계산과정 | TR-2의 변압기 용량 = $\dfrac{\text{수용률을 적용한 입력의 합}}{\text{부등률}} = \dfrac{(830.1 \times 0.45) + (62.5 \times 1)}{1.3} \times 1.15 = 385.73$[kVA]

정답 | 400[kVA] 선정

참　고

변압기 용량[kVA] = $\dfrac{\dfrac{\text{설비용량[kW]}}{\text{효율} \times \text{역률}} \times \text{수용률}}{\text{부등률}} \times \text{여유율} = \dfrac{\text{설비용량[kW]} \times \text{수용률}}{\text{효율} \times \text{역률} \times \text{부등률}} \times \text{여유율}$

05

정격출력 500[kW]의 디젤엔진 발전기를 발열량 10,000[kcal/L]인 중유 250[L]를 사용하여 $\dfrac{1}{2}$ 부하에서 운전하는 경우 몇 시간 동안 운전이 가능한지 계산하여 구하시오. (단, 발전기의 열효율을 34.4[%]로 한다) [5점]

계산과정　　　　　　　　　　　　　　　　　　　　　　　　　　**정　답**

답안작성

계산과정 | 발전기 출력 $P = \dfrac{BH\eta}{860t}$ [kW]

시간 t를 기준으로 식을 정리하면 $t = \dfrac{BH\eta}{860P}$ [h], $\dfrac{1}{2}$ 부하에서 운전하므로 P에 $\dfrac{1}{2}$ 배를 적용한다.

$t = \dfrac{BH\eta}{860 \times \dfrac{1}{2}P} = \dfrac{250 \times 10,000 \times 0.344}{860 \times \dfrac{1}{2} \times 500} = 4$ [h]

정답 | 4[h]

참　고

• B : 연료
• H : 발열량
• η : 효율

06

주어진 표는 어떤 부하의 데이터를 정리한 것이다. 다음 각 물음에 답하시오. [6점]

부하의 종류	출력[kW]	전부하 특성			
		역률[%]	효율[%]	입력[kVA]	입력[kW]
유도 전동기	37×6	87	81	52.5×6	45.7×6
유도 전동기	11	84	77	17	14.3
전등·전열기 등	30	100		30	30
합 계		88			

(1) 전부하로 운전하는 데 필요한 발전기 정격용량은 몇 [kVA]인지 계산하시오.

계산과정

답안작성

계산과정 | 발전기 용량 = $\dfrac{(45.7 \times 6) + 14.3 + 30}{0.88} = 361.93$ [kVA]

정 답 | 361.93[kVA]

참 고

발전기 용량[kVA] = $\dfrac{\text{입력의 총합[kW]}}{\text{평균역률}}$

(2) 이때 발전기 운전에 필요한 엔진 출력은 몇 [PS]인지 계산하시오. (단, 발전기 효율은 92[%]로 한다)

계산과정

답안작성

계산과정 | 엔진 출력 = $\dfrac{(45.7 \times 6) + 14.3 + 30}{0.92} \times 1.36 = 470.83$ [PS]

정 답 | 470.83[PS]

참 고

출력[kW] = $\dfrac{\text{입력의 총합[kW]}}{\text{효율}}$

1[kW] = 1.36[PS]

1[PS] = 0.7355[kW]

07

오실로스코프의 감쇄 probe는 입력전압의 크기를 10배의 배율로 감쇄시키도록 설계되어 있다. 그림에서 오실로스코프의 입력 임피던스 R_S는 1[MΩ]이고, probe의 내부저항 R_P는 9[MΩ]이다. 각 물음에 답하시오. [9점]

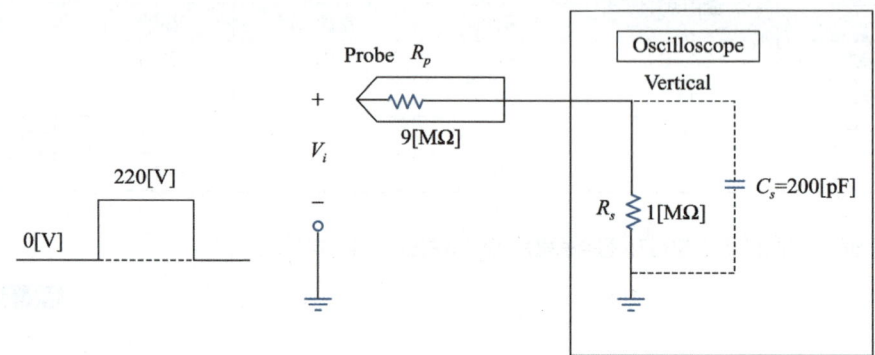

(1) probe의 입력전압 $v_i = 220$[V]라고 하면 오실로스코프에 나타나는 전압은 몇 [V]인지 계산하여 구하시오.

계산과정   정   답

> **답안작성**
> 계산과정 | $V = \dfrac{220}{10} = 22$[V]
>
> 정답 | 22[V]

(2) 오실로스코프의 내부저항 $R_S = 1$[MΩ]과 $C_S = 200$[pF]의 콘덴서가 병렬로 연결되어 있을 때 콘덴서 C_S에 대한 테브닝의 등가회로가 다음과 같다면 시정수 τ와 $v_i = 220$[V]일 때의 테브닝의 등가전압 E_{th}를 계산하여 구하시오.

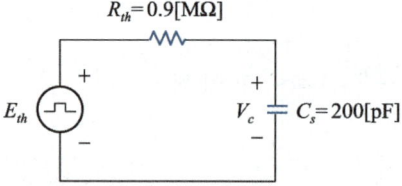

계산과정   정   답

> **답안작성**
> 계산과정 | 시정수 $\tau = R_{th} C_s = 0.9 \times 10^6 \times 200 \times 10^{-12} = 180 \times 10^{-6}$[sec]
>
> 등가전압 $E_{th} = \dfrac{R_S}{R_P + R_S} \times v_i = \dfrac{1}{9+1} \times 220 = 22$[V]
>
> 정답 | 시정수 $\tau = 180[\mu\text{sec}]$
> 등가전압 $E_{th} = 22$[V]

(3) 인가 주파수가 10[kHz]일 때 주기는 몇 [ms]인지 계산하시오.

계산과정 | 주기 $T = \dfrac{1}{f} = \dfrac{1}{10 \times 10^3} = 10^{-4}[\text{sec}] = 10^{-1}[\text{ms}]$

정답 | $10^{-1}[\text{ms}]$

08

교류용 적산전력계에 대한 다음 각 물음에 답하시오. [7점]

(1) 잠동(creeping) 현상에 대하여 간단히 설명하고 잠동을 막기 위한 방법을 2가지만 쓰시오.

답안작성
- 잠동현상 : 무부하 상태에서 정격주파수 및 정격전압의 110[%]를 인가하여 적산전력계 원판이 1회전 이상 회전하는 현상
- 방지대책 : ① 원판에 작은 구멍을 뚫는다.
  ② 원판에 작은 철편을 붙인다.

참고
잠동현상은 원판의 잔류여자 전류에 의해 발생한다.

(2) 적산전력계가 구비해야 할 전기적, 기계적 및 성능상 특성을 3가지만 간단히 쓰시오.

답안작성
① 기계적 강도가 클 것
② 부하특성이 좋을 것
③ 과부하 내량이 클 것

참고
④ 오차가 적을 것
⑤ 온도나 주파수 변화에 보상되도록 할 것
⑥ 옥내 및 옥외에 설치가 가능할 것

09

공칭전압 140[kV]의 송전선이 있다. 이 송전선의 4단자 정수는 $A=0.9$, $B=j70.7$, $C=j0.52\times10^{-3}$, $D=0.9$이고 무부하 시 송전단에 154[kV]를 인가하였다. 다음 각 물음에 답하시오. [7점]

(1) 수전단 전압[kV] 및 송전단 전류[A]를 구하시오.

계산과정

정   답

계산과정 | 송전단 전압 = $A \times$ 수전단 전압 + $B \times$ 수전단 전류

무부하 시 수전단 전류는 0[A]이므로 송전단 전압 = $A \times$ 수전단 전압에서 수전단 전압을 기준으로 식을 정리하면

수전단 전압 = $\dfrac{\text{송전단 전압}}{A} = \dfrac{154}{0.9} = 171.11$[kV]

송전단 전류 = $C \times \dfrac{\text{수전단 선간 전압}}{\sqrt{3}} + D \times$ 수전단 전류

$= j0.52 \times 10^{-3} \times \dfrac{171.11 \times 10^3}{\sqrt{3}} = j51.37$[A]

정답 | 수전단 전압 $V_r = 171.11$[kV]

송전단 전류 $I_s = j51.37$[A]

참   고

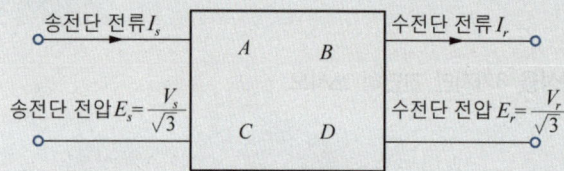

$E_s = \dfrac{V_s}{\sqrt{3}} = AE_r + BI_r = A\dfrac{V_r}{\sqrt{3}} + BI_r$

$I_s = CE_r + DI_r = C\dfrac{V_r}{\sqrt{3}} + DI_r$

- V_s : 송전단 선간 전압
- V_r : 수전단 선간 전압

(2) 수전단 전압을 140[kV]을 유지하려고 한다. 이 때 수전단에서 필요로 하는 조상설비 용량은 몇 [kVA]인지 계산하시오.

계산과정 | 조상설비 용량 $Q_C = \sqrt{3} \times$ 수전단 전압 $V_r \times$ 조상설비 전류 I_r(수전단 전류)

송전단 선간 전압 $V_S = AV_r + \sqrt{3}BI_r$

$$I_r = \frac{V_S - AV_r}{\sqrt{3}B} = \frac{154 \times 10^3 - 0.9 \times 140 \times 10^3}{\sqrt{3} \times j70.7} = -j228.65[A]$$

$Q_C = \sqrt{3} \times 140 \times 228.65 = 55,444.68[kVA]$

정답 | 55,444.68[kVA]

참고

I_r을 크기로 나타내면 $|I_r| = \sqrt{0^2 + 228.65^2} = 228.65[A]$

10

ALTS의 명칭과 용도를 간단히 쓰시오. [4점]

- 명칭 : 자동부하전환 개폐기
- 용도 : 주전원이 정전되거나 부족전압 사고 발생 시 선로를 예비전원으로 자동 전환시켜 수용가에 안정된 전원을 공급하는 용도로 사용된다.

11

도면은 어느 154[kV] 수용가의 수전 설비 단선 결선도의 일부분이다. 주어진 표와 도면을 참고하여 다음 각 물음에 답하시오. [10점]

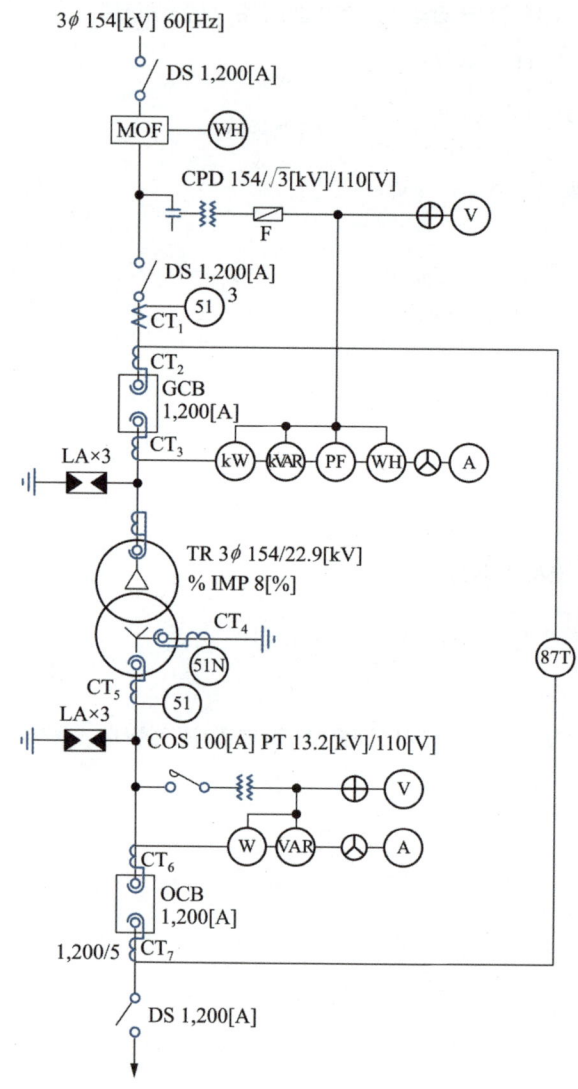

[CT의 정격]

1차 정격 전류[A]	200	400	600	800	1,200	1,500
2차 정격 전류[A]	5					

(1) 변압기 2차 부하설비용량이 51[MW], 수용률이 70[%], 부하역률이 90[%]일 때 도면의 변압기 용량은 몇 [MVA]가 되는지 계산하시오.

계산과정

답안작성

계산과정 | $\dfrac{51 \times 0.7}{0.9} = 39.67$[MVA]

정답 | 39.67[MVA]

참고

변압기 용량[MVA] = $\dfrac{\text{부하설비용량[MW]} \times \text{수용률}}{\text{역률}}$

(2) 변압기 1차측 DS(단로기)의 정격전압은 몇 [kV]인지 계산하여 선정하시오.

계산과정

답안작성

계산과정 | $154 \times \dfrac{1.2}{1.1} = 168$[kV]

정답 | 170[kV] 선정

참고

정격전압 = 공칭전압 × $\dfrac{1.2}{1.1}$

단로기 정격전압[kV]

3.6	7.2	24	25.8	72.5	170	362

(3) CT_1의 비는 얼마인지 계산하여 표를 참고하여 선정하시오. (단, 변류기 정격전류 산정 시 여유율은 1.25로 한다)

계산과정

답안작성

계산과정 | $\dfrac{39.67 \times 10^6}{\sqrt{3} \times 154 \times 10^3} \times 1.25 = 185.9$[A]

정답 | 표에서 200/5 선정

참고

CT 1차 전류 = 정격전류 × 1.25

(4) GCB 내에 사용되는 가스는 주로 어떤 가스가 사용되는지 쓰시오.

답안작성
SF₆(육불화황)

(5) OCB의 정격차단 전류가 23[kA]일 때, 이 차단기의 차단용량은 몇 [MVA]인지 계산하시오.

계산과정 / **정답**

답안작성
계산과정 | 차단용량[MVA] = $\sqrt{3}$ × 정격전압[kV] × 정격차단전류[kA] = $\sqrt{3} \times 25.8 \times 23 = 1,027.8$[MVA]   정답 | 1,027.8[MVA]

참고
정격전압 = 공칭전압 × $\dfrac{1.2}{1.1}$
공칭전압 22.9[kV]의 공칭전압은 25.8[kV]이다.

(6) 과전류 계전기의 정격부담이 9[VA]일 때 이 계전기의 임피던스는 몇 [Ω]인지 계산하시오.

계산과정 / **정답**

답안작성
계산과정 | 정격부담 $P = I^2 Z$ [VA]
$$Z = \dfrac{P}{I^2} = \dfrac{9}{5^2} = 0.36[\Omega]$$
정답 | 0.36[Ω]

참고
계기용 변류기 2차측 전류의 한도는 5[A]이다.

(7) CT₇ 1차 전류가 600[A]일 때 CT₇의 2차에서 비율차동계전기의 단자에 흐르는 전류는 몇 [A]인지 계산하시오.

계산과정 / **정답**

답안작성
계산과정 | CT₇의 2차 전류 $I_2 = I_1 \times \dfrac{1}{CT비} \times \sqrt{3} = 600 \times \dfrac{5}{1,200} \times \sqrt{3} = 4.33$[A]   정답 | 4.33[A]

참고
변압기 2차측이 Y 결선이기 때문에 변압기 2차측 CT는 △ 결선으로 구성해야 하므로 CT 2차 전류에 $\sqrt{3}$ 배를 적용한다.

12

다음은 가공 송전선로의 코로나 임계전압을 구하기 위한 식이다. 이 식을 보고 다음 각 물음에 답하시오. [6점]

$$E_0 = 24.3 m_0 m_1 \delta d \log_{10} \frac{D}{r} \text{[kV]}$$

(1) 기온 $t[℃]$에서의 기압을 $b[mmHg]$ 할 때 $\delta = \dfrac{0.386b}{273+t}$ 로 나타내는데 이 δ는 무엇을 의미하는가?

답안작성
상대공기밀도

(2) m_1이 날씨에 의한 계수라면, m_o는 무엇에 의한 계수인가?

답안작성
전선 표면의 상태계수

참 고

코로나 임계전압

$$E_0 = 24.3 m_0 m_1 \delta d \log_{10} \frac{D}{r} \text{[kV]}$$

- m_0 : 전선 표면의 상태계수
- m_1 : 날씨에 관계하는 계수(맑은 날 1.0, 우천 시 0.8)
- δ : 상대 공기 밀도
- d : 전선의 지름[cm]
- r : 전선의 반지름[cm]
- D : 전선의 등가 선간거리[cm]

(3) 코로나에 의한 장해는 무엇이 있는지 2가지만 쓰시오.

답안작성
① 코로나 손실
② 코로나 소음

참 고
③ 통신선의 유도장해
④ 전선의 부식 촉진

(4) 코로나 발생 방지 대책을 2가지만 쓰시오.

답안작성
① 복도체 사용
② 가선금구 개량

참 고
③ 굵은 전선 사용

13

그림에서 각 지점 간의 저항을 동일하게 하고 간선 AD 사이에 전원을 공급하면 어느 지점이 전력손실이 최소가 되는지 구하시오. [5점]

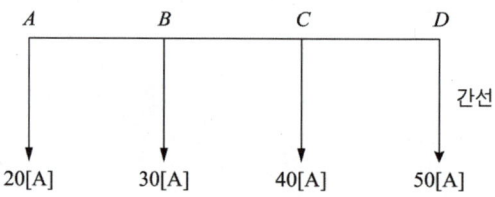

계산과정   정   답

답안작성
계산과정 | A 지점의 전력손실 $P = I^2 R$ [W]

$$P_A = (30+40+50)^2 \times R + (40+50)^2 \times R + 50^2 \times R = 25,000R \text{[W]}$$

B 지점의 전력손실 $P_B = 20^2 \times R + (40+50)^2 \times R + 50^2 \times R = 11,000R$ [W]

C 지점의 전력손실 $P_C = (20+30)^2 \times R + 20^2 \times R + 50^2 \times R = 5,400R$ [W]

D 지점의 전력손실 $P_D = 20^2 \times R + (20+30)^2 \times R + (20+30+40)^2 \times R = 11,000R$ [W]

정답 | C 지점의 전력손실이 최소가 된다.

14
변압기 모선방식 3가지만 쓰시오. [5점]

답안작성
단모선, 복모선, 환상모선

15
지중전선로를 가공전선로와 비교했을 때의 장점과 단점을 각각 4가지씩 쓰시오. [8점]

(1) 장점

답안작성
① 보안이 유리하다.
② 도시 미관에 영향을 주지 않는다.
③ 기상 여건 등의 영향이 적다.
④ 유도장해 발생이 거의 없다.

(2) 단점

답안작성
① 경제적으로 공사비용 부담이 크다.
② 건설기간이 길다.
③ 보수에 많은 시간이 소요된다.
④ 고장점 발견이 어렵다.

실기[필답형]기출문제 2019 * 1

※ 출제기준 변경 및 개정된 관계법규에 따라 삭제된 문제가 있어 배점의 합계가 100점이 안 됩니다.

01

그림과 같은 부하에 전력을 공급하기 위한 변압기 용량은 몇 [kVA]로 하여야 하는지 계산하여 변압기 표준용량에서 선정하시오. (단, 종합부하의 역률은 90[%], 각 부하군 간의 부등률은 1.35이며, 변압기는 최대부하의 15[%] 정도의 여유를 갖는 용량으로 하고, 변압기 표준용량[kVA]은 100, 150, 200, 300, 500이다) [4점]

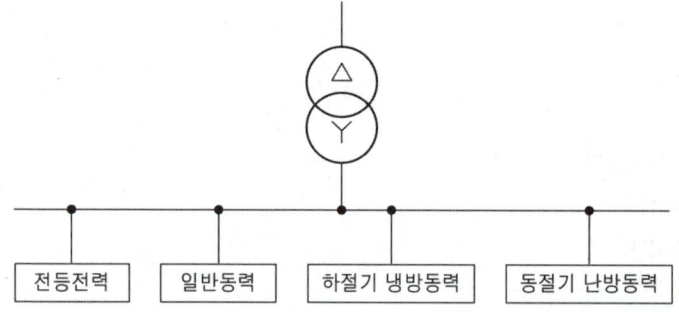

부하명	전등전력	일반동력	하절기 냉방동력	동절기 난방동력
설비용량	100[kW]	250[kW]	140[kW]	60[kW]
수용률	70[%]	50[%]	80[%]	60[%]

계산과정 | 변압기 용량 $= \dfrac{(100 \times 0.7) + (250 \times 0.5) + (140 \times 0.8)}{1.35 \times 0.9} \times 1.15 = 290.58 [kVA]$

정답 | 변압기 표준용량에서 300[kVA] 선정

참고

변압기 용량[kVA] $= \dfrac{\text{최대수용전력[kW]}}{\text{부등률} \times \text{역률}} \times \text{여유율}$

최대수용전력 = 설비용량 × 수용률

하절기 냉방동력과 동절기 난방동력은 같은 시기에 운전되지 않으므로 둘 중 큰 설비용량을 적용한다.

02

정격출력 11[kW] 역률 0.8, 효율 0.85의 3상 유도 전동기를 단상 변압기 2대로 V 결선하여 운전하려는 경우 단상 변압기 1대의 용량은 몇 [kVA] 이상의 것을 선정하여야 하는지 계산하시오. (단, 변압기 표준용량[kVA]은 3, 5, 7, 10, 15, 20이다) [4점]

계산과정

계산과정 | $P_V = \dfrac{11}{0.8 \times 0.85} = 16.18$ [kVA]

$P_V = \sqrt{3}\, P_1$ 이므로 변압기 1대 용량 $P_1 = \dfrac{P_V}{\sqrt{3}} = \dfrac{16.18}{\sqrt{3}} = 9.34$ [kVA]

정답 | 표준용량 10[kVA] 선정

참 고

△ 결선에서의 용량 $P_\triangle = 3P_1$ 이고
V 결선에서의 용량 $P_V = \sqrt{3}\, P_1$ 이다.

03

스폿 네트워크(Spot Network) 수전 방식에 대한 다음 물음에 답하시오. [6점]

(1) Spot Network 방식을 간단히 설명하시오.

2회선 이상의 배전선으로 수전하는 방식으로 배전선로에서 사고 발생 시 건전한 선로로 수전이 가능하여 신뢰도가 매우 높은 수전 방식이다.

(2) Spot Network 방식의 특징을 4가지만 쓰시오.

① 무정전 전력공급 가능
② 높은 공급 신뢰도
③ 낮은 전압변동률
④ 부하증가에 대한 적응성이 좋음

04

3상 3선식 1회선 배전 선로의 말단에 늦은 역률 80[%]인 평형 3상 집중부하가 있다. 변전소 인출구 전압이 6,600[V]인 경우 부하의 단자전압을 6,000[V] 이하로 떨어뜨리지 않기 위한 부하전력은 몇 [kW]인지 계산하시오. (단, 전선 1가닥당 저항은 1.4[Ω], 리액턴스는 1.8[Ω]이라고 하고 기타의 선로 정수는 무시한다) [4점]

계산과정

답안작성

계산과정 | 전압강하 $e = 6,600 - 6,000 = 600$[V]

$e = \dfrac{P}{V_r}(R + X\tan\theta)$ 에서 부하전력 P를 기준으로 식을 정리하면

$P = \dfrac{e \cdot V_r}{R + X\tan\theta} = \dfrac{600 \times 6,000}{1.4 + \left(1.8 \times \dfrac{0.6}{0.8}\right)} = 1.309 \times 10^6$[W] $\times 10^{-3} = 1.309 \times 10^3$[kW]

정답 | 1,309[kW]

참고

$V_r =$ 수전단전압, $R =$ 저항, $X =$ 리액턴스

$\tan\theta = \dfrac{\sin\theta}{\cos\theta}$ 에서 $\cos\theta = 0.8$이면 $\tan\theta = \dfrac{0.6}{0.8}$

$\cos\theta = 0.8$일 때 $\sin\theta = 0.60$이다.

05

진공차단기의 특징을 3가지만 간단하게 쓰시오. [6점]

답안작성
① 차단성능이 우수하다.
② 차단성능은 주파수에 영향을 받지 않는다.
③ 소음이 적다.

참고
④ 소형, 경량이다.
⑤ 개폐 시 개폐서지 발생우려가 있다.

06

그림과 같은 3상 3선식 220[V] 수전회로가 있다. Ⓜ은 역률 0.8의 전동기 부하이고 Ⓗ는 전열부하이다. 이 그림을 보고 다음 각 물음에 답하시오. (단, 전열부하의 역률은 1로 본다) [5점]

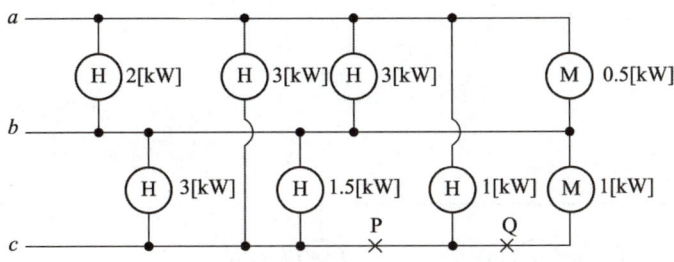

(1) 저압 수전의 3상 3선식 선로인 경우에 설비불평형률은 몇 [%] 이하로 하는 것을 원칙으로 하는지 쓰시오.

답안작성
30[%]

참 고
단상 3선식 ⇒ 40[%] 이하

(2) 그림의 설비 불평형률은 몇 [%]인지 계산하시오. (단, P, Q점은 단선이 아닌 것으로 계산한다)

계산과정 | 정 답

답안작성

계산과정 | 설비 불평형률 $= \dfrac{\left(3+1.5+\dfrac{1}{0.8}\right)-(3+1)}{\dfrac{1}{3}\times\left(2+3+\dfrac{0.5}{0.8}+3+1.5+\dfrac{1}{0.8}+3+1\right)}\times 100 = 34.15[\%]$

정답 | 34.15[%]

참 고

설비 불평형률 $= \dfrac{\text{각 선간에 접속되는 단상부하의 최대와 최소의 차}}{\dfrac{1}{3}\times\text{총부하설비 용량}}\times 100[\%]$

$a-b = 2+3+\dfrac{0.5}{0.8} = 5.625[\text{kVA}]$

$b-c = 3+1.5+\dfrac{1}{0.8} = 5.75[\text{kVA}]$

$a-c = 3+1 = 4[\text{kVA}]$

전열부하의 역률은 1이므로 [kW]=[kVA]이다.

- 단상부하의 최대 $b-c$
- 단상부하의 최소 $a-c$

(3) P, Q점에서 단선이 되었다면 설비 불평형률은 몇 [%]인지 계산하시오.

계산과정 | 설비 불평형률 $= \dfrac{\left(2+3+\dfrac{0.5}{0.8}\right)-3}{\dfrac{1}{3}\times\left(2+3+\dfrac{0.5}{0.8}+3+1.5+3\right)}\times 100 = 60[\%]$

정답 | 60[%]

참고

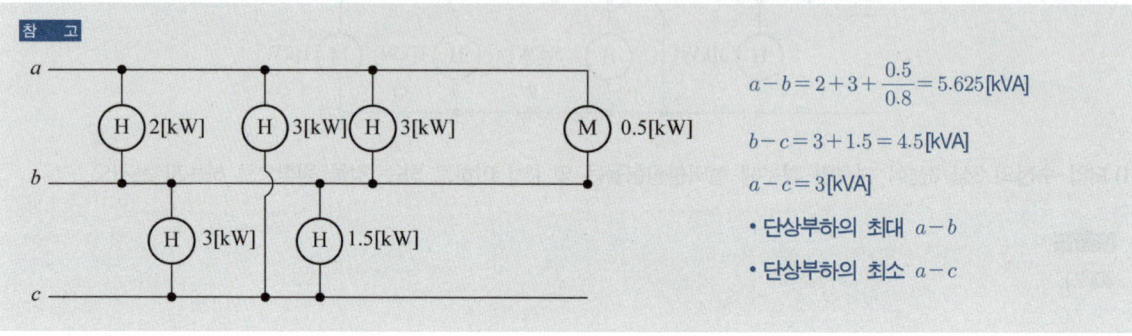

$a-b = 2+3+\dfrac{0.5}{0.8} = 5.625[\text{kVA}]$

$b-c = 3+1.5 = 4.5[\text{kVA}]$

$a-c = 3[\text{kVA}]$

- 단상부하의 최대 $a-b$
- 단상부하의 최소 $a-c$

07

태양광 발전의 장점 4가지와 단점 2가지를 간단하게 쓰시오. [6점]

답안작성

[장점] ① 규모에 관계없이 발전 효율이 일정하다.
　　　② 태양이 쪼이는 곳이라면 어디에서나 설치할 수 있고 보수가 용이하다.
　　　③ 친환경 에너지이며, 자원이 반영구적이다.
　　　④ 확산광(산란광)도 이용할 수 있다.
[단점] ① 태양광의 에너지밀도가 낮다.
　　　② 비가 오거나 흐린 날씨에는 발전능력이 저하한다.

08

그림과 같이 완전 확산형의 조명기구가 설치되어 있다. 다음 각 물음에 답하시오. (단, 조명기구의 전광속은 18,500[lm]이다) [6점]

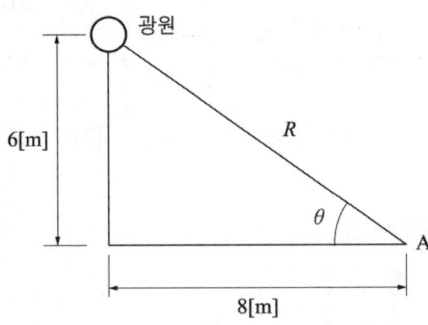

(1) 광원의 광도[cd]를 계산하여 구하시오.

계산과정 | 광도 $I = \dfrac{F}{\omega} = \dfrac{18,500}{4\pi} = 1,472.18$[cd]

정답 | 1,472.18[cd]

참고
입체각 $\omega = 2\pi(1 - \cos\theta)$
완전확산형에서의 입체각 $\omega = 4\pi$이다.

(2) A점에서의 수평면 조도[lx]를 계산하여 구하시오.

계산과정 | 수평면 조도 $E_h = \dfrac{I}{R^2}\cos(90° - \theta)$

$R^2 = 6^2 + 8^2 = 100$

$\theta = \tan^{-1}\dfrac{6}{8} = 36.87$

$E_n = \dfrac{1,472.18}{100} \times \cos(90° - 36.87°) = 8.83$[lx]

정답 | 8.83[lx]

참고
$\tan\theta = \dfrac{6}{8}$

$\theta = \tan^{-1}\dfrac{6}{8} = 36.87°$

09

다음은 3상 유도전동기의 기동회로이다. 그림의 무접점 회로를 보고 각각의 물음에 답하시오. [6점]

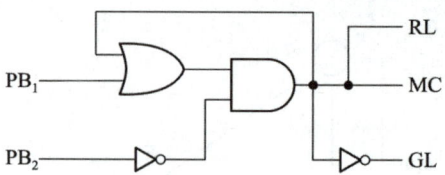

(1) 다음 그림의 자동제어 회로도를 완성하시오.

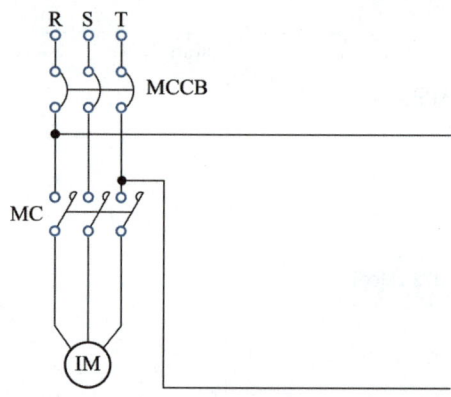

답안작성

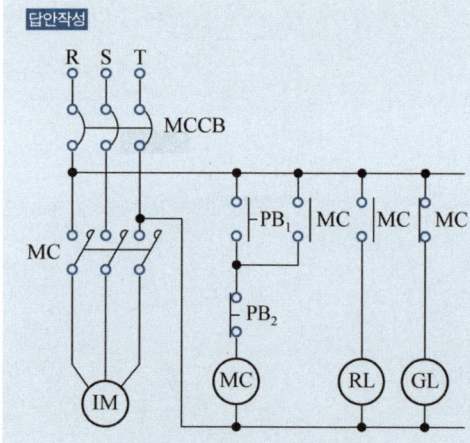

(2) MC, GL, RL에 대한 각각의 논리식을 쓰시오.

답안작성

MC = (PB$_1$ + MC) · $\overline{PB_2}$

RL = MC

GL = $\overline{MC}$

10

공급변압기의 2차측 단자(전기 사업자로부터 전기의 공급을 받고 있는 경우는 인입선 접속점)에서 최원단의 부하에 이르는 전선의 길이가 60[m]인 경우 한국전기설비규정에서 정한 전압강하 값을 쓰시오. [4점]

설비의 유형	조명[%]	기타[%]
A - 저압으로 수전하는 경우	(①)	(②)
B - 고압 이상으로 수전하는 경우	(③)	(④)

답안작성

① 3

② 5

③ 6

④ 8

참 고

한국전기설비규정 232.3.9 수용가 설비에서의 전압강하

1. 다른 조건을 고려하지 않는다면 수용가 설비의 인입구로부터 기기까지의 전압강하는 표 232.3-1의 값 이하이어야 한다.

표 232.3-1 수용가설비의 전압강하

설비의 유형	조명[%]	기타[%]
A - 저압으로 수전하는 경우	3	5
B - 고압 이상으로 수전하는 경우*	6	8

* 가능한 한 최종회로 내의 전압강하가 A 유형의 값을 넘지 않도록 하는 것이 바람직하다.

사용자의 배선설비가 100[m]를 넘는 부분의 전압강하는 미터 당 0.005[%] 증가할 수 있으나 이러한 증가분은 0.5[%]를 넘지 않아야 한다.

11

다음 그림과 같은 3상 3선식의 배전선로인 경우 다음 각 물음에 답하시오. (단, 전선 1가닥의 저항은 0.5[Ω/km]라고 한다) [6점]

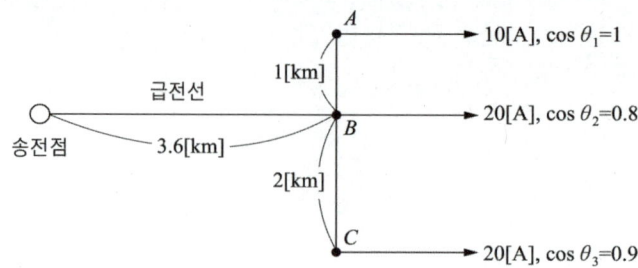

(1) 급전선에 흐르는 전류는 몇 [A]인지 계산하시오.

계산과정

답안작성

계산과정 | $10 \times (1-0) + 20 \times (0.8 - j0.6) + 20 \times (0.9 - j\sin 25.84) = 44 - j20.72$

$$I_o = \sqrt{44^2 + (20.72)^2} = 48.63[A]$$

정답 | 48.63[A]

참고

A, B, C 선로의 역률을 서로 차이가 있으므로 벡터로 정리하여 같은 성분끼리 계산하여야 한다.

$\dot{I} = I(\cos\theta - j\sin\theta)$

$\dot{A} = 10(1-0) = 10$[A]

$\dot{B} = 20(0.8 - j0.6) = 16 - j12$

$\dot{C} = 20(0.9 - j\sin 25.84) = 18 - j8.72$

[$\cos\theta = 0.9$, $\theta = \cos^{-1} 0.9 = 25.84°$]

(2) 전체 선로 손실은 몇 [kW]인지 계산하시오.

계산과정

답안작성

계산과정 | 전력손실 $P_l = 3I_o^2 R_{(급전선)} + 3I_A^2 R_A + 3I_C^2 R_C$

$= 3(I_o^2 R_{(급전선)} + I_A^2 R_A + I_C^2 R_C)$

$= 3 \times [48.63^2 \times (3.6 \times 0.5) + 10^2 \times (1 \times 0.5) + 20^2 \times (2 \times 0.5)]$

$= 14,120[W] \times 10^{-3} = 14.12[kW]$

정답 | 14.12[kW]

참고

3상에서의 전력손실 $P = 3I^2 R$ [W]

12

아래 그림과 같은 방식으로 접지저항을 측정하고자 한다. 다음 각 물음에 답하시오. [6점]

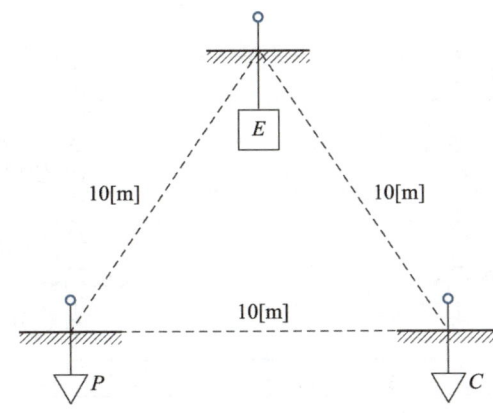

(1) 접지저항을 측정하기 위하여 사용되는 계기 및 측정방법의 명칭을 간단히 쓰시오.

답안작성

① 계기 : 어스테스터(Earth Tester)
② 방법의 명칭 : 클라우시 브리지에 의한 3극 접지저항 측정법

(2) 그림과 같이 본접지 E에 제1 보조접지 P, 제2 보조접지 C를 설치하여 본 접지 E의 접지저항값을 측정하려고 한다. 본접지 E의 접지저항은 몇 [Ω]인지 계산하시오. (단, 본접지와 P 사이의 저항값은 86[Ω], 본접지와 C 사이의 접지저항값은 92[Ω], P와 C 사이의 접지저항값은 160[Ω]이다)

답안작성

계산과정 | $R_E = \dfrac{1}{2} \times (86 + 92 - 160) = 9[\Omega]$

정답 | 9[Ω]

참 고

$R_E = \dfrac{1}{2}(R_{EP} + R_{EC} - R_{PC})$

13

그림은 주보호와 후비보호를 하기 위한 기능으로 단락, 지락, 보호에 쓰이는 방식이다. 도면을 보고 다음 각 물음에 답하시오. [15점]

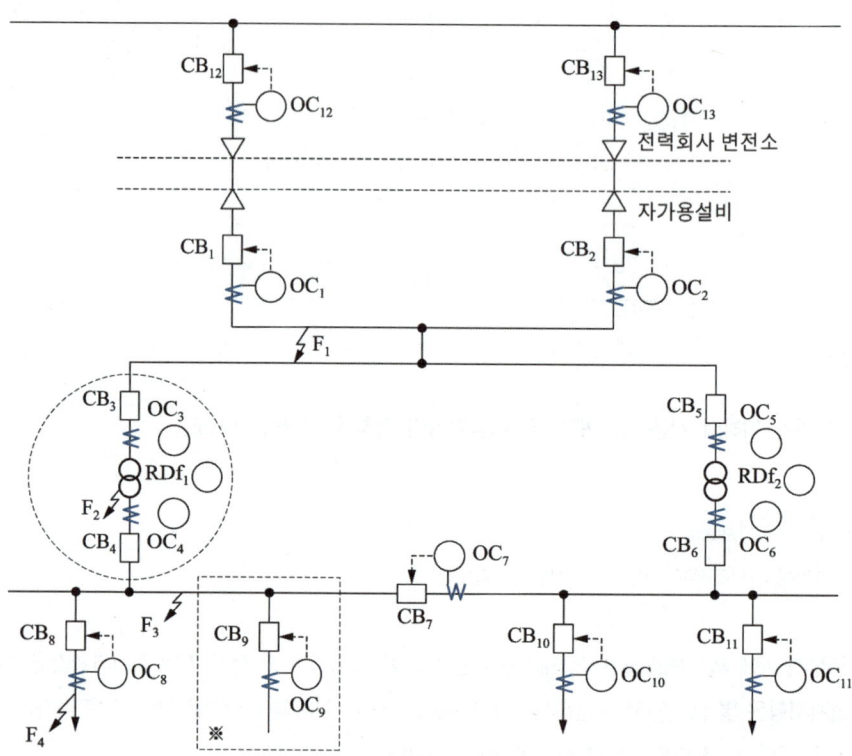

(1) 사고점이 F_1, F_2, F_3, F_4라고 할 때 주보호와 후비보호에 대한 다음 표의 ( ) 안을 채우시오.

사고점	주보호	후비보호
F_1	$OC_1 + CB_1$ And $OC_2 + CB_2$	①
F_2	②	$OC_1 + CB_1$ And $OC_2 + CB_2$
F_3	$OC_4 + CB_4$ And $OC_7 + CB_7$	$OC_3 + CB_3$ And $OC_6 + CB_6$
F_4	$OC_8 + CB_8$	$OC_4 + CB_4$ And $OC_7 + CB_7$

답안작성

① $OC_{12} + CB_{12}$ And $OC_{13} + CB_{13}$

② $RDf_1 + OC_4 + CB_4$ And $CO_3 + CB_3$

(2) 그림은 도면의 ※표 부분을 좀더 상세하게 나타낸 도면이다. 각 부분 ①~④에 대한 명칭을 쓰고, 보호 기능 구성상 ⑤~⑦의 부분을 검출부, 판정부, 동작부로 나누어 표현하시오.

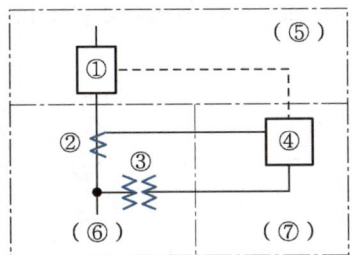

답안작성

① 교류 차단기
② 변류기
③ 계기용 변압기
④ 과전류 계전기
⑤ 동작부
⑥ 검출부
⑦ 판정부

(3) 답란의 그림 F_2 사고와 관련된 검출부, 판정부, 동작부의 도면을 완성하시오. 단, 질문 "(2)"의 도면을 참고하시오.

답안작성

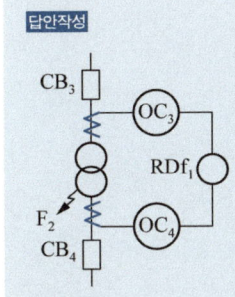

(4) 자가용 전기 설비에 발전 시설이 구비되어 있을 경우 자가용 수용가에 설치되어야 할 계전기는 어떤 계전기인지 쓰시오.

답안작성

① 과전류 계전기
② 주파수 계전기
③ 부족전압 계전기
④ 비율 차동 계전기
⑤ 과전압 계전기

14

다음 그림은 수전 설비 계통도의 미완성 도면이다. 다음 각 물음에 답하시오. [12점]

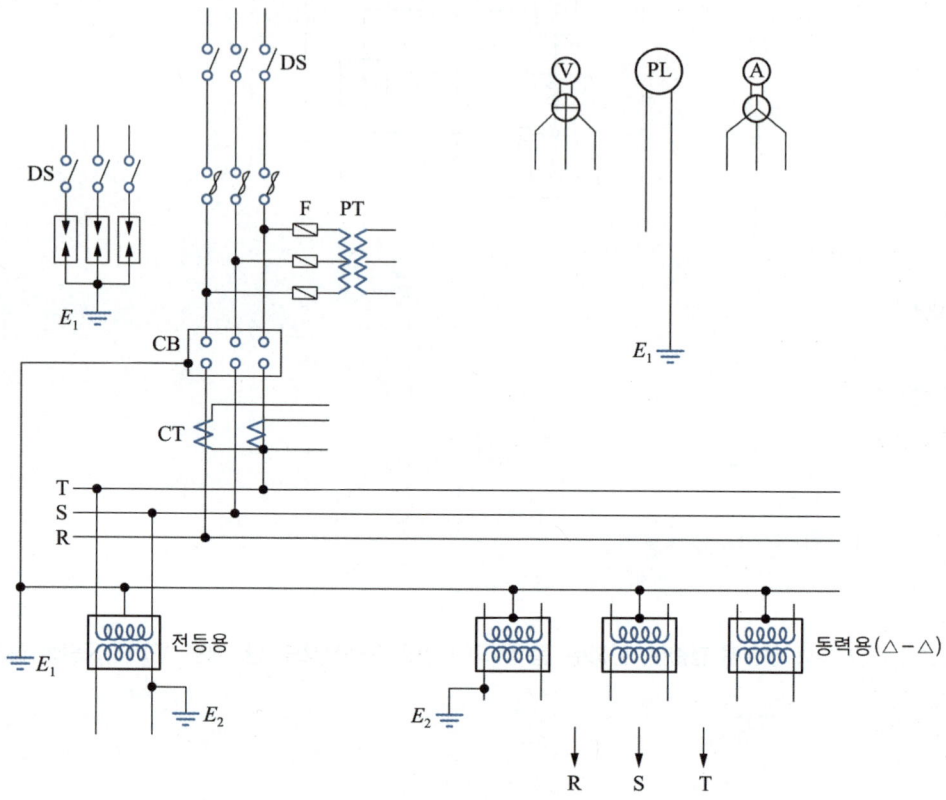

(1) 미완성 도면을 완성하시오.

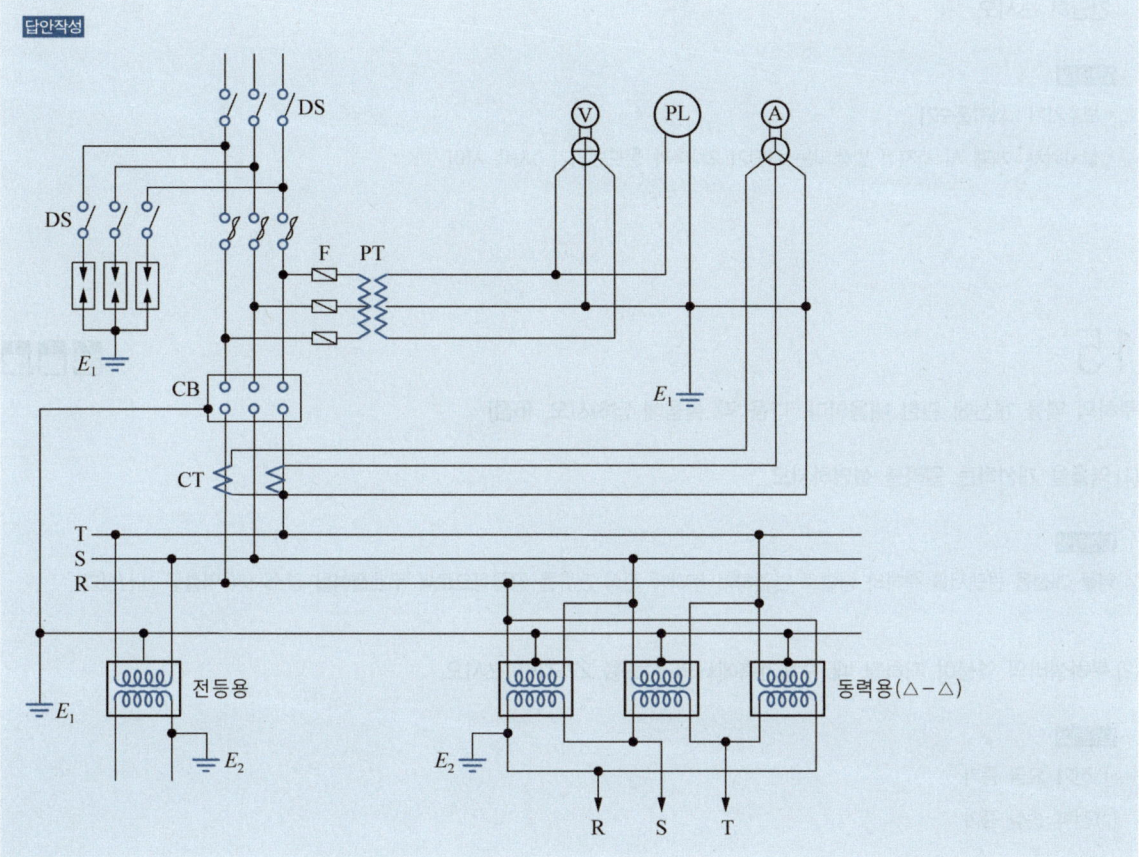

(2) 통전 중에 변류기 2차측에 연결되어 있는 기기를 교체하고자 할 때 가장 먼저 취하여야 할 조치사항과 이유를 간단히 쓰시오.

답안작성
- 조치사항 : 변류기 2차측을 단락시킨다.
- 이유 : 변류기 2차측이 개방되면 2차측에 고전압이 유기되어 변류기 절연이 파괴될 수 있다.

(3) 인입 개폐기로 주로 사용되는 기기의 명칭과 약호를 쓰시오.

답안작성
- 명칭 : 자동 고장 구분 개폐기
- 약호 : ASS

(4) CB를 진공차단기[VCB]로 적용하고 몰드변압기를 사용하는 경우 적용하여야 하는 보호기기와 보호기기의 설치위치를 간단히 쓰시오.

> 답안작성
> - 보호기기 : 서지흡수기
> - 설치위치 : 개폐 시 서지가 발생되는 차단기 2차측과 몰드변압기 1차측 사이

15

부하의 역률 개선에 관한 내용이다. 다음 각 물음에 답하시오. [6점]

(1) 역률을 개선하는 원리를 설명하시오.

> 답안작성
> 역률 개선용 콘덴서를 부하와 병렬로 연결하여 부하에 진상 전류를 공급함으로써 무효전력을 감소시켜 역률을 개선한다.

(2) 부하설비의 역률이 저하될 때 수용가측에서의 손해를 2가지만 쓰시오.

> 답안작성
> ① 전기 요금 증가
> ② 전력 손실 증가

(3) 어느 공장의 3상 부하가 30[kW]이고, 역률이 65[%]이다. 역률을 90[%]로 개선하려면 몇 [kVA]의 전력용 콘덴서가 필요한지 계산하시오.

계산과정 |

> 답안작성
> 계산과정 | $Q_C = P(\tan\theta_1 - \tan\theta_2)$
>
> $P = 30[\text{kW}]$
>
> 개선 전 역률 $\cos\theta_1 = 0.65$
>
> $\theta_1 = \cos^{-1} 0.65 = 49.46°$
>
> 개선 후 역률 $\cos\theta_2 = 0.9$
>
> $\theta_2 = \cos^{-1} 0.9 = 25.84°$
>
> $Q_C = 30 \times (\tan 49.46° - \tan 25.84°) = 20.55[\text{kVA}]$
>
> 정답 | 20.55[kVA]

> 참고

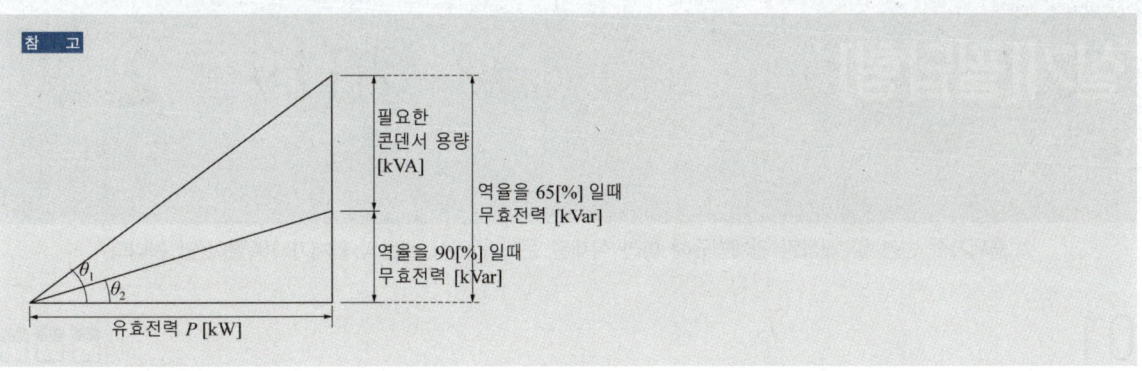

16

주어진 논리회로의 출력을 입력변수로 나타내고, 이 식을 AND, OR, NOT 소자만의 논리회로로 변환하여 논리식과 논리회로로 나타내시오. [4점]

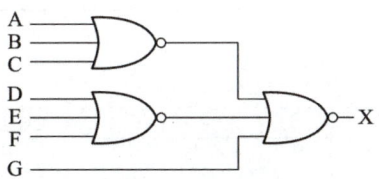

> 답안작성

- 논리식 : $X = \overline{\overline{(A+B+C)} + \overline{(D+E+F)} + G} = (A+B+C) \cdot (D+E+F) \cdot \overline{G}$
- 논리회로 :

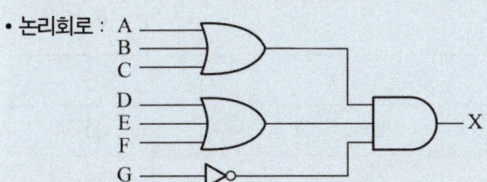

> 참고

드모르간의 정리

$\overline{(X_1 + X_2 + X_3 + \cdots + X_n)} = \overline{X_1} \cdot \overline{X_2} \cdot \overline{X_3} \cdots \overline{X_n}$

$\overline{(X_1 \cdot X_2 \cdot X_3 \cdots X_n)} = \overline{X_1} + \overline{X_2} + \overline{X_3} + \cdots + \overline{X_n}$

실기[필답형]기출문제 2019 * 2

※ 출제기준 변경 및 개정된 관계법규에 따라 삭제된 문제가 있어 배점의 합계가 100점이 안 됩니다.

01

다음의 진공차단기(VCB)와 2차 보호기기를 조합하여 사용할 시 반드시 서지흡수기를 설치하여야 하는 경우는 "적용", 설치하지 않아도 되는 경우는 "불필요"로 구분하여 빈칸을 완성하시오. [5점]

[서지흡수기의 적용]

구분	차단기 종류	전압등급	2차 보호기기				
			전동기	변압기			콘덴서
				유입식	몰드식	건식	
적용여부	VCB	6[kV]					

답안작성

구분	차단기 종류	전압등급	2차 보호기기				
			전동기	변압기			콘덴서
				유입식	몰드식	건식	
적용여부	VCB	6[kV]	적용	불필요	적용	적용	불필요

참고

내선규정 3260-3 서지흡수기(SA)의 적용

차단기의 종류			VCB				
전압등급							
2차 보호기기			3[kV]	6[kV]	10[kV]	20[kV]	30[kV]
전동기			적용	적용	적용	-	-
변압기	유입식		불필요	불필요	불필요	불필요	불필요
	몰드식		적용	적용	적용	적용	적용
	건식		적용	적용	적용	적용	적용
콘덴서			불필요	불필요	불필요	불필요	불필요
변압기와 유도기기와의 혼용 사용 시			적용	적용	-	-	-

[주] 상기 표에서와 같이 VCB를 사용 시 반드시 서지흡수기를 설치하여야 하나 VCB와 유입변압기를 사용 시는 설치하지 않아도 된다.

02

계전기 동작에 필요한 지락 시의 영상전류 검출방법을 3가지만 간단히 쓰시오. [5점]

답안작성
① ZCT를 이용하여 검출
② Y 결선의 잔류회로를 이용하여 검출
③ 3권선 CT를 이용하여 검출

03

전압 22,900[V], 주파수 60[Hz] 1회선의 3상 지중송전선로의 3상 무부하 충전전류[A] 및 충전용량[kVA]을 계산하여 구하시오.
(단, 송전선의 길이는 7[km], 케이블 1선당 작용 정전용량은 0.4[μF/km]라고 한다) [6점]

계산과정 | 정 답

답안작성

계산과정 | ① 충전전류 $I_C = \omega CE = 2\pi \times 60 \times 0.4 \times 10^{-6} \times 7 \times \dfrac{22,900}{\sqrt{3}} = 13.96$[A]

② 충전용량 $Q_C = \omega CV^2 = 2\pi \times 60 \times 0.4 \times 10^{-6} \times 7 \times 22,900^2 \times 10^{-3} = 553.55$[kVA]

정답 | ① 충전전류 $I_C = 13.96$[A]
② 충전용량 $Q_C = 553.55$[kVA]

참고

충전전류 $I_C = \omega CE$[A]

충전용량 Q_C[kVA] $= \omega CV^2$[VA] $\times 10^{-3}$

각주파수 $\omega = 2\pi f$[rad/s]

정전용량 C[F/km] $\times l$[km] $= C$[F]

대지전압 $E = \dfrac{\text{선간전압}\,V}{\sqrt{3}}$[V]

04

고압수전의 수용가에서 3상 4선식 교류 380[V], 50[kVA] 부하가 수용가 설비의 인입구로부터 기기까지 270[m] 떨어져 설치되어 있다. 바람직한 허용전압강하는 얼마이며 이 경우 배전용 케이블의 최소 굵기는 얼마로 하여야 하는지 계산하여 구하시오. (단, 케이블은 IEC 규격 6[mm^2], 10[mm^2], 16[mm^2], 25[mm^2], 35[mm^2], 50[mm^2]에 의한다) [5점]

(1) 허용전압강하

계산과정 | 허용전압강하 $e = 380 \times (0.05 + 0.005) = 20.9$[V]

정답 | 20.9[V]

(2) 케이블의 최소 굵기

계산과정 | 케이블의 최소 굵기 $A = \dfrac{17.8LI}{1,000e}$ [mm^2]

부하전류 $I = \dfrac{50 \times 10^3}{\sqrt{3} \times 380} = 75.97$ [A]

$A = \dfrac{17.8 \times 270 \times 75.97}{1,000 \times 220 \times 0.055} = 30.17$ [mm^2]

정답 | 케이블 최소 굵기 35[mm^2] 선정

> **참 고**
>
> - 한국전기설비규정 232.3.9 수용가 설비에서의 전압강하
>
>   다른 조건을 고려하지 않는다면 수용가 설비의 인입구로부터 기기까지의 전압강하는 표 232.3-1의 값 이하이어야 한다.
>
>   표 232.3-1 수용가설비의 전압강하
>
> | 설비의 유형 | 조명[%] | 기타[%] |
> | --- | --- | --- |
> | A - 저압으로 수전하는 경우 | 3 | 5 |
> | B - 고압 이상으로 수전하는 경우* | 6 | 8 |
>
>   * 가능한 한 최종회로 내의 전압강하가 A 유형의 값을 넘지 않도록 하는 것이 바람직하다.
>
>   사용자의 배선설비가 100[m]를 넘는 부분의 전압강하는 미터당 0.005[%] 증가할 수 있으나 이러한 증가분은 0.5[%]를 넘지 않아야 한다.
>
>   100[m]가 넘는 부분의 전압강하는 미터당 0.005[%] 증가할 수 있으나 증가분은 0.5[%]를 증가할 수 없으므로 저압으로 수전하는 경우의 전압강하(기타) 5[%]와 0.5[%]를 합하여 전압강하는 5.5[%]를 적용한다.
>
> - 전선의 단면적[mm^2]
>
> | 단상 2선식 | 3상 3선식 | 단상 3선식
3상 4선식 |
> | --- | --- | --- |
> | $A = \dfrac{35.6LI}{1,000e}$ | $A = \dfrac{30.8LI}{1,000e}$ | $A = \dfrac{17.8LI}{1,000e}$ |

05

CT의 비오차에 대하여 다음 항목에 간단히 답하시오. [5점]

(1) 비오차에 대하여 간단히 서술하시오.

> **답안작성**
> 비오차는 공칭 변류비와 실제 측정 변류비 사이의 오차를 의미한다.

(2) 관계식을 정리하시오. (단, ε : 비오차[%], K_n : 공칭 변류비, K : 실제 변류비이다)

> **답안작성**
> $$\varepsilon = \frac{K_n - K}{K} \times 100[\%]$$

06

전력시설물 공사감리업무 수행지침에 의해 감리원은 설계도서 등에 대하여 공사계약문서 상호 간에 모순되는 사항, 현장실정과 부합여부 등 현장시공을 주안으로 하여 해당공사 시작 전에 검토하여야 한다. 이때 검토 내용에 전력시설물 공사감리업무 수행지침에 의해 포함되어야 하는 사항을 3가지만 쓰시오. [5점]

> **답안작성**
> ① 현장조건에 부합 여부
> ② 시공의 실제가능 여부
> ③ 다른 사업 또는 다른 공정과의 상호부합 여부

> **참 고**
> 전력시설물 공사관리업무 수행지침 제8조(설계도서 등의 검토)
> 공사착공 단계 감리업무
> (1) 감리원은 설계도면, 설계설명서, 공사비 산출내역서, 기술계산서, 공사계약서의 계약내용과 해당 공사의 조사 설계보고서 등의 내용을 완전히 숙지하여 새로운 방향의 공법개선 및 예산절감을 도모하도록 노력하여야 한다.
> (2) 감리원은 설계도서 등에 대하여 공사계약문서 상호 간의 모순되는 사항, 현장 실정과의 부합여부 등 현장 시공을 주안으로 하여 해당 공사 시작 전에 검토하여야 하며 검토내용에는 다음 각 호의 사항 등이 포함되어야 한다.
> ① 현장조건에 부합 여부
> ② 시공의 실제가능 여부
> ③ 다른 사업 또는 다른 공정과의 상호부합 여부

④ 설계도면, 설계설명서, 기술계산서, 산출내역서 등의 내용에 대한 상호일치 여부
⑤ 설계도서의 누락, 오류 등 불명확한 부분의 존재여부
⑥ 발주자가 제공한 물량 내역서와 공사업자가 제출한 산출내역서의 수량일치 여부
⑦ 시공상의 예상 문제점 및 대책 등

07

지중전선로를 가공전선로와 비교하여 장단점을 각각 3개씩 서술하시오. [6점]

(1) 장점

> 답안작성
> ① 보안이 유리하다.
> ② 도시 미관에 영향을 주지 않는다.
> ③ 기상여건 등의 영향이 적다.

> 참　고
> ④ 유도장해 발생이 거의 없다.

(2) 단점

> 답안작성
> ① 경제적으로 공사비 부담이 크다.
> ② 건설기간이 길다.
> ③ 보수에 많은 시간이 소요된다.

> 참　고
> ④ 고장점 발견이 어렵다.

08

다음은 분전반 설치에 관한 내용이다. 다음 ( )에 들어갈 내용을 넣어 완성하시오. [6점]

1. 공급범위
   (1) 분전반은 각 층마다 설치한다.
   (2) 분전반은 분기회로의 길이가 최대 (①)[m] 이하가 되도록 설계하며, 사무실 용도인 경우 하나의 분전반에 담당하는 면적은 일반적으로 1,000[m²] 내외로 한다.
2. 예비회로
   (1) 1개 분전반 또는 개폐기함 내에 설치할 수 있는 과전류장치는 예비회로(10~20[%])를 포함하여 42개 이하(주개폐기 제외)로 한다.
   (2) 회로가 많은 경우는 2개 분전반으로 분리하거나 (②)으로 한다. 다만, 2극, 3극 배선용 차단기는 과전류장치 소자 수량의 합계로 계산한다.
3. 분전반의 설치높이
   (1) 일반적으로 분전반 상단을 기준하여 바닥 위 (③)[m]로 한다.
   (2) 크기가 작은 경우는 분전반의 중간을 기준으로 하여 바닥 위 (④)[m]로 하거나 하단을 기준하여 바닥 위 (⑤)[m] 정도로 한다.
4. 안전성 확보
   (1) 분전반과 분전반은 도어의 열림 반경 이상으로 이격한다.
   (2) 2개 이상의 전원이 하나의 분전반에 수용되는 경우에는 각각의 전원 사이에는 해당하는 분전반과 동일한 재질로 (⑥)을 설치해야 한다.

답안작성

① 30
② 자립형
③ 1.8
④ 1.4
⑤ 1.0
⑥ 격벽

09

다음 그림은 어느 수용가의 수변전 설비의 단선 계통도이다. 물음에 답하시오. [14점]

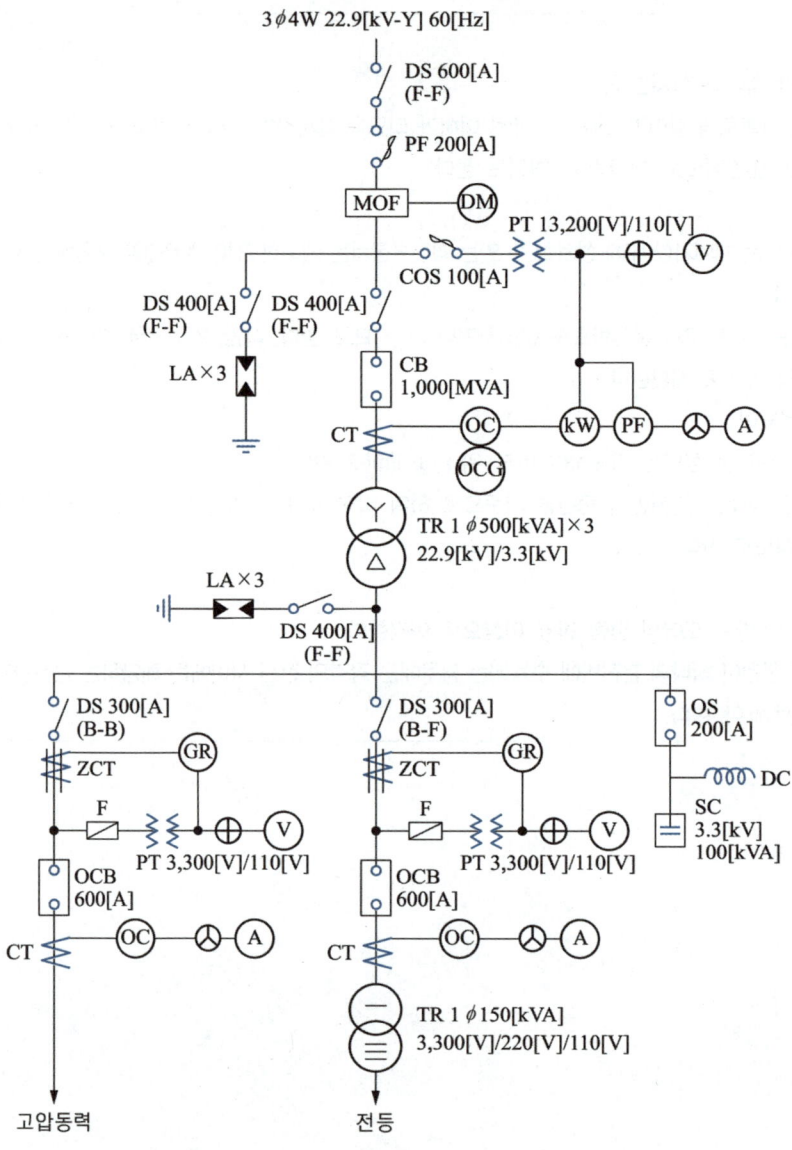

(1) 22.9[kV] 측의 DS의 정격 전압을 쓰시오. (단, 정격전압은 계산과정을 생략하고 답만 쓰시오)

답안작성
25.8[kV]

(2) MOF의 역할을 쓰시오.

> **답안작성**
> 전력량을 적산하기 위하여 고전압 대전류를 저전압 소전류로 변성

(3) PF의 역할을 쓰시오.

> **답안작성**
> 단락전류 및 고장전류의 차단

(4) MOF에 연결되어 있는 DM의 명칭을 쓰시오.

> **답안작성**
> 최대 수요 전력량계

(5) 하나의 전압계로 3상의 상전압이나 선간전압을 측정할 수 있는 스위치를 약호로 쓰시오.

> **답안작성**
> VS

(6) 하나의 전류계로 3상의 전류를 측정할 수 있는 스위치를 약호로 쓰시오.

> **답안작성**
> AS

(7) CB의 역할을 쓰시오.

> **답안작성**
> 단락 및 과부하, 지락 사고 등 사고 전류 차단 및 부하 전류를 개폐

(8) 3.3[kV] 측의 ZCT의 역할을 쓰시오.

> **답안작성**
> 지락 사고 시 영상전류를 검출

(9) ZCT에 연결되어 있는 GR의 역할을 쓰시오.

답안작성
지락 사고 발생 시 ZCT로부터 검출된 지락전류를 입력으로 하여 정정치 이상이 되면 차단기로 동작신호를 출력

(10) SC의 역할을 쓰시오.

답안작성
부하의 역률을 개선

(11) 3.3[kV] 측의 CB에서 600[A]는 무엇을 의미하는지 쓰시오.

답안작성
정격전류

(12) OS의 명칭을 쓰시오.

답안작성
유입개폐기

10

변압비 $\dfrac{3{,}300}{\sqrt{3}} / \dfrac{110}{\sqrt{3}}$[V]인 GPT 오픈델타(△) 결선에서 1상이 완전지락인 경우 나타나는 영상전압은 몇 [V]인지 계산하여 구하시오. [4점]

계산과정

답안작성
계산과정 | $V_o = 3 \times \left(\dfrac{3{,}300}{\sqrt{3}} \times \dfrac{\dfrac{110}{\sqrt{3}}}{\dfrac{3{,}300}{\sqrt{3}}} \right) = 190.53$[V]

정답 | 190.53[V]

참고
GPT 영상전압 $V_o = 3 \times \left(\text{GPT 1차전압} \times \dfrac{1}{\text{변압비}} \right)$[V]

11

축전지에 대한 내용이다. 다음 각 물음에 답하시오. [7점]

(1) 축전지에 가벼운 설페이션 현상이 일어나거나 과방전 및 방치상태에 있을 때 기능 회복을 위해 실시하는 충전 방식은?

답안작성
회복충전

(2) 연축전지 공칭전압은 2.0[V/cell]이다. 알카리 축전지의 공칭전압은 몇 [V/cell]인지 쓰시오.

답안작성
1.2[V/cell]

(3) 부하의 최저전압이 직류 115[V]이고, 축전지와 부하 사이의 전압강하가 5[V]일 때 직렬로 접속된 축전지의 개수가 55개라면 축전지 한 조(cell)당 최저전압은 몇 [V]인지 계산하여 구하시오.

답안작성
계산과정 | $V = \dfrac{115+5}{55} = 2.18$ [V/cell]

정답 | 2.18[V/cell]

참고
Cell당 전압 $V = \dfrac{\text{부하의 최저허용전압 } V_a + \text{축전지 부하사이의 전압강하 } V_e}{\text{직렬로 접속된 Cell수}}$ [V/cell]

(4) 묽은 황산의 농도는 표준이고, 액면이 저하하여 극판이 노출되어 있다. 이때 어떤 조치를 하여야 하는지 간단히 쓰시오.

답안작성
묽은 황산(증류수)을 보충한다

12

도면은 유도 전동기 IM의 정회전 및 역회전 운전의 단선 결선도이다. 다음 각 물음에 답하시오. (단, 52F는 정회전용 전자접촉기이고, 52R은 역회전용 전자접촉기이다) [8점]

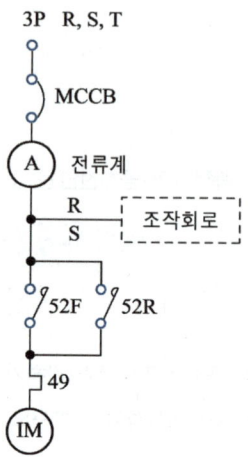

(1) 단선 결선도를 이용하여 3선 결선도를 그리시오. (단, 점선 내의 조작회로는 제외하도록 한다)

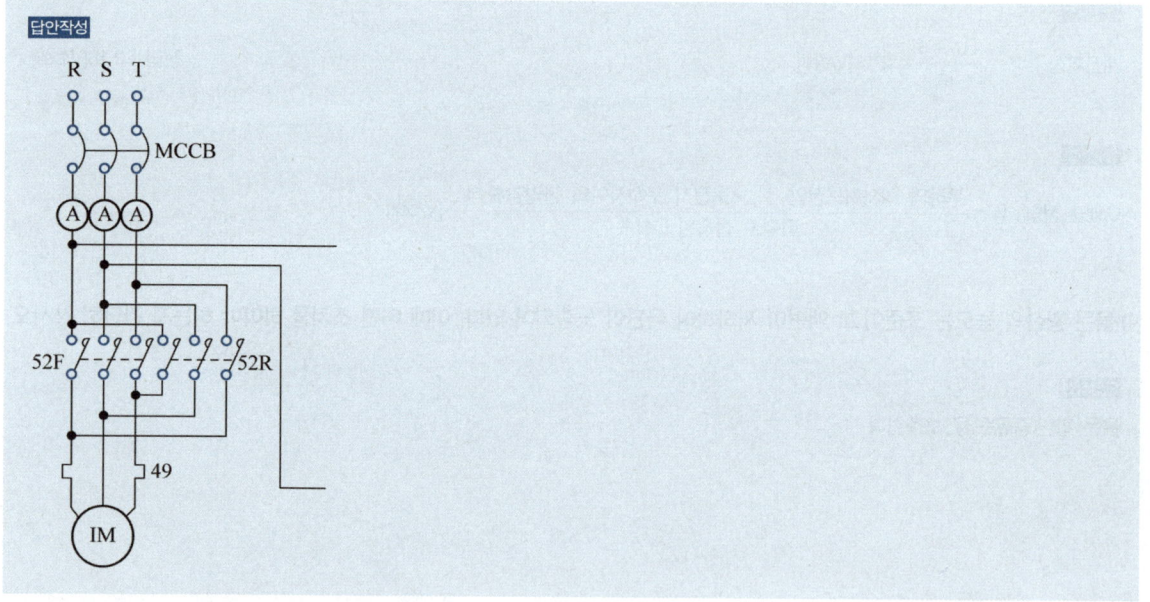

(2) 주어진 단상 결선도를 이용하여 정·역회전을 할 수 있도록 조작회로를 완성하시오. (단, 누름버튼스위치 ON버튼 2개, OFF버튼 2개를 사용하고 RL은 정회전 표시램프, GL은 역회전 표시램프로 사용하며 동시에 투입되지 않도록 한다)

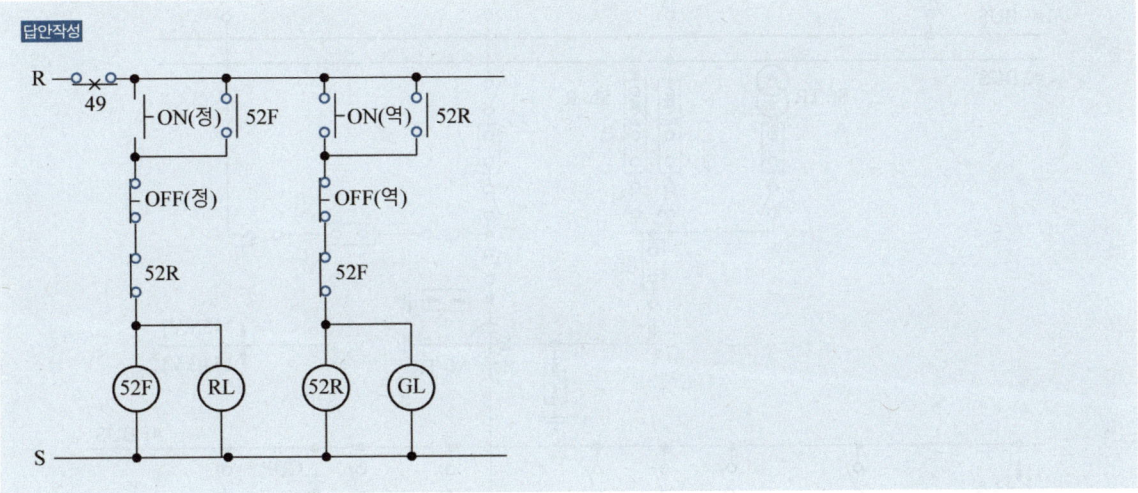

13

도면과 같은 345[kV] 변전소의 단선도와 변전소에 사용되는 주요제원을 정리한 것이다. 이것을 이용하여 다음 각 물음에 답하시오. [13점]

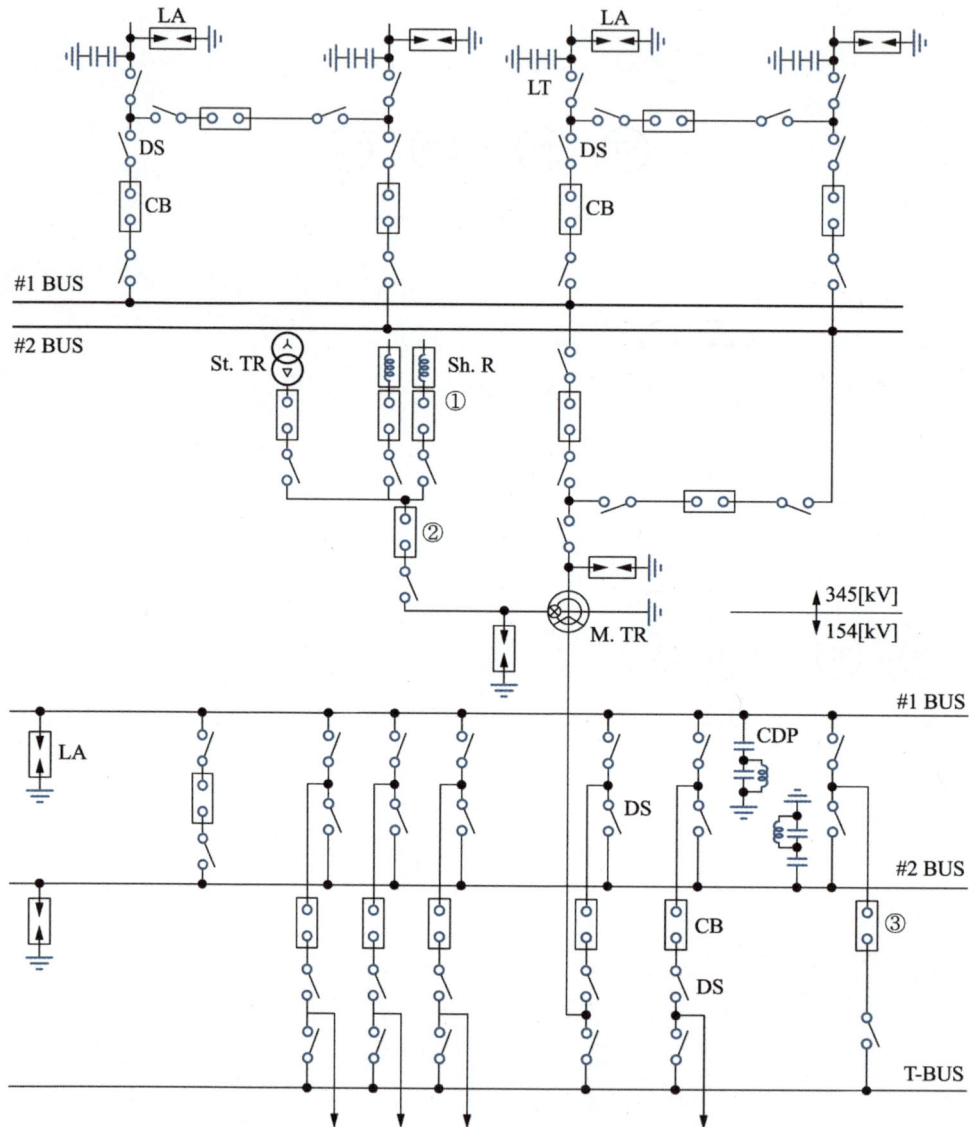

345[kV] 변전소 단선도

[주 변압기]   단권변압기 345[kV]/154[kV]/23[kV](Y-Y-△)
              166.7[MVA]×3대 ≒ 500[MVA], OLTC부
              %임피던스(500[MVA] 기준) : 1차~2차 : 10[%], 1차~3차 : 78[%], 2차~3차 : 67[%]

[차단기]   362[kV] GCB 25[GVA] 4,000[A]~2,000[A]
              170[kV] GCB 15[GVA] 4,000[A]~2,000[A]
              25.8[kV] VCB (　)[MVA] 2,500[A]~1,200[A]

[단로기]   362[kV] DS 4,000[A]~2,000[A]
              170[kV] DS 4,000[A]~2,000[A]
              25.8[kV] DS 2,500[A]~1,200[A]

[피뢰기]   288[kV] LA 10[kA]
              144[kV] LA 10[kA]
              21[kV] LA 10[kA]

[분로 리액터] 23[kV] Sh.R 30[MVAR]

[주모선]   Al-Tube 200∅

(1) 도면의 345[kV] 측 모선 방식은 어떤 모선 방식인지 쓰시오.

> **답안작성**
> 2중 모선 방식

(2) 도면에서 ①번 기기의 설치 목적은 무엇인지 쓰시오.

> **답안작성**
> 페란티 현상 방지

> **참　고**
> 분로리액터(sh.R)

(3) 도면에 주어진 제원을 참조하여 주 변압기에 대한 ①등가% 임피던스(Z_H, Z_M, Z_L)를 구하고, ②23[kV] VCB 차단 용량을 계산하여 구하시오. (단, 그림과 같은 임피던스 회로는 100[MVA] 기준이다)

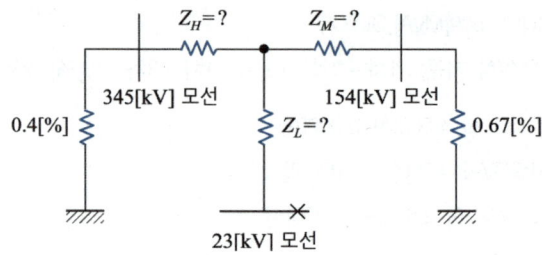

① 등가 % 임피던스(Z_H, Z_M, Z_L)

계산과정

답안작성

계산과정 | 500[MVA] 기준인 %Z를 100[MVA] 기준으로 환산하면

$$\%Z_{1차 \sim 2차} = \frac{100}{500} \times 10 = 2[\%]$$

$$\%Z_{1차 \sim 3차} = \frac{100}{500} \times 78 = 15.6[\%]$$

$$\%Z_{2차 \sim 3차} = \frac{100}{500} \times 67 = 13.4[\%]$$

등가 임피런스 $Z_H = (\%Z_{1차 \sim 2차} + \%Z_{1차 \sim 3차} - \%Z_{2차 \sim 3차}) \times \frac{1}{2}$

$$= (2 + 15.6 - 13.4) \times \frac{1}{2} = 2.1$$

$$Z_M = (\%Z_{1차 \sim 2차} + \%Z_{2차 \sim 3차} - \%Z_{1차 \sim 3차}) \times \frac{1}{2}$$

$$= (2 + 13.4 - 15.6) \times \frac{1}{2} = -0.1$$

$$Z_L = (\%Z_{2차 \sim 3차} + \%Z_{1차 \sim 3차} - \%Z_{1차 \sim 2차}) \times \frac{1}{2}$$

$$= (15.6 + 13.4 - 2) \times \frac{1}{2} = 13.5$$

정답 | $Z_H = 2.1[\%]$

$Z_M = -0.1[\%]$

$Z_L = 13.5[\%]$

참 고

환산 $\%Z = \frac{기준용량}{자기용량} \times 자기 \%Z [\%]$

② 23[kV] VCB 차단기 용량

계산과정

계산과정 | $P_S = \dfrac{100}{\%Z} \times P_n$ [MVA]

$\%Z = \dfrac{(0.4+2.1) \times (0.67-0.1)}{(0.4+2.1)+(0.67-0.1)} + 13.5 = 13.96[\%]$

$P_S = \dfrac{100}{13.96} \times 100 = 716.33$ [MVA]

정답 | 23[kV] VCB $P_S = 716.33$ [MVA]

참고

〈등가회로〉

100[MVA] 환산 등가회로

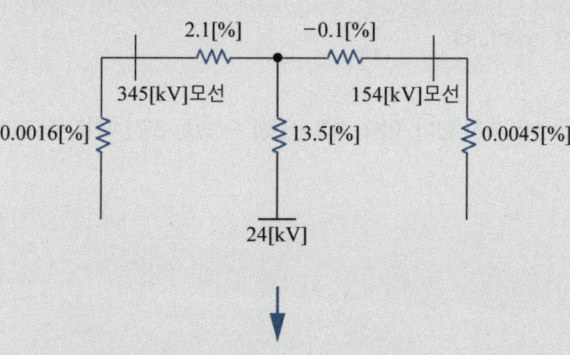

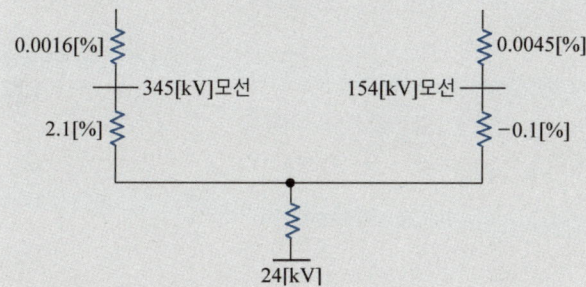

(4) 도면의 345[kV] GCB에 내장된 계전기용 BCT의 오차계급은 C800이다. 부담은 몇 [VA]인가?

계산과정

계산과정 | 부담[VA] $= I_2^2 \times Z = 5^2 \times 8 = 200$[VA]

정답 | 200[VA]

참고
- I_2 : 변류기 2차 전류＝5[A]
- Z : 오차계급 C800에서 임피던스는 8[Ω]

(5) 도면에서 ③의 차단기 설치 목적을 간단히 서술하시오.

답안작성
선로 점검 시 무정전으로 진행하기 위해 설치하는 모선절체용 차단기이다.

(6) 도면의 주 변압기 1Bank(단상×3대)를 증설하여 병렬운전 시키고자 한다. 이때 병렬운전할 수 있는 조건 4가지를 간단히 쓰시오.

답안작성
① 극성 및 권수비가 같을 것
② 1·2차 정격전압이 같을 것
③ %임피던스 강하가 같을 것
④ 상회전 방향과 각 변위가 같을 것

참고
⑤ 변압기 내부저항과 리액턴스 비가 같을 것

14

고압 동력부하의 사용 전력량을 측정하려고 한다. CT 및 PT 부착 3상 전력량계를 그림과 같이 오결선(1S와 1L 및 P1과 P3가 바뀜)하였을 경우 어느 기간 동안 사용 전력량이 3,000[kWh]이었다면 그 기간 동안의 실제 사용 전력량은 몇 [kWh] 인지 계산하여 구하시오. (단, 부하 역률은 0.8이라 한다) [5점]

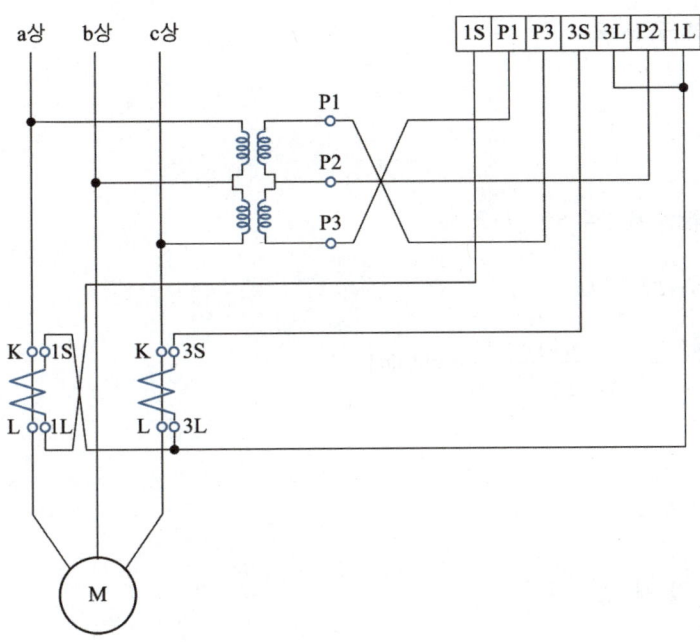

계산과정

답안작성

계산과정 | $W = W_1 + W_2 = 2VI\sin\theta$

VI을 기준으로 식을 정리하면 $VI = \dfrac{W}{2\sin\theta} = \dfrac{3,000}{2 \times 0.6} = 2,500$

실제 사용 전력량 $W' = \sqrt{3}\,VI\cos\theta = \sqrt{3} \times 2,500 \times 0.8 = 3,464.1$[kWh]

정답 | 3,464.1[kWh]

참고

변압계, 변류계 모두 오결선된 경우 전력량계 전력사용량
$W = W_1 + W_2 = 2VI\cos(90-\theta) = 2VI\sin\theta$

15

차도 폭이 20[m]인 도로에 250[W] 메탈할라이드 램프와 10[m] 등주(폴)을 양측에 대칭 배열로 설치하여 조도를 22.5[lx]로 유지하고자 한다. 다음 물음에 답하시오. (단, 250[W] 메탈할라이드 램프의 광속을 20,000[lm]으로 적용하고 조명률은 0.5, 감광보상률은 1.5로 적용한다) [6점]

(1) 등주 간격을 계산하여 구하시오.

계산과정

답안작성

계산과정 | 도로 양측 배열일 때 면적 $S = \frac{1}{2} l \cdot d$

$$FUN = DES = DE \cdot \frac{1}{2} ld$$

$$l = \frac{FUN}{DE \cdot \frac{1}{2} \cdot d} = \frac{20,000 \times 0.5 \times 1}{1.5 \times 22.5 \times \frac{1}{2} \times 20} = 29.63 [m]$$

정답 | 29.63[m]

참고

도로 양측 배열일 때 $S = \frac{1}{2} l \cdot d$

도로 중앙 배열/편측 배열일 때 $S = l \cdot d$

- l : 등주 간격[m]
- d : 도로 폭[m]

(2) 차량의 눈부심 방지를 위하여 등기구를 컷-오프형으로 선정할 경우 이 도로의 등주 간격을 계산하여 구하시오.

계산과정

답안작성

계산과정 | 컷-오프형인 경우 등주간격은 등 높이의 3배를 적용한다.

등높이 10[m]×3 = 30[m]

정답 | 30[m]

참고

컷-오프형

도로에서의 눈부심을 줄이기 위한 배광형식

(3) 보수율을 계산하여 구하시오.

계산과정

정   답

답안작성

계산과정 | 보수율 $=\dfrac{1}{1.5}=0.67$

정답 | 0.67

참 고

보수율 $=\dfrac{1}{감광보상률}$

실기[필답형]기출문제 2019 * 3

※ 출제기준 변경 및 개정된 관계법규에 따라 삭제된 문제가 있어 배점의 합계가 100점이 안 됩니다.

01

선로의 길이가 30[km]인 3상 3선식 2회선 송전선로가 있다. 수전단에 30[kV], 6,000[kW], 역률 0.8의 3상 부하에 공급할 경우 송전손실을 10[%] 이하로 하기 위해서는 전선의 굵기를 얼마로 하여야 하는지 계산하시오. (단, 전선의 고유 저항은 $1/55[\Omega \cdot \text{mm}^2/\text{m}]$이고, 전선의 굵기는 2.5, 4, 6, 16, 25, 35, 70, 90[mm²]이다) [5점]

계산과정 **정 답**

답안작성

계산과정 | 전선의 굵기 $A = \rho \dfrac{l}{R} [\text{mm}^2]$

1회선당 송전전력 $P_1 = 6{,}000 \times \dfrac{1}{2} = 3{,}000 [\text{kW}]$

1회선당 송전손실 $P_l = 3{,}000 \times 0.1 = 300 [\text{kW}]$

1회선당 부하전류 $I = \dfrac{3{,}000 \times 10^3}{\sqrt{3} \times 30 \times 10^3 \times 0.8} = 72.17 [\text{A}]$

3상 송전손실 $P_l = 3I^2 R [\text{W}]$

저항 R을 기준으로 식을 정리하면

$R = \dfrac{P_l}{3I^2} = \dfrac{300 \times 10^3}{3 \times 72.17^2} = 19.2 [\Omega]$

$A = \dfrac{1}{55} \times \dfrac{30 \times 10^3}{19.2} = 28.41 [\text{mm}^2]$

정답 | 35[mm²] 선정

참 고

단상 2선식, 3선식 $P_l = 2I^2 R [\text{W}]$

3상 송전손실 $P_l = 3I^2 R [\text{W}]$

저항 $R = \rho \dfrac{l}{A} [\Omega]$

02

피뢰기 접지공사를 실시한 후 접지저항을 보조극 2개(a와 b)를 이용하여 측정하였더니 본접지와 보조접지극 a 사이의 저항은 86[Ω], 보조접지극 a와 보조접지극 b 사이의 저항은 156[Ω], 보조접지극 b와 본접지 사이의 저항은 80[Ω]이었다. 이때 다음 각 물음에 답하시오. [6점]

(1) 피뢰기의 접지저항값을 계산하여 구하시오.

계산과정   **정 답**

답안작성

계산과정 | 접지저항값 $R = \dfrac{1}{2} \times (86 + 80 - 156) = 5$ 정답 | 5[Ω]

참 고

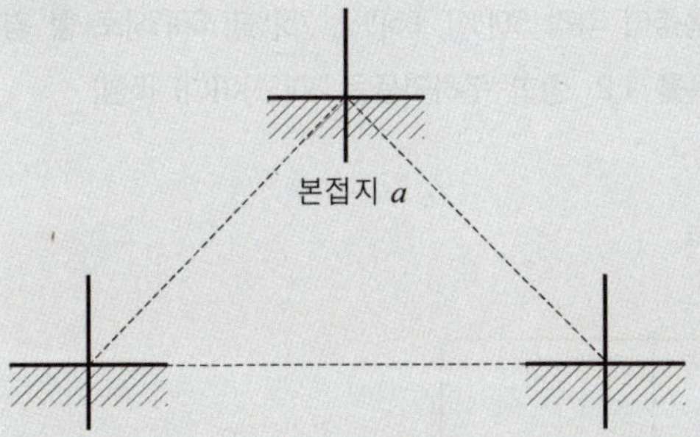

본접지 a

보조접지극 b 보조접지극 c

$R_a + R_b = R_{ab}$ ·· ①

$R_b + R_c = R_{bc}$ ·· ②

$R_c + R_a = R_{ca}$ ·· ③

①+②+③ = $R_a + R_b + R_b + R_c + R_c + R_a = R_{ab} + R_{bc} + R_{ca}$

$2(R_a + R_b + R_c) = R_{ab} + R_{bc} + R_{ca}$

$R_a + R_b + R_c = \dfrac{1}{2}(R_{ab} + R_{bc} + R_{ca})$ ·· ④

④에 ②를 대입하면 $R_b + R_c = R_{bc}$ 이므로

$R_a + R_{bc} = \dfrac{1}{2}(R_{ab} + R_{bc} + R_{ca})$

$R_a = \dfrac{1}{2}(R_{ab} + R_{bc} + R_{ca}) - R_{bc} = \dfrac{1}{2}(R_{ab} + R_{bc} + R_{ca}) - \dfrac{1}{2} \cdot 2R_{bc} = \dfrac{1}{2}(R_{ab} + R_{bc} + R_{ca} - 2R_{bc}) = \dfrac{1}{2}(R_{ab} + R_{ca} - R_{bc})$

(2) 접지공사의 적합 여부를 판단하고, 그 이유를 간단히 설명하시오.

답안작성

- 적합여부 : 적합
- 이유 : 피뢰기 접지저항값을 규정에 의해 10[Ω] 이하로 하여야 한다. 따라서, 접지저항값이 10[Ω] 이하인 5[Ω]이므로 적합하다.

참 고

한국전기설비규정 341.14 피뢰기 접지
고압 및 특고압의 전로에 시설하는 피뢰기 접지저항값은 10[Ω] 이하로 하여야 한다.

03

다음 그림과 같이 50[kW], 30[kW], 15[kW], 25[kW] 부하설비에 수용률이 각각 50[%], 65[%], 75[%], 60[%]로 할 경우 변압기 용량은 몇 [kVA]가 필요한지 계산하여 선정하시오. (단, 부등률 1.2, 종합 부하역률은 80[%]이다) [5점]

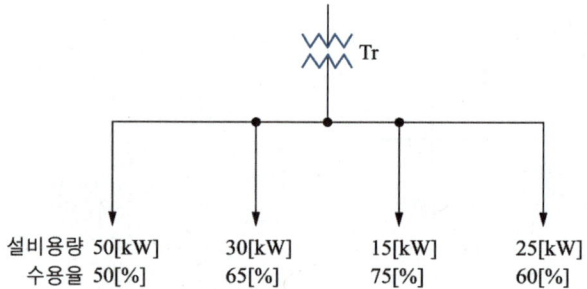

변압기 표준용량[kVA]					
25	30	50	75	100	150

계산과정 | 정 답

답안작성

계산과정 | $\dfrac{(50\times 0.5)+(30\times 0.65)+(15\times 0.75)+(25\times 0.6)}{1.2\times 0.8} = 73.7$[kVA]

정답 | 75[kVA] 선정

참 고

변압기 용량[kVA] = $\dfrac{\text{설비용량[kW]} \times \text{수용률}}{\text{부등률} \times \text{역률}}$

04

다음은 변압기의 단락시험 회로이다. 괄호 안에 알맞은 답을 넣어 내용을 완성하시오. [8점]

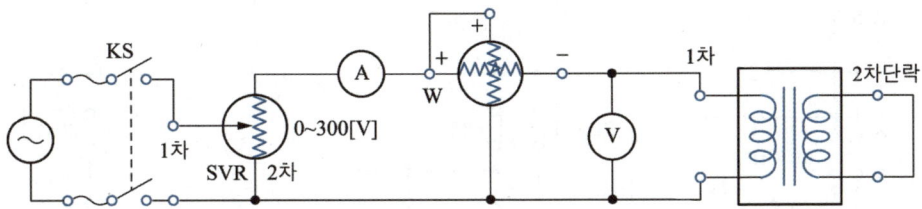

(1) KS를 닫기 전에 전압조정기의 핸들은 (①)에 위치하도록 한다.

답안작성
① 0[V]

(2) 시험용 변압기의 2차측을 단락한 상태에서 슬라이닥스를 조정하여 1차측 단락전류가 (②)와 같게 흐를 때 1차측 단자전압을 임피던스 전압이라 한다. 이때 교류 전력계의 지시값은 (③)라고 한다.

답안작성
② 1차 정격전류
③ 임피던스 와트

(3) %임피던스는 (④)에 대한 임피던스 전압(교류 전압계의 지시값)의 백분율이다.

답안작성
④ 1차 정격전압

참고

$$\%임피던스 = \frac{임피던스\ 전압(교류\ 전압계의\ 지시값)}{1차\ 정격전압} \times 100[\%]$$

• 변압기 시험
 - 무부하시험 : 철손, 여자전류
 - 단락시험 : 동손(임피던스 와트), 임피던스 전압

05

다음 그림은 리액터 기동 정지 조작회로의 미완성 도면이다. 이 도면을 이용하여 다음 물음에 답하시오. [13점]

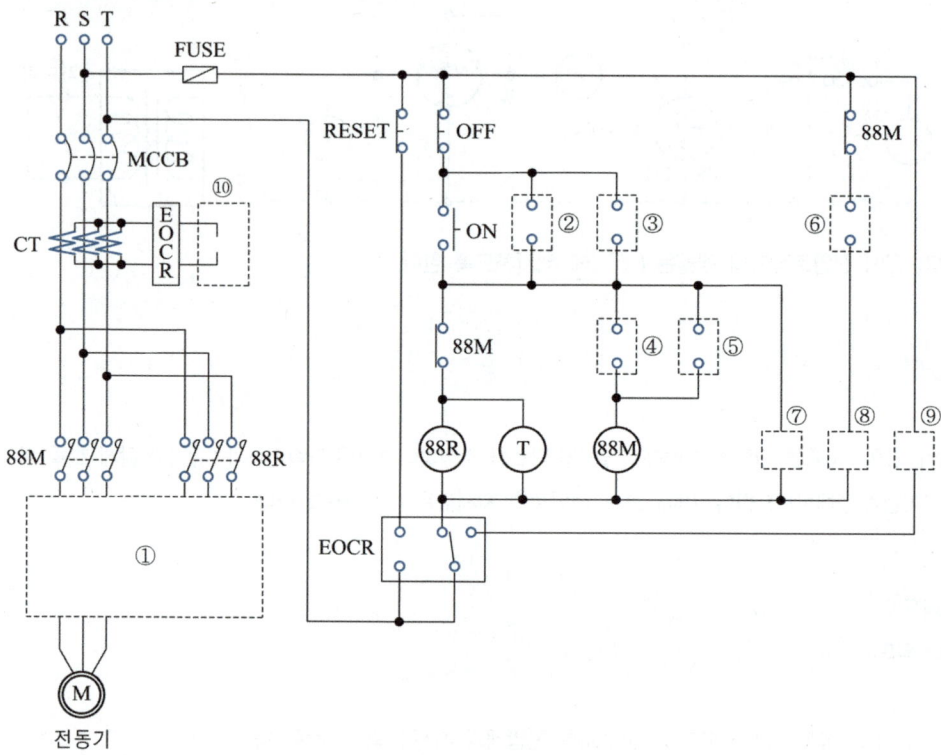

(1) ①부분의 미완성 주회로를 완성하시오.

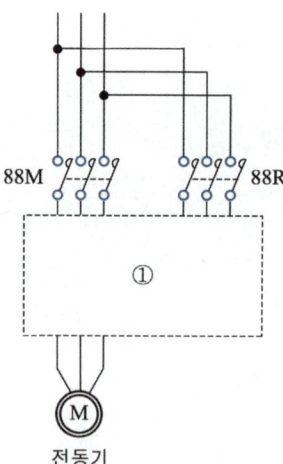

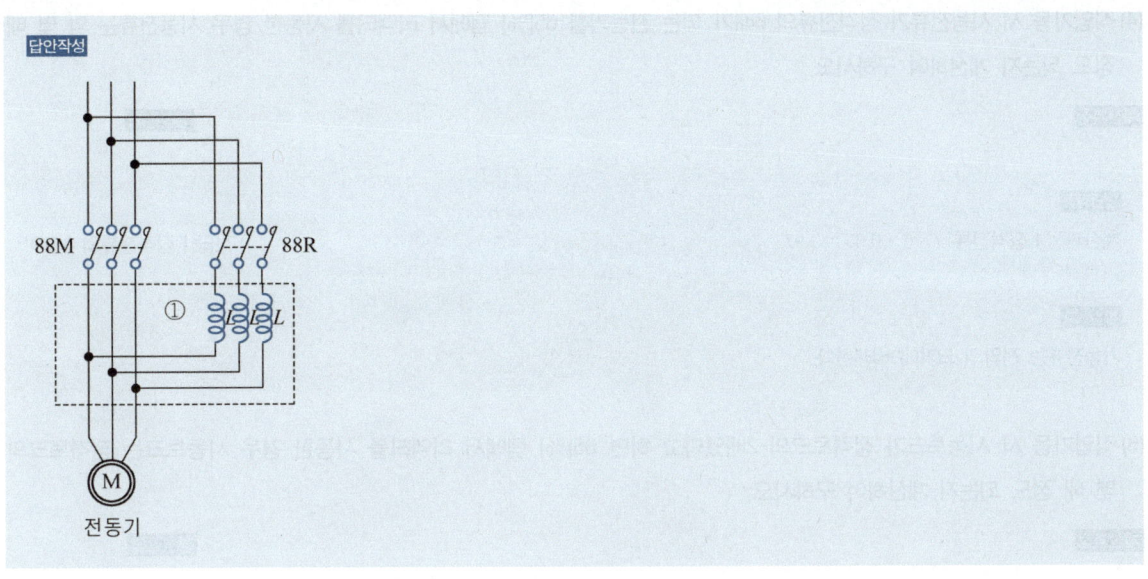

(2) 제어회로에서 ②~⑥ 부분의 접점을 완성하고 그 기호를 쓰시오.

구분	②	③	④	⑤	⑥
접점 및 기호					

답안작성

구분	②	③	④	⑤	⑥
접점 및 기호	88R	88M	T-a	88M	88R

(3) ⑦~⑩에 들어갈 LAMP와 계기의 그림 기호를 그리시오. (예 ⓖ 정지, ⓡ 기동 및 운전, ⓨ 과부하로 인한 정지)

구분	⑦	⑧	⑨	⑩
그림 기호				

답안작성

구분	⑦	⑧	⑨	⑩
그림 기호	Ⓡ	Ⓖ	Ⓨ	Ⓐ

(4) 직입기동 시 시동전류가 정격전류의 6배가 되는 전동기를 65[%] 탭에서 리액터를 시동한 경우 시동전류는 약 몇 배 정도 되는지 계산하여 구하시오.

계산과정 | 정격전류 $I \times 6 \times 0.65 = 3.9I$

정답 | 정격전류의 3.9배

참고
기동전류는 전압의 크기에 비례한다.

(5) 직입기동 시 시동토크가 정격토크의 2배였다고 하면 65[%] 탭에서 리액터를 시동한 경우 시동토크는 정격토크의 몇 배 정도 되는지 계산하여 구하시오.

계산과정 | 정격토크 $T \times 2 \times (0.65)^2 = 0.85T$

정답 | 정격토크의 0.85배

참고
정격토크는 전압의 제곱에 비례한다.

06

제3고조파의 유입으로 인한 사고를 방지하기 위하여 콘덴서 회로에 콘덴서 용량의 11[%]인 직렬리액터를 설치하였다. 이 경우에 콘덴서의 정격전류(정상시 전류)가 10[A]라면 콘덴서 투입 시의 전류는 몇 [A]인지 계산하여 구하시오. [4점]

계산과정 | 콘덴서 투입 시 돌입전류 $I = I_C \left(1 + \sqrt{\dfrac{X_C}{X_L}} \right) = 10 \left(1 + \sqrt{\dfrac{X_C}{0.11 X_C}} \right) = 40.15$[A]

정답 | 40.15[A]

참고
- I_C : 돌입전류[A]
- X_L : 리액터 용량
- X_C : 콘덴서 용량

07

가스 절연 개폐장치(GIS)에 대한 각 물음에 답하시오. [5점]

(1) 장점 4가지만 쓰시오.

> **답안작성**
> ① 충전부가 완전히 밀폐되어 감전사고에 대한 안전성이 높다.
> ② 동작소음이 적다.
> ③ 유지보수가 용이하다.
> ④ 대기 중에 오염물에 의한 영향을 받지 않아 신뢰성이 높다.

(2) 가스 절연 개폐장치에 사용되는 가스가 무엇인지 쓰시오.

> **답안작성**
> SF_6(육불화황) 가스

08

반사율 ρ, 투과율 τ, 반지름 r인 완전확산성 구형글로브의 중심의 광도 I의 점광원을 켰을 때, 광속발산도[rlx]를 구할 수 있는 계산식을 쓰시오. [4점]

> **답안작성**
> 광속발산도 $R = \dfrac{I\tau}{r^2(1-\rho)}$ [rlx]

> **참고**
> - 광속발산도 $R = \dfrac{F}{S} \times \eta = \dfrac{4\pi I}{4\pi r^2} \times \dfrac{\tau}{1-\rho} = \dfrac{I\tau}{r^2(1-\rho)}$ [rlx]
> - 완전확산성 구형글로브
>   광속 $F = 4\pi I$ [lm]
>   면적 $S = 4\pi r^2$ [m²]
>   효율 $\eta = \dfrac{\tau}{1-\rho}$

09

전압 1.0183[V]를 측정하는 데 측정값이 1.0092[V]이었다. 다음 물음에 답하시오. (단, 소수점 이하 넷째 자리까지 구하시오) [4점]

(1) 오차

계산과정 | $1.0092 - 1.0183 = -0.0091$

정답 | -0.0091

참고
오차 = 측정값 - 참값

(2) 오차율

계산과정 | $\dfrac{-0.0091}{1.0183} = -0.0089$

정답 | -0.0089

참고
오차율 = $\dfrac{측정값 - 참값}{참값}$

(3) 보정(값)

계산과정 | $1.0183 - 1.0092 = 0.0091$

정답 | 0.0091

참고
보정값 = 참값 - 측정값

(4) 보정률

계산과정 | $\dfrac{0.0091}{1.0092} = 0.0090$

정답 | 0.0090

참고

보정률 = $\dfrac{보정값}{측정값}$

10

단자전압이 3,000[V]인 선로에 3,000/210[V]인 승압기 2대를 V 결선하여 40[kW], 역률 0.75인 3상 부하에 전력을 공급하는 경우 승압기 1대 용량은 몇 [kVA]를 사용하여야 하는지 계산하시오. [5점]

계산과정 | 승압기 1대 용량 $P_1 = (V_2 - V_1)I_2$

부하측 전압 $V_2 = V_1\left(1 + \dfrac{n_2}{n_1}\right) = 3,000 \times \left(1 + \dfrac{210}{3,000}\right) = 3,210$[V]

부하전류 $I_2 = \dfrac{P}{\sqrt{3}\, V_2 \cos\theta} = \dfrac{40 \times 10^3}{\sqrt{3} \times 3,210 \times 0.75} = 9.59$[A]

$P_1 = (3,210 - 3,000) \times 9.59 = 2,013.9$[VA] $\times 10^{-3} = 2.01$[kVA]

정답 | 2.01[kVA]

참고

승압전압 $V_h = V_l\left(1 + \dfrac{1}{a}\right) = V_l\left(1 + \dfrac{n_2}{n_1}\right)$

- a : 권수비

11

어떤 상가 건물의 설비부하가 역률이 0.6인 동력부하 30[kW], 역률 1인 전열기 24[kW]일 때 변압기 용량은 최소 몇 [kVA] 이상이어야 하는지 계산하여 선정하시오. [4점]

변압기 표준용량[kVA]						
30	50	75	100	150	200	300

계산과정 | 　　　　　　　　　　　　　　　　　　　　　　　　　　　　　정　답

답안작성

계산과정 | 변압기 용량 $= \sqrt{유효전력^2 + 무효전력^2}$

　　　　유효전력 $= 30 + 24 = 54$ [kW]

　　　　무효전력 $=$ 유효전력 $\times \tan\theta = 30 \times \tan(\cos^{-1} 0.6) = 40$ [kVar]

　　　　변압기 용량 $= \sqrt{54^2 + 40^2} = 67.2$ [kVA]　　　　　　　　정답 | 표에서 75[kVA] 선정

참　고

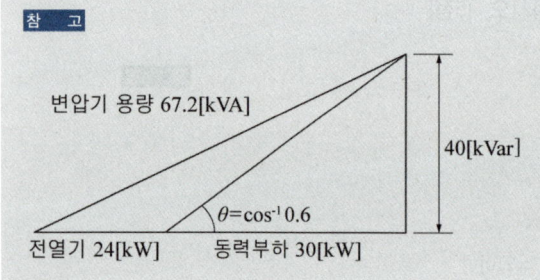

12

차단기 정격사항에 대하여 주어진 표의 빈칸을 채우시오. [6점]

계통의 공칭전압[kV]	22.9	154	345
정격전압[kV]	①	②	③
정격차단시간(Cycle)	④	⑤	⑥

답안작성

① 25.8

② 170

③ 362

④ 5

⑤ 3

⑥ 3

13

일반적인 시설장소별 적용할 피뢰기의 공칭방전 전류값[A]을 쓰시오. [6점]

공칭방전전류	설치장소	적용조건
①	변전소	• 154[kV] 이상의 계통 • 66[kV] 및 그 이하의 계통에서 Bank 용량이 3,000[kVA]를 초과하거나 특히 중요한 곳 • 장거리 송전케이블(배전선로 인출용 단거리케이블은 제외) 및 정전축전기 Bank를 개폐하는 곳 • 배전선로 인출측(배전 간선 인출용 장거리 케이블은 제외)
②	변전소	• 66[kV] 및 그 이하의 계통에서 Bank 용량이 3,000[kVA] 이하인 곳
③	선로	• 배전선로

답안작성

① 10,000[A]

② 5,000[A]

③ 2,500[A]

14

주어진 조건을 이용하여 다음 각 물음에 답하시오. [6점]

> [조건] 차단기 명판(name plate)에 BIL 150[kV], 정격 차단전류 20[kA], 차단시간 8사이클, 솔레노이드(solenoid)형 이라고 기재되어 있다. 단, BIL은 절연계급 20호 이상의 비유효 접지계에서 계산하는 것으로 한다.

(1) BIL이란 무엇인지 간단히 서술하시오.

답안작성
기준충격 절연강도

(2) 차단기의 정격전압은 몇 [kV]인지 계산하시오.

답안작성
계산과정 | BIL = 절연계급 × 5 + 50[kV]에서 절연계급 기준으로 식을 정리하면

$$절연계급 = \frac{BIL - 50}{5} = \frac{150 - 50}{5} = 20[kV]$$

$$공칭전압 = 절연계급 \times 1.1 = 20 \times 1.1 = 22[kV]$$

$$차단기\ 정격전압 = 공칭전압 \times \frac{1.2}{1.1} = 22 \times \frac{1.2}{1.1} = 24[kV]$$

정답 | 24[kV]

(3) 차단기의 정격차단용량은 몇 [MVA]인지 계산하시오.

답안작성
계산과정 | $\sqrt{3} \times 24 \times 20 = 831.38[MVA]$

정답 | 831.38[MVA]

참고
차단기 정격차단용량[MVA] = $\sqrt{3}$ × 정격전압[kV] × 정격차단전류[kA]

15

PLC 프로그램을 이용하여 다음 각 물음에 답하시오. [6점]

① LOAD : 입력 A 접점 (신호)   ② LOAD NOT : 입력 B 접점 (신호)
③ AND : AND A 접점   ④ AND NOT : AND B 접점
⑤ OR : OR A 접점   ⑥ OR NOT : OR B 접점
⑦ OB : 병렬접속점   ⑧ OUT : 출력

차례	명령	번지
0	LOAD	P000
1	OR	P010
2	AND NOT	P001
3	AND NOT	P002
4	OUT	P010

(1) 미완성 PLC 래더 다이어그램이다. 완성하시오.

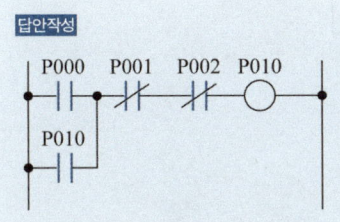

(2) 무접점 논리회로로 표현하시오.

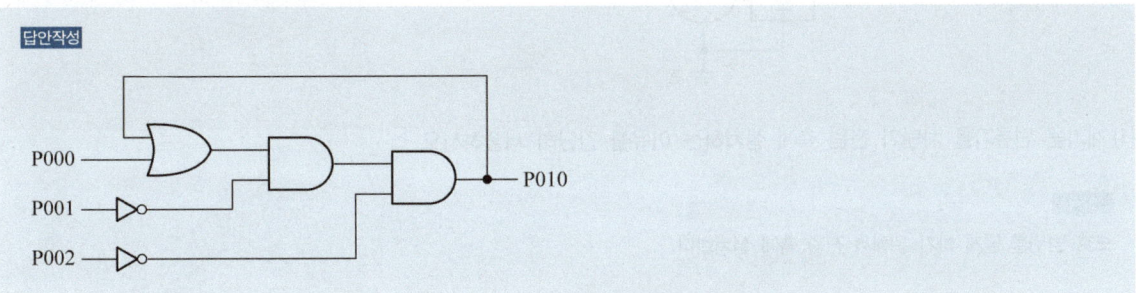

16

그림은 고압 전동기 100[HP] 미만을 사용하는 고압·수전 설비 결선도이다. 결선도를 이용하여 다음 각 물음에 답하시오. [13점]

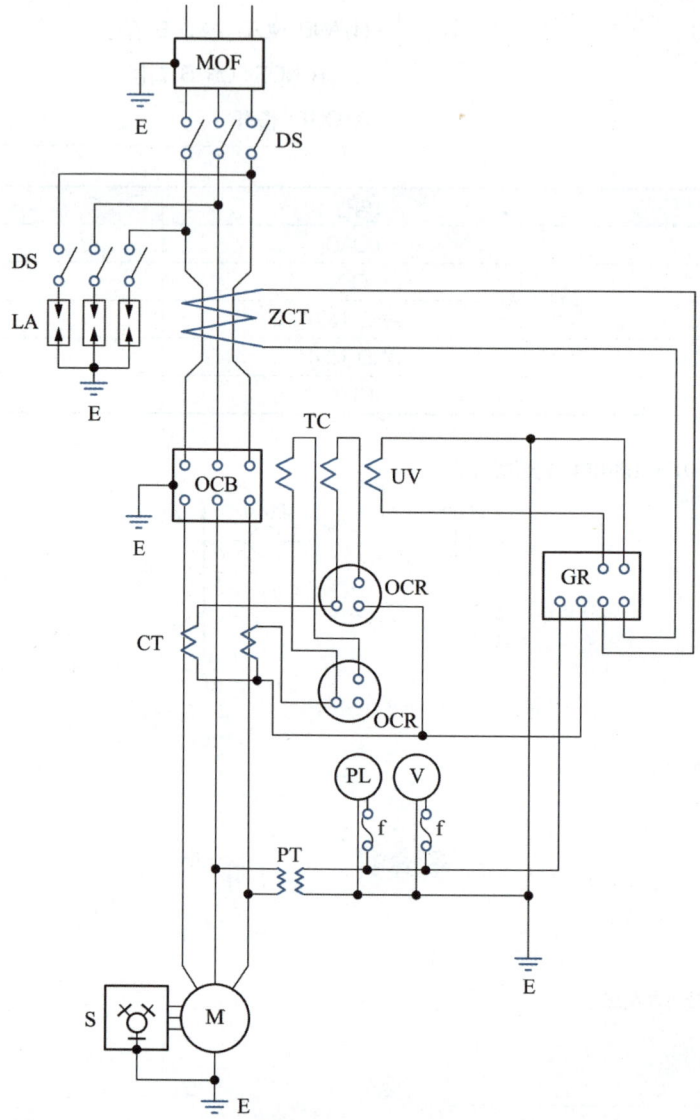

(1) 계기용 변류기를 차단기 전원 측에 설치하는 이유를 간단히 서술하시오.

> **답안작성**
> 보호 범위를 넓게 하기 위해서 전원 측에 설치한다.

(2) 본 도면에서 생략할 수 있는 부분을 쓰시오.

> 답안작성
> LA용 DS

(3) 진상콘덴서에 연결하는 방전코일의 역할을 간단히 서술하시오.

> 답안작성
> 콘덴서에 축적된 잔류전하 방전

(4) 도면에 사용된 계기이다. 명칭을 쓰시오.
- ZCT
- TC

> 답안작성
> - ZCT : 영상변류기
> - TC : 트립 코일

01

소선의 직경이 3.2[mm]인 37가닥 연선의 외경은 몇 [mm]인지 계산하여 구하시오. [5점]

계산과정

답안작성

계산과정 | 외경 $D = (2 \times 소선의\ 층수 + 1) \times 직경$

소선의 가닥수 $N = 3n(n+1) + 1 = 37$가닥($n = $ 소선의 층수)

$3n^2 + 3n + 1 = 37$ 인수분해하면

$3n^2 + 3n - 36 = 0$

$n^2 + n - 12 = 0$

$(n-3)(n+4) = 0$

$n = 3$ or -4

소선의 층수는 (-) 부호가 될 수 없으므로 $n = 3$

$D = (2 \times 3 + 1) \times 3.2 = 22.4$[mm]

정답 | 22.4[mm]

참고

연선의 외경 $D = (2 \times n + 1)d$[mm]

연선의 가닥수 $N = 3n(n+1) + 1$[가닥]

• n : 소선의 층수

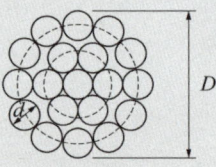

$n = 2$인 연선의 구조

02

500[kVA]의 단상변압기 3대로 △-△ 결선되어 있고, 예비 변압기로서 단상 500[kVA] 1대를 갖고 있는 변전소가 있다. 갑작스러운 부하의 증가에 대응하기 위하여 예비 변압기까지 사용하여 최대 몇 [kVA] 부하까지 공급할 수 있는지 계산하여 구하시오. [4점]

계산과정

답안작성

계산과정 | △ 결선일 때 최대부하용량 = $500 \times 3 = 1{,}500$[kVA]

V 결선일 때 최대부하용량 = $1{,}500 \times 0.577 = 865.5$[kVA]

변압기 3대와 예비 변압기 1대로 V 결선 2 Bank 구성 가능하므로 $865.5 \times 2 = 1{,}731$[kVA]

정답

정답 | 최대 1,731[kVA]까지 공급

참고

△ 결선에 대한 V 결선 출력비 57.7[%], 이용률 86.6[%]

03

실의 면적이 8[m]×10[m], 높이 4.8[m]인 경우 천정 직부형으로 조명기구를 설치하려 한다. 실지수를 계산하여 구하시오. (단, 작업면은 바닥에서 0.8[m]로 한다) [4점]

계산과정

답안작성

계산과정 | $\dfrac{XY}{H(X+Y)} = \dfrac{8 \times 10}{(4.8-0.8) \times (8+10)} = 1.11$

정답

정답 | 1.11

참고

실지수 $I \cdot R$

조명효율을 구할 때 사용되는 지수

실지수 = $\dfrac{XY}{H(X+Y)}$

- X : 가로
- Y : 세로
- H : 작업면에서 천정의 높이

04

그림과 같은 평형 3상 회로로 운전하는 유도전동기가 있다. 이 회로에 그림과 같이 2개의 전력계 W_1, W_2, 전압계 V, 전류계 A를 접속하였더니 지시값이 $W_1=2.9$[kW], $W_2=6$[kW], $V=200$[V], $A=30$[A]라는 것을 알 수 있었다. 다음 각 물음에 답하시오. [9점]

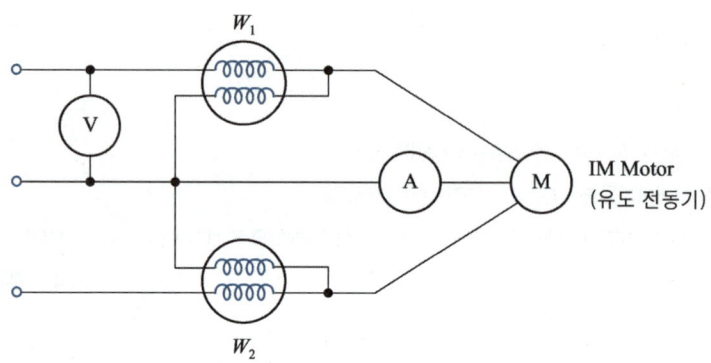

(1) IM Motor의 역률은 몇 [%]인지 계산하시오.

계산과정   **정답**

답안작성

계산과정 | $\cos\theta = \dfrac{\text{유효전력}}{\text{피상전력}} \times 100 = \dfrac{(2.9+6)\times 10^3}{\sqrt{3}\times 200 \times 30} \times 100 = 85.64$[%]   정답 | 85.64[%]

참 고

- 2 전력계법

  유효전력 $P = W_1 + W_2$ [W]

  피상전력 $P_a = 2\sqrt{W_1^2 + W_2^2 - W_1 W_2}$ [VA]

  무효전력 $Q = \sqrt{3}(W_1 - W_2)$ [Var]

  역률 $\cos\theta = \dfrac{P}{P_a} = \dfrac{W_1 + W_2}{2\sqrt{W_1^2 + W_2^2 - W_1 W_2}}$

- 3상 피상전력 $P_a = \sqrt{3}\,VI$ [VA]

(2) 역률을 90[%]로 개선시키려면 몇 [kVA] 용량의 콘덴서가 필요한지 계산하시오.

계산과정

답안작성

계산과정 | 콘덴서 용량 $Q_c = P(\tan\theta_1 - \tan\theta_2)$

유효전력 $P = W_1 + W_2 = 2.9 + 6 = 8.9[kW]$

개선 전 역률 각 $\theta_1 = \cos^{-1}0.8564 = 31.09°$

개선 후 역률 각 $\theta_2 = \cos^{-1}0.9 = 25.84°$

$Q_c = 8.9 \times (\tan31.09 - \tan25.84) = 1.06[kVA]$

정답 | 1.06[kVA]

참고

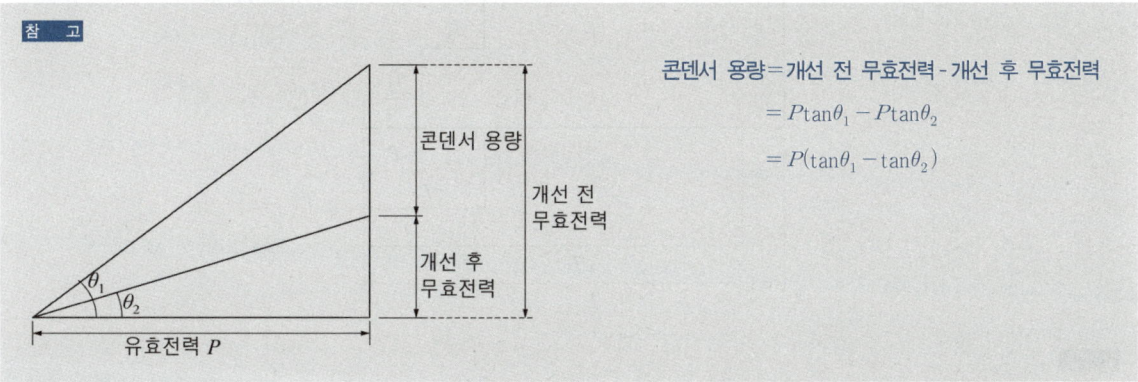

콘덴서 용량 = 개선 전 무효전력 - 개선 후 무효전력
$= P\tan\theta_1 - P\tan\theta_2$
$= P(\tan\theta_1 - \tan\theta_2)$

(3) IM Motor로 20[m/min]의 속도로 물체를 권상한다면 몇 [ton]까지 가능한지 계산하시오. (단, 종합효율은 80[%]로 한다)

계산과정

답안작성

계산과정 | $W = \dfrac{P \times 6.12\eta}{v} = \dfrac{(2.9+6) \times 6.12 \times 0.8}{20} = 2.18[\text{ton}]$

정답 | 2.18[ton]

참고

권상용 전동기 용량 $P = \dfrac{W \cdot v}{6.12\eta}[kW]$

- W : 물체의 중량[ton]
- v : 분당속도[m/min]
- η : 효율

물체의 중량 W를 기준으로 식을 정리하면 $W = \dfrac{P \times 6.12\eta}{v}[\text{ton}]$

05

그림과 같은 방전특성을 갖는 부하에 필요한 축전지 용량은 몇 [Ah]인지 계산하여 구하시오. [6점]

(단, 방전전류 : $I_1 = 200[A]$, $I_2 = 300[A]$, $I_3 = 150[A]$, $I_4 = 100[A]$

방전시간 : $T_1 = 130[분]$, $T_2 = 120[분]$, $T_3 = 40[분]$, $T_4 = 5[분]$

용량환산시간 : $K_1 = 2.45$, $K_2 = 2.45$, $K_3 = 1.46$, $K_4 = 0.45$

보수율은 0.7로 적용한다)

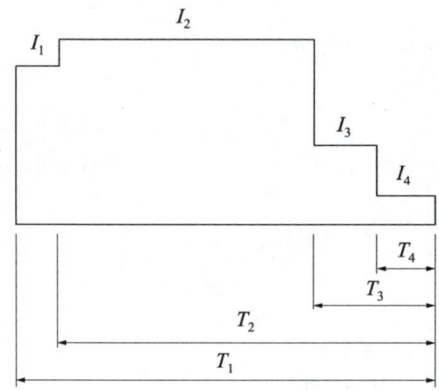

답안작성

계산과정 | $C = \dfrac{1}{0.7}\{(2.45 \times 200) + [2.45 \times (300-200)] + [1.46 \times (150-300)] + [0.45 \times (100-150)]\} = 705[Ah]$

정답 | 705[Ah]

참 고

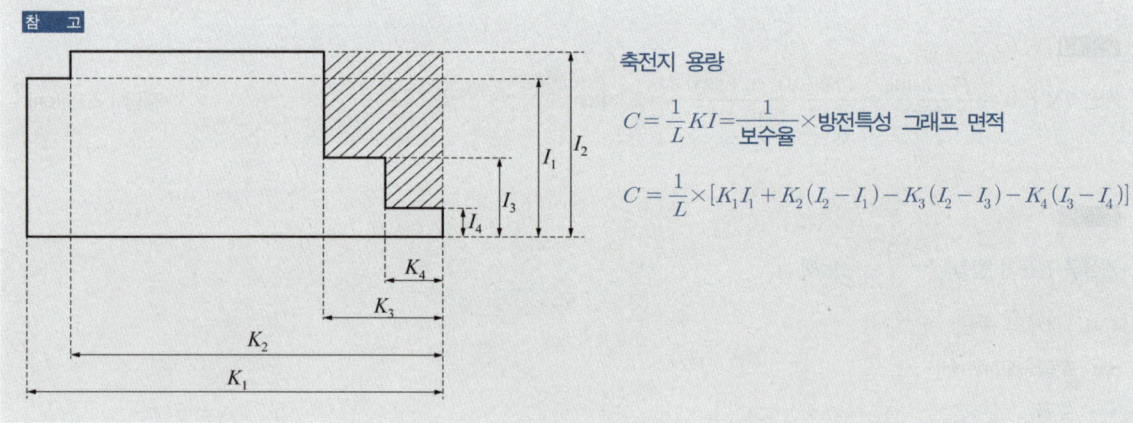

축전지 용량

$C = \dfrac{1}{L}KI = \dfrac{1}{보수율} \times 방전특성\ 그래프\ 면적$

$C = \dfrac{1}{L} \times [K_1 I_1 + K_2(I_2 - I_1) - K_3(I_2 - I_3) - K_4(I_3 - I_4)]$

06

공칭변류비 100/5인 변류기(CT)의 1차에 흐르는 전류가 250[A]일 때 2차 전류는 10[A]였다. 이때 비오차를 계산하여 구하시오. [4점]

계산과정

계산과정 | $\dfrac{\dfrac{100}{5} - \dfrac{250}{10}}{\dfrac{250}{10}} \times 100 = -20[\%]$

정답

정답 | $-20[\%]$

참고

비오차

실제변류비와 공칭변류비 사이의 실제 오차

비오차 $\varepsilon = \dfrac{\text{공칭변류비} - \text{실제변류비}}{\text{실제변류비}} \times 100[\%]$

공칭변류비 $= \dfrac{100}{5}$, 실제변류비 $= \dfrac{250}{10}$

07

계기용 변류기(CT)를 선정할 때 열적 과전류 강도와 기계적 과전류 강도를 고려하여야 한다. 이때 열적 과전류 강도와 기계적 과전류 강도의 관계식을 쓰시오. [6점]

(1) 열적 과전류 강도 관계식을 쓰시오. (단, S_n : 정격 과전류 강도[kA], S : 통전시간 t초에 대한 열적 과전류 강도, t : 통전시간[sec])

답안작성

$S = \dfrac{S_n}{\sqrt{t}}$

참고

열적 과전류 강도

CT에 손상을 주지 않고 1차측에 1초간 흘릴 수 있는 최대 전류

(2) 기계적 과전류 강도 관계식을 쓰시오.

답안작성

$S_n = 2.5 \cdot S$(열적 과전류 강도)$= \dfrac{2.5 S_n}{\sqrt{t}}$

참고

기계적 과전류 강도
CT가 전기적 또는 기계적으로 파손되지 않는 1차측 전류의 파고치, 열적 과전류 강도의 2.5배로 계산된다.

08

건물의 보수공사를 하는 데 32[W]×2 매입하면(下面) 개방형 형광등 30등을 32[W]×3 매입 루버형 형광등으로 교체하고, 20[W]×2 팬던트 하면(下面) 개방형 형광등 20등을 20[W]×2 직부하면(下面) 개방형 형광등으로 교체하였다. 철거되는 20[W]×2 팬던트 하면(下面) 개방형 형광등은 다시 설치하여 재사용할 것이다. 천장구멍 뚫기 및 취부테 설치와 등기구 보강 작업은 계상하지 않으며, 공구손료 등을 제외한 직접 노무비만 구하시오. (단, 인공계산은 소수점 셋째 자리까지 구하고, 직접노무비는 소수점 첫째 자리에서 반올림하시오. 내선전공의 노임은 225,408원으로 한다) [5점]

[형광등기구 설치]

(단위 : 등, 적용직종 : 내선전공)

종별	직부형	팬던트형	매입 및 반매입형
10[W] 이하×1	0.123	0.150	0.182
20[W] 이하×1	0.141	0.168	0.214
20[W] 이하×2	0.177	0.215	0.273
20[W] 이하×3	0.223	-	0.335
20[W] 이하×4	0.323	-	0.489
30[W] 이하×1	0.150	0.177	0.227
30[W] 이하×2	0.189	-	0.310
40[W] 이하×1	0.223	0.268	0.340
40[W] 이하×2	0.277	0.332	0.415
40[W] 이하×3	0.359	0.432	0.545
40[W] 이하×4	0.468	-	0.710
110[W] 이하×1	0.414	0.495	0.627
110[W] 이하×2	0.505	0.601	0.764

[조건]
- 하면(下面) 개방형 기준임. 루버 또는 아크릴 커버형일 경우 해당 등기구 설치 품의 110[%]
- 등기구 조립·설치, 결선, 지지금구류 설치, 장내 소운반 및 잔재정리 포함
- 매입 또는 반매입 등기구의 천정 구멍 뚫기 및 취부테 설치별도 가산
- 매입 및 반매입 등기구에 등기구보강대를 별도로 설치할 경우 이품의 20[%] 별도 계상
- 광천장 방식은 직부형 품 적용
- 방폭형 200[%]
- 높이 1.5[m] 이하의 Pole형 등기구는 직부형 품의 150[%] 적용(기초대 설치별도)
- 형광등 안정기 교환은 해당 등기구 신설품의 110[%]. 다만, 팬던트형은 90[%]
- 아크릴간판의 형광등 안정기 교환은 매입형 등기구 설치 품의 120[%]
- 공동주택 및 교실 등과 같이 동일한 반복공정으로 비교적 쉬운 공사의 경우는 90[%]
- 형광램프만 교체 시 해당 등기구 1등용 설치 품의 10[%]
- T-5(28[W]) 및 FPL(36[W], 55[W])은 FL 40[W] 기준품 적용
- 팬던트형은 파이프 팬던트형 기준. 체인 팬던트는 90[%]
- 등의 증가 시 매 증가 1등에 대하여 직부형은 0.005인, 매입 및 반매입형은 0.008인 가산
- 고도조반사판 청소 시 형별 관계 없이 내선전공 20[W] 이하 0.03, 40[W] 이하 0.05를 가산
- 철거 30[%], 재사용 철거 50[%]

계산과정 **정 답**

답안작성

계산과정 | ① 32[W]×2 매입하면 개방형 형광등 철거
$30 \times 0.415 \times 0.3 = 3.735$[인]

② 32[W]×3 매입 루버형 형광등 설치
$30 \times 0.545 \times 1.1 = 17.985$[인]

③ 20[W]×2 팬던트 하면 개방형 형광등 재사용 철거
$20 \times 0.215 \times 0.5 = 2.15$[인]

④ 20[W]×2 직부하면 개방형 형광등 설치
$20 \times 0.177 = 3.54$[인]

직접노무비 $= (3.735 + 2.15 + 17.985 + 3.54) \times 225,408 = 6,178,433$[원]

정답 | 6,178,433[원]

09

다음 수전설비 단선 결선도이다. 다음 각 물음에 답하시오. [14점]

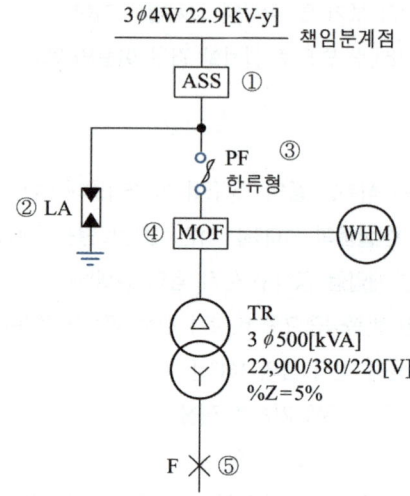

(1) 단선 결선도에 표시된 ① ASS의 최대과전류 Lock 전류값과 과전류 ② Lock 기능을 간단히 서술하시오.

답안작성

① 최대 과전류 Lock 전류[A] : 800[A]±10[%]

② 과전류 Lock 기능 : 정격차단 전류 이상의 고장전류가 흐를 때 ASS는 Lock되어 차단되지 않는 상태를 유지하다가 후비보호장치에 의해 고장전류가 제거된 후 무전압 상태에서 ASS가 차단되는 기능이다.

참 고

ASS 정격

정격전압	25.8[kV]	정격차단 전류	900[A]
정격전류	200[A]	과전류 전류	800[A]±10[%]
정격단시간 전류(순시)	15[kA]	정격주파수	60[Hz]
정격투입 전류	15[kA]		

(2) 단선도에 표시된 ② 피뢰기의 정격전압[kV]과 제1보호대상을 쓰시오.

답안작성

① 피뢰기의 정격전압 : 18[kV]

② 제1보호대상 : 전력용 변압기

> **참 고**
> 피뢰기의 정격전압
>
> | 전력계통 | | 피뢰기의 정격전압[kV] | |
> |---|---|---|---|
> | 전압[kV] | 중성점 접지방식 | 변전소 | 배전선로 |
> | 345 | 유효접지 | 288 | |
> | 154 | 유효접지 | 144 | |
> | 66 | PC 접지 또는 비접지 | 72 | |
> | 22 | PC 접지 또는 비접지 | 24 | |
> | 22.9 | 3상 4선 다중접지 | 21 | 18 |
>
> [주] 전압 22.9[kV-Y] 이하의 배전선로에서 수전하는 설비의 피뢰기 정격전압[kV]은 배전선로용을 적용한다.

(3) 단선도에 표시된 ③ 한류형 PF의 단점 2가지만 간단히 쓰시오.

답안작성

① 차단 시 과전압 발생
② 재투입 불가능

(4) 단선도에 표시된 ④ MOF에 대한 과전류강도 적용기준으로 다음의 빈칸을 채우시오.

> MOF의 과전류강도는 기기 설치점에서 단락전류에 의하여 계산 적용하되, 22.9[kV]급으로서 60[A] 이하의 MOF 최소 과전류강도는 전기사업자 규격에 의한 (①)배로 하고, 계산한 값이 75배 이상인 경우에는 (②)배를 적용하며, 60[A] 초과 시 MOF의 과전류강도는 (③)배로 적용한다.

답안작성

① 75, ② 150, ③ 40

(5) 단선도에 표시된 ⑤ 변압기 2차 F점에서의 3상 단락전류와 선간(2상) 단락전류를 계산하여 각각 구하시오. (단, 변압기 임피던스만 고려하고 기타정수는 무시한다)

계산과정   **정 답**

답안작성

계산과정 | 3상 단락전류 $I_s = \dfrac{100}{\%Z} \times I_n = \dfrac{100}{\%Z} \times \dfrac{P}{\sqrt{3}\,V_n} = \dfrac{100}{5} \times \dfrac{500 \times 10^3}{\sqrt{3} \times 380} = 15,193.43\,[\text{A}]$

선간(2상) 단락전류 $I_{2s} = I_s \times \dfrac{\sqrt{3}}{2} = 15,193.43 \times \dfrac{\sqrt{3}}{2} = 13,157.89\,[\text{A}]$

정답 | 3상 단락전류 $I_s = 15,193.43\,[\text{A}]$
선간(2상) 단락전류 $I_{2s} = 13,157.89\,[\text{A}]$

> **참고**
>
> 3상 단락전류 $I_s = \dfrac{100}{\%Z} \times I_n = \dfrac{E}{Z} = \dfrac{V}{\sqrt{3}\,Z}$
>
> 단상 단락전류 $I_{2s} = \dfrac{V}{2Z} = \dfrac{\sqrt{3}\,E}{2Z} = \dfrac{\sqrt{3}}{2} \times I_s$
>
> - E : 상전압
> - V : 선간전압

10

전등을 3군데에서 점멸하기 위해 3로 스위치 2개와 4로 스위치 1개를 조합하고자 한다. 계통도(실제 배선도)를 그리시오. [5점]

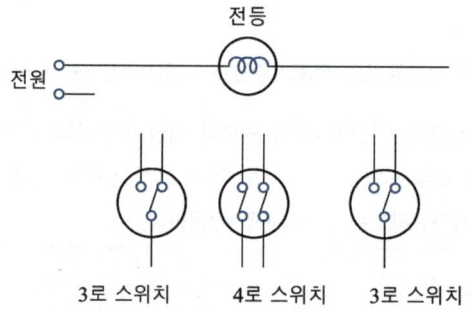

답안작성

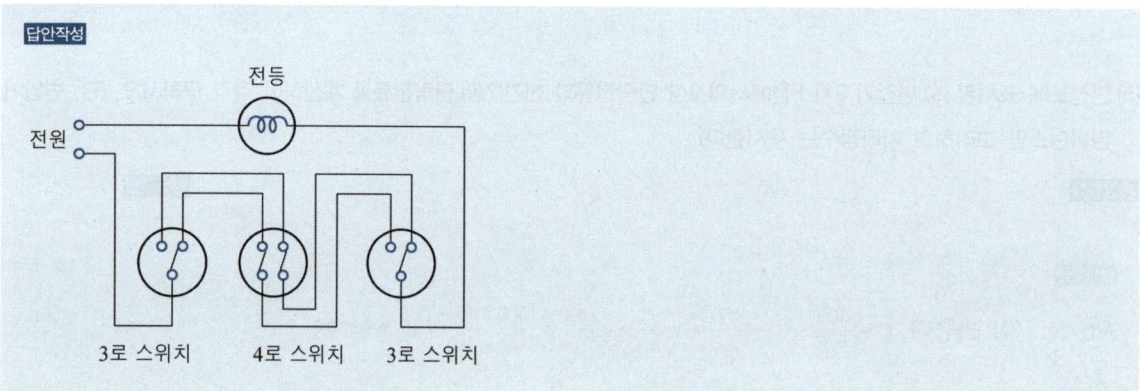

11

다음 그림과 같이 차동 계전기에 의하여 보호되고 있는 3상 △-Y 결선 30[MVA] 33/11[kV] 변압기가 있다. 고장전류가 정격전류의 200[%] 이상에서 동작하는 계전기 전류(i_r) 정정값을 계산하여 구하시오. (단, 변압기 1차측 및 2차측 CT 변류비는 각각 500/5[A], 2,000/5[A]이다) [6점]

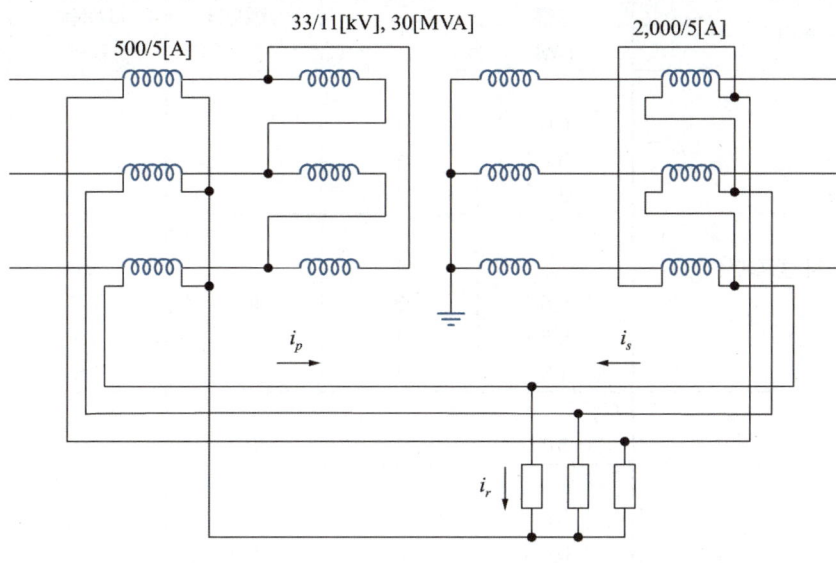

계산과정

답안작성

계산과정 | $i_r = (i_s - i_p) \times 2$

$i_s = \dfrac{30 \times 10^6}{\sqrt{3} \times 11 \times 10^3} \times \dfrac{5}{2,000} \times \sqrt{3} = 6.82[A]$

$i_p = \dfrac{30 \times 10^6}{\sqrt{3} \times 33 \times 10^3} \times \dfrac{5}{500} = 5.25[A]$

$i_r = (6.82 - 5.25) \times 2 = 3.14[A]$

정답 | 3.14[A]

12

가공선로의 ACSR에 댐퍼(Damper)를 설치하는 목적을 간단히 쓰시오. [4점]

답안작성

가공전선의 진동 방지

13

3층 사무실용 건물에 3상 3선식 6,000[V]/200[V] 강압변압기를 이용하는 수전 설비가 있다. 각종 부하설비가 표와 같을 때 참고자료를 이용하여 다음 물음에 답하시오. [12점]

[표 1] 동력 부하 설비

사용목적	용량 [kW]	대수	상용동력 [kW]	하계동력 [kW]	동계동력 [kW]
난방관계					
• 보일러 펌프	6.0	1			6.0
• 오일 기어 펌프	0.4	1			0.4
• 온수 순환 펌프	3.0	1			3.0
공기 조화 관계					
• 1, 2, 3층 패키지 콤프레셔	7.5	6		45.0	
• 콤프레셔 팬	5.5	3	16.5		
• 냉각수 펌프	5.5	1		5.5	
• 쿨링 타워	1.5	1		1.5	
급수·배수 관계					
• 양수 펌프	3.0	1	3.0		
기타					
• 소화 펌프	5.5	1	5.5		
• 셔터	0.4	2	0.8		
합계			25.8	52.0	9.4

[표 2] 조명 및 콘센트 부하 설비

사용목적	와트수 [W]	설치 수량	환산용량 [VA]	총용량 [VA]	비고
전등관계					
• 수은등 A	200	4	260	1,040	200[V] 고역률
• 수은등 B	100	8	140	1,120	200[V] 고역률
• 형광등	40	820	55	45,100	200[V] 고역률
• 백열전등	60	10	60	600	
콘센트 관계					
• 일반 콘센트		80	150	12,000	2P 15[A]
• 환기팬용 콘센트		8	55	440	
• 히터용 콘센트	1,500	2		3,000	
• 복사기용 콘센트		4		3,600	
• 텔레타이프용 콘센트		2		2,400	
• 룸 쿨러용 콘센트		6		7,200	
기타					
• 전화 교환용 정류기		1		800	
합계				77,300	

[참고자료 1] 변압기 보호용 전력퓨즈의 정격 전류

상 수	단상				3상			
공칭전압	3.3[kV]		6.6[kV]		3.3[kV]		6.6[kV]	
변압기 용량 [kVA]	변압기 정격전류[A]	정격전류 [A]	변압기 정격전류[A]	정격전류 [A]	변압기 정격전류[A]	정격전류 [A]	변압기 정격전류[A]	정격전류 [A]
5	1.52	3	0.76	1.5	0.88	1.5	-	-
10	3.03	7.5	1.52	3	1.75	3	0.88	1.5
15	4.55	7.5	2.28	3	2.63	3	1.3	1.5
20	6.06	7.5	3.03	7.5	-	-	-	-
30	9.10	15	4.56	7.5	5.26	7.5	2.63	3
50	15.2	20	7.60	15	8.45	15	4.38	7.5
75	22.7	30	11.4	15	13.1	15	6.55	7.5
100	30.3	50	15.2	20	17.5	20	8.75	15
150	45.5	50	22.7	30	26.3	30	13.1	15
200	60.7	75	30.3	50	35.0	50	17.5	20
300	91.0	100	45.5	50	52.0	75	26.3	30
400	121.4	150	60.7	75	70.0	75	35.0	50
500	152.0	200	75.8	100	87.5	100	43.8	50

[참고자료 2] 배전용 변압기의 정격

항목			소형 6[kV] 유입 변압기							중형 6[kV] 유입 변압기					
정격용량[kVA]			3	5	7.5	10	15	20	30	50	75	100	150	200	300	500
정격 2차 전류	단상	105[V]	28.6	47.6	71.4	95.2	143	190	286	476	714	852	1,430	1,904	2,857	4,762
		210[V]	14.3	23.8	35.7	47.6	71.4	95.2	143	238	357	476	714	952	1,429	2,381
	3상	210[V]	8	13.7	20.6	27.5	41.2	55	82.5	137	206	275	412	550	825	1,376
정격 전압	정격 2차 전압		6,300[V] 6/3[kV] 공용 : 6,300[V]/3,150[V]								6,300[V] 6/3[kV] 공용 : 6,300[V]/3,150[V]					
	정격2차 전압	단상	210[V] 및 105[V]								200[kVA] 이하의 것 : 210[V] 및 105[V] 200[kVA] 이하의 것 : 210[V]					
		3상	210[V]								210[V]					
탭 전압	전용량 탭전압	단상	6,900[V], 6,600[V] 6/3[kV] 공용 : 6,300[V]/3,150[V] 6,600[V]/3,300[V]								6,900[V], 6,600[V]					
		3상	6,600[V] 6/3[kV] 공용 : 6,600[V]/3,300[V]								6/3[kV] 공용 : 6,300[V]/3,150[V] 6,600[V]/3,300[V]					
	저감 용량 탭전압	단상	6,000[V], 5,700[V] 6/3[kV] 공용 : 6,000[V]/3,000[V] 5,700[V]/2,850[V]								6,000[V], 5,700[V]					
		3상	6,600[V] 6/3[kV] 공용 : 6,000[V]/3,300[V]								6/3[kV] 공용 : 6,000[V]/3,000[V] 5,700[V]/2,850[V]					
변압기의 결선		단상	2차 권선 : 분할 결선								3상	1차 권선 : 성형 권선				
		3상	1차 권선 : 성형 권선, 2차 권선 : 성형 권선									2차 권선 : 삼각 권선				

[참고자료 3] 역률개선용 콘덴서의 용량 계산표[%]

구분		개선 후의 역률																
		1.00	0.99	0.98	0.97	0.96	0.95	0.94	0.93	0.92	0.91	0.90	0.89	0.88	0.87	0.86	0.85	0.83	0.80
개선 전의 역률	0.50	173	159	153	148	144	140	137	134	131	128	125	122	119	117	114	111	106	98
	0.55	152	138	132	127	123	119	116	112	108	106	103	101	98	95	92	90	85	77
	0.60	133	119	113	108	104	100	97	94	91	88	85	82	79	77	74	71	66	58
	0.62	127	112	106	102	97	94	90	87	84	81	78	75	73	70	67	65	59	52
	0.64	120	106	100	95	91	87	84	81	78	75	72	69	66	63	61	58	53	45
	0.66	114	100	94	89	85	81	78	74	71	68	65	63	60	57	55	52	47	39
	0.68	108	94	88	83	79	75	72	68	65	62	59	57	54	51	49	46	41	33
	0.70	102	88	82	77	73	69	66	63	59	56	54	51	48	45	43	40	35	27
	0.72	96	82	76	71	67	64	60	57	54	51	48	45	42	40	37	34	29	21
	0.74	91	77	71	68	62	58	55	51	48	45	43	40	37	34	32	29	24	16
	0.76	86	71	65	60	58	53	49	46	43	40	37	34	32	29	26	24	18	11
	0.78	80	66	60	55	51	47	44	41	38	35	32	29	26	24	21	18	13	5
	0.79	78	63	57	53	48	45	41	38	35	32	29	26	24	21	18	16	10	2.6
	0.80	75	61	55	50	46	42	39	36	32	29	27	24	21	18	16	13	8	
	0.81	72	58	52	47	43	40	36	33	30	27	24	21	18	16	13	10	5	
	0.82	70	56	50	45	41	37	34	30	27	24	21	18	16	13	10	8	2.6	
	0.83	67	53	47	42	38	34	31	28	25	22	19	16	13	11	8	5		
	0.84	65	50	44	40	35	32	28	25	22	19	16	13	11	8	5	2.6		
	0.85	62	48	42	37	33	29	25	23	19	16	14	11	8	5	2.7			
	0.86	59	45	39	34	30	28	23	20	17	14	11	8	5	2.6				
	0.87	57	42	36	32	28	24	20	17	14	11	8	6	2.7					
	0.88	54	40	34	29	25	21	18	15	11	8	6	2.8						
	0.89	51	37	31	26	22	18	15	12	9	6	2.8							
	0.90	48	34	28	23	19	16	12	9	6	2.8								
	0.91	46	31	25	21	16	13	9	8	3									
	0.92	43	28	22	18	13	10	8	3.1										
	0.93	40	25	19	14	10	7	3.2											
	0.94	36	22	16	11	7	3.4												
	0.95	33	19	13	8	3.7													
	0.96	29	15	9	4.1														
	0.97	25	11	4.8															
	0.98	20	8																
	0.99	14																	

(1) 동계난방 때 상시운전하는 온수 순환펌프의 수용률이 100[%], 보일러용과 오일 기어 펌프의 수용률이 60[%]일 때 난방 동력 부하는 몇 [kW]인지 계산하여 구하시오.

계산과정 | $(3 \times 1) + (6 \times 0.6) + (0.4 \times 0.6) = 6.84$[kW]

정답 | 6.84[kW]

참고
[표 1]에서 난방관계 참고

(2) 동력부하의 역률이 전부 80[%]라고 한다. 피상전력은 각각 몇 [kVA]인지 계산하여 구하시오. (단, 상용동력, 하계동력, 동계동력별로 계산하시오)

구분	계산과정	답
상용동력		
하계동력		
동계동력		

답안작성

구분	계산과정	답
상용동력	$\dfrac{25.8}{0.8} = 32.25$	32.25[kVA]
하계동력	$\dfrac{52.0}{0.8} = 65$	65[kVA]
동계동력	$\dfrac{9.4}{0.8} = 11.75$	11.75[kVA]

참고

피상전력[kVA] = $\dfrac{\text{유효전력[kW]}}{\text{역률 } \cos\theta}$

(3) 총 전기 설비용량은 몇 [kVA]를 기준으로 하여야 하는지 계산하여 구하시오.

답안작성

계산과정 | $32.25 + 65 + 77.3 = 174.55$[kVA]

정답 | 174.55[kVA]

참고
총 전기 설비용량 = 상용동력 + (하계와 동계 중 큰 용량) + 조명 및 콘센트 부하설비용량
하계동력과 동계동력은 같은 시기에 사용되지 않으므로 부하용량이 큰 것으로 적용한다.

(4) 전등의 수용률은 70[%], 콘센트 설비의 수용률은 50[%]라고 한다면 몇 [kVA]의 단상 변압기에 연결하여야 하는지 계산하시오. (단, 전화 교환용 정류기는 100[%] 수용률로서 계산한 결과에 포함시키며 변압기 예비율은 무시한다)

계산과정 | 전등 총 용량 $= (1,040+1,120+45,100+600) \times 0.7 \times 10^{-3} = 33.5$[kVA]

콘센트 총용량 $= (12,000+440+3,000+3,600+2,400+7,200) \times 0.5 \times 10^{-3} = 14.32$[kVA]

기타 총 용량 $= 800 \times 1 \times 10^{-3} = 0.8$[kVA]

총 용량 : $33.5+14.32+0.8 = 48.62$[kVA]

정답 | [참고자료 1]에서 변압기 용량 50[kVA] 선정

(5) 동력설비 부하의 수용률이 모두 60[%]라면 동력부하용 3상 변압기의 용량은 몇 [kVA]인지 계산하시오. (단, 동력부하의 역률은 80[%]로 하며 변압기 예비율은 무시한다)

계산과정 | $\dfrac{(25.8+52) \times 0.6}{0.8} = 58.35$[kVA]

정답 | [참고자료 1]에서 변압기 용량 75[kVA] 선정

참고 하계동력과 동계동력은 같은 시기에 사용되지 않으므로 부하용량이 큰 것을 적용한다.

(6) 위 건물에 시설된 변압기 총 용량은 몇 [kVA]인지 계산하여 구하시오.

계산과정 | $50+75 = 125$[kVA]

정답 | 125[kVA]

참고 변압기 총 용량 = 단상 변압기 용량 + 3상 변압기 용량

(7) 단상 변압기와 3상 변압기의 1차측 전력 퓨즈의 정격전류는 각각 몇 [A]의 것을 선택하여야 하는지 참고자료를 이용하여 구하시오.

- 단상 변압기 : [참고자료 1]에서 변압기 용량 50[kVA] 단상 6.6[kV]에 해당하는 정격전류 15[A] 적용
- 3상 변압기 : [참고자료 1]에서 변압기 용량 75[kVA] 3상 6.6[kV]에 해당하는 정격전류 7.5[A] 적용

(8) 선정된 동력설비 변압기 용량에서 역률을 95[%]로 개선하려면 콘덴서 용량은 몇 [kVA]인지 참고자료를 이용하여 구하시오.

계산과정

정답

답안작성

계산과정 | [참고자료 3]에서 개선 전 역률 0.80에 개선 후 역률 0.95를 적용하면 콘덴서 용량 계산표에 의한 상수는 42[%]라는 것을 알 수 있다.

콘덴서 용량 = $75 \times 0.8 \times 0.42 = 25.2$[kVA]

정답 | 25.2[kVA]

참 고

콘덴서 용량[kVA] = 동력변압기 용량[kVA] × 개선 전 역률 × 콘덴서 용량 상수

14

한국전기설비규정(KEC)에서 규정하는 피뢰기를 시설하여야 하는 장소 3가지만 쓰시오. [5점]

답안작성

① 발전소·변전소 또는 이에 준하는 장소의 가공전선 인입구 및 인출구
② 고압 및 특고압 가공전선로로부터 공급을 받는 수용장소의 인입구
③ 가공전선로와 지중전선로가 접속되는 곳

참 고

한국전기설비규정 341.13 피뢰기의 시설

1. 고압 및 특고압의 전로 중 다음에 열거하는 곳 또는 이에 근접한 곳에는 피뢰기를 시설하여야 한다.

　가. 발전소·변전소 또는 이에 준하는 장소의 가공전선 인입구 및 인출구

　나. 특고압 가공전선로에 접속하는 341.2의 배전용 변압기의 고압측 및 특고압측

　다. 고압 및 특고압 가공전선로로부터 공급을 받는 수용장소의 인입구

　라. 가공전선로와 지중전선로가 접속되는 곳

15

다음 그림은 선로에 변류기 3대를 접속시키고 그 잔류 회로에 지락 계전기(DG)를 삽입시킨 것으로 변압기 2차측의 선로 전압은 66[kV]이다. 중성점에 300[Ω]의 저항 접지로 하였으며, 변류기의 변류비는 300/5이고 송전전력 20,000[kW], 역률 0.8(지상)이다. 이때 a상에 완전 지락사고가 발생하였다고 할 때 다음 각 물음에 답하시오. [8점]

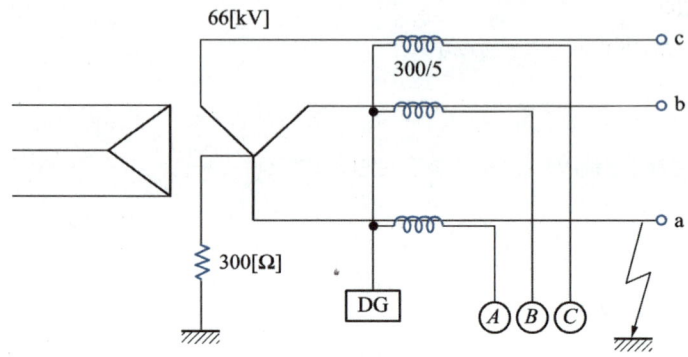

(1) 지락 계전기 DG에 흐르는 전류는 몇 [A]인지 계산하시오.

계산과정

답안작성

계산과정 | $I_{DG} = I_g \times \dfrac{1}{CT비} = \dfrac{\frac{66 \times 10^3}{\sqrt{3}}}{300} \times \dfrac{5}{300} = 2.12[A]$

정답 | 2.12[A]

(2) a상 전류계 A에 흐르는 전류는 몇 [A]인지 계산하시오.

계산과정

답안작성

계산과정 | $I_A = (I + I_g) \times \dfrac{1}{CT비}$

$= \left[\left(\dfrac{20,000 \times 10^3}{\sqrt{3} \times 66 \times 10^3 \times 0.8} \times (0.8 - j0.6) \right) + \dfrac{\frac{66 \times 10^3}{\sqrt{3}}}{300} \right] \times \dfrac{5}{300}$

$= [(174.95 - j131.22) + 127.02] \times \dfrac{5}{300} = 5.49[A]$

정답 | 5.49[A]

참 고

지락된 상의 전류 = 부하전류 + 지락전류

(3) b상 전류계 B에 흐르는 전류는 몇 [A]인지 계산하시오.

계산과정 | $I_B = I \times \dfrac{1}{\text{CT 비}} = \dfrac{20{,}000 \times 10^3}{\sqrt{3} \times 66 \times 10^3 \times 0.8} \times \dfrac{5}{300} = 3.64[\text{A}]$

정답 | 3.64[A]

참고
건전상에는 부하전류만 흐른다.

(4) c상 전류계 C에 흐르는 전류는 몇 [A]인지 계산하시오.

계산과정 | c상도 건전상이므로 b상과 같은 부하전류만 흐른다.
즉 $I_C = I_B = 3.64[\text{A}]$

정답 | 3.64[A]

16

설계자가 크기, 형상 등 전체적인 조화를 생각하여 형광등 기구를 벽면 상방 모서리에 숨겨서 설치하는 방식으로서 기구로부터의 빛이 직접 벽면을 조명하는 건축화 조명의 명칭을 무엇이라 하는지 쓰시오. [3점]

답안작성
코니스 조명

실기[필답형]기출문제 2020 * 2

※ 출제기준 변경 및 개정된 관계법규에 따라 삭제된 문제가 있어 배점의 합계가 100점이 안 됩니다.

01

아래의 표에서 금속관 부품의 특징에 해당하는 부품명을 쓰시오. [8점]

부품명	특징
①	관과 박스를 접속할 경우 파이프 나사를 죄어 고정시키는 데 사용되며 6각형과 기어형이 있다.
②	전선 관단에 끼우고 전선을 넣거나 빼는 데 있어서 전선의 피복을 보호하여 전선이 손상되지 않게 하는 것으로 금속제와 합성수지제의 2종류가 있다.
③	금속관 상호 접속 또는 관과 노멀 밴드와의 접속에 사용되며 내면에 나사가 나있으며 관의 양측을 돌리어 사용할 수 없는 경우 유니온 커플링을 사용한다.
④	노출 배관에서 금속관을 조영재에 고정시키는 데 사용되며 합성수지 전선관, 가요 전선관, 케이블 공사에도 사용된다.
⑤	배관의 직각 굴곡에 사용하며 양단에 나사가 나있어 관과의 접속에는 커플링을 사용한다.
⑥	금속관을 아웃렛 박스의 노크아웃에 취부할 때 노크아웃의 구멍이 관의 구멍보다 클 때 사용된다.
⑦	매입형의 스위치나 콘센트를 고정하는 데 사용되며 1개용, 2개용, 3개용 등이 있다.
⑧	전선관 공사에 있어 전등 기구나 점멸기 또는 콘센트의 고정, 접속함으로 사용되며 4각 및 8각이 있다.

답안작성

① 로크너트(lock nut)
② 부싱(bushing)
③ 커플링(coupling)
④ 새들(saddle)
⑤ 노멀밴드(normal band)
⑥ 링리듀우서(ring reducer)
⑦ 스위치 박스(switch box)
⑧ 아웃렛 박스(outlet box)

02

도로의 너비가 30[m]인 곳에 양쪽으로 30[m] 간격으로 지그재그식으로 등주를 배치하여 도로 위의 평균조도를 6[lx]로 하고자 한다. 각 등주에 사용되는 수은등의 용량[W]을 주어진 표 "수은등의 광속"에서 선정하시오. (단, 노면의 광속이용률은 32[%], 유지율은 80[%]로 한다) [5점]

[수은등의 광속]

용량[W]	전광속[lm]
100	3,200 ~ 3,500
200	7,700 ~ 8,500
300	10,000 ~ 11,000
400	13,000 ~ 14,000
500	18,000 ~ 20,000

계산과정 | 정답

답안작성

계산과정 | $F = \dfrac{DES}{uN} = \dfrac{\frac{1}{0.8} \times 6 \times \frac{1}{2} \times 30 \times 30}{0.32 \times 1} = 10,546.88[\text{lm}]$

정답 | 표에서 300[W] 선정

참 고

감광보상률 $D = \dfrac{1}{\text{유지율}} = \dfrac{1}{0.8}$

지그재그식에서의 $S = \dfrac{1}{2} \times \text{너비} \times \text{간격} = \dfrac{1}{2} \times 30 \times 30$

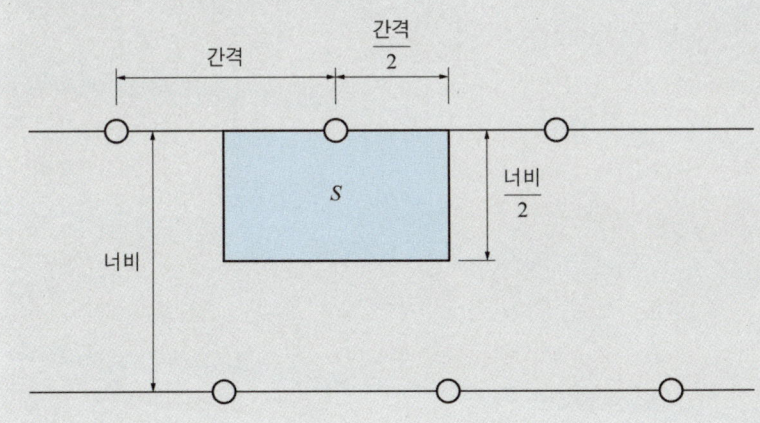

03

수전전압 6,600[V], 가공전선로의 %임피던스가 60.5[%]이다. 수전점의 3상 단락전류가 7,000[A]일 때 다음 각 물음에 답하시오. [6점]

(1) 기준용량[MVA]를 계산하여 구하시오.

계산과정 | 기준용량 $P_n = \sqrt{3}\, V_n I_n$

$$I_n = \frac{\%Z}{100} \times I_s = \frac{60.5}{100} \times 7,000 = 4,235[\text{A}]$$

$$P_n = \sqrt{3} \times 6,600 \times 4,235 \times 10^{-6} = 48.41[\text{MVA}]$$

정답 | 48.41[MVA]

(2) (1)항의 기준용량을 이용하여 차단기의 차단용량[MVA]를 다음 표에서 선정하시오.

차단기 정격용량[MVA]								
30	50	75	100	150	250	300	400	500

계산과정 | 차단용량 $P_s = \dfrac{100}{\%Z} \times P_n = \dfrac{100}{60.5} \times 48.41 = 80.02[\text{MVA}]$

정답 | 100[MVA] 선정

참고

단락용량(=차단용량) $P_s = \dfrac{100}{\%Z} \times P_n$

04

어느 변전소와 그림과 같은 일부하 곡선을 가진 3개의 부하 A, B, C의 수용가가 접속되어 있다. 다음 각 물음에 답하시오. (단, A, B, C 수용가의 역률은 각각 100[%], 80[%], 60[%]라 한다) [10점]

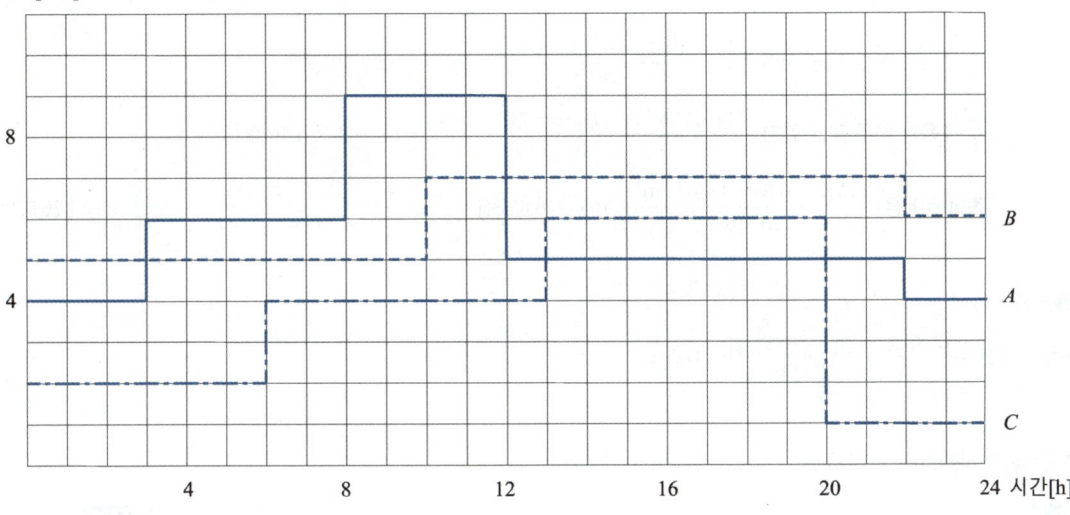

(1) 합성 최대 전력[kW]을 계산하여 구하시오.

계산과정

정 답

답안작성

계산과정 | $(9 \times 10^3) + (7 \times 10^3) + (4 \times 10^3) = 20 \times 10^3$ [kW]   정답 | 20×10^3 [kW]

참 고

시간을 기준으로 A, B, C 합성전력이 최대가 되는 전력이 합성 최대 전력이 된다.
시간 : 10 ~ 12시

(2) 종합 부하율[%]을 계산하여 구하시오.

계산과정

계산과정 | A 수용가 하루 평균 전력 $= \dfrac{(4 \times 3) + (6 \times 5) + (9 \times 4) + (5 \times 10) + (4 \times 2)}{24} \times 10^3 = 5.67 \times 10^3 \,[\text{kW}]$

B 수용가 하루 평균 전력 $= \dfrac{(5 \times 10) + (7 \times 12) + (6 \times 2)}{24} \times 10^3 = 6.08 \times 10^3 \,[\text{kW}]$

C 수용가 하루 평균 전력 $= \dfrac{(2 \times 6) + (4 \times 7) + (6 \times 7) + (1 \times 4)}{24} \times 10^3 = 3.58 \times 10^3 \,[\text{kW}]$

종합 부하율 $= \dfrac{(5.67 + 6.08 + 3.58) \times 10^3}{20 \times 10^3} \times 100 = 76.65 \,[\%]$

정답 | 76.65[%]

참고

종합 부하율 $= \dfrac{\text{각 부하의 평균 전력의 합}}{\text{합성 최대 전력}} \times 100 \,[\%]$

(3) 부등률을 계산하여 구하시오.

계산과정

계산과정 | $\dfrac{(9 \times 10^3) + (7 \times 10^3) + (6 \times 10^3)}{20 \times 10^3} = 1.1$

정답 | 1.1

참고

부등률 $= \dfrac{\text{각 부하의 최대 전력의 합}}{\text{합성 최대 전력}} \geq 1$

(4) 최대 부하 시 종합역률[%]을 구하시오.

계산과정 | A 수용가의 역률 $\cos\theta_A = 1$, $\theta_A = \cos^{-1}1 = 0$

B 수용가의 역률 $\cos\theta_B = 0.8$, $\theta_B = \cos^{-1}0.8 = 36.87°$

C 수용가의 역률 $\cos\theta_C = 0.6$, $\theta_C = \cos^{-1}0.6 = 53.13°$

합성 최대 전력 시간대인 10~12시에 각 수용가별 최대 무효전력

A 수용가의 무효전력 $Q_A = P_A \tan\theta_A = (9 \times 10^3) \times \tan 0° = 0$

B 수용가의 무효전력 $Q_B = P_B \tan\theta_B = (7 \times 10^3) \times \tan 36.87° = 5.25 \times 10^3$ [kVar]

C 수용가의 무효전력 $Q_C = P_C \tan\theta_C = (4 \times 10^3) \times \tan 53.13° = 5.33 \times 10^3$ [kVar]

합성 최대 무효전력 $Q = Q_A + Q_B + Q_C = 0 + (5.25 \times 10^3) + (5.33 \times 10^3) = 10.58 \times 10^3$ [kVar]

역률 $\cos\theta = \dfrac{유효전력}{\sqrt{유효전력^2 + 무효전력^2}} \times 100 = \dfrac{20 \times 10^3}{\sqrt{(20 \times 10^3)^2 + (10.58 \times 10^3)^2}} \times 100 = 88.39$ [%]

정답 | 88.39[%]

참고

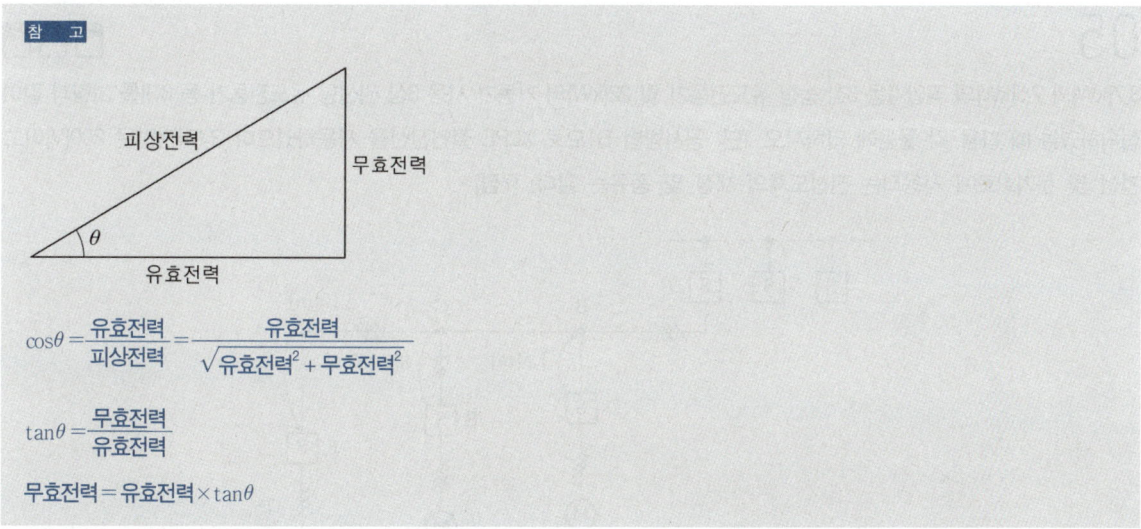

$\cos\theta = \dfrac{유효전력}{피상전력} = \dfrac{유효전력}{\sqrt{유효전력^2 + 무효전력^2}}$

$\tan\theta = \dfrac{무효전력}{유효전력}$

무효전력 = 유효전력 $\times \tan\theta$

(5) A 수용가에 대한 각 물음에 답하시오.

① 첨두부하는 몇 [kW]인지 구하시오.

9×10^3 [kW]

> **참 고**
> 첨두부하
> 24시간 부하량 중 최대 부하량

② 첨두부하가 지속되는 시간은 몇 시부터 몇 시까지인지 구하시오.

답안작성
8시부터 12시까지

③ 하루 공급된 전력량은 몇 [MWh]인지 구하시오.

계산과정 | 정 답

답안작성
계산과정 | $W = [(4 \times 3) + (6 \times 5) + (9 \times 4) + (5 \times 10) + (4 \times 2)] \times 10^3 \times 10^{-3} = 136[\text{MWh}]$ 정답 | 136[MWh]

05

3.7[kW]와 7.5[kW]의 직입기동 3상 농형 유도전동기 및 22[kW]의 기동기 사용 3상 권선형 유도전동기 등 3대를 그림과 같이 접속하였을 때 다음 각 물음에 답하시오. (단, 공사방법 B1으로 XLPE 절연전선을 사용하였으며, 정격전압은 200[V]이고 간선 및 분기회로에 사용되는 전선도체의 재질 및 종류는 같다) [7점]

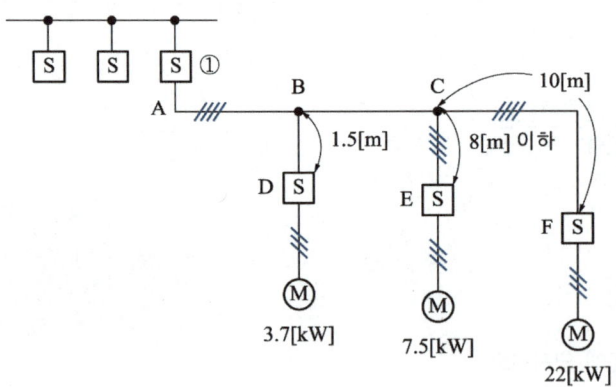

[표 1] 200[V] 3상 유도전동기의 간선의 굵기 및 기구의 용량(B종 퓨즈의 경우) (동선)

전동기[kW] 수의 총계[kW] 이하	최대 사용 전류[A] 이하	배선종류에 의한 간선의 최소 굵기[mm²]						직입기동 전동기 중 최대 용량의 것										
		공사방법 A1 3개선		공사방법 B1 3개선		공사방법 C 3개선		0.75 이하	1.5	2.2	3.7	5.5	7.5	11	15	18.5	22	30	37~55
								기동기 사용 전동기 중 최대 용량의 것											
								-	-	-	5.5	7.5	11 15	18.5 22	-	30 37	-	45	55
		PVC	XLPE, EPR	PVC	XLPE, EPR	PVC	XLPE, EPR	과전류 차단기[A] ……… (칸 위 숫자) 개폐기 용량[A] ………… (칸 아래 숫자)											
3	15	2.5	2.5	2.5	2.5	2.5	2.5	15 30	20 30	30 30	-	-	-	-	-	-	-	-	-
4.5	20	4	2.5	2.5	2.5	2.5	2.5	20 30	20 30	30 30	50 60	-	-	-	-	-	-	-	-
6.3	30	6	4	6	4	4	2.5	30 30	30 30	50 60	50 60	75 100	-	-	-	-	-	-	-
8.2	40	10	6	10	6	6	4	50 60	50 60	50 60	75 100	75 100	100 100	-	-	-	-	-	-
12	50	16	10	10	10	10	6	50 60	50 60	50 60	75 100	75 100	100 100	150 200	-	-	-	-	-
15.7	75	35	25	25	16	16	16	75 100	75 100	75 100	75 100	100 100	100 100	150 200	150 200	-	-	-	-
19.5	90	50	25	35	25	25	16	100 100	100 100	100 100	100 100	100 100	150 200	150 200	200 200	200 200	-	-	-
23.2	100	50	35	35	25	35	25	100 100	100 100	100 100	100 100	100 100	150 200	150 200	200 200	200 200	200 200	-	-
30	125	70	50	50	35	50	35	150 200	150 200	150 200	150 200	150 200	150 200	150 200	200 200	200 200	200 200	-	-
37.5	150	95	70	70	50	70	50	150 200	150 200	150 200	150 200	150 200	150 200	150 200	200 300	200 300	300 300	300 300	-
45	175	120	70	95	50	70	50	200 200	200 200	200 200	200 200	200 200	200 200	200 300	300 300	300 300	300 300	300 300	-
52.5	200	150	95	95	70	95	70	200 200	200 200	200 200	200 200	200 200	200 200	200 300	300 300	300 300	300 400	400 400	400 400
63.7	250	240	150	-	95	120	95	300 300	300 300	300 300	300 300	300 300	300 300	300 300	300 300	300 400	400 400	400 400	500 600
75	300	300	185	-	120	185	120	300 300	300 300	300 300	300 300	300 300	300 300	300 300	300 300	300 400	400 400	500 600	-
86.2	350	-	240	-	-	240	150	400 400	400 400	400 400	400 400	400 400	400 400	400 400	400 400	400 400	400 400	400 400	600 600

[주] 1. 최소 전선 굵기는 1회선에 대한 것이다.
2. 공사방법 A1은 벽 내의 전선관에 공사한 절연전선 또는 단심케이블, B1은 벽면의 전선관에 공사한 절연전선 또는 단심케이블, 공사방법 C는 벽면에 공사한 단심 또는 다심케이블을 시설하는 경우의 전선 굵기를 표시하였다.
3. 「전동기 중 최대의 것」에는 동시 기동하는 경우를 포함한다.
4. 과전류차단기의 용량은 해당 조항에 규정되어 있는 범위에서 실용상 거의 최대값을 표시한다.
5. 과전류 차단기의 선정은 최대용량의 정격전류의 3배에 다른 전동기의 정격전류의 합계를 가산한 값 이하를 표시한다.
6. 고리퓨즈는 300[A] 이하에서 사용하여야 한다.

[표 2] 200[V] 3상 유도 전동기 1대인 경우의 분기회로(B종 퓨즈의 경우)

정격출력 [kW]	전부하 전류 [A]	공사방법 A1 3개선 PVC	공사방법 A1 3개선 XLPE, EPR	공사방법 B1 3개선 PVC	공사방법 B1 3개선 XLPE, EPR	공사방법 C 3개선 PVC	공사방법 C 3개선 XLPE, EPR
0.2	1.8	2.5	2.5	2.5	2.5	2.5	2.5
0.4	3.2	2.5	2.5	2.5	2.5	2.5	2.5
0.75	4.8	2.5	2.5	2.5	2.5	2.5	2.5
1.5	8	2.5	2.5	2.5	2.5	2.5	2.5
2.2	11.1	2.5	2.5	2.5	2.5	2.5	2.5
3.7	17.4	2.5	2.5	2.5	2.5	2.5	2.5
5.5	26	6	4	4	2.5	4	2.5
7.5	34	10	6	6	4	6	4
11	48	16	10	10	6	10	6
15	65	25	16	16	10	16	10
18.5	79	35	25	25	16	25	16
22	93	50	25	35	25	25	16
30	124	70	50	50	35	50	35
37	152	95	70	70	50	70	50

정격출력 [kW]	전부하 전류 [A]	개폐기 용량[A] 직입기동 현장조작	개폐기 용량[A] 직입기동 분기	개폐기 용량[A] 기동기 사용 현장조작	개폐기 용량[A] 기동기 사용 분기	과전류 차단기(B종 퓨즈)[A] 직입기동 현장조작	과전류 차단기(B종 퓨즈)[A] 직입기동 분기	과전류 차단기(B종 퓨즈)[A] 기동기 사용 현장조작	과전류 차단기(B종 퓨즈)[A] 기동기 사용 분기	전동기용 초과눈금 전류계의 정격전류[A]	접지선의 최소 굵기 [mm²]
0.2	1.8	15	15			15	15			3	2.5
0.4	3.2	15	15			15	15			5	2.5
0.75	4.8	15	15			15	15			5	2.5
1.5	8	15	30			15	20			10	4
2.2	11.1	30	30			20	30			15	4
3.7	17.4	30	60			30	50			20	6
5.5	26	60	60	30	60	50	60	30	50	30	6
7.5	34	100	100	60	100	75	100	50	75	30	10
11	48	100	200	100	100	100	150	75	100	60	16
15	65	100	200	100	100	100	150	100	100	60	16
18.5	79	200	200	100	200	150	200	100	150	100	16
22	93	200	200	100	200	150	200	100	150	100	16
30	124	200	400	200	200	200	300	150	200	150	25
37	152	200	400	200	200	200	300	150	200	200	25

[주] 1. 최소 전선 굵기는 1회선에 대한 것이며, 2회선 이상일 경우는 복수회로 보정계수를 적용하여야 한다.
2. 공사방법 A1은 벽 내의 전선관에 공사한 절연전선 또는 단심케이블, B1은 벽면의 전선관에 공사한 절연전선 또는 단심케이블, 공사방법 C는 벽면에 공사한 단심 또는 다심케이블을 시설하는 경우의 전선 굵기를 표시하였다.
3. 전동기 2대 이상을 동일회로로 할 경우는 간선의 표를 적용하여야 한다.

(1) 간선에 사용되는 과전류 차단기와 개폐기(①)의 최소용량은 몇 [A]인지 구하시오.

① 선정과정 :

② 과전류 차단기 용량 :

③ 개폐기 용량 :

답안작성

① 선정과정 : 전동기 [kW] 수의 총계(3.7[kW] + 7.5[kW] + 22[kW] = 33.2[kW])

　　　　　　37.5[kW]와 기동기 사용 전동기 중 최대용량 22[kW] 적용

② 과전류 차단기 용량 : 150[A]

③ 개폐기 용량 : 200[A]

(2) 간선의 최소 굵기는 몇 [mm²]인지 구하시오.

답안작성

전동기 [kW] 수의 총계 37.5[kW] 이하를 적용하고 B1, XLPE 절연전선을 적용하여 간선의 최소 굵기는 50[mm²]를 선정한다.

06

각 단상 유도전동기의 역회전 방법을 〈보기〉에서 찾아 그 기호를 (　) 안에 넣으시오. [5점]

[보기]

(ㄱ) 역회전 불가

(ㄴ) 2개의 브러시 위치를 반대로 한다.

(ㄷ) 전원에 대하여 주권선이나 기동권선 중 어느 한 권선만 접속을 반대로 한다.

① 분상기동형(　)

② 반발기동형(　)

③ 셰이딩 코일형(　)

답안작성

① (ㄷ)

② (ㄴ)

③ (ㄱ)

07

최대전류가 흐를 때 손실전력이 100[kW]인 배전선이 있다. 이 배전선의 부하율이 60[%]인 경우 손실계수를 이용하여 평균 손실전력은 몇 [kW]인지 계산하여 구하시오. (단, 손실계수를 구하는 데 사용되는 $\alpha = 0.2$이다.) [5점]

계산과정

답안작성

계산과정 | 평균 손실전력 = 손실계수 × 최대 손실전력
$$= [0.2 \times 0.6 + (1-0.2) \times 0.6^2] \times 100 = 41 [kW]$$

정답 | 41[kW]

참 고

손실계수 $= \alpha F + (1-\alpha)F^2 = 0.2 \times 0.6 + (1-0.2) \times 0.6^2 = 0.41$

- α : 0.2
- 부하율 F : 0.6

08

다음 그림과 같이 송전계통 S점에서 3상 단락사고가 발생하였다. 주어진 그림과 조건을 이용하여 변압기(T_2)의 %리액턴스를 100[MVA] 기준으로 환산하고, 1차(P), 2차(S), 3차(T) 각각의 100[MVA] 기준 %리액턴스를 계산하시오. [5점]

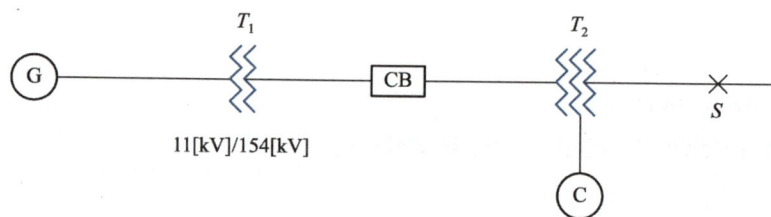

[조건]

번호	기기명	용량	전압	%X
1	G : 발전기	50,000[kVA]	11[kV]	30
2	T_1 : 변압기	50,000[kVA]	11/154[kV]	12
3	송전선		154[kV]	10(10,000[kVA])
4	T_2 : 3권선 변압기	1차 25,000[kVA]	154[kV]	(1차~2차) 12(25,000[kVA])
		2차 30,000[kVA]	77[kV]	(2차~3차) 15(25,000[kVA])
		3차 10,000[kVA]	11[kV]	(3차~1차) 10.8(10,000[kVA])
5	C : 조상기	10,000[kVA]	11[kV]	20(10,000[kVA])

계산과정

정 답

답안작성

계산과정 | ① 변압기(T_2) 100[MVA]로 환산한 %X

$$\%X_{1차 \sim 2차} = \frac{100}{25} \times 12 = 48[\%]$$

$$\%X_{2차 \sim 3차} = \frac{100}{25} \times 15 = 60[\%]$$

$$\%X_{3차 \sim 1차} = \frac{100}{10} \times 10.8 = 108[\%]$$

② 1차, 2차, 3차 %X

$$\%X_{1차} = \frac{48 + 108 - 60}{2} = 48[\%]$$

$$\%X_{2차} = \frac{60 + 48 - 108}{2} = 0[\%]$$

$$\%X_{3차} = \frac{108 + 60 - 48}{2} = 60[\%]$$

정답 | $\%X_{1차 \sim 2차} = 48[\%]$

$\%X_{2차 \sim 3차} = 60[\%]$

$\%X_{3차 \sim 1차} = 108[\%]$

$\%X_{1차} = 48[\%]$

$\%X_{2차} = 0[\%]$

$\%X_{3차} = 60[\%]$

참고

기준환산

$$\%X = \frac{기준용량}{자기용량} \times 자기\%X$$

$$\%X_{1차} = \frac{\%X_{1차 \sim 2차} + \%X_{3차 \sim 1차} - \%X_{2차 \sim 3차}}{2}$$

$$\%X_{2차} = \frac{\%X_{2차 \sim 3차} + \%X_{1차 \sim 2차} - \%X_{3차 \sim 1차}}{2}$$

$$\%X_{3차} = \frac{\%X_{3차 \sim 1차} + \%X_{2차 \sim 3차} - \%X_{1차 \sim 2차}}{2}$$

09

고압선로에서의 접지사고 검출 및 경보장치를 그림과 같이 시설하였다고 한다. 이때 A선에 지락사고가 발생하였다. 다음 각 물음에 답하시오. (단, 전원이 인가되고 경보벨의 스위치는 닫혀있는 상태이다) [6점]

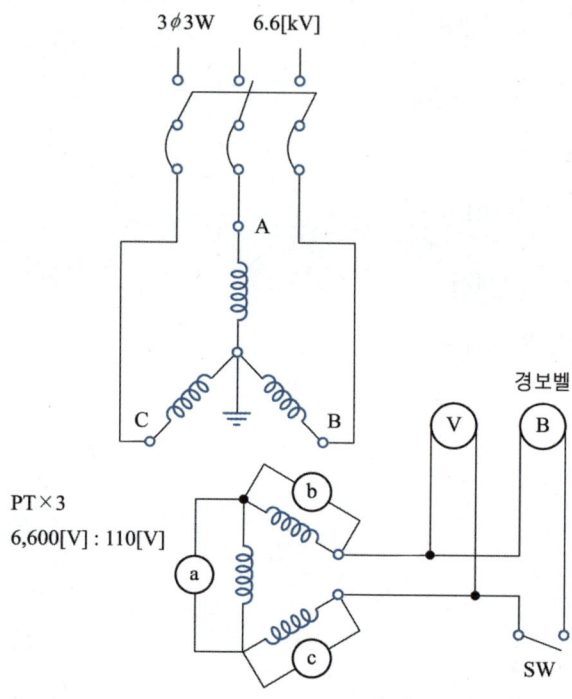

(1) 1차측 A선의 대지전압이 0[V]인 경우 B선과 C선의 대지전압[V]을 각각 구하시오.

계산과정 **정 답**

답안작성

계산과정 | B선의 대지전압 = $\dfrac{6.6 \times 10^3}{\sqrt{3}} \times \sqrt{3} = 6.6 \times 10^3$

C선의 대지전압 = $\dfrac{6.6 \times 10^3}{\sqrt{3}} \times \sqrt{3} = 6.6 \times 10^3$

정답 | B선의 대지전압 = 6,600[V]
C선의 대지전압 = 6,600[V]

참 고

중성점 직접접지에서 1선 지락 시
- 지락된 상 : 0[V]
- 지락되지 않은 상(건전상) : 대지전압(상전압)의 $\sqrt{3}$ 배

(2) 2차측 전구 ⓐ의 전압이 0[V]인 경우 ⓑ 및 ⓒ 전구의 전압과 전압계 Ⓥ의 지시전압, 경보벨 Ⓑ에 걸리는 전압은 각각 몇 [V]인지 계산하여 구하시오.

계산과정

답안작성

계산과정 | ⓑ 전구의 전압 : $\dfrac{110}{\sqrt{3}} \times \sqrt{3} = 110$[V]

ⓒ 전구의 전압 : $\dfrac{110}{\sqrt{3}} \times \sqrt{3} = 110$[V]

전압계 Ⓥ의 지시전압 : $110 \times \sqrt{3} = 190.53$[V]

경보벨 Ⓑ의 전압 : $110 \times \sqrt{3} = 190.53$[V]

정 답

정답 | ⓑ 전구의 전압 : 110[V]

ⓒ 전구의 전압 : 110[V]

전압계 Ⓥ의 지시전압 : 190.53[V]

경보벨 Ⓑ의 전압 : 190.53[V]

참 고

1선 지락 시 건전상인 ⓑ, ⓒ 전압도 $\sqrt{3}$배 상승하고 ⓐ, ⓑ, ⓒ상의 합인 전압계 Ⓥ에 걸리는 전압 $\sqrt{3}$배 상승한 ⓑ, ⓒ전압의 $\sqrt{3}$배가 된다.

10

옥내 배선의 시설에 있어서 인입구 부근에 전기 저항값이 3[Ω] 이하의 값을 유지하는 수도관 또는 철골이 있는 경우에는 이것을 접지극으로 사용하여 이를 중성점 접지 공사한 저압전로의 중성선 또는 접지측 전선에 추가 접지할 수 있다. 이 추가 접지공사의 목적은 저압전로에 침입하는 뇌격이나 고·저압 혼촉으로 인한 이상 전압에 의한 옥내 배선의 전위상승을 억제하는 역할을 한다. 또 지락 사고 시에 단락전류를 증가시킴으로써 과전류 차단기의 동작을 확실하게 하는 역할도 한다. 그림에 있어서 (나)에서 지락이 발생한 경우 추가 접지가 없는 경우의 지락전류와 추가 접지가 있는 경우의 지락전류 값을 계산하여 구하시오. [6점]

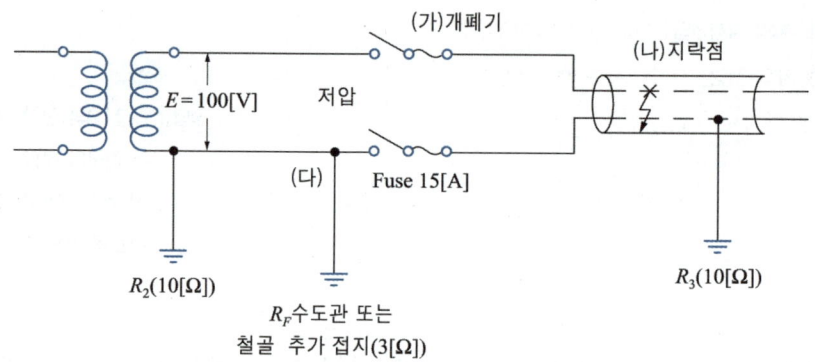

(1) 추가 접지공사를 하지 않은 경우의 지락전류[A]

답안작성

계산과정 | $I_g = \dfrac{100}{10+10} = 5[A]$ 정답 | 5[A]

참 고

$I_g = \dfrac{E}{R_0} = \dfrac{E}{R_2 + R_3}$

(2) 추가 접지공사를 한 경우 지락전류[A]

계산과정

계산과정 | $I_g = \dfrac{100}{\dfrac{10 \times 3}{10+3}+10} = 8.13[A]$

정답

정답 | 8.13[A]

참고

$I_g = \dfrac{E}{R_o} = \dfrac{E}{\dfrac{R_2 \times R_F}{R_2 + R_F} + R_3}$

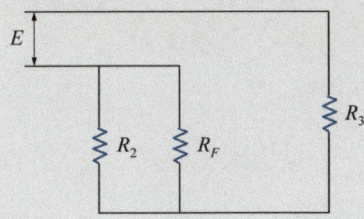

11

다음 계통도를 보고 각각의 물음에 답하시오. (단, 기준 Base를 100[MVA]로 지정하여, 소수점 다섯째 자리에서 반올림한다) [12점]

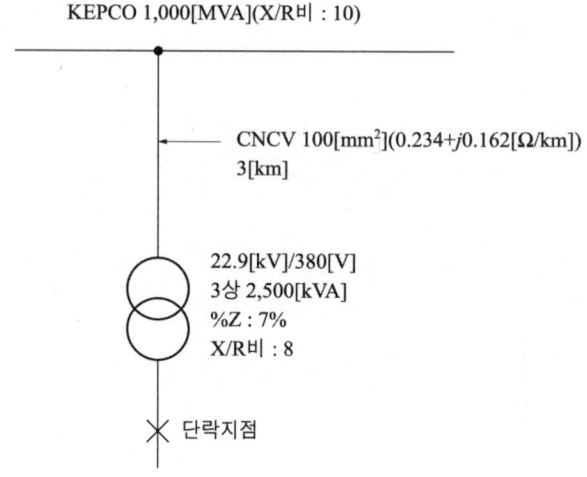

(1) 전원 측 임피던스($\%Z$, $\%R$, $\%X$)를 계산하여 구하시오.

계산과정

정답

답안작성

계산과정 | 100[MVA] 기준으로 하면

① $\%Z = \dfrac{100}{\text{자기용량}} \times \text{기준용량} = \dfrac{100}{1,000} \times 100 = 10[\%]$

$\dfrac{X}{R} = 10$이므로 $\dfrac{\%X}{\%R} = 10$이고, $\%X = 10\%R$이다.

$\%Z = \sqrt{\%R^2 + \%X^2} = \sqrt{\%R^2 + (10\%R)^2} = \sqrt{\%R^2 + 100\%R^2} = \%R\sqrt{101} = 10[\%]$

② $\%R = \dfrac{10}{\sqrt{101}} = 0.9950[\%]$

③ $\%X = 10\%R = 10 \times 0.99504 = 9.9504[\%]$

정답 | $\%Z = 10[\%]$
$\%R = 0.9950[\%]$
$\%X = 9.9504[\%]$

참고

자기용량(= 단락용량)

$P_S = \dfrac{100}{\%Z} \times \text{기준용량}\ P_n$

$\%Z = \dfrac{100}{P_S} \times \text{기준용량}\ P_n$

(2) 케이블 임피던스(%Z, %R, %X)를 계산하여 구하시오.

계산과정

답안작성

계산과정 | ① $\%R = \dfrac{PR}{10V^2} = \dfrac{100 \times 10^3 \times (0.234 \times 3)}{10 \times 22.9^2} = 13.3865[\%]$

② $\%X = \dfrac{PX}{10V^2} = \dfrac{100 \times 10^3 \times (0.162 \times 3)}{10 \times 22.9^2} = 9.2676[\%]$

③ $\%Z = \sqrt{\%R^2 + \%X^2} = \sqrt{13.3865^2 + 9.2676^2} = 16.2815[\%]$

정답 | $\%R = 13.3865[\%]$
$\%X = 9.2676[\%]$
$\%Z = 16.2815[\%]$

참고

$\%Z = \dfrac{P[\text{kVA}]\,Z[\Omega]}{10\,V[\text{kV}]^2}$, $\%R = \dfrac{P[\text{kVA}]\,R[\Omega]}{10\,V[\text{kV}]^2}$, $\%X = \dfrac{P[\text{kVA}]\,X[\Omega]}{10\,V[\text{kV}]^2}$

(3) 변압기 임피던스(%Z, %R, %X)를 계산하고, 기준 Base으로 환산한 $\%Z_T$를 계산하여 구하시오.

계산과정

답안작성

계산과정 | 변압기 $\%Z = 7[\%] = \sqrt{\%R^2 + \%X^2}$

$\dfrac{X}{R} = 8$이므로 $\dfrac{\%X}{\%R} = 8$이고 $\%X = 8\%R$이다.

즉, $\sqrt{\%R^2 + (8\%R)^2} = \%R\sqrt{65} = 7[\%]$

$\%R = \dfrac{7}{\sqrt{65}} = 0.8682[\%]$

$\%X = 8\%R = 8 \times 0.86824 = 6.9459[\%]$

기준 Base 100[MVA]로 환산한 $\%Z_T = \dfrac{100}{2.5} \times 7 = 280[\%]$

정답 | $\%Z = 7[\%]$
$\%R = 0.8682[\%]$
$\%X = 6.9459[\%]$
$\%Z_T = 280[\%]$

> **참고**
>
> 환산 $\%Z = \dfrac{\text{기준용량}}{\text{자기용량}} \times \text{자기 } \%Z$

(4) 합성 임피던스($\%Z$)를 계산하여 구하시오.

계산과정

정답

답안작성

계산과정 | $\%Z_o = \sqrt{\%R_o^2 + \%X_o^2}$

$\%R_o = 0.9950 + 13.3865 + \left(\dfrac{100}{2.5} \times 0.8682\right) = 49.1095 [\%]$

$\%X_o = 9.9504 + 9.2676 + \left(\dfrac{100}{2.5} \times 6.9459\right) = 297.054 [\%]$

$\%Z_o = \sqrt{49.1095^2 + 297.054^2} = 301.0861 [\%]$

정답 | 301.09[%]

> **참고**
>
> 기준 Base 100[MVA]로 환산한 변압기 $\%R_T$, $\%X_T$
>
> $\%R_T = \dfrac{\text{기준용량}}{\text{자기용량}} \times \text{자기} \%R = \dfrac{100}{2.5} \times 0.8682$
>
> $\%X_T = \dfrac{\text{기준용량}}{\text{자기용량}} \times \text{자기} \%X = \dfrac{100}{2.5} \times 6.9459$

(5) 단락전류[kA]를 계산하시오.

계산과정

정답

답안작성

계산과정 | $I_S = \dfrac{100}{301.0861} \times \dfrac{100 \times 10^6}{\sqrt{3} \times 380} \times 10^{-3} = 50.4621 [A]$

정답 | 50.4621[kA]

> **참고**
>
> 단락전류 $I_S = \dfrac{100}{\%Z} \times$ 정격전류 I_n
>
> 정격전류 $I_n = \dfrac{\text{기준용량[VA]}}{\sqrt{3} \times V[A]} [A]$

12

축전지 용량이 200[Ah], 상시부하 10[kW], 표준전압 100[V]인 부등 충전방식의 축전지 2차 충전전류[A]를 연축전지와 알카리 축전지에 대하여 각각 계산하여 구하시오. (단, 축전지 용량이 재충전되는 시간은 연축전지는 10시간, 알카리 축전지는 5시간이다) [4점]

(1) 연축전지 2차 충전전류[A]

계산과정 | 정 답

계산과정 | $I_2 = \dfrac{200}{10} + \dfrac{10 \times 10^3}{100} = 120[A]$ 정답 | 120[A]

(2) 알카리 축전지 2차 충전전류[A]

계산과정 | 정 답

계산과정 | $I_a = \dfrac{200}{5} + \dfrac{10 \times 10^3}{100} = 140[A]$ 정답 | 140[A]

참 고

부등 충전방식의 2차 충전전류 I_a[A]

$\dfrac{\text{축전지 정격 용량[Ah]}}{\text{정격방전률[h]}} + \dfrac{\text{상시부하용량[VA]}}{\text{표준전압[V]}}$

13

다음의 도면은 3상 유도전동기의 Y-△ 기동에 대한 시퀀스 도면이다. 다음 조건에 맞게 동작하도록 주어진 도면을 수정하시오. [6점]

> [조건]
> - 푸시버튼스위치 PBS(ON)을 누르면 전자접촉기 MCM과 전자접촉기 MCS, 타이머 T가 동작하며, 전동기 IM이 Y결선으로 기동하고, 푸시버튼스위치 PBS(ON)을 놓아도 자기유지에 의해 동작이 유지된다.
> - 타이머 설정시간 t초 후 전자접촉기 MCS와 타이머 T가 소자되고, 전자접촉기 MCD가 동작하며, 전동기 IM이 △결선으로 운전한다.
> - 전자접촉기 MCS와 전자접촉기 MCD는 서로 동시에 투입되지 않도록 한다.
> - 푸시버튼스위치 PBS(OFF)을 누르면 모든 동작이 정지한다.
> - 전동기 운전 중 전동기 IM이 과부하로 과전류가 흐르면 열동계전기 THR에 의해 모든 동작이 정지한다.

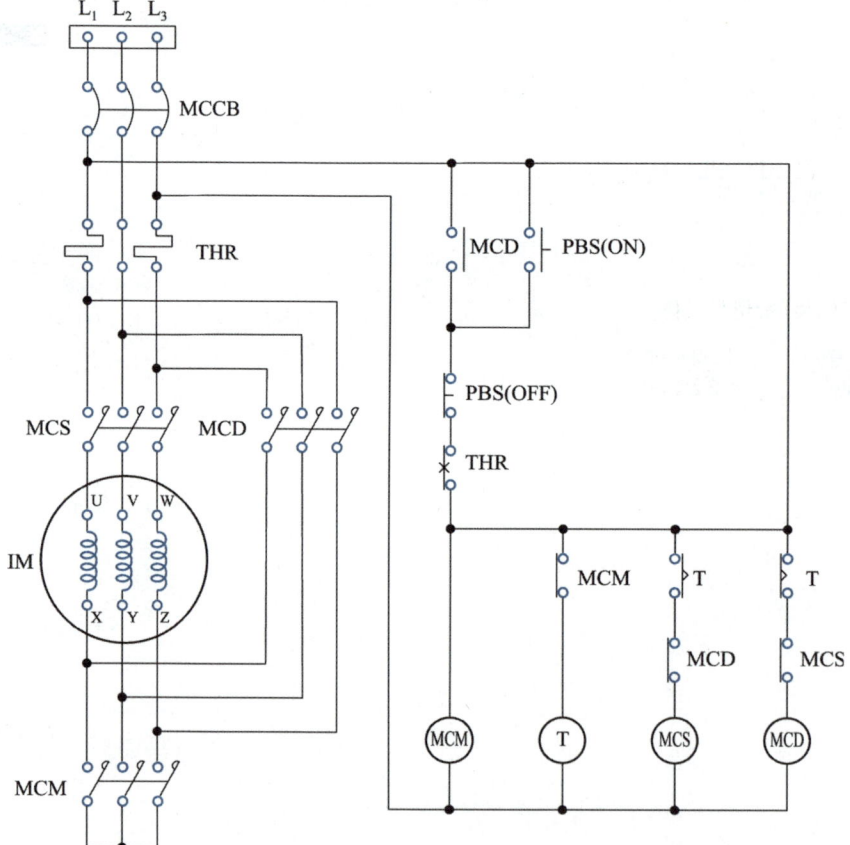

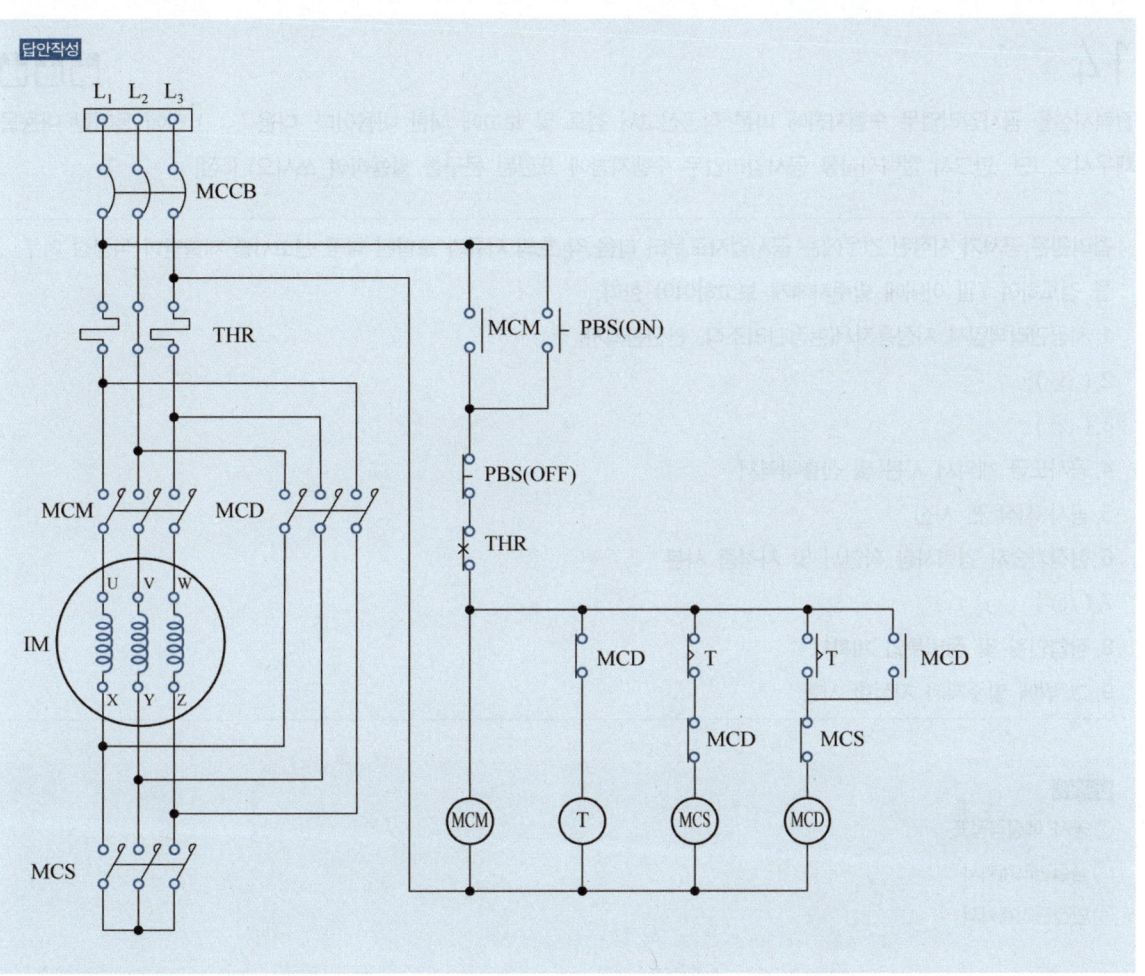

14

전력시설물 공사감리업무 수행지침에 따른 착공신고서 검토 및 보고에 대한 내용이다. 다음 ( ) 안에 들어갈 내용을 채우시오. (단, 반드시 전력시설물 공사감리업무 수행지침에 표현된 문구를 활용하여 쓰시오) [5점]

> 감리원은 공사가 시작된 경우에는 공사업자로부터 다음 각 호의 서류가 포함된 착공 신고서를 제출받아 적정성 여부를 검토하여 7일 이내에 발주자에게 보고하여야 한다.
> 1. 시공관리책임자 지정통지서(현장관리조직, 안전관리자)
> 2. (①)
> 3. (②)
> 4. 공사도급 계약서 사본 및 산출내역서
> 5. 공사 시작 전 사진
> 6. 현장기술자 경력사항 확인서 및 자격증 사본
> 7. (③)
> 8. 작업인원 및 장비투입 계획서
> 9. 그 밖에 발주자가 지정한 사항

답안작성

① 공사 예정공정표
② 품질관리계획서
③ 안전관리계획서

참고

전력시설물 공사감리 업무 수행지침 제11조(착공신고서 검토 및 보고)
① 감리원은 공사가 시작된 경우에는 공사업자로부터 다음 각 호의 서류가 포함된 착공신고서를 제출받아 적정성 여부를 검토하여 7일 이내에 발주자에게 보고하여야 한다.
1. 시공관리책임자 지정통지서(현장관리조직, 안전관리자)
2. 공사 예정공정표
3. 품질관리계획서
4. 공사도급 계약서 사본 및 산출내역서
5. 공사 시작 전 사진
6. 현장기술자 경력사항 확인서 및 자격증 사본
7. 안전관리계획서
8. 작업인원 및 장비투입 계획서
9. 그 밖에 발주자가 지정한 사항

15

퓨즈 정격 사항에 대하여 정격을 나타낸 표이다. 빈칸을 채우시오. [5점]

계통전압[kV]	퓨즈 정격	
	퓨즈 정격전압[kV]	최대 설계전압[kV]
6.6	(①)	8.25
13.2	15	(②)
22 또는 22.9	(③)	25.8
66	69	(④)
154	(⑤)	169

답안작성

① 7.5 ② 15.5 ③ 23 ④ 72.5 ⑤ 161

계통전압[kV]	퓨즈 정격	
	퓨즈 정격전압[kV]	최대 설계전압[kV]
6.6	6.9 또는 7.5	8.25
6.6/11.4Y	11.5 또는 15	15.5
13.2	15	15.5
22 또는 22.9	23	25.8
66	69	72.5
154	161	169

16

현재 적용되고 있는 차단기의 약호와 한글 명칭을 특고압용과 저압용으로 구분하여 3가지만 쓰시오. [5점]

(1) 특고압용 차단기

차단기 약호	한글 명칭

(2) 저압용 차단기

차단기 약호	한글 명칭

답안작성

(1) 특고압용 차단기

차단기 약호	한글 명칭
VCB	진공차단기
OCB	유입차단기
GCB	가스차단기

(2) 저압용 차단기

차단기 약호	한글 명칭
ACB	기중차단기
MCCB	배선용차단기
ELB	누전차단기

실기[필답형]기출문제 2020 * 3

※ 출제기준 변경 및 개정된 관계법규에 따라 삭제된 문제가 있어 배점의 합계가 100점이 안 됩니다.

01

계기용 변성기(변류기)에 따른 옥내용 변류기에 대한 내용이다. 빈칸을 채우시오. [4점]

3.1.4 옥내용 변류기의 다른 사용 상태

a) 태양열 복사 에너지의 영향은 무시해도 좋다.

b) 주위의 공기는 먼지, 연기, 부식 가스, 증기 및 염분에 의해 심각하게 오염되지 않는다.

c) 습도의 상태는 다음과 같다.

  1) 24시간 동안 측정한 상대 습도의 평균값은 (①)[%]를 초과하지 않는다.
  2) 24시간 동안 측정한 수증기압의 평균값은 (②)[kPa]를 초과하지 않는다.
  3) 1달 동안 측정한 상대 습도의 평균값은 (③)[%]를 초과하지 않는다.
  4) 1달 동안 측정한 수증기압의 평균값은 (④)[kPa]를 초과하지 않는다.

답안작성

① 95

② 2.2

③ 90

④ 1.8

02

단상 3선식 110/220[V]을 채용하고 있는 어떤 건물이 있다. 변압기가 설치된 수전실로부터 60[m]되는 곳에 부하집계표와 같은 분전반을 실시하고자 한다. 다음 조건과 전선의 허용전류표를 이용하여 다음 각 물음에 답하시오. [13점]

[조건]
- 전압변동률은 2[%] 이하가 되도록 한다.
- 전압강하율은 2[%] 이하(단, 중성선에서의 전압강하는 무시한다)가 되도록 한다.
- 후강 전선관 공사로 한다.
- 3선 모두 같은 선으로 한다.
- 부하의 수용률은 100[%]로 적용한다.
- 후강 전선관 내 전선의 점유율은 48[%] 이내를 유지한다.

전선의 허용전류표

단면적[mm²]	허용전류[A]	전선관 3본 이하 수용 시[A]	피복 포함 단면적[mm²]
6	54	48	32
10	75	66	43
16	100	88	58
25	133	117	88
35	164	144	104
50	198	175	163

부하집계표

| 회로번호 | 부하명칭 | 부하[VA] | 부하분담[VA] | | MCCB 크기 | | | 비고 |
			A	B	극수	AF	AT	
1	전등	2,400	1,200	1,200	2	50	16	
2		1,400	700	700	2	50	16	
3	콘센트	1,000	1,000	-	1	50	20	
4		1,400	1,400	-	1	50	20	
5		600	-	600	1	50	20	
6		1,000	-	1,000	1	50	20	
7	팬코일	700	700	-	1	30	16	
8		700	-	700	1	30	16	
합계		9,200	5,000	4,200				

(1) 간선의 공칭단면적 [mm²]을 계산하여 선정하시오.

계산과정 | 단상 3선식 전선의 단면적 $A = \dfrac{17.8LI}{1,000e}$ [mm²]

A선의 전류 $I_A = \dfrac{5,000}{110} = 45.45$ [A]

B선의 전류 $I_B = \dfrac{4,200}{110} = 38.18$ [A]

전류 I는 큰 값인 I_A로 적용

$A = \dfrac{17.8 \times 60 \times 45.45}{1,000 \times (110 \times 0.02)} = 22.06$

정답 | 공칭단면적 25[mm²] 선정

참고

KEC-IEC 전선의 규격(공칭단면적[mm²])

1.5	2.5	4	6	10	16	25	35	50	70	95	120	150	185	240	300	400	500	630

(2) 후강 전선관의 굵기 [mm]를 계산하여 선정하시오. (단, 굵기[mm]는 16, 22, 28, 36, 42, 54, 70, 82에서 선정)

계산과정 | [전선의 허용 전류표]에서 25[mm²]의 전선을 피복 포함 단면적으로 적용하면 88[mm²]이고 3선식이므로 총 전선의 단면적은 $A = 88 \times 3 = 264$ [mm²]이다.

후강전선관 내 전선의 점유율은 48[%] 이내로 유지하여야 하므로 전선의 굵기 A는 후강전선관의 48[%]를 유지하여야 한다.

즉 $A = \dfrac{\pi D^2}{4} \times 0.48 \geq 264$ 이다.

전선관 지름 D를 구하면 $D = \sqrt{\dfrac{264 \times 4}{\pi \times 0.48}} = 26.46$ [mm]이다.

정답 | 28[mm] 선정

(3) 간선 보호용 과전류 차단기의 용량(AF, AT)을 한국전기설비규정에 맞게 선정하시오. (단, AF는 30, 50, 100 AT는 10, 20, 32, 40, 50, 63, 80, 100에서 선정)

계산과정

답안작성

계산과정 | 25[mm²]의 전선관 3본 이하 수용 시 전류는 117[A]이므로

한국전기설비규정 $I_B \leq I_n \leq I_Z$에 의하여 $I_n = 100$[A]의 과전류 차단기를 선정한다.

정답 | AF = 100[A], AT = 100[A]

참 고

한국전기설비규정 212.4.1 도체와 과부하 보호장치 사이의 협조

$I_B \leq I_n \leq I_Z$

- I_B : 회로의 설계전류
- I_n : 보호장치의 정격전류
- I_Z : 케이블의 허용전류

(4) 미완성인 분전반의 복선 결선도를 완성하시오.

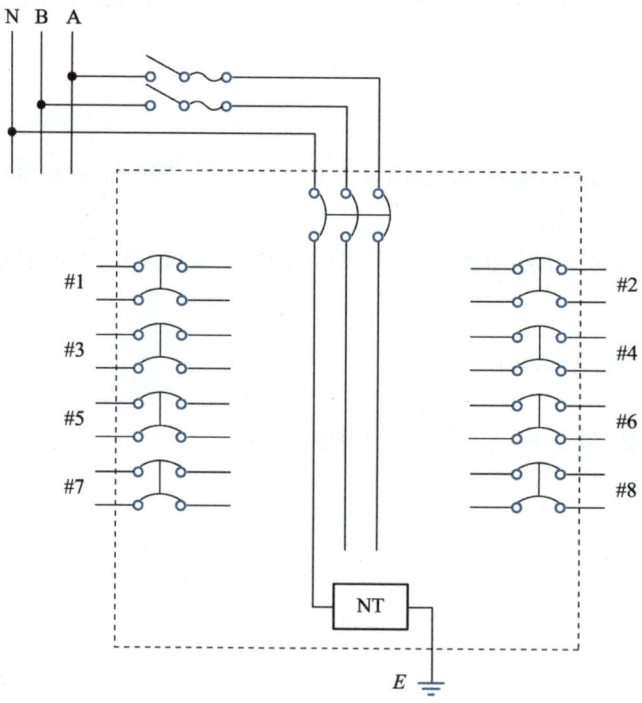

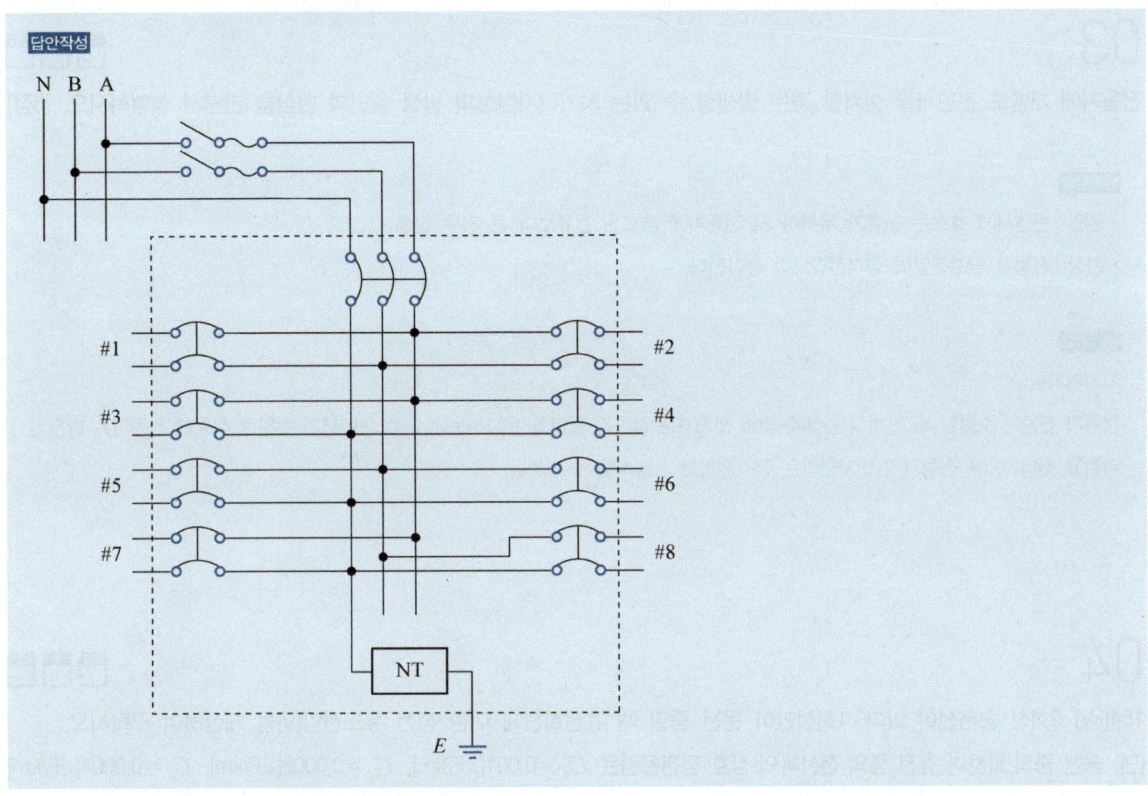

(5) 설비 불평형률은 몇 [%]인지 계산하여 구하시오.

계산과정 | 설비 불평형률 = $\dfrac{3,100-2,300}{(5,000+4,200)\times\dfrac{1}{2}}\times 100 = 17.39[\%]$

정답 | 17.39[%]

참고

단상 3선식 설비 불평형률 = $\dfrac{\text{중성선과 각 전압측 전선에 접속되는 부하설비 용량[kVA]의 차}}{\text{총 부하설비 용량[kVA]} \times \dfrac{1}{2}} \times 100$

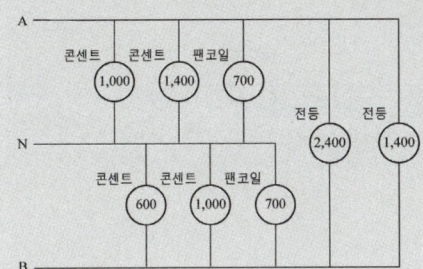

03

전동기에 개별로 콘덴서를 설치할 경우 발생할 수 있는 자기여자현상의 발생 원인과 현상을 간단히 설명하시오. [5점]

답안작성
- 원인 : 콘덴서에 흐르는 전류가 무부하 시 전동기에 흐르는 전류보다 큰 경우 발생
- 현상 : 전동기 단자전압이 정격전압보다 높아진다.

참고
자기여자현상
전동기 전원이 소멸된 후 기계적 관성에 의해 전동기는 얼마간 회전을 유지하는데 이때 콘덴서가 부하로 작용해 전동기는 발전기 역할을 한다. 이때 전동기의 단자전압은 정격전압보다 높아질 수 있다.

04

154[kV] 2회선 송전선이 있다. 1회선만이 운전 중일 때 휴전회선에 대한 정전 유도전압[V]을 계산하여 구하시오.
(단, 송전 중의 회선과 휴전 중의 전선과의 상호 정전용량은 $C_a = 0.001[\mu F/km]$, $C_b = 0.0006[\mu F/km]$, $C_c = 0.0004[\mu F/km]$
이고, 휴전회선의 1선 대지 정전용량은 $C_s = 0.0052[\mu F/km]$이다) [5점]

계산과정 **정답**

답안작성

계산과정 | $Es = \dfrac{\sqrt{C_a(C_a - C_b) + C_b(C_b - C_c) + C_c(C_c - C_a)}}{C_a + C_b + C_c + C_s} \times E$

$= \dfrac{\sqrt{0.001 \times (0.001 - 0.0006) + 0.0006 \times (0.0006 - 0.0004) + 0.0004 \times (0.0004 - 0.001)}}{0.001 + 0.0006 + 0.0004 + 0.0052} \times \dfrac{154,000}{\sqrt{3}}$

$= 6,534.41[V]$

정답 | 6,534.41[V]

참고
정전유도 전압
전력선의 전압에 의해 통신선에 유도되는 전압

$Es = \dfrac{\sqrt{C_a(C_a - C_b) + C_b(C_b - C_c) + C_c(C_c - C_a)}}{C_a + C_b + C_c + C_s} \times E = \dfrac{\sqrt{C_a(C_a - C_b) + C_b(C_b - C_c) + C_c(C_c - C_a)}}{C_a + C_b + C_c + C_s} \times \dfrac{V}{\sqrt{3}}$

05

그림과 같은 2 : 1 로핑의 기어레스 엘리베이터에서 적재하중은 1,000[kg], 속도는 140[m/min]이다. 구동 로프 바퀴의 직경은 0.76[m]이며, 기체의 무게는 1,500[kg]인 경우 각 물음에 답하시오. (단, 평형률은 0.6, 엘리베이터의 효율은 기어레스에서 1 : 1 로핑인 경우는 85[%], 2 : 1 로핑인 경우는 80[%]이다) [4점]

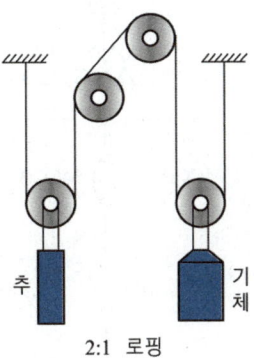

2:1 로핑

(1) 권상 소요동력은 몇 [kW]인가?

계산과정 | $P = \dfrac{KWv}{6.12\eta} = \dfrac{0.6 \times 1,000 \times 140}{6.12 \times 0.8} = 17,156.86\text{[W]} \times 10^{-3} = 17.16\text{[kW]}$

정답 | 17.16[kW]

참고
- K : 평형률
- W : 적재하중[kg]
- v : 권상속도[m/min]
- η : 권상기 효율

(2) 전동기의 회전수는 몇 [rpm]인가?

계산과정 | $N = \dfrac{V}{D\pi} = \dfrac{140 \times 2}{0.76 \times \pi} = 117.27\text{[rpm]}$

정답 | 117.27[rpm]

참고
- V : 로프의 속도[m/min](2 : 1 로핑에서 로프의 속도는 권상속도의 2배를 적용한다)
- D : 구동로프 바퀴 직경[m]

06

다음 전동기의 결선도를 보고 다음 각각의 물음에 답하시오. (단, 수용률은 0.65, 역률은 0.9, 효율은 0.80이다) [10점]

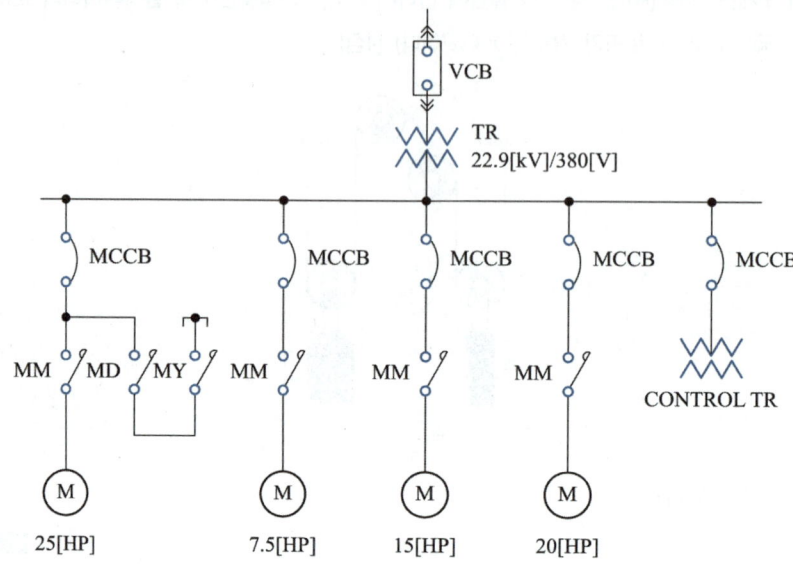

3상 변압기 표준용량[kVA]				
50	75	100	150	200

(1) 3상 유도전동기 20[HP] 전동기의 분기회로의 케이블 선정 시 허용전류[A]를 계산하여 구하시오. (단, 전동기의 역률은 0.9, 효율은 0.80이다)

계산과정

답안작성

계산과정 | 전동기 출력 $P = \dfrac{20 \times 0.746}{0.9 \times 0.8} = 20.72\,[\text{kVA}]$

정격전류 $I_n = \dfrac{P}{\sqrt{3}\,V} = \dfrac{20.72}{\sqrt{3} \times 380} \times 10^3 = 31.48\,[\text{A}]$

허용전류 $I_Z \geq I_n$ 이므로 $I_Z \geq 31.48\,[\text{A}]$

정답 | 31.48[A]

참 고

1[HP] = 0.746[kW]

한국전기 설비규정 212.4.1 도체와 과부하 보호장치 사이의 협조

회로의 설계전류 $I_B \leq$ 보호장치의 정격전류 $I_n \leq$ 케이블의 허용전류 I_Z

(2) 상기 결선도의 3상 유도전동기의 변압기 표준용량을 계산하여 선정하시오.

계산과정

답안작성

계산과정 | 변압기 용량 $=\dfrac{(25+7.5+15+20)\times 0.746 \times 0.65}{0.9\times 0.8}=45.46[kVA]$ 정답 | 3상 변압기 표준용량 표에서 50[kVA] 선정

참고

변압기 용량 $=\dfrac{\text{설비용량[kW]}\times\text{수용률}}{\text{역률}\times\text{효율}}[kVA]$

(3) 25[HP] 3상 유도전동기의 결선도를 완성하시오. (단, MM은 Main MC, MD는 델타결선 MC, MY는 와이결선 MC이다)

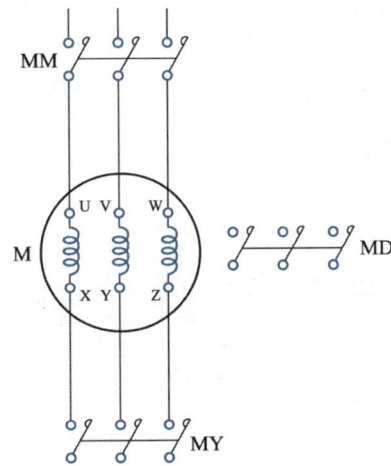

답안작성

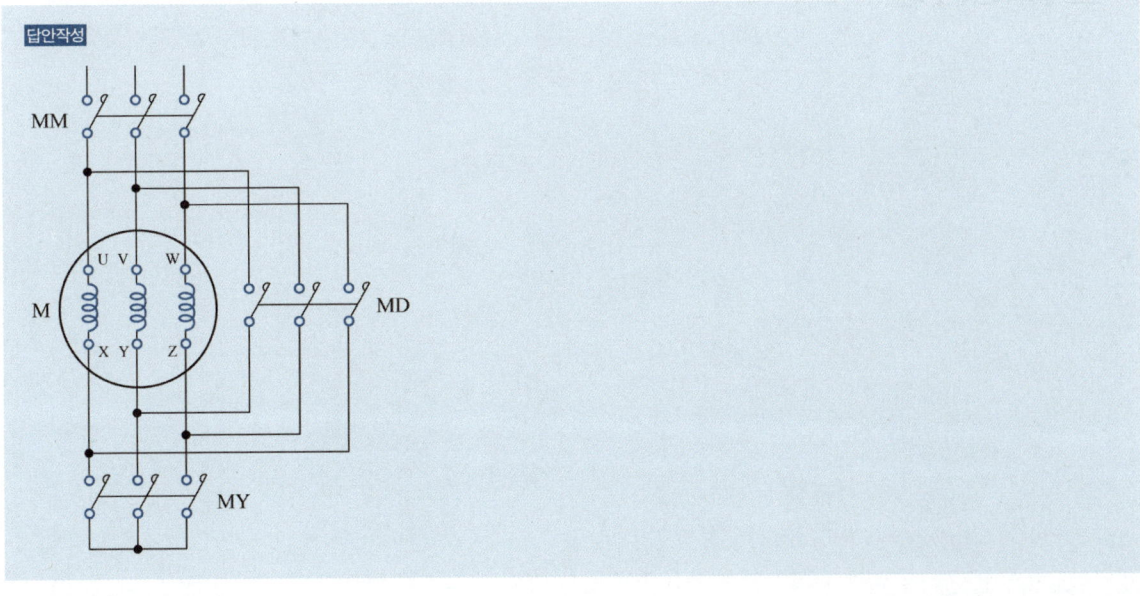

(4) CONTROL TR(제어용 변압기)의 사용목적을 간단히 설명하시오.

답안작성
고전압을 제어기기에 적합한 저전압으로 변성하여 제어기기의 조작전원으로 공급

07

폭 15[m]인 도로의 양쪽에 간격 20[m]를 두고 대칭 배열로 가로등이 점등되어 있다. 한 등의 전광속은 3,000[lm], 조명률은 45[%]일 때, 도로의 평균 조도를 계산하여 구하시오. [5점]

계산과정

정답

답안작성
계산과정 | $E = \dfrac{FUN}{DS} = \dfrac{3{,}000 \times 0.45 \times 1}{1 \times \left(\dfrac{1}{2} \times 15 \times 20\right)} = 9$

정답 | 9[lx]

참고
조명·기구 배치에 따른 면적 산출 방법(a : 도로 폭, b : 등기구 간격)
- 도로 중앙 배열 $s = a \times b$
- 도로 편측 배열(한쪽 배열) $s = a \times b$
- 도로 양측 대칭 배열 $s = \dfrac{1}{2} \times a \times b$
- 도로 양측 지그재그 배열 $s = \dfrac{1}{2} \times a \times b$

08

그림은 모선의 단락보호 계전방식을 나타낸 것이다. 이 그림을 보고 다음 각 물음에 답하시오. [6점]

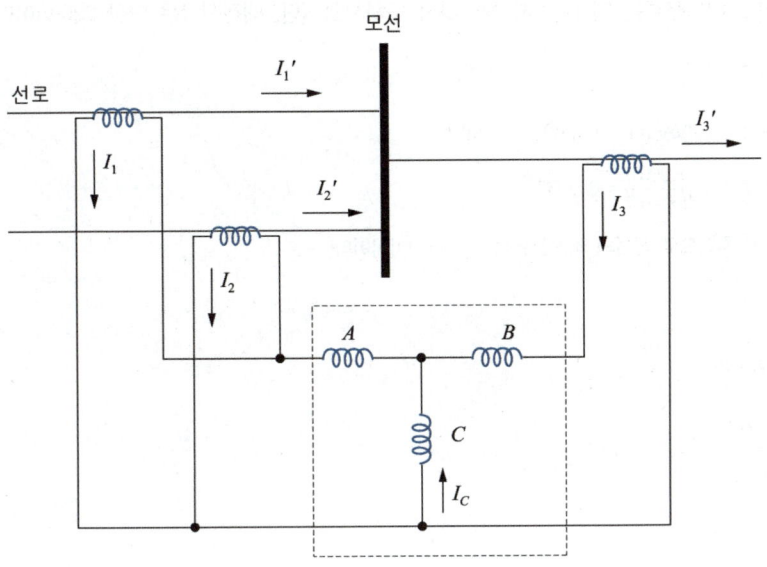

(1) 점선 안의 계전기를 우리말 명칭으로 쓰시오.

> **답안작성**
> 비율차동 계전기

(2) 계전기 코일 A, B, C의 우리말 명칭을 쓰시오.

> **답안작성**
> - A : 억제코일
> - B : 억제코일
> - C : 동작코일

(3) 모선에 단락사고가 발생할 경우 코일 C의 전류 I_C 크기를 구하는 관계식을 쓰시오.

> **답안작성**
> $I_C = |(I_1 + I_2) - I_3|$

09

면적 100[m²]의 사무실에 분전반을 설치하려고 한다. 단위면적당 부하가 10[VA/m²]이고 공사시공법에 의한 전류감소율이 0.7이라면 간선의 최소 허용전류는 몇 [A]인지 계산하여 구하시오. (단, 배전전압은 단상 220[V]이다) [5점]

답안작성

계산과정 | 부하용량 $P = 10[\text{VA/m}^2] \times 100[\text{m}^2] = 1,000[\text{VA}]$

정격전류 $I_n = \dfrac{1,000}{220 \times 0.7} = 6.49[\text{A}]$

$I_B \leq I_n \leq I_Z$ 이므로 전선의 허용전류는 $I_Z \geq 6.49[\text{A}]$ 이다.

정답 | 6.49[A]

참고

$P = V \times (I_n \times 전류감소율)$

$I_n = \dfrac{\text{부하용량 } P}{V \times 전류감소율}[\text{A}]$

10

설계감리업무 수행지침에 따른 설계감리의 기성 및 준공에 대한 내용으로 다음 ( ) 안에 알맞은 내용을 쓰시오. (단, 순서에 관계없이 ①~⑤를 작성하되, 동 지침에서 표현하는 단어로 쓰시오) [5점]

책임 설계감리원이 설계감리의 기성 및 준공을 처리한 때에는 다음 각 호의 준공서류를 구비하여 발주자에게 제출하여야 한다.

1. 설계용역 기성부분 검사원 또는 설계용역 준공검사원
2. 설계용역 기성부분 내역서
3. 설계감리 결과보고서
4. 감리기록서류
   가. (①)
   나. (②)
   다. (③)
   라. (④)
   마. (⑤)
5. 그 밖에 발주자가 과업지시서상에서 요구한 사항

답안작성

① 설계감리일지
② 설계감리지시부
③ 설계감리기록부
④ 설계감리요청서
⑤ 설계자와 협의사항 기록부

참 고

설계감리업무 수행지침

제13조(설계감리의 기성 및 준공) 책임 설계감리원이 설계감리의 기성 및 준공을 처리한 때에는 다음 각 호의 준공서류를 구비하여 발주자에게 제출하여야 한다.

1. 설계용역 기성부분 검사원 또는 설계용역 준공검사원
2. 설계용역 기성부분 내역서
3. 설계감리 결과보고서
4. 감리기록서류
   가. 설계감리일지
   나. 설계감리지시부
   다. 설계감리기록부
   라. 설계감리요청서
   마. 설계자와 협의사항 기록부
5. 그 밖에 발주자가 과업지시서상에서 요구한 사항

11

100[kVA], 6,300[V]/210[V]의 단상 변압기 2대를 1차측과 2차측에서 병렬 접속하였다. 2차측에서 단락사고가 발생하였을 때 전원측에 유입하는 단락전류는 몇 [A]인지 계산하여 구하시오. (단, 각 변압기의 %임피던스는 6[%]이다) [5점]

계산과정

정 답

답안작성

계산과정 | 단락전류 $I_s = \dfrac{100}{\%Z} \times I_n$ [A]

$\%Z = \dfrac{6 \times 6}{6 + 6} = 3[\%]$, $I_n = \dfrac{100 \times 10^3}{6,300} = 15.87$ [A]

$I_s = \dfrac{100}{3} \times 15.87 = 529$ [A]

정답 | 529[A]

12

동기 발전기에 대한 내용이다. 각 물음에 답하시오. [6점]

(1) 정격전압 6,000[V], 용량 5,000[kVA]인 3상 동기 발전기에서 계자 전류가 10[A], 무부하 단자전압은 6,000[V], 이 계자전류에 있어서의 3상 단락전류는 700[A]라고 한다. 이 발전기의 단락비를 계산하여 구하시오.

계산과정 | 단락비 $= \dfrac{I_s}{I_n} = \dfrac{700}{\dfrac{5{,}000 \times 10^3}{\sqrt{3} \times 6{,}000}} = 1.45$

정답 | 1.45

(2) 다음 ( ) 안에 알맞은 내용을 쓰시오. (단, 내용은 증가한다, 감소한다, 높다(고), 낮다(고) 등으로 표현한다)

단락비가 큰 동기 발전기는 일반적으로 전기자 권선의 권수가 적고 자속수가 (①)하여 기계의 부피가 커지고 따라서 가격도 상승하여 철손과 풍손이 크므로 효율은 (②), 전압변동률은 양호하고 과부하에 대한 내력이 증가하여 안정도가 (③).

① 증가
② 낮고
③ 증가한다

13

그림과 같은 논리회로의 명칭, 논리식, 논리표를 완성하시오. [5점]

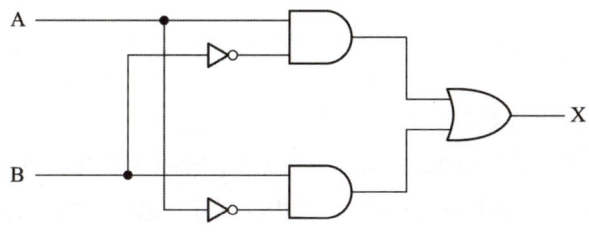

(1) 논리회로의 명칭을 쓰시오.

답안작성

배타적 논리합 회로(Exclusive OR)

(2) 논리식을 쓰시오.

답안작성

$X = A\overline{B} + \overline{A}B$

(3) 논리표를 완성하시오.

A	B	X
0	0	
0	1	
1	0	
1	1	

답안작성

A	B	X
0	0	0
0	1	1
1	0	1
1	1	0

14

다음 요구사항을 만족하는 주회로 및 제어회로의 미완성 부분을 직접 그려 완성하시오. (단, 접점기호와 명칭 등을 정확히 표시하시오) [5점]

[요구사항]
- 전원스위치 MCCB를 투입하면 주회로 및 제어회로에 전원이 공급된다.
- 누름버튼스위치 PB_1을 누르면 MC_1이 여자되고 MC_1의 보조접점에 의하여 램프 RL이 점등되며, 전동기는 정회전한다.
- 누름버튼스위치 PB_1을 누른 후, 손을 떼어도 MC_1은 자기유지되어 전동기는 계속 정회전한다.
- 전동기 운전 중 누름버튼스위치 PB_2를 누르면 MC_1이 소자되어 전동기가 정지되고, RL은 소등된다. 이때 MC_2가 여자되고 자기유지되어 전동기는 역회전(역상제동을 함)하고, 타이머가 여자되며, MC_2의 보조접점에 의하여 램프 GL이 점등된다.
- 타이머 설정시간 후 역회전 중인 전동기는 정지하고, 램프 GL도 소등된다.
- MC_1과 MC_2의 보조접점에 의하여 상호 인터록이 되어 동시에 동작되지 않는다.
- 전동기 운전 중 과전류가 감지되어 EOCR이 동작되면, 모든 제어회로의 전원은 차단되고 램프 YL만 점등된다.
- EOCR을 리셋(Reset)하면 초기상태로 복귀된다.

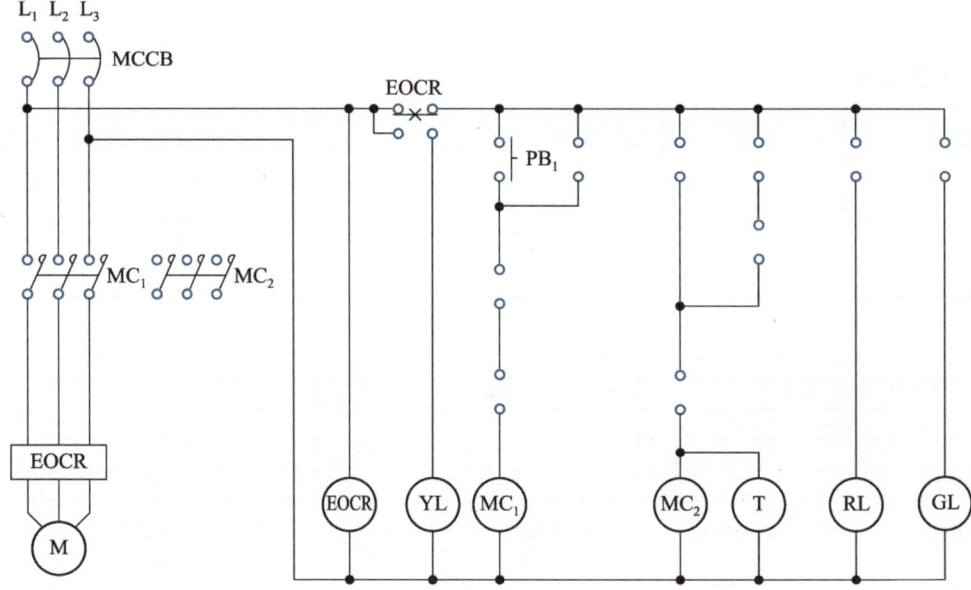

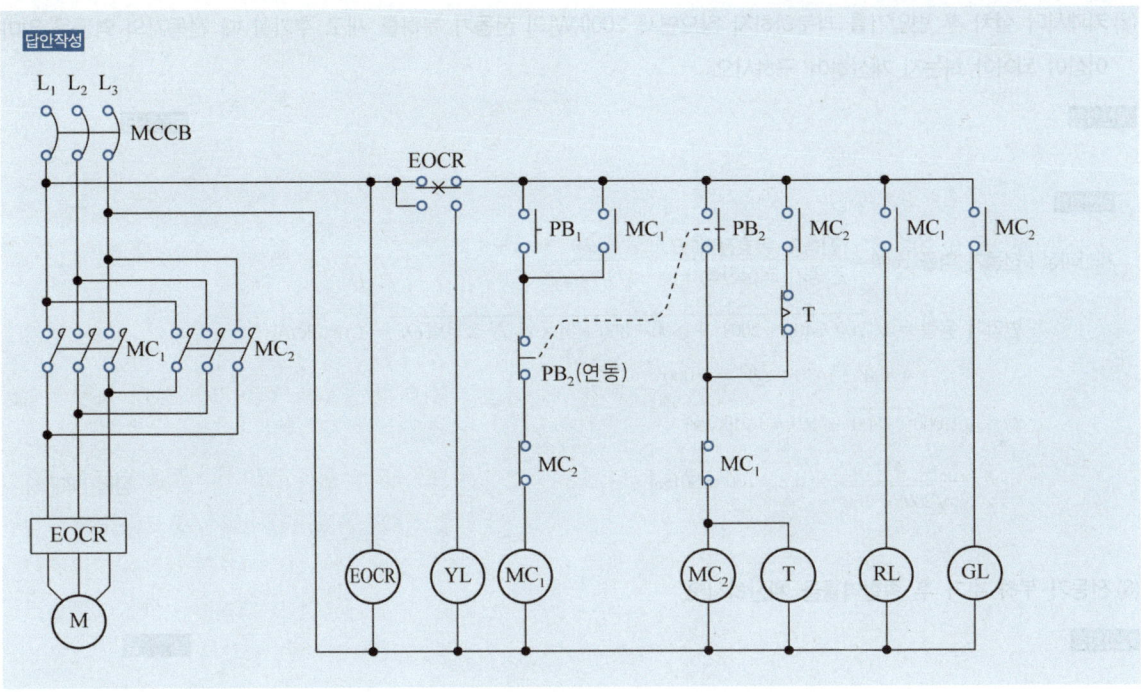

15

변압기 용량이 1,000[kVA]인 변전소에서 현재 200[kW], 500[kVar]의 부하와 역률 0.8(지상), 400[kW]의 부하에 전력을 공급하고 있다. 여기에 350[kVar]의 커패시터를 설치하고자 한다. 다음 각 물음에 답하시오. [7점]

(1) 커패시터 설치 전 부하의 합성역률을 계산하여 구하시오.

계산과정 | $\cos\theta = \dfrac{\text{유효전력 } P}{\text{피상전력 } P_a}$

$P = P_1 + P_2 = 200 + 400 = 600 \text{[kW]}$

$P_a = \sqrt{P^2 + Q^2}$

무효전력 $Q = Q_1 + Q_2 = Q_1 + P_2 \tan(\cos^{-1} 0.8) = 500 + 400\tan(\cos^{-1} 0.8) = 800 \text{[kVar]}$

$P_a = \sqrt{600^2 + 800^2} = 1,000 \text{[kVA]}$

$\cos\theta = \dfrac{600}{1,000} = 0.6 \times 100 = 60\text{[\%]}$

정답 | 60[%]

(2) 커패시터 설치 후 변압기를 과부하하지 않으면서 200[kW]의 전동기 부하를 새로 추가할 때 전동기의 역률은 얼마 이상이 되어야 하는지 계산하여 구하시오.

계산과정 | 전동기 역률 $\cos\theta = \dfrac{\text{전동기 유효전력 } P}{\text{전동기 피상전력 } P_a} = \dfrac{P}{\sqrt{P^2+Q^2}}$

변압기 용량 $= \sqrt{(200+400+200)^2 + (800-350+\text{전동기 무효전력}\,Q)^2} = 1{,}000\,[\text{kVA}]$

$= 800^2 + (450+Q)^2 = 1{,}000^2$

$Q = \sqrt{1{,}000^2 - 800^2} - 450 = 150\,[\text{kVar}]$

$\cos\theta = \dfrac{200}{\sqrt{200^2+150^2}} = 0.8 \times 100 = 80\,[\%]$

정답 | 80[%]

(3) 전동기 부하 추가 후 종합역률을 계산하시오.

계산과정 | $\cos\theta = \dfrac{P}{P_a} = \dfrac{200+400+200}{1{,}000} = 0.8 \times 100 = 80\,[\%]$

정답 | 80[%]

16

다음 그림과 같이 20[kVA]의 단상 변압기 3대를 사용하여 45[kW], 역률 0.8(지상)인 3상 전동기 부하에 전력을 공급하는 배전선이 있다. a, b 사이에 60[W]의 전구를 사용하여 점등하고자 할 때, 변압기가 과부하되지 않는 한도 내에서 점등할 수 있는 등의 개수를 구하시오. [5점]

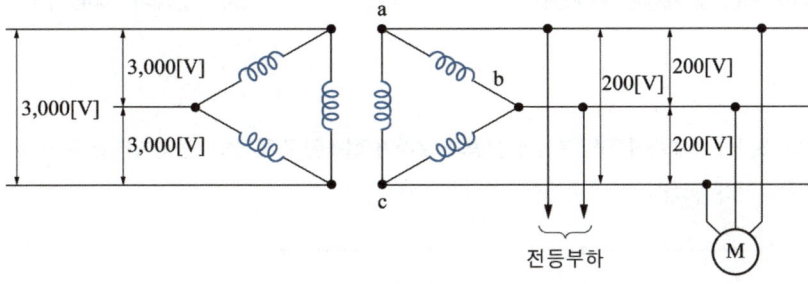

계산과정 | 정답

계산과정 | 단상 변압기 유효전력 $P = \dfrac{45}{3} = 15[\text{kW}]$

단상 변압기 무효전력 $P_Q = P \times \tan\theta = P \times \dfrac{\sin\theta}{\cos\theta} = 15 \times \dfrac{0.6}{0.8} = 11.25[\text{kVar}]$

단상 변압기 용량 여유분 $\triangle P$를 구하면

$P_a^2 = (P + \triangle P)^2 + P_Q^2$

$\triangle P = \sqrt{P_a^2 - P_Q^2} - P = \sqrt{20^2 - 11.25^2} - 15 = 1.54[\text{kW}]$

남은 상에서 전력도 사용 가능하므로 증가시킬 수 있는 부하

$\triangle P' = \triangle P \times \dfrac{3}{2} = 1.54 \times \dfrac{3}{2} = 2.31[\text{kW}]$

점등할 수 있는 부하 개수 $N = \dfrac{2.31 \times 10^3}{60} = 38.5$ 등

즉, 38등이다.

정답 | 38등

실기[필답형]기출문제 2020 * 4

※ 출제기준 변경 및 개정된 관계법규에 따라 삭제된 문제가 있어 배점의 합계가 100점이 안 됩니다.

01

다음 그림과 같이 3상 3선식 220[V]에 전열부하와 전동기 부하가 접속된 경우 설비 불평형률을 계산하시오. (단, H는 전열부하, M은 전동기 부하이다) [5점]

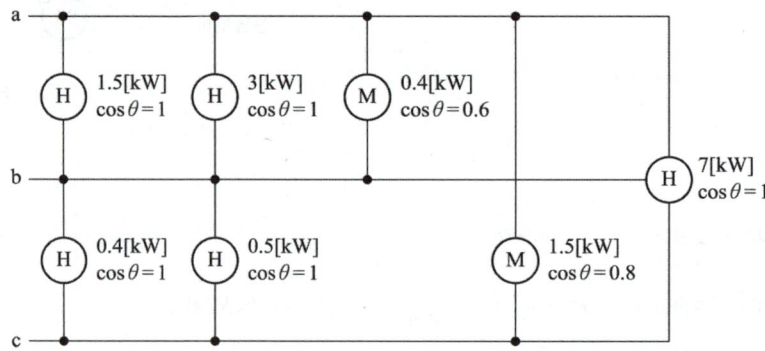

계산과정 **정 답**

답안작성

계산과정 | 불평형률 = $\dfrac{\left(1.5+3+\dfrac{0.4}{0.6}\right)-(0.4+0.5)}{\left(1.5+3+\dfrac{0.4}{0.6}+0.4+0.5+\dfrac{1.5}{0.8}+7\right)\times\dfrac{1}{3}}\times 100 = 85.67[\%]$ 정답 | 85.67[%]

참 고

3상 3선식의 경우

설비 불평형률 = $\dfrac{\text{각 선간에 접속되는 단상부하[kVA]의 최대와 최소의 차}}{\text{총 부하 설비용량[kVA]} \times \dfrac{1}{3}} \times 100[\%]$

- $a-b = 1.5+3+\dfrac{0.4}{0.6} = 5.17[\text{kVA}]$: 최대

- $b-c = 0.4+0.5 = 0.9[\text{kVA}]$: 최소

- $c-a = \dfrac{1.5}{0.8} = 1.88[\text{kVA}]$

02

3상 6,600[V] 전용수전 T/L(ACSR 240[mm²])의 1선당 저항은 0.2[Ω/km] 긍장은 1,000[m]로 수전하는 단독 수용가의 일일 부하곡선을 그래프로 나타내었다. 다음 물음에 답하시오. (단, 수용가의 부하역률은 0.9이다.) [7점]

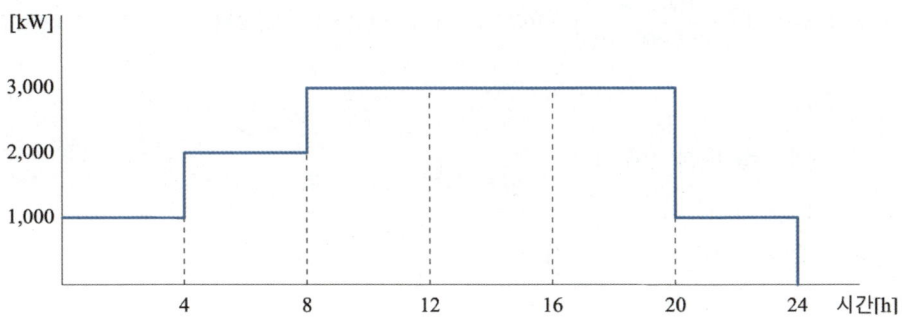

(1) 부하율을 계산하시오.

계산과정

$$\frac{(1,000 \times 4) + (2,000 \times 4) + (3,000 \times 12) + (1,000 \times 4)}{24 \times 3,000} \times 100 = 72.22[\%]$$

정답 | 72.22[%]

참고

$$부하율 = \frac{평균전력}{최대전력} \times 100 = \frac{\frac{1일\ 사용전력량}{24시간}}{최대전력} \times 100 = \frac{1일\ 사용전력량}{24시간 \times 최대전력} \times 100[\%]$$

(2) 손실계수를 계산하시오.

계산과정

$$손실계수 = \frac{평균전력손실}{최대손실전력} \times 100$$

$$평균전력손실 = \frac{(3I^2R \times 4) + (3(2I)^2R \times 4) + (3(3I)^2R \times 12) + (3I^2R \times 4)}{24} = \frac{3I^2R \times 132}{24} = 3I^2R \times 5.5$$

$$최대손실전력 = 3 \times (3I)^2 R = 3I^2R \times 9$$

$$손실계수 = \frac{3I^2R \times 5.5}{3I^2R \times 9} \times 100 = 61.11[\%]$$

정답 | 61.11[%]

참고

1,000[kW]당 부하전류를 I, 1선당 저항을 R이라고 가정한다.

(3) 1일 손실전력량을 계산하시오.

계산과정

답안작성

계산과정 | $3I^2R \times 132 = 3 \times \left(\dfrac{1,000 \times 10^3}{\sqrt{3} \times 6,600 \times 0.9}\right)^2 \times (0.2 \times 1) \times 132 \times 10^{-3} = 748.22 \text{[kWh]}$

정답 | 748.22[kWh]

참고
1선당 저항 = 0.2[Ω/km] × 긍장 1[km] = 0.2[Ω]

03

방폭형 전동기란 어떤 것인지 서술하고, 방폭구조의 종류 3가지를 쓰시오. [5점]

(1) 방폭형 전동기

답안작성
가스 또는 분진폭발 위험장소에 적합하도록 특수 설계된 전동기

(2) 방폭구조의 종류 3가지를 쓰시오.

답안작성
① 내압 방폭구조
② 유입 방폭구조
③ 압력 방폭구조

04

면적 10[m]×14[m], 천장높이 2.75[m], 작업면 높이 0.75[m]인 사무실에 천장 직부 형광등 F32×2를 설치하려고 한다. 다음 각 물음에 답하시오. [8점]

(1) 이 사무실의 실지수를 계산하시오.

계산과정 | $\dfrac{10 \times 14}{(2.75-0.75)\times(10+14)} = 2.92$

정답 | 2.92

참 고

실지수 $= \dfrac{XY}{H(X+Y)}$

- H : 천장높이 - 작업면 높이
- X : 사무실의 가로길이
- Y : 사무실의 세로길이

(2) F32×2의 그림기호를 그리시오.

F32×2

(3) 이 사무실의 작업면 조도를 250[lx], 천장 반사율 70[%], 벽 반사율 50[%], 바닥 반사율 10[%], 32[W] 형광등 1등의 광속 3,200[lm], 보수율 70[%], 조명률 50[%]로 한다면 이 사무실에 필요한 형광등기구 개수를 계산하시오.

계산과정 | $N = \dfrac{DES}{FU} = \dfrac{\frac{1}{0.7} \times 250 \times (10 \times 14)}{(3,200 \times 2) \times 0.5} = 15.625$

정답 | 16[등]

참 고

감광보상률 $D = \dfrac{1}{\text{보수율}}$

05

CT에 대한 내용이다. 각 물음에 답하시오. [6점]

(1) Y-△로 결선한 주 변압기의 내부고장 보호로 비율차동계전기를 사용한다면 CT의 결선은 어떻게 하여야 하는지 간단히 설명하시오.

> **답안작성**
> △- Y 결선

> **참 고**
> 비율차동계전기의 CT결선은 변압기 결선과 반대로 한다.

(2) 통전 중에 있는 변류기의 2차측 기기를 교체하려고 한다. 가장 먼저 취해야 할 사항을 간단히 설명하시오.

> **답안작성**
> CT 2차측을 단락시킨다.

(3) 수전전압이 22.9[kV], 수전설비의 부하전류가 40[A]이다. 60/5[A]의 변류기를 통하여 과부하 계전기를 시설하였다. 만일 120[%] 과부하에서 차단시킨다면 트립 전류는 몇 [A]로 설정해야 하는지 구하시오.

> **답안작성**
> 계산과정 | CT 2차 전류 $I_2 = I_1 \times \dfrac{1}{\text{CT비}} = 40 \times \dfrac{5}{60} = 3.33[A]$
>
> 　　　　　120[%] 과부하에서 차단시키려면 $3.33 \times 1.2 = 4[A]$
>
> 정답 | 4[A]로 설정

> **참 고**
> CT 2차 전류 $I_2 =$ 부하전류 $I_1 \times \dfrac{1}{\text{CT비}}$ [A]

06

그림은 3상 4선식 전력량계의 결선도를 나타낸 것이다. PT와 CT의 미결선 부분을 완성하시오. (단, 접지가 필요한 곳은 접지를 표시하시오) [5점]

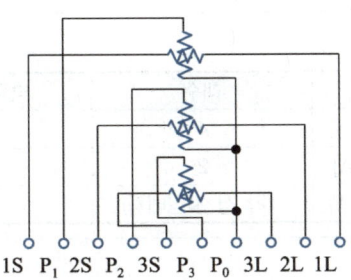

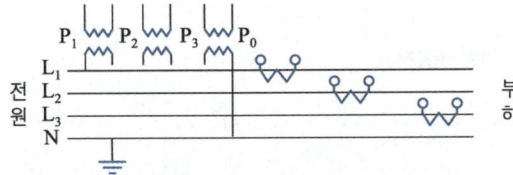

답안작성

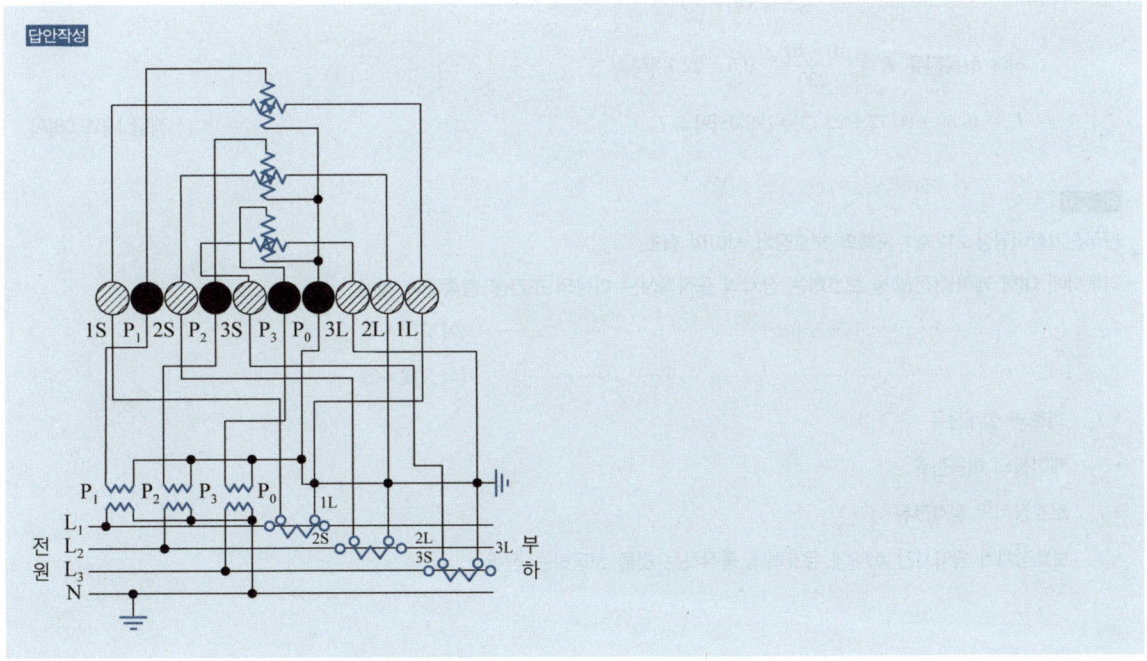

07

어떤 건축물의 전기실에서 180[m] 떨어져 있는 기계실의 부하는 아래 조건과 같고, 전기실에서 기계실까지 케이블 트레이 공사에 의하여 3상 4선식 380/220[V]로 전원을 공급할 때 다음 각 물음에 답하시오. [7점]

[조건]

부하명	규격	대수	역률×효율	수용률[%]
급수펌프	3상 380[V], 7.5[kW]	4	0.7	70
소방펌프	3상 380[V], 20[kW]	2	0.7	70
히터	단상 220[V], 10[kW]	3(각 상 평형배치)	1	50

(1) 간선의 허용전류를 구하시오.

계산과정

답안작성

계산과정 | 정격전류 $I_n \leq$ 케이블(전선)의 허용전류 I_Z

급수펌프 허용전류 $I_1 = \dfrac{7.5 \times 10^3 \times 4}{\sqrt{3} \times 380 \times 0.7} \times 0.7 = 45.58$[A]

소방펌프 허용전류 $I_2 = \dfrac{20 \times 10^3 \times 2}{\sqrt{3} \times 380 \times 0.7} \times 0.7 = 60.77$[A]

히터 허용전류 $I_3 = \dfrac{10 \times 10^3}{220} \times 0.5 = 22.73$[A]

$I_n = 45.58 + 60.77 + 22.73 = 129.08$[A] $\leq I_Z$

정답 | 129.08[A]

참고

한국전기설비규정 212.4.1 도체와 보호장치 사이의 협조

과부하에 대해 케이블(전선)을 보호하는 장치의 동작특성은 다음의 조건을 충족해야 한다.

$I_B \leq I_n \leq I_Z$ ·········· (식 212.4-1)

$I_2 \leq 1.45 \times I_Z$ ·········· (식 212.4-2)

- I_B : 회로의 설계전류
- I_Z : 케이블의 허용전류
- I_n : 보호장치의 정격전류
- I_2 : 보호장치가 규약시간 이내에 유효하게 동작하는 것을 보장하는 전류

1. 조정할 수 있게 설계 및 제작된 보호장치의 경우, 정격전류 I_n은 사용현장에 적합하게 조정된 전류의 설정값이다.
2. 보호장치의 유효한 동작을 보장하는 전류 I_2는 제조자로부터 제공되거나 제품 표준에 제시되어야 한다.
3. 식 212.4-2에 따른 보호는 조건에 따라서는 보호가 불확실한 경우가 발생할 수 있다. 이러한 경우에는 식 212.4-2에 따라 선정된 케이블 보다 단면적이 큰 케이블을 선정하여야 한다.
4. I_B는 선도체를 흐르는 설계전류이거나, 함유율이 높은 영상분 고조파(특히 제3고조파)가 지속적으로 흐르는 경우 중성선에 흐르는 전류이다.

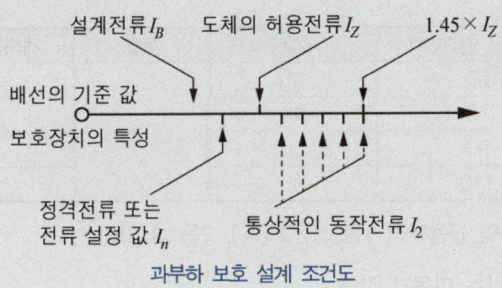

과부하 보호 설계 조건도

(2) 적용 전선의 굵기[mm²]를 계산하여 선정하시오. (단, 간선의 허용전압강하는 3[%]로 하며, 전선의 굵기[mm²]는 16, 25, 35, 50, 70, 95, 120, 150에서 선정한다)

계산과정

답안작성

계산과정 | $A = \dfrac{17.8LI}{1,000e} = \dfrac{17.8 \times 180 \times 129.08}{1,000 \times \left(\dfrac{380}{\sqrt{3}} \times 0.03\right)} = 62.84$

정답 | 70[mm²] 선정

참고

방식	전선의 단면적
단상 3선식 직류 3선식 3상 4선식	$A = \dfrac{17.8LI}{1,000e}$ (e : 상전압의 전압강하)
단상 2선식 직류 2선식	$A = \dfrac{35.6LI}{1,000e}$
3상 3선식	$A = \dfrac{30.8LI}{1,000e}$ (e : 선간전압의 전압강하)

08

다음과 같은 규모와 조건의 아파트 단지를 계획하고 있다. 주어진 규모 및 참고자료를 이용하여 각각의 물음에 답하시오. [11점]

[규모]
- 아파트 동수 및 세대수 : 2동, 300세대
- 세대당 면적과 세대수

동별	세대당 면적[m²]	세대수	동별	세대당 면적[m²]	세대수
1동	50	30	2동	50	50
	70	40		70	30
	90	50		90	40
	110	30		110	30

- 계단, 복도, 지하실 등의 공용면적 1동 : 1,700[m²], 2동 : 1,700[m²]

[조건]
- 면적의 [m²]당 상정부하는 다음과 같다.
  - 아파트 : 30[VA/m²]
  - 공용면적 부분 : 7[VA/m²]
- 세대당 추가로 가산하여야 할 상정부하는 다음과 같다.
  - 80[m²] 이하의 세대 : 750[VA]
  - 150[m²] 이하의 세대 : 1,000[VA]
- 아파트 동별 수용률은 다음과 같다.
  - 70세대 이하 65[%]
  - 70세대 초과 100세대 이하 60[%]
  - 100세대 초과 150세대 이하 55[%]
  - 150세대 초과 200세대 이하 50[%]
- 모든 계산은 피상전력을 기준으로 한다.
- 역률은 100[%]로 하여 계산한다.
- 주 변전실로부터 1동까지는 150[m]이며 동 내부의 전압 강하는 무시한다.
- 각 세대의 공급 방식은 110/220[V]의 단상 3선식으로 한다.
- 변전실의 변압기는 단상 변압기 3대로 구성한다.
- 동간 부등률은 1.4로 본다.
- 공용 부분의 수용률은 100[%]로 한다.
- 주 변전실에서 각 동까지의 전압 강하는 3[%]로 한다.
- 간선의 후강 전선관 배선으로는 NR 전선을 사용하며, 간선의 굵기는 325[mm²] 이하로 사용하여야 한다.
- 이 아프트 단지의 수전은 13,200/22,900[V]의 Y 3상 4선식의 계통에서 수전한다.

- 사용 설비에 의한 계약전력은 사용 설비의 개별 입력의 합계에 대하여 다음 표의 계약전력 환산율을 곱한 것으로 한다.

구 분	계약전력환산율	비 고
처음 75[kW]에 대하여	100[%]	계산의 합계치 단수가 1[kW] 미만일 경우 소수점 이하 첫째자리에서 반올림 한다.
다음 75[kW]에 대하여	85[%]	
다음 75[kW]에 대하여	75[%]	
다음 75[kW]에 대하여	65[%]	
300[kW] 초과분에 대하여	60[%]	

(1) 1동의 상정부하는 몇 [VA]인지 계산하시오.

계산과정   정 답

답안작성

계산과정 | ① $(50 \times 30 + 750) \times 30 = 67,500$[VA]

② $(70 \times 30 + 750) \times 40 = 114,000$[VA]

③ $(90 \times 30 + 1,000) \times 50 = 185,000$[VA]

④ $(110 \times 30 + 1,000) \times 30 = 129,000$[VA]

⑤ 공용면적 $1,700 \times 7 = 11,900$[VA]

합계 : $67,500 + 114,000 + 185,000 + 129,000 + 11,900 = 507,400$[VA]   정답 | 507,400[VA]

참 고

상정부하 = (세대당 면적[m²] × [m²]당 상정부하[VA/m²] + 가산부하[VA]) × 세대수[VA]

(2) 2동의 수용부하는 몇 [VA]인지 계산하시오.

계산과정   정 답

답안작성

계산과정 | ① $(50 \times 30 + 750) \times 50 = 112,500$[VA]

② $(70 \times 30 + 750) \times 30 = 85,500$[VA]

③ $(90 \times 30 + 1,000) \times 40 = 148,000$[VA]

④ $(110 \times 30 + 1,000) \times 30 = 129,000$[VA]

2동 150세대이므로 수용률 55[%]를 적용한다.

$(112,500 + 85,500 + 148,000 + 129,000) \times 0.55 = 261,250$[VA]

⑤ 공용면적 $1,700 \times 7 = 11,900$[VA]

합계 : $261,250 + 11,900 = 273,150$[VA]   정답 | 273,150[VA]

참 고

수용부하 = 상정부하 × 수용률

(3) 이 단지의 변압기는 단상 몇 [kVA]짜리 3대를 설치하여야 하는지 계산하시오. (단, 변압기 용량의 여유율은 110[%]로 하며, 단상변압기의 표준용량은 75, 100, 150, 200, 300[kVA] 중 선정한다)

계산과정 | 정 답

답안작성

계산과정 | $\dfrac{(495,500 \times 0.55 + 11,900 \times 1) + 273,150}{1.4} \times 10^{-3} \times 1.1 \times \dfrac{1}{3} = 146$[kVA]

정답 | 표준용량 150[kVA] 선정

참 고

단상 변압기 용량 = $\dfrac{\text{설비용량[VA]} \times \text{수용률}}{\text{부등률}} \times 10^{-3} \times \text{여유율} \times \dfrac{1}{3}$ [kVA]

(4) 한국전력공사와 변압기 설비에 의하여 계약한다면 몇 [kW]로 계약하여야 하며 그 이유도 쓰시오.

답안작성
- 계약 용량 : 450[kW]
- 이유 : 150[kVA] 단상변압기가 3대이고 역률은 100[%]이므로 150×3×1=450[kW]로 계약하여야 한다.

(5) 한국전력공사와 사용설비에 의하여 계약한다면 몇 [kW]로 계약하여야 하는지 계산하시오.

계산과정 | 정 답

답안작성

계산과정 | 설비용량 1동 507,400 + 2동(112,500 + 85,500 + 148,000 + 129,000 + 11,900) = 994,300[VA] × 10^{-3} = 994.3[kVA]

계약전력 (75×1) + (75×0.85) + (75×0.75) + (75×0.65) + (694.3×0.6) = 660.33[kW]   정답 | 계약용량 660[kW]

09

전력계통의 발전기, 변압기 등의 증설이나 송전선의 신·증설로 인하여 단락·지락 전류가 증가하여 송변전 기기에 손상이 증대되고, 부근에 있는 통신선의 유도장해가 증가하는 등의 문제점이 예상되므로, 단락용량의 경감대책을 세워야 한다. 대책을 3가지만 간단히 서술하시오. [6점]

답안작성
① 고 임피던스 기기를 채택한다.
② 모선계통을 분리 운용한다.
③ 한류 리액터를 설치한다.

10

60[W] 전구 8개를 점등하는 수용가가 있다. 정액제 요금은 60[W] 1등당 30일(1개월)에 205원, 종량제 요금은 기본요금 100원에 1[kWh]당 10원이 추가되고 전구 값은 수용가 부담일 때, 정액제 요금과 같은 점등료를 종량제 요금으로 지불하기 위한 일당 평균 점등 시간을 계산하시오. (단, 전구값은 1개 65원이고, 수명은 1,000[h]이며, 정액제의 경우는 수용가가 전구 값을 부담하지 않는다) [5점]

계산과정 | 정답

계산과정 | 정액제 요금 = 8×205 = 1,640[원] (30일)

종량제 요금 ① 기본요금 = 100[원]

② 사용요금 = $60 \times 8 \times h \times 10^{-3} \times 30 \times 10 = 144h$[원]

③ 전구값 = $\frac{65 \times 8}{1,000} \times h \times 30 = 15.6h$[원]

정액제 요금 = 종량제 요금

$1,640 = 100 + 144h + 15.6h = 100 + 159.6h$

h를 기준으로 식을 정리하면 $h = \frac{1,640 - 100}{159.6} = 9.65$[시간]

정답 | 9.65시간

11

송전전압이 345[kV], 선로거리가 200[km]인 경우 1회선당 가능 송전전력 [kW]을 still식을 이용하여 계산하시오. [5점]

계산과정 | 정답

계산과정 | still식 $V = 5.5\sqrt{0.6l + \frac{P}{100}}$ 이므로, 전력 P를 기준으로 식을 정리하면

$P = \left[\left(\frac{V}{5.5}\right)^2 - 0.6l\right] \times 100 = \left[\left(\frac{345}{5.5}\right)^2 - (0.6 \times 200)\right] \times 100 = 381,471.07$[kW]

정답 | 381,471.07[kW]

참고

still식(경제적인 송전 전압)

$V = 5.5\sqrt{0.6l + \frac{P}{100}}$ [kV]

- l : 송전거리[km], ・P : 송전용량[kW]

12

다음 그림은 어느 수용가의 수전설비 계통도이다. 각각의 물음에 답하시오. [16점]

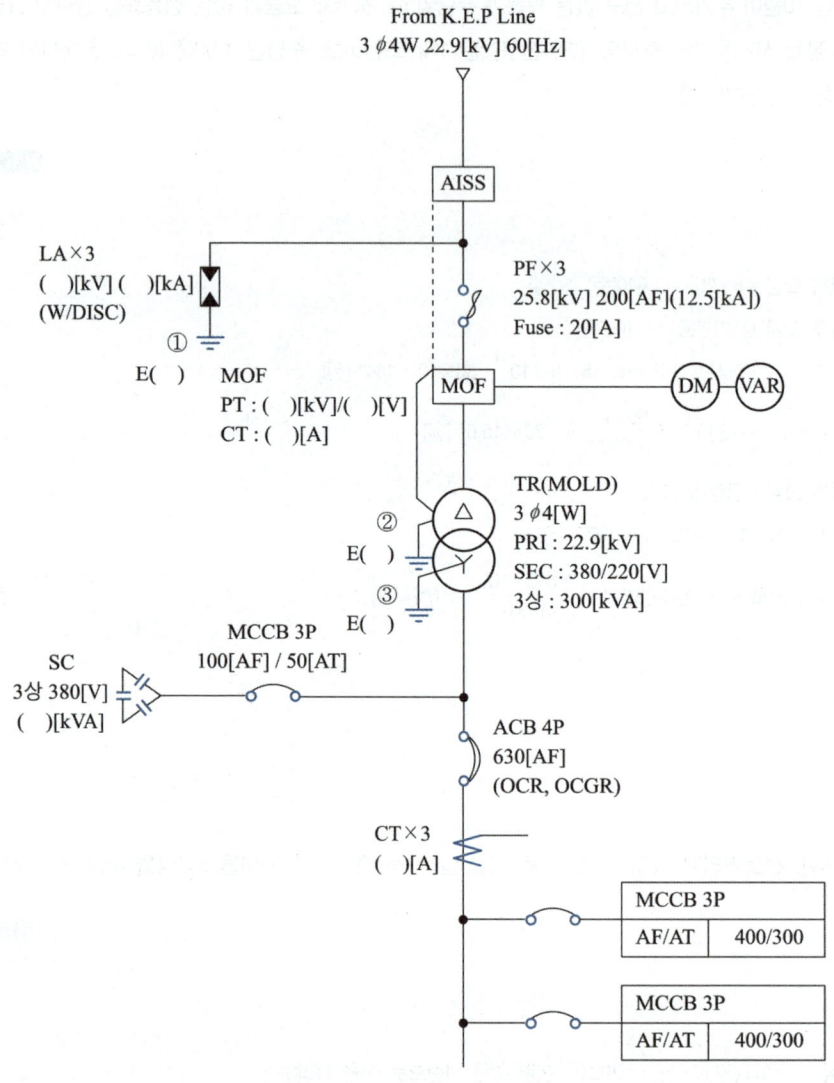

(1) AISS의 명칭을 쓰고 2가지 기능을 쓰시오.

> **답안작성**
> - 명칭 : 기중형 고장구간 자동개폐기
> - 기능 : ① 고장구간을 자동으로 개방하여 사고 확대 방지
>   ② 전부하 상태에서 자동 또는 수동으로 개방할 수 있어 과부하로부터 설비보호

> **참 고**
> AISS(Air Insulated Section Switch)

(2) 피뢰기의 정격전압 및 공칭방전전류를 쓰고, DISC. 기능을 간단하게 서술하시오.

> **답안작성**
> ① 피뢰기 정격전압 : 18[kV]
> ② 공칭방전전류 : 2.5[kA]
> ③ DISC. 기능 : 피뢰기 고장 시 지락사고의 원인이 될 수 있어 피뢰기를 대지로부터 분리시키는 기능

> **참 고**
> DISC.(Disconnector)

(3) MOF의 정격을 계산하여 구하시오.

계산과정 | **정 답**

> **답안작성**
> 계산과정 | PT비 = 13,200/110
> $$I_1 = \frac{300}{\sqrt{3} \times 22.9} = 7.56[A], \ I_2 = 5[A]$$
>
> 정답 | CT비 = 10/5 선정

(4) MOLD 변압기의 장단점을 각각 2가지만 쓰시오.

> **답안작성**
> - 장점 : ① 소형, 경량화할 수 있다.
>   ② 전력손실이 적다.
> - 단점 : ① 가격이 비싸다.
>   ② 충격파 내전압이 낮다.

> 참 고
> - 장점 : 난연성이 우수하다.
>   내습, 내진성이 양호하다.
>   유지 보수가 용이하다.
>   단시간 과부하 내량이 높다.
> - 단점 : 운전 중 코일 표면과 접촉하면 위험하다.

(5) ACB의 우리말 명칭을 쓰시오.

> 답안작성
> 기중차단기

(6) CT의 정격(변류비)을 계산하여 구하시오.

계산과정 | 정 답

> 답안작성
> 계산과정 | $I_1 = \dfrac{300 \times 10^3}{\sqrt{3} \times 380} \times (1.25 \sim 1.5) = 569.75 \sim 683.70 [A]$
>
> 정답 | 600/5 선정

13

조명에 사용되는 광원의 발광원리 3가지만 간단히 쓰시오. [5점]

> 답안작성
> ① 온도 복사에 의한 백열 발광
> ② 루미네선스에 의한 방전 발광
> ③ 온도방사(화학반응)에 의한 연소발광

> 참 고
> ① 온도 복사에 의한 백열 발광 : 백열전구, 할로겐 전구
> ② 루미네선스(luminescence)에 의한 방전발광 : 나트륨등, 수은등, 메탈할라이트등
> ③ 온도방사(화학반응)에 의한 연소발광 : 섬광전구

14

전력시설물 공사감리업무 수행지침에서 정하는 감리원은 해당 공사 완료 후 준공검사 전에 사전 시운전 등이 필요한 부분에 대하여는 공사업자에게 시운전을 위한 계획을 수립하여 시운전 30일 이내에 제출하도록 하고, 이를 검토하여 발주자에게 제출하여야 한다. 시운전을 위한 계획 수립 시 포함되어야 하는 사항을 3가지만 쓰시오. (단, 반드시 전력시설물 공사감리 업무 수행지침에 표현된 문구를 활용하여 쓰시오) [5점]

답안작성

① 시운전 일정
② 시운전 항목 및 종류
③ 시운전 절차

참 고

전력시설물 공사감리 업무 수행지침 제59조(준공검사 등의 절차)

① 감리원은 해당 공사 완료 후 준공검사 전에 사전 시운전 등이 필요한 부분에 대하여는 공사업자에게 다음 각 호의 사항이 포함된 시운전을 위한 계획을 수립하여 시운전 30일 이내에 제출하도록 하고, 이를 검토하여 발주자에게 제출하여야 한다.

1. 시운전 일정
2. 시운전 항목 및 종류
3. 시운전 절차
4. 시험장비 확보 및 보정
5. 기계·기구 사용계획
6. 운전요원 및 검사요원 선임계획

15

다음은 PLC 래더 다이어그램 방식의 프로그램이다. 프로그램을 참고하여 아래 빈칸을 채워 완성하시오. [4점]
(단, 입력 : LOAD, 직렬 : AND, 직렬반전 : AND NOT, 병렬 : OR, 병렬반전 : OR NOT, 출력 : OUT이다)

STEP	명령	번지
0	LOAD	P000
1		
2		
3	TON	T000
4	DATA	100
5		
6		
7	OUT	P010
8	END	

답안작성

STEP	명령	번지
0	LOAD	P000
1	OR	M000
2	AND NOT	P001
3	TON	T000
4	DATA	100
5	OUT	M000
6	LOAD	T000
7	OUT	P010
8	END	

실기[필답형] 기출문제 2021 * 1

※ 출제기준 변경 및 개정된 관계법규에 따라 삭제된 문제가 있어 배점의 합계가 100점이 안 됩니다.

01

3상 4선식 배전선로에 역률 100[%]인 부하가 각 상과 중성선에 접속되어 있다. a, b, c 각 상에 10[A], 8[A], 9[A]의 전류가 흐를 때 중성선에 흐르는 전류를 구하시오. (단, 각 선전류 간의 위상차는 120°이다) [5점]

계산과정

정답

답안작성

계산과정 | 중성선 전류 $I_n = I_a + a^2 I_b + a I_c = I_a + I_b \angle 240° + I_c \angle 120°$

$$= I_a + I_b\left(-\frac{1}{2} - j\frac{\sqrt{3}}{2}\right) + I_c\left(-\frac{1}{2} + j\frac{\sqrt{3}}{2}\right)$$

$$= 10 + 8\left(-\frac{1}{2} - j\frac{\sqrt{3}}{2}\right) + 9\left(-\frac{1}{2} + j\frac{\sqrt{3}}{2}\right) = 1.5 + j0.866 \text{[A]}$$

$|I_n| = \sqrt{1.5^2 + 0.866^2} = 1.73$ [A]

정답 | 1.73[A]

참고

중성선 전류

$I_n = I_a + a^2 I_b + a I_c$

- $a = \angle 120°$
- $a^2 = \angle 240°$

02

어떤 인텔리전트 빌딩에 대한 등급별 추정 전원 용량에 대한 표이다. 다음 각 물음에 답하시오. [11점]

[등급별 추정 전원 용량[VA/m^2]]

등급별 내용	0등급	1등급	2등급	3등급
조명	32	22	22	29
콘센트	-	13	5	5
사무자동화(OA)기기	-	-	34	36
일반동력	38	45	45	45
냉방동력	40	43	43	43
사무자동화(OA)동력	-	2	8	8
합계	110	125	157	166

(1) 연면적 10,000[m^2]인 인텔리전트 2등급인 사무실 빌딩의 전력설비 부하용량[kVA]을 구하시오.

부하 내용	면적을 적용한 부하용량[kVA]
조명	
콘센트	
OA기기	
일반동력	
냉방동력	
OA동력	
합계	

답안작성

부하 내용	면적을 적용한 부하용량[kVA]
조명	$22 \times 10,000 \times 10^{-3} = 220$
콘센트	$5 \times 10,000 \times 10^{-3} = 50$
OA기기	$34 \times 10,000 \times 10^{-3} = 340$
일반동력	$45 \times 10,000 \times 10^{-3} = 450$
냉방동력	$43 \times 10,000 \times 10^{-3} = 430$
OA동력	$8 \times 10,000 \times 10^{-3} = 80$
합계	$157 \times 10,000 \times 10^{-3} = 1,570$

(2) 다음 조건을 이용하여 주 변압기 용량을 산정하시오. (단, 변압기 용량은 표준 용량으로 정한다)

[조건]
- 조명, 콘센트, OA기기 부하의 변압기 Tr_1 수용률은 0.70이다.
- 일반동력, OA동력 부하의 변압기 Tr_2 수용률은 0.50이다.
- 냉방동력 부하의 변압기 Tr_3 수용률은 0.80이다.
- 주 변압기 STr 부등률은 1.20이다.

계산과정   **정 답**

[답안작성]

계산과정 | ① Tr_1 변압기 용량 $=(220+50+340)\times 0.7 = 427[kVA]$

② Tr_2 변압기 용량 $=(450+80)\times 0.5 = 265[kVA]$

③ Tr_3 변압기 용량 $=430\times 0.8 = 344[kVA]$

$$STr = \frac{427+265+344}{1.2} = 863.33[kVA]$$

표준용량 1,000[kVA] 선정

정답 | 1,000[kVA]

(3) 주 변압기 STr부터 각 부하에 이르는 변전설비의 단선 계통도를 그리시오. (단, 변압기 용량은 표준 용량으로 표시한다)

[답안작성]

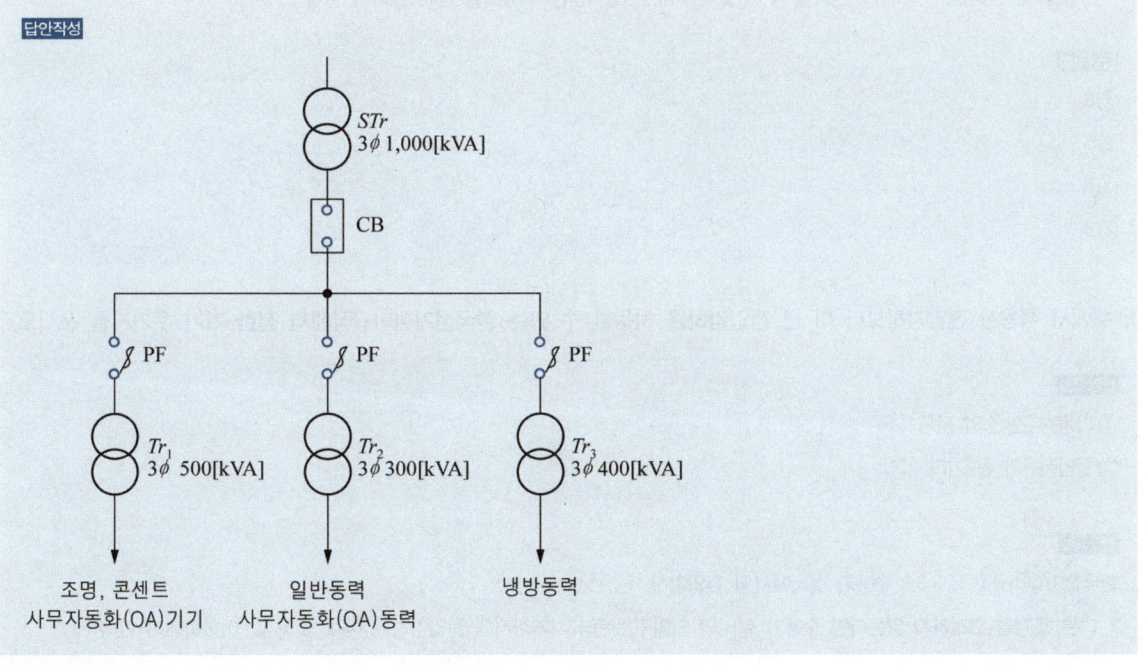

03

다음 수용가 설비의 전압강하에 대한 물음에 답하시오. [6점]

(1) 다른 조건을 고려하지 않는다면 수용가 설비의 인입구로부터 기기까지의 전압강하는 아래 표의 값 이하이어야 한다. 표의 빈칸을 채우시오.

설비의 유형	조명[%]	기타[%]
A-저압으로 수전하는 경우	①	②
B-고압 이상으로 수전하는 경우*	③	④

* 가능한 한 최종회로 내의 전압강하가 A유형의 값을 넘지 않도록 하는 것이 바람직하다. 사용자의 배선설비가 100[m]를 넘는 부분의 전압강하는 미터당 0.005[%] 증가할 수 있으나 이러한 증가분은 0.5[%]를 넘지 않아야 한다.

답안작성

① 3

② 5

③ 6

④ 8

(2) 위에서 적용한 전압강하보다 더 큰 전압강하를 허용할 수 있는 한국전기설비규정에서 정한 기기 두가지를 쓰시오.

답안작성

① 기동 시간 중의 전동기

② 돌입전류가 큰 기타 기기

참 고

한국전기설비규정 232.3.9 수용가 설비에서의 전압강하

1. 다른 조건을 고려하지 않는다면 수용가 설비의 인입구로부터 기기까지의 전압강하는 아래 표의 값 이하이어야 한다.

표 232.3-1 수용가설비의 전압강하

설비의 유형	조명[%]	기타[%]
A - 저압으로 수전하는 경우	3	5
B - 고압 이상으로 수전하는 경우*	6	8

* 가능한 한 최종회로 내의 전압강하가 A 유형의 값을 넘지 않도록 하는 것이 바람직하다.
  사용자의 배선설비가 100[m]를 넘는 부분의 전압강하는 미터당 0.005[%] 증가할 수 있으나 이러한 증가분은 0.5[%]를 넘지 않아야 한다.

2. 다음의 경우에는 표보다 더 큰 전압강하를 허용할 수 있다.

  가. 기동 시간 중의 전동기

  나. 돌입전류가 큰 기타 기기

3. 다음과 같은 일시적인 조건은 고려하지 않는다.

  가. 과도과전압

  나. 비정상적인 사용으로 인한 전압 변동

04

15[℃]의 물 4[L]를 1[kW]의 전열기로 25분간 가열하여 물 온도가 90[℃]가 되었다. 전열기의 효율을 계산하시오. [5점]

계산과정

계산과정 | $\eta = \dfrac{4 \times (90 - 15)}{860 \times 1 \times \dfrac{25}{60}} \times 100 = 83.72[\%]$

정답 | 83.72[%]

참고

열효율 $\eta = \dfrac{\text{물의 양[L]} \times \text{변화한 온도[℃]}}{860 \times \text{전력[kW]} \times \text{시간[h]}} \times 100[\%]$

05

측정값 103[V]이고 보정률이 -0.8[%]일 때 참값을 계산하시오. [5점]

계산과정

계산과정 | $\left(-\dfrac{0.8}{100} \times 103 \right) + 103 = 102.18[\text{V}]$

정답 | 102.18[V]

참고

보정률 $= \dfrac{\text{참값} - \text{측정값}}{\text{측정값}} \times 100[\%]$

참값 $= \left(\dfrac{\text{보정률}}{100} \times \text{측정값} \right) + \text{측정값}$

06

수전단 전압이 3,000[V]인 3상 3선식 배전선로의 수전단에 지상역률이 80[%]이고 520[kW]의 부하가 접속되어 있다. 이 부하에 동일한 역률 80[kW]의 부하를 추가 설치하여 600[kW]로 증가하였다. 이때 수전단 전압 및 선로 전류를 부하 추가설치 전과 동일하게 유지하기 위해 전력용 콘덴서를 부하와 병렬로 설치하였다. 다음 각 물음에 답하시오. (단, 전선의 1선당 저항 및 리액턴스는 각각 1.78[Ω] 및 1.17[Ω]이다) [9점]

(1) 전력용 콘덴서 용량[kVA]을 계산하시오.

계산과정 | 부하 설치 전 전류 I_1 = 부하 추가 설치 후 I_2이므로 $I_1 = \dfrac{P_1}{\sqrt{3}\,V\cos\theta_1} = I_2 = \dfrac{P_2}{\sqrt{3}\,V\cos\theta_2}$

식을 정리하면 $\dfrac{P_1}{\cos\theta_1} = \dfrac{P_2}{\cos\theta_2}$

$\cos\theta_2 = \dfrac{P_2\cos\theta_1}{P_1} = \dfrac{600\times10^3 \times 0.8}{520\times10^3} = 0.923$

$\theta_1 = \cos^{-1}0.8 = 36.86°$

$\theta_2 = \cos^{-1}0.923 = 22.63°$

콘덴서 용량 $\theta_c = P(\tan\theta_1 - \tan\theta_2) = 600\times(\tan36.86° - \tan22.63°) = 199.71\,[\text{kVA}]$

정답 | 199.71[kVA]

(2) 부하 증가 전의 송전단 전압[V]를 계산하여 구하시오.

계산과정 | 송전단 전압 V_s = 수전단 전압 V_r + 전압강하 e

$e = \sqrt{3}\,I_1(R\cos\theta_1 + X\sin\theta_1) = \dfrac{P}{V}(R + X\tan\theta_1)$

$V_s = 3{,}000 + \dfrac{520\times10^3}{3{,}000}\times(1.78 + 1.17\times\tan36.86°) = 3{,}460.58\,[\text{V}]$

정답 | 3,460.58[V]

참 고

$e = \sqrt{3}\,I(R\cos\theta + X\sin\theta) = \sqrt{3}\times\dfrac{P}{\sqrt{3}\,V\cos\theta}\times(R\cos\theta + X\sin\theta) = \dfrac{P}{V}\times(R + X\tan\theta)\,[\text{V}]$

(3) 부하 증가 후의 송전단 전압[V]을 계산하여 구하시오.

계산과정

답안작성

계산과정 | 송전단 전압 V_s = 수전단 전압 $V_r + e$

$$e = \sqrt{3}\,I_2(R\cos\theta_2 + X\sin\theta_2) = \frac{P}{V}(R + X\tan\theta_2)$$

$$V_s = 3{,}000 + \frac{600 \times 10^3}{3{,}000} \times (1.78 + 1.17 \times \tan 22.63°) = 3{,}453.55\,[\text{V}]$$

정답 | 3,453.55[V]

07

용량 10[kVA], 철손 120[W], 전부하 동손 200[W]인 단상 변압기가 있다. 2대를 V결선하여 3상 전원을 부하에 공급할 때 전부하 효율은 몇 [%]인지 계산하시오. (단, 부하의 역률은 0.5이다) [5점]

답안작성

계산과정 | $\eta = \dfrac{\sqrt{3} \times 10 \times 0.5}{\sqrt{3} \times 10 \times 0.5 + 0.12 \times 2 + 0.2 \times 2} \times 100 = 93.118\,[\%]$

정답 | 93.12[%]

참고

변압기 효율

$$\eta = \frac{P\cos\theta}{P\cos\theta + P_i + P_c} \times 100\,[\%]$$

- P : 변압기 용량(V결선 시 $P = \sqrt{3}\,P_1$)[kVA]
- P_i : 변압기 철손[kW]
- P_c : 변압기 동손[kW]

08

계전기 A, B, C로 출력이 발생되는 유접점 회로와 무접점 회로를 그리시오. (단, 계전기 접점을 모두 a 접점만 사용하도록 한다) [6점]

(1) A와 B를 동시에 ON하거나 C를 ON할 때 출력 X_1이 발생되는 경우

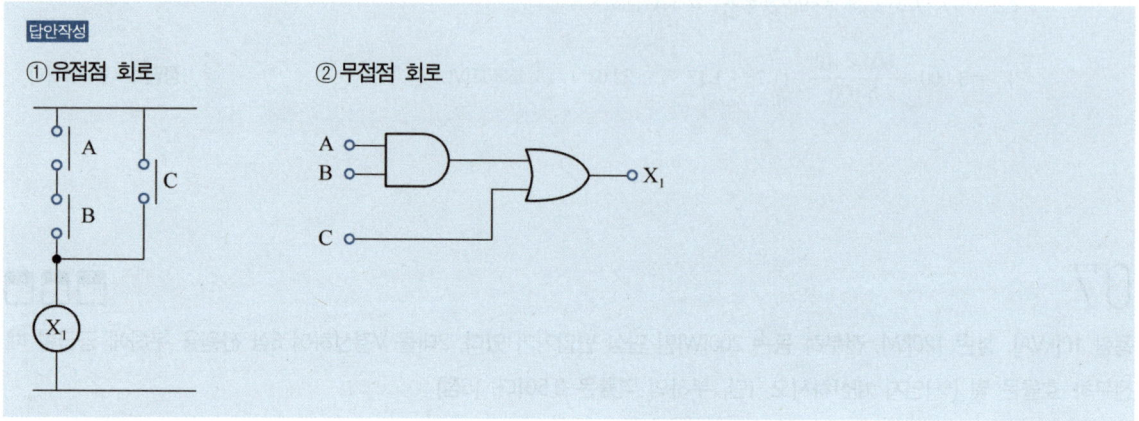

(2) A가 ON 되어있는 상태에서 B 또는 C를 ON할 때 출력 X_1이 발생되는 경우

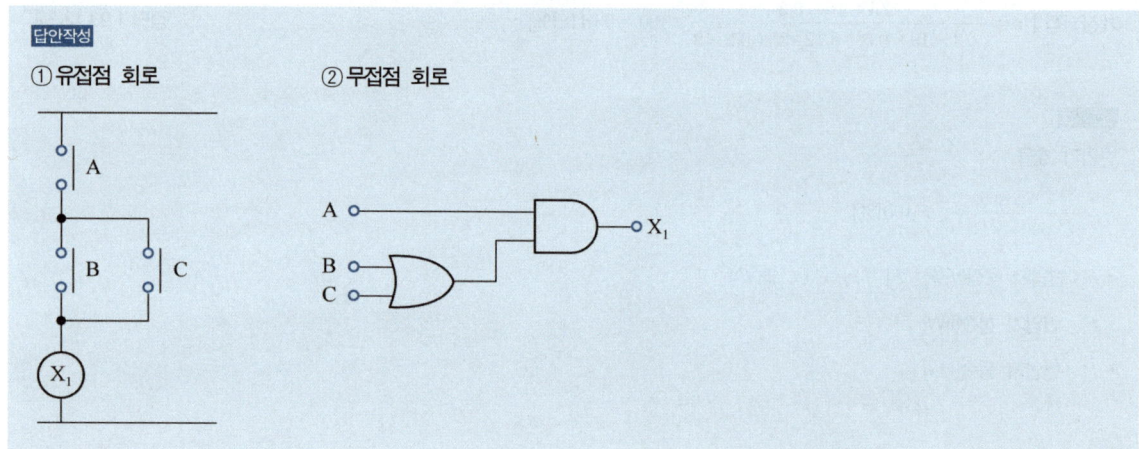

09

다음은 전기설비기술기준에서 전로의 사용전압에 따른 DC 시험전압과 절연저항을 규정하고 있는 표이다. 빈칸을 채우시오. [4점]

전로의 사용전압[V]	DC 시험전압[V]	절연저항[MΩ]
SELV 및 PELV	①	④
FELV, 500[V] 이하	②	⑤
500[V] 초과	③	⑥

[주] 특별저압(extra low voltage : 2차 전압이 AC 50[V], DC 120[V] 이하)으로 SELV(비접지회로 구성) 및 PELV(접지회로 구성)은 1차와 2차가 전기적으로 절연된 회로, FELV는 1차와 2차가 전기적으로 절연되지 않는 회로

답안작성

① 250
② 500
③ 1,000
④ 0.5
⑤ 1.0
⑥ 1.0

참고

전기설비기술기준 제52조(저압전로의 절연성능)

전기사용 장소의 사용전압이 저압인 전로의 전선 상호 간 및 전로와 대지 사이의 절연저항은 개폐기 또는 과전류차단기로 구분할 수 있는 전로마다 다음 표에서 정한 값 이상이어야 한다. 다만, 전선 상호 간의 절연저항은 기계기구를 쉽게 분리가 곤란한 분기회로의 경우 기기 접속 전에 측정할 수 있다. 또한, 측정 시 영향을 주거나 손상을 받을 수 있는 SPD 또는 기타 기기 등을 측정 전에 분리시켜야 하고, 부득이하게 분리가 어려운 경우에는 시험전압을 250[V] DC로 낮추어 측정할 수 있지만 절연저항값은 1[MΩ] 이상이어야 한다.

전로의 사용전압[V]	DC 시험전압[V]	절연저항[MΩ]
SELV 및 PELV	250	0.5
FELV, 500[V] 이하	500	1.0
500[V] 초과	1,000	1.0

[주] 특별저압(Extra Low Voltage : 2차 전압이 AC 50[V], DC 120[V] 이하)으로 SELV(비접지회로 구성) 및 PELV(접지회로 구성)은 1차와 2차가 전기적으로 절연된 회로, FELV는 1차와 2차가 전기적으로 절연되지 않은 회로

10

지름 20[cm]의 구형 외구의 광속발산도가 2,000[rlx]라고 할 때 외구 중심의 균등 점광원 광도는 얼마인지 계산하시오. (단, 외구 투과율은 90[%]이다) [5점]

계산과정

정답

답안작성

계산과정 | $I = \dfrac{R(1-\rho)r^2}{\tau} = \dfrac{2,000 \times (1-0) \times 0.1^2}{0.9} = 22.22$[cd]

정답 | 22.22[cd]

참고

구형 외구의 광속발산도

$R = \dfrac{\tau I}{(1-\rho)r^2}$ [rlx]

- τ : 투과율[%]
- I : 광도[cd]
- ρ : 반사율[%]
- r : 외구의 반지름[m] (지름 $\times \dfrac{1}{2}$)

11

다음은 지중전선로의 사고점 측정법과 절연의 건전도를 측정하는 방법을 나열한 것이다. 다음 방법 중 사고점 측정법과 절연 감시법을 구분하시오. [4점]

① Megger법
② Tan δ 측정법
③ 부분방전측정법
④ Murray Loop법
⑤ Capacity bridge법
⑥ Pulse rader법

답안작성

(1) 사고점 측정법 : ④, ⑤, ⑥
(2) 절연 감시법 : ①, ②, ③

12

다음 고압 배전선의 구성과 관련된 환상(루프)식 미완성 배전 단선도를 완성하시오. [4점]

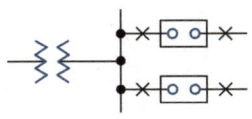

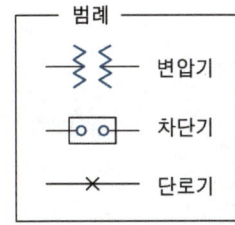

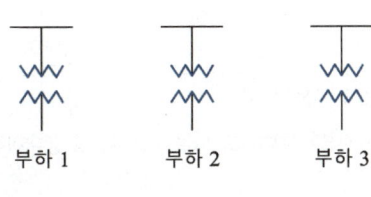

부하 1   부하 2   부하 3

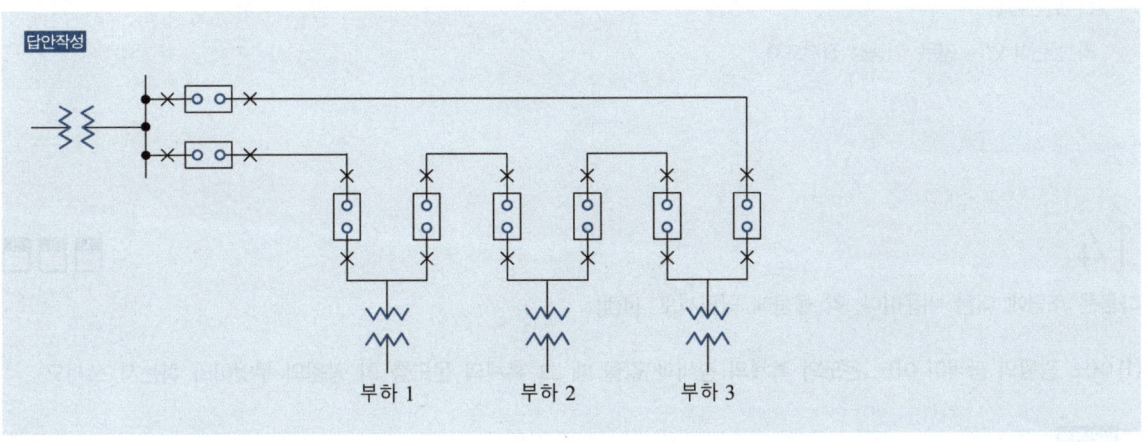

13

접지시스템은 주접지단자를 설치하고, 접속해야 하는 도체 3가지만 쓰시오. [5점]

답안작성
① 등전위본딩도체
② 접지도체
③ 보호도체

참고
한국전기설비규정 142.3.7 주접지단자
1. 접지시스템은 주접지단자를 설치하고, 다음의 도체들을 접속하여야 한다.
　가. 등전위본딩도체
　나. 접지도체
　다. 보호도체
　라. 관련이 있는 경우, 기능성 접지도체

14

다음은 조명에 대한 내용이다. 각 물음에 답하시오. [4점]

(1) 어느 광원의 광색이 어느 온도의 흑체의 광색과 같을 때 그 흑체의 온도를 이 광원의 무엇이라 하는지 쓰시오.

답안작성
색온도

(2) 빛의 분광특성이 색의 보임에 미치는 효과를 말하며, 동일한 색을 가진 것이라도 조명하는 빛에 따라 다르게 보이는 특성을 무엇이라 하는지 쓰시오.

답안작성
연색성

15

특성 임피던스 600[Ω], 주파수 60[Hz]의 송전선의 전파속도는 3×10^5[km/s]이다. 다음 물음에 답하시오. [8점]

(1) 인덕턴스 L [H/km]와 커패시턴스 C [F/km]를 각각 계산하시오.

계산과정 | $L = \dfrac{Z_o}{v} = \dfrac{600}{3\times10^5} = 2\times10^{-3}$ [H/km]

$C = \dfrac{1}{Z_o v} = \dfrac{1}{600\times3\times10^5} = 5.56\times10^{-9}$ [F/km]

정답 | $L = 2\times10^{-3}$ [H/km], $C = 5.56\times10^{-9}$ [F/km]

참고

특성 임피던스 $Z_o = \sqrt{\dfrac{L}{C}}$ 전파속도 $v = \dfrac{1}{\sqrt{LC}}$

$Z_o = \sqrt{\dfrac{L\times L}{C\times L}} = \dfrac{1}{\sqrt{LC}}\times L = v\cdot L$

$L = \dfrac{Z_o}{v}$

$Z_o = \sqrt{\dfrac{L\times C}{C\times C}} = \sqrt{LC}\times\dfrac{1}{C} = \dfrac{1}{vC}$

$C = \dfrac{1}{Z_o v}$

(2) 파장은 몇 [km]인지 계산하시오.

계산과정 | $\lambda = \dfrac{3\times10^5}{60} = 5{,}000$ [km]

정답 | 5,000[km]

참고

파장 $\lambda = \dfrac{v}{f}$

16

다음 결선도는 수동 및 자동(하루 중 설정시간 동안 운전) Y-△ 배기팬 MOTOR 결선도 및 조작회로이다. 다음 각 물음에 답하시오. [9점]

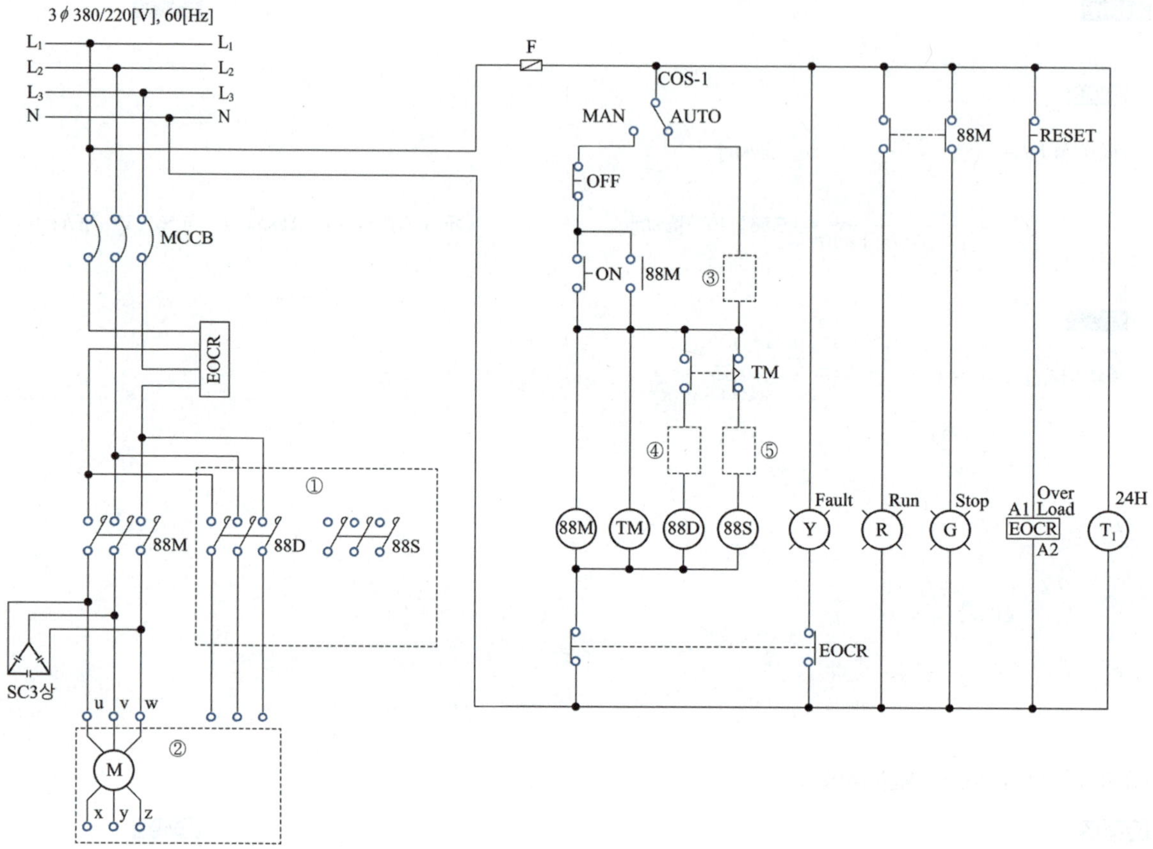

(1) ①, ② 부분의 누락된 회로를 완성하시오.

답안작성

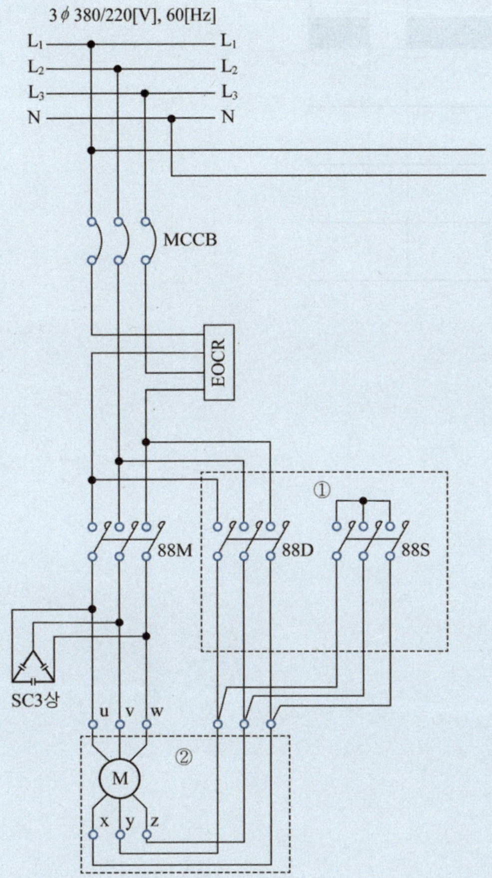

(2) ③, ④, ⑤의 미완성 부분의 접점을 그리고 그 접점기호를 표기하시오.

답안작성

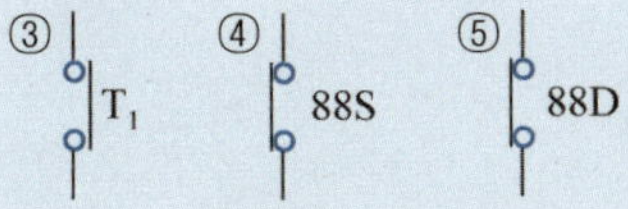

③  T_1 ④ 88S   ⑤ 88D

(3)  의 접점 명칭을 쓰시오.

답안작성

한시동작 순시복귀 a접점

(4) Time chart를 완성하시오.

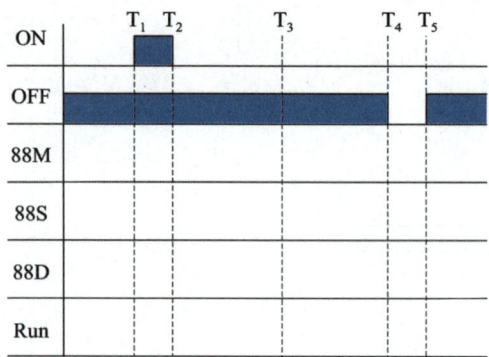

답안작성

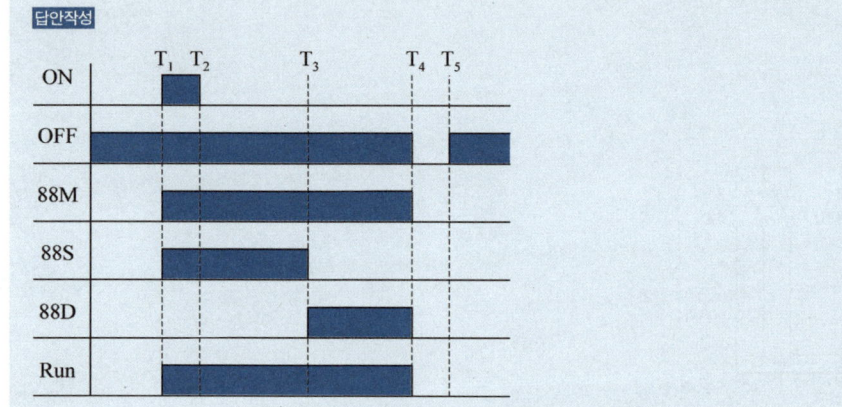

17

그림과 같은 Y결선에서 기본파와 제3고조파 전압만이 존재하고 측정된 전압이 $V_P = 150[V]$, $V_l = 220[V]$이다. 다음 물음에 답하시오. (단, 부하측의 전압은 평형상태이다) [5점]

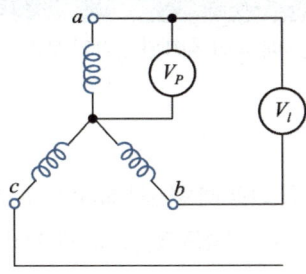

(1) 제3고조파 전압[V]를 계산하시오.

계산과정 | $V_P = \sqrt{V_1^2 + V_3^2}$

$V_3 = \sqrt{V_P^2 - V_1^2} = \sqrt{150^2 - \left(\dfrac{220}{\sqrt{3}}\right)^2} = 79.791[V]$

정답 | 79.79[V]

참고

비정현파 실효값 $= \sqrt{\text{기본파 실효값}^2 + \text{고조파 실효값}^2}$

Y결선에서의 기본파 실효값 $= \dfrac{\text{선간전압}}{\sqrt{3}}$

(2) 왜형률을 계산하시오.

계산과정 | $\dfrac{79.79}{\dfrac{220}{\sqrt{3}}} \times 100 = 62.818[\%]$

정답 | 62.82[%]

참고

왜형률 $= \dfrac{\text{전 고조파의 실효값}}{\text{기본파의 실효값}} \times 100[\%]$

실기[필답형]기출문제   2021 * 2

※ 출제기준 변경 및 개정된 관계법규에 따라 삭제된 문제가 있어 배점의 합계가 100점이 안 됩니다.

01

100[V], 20[A]용 단상 적산 전력계에 어느 부하를 가할 때 원판의 회전수 20회에 대하여 40.3[초]가 걸렸다. 만일 이 계기의 지시값 20[A]에 있어서 오차가 +2[%]라 하면 부하전력은 몇 [kW]인지 계산하여 구하시오. (단, 이 계기의 계기 정수는 1,000[Rev/kWh]이다) [5점]

계산과정   **정답**

[답안작성]

계산과정 | 오차 = $\dfrac{\text{적산전력계의 측정값} - \text{부하전력}}{\text{부하전력}} \times 100[\%]$

부하전력 = $\dfrac{\text{전력계의 측정값}}{\dfrac{\text{오차}}{100} + 1}$

적산전력계 측정값 = $\dfrac{3,600 \times 20}{40.3 \times 1,000} = 1.79\,[\text{kW}]$

부하전력 = $\dfrac{1.79}{\dfrac{2}{100} + 1} = 1.75\,[\text{kW}]$

정답 | 1.75[kW]

[참고]

오차 = $\dfrac{\text{측정값} - \text{참값(부하전력)}}{\text{참값(부하전력)}} \times 100[\%]$

적산전력계 측정값 = $\dfrac{3,600 \times n}{t \times k}\,[\text{kW}]$

- n : 회전수[회]
- t : 시간[초]
- k : 계기정수[Rev/kWh]

02

피뢰시스템의 각 등급은 다음과 같은 특징을 가진다. 위험성 평가를 기초로 하여 요구되는 피뢰시스템의 등급에 관계가 있는 것과 없는 것으로 분류하여 빈칸을 채우시오. [6점]

① 회전구체의 반경, 메시(mesh)의 크기 및 보호각
② 인하도선 사이 및 환상도체 사이의 전형적인 최적거리
③ 위험한 불꽃 방전에 대비한 이격거리
④ 접지극의 최소길이
⑤ 수뢰부 시스템으로 사용되는 금속판과 금속관의 최소두께
⑥ 접지도체의 최소치수
⑦ 피뢰시스템의 재료 및 사용조건

관계가 있는 것	(1)
관계가 없는 것	(2)

답안작성

(1) ①, ②, ③, ④
(2) ⑤, ⑥, ⑦

03

$i(t) = 10\sin\omega t + 4\sin(2\omega t + 30°) + 3\sin(3\omega t + 60°)$ [A]의 비정현파 전류에 대한 실효값은 몇 [A]인지 계산하여 구하시오. [4점]

답안작성

계산과정 | $\sqrt{\left(\dfrac{10}{\sqrt{2}}\right)^2 + \left(\dfrac{4}{\sqrt{2}}\right)^2 + \left(\dfrac{3}{\sqrt{2}}\right)^2} = 7.91$ [A]

정답 | 7.91[A]

참고

비정현파의 실효값 $= \sqrt{\left(\dfrac{\text{기본파의 최대값}}{\sqrt{2}}\right)^2 + \left(\dfrac{2\text{고조파의 최대값}}{\sqrt{2}}\right)^2 + \cdots + \left(\dfrac{n\text{고조파의 최대값}}{\sqrt{2}}\right)^2}$

$= \sqrt{\text{기본파의 실효값}^2 + 2\text{고조파의 실효값}^2 + \cdots + n\text{고조파의 실효값}^2}$

04

다음 빈칸을 한국전기설비규정에서 정한 전압으로 채우시오. [5점]

전로의 종류	절연내력 시험전압
최대사용전압 6,900[V]	①
최대사용전압 13,800[V]의 중성점 접지식 전로	②
최대사용전압 24,000[V]의 중성점 접지식 전로	③

답안작성

① $6,900 \times 1.5 = 10,350$[V]

② $13,800 \times 0.92 = 12,696$[V]

③ $24,000 \times 0.92 = 22,080$[V]

참고

한국전기설비규정 132 전로의 절연저항 및 절연내력

표 132-1 전로의 종류 및 시험전압

전로의 종류	시험전압
1. 최대사용전압 7[kV] 이하인 전로	최대사용전압의 1.5배의 전압
2. 최대사용전압 7[kV] 초과 25[kV] 이하 중성점 접지식 전로(중성선을 가지는 것으로서 그 중성선을 다중접지 하는 것에 한한다)	최대사용전압의 0.92배의 전압
3. 최대사용전압 7[kV] 초과 60[kV] 이하인 전로(2란의 것을 제외한다)	최대사용전압의 1.25배의 전압 (10.5[kV] 미만으로 되는 경우는 10.5[kV])
4. 최대사용전압 60[kV] 초과 중성점 비접지식전로(전위 변성기를 사용하여 접지하는 것을 포함한다)	최대사용전압의 1.25배의 전압
5. 최대사용전압 60[kV] 초과 중성점 접지식 전로(전위 변성기를 사용하여 접지하는 것 및 6란과 7란의 것을 제외한다)	최대사용전압의 1.1배의 전압 (75[kV] 미만으로 되는 경우에는 75[kV])
6. 최대사용전압이 60[kV] 초과 중성점 직접접지식 전로(7란의 것을 제외한다)	최대사용전압의 0.72배의 전압
7. 최대사용전압이 170[kV] 초과 중성점 직접 접지식 전로로서 그 중성점이 직접 접지되어 있는 발전소 또는 변전소 혹은 이에 준하는 장소에 시설하는 것	최대사용전압의 0.64배의 전압
8. 최대사용전압이 60[kV]를 초과하는 정류기에 접속되고 있는 전로	교류측 및 직류 고전압측에 접속되고 있는 전로는 교류측의 최대사용전압의 1.1배의 직류전압 직류측 중성선 또는 귀선이 되는 전로 (이하 이장에서 "직류 저압측 전로"라 한다)는 아래에 규정하는 계산식에 의하여 구한 값

05

154[kV], 60[Hz]의 3상 송전선이 있다. 강심 알루미늄의 전선을 사용하고 지름은 1.6[cm], 등가선간거리 400[cm]이다. 25[℃] 기준으로 날씨계수와 상대공기 밀도는 각각 1이며, 전선의 표면계수는 0.83이다. 이때 코로나 임계전압[kV] 및 코로나 손실[kW/km/1선]을 계산하여 구하시오. [6점]

(1) 코로나 임계전압

계산과정 | 계산과정 | $E_o = 24.3 \times 0.83 \times 1 \times 1 \times 1.6 \times \log_{10} \dfrac{2 \times 400}{1.6} = 87.096$ [kV]

정답 | 87.1[kV]

참 고

코로나 임계전압

$E_o = 24.3 \times m_0 m_1 \delta d \log_{10} \dfrac{2D}{d}$ [kV]

- m_0 : 전선의 표면계수
- δ : 상대공기 밀도
- D : 선간거리[cm]
- m_1 : 날씨에 대한 계수(맑은 날 1.0, 우천 시 0.8)
- d : 전선의 지름[cm]

(2) 코로나 손실(단, Peek의 실험식을 이용할 것)

계산과정 | 계산과정 | $P_c = \dfrac{241}{1}(60+25) \times \sqrt{\dfrac{1.6}{2 \times 400}} \times \left(\dfrac{154}{\sqrt{3}} - 87.1\right)^2 \times 10^{-5} = 0.03$ [kW/km/1선]

정답 | 0.03[kW/km/1선]

참 고

Peek의 실험식

코로나 손실 $P_c = \dfrac{241}{\delta}(f+25) \sqrt{\dfrac{d}{2D}} (E-E_o)^2 \times 10^{-5}$

- δ : 상대공기 밀도
- d : 전선의 지름[cm]
- E : 전선의 대지전압 $\left(= \dfrac{선간전압}{\sqrt{3}}\right)$[kV]
- f : 주파수[Hz]
- D : 선간거리[cm]
- E_o : 코로나 임계전압[kV]

06

22.9[kV], 60[Hz], 1회선의 3상 지중 송전선의 무부하 충전용량[kVA]를 계산하여 구하시오. (단, 송전선의 길이는 50[km], 1선의 정전용량은 0.01[μF/km]이다) [5점]

계산과정

답안작성

계산과정 | $Q = 3 \times 2\pi \times 60 \times 0.01 \times 10^{-6} \times 50 \times \left(\dfrac{22.9 \times 10^3}{\sqrt{3}}\right)^2 = 98,848.57$[VA]

$98,848.57[\text{VA}] \times 10^{-3} = 98.85[\text{kVA}]$

정답 | 98.85[kVA]

참고

충전용량 $Q = 3\omega C E^2$

대지정전용량 $C = 0.01 \times 10^{-6}$[F/km] $\times 50$[km]

대지전압 $E = \dfrac{\text{선간전압}}{\sqrt{3}} = \dfrac{22.9 \times 10^3}{\sqrt{3}}$[V]

07

ALTS의 명칭 그리고 용도를 설명하시오. [4점]

답안작성

(1) 명칭 : 자동부하 전환 개폐기
(2) 용도 : 정전 시 또는 전압이 기준 이하 값으로 떨어질 경우 예비전원으로 자동전환되어 중요부하에 전원공급

08

최대눈금 15[A]의 직류전류계 2개를 병렬로 접속한 회로가 있다. 이 회로에 전류 20[A]를 흘리면 각 전류계는 몇 [A]를 지시하는지 다음 물음에 답하시오. (단, 전류계가 최대눈금을 지시할 때 A_1은 75[mV], A_2는 50[mV]의 전압강하가 발생한다)
[5점]

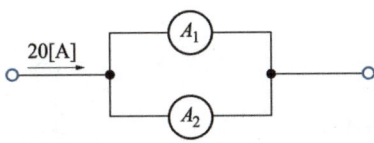

(1) A_1 전류계의 지시값을 계산하여 구하시오.

계산과정   정 답

답안작성

계산과정 | 각 전류계의 내부저항값을 구하면

$$R_1 = \frac{V_1}{I_1} = \frac{75 \times 10^{-3}}{15} = 5 \times 10^{-3}[\Omega]$$

$$R_2 = \frac{V_2}{I_2} = \frac{50 \times 10^{-3}}{15} = 3.33 \times 10^3[\Omega]$$

$$A_1 = \frac{R_2}{R_1 + R_2} \times I = \frac{3.33 \times 10^{-3}}{5 \times 10^{-3} + 3.33 \times 10^{-3}} \times 20 = 8[A]$$

정답 | 8[A]

(2) A_2 전류계 지시값을 계산하여 구하시오.

계산과정   정 답

답안작성

계산과정 | $A_2 = \frac{R_1}{R_1 + R_2} \times I = \frac{5 \times 10^{-3}}{5 \times 10^{-3} + 3.33 \times 10^{-3}} \times 20 = 12[A]$

정답 | 12[A]

09

6,600/210[V], 10[kVA]의 단상변압기 2대를 V결선하여 6,300[V] 3상 전원에 접속하였다. 다음 각 물음에 답하시오. [6점]

(1) 승압된 전압은 몇 [V]인지 계산하시오.

계산과정 | $V_2 = 6,300 \times \left(1 + \dfrac{210}{6,600}\right) = 6,500.45$

정답 | 6,500.45[V]

참 고

승압변압기의 2차 전압

$V_2 = V_1 \times \left(1 - \dfrac{1}{a}\right)$[V]

(2) 그림의 단상변압기를 3상 V결선 승압변압기가 되도록 결선하시오.

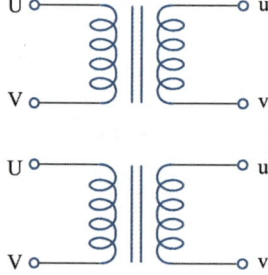

답안작성

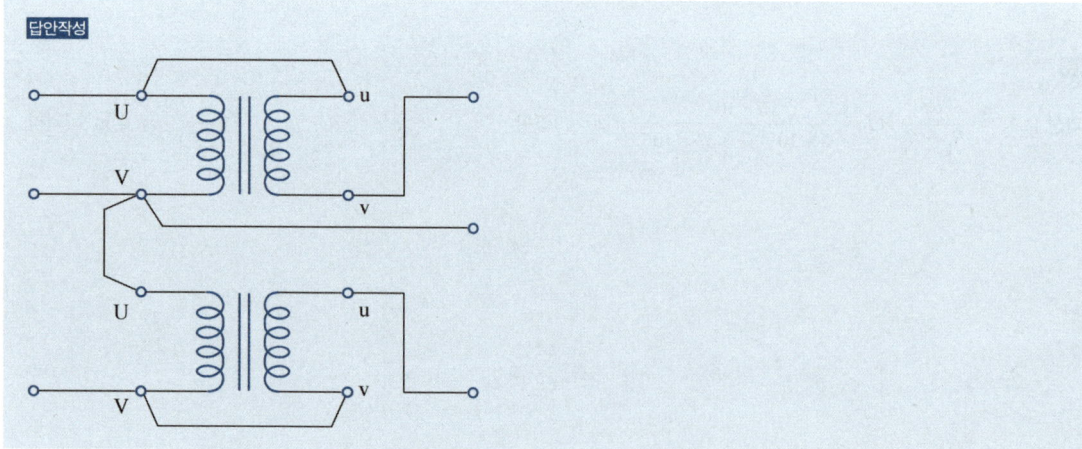

> **참 고**
>
>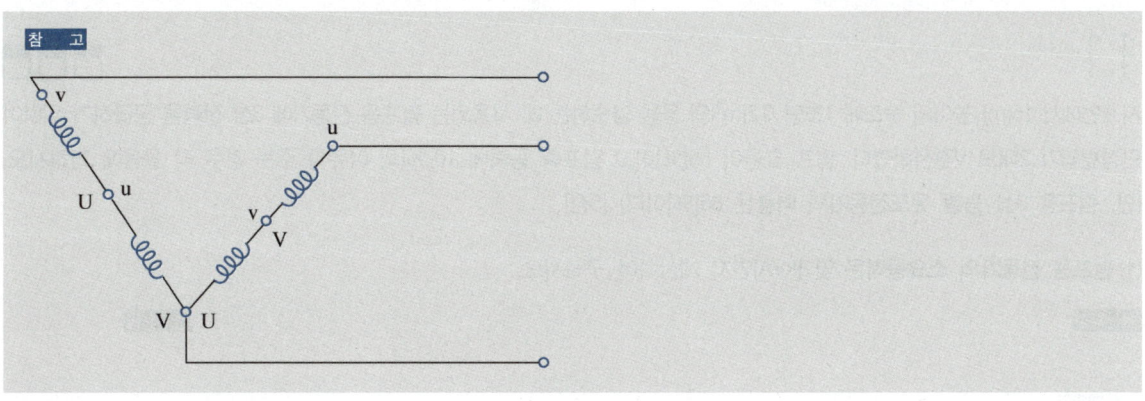

10

3상 배전선로에서 늦은 역률 80[%]인 평형 3상 부하를 말단에 집중하였다. 변전소 인출구의 전압이 3,300[V]인 경우 부하단자 전압을 3,000[V] 이하로 강압되지 않게 하려면 부하전력은 몇 [kW] 이하로 하여야 하는가? (단, 전선 1선의 저항은 2[Ω], 리액턴스는 1.8[Ω]이고 그 외의 선로정수는 무시한다) [5점]

계산과정

답안작성

계산과정 | 전압강하 e(인출구 전압 - 부하단자전압)는 300[V] 이하여야 하므로

$$e = \frac{P}{V_r}(R + X\tan\theta)$$ 식에서 전력 P을 기준으로 식을 정리하면

$$P = \frac{e \cdot V_r}{R + X\tan\theta} = \frac{300 \times 3,000}{2 + 1.8 \times \frac{0.6}{0.8}} = 268,656.72 [W]$$

$268,656.72[W] \times 10^{-3} = 268.66[kW]$

정답 | 268.66[kW]

참 고

3상 전압강하(늦은 역률) $e = \sqrt{3}\,I(R\cos\theta + X\sin\theta) = \frac{P}{V_r}(R + X\tan\theta)[W]$

11

지표면에서 15[m] 높이의 수조에 1초당 0.2[m³]의 물을 양수하는 데 사용되는 펌프용 전동기에 3상 전력을 공급하기 위하여 단상변압기 2대로 V결선하였다. 펌프 효율이 65[%]이고 펌프축 동력에 10[%]의 여유를 주는 경우 각 물음에 답하시오. (단, 펌프용 3상 농형 유도전동기의 역률은 85[%]이다) [5점]

(1) 펌프용 전동기의 소요동력은 몇 [kVA]인지 계산하여 구하시오.

계산과정 | $P = \dfrac{9.8 \times 1.1 \times 0.2 \times 15}{0.65 \times 0.85} = 58.53$ [kVA]

정답 | 58.53[kVA]

참고

펌프용 전동기 소요동력

$$P = \frac{9.8KQH}{\eta \cos\theta} \text{[kVA]}$$

- K : 여유율
- Q : 양수량[m³/sec]
- H : 양정[m]
- η : 전동기 효율
- $\cos\theta$: 역률

(2) 단상변압기 1대의 용량은 몇 [kVA]인지 계산하여 구하시오.

계산과정 | $P_1 = \dfrac{58.53}{\sqrt{3}} = 33.79$ [kVA]

정답 | 33.79[kVA]

참고

V결선에서 변압기 용량 $P_V = \sqrt{3}\,P_1$

변압기 1대의 용량 $P_1 = \dfrac{P_V}{\sqrt{3}}$

12

그림에서 B점의 차단기 용량을 100[MVA]로 제한하기 위한 한류리액터의 %리액턴스는 몇 [%]인지 계산하여 구하시오. (단, 기준용량은 10[MVA]로 한다) [5점]

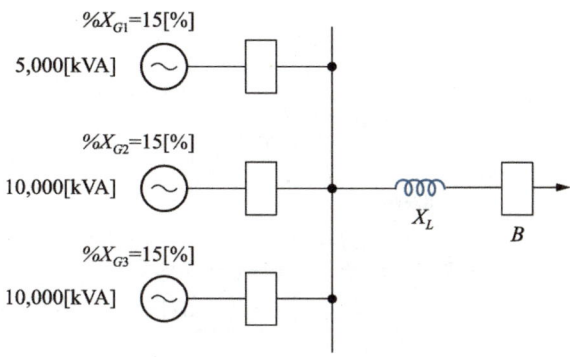

계산과정 | B점의 차단기 용량을 100[MVA]로 두면

$$P_B = \frac{100}{\%X_o}P_n$$

$$\%X_o = \frac{100}{P_B}P_n = \frac{100}{100} \times 10 = 10[\%]$$

각 발전기를 기준용량 10[MVA]로 %X를 환산하면

$$\%X_{G1}' = \frac{10}{5} \times 15 = 30[\%]$$

$$\%X_{G2}' = \frac{10}{10} \times 15 = 15[\%]$$

$$\%X_{G3}' = \frac{10}{10} \times 15 = 15[\%]$$

합성 $\%X_o = \dfrac{1}{\frac{1}{30}+\frac{1}{15}+\frac{1}{15}} + \%X_L = 10[\%]$

$\%X_L = 10 - \dfrac{1}{\frac{1}{30}+\frac{1}{15}+\frac{1}{15}} = 4[\%]$

정답 | 4[%]

참고

%X를 기준용량으로 환산

$\%X' = \dfrac{\text{기준용량}}{\text{자기용량}} \times \text{자기}\%X[\%]$

13

지지물에 대한 다음 물음에 답하시오. [5점]

(1) 그림과 같은 송전 철탑에서 등가선 간 거리를 몇 [m]인지 계산하시오.

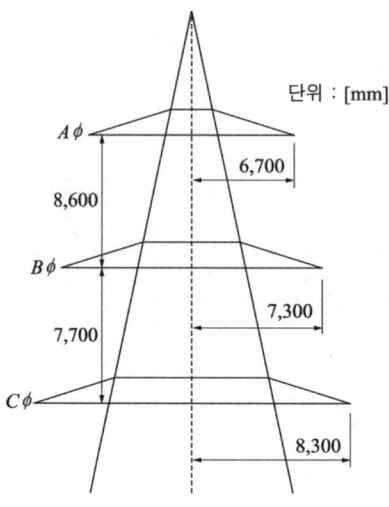

계산과정

답안작성

계산과정 | $D_e = \sqrt[3]{D_{AB} \cdot D_{BC} \cdot D_{CA}}$

$D_{AB} = \sqrt{8.6^2 + (7.3-6.7)^2} = 8.62[m]$

$D_{BC} = \sqrt{7.7^2 + (8.3-7.3)^2} = 7.77[m]$

$D_{CA} = \sqrt{(8.6+7.7)^2 + (8.3-6.7)^2} = 16.38[m]$

$D_e = \sqrt[3]{8.62 \times 7.77 \times 16.38} = 10.31[m]$

정답 | 10.31[m]

(2) 간격 500[mm]인 정사각형 배치의 4도체에서 소선 상호 간의 기하학적 평균 거리[m]를 계산하시오.

계산과정

답안작성

계산과정 | $D = \sqrt[6]{2} \times 500 \times 10^{-3} = 0.56[m]$

정답 | 0.56[m]

참고

정사각형 배치의 기하학적 평균 거리

$D = \sqrt[6]{2}\, d[m]$

- d : 간격[m]

14

한국전기설비규정의 등전위본딩도체에 관한 내용이다. 빈칸을 채우시오. [4점]

(1) 주접지단자에 접속하기 위한 등전위본딩 도체는 설비 내에 있는 가장 큰 보호접지도체 단면적의 1/2 이상의 단면적을 가져야 하고 다음의 단면적 이상이어야 한다.
  ① 구리도체 (　)[mm^2]
  ② 알루미늄 도체 (　)[mm^2]
  ③ 강철 도체 (　)[mm^2]

답안작성

① 6
② 16
③ 50

(2) 주접지단자에 접속하기 위한 보호본딩도체의 단면적은 구리도체 (　)[mm^2] 또는 다른 재질의 동등한 단면적을 초과할 필요는 없다.

답안작성

25

참 고

한국전기설비규정 143.3.1 보호등전위본딩 도체

1. 주접지단자에 접속하기 위한 등전위본딩 도체는 설비 내에 있는 가장 큰 보호접지도체 단면적의 1/2 이상의 단면적을 가져야 하고 다음의 단면적 이상이어야 한다.
   가. 구리도체 6[mm^2]
   나. 알루미늄 도체 16[mm^2]
   다. 강철 도체 50[mm^2]
2. 주접지단자에 접속하기 위한 보호본딩도체의 단면적은 구리도체 25[mm^2] 또는 다른 재질의 동등한 단면적을 초과할 필요는 없다.

15

다음은 3상 4선식 22.9[kV] 수전설비 단선 결선도이다. 다음 각 물음에 답하시오. [12점]

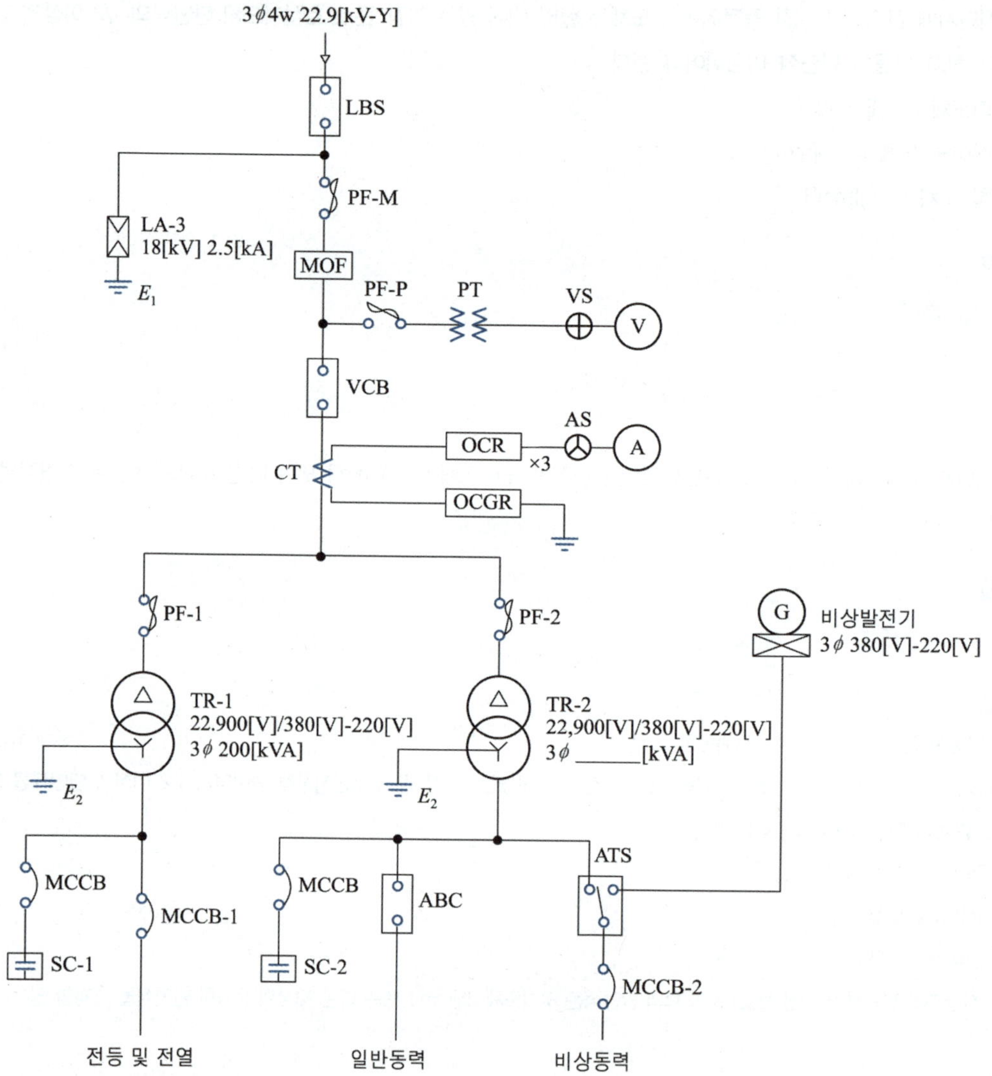

(1) 위 수전설비 단선 결선도의 LA에 대하여 다음 각 물음에 답하시오.

① 우리말 명칭은 무엇인지 쓰시오.

답안작성
피뢰기

②기능과 역할에 대해 간단히 서술하시오.

답안작성
- 기능 : 이상전압 내습 시 대지로 신속하게 방전하고 속류를 차단한다.
- 역할 : 이상전압 및 뇌전류로부터 전기설비기기를 보호한다.

③LA의 구비조건 2가지만 쓰시오.

답안작성
- 제한 전압이 낮을 것
- 속류 차단 능력이 클 것

참고
- 상용주파방전 개시 전압이 높을 것
- 충격방전 개시 전압이 낮을 것

(2) 수전설비 단선 결선도의 부하집계 및 입력환산표이다. 빈칸을 채우시오. (단, 입력환산[kVA]은 계산값의 소수 셋째 자리에서 반올림한다)

[부하집계 및 입력환산표]

구분		설비용량[kW]	효율[%]	역률[%]	수용률[%]	입력환산[kVA]
전등 및 전열		350	100	80	60	①
일반동력		635	85	90	45	②
비상동력	유도전동기1	7.5×2	85	90	100	③
	유도전동기2	11	85			④
	유도전동기3	15	85			⑤
	비상조명	8	100			⑥
	소계	-	-	-	-	⑦

계산과정　　　　　　　　　　　　　　　　　　　　　　　　　　　**정　답**

답안작성

① $\dfrac{350}{0.8 \times 1} = 437.5$　　　　② $\dfrac{634}{0.9 \times 0.85} = 830.07$

③ $\dfrac{7.5 \times 2}{0.9 \times 0.85} = 19.61$　　　　④ $\dfrac{11}{0.9 \times 0.85} = 14.38$

⑤ $\dfrac{15}{0.9 \times 0.85} = 19.61$　　　　⑥ $\dfrac{8}{0.9 \times 1} = 8.89$

⑦ $19.61 + 14.38 + 19.61 + 8.89 = 62.49$

(3) 단선결선도와 (2)의 [부하집계 및 입력환산표]를 이용하여 TR-2의 적정용량을 계산하여 구하시오.

[참고사항]
- 일반 동력군과 비상 동력군 간의 부등률은 1.3로 본다.
- 변압기 용량은 15[%] 정도의 여유를 갖게 한다.
- 변압기의 표준규격[kVA]은 200, 300, 400, 500, 600으로 한다.

계산과정 | $\dfrac{(830.07 \times 0.45) + (62.49 \times 1)}{1.3} \times 1.15 = 385.71\,[\text{kVA}]$

정답 | 표준규격 400[kVA] 선정

(4) TR-2의 2차측 중성점의 접지도체 굵기[mm²]를 한국전기설비규정에서 정한 접지시스템 보호도체 식으로 계산하여 구하시오.

[참고사항]
- 접지선은 GV전선을 사용하고 표준굵기[mm²]는 6, 10, 16, 25, 35, 50, 70 중에서 선정한다.
- 보호도체, 절연, 기타 부위의 재질 및 초기온도와 최종온도에 따라 정해지는 계수 $k = 143$이다.
- 고장전류는 변압기 2차 정격전류의 20배로 본다.
- 변압기 2차의 과전류 보호차단기는 고장전류에서 0.1초 이내에 차단되는 것이다.

계산과정 | $S = \dfrac{\sqrt{I^2 t}}{k}\,[\text{mm}^2]$

TR-2의 2차 정격전류 $I = \dfrac{400 \times 10^3}{\sqrt{3} \times 380} = 607.74\,[\text{A}]$

$S = \dfrac{\sqrt{(607.74 \times 20)^2 \times 0.1}}{143} = 26.88\,[\text{mm}^2]$

정답 | 표준굵기 35[mm²] 선정

참고

한국전기설비규정 142.3.2 보호도체

나. 차단시간이 5초 이하인 경우에만 다음 계산식을 적용한다.

$S = \dfrac{\sqrt{I^2 t}}{k}$

- S : 단면적[mm²]
- I : 보호장치를 통해 흐를 수 있는 예상 고장전류 실효값[A]
- t : 자동차단을 위한 보호장치의 동작시간[s]
- k : 보호도체, 절연, 기타 부위의 재질 및 초기온도와 최종온도에 따라 정해지는 계수로 KS C IEC 60364-5-54(저압전기설비-제5-54부 : 전기기기의 선정 및 설치 - 접지설비 및 보호도체)의 "부속서 A(기본보호에 관한 규정)"에 의한다.

16

다음 [동작설명]을 이용하여 시퀀스 회로도와 타임차트를 완성하시오. [8점]

> [동작설명]
> - 전원투입 시 WL 점등
> - PBS_1을 누르면 MC_1, T_1이 여자되어 TB_2 동작, PL_1 점등(X가 여자되기 위한 접점으로 사용된다)
> - T_1의 설정시간 후 MC_2, T_2가 여자되어 TB_3 동작, PL_2 점등, PL_1 소등
> - T_2의 설정시간 후 MC_3가 여자되어 TB_4 동작, PL_3 점등, PL_2 소등
> - PBS_2를 누르면 X, T_3, T_4가 여자된다. MC_3가 소자되어 GL 점등, PL_3 소등, TB_4 정지
> - T_3의 설정시간 후 MC_2 소호되어 TB_3 정지
> - T_4의 설정시간 후 MC_1 소호되어 TB_2 정지
> - 동작사항 진행 중 PBS_3을 누르면 모든 동작은 초기로 복귀

(1) 다음 시퀀스 회로를 완성하시오.

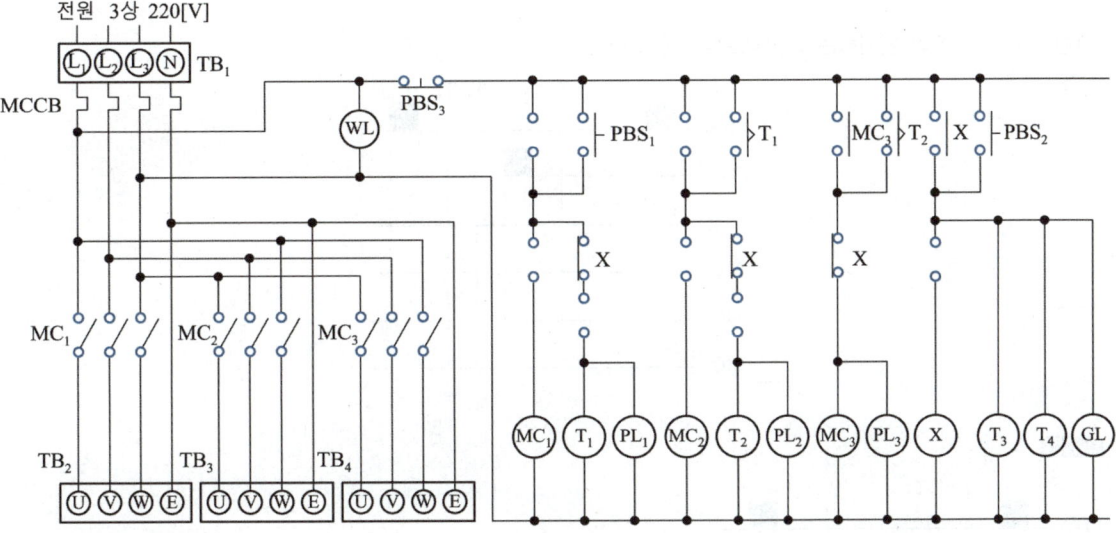

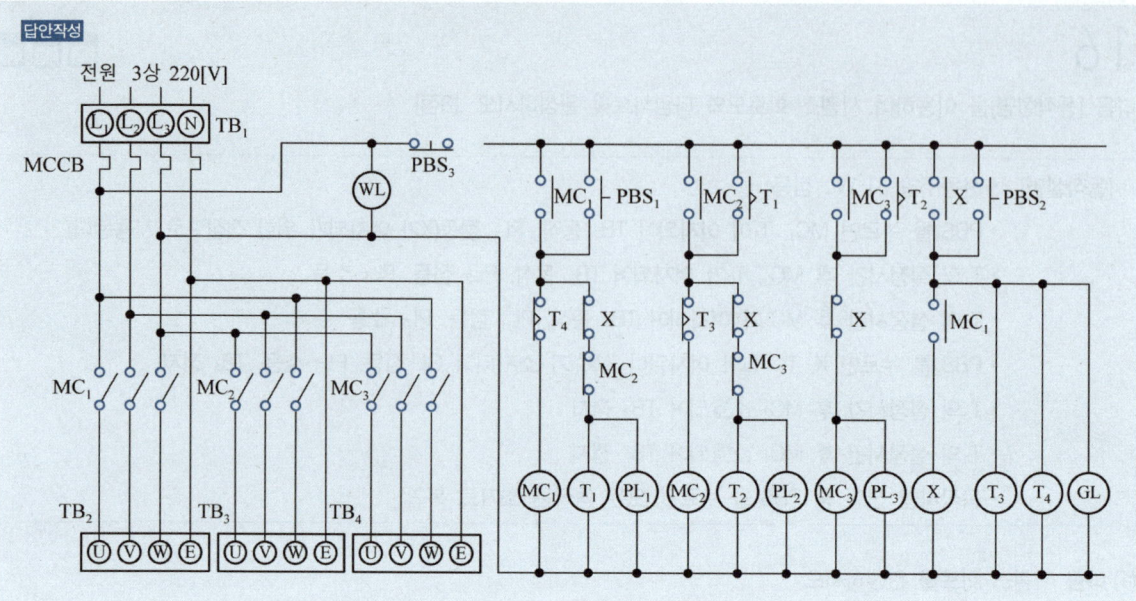

(2) 시퀀스 회로 동작과 일치하는 타임차트를 완성하시오.

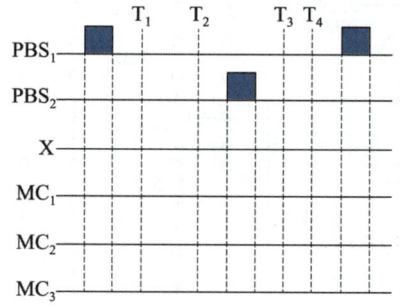

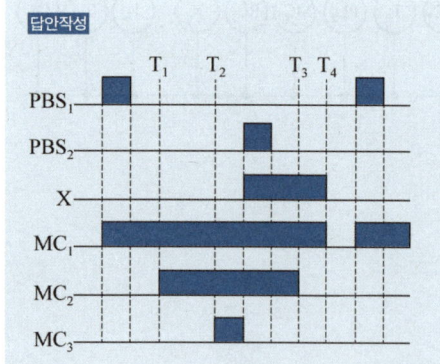

17

옥내배선에서 사용전압 220[V], 소비전력 60[W], 역률 90[%]인 형광등 50개와 소비전력 100[W], 역률 100[%]인 백열등 60개를 설치하려고 할 때 16[A] 분기회로의 최소분기 회로수를 계산하여 구하시오. [5점]

계산과정

답안작성

계산과정 | 형광등 피상전력 $P_1 = \dfrac{60}{0.9} = 66.67$[VA]

형광등 무효전력 $Q_1 = \sqrt{66.67^2 - 60^2} = 29$[Var]

형광등 전체 무효전력 $Q_{10} = 29 \times 50 = 1{,}450$[Var]

형광등과 백열등의 합성피상전력 $P_0 = \sqrt{(60 \times 50 + 100 \times 60)^2 + 1{,}450^2} = 9{,}116$[VA]

분기회로수 $N = \dfrac{9{,}116}{220 \times 16} = 2.59$

정답 | 3회로

참 고

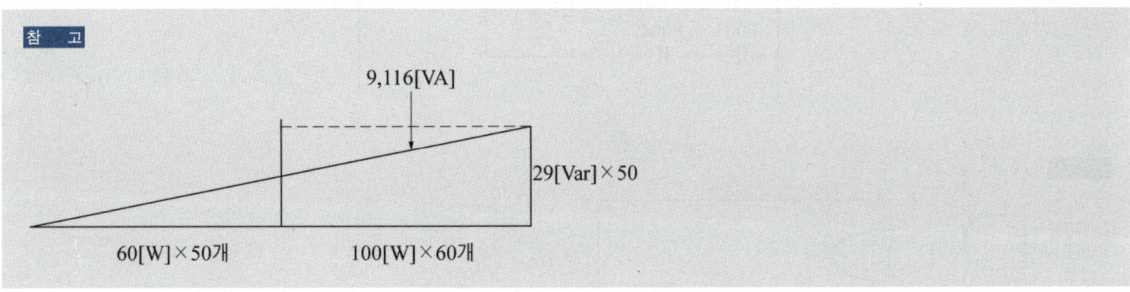

실기[필답형]기출문제 2021 * 3

※ 출제기준 변경 및 개정된 관계법규에 따라 삭제된 문제가 있어 배점의 합계가 100점이 안 됩니다.

01

다음 PLC 래더 다이어그램을 보고 논리회로도를 그리시오. (단, 2입력 1출력으로 이루어진 논리회로에 AND, OR, NOT만 사용한다) [4점]

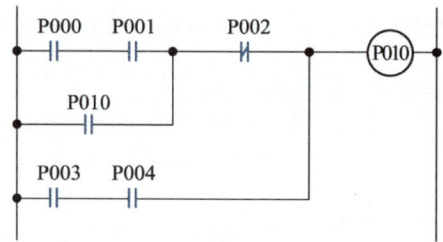

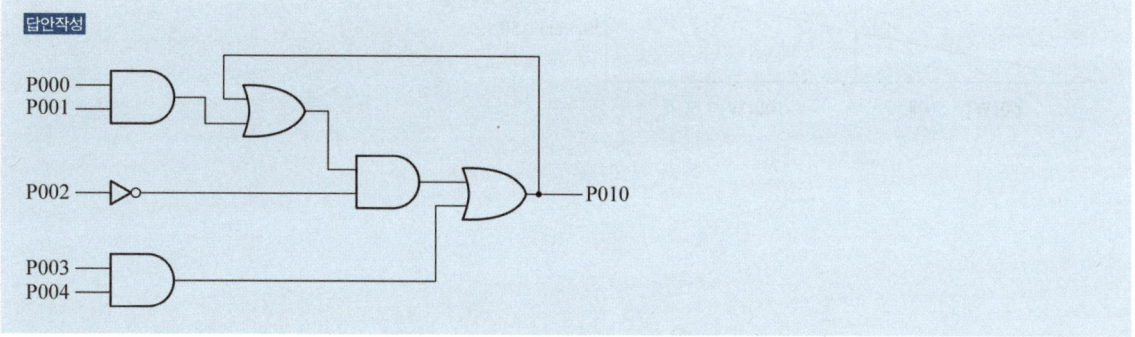

02

정격전압 380[V], 정격용량 18.5[kW]인 전동기의 역률이 70[%]이다. 전동기 역률을 90[%]로 개선하기 위해 역률개선용 콘덴서를 설치하고자 한다. 다음 물음에 답하시오. [5점]

(1) 콘덴서 용량[kVA]을 계산하시오.

계산과정 정 답

답안작성

계산과정 | 콘덴서 용량 $Q_c = P(\tan\theta_1 - \tan\theta_2)$

$\theta_1 = \cos^{-1}0.7 = 45.57°$

$\theta_2 = \cos^{-1}0.9 = 25.84°$

$Q_c = 18.5(\tan 45.57° - \tan 25.84°) = 9.91[\text{kVA}]$

정답 | 콘덴서 용량 9.91[kVA]

참 고

다른 계산법

$$Q_c = P(\tan\theta_1 - \tan\theta_2) = P\left(\frac{\sin\theta_1}{\cos\theta_1} - \frac{\sin\theta_2}{\cos\theta_2}\right) = P\left(\frac{\sqrt{1-\cos^2\theta_1}}{\cos\theta_1} - \frac{\sqrt{1-\cos^2\theta_2}}{\cos\theta_2}\right)$$

$$= 18.5\left(\frac{\sqrt{1-0.7^2}}{0.7} - \frac{\sqrt{1-0.9^2}}{0.9}\right) = 9.91[\text{kVA}]$$

(2) 콘덴서 용량[kVA]을 정전용량[μF]으로 나타내시오. (단, 콘덴서는 Y결선으로 설치하고, 주파수는 60[Hz]로 한다)

계산과정 정 답

답안작성

계산과정 | $C = \dfrac{Q_c}{\omega V^2} = \dfrac{Q_c}{2\pi f V^2} = \dfrac{9.91 \times 10^3}{2\pi \times 60 \times 380^2} \times 10^6 = 182.04[\mu\text{F}]$

C : 정전용량, V : 선간전압, f : 주파수

정답 | 182.04[μF]

참 고

콘덴서 용량

Y결선에서 $Q_c = 3\omega CE^2 = 3\omega C\left(\dfrac{V}{\sqrt{3}}\right)^2 = \omega CV^2$ [VA]

E : 상전압, C : 정전용량, V : 선간전압

03

어느 건물 내의 사무실에 조명설계를 하려고 한다. 주어진 조건과 참고자료를 이용하여 다음 각 물음에 답하시오. [15점]

[조건]
- 사무실의 면적 가로 32[m], 세로 20[m]
- 천장반사율 75[%], 벽면반사율 50[%], 바닥반사율 10[%]
- 광원과 작업면의 높이 6[m]
- 감광보상률의 보수상태 양호
- 금속 반사각 직부형 사용
- 사용전압 220[V]
- 광원 : 직접조명 기구로 고천장 LED 형광등 160[W], 효율 123[lm/W], 상태양호
- 평균조도 : 500[lx]

[표 1] 조명률, 감광보상률 및 설치간격

번호	배광 / 설치간격	조명 기구	감광보상률 (D) / 보수상태 양 중 부	반사율 ρ / 실지수	천장 0.75 벽 0.5	0.3	0.1	0.50 0.5	0.3	0.1	0.30 0.3	0.1
(1)	간접 0.80 / 0 $S \leq 1.2H$		전구 1.5 / 1.7 / 2.0 형광등 1.7 / 2.0 / 2.5	J0.6	16	13	11	12	10	08	06	05
				I0.8	20	16	15	15	13	11	08	07
				H1.0	23	20	17	17	14	13	10	08
				G1.25	26	23	20	20	17	15	11	10
				F1.5	29	26	22	22	19	17	12	11
				E2.0	32	29	26	24	21	19	13	12
				D2.5	36	32	30	26	24	22	15	14
				C3.0	38	35	32	28	25	24	16	15
				B4.0	42	39	36	30	29	27	18	17
				A5.0	44	41	39	33	30	29	19	18
(2)	반간접 0.70 / 0.10 $S \leq 1.2H$		전구 1.4 / 1.5 / 1.7 형광등 1.7 / 2.0 / 2.5	J0.6	18	14	12	14	11	09	08	07
				I0.8	22	19	17	17	15	13	10	09
				H1.0	26	22	19	20	17	15	12	10
				G1.25	29	25	22	22	19	17	14	12
				F1.5	32	28	25	24	21	19	15	14
				E2.0	35	32	29	27	24	21	17	15
				D2.5	39	35	32	29	26	24	19	18
				C3.0	42	38	35	31	28	27	20	19
				B4.0	46	42	39	34	31	29	22	21
				A5.0	48	44	42	36	33	31	23	22

번호	배광 설치간격	조명 기구	감광보상률 (D) 보수상태			반사율 천장 ρ 벽 실지수	0.75			0.50			0.30	
			양	중	부		0.5	0.3	0.1	0.5	0.3	0.1	0.3	0.1
							조명률 U[%]							
(3)	전반확산 0.40 0.40 $S \leq 1.2H$		전구			J0.6	24	19	16	22	18	15	16	14
						I0.8	29	25	22	27	23	20	21	19
						H1.0	33	28	26	30	26	24	24	21
			1.3	1.4	1.5	G1.25	37	32	29	33	29	26	26	24
						F1.5	40	36	31	36	31	29	29	26
			형광등			E2.0	45	40	36	40	36	33	32	29
						D2.5	48	43	39	43	39	36	34	33
						C3.0	51	46	42	45	40	38	37	34
			1.4	1.7	2.0	B4.0	55	50	47	49	45	42	40	37
						A5.0	57	53	49	51	47	44	41	40
(4)	반직접 0.25 0.55 $S \leq H$		전구			J0.6	26	22	19	21	24	18	19	17
						I0.8	33	28	26	26	30	24	25	23
						H1.0	36	32	30	30	33	28	28	26
			1.3	1.4	1.5	G1.25	40	36	33	33	36	30	30	29
						F1.5	43	39	35	35	39	33	33	31
			형광등			E2.0	47	44	40	39	43	36	36	34
						D2.5	51	47	43	42	46	40	39	37
						C3.0	54	49	45	44	48	42	42	38
			1.6	1.7	1.8	B4.0	57	53	50	47	51	45	43	41
						A5.0	59	55	52	49	53	47	47	43
(5)	직접 0 0.75 $S \leq 1.3H$		전구			J0.6	34	29	26	32	29	27	29	27
						I0.8	43	38	35	39	36	35	36	34
						H1.0	47	43	40	41	40	38	40	38
			1.3	1.4	1.5	G1.25	50	47	44	44	43	41	42	41
						F1.5	52	50	47	46	44	43	44	43
			형광등			E2.0	58	55	52	49	48	46	47	46
						D2.5	62	58	56	52	51	49	50	49
						C3.0	64	61	58	54	52	51	51	50
			1.4	1.7	2.0	B4.0	67	64	62	55	53	52	52	52
						A5.0	68	66	64	56	54	53	54	52

[표 2] 실지수 기호

기호	A	B	C	D	E	F	G	H	I	J
실지수	5.0	4.0	3.0	2.5	2.0	1.5	1.25	1.0	0.8	0.6
범위	4.5 이상	4.5~3.5	3.5~2.75	2.75~2.25	2.25~1.75	1.75~1.38	1.38~1.12	1.12~0.9	0.9~0.7	0.7 이하

(1) 실지수를 계산하여 기호와 실지수를 선정하시오.

계산과정

계산과정 | 실지수 $= \dfrac{32 \times 20}{6 \times (32+20)} = 2.05$

정 답

정답 | [표 2]에서 기호는 E, 실지수는 2.0 선정

참 고

실지수$(RI) = \dfrac{XY}{H(X+Y)}$

H : 광원과 작업면의 높이[m]
X : 세로 길이[m]
Y : 가로 길이[m]

(2) 실지수 그림을 이용하여 실지수를 선정하시오.

계산과정

계산과정 | 가로 $Y/H = \dfrac{32}{6} = 5.33$, 세로 $X/H = \dfrac{20}{6} = 3.33$

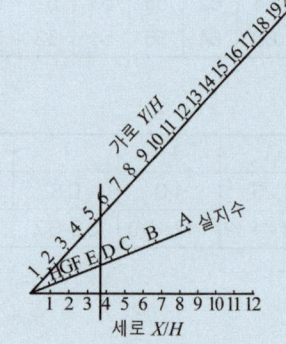

정 답

정답 | 실지수 E 선정

(3) 조명률을 선정하시오.

답안작성

[표 1]에서 58[%] 선정

참고

(5) 직접조명에서 형광등 실지수 E2.0에 천정반사율 0.75, 벽반사율 0.5를 적용하면 조명률은 58%이다.

(4) 필요한 등수를 계산하여 선정하시오.

계산과정   정답

답안작성

계산과정 | [표 1]에서 감광보상률은 1.4이므로
$$N = \frac{DES}{FU} = \frac{1.4 \times 500 \times (32 \times 20)}{123 \times 160 \times 0.58} = 39.25$$

정답 | 40[등] 선정

참고

$FUN = DES$

F : 광속[lm], U : 조명률, N : 등수

D : 감광보상률, E : 조도[lx], S : 면적[m²]

(5) 16[A] 분기회로이면 몇 회로로 하여야 하는지 계산하시오.

계산과정   정답

답안작성

계산과정 | 분기회로 $= \dfrac{160 \times 40}{220 \times 16} = 1.82$

정답 | 16[A] 분기 2회로

참고

분기회로 $= \dfrac{\text{전체전류}}{\text{분기전류}} = \dfrac{\dfrac{160[\text{W}] \times 40[\text{등}]}{220[\text{V}]}}{16[\text{A}]} = \dfrac{160 \times 40}{220 \times 16} = 1.82$[회로]

(6) 등과 등 사이의 최대거리를 계산하시오.

계산과정 | [표 1]의 (5) 직접조명에서 등과 등 사이의 간격은 $S \leq 1.3H$ 이므로
$S \leq 1.3 \times 6 = 7.8$이다.

정답 | 7.8[m]

(7)  의 우리말 명칭은 무엇인지 쓰시오.

형광등

04

공칭전압 154[kV]인 중성점 직접접지식 전로의 절연내력을 한국전기설비규정에서 정한 방법으로 시험하려고 한다. 다음 물음에 답하시오. (단, 최대사용전압은 정격전압으로 한다) [5점]

(1) 시험전압을 전로와 대지 사이에 연속하여 몇 분간 가하여야 하는지 쓰시오.

10분

(2) 시험전압은 몇 [V]인지 계산하시오.

계산과정 | $154 \times 10^3 \times 0.72 = 110,880$[V]

정답 | 110,880[V]

참고

정격전압 = 공칭전압 $\times \dfrac{1.2}{1.1}$

공칭전압[kV]	정격전압[kV]
6.6	7.2
22	24
22.9	25.8
66	72.5
154	170
345	362

한국전기설비규정 132 전로의 절연저항 및 절연내력

표 132-1 전로의 종류 및 시험전압

전로의 종류	시험전압
1. 최대사용전압 7[kV] 이하인 전로	최대사용전압의 1.5배의 전압
2. 최대사용전압 7[kV] 초과 25[kV] 이하인 중성점 접지식 전로(중성선을 가지는 것으로서 그 중성선을 다중접지하는 것에 한한다)	최대사용전압의 0.92배의 전압
3. 최대사용전압 7[kV] 초과 60[kV] 이하인 전로(2란의 것을 제외한다)	최대사용전압의 1.25배의 전압 (10.5[kV] 미만으로 되는 경우는 10.5[kV])
4. 최대사용전압 60[kV] 초과 중성점 비접지식 전로(전위 변성기를 사용하여 접지하는 것을 포함한다)	최대사용전압의 1.25배의 전압
5. 최대사용전압 60[kV] 초과 중성점 접지식 전로(전위 변성기를 사용하여 접지하는 것 및 6란과 7란의 것을 제외한다)	최대사용전압의 1.1배의 전압 (75[kV] 미만으로 되는 경우에는 75[kV])
6. 최대사용전압이 60[kV] 초과 중성점 직접 접지식 전로(7란의 것을 제외한다)	최대사용전압의 0.72배의 전압
7. 최대사용전압이 170[kV] 초과 중성점 직접 접지식 전로로서 그 중성점이 직접 접지되어 있는 발전소 또는 변전소 혹은 이에 준하는 장소에 시설하는 것	최대사용전압의 0.64배의 전압

05

송전단 전압이 3,300[V]인 변전소로부터 3[km] 떨어진 3상 동력 부하에 전력을 공급하고자 한다. 케이블의 허용전류 범위 내에서 수전단 전압을 3,150[V]로 유지하려고 할 때 케이블의 굵기를 선정하시오. (단, 동력부하의 역률은 0.8(지상)이고 부하용량은 1,000[kW]이며 케이블의 고유저항은 $1.818 \times 10^{-2}[\Omega \cdot mm^2/m]$로 하고 케이블의 정전용량 및 리액턴스 등은 무시한다) [5점]

전선의 굵기[mm²]				
95	120	150	185	240

계산과정

답안작성

계산과정 | 전압강하 $e = V_s - V_r = \sqrt{3}\,I(R\cos\theta + X\sin\theta) = \dfrac{P}{V}(R + X\tan\theta)$

$= 3,300 - 3,150 = 150 = \dfrac{P}{V}(R + X\tan\theta)$

리액턴스 X를 무시하면

$150 = \dfrac{P}{V}R$ 이고 저항 R을 기준으로 식을 정리하면

$R = \dfrac{V}{P} \times 150 = \dfrac{3{,}150}{1{,}000 \times 10^3} \times 150 = 0.4725[\Omega]$

저항 $R = \rho\dfrac{l}{A} = 0.4725[\Omega]$에서 단면적 A를 기준으로 식을 정리하면

$A = \rho\dfrac{l}{R} = 1.818 \times 10^{-2} \times \dfrac{3 \times 10^3}{0.4725} = 115.42$

정답 | 표에서 120[mm²] 선정

참고

역률이 지상일 때 전압강하

$e = \sqrt{3}\,I(R\cos\theta + X\sin\theta) = \sqrt{3} \cdot \dfrac{P}{\sqrt{3}\,V\cos\theta}(R\cos\theta + X\sin\theta) = \dfrac{P}{V}(R + X\tan\theta)[V]$

06

전기안전관리자는 국가표준기본법 제14조(국가교정제도의 확립) 및 교정 대상 및 주기 설정을 위한 지침 제4조(교정주기)에 따라 다음 계측장비는 주기적인 교정을 실시하여야 한다. 다음 표의 계측장비의 권장교정 및 시험주기는 몇 년인지 빈칸을 채워 표를 완성하시오. [5점]

계측장비	권장교정 및 시험주기(년)
계전기 시험기	
절연내력 시험기	
절연유 내압 시험기	
회로 시험기	
접지저항 측정기	

답안작성

계측장비	권장교정 및 시험주기(년)
계전기 시험기	1
절연내력 시험기	1
절연유 내압 시험기	1
회로 시험기	1
접지저항 측정기	1

07

발전기 용량 산출에 필요한 부하의 종류 및 특성이 다음과 같을 때 주어진 조건과 참고자료를 이용하여 전부하 운전을 하는데 필요한 발전기 용량[kVA]를 선정하려고 한다. 답안지의 빈칸을 채우고 발전기 용량[kVA]을 계산하여 선정하시오. (단, 수용률 적용값의 합계를 구할 때는 무효분을 포함한다) [8점]

[조건]	부하의 종류	출력[kW]	대수[대]	극수[극]	수용률[%]	적용부하	기동방법
	전동기	37	1	8	100	소화전펌프	리액터 기동
		22	2	6	80	급수펌프	리액터 기동
		11	2	6	80	배풍기	Y-△ 기동
		5.5	1	4	100	배수펌프	직입기동
	전등, 기타	50	-	-	100	비상조명	-

- 전동기 기동 시 필요용량은 무시한다.

발전기 용량[kVA]				
50	75	100	200	300

- 전등, 기타 효율, 역률, 수용률 모두 100[%]로 적용한다.

[표 1] 저압 특수 농형 2종 전동기(KSC 4202) (개방형·반밀폐형)

정격 출력 [kW]	극수	동기 속도 [rpm]	전부하 특성		기동 전류 I_{st} 각 상의 평균값[A]	비고		
			효율 η[%]	역률 pf[%]		무부하 전류 I_0 각 상의 평균값[A]	전부하 전류 I 각 상의 평균값[A]	전부하 슬립 s [%]
5.5	4	1,800	82.5 이상	79.5 이상	150 이하	12	23	5.5
7.5			83.5 이상	80.5 이상	190 이하	15	31	5.5
11			84.5 이상	81.5 이상	280 이하	22	44	5.5
15			85.5 이상	82.0 이상	370 이하	28	59	5.0
(19)			86.0 이상	82.5 이상	455 이하	33	74	5.0
22			86.5 이상	83.0 이상	540 이하	38	84	5.0
30			87.0 이상	83.5 이상	710 이하	49	113	5.0
37			87.5 이상	84.0 이상	875 이하	59	138	5.0
5.5	6	1,200	82.0 이상	74.5 이상	150 이하	15	25	5.5
7.5			83.0 이상	75.5 이상	185 이하	19	33	5.5
11			84.0 이상	77.0 이상	290 이하	25	47	5.5
15			85.0 이상	78.0 이상	380 이하	32	62	5.5
(19)	6	1,200	85.5 이상	78.5 이상	470 이하	37	78	5.0
22			86.0 이상	79.0 이상	555 이하	43	89	5.0
30			86.5 이상	80.0 이상	730 이하	54	119	5.0
37			87.0 이상	80.0 이상	900 이하	65	145	5.0

정격 출력 [kW]	극수	동기 속도 [rpm]	전부하 특성 효율 η[%]	전부하 특성 역률 pf[%]	기동 전류 I_{st} 각 상의 평균값[A]	비고 무부하 전류 I_0 각 상의 평균값[A]	비고 전부하 전류 I 각 상의 평균값[A]	비고 전부하 슬립 S [%]
5.5	8	900	81.0 이상	72.0 이상	160 이하	16	26	6.0
7.5			82.0 이상	74.0 이상	210 이하	20	34	5.5
11			83.5 이상	75.5 이상	300 이하	26	48	5.5
15			84.0 이상	76.5 이상	405 이하	33	64	5.5
(19)			85.5 이상	77.0 이상	485 이하	39	80	5.5
22			85.0 이상	77.5 이상	575 이하	47	91	5.0
30			86.5 이상	78.5 이상	760 이하	56	121	5.0
37			87.0 이상	79.0 이상	940 이하	68	148	5.0

구분	출력	효율[%]	역률[%]	입력[kVA]	수용률[%]	수용률 적용값[kVA]
전동기	37×1					
	22×2					
	11×2					
	5.5×1					
전등, 기타	50					
합계						

답안작성

구분	출력	효율[%]	역률[%]	입력[kVA]	수용률[%]	수용률 적용값[kVA]
전동기	37×1	87	79	$\frac{37}{0.87 \times 0.79}=53.83$	100	$53.83 \times 1 = 53.83$
	22×2	86	79	$\frac{22 \times 2}{0.86 \times 0.79}=64.76$	80	$64.76 \times 0.8 = 51.81$
	11×2	84	77	$\frac{11 \times 2}{0.84 \times 0.77}=34.01$	80	$34.01 \times 0.8 = 27.21$
	5.5×1	82.5	79.5	$\frac{5.5}{0.825 \times 0.795}=8.39$	100	$8.39 \times 1 = 8.39$
전등, 기타	50	100	100	50	100	50
합계	-	-	-	-	-	$\sqrt{\begin{array}{l}[(53.83 \times 0.79)+(51.81 \times 0.79) \\ +(27.21 \times 0.77)+(8.39 \times 0.795)+50]^2 \\ +[(53.83 \times \sqrt{1-0.79^2})+(51.81 \times \sqrt{1-0.79^2}) \\ +(27.21 \times \sqrt{1-0.77^2})+(8.39 \times \sqrt{1-0.795^2})]^2\end{array}} = 183.17[kVA]$

• 발전기 용량 200[kVA] 선정

08

8[m] 간격으로 높이 2.5[m]인 조명탑을 시설할 때 환기팬 중앙의 P 수평면 조도[lx]를 계산하시오. (단, 광원에서 중앙 P로 향하는 광도는 각각 270[cd]이다) [5점]

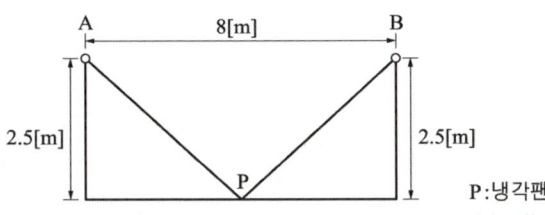

계산과정 | 수평면 조도 $E_h = \dfrac{I}{r^2}\cos\theta = \dfrac{270}{(\sqrt{2.5^2+4^2})^2} \times \dfrac{2.5}{\sqrt{2.5^2+4^2}} \times 2 = 12.86[\text{lx}]$

정답 | 12.86[lx]

참고

P점에서 광원까지의 거리 $r = \sqrt{2.5^2+4^2}$ [m]

광원을 중심으로 한 $\cos\theta = \dfrac{\text{조명탑 높이[m]}}{\text{P점에서 광원까지의 거리[m]}}$

09

설계감리원은 필요한 경우 문서를 비치하여야 한다. 그 세부양식은 발주자의 승인을 받아 설계감리과정을 기록하여야 하며, 설계감리 완료와 동시에 발주자에게 제출하여야 한다. 다음 보기 중 비치하지 않아도 되는 문서 3가지에 해당하는 번호를 쓰시오. [5점]

[보기]

① 근무상황부
② 해당 용역관련 수,발신 공문서 및 서류
③ 공사예정공정표
④ 설계자와 협의사항 기록부
⑤ 설계감리 주요검토결과
⑥ 설계도서 검토의견서
⑦ 설계수행계획서
⑧ 설계감리 검토의견 및 조치 결과서
⑨ 설계도서(내역서, 수량산출 및 도면 등)를 검토한 근거서류
⑩ 공사 기성신청서

답안작성

③, ⑦, ⑩

10

선간전압 220[V], 역률 100[%], 효율 100[%], 정격용량 200[kVA] 6펄스 3상 UPS에서 전원을 공급할 때 다음 물음에 답하시오. [5점]

(1) 기본파 전류[A]를 계산하시오.

계산과정

계산과정 | $I = \dfrac{P}{\sqrt{3}\,V} = \dfrac{200 \times 10^3}{\sqrt{3} \times 220} = 524.86$

정답 | 524.86[A]

(2) 제5고조파 저감계수 $K_5 = 0.5$일 때 제5고조파 전류[A]를 계산하시오.

계산과정

계산과정 | $I_5 = \dfrac{0.5 \times 524.86}{5} = 52.486\,[A]$

정답 | 52.49[A]

참 고

고조파 전류

$I_n = \dfrac{K_n I}{n}\,[A]$

- K_n : 제n고조파의 저감계수
- I : 기본파 전류[A]
- n : 고조파 차수

11

비율차동계전기의 미완성 회로도이다. 결선과 함께 접지가 필요한 곳은 접지 그림기호를 표시하시오. [5점]

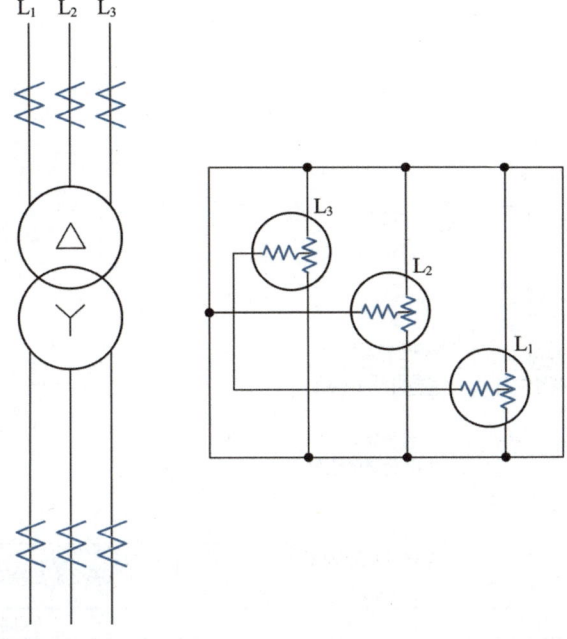

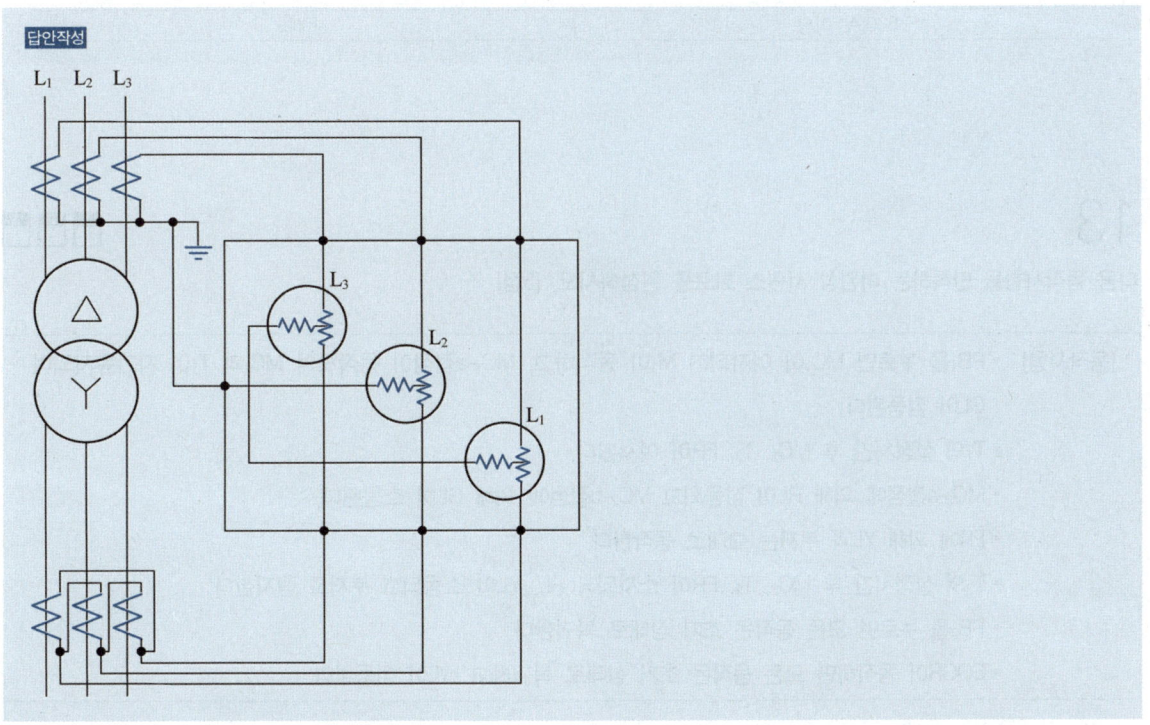

12

어느 수용가의 3상 고장전류가 8[kA]이고 CT비가 50/5[A]이다. 변류기의 정격과전류강도를 계산하여 선정하시오.
(단, 사고 발생 후 0.2초 이내에 한전차단기를 Trip시키는 것으로 하고, 열적과전류강도는 40배, 75배, 150배, 300배에서 선정한다) [5점]

계산과정 정 답

답안작성

계산과정 | 정격과전류강도 $S_n = \sqrt{0.2} \times \dfrac{8,000}{50} = 71.55$

정답 | 75배 선정

참 고

열적과전류강도 $S = \dfrac{\text{고장전류[A]}}{\text{CT 1차 정격전류[A]}} = \dfrac{\text{정격과전류강도 } S_n}{\sqrt{\text{통전시간 } t\text{[sec]}}}$

정격과전류강도 $S_n = \sqrt{\text{통전시간 } t\text{[sec]}} \times \dfrac{\text{고장전류[A]}}{\text{CT 1차 정격전류[A]}}$

변류기 정격과전류강도

정격 1차전류[A]	정격 1차전압[kV]
	6.6/3.3 또는 22.9/13.2
60[A] 이하	75배
60[A] 초과 500[A] 미만	40배
500[A] 이상	40배

13

다음 동작사항을 만족하는 미완성 시퀀스 회로를 완성하시오. [5점]

[동작사항]
- PB_1을 누르면 MC_1이 여자되어 M_1이 동작하고, MC_1-a접점이 동작하여 MC_1과 T_1이 자기유지되며 GL이 점등된다.
- T_1의 설정시간 후 MC_2, T_2, FR이 여자된다.
- MC_2-a접점에 의해 RL이 점등되고 MC_2-b접점에 의해 GL이 소등된다.
- FR에 의해 YL과 부저는 교대로 동작한다.
- T_2의 설정시간 후 MC_2, T_2, FR이 소자되어 RL, YL이 소등되고 부저도 정지한다.
- PB_0를 누르면 모든 동작은 초기 상태로 복귀한다.
- EOCR이 동작하면 모든 동작은 초기 상태로 복귀하고 WL이 점등한다.

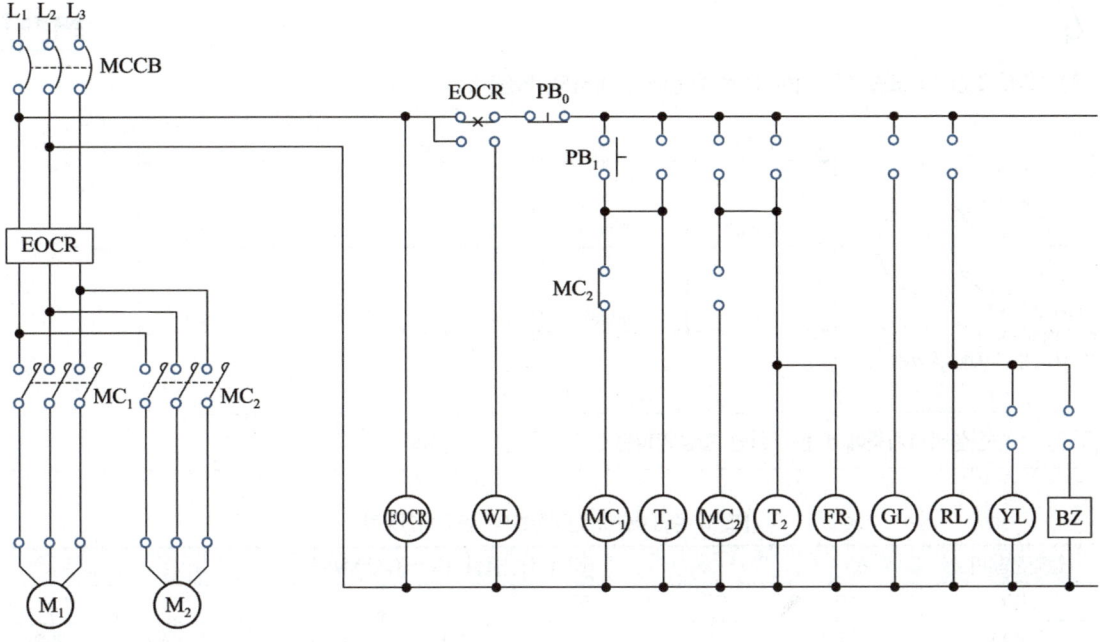

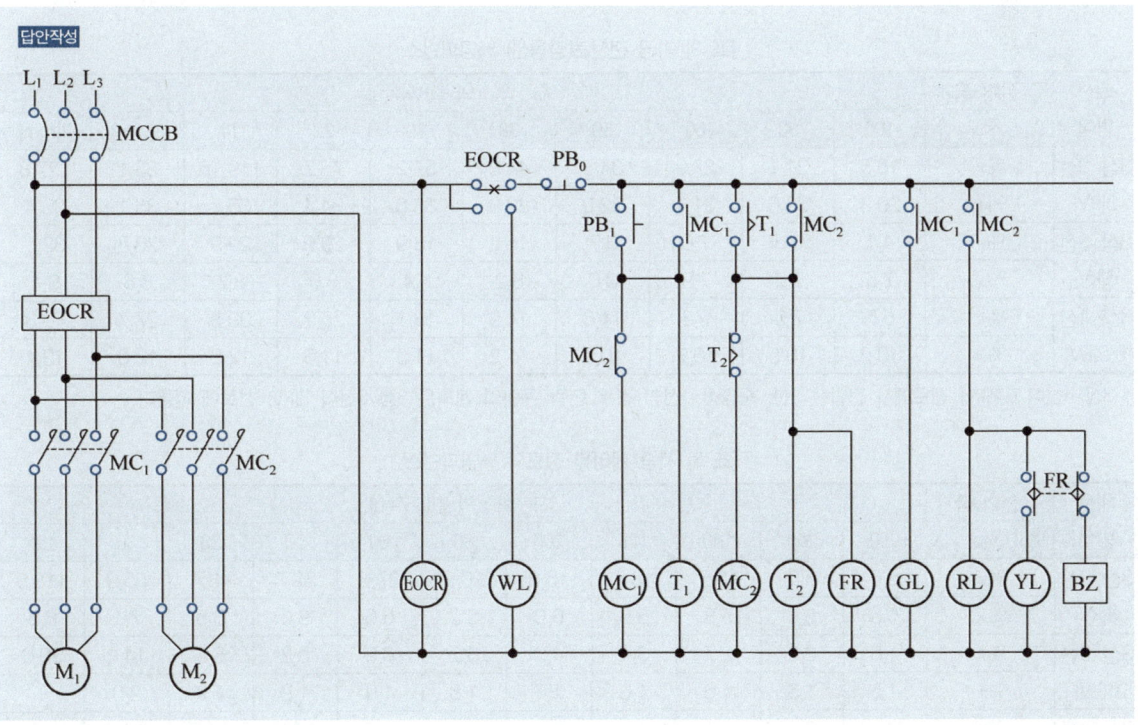

14

주어진 그림, 조건 및 표를 이용하여 다음 물음에 답하시오. [5점]

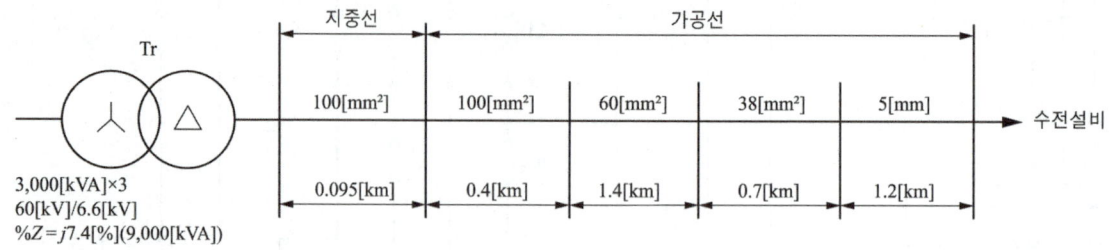

[조건] • 수전설비 1차측에서 본 1상당 합성임피던스 $\%Z_g = j1.5[\%]$이다.

[표 1] 유입차단기 전력퓨즈의 정격 차단용량

정격전압[V]	정격 차단용량 표준치(3상[MVA])						
3,600	10	25	50	(75)	100	150	250
7,200	25	50	(75)	100	150	(200)	250

[표 2] 가공 전선로(경동선) %임피던스

배선 방식	선의 굵기 %r, %x	%r, %x의 값[%/km]									
		100	80	60	50	38	30	22	14	5[mm]	4[mm]
3상 3선 3[kV]	%r	16.5	21.1	27.9	34.8	44.8	57.2	75.7	119.15	83.1	127.8
	%x	29.3	30.6	31.4	32.0	32.9	33.6	34.4	35.7	35.1	36.4
3상 3선 6[kV]	%r	4.1	5.3	7.0	8.7	11.2	18.9	29.9	29.9	20.8	32.5
	%x	7.5	7.7	7.9	8.0	8.2	8.4	8.6	8.7	8.8	9.1
3상 4선 5.2[kV]	%r	5.5	7.0	9.3	11.6	14.9	19.1	25.2	39.8	27.7	43.3
	%x	10.2	10.5	10.7	10.9	11.2	11.5	11.8	12.2	12.0	12.4

※ 3상 4선식 5.2[kV] 선로에서 전압선 2선, 중앙선 1선인 경우 단락 용량의 계획은 3상 3선식 3[kV] 선로에 따른다.

[표 3] 지중 케이블 전로의 %임피던스

배선 방식	선의 굵기 %r, %x	%r, %x의 값[%/km]										
		250	200	150	125	100	80	60	50	38	30	22
3상 3선 3[kV]	%r	6.6	8.2	13.7	13.4	16.8	20.9	27.6	32.7	43.4	55.9	118.5
	%x	5.5	5.6	5.8	5.9	6.0	6.2	6.5	6.6	6.8	7.1	8.3
3상 3선 6[kV]	%r	1.6	2.0	2.7	3.4	4.2	5.2	6.9	8.2	8.6	14.0	29.6
	%x	1.5	1.5	1.6	1.6	1.7	1.8	1.9	1.9	1.9	2.0	-
3상 4선 5.2[kV]	%r	2.2	2.7	3.6	4.5	5.6	7.0	9.2	14.5	14.5	18.6	-
	%x	2.0	2.0	2.1	2.2	2.3	2.3	2.4	2.6	2.6	2.7	-

※ 3상 4선식 5.2[kV] 전로의 %r, %x의 값은 6[kV] 케이블을 사용한 것으로서 계산한 것이다.
※ 3상 4선식 5.2[kV]에서 전압선 2선, 중앙선 1선의 경우 단락용량의 계산은 3상 3선식 3[kV] 선로에 따른다.

(1) 수전설비에서의 합성 %임피던스를 계산하여 구하시오. (단, 기준용량은 10,000[kVA]이다)

계산과정   정   답

답안작성

계산과정 | 합성 $\%Z_0 = Tr\%Z + $ **지중선** $\%Z_{L1} + $ **가공선** $\%Z_{L2} + \%Z_g$

$Tr\%Z = \dfrac{10,000}{9,000} \times j7.4 = j8.22[\%]$

지중선 $\%Z_{L1}$ 는 [표 3]에 의해

$\%Z_{L1} = (0.095 \times 4.2) + j(0.095 \times 1.7) = 0.399 + j0.1615$

가공선 $\%Z_{L2}$ 는 [표 2]에 의해

$\%Z_{L2} = [(0.4 \times 4.1) + j(0.4 \times 7.5)] + [(1.4 \times 7.0) + j(1.4 \times 7.9)]$
$\qquad\quad + [(0.7 \times 11.2) + j(0.7 \times 8.2)] + [(1.2 \times 20.8) + j(1.2 \times 8.8)]$
$\quad = 44.24 + j30.36$

$\%Z_0 = j8.22 + (0.399 + j0.1615) + (44.24 + j30.36) + j1.5$
$\quad = 44.639 + j40.2415 = \sqrt{44.639^2 + 40.2415^2}$
$\quad = 60.1[\%]$

정답 | 60.1[%]

참 고

기준용량으로 환산한 $\%Z = \dfrac{\text{기준용량}}{\text{자기용량}} \times \text{자기}\%Z[\%]$

(2) 수전설비에서의 3상 단락용량[kVA]을 계산하여 구하시오.

계산과정   정   답

답안작성

계산과정 | 단락용량 $P_s = \dfrac{100}{\%Z} \times P_n = \dfrac{100}{60.1} \times 10,000 = 16,638.94[\text{kVA}]$

정답 | 16,638.94[kVA]

(3) 수전설비에서의 3상 단락전류[kA]를 계산하여 구하시오.

계산과정   정   답

답안작성

계산과정 | 단락전류 $I_s = \dfrac{100}{\%Z} \times I_n = \dfrac{100}{60.1} \times \dfrac{10,000 \times 10^3}{\sqrt{3} \times 6.6 \times 10^3} = 1,455.53[\text{A}] \times 10^{-3} = 1.46[\text{kA}]$

정답 | 1.46[kA]

(4) 수전설비에서의 정격차단용량[MVA]을 계산하여 선정하시오.

계산과정

답안작성

계산과정 | 정격차단용량 = $\sqrt{3} \times 7.2 \times 1.46 = 18.20$[MVA]

정답 | [표 1]에서 25[MVA] 선정

참고

정격차단용량[MVA] = $\sqrt{3}$ × 정격전압[kV] × 정격차단전류(단락전류)[kA]

정격전압 = 공칭전압 × $\dfrac{1.2}{1.1}$

공칭전압[kV]	정격전압[kV]
6.6	7.2
22	24
22.9	25.8
66	70.5
154	170
345	362

15

사용전압이 400[V] 이상인 저압 옥내배선에서 케이블공사 가능여부를 사용장소에 따라 빈칸에 표시하시오. (단, 시설가능한 장소는 ○, 시설불가능한 장소는 ×로 표시하시오) [5점]

배선 방법	옥내						옥측/옥외	
	노출장소		은폐장소					
			점검 가능		점검 불가능			
	건조한 장소	습기가 많은 장소	건조한 장소	습기가 많은 장소	건조한 장소	습기가 많은 장소	우선 내	우선 외
케이블 공사	○		○				○	

답안작성

배선 방법	옥내						옥측/옥외	
	노출장소		은폐장소					
			점검 가능		점검 불가능			
	건조한 장소	습기가 많은 장소	건조한 장소	습기가 많은 장소	건조한 장소	습기가 많은 장소	우선 내	우선 외
케이블 공사	○	○	○	○	○	○	○	○

16

55[mm²] 3심 전력케이블의 어느 지점에서 1선 지락사고가 발생하여 머레이루프법으로 측정한 결과 그림과 같은 상태에서 평형이 되었다고 한다. 측정점에서 사고지점까지 거리를 계산하시오. (단, 전력케이블의 전장은 6[km]이다) [5점]

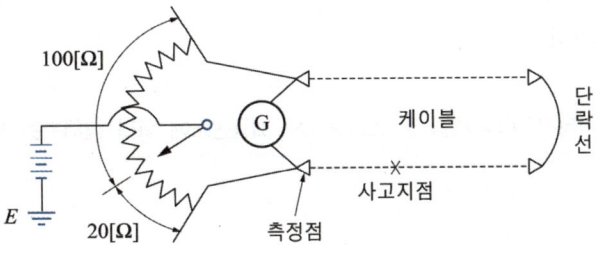

계산과정　　　　　　　　　　　　　　　　　　　　　　　　　**정　답**

답안작성

계산과정 | $100 \times x = 20 \times (2L - x)$

$100x = 40L - 20x = (40 \times 6) - 20x = 240 - 20x$

$120x = 240$

$x = 2\,[\text{km}]$　　　　　　　　　　　　　　　　　　　　　　　　　정답 | 2[km]

참　고

휘스톤브리지

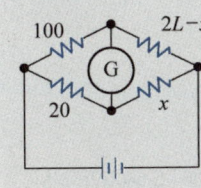

$100x = 20(2L - x)$

17

조건에 맞는 보호도체의 최소단면적을 KS 규격에 맞게 선정하시오. [5점]

> [조건]
> - 보호장치 동작시간 0.5초 이하
> - 예상 고장전류 25[kA]
> - 보호도체는 동선
> - 보호도체, 절연, 기타 부위의 재질 및 초기온도와 최종온도에 따라 정해지는 계수는 159

계산과정 | 보호도체의 굵기 $S = \dfrac{\sqrt{0.5}}{159} \times 25 \times 10^3 = 111.18 [\text{mm}^2]$

정답 | KS 규격이므로 120[mm²] 선정

참고

KS 전선 규격[mm²]

1.5, 2.5, 4, 6, 10, 16, 25, 35, 50, 70, 95, 120, 150, 185, 240, 300, 400, 500

KEC 142.3.2 보호도체

차단시간이 5초 이하인 경우에만 다음 계산식을 적용한다.

$$S = \dfrac{\sqrt{I^2 t}}{k}$$

- S : 단면적[mm²]
- I : 보호장치를 통해 흐를 수 있는 예상 고장전류 실효값[A]
- t : 자동차단을 위한 보호장치의 동작시간[s]
- k : 보호도체, 절연, 기타 부위의 재질 및 초기온도와 최종온도에 따라 정해지는 계수로 KS C IEC 60364-5-54(저압전기설비-제5-54부 : 전기기기의 선정 및 설치 - 접지설비 및 보호도체)의 "부속서 A(기본보호에 관한 규정)"에 의한다.

실기[필답형]기출문제

2022 * 1

※ 출제기준 변경 및 개정된 관계법규에 따라 삭제된 문제가 있어 배점의 합계가 100점이 안 됩니다.

01

다음 그림과 같은 논리회로에 관련된 물음에 답하시오. [6점]

(1) 논리회로의 명칭을 쓰시오.

답안작성
XNOR 게이트

참 고
- Exclusive NOR 배타적 부정논리합

- Exclusive OR(XOR 게이트)

(2) 논리회로의 논리식을 쓰시오.

답안작성
$A \odot B = \overline{A \oplus B} = \overline{A}\,\overline{B} + AB$

참 고
XOR 게이트 논리식 $= A \oplus B = A\overline{B} + \overline{A}B$

(3) 논리회로의 진리표이다. 빈칸을 채우시오.

A	B	X
0	0	
0	1	
1	0	
1	1	

답안작성

A	B	X
0	0	1
0	1	0
1	0	0
1	1	1

02

수전회전수가 4회선인 스폿 네트워크(spot network) 수전방식에서 최대수요전력이 5,000[kW], 부하역률 0.9, 네트워크 변압기 과부하율이 130[%]인 경우 네트워크 변압기 용량은 몇 [kVA] 이상이어야 하는가? [4점]

계산과정　　　　　　　　　　　　　　　　　　　　　　　　　　　　　**정　답**

답안작성

계산과정 | 네트워크 변압기 용량 $= \dfrac{\text{최대수요전력[kVA]}}{\text{수전회전수}-1} \times \dfrac{100}{\text{과부하율[\%]}}$ [kVA]

$= \dfrac{\frac{5,000}{0.9}}{4-1} \times \dfrac{100}{130} = 1,424.50$ [kVA]

정답 | 1,424.50[kVA]

03

다음 조건에 따라 논리식의 유접점 회로를 그리시오. [4점]

[조건] 1. 각 접점에 식별 문자를 표기한다.

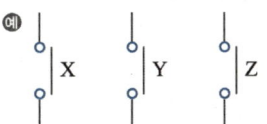 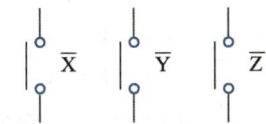

2. 접속점과 비접속점을 구분하여 표기한다.

논리식 : $L = (X + \overline{Y} + Z)(\overline{X} + Y)$

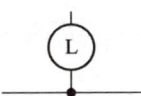

[답안작성]

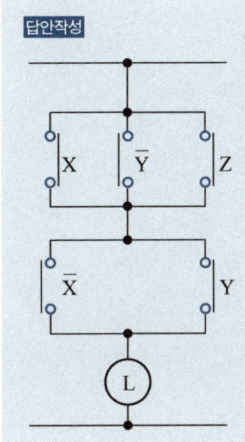

04

380[V] 선로에서 그림과 같이 단선사고가 발생하였다. 물음에 답하시오. (단, 변압기 PT비는 380/110[V]이다) [6점]

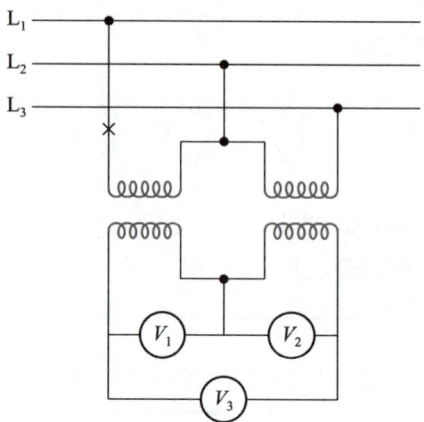

(1) 그림과 같이 ×지점에서 단선사고가 발생하였다. 전압계 V_1, V_2, V_3의 지시값을 쓰시오.

답안작성

V_1 : 0[V], V_2 : 110[V], V_3 : 110[V]

참고

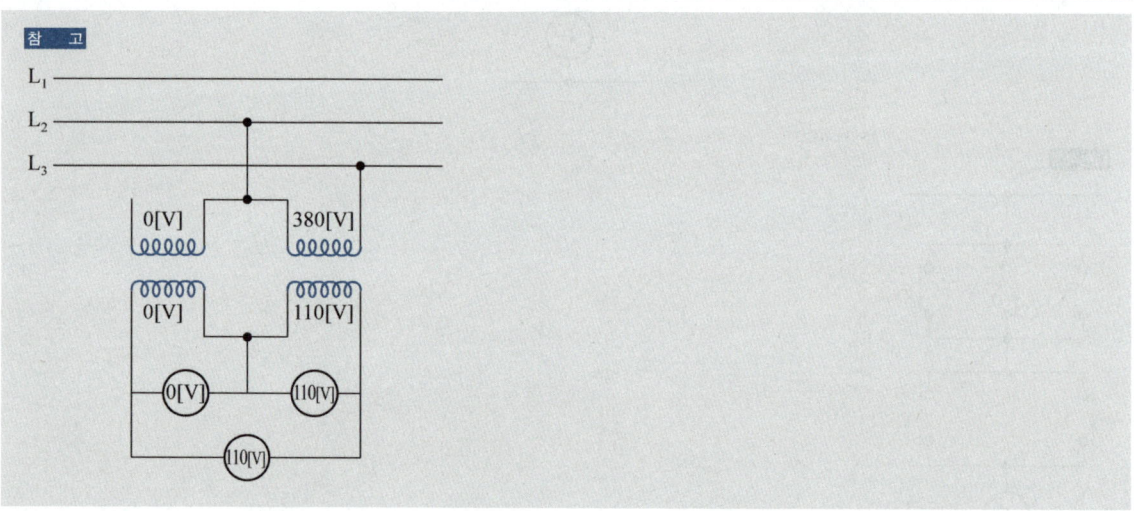

(2) 그림과 같이 ×지점에서 단선사고가 발생하였다. 전압계 V_1, V_2, V_3의 지시값을 쓰시오.

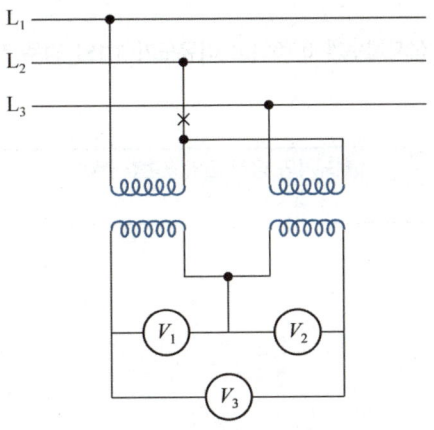

답안작성

V_1 : 55[V], V_2 : 55[V], V_3 : 0[V]

참고

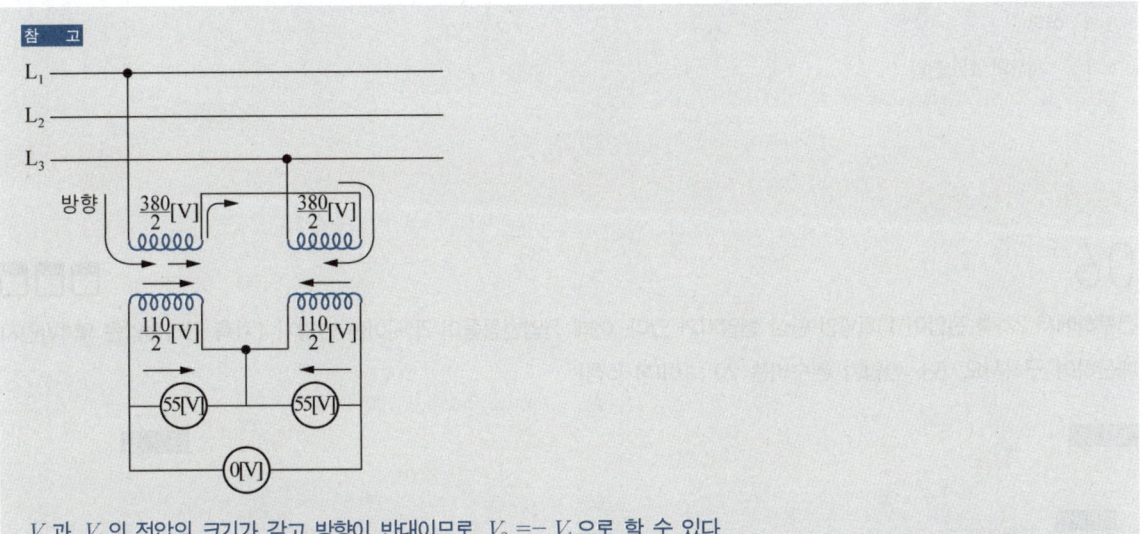

V_1과 V_2의 전압의 크기가 같고 방향이 반대이므로 $V_2 = -V_1$으로 할 수 있다.
즉, $V_3 = V_1 + V_2 = V_1 - V_1 = 0[V]$이다.

05

154[kV] 중성점 직접 접지 계통에서 접지계수가 0.75이고 여유도가 1.1인 경우 전력용 피뢰기의 정격전압을 계산하여 주어진 표에서 선정하시오. [4점]

피뢰기의 정격 전압(표준값 [kV])					
126	144	154	168	182	196

계산과정

답안작성
계산과정 | $0.75 \times 1.1 \times 170 = 140.25$[kV]

정답 | 144[kV] 선정

참고

피뢰기 정격전압[kV] $= \alpha \cdot \beta \cdot V_m$
- α : 접지계수
- β : 여유도
- V_m : 계통의 최고전압

06

전부하에서 2차측 전압이 115[V]인 단상 변압기가 있다. 이때 전압변동률이 2[%]이면 변압기 1차측 단자전압은 몇 [V]인지 계산하여 구하시오. (단, 변압기 권수비는 20 : 1이다) [5점]

계산과정

답안작성

계산과정 | 전압변동률 $= \dfrac{\text{무부하 단자전압 } V_{20} - \text{정격전압(부하전압) } V_{2n}}{\text{정격전압(부하전압) } V_{2n}} \times 100$

$= \dfrac{V_{20} - 115}{115} \times 100 = 2[\%]$

$V_{20} = \left(\dfrac{2}{100} \times 115\right) + 115 = 117.3$[V]

1차 단자전압 $= V_{20} \times$ 권수비 $= 117.3 \times 20 = 2,346$[V]

정답 | 2,346[V]

07

전압 22.9[kV], 주파수 60[Hz] 1회선의 3상 지중송전 선로의 3상 무부하 충전전류[A] 및 충전용량[kVA]을 계산하시오. (단, 송전선의 길이는 7[km], 케이블 1선당 작용 정전용량은 0.4[μF/km]로 한다) [6점]

(1) 충전전류[A]

계산과정 정답

계산과정 | 충전전류 $= 2\pi \times 60 \times 0.4 \times 10^{-6} \times 7 \times \dfrac{22.9 \times 10^3}{\sqrt{3}} = 13.96[A]$

정답 | 13.96[A]

참고

충전전류 $I_c = \omega CE = 2\pi f CE$ [A]

각주파수 ω[rad/sec] $= 2\pi f = 2\pi \times 60$

정전용량 C[F] $= 0.4[\mu F/km] \times 10^{-6} \times 7$[km]

대지전압 E[V] $= \dfrac{\text{선간전압[V]}}{\sqrt{3}} = \dfrac{22.9[\text{kV}] \times 10^3}{\sqrt{3}}$

(2) 충전용량[kVA]

계산과정 정답

계산과정 | 충전용량 $= \sqrt{3} \times 22.9 \times 13.96 = 553.71$[kVA]

정답 | 553.71[kVA]

참고

충전용량 Q_c[kVA] $= \sqrt{3}\ VI_c = 3EI_c$

V : 선간전압[kV], E : 대지전압[kV], I_c : 충전전류[A]

08

설계도서, 법령해석, 감리자의 지시 등이 서로 일치하지 아니하는 경우에 있어 계약으로 그 적용의 우선순위를 정하지 아니한 때에는 설계도서의 우선순위를 정하는 것을 원칙으로 한다. 건축물의 설계도서 작성기준에서 정한 원칙으로 높은 순위에서 낮은 순위 순으로 답안을 작성하시오. (단, 기호로 나열하시오) [5점]

㉠ 설계도서	㉡ 공사시방서
㉢ 산출내역서	㉣ 전문시방서
㉤ 표준시방서	㉥ 감리자의 지시사항

답안작성

㉡-㉠-㉣-㉤-㉢-㉥

참고

[건축물 설계도서 작성기준] 9. 설계도서 해석의 우선순위

설계도서, 법령해석, 감리자의 지시 등이 서로 일치하지 아니하는 경우에 있어 계약이므로 그 적용의 우선순위를 정하지 아니한 때는 다음의 순서를 원칙으로 한다.

① 공사시방서
② 설계도면
③ 전문시방서
④ 표준시방서
⑤ 산출내역서
⑥ 승인된 상세시공도면
⑦ 관계법령의 유권 해석
⑧ 감리자의 지시사항

09

전동기의 [kW]당 입력환산계수 a는 1.45, 전동기 기동계수 c는 2, 발전기 허용전압 강하계수 k는 1.45일 때 발전기 최소 용량을 발전기 용량 산정식을 이용하여 구하시오. [5점]

[발전기 용량 산정식]

발전기 용량 $P_G \geq [\sum P + (\sum P_m - P_L) \times a + (P_L \times a \times c)] \times k$ [kVA]

- $\sum P$: 전동기 부하 이외의 부하입력용량의 합[kVA]
- $\sum P_m$: 전동기 부하 용량의 합[kW]
- P_L : 전동기 부하 중 기동용량에 가장 큰 전동기 부하용량[kW]
- a : 전동기의 [kW]당 입력환산계수
- c : 전동기의 기동계수
- k : 발전기 허용전압 강하계수

[부하용량]

부하 종류	부하용량
유도전동기 부하	37[kW]×1대
유도전동기 부하	10[kW]×5대
전동기 부하 이외의 부하입력용량	30[kVA]

계산과정 | $\sum P = 30$ [kVA]

$\sum P_m = (37 \times 1) + (10 \times 5) = 87$ [kW]

$P_L = 37$ [kW]

$a = 1.45$

$c = 2$

$k = 1.45$

$P_G \geq [30 + (87-37) \times 1.45 + (37 \times 1.45 \times 2)] \times 1.45 = 304.21$ [kVA]

정답 | 304.21[kVA]

10

측정범위 1[mA], 내부저항 20[kΩ]의 전류계로 6[mA]까지 측정하고자 한다. 몇 [kΩ]의 분류기를 사용하여야 하는지 계산하시오. [4점]

계산과정 | 분류기 $R_s = \dfrac{r}{m-1} = \dfrac{20 \times 10^3}{\dfrac{6}{1}-1} = \dfrac{20 \times 10^3}{5} = 4{,}000[\Omega]$

$4{,}000[\Omega] \times 10^{-3} = 4[\text{k}\Omega]$

정답 | 4[kΩ]

참고

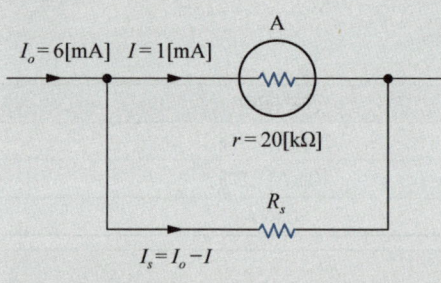

$I \cdot r = I_s \cdot R_s = (I_o - I)R_s$

$I_o - I = \dfrac{I \cdot r}{R_s}$

$I_o = \dfrac{I \cdot r}{R_s} + I = I\left(\dfrac{r}{R_s} + 1\right)$

배율 $m = \dfrac{I_o}{I} = \dfrac{r}{R_s} + 1$

$R_s = \dfrac{r}{m-1} = \dfrac{r}{\dfrac{I_o}{I} - 1} [\Omega]$

11

과전류 차단기를 시설하여 기계기구 및 전선을 보호한다. 이 과전류 차단기의 시설 제한 개소 3가지를 쓰시오. (단, 한국전기설비규정에 따른 것이어야 하고 한국전기설비규정에서 예외사항은 무시한다) [5점]

답안작성
① 접지공사의 접지도체
② 다선식전로의 중성선
③ 전로의 일부에 접지공사를 한 저압 가공전선로의 접지측 전선

> **참고**
>
> 한국전기설비규정 341.11 과전류차단기의 시설 제한
>
> 접지공사의 접지도체, 다선식 전로의 중성선 및 322.1의 1부터 3까지의 규정에 의하여 전로의 일부에 접지공사를 한 저압 가공전선로의 접지측 전선에는 과전류차단기를 시설하여서는 안 된다. 다만, 다선식 전로의 중성선에 시설한 과전류차단기가 동작한 경우에 각 극이 동시에 차단될 때 또는 322.5의 1(322.5의 4에서 준용하는 경우를 포함한다)의 규정에 의한 저항기·리액터 등을 사용하여 접지공사를 한 때에 과전류차단기의 동작에 의하여 그 접지도체가 비접지 상태로 되지 아니할 때는 적용하지 않는다.

12

500[kVA] 변압기에 500[kVA], 역률 60[%] (지상) 부하가 접속되어 있다. 부하역률을 90[%]까지 개선시키고자 전력용 콘덴서를 설치하였다. 이때 증설할 수 있는 부하용량[kW]을 계산하여 구하시오. [4점]

계산과정 | 증설할 수 있는 부하용량 P_0[kW] = 역률 90[%]일 때 유효전력[kW] P_1 − 역률 60[%]일 때의 유효전력 [kW] P_2

P_1 = 부하용량[kVA] × 역률 90[%] = 500 × 0.9 = 450[kW]

P_2 = 부하용량[kVA] × 역률 60[%] = 500 × 0.6 = 300[kW]

$P_0 = 450 - 300 = 150$[kW]

정답 | 150[kW]

> **참고**
>
>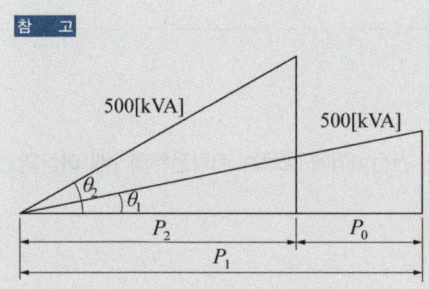
>
> θ_1 : 역률 90[%]일 때 각도
>
> θ_2 : 역률 60[%]일 때 각도
>
> P_1 : 역률 90[%]일 때 유효전력[kW]
>
> P_2 : 역률 60[%]일 때 유효전력[kW]
>
> P_0 : 증설할 수 있는 부하용량(유효전력)[kW]

13

그림은 ELB(누전차단기)를 적용하는 것으로 CVCF 출력단의 접지용콘덴서 C_0는 5[μF]이고, 부하측 라인필터의 대지정전용량 $C_1 = C_2 = 0.1[\mu F]$ ELB₁에서 지락점까지의 케이블의 대지정전용량 $C_{L1} = 0.2[\mu F]$(ELB₁의 출력단에 지락발생 예상), ELB₂에서 부하 2까지의 케이블의 대지정전용량은 $C_{L2} = 0.2[\mu F]$이다. 지락저항은 무시하며, 사용전압은 220[V], 주파수가 60[Hz]인 경우 다음 물음에 답하시오. [11점]

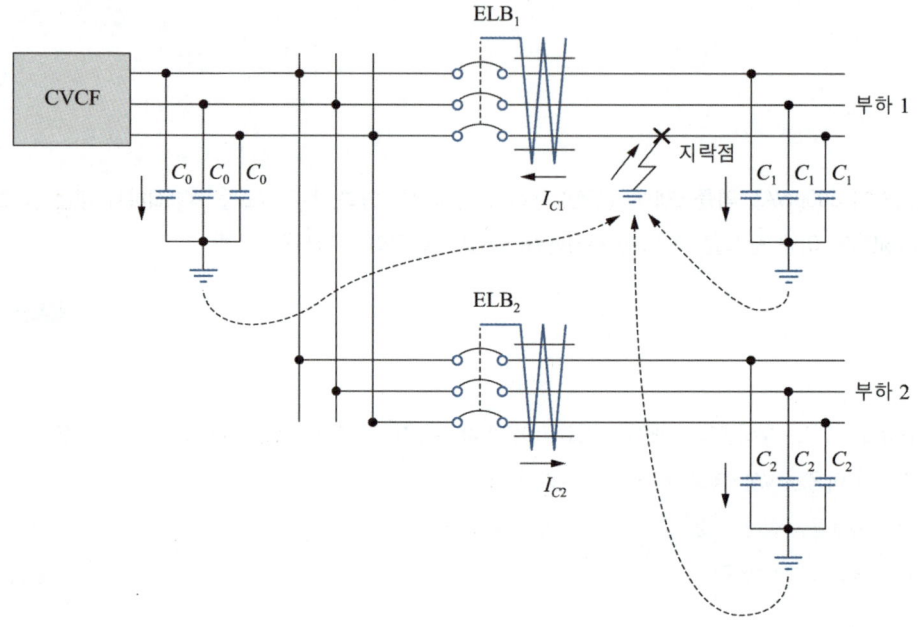

[조건]
- ELB₁에 흐르는 지락전류 $I_{C1} = 3 \times \omega CE$에 의하여 계산한다.
- ELB는 지락 시의 지락전류의 $\frac{1}{3}$에 동작 가능하여야 하며, 부동작 전류는 건전피더에 흐르는 지락전류의 2배 이상의 것으로 한다.
- ELB의 시설구분에 대한 표시기호는 다음과 같다.
  - ○ : ELB를 시설할 것
  - △ : 주택에 기계기구를 시설하는 경우에는 ELB를 시설할 것
  - □ : 주택 구내 또는 도로에 접한 면에 룸에어컨디셔너, 아이스박스, 진열장, 자동판매기 등 전동기를 부품으로 한 기계기구를 시설하는 경우에는 누전차단기를 시설하는 것이 바람직하다.

※ 사람이 조작하고자 하는 기계기구를 시설하는 장소보다 전기적인 조건이 나쁜 장소에서 접촉할 우려가 있는 경우에는 전기적 조건이 나쁜 장소에 시설된 것으로 취급한다.

(1) 도면에서 CVCF를 우리말 명칭으로 쓰시오.

답안작성
정전압 정주파수 전원장치

(2) 건전 피더(Feeder) ELB$_2$에 흐르는 지락전류 I_{C2}는 몇 [mA]인지 계산하시오.

계산과정   **정 답**

답안작성

계산과정 | $I_{C2} = 3\omega CE = 3 \times 2\pi f \times (C_2 + C_{L2}) \times E$

$= 3 \times 2\pi \times 60 \times [(0.1 + 0.2) \times 10^{-6}] \times \dfrac{220}{\sqrt{3}} = 43.1 \times 10^{-3}$ [A]   정답 | 43.1[mA]

참 고

$C_1 = C_2 = 0.1[\mu F] = 0.1 \times 10^{-6}$ [F]

$C_{L2} = 0.2[\mu F] = 0.2 \times 10^{-6}$ [F]

$w = 2\pi f$ [rad/sec]

대지전압 $E = \dfrac{\text{선간전압(사용전압)}}{\sqrt{3}} = \dfrac{220}{\sqrt{3}}$ [V]

(3) ELB$_1$, ELB$_2$가 불필요한 동작을 하지 않기 위해서는 정격감도전류 몇 [mA] 범위의 것을 선정하여야 하는지 계산하시오.

① ELB$_1$

계산과정   **정 답**

② ELB$_2$

계산과정   **정 답**

답안작성

누전차단기 범위 = 부동작 전류 ~ 지락 시 지락전류(동작전류)

① ELB$_1$

계산과정 | • 부동작 전류 $= 3\omega CE \times 2 = 3 \times 2\pi f \times (C_1 + C_{L1}) \times E \times 2$

$= 3 \times 2\pi \times 60 \times [(0.1 + 0.2) \times 10^{-6}] \times \dfrac{220}{\sqrt{3}} \times 10^3 \times 2 = 86.2$ [mA]

• 지락 시 지락전류(동작전류) $= 3\omega CE \times \dfrac{1}{3} = 3 \times 2\pi f \times (C_0 + C_2 + C_{L2}) \times E \times \dfrac{1}{3}$

$= 3 \times 2\pi \times 60 \times [(5 + 0.1 + 0.2) \times 10^{-6}] \times \dfrac{220}{\sqrt{3}} \times 10^3 \times \dfrac{1}{3} = 253.79$ [mA]

정답 | ELB$_1$의 정격감도 전류 범위 86.2 ~ 253.79[mA]

② ELB_2

계산과정 | • 부동작 전류 $= 3\omega CE \times 2 = 3 \times 2\pi f \times (C_2 + C_{L2}) \times E \times 2$

$= 3 \times 2\pi \times 60 \times [(0.1+0.2) \times 10^{-6}] \times \dfrac{220}{\sqrt{3}} \times 10^3 \times 2 = 86.2 [mA]$

• 지락 시 지락전류(동작전류) $= 3\omega CE \times \dfrac{1}{3} = 3 \times 2\pi f \times (C_0 + C_1 + C_{L1}) \times E \times \dfrac{1}{3}$

$= 3 \times 2\pi \times 60 \times [(5+0.1+0.2) \times 10^{-6}] \times \dfrac{220}{\sqrt{3}} \times 10^3 \times \dfrac{1}{3} = 253.79 [mA]$

정답 | ELB_2의 정격감도 전류 범위 86.2 ~ 253.79[mA]

(4) ELB의 시설구분에 대한 표시기호(○, △, □)로 빈칸을 채우시오.

전로의 대지전압 \ 기계기구 시설장소	옥 내		옥 측		옥 외	물기가 있는 장소
	건전한 장소	습기가 많은 장소	우선 내	우선 외		
150[V] 이하	-	-	-			
150[V] 초과 300[V] 이하			-			

답안작성

전로의 대지전압 \ 기계기구 시설장소	옥 내		옥 측		옥 외	물기가 있는 장소
	건전한 장소	습기가 많은 장소	우선 내	우선 외		
150[V] 이하	-	-	-	□	□	○
150[V] 초과 300[V] 이하	△	○	-	○	○	○

14

대지 고유 저항률 400[Ω·m], 직경 19[mm], 길이 2,400[mm]인 접지봉 전체를 대지에 묻었을 때 접지저항(대지저항)은 몇 [Ω]인지 계산하시오. [5점]

계산과정

답안작성

계산과정 | $R = \dfrac{\rho}{2\pi l} \ln \dfrac{2l}{r} = \dfrac{400}{2\pi \times (2{,}400 \times 10^{-3})} \times \ln \dfrac{2 \times (2{,}400 \times 10^{-3})}{(19 \times 10^{-3}) \times \dfrac{1}{2}} = 165.125[\Omega]$

정답

정답 | 165.13[Ω]

참 고

전극계의 접지저항 산정식

- 반구형 접지극 : $R = \dfrac{\rho}{2\pi r}[\Omega]$

- 막대모양 접지극(접지봉) : $R = \dfrac{\rho}{2\pi l} \ln \dfrac{2l}{r}[\Omega]$

(ρ : 대지 고유 저항력[Ω·m], r : 접지극의 단면 반지름[m], l : 접지극의 길이 [m])

15

50[Hz]에서 사용하는 전력용 커패시터가 있다. 이것을 일정한 전압에서 주파수만 60[Hz]로 변경하여 사용하면 전류는 몇 [%] 증가 또는 감소하는지 계산하여 구하시오. [5점]

계산과정

답안작성

계산과정 | 50[Hz]에서의 전류 $I_{50} = j2\pi f CV = j100\pi CV$[A]

60[Hz]에서의 전류 $I_{60} = j2\pi f CV = j120\pi CV$[A]

$I_{50} : I_{60} = j100\pi CV : j120\pi CV$

$I_{60} \times j100\pi CV = I_{50} \times j120\pi CV$

$I_{60} = I_{50} \times \dfrac{j120\pi CV}{j100\pi CV} = I_{50} \times 1.2$

정답

정답 | 20[%] 증가한다.

참 고

$I = \dfrac{V}{X_c} = \dfrac{V}{\dfrac{1}{j\omega C}} = j\omega CV = j2\pi f CV$[A]

16

각 상의 불평형 전압 $V_a=7.3\angle 12.5°$[V], $V_b=0.4\angle -100°$[V], $V_c=4.4\angle 154°$[V]라고 할 때, 대칭분 영상전압 V_0, 정상전압 V_1, 역상전압 V_2를 구하시오. (단, 극좌표 형식으로 나타내시오) [6점]

(1) 영상전압 V_0

계산과정 | $V_0 = \dfrac{1}{3}(V_a+V_b+V_c) = \dfrac{1}{3}(7.3\angle 12.5° + 0.4\angle -100° + 4.4\angle 154°)$
$= 1.47\angle 45.11°$

정답 | $V_0 = 1.47\angle 45.11°$

(2) 정상전압 V_1

계산과정 | $V_1 = \dfrac{1}{3}(V_a+aV_b+a^2V_c) = \dfrac{1}{3}[7.3\angle 12.5° + (1\angle 120° \times 0.4\angle -100°) + (1\angle 240° \times 4.4\angle 154°)]$
$= 3.97\angle 20.54°$

정답 | $V_1 = 3.97\angle 20.54°$

참고

$a = 1\angle 120°$

$a^2 = 1\angle 240°$

(3) 역상전압 V_2

계산과정 | $V_2 = \dfrac{1}{3}(V_a+a^2V_b+aV_c) = \dfrac{1}{3}[7.3\angle 12.5° + (1\angle 240° \times 0.4\angle -100°) + (1\angle 120 \times 4.4\angle 154°)]$
$= 2.52\angle -19.7°$

정답 | $V_2 = 2.52\angle -19.7°$

17

다음 그림과 같은 3권선 변압기가 있다. 각 물음에 답하시오. [9점]

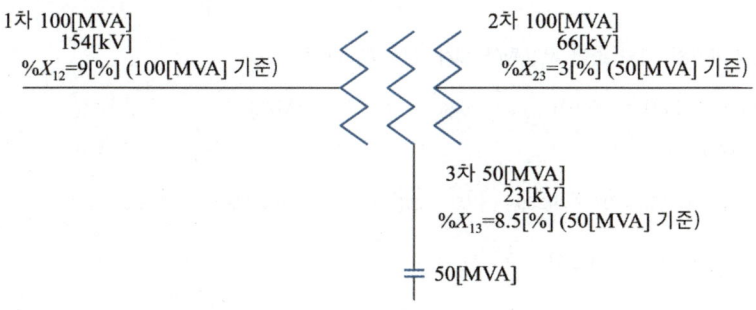

(1) 1차 %X_1, 2차 %X_2, 3차 %X_3를 계산하여 구하시오. (단, 100[MVA] 기준으로 한다)

계산과정 정답

답안작성

계산과정 | %$X_{12} = \dfrac{100}{100} \times 9 = 9[\%]$

%$X_{23} = \dfrac{100}{50} \times 3 = 6[\%]$

%$X_{13} = \dfrac{100}{50} \times 8.5 = 17[\%]$

1차 %$X_1 = \dfrac{\%X_{12} + \%X_{13} - \%X_{23}}{2} = \dfrac{9+17-6}{2} = 10[\%]$

2차 %$X_2 = \dfrac{\%X_{12} + \%X_{23} - \%X_{13}}{2} = \dfrac{9+6-17}{2} = -1[\%]$

3차 %$X_3 = \dfrac{\%X_{23} + \%X_{13} - \%X_{12}}{2} = \dfrac{6+17-9}{2} = 7[\%]$

정답 | 1차 %$X_1 = 10[\%]$

2차 %$X_2 = -1[\%]$

3차 %$X_3 = 7[\%]$

참고

%X 환산 = $\dfrac{\text{기준용량}}{\text{자기용량}} \times$ 자기%X

(2) 1차 입력이 100[MVA]이고 역률이 0.9(진상)일 때 2차 출력[MVA]과 역률[%]을 계산하시오.

계산과정 | 2차 출력 P_2[MVA]=1차 출력 P_1[MVA]+3차 출력 P_3[MVA]

$$P_1 = P(\cos\theta - j\sin\theta) = 100(0.9 - j\sqrt{1-0.9^2}) = 90 - j43.59 \text{[MVA]}$$

$$P_3 = -j50 \text{[MVA]}$$

$$P_2 = 90 - j43.59 - j50 = 90 - j93.59 = \sqrt{90^2 + 93.59^2} = 129.84 \text{[MVA]}$$

$$\cos\theta = \frac{90}{129.84} \times 100 = 69.32 \text{[\%]}$$

정답 | 2차 출력 = 129.84[MVA]
역률 = 69.32[%]

(3) (2)의 조건으로 운전할 때 2차 전압과 3차 전압을 계산하여 구하시오. (단, 1차 전압은 154[kV]이다)

계산과정 | 2차 전압 V_2 = 2차 상전압 $\times \dfrac{1}{\text{2차의 전압강하율 } \varepsilon_2 + 1} = \left(\text{1차전압} \times \dfrac{1}{\text{1차의 전압강하율 } \varepsilon_1 + 1} \times \dfrac{1}{\text{권수비}}\right) \times \dfrac{1}{\varepsilon_2 + 1}$

$$\varepsilon_1 = p\cos\theta - q\sin\theta = -q\sin\theta = -\%X_1 \times \sqrt{1-\cos^2\theta_1} = -10 \times \sqrt{1-0.9^2} = -4.36[\%]$$

$$\varepsilon_2 = p\cos\theta - q\sin\theta = -q\sin\theta = -\%X_2 \times \sqrt{1-\cos^2\theta_2} = -(-1) \times \sqrt{1-0.6932^2} = 0.72[\%]$$

$$V_2 = \left(154 \times \frac{1}{-0.0436+1} \times \frac{66}{154}\right) \times \frac{1}{0.0072+1} = 68.96 \text{[kV]}$$

3차 전압 V_3 = 3차 상전압 $\times \dfrac{1}{\text{3차의 전압강하율 } \varepsilon_3 + 1} = \left(\text{1차전압} \times \dfrac{1}{\text{1차의 전압강하율 } \varepsilon_1 + 1} \times \dfrac{1}{\text{권수비}}\right) \times \dfrac{1}{\varepsilon_3 + 1}$

$$\varepsilon_1 = -4.36[\%]$$

$$\varepsilon_3 = p\cos\theta - q\sin\theta = -q\sin\theta = -\%X_3 \times \sqrt{1-\cos^2\theta_3} = -7 \times \sqrt{1-0} = -7[\%]$$

$$V_3 = \left(154 \times \frac{1}{-0.0436+1} \times \frac{23}{154}\right) \times \frac{1}{-0.07+1} = 25.86 \text{[kV]}$$

정답 | 2차 전압 $V_2 = 68.96$[kV]
3차 전압 $V_3 = 25.86$[kV]

18

어느 제조공장의 부하의 소비전력량과 위치가 아래와 같을 때 부하중심위치(X, Y)를 계산하여 구하시오. (단, 부하의 전압과 역률은 동일하다) [5점]

부하	소비전력량	위치(X)[m]	위치(Y)[m]
물류저장소	120[kWh]	4	4
유틸리티	60[kWh]	9	3
사무실	20[kWh]	9	9
생산라인	320[kWh]	6	12

계산과정

$$X = \frac{(120 \times 4) + (60 \times 9) + (20 \times 9) + (320 \times 6)}{120 + 60 + 20 + 320} = 6[\text{m}]$$

$$Y = \frac{(120 \times 4) + (60 \times 3) + (20 \times 9) + (320 \times 12)}{120 + 60 + 20 + 320} = 9[\text{m}]$$

정답 | 부하중심위치(6, 9)

참고

$$\text{부하중심위치} = \frac{(I_1 \times l_1) + (I_2 \times l_2) + \cdots + (I_n \times l_n)}{I_1 + I_2 + \cdots + I_n}$$

$P[\text{kWh}] = VI\cos\theta$이고 $P \propto I$의 관계를 갖으므로 모든 부하의 전압과 역률이 같다면 공식에 전력량을 적용해도 식은 성립한다.

실기[필답형]기출문제   2022 * 2

01

다음 그림과 같은 전력계통에서 차단기 a에서의 단락용량을 계산하여 구하시오. (단, %임피던스는 기준용량 10[MVA]로 환산한 값이다) [5점]

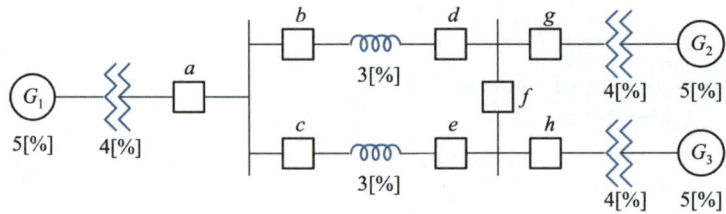

계산과정 | a를 기준으로 G_1 방향에서 단락사고 발생 시

$$P_s = \frac{100}{\%Z} \times P_n = \frac{100}{4+5} \times 10 = 111.11 [\text{MVA}]$$

a를 기준으로 G_2, G_3 방향에서 단락사고 발생 시

$$\%Z = \frac{(3+4+5) \times (3+4+5)}{(3+4+5)+(3+4+5)} = \frac{12 \times 12}{12+12} = 6[\%]$$

$$P_s = \frac{100}{\%Z} \times P_n = \frac{100}{6} \times 10 = 166.67 [\text{MVA}]$$

G_1 방향과 G_2, G_3 방향의 단락용량을 비교하면 G_2, G_3 방향의 단락용량이 크므로 차단기 a의 단락용량은 166.67[MVA]이다.

정답 | 166.67[MVA]

02

다음의 진리표를 보고 물음에 답하시오. [6점]

입력			출력	
A	B	C	Y_1	Y_2
0	0	0	0	1
0	0	1	0	1
0	1	0	0	1
0	1	1	0	0
1	0	0	0	1
1	0	1	1	1
1	1	0	1	1
1	1	1	1	0

[접속점 표기방식]

접속	비접속

(1) 출력 Y_1, Y_2를 논리식을 간략화하여 나타내시오.

답안작성

$Y_1 = A\overline{B}C + AB\overline{C} + ABC$
$\quad = A\overline{B}C + AB\overline{C} + ABC + ABC$
$\quad = AB(\overline{C}+C) + AC(\overline{B}+B) = AB + AC = A(B+C)$

$Y_2 = \overline{A}\,\overline{B}\,\overline{C} + \overline{A}\,\overline{B}C + \overline{A}B\overline{C} + A\overline{B}\,\overline{C} + A\overline{B}C + AB\overline{C}$
$\quad = \overline{A}\,\overline{B}(\overline{C}+C) + B\overline{C}(\overline{A}+A) + A\overline{B}(\overline{C}+C)$
$\quad = \overline{A}\,\overline{B} + B\overline{C} + A\overline{B} = (\overline{A}+A)\overline{B} + B\overline{C} = \overline{B} + B\overline{C}$
$\quad = (\overline{B}+B)(\overline{B}+\overline{C}) = \overline{B} + \overline{C}$

(2) (1)에서 정리한 논리식을 이용하여 논리회로를 그리시오.

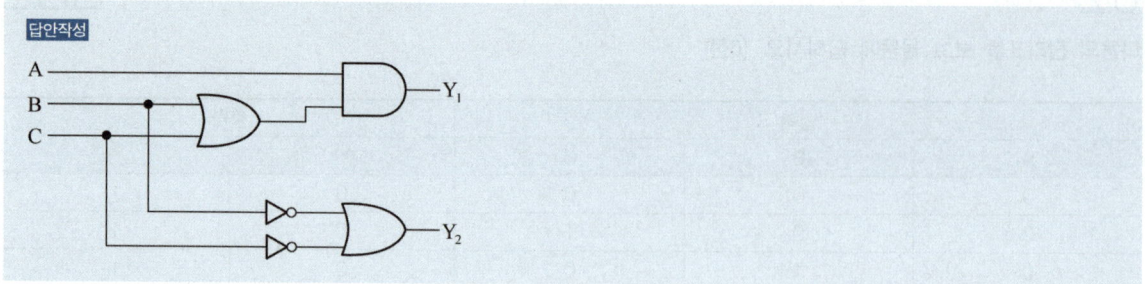

(3) (1)에서 정리한 논리식을 이용하여 시퀀스회로를 그리시오.

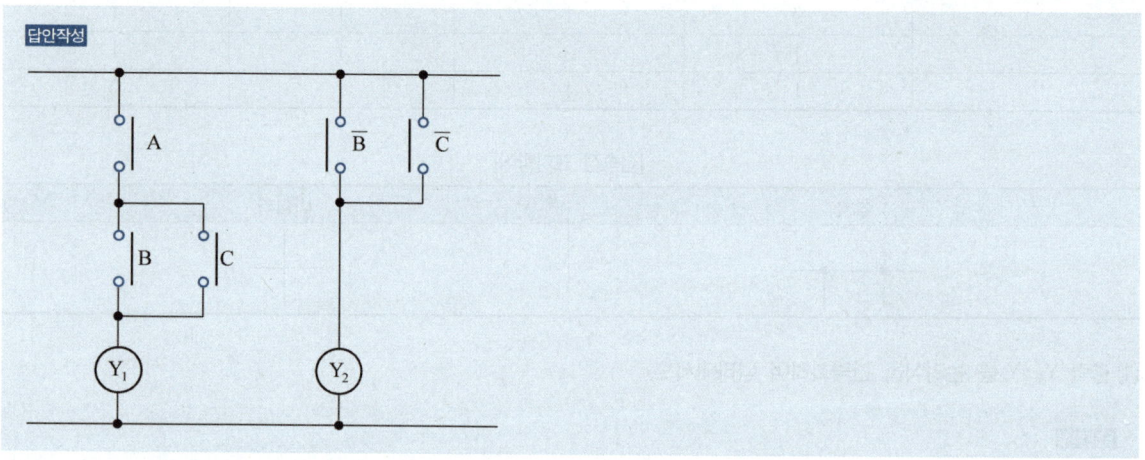

03

한국전기설비규정에서 규정하는 다음 각 용어의 정의를 서술하시오. [4점]

(1) PEM 도체(protective earthing conductor and mid-point conductor)

직류회로에서 중간도체 겸용 보호도체

(2) PEL 도체(protective earthing conductor and a line conductor)

직류회로에서 선도체 겸용 보호도체

04

수전설비 용량 5,000[kVA]인 수용가에서 5,000[kVA], 역률 75[%](지상)의 부하를 사용하고 있다. 다음 물음에 답하시오.

(1) 1,000[kVA] 전력용 커패시터를 설치하면 개선되는 역률은 몇[%]인지 계산하시오. [7점]

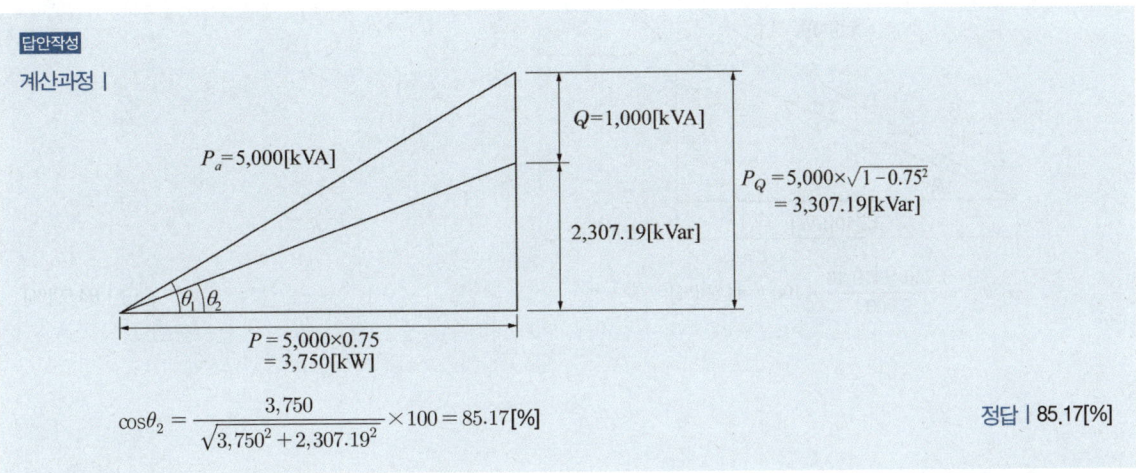

$$\cos\theta_2 = \frac{3,750}{\sqrt{3,750^2 + 2,307.19^2}} \times 100 = 85.17[\%]$$

정답 | 85.17[%]

(2) 1,000[kVA] 전력용 커패시터 설치 후, 역률 80[%](지상)의 부하를 접속하여 사용하고자 한다. 추가할 수 있는 최대 부하 용량[kW]를 계산하시오.

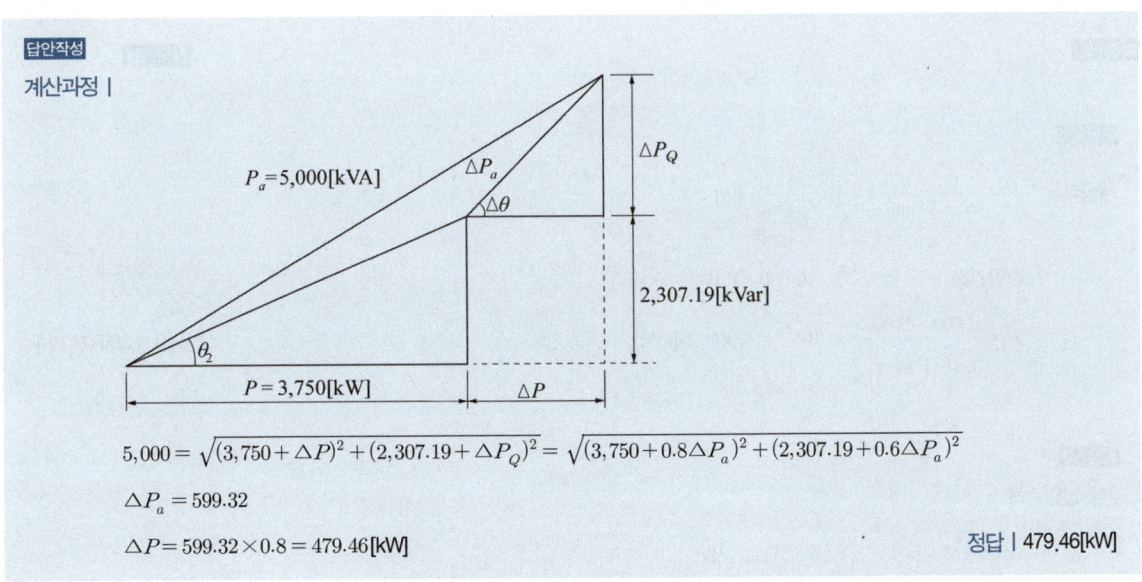

$$5,000 = \sqrt{(3,750+\triangle P)^2 + (2,307.19+\triangle P_Q)^2} = \sqrt{(3,750+0.8\triangle P_a)^2 + (2,307.19+0.6\triangle P_a)^2}$$

$\triangle P_a = 599.32$

$\triangle P = 599.32 \times 0.8 = 479.46[\text{kW}]$

정답 | 479.46[kW]

(3) (2)의 부하 추가 시 합성역률[%]을 계산하시오.

계산과정

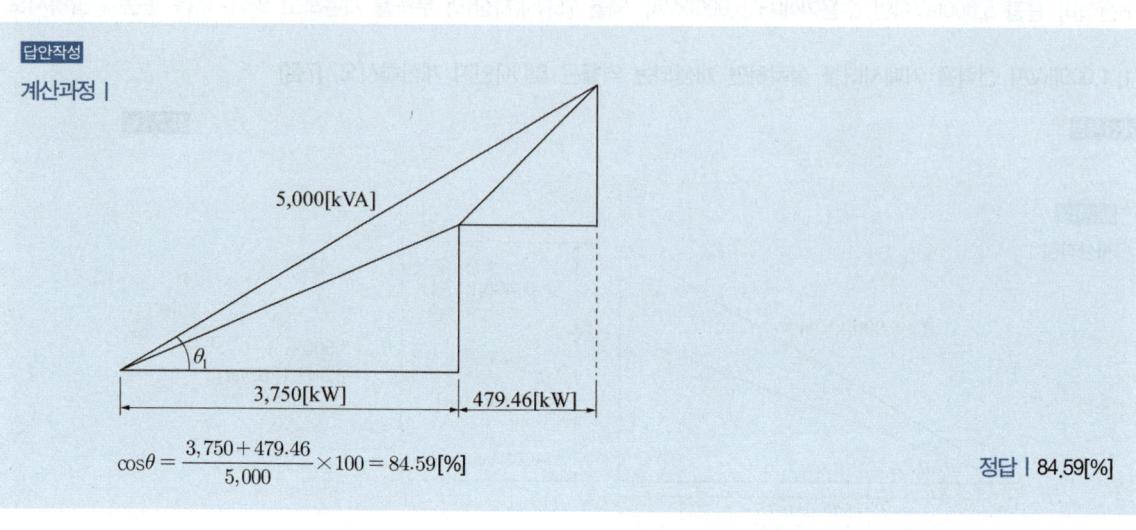

$$\cos\theta = \frac{3{,}750 + 479.46}{5{,}000} \times 100 = 84.59[\%]$$

정답 | 84.59[%]

05

3상 3선식 1회선 배전선로의 말단에 지상 역률 80[%]의 평형 3상 부하가 있다. 변전소 인출구 전압이 6,600[V], 부하의 단자전압이 6,000[V]일 때 부하전력은 몇 [kW]인지 계산하여 구하시오. (단, 전선 1가닥당 저항은 1.4[Ω], 리액턴스는 1.8[Ω]이라고 하고 기타 선로 정수는 무시한다) [6점]

계산과정

계산과정 | $P = \dfrac{e \cdot V_r}{R + X\tan\theta} = \dfrac{e \cdot V_r}{R + X\dfrac{\sin\theta}{\cos\theta}}$ [W]

전압강하 $e = V_s - V_r = 6{,}600 - 6{,}000 = 600$ [V]

$P = \dfrac{600 \times 6{,}000}{1.4 + 1.8 \times \dfrac{0.6}{0.8}} \times 10^{-3} = 1{,}309.09$ [kW]

정답 | 1,309.09[kW]

참고

3상 전압강하

$e = \sqrt{3}\,I(R\cos\theta + X\sin\theta) = \dfrac{P}{V_r}(R + X\tan\theta)$ [V]

06

어느 단상 변압기 2차 정격전압이 2,300[V], 2차 정격전류가 43.5[A] 2차측에서 본 합성저항이 0.66[Ω], 무부하손이 1,000[W]이다. 다음 물음에 답하시오. [9점]

(1) 전부하 시 역률 100[%]인 경우 효율[%]을 계산하시오.

계산과정 | 변압기 효율 $\eta = \dfrac{mP_a\cos\theta}{mP_a\cos\theta + P_i + m^2 P_c} \times 100[\%]$

부하율 $m = 1$
$P_a = VI = 2,300 \times 43.5 = 100,050[\text{VA}]$
역률 $\cos\theta = 1$
무부하손(철손) $= 1,000[\text{W}]$
부하손(동손) $= I^2 \cdot R = 43.5^2 \times 0.66 = 1,248.89[\text{W}]$
$\eta = \dfrac{1 \times 100,050 \times 1}{(1 \times 100,050 \times 1) + 1,000 + (1^2 \times 1,248.89)} \times 100 = 97.8[\%]$

정답 | 97.8[%]

(2) 전부하 시 역률 80[%]인 경우 효율[%]을 계산하시오.

계산과정 | $\dfrac{1 \times 100,050 \times 0.8}{(1 \times 100,050 \times 0.8) + 1,000 + (1^2 \times 1,248.89)} \times 100 = 97.27[\%]$

정답 | 97.27[%]

(3) 50[%] 부하 시 역률 100[%]인 경우 효율[%]을 계산하시오.

계산과정 | $\dfrac{0.5 \times 100,050 \times 1}{(0.5 \times 100,050 \times 1) + 1,000 + (0.5^2 \times 1,248.89)} \times 100 = 97.44[\%]$

정답 | 97.44[%]

(4) 50[%] 부하 시 역률 80[%]인 경우 효율[%]을 계산하시오.

계산과정

답안작성

계산과정 | $\dfrac{0.5 \times 100{,}050 \times 0.8}{(0.5 \times 100{,}050 \times 0.8) + 1{,}000 + (0.5^2 \times 1{,}248.89)} \times 100 = 96.83[\%]$

정답 | 96.83[%]

07

그림과 같이 3상 3선식 고압수전 설비에 접속된 변류기 2차 전류가 언제나 4.2[A]이었다. 이때 수전전력[kW]를 계산하여 구하시오. (단, 수전전압은 6,600[V], 변류비는 50/5, 역률은 100[%]이다) [4점]

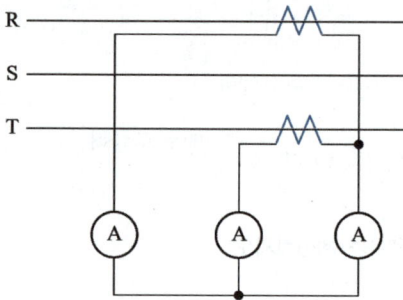

계산과정

답안작성

계산과정 | $P = \sqrt{3}\,VI\cos\theta[\text{W}]$
$= \sqrt{3} \times 6{,}600 \times \left(4.2 \times \dfrac{50}{5}\right) \times 1 \times 10^{-3} = 480.12[\text{kW}]$

정답 | 480.12[kW]

참고

CT 1차 전류 $I_1 =$ CT 2차 전류 $I_2 \times$ CT비

$P = \sqrt{3}\,V_1 I_1 \cos\theta = \sqrt{3}\,V_1 (I_2 \times \text{CT비})\cos\theta$

08

전기안전관리자의 직무에 관한 고시에 따라 안전관리업무를 대행하는 전기안전관리자는 전기설비가 설치된 장소 또는 사업장을 방문하여 점검을 실시해야 한다. 다음은 용량별 점검 횟수 및 간격에 대한 기준을 표이다. (   ) 안에 알맞은 내용을 쓰시오. [6점]

용량별		점검 횟수	점검 간격
저압	1 ~ 300[kW] 이하	월 1회	20일 이상
	300[kW] 초과	월 2회	10일 이상
고압 이상	1 ~ 300[kW] 이하	월 1회	20일 이상
	300[kW] 초과 ~ 500[kW] 이하	월 (①)회	(②)일 이상
	500[kW] 초과 ~ 700[kW] 이하	월 (③)회	(④)일 이상
	700[kW] 초과 ~ 1,500[kW] 이하	월 (⑤)회	(⑥)일 이상
	1,500[kW] 초과 ~ 2,000[kW] 이하	월 (⑦)회	(⑧)일 이상
	2,000[kW] 초과~	월 (⑨)회	(⑩)일 이상

답안작성

① 2, ② 10, ③ 3, ④ 7, ⑤ 4, ⑥ 5, ⑦ 5, ⑧ 4, ⑨ 6, ⑩ 3

참 고

전기안전관리자의 직무에 관한 고시 제4조(점검주기 및 점검 횟수)

용량별		점검 횟수	점검 간격
저압	1 ~ 300[kW] 이하	월1회	20일 이상
	300[kW] 초과	월2회	10일 이상
고압 이상	1 ~ 300[kW] 이하	월1회	20일 이상
	300[kW] 초과 ~ 500[kW] 이하	월2회	10일 이상
	500[kW] 초과 ~ 700[kW] 이하	월3회	7일 이상
	700[kW] 초과 ~ 1,500[kW] 이하	월4회	5일 이상
	1,500[kW] 초과 ~ 2,000[kW] 이하	월5회	4일 이상
	2,000[kW] 초과	월6회	3일 이상

[비고] 여행·질병이나 그 밖의 사유로 일시적으로 그 직무를 수행할 수 없는 경우에는 그 기간동안 해당 설비의 소유자 등과 협의하여 점검간격을 조정하여 실시할 수 있다.

09

각 상의 불평형 전류 $I_a = 7.28 \angle 15.95°$[A], $I_b = 12.81 \angle -128.66°$[A], $I_c = 7.21 \angle 123.69°$[A]라고 할 때, 대칭분 영상전류 I_0, 정상전류 I_1, 역상전류 I_2를 구하시오. (단, 극좌표 형식으로 나타내시오) [7점]

(1) 영상전류 I_0

계산과정 | $I_0 = \dfrac{1}{3}(I_a + I_b + I_c)$

$= \dfrac{1}{3}(7.28 \angle 15.95° + 12.81 \angle -128.66° + 7.21 \angle 123.69°)$

$= 1.8 \angle -158.17°$

정답 | $1.8 \angle -158.17°$[A]

(2) 정상전류 I_1

계산과정 | $I_1 = \dfrac{1}{3}(I_a + aI_b + a^2 I_c)$

$= \dfrac{1}{3}[7.28 \angle 15.95° + (1 \angle 120° \times 12.81 \angle -128.66°) + (1 \angle 240° \times 7.21 \angle 123.69°)]$

$= 8.95 \angle 1.14°$[A]

정답 | $8.95 \angle 1.14°$[A]

(3) 역상전류 I_2

계산과정 | $I_2 = \dfrac{1}{3}(I_a + a^2 I_b + aI_c)$

$= \dfrac{1}{3}[7.28 \angle 15.95° + (1 \angle 240° \times 12.81 \angle -128.66°) + (1 \angle 120° \times 7.21 \angle 123.69°)]$

$= 2.51 \angle 96.55°$

정답 | $2.51 \angle 96.55°$[A]

10

지표면에서 10[m] 높이의 수조에 1초당 1[m³]의 물을 양수하는 데 펌프용 전동기에 3상 전력을 공급하기 위하여 단상 변압기 2대로 V 결선하였다. 펌프 효율이 70[%]이고 펌프축 동력에 20[%]의 여유를 주는 경우 각 물음에 답하시오.
(단, 펌프용 3상 농형 유도전동기의 역률은 100[%]이다) [5점]

(1) 펌프용 전동기의 소요동력은 몇 [kW]인지 계산하여 구하시오.

계산과정 | $P = \dfrac{9.8 \times 1.2 \times 1 \times 10}{0.7} = 168\,[\text{kW}]$

정답 | 168[kW]

참고

펌프용 전동기 소요동력

$P = \dfrac{9.8 KQH}{\eta \cos\theta}\,[\text{kW}]$

- K : 여유율
- Q : 양수량[m³/sec]
- H : 양정[m]
- η : 전동기 효율

(2) 단상변압기 1대의 용량은 몇 [kVA]인지 계산하여 구하시오.

계산과정 | $P_1 = \dfrac{168}{\sqrt{3}} = 96.99\,[\text{kVA}]$

정답 | 96.99[kVA]

참고

V결선에서 변압기 용량 $P_V = \sqrt{3}\,P_1$

변압기 1대의 용량 $P_1 = \dfrac{P_V}{\sqrt{3}}$

11

폭 15[m]인 도로의 양쪽에 간격 20[m]를 두고 대칭 배열로 가로등이 점등되어 있다. 한 등의 전광속은 8,000[lm], 조명률은 45[%]일 때 도로의 평균조도를 계산하여 구하시오. [4점]

계산과정

정 답

답안작성

계산과정 | $E = \dfrac{FUN}{DS} = \dfrac{8{,}000 \times 0.45 \times 1}{1 \times \left(\dfrac{1}{2} \times 15 \times 20\right)} = 24\,[\text{lx}]$

정답 | 24[lx]

참 고

- $FUN = DES$
  (F : 광속[lm], U : 조명률, N : 등수, D : 감광보상률, E : 조도[lx], S : 면적[m²])
- 도로 조명 배치에 따른 면적 S(도로폭×등기구 간격)[m²]
  - 도로 중앙 배열, 도로 편측(한쪽) 배열 : $S[\text{m}^2]$ = 도로폭×등기구 간격
  - 도로 양측(대칭) 배열, 지그재그 배열 : $S[\text{m}^2] = \dfrac{1}{2} \times$ 도로폭×등기구 간격
- 감광보상률(D)은 주어지지 않기 때문에 1을 적용한다.

12

다음은 전력시설물 공사 감리업무 수행지침 중 설계변경 및 계약금액조정 관련 관리업무와 관련된 사항이다. 빈칸에 알맞은 내용을 쓰시오. [4점]

감리원은 설계변경 등으로 인한 계약금액의 조정을 위한 각종서류를 공사업자로부터 제출받아 검토·확인한 후 감리업자에게 보고하여야 하며 감리업자는 소속 비상주감리원에게 검토·확인하게 하고 대표자 명의로 발주자에게 제출하여야 한다. 이때 변경설계도서의 설계자는 (①), 심사자는 (②)이 날인하여야 한다. 대규모 통합 감리인 경우, 설계자는 실제 설계 담당감리원과 책임감리원이 연명으로 날인하고 변경설계도서의 표지 양식은 사전에 발주처와 협의하여 정한다.

답안작성

① 책임감리원, ② 비상주감리원

> **참고**
>
> 전력시설물 공사감리업무 수행지침 제52조 ⑪
> 감리원은 설계변경 등으로 인한 계약금액의 조정을 위한 각종 서류를 공사업자로부터 제출받아 검토·확인한 후 감리업자에게 보고하여야 하며, 감리업자는 소속 비상주감리원에게 검토·확인하게 하고 대표자 명의로 발주자에게 제출하여야 한다. 이때 변경설계도서의 설계자는 책임감리원, 심사자는 비상주감리원이 날인하여야 한다. 다만, 대규모 통합감리의 경우, 설계자는 실제 설계 담당감리원과 책임감리원이 연명으로 날인하고 변경설계도서의 표지양식은 사전에 발주처와 협의하여 정한다.

13

전선의 식별에 관한 표이다. 한국전기설비규정에서 정한 내용으로 빈칸을 채우시오. [3점]

상(문자)	색상
L1	①
L2	흑색
L3	②
N	③
보호도체	④

> **답안작성**
>
> ① 갈색, ② 회색, ③ 청색, ④ 녹색 - 노란색

> **참고**
>
> 한국전기설비규정 121.2(전선의 식별)
>
> | 상(문자) | 색상 |
> |---|---|
> | L1 | 갈색 |
> | L2 | 흑색 |
> | L3 | 회색 |
> | N | 청색 |
> | 보호도체 | 녹색 - 노란색 |

14

다음 회로를 이용하여 물음에 답하시오. [4점]

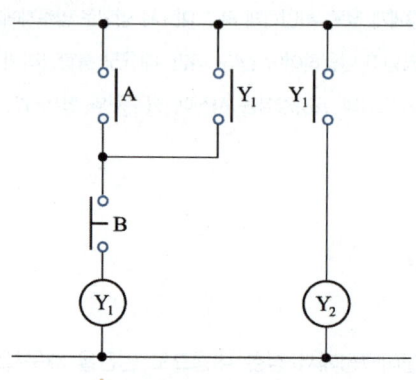

[접속점 표기 방식]

접속	비접속

(1) 논리식으로 정리하시오.

답안작성

$Y_1 = (A + Y_1) \cdot \overline{B}$

$Y_2 = \overline{Y_1}$

(2) 무접점 시퀀스회로로 나타내시오.

답안작성

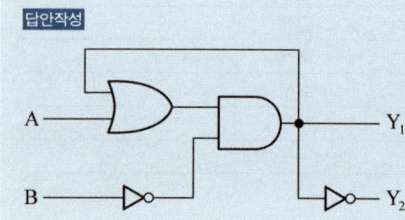

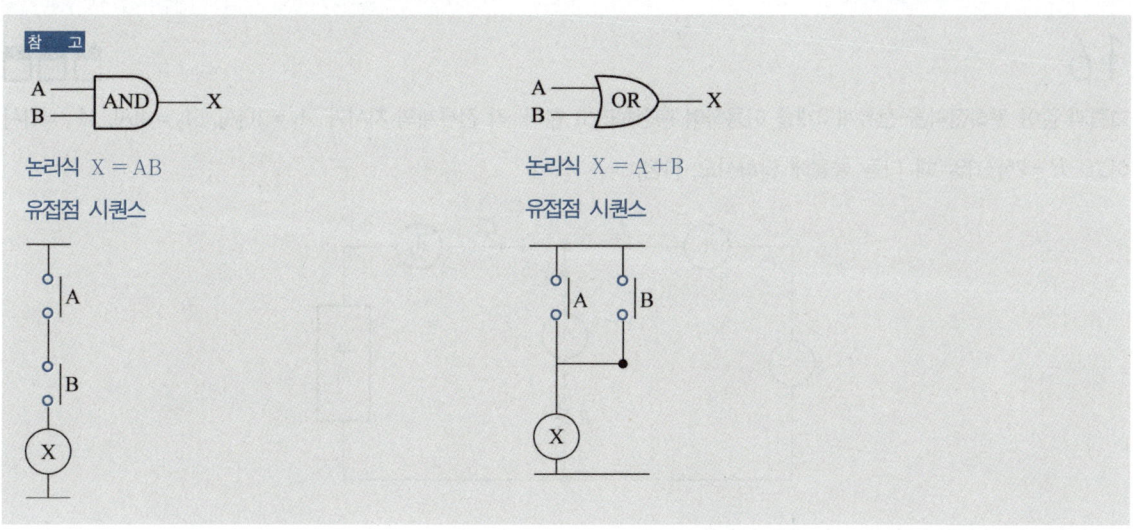

15

다음 표와 같은 수용가의 종합 최대수용전력[kW]을 계산하여 구하시오. [5점]

	부하A	부하B	부하C	부하D
용량[kW]	10	20	20	30
수용률	0.8	0.8	0.6	0.6
부등률	1.3			

계산과정 | 정답

답안작성

계산과정 | 최대수용전력 $= \dfrac{(10 \times 0.8) + (20 \times 0.8) + (20 \times 0.6) + (30 \times 0.6)}{1.3} = 41.54$[kW]

정답 | 41.54[kW]

참고

최대수용전력[kW] $= \dfrac{\text{설비용량[kW]} \times \text{수용률}}{\text{부등률}}$

16

그림과 같이 부하전력을 전류계 3개를 이용하여 측정하려고 한다. 각 전류계의 지시가 $A_1 = 10[A]$, $A_2 = 4[A]$, $A_3 = 7[A]$이고, $R = 25[\Omega]$일 때 다음 물음에 답하시오. [4점]

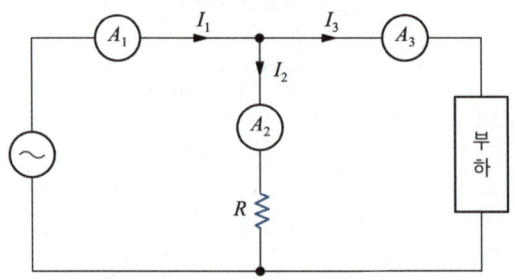

(1) 부하에서 소비되는 전력[W]을 계산하여 구하시오.

계산과정

답안작성

계산과정 | $P = \dfrac{25}{2}(10^2 - 4^2 - 7^2) = 437.5[W]$

정답 | 437.5[W]

참 고

3전류계법

소비전력 $P = \dfrac{R}{2}(I_1^2 - I_2^2 - I_3^2)[W]$

(2) 부하역률[%]을 계산하여 구하시오.

계산과정

답안작성

계산과정 | $\cos\theta = \dfrac{10^2 - 4^2 - 7^2}{2 \times 4 \times 7} \times 100 = 62.5[\%]$

정답 | 62.5[%]

참 고

3전류계법

역률 $\cos\theta = \dfrac{A_1^2 - A_2^2 - A_3^2}{2A_2 A_3}$

17

다음 그림은 어느 수용가의 수변전 설비의 단선 계통도이다. 물음에 답하시오. [12점]

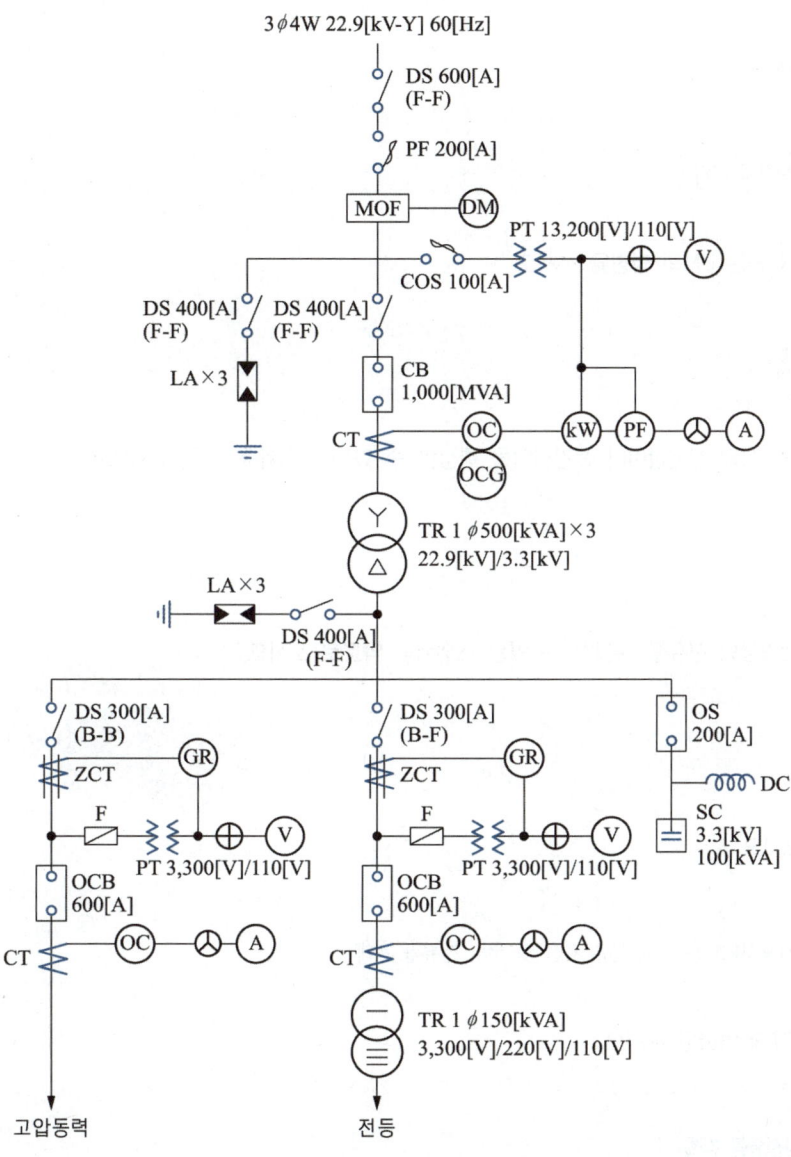

(1) 22.9[kV] 측의 DS의 정격 전압을 쓰시오. (단, 정격전압은 계산과정을 생략하고 답만 쓰시오)

답안작성
25.8[kV]

(2) MOF의 역할을 쓰시오.

답안작성
전력량을 적산하기 위하여 고전압 대전류를 저전압 소전류로 변성

(3) PF의 역할을 쓰시오.

답안작성
단락전류 및 고장전류의 차단

(4) MOF에 연결되어 있는 DM의 명칭을 쓰시오.

답안작성
최대 수요 전력량계

(5) 하나의 전압계로 3상의 상전압이나 선간전압을 측정할 수 있는 스위치를 약호로 쓰시오.

답안작성
VS

(6) 하나의 전류계로 3상의 전류를 측정할 수 있는 스위치를 약호로 쓰시오.

답안작성
AS

(7) CB의 역할을 쓰시오.

답안작성
단락 및 과부하, 지락 사고 등 사고 전류 차단 및 부하 전류를 개폐

(8) 3.3[kV] 측의 ZCT의 역할을 쓰시오.

답안작성
지락 사고 시 영상전류를 검출

(9) ZCT에 연결되어 있는 GR의 역할을 쓰시오.

답안작성

지락 사고 발생 시 ZCT로부터 검출된 지락전류를 입력으로 하여 정정치 이상이 되면 차단기로 동작신호를 출력

(10) SC의 역할을 쓰시오.

답안작성

부하의 역률을 개선

(11) 3.3[kV] 측의 CB에서 600[A]는 무엇을 의미하는지 쓰시오.

답안작성

정격전류

(12) OS의 우리말 명칭을 쓰시오.

답안작성

유입개폐기

(13) 22.9[kV]측의 LA의 정격전압

답안작성

18[kV]

참고

피뢰기의 정격전압

전력계통		피뢰기의 정격전압[kV]	
전압[kV]	중성점 접지방식	변전소	배전선로
345	유효접지	288	
154	유효접지	144	
66	PC 접지 또는 비접지	72	
22	PC 접지 또는 비접지	24	
22.9	3상 4선 다중접지	21	18

[주] 전압 22.9[kV-Y] 이하의 배전선로에서 수전하는 설비의 피뢰기 정격전압[kV]은 배전선로용을 적용한다.

18

수전전압 6,600[V], 가공전선로의 %Z가 58.5[%]일 때 수전점의 3상 단락전류가 8,000[A]인 경우 기준용량을 구하고 수전용 차단기의 차단용량을 계산하여 아래 표에서 선정하시오. [5점]

차단기의 정격용량[MVA]										
10	20	30	50	75	100	150	250	300	400	500

(1) 기준용량[MVA]

계산과정 | 기준용량 $P_n = \sqrt{3}\,VI_n$ [VA]

$V = 6,600$ [V]

$I_n = \dfrac{\%Z}{100} I_s = \dfrac{58.5}{100} \times 8,000 = 4,680$ [A]

$P_n = \sqrt{3} \times 6,600 \times 4,680 \times 10^{-6} = 53.49$ [MVA]

정답 | 53.5[MVA]

참고

단락전류 $I_s = \dfrac{100}{\%Z} I_n$ [A], 정격전류 I_n 기준으로 식을 정리하면

$I_n = \dfrac{\%Z}{100} I_s$ [A]

[MVA] = [VA] × 10^{-6}

(2) 차단용량[MVA]

계산과정 | 차단용량 $P_s = \sqrt{3}\,V_n I_s$ [VA]

정격전압 V_n = 공칭전압 $V \times \dfrac{1.2}{1.1} = 6,600 \times \dfrac{1.2}{1.1} = 7,200$ [V]

정격차단전류(단락전류) $I_s = 8,000$ [A]

$P_s = \sqrt{3} \times 7,200 \times 8,000 \times 10^{-6} = 99.77$ [MVA]

정답 | 100[MVA] 선정

참고

차단용량[MVA] = $\sqrt{3}$ × 정격전압[kV] × 정격차단전류[kA]
       = $\sqrt{3}$ × 정격전압[V] × 정격차단전류[A] × 10^{-6}

실기[필답형]기출문제 2022 * 3

01

아래 그림과 같이 면적이 20[m]×10[m]인 사무실의 평균조도를 200[lx]로 하고자 할 때 다음 각 물음에 답하시오. [8점]

```
         20[m] (X)
    ┌─────────────┐
    │             │
    │             │ 10[m] (Y)
    │             │
    └─────────────┘
```

[조건]
- 형광등의 소비전력은 40[W]이며 광속은 2,500[lm]이다.
- 조명률은 0.6, 감광보상률은 1.2로 한다.
- 사무실 내부공간에 기둥이나 구조물은 없는 것으로 한다.
- 등기구 간격은 등기구 센터를 기준으로 한다.
- 등기구는 ○으로 표현한다.

(1) 사무실에 필요한 형광등 수를 계산하시오.

계산과정

답안작성

계산과정 | 등수 = $\dfrac{1.2 \times 200 \times (20 \times 10)}{2,500 \times 0.6}$ = 32[등]

정답 | 32[등]

참고
- $FUN = DES$
  (F : 광속[lm], U : 조명률, N : 등수, D : 감광보상률, E : 조도[lx], S : 면적[m²])
- $N = \dfrac{DES}{FU}$ [등]

(2) 등기구를 문제의 그림 안에 배치하시오.

답안작성

참 고
특별히 의도하는 실내 조명이 아니라면 빛이 골고루 분산되어 경제적인 밝기를 얻을 수 있도록 배치한다.

(3) 최외각에 설치된 등기구와 건물 벽간의 간격 그리고 등기구와 등기구의 간격은 몇 [m]인지 계산하여 구하시오.

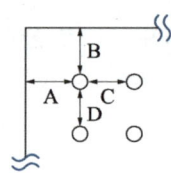

계산과정   **정 답**
A :   B :   C :   D :

답안작성

계산과정 | A : $\dfrac{20}{8} \times \dfrac{1}{2} = 1.25[m]$ 정답 | A : 1.25[m]

B : $\dfrac{10}{4} \times \dfrac{1}{2} = 1.25[m]$ B : 1.25[m]

C : $\dfrac{20}{8} = 2.5[m]$ C : 2.5[m]

D : $\dfrac{10}{4} = 2.5[m]$ D : 2.5[m]

참 고
벽과 등기구의 간격은 등간격의 50[%]($\dfrac{1}{2}$배)를 적용한다.

(4) 형광 방전등의 주파수를 60[Hz]에서 50[Hz]로 낮추면 광속과 점등시간은 어떻게 되는지 쓰시오. (증가, 감소, 빠름, 늦음으로 표현)

답안작성
- 광속 : 증가
- 점등시간 : 늦음

참고

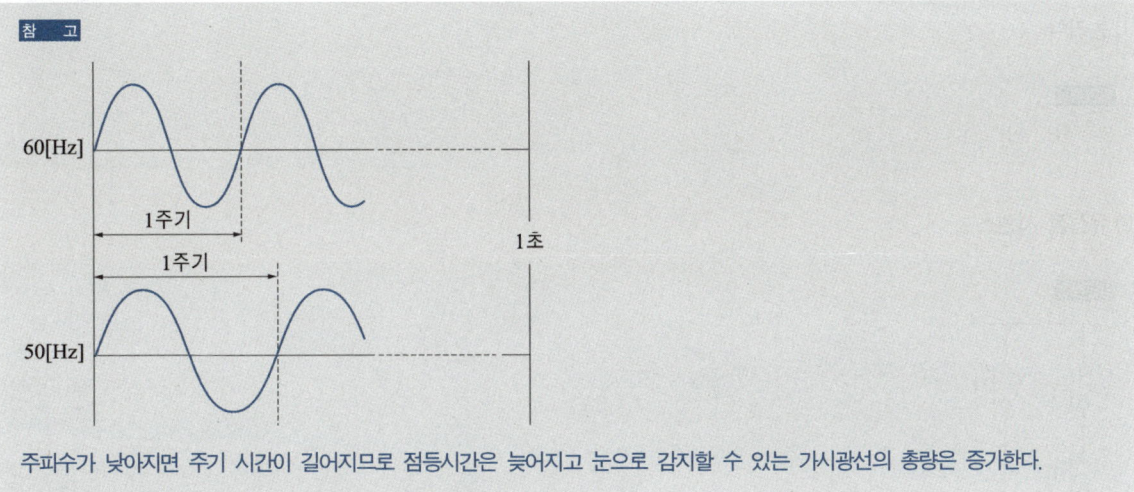

주파수가 낮아지면 주기 시간이 길어지므로 점등시간은 늦어지고 눈으로 감지할 수 있는 가시광선의 총량은 증가한다.

(5) 등간격은 등높이의 몇 배 이하로 하여야 양호한 전반조명이라고 할 수 있는지 쓰시오.

답안작성
1.5배

참고
균등한 조도를 얻기 위한 양호한 전반조명의 간격
광원의 최대 간격 $S \leq 1.5 \times$ 작업면으로부터 광원까지의 높이 H

02

다음 주어진 논리회로에 대응하는 논리식을 쓰고 유접점 시퀀스를 그리시오. [4점]

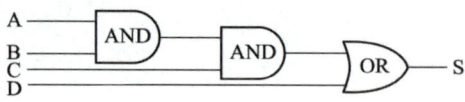

(1) 논리식

답안작성

S = ABC + D

(2) 유접점 시퀀스

답안작성

참 고

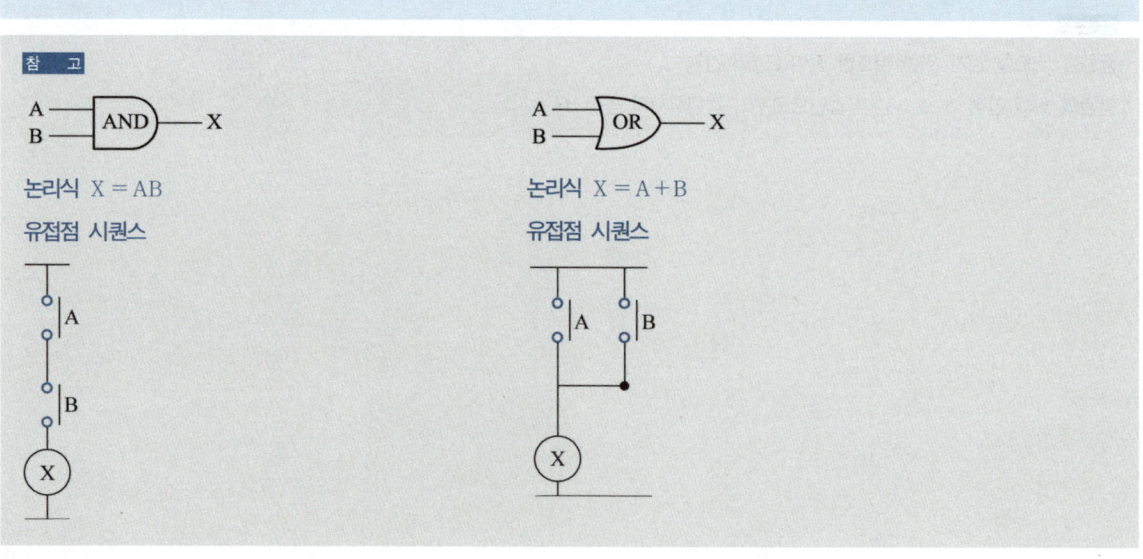

논리식 X = AB

유접점 시퀀스

논리식 X = A + B

유접점 시퀀스

03

다음 그림과 같은 회로에 2개의 전력계 W_1, W_2 전압계 Ⓥ, 전류계 Ⓐ를 접속하였더니 지시값이 $W_1 = 5.6\text{[kW]}$, $W_2 = 2.4\text{[kW]}$, $\text{Ⓥ} = 220\text{[V]}$, $\text{Ⓐ} = 25\text{[A]}$라는 것을 알 수 있었다. 다음 각 물음에 답하시오. [7점]

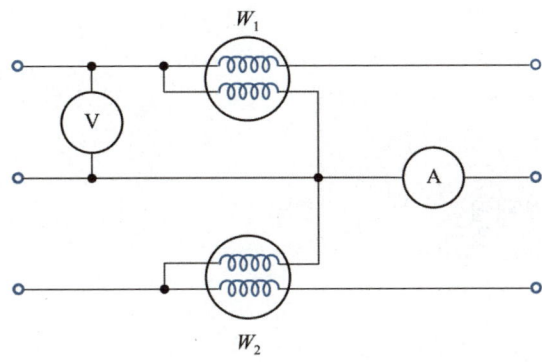

(1) 유효전력[kW]를 계산하여 구하시오.

계산과정

답안작성
계산과정 | $P = W_1 + W_2 = 5.6 + 2.4 = 8\text{[kW]}$

정답 | 8[kW]

(2) 부하역률[%]를 계산하여 구하시오.

계산과정

답안작성
계산과정 | $\cos\theta = \dfrac{8 \times 10^3}{\sqrt{3} \times 220 \times 25} \times 100 = 83.98\text{[\%]}$

정답 | 83.98[%]

참 고

역률 $\cos\theta = \dfrac{\text{유효전력}}{\text{피상전력}} \times 100\text{[\%]}$

04

어느 기간 중에서의 수용가의 최대수요전력[kW]과 그 수용가가 설치하고 있는 설비용량의 합[kW]의 비를 의미하는 것은 무엇인지 쓰시오. [4점]

답안작성
수용률

참 고
수용률 = $\dfrac{\text{최대수요(수용)전력[kW]}}{\text{설비용량[kW]}} \times 100[\%]$

05

송전선로 5[km] 지점에 1,000[kW], 역률 0.8(지상)인 3상 부하가 있다. 전력용 콘덴서를 설치하여 역률을 95[%]로 개선하였다. 다음 물음에 답하시오. (단, 1선당 임피던스는 $0.3 + j0.4[\Omega/\text{km}]$, 부하전압은 6,000[V]로 일정하다) [8점]

(1) 전압강하는 개선 전의 몇[%]인지 계산하여 구하시오.

계산과정 정 답

답안작성

계산과정 | ① 역률 개선 전 전압강하

$$e_1 = \dfrac{P}{V_r}(R + X\tan\theta) = \dfrac{1,000 \times 10^3}{6,000}\left[(0.3 \times 5) + (0.4 \times 5) \times \dfrac{0.6}{0.8}\right] = 500[\text{V}]$$

② 역률 개선 후 전압강하

$$e_2 = \dfrac{1,000 \times 10^3}{6,000}\left[(0.3 \times 5) + (0.4 \times 5) \times \dfrac{\sqrt{1-0.95^2}}{0.95}\right] = 359.56[\text{V}]$$

③ 개선 전에 대한 개선 후의 비율[%]

$e_1 : e_2 = 500 : 359.56$

$500 e_2 = 359.56 e_1$

$e_2 = \dfrac{359.56}{500} e_1 = 0.7191 e_1$

즉, 개선 후의 전압강하 e_2는 개선 전 전압강하의 71.91[%]이다.

정답 | 71.91[%]

> **참고**
> 3상 지상역률일 때 전압강하
> $$e = \sqrt{3}\,I(R\cos\theta + X\sin\theta) = \frac{P}{V_r}(R + X\tan\theta) = \frac{P}{V_r}\left(R + X\frac{\sin\theta}{\cos\theta}\right)$$
> $$\tan\theta = \frac{\sin\theta}{\cos\theta},\ \sin\theta = \sqrt{1-\cos^2\theta}$$

(2) 전력손실은 개선 전의 몇 [%]인지 계산하여 구하시오.

계산과정 | 개선 전 전력손실 $P_{l_1} = 3I_1^2 R$

개선 후 전력손실 $P_{l_2} = 3I_2^2 R$

$$P_{l_1} : P_{l_2} = 3I_1^2 R : 3I_2^2 R = I_1^2 : I_2^2 = \left(\frac{P}{\sqrt{3}\,V\cos\theta_1}\right)^2 : \left(\frac{P}{\sqrt{3}\,V\cos\theta_2}\right)^2$$

즉 $P_{l_1} : P_{l_2} = \dfrac{1}{\cos^2\theta_1} : \dfrac{1}{\cos^2\theta_2}$

$$P_{l_2} = \frac{\cos^2\theta_1}{\cos^2\theta_2}\cdot P_{l_1} = \frac{0.8^2}{0.95^2}\cdot P_{l_1} = 0.7091\cdot P_{l_1}$$

즉, 개선 후 전력손실 P_{l_2}는 개선 전 전력손실의 70.91[%]이다.

정답 | 70.91[%]

06

최대출력 400[kW], 연료의 발열량 9,600[kcal/L], 일부하율 40[%]인 디젤엔진 발전기의 열효율이 36[%]이다. 발전기 하루 연료소비량[L]을 계산하여 구하시오. [4점]

계산과정 | 하루 연료소비량 $B = \dfrac{860(P \times 부하율)}{H\eta} \times 24 = \dfrac{860 \times (400 \times 0.4)}{9{,}600 \times 0.36} \times 24 = 955.56$[L]

정답 | 955.56[L]

> **참 고**
>
> 디젤 발전기 효율
>
> $\eta = \dfrac{860 P \cdot t}{BH} \times 100 [\%]$
>
> - 출력 P = 최대출력×일부하율
> - 시간 t = 하루 = 24[시간]
> - η : 효율
> - H : 발열량
> - B : 연료소비량

07

정격용량 20[kVA], %임피던스 4[%]인 A 변압기와 정격용량 75[kVA], %임피던스 5[%]인 B 변압기가 병렬 운전 중이다. 다음 물음에 답하시오. [단, 변압기 A, B의 정격전압, 내부저항과 누설 리액턴스 비는 같다($\dfrac{R_a}{X_a} = \dfrac{R_b}{X_b}$)] [6점]

(1) 2차측의 부하용량이 60[kVA]일 때 각 변압기가 분담하는 전력을 계산하여 구하시오.

① A 변압기

계산과정 | 정 답

답안작성

계산과정 | 부하분담 $\dfrac{P_a}{P_b} = \dfrac{\%Z_B}{\%Z_A} \times \dfrac{P_A}{P_B} = \dfrac{5}{4} \times \dfrac{20}{75} = \dfrac{1}{3}$

부하용량 전체가 $1+3=4$라고 할 때

A 변압기는 $\dfrac{1}{4} \times 100 = 25[\%]$ 분담

B 변압기는 $\dfrac{3}{4} \times 100 = 75[\%]$ 분담

즉, A 변압기는 $60 \times 0.25 = 15 [\text{kVA}]$ 분담

정답 | 15[kVA]

② B 변압기

계산과정 | 정 답

답안작성

계산과정 | B 변압기는 $60 \times 0.75 = 45 [\text{kVA}]$ 분담

정답 | 45[kVA]

(2) 2차측의 부하용량이 120[kVA]일 때 각 변압기가 분담하는 전력을 계산하여 구하시오.

① A 변압기

계산과정

답안작성

계산과정 | A 변압기는 $120 \times 0.25 = 30$[kVA] 분담

정답 | 30[kVA]

② B 변압기

계산과정

답안작성

계산과정 | B 변압기는 $120 \times 0.75 = 90$[kVA] 분담

정답 | 90[kVA]

(3) 변압기가 과부하되지 않은 범위 내에서 2차측 최대부하용량을 계산하여 구하시오.

계산과정

답안작성

계산과정 | A 변압기의 최대용량 적용

A 변압기 분담 용량 $P_a = 20$[kVA]일 때

B 변압기 분담 용량 $P_b = P_a \times 3 = 20 \times 3 = 60$[kVA]

2차측 부하 $P_a + P_b = 20 + 60 = 80$[kVA]

정답 | 80[kVA]

참 고

B 변압기 최대용량 적용

B 변압기 분담 용량 $P_b = 75$[kVA]일 때

A 변압기 분담 용량 $P_a = P_b \times \dfrac{1}{3} = 75 \times \dfrac{1}{3} = 25$[kVA]

A 변압기 정격용량은 20[kVA]이므로 B 변압기 최대용량 적용 시 과부하되므로 A 변압기의 최대용량을 적용하여 계산한다.

08

다음 주어진 논리회로에 대응하는 논리식을 쓰고 유접점 시퀀스를 그리시오. [3점]

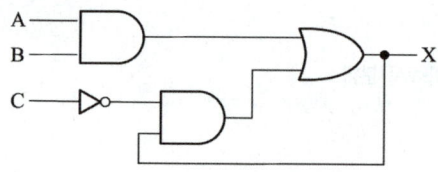

(1) 논리식

$X = AB + \overline{C}X$

(2) 유접점 시퀀스

09

그림은 22.9[kV-Y] 1,000[kVA] 이하에 적용 가능한 특고압 간이수전설비 표준결선도이다. 다음 물음에 답하시오. [7점]

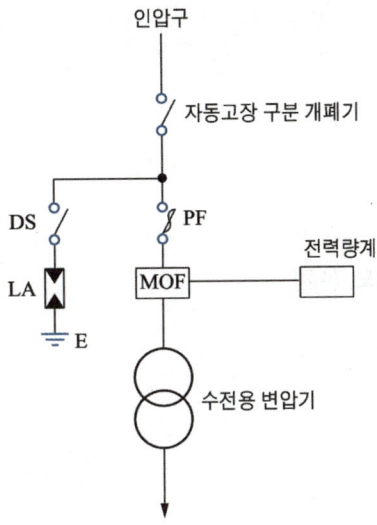

(1) 용량 300[kVA] 이하에서 ASS(자동고장 구분 개폐기) 대신 사용할 수 있는 것은 무엇인지 쓰시오.

> 답안작성
> 인터럽터 스위치

(2) 본 도면에서 생략할 수 있는 것은 무엇인지 쓰시오.

> 답안작성
> LA용 DS

(3) 22.9[kV-Y]용의 LA는 어떤 붙이가 된 것을 사용해야 하는지 쓰시오.

> 답안작성
> Disconnector 붙임형

(4) 22.9[kV-Y] 지중 인입선에는 어떤 케이블을 사용하여야 하는지 쓰시오.

> 답안작성
> CNCV-W 케이블(수밀형) 또는 TR CNCV-W(트리억제형)

(5) 300[kVA] 이하인 경우 PF 대신 COS를 사용하였다. 이것의 비대칭 차단전류 용량은 몇 [kA] 이상의 것을 사용하여야 하는지 쓰시오.

답안작성
10[kA] 이상

10

다음 각 계전기의 이름을 우리말로 쓰시오. [4점]

(1) OCR

답안작성
과전류 계전기

(2) OVR

답안작성
과전압 계전기

(3) UVR

답안작성
부족전압 계전기

(4) GR

답안작성
지락 계전기

11

전기설비를 방폭화한 방폭기기의 구조에 따른 종류 4가지를 쓰시오. [4점]

답안작성
① 내압 방폭구조
② 유입 방폭구조
③ 압력 방폭구조
④ 본질안전 방폭구조

참 고

[내선규정 부록 400-2] 방폭구조의 기호

구분		기호
방폭구조의 종류	내압 방폭구조	d
	유입 방폭구조	o
	압력 방폭구조	p
	안전증 방폭구조	e
	본질안전 방폭구조	i
	특수 방폭구조	s
폭발등급	폭발등급 1	
	폭발등급 2	
	폭발등급 3	

12

천정높이 3.85[m], 가로 10[m], 세로 16[m], 작업면 높이 0.85[m]인 어느 사무실 천장에 직부 형광등 F40×2를 설치하고자 한다. 다음 물음에 답하시오. [6점]

(1) 이 사무실의 실지수를 계산하여 구하시오.

계산과정 | 실지수 $= \dfrac{XY}{H(X+Y)} = \dfrac{10 \times 16}{(3.85 - 0.85) \times (10 + 16)} = 2.05$

(H : 작업면부터 천정까지의 높이[m], X : 가로길이[m], Y : 세로길이[m])

정답 | 2.05

(2) 이 사무실의 작업면 조도를 300[lx], 벽반사율 50[%], 천장 반사율 70[%], 바닥 반사율 10[%], 40[W] 형광등 1등의 광속 3,150[lm], 보수율 70[%], 조명률 61[%]라고 한다면 이 사무실에 필요한 등기구 수를 계산하여 구하시오.

계산과정 | 등기구 수 $= \dfrac{DES}{FU} = \dfrac{ES}{FUM} = \dfrac{300 \times (10 \times 16)}{(3,150 \times 2) \times 0.61 \times 0.7} = 17.84$

(D : 감광보상률, E : 조도[lx], S : 면적[m²], F : 광속[lm], U : 조명률, M : 보수율)

정답 | 18[등]

(3) 형광등 F40×2의 그림기호를 그리시오.

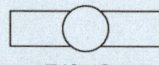

F40×2

13

다음 빈칸에 전력계통에 이용되는 리액터에 대한 알맞은 명칭을 적으시오. [3점]

단락전류제한	①
페란티 현상방지	②
변압기 중성점 아크소호	③

답안작성

① 한류리액터
② 분로리액터
③ 소호리액터

14

다음 상용전원과 예비전원 운전 시 유의하여야 할 사항이다. ( ) 안에 알맞은 내용을 채우시오. [4점]

> 상용전원과 비상용 예비전원 사이에는 병렬운전을 하지 않는 것이 원칙이므로 수전용 차단기와 발전용 차단기 사이에는 전기적 또는 기계적 (①)을 시설해야 하며 (②)를 사용해야 한다.

답안작성

① 인터록
② 자동 절환 개폐장치

참 고

한국전기설비규정 244.2.1 비상용 예비전원의 시설
상용전원의 정전으로 비상용전원이 대체되는 경우에는 상용전원과 병렬운전이 되지 않도록 다음 중 하나 또는 그 이상의 조합으로 격리조치를 하여야 한다.
가. 조작기구 또는 절환 개폐장치의 제어회로 사이의 전기적, 기계적 또는 전기기계적 연동
나. 단일 이동식 열쇠를 갖춘 잠금 계통
다. 차단 - 중립 - 투입의 3단계 절환 개폐장치
라. 적절한 연동기능을 갖춘 자동 절환 개폐장치
마. 동등한 동작을 보장하는 기타 수단

15

다음 수전 설비 도면을 보고 각 물음에 답하시오. [7점]

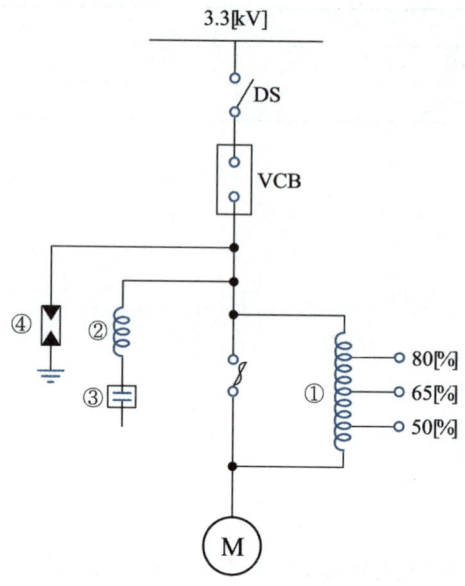

(1) 도면의 고압 유도 전동기 기동방식이 무엇인지 쓰시오.

> **답안작성**
> 리액터 기동

(2) ①~④의 알맞은 명칭을 쓰시오.

> **답안작성**
> ① 기동용 리액터
> ② 직렬 리액터
> ③ 전력용 콘덴서
> ④ 서지흡수기

16

고압선로에서의 접지사고 검출 및 경보장치를 그림과 같이 시설하였다고 한다. 이때 A선에 지락사고가 발생하였다. 다음 각 물음에 답하시오. (단, 전원이 인가되고 경보벨의 스위치는 닫혀있는 상태이다) [6점]

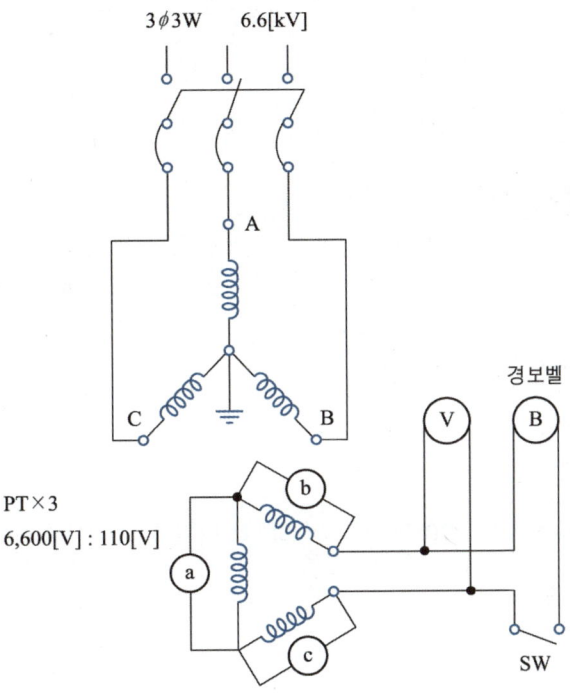

(1) 1차측 A선의 대지전압이 0[V]인 경우 B선과 C선의 대지전압[V]을 각각 계산하여 구하시오.

계산과정   정 답

답안작성

계산과정 | B선의 대지전압 $= \dfrac{6.6 \times 10^3}{\sqrt{3}} \times \sqrt{3} = 6.6 \times 10^3$

C선의 대지전압 $= \dfrac{6.6 \times 10^3}{\sqrt{3}} \times \sqrt{3} = 6.6 \times 10^3$

정답 | B선의 대지전압 = 6,600[V]

C선의 대지전압 = 6,600[V]

참 고

중성점 직접접지에서 1선 지락 시
- 지락된 상 : 0[V]
- 지락되지 않은 상(건전상) : 대지전압(상전압)의 $\sqrt{3}$ 배

(2) 2차측 전구 ⓐ의 전압이 0[V]인 경우 ⓑ 및 ⓒ 전구의 전압과 전압계 Ⓥ의 지시전압, 경보벨 Ⓑ에 걸리는 전압은 각각 몇 [V]인지 계산하여 구하시오.

계산과정

정답

답안작성

계산과정 | ⓑ 전구의 전압 : $\dfrac{110}{\sqrt{3}} \times \sqrt{3} = 110$[V]

ⓒ 전구의 전압 : $\dfrac{110}{\sqrt{3}} \times \sqrt{3} = 110$[V]

전압계 Ⓥ의 지시전압 : $110 \times \sqrt{3} = 190.53$[V]

경보벨 Ⓑ의 전압 : $110 \times \sqrt{3} = 190.53$[V]

정답 | ⓑ 전구의 전압 : 110[V]

ⓒ 전구의 전압 : 110[V]

전압계 Ⓥ의 지시전압 : 190.53[V]

경보벨 Ⓑ의 전압 : 190.53[V]

참고

1선 지락 시 건전상인 ⓑ, ⓒ 전압은 $\sqrt{3}$ 배 상승하고 ⓐ, ⓑ, ⓒ상의 합인 전압계 Ⓥ에 걸리는 전압도 $\sqrt{3}$ 배 상승한 ⓑ, ⓒ전압의 $\sqrt{3}$ 배가 된다.

17

그림과 같이 조명기구가 설치되어 있다. 다음 각 물음에 답하시오. (단, 조명기구의 광도는 12,500[cd]이다) [7점]

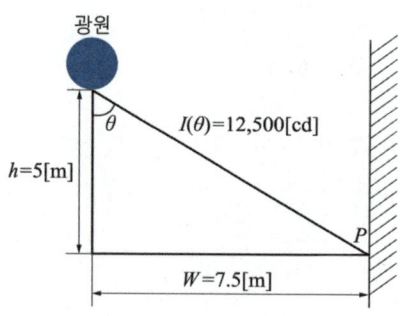

(1) P점의 수평면 조도를 계산하여 구하시오.

계산과정

계산과정 | 수평면 조도 $E_h = \dfrac{I}{h^2}\cos^3\theta\,[\text{lx}]$

$I = 12,500\,[\text{cd}]$

$h = 5\,[\text{m}]$

$\cos\theta = \dfrac{5}{\sqrt{5^2 + 7.5^2}} = 0.5547$

$E_h = \dfrac{12,500}{5^2} \times 0.5547^3 = 85.34\,[\text{lx}]$

정답 | 85.34[lx]

참고

수평면 조도

$E_h = \dfrac{I}{r^2}\cos\theta = \dfrac{I}{h^2}\cos^3\theta\,[\text{lx}]$

(2) P점의 수직면 조도를 계산하여 구하시오.

계산과정

계산과정 | $E_v = \dfrac{I}{W^2}\sin^3\theta\,[\text{lx}]$

$I = 12,500\,[\text{cd}]$

$W = 7.5\,[\text{m}]$

$\sin\theta = \dfrac{7.5}{\sqrt{5^2 + 7.5^2}} = 0.832$

$E_v = \dfrac{12,500}{7.5^2} \times 0.832^3 = 127.98$

정답 | 127.98[lx]

참고

수직면 조도

$E_v = \dfrac{I}{r^2}\sin\theta = \dfrac{I}{h^2}\sin\theta\cos^2\theta = \dfrac{I}{W^2}\sin^3\theta\,[\text{lx}]$

18

단상 3선식 110/220[V]을 채용하고 있는 어떤 건물이 있다. 변압기가 설치된 수전실로부터 100[m] 되는 곳에 부하집계표와 같은 분전반을 시설하고자 할 때 다음 조건과 전선의 허용전류표를 이용하여 다음 각 물음에 답하시오. [8점]

[조건]
- 전압변동률은 2[%] 이하가 되도록 한다.
- 전압강하율은 2[%] 이하(단, 중선선에서의 전압강하는 무시한다)가 되도록 한다.
- 후강 전선관 공사로 한다.
- 3선 모두 같은 선으로 한다.
- 부하의 수용률은 100[%]로 적용한다.
- 후강 전선관 내 전선의 점유율은 48[%] 이내를 유지한다.

[전선의 허용전류표]

단면적[mm²]	허용전류[A]	전선관 3본 이하 수용 시[A]	피복 포함 단면적[mm²]
5.5	34	31	28
14	61	55	66
22	80	72	88
38	113	102	121
50	133	119	161

[부하 집계표]

회로번호	부하명칭	부하[VA]	부하 분담[VA]		MCCB 크기			비고
			A	B	극수	AF	AT	
1	전등	2,400	1,200	1,200	2	50	15	
2	〃	1,400	700	700	2	50	15	
3	콘센트	1,000	1,000	-	1	50	20	
4	〃	1,400	1,400	-	1	50	20	
5	〃	600	-	600	1	50	20	
6	〃	1,000	-	1,000	1	50	20	
7	팬코일	700	700	-	1	30	15	
8	〃	700	-	700	1	30	15	
합 계		9,200	5,000	4,200				

(1) 간선의 공칭 단면적[mm²]을 계산하여 선정하시오.

계산과정 | 전선의 굵기 $A = \dfrac{17.8LI}{1,000e}[\text{mm}^2]$

$L = 100[\text{m}]$

I : A선의 전류 $= \dfrac{5,000}{110} = 45.45[\text{A}]$

　　　B선의 전류 $= \dfrac{4,000}{110} = 38.36[\text{A}]$

전류의 크기가 큰 A선의 전류 $45.45[\text{A}]$ 적용

전압강하 $e = 110[\text{V}]$의 $2[\%] = 110 \times 0.02 = 2.2[\text{V}]$

$A = \dfrac{17.8 \times 100 \times 45.45}{1,000 \times 2.2} = 36.77[\text{mm}^2]$

정답 | 38[mm²] 선정

(2) 후강 전선관의 굵기[mm]를 계산하여 아래 표에서 선정하시오.

[후강 전선관 규격]

호칭	G16	G22	G28	G36	G42	G54

계산과정 | 단면적 38[mm²] 전선의 피복포함 단면적이 121[mm²]이므로 단상 3선식 전선의 총단면적은 $121 \times 3 = 363[\text{mm}^2]$이다.

조건에서 후강 전선관 내 전선의 점유율은 48[%] 이내를 유지하여야 하므로

후강 전선관의 단면적 $A = \pi r^2 = \pi \left(\dfrac{d}{2}\right)^2 = \dfrac{\pi d^2}{4}[\text{mm}^2]$

$A = \dfrac{\pi d^2}{4} \times 0.48 \geq 363$

후강 전선관의 굵기 d를 기준으로 식을 정리하면 $d \geq \sqrt{\dfrac{363 \times 4}{0.48 \times \pi}} = 31.03[\text{mm}]$

정답 | G36 선정

(3) 설비불평형률[%]을 계산하여 구하시오.

계산과정 | $\dfrac{3,100 - 2,300}{(5,000 + 4,200) \times \dfrac{1}{2}} \times 100 = 17.39$

정답 | 17.39[%]

실기[필답형]기출문제 — 2023 * 1

01

지중전선로를 시설하는 방식 3가지만 쓰시오. [3점]

답안작성

관로식, 암거식, 직접매설식

참고

한국전기설비규정 334.1 지중전선로의 시설

지중전선로는 전선에 케이블을 사용하고 또한 관로식·암거식(暗渠式) 또는 직접 매설식에 의하여 시설하여야 한다.

02

가스절연 변전소의 특징 5가지만 쓰시오. [5점]

답안작성

① 충전부가 완전히 밀폐되어 감전사고에 대한 안전성이 높다.
② 동작소음이 적다.
③ 유지보수가 용이하다.
④ 대기 중에 오염물에 의한 영향을 받지 않아 신뢰성이 높다.
⑤ 공장 조립이 가능하기 때문에 현장 설치 공사 기간이 비교적 짧다.

참고

⑥ 소형화가 가능하며 비교적 적은 면적에 설치가 가능하다.

03

건축물의 전기 설비 중 간선의 설계 시 고려하여야 할 사항을 4가지만 쓰시오. [5점]

답안작성
① 전기방식, 배선방식
② 장래 증축 계획 유무
③ 부하의 사용 상태나 수용률, 효율, 역률 등의 각종 Factor
④ 간선경로에 대한 위치와 공간

참 고
⑤ 동력제어방식, 제어반 위치, 공종별 시공범위 사항

04

회전날개의 지름이 31[m]인 프로펠러형 풍력발전기가 있다. 풍속이 16.5[m/s]일 때 풍력에너지를 계산하시오.
(단, 공기의 밀도는 1.225[kg/m³]이다) [4점]

계산과정   **정 답**

답안작성
계산과정 | v[m/sec]로 운동하는 m[kg]의 물체의 에너지

$$P = \frac{1}{2}mv^2 = \frac{1}{2}(\rho A v)v^2 = \frac{1}{2}\rho A v^3$$

(ρ : 공기의 밀도[kg/m³], A : 회전하는 프로펠러의 단면적 πr^2[m²])

$$P = \frac{1}{2} \times 1.225 \times \pi \times \left(\frac{31}{2}\right)^2 \times 16.5^3 = 2,076.69 \times 10^3 [\text{W}]$$

정답 | 2,076.69[kW]

05

평형 3상 회로에 변류비 100/5인 변류기 2개를 그림과 같이 접속하였을 때 전류계에 3[A]의 전류가 흘렀다. 1차 전류의 크기는 몇 [A]인지 계산하여 구하시오. [4점]

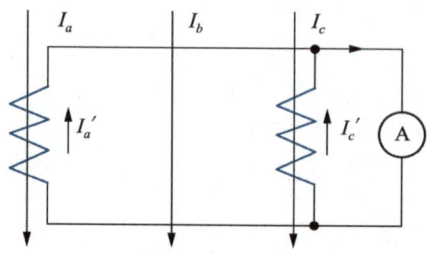

계산과정 | 가동 결선이므로 $I_1 = a \times I_2 = \dfrac{100}{5} \times 3 = 60[A]$

정답 | 60[A]

참 고

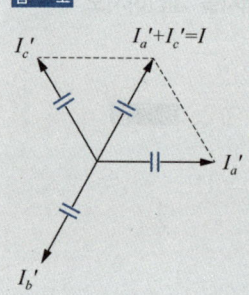

3상이 평형을 이루면
$I_a' + I_c' = I$ 이고 크기는 모두 같기 때문에
$I_a' = I_c' = I = 3[A]$이다.

06

전압 33,000[V], 주파수 60[c/s] 1회선의 3상 지중송전선로의 3상 무부하 충전전류[A] 및 충전용량[kVA]을 계산하여 구하시오. (단, 송전선의 길이는 7[km], 케이블 1선당 작용 정전용량은 0.4[μF/km]라고 한다) [6점]

(1) 무부하 충전전류

계산과정 | $I_c = \omega CE = 2\pi \times 60 \times 0.4 \times 10^{-6} \times 7 \times \dfrac{33,000}{\sqrt{3}} = 20.11$[A]

정답 | 20.11[A]

(2) 충전용량

계산과정 | $Q_c = \omega CV^2 = 2\pi \times 60 \times 0.4 \times 10^{-6} \times 7 \times 33,000^2 \times 10^{-3} = 1,149.52$[kVA]

정답 | 1,149.52[kVA]

참고

충전전류 $I_C = \omega CE$[A]

충전용량 Q_C[kVA] $= \omega CV^2$[VA] $\times 10^{-3}$

각주파수 $\omega = 2\pi f$[rad/s]

정전용량 C[F/km] $\times l$[km] $= C$[F]

대지전압 $E = \dfrac{선간전압 V}{\sqrt{3}}$[V]

07

역률이 100[%]인 3상 4선식 배전 선로에 부하 a-n, b-n, c-n이 각 상과 중성선 간에 연결되어 있다. a, b, c상에 흐르는 전류가 220[A], 172[A], 190[A]일 때 중성선에 흐르는 전류를 계산하시오. [5점]

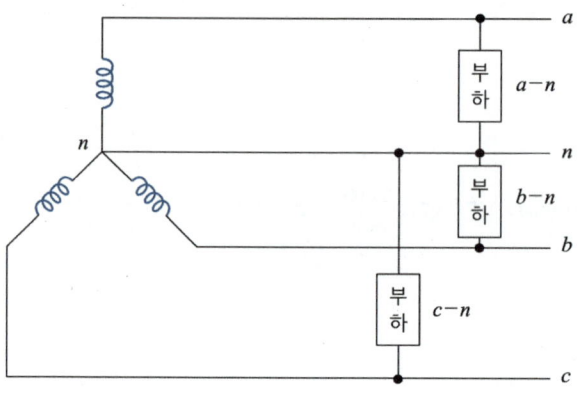

계산과정

답안작성 | 계산과정 | $I_n = I_a + I_b + I_c = 220 + 172\angle 240° + 190\angle 120° = 220 + 172(\cos 240° + j\sin 240°) + 190(\cos 120° + j\sin 120°)$
$= 220 - 86 - j148.96 - 95 + j164.54 = 39 + j15.59 = \sqrt{39^2 + 15.59^2} = 41.84$[A]

정답 | 42[A]

참고

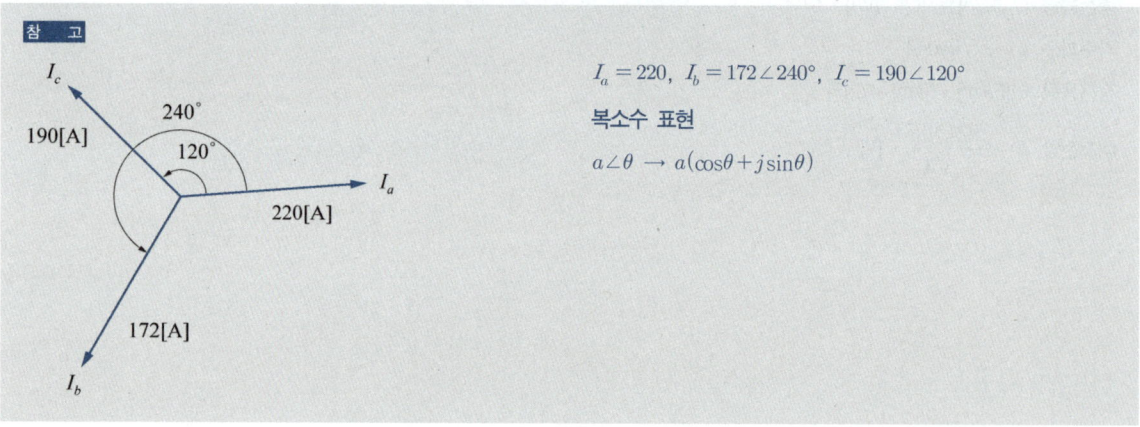

$I_a = 220$, $I_b = 172\angle 240°$, $I_c = 190\angle 120°$

복소수 표현

$a\angle\theta \rightarrow a(\cos\theta + j\sin\theta)$

08

어느 변전소와 그림과 같은 일부하 곡선을 가진 3개의 부하 A, B, C의 수용가가 접속되어 있다. 다음 각 물음에 답하시오. (단, A, B, C 수용가의 역률은 각각 100[%], 80[%], 60[%]라 한다) [10점]

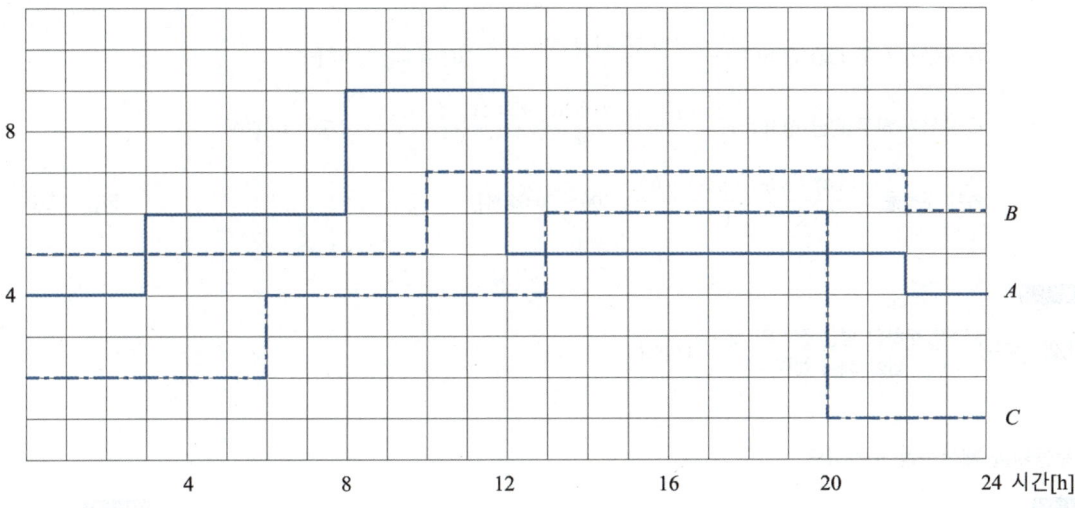

(1) 합성 최대 전력[kW]을 계산하여 구하시오.

[계산과정]

[답안작성]
계산과정 | $(9 \times 10^3) + (7 \times 10^3) + (4 \times 10^3) = 20 \times 10^3$ [kW]

정답 | 20×10^3 [kW]

[참고]
시간을 기준으로 A, B, C 합성전력이 최대가 되는 전력이 합성 최대 전력이 된다.
시간 : 10 ~ 12시

(2) 종합 부하율[%]을 계산하여 구하시오.

계산과정 | A 수용가 하루 평균 전력 $= \dfrac{(4\times3)+(6\times5)+(9\times4)+(5\times10)+(4\times2)}{24}\times 10^3 = 5.67\times 10^3 \text{[kW]}$

B 수용가 하루 평균 전력 $= \dfrac{(5\times10)+(7\times12)+(6\times2)}{24}\times 10^3 = 6.08\times 10^3 \text{[kW]}$

C 수용가 하루 평균 전력 $= \dfrac{(2\times6)+(4\times7)+(6\times7)+(1\times4)}{24}\times 10^3 = 3.58\times 10^3 \text{[kW]}$

종합 부하율 $= \dfrac{(5.67+6.08+3.58)\times 10^3}{20\times 10^3}\times 100 = 76.65\text{[\%]}$

정답 | 76.65[%]

> **참고**
>
> 종합 부하율 $= \dfrac{\text{각 부하의 평균 전력의 합}}{\text{합성 최대 전력}}\times 100\text{[\%]}$

(3) 부등률을 계산하여 구하시오.

계산과정 | $\dfrac{(9\times 10^3)+(7\times 10^3)+(6\times 10^3)}{20\times 10^3} = 1.1$

정답 | 1.1

> **참고**
>
> 부등률 $= \dfrac{\text{각 부하의 최대 전력의 합}}{\text{합성 최대 전력}} \geq 1$

(4) 최대 부하 시 종합역률[%]을 구하시오.

계산과정

답안작성

계산과정 | A 수용가의 역률 $\cos\theta_A = 1$, $\theta_A = \cos^{-1}1 = 0$

B 수용가의 역률 $\cos\theta_B = 0.8$, $\theta_B = \cos^{-1}0.8 = 36.87°$

C 수용가의 역률 $\cos\theta_C = 0.6$, $\theta_C = \cos^{-1}0.6 = 53.13°$

합성 최대 전력 시간대인 10 ~ 12시에 각 수용가별 최대 무효전력

A 수용가의 무효전력 $Q_A = P_A \tan\theta_A = (9 \times 10^3) \times \tan 0° = 0$

B 수용가의 무효전력 $Q_B = P_B \tan\theta_B = (7 \times 10^3) \times \tan 36.87° = 5.25 \times 10^3$ [kVar]

C 수용가의 무효전력 $Q_C = P_C \tan\theta_C = (4 \times 10^3) \times \tan 53.13° = 5.33 \times 10^3$ [kVar]

합성 최대 무효전력 $Q = Q_A + Q_B + Q_C = 0 + (5.25 \times 10^3) + (5.33 \times 10^3) = 10.58 \times 10^3$ [kVar]

역률 $\cos\theta = \dfrac{\text{유효전력}}{\sqrt{\text{유효전력}^2 + \text{무효전력}^2}} \times 100 = \dfrac{20 \times 10^3}{\sqrt{(20 \times 10^3)^2 + (10.58 \times 10^3)^2}} \times 100 = 88.39[\%]$

정답 | 88.39[%]

참고

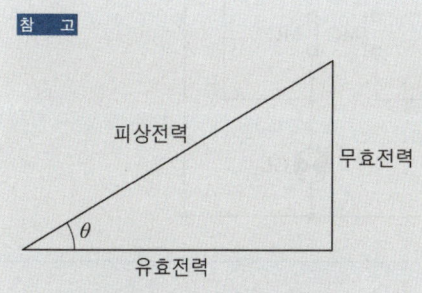

$\cos\theta = \dfrac{\text{유효전력}}{\text{피상전력}} = \dfrac{\text{유효전력}}{\sqrt{\text{유효전력}^2 + \text{무효전력}^2}}$

$\tan\theta = \dfrac{\text{무효전력}}{\text{유효전력}}$

무효전력 = 유효전력 $\times \tan\theta$

09

다음 조건과 같은 동작이 되도록 제어회로 배선과 감시반 회로 배선을 상호 연결하고자 한다. 표에서 서로 연결되는 번호를 적으시오. [5점]

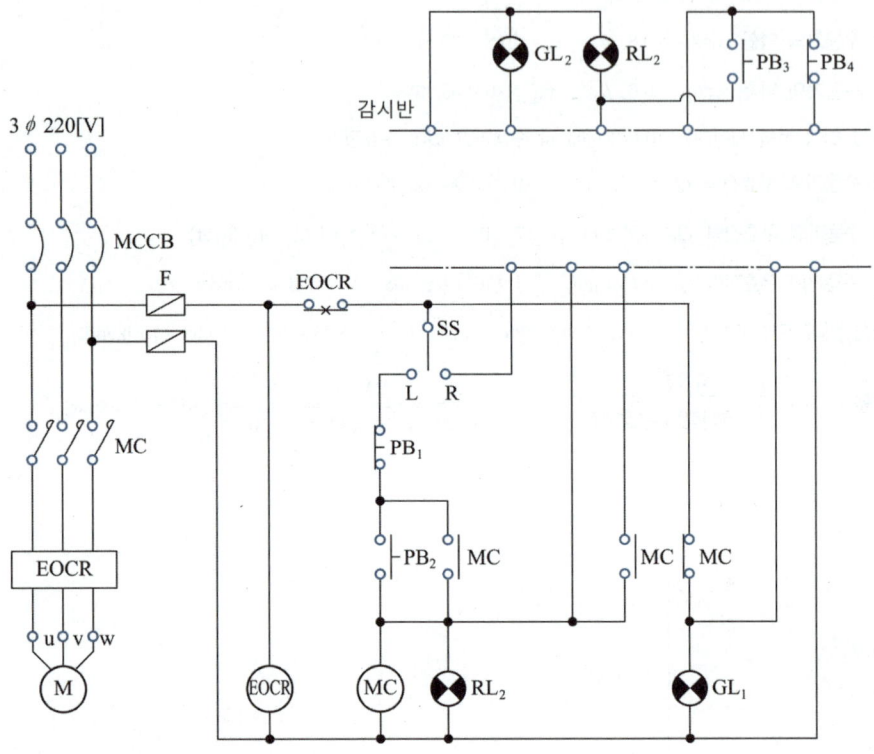

[조건]
- 배선용차단기(MCCB)를 투입(ON)하면 GL₁과 GL₂가 점등된다.
- 선택스위치(SS)를 "L" 위치에 놓고 PB₂를 누른 후 놓으면 전자접촉기(MC)에 의하여 전동기가 운전되고, RL₁과 RL₂는 점등, GL₁과 GL₂는 소등된다.
- 전동기 운전 중 PB₁을 누르면 전동기는 정지하고, RL₁과 RL₂는 소등, GL₁과 GL₂는 점등된다.
- 선택스위치(SS)를 "R" 위치에 놓고 PB₃를 누른 후 놓으면 전자접촉기(MC)에 의하여 전동기가 운전되고 RL₁과 RL₂는 점등, GL₁과 GL₂는 소등된다.
- 전동기 운전 중 PB₄를 누르면 전동기는 정지하고, RL₁과 RL2는 소등되고 GL₁과 GL₂가 점등된다.
- 전동기 운전 중 과부하에 의하여 EOCR이 작동되면 전동기는 정지하고 모든 램프는 소등되며, EOCR을 RESET하면 초기상태로 된다.

ⓐ	ⓑ	ⓒ	ⓓ	ⓔ

ⓐ	ⓑ	ⓒ	ⓓ	ⓔ
5	4	2	3	1

10

권수비 30인 3상 변압기에 1차 전압을 6.6[kV]를 가했다. 다음 각 물음에 답하시오. (단, 변압기 손실은 무시한다) [6점]

(1) 2차 전압은 몇 [V]인가?

계산과정 | 2차 전압 $= \dfrac{1차\ 전압}{권수비} = \dfrac{6.6 \times 10^3}{30} = 220[V]$

정답 | 220[V]

참고

권수비 $= \dfrac{N_1}{N_2} = \dfrac{V_1}{V_2} = \dfrac{I_2}{I_1}$

$V_2 = \dfrac{V_1}{권수비}$

(2) 2차에 50[kW], 지상역률 80[%]의 부하를 걸었을 때 1차 및 2차 전류는 몇 [A]인가?

계산과정 | 1차 전류 $I_1 = \dfrac{I_2}{권수비} = \dfrac{164.02}{30} = 5.47[A]$

2차 전류 $I_2 = \dfrac{P}{\sqrt{3}\ V_2 \cos\theta} = \dfrac{50 \times 10^3}{\sqrt{3} \times 220 \times 0.8} = 164.02[A]$

정답 | 1차 전류 5.47[A]
2차 전류 164.02[A]

(3) 1차 입력은 몇 [kVA]인가?

계산과정

답안작성
계산과정 | $P_1 = \sqrt{3} \times V_1 I_1 = \sqrt{3} \times 6.6 \times 10^3 \times 5.47 \times 10^{-3} = 62.53$[kVA]

정 답

정답 | 62.53[kVA]

11

역률개선용 콘덴서에 직렬리액터를 설치하였다. 제3고조파를 제거하기 위한 직렬리액터 용량은 콘덴서 용량의 몇 [%]를 적용하는지 쓰시오. (단, 주파수 변동을 고려하여 콘덴서 용량은 2[%] 가산한다) [5점]

계산과정

답안작성
계산과정 | $11.11 + 2 = 13.11$[%]

정 답

정답 | 13.11[%]

참 고

$3\omega L = \dfrac{1}{3\omega C}$

$\omega L = \dfrac{1}{9\omega C} = 0.111 \cdot \dfrac{1}{\omega C}$

ωL(직렬리액터 용량)는 $\dfrac{1}{\omega C}$(콘덴서 용량)의 11.11[%]이다.

$\omega L +$ 가산분 $= 11.11$[%] $+ 2$[%] $= 13.11$[%]

12

수전전압 22.9[kV], 계약전력 200[kW]이다. 3상 단락전류가 7,000[A]일 경우 차단용량[MVA]를 계산하시오. [5점]

계산과정

계산과정 | 차단용량= $\sqrt{3} \times 25.8 \times 7 = 312.81$ [MVA]

정답 | 312.81[MVA]

참고

차단용량[MVA] = $\sqrt{3}$ × 정격전압[kV] × 정격차단전류[kA](= 단락전류)

공칭전압[kV]	정격전압[kV]
3.3	3.6
6.6	7.2
22	24
22.9	25.8
66	72.5
154	170
345	362
765	800

13

다음은 단상 3선식 회로이다. 이때 각 선 I_A, I_B, I_C에 흐르는 전류를 구하시오. (단, 부하의 역률은 100[%]이다) [5점]

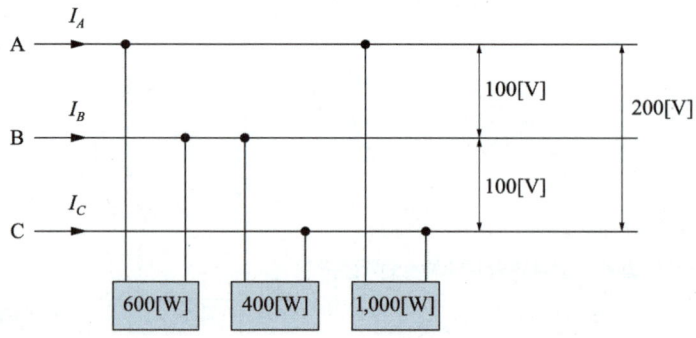

계산과정

답안작성

계산과정 | $I_a = \dfrac{600}{100} = 6[A]$, $I_b = \dfrac{400}{100} = 4[A]$, $I_c = \dfrac{1,000}{200} = 5[A]$

$I_A = I_a + I_c = 6 + 5 = 11[A]$

$I_B = I_b - I_a = 4 - 6 = -2[A]$

$I_C = -I_b - I_c = -4 - 5 = -9[A]$

정답 | $I_A = 11[A]$
$I_B = -2[A]$
$I_C = -9[A]$

참고

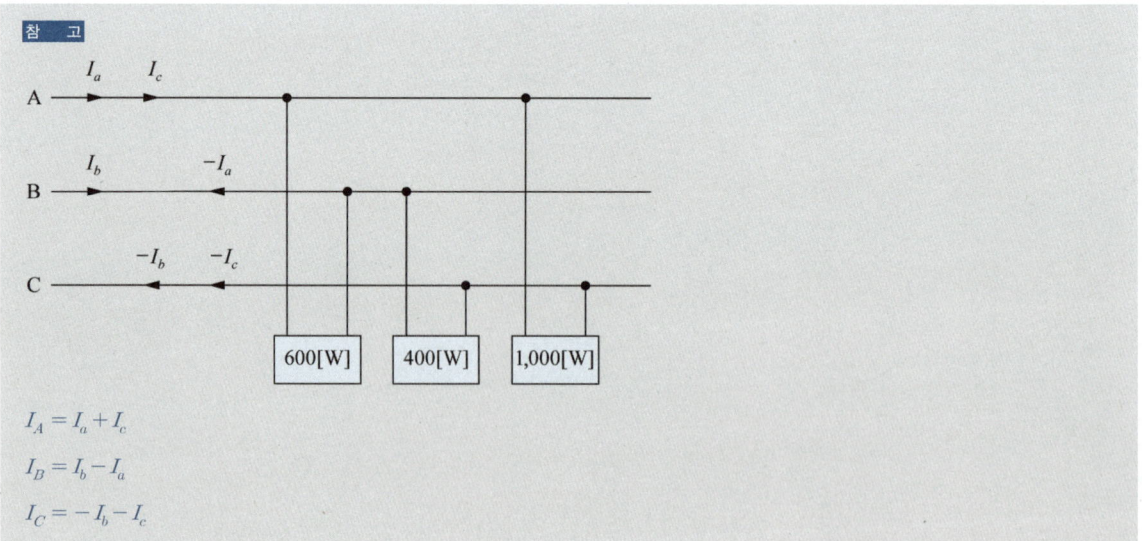

$I_A = I_a + I_c$

$I_B = I_b - I_a$

$I_C = -I_b - I_c$

14

다음 논리식에 대한 각 물음에 답하시오. [6점]

$$X = A + B \cdot \overline{C}$$

(1) 논리식을 논리회로로 나타내시오.

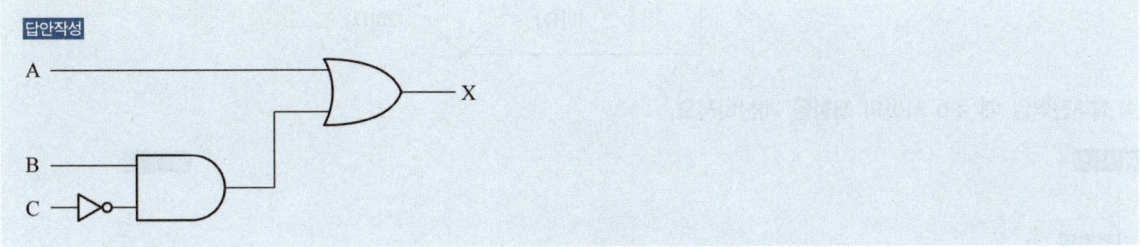

(2) (1)의 논리회로를 2입력 NAND 게이트만으로 등가 변환하시오.

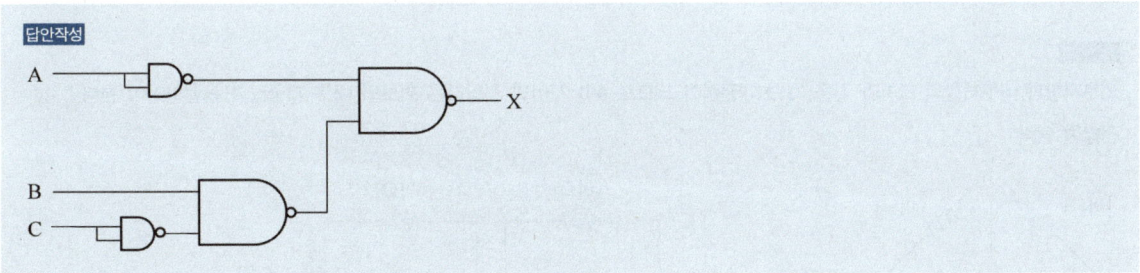

(3) (1)의 논리회로를 2입력 NOR 게이트만으로 등가 변환하시오.

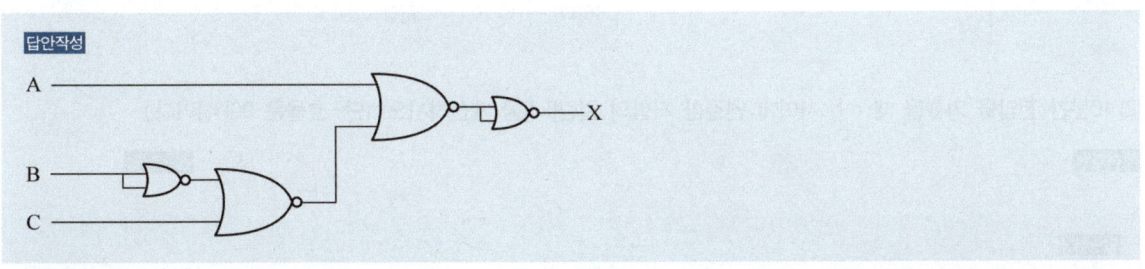

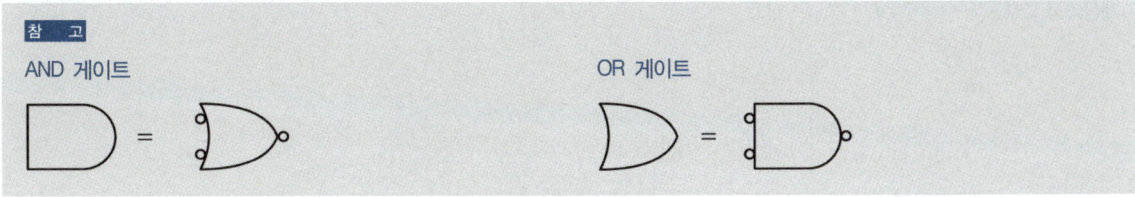

15

다음 회로를 이용하여 각 물음에 답하시오. [6점]

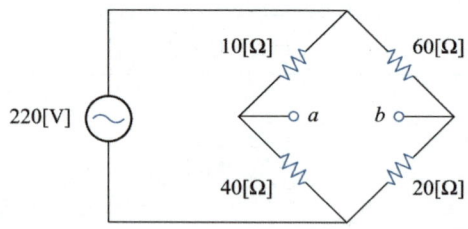

(1) 최대전력일 때 a-b 사이의 저항을 계산하시오.

계산과정 | $R_{ab} = \dfrac{10 \times 40}{10+40} + \dfrac{60 \times 20}{60+20} = 23[\Omega]$

정답 | 23[Ω]

참 고

외부저항과 내부저항의 크기가 같을 때 최대전력이 되므로 a-b 사이의 저항값은 회로의 내부 저항값과 동일하여야 한다.

전압원 단락

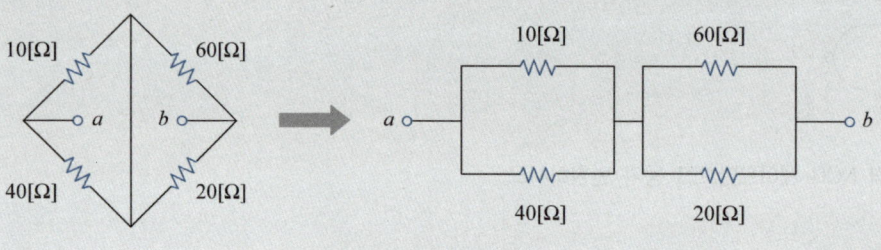

(2) 10분간 전압을 가했을 때 a-b 사이에 연결한 저항의 일량[kJ]을 계산하시오. (단, 효율은 90[%]이다.)

계산과정 | $W = P \cdot t \cdot \eta = I^2 \cdot R \cdot t \cdot \eta$ [J]

$I = \dfrac{V_{ab}}{R}$

$V_{ab} = \left(\dfrac{40}{10+40} - \dfrac{20}{60+20} \right) \times 220 = 121$ [V]

$W = \left(\dfrac{121}{23 \times 2} \right)^2 \times 23 \times (10 \times 60) \times 0.9 \times 10^{-3} = 85.94$ [kJ]

정답 | 85.94[kJ]

참 고

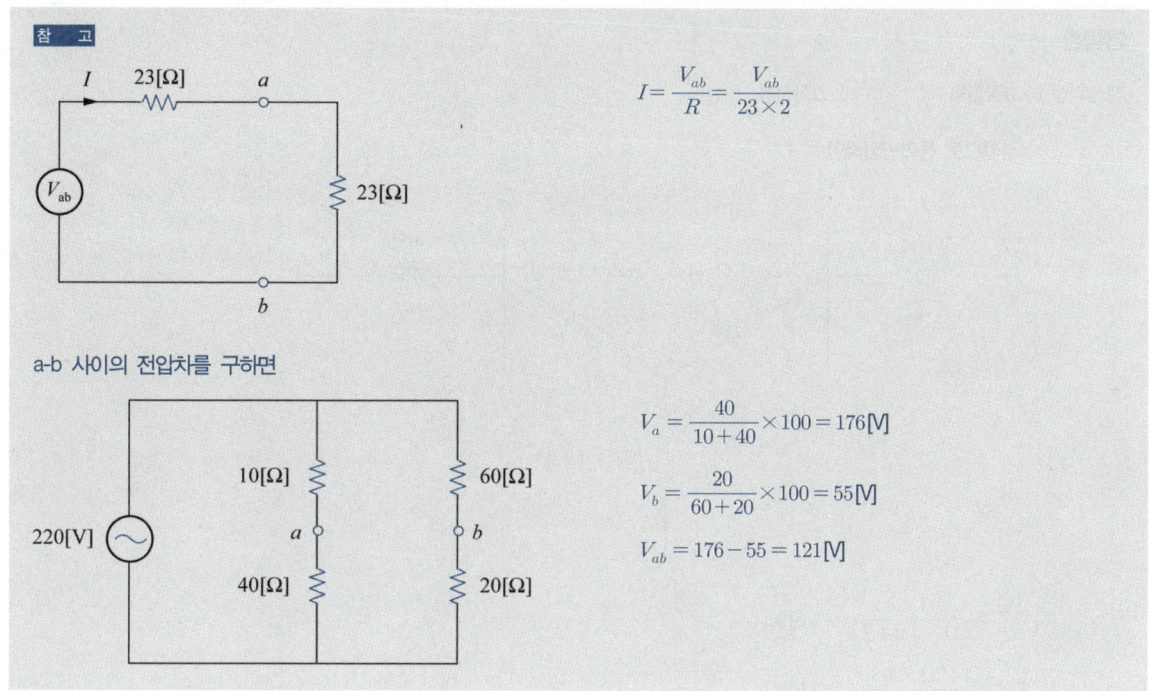

a-b 사이의 전압차를 구하면

$I = \dfrac{V_{ab}}{R} = \dfrac{V_{ab}}{23 \times 2}$

$V_a = \dfrac{40}{10+40} \times 100 = 176 \text{[V]}$

$V_b = \dfrac{20}{60+20} \times 100 = 55 \text{[V]}$

$V_{ab} = 176 - 55 = 121 \text{[V]}$

16

다음 그림의 ③의 F점에서 3상 단락사고가 발생하였다. ①-②, ②-③, ①-③ 구간의 고장전력[MVA]과 고장전류[A]를 계산하여 구하시오. (단, 그림에 표시된 %Z는 100[MVA] 기준, 154[kV]이고, ①모선의 좌측이 전원측이다.) [12점]

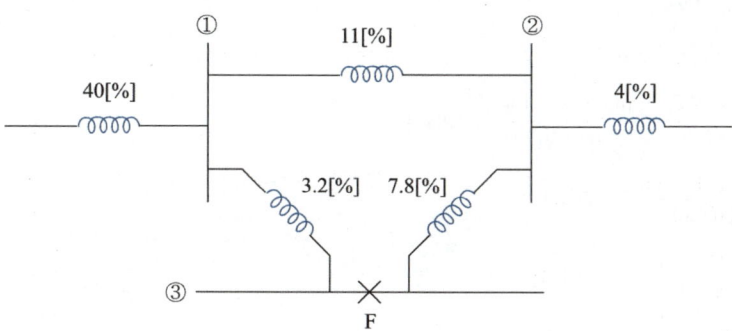

계산과정 정 답

답안작성

계산과정 | 고장전력 $P_s = 3I^2Z$, 고장전류 $I_s = \dfrac{V}{Z}$

Y결선으로 등가변환하면

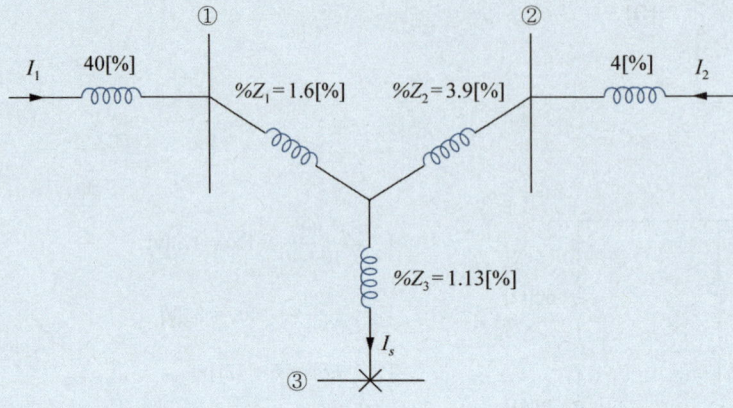

$$\%Z_1 = \frac{11 \times 3.2}{11 + 3.2 + 7.8} = 1.6[\%]$$

$$\%Z_2 = \frac{11 \times 7.8}{11 + 3.2 + 7.8} = 3.9[\%]$$

$$\%Z_3 = \frac{7.8 \times 3.2}{11 + 3.2 + 7.8} = 1.13[\%]$$

$$\%Z_0 = \frac{(40 + 1.6) \times (3.9 + 4)}{(40 + 1.6) + (3.9 + 4)} + 1.13 = 7.77[\%]$$

고장점에서의 단락전류 $I_s = \dfrac{100}{\%Z_0} \times I_n = \dfrac{100}{7.77} \times \dfrac{100 \times 10^6}{\sqrt{3} \times 154 \times 10^3} = 4,825[A]$

고장전류 $I_{s(1-3)} = \dfrac{V_{1-3}}{Z_{1-3}}$

$V_{1-3} = I_1 \cdot Z_1 + I_s \cdot Z_3$

$Z_1 = \dfrac{10V^2 \times \%Z_1}{P} = \dfrac{10 \times 154^2 \times 1.6}{100 \times 10^3} = 3.79[\Omega]$

$Z_2 = \dfrac{10 \times 154^2 \times 3.9}{100 \times 10^3} = 9.25[\Omega]$

$Z_2 = \dfrac{10 \times 154^2 \times 1.13}{100 \times 10^3} = 2.68[\Omega]$

$I_1 = \dfrac{3.9 + 4}{(40 + 1.6) + (3.9 + 4)} \times 4,825 = 770.05[A]$

$V_{1-3} = 770.05 \times 3.79 + 4,825 \times 2.68 = 15,826.39[V]$

$Z_{1-3} = \dfrac{10 \times 154^2 \times 3.2}{100 \times 10^3} = 7.59[\Omega]$

$I_{s(1-3)} = \dfrac{15,826.39}{7.59} = 2,085.16[A]$

고장전류 $I_{s(2-3)} = \dfrac{V_{2-3}}{Z_{2-3}}$

$V_{2-3} = I_2 \cdot Z_2 + I_s \cdot Z_3$

$I_2 = \dfrac{40+1.6}{(40+1.6)+(3.9+4)} \times 4,825 = 4,054.95[\text{A}]$

$V_{2-3} = 4,054.95 \times 9.25 + 4,825 \times 2.68 = 50,439.29[\text{V}]$

$Z_{2-3} = \dfrac{10 \times 154^2 \times 7.8}{100 \times 10^3} = 18.5[\Omega]$

$I_{s(2-3)} = \dfrac{50,439.29}{18.5} = 2,726.45[\text{A}]$

고장전류 $I_{s(1-3)} = \dfrac{V_{1-3} - V_{2-3}}{Z_{1-2}}$

$Z_{1-2} = \dfrac{10 \times 154^2 \times 11}{100 \times 10^3} = 26.09[\Omega]$

$I_{s(1-2)} = \dfrac{15,826.39 - 50,439.29}{26.09} = -1,326.67[\text{A}]$

고장전력 $P_{s(1-2)} = 3I_{1-2}^2 \cdot Z_{1-2} = 3 \times 1,326.67^2 \times 26.09 \times 10^{-6} = 137.76[\text{MVA}]$

$P_{s(1-2)} = 3I_{2-3}^2 \cdot Z_{2-3} = 3 \times 2,726.45^2 \times 18.5 \times 10^{-6} = 412.56[\text{MVA}]$

$P_{s(1-3)} = 3I_{1-3}^2 \cdot Z_{1-3} = 3 \times 2,085.16^2 \times 7.59 \times 10^{-6} = 99[\text{MVA}]$

정답 | 고장전력 $P_{s(1-2)} = 137.76[\text{MVA}]$

$P_{s(2-3)} = 412.56[\text{MVA}]$

$P_{s(1-3)} = 99[\text{MVA}]$

고장전류 $I_{s(1-2)} = -1,326.67[\text{A}]$

$I_{s(2-3)} = 2,726.45[\text{A}]$

$I_{s(1-3)} = 2,085.16[\text{A}]$

17

빙설이 많은 지방에서 을종풍압하중을 적용하는 전선 기타의 가섭선 주위에 부착되는 빙설의 두께[mm]와 비중은 한국전기설비규정에서 얼마로 규정하고 있는가? [4점]

(1) 두께[mm]

> 답안작성
> 6[mm]

(2) 비중

> 답안작성
> 0.9

> 참 고
> 한국전기설비규정 331.6 풍압하중의 종별과 적용
> 전선 기타의 가섭선(架涉線) 주위에 두께 6[mm], 비중 0.9의 빙설이 부착된 상태에서 수직 투영면적 372[Pa](다도체를 구성하는 전선은 333[Pa]), 그 이외의 것은 갑종풍압하중의 2분의 1을 기초로 하여 계산한 것

18

역률 개선을 위한 전력용 콘덴서의 자동조작방식 제어회로를 4가지만 간단히 쓰시오. [4점]

> 답안작성
> ① 전압에 의한 제어
> ② 전류에 의한 제어
> ③ 무효전력에 의한 제어
> ④ 역률에 의한 제어

실기[필답형]기출문제 2023 * 2

01

유도전동기 IM이 설치되어 있는 현장과 현장에서 조금 떨어진 제어실 중 어느 곳에서든지 기동 및 정지가 가능하도록 전자접촉기 MC와 누름버튼 스위치 PBS-ON용 및 PBS-OFF용을 사용하여 제어회로를 완성하시오. [5점]

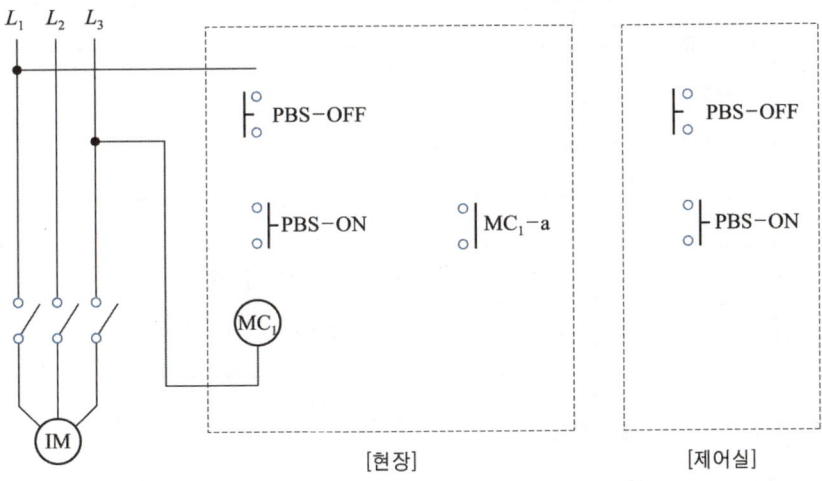

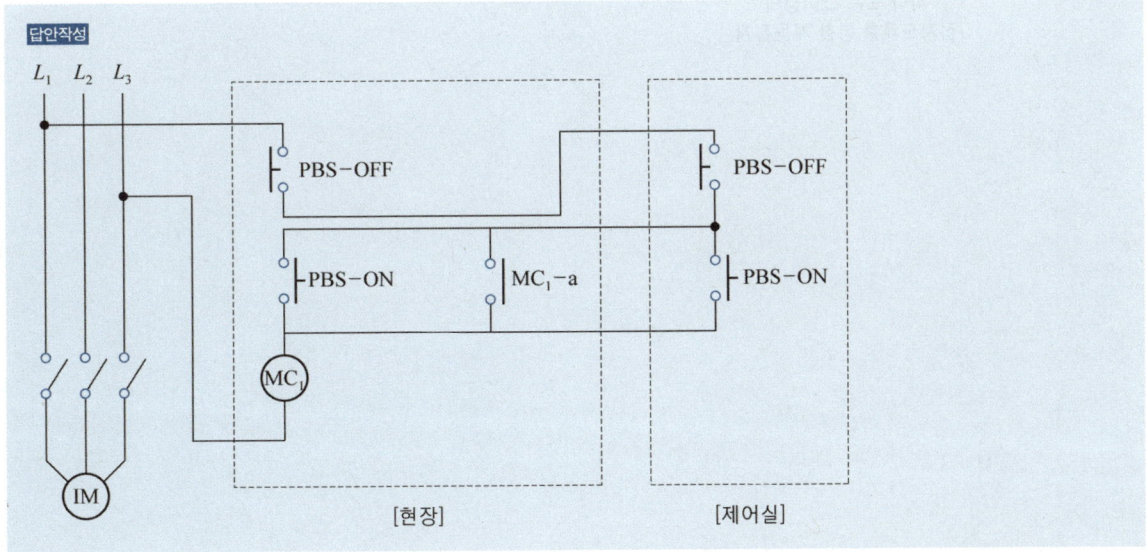

02

다음 그림은 TN-S계통의 일부분이다. 미완성된 결선을 완성하시오. [5점]

기호설명	
─── ───	중성선(N), 중간도체(M)
─── ───	보호도체(PE)
─── ───	중성선과 보호도체 겸용(PEN)

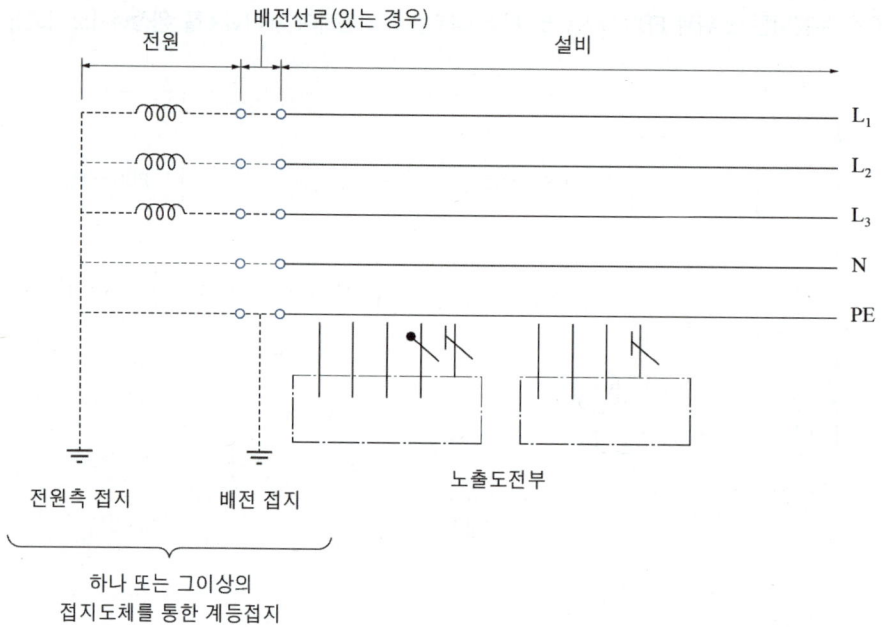

답안작성

한국전기설비규정 203.2 TN계통

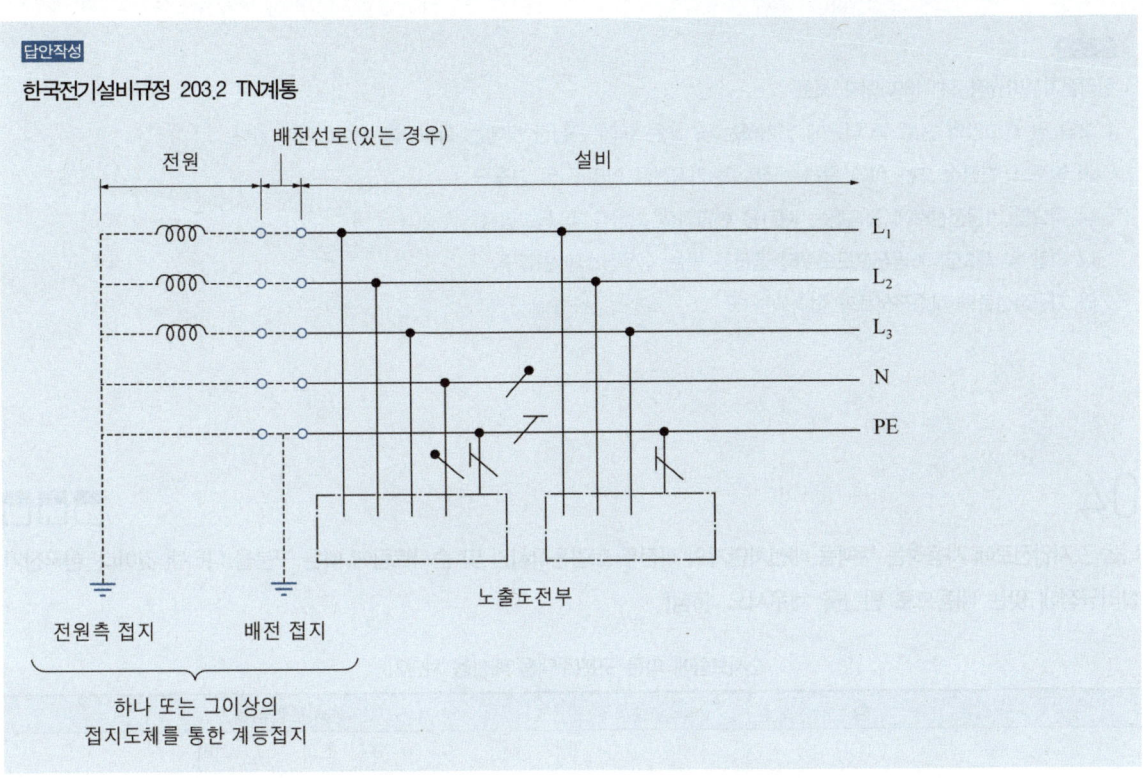

03

다음은 한국전기설비규정에 의거한 피뢰기를 시설하여야 하는 장소이다. 빈칸에 알맞은 말을 적으시오. [5점]

- (①) 변전소 또는 이에 준하는 장소의 가공전선 인입구 및 인출구
- 특고압 가공전선에 접속하는 (②) 변압기의 고압측 및 특고압측
- (③) 및 특고압 가공전선로로부터 공급받는 (④)의 인입구
- 가공전선로와 (⑤)전선로가 접속되는 곳

답안작성

① 발전소
② 배전용
③ 고압
④ 수용장소
⑤ 지중

> **참 고**
>
> 한국전기설비규정 341.13(피뢰기 시설)
> 1. 고압 및 특고압의 전로 중 다음에 열거하는 곳 또는 이에 근접한 곳에는 피뢰기를 시설하여야 한다.
>   가. 발전소·변전소 또는 이에 준하는 장소의 가공전선 인입구 및 인출구
>   나. 특고압 가공전선로에 접속하는 배전용 변압기의 고압측 및 특고압측
>   다. 고압 및 특고압 가공전선로로부터 공급을 받는 수용장소의 인입구
>   라. 가공전선로와 지중전선로가 접속되는 곳

04

다음은 저압전로에 사용하는 주택용 배선차단기의 과전류 트립동작시간 및 순시트립에 따른 구분을 나타낸 것이다. 한국전기설비규정에 맞는 내용으로 빈칸을 채우시오. [5점]

순시트립에 따른 구분(주택용 배선용 차단기)

형	순시트립범위
(①)	$3I_n$ 초과 ~ $5I_n$ 이하
(②)	$5I_n$ 초과 ~ $10I_n$ 이하
(③)	$10I_n$ 초과 ~ $20I_n$ 이하

[비고] I_n : 차단기 정격전류

과전류트립 동작시간 및 특성(주택용 배선용 차단기)

정격전류의 구분	시간	정격전류의 배수	
		부동작 전류	동작 전류
63[A] 이하	60분	(④)	(⑤)
63[A] 초과	120분	(④)	(⑤)

> **답안작성**
>
> ① B
> ② C
> ③ D
> ④ 1.13배
> ⑤ 1.45배

> 참 고

한국전기설비규정

표 212.3-3 순시트립에 따른 구분(주택용 배선차단기)

형	순시트립 범위
B	$3I_n$ 초과 ~ $5I_n$ 이하
C	$5I_n$ 초과 ~ $10I_n$ 이하
D	$10I_n$ 초과 ~ $20I_n$ 이하

[비고] 1. B, C, D 순시트립전류에 따른 차단기 분류
    2. I_n 차단기 정격전류

표 212.3-4 과전류트립 동작시간 및 특성(주택용 배선차단기)

정격전류의 구분	시간	정격전류의 배수(모든 극에 통전)	
		부동작 전류	동작 전류
63[A] 이하	60분	1.13배	1.45배
63[A] 초과	120분	1.13배	1.45배

05

입력이 A, B, C이며 출력이 Y_1, Y_2인 진리표이다. 다음 물음에 답하시오. [6점]

A	B	C	Y_1	Y_2
0	0	0	1	1
0	0	1	0	0
0	1	0	0	1
0	1	1	0	1
1	0	0	1	1
1	0	1	0	0
1	1	0	1	1
1	1	1	0	1

(1) 논리식으로 간단히 정리하시오.

답안작성

계산과정 |
- $Y_1 = \overline{A}\overline{B}\overline{C} + A\overline{B}\overline{C} + AB\overline{C}$
  $= (\overline{A}\overline{B} + A\overline{B} + AB)\overline{C} = [\overline{A}\overline{B} + A(\overline{B}+B)]\overline{C} = (\overline{A}\overline{B} + A)\overline{C}$
  $= (\overline{A}+A)(\overline{B}+A)\overline{C}$
  $= (A+\overline{B})\overline{C}$

- $Y_2 = \overline{A}\overline{B}\overline{C} + \overline{A}B\overline{C} + \overline{A}BC + A\overline{B}\overline{C} + AB\overline{C} + ABC$
  $= \overline{A}\overline{C}(\overline{B}+B) + BC(\overline{A}+A) + A\overline{C}(\overline{B}+B) = \overline{A}\overline{C} + BC + A\overline{C}$
  $= (\overline{A}+A)\overline{C} + BC = \overline{C} + BC = (\overline{C}+B)(\overline{C}+C)$
  $= B + \overline{C}$

정답 | $(A+\overline{B})\overline{C} = Y_1$
$B + \overline{C} = Y_2$

참고

분대수 기본법칙 $\overline{A}+A=1$, $A+BC=(A+B)(A+C)$

(2) 무접점 논리회로로 나타내시오.

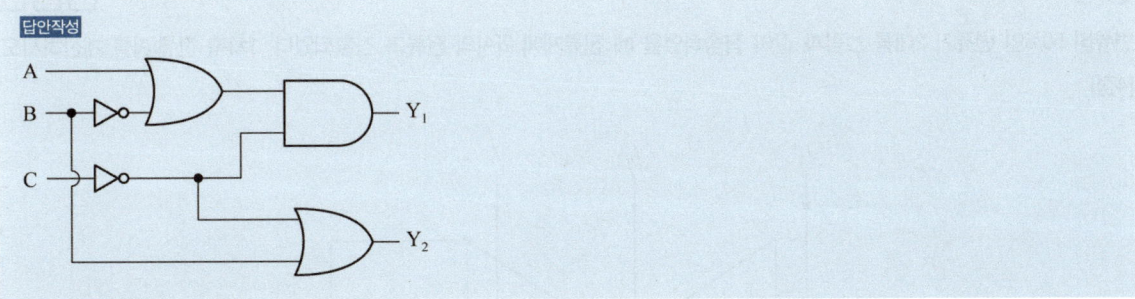

(3) 유접점 논리회로로 나타내시오.

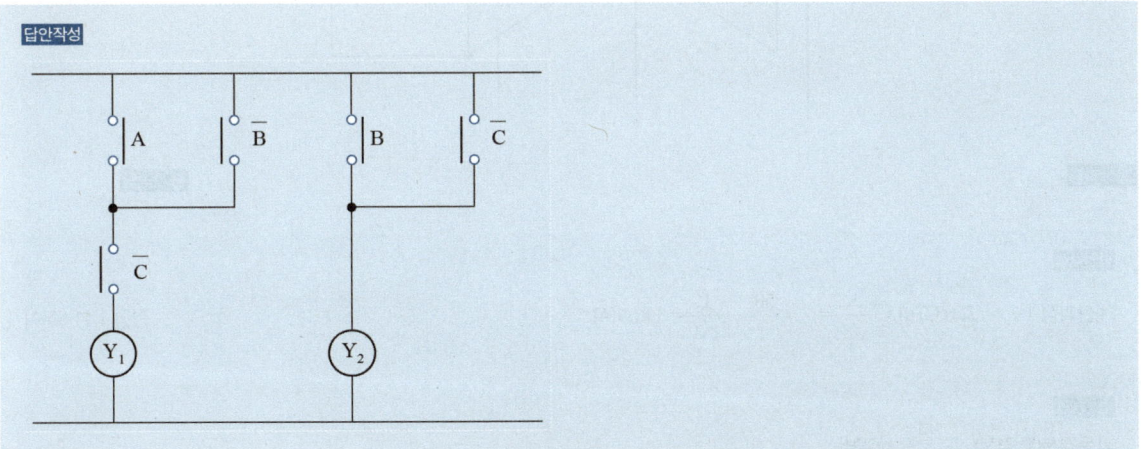

참고	유접점 회로	무접점 회로
$\overline{A}$		
$A \cdot B$(AND회로)		
$A + B$(OR회로)		

06

변류비 50/5인 변류기 2대를 그림과 같이 접속하였을 때 전류계에 2[A]의 전류가 검출되었다. 1차측 전류[A]를 계산하시오. [4점]

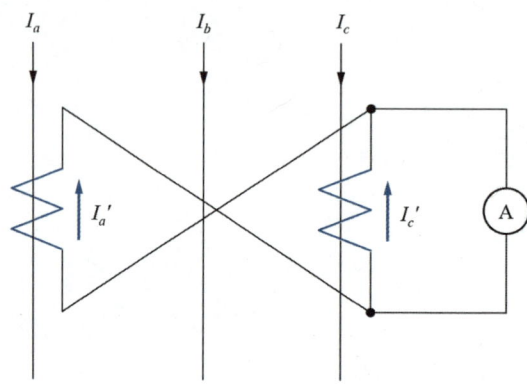

계산과정

답안작성

계산과정 | $I_1 = I_2 \times \text{CT비} \times \dfrac{1}{\sqrt{3}} = 2 \times \dfrac{50}{5} \times \dfrac{1}{\sqrt{3}} = 11.55[A]$

정답 | 11.55[A]

참 고

가동결선(Y 결선) $I_1 = I_2 \times \text{CT비}$

차동결선(△ 결선) $I_1 = I_2 \times \text{CT비} \times \dfrac{1}{\sqrt{3}}$

07

정격전압 380[V], 정격용량 75[kW]인 전동기의 역률이 80[%]이다. 전동기 역률을 90[%]로 개선하기 위해 역률 개선용 콘덴서를 설치하고자 한다. 다음 물음에 답하시오. [7점]

(1) 콘덴서 용량을 계산하시오.

| 계산과정 | 정 답 |

답안작성

계산과정 | $Q = 7.5 \times \left(\dfrac{0.6}{0.8} - \dfrac{\sqrt{1-0.9^2}}{0.9} \right) = 1.99$ [kVA]

정답 | 1.99 [kVA]

참 고

콘덴서 용량 $Q = P(\tan\theta_1 - \tan\theta_2) = P\left(\dfrac{\sin\theta_1}{\cos\theta_1} - \dfrac{\sin\theta_2}{\cos\theta_2} \right) = P\left(\dfrac{\sqrt{1-\cos^2\theta_1}}{\cos\theta_1} - \dfrac{\sqrt{1-\cos^2\theta_2}}{\cos\theta_2} \right)$

(2) 콘덴서 용량[kVA]을 정전용량[μF]으로 나타내시오. (단, 콘덴서는 △결선으로 설치하고, 주파수는 60[Hz]로 한다.)

| 계산과정 | 정 답 |

답안작성

계산과정 | $C = \dfrac{Q}{3\omega V^2} = \dfrac{1.99 \times 10^3}{3 \times 2\pi \times 60 \times 380^2} \times 10^6 = 12.19$ [μF]

정답 | 12.19 [μF]

참 고

콘덴서 Y결선의 충전용량 $Q = 3\omega CE^2 = \omega CV^2$ [VA]

콘덴서 △결선의 충전용량 $Q = 3\omega CE^2 = 3\omega CV^2$ [VA]

- E : 상전압
- V : 선간전압

08

그림과 같은 점광원으로부터 원뿔 밑면까지의 거리가 4[m]이고, 밑면의 반지름이 3[m]인 원형면의 평균조도가 100[lx]라면 이 점광원의 평균광도[cd]를 계산하시오. [5점]

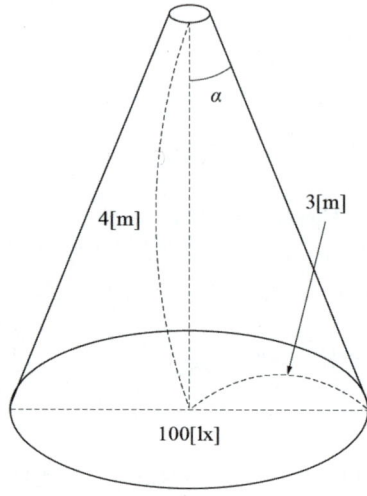

계산과정

답안작성

계산과정 | 광도 $I = \dfrac{F}{\omega} = \dfrac{ES}{2\pi(1-\cos\alpha)}$

면적 $S = \pi r^2 = \pi 3^2 = 9\pi$

$\cos\alpha = \dfrac{h}{\sqrt{r^2+h^2}} = \dfrac{4}{\sqrt{3^2+4^2}} = 0.8$

$E = 100[\text{lx}]$

$I = \dfrac{100 \times 9\pi}{2\pi(1-0.8)} = 2{,}250[\text{cd}]$

정답 | 2,250[cd]

참고

입체각 $\omega = 2\pi(1-\cos\theta) = 2\pi\left(1 - \dfrac{h}{\sqrt{r^2+h^2}}\right)$

조도 $E = \dfrac{F}{S}$ [lx]

광속 $F = ES$ [lm]

광도 $I = \dfrac{F}{\omega} = \dfrac{ES}{2\pi(1-\cos\theta)}$ [cd]

09

A, B 수용가에 대한 내용이다. 다음 물음에 답하시오. [6점]

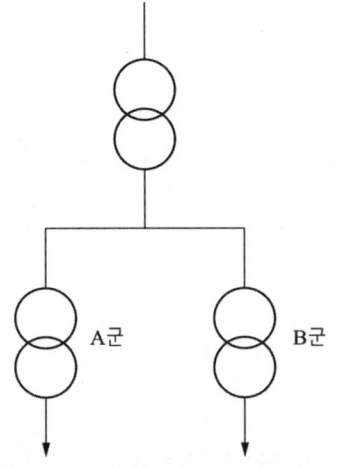

	수용가 A군	수용가 B군
설비용량	50[kW]	30[kW]
수용률	0.6	0.5
역률	1.0	1.0
수용가 간의 부등률	1.2	1.2
변압기 간의 부등률	1.3	

(1) A 수용가의 변압기 용량[kVA]을 계산하시오.

계산과정 | $\dfrac{50 \times 0.6}{1.2 \times 1} = 25[kVA]$

정답 | 25[kVA]

(2) B 수용가의 변압기 용량[kVA]을 계산하시오.

계산과정 | $\dfrac{30 \times 0.5}{1.2 \times 1} = 12.5[kVA]$

정답 | 12.5[kVA]

참고

변압기 용량[kVA] = $\dfrac{\text{설비용량[kW]} \times \text{수용률}}{\text{부등률} \times \text{역률}}$

(3) 고압간선에 걸리는 최대부하[kW]를 계산하시오.

계산과정

계산과정 | $\dfrac{25+12.5}{1.3}\times 1 = 28.85[\text{kW}]$

정답 | 28.85[kW]

참고

최대부하[kW] = $\dfrac{\text{A 변압기 용량[kVA]} + \text{B 변압기 용량[kVA]}}{\text{부등률}} \times \text{역률}$

10

그림과 같은 송전계통에 S점에서 3상 단락사고가 발생하였다. 주어진 도면과 조건을 이용하여 다음 각 물음에 답하시오. [14점]

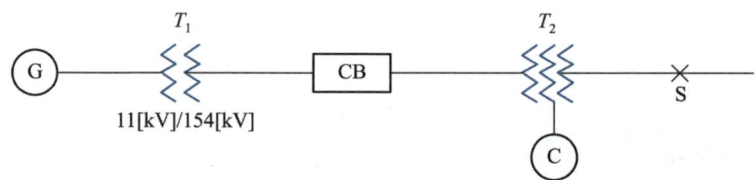

[조건]

번호	기기명	용량	전압	%X
1	발전기(G)	50,000[kVA]	11[kV]	25
2	변압기(T_1)	50,000[kVA]	11/154[kV]	10
3	송전선		154[kV]	8(10,000[kVA] 기준)
4	변압기(T_2)	1차 25,000[kVA]	154[kV]	12(25,000[kVA] 기준, 1차~2차)
		2차 30,000[kVA]	77[kV]	16(25,000[kVA] 기준, 2차~3차)
		3차 10,000[kVA]	11[kV]	9.5(10,000[kVA]기준, 3차~1차)
5	조상기(C)	10,000[kVA]	11[kV]	15

(1) 기준용량을 10[MVA]로 하여 변압기(T_2)의 %리액턴스를 각각 환산하시오.

계산과정

답안작성

계산과정 | 1차 ~ 2차 : $\%X_{1\sim2} = \dfrac{10}{25} \times 12 = 4.8[\%]$

2차 ~ 3차 : $\%X_{2\sim3} = \dfrac{10}{25} \times 16 = 6.4[\%]$

3차 ~ 1차 : $\%X_{3\sim1} = \dfrac{10}{10} \times 9.5 = 9.5[\%]$

정답

정답 | $\%X_{1\sim2} = 4.8[\%]$

$\%X_{2\sim3} = 6.4[\%]$

$\%X_{3\sim1} = 9.5[\%]$

참고

환산 $\%X = \dfrac{\text{기준용량}}{\text{자기용량}} \times \text{자기}\%X$

(2) 변압기(T_2)의 1차, 2차, 3차 %리액턴스를 계산하여 구하시오.

계산과정

답안작성

계산과정 | 1차 $\%X_1 = \dfrac{4.8 - 6.4 + 9.5}{2} = 3.95[\%]$

2차 $\%X_2 = \dfrac{6.4 - 9.5 + 4.8}{2} = 0.85[\%]$

3차 $\%X_3 = \dfrac{9.5 - 4.8 + 6.4}{2} = 5.55[\%]$

정답

정답 | $\%X_1 = 3.95[\%]$

$\%X_2 = 0.85[\%]$

$\%X_3 = 5.55[\%]$

참고

$\%X_1 = \dfrac{\%X_{1\sim2} - \%X_{2\sim3} + \%X_{3\sim1}}{2}[\%]$

$\%X_2 = \dfrac{\%X_{2\sim3} - \%X_{3\sim1} + \%X_{1\sim2}}{2}[\%]$

$\%X_3 = \dfrac{\%X_{3\sim1} - \%X_{1\sim2} + \%X_{2\sim3}}{2}[\%]$

(3) 기준용량을 10[MVA]로 하여 발전기에서 고장점까지 %리액턴스를 계산하여 구하시오.

계산과정 | 10[MVA]를 기준으로 %X를 환산하면

발전기(G) = $\dfrac{10}{50} \times 25 = 5[\%]$

변압기(T_1) = $\dfrac{10}{50} \times 10 = 2[\%]$

송전선 = $\dfrac{10}{10} \times 8 = 8[\%]$

조상기(C) = $\dfrac{10}{10} \times 15 = 15[\%]$

발전기(G)부터 변압기(T_2) 1차까지 $5+2+8+3.95 = 18.95[\%]$

변압기(T_2) 2차 $\%X_2 = 0.85[\%]$

변압기(T_2) 3차부터 조상기(C)까지 $5.55+15 = 20.55[\%]$

합성 $\%X = \dfrac{18.95 \times 20.55}{18.95 + 20.55} + 0.85 = 10.71$

정답 | 10.71[%]

참 고

송전계통을 10[MVA] 기준으로 %X로 환산하면

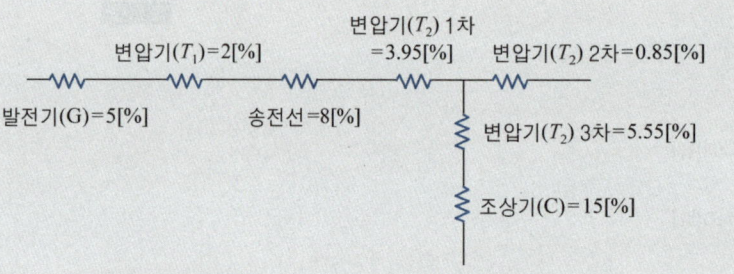

(4) 고장점의 단락용량은 몇 [MVA]인지 계산하여 구하시오.

계산과정 | $P_S = \dfrac{100}{\%Z} \times P_n = \dfrac{100}{10.71} \times 10 = 93.37[\text{MVA}]$

정답 | 93.37[MVA]

참 고

단락용량 $P_S = \dfrac{100}{\%Z} \times$ 기준용량 P_n

저항을 언급하지 않았으므로 %Z는 %X와 같다.

(5) 고장점의 단락전류는 몇 [A]인지 계산하여 구하시오.

계산과정 | $I_S = \dfrac{100}{\%Z} \times I_n = \dfrac{100}{10.71} \times \dfrac{10 \times 10^6}{\sqrt{3} \times 77 \times 10^3} = 700.09$ [A]

정답 | 700.09[A]

참고

단락전류 $I_S = \dfrac{100}{\%Z} \times$ 정격전류 I_n

정격전류 $I_n = \dfrac{P}{\sqrt{3}\,V}$ [A]

11

분전반에서 50[m]의 거리에 380[V], 4극 3상 유도전동기 37[kW]를 설치하였다. 전압강하를 5[V] 이하로 하기 위한 전선의 굵기[mm²]를 계산하여 선정하시오. (단, 전압강하 계수는 1.1 전동기의 부하전류는 75[A], 3상 3선식 회로이다) [5점]

계산과정 | 3상 3선식에서의 전선의 굵기 $A = \dfrac{30.8LI}{1,000 \cdot e} = \dfrac{30.8 \times 50 \times 75}{1,000 \times 5} = 23.1$ [mm²]

전압강하 계수 적용 $2.3 \times 1.1 = 25.41$ [mm²]

정답 | KSC IEC 규격에서 35[mm²] 선정

참고

- 전선의 단면적

  - 단상 2선식 $A = \dfrac{35.6LI}{1,000 \cdot e}$ [mm²]

  - 3상 3선식 $A = \dfrac{30.8LI}{1,000 \cdot e}$ [mm²]

  - 단상 3선식, 3상 4선식 $A = \dfrac{17.8LI}{1,000 \cdot e}$ [mm²]

  (L : 전선의 길이[m], I : 부하전류[A], e : 전압강하[V])

- KSC IEC 전선규격[mm²] : 1.5, 2.5, 4, 6, 10, 16, 25, 35, 50, 70, 95, 120

12

3,300/200[V]인 변압기의 용량이 각각 250[kVA], 200[kVA]이고 %임피던스 강하가 각각 2.7[%]와 3[%]일 때 그 병렬합성 용량[kVA]을 계산하시오. [5점]

계산과정

계산과정 | $\dfrac{P_a}{P_b} = \dfrac{P_A}{P_B} \times \dfrac{\%Z_B}{\%Z_A} = \dfrac{250}{200} \times \dfrac{3}{2.7} = \dfrac{25}{18}$

A 변압기 기준으로 병렬합성용량을 계산하면

$P_o = P_A + \left(P_A \times \dfrac{18}{25}\right) = 250 + \left(250 \times \dfrac{18}{25}\right) = 430$[kVA]

정답 | 430[kVA]

13

일부하 곡선을 가진 A, B의 수용가이다. 다음 물음에 답하시오. (단, A, B 수용가의 설비용량은 10[kW]이다) [5점]

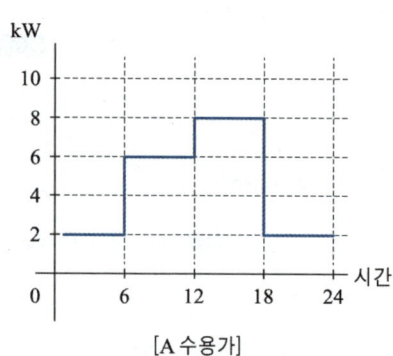

[A 수용가]

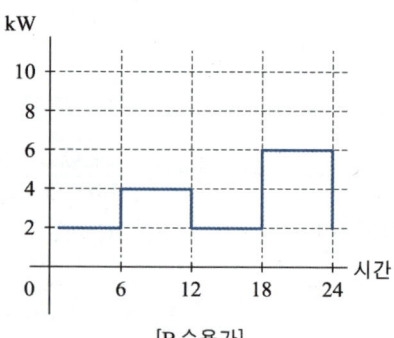

[B 수용가]

(1) A, B 각 수용가의 수용률[%]을 계산하시오.

계산과정

계산과정 | A 수용가 $\dfrac{8}{10} \times 100 = 80$[%]

B 수용가 $\dfrac{6}{10} \times 100 = 60$[%]

정답 | A 수용가 수용률 80[%]
B 수용가 수용률 60[%]

> **참고**
>
> 수용률 = $\dfrac{\text{최대수용설비용량}}{\text{부하설비용량}} \times 100[\%]$

(2) A, B 각 수용가의 부하율[%]을 계산하시오.

계산과정

정 답

답안작성

계산과정 | A 수용가 $\dfrac{(2+6+8+2) \times 6}{24 \times 8} \times 100 = 56.25[\%]$

B 수용가 $\dfrac{(2+4+2+2) \times 6}{24 \times 6} \times 100 = 58.33[\%]$

정답 | A 수용가 부하율 56.25[%]
B 수용가 부하율 58.33[%]

> **참고**
>
> 부하율 = $\dfrac{\text{평균전력}}{\text{최대수용전력}} \times 100 = \dfrac{\frac{\text{일 사용전력}}{24}}{\text{최대수용전력}} \times 100 = \dfrac{\text{일 사용전력}}{24 \times \text{최대수용전력}} \times 100[\%]$

(3) 부등률을 계산하시오.

계산과정

정 답

답안작성

계산과정 | $\dfrac{8+6}{10} = 1.4$

정답 | 부등률 1.4

> **참고**
>
> 부등률 = $\dfrac{\text{각 부하의 최대수용전력의 합}}{\text{합성최대수용전력}}$
>
> 합성최대수용전력은
>
> 0시 ~ 6시 → 2 + 2 = 4[kW]
>
> 6시 ~ 12시 → 6 + 4 = 10[kW]
>
> 12시 ~ 18시 → 8 + 2 = 10[kW]
>
> 18시 ~ 24시 → 2 + 6 = 8[kW]
>
> 중 6시 ~ 12시, 12시 ~ 18시의 10[kW]이고, A 수용가의 최대전력 8[kW], B 수용가의 최대전력 6[kW]
>
> 각 부하의 최대수용전력의 합은 8 + 6 = 14[kW]이다.

14

평형 3상 회로에 접속된 전압계의 지시가 220[V], 전류계의 지시가 20[A], 전력계의 지시가 2[kW]일 때 다음 각 물음에 답하시오. [4점]

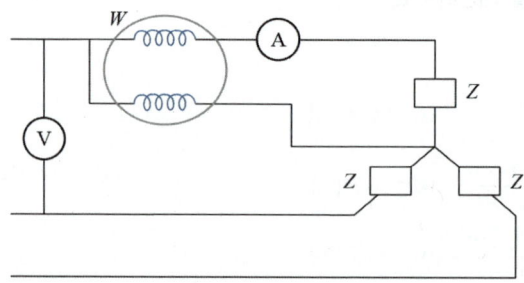

(1) 임피던스 Z에서 소비되는 전력[kW]을 계산하시오.

계산과정

답안작성

계산과정 | $2 \times 3 = 6$[kW]

정답 | 6[kW]

참 고

한 상의 전력계 지시가 2[kW]이므로 3상의 임피던스에서 소비되는 전력은 한 상의 3배인 6[kW]가 된다.

(2) 임피던스 Z를 복소수로 나타내시오.

계산과정

답안작성

계산과정 | 임피던스 $Z = \dfrac{E}{I} = \dfrac{\frac{V}{\sqrt{3}}}{I} = \dfrac{V}{\sqrt{3}\,I} = \dfrac{220}{\sqrt{3} \times 20} = 6.35[\Omega]$

소비전력 $P = I^2 \cdot R$

저항 $R = \dfrac{P}{I^2} = \dfrac{2 \times 10^3}{20^2} = 5[\Omega]$

리액턴스 $X = \sqrt{Z^2 - R^2} = \sqrt{6.35^2 - 5^2} = 3.91[\Omega]$

$Z = R + jX = 5 + j3.91$

정답 | $Z = 5 + j3.91$

15

저항 $R=20[\Omega]$, 전압 $V=220\sqrt{2}\sin(120wt)[V]$이고, 변압기 권수비는 1 : 1일 때 단상전파 정류 브리지회로에 대한 다음 각 물음에 답하시오. [5점]

(1) 미완성 브리지회로를 완성하시오.

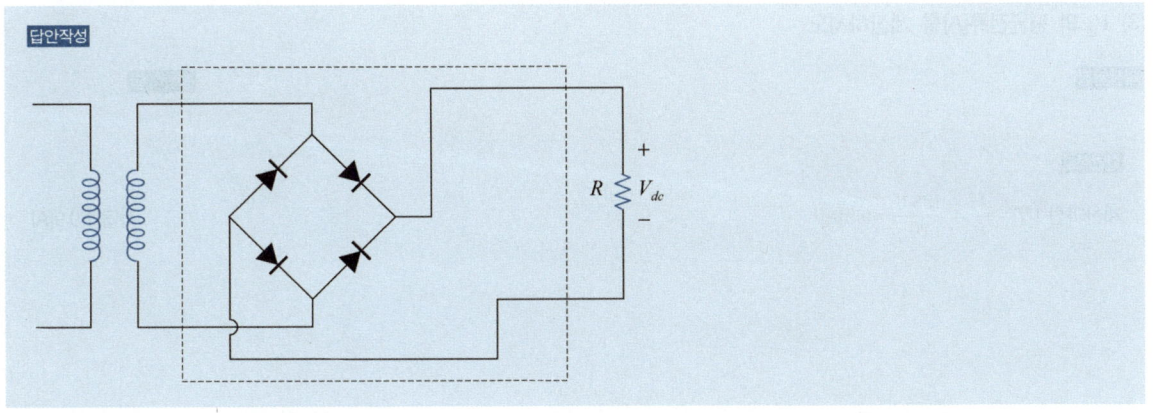

(2) V_{dc}의 평균전압[V]을 계산하시오.

계산과정

답안작성

계산과정 | $\dfrac{2 \times 220\sqrt{2}}{\pi} = 198.07$[V]

정답 | 198.07[V]

참 고

단상전파 정류회로의 평균전압

$$V_{bc} = \dfrac{2\sqrt{2}\,V_{rms}}{\pi} = \dfrac{2V_m}{\pi}\,[V]$$

- V_{rms} : 전압의 실효값
- V_m : 전압의 최대값

$$V_{rms} = \dfrac{V_m}{\sqrt{2}}$$

(3) V_{dc}의 평균전류[A]를 계산하시오.

계산과정

답안작성

계산과정 | $I = \dfrac{V}{R} = \dfrac{198.6}{20} = 9.9$[A]

정답 | 9.9[A]

16

각 상의 불평형 전류 $I_o = 1.8\angle -159.17°$[A], 정상분 $I_1 = 8.95\angle 1.14°$[A], 역상분 $I_2 = 2.51\angle 96.55°$[A] 라고 할 때, 각 상의 전류 I_a, I_b, I_c를 구하시오. [5점]

계산과정

정 답

계산과정 | $I_a = I_0 + I_1 + I_2 = 1.8\angle -159.17° + 8.95\angle 1.14° + 2.51\angle 96.55° = 7.27\angle 16.23°$

$I_b = I_0 + a^2 I_1 + a I_2 = 1.8\angle -159.17° + (1\angle 240° \times 8.95\angle 1.14°) + (1\angle 120° \times 2.51\angle 96.55°) = 12.8\angle -128.8°$

$I_c = I_0 + a I_1 + a^2 I_2 = 1.8\angle -159.17° + (1\angle 120° \times 8.95\angle 1.14°) + (1\angle 240° \times 2.51\angle 96.55°) = 7.23\angle 123.65°$

정답 | $I_a = 7.27\angle 16.23°$

$I_b = 12.8\angle -128.8°$

$I_c = 7.23\angle 126.65°$

17

다음은 전기안전관리자의 직무에 관한 고시 제6조의 내용이다. 다음 빈칸에 알맞은 말을 쓰시오. [4점]

제6조 (점검에 관한 기록·보관) ① 전기안전관리자는 제3조 제2항에 따라
1. 점검자
2. 점검 연월일, 설비명(상호) 및 설비용량
3. 점검 실시 내용(점검항목별 기준치, 측정치 및 그 밖에 점검 활동 내용 등)
4. 점검의 결과
5. 그 밖에 전기설비 안전관리에 관한 의견
② 전기안전관리자는 제1항에 따라 기록한 서류(전자문서를 포함한다)를 전기설비 설치장소 또는 사업장마다 갖추어 두고, 그 기록서류를 (1) 보존하여야 한다.
③ 전기안전관리자는 법 제11조에 따른 정기검사 시 제1항에 따라 기록한 서류(전자문서를 포함한다)를 제출하여야 한다. 다만, 법 제38조에 따른 전기안전종합정보시스템에 (2) 이상 안전관리를 위한 확인·점검 결과 등을 입력한 경우에는 제출하지 아니할 수 있다.

답안작성

(1) 4년간

(2) 매월 1회

18

고압측 1선에 지락사고가 발생하였다. 이 전로에 접속된 주상변압기 380[V]측 한단자에 중성점 접지공사를 할 때 한국전기설비규정에 의한 접지저항값은 얼마 이하로 유지하여야 하는지 구하시오. (단, 이 전선로에는 고저압 혼촉 사고 시 1초 초과 2초 이내에 자동적으로 전로를 차단하는 장치를 시설한 경우이며, 고압측 1선 지락전류는 100[A]라고 한다) [5점]

계산과정

정답

답안작성

계산과정 | $\dfrac{300}{I_g} = \dfrac{300}{100} = 3[\Omega]$

정답 | 3[Ω]

참 고

한국전기설비규정 142.5 변압기 중성점 접지

1. 변압기의 중성점접지 저항값은 다음에 의한다.
    가. 일반적으로 변압기의 고압·특고압측 전로 1선 지락전류로 150을 나눈 값과 같은 저항값 이하
    나. 변압기의 고압·특고압측 전로 또는 사용전압이 35[kV] 이하의 특고압전로가 저압측 전로와 혼촉하고 저압전로의 대지전압이 150[V]를 초과하는 경우는 저항값은 다음에 의한다.
        (1) 1초 초과 2초 이내에 고압·특고압 전로를 자동으로 차단하는 장치를 설치할 때는 300을 나눈 값 이하
        (2) 1초 이내에 고압·특고압 전로를 자동으로 차단하는 장치를 설치할 때는 600을 나눈 값 이하

실기[필답형]기출문제 2023 * 3

01

다음 무접점 회로를 보고 진리표의 빈칸을 완성하시오. (단, L은 Low이고, H는 High이다.) [5점]

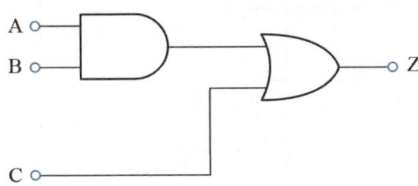

A	L	L	L	L	H	H	H	H
B	L	L	H	H	L	L	H	H
C	L	H	L	H	L	H	L	H
Z								

답안작성

A	L	L	L	L	H	H	H	H
B	L	L	H	H	L	L	H	H
C	L	H	L	H	L	H	L	H
Z	L	H	L	H	L	H	H	H

참 고

논리식으로 나타내면 AB+C = Z이므로 AB 또는 C의 값이 H인 경우 Z는 H이고 A 그리고 B가 H인 경우 Z는 H이다.

02

다음은 모터를 동작시키는 시퀀스 회로이다. 다음 각 물음에 답하시오. [5점]

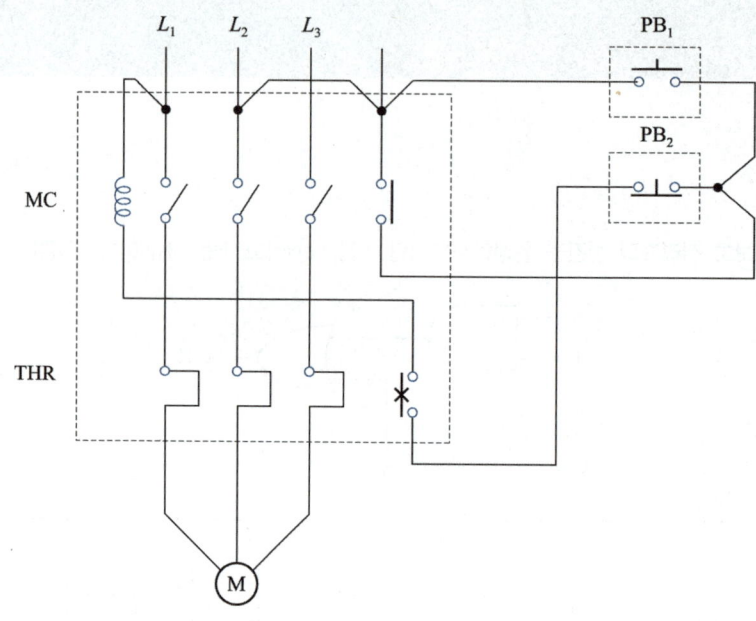

(1) 주어진 시퀀스 회로를 참고하여 다음 유접점 회로를 완성하시오.

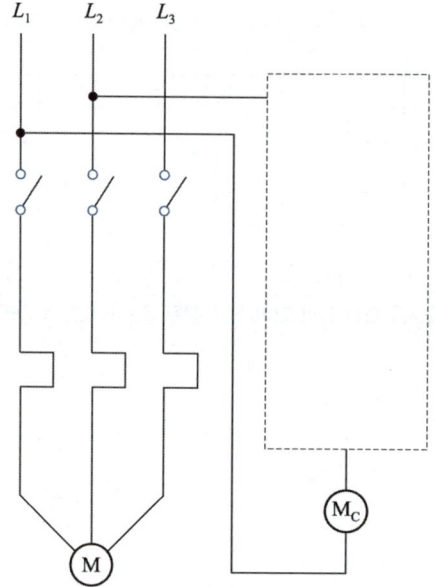

(2) 다음 타임차트는 t_3에 THR이 작동하고 t_4에서 수동복귀한 것을 나타낸 것이다. 이때 MC의 동작을 타임차트에 나타내시오.

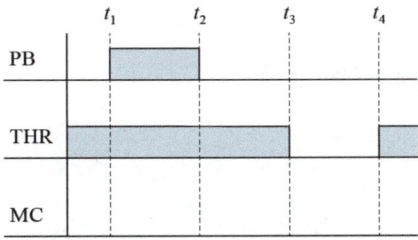

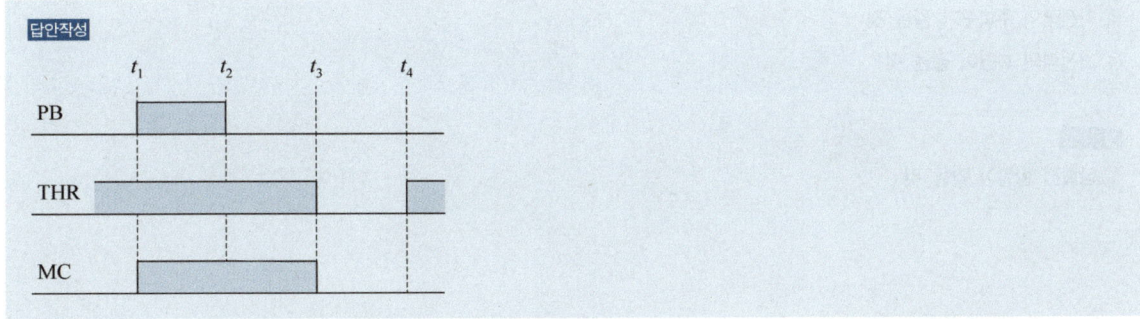

03

진공차단기의 특징을 3가지만 간단하게 쓰시오. [6점]

답안작성
① 차단성능이 우수하다.
② 차단성능은 주파수에 영향을 받지 않는다.
③ 소음이 적다.

참고
④ 소형, 경량이다.
⑤ 개폐 시 개폐서지 발생우려가 있다.

04

발전기 병렬운전 조건 4가지만 간단하게 쓰시오. [5점]

답안작성
① 기전력의 크기가 같을 것
② 기전력의 위상이 같을 것
③ 기전력의 주파수가 같을 것
④ 기전력의 파형이 같을 것

참고
⑤ 상회전 방향이 같을 것

05

다음 약호에 해당하는 차단기 명칭을 쓰시오. (예시 ELB : 누전차단기) [5점]

(1) OCB

> 답안작성
> 유입차단기

(2) ABB

> 답안작성
> 공기차단기

(3) GCB

> 답안작성
> 가스차단기

(4) MBB

> 답안작성
> 자기차단기

> 참 고
> • VCB : 진공차단기
> • ACB : 기중차단기

06

다음은 한국전기설비규정의 중성선 차단 및 재연결에 대한 내용이다. 빈칸에 알맞은 내용을 쓰시오. [4점]

> 중성선을 (①) 및 (②)하는 회로의 경우에 설치하는 개폐기 및 차단기를 (①) 시에는 중성선이 선도체보다 늦게 (①)되어야 하며, (②) 시에는 선도체와 동시 또는 그 이전에 (②)되는 것을 설치하여야 한다.

답안작성
① 차단
② 재연결

참고
한국전기설비규정 212.2.3 중성선의 차단 및 재연결

07

델타결선 변압기의 한 대가 고장으로 단상변압기 2대로 V결선하여 3상 전원을 공급할 때, 변압기의 출력비와 이용률은 각각 몇 [%]인가? [4점]

답안작성
- 출력비 : 57.7[%]
- 이용률 : 86.6[%]

참고

$$\text{출력비} = \frac{P_V}{P_\Delta} = \frac{VI\cos\theta}{\sqrt{3}\,VI\cos\theta} = \frac{\sqrt{3}\,P_1}{3P_1} = \frac{\sqrt{3}}{3} = 0.577$$

$$\text{이용률} = \frac{\dfrac{VI\cos\theta}{2}}{\dfrac{\sqrt{3}\,VI\cos\theta}{3}} = \frac{\sqrt{3}}{2} = 0.866$$

08

차단기 트립방식에 대한 설명이다. 빈칸에 알맞은 방식을 쓰시오. [6점]

트립방식	내용
(①)	고장 시 변류기 2차 전류에 의해 트립되는 방식
(②)	고장 시 콘덴서 충전전하에 의해 트립되는 방식
(③)	고장 시 전압의 저하에 의해 트립되는 방식

답안작성
① 과전류 트립방식
② 콘덴서 트립방식
③ 부족전압 트립방식

09

연료전지의 특징 3가지만 간단하게 적으시오. [5점]

답안작성
① 발전효율이 높다.
② 열병합 발전이 가능하다.
③ 도심지에 설치가 가능하다.

참고
④ 부하조정이 편리하고 저부하에서도 발전효율의 저하가 적다.
⑤ 도시가스 배관망을 이용하여 연료공급이 가능하다.

10

소선의 직경이 3.2[mm]인 37가닥 연선의 외경은 몇 [mm]인지 계산하여 구하시오. [5점]

계산과정

답안작성

계산과정 | 외경 $D = (2 \times 소선의\ 층수 + 1) \times 직경$

소선의 가닥수 $N = 3n(n+1) + 1 = 37$가닥 ($n =$ 소선의 층수)

$3n^2 + 3n + 1 = 37$ 인수분해하면

$3n^2 + 3n - 36 = 0$

$n^2 + n - 12 = 0$

$(n-3)(n+4) = 0$

$n = 3$ or -4

소선의 층수는 (-) 부호가 될 수 없으므로 $n = 3$

$D = (2 \times 3 + 1) \times 3.2 = 22.4$[mm]

정답 | 22.4[mm]

참고

연선의 외경 $D = (2 \times n + 1)d$[mm]

연선의 가닥수 $N = 3n(n+1) + 1$[가닥]

- n : 소선의 층수

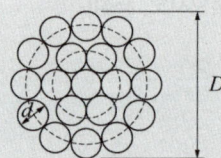

$n = 2$인 연선의 구조

11

그림과 같이 분기회로(S_2)의 보호장치(P_2)는 (P_2)의 전원측에서 분기점(O) 사이에 다른 분기회로 또는 콘센트의 접속이 없고 단락의 위험과 화재 및 인체에 대한 위험성이 최소화되도록 시설된 경우 분기회로의 보호장치(P_2)는 분기회로의 분기점(O)으로부터 x[m]까지 이동하여 설치할 수 있다. x는 몇 [m]인가? [4점]

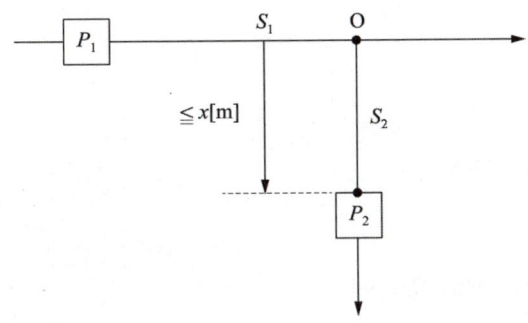

답안작성

3[m]

참 고

한국전기설비규정 212.4.2 과부하 보호장치의 설치 위치

분기회로 S_2의 보호장치 P_1는 P_2의 전원 측에서 분기점(O) 사이에 다른 분기회로 또는 콘센트의 접속이 없고, 단락의 위험과 화재 및 인체에 대한 위험성이 최소화되도록 시설된 경우, 분기회로의 보호장치 P_2는 분기회로의 분기점(O)으로부터 3[m]까지 이동하여 설치할 수 있다.

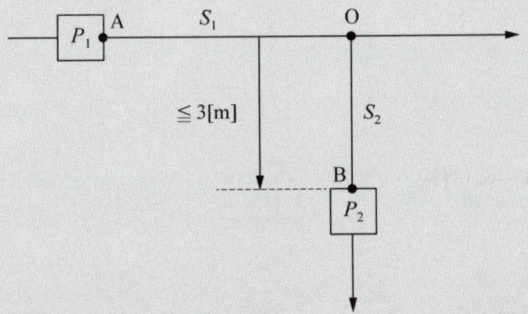

분기회로(S_2)의 분기점(O)에서 3[m] 이내에 설치된 과부하 보호장치(P_2)

12

VCB의 정격전압이 170[kV]이고 정격차단전류가 24[kV]일 때 차단용량은 몇 [MVA]인지 계산하여 선정하시오. [5점]

차단기 정격용량[MVA]				
5,800	6,600	7,300	9,200	12,000

계산과정

정 답

계산과정 | $\sqrt{3} \times 170 \times 24 = 7,066.77$[MVA]   정답 | 7,300[MVA] 선정

참 고

차단용량[MVA] = $\sqrt{3} \times$ 정격전압[kV] $\times$ 정격차단전류[kA]

13

한 공장에서 어느 날에 부하설비의 1일 사용전력량이 192[kWh]이며, 1일 최대전력이 12[kW]이고, 최대전력일 때의 전류값이 34[A]이었을 경우 다음 각 물음에 답하시오. (단, 이 공장은 220[V], 11[kW]인 3상 유도 전동기를 부하설비로 사용한다) [6점]

(1) 일 부하율은 몇 [%]인지 계산하시오.

계산과정

정 답

계산과정 | 부하율 = $\dfrac{192}{24 \times 12} \times 100 = 66.67$[%]   정답 | 66.76[%]

참 고

부하율 = $\dfrac{\text{평균수용전력}}{\text{최대수용전력}} \times 100 = \dfrac{\frac{192}{24}}{12} \times 100 = \dfrac{192}{24 \times 12} \times 100$[%]

평균수용전력[kW] = $\dfrac{\text{1일 사용전력량[kWh]}}{\text{24시간}}$

(2) 최대 공급 전력일 때의 역률은 몇 [%]인지 계산하시오.

계산과정 | 역률 = $\dfrac{12 \times 10^3}{\sqrt{3} \times 220 \times 34} \times 100 = 92.62[\%]$

정답 | 92.62[%]

참고
3상 전력 $P = \sqrt{3}\,VI\cos\theta$[W] 식에서 $\cos\theta$(역률)을 기준으로 식을 정리하면
$\cos\theta = \dfrac{P}{\sqrt{3}\,VI}$ 에서 [%] 단위로 나타내면 $\cos\theta = \dfrac{P}{\sqrt{3}\,VI} \times 100[\%]$로 식을 정리할 수 있다.

14

아래 표를 이용하여 변압기 용량을 계산하여 선정하시오. [5점]

구분	설비용량[kW]	수용률[%]	부등률	역률[%]
전등설비	60	80	-	95
전열설비	40	50	-	90
동력설비	70	40	1.4	90

변압기 정격[kVA]					
50	75	100	150	200	300

계산과정 | 합성역률을 구하기 위해 전력을 복소수로 나타내면

전등설비 $P_1 = 60\left(0.95 - j\dfrac{\sqrt{1-0.95^2}}{0.95}\right) = 57 - j19.72$

전열+동력설비 $P_2 = (40+70)\left(0.9 - j\dfrac{\sqrt{1-0.9^2}}{0.9}\right) = 99 - j53.28$

$P_1 + P_2 = 156 - j73$

합성역률 = $\dfrac{156}{\sqrt{156^2 + 73^2}} = 0.91$

변압기 용량 = $\dfrac{(60 \times 0.8) + (40 \times 0.5) + \left(\dfrac{70 \times 0.4}{1.4}\right)}{0.91} = 96.7[\text{kVA}]$

정답 | 100[kVA] 선정

> **참고**
>
> 역률 = $\dfrac{\text{유효전력}}{\text{피상전력}} = \dfrac{\text{유효전력}}{\sqrt{\text{유효전력}^2 + \text{무효전력}^2}}$
>
> 변압기 용량[kVA] = $\dfrac{\text{설비용량[kW]} \times \text{수용률}}{\text{부등률} \times \text{역률}}$

15

6,600/220[V] 두 대의 단상변압기 A, B가 있다. A 변압기 용량은 30[kVA]이며 2차 환산저항과 리액턴스 $r_A = 0.03[\Omega]$, $x_A = 0.04[\Omega]$이고, B 변압기 용량은 20[kVA]이며 $r_B = 0.03[\Omega]$, $x_B = 0.06[\Omega]$이다. A, B 변압기를 병렬운전해서 40[kVA]의 부하를 건 경우 A 변압기의 분담부하[kVA]는 얼마인지 계산하시오. [6점]

계산과정 |

$\%Z_A = \dfrac{PZ_A}{10V^2} = \dfrac{30 \times \sqrt{0.03^2 + 0.04^2}}{10 \times 0.22^2} = 3.1[\%]$

$\%Z_B = \dfrac{PZ_B}{10V^2} = \dfrac{20 \times \sqrt{0.03^2 + 0.06^2}}{10 \times 0.22^2} = 2.77[\%]$

변압기 부하분담 $\dfrac{P_a}{P_b} = \dfrac{30}{20} \times \dfrac{2.77}{3.1} = 1.34$

$P_b = \dfrac{P_a}{1.34}$

병렬운전하여 40[kVA]의 부하를 사용하므로

$P_a + P_b = P_a + \dfrac{P_a}{1.34} = P_a\left(1 + \dfrac{1}{1.34}\right) = 40[\text{kVA}]$

P_a를 기준으로 식을 정리하면

$P_a = \dfrac{40}{1 + \dfrac{1}{1.34}} = 22.91[\text{kVA}]$

정답 | 22.91[kVA]

> **참고**
>
> • $\%Z = \dfrac{P[\text{kVA}] \cdot Z}{10V^2[\text{kV}]}$
>
> • 변압기 부하분담 $\dfrac{P_a}{P_b} = \dfrac{P_A}{P_B} \times \dfrac{\%Z_B}{\%Z_A}$

16

도면과 같은 345[kV] 변전소의 단선도와 변전소에 사용되는 주요제원을 정리한 것이다. 이것을 이용하여 다음 각 물음에 답하시오. [13점]

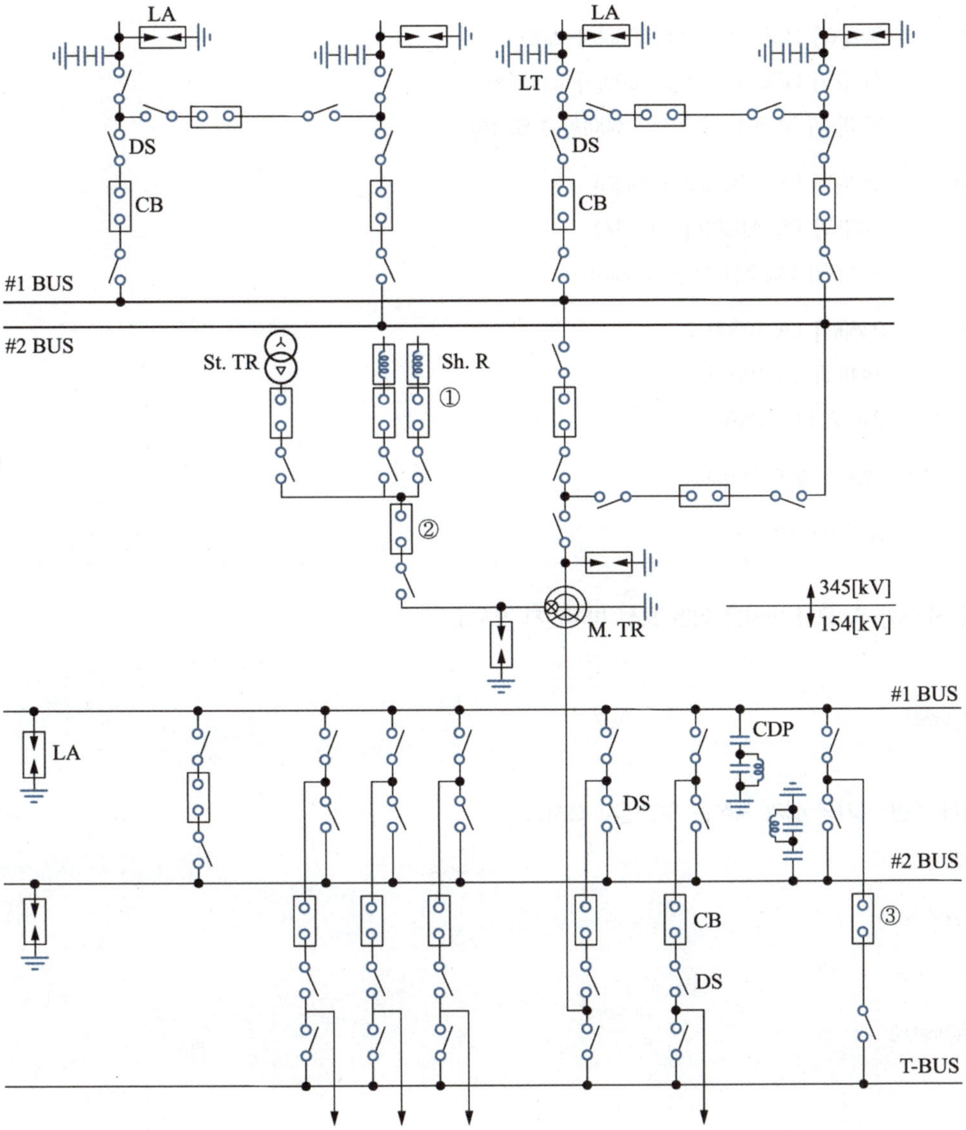

```
345[kV] 변전소 단선도
[주 변압기]    단권변압기 345[kV]/154[kV]/23[kV](Y-Y-△)
              166.7[MVA]×3대 ≒ 500[MVA], OLTC부
              %임피던스(500[MVA] 기준) : 1차~2차 : 10[%], 1차~3차 : 78[%], 2차~3차 : 67[%]
[차단기]       362[kV] GCB 25[GVA] 4,000[A]~2,000[A]
              170[kV] GCB 15[GVA] 4,000[A]~2,000[A]
              25.8[kV] VCB (  )[MVA] 2,500[A]~1,200[A]
[단로기]       362[kV] DS 4,000[A]~2,000[A]
              170[kV] DS 4,000[A]~2,000[A]
              25.8[kV] DS 2,500[A]~1,200[A]
[피뢰기]       288[kV] LA 10[kA]
              144[kV] LA 10[kA]
              21[kV] LA 10[kA]
[분로 리액터]  23[kV] Sh.R 30[MVAR]
[주모선]       Al-Tube 200∅
```

(1) 도면의 345[kV] 측 모선 방식은 어떤 모선 방식인지 쓰시오.

답안작성
2중 모선 방식

(2) 도면에서 ①번 기기의 설치 목적은 무엇인지 쓰시오.

답안작성
페란티 현상 방지

참고
분로리액터(sh.R)

(3) 도면에 주어진 제원을 참조하여 주 변압기에 대한 ① 등가% 임피던스(Z_H, Z_M, Z_L)를 구하고, ② 23[kV] VCB 차단 용량을 계산하여 구하시오. (단, 그림과 같은 임피던스 회로는 100[MVA] 기준이다)

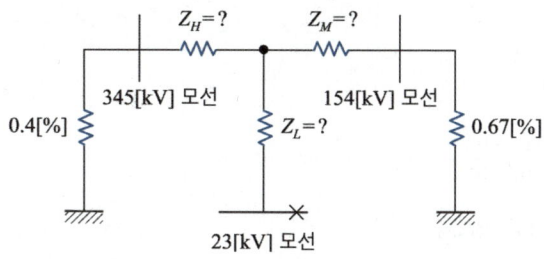

① 등가 % 임피던스(Z_H, Z_M, Z_L)

계산과정

정 답

답안작성

계산과정 | 500[MVA] 기준인 %Z를 100[MVA] 기준으로 환산하면

$$\%Z_{1차 \sim 2차} = \frac{100}{500} \times 10 = 2[\%]$$

$$\%Z_{1차 \sim 3차} = \frac{100}{500} \times 78 = 15.6[\%]$$

$$\%Z_{2차 \sim 3차} = \frac{100}{500} \times 67 = 13.4[\%]$$

등가 임피던스 $Z_H = (\%Z_{1차 \sim 2차} + \%Z_{1차 \sim 3차} - \%Z_{2차 \sim 3차}) \times \frac{1}{2}$

$$= (2 + 15.6 - 13.4) \times \frac{1}{2} = 2.1$$

$$Z_M = (\%Z_{1차 \sim 2차} + \%Z_{2차 \sim 3차} - \%Z_{1차 \sim 3차}) \times \frac{1}{2}$$

$$= (2 + 13.4 - 15.6) \times \frac{1}{2} = -0.1$$

$$Z_L = (\%Z_{2차 \sim 3차} + \%Z_{1차 \sim 3차} - \%Z_{1차 \sim 2차}) \times \frac{1}{2}$$

$$= (15.6 + 13.4 - 2) \times \frac{1}{2} = 13.5$$

정답 | $Z_H = 2.1[\%]$

$Z_M = -0.1[\%]$

$Z_L = 13.5[\%]$

참 고

$$환산\%Z = \frac{기준용량}{자기용량} \times 자기\%Z\,[\%]$$

② 23[kV] VCB 차단기 용량

계산과정

계산과정 | $P_S = \dfrac{100}{\%Z} \times P_n$ [MVA]

$$\%Z = \dfrac{(0.4+2.1) \times (0.67-0.1)}{(0.4+2.1)+(0.67-0.1)} + 13.5 = 13.96 [\%]$$

$$P_S = \dfrac{100}{13.96} \times 100 = 716.33 [MVA]$$

정답 | 23[kV] VCB $P_S = 716.33$ [MVA]

참고

⟨등가회로⟩

100[MVA] 환산 등가회로

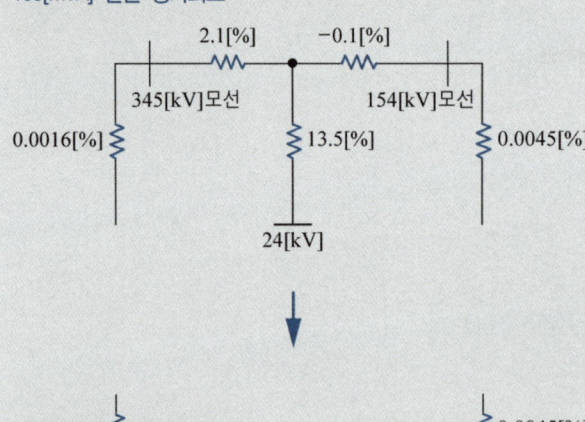

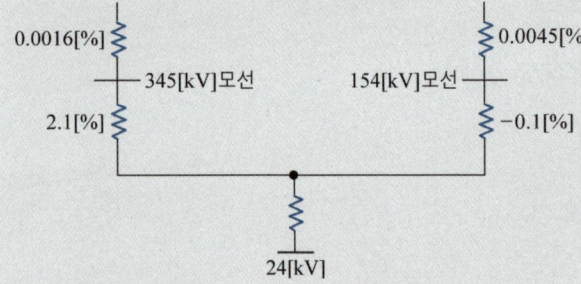

(4) 도면의 345[kV] GCB에 내장된 계전기용 BCT의 오차계급은 C800이다. 부담은 몇 [VA]인가?

계산과정 | 부담[VA] $= I_2^2 \times Z = 5^2 \times 8 = 200$[VA]

정답 | 200[VA]

참 고
- I_2 : 변류기 2차 전류 = 5[A]
- Z : 오차계급 C800에서 임피던스는 8[Ω]

(5) 도면에서 ③의 차단기 설치 목적을 간단히 서술하시오.

선로 점검 시 무정전으로 진행하기 위해 설치하는 모선절체용 차단기이다.

(6) 도면의 주 변압기 1Bank(단상×3대)를 증설하여 병렬운전 시키고자 한다. 이때 병렬운전할 수 있는 조건 4가지를 간단히 쓰시오.

① 극성 및 권수비가 같을 것
② 1·2차 정격전압이 같을 것
③ %임피던스 강하가 같을 것
④ 상회전 방향과 각 변위가 같을 것

참 고
⑤ 변압기 내부저항과 리액턴스 비가 같을 것

17

다음 그림은 변압기의 절연내력을 위한 시험회로이다. 다음 각 물음에 답하시오. (단, 최대사용전압은 6,900[V]이다.) [5점]

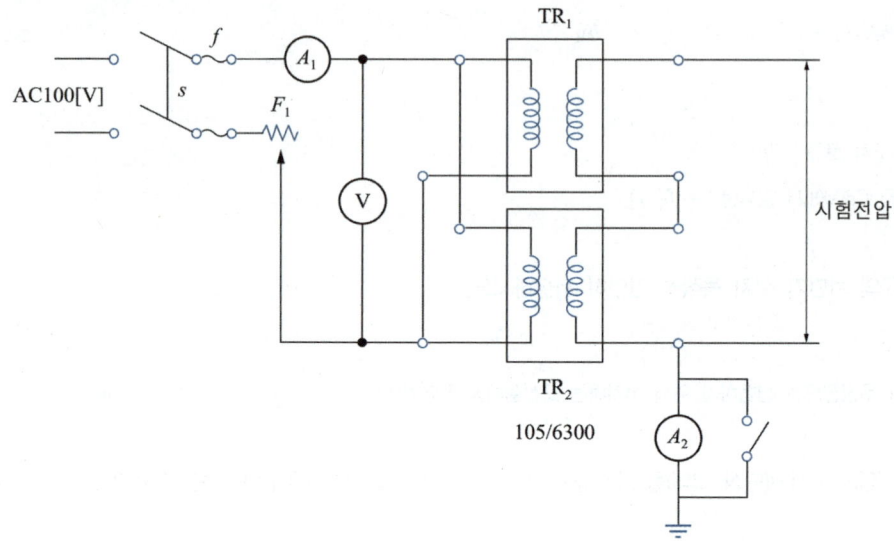

(1) 절연내력 시험전압은 몇 [V]인가?

계산과정 | $6,900 \times 1.5 = 10,350$[V]

정답 | 10,350[V]

참고
한국전기설비규정 135 변압기 전로의 절연내력
최대사용전압 7[kV] 이하일 때 최대사용전압의 1.5배의 전압으로 시험한다.

(2) 시험전압은 몇 분간 가하여야 하는가?

답안작성
10분

참고
한국전기설비규정 135 변압기 전로의 절연내력
시험방법 : 시험되는 권선과 다른 권선, 철심 및 외함 간에 시험전압을 연속하여 10분간 가한다.

(3) 시험 시 전압계[V]에 측정되는 전압은?

계산과정 | $\dfrac{105}{6,300} \times 13,050 \times \dfrac{1}{2} = 86.25$[V]

정답 | 86.25[V]

> 참고
>
> 변류비 $a = \dfrac{V_1}{V_2}$
>
> 1차전압 $V_1 = aV_2$
>
> TR_1의 전압 V_2는 시험전압 $10,350 \times \dfrac{1}{2}$[V]이다.

(4) 전류계 A_2는 어떤 용도로 사용되는가?

누설전류측정

18

22.9[kV] 중성선 다중 접지 전로에 정격전압 13.2[kV], 정격용량 250[kVA]의 단상 변압기 3대를 이용하여 아래 그림과 같이 $Y-\triangle$ 결선하고자 한다. 그림을 보고 다음 각 물음에 답하시오. [6점]

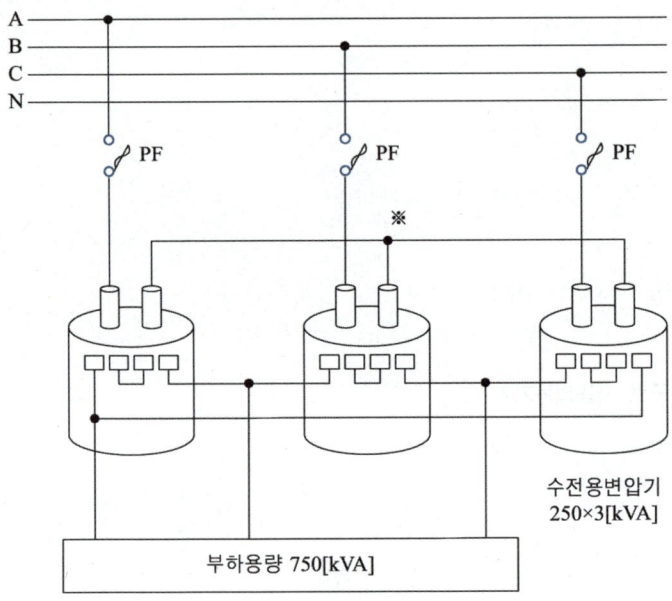

(1) 변압기 1차측 Y 결선의 중성점(※표시 부분)을 전선로 N선에 연결해야 하는가? 연결하여서는 안 되는가?

답안작성
연결하여서는 안 된다.

(2) (1)번 답에 대한 이유를 설명하시오.

답안작성
변압기 3대 중 한 대의 전력퓨즈(PF) 용단 시 역 V결선이 되므로 과부하로 인하여 변압기가 소손될 수 있다.

(3) 전력퓨즈(PF)의 용량은 몇 [A]인지 계산하여 퓨즈의 정격용량 표에서 선정하시오.

퓨즈의 정격용량[A]						
15	20	30	40	50	60	75

계산과정 / 정 답

답안작성

계산과정 | $I_n = \dfrac{250 \times 3}{\sqrt{3} \times 22.9} = 18.91$ [A]

전력퓨즈 용량 $= 18.91 \times 1.5 = 28.37$ [A]

정답 | 표에서 30[A] 선정

참 고

전력퓨즈 용량은 정격전류의 1.5배 하여 그 이상의 기성제품을 선정한다.

전력퓨즈 용량[A] = 정격전류[A] × 1.5

01

도면은 어느 154[kV] 수용가의 수전설비 단선 결선도의 일부분을 나타낸 것이다. 주어진 표와 도면을 이용하여 다음 각 물음에 답하시오. [12점]

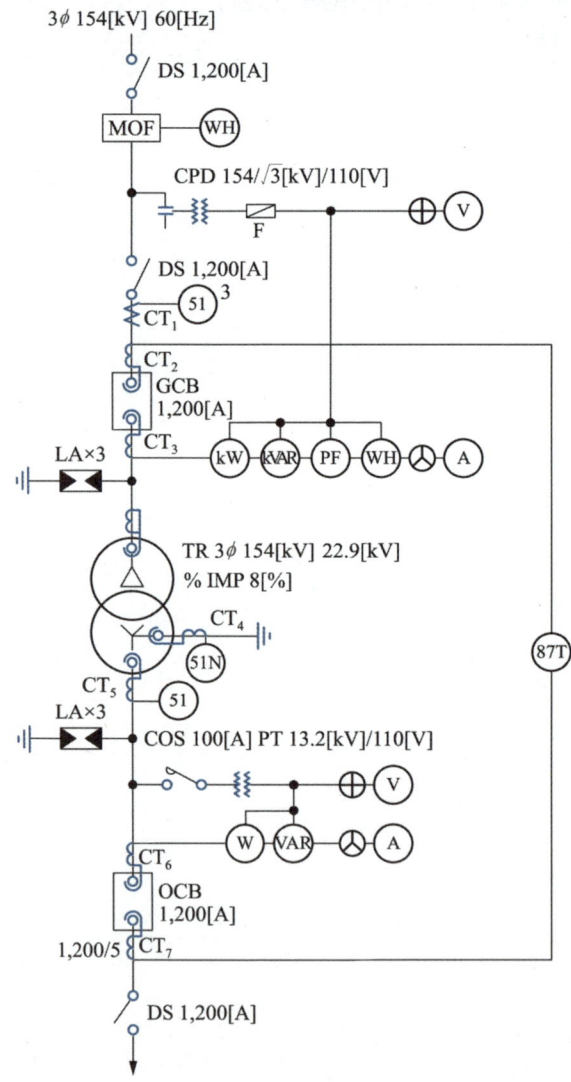

CT의 정격						
1차 정격 전류[A]	200	400	600	800	1,200	1,500
2차 정격 전류[A]	5					

변압기 표준용량[MVA]						
10	20	30	40	50	75	100

(1) 변압기 2차 부하설비 용량이 51[MW], 수용률 70[%], 부하역률이 90[%]일 때 변압기 용량을 계산하고 (변압기 표준용량[MVA]) 표를 이용하여 선정하시오.

계산과정

답안작성

계산과정 | 변압기 용량 $= \dfrac{51 \times 0.7}{0.9} = 39.67$[MVA]

정답

정답 | 40[MVA] 선정

(2) 변압기 1차측 DS의 정격전압은 몇 [kV]로 선정하여야 하는가?

답안작성

170[kV]

참고

정격전압 = 공칭전압 $\times \dfrac{1.2}{1.1} = 154 \times \dfrac{1.2}{1.1} = 168$[kV]로 170[kV] 선정

(3) (1)에서 선정한 변압기 용량을 적용하여 CT_1의 비를 계산하고 [CT의 정격] 표를 이용하여 선정하시오. (단, 여유율은 1.25배로 한다)

계산과정

답안작성

계산과정 | CT_1의 1차 정격전류 $= \dfrac{40 \times 10^6}{\sqrt{3} \times 154 \times 10^3} \times 1.25 = 187.45$[A]

정답

정답 | CT_1비 $\dfrac{200}{5}$ 선정

(4) GCB 내에 사용되는 가스는 주로 어떤 가스가 사용되는지 명칭을 쓰시오.

답안작성

SF_6

참고

GCB(가스차단기) 동작 시 SF_6 가스로 아크를 소호한다.

(5) OCB의 정격차단전류가 23[kA]일 때 차단 용량[MVA]을 계산하시오.

계산과정

계산과정 | **차단용량** $= \sqrt{3} \times 25.8 \times 23 = 1{,}027.8$[MVA]

정답 | 1,027.8[MVA]

참 고

차단용량[MVA] $= \sqrt{3} \times$ 정격전압[kV] $\times$ 정격차단전류[kA]
공칭전압 22.9[kV]일 때 정격전압은 25.8[kV]이다.

(6) 과전류 계전기의 정격부담이 9[VA]일 때 이 계전기의 임피던스는 몇 [Ω]인지 계산하시오.

계산과정

계산과정 | $Z = \dfrac{P}{I^2} = \dfrac{9}{5^2} = 0.36$[Ω]

정답 | 0.36[Ω]

참 고

과전류 계전기는 CT 2차측에 설치되므로 CT 2차측 전류의 한도 5[A]를 적용하여 계산한다.

(7) CT_7 1차 전류가 600[A]일 때 CT_7의 2차에서 비율차동계전기의 단자에 흐르는 전류는 몇 [A]인지 계산하시오.

계산과정

계산과정 | $I_2 = 600 \times \dfrac{5}{1{,}200} \times \sqrt{3} = 4.33$[A]

정답 | 4.33[A]

참 고

변압기 2차측 결선이 Y 결선이므로 CT_7은 △결선으로 하여 CT_7 2차측에 흐르는 전류 $I_2 = I_1 \times \dfrac{1}{CT비} \times \sqrt{3}$ [A]로 계산된다.

02

욕조나 샤워시설이 있는 욕실이 또는 화장실 등 인체가 물에 젖어있는 상태에서 전기를 사용하는 장소에 콘센트를 시설하는 경우에는 「전기용품 및 생활용품 안전관리법」의 적용을 받는 인체감전보호용 누전차단기의 정격감도전류와 동작시간은? [4점]

(1) 정격감도전류[mA]

> 답안작성
> 15[mA]

(2) 동작시간[초]

> 답안작성
> 0.03[초]

> 참 고
> 한국전기설비규정 234.5 콘센트의 시설
> 「전기용품 및 생활용품 안전관리법」의 적용을 받는 인체감전보호용 누전차단기(정격감도전류 15[mA] 이하, 동작시간 0.03초 이하의 전류동작형의 것에 한한다) 또는 절연변압기(정격용량 3[kVA] 이하인 것에 한한다)로 보호된 전로에 접속하거나, 인체감전보호용 누전차단기가 부착된 콘센트를 시설하여야 한다.

03

사용 중인 UPS의 2차측에 단락사고 등이 발생했을 경우 UPS와 고장회로를 분리하여 보호하는 방식을 3가지만 쓰시오. [5점]

> 답안작성
> ① 배선용 차단기에 의한 보호방식
> ② 속단 퓨즈에 의한 보호방식
> ③ 반도체 차단기에 의한 보호방식

04

조명설비 20[VA/m²], 동력설비 35[VA/m²], 냉방설비 40[VA/m²]이고 연면적이 70,000[m²]인 빌딩에 설치된 변압기의 용량은 몇 [kVA]인지 계산하시오. [4점]

계산과정

답안작성

계산과정 | $(20+35+40) \times 70,000 \times 10^{-3} = 6,650$[kVA]

정답

정답 | 6,650[kVA]

참고

변압기 용량[kVA] = 면적당 설비용량[VA/m²] × 면적[m²] × 10^{-3}

05

다음 보호계전기의 우리말 명칭을 쓰시오. [5점]

OCR	①
OVR	②
GR	③
OPR	④
PWR	⑤

답안작성
① 과전류 계전기
② 과전압 계전기
③ 지락 계전기
④ 결상 계전기
⑤ 전력 계전기

06

계약 부하설비에 의한 계약 최대 전력을 정하는 경우에 부하설비 용량이 900[kW]인 경우 전력회사와의 계약 최대 전력은 몇 [kW]인지 계산하시오. (단, 계약전력 최대 환산표는 다음과 같다) [5점]

구분	승률	비고
처음 75[kW]에 대하여	100[%]	
다음 75[kW]에 대하여	85[%]	계산의 합계치 단수가 1[kW] 미만일 경우에는 소수점 이하 첫째 자리에 4사 5입 한다.
다음 75[kW]에 대하여	75[%]	
다음 75[kW]에 대하여	65[%]	
300[kW] 초과분에 대하여	60[%]	

계산과정

답안작성

계산과정 | 계약 최대 전력 $= (75 \times 1) + (75 \times 0.85) + (75 \times 0.75) + (75 + 0.65) + [(900 - 300) \times 0.6]$
$= 603.75[kW]$

정답 | 604[kW] 선정

참고

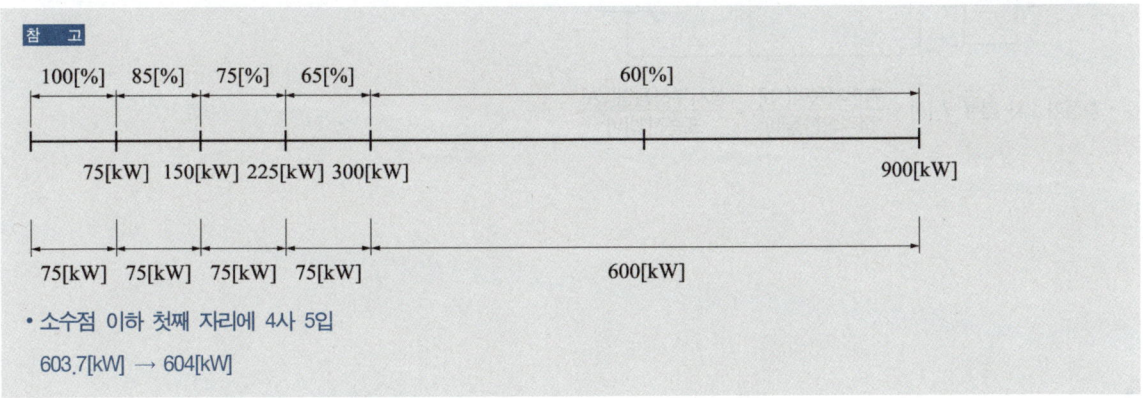

- 소수점 이하 첫째 자리에 4사 5입

   603.7[kW] → 604[kW]

07

연축전지 정격용량 200[Ah], 상시부하 10[kW], 표준전압 100[V]인 부동충전방식이 있다. 이 부동충전방식에서 충전기의 2차 전류는 몇 [A]인지 계산하시오. [5점]

계산과정 | 충전기 2차 전류 $I_2 = \dfrac{200}{10} + \dfrac{10 \times 10^3}{100} = 120[A]$

정답 | 120[A]

참고

- 부동충전방식 : 축전지의 자기방전을 보상함과 동시에 상용부하에 대한 전력공급은 충전기가 부담하고 부담하기 어려운 일시적인 대전류는 축전지가 부담하는 방식

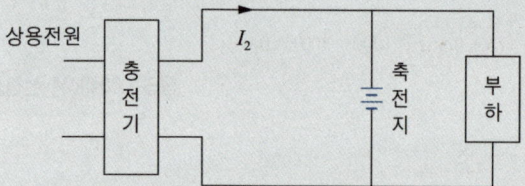

- 충전기 2차 전류 $I_2[A] = \dfrac{축전지용량[Ah]}{정격방전율[h]} + \dfrac{상시부하용량[VA]}{표준전압[V]}$

08

변압기 3,500/100[V]인 단상변압이 2대의 고압측을 그림과 같이 직렬로 5,500[V] 전원에 연결하고, 저압측에 각각 3[Ω], 5[Ω]의 저항을 접속하였다. 다음 물음에 답하시오. [6점]

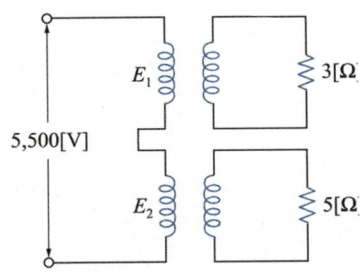

(1) 고압측의 E_1의 전압[V]을 계산하시오.

계산과정

답안작성

계산과정 | $E_1 : (5,500 - E_1) = 3 : 5$

$5E_1 = 3(5,500 - E_1) = 16,500 - 3E_1$

$8E_1 = 16,500$

$E_1 = \dfrac{16,500}{8} = 2,062.5$ [V]

정답 | 2,062.5[V]

참고
직렬회로에서 전압은 저항에 비례하여 분배된다.

(2) 고압측의 E_2의 전압[V]을 계산하시오.

계산과정

답안작성

계산과정 | $E_2 = 5,500 - E_1 = 5,500 - 2,062.5 = 3,437.5$ [V]

정답 | 3,437.5[V]

09

전력시설물 공사감리업무 수행지침에서 정하는 전기공사업자는 해당 공사현장에서 공사 업무 수행상 비치하고 기록·보관하여야 하는 서식을 5가지만 쓰시오. [5점]

> **답안작성**
> ① 하도급 현황
> ② 주요인력 및 장비투입 현황
> ③ 작업계획서
> ④ 기자재 공급원 승인현황
> ⑤ 주간공정계획 및 실적보고서

> **참 고**
> 전력시설물 공사감리업무 수행지침 제16조(일반 행정업무)
> • 공사업자는 다음 각 호의 서식 중 해당 공사현장에서 공사업무 수행상 필요한 서식을 비치하고 기록·보관하여야 한다.
> 1. 하도급 현황
> 2. 주요인력 및 장비투입 현황
> 3. 작업계획서
> 4. 기자재 공급원 승인현황
> 5. 주간공정계획 및 실적보고서
> 6. 안전관리비 사용실적 현황
> 7. 각종 측정 기록표

10

현장과 사무실 2개소에서 유도전동기를 ON-OFF하고자 한다. 다음 제어회로를 구성하시오. [5점]

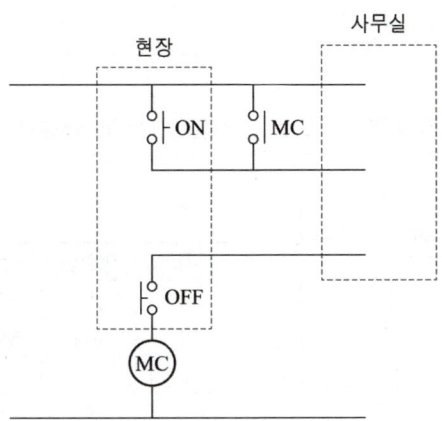

[답안작성]

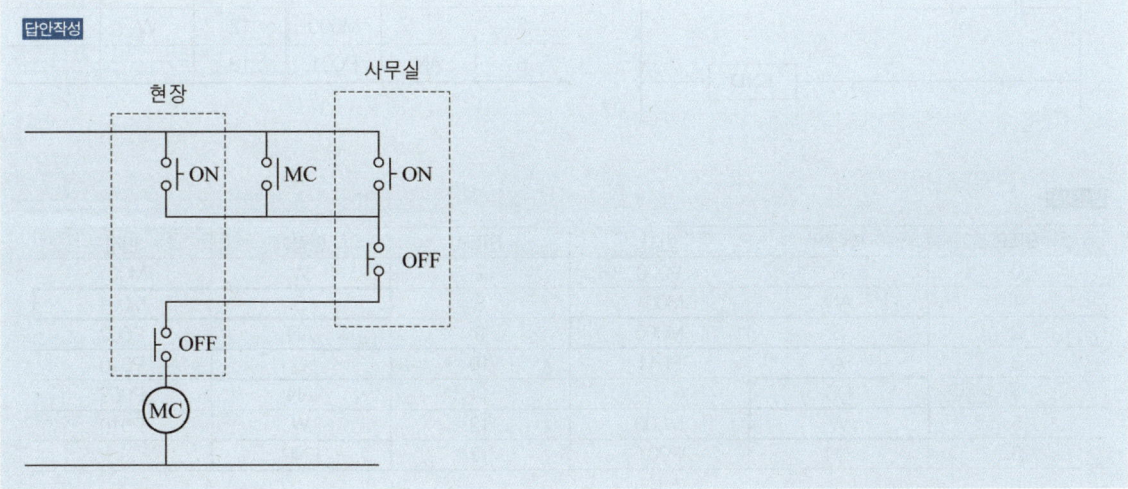

11

다음은 PLC 래더 다이어그램에 의한 프로그램이다. 아래의 명령어를 활용하여 각 스텝에 알맞은 내용으로 프로그램을 완성하시오. [8점]

[명령어]

S(시작), A(AND), O(OR), OS(그룹 간 병렬), AS(그룹 간 직렬), N(부정), W(출력), END(종료)

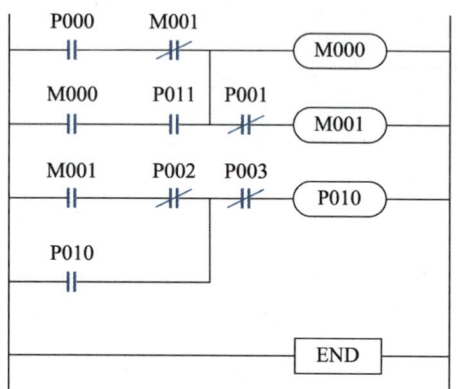

STEP	명령어	번지	STEP	명령어	번지
0	S	P000	7	W	M001
1	AN	M001	8		
2			9	AN	P002
3	A	P011	10		P010
4		-	11	AN	P003
5		M000	12	W	P010
6	AN	P001	13		-

답안작성

STEP	명령어	번지	STEP	명령어	번지
0	S	P000	7	W	M001
1	AN	M001	8	S	M001
2	S	M000	9	AN	P002
3	A	P011	10	O	P010
4	OS	-	11	AN	P003
5	W	M000	12	W	P010
6	AN	P001	13	END	-

12

저압전로 중의 전동기 보호용 과전류 보호장치의 시설을 할 때 한국전기설비규정에 의한 단락보호용 퓨즈의 용단특성을 나타낸 표이다. 빈칸을 채우시오. [4점]

정격전류의 배수	불용단시간	용단시간
4배	(①) 이내	-
6.3배	-	(③) 이내
8배	0.5초 이내	-
10배	(②) 이내	-
12.5배	-	0.5초 이내
19배	-	(④) 이내

답안작성

① 60초

② 0.2초

③ 60초

④ 0.1초

참고

정격전류의 배수	불용단시간	용단시간
4배	60초 이내	-
6.3배	-	60초 이내
8배	0.5초 이내	-
10배	0.2초 이내	-
12.5배	-	0.5초 이내
19배	-	0.1초 이내

13

그림과 같은 논리회로의 명칭, 논리식, 논리표를 완성하시오. [6점]

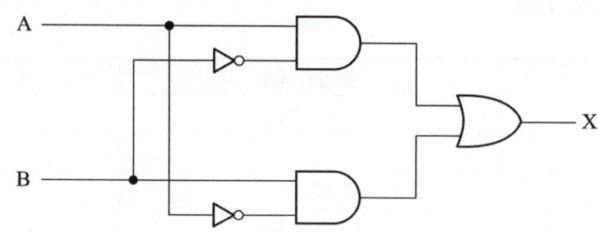

(1) 논리회로의 명칭을 쓰시오.

> **답안작성**
> 배타적 논리합 회로(Exclusive OR)

(2) 논리식을 쓰시오.

> **답안작성**
> $X = A\overline{B} + \overline{A}B$

(3) 논리표를 완성하시오.

A	B	X
0	0	
0	1	
1	0	
1	1	

답안작성

A	B	X
0	0	0
0	1	1
1	0	1
1	1	0

14

사용전압 220[V], 소비전력 1,000[W], 전광속 2,000[lm]인 전등의 효율을 계산하시오. [5점]

계산과정

답안작성

계산과정 | 전등효율 $= \dfrac{2,000}{1,000} = 2$[lm/W]

정답 | 효율 2[lm/W]

참고

전등효율 $\eta = \dfrac{\text{전체 발산광속 } F}{\text{소비전력 } P}$ [lm/W]

15

양수량 18[m³/min], 양정 25[m]의 양수 펌프용 전동기의 소요전력[kW]을 계산하여 구하시오. (단, 여유계수는 1.1, 펌프 효율은 82[%]로 한다) [5점]

계산과정

답안작성

계산과정 | $P = \dfrac{1.1 \times 15 \times 20}{6.12 \times 0.8} = 67.4$[kW]

정답 | 67.4[kW]

참고

펌프용 전동기의 소요전력

$P = \dfrac{KQH}{6.12\eta}$ [kW]

- K : 여유계수
- Q : 양수량[m³/min]
- H : 양정[m]
- η : 효율

16

상주 감시를 하지 아니하는 변전소의 시설에 관한 내용이다. 한국전기설비규정에 맞게 빈 곳을 채우시오. [6점]

> 1. 변전소(이에 준하는 곳으로서 (①)[kV]를 초과하는 특고압의 전기를 변성하기 위한 것을 포함한다)의 운전에 필요한 지식 및 기능을 가진 자가 그 변전소에 상주하여 감시를 하지 아니하는 변전소는 다음에 따라 시설하는 경우에 한한다.
>   가. 사용전압이 (②)[kV] 이하의 변압기를 시설하는 변전소로서 기술원이 수시로 순회하거나 그 변전소를 원격감시 제어하는 제어소에서 상시 감시하는 경우

답안작성

① 50
② 170

참고

한국전기설비규정 351.9 상주 감시를 하지 아니하는 변전소의 시설

1. 변전소(이에 준하는 곳으로서 50[kV]를 초과하는 특고압의 전기를 변성하기 위한 것을 포함한다. 이하 같다)의 운전에 필요한 지식 및 기능을 가진 자(이하 "기술원"이라고 한다)가 그 변전소에 상주하여 감시를 하지 아니하는 변전소는 다음에 따라 시설하는 경우에 한한다.
    가. 사용전압이 170[kV] 이하의 변압기를 시설하는 변전소로서 기술원이 수시로 순회하거나 그 변전소를 원격감시 제어하는 제어소(이하에서 "변전제어소"라 한다)에서 상시 감시하는 경우
    나. 사용전압이 170[kV]를 초과하는 변압기를 시설하는 변전소로서 변전제어소에서 상시 감시하는 경우

17

다음과 같은 단상 3선식의 회로에서 중성선 P점에서 단선되었다면 부하 A, B의 전압은 몇 [V]가 되는지 계산하시오. (단, 부하의 역률은 1이다) [5점]

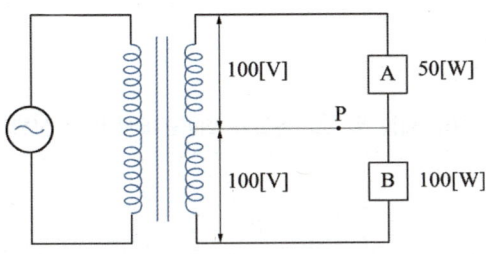

계산과정

답안작성

계산과정 | A부하의 저항 $R_A = \dfrac{V^2}{P_A} = \dfrac{100^2}{50} = 200[\Omega]$

B부하의 저항 $R_B = \dfrac{V^2}{P_B} = \dfrac{100^2}{100} = 100[\Omega]$

단선 후 부하에 걸리는 전압

$V_A = \dfrac{200}{200+100} \times 200 = 133.33[V]$

$V_B = \dfrac{100}{200+100} \times 200 = 66.67[V]$

정답 | $V_A = 133.33[V]$
$V_B = 66.67[V]$

참고

P점 단선 후 회로

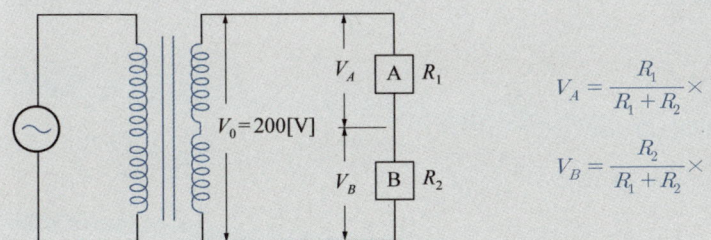

$V_A = \dfrac{R_1}{R_1+R_2} \times V_0 [V]$

$V_B = \dfrac{R_2}{R_1+R_2} \times V_0 [V]$

18

조건에 맞는 보호도체의 최소단면적을 KS 규격에 맞게 선정하시오. [5점]

[조건]
- 보호장치 동작시간 0.2초 이하
- 예상 고장전류 10,000[A]
- 보호도체는 동선
- 보호도체, 절연, 기타 부위의 재질 및 초기온도와 최종온도에 따라 정해지는 계수는 143

답안작성

계산과정 | 보호도체의 굵기 $S = \dfrac{\sqrt{0.2}}{143} \times 10{,}000 = 31.27 [\text{mm}^2]$

정답 | 31.27[mm²]

참 고

보호도체의 굵기

$S = \dfrac{\sqrt{I^2 \cdot t}}{K} = \dfrac{\sqrt{t}}{K} \cdot I \, [\text{mm}^2]$

실기[필답형]기출문제 2024 * 2

01

송전단 전압이 6,600[V]인 변전소로부터 3[km] 떨어진 수용가에 3상 전력을 공급하고자 한다. 수용가의 부하전력이 2,000[kW], 역률(지상) 80[%]일 때 수전단 전압을 6,300[V]로 유지하기 위한 경동선의 굵기[mm²]를 선정하시오. (단, 경동선의 리액턴스는 무시한다) [5점]

전선의 공칭 단면적[mm²]							
10	16	25	35	50	70	95	120

계산과정   정 답

답안작성

계산과정 | 경동선의 굵기 $= \dfrac{P}{V} \cdot \rho \cdot \dfrac{l}{e}$

$= \dfrac{2{,}000 \times 10^3}{6{,}300} \times \dfrac{1}{55} \times \dfrac{3 \times 10^3}{6{,}600 - 6{,}300} = 57.72$

정답 | 70[mm²] 선정

참 고

전압강하(지상역률) $e = \sqrt{3}\, I(R\cos\theta + X\sin\theta) = \dfrac{P}{V}(R + X\tan\theta)$

리액턴스 X를 무시하면 $e = \dfrac{P}{V} \cdot R = \dfrac{P}{V} \cdot \rho \cdot \dfrac{l}{A}$ [A]

도체의 면적 A를 기준으로 식을 정리하면 $A = \dfrac{P}{V} \cdot \rho \cdot \dfrac{l}{e}$ [mm²]이다.

(경동선의 고유저항 $\rho = \dfrac{1}{55}$ [Ω·mm²/m]이다)

02

다음 기기의 명칭을 우리말로 쓰시오. [4점]

(1) 가공 배전선로 사고의 대부분은 조류 및 수목에 의한 접촉, 강풍, 낙뢰 등에 의한 플래시 오버 사고로서 이런 사고 발생 시 신속하게 고장구간을 차단하고 사고점의 아크를 소멸시킨 후 즉시 재투입이 가능한 개폐장치는?

답안작성
리클로져

(2) 보안상 책임분계점에서 보수점검 시 전로를 개폐하기 위하여 시설하는 것으로 반드시 무부하 상태에서 개방하여야 한다. 근래에는 이를 대신하여 ASS를 사용하기도 하나 66[kV] 이상의 경우에 사용하는 장치는?

답안작성
선로개폐기

03

한국전기설비에서 규정하는 용어이다. 각 정의에 대하여 빈칸을 완성하시오. [4점]

(1) PEN 도체 : (①)회로에서 (②) 겸용 보호도체

답안작성
① 교류
② 중성선

(2) PEL 도체 : (①)회로에서 (②) 겸용 보호도체

답안작성
① 직류
② 선도체

참 고

한국전기설비규정 112 용어 정의
- "PEN 도체(protective earthing conductor and neutral conductor)"란 교류회로에서 중성선 겸용 보호도체를 말한다.
- "PEM 도체(protective earthing conductor and a mid-point conductor)"란 직류회로에서 중간도체 겸용 보호도체를 말한다.
- "PEL 도체(protective earthing conductor and a line conductor)"란 직류회로에서 선도체 겸용 보호도체를 말한다.

04

다음 조건에 따라 논리식의 유접점 회로를 그리시오. [5점]

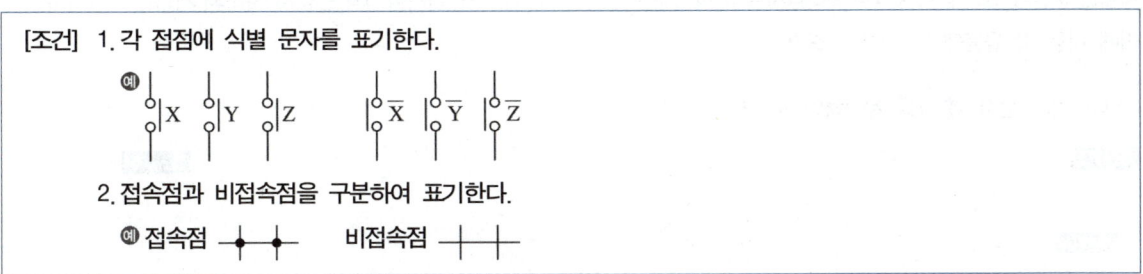

논리식 : $L = (\overline{X} + Y + \overline{Z})(X + \overline{Y} + \overline{Z})$

05

피뢰기 접지공사를 실시한 후 접지저항을 보조극 2개(a와 b)를 이용하여 측정하였더니 본접지와 보조접지극 a 사이의 저항은 86[Ω], 보조접지극 a와 보조접지극 b 사이의 저항은 156[Ω], 보조접지극 b와 본접지 사이의 저항은 80[Ω]이었다. 이때 다음 각 물음에 답하시오. [6점]

(1) 피뢰기의 접지저항값을 계산하여 구하시오.

계산과정

정 답

답안작성

계산과정 | 접지저항값 $R=\frac{1}{2}\times(86+80-156)=5$

정답 | 5[Ω]

참 고

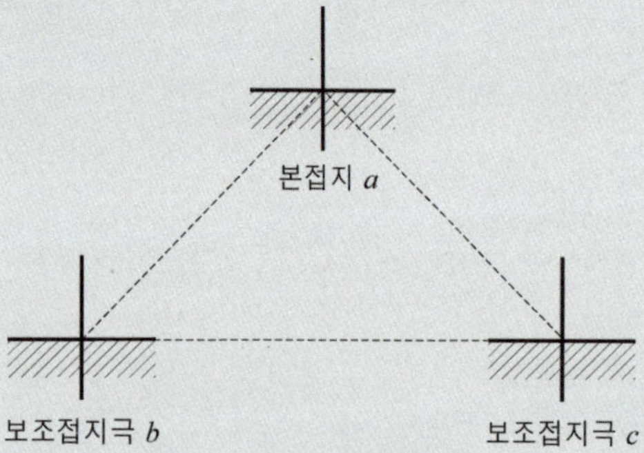

$R_a+R_b=R_{ab}$ ······ ①

$R_b+R_c=R_{bc}$ ······ ②

$R_c+R_a=R_{ca}$ ······ ③

①+②+③ $=R_a+R_b+R_b+R_c+R_c+R_a=R_{ab}+R_{bc}+R_{ca}$

$2(R_a+R_b+R_c)=R_{ab}+R_{bc}+R_{ca}$

$R_a+R_b+R_c=\frac{1}{2}(R_{ab}+R_{bc}+R_{ca})$ ······ ④

④에 ②를 대입하면 $R_b+R_c=R_{bc}$이므로

$R_a+R_{bc}=\frac{1}{2}(R_{ab}+R_{bc}+R_{ca})$

$R_a=\frac{1}{2}(R_{ab}+R_{bc}+R_{ca})-R_{bc}=\frac{1}{2}(R_{ab}+R_{bc}+R_{ca})-\frac{1}{2}\cdot 2R_{bc}=\frac{1}{2}(R_{ab}+R_{bc}+R_{ca}-2R_{bc})=\frac{1}{2}(R_{ab}+R_{ca}-R_{bc})$

(2) 보기를 참고하여 빈칸을 채우시오.

[보기] 보호도체, 접지도체, 접지시스템, 내부피뢰기시스템, 보호접지, 계통접지

①	계통 설비 또는 기기의 한 점과 접지극 사이의 도전성 경로 또는 그 경로의 일부가 되는 도체
②	고장 시 감전에 대한 보호를 목적으로 기기의 한 점 또는 여러 점을 접지하는 것
③	기기나 계통을 개별적 또는 공통으로 접지하기 위하여 필요한 접속 및 장치로 구성된 설비

답안작성

① 접지도체
② 보호접지
③ 접지시스템

06

다음 심벌에 관련된 물음에 답하시오. [5점]

3P30A
f15A
A5

(1) 3P30A

> 답안작성
> 3극 30A 개폐기

(2) f15a

> 답안작성
> 퓨즈정격 15A

(3) A5

> 답안작성
> 정격전류 5[A] 전류계 붙이

07

천정높이 3.85[m], 가로 10[m], 세로 16[m], 작업면 높이 0.85[m]인 어느 사무실 천장에 직부 형광등 F40×2를 설치하고자 한다. 다음 물음에 답하시오. [6점]

(1) 이 사무실의 실지수를 계산하여 구하시오.

계산과정 | 실지수 $= \dfrac{XY}{H(X+Y)} = \dfrac{10 \times 16}{(3.85 - 0.85) \times (10 + 16)} = 2.05$

(H : 작업면부터 천정까지의 높이[m], X : 가로길이[m], Y : 세로길이[m])

정답 | 2.05

(2) 이 사무실의 작업면 조도를 300[lx], 벽반사율 50[%], 천장 반사율 70[%], 바닥 반사율 10[%], 40[W] 형광등 1등의 광속 3,150[lm], 보수율 70[%], 조명률 61[%]라고 한다면 이 사무실에 필요한 등기구 수를 계산하여 구하시오.

계산과정 | 등기구 수 $= \dfrac{DES}{FU} = \dfrac{ES}{FUM} = \dfrac{300 \times (10 \times 16)}{(3{,}150 \times 2) \times 0.61 \times 0.7} = 17.84$

(D : 감광보상률, E : 조도[lx], S : 면적[m²], F : 광속[lm], U : 조명률, M : 보수율)

정답 | 18[등]

(3) 형광등 F40×2의 그림기호를 그리시오.

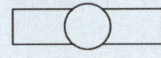

F40×2

08

다음과 같은 배선 평면도와 조건을 이용하여 다음 각 물음에 답하시오. [12점]

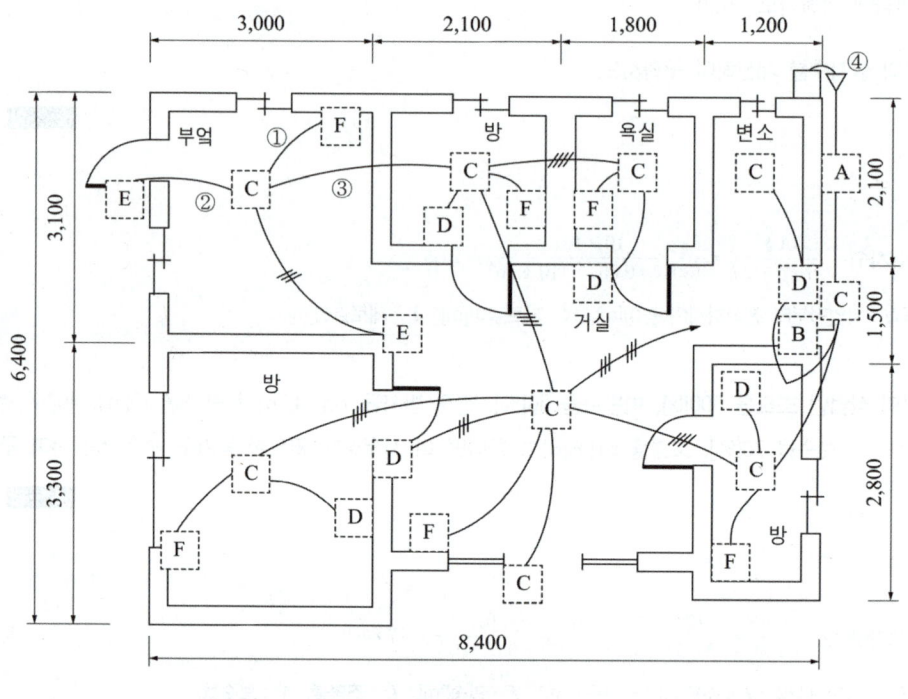

A: 적산전력계(전력량계) B: 배전반(전등용) C: 백열전등
D: 덤블러 스위치 E: 덤블러 스위치반(3로 스위치) F: 10[A]콘센트

[조건]
- 전선은 모두 450/750[V] 일반용 단심 비닐절연전선 4[mm²]을 사용한다.
- 박스는 모두 4각 박스를 사용하며, 기구 1개에 박스 1개를 사용한다. 2개 연등인 경우에는 각 1개씩을 사용하는 것으로 한다.
- 콘크리트 매입 후강금속관을 전선관으로 사용한다.
- 층고는 3[m]이고 분전반 설치 높이는 1.5[m]로 한다.
- 3로 스위치 이외의 스위치는 단극 스위치를 사용하며, 2개를 나란히 사용한 개소를 2개소이다.

(1) 점선으로 표시된 A ~ F 기구의 그림기호를 그리시오.

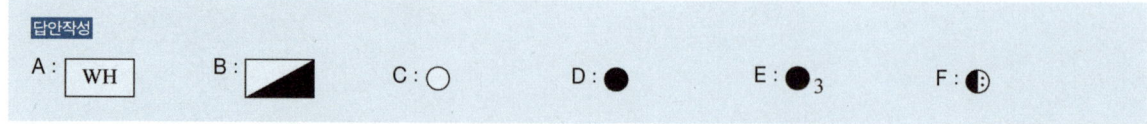

(2) ①~③의 전선 가닥수를 쓰시오.

> **답안작성**
> ① 2가닥
> ② 3가닥
> ③ 4가닥

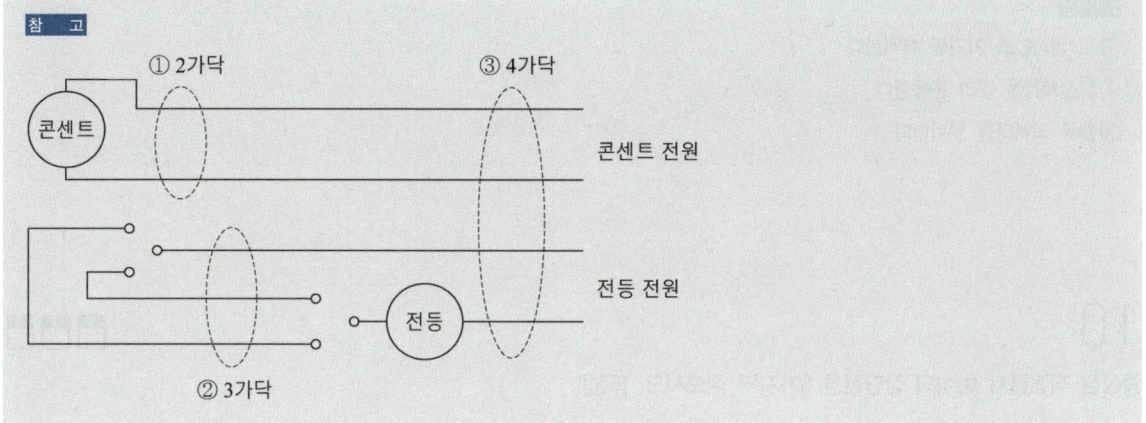

(3) ④의 그림기호의 우리말 명칭을 쓰시오.

> **답안작성**
> 케이블 헤드

(4) 배선 평면도에 사용되는 4각 박스와 부싱의 개수를 산정하시오.

> **답안작성**
> 4각 박스 25개, 부싱 46개

> **참 고**
> 4각 박스
> C : 9개, D : 6개, E : 2개, F : 6개
> 스위치는 2개를 나란히 사용한 장소 2개
> 9 + 6 + 2 + 6 + 2 = 25개
> 부싱(스위치 2개를 나란히 사용한 4각 박스 제외)
> (9 + 6 + 2 + 6)×2 = 46개

09

전력계통의 발전기, 변압기 등의 증설이나 송전선의 신·증설로 인하여 단락·지락 전류가 증가하여 송변전 기기에 손상이 증대되고, 부근에 있는 통신선의 유도장해가 증가하는 등의 문제점이 예상되므로, 단락용량의 경감대책을 세워야 한다. 대책을 3가지만 간단히 서술하시오. [6점]

답안작성
① 고 임피던스 기기를 채택한다.
② 모선계통을 분리 운용한다.
③ 한류 리액터를 설치한다.

10

중성점 직접접지 방식의 장단점을 3가지씩 적으시오. [6점]

(1) 장점

답안작성
① 1선지락 시에 건전상에 대지전압은 거의 상승하지 않는다.
② 선로의 절연수준을 낮출 수 있다.
③ 단절연이 가능하다.

(2) 단점

답안작성
① 1선지락 고장전류가 매우 크므로 시스템에 큰 영향을 미칠 수 있다.
② 과도안정도가 낮아 대책이 필요하다.
③ 큰 지락전류로 인해 통신선에 전자유도장해가 일어난다.

11

환상 직류 배전선로이다. B점의 전압은 몇 [V]인가? [5점]

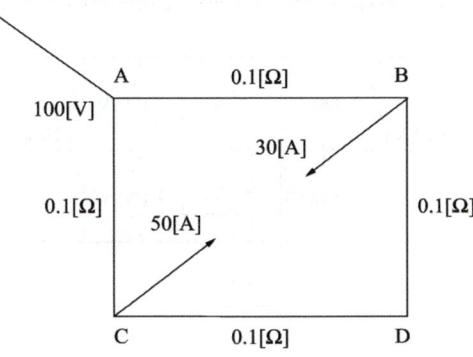

답안작성

계산과정 | $V_{AB} + V_{BD} + V_{DC} + V_{CA} = 0$

$0.1I + 0.1(I-30) + 0.1(I-30) + 0.1(I-30-50) = 0$

$0.1(I + I - 30 + I - 30 + I - 30 - 50) = 0$

$4I - 140 = 0$

$I = 35[A]$

$V_B = 100 - V_{AB} = 100 - 0.1I = 100 - (0.1 \times 35) = 96.5[V]$

정답 | 96.5[V]

참 고

환상 배전선로에서 모든 저항의 전압강하의 합은 0[V]이다.

12

3상 3선식 3,000[V], 200[kVA]의 배전선로 전압 3,100[V]를 승압하기 위하여 단상 변압기 3대를 그림과 같이 접속하였다. 각 상의 승압된 승압기 전압[V]과 변압기 용량[kVA]을 계산하시오. (단, 변압기 손실은 무시한다) [5점]

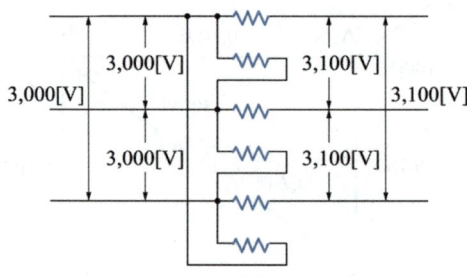

(1) 승압기 전압

계산과정 | $V_e = \sqrt{\dfrac{V_2^{\,2}}{3} - \dfrac{V_1^{\,2}}{12}} - \dfrac{V_1}{2} = \sqrt{\dfrac{3{,}100^2}{3} - \dfrac{3{,}000^2}{12}} - \dfrac{3{,}000}{2} = 66.31$ [V]

정답 | 66.31[V]

참고

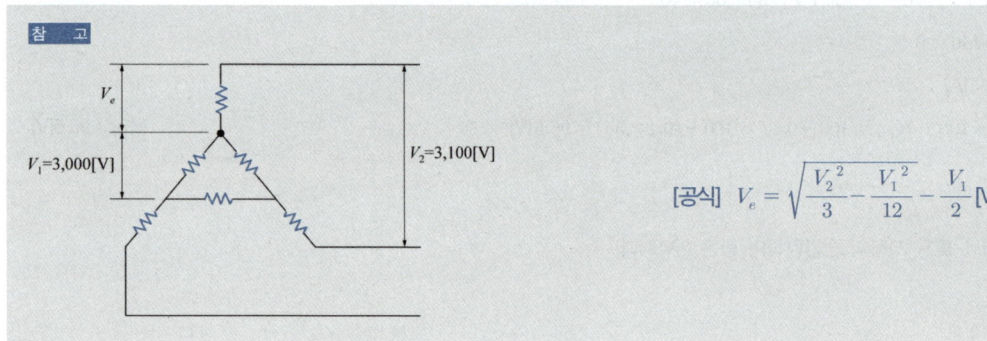

[공식] $V_e = \sqrt{\dfrac{V_2^{\,2}}{3} - \dfrac{V_1^{\,2}}{12}} - \dfrac{V_1}{2}$ [V]

(2) 변압기 용량[kVA]

계산과정 | 변압기 용량(자기용량) $= \dfrac{3V_e}{\sqrt{3}\,V_2} \times$ 부하용량 $= \dfrac{3 \times 66.31}{\sqrt{3} \times 3{,}100} \times 200 = 7.4$ [kVA]

정답 | 7.4[kVA]

참고

$\dfrac{\text{자기용량(변압기 용량)}}{\text{부하용량}} = \dfrac{3V_e I_n}{\sqrt{3}\,V_2 I_n} = \dfrac{3V_e}{\sqrt{3}\,V_2}$

13

연동선을 사용한 코일의 저항이 4,000[Ω]일 때 0[℃]이었다면 이 코일에 더 많은 전류를 흘려 저항이 4,500[Ω]이 될 때의 온도를 계산하시오. [5점]

답안작성

계산과정 | $t_2 = \left(\dfrac{4,500}{4,000} - 1\right) \times 234.5 + 0 = 29.31$

정답 | 29.31[℃]

참 고

온도변화 후 저항 $R_t = R_o[1 + \alpha_o(t_2 - t_o)]$

- α_o : 온도계수(0[℃]에서 연동선의 온도계수 $\alpha_o = \dfrac{1}{234.5}$)
- R_o : 온도 변화 전 저항
- t_o : 변화 전 온도
- t_2 : 변화 후 온도

변화 후 온도 t_2를 기준으로 식을 정리하면

$t_2 = \left(\dfrac{R_t}{R_o} - 1\right) \times \dfrac{1}{\alpha} + t_o$

14

A차단기의 차단용량을 구하시오. (단, 계통의 %Z는 10[MVA]를 기준으로 계산된 값이다) [5점]

차단기 정격용량[MVA]							
50	100	200	300	400	500	750	1,000

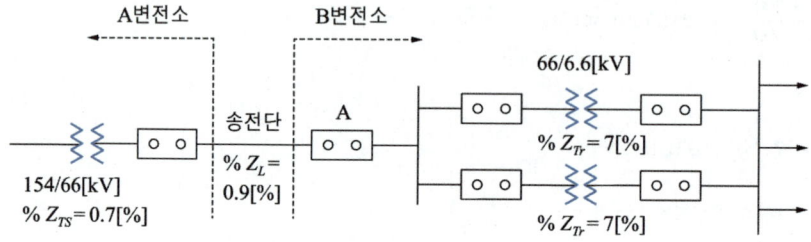

계산과정 | 차단용량(단락용량) $= \dfrac{100}{0.7+0.9} \times 10 = 625$ [MVA]

정답 | 750[MVA] 선정

참고

단락용량(차단용량) $= \dfrac{100}{\%Z} \times P_n$

15

HID(고휘도 방전램프)의 종류를 3가지를 쓰시오. [5점]

고압수은등, 고압나트륨등, 메탈할라이드등

16

그림과 같은 Y결선에서 기본파와 제3고조파 전압만이 존재하고 측정된 전압이 $V_P = 150[V]$ $V_l = 220[V]$이다. 다음 물음에 답하시오. (단, 부하측의 전압은 평형상태이다) [5점]

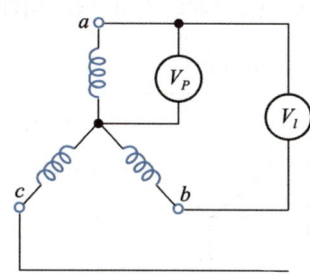

(1) 제3고조파 전압[V]를 계산하시오.

계산과정 | $V_P = \sqrt{V_1^2 + V_3^2}$

$V_3 = \sqrt{V_P^2 - V_1^2} = \sqrt{150^2 - \left(\dfrac{220}{\sqrt{3}}\right)^2} = 79.791[V]$

정답 | 79.79[V]

참고

비정현파 실효값 $= \sqrt{\text{기본파 실효값}^2 + \text{고조파 실효값}^2}$

Y결선에서의 기본파 실효값 $= \dfrac{\text{선간전압}}{\sqrt{3}}$

(2) 왜형률을 계산하시오.

계산과정 | $\dfrac{79.79}{\dfrac{220}{\sqrt{3}}} \times 100 = 62.818[\%]$

정답 | 62.82[%]

참고

왜형률 $= \dfrac{\text{전 고조파의 실효값}}{\text{기본파의 실효값}} \times 100[\%]$

17

그림은 변류기를 영상 접속시켜 그 잔류회로에 지락계전기 DG를 삽입시킨 것이다. 선로 전압은 66[kV], 중성점에 300[Ω]의 저항접지를 하였고 CT의 변류비는 300/5이다. 송전전력 20,000[kW], 지상 역률이 80[%]일 때, a상에 완전 지락사고가 발생하였다고 할 때, 다음 각 질문에 답하시오. (단, 부하의 정상, 역상 임피던스 기타의 정수는 무시한다) [6점]

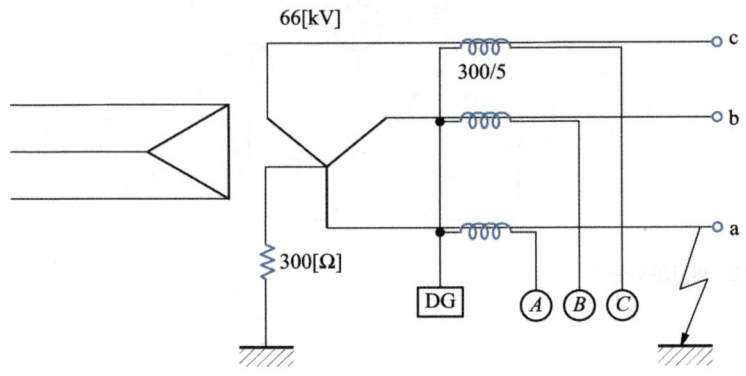

(1) 지락계전기 DG에 흐르는 전류는 몇 [A]인지 계산하시오.

계산과정 | 지락전류 $I_g = \dfrac{66 \times 10^3}{\sqrt{3} \times 300} = 127.02$[A]

$I_{DG} = 127.02 \times \dfrac{5}{300} = 2.12$[A]

정답 | 2.12[A]

참고

- 지락전류 $I_g = \dfrac{\text{상전압}}{R} = \dfrac{\frac{\text{선간전압}}{\sqrt{3}}}{R} = \dfrac{\text{선간전압}}{\sqrt{3} \times R}$ [A]

- 지락계전기 DG에 흐르는 전류 $I_{DG} = I_g \times \dfrac{1}{\text{CT비}}$ [A]

(2) a상 전류계 A에 흐르는 전류는 몇 [A]인지 계산하시오.

계산과정

답안작성

계산과정 | a상의 전류 $I_a = \dfrac{20,000 \times 10^3}{\sqrt{3} \times 66 \times 10^3 \times 0.8} \times (0.8 - j0.6) + \dfrac{66 \times 10^3}{\sqrt{3} \times 300} = 174.95 - j131.22 + 127.02 = 301.97 - j131.22$

$= \sqrt{301.97^2 + 131.22^2} = 329.25 \text{[A]}$

$I_A = 329.25 \times \dfrac{5}{300} = 5.49 \text{[A]}$

정답 | 5.49[A]

참고

a상에 지락사고가 발생하였기 때문에 a상에 흐르는 전류는 부하전류와 지락전류의 벡터합으로 나타낸다.

I_a = 부하전류 + 지락전류[A]

전류계 A에 흐르는 전류 $I_A = I_a \times \dfrac{1}{\text{CT비}}$ [A]

(3) b상 전류계 B에 흐르는 전류는 몇 [A]인지 계산하시오.

계산과정

답안작성

계산과정 | b상에 흐르는 전류 $I_b = \dfrac{20,000 \times 10^3}{\sqrt{3} \times 66 \times 10^3 \times 0.8} = 218.69 \text{[A]}$

$I_B = 218.69 \times \dfrac{5}{300} = 3.64 \text{[A]}$

정답 | 3.64[A]

(4) c상 전류계 C에 흐르는 전류는 몇 [A]인지 계산하시오.

계산과정

답안작성

계산과정 | c상에 흐르는 전류 $I_c = \dfrac{20,000 \times 10^3}{\sqrt{3} \times 66 \times 10^3 \times 0.8} = 218.69 \text{[A]}$

$I_C = 218.69 \times \dfrac{5}{300} = 3.64 \text{[A]}$

정답 | 3.64[A]

참고

b상과 c상은 건전상이므로 부하전류가 흐른다.

부하전류 $I = \dfrac{P}{\sqrt{3}\, V \cos\theta}$ [A]

전류계에 흐르는 전류 = 부하전류 $\times \dfrac{1}{\text{CT비}}$ [A]

18

다음 PLC 프로그램을 이용하여 래더 다이어그램을 완성하시오. [5점]

차례	명령	번지
0	STR	P00
1	OR	P01
2	STR NOT	P02
3	OR	P03
4	AND STR	-
5	AND NOT	P04
6	OUT	P10

답안작성

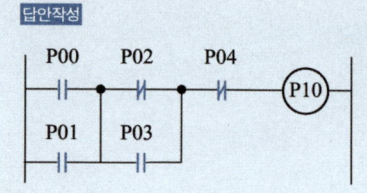

실기[필답형]기출문제 2024 * 3

01

그림과 같은 부하에 전력을 공급하기 위한 변압기 용량은 몇 [kVA]로 하여야 하는지 계산하여 변압기 표준용량에서 선정하시오. (단, 종합부하의 역률은 85[%], 각 부하군 간의 부등률은 1.3이며, 변압기는 최대부하의 20[%] 정도의 여유를 갖는 용량으로 하고, 변압기 표준용량[kVA]은 100, 200, 300, 400, 500이다) [5점]

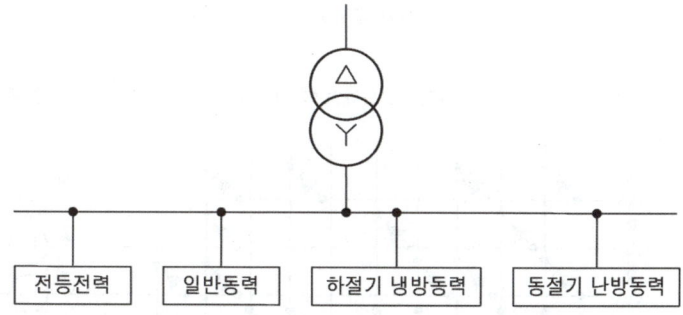

부하명	전등전력	일반동력	하절기 냉방동력	동절기 난방동력
설비용량	130[kW]	230[kW]	130[kW]	70[kW]
수용률	70[%]	80[%]	70[%]	65[%]

계산과정 | 변압기 용량 $= \dfrac{(130 \times 0.7)+(230 \times 0.8)+(130 \times 0.7)}{1.3 \times 0.85} \times 1.2 = 397.47$ [kVA]

정답 | 변압기 표준용량에서 400[kVA] 선정

참고

변압기 용량[kVA] $= \dfrac{\text{최대수용전력[kW]}}{\text{부등률} \times \text{역률}} \times \text{여유율}$

최대수용전력 = 설비용량 × 수용률

하절기 냉방동력과 동절기 난방동력은 같은 시기에 운전되지 않으므로 둘 중 큰 설비용량을 적용한다.

02

그림과 같은 전자릴레이 회로를 미완성된 다이오드 매트릭스 회로에 다이오드를 추가하여 완성하시오. [8점]

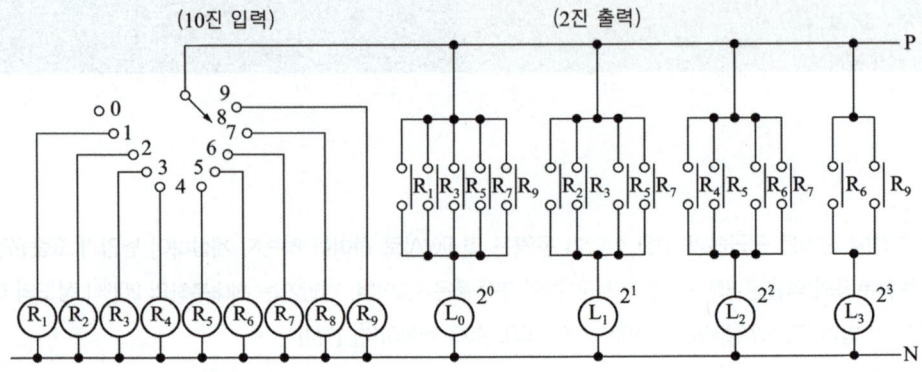

전자 릴레이 회로

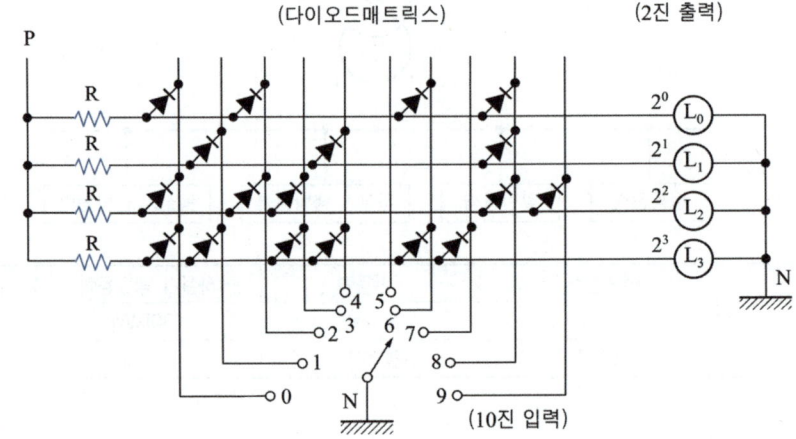

답안작성

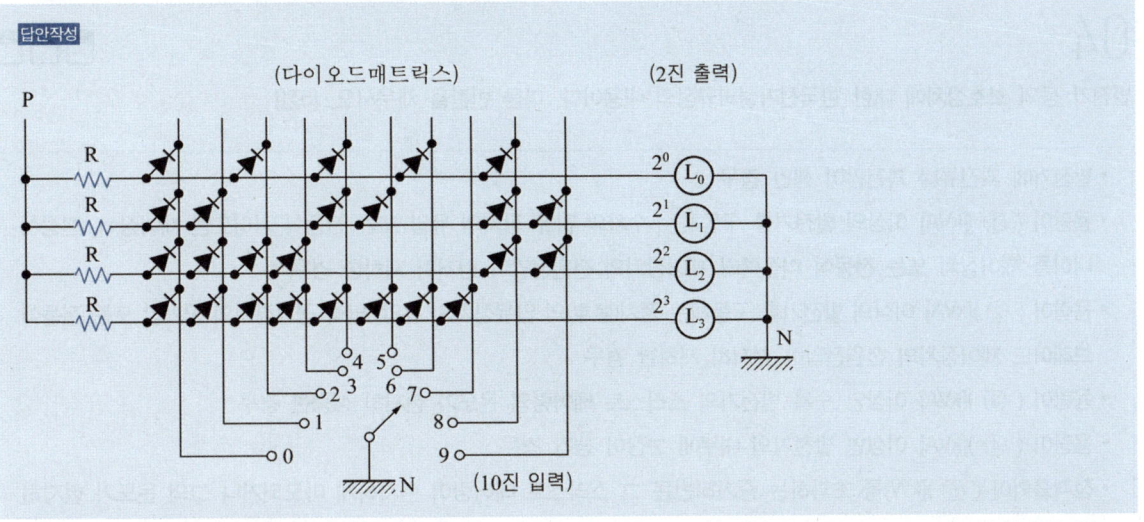

참고

10진법의 입력을 2진법의 출력으로 나타내는 다이오드 매트릭스이다.
2진법의 0값을 갖는 곳에 다이오드를 추가한다.

03

스폿 네트워크 방식의 특징을 3가지만 쓰시오. [6점]

답안작성

① 무정전 전력공급이 가능하다.
② 공급신뢰도가 매우 높다.
③ 전압 변동률이 낮다.

참고

④ 부하 증가 또는 부하 변동에 적응성이 좋다.

04

발전기 등의 보호장치에 대한 한국전기설비규정의 내용이다. 다음 빈칸을 채우시오. [5점]

- 발전기에 과전류나 과전압이 생긴 경우
- 용량이 (①)[kVA] 이상의 발전기를 구동하는 수차의 압유 장치의 유압 또는 전동식 가이드밴 제어장치, 전동식 니이들 제어장치 또는 전동식 디플렉터 제어장치의 전원전압이 현저히 저하한 경우
- 용량이 (②)[kVA] 이상의 발전기를 구동하는 풍차(風車)의 압유장치의 유압, 압축 공기장치의 공기압 또는 전동식 브레이드 제어장치의 전원전압이 현저히 저하한 경우
- 용량이 (③)[kVA] 이상인 수차 발전기의 스러스트 베어링의 온도가 현저히 상승한 경우
- 용량이 (④)[kVA] 이상인 발전기의 내부에 고장이 생긴 경우
- 정격출력이 (⑤)[kW]를 초과하는 증기터빈은 그 스러스트 베어링이 현저하게 마모되거나 그의 온도가 현저히 상승한 경우

답안작성

① 500

② 100

③ 2,000

④ 10,000

⑤ 1,000

참 고

한국전기설비규정 351.3 발전기 등의 보호장치

1. 발전기에는 다음의 경우에 자동적으로 이를 전로로부터 차단하는 장치를 시설하여야 한다.

 가. 발전기에 과전류나 과전압이 생긴 경우

 나. 용량이 500[kVA] 이상의 발전기를 구동하는 수차의 압유 장치의 유압 또는 전동식 가이드밴 제어장치, 전동식 니이들 제어장치 또는 전동식 디플렉터 제어자치의 전원전압이 현저히 저하한 경우

 다. 용량이 100[kVA] 이상의 발전기를 구동하는 풍차(風車)의 압유장치의 유압, 압축 공기장치의 공기압 또는 전동식 브레이드 제어장치의 전원전압이 현저히 저하한 경우

 라. 용량이 2,000[kVA] 이상인 수차 발전기의 스러스트 베어링의 온도가 현저히 상승한 경우

 마. 용량이 10,000[kVA] 이상인 발전기의 내부에 고장이 생긴 경우

 바. 정격출력이 10,000[kW]를 초과하는 증기터빈은 그 스러스트 베어링이 현저하게 마모되거나 그의 온도가 현저히 상승한 경우

05

다음 표의 빈칸에 한국전기설비규정에 정한 절연내력시험전압을 쓰시오. [6점]

공칭 전압[kV]	최대 사용전압[V]	시험전압[V]
6.6	6,900	①
13.2(중성점 다중접지)	13,800	②
22.9(중성점 다중접지)	24,000	③

답안작성

계산과정 | ① $6,900 \times 1.5 = 10,350$ [V]

② $13,800 \times 0.92 = 12,696$ [V]

③ $24,000 \times 0.92 = 22,080$ [V]

정답 | ① 10,350[V]
② 12,696[V]
③ 22,080[V]

참 고

한국전기설비규정 132 전로의 절연저항 및 절연내력

표 132-1 전로의 종류 및 시험전압

전로의 종류	시험전압
1. 최대사용전압 7[kV] 이하인 전로	최대사용전압의 1.5배의 전압
2. 최대사용전압 7[kV] 초과 25[kV] 이하인 중성점 접지식 전로(중성선을 가지는 것으로서 그 중성선을 다중접지하는 것에 한한다)	최대사용전압의 0.92배의 전압
3. 최대사용전압 7[kV] 초과 60[kV] 이하인 전로(2란의 것을 제외한다)	최대사용전압의 1.25배의 전압 (10.5[kV] 미만으로 되는 경우는 10.5[kV])
4. 최대사용전압 60[kV] 초과 중성점 비접지식 전로(전위 변성기를 사용하여 접지하는 것을 포함한다)	최대사용전압의 1.25배의 전압
5. 최대사용전압 60[kV] 초과 중성점 접지식 전로(전위 변성기를 사용하여 접지하는 것 및 6란과 7란의 것을 제외한다)	최대사용전압의 1.1배의 전압 (75[kV] 미만으로 되는 경우에는 75[kV])
6. 최대사용전압이 60[kV] 초과 중성점 직접접지식 전로(7란의 것을 제외한다)	최대사용전압의 0.72배의 전압
7. 최대사용전압이 170[kV] 초과 중성점 직접 접지식 전로로서 그 중성점이 직접 접지되어 있는 발전소 또는 변전소 혹은 이에 준하는 장소에 시설하는 것	최대사용전압의 0.64배의 전압
8. 최대사용전압이 60[kV]를 초과하는 정류기에 접속되고 있는 전로	교류측 및 직류 고전압측에 접속되고 있는 전로는 교류측의 최대사용전압의 1.1배의 직류전압 직류측 중성선 또는 귀선이 되는 전로 (이하 이장에서 "직류 저압측 전로"라 한다)는 아래에 규정하는 계산식에 의하여 구한 값

06

다음은 3상 선로를 나타낸 것이다. 다음 각 물음에 답하시오. [6점]

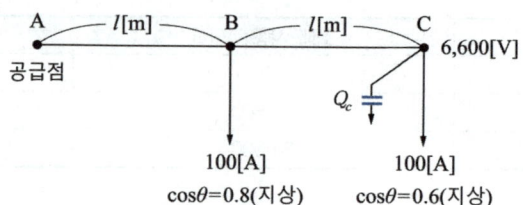

(1) 공급점의 역률을 0.9(지상)로 개선하기 위한 콘덴서 용량 Q_c[kVA]를 계산하시오.

계산과정 | 공급점에서의 전류

$$I_{AB} = 100(0.8 - j0.6) + 100(0.6 - j0.8) = 140 - j140$$

역률이 0.9(지상)일 때 콘덴서에 흐르는 전류 I_c는

$$\cos\theta_2 = 0.9 = \frac{140}{\sqrt{140^2 + (140 - I_c)^2}}$$

$I_2 = 72.19$[A]

콘덴서 용량 $Q_c = \sqrt{3} \times 6{,}600 \times 72.19 \times 10^{-3} = 825.24$[kVA]

정답 | 825.24[kVA]

참 고

3상 콘덴서 용량 $Q_c = \sqrt{3}\, VI_c$[VA]

(2) C점의 전압이 6,600[V]로 일정하고, 선로의 저항이 $R[\Omega/m]$로 일정할 때, 선로의 전력손실이 최소가 되는 콘덴서 용량 Q_c[kVA] 를 계산하시오. (단, 주어지지 않는 조건은 고려하지 않는다)

계산과정

답안작성

계산과정 | 전력손실 $P_l = P_{lAB} + P_{lBC} = 3I_{AB}^2 R + 3I_{BC}^2 R$

$$= 3\left[\left(\sqrt{140^2 + (140-I_c)}\right)^2\right] \cdot R + 3\left[\left(\sqrt{60^2 + j(80-I_c)^2}\right)^2\right] \cdot R$$

$$= 3(140^2 + (140-I_c)^2 + 60^2 + (80-I_c)^2) \cdot R$$

전력손실이 최고가 되기 위해서는

$(140-I_c)^2 + (80-I_c)^2 = 0$이 되어야 한다.

I_c를 기준으로 식을 정리하면,

$(140-I_c)^2 = -(80-I_c)^2$

$140 - I_c = -80 + I_c$

$2I_c = 220$

$I_c = 110$[A]

$Q_c = \sqrt{3} \times 6,600 \times 110 \times 10^{-3} = 1,257.47$[kVA]

정답 | 1,257.47[kVA]

참고

3상 전력손실 $P_l = 3I^2 R$[W]

07

다음의 그림은 저압 배전 선로의 계통접지 방식 중 TN 계통의 TN-C-S 방식이다. 결선도를 완성하시오. [4점]

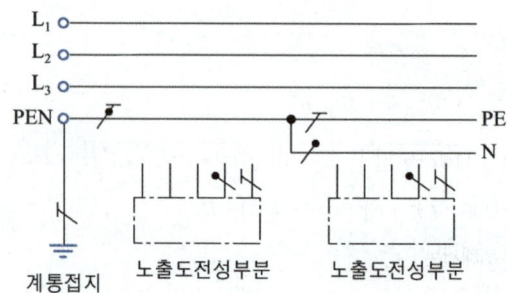

[답안작성]

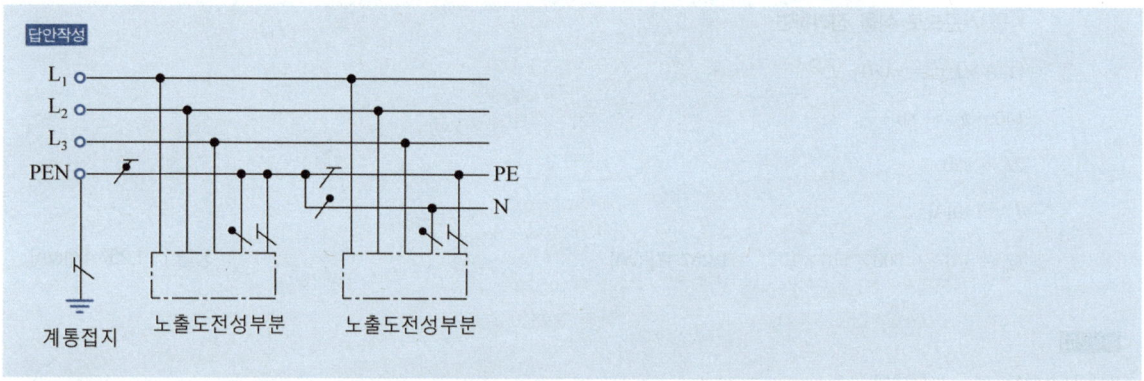

참고

기호설명

기호	설명
—⧸•—	중성선(N), 중간도체(M)
—⧸—	보호도체(PE)
—⧸•—	중성선과 보호도체 겸용(PEN)

[관련규정] 한국전기설비규정 203.2 TN 계통

08

다음은 전력시설물 공사감리업무 수행지침과 관련된 사항이다. (   ) 안에 알맞은 내용을 넣어 수행지침을 완성하시오. [5점]

> 감리원은 설계도서 등에 대하여 공사계약문서 상호 간의 모순되는 사항, 현장 실정과의 부합여부 등 현장 시공을 주안으로 하여 해당 공사 시작 전에 검토하여야 하며 검토내용에는 다음 각 호의 사항 등이 포함되어야 한다.
> 1. 현장조건에 부합 여부
> 2. 시공의 (①) 여부
> 3. 다른 사업 또는 다른 공정과의 상호부합 여부
> 4. (②), 설계설명서, 기술계산서, (③) 등의 내용에 대한 상호일치 여부
> 5. (④), 오류 등 불명확한 부분의 존재여부
> 6. 발주자가 제공한 (⑤)와 공사업자가 제출한 산출내역서의 수량일치 여부
> 7. 시공상의 예상 문제점 및 대책 등

①	②	③	④	⑤

답안작성

①	②	③	④	⑤
실제가능	설계도면	산출내역서	설계도서의 누락	물량 내역서

참 고

전력시설물 공사감리업무 수행지침 제8조(설계도서 등의 검토)

① 감리원은 설계도면, 설계설명서, 공사비 산출내역서, 기술계산서, 공사계약서의 계약내용과 해당 공사의 조사 설계보고서 등의 내용을 완전히 숙지하여 새로운 방향의 공법개선 및 예산절감을 도모하도록 노력하여야 한다.

② 감리원은 설계도서 등에 대하여 공사계약문서 상호 간의 모순되는 사항, 현장 실정과의 부합여부 등 현장 시공을 주안으로 하여 해당 공사 시작 전에 검토하여야 하며 검토내용에는 다음 각 호의 사항 등이 포함되어야 한다.
1. 현장조건에 부합 여부
2. 시공의 실제가능 여부
3. 다른 사업 또는 다른 공정과의 상호부합 여부
4. 설계도면, 설계설명서, 기술계산서, 산출내역서 등의 내용에 대한 상호일치 여부
5. 설계도서의 누락, 오류 등 불명확한 부분의 존재여부
6. 발주자가 제공한 물량 내역서와 공사업자가 제출한 산출내역서의 수량일치 여부
7. 시공상의 예상 문제점 및 대책 등

09

다음은 컴퓨터 등의 중요한 부하에 대한 무정전 전원 공급을 위한 그림이다. '(가) ~ (마)'에 적당한 전기 시설물의 명칭을 넣어 완성하시오. [5점]

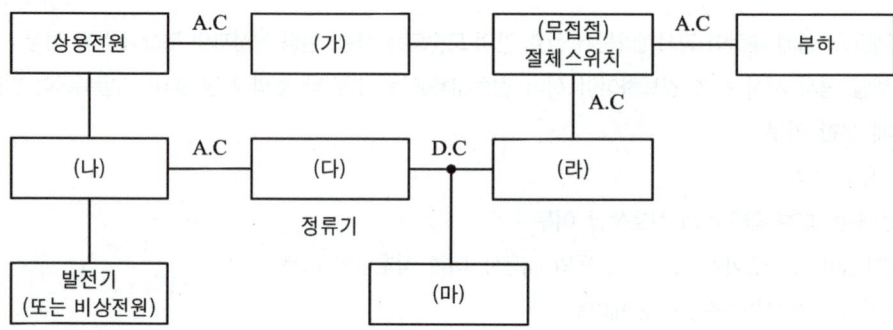

답안작성

(가) 자동전압조정기(AVR)

(나) 절체용 개폐기

(다) 정류기(컨버터)

(라) 인버터

(마) 축전지

10

지중전선로에 관한 내용이다. 한국전기설비규정에 맞게 빈칸을 채우시오. [6점]

- 지중전선로는 전선의 케이블을 사용하고 또한 (①), 암기식 또는 (②)에 의하여 시설하여야 한다.
- (①)에 의하여 시설하는 경우에는 매설 깊이는 (③)[m] 이상으로 하되, 매설 깊이를 충족하지 못한 장소에는 견고하고 차량 기타 중량물의 압력에 견디는 것을 사용할 것. 다만, 중량물의 압력을 받을 우려가 없는 것은 0.6[m] 이상으로 한다.

답안작성

① 관로식

② 직접매설식

③ 1

참 고

한국전기설비규정 334.1 지중전선로의 시설

1. 지중전선로는 전선에 케이블을 사용하고 또한 관로식·암거식 또는 직접매설식에 의하여 시설하여야 한다.
2. 지중전선로를 관로식 또는 암거식에 의하여 시설하는 경우에는 다음에 따라야 한다.
   가. 관로식에 의하여 시설하는 경우에는 매설 깊이를 1.0[m] 이상으로 하되, 매설 깊이를 충족하지 못한 장소에는 견고하고 차량 기타 중량물의 압력에 견디는 것을 사용할 것. 다만, 중량물의 압력을 받을 우려가 없는 곳은 0.6[m] 이상으로 한다.
   나. 암거식에 의하여 시설하는 경우에는 견고하고 차량 기타 중량물의 압력에 견디는 것을 사용할 것

11

그림은 주보호와 후비보호를 하기 위한 기능으로 단락, 지락, 보호에 쓰이는 방식이다. 도면을 보고 다음 각 물음에 답하시오. [14점]

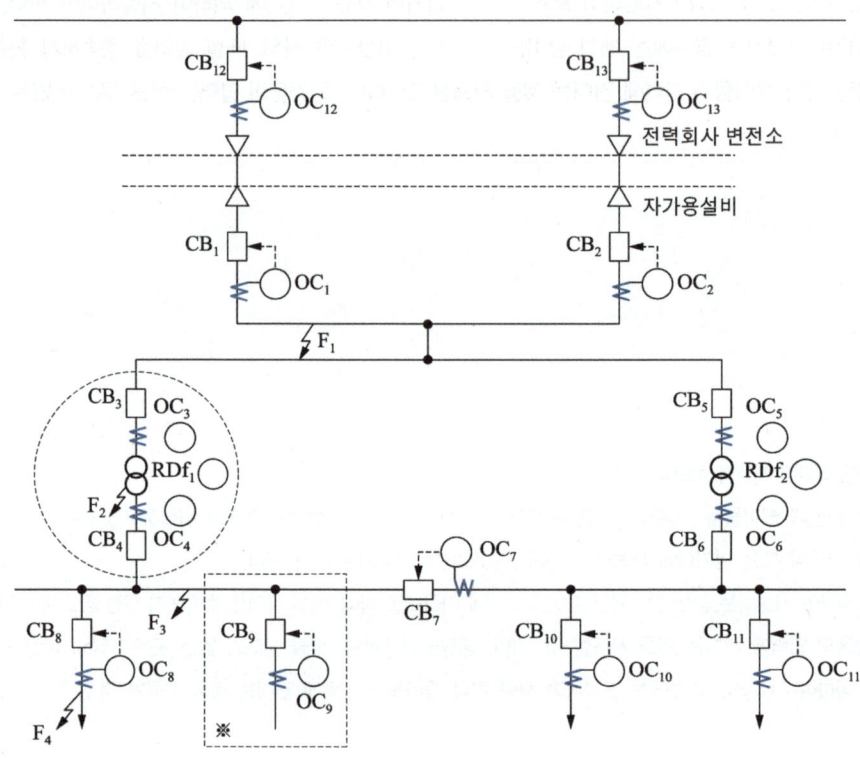

(1) 사고점이 F_1, F_2, F_3, F_4라고 할 때 주보호와 후비보호에 대한 다음 표의 ( ) 안을 채우시오.

사고점	주보호	후비보호
F_1	$OC_1 + CB_1$ And $OC_2 + CB_2$	①
F_2	②	$OC_1 + CB_1$ And $OC_2 + CB_2$
F_3	$OC_4 + CB_4$ And $OC_7 + CB_7$	$OC_3 + CB_3$ And $OC_6 + CB_6$
F_4	$OC_8 + CB_8$	$OC_4 + CB_4$ And $OC_7 + CB_7$

답안작성

① $OC_{12} + CB_{12}$ And $OC_{13} + CB_{13}$

② $RDf_1 + OC_4 + CB_4$ And $CO_3 + CB_3$

(2) 그림은 도면의 ※표 부분을 좀더 상세하게 나타낸 도면이다. 각 부분 ①~④에 대한 명칭을 쓰고, 보호 기능 구성상 ⑤~⑦의 부분을 검출부, 판정부, 동작부로 나누어 표현하시오.

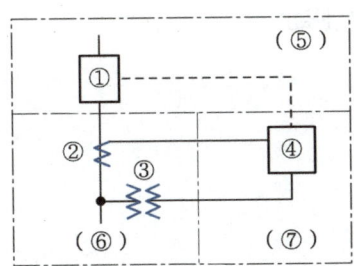

답안작성
① 교류 차단기
② 변류기
③ 계기용 변압기
④ 과전류 계전기
⑤ 동작부
⑥ 검출부
⑦ 판정부

(3) 답란의 그림 F_2 사고와 관련된 검출부, 판정부, 동작부의 도면을 완성하시오. 단, 질문 "(2)"의 도면을 참고하시오.

답안작성

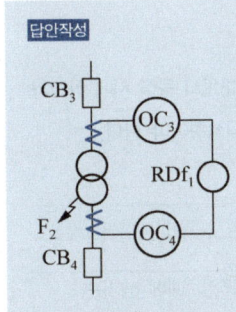

(4) 자가용 전기 설비에 발전 시설이 구비되어 있을 경우 자가용 수용가에 설치되어야 할 계전기는 어떤 계전기인지 쓰시오.

답안작성
① 과전류 계전기
② 주파수 계전기
③ 부족전압 계전기
④ 비율 차동 계전기
⑤ 과전압 계전기

12

한류형 PF의 단점 4가지만 간단히 쓰시오. [4점]

답안작성
① 차단 시 과전압 발생
② 재투입 불가능
③ 과부하 전류에서 용단될 우려가 있음
④ 고 임피던스 접지계통의 지락보호 불가능

13

고압용 개폐기, 차단기, 피뢰기, 기타 이와 유사한 기구로서 동작 시에 아크가 생기는 것은 목재의 벽 또는 천장 기타의 가연성 물체부터 이격하여야 한다. 한국전기설비규정에서 정한 이격거리는 몇 [m] 이상인가? [3점]

답안작성
1[m]

참고

한국전기설비규정 341.7 아크를 발생하는 기구의 시설

고압용 또는 특고압용의 개폐기·차단기·피뢰기 기타 이와 유사한 기구(이하 이 조에서 "기구 등"이라 한다)로서 동작 시에 아크가 생기는 것은 목재의 벽 또는 천장 기타의 가연성 물체로부터 표 341.7-1에서 정한 값 이상 이격하여 시설하여야 한다.

표 341.7-1 아크를 발생하는 기구 시설 시 간격

기구 등의 구분	간격
고압용의 것	1[m] 이상
특고압용의 것	2[m] 이상(사용전압이 35[kV] 이하의 특고압용의 기구 등으로서 동작할 때에 생기는 아크의 방향과 길이를 화재가 발생할 우려가 없도록 제한하는 경우에는 1[m] 이상)

14

방폭구조의 종류 4가지만을 쓰시오. [4점]

답안작성

① 내압 방폭구조
② 유입 방폭구조
③ 압력 방폭구조
④ 안전증 방폭구조

참 고

방폭구조의 종류 및 기호

구분		기호
방폭구조의 종류	내압 방폭구조	d
	유입 방폭구조	o
	압력 방폭구조	p
	안전증 방폭구조	e
	본질안전 방폭구조	i
	특수 방폭구조	s

15

공칭전압 140[kV]의 송전선이 있다. 이 송전선의 4단자 정수는 $A=0.9$, $B=j70.7$, $C=j0.52\times10^{-3}$, $D=0.9$이고 무부하 시 송전단에 154[kV]를 인가하였다. 다음 각 물음에 답하시오. [7점]

(1) 수전단 전압[kV] 및 송전단 전류[A]를 구하시오.

계산과정 정 답

답안작성

계산과정 | 송전단 전압 = $A \times$ 수전단 전압 + $B \times$ 수전단 전류

무부하 시 수전단 전류는 0[A]이므로 송전단 전압 = $A \times$ 수전단 전압에서 수전단 전압을 기준으로 식을 정리하면

수전단 전압 = $\dfrac{\text{송전단 전압}}{A} = \dfrac{154}{0.9} = 171.11$[kV]

송전단 전류 = $C \times \dfrac{\text{수전단 선간 전압}}{\sqrt{3}} + D \times$ 수전단 전류

$= j0.52 \times 10^{-3} \times \dfrac{171.11 \times 10^3}{\sqrt{3}} = j51.37$[A]

정답 | 수전단 전압 $V_r = 171.11$[kV]

송전단 전류 $I_s = j51.37$[A]

참 고

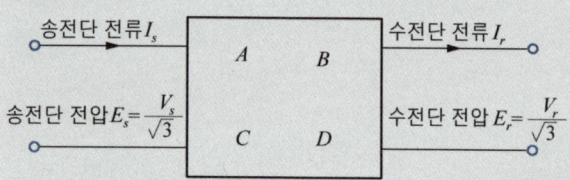

$E_s = \dfrac{V_s}{\sqrt{3}} = AE_r + BI_r = A\dfrac{V_r}{\sqrt{3}} + BI_r$

$I_s = CE_r + DI_r = C\dfrac{V_r}{\sqrt{3}} + DI_r$

- V_s : 송전단 선간 전압
- V_r : 수전단 선간 전압

(2) 수전단 전압을 140[kV]을 유지하려고 한다. 이때 수전단에서 필요로 하는 조상설비 용량은 몇 [kVA]인지 계산하시오.

계산과정

계산과정 | 조상설비 용량 $Q_C = \sqrt{3} \times$ 수전단 전압 $V_r \times$ 조상설비 전류 I_r(수전단 전류)

송전단 선간 전압 $V_S = AV_r + \sqrt{3}BI_r$

$I_r = \dfrac{V_S - AV_r}{\sqrt{3}B} = \dfrac{154 \times 10^3 - 0.9 \times 140 \times 10^3}{\sqrt{3} \times j70.7} = -j228.65$[A]

$Q_C = \sqrt{3} \times 140 \times 228.65 = 55,444.68$[kVA]

정답 | 55,444.68[kVA]

참 고

I_r을 크기로 나타내면 $|I_r| = \sqrt{0^2 + 228.65^2} = 228.65$[A]

16
한류저항기(CLR)의 설치 목적 2가지만 간단히 쓰시오. [4점]

답안작성
① 계전기를 동작시키는 데 필요한 유효전류 발생
② 오픈델타 회로에서 각 상전압의 제3고조파 억제

참 고
③ 중성점 불안정 등 비접지 회로의 이상현상 억제

17

송전단 전압이 3,300[V]인 변전소로부터 5.8[km] 떨어진 3상 동력부하에 전력을 공급하고자 한다. 케이블의 허용전류 범위 내에서 전압강하율이 10[%]를 초과하지 않는 케이블의 굵기를 선정하시오. (단, 동력부하의 역률은 0.9[지상]이고 부하용량은 500[kW]이며 케이블의 고유저항은 $\frac{1}{55}[\Omega \cdot mm^2/m]$로 하고 케이블의 정전용량 및 리액턴스 등은 무시한다) [5점]

케이블의 굵기와 허용전류

케이블의 굵기[mm²]	30	38	56	58	60	80	100	150	180
허용전류[A]	40	60	90	100	110	120	130	190	220

계산과정 **정 답**

답안작성

계산과정 | 수전단전압 $V_r = \dfrac{V_s}{\dfrac{\varepsilon}{100}+1} = \dfrac{3,300}{\dfrac{10}{100}+1} = 3,000[V]$

전압강하 $e = V_s - V_r = \dfrac{P}{V_r}(R+X\tan\theta) = 3,300 - 3,000 = 300 = \dfrac{P}{V_r}(R+X\tan\theta)$

리액턴스를 무시하므로 $300 = \dfrac{P}{V_r}R[V]$이고 저항 R을 기준으로 식을 정리하면

$R = \dfrac{V_r}{P} \times 300 = \dfrac{3,000}{500 \times 10^3} \times 300 = 1.8[\Omega]$

저항 $R = \rho \cdot \dfrac{l}{A}[\Omega]$에서 단면적 A를 기준으로 식을 정리하면

$A = \rho \cdot \dfrac{l}{R} = \dfrac{1}{55} \times \dfrac{5.8 \times 10^3}{1.8} = 58.59[mm^2]$

부하전류 $I = \dfrac{P}{\sqrt{3}\,V\cos\theta} = \dfrac{500 \times 10^3}{\sqrt{3} \times 3,000 \times 0.9} = 106.92[A]$

정답 | 60[mm²] 선정

참 고

전압강하율 $\varepsilon = \dfrac{V_s - V_r}{V_r} \times 100[\%]$

수전단전압 $V_r = \dfrac{V_s}{\dfrac{\varepsilon}{100}+1}[V]$

전압강하(역률이 지상일 때) $e = \sqrt{3}\,I(R\cos\theta + X\sin\theta) = \sqrt{3} \cdot \dfrac{P}{\sqrt{3}\,V\cos\theta}(R\cos\theta + X\sin\theta) = \dfrac{P}{V}(R+X\tan\theta)[V]$

18
다음 그림의 우리말 명칭과 용도를 쓰시오. [3점]

(1) 명칭

> 영상변류기

(2) 용도

> 비접지계통에서 지락사고 발생 시 영상전류 검출

전기기사 실기 무료특강

무료특강 신청방법

▲ 카페 바로가기

1 나합격 카페 가입
cafe.naver.com/electengineer

2 사진 촬영
하단 공란에 닉네임 기입

3 카페 게시물 작성
등업 후 영상 시청 가능

카페 닉네임

- 가입한 카페 닉네임과 동일하게 기입
- 지워지지 않는 펜으로 크게 기입
- 화이트 및 수정테이프 사용 금지
- 중복기입 및 중고도서는 등업 불가능

처음이신가요?

자세한 등업방법은 QR 코드 참조

  **모바일** 등업방법

  **PC** 등업방법

나합격 전기기사 실기 + 무료특강

2023년 1월 10일 초판 발행 | 2023년 3월 5일 2판 발행 | 2024년 3월 5일 3판 발행 | 2025년 1월 10일 4판 발행

지은이 임규명 | 발행인 오정자 | 발행처 삼원북스 | 팩스 02-6280-2650
등록 제2017-000048호 | 홈페이지 www.samwonbooks.com | ISBN 979-11-93858-45-5 13500 | 정가 38,000원
Copyright©samwonbooks.Co.,Ltd.

- 낙장 및 파손된 책은 구입한 서점에서 바꿔드립니다.
- 이 책에 실린 모든 내용, 디자인, 이미지, 편집 형태에 대한 저작권은 삼원북스와 저자에게 있습니다. 허락없이 복제 및 게재는 법에 저촉을 받습니다.